Evolutionsbiologie

Erdzeitalter (Zahlen nach der Internationalen Statigraphischen Kommission 2008)			Beginn vor Mio. Jahren	Dauer in Mio. Jahren
Käno(Neo)zoikum	Quartär 2,6	Holozän	2,6	2,6
		Pleistozän		
	Tertiär	Neogen Pliozän	65	63,2
		Neogen Miozän		
		Palaeogen Oligozän		
		Palaeogen Eozän		
		Palaeogen Paleozän		
Mesozoikum	Kreide 146-65	Oberkreide	146	81
		Unterkreide		
	Jura 200-146	Malm (Weißer Jura)	200	54
		Dogger (Brauner Jura)		
		Lias (Schwarzer Jura)		
	Trias 251-200	Keuper	251	51
		Muschelkalk		
		Buntsandstein		
Paläozoikum	Perm 299-251	Zechstein	299	48
		Rotliegendes		
	Karbon 359-299	Oberkarbon	359	60
		Unterkarbon		
	Devon 416-359	Oberdevon	416	57
		Mitteldevon		
		Unterdevon		
	Silur 444-416	Obersilur	444	28
		Untersilur		
	Ordovizium 488-444	Oberordovizium	488	44
		Mittelordovizium		
		Unterordovizium		
	Kambrium 542-488	Oberkambrium	542	54
		Mittelkambrium		
		Unterkambrium		

Volker Storch
Ulrich Welsch
Michael Wink

Evolutionsbiologie

3. überarbeitete und aktualisierte Auflage

Prof. Dr. Dr. h. c. Volker Storch
Universität Heidelberg
Centre for Organismal Studies
(COS)
Im Neuenheimer Feld 230
69120 Heidelberg
Germany

Prof. Dr. Dr. Ulrich Welsch
Universität München
Institut für Zellbiologie
Schillerstrasse 42
80336 München
Germany

Prof. Dr. Michael Wink
Universität Heidelberg
Inst. Pharmazie und Molekulare
Biotechnologie (IPMB)
Im Neuenheimer Feld 364
69120 Heidelberg
Germany

ISBN 978-3-642-32835-0   ISBN 978-3-642-32836-7 (eBook)
DOI 10.1007/978-3-642-32836-7

Die Deutsche Nationalbibliothek verzeichnet diese Publikation in der Deutschen Nationalbibliografie;
detaillierte bibliografische Daten sind im Internet über http://dnb.d-nb.de abrufbar.

Springer Spektrum
© Springer-Verlag Berlin Heidelberg 2013

Das Werk einschließlich aller seiner Teile ist urheberrechtlich geschützt. Jede Verwertung, die nicht ausdrücklich vom Urheberrechtsgesetz zugelassen ist, bedarf der vorherigen Zustimmung des Verlags. Das gilt insbesondere für Vervielfältigungen, Bearbeitungen, Übersetzungen, Mikroverfilmungen und die Einspeicherung und Verarbeitung in elektronischen Systemen.

Die Wiedergabe von Gebrauchsnamen, Handelsnamen, Warenbezeichnungen usw. in diesem Werk berechtigt auch ohne besondere Kennzeichnung nicht zu der Annahme, dass solche Namen im Sinne der Warenzeichen- und Markenschutz-Gesetzgebung als frei zu betrachten wären und daher von jedermann benutzt werden dürften.

Redaktionelle Bearbeitung: Lars Wilker, Wittmoldt
Herstellung: le-tex publishing services GmbH, Leipzig

Gedruckt auf säurefreiem und chlorfrei gebleichtem Papier

Springer Spektrum ist eine Marke von Springer DE. Springer DE ist Teil der Fachverlagsgruppe
Springer Science+Business Media.
www.springer-spektrum.de

Vorwort

Seit mehr als dreieinhalb Milliarden Jahren gibt es Organismen auf der Erde, die sich zu einem immer umfangreicheren Lebensstrom entwickelten, der nicht nur sich selbst stetig verändert hat, sondern auch seine unbelebte Umwelt, und das in viel stärkerem Ausmaß als vielen von uns bewusst ist. Der Sauerstoff der Erdatmosphäre, von dem das Leben der meisten Organismen abhängig ist, wurde und wird durch Photosynthese produziert; gleiches gilt letztlich für den Ozonschild, unter dem sich die Organismenwelt entwickeln konnte. Ganze Landschaften verdanken ihre Existenz kalkproduzierenden Lebewesen. Das Rheinische Schiefergebirge, die Kalkalpen, die Schwäbische Alb und die Kreideküste von Rügen, um nur vier nahegelegene unter vielen Beispielen zu nennen, sind emporgehobener ehemaliger Meeresgrund und bergen vergangenes marines Leben in Form von Fossilien. Die damit verbundene Entfernung von Kohlendioxid aus der Atmosphäre führte zu einem Temperaturbereich der Lufthülle unseres Planeten, der Leben in komplexer Form erst ermöglichte. Kapitel 2 behandelt die Entfaltung der Organismen in der Erdgeschichte.

Die Organismenwelt auf der Erde offenbart sich heute in einer kaum zu überschauenden Diversität und in einer Fülle von Arten, die jedoch durch die kurzsichtigen Aktivitäten des modernen Menschen zunehmend beeinträchtigt wird. Dieser moderne Mensch – *Homo sapiens* – ist erst sehr spät in der Geschichte des Lebens aufgetreten. Wenn man die Erdgeschichte mit einem Kalenderjahr vergleicht, existiert er seit dem 31. Dezember. Dieser eine Tag hat die Biosphäre allerdings so stark verändert wie kein anderer zuvor.

In einer solchen Situation interessieren unsere eigene Stellung in der belebten Natur und unsere Herkunft. Diesem Thema haben wir das umfangreiche Kapitel 5 gewidmet. Es werden auch Phänomene angesprochen, die für den Menschen offensichtlich spezifisch sind, wie Kulturgeschichte, Sprache, Tradition, Erkenntnis und Moral.

Der Mensch ist das erste Lebewesen in der Evolution, welches die Fähigkeit hat, sich selbst und andere Organismen gezielt genetisch zu verändern. Die sich daraus ergebenden Konsequenzen vermitteln manchem Zeitgenossen Optimismus, anderen Ängste. In Zeitungen und Magazinen, Reden von Politikern, Fernseh- und Rundfunkberichten werden diese Probleme fast täglich angesprochen, oft von schmaler Sachkenntnis ausgehend. Dementsprechend haben wir dem Themenbereich der Molekularen Genetik und der Molekularen Evolutionsforschung in den Kapitel 3 und 4 breiten Raum gewidmet.

Der Mensch ist heute so sehr mit sich selbst, seinem Überleben und seiner Bedeutsamkeit beschäftigt, dass er meist vergisst, dass er nur einen kleinen Teil der organismischen Vielfalt repräsentiert und in dieser verwurzelt ist. Über die Geschichte der Millionen und Abermillionen anderer Organismen hat uns insbesondere die moderne Paläontologie bis in die jüngste Zeit so viele Kenntnisse vermittelt, dass wir über den Ablauf der Evolution viele neue Einsichten gewonnen haben. Auch diese werden in Kapitel 2 des vorliegenden Buches in angemessener Breite dargestellt und in Kapitel 4 durch Einblicke in die neuesten Ergebnisse der molekularen Phylogenieforschung ergänzt.

Damit ergibt sich eine breite Palette an Themen, die nicht für jeden Leser in allen Facetten in gleicher Weise verständlich sein wird, aber jeden anregen und neugierig machen müsste, mehr über die Evolution zu erfahren.

Das Gedankengebäude der Evolutionsbiologie ist komplex und verbindet Wissenschaften wie Geologie, Paläontologie, Astro- und Geophysik, Klimatologie, Ökologie, Biochemie, Molekular- und Zellbiologie, Botanik, Mikrobiologie sowie Zoologie. Der vorliegende Text macht deutlich, dass die Beiträge der verschiedenen Wissenschaftsbereiche durchaus widersprüchlich sein können. In den vergangenen Jahrzehnten hat sich die Evolutionstheorie auch auf Wissenschaften außerhalb der Naturwissenschaften ausgewirkt, so z. B. auf Medizin, Philosophie, Psychologie, Soziologie und Theologie.

Aus einer Evolutionstheorie wurde im Laufe der Zeit ein solides Gefüge von Tatsachen. Die Geowissenschaften liefern gemeinsam mit der Physik immer präzisere Daten zum Zeitverlauf und zur Abfolge der Organismen in den verschiedenen Erdzeitaltern, die Molekularbiologie immer genauere Beiträge zu möglichen phylogenetischen Beziehungen und Entwicklungslinien. Dennoch akzeptieren nicht alle Menschen, dass die Evolution allein auf einer materiellen Basis beruht, sondern bleiben bei einem Schöpfungsglauben. Wir denken, dass unser Buch auch einen guten Beitrag zur Diskussion mit diesen Personen liefert.

Viele Kollegen haben uns während der Arbeiten an dieser Auflage geholfen. Einige haben sogar spannende und aktuelle Exkurse zu Themen beigesteuert, zu denen sie eine besondere Kompetenz besitzen.

Zu danken ist zunächst den bewährten Autoren der Exkurse, die schon in der zweiten Auflage erschienen und die zum Teil deutlich überarbeitet wurden. Neu sind mehrere Exkurse in den Kapiteln 1–3 und 5. Professor Harald Lesch (München) erweiterte Kapitel 1 mit dem Exkurs „Unter dem Diktat der Physik". Dr. Meinolf Hellmund (Halle/Saale) öffnet in Kapitel 2 die Augen für eine besondere Fossillagerstätte, Professor Hans Fricke (Tutzing) beschreibt die erfolgreiche Suche eines lebenden Fossils. Kapitel 3 wurde von PD Jens Mayer (Homburg/Saar) durch einen Exkurs zur Paläovirologie ergänzt, und Kapitel 5 bereicherten verschiedene Autoren durch aktuelle Themen, auch aus Grenzbereichen der Evolutionsbiologie. Professor Karl Zilles (Jülich) äußert sich zum Schimpansengehirn, PD Martina Paulsen und Prof. Jörn Walter (Saarbrücken) zur Epigenetik, Prof. Eckart Voland (Gießen) zur Evolution der Religiosität, Prof. Gerhard Vollmer (Neuburg/Donau) zur Evolutionären Erkenntnistheorie.

Weitere Personen haben einzelne Abschnitte durchgesehen und Verbesserungsvorschläge gemacht. Insbesondere möchten wir folgenden Kolleginnen und Kollegen danken: Madelaine Böhme (Tübingen), Claudia Erbar (Heidelberg), Monika Hilker (Berlin), Heide Hüster-Plogmann (Basel), Ingelore Hinz-Schallreuter (Greifswald), Inge Kronberg (Büsum), Andrea Zeeb-Lanz (Speyer), Peter Bengtson (Heidelberg), Olaf Elicki (Freiberg), Wolfgang Eckart (Heidelberg), Clemens Eibner (Heidelberg), Walter Etter (Basel), Ernst-Peter Fischer (Heidelberg), Heinz Furrer (Zürich), Colin Groves (Canberra), Hans Hagdorn (Ingelfingen), Winfried Henke (Mainz), Reinhard Hildebrand (Münster), Uwe Hoßfeld (Jena), Bernd Herkner (Frankfurt/Main), Peter Kappeler (Göttingen), Ottmar Kullmer (Frankfurt/Main), Ralf-Dietrich Kahlke (Weimar), Wighart von Koenigwald (Bonn), Edgar Nitsch (Stuttgart), Hans-Jürgen Quadbeck-Seeger (Bad Dürkheim), Ronny Rößler (Chemnitz), Oliver Sandrock (Darmstadt), Walter Salzburger (Basel), Stephan Schaal (Frankfurt/Main), Martin Schlegel (Leipzig), Thomas Schmitt (Trier), Michael Schmitt (Greifswald), Hinrich Schulenberg (Kiel), Guenter Schweigert (Stuttgart), Volker Sellin (Heidelberg), Dieter Uhl (Frankfurt/Main), Kurt Weising (Kassel), Franz Wuketits (Wien) und Willi Xylander (Görlitz).

Bei der Illustration und Manuskriptbearbeitung halfen uns Frau Gisela Adam (Heidelberg) und Herr Bernhard Glaß (Heidelberg). Theodor C. H. Cole erstellte dankenswerterweise Übersichtsstammbäume der Pflanzen und Vögel. Allen genannten Personen sind wir sehr dankbar und legen damit die Neuauflage vor.

Volker Storch, Ulrich Welsch, Michael Wink
Heidelberg und München, im Frühjahr 2013

Inhaltsverzeichnis

1	**Evolutionsbiologie: Geschichte und Fundament**	1
1.1	Geschichte der Naturerkenntnis und der Evolutionstheorie	2
1.1.1	Die Antike: Griechenland und Rom	2
1.1.2	Das Mittelalter	6
1.1.3	Renaissance und Humanismus	8
1.1.4	Aufbruch in die moderne Wissenschaft, Rationalismus, Empirismus, Aufklärung	10
1.1.5	Systematische Biologie	12
1.1.6	Die Evolutionsvorstellung entsteht	14
1.1.7	Das Zeitalter der Aufklärung	15
1.1.8	Ein Kapitel für sich: Charles Darwin	20
1.1.9	Ernst Haeckel und die Auseinandersetzungen in Deutschland	35
1.1.10	Die Bedeutung der Genetik	39
1.1.11	Weitere Denkansätze im 20. und 21. Jahrhundert	39
1.2	**Wissenschaften, die zum Fundament der Evolutionsbiologie beigetragen haben**	45
1.2.1	Biogeographie	45
1.2.2	Paläontologie	51
1.2.3	Vergleichende Anatomie und Systematik, Artdefinitionen (Artkonzepte)	61
1.2.4	Entwicklungsbiologie	73
1.2.5	Biochemie und Zellbiologie	75
1.2.6	Verhaltensbiologie	81
Literatur		85
2	**Entfaltung der Organismen in der Erdgeschichte**	87
2.1	**Präkambrium**	91
2.1.1	Ediacara-Fauna: präkambrische Vielzeller	91
2.2	**Paläozoikum (Erdaltertum)**	92
2.2.1	Kambrium	93
2.2.2	Ordovizium	105
2.2.3	Silur	116
2.2.4	Devon	123
2.2.5	Karbon	134
2.2.6	Perm	141
2.3	**Mesozoikum (Erdmittelalter)**	148
2.3.1	Trias	149
2.3.2	Jura	170
2.3.3	Kreide	182
2.4	**Känozoikum (Erdneuzeit)**	188
2.4.1	Tertiär	188
2.4.2	Quartär	203
Literatur		215
3	**Evolution – genetische und zellbiologische Grundlagen**	219
3.1	**Einführung**	220
3.2	**Grundlagen der Molekularbiologie und Genetik**	222

3.2.1	Aufbau der DNA	222
3.2.2	Replikation	224
3.2.3	Vom Gen zum Protein	225
3.2.4	Transkription und Mosaikstruktur der Eukaryotengene	226
3.2.5	Genetischer Code	228
3.2.6	Proteinbiosynthese (Translation)	229
3.2.7	Kern-, Mitochondrien- und Chloroplastengenom	231
3.3	**Veränderlichkeit und Vererbung der genetischen Information**	247
3.3.1	Mutationen	248
3.3.2	Mitose und Meiose	255
3.3.3	Rekombination	258
3.4	**Veränderung des Genoms während der Evolution**	261
3.4.1	Eukaryotengene mit regulatorischen Sequenzabschnitten und Intron-Exon-Struktur	261
3.4.2	Genomduplikationen und Evolution von Multigenfamilien	272
3.4.3	Nicht-codierende repetitive DNA	275
3.4.4	Horizontaler Gentransfer und Symbiosen	281
3.5	**Vererbung, Populationsgenetik und Artbildung**	285
3.5.1	Allel- und Genotypenfrequenz und Vererbungsregeln	285
3.5.2	Mendelsche Vererbungsregeln	286
3.5.3	Grundlagen der Populationsgenetik	288
3.5.4	Selektion und Mikroevolution	291
3.5.5	Genfluss und genetische Drift	295
3.5.6	Artbildung (Speziation)	296
Literatur		302

4	**Molekulare Evolutionsforschung: Methoden, Phylogenie, Merkmalsevolution und Phylogeographie**	**305**
4.1	**Methoden der molekularen Evolutionsforschung**	306
4.1.1	Ein kurzer historischer Rückblick	306
4.1.2	Wichtige Methoden der molekularen Evolutionsforschung	308
4.2	**Molekulare Systematik und Phylogenie**	341
4.2.1	Hilfe der DNA-Daten bei der Erkennung von Arten und monophyletischen Gruppen	342
4.2.2	Molekulare Phylogenie ausgewählter Organismengruppen	349
4.3	**Merkmalsevolution: Erkennung konvergenter Evolutionsprozesse**	375
4.3.1	Blütenmorphologie und Systematik	375
4.3.2	Morphologie, Verhalten und Systematik	376
4.3.3	Pflanzliche Sekundärstoffe und Systematik	383
4.4	**Phylogeographie**	408
4.4.1	Grundlagen der Phylogeographie	408
4.4.2	Disjunktion zwischen Alter und Neuer Welt	409
Literatur		414

5	**Evolution des Menschen und seiner nächsten Verwandten, der nicht-humanen Primaten**	**417**
5.1	**Evolution des Menschen – Allgemeine Einführung**	419
5.2	**Primaten**	421
5.2.1	Strukturelle und funktionelle Kennzeichen der Primaten	421
5.2.2	Sozialsysteme der Primaten	424

5.2.3	Fortpflanzungsstrategien männlicher Primaten	426
5.2.4	Fortpflanzungsstrategien weiblicher Primaten	427
5.2.5	Systematische Gliederung der Primaten	427
5.2.6	Verwandtschaftsforschung in der Ordnung der Primaten mit Hilfe von Biochemie und Molekularbiologie	433
5.3	**Menschenaffen und Mensch (Hominoidea)**	435
5.3.1	Gibbons	435
5.3.2	Die großen, höheren Menschenaffen	436
5.3.3	Mensch	443
5.4	**Fossilgeschichte der Tierprimaten**	460
5.5	**Fossilgeschichte der Hominini (Menschen und Vormenschen)**	468
5.6	**Fossile Hominini (Menschen und Vormenschen)**	473
5.6.1	*Ardipithecus*	473
5.6.2	*Australopithecus*	474
5.6.3	*Kenyanthropus platyops*	479
5.6.4	Erste Angehörige der Gattung *Homo*	479
5.7	**Die Menschheit heute**	504
5.8	**Die Entwicklung der Werkzeugkultur und der Zivilisation des Menschen**	512
5.8.1	Paläolithikum	512
5.8.2	Mesolithikum	515
5.8.3	Neolithikum	515
5.8.4	Kupferzeit	525
5.8.5	Bronzezeit	525
5.8.6	Eisenzeit	527
5.8.7	Klassische Antike bis Neuzeit	528
5.9	**Die biologisch-ökologische Sonderstellung des Menschen**	529
5.10	**Die geistig-kulturelle Sonderstellung des Menschen**	531
5.10.1	Lernen, Intellekt, Erinnerung	532
5.10.2	Evolutionäre Erkenntnistheorie	533
5.10.3	Ethik, Sittlichkeit, Moral	538
5.10.4	Evolutionäre Medizin	545
Literatur		547
Stichwortverzeichnis		553

Verzeichnis der eingeladenen Exkurs-Verfasser

Prof. Dr. Detlev Arendt
Universität Heidelberg
Centre for Organismal Studies
Im Neuenheimer Feld 230
69120 Heidelberg
detlev.arendt@cos.uni-heidelberg.de

Prof. Dr. Hans Fricke
Traubinger Str. 47
82327 Tutzing
hfricke@jago-sub.de

Dr. Meinolf Hellmund
Zentralmagazin Naturwissenschaftlicher
Sammlungen
Geiseltalmuseum
Domstraße 5
06108 Halle / Saale
meinolf.hellmund@zns.uni-halle.de

Prof. Dr. Thomas Holstein
Universität Heidelberg
Centre for Organismal Studies
Im Neuenheimer Feld 230
69120 Heidelberg
thomas.holstein@cos.uni-heidelberg.de

Prof. Dr. Uwe Jürgens
Deutsches Primatenzentrum
Zentrum für Neurobiologie des Verhaltens
Kellnerweg 4
37077 Göttingen
ujuerge@gwdg.de

Prof. Dr. Harald Lesch
Universität München
Institut für Astronomie und Astrophysik
Scheinerstr. 1
81679 München
lesch@usm.uni-muenchen.de

PD Dr. Jens Mayer
Universitätsklinikum des Saarlandes
Humangenetik
Geb- 60
66421 Homburg
jens.mayer@uniklinik-saarland.de

Dr. Gerald Mayr
Forschungsinstitut Senckenberg
Senckenberganlage 25
60325 Frankfurt/Main
gerald.mayr@senckenberg.de

Prof. Dr. Heiner Niemann
Institut für Nutztiergenetik Mariensee
Höltystraße 10
31535 Neustadt am Rübenberge, Mariensee
heiner.niemann@fli.bund.de

PD Dr. Martina Paulsen
Universität des Saarlandes
FB 8.3 Biowissenschaften
PF 151150
66041 Saarbrücken
m.paulsen@mx.uni-saarland.de

Prof. Dr. Dr. h. c. Peter Sitte
Lerchengarten 1
79249 Merzhausen

Prof. Dr. Eckart Voland
Zentrum für Philosophie und Grundlagen der
Wissenschaften
Rathenaustr. 8
35394 Giessen
eckart.voland@phil.uni-giessen.de

Verzeichnis der eingeladenen Exkurs-Verfasser

Prof. Dr. Gerhard Vollmer
Professor-Döllgast-Straße 14
86633 Neuburg/Donau
gerhard.vollmer@gmx.de

Prof. Dr. Jörn Walter
Universität des Saarlandes
FB 8.3 Biowissenschaften
PF 151150
66041 Saarbrücken
j.walter@mx.uni-saarland.de

Prof. Dr. Gottfried Wilharm
Robert-Koch-Institut
Bereich Wernigerode
Burgstraße 37
38855 Wernigerode
wilharmG@rki.de

Prof. Dr. Karl Zilles
Forschungszentrum Jülich
52425 Jülich
k.zilles@fz-juelich.de

1 Evolutionsbiologie: Geschichte und Fundament

**Charles Darwin
(Eckstein, Berlin)**

1.1 Geschichte der Naturerkenntnis und der Evolutionstheorie

Naturerkenntnis und Biologie gehen auf zwei Traditionen zurück, die im östlichen Mittelmeerraum entstanden:
- eine mindestens 4000 Jahre alte medizinische, z. B. in Ägypten und – später – bei Hippokrates, sowie
- eine naturgeschichtliche, die gut 2500 Jahre alt ist und mit ionischer Naturphilosophie und Aristoteles beginnt.

Auf der medizinischen Tradition beruhen vor allem Anatomie, Physiologie und Pflanzenkunde, auf der naturgeschichtlichen im Wesentlichen Systematik, Ökologie, vergleichende Disziplinen und Evolutionsbiologie. Medizinische und naturgeschichtliche Traditionen blieben über die Botanik verbunden. Die moderne Biologie hat ihren Ursprung im 19. Jahrhundert. Ein besonders wichtiges Jahr war 1859, in dem Charles Darwins *„Origin of Species"* erschien.

1.1.1 Die Antike: Griechenland und Rom

Die ionische Naturphilosophie, die Vorsokratiker

Mit den Vorsokratikern beginnt das rationale Nachdenken über Kosmos, Natur und Philosophie. Sie waren Naturphilosophen, die bestrebt waren, die Welt zu verstehen. Sie gingen kritisch vor und stellten sogar schon die Frage, ob die wissenschaftlich-rationale Methodik für die empirischen Wissenschaften unerschütterliche Gewissheit bringen kann. Die ersten Vertreter dieser Naturphilosophen lebten in den griechischen Kolonien an der ionischen und thrakischen Küste und in Unteritalien. Wichtige Vertreter sind:

Thales von Milet (um 624 bis 546 v. Chr.): Thales war ein Wegbereiter. Er beschäftigte sich mit praktischer und theoretischer Mathematik, war Ingenieur, Astronom (Vorhersage der Sonnenfinsternis von 585 v. Chr.) und Weiser. Aristoteles zufolge war er Urheber der naturphilosophischen Erklärungsweise. Thales entmythologisierte natürliche Phänomene. Er vermutete, dass die Welt aus dem Wasser entstanden sei.

Anaximander (Milet, um 611 bis 546 v. Chr.): War Schüler von Thales und schuf einen großen systematischen Entwurf zur Erklärung der natürlichen Phänomene. Er fragte systematisch, z. B. wie entstand die Erde, wie entstanden die Gestirne, wie das Universum, wie das Wasser, und umriss eine Kosmologie und Kosmogonie. Am Anfang der Welt steht eine gewaltige Explosion. Er stellte Berechnungen an und schrieb seine Erkenntnisse nieder. Er entwarf auch eine Anthropo- und Zoogonie: die ersten Lebewesen entstanden im Wasser, im weiteren Verlauf der Entwicklung sind sie aufs Trockene gewandert. Der Mensch ist aus einem Fisch entstanden und diesem anfänglich ähnlich gewesen. Er beschreibt Gesetzmäßigkeit, Notwendigkeit und Unentrinnbarkeit kosmischer Gesetze.

Anaximenes (Milet, um 585 bis 525 v. Chr.): Er schließt an Anaximander an, ist aber weniger spekulativ und pragmatischer; er versucht, Theorien den Tatsachen anzupassen; er führt den Gedanken der Verwandlung der Stoffe ein, was bis heute (Masse/Energie) die Physik beschäftigt.

Pythagoras (geboren um 570 v. Chr. auf Samos, starb in Kroton, Süditalien, um 500 v. Chr.):
Über ihn wissen wir vor allem durch Aristoteles. Er beschäftigte sich insbesondere mit Zahlen, Zahlenverhältnissen und der Ordnung der Welt. Zahlen bringen die seienden Dinge zum Ausdruck. Er beschäftigte sich mit der Beziehung von Zahlen und Tönen der Musik (Harmonie der Sphären). Zahlen sind Wesenheiten, die sich in verschiedenen Erscheinungen äußern, und nicht nur Einheiten im engen mathematischen Sinne. Satz des Pythagoras: Bei einem gleichschenkligen, rechtwinkligen Dreieck ist das Quadrat der Hypotenuse die Summe der Quadrate der beiden anderen Seiten.

Alkmaion (Kroton, Süditalien, spätes 6. bis frühes 5. Jahrhundert): Interessierte sich für Natur, Physiologie, Medizin und Embryologie. Erkannte, dass das Gehirn das zentrale Organ der Wahrnehmung und Erkenntnis war.

Xenophanes (um 570 bis 475 v. Chr.): stammte aus Kolophon, Ionien, und lebte dann in Unteritalien.

Er war Erkenntnis- und Religionskritiker, ein aufklärerischer Geist. Der Regenbogen ist nicht Iris, die Götterbotin, sondern eine besondere Wolke (die korrekten Verhältnisse beschrieb wohl erst Dietrich von Freiberg, ca. 1240 bis ca. 1318/20). Lebewesen entstehen aus einem Urschlamm, was er aus der Beobachtung von fossilen Schnecken und Muscheln in Gebirgen und weit im Binnenland schloss. Das Meer ist die Quelle der Wolken, Wolken sind die Quelle von Regen und Wind; wir alle sind aus Erde und Wasser geboren.

Heraklit (Ephesos, um 550 bis 480 v. Chr.): Sein Denken wird beherrscht von der Vorstellung, dass einerseits alles einem ständigen Prozess von Werden, Wandel und Vergehen unterliegt und dass andererseits alles eins ist; alles ändert sich kontinuierlich und bleibt dennoch gleich. Es gibt ein immanentes tragendes Prinzip. Die Welt besteht schon immer und wird in Ewigkeit bestehen.

Parmenides (Elea, Unteritalien, 540/535 bis 483/475 v. Chr.): Parmenides ist – neben Zeno und Melissos – der wichtigste Vertreter der „Eleaten". Er dachte über Bedingungen der Erkenntnis nach und die Sicherheit von wissenschaftlichen Aussagen. Er war der Auffassung, dass Tatsachen vor der Theorie gebildet werden (nicht umgekehrt) und beruft sich auf religiöse Entrückung und Offenbarung. Er analysiert aber Begriffe und argumentiert logisch und bleibt in seiner Beweisführung kritisch. Nur rein theoretische Aussagen erreichen unerschütterliche Gewissheit, empirische nicht. Er erkannte, dass die Erde kugelig ist (**Eratosthenes von Kyrene**, 290 bis 214 v. Chr., bestimmte als Erster korrekt den Erdumfang). Mondlicht ist von der Sonne geborgtes Licht, der Abendstern ist derselbe wie der Morgenstern. Es gibt Beziehungen zu Platon: Die wirkliche Welt ist das ewige Sein; es gibt den Dualismus: Erscheinung/Wirklichkeit. Zur Wahrheit führt das Denken (nicht die Sinne – so auch Heraklit).

Anaxagoras (geb. um 500 v. Chr. in Klazomenai bei Smyrna (heute Izmir), gest. 429 v. Chr. in Lampsakos in Kleinasien) lebte lange in Athen (Freund von Perikles, Euripides u. a.). Das Meiste über seine Gedanken wissen wir durch Aristoteles. Er war Physiker, Mathematiker, Astronom, Chemiker, wirkte als „Aufklärer". Musste Athen wegen der Anklage der „Gottlosigkeit" verlassen. Nimmt kein Entstehen und Vergehen an. Es gibt unendlich viele Substanzen oder Samen, die in unendlich kleinen Bestandteilen in allen Dingen von Anfang an vorhanden waren. Man kann also von einer Art qualitativem Atomismus sprechen. Welche Kraft bewegt diese Teilchen? Anaxagoras: das Nous. Was ist das Nous? Eine Art geistiger Stoff (Materie), ein Vernunftstoff. Aus dem schlammartigen Urzustand der Erde gingen, befruchtet von aus Luft und Äther niederfallenden Keimen, die Lebewesen hervor. Sein Schüler **Diogenes von Apollonia** hat über physiologische Themen spekuliert und das Gehirn als Sitz des Denkens angesehen.

Demokrit (470/460 v. Chr. bis 390/370 v. Chr.) Er wurde 90–100 Jahre alt und lebte in Abdera (Thrakien). Aristoteles erwähnt einen Vorgänger und Freund Demokrits, **Leukippos**, der offenkundig ähnliche „atomistische" Gedanken entwickelt hatte wie Demokrit.

Demokrits bekannteste Leistung ist seine Lehre von den Atomen. Es gibt (wie bei den Eleaten) ein ewiges in allem Wechsel beharrendes Sein. Dieses Sein besteht aus unendlich vielen Substanzen, die ihrerseits aus zahllosen kleinsten mit den Sinnen nicht mehr wahrnehmbaren Körperchen bestehen, die nicht mehr teilbar sind und daher A-tome (Nicht-Teilbare) genannt werden. Sie sind ungeworden, unvergänglich, voll und körperlich. Sie sind aber verschieden an Gestalt, Lage und Größe, ihre Unterschiede sind also rein geometrisch. Sie heißen auch *schêmata* oder *ideai* (Formen und Gestalten). Damit sie sich bewegen können, muss es neben ihnen einen „leeren" Raum geben. Durch ihre Bewegungen entstehen die Welten, wir gehören nur einer von zahllosen Welten an! Aus schweren Atomen entstand die Erde, aus leichteren Luft, Himmel und Feuer. Er hat auch versucht, die Atom-Lehre auf die Biologie anzuwenden. Seine quantitative Naturauffassung ist grundlegend für die moderne Naturwissenschaft geworden. Der Atomismus ist die erste mechanistische Weltanschauung. Ein weiterer wichtiger Gedanke: Alles geschieht aus einem Grunde und unter dem Zwang der Notwendigkeit, die auch den Zufall in enge Schranken verweist. Er sieht – wie die moderne Evolutionstheorie – ein Zusammenspiel von Zufall und Gesetzmäßigkeiten. Dennoch spricht er den Sinneswahrnehmungen eine gewisse Gültigkeit zu und leugnet Erscheinungen nicht.

Abb. 1.1 Platon und Aristoteles auf einer Darstellung von Raffael. Platon (mit weißem Bart und den Gesichtszügen Leonardo da Vincis) weist mit der rechten Hand zum Himmel, dem Sitz der Ideen. Aristoteles deutet auf die Erde

Die Großen: Platon und Aristoteles

Platon (lat. Plato, **Abb. 1.1**) geb. 428/427 v. Chr. in Athen und dort 348/347 v. Chr. 80-jährig gestorben, Schüler des Sokrates, Reisen nach Sizilien und Unteritalien sowie möglicherweise nach Ägypten, kennt und verarbeitet das gesamte Denken, das ihm vorangeht. Gründet die „Akademie" (benannt nach dem Stadtheiligen von Athen, Akademos, in dessen Hain die Akademie gebaut wurde). Die Akademie ist Urbild der europäischen Universität mit ihrer Einheit von Forschung und Lehre. Sie bestand gut 900 Jahre und wurde erst von Justinian 529 n. Chr. geschlossen. Platon gehört mit Aristoteles zu den größten Philosophen des Abendlandes, seine Dialoge gehören zur Weltliteratur, die alle spätere Philosophie und die Grundlagen der Politik, Ethik, Erkenntnis- und Gerechtigkeitstheorien u. v. a. beeinflussen. Er hat ein tiefes Verständnis für die Mathematik.

Für die Biologie ist er durch Systematisierung des Denkens, seine Ideenlehre und den Dialog „Timaios" bedeutsam. In diesem Werk sind seine Gedanken zu Kosmos und Natur niedergelegt. Platon geht von der Einheit allen Wissens aus und erörtert auf hohem Wissensstand Organsysteme des Körpers des Menschen, z. B. Herz-Kreislauf-System und aktiven und passiven Bewegungsapparat, den er naturwissenschaftlich mechanistisch erklärt; das Mechanische steht im Dienst des Lebendigen, der Stoff richtet sich nach dem Zweck aus. Er erkennt Wesentliches des Nervensystems: im Körper ist ein Kettensystem seelischer Präsenz vorhanden, das vom Gehirn ausgeht und über das Rückenmark bis in alle Extremitäten reicht. Er sieht außerdem, dass alle Lebewesen einen Wandel erfahren und beschreibt die Kunst des Züchters, der aus Wildpflanzen umfassend ertragreiche Kulturpflanzen schuf. Anders als Aristoteles sieht Platon in der ganzen Natur teleologische Kräfte am Werk. Er richtet sich gegen die Entgöttlichung der Natur.

Von größter, bis heute andauernder Bedeutung ist Platons Ideenlehre. Er vertritt einen eindeutigen Universalien-Realismus, dem zufolge das Allgemeine (z. B. die Begriffe Pferd, Mensch, Tisch) als Idee vor dem individuellen Pferd, dem einzelnen Menschen oder dem einzelnen Tisch existiert. Bei Aristoteles liegt das Allgemeine im einzelnen Ding oder Tier. Den sichtbaren individuellen Phänomenen auf der Erde liegen seiner Auffassung zufolge also ewige immaterielle und unveränderliche Ideen zugrunde. Die Ideen sind etwas eigenständig Seiendes, das objektiv und unabhängig von unserer Vorstellungswelt existiert. Unsere Welt des Körperlichen hat ihr Sein nur in der Teilhabe an der Welt der Ideen. Den Einzelideen ist die Idee des Guten übergeordnet, die allem Maß, Ordnung und Einheit verleiht. Platon versteht unter dem Begriff „Idee" eine selbst nicht sichtbare, aber allem Sichtbaren zugrunde liegende Gestalt (Höffe 2005). Die Diskussion über die Ideen hält bis heute an, auch Platon problematisiert die Ideenlehre. Das Wesentliche erscheint unbestreitbar: das tägliche Wissen ist auf Elemente angewiesen, die man nur denken, aber nicht sehen kann (Höffe 2005).

Aristoteles (**Abb. 1.1**) ist einer der wichtigsten Lehrer der Menschheit (Höffe 2009). Er wurde 384 v. Chr. in Stagira (Ostküste der Chalkidike) geboren und starb 322 v. Chr. auf Euböa. Sein Vater war Arzt am makedonischen Königshof. Mit 17 Jahren trat er in Platons Akademie in Athen ein. Er war hier über 20 Jahre lang tätig, zuerst als Lernender, dann auch als Lehrender. Er war Schüler von Platon, sein Denken entwickelte sich langsam in eine eigenständige Richtung, er blieb aber Platon auf sachliche Art und Weise verbunden: Ich liebe Platon, aber noch mehr liebe ich die Wahrheit.

Im Jahre 347 v. Chr. musste Aristoteles aus politischen Gründen Athen verlassen und lebte zunächst unter dem Schutz des philosophisch an der Akademie gebildeten Fürsten (Tyrannen) Hermias von Atarneus und Assos an der kleinasiatischen Küste und dann auf Lesbos, wo die enge Beziehung zu Theophrast, seinem wichtigsten Schüler (s. u.) entstand. Um 342 v. Chr. wurde er für drei Jahre Lehrer des damals 13-jährigen Alexanders, des Sohns des makedonischen Königs Philipp II. 335/334 v. Chr. kehrte er nach Athen zurück. Hier begann er seine eigene Forschungs- und Lehrtätigkeit im Lykeion, einem öffentlichen Gymnasium, das in Form einer Wandelhalle (Peripatos) gebaut war. Erst Theophrast hat hier später eine eigene aristotelische Schule begründet, die peripatetische Schule genannt wurde, weil Lehrer und Schüler gern im Gehen Gedanken entwickelten und diskutierten. Alexanders Tod im Jahre 323 bewirkte erneut einen politischen Umschwung in Athen, in dessen Verlauf Aristoteles – wie zuvor Sokrates – mit einer Anklage wegen Gottlosigkeit bedroht wurde. Er verließ daher die Stadt 322 und zog sich mit seiner Familie nach Euböa zurück, wo er noch im selben Jahr starb.

Aristoteles hat ein einzigartig reichhaltiges Werk hinterlassen. Es gibt fast nichts, vor dem sein Interesse Halt machte. Seine außerordentliche intellektuelle Neugier richtete sich auf alle Bereiche der Natur, des sozialen Zusammenlebens und der geistigen Welt. Er beobachtete selbst, sprach mit Fachleuten, studierte alle zur Verfügung stehende Literatur vorurteilsfrei, analysierte und bildete synthetische Urteile. Er bleibt immer undogmatisch und bearbeitete Logik, Dialektik, Methodik des Wissens, Naturkunde, Metaphysik, Ethik, Politik, Rhetorik, Gerechtigkeit u. a. Als Zoologe wurde er der wichtigste Naturforscher des Altertums, der viele Jahrhunderte nicht übertroffen wurde. Auch Darwin sah in ihm einen der größten und besten Beobachter der Natur aller Zeiten. Die Logik des Aristoteles, die Sicherheit, Klarheit und Konsequenz seiner Begriffsbestimmungen haben die Sprache der Wissenschaft geschaffen.

Für Aristoteles ist das Seiende das sich in den Erscheinungen selbst entwickelnde Wesen (hier kann der Gedanke an das moderne Begriffspaar Genotyp/Phänotyp aufkommen). Seiendes entspringt Seiendem, nie Nicht-Seiendem. Im 19. Jahrhundert n. Chr. nennt Louis Pasteur dies: *omne vivum ex vivo*. Es gibt bei Aristoteles auch Spontangenese (z. B. bei einfachen niederen Lebewesen), die Materie hat in sich Potenzen zur Veränderung. Bewegung, Entwicklung und Wandel sind Schlüsselbegriffe für sein Verständnis der Welt, wörtlich: die Natur ist ein Prinzip von Bewegung und Wandel, oder: die Natur schafft nichts ohne Bedeutung; verborgene zielgerichtete Kräfte haben für ihn keine wesentliche Bedeutung. Alles Erkennen (des Menschen) beginnt mit Sinneswahrnehmung und wird durch den aktiven Geist mittels Abstraktion in eine gedankliche Form gebracht. Diese Auffassung gilt in der Naturwissenschaft weit verbreitet bis heute.

Ausführlich setzte er sich mit den Ursachen der Dinge auseinander und bezieht auch den Zufall und das Spontane in den Kreis möglicher Ursachen ein. Für Biologie und Zoologie bildet sein Werk noch heute wichtige Grundlagen, z. B. in den Schriften „Über die Teile der Tiere" und „Über die Entstehung der Tiere". Er vertritt eine systematische Einführung in Klassen, Gattungen und Arten auf der Grundlage von natürlichen Merkmalen. Er entwickelt die Epigenesis-Lehre, d. h. in der Entwicklung entstehen die Organe langsam nach- und nebeneinander, zuerst entstehen Gattungs-, dann Artmerkmale.

Aristoteles unterschied einfache (niedere) von höheren Lebewesen, den Menschen schließt er in diesen Kreis der höheren Lebewesen ein, in seiner Schrift „Über die Seele" behandelt er die Grundlagen der Biologie einschließlich der Humanbiologie, seine Psychologie ist Naturwissenschaft. Er untersuchte, vor allem am Huhn, die individuelle Entwicklung vom Ei über den Embryo zum erwachsenen Individuum. Er studierte nicht nur Anatomie und Physiologie, sondern auch Vogelzug und Fischwanderungen. Ausführlich hat sich Aristoteles auch mit Anatomie und Verhalten des Aals beschäftigt, der ein beliebter Flussfisch war. Er versuchte auch, Licht ins Dunkel der rätselhaften Fortpflanzung des Aals zu werfen, fand aber nichts Handfestes und meinte schließlich, er entstamme dem „Gedärm der Erde" (was nicht zu seiner generell vertretenen Linie „Seiendes entsteht aus Seiendem" passt). Der Kiefer- und Zahnapparat der Seeigel trägt noch heute seinen Namen (Laterne des Aristoteles). Er selbst war undogmatisch, pragmatisch und flexibel und setzte sich mit anderen Auffassungen immer sachlich und tolerant auseinander, leere Begriffsbestimmungen waren ihm fremd. Spätere Schüler und Verfechter seiner Gedanken brachten meistens nicht die wissenschaftstheoretische Toleranz auf, die Aristoteles kennzeichnete. Im Gegensatz zu den Naturforschern der Moderne (seit Bacon und Descartes) geht es Aristoteles nicht um Nutzung und Beherrschung der Natur.

Theophrast (geboren 371 v. Chr. auf Lesbos, gestorben 285 v. Chr. in Athen) war ein sehr angesehener Schüler und Freund von Aristoteles. Er folgte ihm in der Leitung des Lykeion und hatte zeitweilig bis zu 2000 Hörer. Nach Aristoteles Tod leitete er auch die peripatetische Schule. Er hat, wie Aristoteles, versucht, die Möglichkeit eines Brückenschlages zwischen der Trennung von Gedachtem und sinnlich Erfahrbarem zu erkunden. Er schuf neben vielen anderen zwei wichtige botanische Werke, „Ursachen des Pflanzenwuchses" (ein Lehrbuch der allgemeinen und angewandten Botanik) und „Geschichte der Pflanzen" (Lehrbuch der Bäume, Sträucher, Kräuter und Arzneipflanzen) und definierte die verschiedenen Pflanzenorgane, wie z. B. Rinde, Holz, Mark, Blatt, Blüte, Frucht und Samen (z. B. *angeiospermos* und *gymnospermos*).

Hellenismus, Rom

Die berühmten medizinischen Schulen in Alexandria, wo unter anderem **Herophilos** und **Erasistratos** um 300 v. Chr. lehrten, brachten zwar manche Entdeckungen hinsichtlich der Anatomie des Menschen, aber keine weiterführenden allgemeinen Konzepte. Auch die Naturgeschichte der Römerzeit kam nicht über Aristoteles hinaus. **Lucretius Carus** (Lukrez, 97 v. Chr. bis 55 v. Chr.), römischer Dichter und Philosoph, entwarf in seinem Lehrgedicht „*De rerum natura*" ein Bild von der Natur, welches erst im 19. Jahrhundert durch die Evolutionstheorie ersetzt wurde. Die Vielfalt der Arten erklärte er durch Urzeugung. Berühmtheit erlangte **Plinius** (Gaius Plinius Secundus, geboren 23 n. Chr. in Como, gestorben 79 n. Chr. bei Betrachtung des Ausbruchs des Vesuvs). Er stellte das Wissen seiner Zeit zusammen und brachte vor allem im Bereich der praktischen Landwirtschaft viele neue und dauerhaft gültige Einsichten. Sein Werk blieb für ca. 1500 Jahre in Europa die wichtigste Quelle für viele Naturforscher.

Dioskurides (1. Jh. n. Chr.) berichtete in seiner Materia Medica über mehr als 400 Arzneipflanzen und ihre medizinische Verwendung. Er schuf damit eine Phytomedizin, die teilweise bis heute aktuell ist. Fast 1000 Jahre lang nach Dioskurides und Plinius wurde das botanische Wissen nicht wesentlich erweitert. Erst Ibn Al-Baytar (ca. 1180 bis 1248) stellte ca. 1400 Pflanzen unter dem Aspekt der Heil- und Nahrungsmittel zusammen.

Diese kurze Übersicht über philosophische und naturwissenschaftliche Vorstellungen und Theorien in der griechischen Antike zeigt, dass sich das Thema Entwicklung, also Evolution, wie ein roter Faden durch die Gedankenwelt der griechischen Naturphilosophie zieht. Unverkennbar ist die Zweckmäßigkeit, die uns in der belebten Natur gegenübersteht (Vollmer 2010). Ob aber die Entwicklung zielgerichtet (teleologisch) verläuft oder nicht, ist eine weitere, damals wie heute diskutierte Frage. **Teleologie** bzw. teleologisches Denken geht davon aus, dass Entwicklung auf ein Ziel zuläuft. Als Ziel der Evolution wird – auch heute noch – oft der Mensch angesehen. **Teleonomie** ist keine Lehre, sondern eine Eigenschaft; sie ist „Gen-erhaltende Zweckmäßigkeit" auf der Basis eines evolutiv entstandenen (genetischen) Programms (Vollmer 2010).

1.1.2 Das Mittelalter

Das Mittelalter ist durch verschiedene geistige Strömungen gekennzeichnet, die sich aus der griechischen sowie der römischen Antike, aus dem Christentum und aus islamischer sowie auch jüdischer Philosophie speisen. Die daraus resultierenden unterschiedlichen Positionen führen z. T. zu heftigen Umbrüchen. Ein entscheidender Aspekt, der das intellektuelle Leben vorantreibt, besteht darin, dass das Gesamtwerk von Aristoteles allen Interessierten vollständig bekannt wird. Dies wird dadurch erreicht, dass lateinische Übersetzungen erarbeitet werden, die die überragende Bedeutung des Aristoteles ins Bewusstsein bringen. Zum Teil dienen gar nicht altgriechische Texte, sondern aus diesen hervorgegangene arabische Übersetzungen als Vorlage. Leider kommt es im Spätmittelalter oft zu einer erstarrten Dogmatisierung seines Werkes, was ihn bei eigenständigen Denkern, die sein Werk aber nicht im Original kannten, oft in Misskredit bringt. Erst im 19. und vor allem im 20. Jahrhundert wird seine universelle, grundlegende und philosophische Bedeutung wieder erkannt. Ein weiterer wichtiger Aspekt, der das mittelalterliche geistige Leben kennzeichnet, ist die Gründung von Universitäten, beginnend in Bologna (Gründungsdatum umstritten, da die Universität sich schrittweise formierte, zwischen 1088 und 1130), dann in vielen anderen Städten, z. B. in Paris (1200), Oxford (1214), Salamanca (1218), Neapel (1224), Prag (1348), Wien (1365) und Heidelberg (1386). Die Universitäten entstehen in aufblühenden Städten; ihre geistige Beweglichkeit und Neugier ruft in unterschiedlichem Ausmaß, aber z. T. heftig, den Widerstand der Kirche hervor, die zuvor das Ausbildungsmonopol in Kloster- und Domschulen besaß.

Im gesamten Mittelalter gibt es eine Art Grundschule mit einem „Bildungsprogramm", das aus den sieben sogenannten freien Künsten (*Artes*) bestand: Grammatik, Rhetorik, Dialektik (umfasste weite Teile der Philosophie), Arithmetik, Geometrie, Musik und Astronomie. Diese Künste standen vor allem denjenigen offen, die nicht unter Beschäftigungszwang standen, und bereiteten auf die höheren Fakultäten vor, nämlich Theologie, Recht und Medizin. Aus dieser Aufzählung geht hervor, dass die Biologie im geistigen Leben der Zeit generell keine wichtige Rolle gespielt hat. Es gab jedoch auch Ausnahmen.

In Mitteleuropa führte die Mystikerin und Benediktinerin **Hildegard von Bingen** (1098 bis 1179) einerseits die Tradition von Dioskurides fort, andererseits erweiterte sie die Kenntnis der Pflanzenwelt erheblich und widmete sich vor allem deren medizinischer Nutzung. Von großer Bedeutung war der umfassend gebildete Gelehrte und Kirchenlehrer **Albertus Magnus** (1193 bis 1280), der u. a. in Paris lehrte und zuletzt Bischof in Köln war. Er gab wichtige Kommentare zu Aristoteles heraus und erörterte viele philosophische Fragen theologiefrei. Er verteidigte die Freiheit, auch ohne Theologie über die Herkunft der Welt nachzudenken. Er förderte die sonst verbreitet vernachlässigte erfahrungsabhängige Naturforschung. In seinem „Thierbuch" finden sich neben Kommentaren zu Aristoteles sieben Kapitel mit eigenen Beobachtungen. Seine Schilderungen erweisen ihn als unabhängigen Geist und Forscher, was sein „Thierbuch" wohltuend abhebt von vielen zeitgenössischen Tierbüchern („Bestiarien"), in denen oft Fabelwesen und christliche Moral wundersam vermischt wurden. Der **Stauferkaiser Friedrich II** gründete nicht nur 1224 die Universität Neapel, sondern trat generell für eine aufgeklärte naturwissenschaftliche Lehre ein, und das gegen den Willen damaliger Päpste. Neapel war die erste europäische Universität ohne Päpstliche Bulle. Friedrichs Buch über die Beizjagd mit Falken erweist ihn als Meister naturwissenschaftlichen Beobachtens.

In mancher Hinsicht sind für die spätere Theorie der Evolutionsbiologie die Philosophen **Johannes Duns Scotus** (1265/66 bis 1308) und **Wilhelm von Ockham** (1286 bis 1349) von Bedeutung. Duns beschäftigt sich (u. a.) mit Begriffen, die die aristotelischen Kategorien (Quantität, Qualität, Substanz usw.) überschreiten (transzendieren) und die so allgemein sind, dass sie auf jedes Seiende zutreffen müssen. Duns entdeckt zu den bekannten klassischen Transzendentalien (das Eine, das Gute, das Wahre), die disjunktiven Transzendentalien, die entweder/oder zutreffen, z. B. notwendig/nicht-notwendig, endlich/unendlich, möglich/unmöglich, verursacht/unverursacht. Wilhelm von Ockham wird zum großen Denker der Kontingenz (= des Möglichen, aber nicht Notwendigen) und der Individualität – real ist nur das Einzelne in seiner Einmaligkeit. Notwendigkeit und Wahrheit gelten nicht länger als Eigenschaften der Dinge, sondern nur als solche von Sätzen. Er verfasst die wohl wichtigste Logik des späten Mittelalters, die in England z. T. bis in die Neuzeit gelehrt wird. Bekannt wurde in jüngerer Zeit wieder sein Ökonomieprinzip („Ockhams Rasiermesser"), das freilich schon in der Antike bekannt war und heute (in der Kladistik als „Parsimonieprinzip") eine Rolle spielt: *„pluralitas non est ponenda sine necessitate"* (zur Erklärung eines Sachverhaltes sind alle zur Begründung nicht notwendigen Argumente überflüssig und wegzuschneiden).

Ein wichtiges Problemfeld des mittelalterlichen Denkens wird unter dem Begriff **„Universalienstreit"** zusammengefasst. Es geht um die Frage, in welcher Form allgemeine Begriffe (*universalia*), wie

z. B. Gattungsbegriffe (Vögel) oder Artbegriffe (z. B. Mensch), zu bewerten seien und auf welche Weise sie sich zum individuellen Vogel oder Menschen verhalten. Diese Problematik wurde schon von Platon und Aristoteles durchdacht. Die Antworten auf diese Fragen fallen bis heute unterschiedlich aus und spielen in der heutigen Biologie z. B. eine Rolle bei Erörterungen des Artbegriffes. Für den **Universalienrealismus** kommt allein den Unversalien Existenz zu, die einzelnen Organismen oder Dinge sind lediglich Ableitungen der Universalien. Für den **Nominalismus** existieren nur die Individuen bzw. Einzeldinge, die Universalien sind lediglich Produkte des menschlichen Geistes.

Die naturwissenschaftlichen Kenntnisse der griechischen Antike wurden im Mittelalter insbesondere durch persische und arabische Gelehrte, Philosophen und Ärzte bewahrt, die vor allem Aristoteles kommentierten, weiterentwickelten und eigene Erfahrungen niederschrieben und die, ähnlich wie auch im Abendland, oft auf die Gegnerschaft der orthodoxen Theologen stießen.

Ibn Sina (980 bis 1037, latinisiert: **Avicenna**), ein persischer Philosoph und Arzt, ist von überragender Bedeutung in philosophischer Hinsicht. Sein „Kanon der Medizin" bleibt für Jahrhunderte maßgebend. Er betont die Nichtnotwendigkeit (Kontingenz) der Welt, wie es auch heute viele Evolutionsbiologen tun. Im seit dem 9. Jahrhundert unabhängigen Kalifat von Cordoba sammelten sich zahlreiche islamische Philosophen, die oft auch Mathematiker, Astronomen, Botaniker oder Mediziner waren; die Bibliothek des Kalifen von Cordoba umfasste schon im 10. Jahrhundert mehr als 100.000 Bände. **Ibn Rushd** (1126 bis 1188, latinisiert: **Averroës**) war der bedeutendste Denker im Westen der islamischen Welt. Er war Mediziner, Philosoph und Jurist, der u. a. vorbildlich einen gewaltigen Einfluss auch auf die damalige europäische geistige Welt ausübte; zeitweilig fiel er wegen mangelnder Rechtgläubigkeit in Ungnade.

In der islamischen Welt des Mittelalters erlebt auch die **jüdische Gelehrsamkeit** einen Höhepunkt. Isaak Israeli (ca. 850 bis 950) ist einflussreicher Mediziner und schrieb u. a. das „Buch der Fieber" und das „Buch vom Urin" und das naturphilosophische „Buch der Elemente". Über Jahrhunderte einflussreich blieb Rabbi Moses ben Maimon (Maimonides, 1135 bis 1204), der auch Arzt war und philosophischem Denken gegenüber offen blieb.

1.1.3 Renaissance und Humanismus

Die **Renaissance** bildet den Übergang vom Mittelalter zur Neuzeit und umfasst die Zeit von der zweiten Hälfte des 14. Jahrhunderts bis zum Ende des 16. Jahrhunderts. Renaissance soll bedeuten: Wiedergeburt des antiken Bildungsideals mit der Erziehung zu einem freien Menschen. Dazu gehört die Lösung von übermächtigen Autoritäten wie Kirche und Feudalgesellschaft. Platon wird stärker herausgestellt als Aristoteles. Vielfach kommt es zu einer „visionären" Weltsicht, z. B. bei dem großen Gelehrten **Giordano Bruno** (1548 bis 1600; s. u.). Die Bewegung beginnt in Italien und breitet sich über ganz Europa aus. Die philosophisch-schriftstellerischen Leistungen der Renaissance werden **Humanismus** genannt. Ein wichtiger, auch politisch weitblickend denkender Vertreter ist **Erasmus von Rotterdam** (1469 bis 1536). Es beginnt die Spaltung von Forschung und Wissenschaft in zwei Bereiche („Kulturen"):
- in die Geisteswissenschaften mit Sprachforschung, Literatur und Geschichtsforschung und
- in Mathematik, Naturwissenschaften und Medizin.

Padua wird ein Zentrum emanzipierter Naturwissenschaften, hier werden empirische Methoden entwickelt, hier lehrte Galilei. Die katholische Kirche widersetzt sich vielfach der Unabhängigkeit und Eigenständigkeit des Denkens, Forschens und Handelns. Mit Hilfe der Inquisition kann sie sich missliebiger Denker durch Folter und Verbrennung entledigen, insbesondere, wenn theologische Aussagen angezweifelt oder geleugnet werden. Besonders tragisch und exemplarisch ist die grausame Verbrennung Giordano Brunos, der die Inkarnation Gottes leugnete und zudem für das neue Kopernikanische Weltbild eintrat.

Mitte des 15. Jahrhunderts hatte **Johannes Gutenberg** (etwa 1397 bis 1468) mit einzelnen Buchstaben aus Blei die Grundlage für den Buchdruck

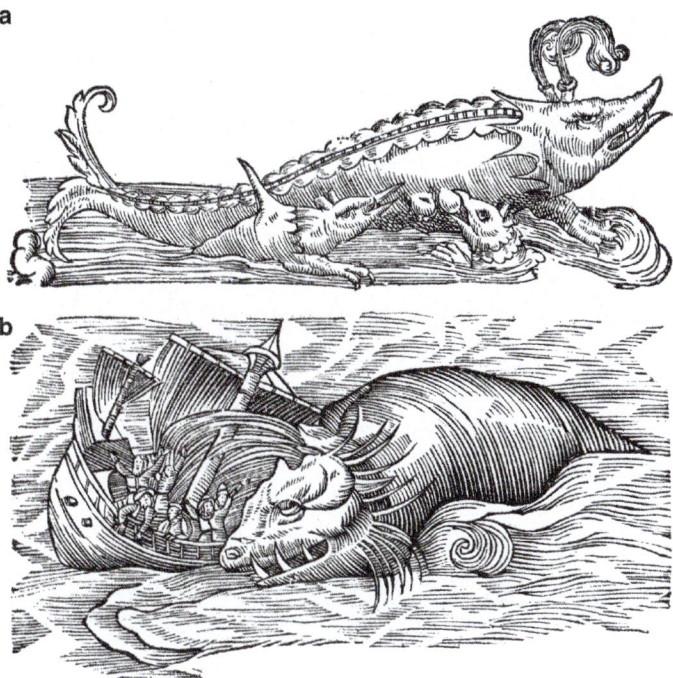

Abb. 1.2a, b Illustration aus der „Historia animalium". **a** „Wallfisch" mit „Meerschweinen", **b** „Wallfisch" beim „Unterdrücken eines Schiffes", das er durch seine „Röhren" (Nasenöffnungen) mit Wasser füllt. Aus Conrad Gesner (Ausgabe von 1670)

geschaffen. Bis zum Jahre 1500 waren in verschiedenen Ländern Druckereien entstanden; die *ars conservatrix*, die Kunst des Bewahrens war entstanden. Dadurch bekam auch der innovative Geist Flügel.

Nikolaus Kopernikus (1473 bis 1543) schuf das Werk „*De revolutionibus orbium coelestium*", welches er, um nicht in den Ruf eines Ketzers zu geraten, dem amtierenden Papst widmete. Seine Kernaussage, das heliozentrische Weltbild, rief jedoch Unmut hervor, selbst bei Luther und Melanchthon (s. auch Galilei, Kepler; s. **Abschn. 1.1.4**). Das erste gedruckte Exemplar seines Werkes wurde Kopernikus auf seinem Sterbebett überreicht – mit gefälschtem Vorwort.

Georgius Agricola (Georg Bauer; 1494 bis 1555) war ein Mann der Praxis. Er wirkte an verschiedenen Orten in Sachsen, u. a. als Bürgermeister von Chemnitz, und gilt als der Begründer der Geologie in Deutschland. Von ihm stammt der Begriff Fossilien, und er hat der Erde in unserem Sprachraum eine Geschichte gegeben.

Ein bedeutender Zoologe der Renaissance war der Züricher Arzt, Philologe und Bibliograph **Conrad Gesner** (1516 bis 1565), der neben vielen anderen Werken eine „*Historia animalium*" schrieb, das umfangreichste und bedeutendste Werk seiner Zeit über Tiere. Neu war, dass Gesner den Texten zahlreiche Illustrationen hinzufügte. Sein Nashorn beispielsweise stammte von Albrecht Dürer. **Abb. 1.2** zeigt, wie man sich damals Wale vorstellte.

Ein anderes großes zoologisches Werk der Renaissance wurde von dem Bologneser **Ulisse Aldrovandi** (1522 bis 1605) verfasst. **Pierre Belon**, geboren 1517 und ermordet von Straßenräubern 1564, bemühte sich um eine Systematik der Tiere, die auf äußeren und inneren anatomischen und funktionellen Merkmalen beruhte. Bei ihm finden sich Anfänge der vergleichenden Anatomie. Seine „*Histoire des oiseaux*" ist wegen der sorgfältigen Beobachtungen und Vergleiche von großer Bedeutung in der vergleichenden Anatomie geworden.

Auch die Botanik erlebte in der Renaissance eine deutliche Weiterentwicklung. Bedeutende Botaniker waren **Otto Brunfels** (1488 bis 1534), **Hieronymus Bock** (1498 bis 1554) und **Leonhart Fuchs** (1501 bis 1566; **Abb. 1.3a**), die auch als die „Deutschen Väter der Pflanzenkunde" bezeichnet werden. Sie schufen reich bebilderte „Kreuterbücher", die eine Identifizierung vieler Arten erlaubten. In den pharmazeutischen Anwendungsbeschreibungen beziehen sie sich noch weitgehend auf Dioskurides, Galen und Hippokrates. Fuchs stammte aus der Gegend von Nördlingen und war hochangesehener

Abb. 1.3 a, b a Leonhart Fuchs, Portrait aus dem Jahre 1541, **b** *Fuchsia*

Professor der medizinischen Fakultät der Universität Ingolstadt, die er aber als Lutheraner bald wieder verlassen musste. Er wirkte bis zum Ende seines Lebens in Tübingen; nach ihm ist die Gattung *Fuchsia* benannt (**Abb. 1.3b**).

Schon in dieser Zeit ist eine Gruppierung der Pflanzen nach gemeinsamen Merkmalen zu finden, die z. T. einigen der heutigen Familien entsprechen, wie z. B. Gräser, Liliaceen, Orchideen, Umbelliferen, Labiaten, Compositen und manchen anderen. Die Anfänge der Pflanzensystematik sind insbesondere mit Botanikern wie **Andrea Cesalpino** (1519 bis 1603), **Caspar Bauhin** (1560 bis 1624), der erstmals Gattung und Art unterschied, und **Joachim Jungius** (1587 bis 1657) verbunden. Berühmt ist der „*Pinax theatri botanici*" von Bauhin, in dem bereits 6000 Arten genannt werden. Viele der verwendeten Gattungsnamen werden später von Linné übernommen.

Auch die Anatomie entwickelte sich in der Renaissance besonders rasch. Zu den Pionieren gehörten u. a. **Leonardo da Vinci** (1452 bis 1519) und **Jacob Sylvius** (1478 bis 1555). Zu den vielen großen Anatomen (**Falloppio, Fabrizio, Eustachio, Varolio** u.v. a.) gehörte auch **Andreas Vesalius** (geboren 1514 in Brüssel, verschollen 1564 während einer Pilgerreise nach Jerusalem), der Vater der modernen Anatomie; sein Hauptwerk „*De humani corporis fabrica*" entstand im Wesentlichen aufgrund seiner Tätigkeit in Padua und wurde 1543 in Basel gedruckt. Nach der Veröffentlichung dieses großartigen Werkes wurde er Arzt am Hofe Karls V. und später Philipps II. in Madrid, dessen schwieriger Charakter der Anlass war, wieder nach Norditalien zurückzukehren. Vesalius betonte, dass dem männlichen Körper keine Rippe fehlt; eine sollte der Bibel zufolge bekanntlich zur Erschaffung Evas entnommen worden sein.

Einen besonders bedeutenden Platz nahm die Erforschung des Herz-Kreislauf-Systems ein, dessen funktionelle und strukturelle Prinzipien **William Harvey** (1578 bis 1657) aufdeckte. Dies erfolgte mit rein wissenschaftlicher Methodik: Beobachtung, Experiment und quantitativen Berechnungen. Harvey arbeitete auch intensiv über die Embryonalentwicklung von Tieren.

1.1.4 Aufbruch in die moderne Wissenschaft, Rationalismus, Empirismus, Aufklärung

Mit der Wende vom 16. zum 17. Jahrhundert beginnt Zeitalter großer naturwissenschaftlicher Entdeckungen. Philosophen, Forscher, Juristen,

Mathematiker und z. T. Politiker suchen in Zeiten allgemeiner Unsicherheit, verkrusteter Universitäten und endloser Kriege auf der Suche nach Wahrheit einen festen Grund, dieser kann überwiegend im Bereich der Vernunft bzw. des Verstandes (lateinisch: *ratio*) oder im Bereich der Erfahrung (griechisch: *empeiria*) gesucht werden, wobei es breite Überlappungen gibt. Der **Rationalismus** will die Wirklichkeit aus Prinzipien des Denkens, der Mathematik und dem methodischen Beobachten erkennen, ein großes Beispiel ist **Isaak Newton** (1643 bis 1727). Für den **Empirismus** ist die Sinneserfahrung die Grundlage der Erkenntnis.

Der englische Lordkanzler und Jurist **Francis Bacon** (1561 bis 1626) ist der Visionär der Wissenschaft der neuen Zeit. Er entwirft das Bild einer Wissenschaft als Forschung, was zu einer Revolution der Wissenschaft führt. Ein wichtiges Werk ist das *„Novum Organum"* (neues Werkzeug, 1620). Die Wissenschaft lässt sich auf das Wagnis grenzenloser Wissbegier ein. Bacon schafft die gedankliche Begründung moderner Naturwissenschaft mit nachvollziehbaren Experimenten und „gerichtsfesten Beweisen" (*lawful evidence*). Neu ist weiterhin, dass Bacon es als die Pflicht der Wissenschaft ansieht, dem Wohl der Menschheit zu dienen. Er spricht in seinem Roman „Neu-Atlantis" (1627) von einer letztlich ruhelosen Republik der Forscher, die Abhilfe gegen Hunger, Krankheit und Unwetter suchen. Er starb im Laufe des einzigen von ihm selbst durchgeführten Experiments. Bei der Prüfung der Frage, ob sich die Haltbarkeit von geschlachteten Hühnern durch Ausstopfen mit Schnee verlängern ließe, zog er sich eine tödliche Lungenentzündung zu.

Galileo Galilei (1564 bis 1642) wird als Jahrhundert-Genie angesehen. Fast zwei Jahrzehnte war er Professor der Mathematik in Padua und wurde zu einem Schöpfer der modernen Physik und Astronomie. Er verhielt sich bei seinen Forschungen im Prinzip wie ein moderner Naturwissenschaftler. Mit seinem selbst gebauten Fernrohr erkundete er die Mondoberfläche und erkannte, dass die Milchstraße eine riesige Ansammlung von Sternen ist. Sein Werk „Sidereus Nuncius" (Sternenbote), 1610 in Venedig publiziert, wird als das einflussreichste Astronomie-Buch der Geschichte angesehen. Besonders bekannt wurde er durch seine mehrjährigen Auseinandersetzungen mit der katholischen Kirche, die ihn schließlich vor das Inquisitionsgericht brachte. Kern des Disputes war die Bewertung von geo- und heliozentrischem Weltbild. In den Augen der Kirche sollte die Erde – bibelkonform – im Mittelpunkt des Geschehens stehen (geozentrisches Weltbild), nicht die Sonne, um die verschiedene Planeten, u. a. die Erde, ihre Bahn ziehen (heliozentrisches Weltbild). Unter Androhung von Folter verlas Galilei schließlich seinen Widerruf und unterzeichnete ihn. 1992 wurde er offiziell von der katholischen Kirche rehabilitiert.

Johannes Kepler (1571 bis 1630) veröffentlichte – während des 30jährigen Krieges! – grundlegende Berechnungen unseres Sonnensystems. Er beschrieb die elliptische Bahn der Planeten – von Kopernikus war sie als kreisförmig angesehen worden. Krönung seiner astronomischen Studien war das Werk „*Harmonices mundi*", ein Foliant von 400 Seiten, in dem er die „Harmonie der Sphären" mathematisch bewies. Kepler erlebte es als Trost am Ende seines schweren Lebens, „nicht verbrannt zu werden".

John Ray (1627 bis 1705), der sich als Zoologe und Botaniker betätigte, systematisierte in seinem „*Methodus plantarum*" die Artbeschreibung, unterschied bereits Genera und Familien und ebnete so den Weg für Linné. Als weitere Wegbereiter Linnés sind **Joseph Pitton de Tournefort** (1656 bis 1708), **Pier Antonio Micheli** (1679 bis 1731) und **Johann Jacob Dillenius** (1687 bis 1747) zu nennen; letztere behandelten vor allem niedere Pflanzen (Algen, Pilze, Flechten, Moose).

Maria Sibylla Merian (1647 bis 1717) aus Frankfurt am Main widmete sich der Metamorphose von Schmetterlingen – in einer Zeit, als viele Zeitgenossen glaubten, Raupen entstünden im Schlamm.

Von großer Wichtigkeit für die Entwicklung der Biologie war die Erfindung neuer technischer Geräte, die den Erfahrungsraum vergrößerten. Hierzu gehört die Entwicklung des Mikroskops, mit dessen Hilfe die Erforschung biologischer Systeme wesentliche Fortschritte erzielte. Die ersten guten Instrumente baute **Antoni van Leeuwenhoek** (1632 bis 1723), ein Textilhändler und Autodidakt in Delft. **Marcello Malpighi** (1628 bis 1694) aus Bologna benutzte das Mikroskop als Arbeitsinstrument und begründete damit die Mikroskopische Anatomie der Tiere und der Pflanzen. Er machte zahlreiche Entdeckungen, und noch heute tragen

◘ **Abb. 1.4** Ausschnitt aus der Titelseite der Bibel der Natur von 1752 (Übersetzung ins Deutsche, einschließlich des Autorenamens Jan Swammerdam)

manche Strukturen seinen Namen, z. B. die Malpighischen Körperchen der Niere und die Malpighischen Gefäße am Darm der Insekten. Andere große niederländische Forscher auf mikroskopischem Gebiet waren **Jan Swammerdam** (1637 bis 1680) und **Reinier de Graaf** (1641 bis 1673). Von Jan Swammerdam stammt auch die Bibel der Natur, die ins Deutsche übersetzt wurde und deren Titelblatt (◘ **Abb. 1.4**) die Einstellung vieler damaliger Forscher widerspiegelt.

Im 17. Jahrhundert kam es zu immer neuen Entdeckungen auf dem Gebiet der Anatomie. **Thomas Bartholin** (geboren 1616 in Kopenhagen, gestorben daselbst 1680) entdeckte z. B. das Lymphgefäßsystem und noch heute seinen Namen tragende Drüsen an der äußeren Geschlechtsöffnung der Frau; **Francis Glisson** (1597 bis 1677) verfasste in Cambridge die erste Monographie über die Leber.

Giovanni Alfonso Borelli aus Neapel (1608 bis 1679) hatte es sich zur Aufgabe gemacht, die Phänomene des Lebens mechanistisch zu erklären. Sein bekanntestes Werk trägt den Titel „De motu animalium". Es ist der schwedischen Königin Christine, deren Arzt er zeitweilig war, gewidmet. **Nicolaus Steno** (Niels Stensen, 1638 bis 1686), ein vielseitiger dänischer Arzt, Anatom sowie Naturforscher und, nach Konversion, auch hoher katholischer Würdenträger, legte u. a. den Grundstein zur modernen Paläontologie und entwickelte klare Vorstellungen zur Entstehung von Landschaften.

Zusammenfassend lässt sich sagen, dass es insbesondere nach dem 14. Jahrhundert einen enormen Wissenszuwachs gab und dass sich das Denken der Menschen grundlegend änderte. Während man vorher Gewissheit durch Glauben erhalten hatte, trat jetzt das selbständige Denken verstärkt in den Vordergrund. Insgesamt stieg nun der Wert der Erfahrung.

1.1.5 Systematische Biologie

Im 18. Jahrhundert gab es ernsthafte Bemühungen, die Vielfalt zu ordnen und eine Systematik der Tier- und Pflanzenwelt zu erarbeiten. Eine dominante Position nahm in dieser Hinsicht der Schwede **Carl von Linné** ein.

Carl Linnaeus (◘ **Abb. 1.5a**), wurde 1707 in Råshult (Südschweden) geboren und starb 1778 in Uppsala. Wegen seiner wissenschaftlichen und medizinischen Verdienste wurde er geadelt, daher hieß er ab 1762 Carl von Linné. Sein primäres Interesse galt der Botanik, mit der er sich, wie schon sein Vater, von Kindheit an beschäftigte. Mit ungewöhnlicher Beobachtungsgabe sah er Gemeinsamkeiten und Unterschiede zwischen den Pflanzen seiner Heimat. Relativ früh schuf er sein epochales Werk „*Systema naturae*" (1. Auflage 1735), das in Leiden gedruckt wurde und zu seinen Lebzeiten zwölf Auflagen erlebte. Die 10. Auflage (1758) etablierte die binäre Nomenklatur (s. u.), und diese wird heute als Ausgangspunkt aller zoologischen Nomenklatur herangezogen. Bereits 1753 hatte er die binäre Nomenklatur für die Pflanzenarten in seinem Werk „*Species plantarum*" eingeführt. In der „*Systema naturae*" ist das System der Pflanzen und Tiere in einer z. T. noch heute brauchbaren Weise dargestellt. Linnaeus war kein radikaler Eiferer und Neuerer. Für ihn war die Natur von Gott geschaffen. Seine Vorstellung von Gott war eher allgemein, romantisch oder panthe-

Abb. 1.5 a–c a Carl von Linné, Gemälde von G. Lundberg, b *Linnaea borealis* und die „Hamburger Hydra", c *Rattus norvegicus*. Photo Reinhard

istisch. Besondere Förderung seiner Talente fand er schon früh in Holland, z. B. durch den großen Naturforscher Hermann Boerhaave. Linné bemühte sich immer um ein natürliches System, in dem die „drei Reiche der Natur" (Tiere, Pflanzen, Mineralien), eingeteilt in Klassen, Ordnungen, Gattungen und Arten, dargestellt wurden. Von Ray übernahm er zunächst die Auffassung, dass die Arten zu Beginn der Schöpfung erschaffen wurden und unveränderliche Einheiten darstellen. Dieses Konzept änderte er aber langsam. Bald musste er erkennen, dass die Grenzen zwischen den Arten manchmal unscharf sind und dass es Hybriden gibt. Er erwog daher, dass sich nach anfänglicher Schöpfung weniger Arten aus diesen neue Arten entwickelt haben könnten. In der letzten Auflage seines Werkes „*Systema naturae*" strich er den Satz, dass keine neuen Arten entstünden. Der große Erfolg seines Werks beruhte darauf, dass er 1753 die binäre (binominale) Nomenklatur in sein Werk einführte und ihr damit zum Durchbruch verhalf. Jede Art wurde mit zwei Namen gekennzeichnet, z. B. *Linnaea borealis* (Abb. 1.5b). Der erste Name ist der Gattungsname, der zweite das Epitheton; beide zusammen ergeben den Artnamen. Eine der vielen wissenschaftlichen Bezeichnungen, die auf Linné zurückgehen, ist *Rattus norvegicus* für die Wanderratte (Abb. 1.5c). Das Epitheton wählte er wegen seiner ausgeprägten Abneigung gegen Norwegen. Insgesamt sieht Linnés System folgendermaßen aus: die gesamte natürliche Welt wird in drei Reiche gegliedert: Tiere, Pflanzen, Mineralien.

Tiere und Pflanzen werden dann in Klassen, diese in Ordnungen und diese in Gattungen gegliedert. Die Gattungen (Genera, Singular: Genus) gliedern sich in Arten (Spezies).

Weiterhin schuf Linné die technischen Regeln, wie die Nomenklatur, die Beschreibung, die Kennzeichnung der Arten, Gattungen usw. zu handhaben sei. Auch für Synonyme erstellte er Regeln. Sein auf sorgfältiger Beobachtung beruhendes Gespür für natürliche Gruppierungen wird auch dadurch belegt, dass viele Pflanzengruppen, die er als natürlich bezeichnete, noch heute als gültige Gruppen angesehen werden. Bei den Tieren stellte er u. a. die Gruppe der Mammalia auf und ordnete diesen als erster die Wale und auch den Menschen zu. Den Menschen stellte er – sogar – in die Ordnung „Primates". Erwähnenswert ist jedoch auch die Gruppe „Paradoxa" mit Einhorn, Drachen und Satyr, angeführt von der Hamburger Hydra (Abb. 1.5b). Diese war ein Schmuckstück des Hamburgischen Naturalienkabinetts und wurde in der Hansestadt als „echt" angesehen. Als der 28-jährige Linnaeus das hoch beliebte Schauobjekt als Fälschung identifizierte, musste er umgehend die Stadt verlassen, um einer Anzeige zu entgehen.

Linné ist sicher einer der ganz Großen in der Geschichte der Biologie. Er selbst hielt sich für den größten Botaniker und Zoologen aller Zeiten und schätzte seine Klassifikation als den größten Fortschritt der Wissenschaft. Auf seinem Grabstein wollte er die Inschrift *Princeps Botanicorum* haben.

1.1.6 Die Evolutionsvorstellung entsteht

Ein großer Biologe des 18. Jahrhunderts war **Georges Louis Leclerc de Buffon**, der im selben Jahr wie Linnaeus, 1707, in Montbard, Burgund geboren wurde und 1788 starb. Sein Hauptwerk war die vielbändige *„Histoire naturelle générale et particulière"* Angeregt durch die großen Entdeckungen der Physik und Mathematik (Newton, Leibniz) suchte er nach Gesetzmäßigkeiten auch in der Biologie. Dabei versuchte er biologische Phänomene in das Gesamtbild aller Naturwissenschaften einzubauen. Mit dieser Vision ist er auch heute noch modern. Er durchschaute Vereinfachungen und Naivitäten in den Schriften Linnés und nahm auch gegen Schwachpunkte in dessen System Stellung. Buffon deutete schon an, dass sich Gruppen ähnlicher Arten durch Mischung, allmähliche Variation und „Entartung" der ursprünglichen Arten gebildet haben könnten. Alle Tiere, so meinte er, könnten „von einem einzigen hergekommen" sein. In seiner Schrift *„Epoques de la nature"* erkannte er eine Abfolge von verschiedenen Epochen und beschrieb Veränderungen und Klimawechsel im Laufe der Erdgeschichte. Er brach auch mit dem Dogma, dass die Erde erst vor ca. 6000 Jahren geschaffen sei und erkannte ihr viel höheres Alter; Angriffe der Kirche parierte er elegant. Obwohl er wusste, dass der allgemeine Kenntnisstand seiner Zeit nicht ausreichte, unangreifbare allgemeine biologische Konzepte aufzustellen, entwickelte er eine einflussreiche Organismustheorie, die gegen die Präformationstheorie (s. u.) gerichtet war und noch Darwin anregte. Sein Mitarbeiter war übrigens **Louis Daubenton** (1716 bis 1800), der die vergleichende Anatomie maßgeblich förderte und nach dem das Fingertier (*Daubentonia*) Madagaskars benannt wurde. Buffons Gedanken regten u. a. Cuvier, Bichat und Lamarck an.

Viele andere große Naturwissenschaftler des 18. Jahrhunderts entwickelten einzelne Gebiete weiter und kamen auf experimentellem Weg zu neuen Einsichten, z. B. in der Anatomie, Physiologie und Entwicklungsgeschichte (**Albrecht von Haller, Charles Bonnet, Lazzaro Spallanzani** u.v.a.). Bei der gedanklichen Interpretation der beobachteten Phänomene überrascht aber immer wieder das Ausmaß an z. T. spekulativen Interpretationen, was angesichts der Tatsache, dass es sich bei den Forschern dieser und auch früherer Zeiten um die geistige Elite handelte, stets eine gewisse Warnung in Hinsicht auf aktuelle Konzepte in der Biologie sein sollte.

Caspar Friedrich Wolff (1734 bis 1794) gab der Embryologie viele neue Impulse; seine Theorien, vielfach Produkte einer lebhaften Vorstellungskraft, wurden später immer wieder aufgegriffen. Er führt erneut die im Prinzip von Aristoteles vertretene Lehre von der Epigenese ein, die besagt, dass sich ein Lebewesen im Laufe seiner Embryonalentwicklung langsam aus einfachen Vorstufen entwickelt und über Zwischenstufen vervollkommnet. Das Konzept der Epigenese steht im Gegensatz zur Theorie der Präformation, die auf Mikroskopiker wie Malpighi, Leeuwenhoek und Swammerdam zurückgeht und der zufolge bereits in Ei oder Spermium alle Strukturen des fertigen Organismus in Miniaturform vorhanden sind und sich lediglich entfalten.

Ausgehend von Linné versuchten die Botaniker in der Folgezeit, das natürliche System der Pflanzen zu vertiefen und zu erweitern. Wichtige Forscher sind in diesem Zusammenhang **Antoine Laurent de Jussieu** (1748 bis 1836, *„Genera plantarum"* mit 1754 Gattungen in 100 Ordnungen), **Joseph Gärtner** (1732 bis 1791, *„De fructibus et seminibus plantarum"*, 1275 Gattungen), **Robert Brown** (1773 bis 1858) und **Augustin Pyramus de Candolle** (1778 bis 1841, *„Théorie élémentaire de la Botanique"* und *„Prodromus systematis naturalis regni vegetabilis"*). Alphonse de Candolle hat das Werk seines Vaters mit 17 Bänden abgeschlossen, in denen 5100 Gattungen und über 59000 Arten beschrieben sind. Nachdem Candolle die Dicotyledonen bearbeitet hatte, wurde das gesamte Pflanzenreich erstmals seit Jussieu durch **Stephan Endlicher** (1805 bis 1849, *„Genera plantarum secundum ordines naturales disposita"*) bearbeitet. Sein Werk blieb jahrzehntelang die Basis der Botanik. Zu den wichtigen Wissenschaftlern, die neue Wege in der Botanik bahnten, gehören auch Jean Baptiste de Lamarck, der eine Regionalflora nach der Idee der Stufenleiter aufstellte, sowie **Friedrich Wilhelm Hofmeister** (1824 bis 1877), der den Generationswechsel der Pflanzen entdeckte und die Grundlagen für deren Phylogenie schuf.

Wichtig für die Entwicklung der Biologie war, dass sich im 18. Jahrhundert die vergleichende Anatomie in schnellen Schritten entwickelte, dann im 19. Jahrhundert ihren Höhepunkt erreichte und für die Evolutionstheorie eine zentrale Rolle spielte. In jedem Fall waren ihre Ergebnisse eine Herausforderung für Erklärungsversuche der gefundenen Übereinstimmungen und Verschiedenheiten.

1.1.7 Das Zeitalter der Aufklärung

Die Zeit des ausgehenden 17. und des 18. Jahrhunderts wird auch Zeitalter der Aufklärung genannt. Sie erlebte fundamentale soziale und politische Veränderungen, deren sichtbarster Ausdruck die Französische Revolution 1789 war. In der Philosophie gab es ganz unterschiedliche, z. T. rein materialistische, z. T. romantisch-spirituelle Strömungen. Weiterführend war die kritische Philosophie **Immanuel Kants** (1724 bis 1804). Er versuchte, die Bedingungen zu bestimmen, unter denen Wissen und Erkenntnis möglich seien und welche Grundlagen Moral und Religion haben („Was kann ich wissen? Was soll ich tun? Was darf ich hoffen?"). Seine kritische Philosophie verhalf auch der Naturwissenschaft zu klareren gedanklichen Grundlagen. Die Biologie beschränkte sich künftig auf die Erforschung der materiellen Phänomene des Körpers. Die Erforschung der Seele wurde Gegenstand der Psychologie, die mit anderen Methoden arbeitete. Dies war ein gewaltiger Fortschritt. Dass diese methodische Trennung auch von Anfang an zu Widerspruch reizte und dass auch heute z. T. die seelischen und moralischen Äußerungen des Menschen ernsthaft auf rein materielle Bedingungen zurückgeführt werden, ist eine Entwicklung, die ihr Eigengewicht erst durch Kants Philosophie erhält. Er ließ sich theoretisch sogar auf den Gedanken einer Evolution der Organismen ein.

Weit verbreitet finden sich im 18. Jahrhundert zwei verschiedene Auffassungen vom Leben, eine rein mechanistische und eine vitalistische, letztere wurde von Stahl und seinen Schülern vertreten. **Georg Ernst Stahl** (1660 bis 1734) war Arzt und Chemiker und trug viel dazu bei, dass die Chemie über das Niveau der Alchemie hinauskam, die am Ende des 17. Jahrhunderts noch weit verbreitet an deutschen Universitäten gelehrt wurde. Als Arzt ging er davon aus, dass der Organismus kein einfacher Mechanismus ist, sondern eine *Mixtio*, ein Chemismus, der von der Seele zusammengehalten wird (*Animismus*). Auch der große niederländische Naturforscher und Arzt **Hermann Boerhaave** (1668 bis 1738) befasst sich mit den Beziehungen von Körper und Seele und grenzt die beiden gedanklich klar gegeneinander ab. Seine Studien der Organfunktionen gehen von einem mechanistischen Grundkonzept aus, Denken und Fühlen hingegen gehören in den Bereich der Seele.

Im 18. Jahrhundert findet man in verschiedenen Schriften verschiedener Autoren immer wieder Gedanken über Entwicklung und „Transmutationen", also Evolution der Organismen, so z. B. bei **Johann Gottfried Herder** (1744 bis 1803), der von Einheit der Natur und kontinuierlicher Entwicklung der Organismen nach Gesetzen der Natur spricht.

Eine wichtige Stellung in der Entwicklung der Biologie nahm **Johann Wolfgang von Goethe** (1749 bis 1832) ein. Seine Ideen zur Metamorphose der Pflanzen und Tiere und zum Typus („Bauplan") gelten zum Teil noch heute, ebenso wie die Formulierung des wichtigsten Homologiekriteriums (s. Abschn. 1.2.3). Er entdeckte in der Vielfalt der Arten einheitliche Prinzipien, betrieb ausgedehnte vergleichende Studien und sah, was seit Darwin als Gemeinsamkeiten aufgrund gemeinsamer Abstammung interpretiert wird. Darwin nannte Goethe einen Partisanen für die Idee der Evolution. Bekannt ist sein Nachweis des Os intermaxillare (Zwischenkiefer, trägt die oberen Schneidezähne) beim Menschen, wenngleich es sich auch nicht um den Erstnachweis handelte. Das angebliche Fehlen dieses Knochens sollte bis dahin die einzigartige Stellung des Menschen belegen. Goethe formulierte, dass Tier und Mensch verwandt seien und sah im Tier- und Pflanzenreich Kontinuität. Er prägte zudem den Begriff Morphologie und er hatte darüber hinaus einen großen, anregenden Einfluss auf die physiologische und anatomische Forschung des 19. Jahrhunderts (z. B. Johannes Müller, Jan Evangelista Purkinje und Ernst Haeckel).

Auch für Geologie einschließlich der fossilen Überlieferungen und für Mineralogie entwickelte Goethe schon früh eine besondere Begeisterung. Er hinterließ eine wohlgeordnete Sammlung mit

Abb. 1.6a, b Zwei große französische Forscher: **a** Jean Baptiste de Lamarck, **b** Georges Cuvier

fast 20.000 Stücken und gab vielfältige Anregungen. Geologie und Mineralogie waren zu Goethes Zeit geradezu „in Mode". In der Interpretation der Fossilien gab es jedoch erhebliche Unterschiede. Der französische Aufklärer **Voltaire** (1694 bis 1778) leugnete, um die Überlieferung einer Sintflut zu entkräften, die Existenz versteinerter Muscheln. Er ließ diese nur als „Spiele der Natur" gelten. Goethe dagegen „wollte sich nicht ausreden lassen, dass das Rheintal eine unübersehliche Bucht gewesen sei". Fossile Schnecken, Ammoniten und andere repräsentierten für Goethe „abgetrockneten Meeresgrund". Im fünften vorchristlichen Jahrhundert hatten sich in der griechischen Antike Xenophanes und Herodot ähnlich geäußert. Sie alle sollten Recht bekommen.

Alexander von Humboldt (1769 bis 1859) leistete zahlreiche wissenschaftliche Beiträge zur modernen Biologie. Den wichtigsten Beitrag stellen seine Forschungen zur Pflanzengeographie dar. Er erkannte den Einfluss der Höhenstufen auf die Pflanzenmorphologie und unterschied 16 landschaftscharakterisierende Pflanzentypen (z. B. den Kaktus-Typ, den Heide-Typ und den Fichten-Typ). Er lieferte damit fundiertes Material für die Analogienforschung. Er reiste auf eigene Kosten fünf Jahre mit dem Botaniker Aimé Jacques Bonpland durch Venezuela, Kolumbien, Ecuador, Peru, Mexiko und Kuba und machte hier zahlreiche geologische, geographische, botanische und zoologische Entdeckungen. Seine letzten Lebensjahrzehnte verbrachte er mit der Beschreibung der Ergebnisse seiner Reise nach Lateinamerika und der Abfassung einer universellen Kosmogonie, die geistig im 18. Jahrhundert verwurzelt war und Fragment blieb.

Während Anfang des 19. Jahrhunderts besonders in Deutschland die romantische Naturphilosophie sehr einflussreich wurde (**Lorenz Oken, Albert Steffens, J.W. Richter**), spielte sie in England und Frankreich nur eine untergeordnete Rolle. In Frankreich traten in den Jahrzehnten vor und nach 1800 eine ganze Reihe bedeutender Biologen auf, darunter vergleichende Anatomen wie **Felix Vicq d'Azyr**, **Etienne Geoffroy Saint-Hilaire** und **Georges Cuvier**.

Besonders hervorzuheben ist **Jean Baptiste de Lamarck** (1744 bis 1829, **Abb. 1.6a**). Sein Leben war ständig überschattet von finanziellen und persönlichen Sorgen, lange Jahre lebte er als armer Literat im Quartier Latin. Er war viermal verheiratet; jedes Mal starb seine Ehefrau, ebenso wie die meisten seiner Kinder. Er arbeitete auf vielen Gebieten der Naturkunde, Botanik, Meteorologie, Geologie und Zoologie und verfasste mehrere große Werke, darunter die „*Philosophie zoologique*" (1809) und die „*Histoire naturelle des animaux sans vertèbres*" (1815 bis 1822). Lamarck erkannte die Existenz der Evolution und wurde auch dem jungen Darwin bekannt (s. u.). Die Lebewesen ordnete er anfänglich in einer Reihe an, beginnend mit den einfachsten und endend mit den höchst entwickelten, den Säugetieren. In seinen reiferen Werken erkannte er zunehmend die Beziehungen zwischen den einzelnen Tiergruppen. Seiner Systematik lag vielfach der Ausbildungsgrad wichtiger Organsysteme zugrunde. Die Höherentwicklung ist korreliert mit zunehmender Komplexität der Organe. Zudem stellte er fest, dass die Lebensweise Gestalt, Komplexität und spezifische Struktur der Organe und Tiere bestimmt – nicht umgekehrt. Maulwürfe haben ihre Augen verloren wegen ihrer vor vielen Generationen aufgenommenen unterirdischen Lebensweise, Ameisenbären haben ihre Zähne verloren, weil sie die Nahrung im Ganzen herunterschluckten usw. Lamarck spekulierte weiterhin, dass, wenn man Kindern nach der Geburt ein Auge entfernen würde und wenn man solchen Kindern erlauben würde, miteinander Nachkommen zu zeugen, dann würden diese nach einigen Generationen eine neue einäugige Menschenrasse bilden. Auch Klima, die Menge an zur Verfügung stehender Nahrung und andere Faktoren würden dadurch zur Veränderung von Organismen führen, dass diese neue Bedürfnisse und Triebe verursachen und die innere Organisation verändern.

In Bezug auf den Menschen sah er dessen besonders hochdifferenziertes Wesen, hielt es aber für denkbar, dass auch die Natur der Menschenaffen durch Training verfeinert werden könne. Erde und Leben haben sich nach Lamarck kontinuierlich entwickelt und nicht in Form von Katastrophen, wie es Cuvier forderte. Alle Tiergruppen haben sich nach Lamarck auseinander entwickelt. Seine bedeutendste Leistung erbrachte Lamarck als Systematiker. Seine Wirbellosengruppen sind weitgehend noch heute gültig; lediglich die Radiata werden heute auf zwei Gruppen verteilt: Echinodermata und Cnidaria, und die Cirripedia werden den Krebsen zugeordnet. Auf alle Fälle stellte sein Wirbellosensystem einen gewaltigen Fortschritt gegenüber Linnés System dar, wobei bemerkenswert ist, wie bescheiden Lamarck seine eigenen Leistungen bewertete. Im Hinblick auf die Entstehung des Menschen zog er die Herkunft von vierbeinigen Menschenaffen in Betracht, war aber betont vorsichtig aus Furcht vor politischen Repressalien. Wie Buffon hielt er „Arten" und alle taxonomischen Gruppen für künstliche Konstruktionen und nur Individuen als „natürlich" gegeben.

Georges Cuvier (1769 bis 1832; ◼ Abb. 1.6b) hatte zu seiner Lebenszeit einen viel größeren Einfluss auf die biologischen Wissenschaften als Lamarck, mit dem er, ebenso wie mit Geoffroy Saint-Hilaire, harte wissenschaftliche Auseinandersetzungen führte. Cuvier wurde in Montbéliard (seinerzeit Mömpelgard genannt und zu Württemberg gehörend) geboren. Er war ein brillanter, unermüdlicher Geist mit außerordentlichen organisatorischen Fähigkeiten. Er war daher auch in verschiedenen einflussreichen Ämtern für den französischen Staat tätig, z. B. als Generalinspekteur für Erziehung unter Napoleon und als Minister für die Angelegenheiten der Protestanten. Napoleon schätzte ihn außerordentlich. Unter seiner Führung wurde das Erziehungswesen gründlich reformiert und es wurden sogar neue Universitäten gegründet. Er war übrigens, wie Friedrich Schiller, Schüler der strengen Hohen Karlsschule in Stuttgart, aus der Schiller flüchtete, deren Ausbildung Cuvier von 1784–1788 aber mit Auszeichnung abschloss. An der Karlsschule wirkte seinerzeit auch der Naturforscher **Carl Friedrich Kielmeyer**, der von einer Evolution und von Verwandtschaftsbeziehungen der Tiere überzeugt war und mit dem Cuvier zeitlebens in Kontakt blieb. Cuvier starb 1832 in Paris an Cholera.

Cuviers systematisches Werk „*Règne animal*" (1817) weist ihn als Begründer der modernen vergleichenden Anatomie aus. Er studierte sehr sorgfältig und methodisch, wie Organsysteme innerhalb eines Organismus korrelieren, wie sich Form und Lebensweise entsprechen und wie bestimmte anatomische Strukturen Rückschlüsse auf die Gestalt anderer Organe und die Lebensweise erlauben. Mit den gleichen Methoden betrieb er das Studium der Fossilien, die gerade im Pariser Becken reichlich vorkommen. Er rekonstruierte aus einzelnen Fundstücken das Skelett des gesamten Tieres und bezog fossile Formen in die zoologische Systematik ein. Er verteidigte die induktive Methode, die auf genauen Einzelbeobachtungen und daraus gefolgerten Schlüssen beruht; er lehnte die deduktive Methode Geoffroys (s. u.), der versuchte, die Vielfalt der Organismen aus einer allgemeinen Idee herzuleiten, ab. Besonders bekannt wurde Cuviers Werk über Elefanten, in dem er unter anderem die verwandtschaftliche Nähe des Mammuts zum indischen Elefanten erklärte, die Gattung *Mastodon* errichtete sowie die Klippschliefer von den Rodentiern entfernte und in die Nähe der Elefanten stellte.

Cuvier ist auch der Begründer der wissenschaftlichen Paläontologie und ordnete mit sicherem

Blick viele fossile Formen wie Flug- und Fischsaurier korrekt in die Reptilien ein. Er erkannte, dass sich die Fauna in den Erdzeitaltern änderte und eine Geschichte hatte und sah auch, dass dieser Sachverhalt eine Erklärung erforderte. Er beteiligte sich aber nicht an Spekulationen dazu. Da er keine Zwischenformen sah, neigte er zur Annahme der Konstanz der Arten. Er interpretierte seine geologischen und paläontologischen Beobachtungen dergestalt, dass wiederholt große geologische Katastrophen stattgefunden haben müssten, die für das Verschwinden von Tierarten verantwortlich gewesen seien. Er kam zu seiner Katastrophentheorie, weil er die geologischen Schichten des Pariser Beckens gut kannte, und die zeigen abrupte Übergänge von Schicht zu Schicht. Er sah aber nicht nur, dass Arten verschwanden und neue auftauchten, sondern auch, dass einige blieben. Er ging davon aus, dass bei jeder Katastrophe in nicht oder kaum betroffenen Regionen Organismen überlebten, die sich erneut ausbreiteten, er sprach nicht von Neuschöpfungen. Zum Menschen stellte er fest, dass unter den bisher gefundenen fossilen Knochen keine des Menschen existierten. Seine Intelligenz verbot ihm, auszuschließen, dass solche eines Tages gefunden werden würden. Er spekulierte nicht gerne und hielt sich an das, was er beweisen konnte. Cuvier verhinderte aufgrund seiner streng naturwissenschaftlichen Denkweise, dass die Biologie den Kreis der exakten Naturwissenschaften verließ und auf das Niveau fantasiereicher, verschwommener Spekulationen absank.

In seinem „*Règne animal*" spricht er sich klar gegen eine „aufsteigende Reihung" von Tieren und Tierklassen aus, das „erste" Säugetier sei nicht vollkommener als der „letzte" Vogel aus einer Reihe. Er gebrauchte, wie später die Kladisten, ein Gabelschema für seine systematischen Darstellungen, und teilte das Tierreich in vier Hauptgruppen ein: Vertebrata, Mollusca, Articulata und Radiata. Sie sind durch einen Grundbauplan gekennzeichnet, der innerhalb der Gruppe vielfach abgewandelt ist. Beziehungen zwischen den vier Gruppen diskutierte er nicht. Das sehr sorgfältig ausgearbeitete System Cuviers stellt eine ungeheure Leistung dar und ist in modifizierter Form noch heute Grundlage der Systematik. Auch die spätere Abstammungstheorie konnte mit diesem System verlässlich arbeiten. **Fréderic Cuvier**, der jüngere Bruder von George, war auch Biologe; sein Interesse betraf vor allem lebende Tiere und ihr Verhalten. Er sah im Verhalten einen Merkmalskomplex, der eine Tierart genauso kennzeichnet, wie anatomische Merkmale.

Besonders bekannt wurde George Cuviers Kontroverse mit **Etienne Geoffroy Saint-Hilaire** (1772 bis 1844) in den Jahren 1830 bis 1832 (Akademiestreit), die von Cuvier zwar scharf, aber höflich und ohne persönliche Angriffe geführt wurde. Geoffroy hatte der Pariser Akademie der Wissenschaften eine Arbeit zweier junger Wissenschaftler über einen ausführlichen Vergleich von Tintenfischen und Wirbeltieren vorgelegt, um die Einheit des Tierreichs *„unité de plan"* zu beweisen. Der Tintenfisch wurde als ein in der Mitte umgeknicktes Wirbeltier angesehen, mit dem After unter dem Kopf, mit Knorpeln, die den Schädelknochen entsprechen sollten, und vielen anderen phantasievollen Gedanken. Die Studie enthielt eine mündlich vorgetragene Kritik an Cuviers Einteilung des Tierreichs in vier getrennte Typen. Cuvier antwortete ausführlich und sorgfältig und wies die Absurdität des Vergleichs nach. Er kritisierte die verschwommenen Grundprinzipien von Geoffroys Methodik, hob aber auch dessen große Leistungen für die vergleichende Anatomie hervor. Geoffroy begann daraufhin einen langen und nutzlosen Streit, wie er zwischen grundverschiedenen Charakteren immer wieder vorkommt. Geoffroy nahm von dem unhaltbaren Vergleich Tintenfisch-Wirbeltier Abstand und verlagerte den Streit in den Bereich der Wirbeltiere und ersetzte seinen Begriff *unité de plan* durch *théorie des analogues*. Er sah dabei offensichtlich das Prinzip der Homologie, wie es heute verstanden wird, blieb aber vage und voller romantischer Spekulationen. Der nüchterne Cuvier konnte im Detail immer wieder viele Fehler nachweisen. Das Suchen Geoffroys nach ideeller Einheit entsprach auch anfänglich Goethes Denken, und dieser verfolgte mit Anteilnahme den Streit auf Seiten Geoffroys, suchte aber schließlich zu vermitteln und die Berechtigung beider Standpunkte zu begründen.

Im Geburtsjahr des so einflussreichen Cuvier erblickte in England der spätere Landvermesser **William Smith** (1769 bis 1839, ◘ **Abb. 1.7**) das Licht der Welt. Er wurde zum Begründer der Stratigraphie und gegen Ende seines Lebens als *„Father of*

English Geology" geehrt. Die Existenz dieses schlichten und unglaublich fleißigen Autodidakten weist jedoch tragische Züge auf. Hunderttausende von Kilometern legte er mit der Pferdekutsche und auch zu Fuß zurück, beseelt von der Idee, die Tiefenschichten des britischen Königreichs zu beschreiben und „die wunderbare Ordnung in den Bergwerken und Kanalbetten" zu erfassen. Dahinter stand die Frage, wo man welche Schätze (speziell Steinkohle) aus dem Untergrund heben und wie man diese transportieren konnte, insbesondere auf neuen Wasserwegen, deren Untergrund für die Anlage eines Kanals geeignet sein musste. In keinem Land der Erde wurde damals so viel gegraben wie in England, dem Mutterland der industriellen Revolution. Smiths Erkenntnis, dass Englands Untergrund geschichtet ist und dass die Kenntnis dieser Schichtung eine präzise Prospektion ermöglichte, wurde vom Wissenschafts-Establishment ignoriert. Das Sammeln von Fossilien galt zwar als fein, eine Interpretation lag jedoch noch fern. In der Tat schuf Smith nicht nur die erste geologische Karte Englands, sondern er dehnte die Zeitskala der Erdgeschichte zudem so sehr, dass Darwins Konzept der Evolution darin Jahrzehnte später Platz fand. Den Wert der Fossilien für die relative Zeitbestimmung erfasste er vollends.

Im 19. Jahrhundert erlebte die Paläontologie einen unglaublichen Aufschwung. Dabei ging es nicht nur um die Beschreibung von bisher unbekannten Fossilien, sondern auch um zum Teil bis zur Manie gesteigerte Sammelleidenschaft. Berüchtigt wurden die amerikanischen Saurierjäger **Othoniel Charles Marsh** (1831 bis 1899) und **Edward Drinker Cope** (1840 bis 1897). Letzterer teilte seine Beobachtungen in mehr als 1000 Artikeln mit. In Deutschland ist **Hermann von Meyer** (1801 bis 1869) als bedeutendster Wirbeltierpaläontologe zu nennen, der beispielsweise *Archaeopteryx*, *Plateosaurus* und *Rhamphorhynchus* beschrieb. Einer der wichtigsten Geologen dieser Zeit war **Bruno Geinitz** (1814 bis 1900); er erkundete die Steinkohle, speziell die in Sachsen. **Friedrich August von Alberti** (1795 bis 1878) widmete sich der Schichtenfolge Südwestdeutschlands, schuf den Begriff Trias und gliederte die Trias in die Abschnitte Buntsandstein, Muschelkalk und Keuper. **August Quenstedt** (1809 bis 1889) erforschte Trias und Jura Südwestdeutschlands. **Friedrich von Hagenow** (1797 bis 1865) legte

● **Abb. 1.7** William Smith, Begründer der Stratigraphie

das Fundament für die Kreideforschung. **Otto Torell** (1828 bis 1900) schuf die Grundlage für das Verstehen glazialer (eiszeitlicher) Landschaftsformen. **Johann Friedrich Blumenbach** (1752 bis 1840) beschrieb mehrere Tiere aus dem Eiszeitalter, z. B. Fellnashorn (*Coelodonta antiquitatis*) und Mammut (*Mammuthus primigenius*). **Johann Carl Fuhlrott** (1803 bis 1877) erkannte als erster, dass die 1856 im Neandertal entdeckten Skelettreste von einem fossilen Menschen stammten; **Hermann Schaafhausen** (1816 bis 1893) nahm die erste wissenschaftliche Bearbeitung des Neandertalers vor.

Karl Ernst von Baer (1792 bis 1876) war ein ungewöhnlich einflussreicher Mediziner. Er wurde 1811 Professor in Königsberg, wo er 1828 den ersten Teil seiner „Entwickelungsgeschichte der Thiere" veröffentlichte, nachdem er 1827 die Eizelle der Säugetiere entdeckt hatte. 1834 gab er die Entwicklungsgeschichte auf und ging nach St. Petersburg, von wo aus er u. a. Expeditionen an das Kaspische Meer und nach Nowaja Semlja leitete. Er beschäftigte sich ausführlich mit Fragen der Rekapitulation im Laufe der Embryonalentwicklung (s. **Abschn. 1.2.4**). Baer stand dem Rekapitulationsgedanken recht kritisch gegenüber, sah aber, dass Ähnlichkeiten zwischen Embryonen höherer und niederer Tiere bestehen. Einer seiner Kerngedanken war, dass die individuelle Entwicklung vom Allgemeinen zum Speziellen fortschreitet. Der menschliche Embryo z. B. beginnt mit allgemeinen Wirbeltiermerkmalen und gewinnt zunehmend Eigenständigkeit. Zuerst bilden sich „Keimblätter", es folgen histologische Differenzierungen, wobei immer mehr artspezifische Merkmale hinzukommen. Baer war ein hervorragender Beobachter und verabscheute bloßes Spekulieren. Darwins Evolutionstheorie wurde von ihm angegriffen. Darwin selbst war mit von Baers Werk recht gut vertraut und hatte großen Respekt davor. Er interpretierte jedoch die Befunde anders und schrieb 1859, dass die Gemeinsamkeiten embryonaler Strukturen bei verschiedenen Arten gemeinsame Abstammung offenbaren. 1839 begründeten **Matthias Schleiden** (1804 bis 1881) und **Theodor Schwann** (1810 bis 1881) die Zelltheorie.

Interessant ist ein 1844 erschienenes Buch „*Vestiges of the Natural History of Creation*", ein Bestseller in England, verfasst von **Robert Chambers** (1802 bis 1871). In diesem Buch wird Transmutation = Evolution: eine Entwicklung ohne einen Schöpfer klar angesprochen. Chambers spricht von „*Evolution governed by unknown laws*".

Der gesamte gesellschaftliche Kontext im Großbritannien des 19. Jahrhundert förderte die zunehmende Akzeptanz des Evolutionsgedankens. Der technische Fortschritt, die um sich greifende Industrialisierung, die verbreitete Besserung der sozialen Lage, der Erfolg herausragender Leistungen Einzelner, die zunehmende Bereitschaft, naturwissenschaftlich zu denken, ein Geist des Liberalismus (in verschiedenen Schattierungen), aufkommender Kapitalismus sowie Sozialismus und Kommunismus, die Philosophie des des Utilitarismus, verbesserte Schulbildung u. a. im viktorianischen England führten wichtigen und führenden Köpfen Entwicklungsprozesse und Fortschritt sichtbar vor Augen. Zudem besteht in England, auch dem des viktorianischen Zeitalters, die Tendenz, Konflikte und Spannungen eher auf evolutivem (J. St. Mills) als auf revolutionärem Wege (K. Marx) zu lösen.

1.1.8 Ein Kapitel für sich: Charles Darwin

Der entscheidende Durchbruch des modernen Evolutionsgedankens kam mit **Charles Robert Darwin** (1809 bis 1882; ◘ Abb. 1.8). Er entdeckte den Mechanismus der Evolution mittels natürlicher Auslese (*natural selection*) und revolutionierte das gesamte Weltbild.

Charles Darwin war Sohn wohlhabender, politisch liberaler und geistig interessierter Eltern. Er wurde in Shrewsbury geboren. Sein Vater war Arzt. Der Großvater väterlicherseits, **Erasmus Darwin**, war Arzt, Dichter und ein unabhängiger Denker, dessen Buch „*Zoonomia*" den Gesetzen des Lebens und den ständigen Umwandlungen breiten Raum ließ. Der Wunsch seiner Eltern, Charles solle Arzt werden, scheiterte an dessen Widerwillen gegen die Ausbildung zum Arzt an der Universität Edinburgh. Es waren vor allem die Eindrücke in der Anatomie (Präpariersaal) und in der Chirurgie (man arbeitete noch ohne Anästhesie und ohne Hygienemaßnahmen), die ihn von der Medizin abstießen. Er erfuhr aber in Edinburgh sehr vielseitige Anregungen naturwissenschaftlicher, philosophischer und auch sozialpolitischer Art. Er erlebte die sozialen Spannungen der Zeit des frühen Kapitalismus, sah, wie Kirche und andere gesellschaftliche Gruppen ihre Macht verteidigten bzw. um Macht kämpften. Der Zoologe **Robert Edmond Grant** machte ihn mit Vorstellungen zur Evolution und mit den Gedanken Lamarcks bekannt. Darwin hielt vor einem wissenschaftlichen Verein, der Plinian Society, am 27. März 1827 seinen ersten Vortrag über Larven mariner Moostierchen und über die Eier des Meeresegels *Pontobdella muricata*.

Darwin wechselte 1827 zum Theologiestudium an die Universität Cambridge, mit dem Ziel, Landpfarrer zu werden. Dieser überraschende Plan ging auf seinen Vater zurück, der erkannte, dass sein Sohn für den Arztberuf nicht geeignet war und seine naturkundlichen Interessen besser mit einem geistlichen Amt verbinden könnte. Er hielt den Beruf eines Geistlichen auf dem Lande für eine sichere Existenz. Charles Darwin war kein herausragender Student, aber sein Interesse an der Tier- und Pflanzenwelt und an der Geologie kam immer stärker zum Vorschein. Er verbrachte viel Zeit in freier Natur (lange Zeit war er vorwiegend mit Käfersammeln beschäftigt), hörte vor allem Vorlesungen in Naturwissenschaften und suchte den Umgang mit Naturkundlern, unter denen er sich vor allem dem besonders gebildeten Professor der Botanik John Henslow anschloss. Es ist nicht ganz leicht, sich ein Bild dieser Lebensphase von

Charles Darwin zu machen. Obwohl er die Schattenseiten der Kirche kannte, steuerte er dennoch auf ein Amt in ihr zu.

Von zentraler Bedeutung für Darwin war die Naturkunde, einschließlich Geologie und Paläontologie. Im letzten Jahr seines Studiums in Cambridge hörte er bei Adam Sedgwick, Professor für Geologie, und sammelte mit ihm in Nord-Wales auch praktische geologische Erfahrungen. Auf seiner fünfjährigen Weltumsegelung an Bord der „Beagle" las er neben Alexander von Humboldt und Miltons *„Paradise Lost"* intensiv und kritisch Charles Lyells *„Principles of Geology"*. In Kapstadt diskutierte er mit Sir John Herschel über Vulkanismus, die Entstehung und Veränderungen von Kontinenten und über die Entstehung neuer Arten.

EXKURS 1.1

Darwins Weltreise

Als Charles Darwin 1831 nach dem Studium in das väterliche Haus zurückkehrte, fand er dort einen Brief mit aufregendem, für sein weiteres Leben entscheidendem Inhalt vor: John Henslow und George Peacock, Dekan an der Universität Cambridge, fragten, ob er bereit wäre, als Naturforscher an einer Weltumsegelung des Vermessungsschiffes der königlichen Marine „Beagle" teilzunehmen. Darwins Vater fand ein solches Vorhaben eines jungen Pfarrers unwürdig, meinte jedoch: „Wenn Du einen Menschen mit gesundem Menschenverstand findest, der Dir zurät, dann gebe ich meine Zustimmung." Dieser Mensch war sein Onkel Josiah Wedgwood, er hielt die Reise für eine großartige Idee und stimmte Robert Darwin um. Aber auch der Kapitän des Vermessungsschiffes, Robert FitzRoy (◘ Abb. 1.8), mit 25 Jahren schon ein erfahrener Seemann und bewährter Kartograph, hatte Einwände. Er war gerade von einer fünfjährigen Vermessungsfahrt zurückgekommen, von der er vier Feuerländer mitgebracht hatte. Das verstieß gegen die bestehenden Gesetze und hätte ihm eine hohe Strafe wegen Sklaverei einbringen können. FitzRoy, ein Tory (Konservativer), der für Sklavenhaltung eintrat, wurde verpflichtet, auf eigene Kosten die drei noch lebenden Indianer nach Tierra del Fuego zurückzubringen; der vierte war zwischenzeitlich an Typhus gestorben. Die Admiralität stellte ihm dafür die mit zehn Kanonen bestückte Brigg „Beagle" zur Verfügung und gab ihm zusätzlich Aufträge zur Vermessung, eine Fortsetzung der Arbeiten, welche 1826–1830 unter Kapitän King begonnen worden waren. Speziell die Falklandinseln (Malvinas) und die Küsten Südamerikas sowie verschiedene Inseln des Pazifik sollten vermessen werden. Zusätzlich wurde ihm auferlegt, die Fahrt nach Westen fortzusetzen.

Schließlich hatte FitzRoy einen Naturwissenschaftler als Gast – also auf seine Kosten – mitzunehmen. FitzRoy war wohl aus drei Gründen zunächst gegen Darwin eingenommen: Erstens wollte er einen Freund mitnehmen, zweitens war Darwin ein *whig*, ein Liberaler, der Sklaverei verabscheute, und drittens hing FitzRoy mit Nachdruck der Lehre an, derzufolge man aus der Physiognomie eines Menschen auf dessen Charakter und Verhalten rückschließen könne. Darwins Nase, so FitzRoy, ließ nicht auf Energie und Ausdauer schließen, wie sie für eine Weltumsegelung nötig sind.

Darwin suchte die persönliche Begegnung mit FitzRoy, dessen Freund kurz vorher von der Mitreise Abstand genommen hatte und wirkte auf ihn im Gespräch überzeugend. FitzRoy suchte natürlich auch einen verträglichen und gebildeten Gefährten und „Gentleman" der eigenen Generation, mit dem die harte Zeit einer mehrjährigen Isolation auf einem Schiff erträglicher war. Er durfte als Kapitän mit der Mannschaft des Schiffes nur auf sehr ritualisierte und distanzierte Art verkehren. FitzRoy hatte wohl auch Angst vor Depressionen und verübte in der Tat später in einem Depressionsanfall Selbstmord.

Charles Darwin war 22 Jahre alt, als er am 27. Dezember 1831 an Bord der „Beagle" (◘ Abb. 1.8) England verließ. Er kam stets gut mit der Mannschaft aus und erwarb rasch den Respekt der Offiziere und Matrosen. Es gehörte zu Darwins Charakter, sich gut auf verschiedene Menschen einstellen zu können. Während der ganzen Reise, die fünf Jahre dauerte, litt Darwin jedoch unter Seekrank-

▶

EXKURS 1.1 (*Fortsetzung*)

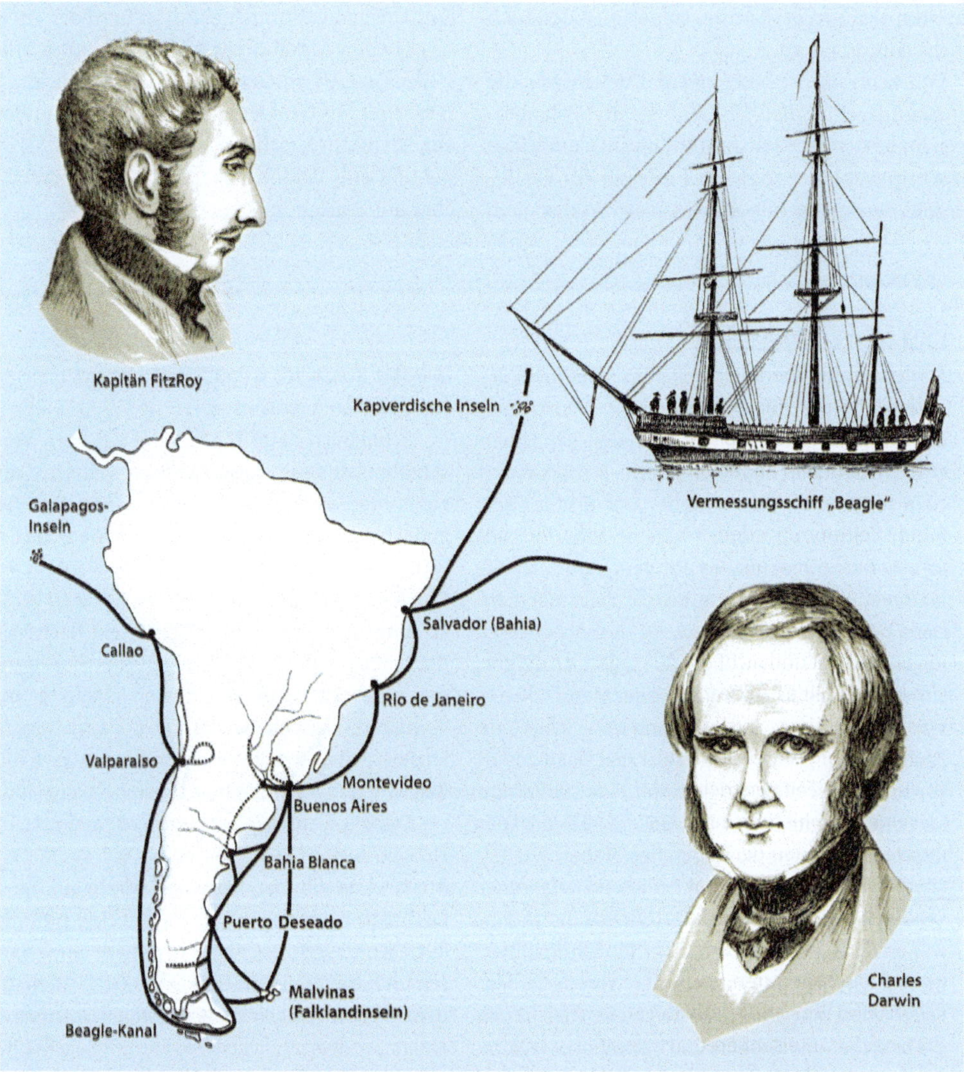

◘ **Abb. 1.8** Charles Darwin und Kapitän FitzRoy, die „Beagle" sowie die Reiseroute in Südamerika

heit und starken Kopfschmerzen, was aber seine Schaffenskraft nicht beeinträchtigte. Dies ist auch deswegen erwähnenswert, da er an Bord in sehr beengten Verhältnissen zusammen mit dem Kapitän in einer Kabine leben musste. Die „Beagle" war 31 m lang und hatte 70 Mann Besatzung zu befördern.

Über Teneriffa und die Kapverdischen Inseln ging es nach Brasilien (◘ **Abb. 1.8**), wo Darwin in São Salvador da Bahia den ersten Kontakt mit den Tropen hatte. Er war überwältigt von der Fülle verschiedener Organismen, aber entsetzt über die Sklaverei, über die er mit FitzRoy in heftigen Streit geriet.

Kurze Zeit später unternahm er von Rio de Janeiro aus einen zweiwöchigen Ausflug auf einen landwirtschaftlichen Betrieb im Landesinneren. Er brachte sehr deutlich seine Ablehnung der Sklaverei und der doppelten Moral der Weißen zum Ausdruck.

EXKURS 1.1 (Fortsetzung)

Nach einem kurzen, durch politische Verwicklungen gekennzeichneten Aufenthalt in Montevideo – es ist die Zeit der Loslösung vieler südamerikanischer Länder von Spanien – erreichte die „Beagle" Mitte August 1832 Argentinien, wo sich Darwin zunächst an der Küste bei Patagonas (an der Mündung des Rio Negro) und Bahia Blanca aufhielt, aber auch Ausflüge in dieser Gegend und sogar eine große Reise über Land nach Buenos Aires unternahm. Sehr sachlich und aufgeschlossen beurteilte er die Indianer und ihr Schicksal.

Es stellte sich heraus, dass Darwin die entscheidenden Eindrücke für seine biologischen Konzepte in Südamerika einschließlich der Galapagos-Inseln erhalten hat. Sein Tagebuch und seine anderen Aufzeichnungen sind dementsprechend in dem langen Zeitraum, in dem er sich in Südamerika aufhält, besonders ausführlich, inhaltsreich und engagiert. Alle späteren Notizen, die vor allem Australien betreffen, sind knapp, der Verfasser wirkt relativ unbeteiligt und nicht mehr sonderlich interessiert. Hierbei gilt es zu beachten, dass die „Beagle" in Neuseeland bzw. Australien erst die Hälfte der Erdumsegelung hinter sich hatte, aber schon 80 % der geplanten Zeit verstrichen war.

Seine geologischen Interessen veranlassen ihn zu Untersuchungen der Pampa und ihrer geologischen Struktur. Er findet dabei nicht nur zahllose fossile Schalen von Schnecken und Muscheln, sondern auch Skelette von ungefähr zehn ausgestorbenen Großsäugerarten, vor allem ausgestorbener Huftiere und Verwandter der Gürteltiere, der Faultiere und der Ameisenbären, also von Säugetieren, die heute unter dem Begriff Xenarthra zusammengefasst werden und ihre wesentliche phylogenetische Entwicklung in Südamerika erfahren haben. Zum Teil handelt es sich um Riesenformen: Das Riesenfaultier *Megatherium* erreichte Elefantengröße und muss – auf den Hinterbeinen sitzend – Baumkronen zu sich heruntergezogen haben, um deren Laub zu verzehren. Vertreter der fossilen Riesengürteltiere, Riesenfaultiere und Ameisenbären sowie der großen ausgestorbenen Huftiere findet man heute übrigens eindrucksvoll aufgestellt im naturkundlichen Museum von La Plata bei Buenos Aires. Das Aussterben dieser Arten erfolgte erst im Laufe der Eiszeit und wurde möglicherweise durch den modernen Menschen verursacht.

Für Darwin verliert zunächst die damals vorherrschende „Katastrophentheorie", die auf Cuvier zurückgeht, an Überzeugungskraft. Seine Beobachtungen zeigen ganz klar, dass eine „große Katastrophe" nicht die Ursache des Aussterbens gewesen sein kann. Er stellt Vergleiche mit Trockengebieten Afrikas an, erwägt Klimaschwankungen, Ausrottung durch den Menschen und ungünstige Populationsentwicklungen, kommt aber zu dem Schluss, dass alle Erklärungsversuche letztlich unbefriedigend bleiben. Sehr deutlich wird, dass Darwin in Kategorien wie Populationen, Populationsschwankungen und Kontrollmechanismen denkt, welche die Individuenzahlen in einer Population steuern können. Auf alle Fälle kam Darwin durch die Analyse der ausgestorbenen Säuger zur Auffassung eines allmählichen Wandels von Arten und stetiger, langsamer Veränderungen („Gradualismus"). Weiterhin lehnt er einfache Erklärungen des Aussterbens beziehungsweise der Zu- und Abnahme von Individuen einer Art ab.

Beim Einlaufen nach Puerto Deseado, einem kleinen einsamen Hafen im südlichen Patagonien, in dem schon berühmte Seefahrer wie Magellan, Francis Drake, Cavendish u. a. Schutz gesucht hatten, erlitt die „Beagle" Schaden. Die Reparatur erfolgte weiter südlich an der Mündung des Santa-Cruz-Flusses, den Darwin mit Ruderbooten mehr als 100 km flussaufwärts fährt, so dass er bis an den Fuß der Anden kommt. Er notiert hier besonders viel über die Geologie Patagoniens, das eine erhebliche Anhebung des Landes in den letzten Jahrzehntausenden kennzeichnet.

Während der Reise mit der Beagle besucht Darwin zweimal Feuerland im Abstand eines Jahres. Hier werden die drei Feuerländer – Jemmy Button, York Minster und Fuegia Basket (die Namen gehen zum Teil auf Ereignisse während des „Erwerbs" zurück) in ihrer Heimat abgeliefert. Darwin beobachtet die Vorgänge der Wiederaufnahme und die Lebensbedingungen der Feuerlandindianer. Er ist sehr beeindruckt von dem, was er sieht, und empfindet Mitleid mit diesen ursprünglich lebenden Menschen und ihrer Behandlung durch die

▶

EXKURS 1.1 (Fortsetzung)

Europäer: „... wer hätte glauben können, dass in unserem Zeitalter solcherlei Abscheulichkeiten in einem christlichen, zivilisierten Land begangen werden können ..." Er sieht die Unvereinbarkeit der Lebensweise moderner Europäer mit derjenigen der Indianer, er beschreibt erneut seine Ablehnung der Doppelmoral der Europäer und sieht den Untergang der Indianer voraus. Erst Jahre nach Darwins Besuch setzt die unnachsichtige Verfolgung der Feuerländer ein, die heute fast ausgerottet sind. Schon Darwin vergleicht ihr Schicksal mit dem der Eskimos, der Ureinwohner Australiens, der südafrikanischen Ureinwohner und anderer Menschen, die nicht in den Sog der Zivilisation geraten sind. Er stellt auch anthropologische Forschungen an, analysiert soziale Strukturen und Verhaltensweisen und äußert natürlich auch sein Erstaunen über manches, was er sieht. Seine Ausführungen sind nicht verletzend oder herabsetzend, wie ihm das bis heute von voreingenommenen Autoren bisweilen unterstellt wird.

Im Juni 1834 verließ die „Beagle" Feuerland in Richtung Pazifik und Chile. Während der Fahrt machte Darwin ausführliche Notizen über den Riesentang und erkannte die große ökologische Bedeutung dieser wohl längsten Pflanzen der Erde. Das Schiff erreichte nach gut einem Monat Valparaiso. Dort nutzt er die Zeit zu Exkursionen in die Berge, wo er ausgiebige biologische und geologische Studien unternimmt. Er überquert dabei die Anden und erreichte Mendoza in Argentinien. Die Küstenvermessungen des Kapitäns FitzRoy in Nord-Chile und Peru geben Darwin Gelegenheit, auch in dieser Region Proben zu nehmen. In Iquique, das damals zu Peru gehörte, besucht er die bekannten, wirtschaftlich wichtigen Salpeterlagerstätten. Eine persönliche Krise FitzRoys, die dazu führte, dass dieser aufgeben wollte und Selbstmordgedanken hegte, wurde vor allem durch Darwins Ruhe und verständnisvolles Argumentieren beseitigt.

Ende August 1835 verlässt die „Beagle" die südamerikanische Küste in Richtung Galapagos-Archipel, wo Darwin weitere wichtige Erkenntnisse sammelt. Seine Zweifel an der Unveränderlichkeit der Arten wurden hier besonders genährt. Die Behauptung, dass seine Vorstellung von der Existenz der Evolution während des kurzen Aufenthaltes auf den Galapagos-Inseln vom September bis zum Oktober 1835 entstanden sei, ist allerdings zu einfach. Darwins Gedanken festigten sich vielmehr allmählich und unter stetiger kritischer Überprüfung der Tatsachen. Die wesentliche evolutionsbiologische Bedeutung der Galapagos-Inseln liegt darin, dass hier auf einzelnen, recht dicht beieinanderliegenden Inseln nahe verwandte Vogel- und Reptilienarten vorkommen, die sich in geringfügigen, aber konstanten Merkmalen unterscheiden. Darwin schenkt der Tatsache, dass auf den Inseln unterschiedliche Riesenschildkröten und Vogelarten existieren, allerdings zunächst nur wenig Beachtung. Erst Monate nach dem Aufenthalt erwähnt er in seinem Tagebuch, dass es lohnenswert sei, die Organismen derartiger Archipele zu untersuchen, weil solche Tatsachen die Vorstellung von der Stabilität der Arten unterminieren würden. Auch die gründliche Erörterung der berühmten Darwinfinken erfolgt erst 1845 in der zweiten Auflage seiner „Reise eines Naturforschers", also zehn Jahre nach seinem kurzen Besuch auf den Galapagos-Inseln. Bei den Darwinfinken, die zu den Geospizinae gehören, handelt es sich um finkenähnliche Vögel, die offensichtlich von einer einzigen Art abstammen, welche die einzelnen Inseln besiedelte und in relativer Isolation spezielle Anpassungen an gegebene Nahrungsverhältnisse herausbildete, so dass dreizehn leicht unterschiedliche neue Arten entstanden. Die Unterschiede betreffen vor allem die Schnabelform. Darwin schreibt, man könne sich vorstellen, dass auf diesem Archipel eine Art für verschiedene Zwecke modifiziert worden sei.

Von den Galapagos-Inseln ging es weiter nach Tahiti. Wie auch bei früheren Darstellungen über Menschen anderer Kulturen beschreibt Darwin die Südsee-Insulaner sachlich und mit viel Sympathie.

Von Tahiti erreichte man nach dreiwöchiger Fahrt die Bay of Islands auf der Nordinsel Neuseelands. Der kurze Aufenthalt dort hat Darwin enttäuscht. In der Tat hat er nicht viel gesehen, und es blieb ihm in diesem Land vieles verborgen, was seine Gedanken durchaus hätte anregen können.

EXKURS 1.1 (Fortsetzung)

Auch Australien hat Darwins Ideen nicht besonders beeinflusst, obwohl Flora und Fauna dieses Kontinentes aus heutiger Sicht immer wieder als Schulbeispiele für das Phänomen der Konvergenz herangezogen werden.

In Hobart, der Hauptstadt Tasmaniens, hatte Darwin keine Möglichkeit zu eingehenden Studien, da der Aufenthalt der „Beagle" nur kurz währte. Die Südküste Australiens besuchte Darwin 1836 nahe Albany, also schon weit im Westen. Er vermerkte, dass er in ein so wenig einladendes Land niemals zurückkehren wolle. Hier unterlag er einer Fehleinschätzung, und schon sein Freund, der Botaniker Sir Joseph Hooker, wies darauf hin, dass er selten so viele bemerkenswerte Pflanzen in einem so kleinen Gebiet gesehen hatte wie im Süden Australiens.

Wenn Australiens Natur Darwin auch nicht in besonderem Maße inspiriert hat, so ist es umso bemerkenswerter, dass in diesem Lande eine Stadt nach ihm benannt wurde: die Hauptstadt des Nordterritoriums. Bedeutende Erkenntnisse sammelte er über Korallenriffe und entwickelte eine Theorie zu deren Entstehung, die im 20. Jahrhundert durch Tiefbohrungen bestätigt wurde.

Von Australien ging es in den Indischen Ozean, wo die Keeling- oder Cocos-Inseln südlich von Sumatra besucht wurden; von dort segelte man über Mauritius in Richtung Südafrika.

In Kapstadt traf Darwin mit Sir John Herschel zusammen, einem berühmten Astronomen, der dort seit zwei Jahren den südlichen Sternenhimmel studierte und auf den winzigen Platz hinwies, den unser Sonnensystem im Universum einnimmt. Darwin war davon bis an sein Lebensende außerordentlich beeindruckt, und offensichtlich haben die beiden auch über den Ersatz ausgestorbener Arten durch andere diskutiert.

Von einiger Bedeutung war wenig später der Aufenthalt auf St. Helena im Südatlantik. Auf dieser Insel waren zu Darwins Zeiten über 700 Pflanzenarten bekannt, von denen nur etwa 40 einheimisch waren. Die Konkurrenz der Arten untereinander wurde Darwin hier besonders deutlich. Rücksichtsloses Abholzen der Wälder hatte die Vegetation nachhaltig beeinträchtigt, die Einfuhr von Ziegen zu Beginn des 16. Jahrhunderts hatte weiteren Schaden nach sich gezogen. Als man diese später abschoss, war es schon zu spät, die geringen Reste der Wälder noch zu retten. St. Helena ist für uns heute ein Schulbeispiel für Umweltzerstörung, Faunen- und Florenverfälschung.

Nach einem kurzen Aufenthalt auf Ascension ging es noch einmal nach Sao Salvador da Bahia in Brasilien. Abermals erlebte Darwin die grausame Behandlung von Negersklaven.

Im Anschluss an entsprechende Erlebnisse in Pernambuco, dem heutigen Recife, betont er, dass all diese Grausamkeiten von Menschen ausgeführt und verteidigt würden, die vorgäben, ihren Nächsten wie sich selbst zu lieben.

Auf der gesamten Reise zeigt sich Darwin also nicht nur als ungewöhnlich vielseitiger Biologe und Geologe mit Fähigkeit zu weitreichenden Schlussfolgerungen, der unermüdlich beobachtet und Fakten sammelt, sondern auch als aufrechter, der Wahrheit verpflichteter Mensch, der sich persönlich über fünf Jahre lang in der schwierigen Situation zwischen einem neurotischen Kapitän, den Schiffsoffizieren und der Mannschaft menschlich hervorragend bewährt hat.

Am 2. Oktober 1836 kehrte er nach Falmouth (England) zurück, um fünf Jahre älter, aber unvergleichlich reicher an Erfahrungen, die Tagebücher voll von Ideen, die Kisten voll von Gesammeltem. Von 1837 bis 1842 arbeitete er in London, um mit Hilfe der Museumszoologen die Sammlungen auszuwerten. Die zahlreichen fossilen Säugetierskelette, die er in Südamerika gefunden hatte, hatten seinen Glauben an die Unveränderlichkeit der Arten nachhaltig erschüttert. Die Verbindung zwischen noch lebenden und ausgestorbenen Formen hatte ihn auf den Gedanken weitreichender Zusammenhänge gebracht, die nur mit Kontinuität und schrittweisem Wandel zu verstehen waren. Die taxonomische Analyse der Tierwelt der Galapagos-Inseln gab ihm die Überzeugung, dass sich eine schrittweise Umwandlung – die Evolution – der Lebewesen tatsächlich abgespielt haben muss, dass also neue Arten sich aus schon bestehenden gebildet haben. Die nächsten zwanzig Jahre seines Lebens verwendete er darauf, diese Hypothese zu untermauern.

Abb. 1.9 a, b **a** Darwins Frau Emma, geb. Wedgwood (1808 bis 1896), kurz nach ihrer Hochzeit; Aquarell von J. Richmond (1839). **b** *Darwinia*, nach Erasmus Darwin benannte Pflanzengattung, die mit *Eucalyptus* verwandt ist (Myrtaceae)

Schon ein halbes Jahr nach seiner Rückkehr begann Darwin eine Reihe von Notizbüchern über die „*Transmutation of species*" – die Umwandlung der Arten – anzulegen. Er war sich der Schlussfolgerung bewusst, dass wahrscheinlich alle Lebewesen der Erde, einschließlich des Menschen, auf gemeinsame Vorfahren zurückzuführen seien. Im Oktober 1838 las er fast zufällig „Das Bevölkerungsgesetz" („*Essay on the Principle of Population* …") von **Thomas Robert Malthus**, und dabei blitzte ihm der Gedanke von der natürlichen Auslese auf. „Hier nun", so fährt er fort, „hatte ich endlich eine Theorie gefunden, mit der sich arbeiten ließ".

Darwins eigene Entwicklung als Schöpfer der Theorie von der Evolution des Lebens ging stetig und langsam voran. Er türmte Berge von Tatsachenmaterial auf, das für seine Vorstellungen sprach. Die Beweisführung arbeitete er bis ins letzte, fest begründete Detail aus. Veröffentlichungen schob er immer wieder hinaus. Sein Zaudern, vor die Öffentlichkeit zu treten, hatte fast etwas Krankhaftes, so Julian Huxley, und hätte ihn beinahe seinen Platz unter den Großen der Wissenschaft gekostet. Zu einem Teil resultierte das Zaudern aus der Rücksichtnahme auf religiöse Gefühle anderer, insbesondere seiner Frau (**Abb. 1.9a**). Diese stammte aus der wohlhabenden Familie Wedgwood, die eine Porzellanmanufaktur besaß. Sie hatte ein Vermögen in die Ehe eingebracht, die es Darwin ermöglichte, als „Privatgelehrter" zu arbeiten. In seiner Autobiographie – die vollständig erst 1958 von seiner Enkelin Lady Nora Barlow herausgegeben wurde – beschrieb Darwin, dass er ganz langsam und allmählich den Glauben an die Kirche und das überkommene Christentum verlor. Erst 1842 verfasste er auf 35 Seiten mit Bleistift eine Zusammenfassung seiner Evolutionstheorie. Dieses Manuskript wurde zu Darwins Lebzeiten nicht veröffentlicht, man fand es erst 50 Jahre später in einem Schrank unter der Treppe seines Hauses in Kent. Offensichtlich war sich Darwin der weitgehenden Konsequenzen seiner Vorstellungen in vollem Umfange bewusst. Wenn die belebte Welt nicht, wie man glaubte, statisch sei, sondern sich unaufhörlich aufgrund wissenschaftlich erfassbarer Vorgänge wandelte, dann war ganz offensichtlich, dass die Annahme eines Schöpfergottes nicht notwendig ist: Hier lag auch die Ursache für spätere Anfeindungen, die bis in unsere Tage reichen.

1844 verfasste Darwin eine 230 Seiten lange Abhandlung seiner Evolutionstheorie. Hätte er sie damals schon veröffentlicht, sie hätte nach Ansicht Julian Huxleys die gleiche Durchschlagskraft gehabt wie fünfzehn Jahre später sein großes Buch von der Entstehung der Arten. Nur mit wenigen Freunden, vor allem dem Geologen Charles Lyell und dem Botaniker Joseph Hooker, diskutierte er seine Gedanken. 1856 begann er, auf Lyells Veranlassung, eine breit angelegte Abhandlung über die Transmutation der Arten niederzuschreiben. Diese Arbeit ist jedoch erst aus seinem Nachlass als sein „Big Species Book" 1975, von R.C. Stauffer ediert, erschienen. Im Frühsommer 1858 erlitt Darwin den größten Schock seines wissenschaftlichen Lebens: **Alfred Russel Wallace** (1823 bis 1913), ein Naturforscher, der im fernen Ternate im heutigen Indonesien arbeitete und mit Darwin seit etwa einem halben Jahr in Briefwechsel stand, schickte ihm von den Molukken die Abhandlung „Über die Tendenz der Varietäten, unbegrenzt vom Originaltypus abzuweichen". Bei der Lektüre fand Darwin Punkt für Punkt eine Zusammenfassung seiner eigenen Theorie von der Evolution durch natürliche Auslese. Auch Wallace hatte, ähnlich wie das freilich größere Genie Darwin, nach vielen Jahren der Beobachtung in der freien Natur den Gedanken einer Evolution und des Selektionsprinzips gefasst, konnte ihn jedoch nicht mit der gleichen Fülle von Beweismaterial stützen wie Darwin. Bekannt geblieben ist Wallace daher auch mehr durch seine lebendige, wenn auch weniger grundlegende Arbeit über die geographische Verbreitung der Tiere. Zudem vertrat er die Auffassung, dass die Entstehung des Lebens und auch des menschlichen Geistes und Bewusstseins auf göttliche Eingriffe zurückgehe (s. **EXKURS 5.11 Abschn. 5.10.2**) Nach einem schweren Gewissenskampf Darwins („… viel lieber würde ich mein ganzes Buch verbrennen, als dass Wallace oder irgendjemand denken sollte, ich hätte mich irgendwie unredlich benommen …") und dank der Tatsache, dass Lyell und Hooker sich der Angelegenheit annahmen, wurden seine und Wallaces Auffassungen zugleich vor der Linnean Society am 1. Juli 1858 verlesen und noch im selben Jahr in der Zeitschrift der Gesellschaft veröffentlicht. Auf diese Publikation erfolgte keine großartige Reaktion, und so wird Alfred Russel Wallace trotz seiner Ideen und seines Einsatzes zu einer tragischen Figur der Wissenschaftsgeschichte. Schon seine Forschungsreise nach Südamerika (1848–1852) war unglücklich zu Ende gegangen. Bei der Heimreise sank das Schiff und mit ihm seine gesamte Sammlung.

Charles Darwin vollendete unter dem Druck von Lyell und Hooker eine „Kurzfassung" seines Werkes in gut einem Jahr. Es wurde das Hauptwerk seines Lebens, erschien am 24. November 1859 in einer Auflage von 1250 Exemplaren und war noch am selben Tag vergriffen. Dieses epochale Werk trug den Titel „*On the Origin of Species by Means of Natural Selection or the Preservation of Favoured Races in the Struggle for Life*". Die Reaktion auf dieses Opus war Entsetzen und Faszination, nicht nur in der breiten Öffentlichkeit, auch in seinem engeren Umkreis (**Abb. 1.10, 1.11**). Sein früherer Lehrer, Adam Sedgwick, fand Teile des Buches „ganz und gar falsch und bitter schädlich". Der Astronom Sir John Herschel sprach vom „Kraut- und Rüben-Gesetz". Der bedeutende Zoologe und Paläontologe Richard Owen, der die Begriffe Homologie und Analogie im heutigen Sinne schuf, gehörte zu den massivsten Kritikern. Lyell, Wallace und Hooker waren begeistert. Thomas Henry Huxley wurde in England zum geschickten Vorkämpfer Darwins, in Deutschland übernahm diese Aufgabe der noch jüngere Jenaer Zoologe Ernst Haeckel.

Im Jahre 1860 hielt die „Britische Vereinigung für den Fortschritt der Wissenschaft" ihre Tagung in Oxford ab. Nach dem Hauptvortrag eines Amerikaners namens Dr. Draper mit dem Thema „*The intellectual development of Europe considered with reference to the views of Mr. Darwin*" kam es zu einer lebhaften Diskussion zwischen dem Bischof von Oxford, Samuel Wilberforce, Robert FitzRoy, dem inzwischen zum Admiral beförderten ehemaligen Kapitän der „Beagle", Thomas Henry Huxley und Joseph Hooker. Darwin war nicht anwesend. Nachdem Wilberforce angeblich „eine volle halbe Stunde mit unnachahmlicher Lebhaftigkeit, Hohlheit und Unehrlichkeit" gesprochen hatte, fragte er Huxley, ob er seinen Großvater oder seine Großmutter meine, wenn er behaupte, vom Affen abzustammen. Huxley erwiderte, dessen brauche man sich nicht zu schämen. Eine Schande dagegen sei jedoch ein Mensch, der, nicht zufrieden mit seinem fragwürdigen Erfolg auf dem eigenen Tätigkeitsgebiet, sich auf ein Feld wissenschaftlicher Probleme wagt, von denen er nichts versteht, und das nur, um sie durch sinnloses Gerede zu verdunkeln und die Aufmerksamkeit seiner Zuhörer durch redegewandtes Abschweifen und geschicktes Appellieren an religiöse Vorurteile vom entscheidenden Thema abzulenken. Ob diese Diskussion tatsächlich so einfach abgelau-

Abb. 1.10 a, b Karikaturen von Charles Darwin (um 1880): **a** Darwin und der Affe, **b** Darwin und der Regenwurm. Darwin hatte erkannt, dass Regenwürmer für die Bodenfruchtbarkeit wichtig sind; bis dahin waren sie negativ eingeschätzt worden

Abb. 1.11 a, b Karikaturen von Gegnern der Evolutionstheorie: **a** Samuel Wilberforce, Bischof von Oxford. **b** Richard Owen, anonym und gegen Charles Darwin überwiegend hinter den Kulissen agierender, prominenter Paläontologe und vergleichender Zoologe

fen ist, bleibt zweifelhaft. Soweit überhaupt rekonstruierbar, verlief sie relativ ruhig, und es war im Wesentlichen Hooker, der überzeugende Argumente für Darwins Theorie vorbrachte.

Heinrich Georg Bronn (1800 bis 1862), Zoologe und Paläontologe in Heidelberg, übersetzte auf Darwins Wunsch dessen Werk ins Deutsche. In weniger als einem Jahr lag die deutsche Version vor. „*Struggle for Life*" wurde mit „Kampf um's Daseyn" (eine nicht besonders glückliche, aber eingängige Übertragung) übersetzt. In den USA trat der Botaniker **Asa Gray** (1810 bis 1888) für Darwins Theorie ein.

Darwins „*Origin of Species*" löste eine wissenschaftliche Revolution aus, die auf fünf Haupttheorien beruht, an denen Darwin seit der Beagle-Expedition gearbeitet hatte:
- Evolution beruht auf gemeinsamer Abstammung. Die Entwicklung erfolgt nicht in Form einfacher gerader Linien, sondern in Form von sich verzweigenden Stämmen. Die Evolution bedarf keiner übernatürlichen Erklärung. Die Vielfalt der Organismen spiegelt die zahllosen evolutiven Entwicklungswege wider, die in einem „natürlichen System" erfasst werden. Diese theoretischen Überlegungen wurden rasch akzeptiert.
- Organismen entwickeln sich ständig weiter.
- Arten vervielfachen sich im Laufe der Zeit. Darwin sah z. B., dass die seinerzeit vier Spottdrosselarten auf den Galapagos-Inseln von einer Spottdrosselart des südamerikanischen Festlandes abstammen.
- Die Evolution erfolgt in Form eines allmählichen Wandels.
- Der Evolutionsmechanismus beruht auf der Konkurrenz unter zahlreichen einzigartigen Individuen um begrenzte Ressourcen: Theorie der natürlichen **Selektion**, die an der **Variabilität** der Individuen ansetzt, welche „im Übermaß" vorhanden sind. Generell gibt es bei Organismen eine Überproduktion von Nachkommen. Wir wissen heute, dass die Variabilität letztlich auf Mutationen und Rekombination (s. **Kap. 3**) beruht. Selektion bedeutet Wettbewerb, bei dem sich der Bestangepasste durchsetzt; natürliche Selektion kann aber auch zu Kooperation und Altruismus führen (s. u.).

Dieser von Darwin erkannte Mechanismus der Evolution wurde vielfach in grober, vereinfachender und verfälschender Form wiedergegeben und politisch missbraucht. „Der Kampf ums Dasein" (bei Darwin „*struggle for life*", *struggle* = Wettbewerb, nicht Kampf) gehört zu den unglücklichen Formulierungen, die Eingang fanden in einen kruden Sozialdarwinismus und Rassismus. In der Tat war Karl Marx von Darwins Ausführungen so angetan, weil er im „Klassenkampf" das Pendant zum „Kampf ums Dasein im Tierreich" sah. Er fragte Darwin, ob er ihm den zweiten Band des „Kapital" widmen dürfe. Darwin verzichtete jedoch höflich aber bestimmt, und ein Werk von Marx (Das Kapital), welches nur zu Beginn aufgeschnitten war, wurde später bei ihm gefunden. Indes „darwinisierte" Friedrich Engels den Marxismus, indem er den Klassenkampf besonders betonte.

Kooperative Wechselwirkungen: Neben der natürlich von Generation zu Generation stattfindenden Verschiebung von Genfrequenzen und der allgemein bei erfolgreichen Lebewesen vorkommenden Überproduktion von Nachkommen gibt es einen ganz anderen Aspekt, der für die Evolution von sehr großer Bedeutung ist und über den auch Darwin nachgedacht hat, und der auf den ersten Blick im Gegensatz zum *struggle for life* zu stehen scheint: Lebewesen können nur in Kooperation mit anderen überleben. Diese Kooperation kann zwischen Individuen einer Art oder verschiedener Arten bestehen. Das Phänomen der Kooperation erweitert stark unsere Vorstellungen von den Evolutionsmechanismen und ist ein wesentliches Grundprinzip der Evolution.

EXKURS 1.2

Intertaxonische Kooperation

Bei der Beurteilung der von Charles Darwin formulierten Evolutionsfaktoren wird häufig ein Gesichtspunkt übersehen, der ihn jedoch – auf der organismischen Ebene – über Jahre beschäftigt hat: die Kooperation. Ohne Kooperation wären noch nicht einmal die Zellen (Eucyten) entstanden, aus denen Pflanzen, Pilze und Tiere aufgebaut sind (s. **EXKURS 3.1, Abschn. 3.2.7**). Ohne Kooperation wäre die Eroberung der Festlandes durch Pflanzen wahrscheinlich nur in geringem Umfang erfolgt und vermutlich wären nicht so riesige Waldflächen entstanden, sei es der Sporenpflanzen-Wald im Karbon (Steinkohlenwald, s. **Abschn. 2.2.5**) oder der jüngere Nackt- und Bedecktsamer-Wald bis in unsere Tage. Ohne Kooperation wären Blütenpflanzen nicht zur größten Pflanzengruppe und Insekten nicht zur

EXKURS 1.2 (Fortsetzung)

größten Tiergruppe geworden. Beide haben sich in einer engen Co-Evolution bis zur heutigen Formenfülle entfaltet. Diesem Phänomen hat sich Darwin ganz speziell gewidmet. Besonders lange hat er sich mit Orchideen sowie mit Selbst- und Fremdbefruchtung beschäftigt, so dass er zu einem frühen Wegbereiter der Blütenökologie wurde. Die engen Beziehungen von Insekten und Pflanzen bringen jedoch auch Probleme für Pflanzen mit sich, weil viele Insekten von ihrer Substanz leben, also herbivor sind. Dagegen wehren sich Pflanzen mit einer ganz speziellen, subtilen Kooperation, die erst in unserer Zeit in ihrer Tragweite und Komplexität verstanden wird. Ohne Kooperation wären die von Scleractiniern dominierten, modernen Korallenriffe, ein Produkt des Känozoikums, nicht entstanden. Sie liefern zudem Beispiele für eine Fülle von Kooperationen im Bereich der Körperpflege und damit zur Erhaltung der Integrität des Tierkörpers, sei es von Fischen oder von Echinodermen und Mollusken, die wir zunehmend auch aus anderen Lebensräumen kennen lernen (Putzer-Symbiosen). Schließlich muss die Frage gestellt werden, ob für die Mehrzahl der Tiere – oder sogar für alle, und der Mensch ist ausdrücklich eingeschlossen – eine Ernährung ohne kooperative Symbionten überhaupt möglich ist. Gleiches gilt für die Mineralisierung von Exkrementen, Exkreten und Leichen, die das Zusammenwirken ganz verschiedener Organismen erfordert. Schließlich seien die ökologisch so erfolgreichen Flechten erwähnt, bei denen ganz verschiedene Partner zu etwas ganz Neuem geworden sind.

Die Kooperation – hier nur angesprochen auf der intertaxonischen Ebene – ist also ein Phänomen der Evolution, welches viele Fortschritte erst ermöglicht und ganze Lebensräume erschaffen hat und bis heute erhält.

Mykorrhiza: Ohne Pilze keine Wälder?

Solange es Landpflanzen gibt, also seit über 400 Mio. Jahren, solange gibt es wohl auch die Mykorrhiza, eine enge Symbiose von Pilzen und Pflanzen in deren Wurzelbereich, in der Rhizosphäre. Insgesamt sind Tausende Pilz-Arten an dieser Symbiose beteiligt und schätzungsweise 90 % aller Landpflanzen. Die heterotrophen Pilze erschließen der Pflanze anorganische Substanzen, die sie effizienter aus dem Boden lösen können als die durch sie ersetzten Wurzelhaare, insbesondere stickstoff- und phosphorhaltige Mineralstoffe sowie Wasser und Spurenelemente. Die autotrophe Pflanze versorgt den Pilz mit Kohlenhydraten, die sie selbst synthetisiert hat. Über 80 % der Landpflanzen leben heute in einer sogenannten **Endo- oder arbuskulären Mykorrhiza**. Die Pilze gehören zu den Zygomyceten. Sie dringen mit ihren Hyphen in die Zellen der inneren Wurzelrinde der Pflanze ein und bilden in diesen ein bäumchenartiges System, das Arbuskel, bleiben jedoch immer von der Pflanzenzellmembran umschlossen, durchstoßen diese also nicht. Hunderte von Genen der Pflanze verändern unter dem Einfluss des Pilzes ihre Aktivität und rufen Veränderungen hervor, die wir noch nicht absehen können. Bei Bäumen in gemäßigten Zonen überwiegt die **ectotrophe Mykorrhiza**. Die beteiligten Pilze sind überwiegend Asco- und Basidiomyceten. Sie bilden einen Mantel aus Pilzhyphen, der die kleinen Seitenwurzeln umschließt und funktionell die fehlenden Wurzelhaare ersetzt. Insgesamt liegt der Vorteil der Pflanzen in einer Förderung der Wasseraufnahme, der Verbesserung der Mineralsalzversorgung und auch in einem gewissen Schutz gegen Pathogene.

Vermutlich begann die unterirdische Beziehung zwischen Pflanzen und Mykorrhiza-Pilzen schon im Ordovizium – vor ca. 450 Mio. Jahren – als sich Moose in feuchten Landbiotopen entwickelten.

Blütenpflanzen und Bestäuber: Kooperation schafft Vielfalt

Eine enge Wechselbeziehung ist zwischen Blütenpflanzen und meist flugfähigen Tieren (Insekten, Vögeln, Fledermäusen) entstanden. Sie lässt sich bis in die Kreide zurückverfolgen. Die Tiere transportieren den Pollen von einer Blüte zu einer anderen und erhöhen so die Wahrscheinlichkeit einer Bestäubung. Dabei leben sie teilweise von dem proteinhaltigen Blütenstaub und bekommen oft noch weitere Nahrungsmittel dargeboten, insbesondere kohlenhydratreichen Nektar.

Mit der Insektenbestäubung geht die Zwittrigkeit der Blüten einher, zudem entstehen

▶

EXKURS 1.2 (Fortsetzung)

Klebrigkeit des Pollens, Lockduft, Blütenfarben und Nektarien, die Zuckerlösungen (Nektar) produzieren. Unter den Insekten treten Hautflügler (Hymenoptera), Schmetterlinge (Lepidoptera) und Zweiflügler (Diptera) hervor. Die Hymenopteren machen etwa die Hälfte aller blütenbestäubenden Insekten-Arten aus. Allen voran sind die sozialen Aculeaten zu nennen, vor allem Bienen und Hummeln. Durch ihre Blütenstetigkeit werden speziell die Honigbienen zu besonders wichtigen Bestäubern zahlreicher Kulturpflanzen. Pflanzen, die nur oder fast ausschließlich von Hymenopteren bestäubt werden, sind oft zygomorph (bilateral; Schmetterlingsblütler, Rachenblütler und Orchideen). Schmetterlinge sind meist mit einem langen Saugrüssel ausgestattet und saugen Nektar. Viele Schmetterlingsblumen haben eine lange Blütenkronröhre, z. B. Nelkengewächse. Groß ist auch die Zahl der Blütenbesucher unter den Dipteren. Nur auf ihren Besuch eingestellte Blüten sind jedoch eher selten. Blütenbesuchende Vögel gehören zu etwa 50 Familien; besonders bekannt sind die heute auf Amerika beschränkten Kolibris (Trochilidae), die altweltlichen Nektarvögel (Nectariidae) und unter den Papageien die in Südostasien und Australien beheimateten Pinselzüngler (Trichoglossidae). Vogelblumen sind oft arm an Duft, aber leuchtend (oft rot) gefärbt, entsprechend der vorwiegend optischen Orientierung der Vögel. Fledermausblumen dagegen entwickeln v. a. nachts einen starken Geruch.

Pflanzen holen die Feinde ihrer Feinde zu Hilfe
Die Biomasse aller Pflanzen (Phytomasse) übertrifft die Biomasse aller Tiere (Zoomasse) um ein Vielfaches. Auf die gesamte Biosphäre bezogen wird das Verhältnis beider mit 99:1 angegeben. Von dieser Pflanzensubstanz leben Unmengen von Tieren, unter ihnen Hunderttausende von Insekten-Arten. Sie legen ihre Eier an oder in Pflanzen ab, ihre Larven leben von ihrer Wirtspflanze und funktionieren in vielen Fällen Pflanzengewebe so um, dass für sie Wohnraum und optimale Nahrung produziert werden (Gallenbildung). Erst in jüngerer Zeit wird deutlich, dass durch Insektenfraß oder sogar schon durch die Eiablage die Bildung von Blattdüften induziert wird, die Parasiten der Insekteneier oder der daraus schlüpfenden Larven sowie Prädatoren anlocken, die dann die Herbivoren abtöten. Die Fraßfeinde der Herbivoren kooperieren also mit der Pflanze. Befallene Pflanzen können ihre Duftproduktion zeitlich so präzise fokussieren, dass Parasiten oder Räuber nur so lange zu Hilfe gerufen werden, wie sich Insekteneier bzw. -larven in einem Entwicklungszustand befinden, in dem eine Parasitierung erfolgreich verlaufen kann. Die Pflanzen produzieren je nach Herbivorenart unterschiedliche und hochspezifische Duftmuster, wenn sie befallen werden. Die Reaktion der Parasiten auf sehr spezifische fraß- bzw. eiablageinduzierte pflanzliche Düfte kann von einigen Parasiten auch erlernt werden und zeigt somit eine breite phänotypische Plastizität. Durch das spezifische Duftmuster können in einigen Pflanze-Parasit-Kooperationsbeziehungen solche räuberischen oder parasitischen Insektenarten angelockt werden, die sich optimal von den gerade an der Pflanze fressenden Herbivorenarten ernähren können. Die spezifischen Reaktionen der Pflanzen sind bedingt durch die artspezifischen Fraß- bzw. Eiablagemodi der herbivoren Insekten und auch durch die Chemie des Speichels, der beim Fraß in die pflanzlichen Wunden gerät, bzw. die Chemie der Sekrete, mit deren Hilfe Insekten ihre Eier an ein Blatt kleben.

Ein besonders eindrucksvolles Beispiel für die Kooperation zwischen Pflanzen und den Parasiten ihrer Feinde bietet eine Studie am Rosenkohl, der Eiparasiten darüber informieren kann, wo Eier vom Kohlweißling abgelegt worden sind und dadurch die Suche des Parasiten nach Wirtseiern erleichtert; somit werden aus vielen Kohlweißlingseiern keine Larven mehr schlüpfen, sondern Parasiten und die Gefahr von Schäden durch Kohlweißlingslarvenfraß ist für den Rosenkohl vermindert. Das Rosenkohlblatt verändert in Reaktion auf die Eiablage seine Oberflächenchemie und das veränderte Oberflächenmuster wird von den Parasiten erkannt. Der Rosenkohl „bemerkt" die Eiablage des Kohlweißlings am Klebstoff, mit dem das Kohlweißlingsweibchen die Eier an das Blatt heftet. Der Klebstoff stammt aus einer akzessorischen Drüse im Genitaltrakt der Weibchen. Der eigentli-

EXKURS 1.2 (Fortsetzung)

che „Wirkstoff" im Eiklebstoff, der im Rosenkohlblatt die Oberflächenveränderung auslöst, ist Benzylcyanid. Das Weibchen hat diese Substanz bei der Verpaarung vom Männchen erhalten und gibt sie mit den Eiern an die Pflanze ab. Das Männchen gibt Benzylcyanid als Antiaphrodisiakum an die Weibchen, um seine Vaterschaft zu sichern. Für die Pflanze ist dieses Antiaphrodisiakum eine Information darüber, dass befruchtete Eier auf den Blättern liegen. Nur gegen diese muss sich die Pflanze Feinde der Feinde zu Hilfe holen.

Korallen: besonders effiziente Baumeister

Etwa 600.000 km^2 bzw. 15 % der Flachseeböden zwischen 0 und 30 m Wassertiefe werden heute von dem artenreichsten Ökosystem der Meere eingenommen, den Korallenriffen der Tropen und Subtropen. Sie stellen – geologisch betrachtet – einen recht modernen Lebensraum dar. In der uns bekannten Form existieren sie erst seit dem Tertiär. Haupttriffbildner sind die Steinkorallen (Scleractinia). Selbst das größte heutige Riff, das Große Barriereriff vor der Nordostküste Australiens, liegt in einem Gebiet, das vor etwa 20.000 Jahren noch landfest war. Riesige Wassermengen waren als Inlandeis gebunden und der Meeresspiegel lag mehr als 100 m unter dem heutigen. Der Großteil der Produktion des Großen Barriereriffs erfolgt heute in einer Wassertiefe bis 50 m. Das liegt an der intrazellulären Symbiose mit einzelligen Algen, die in den Gastrodermis-Zellen der Korallen-Polypen leben. Das Große Barriereriff ist mit seiner Länge von 2300 km und einer Breite von 20–300 km wohl das größte Bauwerk, das jemals von Lebewesen hergestellt wurde.

Etwa die Hälfte der Zoomasse der sessilen Riffbildner lebt mit phototrophen Organismen in Symbiose. Als Primärproduzenten fungieren Dinophyceen (*Gymnodinium*, *Symbiodinium*). Sie nutzen stickstoffhaltige Exkrete ihres Wirtes, werden von dessen Kohlendioxid versorgt und liefern Kohlenhydrate, Glycerin und Aminosäuren. Es handelt sich um eine effiziente Kreislaufwirtschaft auf kleinstem Raum, als dessen Nebenprodukt durch die laufende Aufnahme von Kohlendioxid durch die Alge noch Calciumcarbonat zum Skelettbau der Korallen anfällt. Die Kalkbildungsrate der symbiotisch lebenden Korallen übertrifft die der algenfreien um den Faktor 10. Es kann zu einer jährlichen Deposition von 10 kg/m^2 kommen.

Putzer-Symbiosen: Erhaltung der Integrität

Die große Fülle von Fischen in Riffen – Korallenriffe beherbergen ein Viertel der marinen Fischarten – und wirbellosen Tieren mit einer weichen Oberfläche, welche Korallenriffe besiedeln, ist bakteriellen und Pilzinfektionen sowie Parasiten ausgesetzt. Hier schaffen Putzer Abhilfe, das sind Organismen, die darauf spezialisiert sind, anderen – auch Raubfischen – Haut und sogar Körperöffnungen (Kiemen- und Mundraum) zu säubern (◘ Abb. 1.12). An Putzerstationen im Korallenriff, die oft im Paar- oder Haremsverband betrieben werden, können sich mehrere Meter lange Schlangen von Wartenden bilden, die nacheinander behandelt werden. In sechs Stunden können bis 300 „Kunden" einer Säuberung unterzogen werden. Experimente, bei denen Putzer aus Riffgebieten entfernt worden waren, haben gezeigt, dass unter diesen Umständen viele Fische abwandern und dass bei den Ortstreuen die Befallsrate mit Parasiten ansteigt. Nicht nur in Riffen gibt es Putzer, hier sind es vor allem Fische und Krebse, sondern auch in anderen Lebensräumen, z. B. in Savannen mit Großtierherden, die von Vögeln gepflegt werden.

Verdauung in Kooperation mit Mikroorganismen

Verdauungstrakte von Tieren werden üblicherweise von Mikroorganismen (z. B. Bakterien und Protozoen) besiedelt, die in vielen Fällen obligatorische Symbionten sind. Termiten haben eine spezielle Gärkammer ausgebildet, in denen Mengen von Flagellaten leben, die wiederum Bakterien enthalten. Entfernt man diese im Experiment, sterben die Insekten. Unter den Säugetieren sind Wiederkäuer mit einem speziellen Magenabschnitt ausgestattet, dem Pansen, der Mengen von Ciliaten, also tierische Einzeller, und Bakterien enthält, die wesentlich an der Aufarbeitung der pflanzlichen Cellulose beteiligt sind. Wie fast alle anderen Tiere, die Cellulose zu sich nehmen, sind Wiederkäuer nicht imstande, diese chemisch

▶

EXKURS 1.2 (*Fortsetzung*)

Abb. 1.12a–f Symbiosen im Korallenriff. **a, b** Putzerfische (*Labroides*) säubern die Oberfläche von Fischen. **c** Putzerfisch und Garnele beim Säubern. **d** Garnelen säubern eine Muräne. **e, f** Symbiose von Fisch (Gobiidae) und Krebs (Alpheidae), die in einer Höhle leben. Photos W. Werzmirzowsky

aufzuarbeiten. Das machen Symbionten, speziell Bakterien. Beim Menschen ist das Colon ein spezielles Ökosystem, welches eine umfangreiche Bakterienflora beherbergt. Man schätzt, dass wir im Dickdarm etwa 10^{14} bis 10^{15} Bakterien beherbergen. Das entspricht einer Trockenmasse von 1,5 kg. Im Darm eines Menschen leben diesen Schätzungen zufolge etwa 10- bis 100-mal so viele Bakterien wie wir körpereigene Zellen haben. Das bedeutet, dass wir – numerisch gesehen – bis zu 99 % aus Bakterien bestehen. Die Mikroorganismen leben von Resten nicht verdauter Nahrungsbestandteile und von abgegebenen Darmepithelzellen, vor allem aus dem Dünndarm. Täglich fällt pro Kilogramm Körpergewicht etwa 1 g Protein an, das ebenfalls von den Darmbakterien metabolisiert wird. Vor allem im distalen Dickdarm gehen die Mikroorganismen selbst zum erheblichen Teil zugrunde und stellen ihrerseits Nahrung für andere Mikroben dar.

Eine weitere wichtige Aufgabe der Colonbakterien besteht darin, dass sie die Besiedlung des Darmes mit pathogenen Bakterien verhindern. Etwa

— **EXKURS 1.2** (*Fortsetzung*) ————————————————————————————

99 % der Darmbakterien sind Anaerobier. Sie produzieren ein saures Milieu und flüchtige (volatile) Fettsäuren, die das Aufkommen der pathogenen Bakterien hemmen.

Phoresie: Nutzung zeitlich limitierter Nahrungsquellen
Tierische Lebewesen geben Kot (Faeces) und Urin (Exkrete) ab. Am Ende ihres Lebens verbleibt eine Leiche. Leichen und Ausscheidungen müssen abgebaut werden (Dekomposition) und werden letztlich (re-)mineralisiert. Dieser Prozess ist örtlich und zeitlich limitiert. Speziell der Abbau von größeren Kothaufen und Leichen zieht in kürzester Zeit Gilden von Organismen an, insbesondere fliegende Insekten, die auf ihrer Oberfläche z. B. Bakterien und flugunfähige Tiere wie Milben und Fadenwürmer transportieren und mit diesen den Abbau vollziehen. Nach Erledigung ihrer Tätigkeiten werden die nächsten duftenden Kotwelten aufgesucht. Das geschieht wiederum oft über Phoresie. Phoresieverhalten wird z. B. durch Trockenheit des Substrates induziert. Fadenwürmer können sich zu kleinen Türmen aggregieren und winkende Bewegungen ausführen. Sie erhöhen so die Chance, ein Fluginsekt zu erreichen. Wie dieses System gestört werden kann, wurde in den letzten Jahrzehnten speziell in Australien deutlich, wohin man europäische Großsäuger eingeführt hatte, deren Kot von den einheimischen Insekten nicht hinreichend abgebaut wurde. Es waren erhebliche Forschungsanstrengungen nötig, um die adäquaten Kotverwerter von anderen Kontinenten ausfindig zu machen und in Australien einzusetzen. Australischer Säugetierkot war vor dem Eintreffen der Europäer und ihrer Haustiere vorwiegend Kot von Beuteltieren.

Flechten: 1 + 1 = 1
Mit etwa 20.000 beschriebenen Arten besiedeln Flechten nahezu alle terrestrischen Habitate, leben vereinzelt auch im Süßwasser und sind an Meeresküsten zu finden. In Polnähe und den höchsten Gebirgen sind sie die am weitesten vordringenden vielzelligen Organismen, im Himalaja bis über 7000 m. Das Spektrum der im trockenen Zustand tolerierten Temperaturen reicht von etwa −170 bis 80 °C. Ihr Wachstum ist äußerst gering. Flechten bestehen aus dem Geflecht eines Pilzes (dem Mykobionten) und darin eingebetteten Grünalgen oder Cyanobakterien (den Photobionten). Man schätzt, dass ein Fünftel bis ein Viertel der über 60.000 bekannten Pilz-Arten an der Bildung von Flechten beteiligt sind, denen sie ihre neue, arttypische Gestalt vermitteln. Die Anzahl der Photobionten-Arten liegt bei etwa 100. Die bei weitem dominierenden Pilze (98 %) sind die Ascomyceten, einen kleinen Teil stellen die Basidiomyceten. Die Photobionten sind mehrheitlich Grünalgen (85 %), der Rest entfällt auf Cyanobakterien. Der Pilz ist in der Flechtensymbiose in seinem Kohlenhydratstoffwechsel völlig auf seine Photobionten angewiesen. Er erhält Glucose (von Cyanobakterien) oder Zuckeralkohole (von Grünalgen). Die Photobionten sind in Wasser- und Mineralstoffversorgung vom Pilz abhängig. Flechten bilden spezielle Flechtenstoffe – mehrere Hundert sind bisher bekannt –, was die isolierten Symbiosepartner nicht tun. Sie dienen zum Beispiel zur Abwehr von Fraßfeinden. Wenn sich Flechten auch seit dem Paläozoikum als ökologisch besonders erfolgreich erwiesen haben, werden ihre Grenzen durch die anthropogen beeinflusste Erdatmosphäre deutlich. Ihre Artenvielfalt ist in Ballungsgebieten deutlich rückläufig, wenngleich in Mitteleuropa der Tiefpunkt hinter uns liegt.

Sexuelle Selektion, d. h. geschlechtliche Zuchtwahl (engl. *selection in relation to sex*), ist ein Phänomen, das Darwin in hohem Maße beschäftigte und das er für die Evolution für sehr wichtig hielt. Man versteht darunter die Selektion auf Merkmale, welche den Fortpflanzungserfolg der Merkmalsträger vergrößern; sie geben indirekt einen Hinweis auf die Fitness des Trägers. Der genetische Beitrag eines individuellen Organismus zur nächsten Generation wird durch besondere Eigenschaften gesichert, die den ganzen Bereich der Reproduktionsbiologie betreffen. Hierher gehören z. B. besonders auffällige männliche sekundäre Geschlechtsmerkmale, wie das Gefieder der Paradiesvögel. Die Weibchen ha-

 Abb. 1.13 Ernst Haeckel, Gemälde von F. Lenbach

ben oft die Fähigkeit, ihren Partner nach solchen Merkmalen auszuwählen (sexuelle Zuchtwahl durch die Weibchen). Innerhalb einer Art wählt das Geschlecht den Sexualpartner aus, das mehr an eigenen Energien in die Nachkommen investiert. Das ist bei den meisten Tierarten das weibliche Geschlecht. In modernen Interpretationen der sexuellen Selektion spielen daher Weibchen eine wichtigere Rolle bei der Paarung als die Männchen.

Weitere wichtige Werke von Darwin sind z. B. „Animals and Plants under Domestication" und „The Descent of Man". Darwin starb am 19. April 1882 und wurde trotz großer Ferne zu Kirche und Christentum in der Westminster Abbey beigesetzt, die größte Ehre, die England ihm zuteilwerden lassen konnte.

Die weitere biologische Forschung stand jetzt im Rahmen der Gedanken Darwins und unter dem Konzept der Evolution.

1.1.9 Ernst Haeckel und die Auseinandersetzungen in Deutschland

Ernst Haeckel (Abb. 1.13; 1834 in Potsdam geboren und 1919 in Jena gestorben) war der engagierteste Verfechter Darwins und der Evolutionslehre in der deutschen Wissenschaft des 19. und des beginnenden 20. Jahrhunderts. Er war ein unglaublich schaffensfreudiger, ideenreicher und fleißiger Zoologe. Seine großen Werke über Radiolarien, Kalkschwämme und Medusen sind unübertroffen. Er studierte Medizin und schloss mit Staatsexamen und Approbation als praktischer Arzt, Wundarzt und Geburtshelfer ab. Haeckel habilitierte sich in der medizinischen Fakultät der Universität Jena für vergleichende Anatomie. Von hier aus, wo er seit 1865 als ordentlicher Professor für Zoologie amtierte, verbreitete und popularisierte er den Evolutionsgedanken. Es konnte nicht ausbleiben, dass er massiven unsachlichen und diffamierenden Angriffen ausgesetzt war (die z. T. auch heute noch andauern, insbesondere im angelsächsischen Bereich). Er selbst neigte zu kämpferischer Polemik, was ihm auch unter Kollegen und seinen hervorragenden Schülern Feindschaften einbrachte. In Preußen wurden die Schriften von Haeckel und Darwin an höheren Schulen verboten, weil man sie für staatsgefährdend hielt. Diesem Verbot war 1879 eine dreitägige Debatte im preußischen Abgeordnetenhaus vorausgegangen. Ab 1882 wurde Haeckels wegen sogar der Biologieunterricht in den höheren Schulklassen in Preußen verboten. Mit welcher Intensität hier gestritten wurde, geht aus Abb. 1.14 hervor, die Haeckel für eine „Bierzeitung" anfertigte. Hier wird der preußische Kultusminister v. Zedlitz-Trütschler verspottet, den Haeckel schon früher wegen seines „ultramontan gefärbten Volksschulgesetz-Entwurfes" bekämpft hatte: Er widmet ihm eine neu entdeckte Tierart, für die eine neue Familie errichtet wird, die Coelocephala (Hohlköpfe). Die Auseinandersetzungen haben auch unmittelbar nach Haeckels Tod hohe Wellen geschlagen. Seine Asche wurde schließlich auf der Ammerbacher Platte (bei Jena) verstreut; Herz, Schädel und Gehirn wurden in Jena aufbewahrt.

Haeckels „Kunstformen der Natur" (Abb. 1.15) hat Hunderttausenden die Augen für die Schönheit der belebten Natur geöffnet und hatte Auswirkungen auf den Jugendstil.

Haeckel hat über 90 größere Reisen bis nach Java und Sumatra unternommen. Er hat dabei zahllose Anregungen erhalten und zumeist auch wissenschaftlich gearbeitet. Sein primäres Interesse galt immer der Meeresbiologie. Auf Haeckel gehen wichtige Begriffe wie Ökologie, natürliches System der Organismen, Ontogenie, Phylogenie

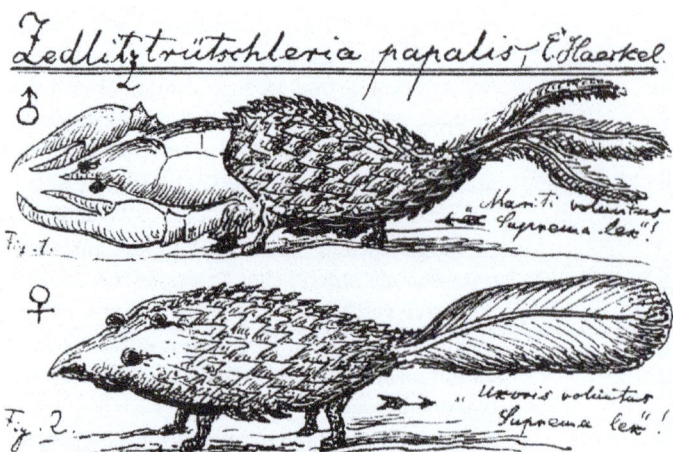

Abb. 1.14 *Zedlitztrütschleria papalis* E. Haeckel. Darstellung aus einer Bierzeitung, die von Haeckel an Studenten ausgegeben wurde. In der Diagnose heißt es unter anderem: Cerebrum minimum, sanguis coeruleus, gonades maximae, penis permagnus duplex. Die neue Tierart soll von einem Jesuiten-Pater in einem Sumpf einer preußischen Provinz auf einem einsamen Waldspaziergang mit der frommen Helene entdeckt worden sein

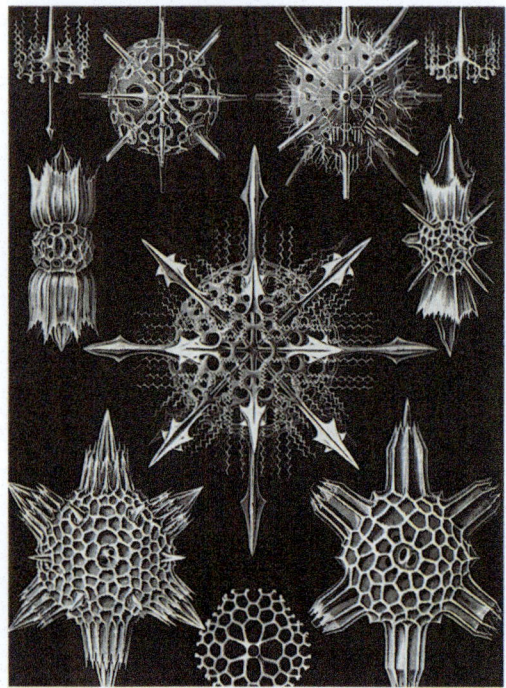

Abb. 1.15 Darstellung von Radiolarien aus Ernst Haeckels „Kunstformen der Natur" (1904)

Haeckel schuf in der „Generellen Morphologie" (1866) die Begriffe **Ontogenie** und **Phylogenie** und wies nachdrücklich auf den Kausalzusammenhang zwischen beiden hin. Ontogenie ist die „Entwicklungsgeschichte der organischen Individuen", also die Entwicklung von der befruchteten Eizelle bis zum erwachsenen Organismus. Phylogenie ist die „Entwicklungsgeschichte der Stämme". Er betonte nachdrücklich Parallelen zwischen Onto- und Phylogenie und formulierte das **Biogenetische Grundgesetz** folgendermaßen: „Die Ontogenie ist die kurze und schnelle Rekapitulation der Phylogenie, bedingt durch die physiologischen Funktionen der Vererbung (Fortpflanzung) und der Anpassung (Ernährung). Das organische Individuum wiederholt während des raschen und kurzen Laufes seiner individuellen Entwicklung die wichtigsten derjenigen Formveränderungen, welche seine Voreltern während des langsamen und langen Laufes ihrer paläontologischen Entwicklung nach den Gesetzen der Vererbung und Anpassung durchlaufen haben."

Haeckel sah in der Analyse von Embryonalstadien die Möglichkeit, phylogenetische Rekonstruktionen vorzunehmen, womit er eine Fülle von Forschungsvorhaben auslöste. Diese führten zu vielen Einschränkungen des Haeckelschen „Grundgesetzes" bis hin zur völligen Ablehnung, und Haeckel schrieb bereits 1866: „Jede Wiederholung der Stammesgeschichte ist eben nur in seltenen Fällen ganz vollständig und entspricht nur selten der ganzen Buchstabenreihe des Alphabets. In den allermeis-

und monophyletische Gruppe zurück, und er regte viele wissenschaftliche Arbeiten an. Sein „Biogenetisches Grundgesetz" (s. u.) erwies sich bis heute als besonders fruchtbar und betrifft eine zentrale Frage der Evolutionsbiologie; sich damit auseinander zu setzen, ist heute so wichtig wie damals.

ten Fällen ist vielmehr dieser Auszug sehr unvollständig, vielfach verändert, gestört oder gefälscht". Er selbst modifizierte sein Gesetz und baute es aus. So unterschied er z. B. Palingenesen (Stadien oder Merkmale in der Embryonalentwicklung, die für die Beurteilung der Phylogenie geeignet sind) und Caenogenesen (Embryonalstadien, die spezielle Anpassungen an das Embryonalleben darstellen und keine Beziehungen zur Phylogenie haben).

Interessant ist, dass homologe Organe auf unterschiedliche Art und Weise in der Ontogenese entstehen können. Adolf Remane (1971) hält 60–70 % der Morphogenese für phylogenetisch auswertbar, auf frühen Embryonalstadien seltener als auf späteren.

Seit einiger Zeit wird der Begriff „phylotypisches Stadium" für die Entwicklungsphase gebraucht, in der sich die Embryonen eines Tierstammes oder einer Tierklasse besonders stark ähneln. Bei Säugern tritt dieses Stadium nach der Neurulation und der Bildung der Somiten auf.

Obwohl man an fast jeder Einzelformulierung von Haeckels Biogenetischem Grundgesetz Kritik üben kann, bleibt es im Kern gültig. Haeckel ging es um die Beziehung von Phylogenie und Ontogenie, und es ist unbestritten, dass die Embryonalentwicklung die Evolution der Vorfahren widerspiegelt. Die molekularbiologische Forschung hat hochkonservierte molekulare und zelluläre Entwicklungsmechanismen nachgewiesen. Bei Arthropoden und Vertebraten werden z. B. *Hox*-Genkomplexe und dieselben Familien von Signalmolekülen in der Embryonalentwicklung eingesetzt. Was heute bei *Drosophila* in dieser Hinsicht entdeckt wird, hat meistens auch große Bedeutung für das Verständnis der Entwicklung anderer Tiere (**EXKURS 3.3 Abschn. 3.4.1**). Einmal entstandene Entwicklungsmechanismen, die sich bewährt haben, werden beibehalten, obwohl die betreffenden Organismen seit mehreren 100 Mio. Jahren getrennt sind. Zum Beispiel spielen in der frühen Entwicklung der Tetrapodenextremität wie bei der Bildung der Knochenfischflossen die Schlüsselsignal-Gene *sonic hedgehog* und die *Hox*-Gene (dies sind Transkriptionsfaktoren) eine wichtige Rolle. Im Laufe der Weiterentwicklung entstehen eigene Genexpressionsmuster, die oft mit den Ontogeneseabläufen korrelierbar sind. Heute liegt der Schwerpunkt der Embryologie auf der Erforschung der Regulation und des Zusammenspiels der Expressionsmuster verschiedener Gene.

Seit seiner Veröffentlichung von Abbildungen der Embryonalstadien verschiedener Wirbeltiere in der „Natürlichen Schöpfungsgeschichte" (1868) sah sich Haeckel immer wieder dem Vorwurf ausgesetzt, Befunde gefälscht zu haben. Dieser Vorwurf ist bis in unsere Zeit hinein zu hören, speziell in der angelsächsischen Welt und in kirchlichen Kreisen. Einer der ersten, die diesen Vorwurf erhoben, war der Baseler Anatom Ludwig Rütimeyer (1868). Rütimeyer wies nach, dass Haeckel für frühe Stadien von Schildkröte, Huhn und Hund denselben Druckstock benutzt hatte. Haeckel erwiderte darauf, dass diese frühen Stadien einander außerordentlich ähnlich seien; er wies den Vorwurf der Fälschung zurück und war sich offenbar keiner Schuld bewusst; der Druckstock wurde in späteren Auflagen aber nur noch für die Illustration eines frühen Säugetierstadiums gebraucht. Haeckels Persönlichkeit und seine Stellungnahmen zu Politik und Kirche brachten ihm viele Gegner ein, die nur zu gerne auf den Vorwurf der „Fälschungen" zurückgriffen, um ihn zu diskreditieren, besonders, als er sich nicht scheute, konsequent auch den Menschen als Produkt der Evolution zu bezeichnen („Anthropogenie", 1874; ◘ **Abb. 1.16**). Haeckels polemischen Angriffe gegen Institutionen des Staates, gegen Missstände in Schulbehörden, das Kartell von Kirche und Staat usw. provozierten wütende, unsachliche Gegenangriffe. Man hätte ihn gerne ausgeschaltet, seine Vorgesetzten in Jena hielten aber schützend die Hand über ihn. Auch aus der Wissenschaft kamen Angriffe gegen ihn, immer wieder tauchte neben der Ablehnung des „Darwinismus" auch der Vorwurf von unzulässiger Vereinfachung, Fälschung und sogar Unglaubwürdigkeit auf. Er verteidigte sich u. a. mit dem Hinweis, dass „einfache schematische Figuren weit brauchbarer und lehrreicher seien als möglichst naturgetreue und sorgfältigst ausgearbeitete". Im Grunde ging es Haeckel um allgemeine Prinzipien und große Linien, bei deren Vermittlung er zum Teil großzügig verfuhr. Persönlichkeiten, die ihre Konzentration auf das Detail richteten, fanden hier leicht Anlass zur Kritik. Manche konnten und wollten die große didaktische Linie Haeckels offensichtlich nicht sehen. Dass Haeckel jedoch auch im Detail exakt sein konnte, hat er in seinen Radiolarien- und

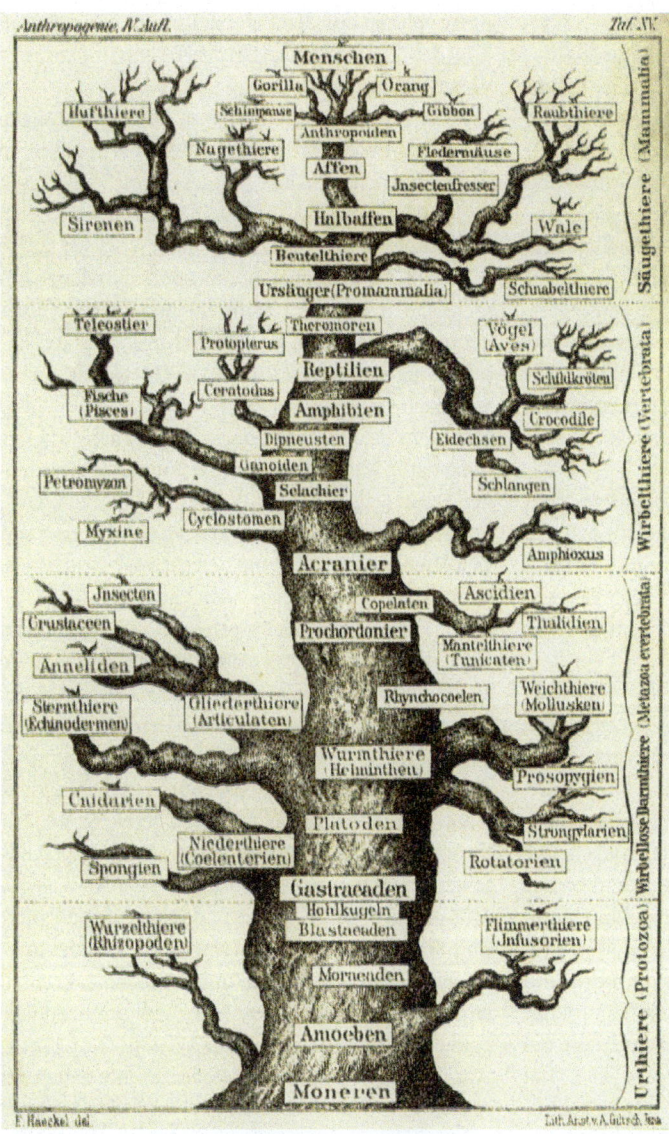

Abb. 1.16 Ernst Haeckels Stammbaum der Tiere und des Menschen (1874), der den heutigen Vorstellungen nicht sehr fern ist

Medusen-Monographien bewiesen. Haeckel war der erste, der Stammbäume aller Organismen entwarf, da musste er in großen Linien vorgehen, und dies tat er mit der ihm eigenen Begeisterung. Bewusstes Fälschen ist ihm in keinem Falle zu unterstellen. 1909 kam es – nach heftigen Angriffen des evangelischen Keplerbundes – zu einer Erklärung von 46 bekannten Biologen, darunter Theodor Boveri, Karl Grobben und Richard Hertwig, in der diese zwar ein „in einigen Fällen geübtes Schematisieren" und einige „unzutreffend wiedergegebene Embryonenbilder" nicht „gutheißen", aber „im Interesse der Wissenschaft und der Freiheit der Lehre" den Kampf des Keplerbundes gegen Haeckel „aufs Schärfste" verurteilen und sich uneingeschränkt zum „Entwicklungsgedanken" bekennen. 1910 trat Haeckel aus der Kirche aus. Er konzentrierte sich immer mehr auf seine Weltanschauung, den Monismus, in dem er die Einheit von Materie, Geist und Seele zu definieren suchte, so wie es sich für ihn logisch aus dem Evolutionskonzept ergab. Haeckels Wirken reichte weit in die Geisteswissenschaften und die Kunst hinein. Sein immenses Werk, seine pointierten Formulierungen, seine zahllosen Anregungen sind noch heute wirksam.

Die molekularbiologische Forschung bestätigt seine Grundgedanken immer wieder. Es gelang ihm, das Phyletische Museum in Jena zu gründen (Eröffnung 1912), dessen Besuch heute ebenso lohnt wie der des Ernst-Haeckel-Hauses (Berggasse 7, 07745 Jena).

1.1.10 Die Bedeutung der Genetik

Die entscheidenden Fortschritte nach Darwin brachte vor allem die **Genetik**, deren Grundlagen schon 1865 von **Johann Gregor Mendel** (1822 bis 1884; ◘ Abb. 1.17) gelegt worden waren, die aber erst um das Jahr 1900 aufzublühen begann.

Mendel hatte ein naturwissenschaftliches Studium in Wien abbrechen müssen, nachdem er Prüfungen nicht bestanden hatte. Im Augustiner-Kloster in Brünn, das er später als Abt leitete, hatte er seine grundlegenden Kreuzungsexperimente mit Erbsen zwischen 1854 und 1863 durchgeführt. Niemand erkannte jedoch sein weitreichendes Konzept der genetischen Informationseinheiten, von ihm Faktoren, heute Erbanlagen oder Gene genannt. Nach seinem Tod hat man im Kloster fast alles verbrannt, was sich in seinen Unterlagen fand. Prominente Botaniker wie **Carl Naegeli** nahmen Mendels Ausführungen nicht ernst. Darwin blieben Mendels Ergebnisse unbekannt, und auch Haeckel, der erst nach 1900 von ihnen erfuhr, hat ihre Bedeutung nicht verstanden. **Hugo de Vries**, **Carl Correns** und **Erich von Tschermak** wiederholten die Versuche Mendels Ende des 19. Jahrhunderts, ohne dessen Experimente und Resultate zu kennen. Sie kamen zu denselben Erkenntnissen und entdeckten die vergessene Arbeit Mendels wieder.

Ab 1900 setzte sich die Genetik durch. Die Mendelschen Regeln (s. **Abschn. 3.5.2**) waren die Basis, es wurden Präzisierungen und Erweiterungen erarbeitet. In der Zoologie wurde durch den Amerikaner **Thomas Hunt Morgan** (1866 bis 1945) *Drosophila* mit ihren Riesenchromosomen das beliebteste Untersuchungsobjekt. Der dänische Pflanzenzüchter **Wilhelm Johannsen** (1857 bis 1927) schuf 1909 den Begriff Gen, abgeleitet vom „Pangen" im Sinne von de Vries. Im Jahr 1943 wies **Oswald Avery** nach, dass die Desoxyribonucleinsäure (DNA), die bereits 1869 von **Friedrich Miescher** in Tübingen entdeckt worden war, in den Chromosomen Trägerin der

◘ Abb. 1.17 Johann Gregor Mendel, im Amtsornat des Abtes um 1868, Brünn, Mendelianum

genetischen Information ist. Mit der Aufklärung der Struktur der DNA und ihres Replikationsmechanismus (**J. D. Watson, F. H. C. Crick, M. H. F. Wilkins**, 1953) ließen sich immer exaktere Einblicke in das Phänomen Evolution und seine Mechanismen gewinnen. Der genetische Code wurde entdeckt (**M. W. Nirenberg, H. G. Khorana, S. Ochoa**), Exons wurden von Introns unterschieden (s. **Abschn. 3.4.1**). Heute beherrscht die molekulare Genetik die Evolutionsforschung. Bedeutsam war u. v. a. die Entdeckung der Hox-Gene (*Hom/Hox*-Gene), die in allen Tiergruppen nachgewiesen wurden und die die relative Lage von Organen in einem Organismus und Phänomene wie Segmentierung codieren (s. **Abschn. 3.4.1**). Vergleiche von DNA-Abschnitten und DNA-Produkten, den Proteinen, können jetzt auch für die Verwandtschaftsforschung eingesetzt werden („molekulare Evolutionsforschung", s. **Kap. 3** und 4). Das Zusammenspiel des gesamten Genoms ist heute noch ein ungelöstes Problem der genetischen Forschung, worauf **Rupert Riedl** (1925 bis 2005) in der von ihm mitgeprägten Systemtheorie besonders nachdrücklich hinweist.

1.1.11 Weitere Denkansätze im 20. und 21. Jahrhundert

Neben der Genetik mit all ihren Teildisziplinen entwickelten sich nach Darwin und Haeckel auch

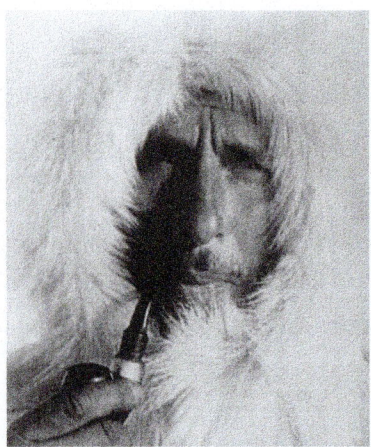

○ **Abb. 1.18** Alfred Wegener, Polarforscher und Begründer eines mobilistischen Bildes der Erdoberfläche

vergleichende Anatomie, Systematik, Entwicklungsbiologie und Erforschung der biologischen Vielfalt intensiv weiter, zumeist getragen von der Idee der Evolution und oft auch von Haeckels Biogenetischem Gesetz.

Die **Kontinentalverschiebungstheorie** wurde 1912 von **Alfred Wegener** (○ **Abb. 1.18**; 1880 bis 1930) vorgestellt. Sie basierte auf einer Fülle von Fakten, z. B. aus Geographie, Geologie, Klimatologie und Paläontologie. Wegener formulierte sogar schon, dass es im Atlantik eine Meeresbodenerweiterung gegeben haben müsse. Das fixistische (statische) Bild der Erde wurde in seinen Augen durch ein mobilistisches Modell ersetzt. Nach Jahrzehnte währender, vehementer Ablehnung ist es seit etwa 1960 in modifizierter Form anerkannt und zur **Plattentektonik** weiterentwickelt. Die Bewegung der Platten kann heute sogar gemessen werden (s. **Abschn. 1.2.1**). Plattentektonik ist bei biogeographischen Untersuchungen und für die Erklärung mancher evolutionärer Phänomene von großer Bedeutung und in der Paläogeographie unverzichtbar. Sie hat sich auch bei der geographischen (allopatrischen) Artbildung (Speziation) als fruchtbar erwiesen, wenn sich auch nicht alle disjunkten Verbreitungen auf die Kontinentaldrift zurückführen lassen (s. **Abschn. 4.4.2**).

In den **theoretischen Grundlagen der Systematik**, deren Ziel es ist, in der biologischen Vielfalt die Verwandtschaft der Organismen zu erkennen und Pflanzen und Tiere aufgrund ihrer Verwandtschaft zu ordnen, gab es ab ca. 1950 große Fortschritte.

Der Zoologe und Meeresbiologe **Adolf Remane** (1898 bis 1976), ein Schüler **Willy Kükenthals**, veröffentlichte 1952 sein Hauptwerk „Grundlagen des natürlichen Systems". Es beruht auf einzigartiger Kenntnis der Geschichte der Biologie und der Tier- und Pflanzenwelt. Besonders fruchtbar sind die von Remane formulierten **Homologiekriterien**, deren Erkennen und Anwendung für theoretische und praktische Arbeit von entscheidender Bedeutung ist. Remanes Natürliches System beruht auf der modernen Evolutionstheorie und methodisch vor allem auf der Ermittlung von Homologien. Der Theorie des natürlichen Systems Remanes entspricht die „evolutionäre" oder „Darwin(i)sche" Systematik, die später formuliert wurde.

Es existieren konkurrierende Denkschulen, z. B. die numerische Phänetik, die versucht, „objektive", abzählbare Merkmale zu erfassen und in ein System umzusetzen. Relativ überzeugende Ergebnisse hat diese Vorgehensweise nur in der molekularen Systematik erbracht, im Rahmen der Computertaxonomie mit „Abstands-" oder „Distanzmethoden" (s. **Abschn. 4.1.2**). Hier wird das alte Problem deutlich, dass Merkmale nicht nur abgezählt, sondern auch bewertet werden müssen.

Auf **Willi Hennig** (1913 bis 1976) geht die **Kladistik** zurück. Wie andere Taxonomen fordert er, dass eine Klassifikation auf phylogenetischer (evolutionärer) Verwandtschaft (**natürliches System**) beruhen muss. Der Verwandtschaftsgrad ist messbar, was sich – mit Hilfe phänetischer Methodik – bei der DNA-Analyse bestätigt hat. Versuche, Kladistik ohne Phylogenie zu betreiben, waren kurzlebig und wurden von Kreationisten benutzt, um zu behaupten, dass es wichtige Biologen gäbe, die Zweifel an der Evolution haben. Wesentliches Element der Kladistik ist die Feststellung der **Monophylie** (der Begriff geht auf Ernst Haeckel zurück). Angehörige monophyletischer Gruppen müssen sich auf einen gemeinsamen Vorfahren zurückführen lassen. Gruppen, die nur Abkömmlinge eines gemeinsamen Vorfahren, aber nicht alle Abkömmlinge dieses Vorfahren enthalten, werden **paraphyletisch** genannt. Gruppen, die von einem gemeinsamen Vorfahren abstammen, der selbst nicht Teil dieser Gruppe ist, werden als **polyphyletisch** bezeichnet.

Para- und polyphyletische Gruppen sollen in der Systematik, sobald sie erkannt werden, durch monophyletische Gruppierungen ersetzt werden. So hat der Kladismus eine umfängliche Terminologie mit jeweils möglichst exakter Definition geschaffen. Viele dieser neuen Begriffe haben ältere mit gleichem oder ähnlichem Inhalt abgelöst. In der heutigen taxonomischen Arbeit stehen kladistische Begriffe und Betrachtungsweisen im Vordergrund. In welchem Umfang Kladogramme die evolutionäre Verwandtschaft wiedergeben, ist eine noch offene Frage (s. **EXKURS 3.1 Abschn. 3.2.7; EXKURS 3.4 Abschn. 3.4.3; EXKURS 3.5, Abschn. 3.4.4**).

Ein wichtiger Schritt in Hinsicht auf die Akzeptanz der Evolutionstheorie war deren Weiterentwicklung unter Einbeziehung der Genetik und Populationsgenetik („**synthetische Theorie**"), die sich allmählich im Zeitraum von 1930 bis 1950 herausbildete. Wichtige Evolutionsbiologen dieser Zeit waren u. a. **Theodosius Dobzhansky** („*Genetics and the Origin of Species*", 1937), **Julian Huxley** („*Evolution, the modern synthesis*", 1942), **Ernst Mayr** (zahlreiche Veröffentlichungen zu Artbildung und Evolution), **Bernhard Rensch** („*Neuere Probleme der Abstammungslehre*", 1947), **George Ledyard Stebbins** („*Variation and Evolution of Plants*", 1950) und **George Gaylord Simpson** („*Tempo and Mode in Evolution*", 1944). Zentrale Erkenntnis dieser und vieler anderer Biologen jener Zeit war, dass die Evolution das zentrale Prinzip aller Lebensäußerungen ist. Insbesondere Ernst Mayr (1904 bis 2005), ein Leben lang der Ornithologie und der Evolutionsbiologie verbunden, hat die synthetische Theorie – gemeint ist die Synthese von Abstammungs- und Vererbungslehre – über Jahrzehnte in Originalarbeiten entwickelt und in Buchpublikationen einem breiten Publikum vorgestellt.

Die synthetische Evolutionstheorie gab weiten Raum auch für kontroverse Diskussion und Forschung. Eine Rolle spielte immer wieder die Frage, ob die Variation zufällig zustande kommt oder nicht. Es wurde deutlich, dass Evolution zeitliche und räumliche Aspekte hat, dass Adaptationen in einer Stammlinie ebenso wichtig sind wie die Entstehung organismischer Vielfalt. Beruhend auf dem Konzept der synthetischen Evolutionstheorie entstanden verschiedene, z. T. spektakulär vorgebrachte Evolutionstheorien, z. B. zur Makroevolution der sogenannte Punktualismus (*punctuated equilibria*) von **Niles Eldredge** und **Stephen Jay Gould** (1971, 1972). Er besagt, dass wichtige Ereignisse der Evolution während kurzer Phasen mit vielfacher Artbildung stattfinden und dass erfolgreiche Arten dann oft für lange Zeit nur geringe Veränderungen erfahren (Stase). Mit dem Phänomen, dass es in den Erdzeitaltern immer wieder zu Phasen mit Entstehung neuer Arten und Typen kam und dass z. T. relativ schnell viele Arten verschwanden, hatten sich schon in der Vergangenheit Forscher beschäftigt, z. B. Cuvier und in der Mitte des 20. Jahrhunderts der Tübinger Paläontologe **Otto Schindewolf** mit seinem Typostrophismus.

Man sollte sich bei solchen Theorien immer vor Augen halten, dass es allgemein nicht nur einen Grund für ein Phänomen gibt und nicht nur eine Erklärung für ein Problem. Der Punktualismus ist keineswegs die einzig mögliche Theorie zum evolutionären Wandel (siehe Tempo der Evolution, **Kap. 3** und **4**). Es ist wohl so, dass die meisten Phänomene in der Biologie mit mehreren Theorien erklärt werden müssen (Pluralismus der Erklärungen). Zu berücksichtigen ist stets, dass es auch bei Wissenschaftlern grundlegende Ideologien („Tiefen-Paradigmen") gibt, so dass sie bestimmte Auffassungen nicht akzeptieren können. Wissen entwickelt sich weiter, z. B. durch neue Methoden. Ein Beispiel sind die molekularbiologischen Methoden, welche die makro- und mikroskopischen Methoden erweitern. Wissen wird durch den Wettstreit alternativer Ansichten gefördert. Auch die Wissenschaft entwickelt sich – wie die organische Welt – weiter; man kann sich sogar auf den Standpunkt stellen, dass es trotz aller Verschiedenheiten auch bei naturwissenschaftlichen Theorien Phänomene wie Variation und Selektion gibt.

Im Rahmen der synthetischen Evolutionstheorie spielt auch die **Ökologie** eine wichtige Rolle, und zwar in Hinsicht auf Nischen, Konkurrenz, Populationsdichte, Fortpflanzungsstrategien (**r-Selektion** [Produktion vieler Nachkommen, von denen die große Mehrzahl zugrunde geht, stark schwankende Populationen, die oft Katastrophen ausgesetzt sind], **K-Selektion** [konstante, geringe Nachkommenzahl]), Räuber-Beute-Beziehungen, Nahrungskette und Co-Evolution. Unter Co-Evolution versteht man evolutionäre Veränderungen bei zwei zusammenlebenden Organismen, z. B. bei Blüten und Blütenbestäubern (s. **Abschn. 4.3.1**).

Motoo Kimura (1924 bis 1994) war Evolutionsbiologe, Molekularbiologe und Populationsgenetiker, der die Theorie neutraler Mutationen aufstellte, der zufolge die Mehrheit genetischer Mutationen sich in Hinsicht auf die Selektion neutral verhält. Neutrale Mutationen (s. **Abschn. 3.3.1**) erfolgen mit gewisser Konstanz, was Basis für das Konzept der molekularen Uhr wurde.

Manfred Eigen (geb. 1927), Nobelpreis für Chemie (1967), stellte weiterführende Hypothesen zur Selbstorganisation der Moleküle, die das Leben kennzeichnen, auf und verband Elemente der Spieltheorie mit der Evolutionstheorie („Das Spiel", mit R. Winkler).

William Donald Hamilton (1936 bis 2000) untersuchte Aspekte des Sozialverhaltens in Hinsicht auf die Biologie und ist ein Vorläufer der Soziobiologie. Er war Genetiker, der u. a. genetische Grundlagen für das Phänomen Verwandtenselektion untersuchte und Erklärungen für den Altruismus fand.

In der gegenwärtigen Diskussion um die Evolution nimmt die **Soziobiologie** einen beachtlichen Raum ein (**Edward O. Wilson**: *„Sociobiology, the New Synthesis"*, 1975). Sie beschäftigt sich mit der Bedeutung der Evolution für das Sozialverhalten. Bestehende Kontroversen beruhen vor allem darauf, dass die Soziobiologie ausdrücklich und mit Recht menschliches Verhalten einschließt (s. **Abschn. 1.2.6**), denn es ist seit langem bekannt, dass unser Genom viel zu unserem Verhalten, unseren Vorlieben und unseren Begabungen beiträgt.

Gerhard Vollmer (geb. 1943) und **Eckart Voland** (geb. 1949) stehen für evolutionäre Erkenntnistheorie und Soziobiologie unter Einschluss des Menschen.

John Maynard Smith (1920 bis 2004) war Genetiker, Verhaltensforscher und Theoretiker, der Spieltheorie, Soziobiologie, Molekularbiologie und Systemtheorie (R. Riedl) verband, um das Verständnis für evolutionäre Strategien zu vertiefen. Mit verschiedenen Kollegen schuf er das Konzept der evolutionär stabilen Strategie.

Richard Dawkins (geb. 1941) trug entscheidend zur „genozentrischen Revolution", die von **George G. Williams** (geb. 1926) eingeleitet worden war, bei („Das egoistische Gen"). Er schuf auch den Begriff „Mem", der auf dem Felde von kulturellen Entwicklungen dem Begriff Gen analog ist. Im Jahr 2006 erschien sein viel beachtetes Werk *„The God Delusion"*, in dem er das zerstörerische Potenzial von Religionen behandelt (s. auch **EXKURS 1.5 Abschn. 1.2.6**).

Unsere Vorstellungen zur Evolution sind im 20. Jahrhundert insbesondere durch die Entdeckung der Plattentektonik und die Molekularbiologie bereichert worden. Dass die Evolution der Organismen ganz wesentlich durch die Drehung der Erde um die eigene Achse, die Dauer des Umlaufes der Erde um die Sonne sowie den Mond beeinflusst wurde, soll im folgenden **Exkurs 1.3** erläutert werden. Circadiane und Jahresperiodik, Lunar- und

---

EXKURS 1.3

Unter dem Diktat der Physik

Harald Lesch (München)

Das Leben auf der Erde hat sich vor und in einer Kulisse entwickelt, deren Randbedingungen durch physikalische Prozesse definiert werden. Grundlegend sind hier die sieben Eckpfeiler:
- Die Entstehung des Sonnensystems: sie stellt den Rahmen für alle materiellen Transformationsprozesse dar.
- Die Bildung der Planeten, insbesondere der Erde innerhalb der Entwicklung des Sonnensystems. Damit werden grundsätzliche Parameter, wie Erdmasse und anfängliche Rotation festgelegt, aber auch der Ursprung des Wassers auf der Erde.
- Die Entstehung und der Einfluss des Erdmondes, denn er stabilisiert über die sich wandelnden Gezeitenkräfte die Achsenneigung der Erde sowie die Veränderungen der Oberfläche durch Ebbe und Flut.

EXKURS 1.3 (Fortsetzung)

- Die Nähe des Planeten zur Sonne, sie bestimmt die Strahlungsintensität, die den Planeten erreichen kann.
- Die innere Dynamik des Planeten Erde liefert die grundlegenden Bausteine der Uratmosphäre.
- Die Entwicklung der Atmosphäre definiert die Stärke des planetaren Treibhauseffektes.
- Die Entwicklung der Sonne entscheidet darüber, ob die Erde zunächst global vergletschert und nie mehr auftaut, oder ob sie sich zum blauen, lebendigen Planeten entwickelt

Wir beginnen im Universum, in der Zeit vor dem Sonnensystem und erzählen die vermutliche Geschichte Schritt für Schritt.

Voraussetzung für Planeten mit festen Oberflächen und für Lebewesen sind chemische Elemente jenseits von Helium, insbesondere Eisen, Silicium, Magnesium und Aluminium für den Erdkörper, sowie Kohlenstoff, Sauerstoff, Stickstoff, Phosphor, Calcium, Chlor, Natrium u. a. für Lebewesen. All diese Elemente werden nur in großen, schweren Sternen durch Kernverschmelzung „erbrütet", die ihr Leben in einer Supernova-Explosion beenden. Erste Voraussetzung für die Entstehung von Felsenplaneten und Lebewesen ist also die stellare Nucleosynthese, bevor das Sonnensystem entstand. Ebenso wichtig ist der Transport der in den großen Sternen synthetisierten Elemente in die Gaswolke, in der das Sonnensystem sich bilden konnte. Analysen von Meteoriten liefern ein eindrucksvolles Bild der Zeit vor unserem Sonnensystem. Aus der Verteilung der Zerfallsprodukte in den Meteoriten lässt sich eindeutig rekonstruieren, dass rund 2 Mio. Jahre vor der Entstehung unseres Sonnensystems zwei große Sterne als Supernova explodierten. Diese Explosionen trieben die mit schweren Elementen angereicherten Sternhüllen mit einigen Hundert Kilometer pro Sekunde in eine Gaswolke. Die mit den stellaren Schockwellen verbundene Dichteerhöhung ließ die Gaswolke unter ihrem eigenen Gewicht zusammenstürzen und in mehreren Kollapsschritten die Sonne und eine Gas-Staub-Scheibe entstehen. In der Scheibe kam es schnell zu einer Trennung von Gas und Staub und damit zur Schaffung der Voraussetzungen für die Entstehung von relativ leichten Felsenplaneten im inneren Bereich des Sonnensystems und der Bildung von großen, schweren Gasplaneten weiter draußen. Während also Jupiter und Saturn das kalte Gas der Scheibe aufsammelten und dabei zu immer größeren Gasriesen anwuchsen, bildeten sich näher zur Sonne rot glühende Felsenkugeln, deren Temperatur sich durch den Aufprall von Felsen und Asteroiden von einigen Hundert bis Tausend Kilometern immer weiter erhöhte.

In einem ersten „Aufräumungsprozess" wurde der innere Teil des Sonnensystems zum endgültigen Platz der Felsenplaneten. Bis auf wenige verbliebene Vagabunden hatte sich die innere Scheibe des Sonnensystems in vier Planeten verdichtet. Einer dieser Vagabunden traf die Erde. Aus der Analyse von knapp 400 kg Mondgestein, auf die Erde gebracht durch sechs erfolgreiche Apollo-Missionen, ergibt sich folgendes Szenario: Ein Felsbrocken von ca. 20 % der Erdmasse schlug streifend in die noch glutflüssige Erde ein. Der Eisenkern des Einschlägers drang ins Erdinnere vor, aus Erdmantelgestein – vermischt mit Mantelgestein des Einschlägers – bildete sich in ca. 30.000 bis 50.000 km Abstand der Erdmond. Seine Zusammensetzung lässt nur einen Schluss zu: Die Zusammensetzung des Einschlägers muss der der Erde sehr ähnlich gewesen sein. Deshalb geht man heute davon aus, dass die Erde in einem Doppelplanetensystem entstanden ist. Die beiden Brocken haben sich umkreist, sind streifend aneinander vorbei gezogen und haben dabei den Mond gebildet. Dieses Szenario erklärt alle wesentlichen Eigenschaften des Erdbegleiters.

Die Oberfläche des Mondes ist gekennzeichnet von Einschlagkratern, die auf ein letztes Bombardement rund 500 Mio. Jahre nach seiner Entstehung hindeuten. Die moderne Planetenforschung liefert hierfür eine Erklärung, die ziemlich sensationell ist und eine weitere, sehr wichtige Randbedingung für Leben auf der Erde erklärt: den Ursprung des Wassers.

Hier die Hypothese: Das späte Bombardement ist das Ergebnis der Planetenmigration von Jupiter, Saturn, Neptun und Uranus relativ zu einer Gesteinswolke von circa 20 bis 30 Erdmassen. Dabei

▶

EXKURS 1.3 (*Fortsetzung*)

sprang Neptun über den Uranus und kippte seine Rotationsachse um 90°. Zugleich löste er die Gesteinswolke auf und eine große Zahl von größeren und kleineren Asteroiden drang ins Innere des Sonnensystems ein und prallte dort teilweise auf die Felsenplaneten und auch den Erdmond. Durch die Bewegung der großen Planetenmassen (Jupiter ist doppelt so schwer wie alle anderen Planeten zusammen), wurden auch Asteroiden aus dem Asteroidengürtel (zwischen Mars und Jupiter liegend) herausgeschleudert und ins Innere befördert. Isotopen-Vergleichsanalysen des Wassers auf der Erde mit dem Wasser von Material aus dem Asteroidengürtel legen den Schluss nahe, dass die Erde von dort ihr Wasser bekam.

Vorher war die Erde ein trockener Planet, denn in dem Abstand zur Sonne, in dem sie entstand, gab es kein Wasser. Die Scheibe um die Sonne, aus der die Planeten entstanden, war zu heiß. Wasser in kondensierter Form, vor allem aus Eis, gab es ab dem doppelten Abstand Erde-Sonne, jenseits der Marsbahn. Nur Brocken aus dieser Region können als relevante Wasserlieferanten gedient haben.

Wir haben es jetzt mit unserer Erde in ihrer abgekühlten Urform zu tun, mit einem Trabanten, der an ihr zieht und an dem sie zieht. Die Einschläge des späten Bombardements haben die Erde an ihrer Oberfläche aufgerissen und aufgeheizt. Eine undurchdringliche, sehr dichte und schwere Atmosphäre aus Wasserdampf, Kohlendioxid und anderen vulkanischen Ausgasungen umgibt den Planeten. Zugleich kneten die Gezeitenkräfte sein Inneres weiter durch und bremsen seine ursprüngliche Rotation um die eigene Achse von 6 bis 7 Stunden auf 10 bis 14 Stunden ab. Ohne den Mond würde sich die Erde deshalb so schnell um die eigene Achse drehen, dass die Windgeschwindigkeiten auf ihrer Oberfläche ständig zwischen 300 und 500 km/h lägen. Wenn sich größere Lebewesen entwickelt hätten, dann wären diese in jeder Hinsicht sehr flach. In die Höhe wachsende Pflanzen gäbe es sicher nicht. Blumen und Astrophysiker wären ohne den Mond nicht vorstellbar.

Zurück zu unserer Geschichte: In den folgenden 4 Mrd. Jahren hat die gegenseitige Anziehung von Erde und Mond (ein wenig auch von der Sonne), die Erde auf die heutigen 24 Stunden Tageslänge abgebremst und zugleich den Mond auf die heutige Distanz von rund 380.000 km transportiert. Der Mond stabilisiert die Drehachse der Erde, sie schwankt nur ein wenig um die knapp 24°-Neigung gegen die Ebene des Sonnensystems und lässt sie präzisieren.

Mit anderen Worten, ohne den Mond würde die Erde im Weltraum taumeln. Ihre Drehachse würde so stark schwanken, dass eine Seite ständig zur Sonne gerichtet wäre, während die andere in völliger Dunkelheit erfröre. So aber ist das System Erde-Mond stabil und die Erdachse schwankt nur wenige Grad hin und her, so dass die unterschiedlichen Jahreszeiten dabei entstehen.

Die Erde bewegt sich auf einer leicht elliptischen Bahn um die Sonne in einem Abstand von rund 150 Mio. km. Die geringe Abweichung von der Kreisbahn führt, zusammen mit der Neigung ihrer Drehachse, zu den vier Jahreszeiten, aber das spielt erst viele Millionen Jahre später eine Rolle.

In unserer Erzählung muss sich die Erde jetzt zunächst einmal abkühlen. Und das tut sie auch, ihre Oberfläche erkaltet und erhärtet allmählich, der Wasserdampf aus der Atmosphäre kondensiert zu einem globalen Regen unvorstellbaren Ausmaßes. Er wäscht über Zehntausende von Jahren das Kohlendioxid und Methan aus der Luft, löst es in den Meeren auf und verstaut es im Gestein. Der Erde bleibt damit das Schicksal der Venus erspart. Dort hat der galoppierende Treibhauseffekt des Kohlendioxids zu einer Oberflächentemperatur von über 450 °C geführt. Denn dort, auf der Venus, hat es nie geregnet, sie ist nämlich offenbar nicht von Asteroiden beliefert worden. Andererseits hat die Uratmosphäre der Erde aber anfangs dafür gesorgt, dass sie nicht völlig vereiste. Schließlich war die noch junge Sonne in der Frühphase des Sonnensystems noch um rund 25 % leuchtschwächer als heute. Ohne die genügende Menge an Treibhausgasen wäre die Erde noch heute eine weiße Kugel, die fast alles an Strahlung ins Universum reflektiert, die sie von der Sonne bekommt. Aber offenbar hatte sie gerade genügend Methan, Wasserdampf und Kohlendioxid, dass ihr das Schicksal der globalen Vergletscherung erspart blieb. Aber die Gase verbleiben auch nicht zulange in der Atmosphäre,

> **EXKURS 1.3** (*Fortsetzung*)
>
> so dass sie das Höllenschicksal der Venus ebenfalls nicht erleiden musste.
>
> Und während sich die Atmosphäre aus Stickstoff, Wasserdampf und Kohlendioxid allmählich lichtete, trieb die innere Hitze der Ur-Erde die Entstehung der Kontinente und die Dynamik des Ozeanbodens an. In der Umgebung hydrothermaler Schlote, aber auch in Flachwassergebieten, immer wieder durch Ebbe und Flut bewässert und trockengelegt, entwickelten sich in den ersten 500 Mio. Jahren der Erdgeschichte die Bedingungen, aus denen dissipative Nichtgleichgewichtssysteme entstanden, die als winzige biochemische Reaktoren die Voraussetzungen für die Entstehung von kleinen und großen organischen Molekülen bildeten. Die ersten membranartigen Strukturen erlaubten die Aufrechterhaltung von Konzentrationsgefällen wichtiger Aufbaustoffe für die weiteren Synthesen immer größerer Moleküle. Angetrieben durch kosmische Zyklen und Rhythmen vollzog sich die Transformation von ehemals stellaren chemischen Elementen in irdische Moleküle bis hin zu den ersten einfachen Einzellern. Ihre komplexeren Nachfahren sollten 2 Mrd. Jahre später lernen, wie man vom Sonnenlicht lebt. Sie werden die Photosynthese erfinden, Sauerstoff freisetzen und damit aus der Erde den blauen Planeten machen.

Gezeitenperiodik sind zwingend Folgen dieser Konstellationen.

1.2 Wissenschaften, die zum Fundament der Evolutionsbiologie beigetragen haben

Im Folgenden werden die Wissenschaften kurz dargestellt, die zu unserem Wissen über die Evolutionsbiologie in besonderem Ausmaß beigetragen haben.

Für historische Abläufe können keine Beweise im mathematischen Sinne geliefert werden. Man ist daher auf Indizienbeweise angewiesen. Selbst für die Existenz Karls des Großen und Cäsars gibt es keine Beweise im mathematischen Sinn – Aufzeichnungen und Berichte können ja die Wahrheit entstellen und tun es oft genug –, aber die Indizienbeweise sind so zwingend, dass niemand an der historischen Wahrheit betreffs deren Existenz zweifelt. Anders ist die Situation bei Pandion, dem ersten König Athens, oder bei Romulus und Remus, und noch schwieriger wird es, wenn Abläufe rekonstruiert werden sollen, die Millionen oder gar Milliarden Jahre zurückliegen, und nach heutiger Vorstellung ist das Leben auf der Erde vor 3,5 Mrd. Jahren entstanden, vielleicht sogar noch früher.

Der bisweilen gebrachte Einwand, naturwissenschaftlich sei nur akzeptierbar, was im Experiment wiederholbar sei, ist nicht überzeugend. Jedes durch zwei Geschlechter gezeugte Lebewesen ist ein Unikat, und eine Wiederholung der Zeugung ist nicht möglich.

1.2.1 Biogeographie

Tier- und Pflanzengeographie (Biogeographie) lieferten – historisch gesehen – die ältesten Hinweise auf eine Evolution. Ausgangspunkt war die Tatsache, dass viele Tier- und Pflanzenarten nur in einem begrenzten Gebiet vorkommen. Da die Arten bestimmte Anforderungen an Nahrung, Temperatur, Wasser und andere Umweltfaktoren stellen, ist diese Tatsache scheinbar von problemloser Selbstverständlichkeit. Ökologisch gleichartige Lebensräume müssten demnach gleichartige Tier- und Pflanzenarten aufweisen; das ist aber keineswegs der Fall.

Die **Polarmeere** des Nordens und des Südens (◘ Abb. 1.19a) haben – trotz ähnlicher physikalischer Bedingungen – völlig verschiedene Faunen. Im Norden sind Herings- und Dorschartige (Clupei- und Gadiformes) sowie Plattfische (Pleuronectiformes) typische Fische. Sie fehlen im Südpolarmeer, wo eine eigenständige Fischfauna lebt, die sich von der des Nordpolarmeers stark unterscheidet und in der Nototheniidae und Channichthyidae (Eisfische) bis über 90 % ausmachen. Auch die Gefrierschutzproteine im Gewebe dieser Fische sind in beiden Po-

Abb. 1.19a–e Antarktis. **a** Schelfeis (*links*) und Meereis (*Vordergrund und rechts*). **b** *Glyptonotus* (Assel), **c** *Epimeria* (Flohkrebs). **d** von Schwämmen dominiertes Benthos, **e** von Cnidariern und Echinodermen dominiertes Benthos. Photos b, c: M. Rauschert; d, e: J. Gutt

largebieten verschieden. Unter den bodenlebenden Krebsen sind im Norden die brachyuren Decapoden eine dominierende Gruppe. Sie fehlen heute in den Gewässern der Hochantarktis; hier haben sich vor allem Isopoden und Amphipoden (**Abb. 1.19b, c**), die im Zuge der Vereisung Antarktikas frei gewordene ökologische Nischen eingenommen haben, entwickelt. Der antarktische Ring-Ozean, seit Öffnung des Wasserweges zwischen der Antarktischen Halbinsel und Südamerika (Drake-Passage) weitgehend isoliert von anderen Meeren, enthält heute einen hohen Prozentsatz an endemischen Formen.

Zudem sind die benthischen Lebensgemeinschaften einzigartig. ◘ **Abb. 1.19d,e** vermittelt ein Bild des antarktischen Benthos: In mehreren Stockwerken leben Organismen übereinander.

Ebenso sind die tropischen Regenwälder Südamerikas und Afrikas trotz klimatischer Übereinstimmung botanisch und zoologisch völlig verschieden; es gibt unter den Säugetieren keine gemeinsamen Arten, in Südamerika nur Affen der Gruppe der Platyrrhinen, in Afrika nur Catarrhinen. Lediglich der Mensch ist beiden Gebieten gemeinsam, aber wir wissen, dass er erst sehr spät über die damals trockene Landverbindung in der heutigen Bering-Straße nach Amerika eingewandert ist.

Schon Alfred Russel Wallace und andere Biogeographen des 19. Jahrhunderts erkannten, dass viele verwandte Arten jeweils mehr oder weniger kongruente Verbreitungsgebiete aufweisen, die aber nicht genau den heutigen Kontinenten entsprechen müssen. Auf diese Weise kann man auf der Erde verschiedene **tier- und pflanzengeographische Regionen** unterscheiden: Paläarktis, Aethiopis, Orientalis, Australis, Antarktis, Nearktis und Neotropis. Die Aethiopis umfasst Afrika südlich der Sahara und beherbergt beispielsweise Nilpferde, Giraffen, Gorillas, Schimpansen und Paviane, für die Australis sind Kloakentiere und die Großzahl der Beuteltiere typisch, in der Neotropis (Mittel- und Südamerika) leben Ameisenbären, Gürtel- und Faultiere sowie Neuweltkamele. Diese Beispiele ließen sich beliebig vermehren. Die Verbreitung der genannten Säugetiere ist nur zu einem geringen Teil direkt durch ihre Lebensansprüche interpretierbar, es bleibt ein großer Rest, den nur die Evolutionsbiologie erklären kann.

Inseln – Endemiten – Zeitnischen

Inseln, die im Ozean durch Vulkanausbrüche entstanden, besitzen eine Anzahl spezifischer Arten und Gattungen, die nur hier existieren. Solche Inseltiere und -pflanzen sind von den Galapagos-Inseln, wo Darwin sie studierte, den Hawaii-Inseln, den Kanaren und anderen Inseln in großer Zahl bekannt. Ihre nächsten Verwandten leben auf den benachbarten Kontinenten; die Galapagos-Echsen sind z. B. Leguane, deren nächste Verwandte auf dem Festland des benachbarten Südamerika leben. Solche Formen, die nur in begrenzten Gebieten vorkommen, bezeichnet man als endemisch für das betreffende Areal (Endemiten). Die Ahnen solcher Arten erreichten zufällig einmal die Inseln, z. B. durch Verdriftung, durch Wind, Wasser, Flöße oder Vögel und bildeten sich dann zu den speziellen Arten und Gattungen um (s. **Abschn. 3.5.6**). Die Zahl der Arten ist proportional zur Inselgröße und zur Festlandsnähe.

Inseln bzw. inselhaft vorkommende Organismen sind hervorragende Modellsysteme für allopatrische Artbildung. Das gilt auch für Organismen, die zu unterschiedlichen Zeiten aktiv sind (tags, nachts, in der Dämmerung) und durch die Besetzung verschiedener Zeitnischen Konkurrenz vermeiden.

In der Tat füllen Inselbiologie und Chronobiologie Bücher, z. B. Glaubrecht (2002) „Die ganze Welt ist eine Insel", Sehgal (2003) *„Molecular Biology of Circadian Rhythms"*, Lemmer (2011) „Chronopharmakologie".

Plattentektonik – Relikte

Eine ähnliche Situation ergibt sich, wenn sich Kontinente oder Kontinentalschollen von Landmassen trennen: Je früher in der Erdgeschichte die Ablösung erfolgte, desto eigenständiger sind Landflora und -fauna heute. Sie entwickelten nach der Ablösung ihre heutige Eigenart. Das gilt z. B. für Australien und Madagaskar, die schon sehr lange eigenständig sind, während Nordamerika und Eurasien, die sich erst spät trennten, trotz ihrer Entfernung eine ähnliche Tier- und Pflanzenwelt aufweisen. Viele Arten sind sogar beiden Kontinenten gemeinsam, besonders in den nördlichen Regionen, die daher auch als Holarktis zusammengefasst werden; Wolf und Eisbär sind Beispiele für Tiere, die sowohl im nördlichen Eurasien als auch in Nordamerika vorkommen.

Wenn lange getrennte Kontinente erneut in Kontakt treten, wandern viele Arten von dem einen auf den anderen Kontinent und entwickeln sich im neuen Bereich zu eigenen Arten und Gattungen. So erhielt Südamerika im Pliozän Bären, Hirsche, Schweine, Kamele, Katzen u. a. von Nordamerika, die sich zum Teil zu geographischen Rassen (Puma), meistens sogar zu eigenen Arten und Gattungen (*Planchenia*: Pliozän, Nordamerika; *Lama*: rezent, Südamerika) entwickelten.

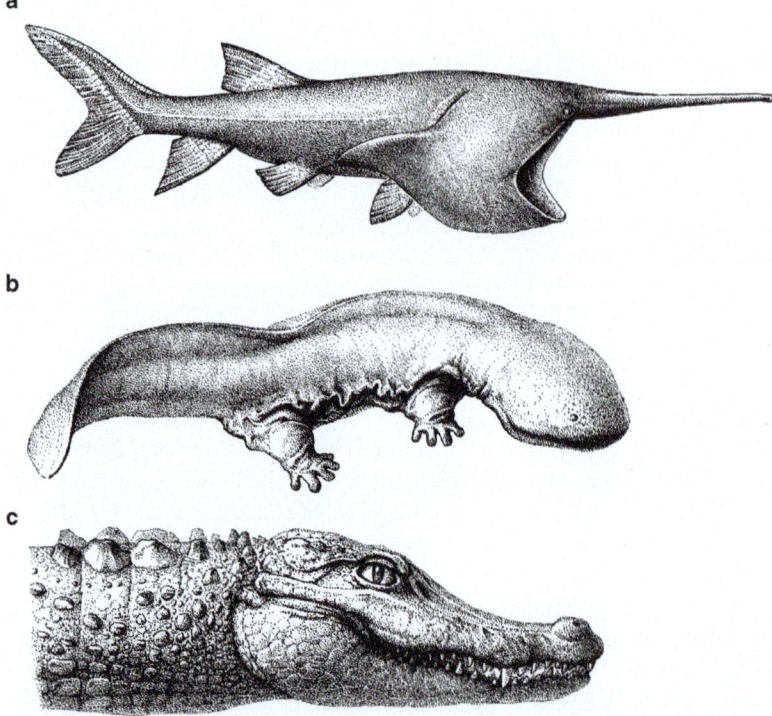

Abb. 1.20a–c Tertiärrelikte. **a** *Polyodon spathula*, **b** *Andrias japonicus*, **c** *Alligator sinensis*. Nach Storch, Welsch (1989)

Insgesamt hat die Erdgeschichte nicht nur dazu geführt, dass abgrenzbare Regionen der heutigen Floren und Faunen entstehen, sondern oft ist es auch zu **disjunkter Verbreitung** gekommen, das heißt, dass nahe verwandte Formen weit voneinander entfernt leben, auf verschiedenen Kontinenten, unter Umständen in kleinen Gebieten. So gibt es die heutigen Lungenfische in Südamerika (*Lepidosiren*), in Afrika (*Protopterus*) und in Australien (*Neoceratodus*, **Abb. 2.79a**). Offensichtlich sind sie Relikte aus Zeiten, als die Kontinente noch zusammenhingen. Gleiches gilt wenigstens teilweise für die Südbuche *Nothofagus*, die mit etwa 35 Arten auf bestimmte Regionen der Südhemisphäre um den Pazifik beschränkt ist. Vieles spricht zudem dafür, dass mehrere an ihnen lebende Insekten und Pilze die gleiche Geschichte hinter sich haben und dass die Verbreitung auf das Auseinanderbrechen des alten Südkontinents **Gondwana** zurückgeht.

Weitere Beispiele für disjunkte Verbreitung sind in **Abb. 1.20** dargestellt. Es handelt sich um Tertiärrelikte, die im Süden Nordamerikas und in Ostasien vorkommen: die Löffelstöre *Polyodon* (**Abb. 1.20a**) und *Psephurus*, die Salamander *Cryptobranchus* und *Andrias* (*Megalobatrachus*, **Abb. 1.20b**) sowie die Alligatoren *Alligator mississippiensis* und *A. sinensis* (**Abb. 1.20c**). Auch ihre nächsten Verwandten lebten früher in einem zusammenhängenden Areal.

Disjunkte Verbreitung kann auch durch Wanderungen entstehen, so sind die Kamele in Nordamerika – wo es sie heute nicht mehr gibt – entstanden. Von hier wanderten sie nach Südamerika und Eurasien. Auch Verdriftung im Meer und über den Luftraum sind nicht zu unterschätzende Faktoren (s. **Abschn. 4.4.1**).

So ist also ein erheblicher Teil der heutigen Verbreitung von Lebewesen nur durch evolutive Veränderungen der Organismen und Veränderungen der Erdoberfläche zu verstehen.

Viele Erkenntnisse der letzten Jahrzehnte haben unsere Vorstellungen von der Entwicklung der Kontinente sehr differenziert, so dass sich für die Evolutionstheorie wichtige Ergänzungen und weitere Beweise ergeben haben. Inzwischen ist es sogar gelungen, heutige Bewegungen von Landmassen direkt zu messen, so etwa die von Hawaii gegen Japan oder die von Nordamerika und Europa: Hawaii

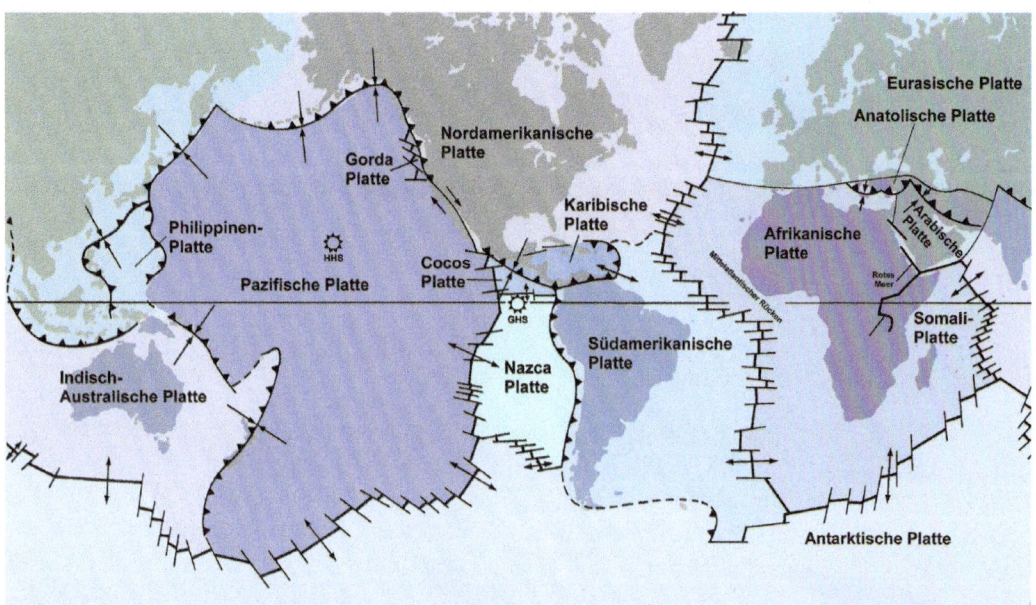

• **Abb. 1.21** Aufbau der Erdoberfläche aus Platten, die sich in Bewegung befinden (*Pfeile*). Einige bewegen sich an mittelozeanischen Rücken voneinander weg (Divergenz), manche stoßen in Subduktionszonen zusammen (Konvergenz; *durch Pfeilköpfe markiert*), andere gleiten aneinander entlang. HHS und GHS bezeichnen die *hot spots* unter Hawaii und Galapagos. Hot spots sind über viele Millionen Jahre stationäre, eng umgrenzte Gebiete, in denen es in der Erdkruste zur Aufheizung und magmatischer Aktivität kommt

bewegt sich um gut 8 cm Jahr für Jahr in Richtung Japan; Europa und Nordamerika entfernen sich in derselben Zeit um knapp 2 cm voneinander.

Im ausgehenden Paläozoikum existierte ein riesiger Kontinent (**Pangaea**), im Mesozoikum waren es – vereinfacht ausgedrückt – ein Nord- (**Laurasia**) und ein Südkontinent (**Gondwana**) sowie ein umfangreiches Meer, die **Tethys**, zwischen den beiden, welche die Erdoberfläche über längere Zeit prägten. Wenn es auch bezüglich der Datierung noch Diskrepanzen gibt, so besteht doch darin Übereinstimmung, dass diese Kontinente nicht nur zerbrachen, sondern auch ihre Lage veränderten. Man spricht von **Plattentektonik** (früher Kontinentaldrift); der Begriff trägt der Tatsache Rechnung, dass verschobene Platten unterseeisch sein können. Diese Platten (• **Abb. 1.21**) werden z. B. dadurch dauernd verlagert, dass sich zwischen ihnen Material aus der Tiefe emporschiebt (mittelozeanische Rücken, Spreizungszonen), so dass sie übereinandergeschoben werden, Gebirge entstehen oder Platten zerbrechen. Man schätzt, dass durch diese Veränderungen innerhalb von etwa 400 Mio. Jahren 70 % der Erdoberfläche ausgetauscht werden. All das hat in der Erdgeschichte natürlich Auswirkungen auf den Wasserstand der Meere, Meeresströme, Klima und Verbreitung von Organismen gehabt. Mehrfach hat es einen Anstieg des Meeresspiegels (**Transgressionen**) gegeben, dann wieder Absenkungen (**Regressionen**).

Aus Laurasia gingen Nordamerika, Grönland und Eurasien hervor, Gondwana zerfiel fortschreitend von Osten nach Westen und ist heute durch Australien, Antarktika, Indien, Afrika und Südamerika repräsentiert. Australien ist seit dem Oligozän vollständig vom Meer umgeben und behielt weitgehend seine ursprüngliche Fauna, Antarktika driftete südwärts, kühlte ab und verlor viele ihrer Lebensformen. Unter Berücksichtigung der heutigen Verhältnisse ist interessant, dass auch Indien aus Gondwana hervorgegangen ist. Es nahm dabei einen Teil der Südkontinent-Organismen mit. Afrika und Südamerika schließlich waren lange in kontinentaler Verbindung und haben sich erst in der Kreide getrennt. Im Bereich von Laurasia blieb die Verbindung zwischen Nordamerika und Eurasien lange bestehen.

Natürlich änderte sich mit der Plattentektonik auch die Gestalt der Ozeane. Die **Tethys** wurde durch die Norddrift Afrikas eingeengt und hier

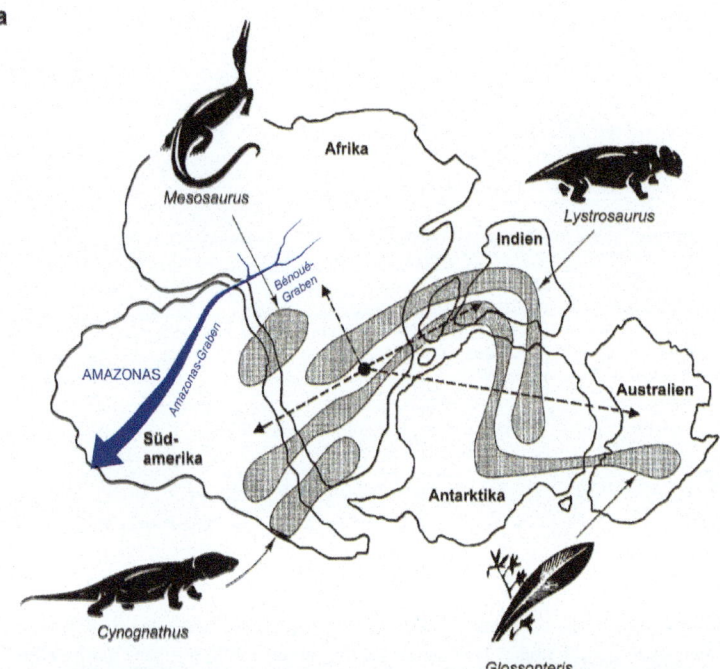

Abb. 1.22 a, b **a** Gondwana-Verbreitung verschiedener fossiler Formen im ausgehenden Paläozoikum (Perm), als der Südkontinent noch existierte. *Mesosaurus*, ein im Wasser lebendes Reptil, und *Cynognathus*, ein terrestrisches, säugetierartiges Reptil, sind fossil aus Südamerika und Afrika bekannt, das säugetierartige Reptil *Lystrosaurus* aus Afrika, Indien und Antarktika. Über fünf Kontinente war der Nacktsamer *Glossopteris* verbreitet. Im Jungpaläozoikum war Gondwana großflächig von Inlandeis bedeckt. Die Gletscher bewegten sich vom Akkumulationszentrum (in Afrika) zum Meer (*gestrichelte Pfeile*). Betrachtet man die heutigen Kontinente Südamerika und Australien sowie Indien, so weist die Richtung der Gletscherbewegungen vom Meer aufs Land. Als Südamerika und Afrika noch einen Kontinent bildeten, floss der Amazonas – aus dem Gebiet des heutigen Tschad kommend – gen Westen und mündete nahe dem heutigen Guajaquil in den Pazifik. Durch die Entstehung der Anden im Tertiär kehrte sich die Fließrichtung des Amazonas um. **b** Unter den Wirbellosen besitzen die Onychophoren (abgebildet: *Peripatopsis*) eine Gondwana-Verbreitung. Photo H. Ruhberg

zum Binnenmeer, dem heutigen Mittelmeer. Am ehesten vermittelt die rezente Meeresfauna des Indo-Westpazifik einen Eindruck von der Vielfalt der Tierwelt der Tethys. Hier kommen noch zahlreiche Tiergruppen vor, die aus anderen Gebieten der Erde, z. B. auch aus marinen Ablagerungen Mitteleuropas, nur fossil bekannt sind. **Tethys-Relikte** im Indo-Westpazifik sind z. B. die lebenden Fossilien *Lingula* (◘ Abb. 2.9a) und *Nautilus* (◘ Abb. 2.78f).

In den letzten Jahrzehnten hat man sehr intensiv daran gearbeitet, Paläogeographie und aktuelle Biogeographie unter Einbeziehung der Plattentektonik in Einklang zu bringen (◘ Abb. 1.22). Die ältesten Amphibien sind aus Eurasien und Nordamerika bekannt; wie gesagt, bestand die Verbindung dieser Kontinente im Bereich des heutigen Nordatlantik recht lange. Mehrere fossile Reptilien, z. B. der aquatische *Mesosaurus* und *Cynognathus*, sind bis in die Trias hinein aus dem heutigen Südamerika und aus Afrika bekannt; noch weiter waren *Lystrosaurus* und der Farn *Glossopteris* (◘ Abb. 1.22a) verbreitet, ein altes Gondwana-Element, das man von allen oben genannten Gondwana-Abkömmlingen aus Fossilstätten kennt. Unter den rezenten Tieren haben die Onychophoren (◘ Abb. 1.22b) eine Gondwana-Verbreitung.

1.2.2 Paläontologie

Direkte Zeugen des Lebens früher Erdepochen sind die Fossilien. Aufgrund ihres Auftretens in aufeinanderfolgenden Gesteinsschichten kann man eine **relative Zeitbestimmung** vornehmen (**Biostratigraphie; Leitfossilien**); mit Hilfe radioaktiver Elemente und deren Zerfallsprodukten sind zudem **absolute Altersbestimmungen** möglich (**radiometrische Datierung**), die heute schon recht genau sein können. Technische Fortschritte in der Massenspektrometrie ermöglichten zudem Messungen der Isotopenverhältnisse, z. B. in Schalen, und bei vorsichtiger

---

EXKURS 1.4

Fossilien in der Menschheitsgeschichte – Interpretation und Verwendung

Das Interesse des Menschen an Fossilien ist bereits aus der Steinzeit belegt; schon im Neolithikum haben Menschen Fossilien in Metall gefasst und offenbar als Schmuck oder Idole verwendet.

Was die Interpretation betrifft, so haben schon griechische Philosophen und Naturforscher vor Aristoteles (z. B. Pythagoras, Xenophanes und Herodot) vermutet, dass Fossilien auf ehemals lebende Organismen zurückgehen. Aristoteles (384 bis 322 v. Chr.) jedoch sah im Zusammenhang mit seiner Vorstellung zur Potenz der Materie zu Veränderungen (lat. *vis plastica*) Fossilien als Produkte von Ausdünstungen (= *Exhalationen*) der Erde, eine Verlegenheitslösung des großen Logikers. Diese Vorstellung wirkte bis ins 16. Jahrhundert. Plinius d. Ä. (23 bis 79), der vieles von Aristoteles übernahm, hielt fossile Haizähne für versteinerte Zungen, die vom Himmel gefallen waren (*glossopetrae*: Zungensteine). Bei den Germanen wurden die in Norddeutschland in der Schreibkreide und in eiszeitlichen Geschieben häufigen fossilen Seeigel (z. B. *Echinocorys*) als Donnersteine interpretiert. Man brachte sie mit dem Donnergott Donar (= Thor) in Verbindung. Wenn er mit seinem Hammer geschlagen hatte und es blitzte und donnerte, blieben Donnersteine liegen. Auch Donnerkeile (Reste des Innenskeletts mesozoischer Cephalopoden [Belemnoida, s. **Abschn. 2.2.5**]) wurden mit Gewittern in Verbindung gebracht.

Die Stielglieder fossiler Seelilien (*Encrinus*, ◘ Abb. 1.23a) aus der Trias Mitteleuropas wurden als Sonnenradsteine verehrt. Wo sie in großen Mengen vorkamen (Trochitenkalk, s. **EXKURS 2.9, Abschn. 2.3.1**), gab es sogar Kultstätten. Im Zuge der Christianisierung wurde dieser Brauch geächtet, aus den Sonnenradsteinen wurden „Bonifatius-Pfennige".

Die jüdisch-christliche Vorstellung von der Erschaffung der Erde in sechs Tagen stand mit ihrer *Ad-verbum*-Interpretation (buchstabengetreuem Festhalten am Wortlaut) des Schöpfungsberichts lange Zeit einer angemessenen Deutung der Fossi-

▶

EXKURS 1.4 (*Fortsetzung*)

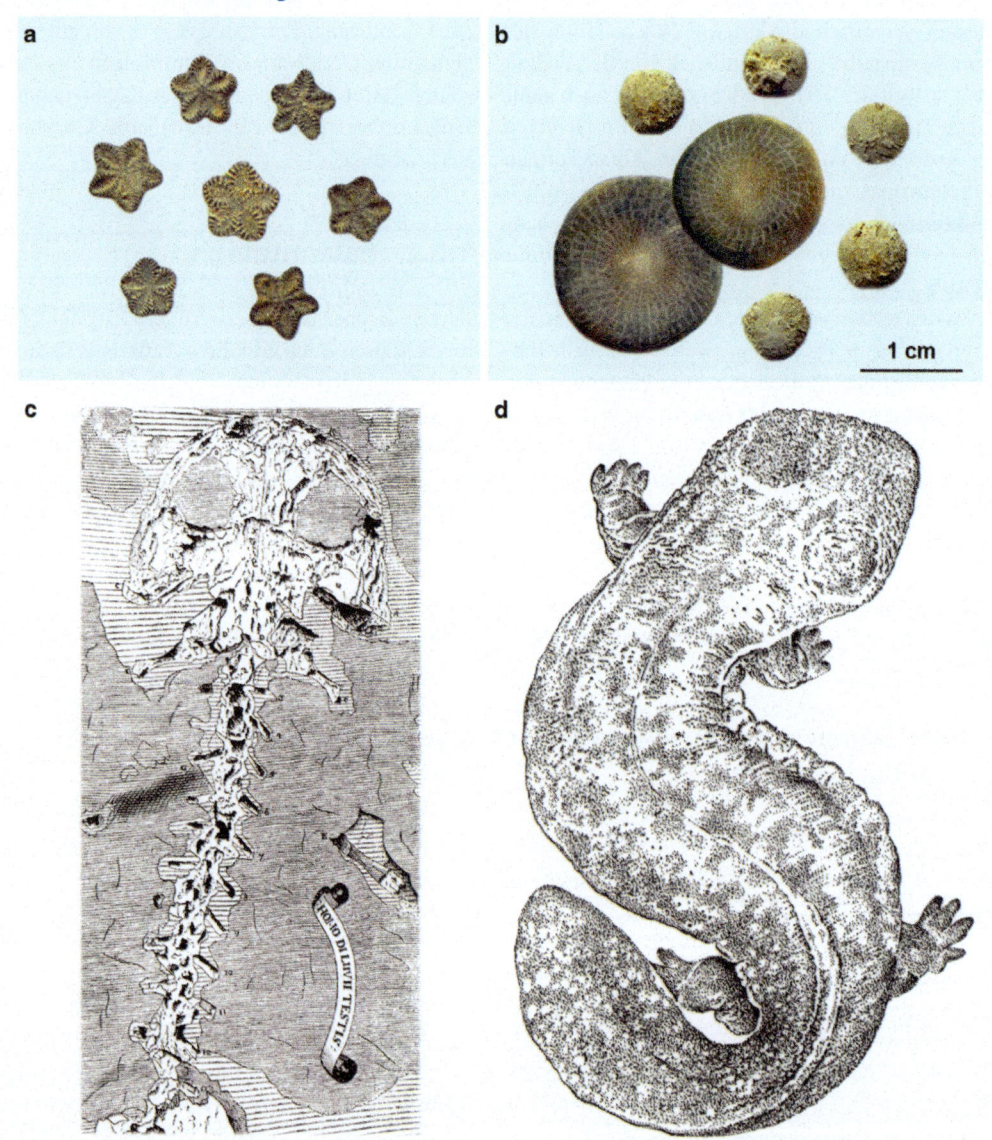

Abb. 1.23 a–d a Stielglieder mesozoischer Seelilien (Crinoidea); Bonifatius-Pfennige, **b** Foraminiferen: zwei Maria-Ecker-Pfennige aus Bayern und fünf kleinere Nummuliten von der Cheops-Pyramide bei Kairo, **c** als „*Homo diluvii testis*" oder „armer Sünder" interpretierter fossiler Salamander (*Andrias scheuchzeri*), **d** *Andrias japonicus* (Japanischer Riesensalamander). **c** nach Scheuchzer (1726), **d** nach Temminck und Schlegel (1838)

lien als Zeugnissen längst vergangenen Lebens entgegen. Nur mit Verzögerung und oft nach erbittertem Widerstand modifizierten insbesondere christliche theologische Autoritäten die Lehre vom Schöpfergott und seinem Wirken jeweils so, dass sie mit unbezweifelbaren naturwissenschaftlichen Erkenntnissen in Einklang blieb. Doch wird auch heute noch die Lehre von der Schöpfung als einem abgeschlossenen Werk von sechs Tagen (oder in abgemilderter Form dem Sechsfachen eines größe-

EXKURS 1.4 (Fortsetzung)

ren Zeitraums bis hin zum Jahrhundert oder Jahrtausend) vertreten (Kreationismus). Aus wissenschaftlicher Sicht wirkt eine solche Interpretation anachronistisch und hat auch zu merkwürdigen Schlussfolgerungen geführt. Bis ins 18. Jahrhundert sah man Fossilien (damals Petrefakten genannt) meist als Naturspiele (*lusus naturae*) an. Auch wurden sie als Opfer der Sintflut (Sündflut) interpretiert. Dass ein Großteil der Fossilien Meerestiere sind, die ja eigentlich Hochwasser überstehen sollten, blieb unberücksichtigt. Bedeutendster Verfechter der Sintflutlehre (Diluvianer, lat. *diluvium* = Überschwemmung) war der Züricher Naturforscher und Stadtarzt Johann Jakob Scheuchzer (1672 bis 1733), der gezielt nach einem in der „Sündflut" umgekommenen Menschen suchte. Er glaubte, ihn bei Öhningen, nahe dem Bodensee, gefunden zu haben und interpretierte das miozäne Skelett eines 1,2 m langen Riesensalamanders (heute: *Andrias scheuchzeri*, ◘ Abb. 1.23c) als *„Homo diluvii testis"*, also als einen Zeugen der Sintflut und armen Sünder. Seine Interpretation wird heute nur noch von wenigen Kreationisten geteilt, wenn auch vielleicht nicht in jeder Einzelheit. Scheuchzer veranschlagte die Sintflut (und damit den Tod der Fossilien) auf 250 Jahre vor dem Bau der Pyramiden bei Kairo. Ihm verdanken wir das erste detaillierte Werk über fossile Pflanzen („*Herbarium diluvianum*").

Erst im 19. Jahrhundert entstanden das Bild der Erdgeschichte und eine Interpretation der Fossilien, wie wir sie heute noch akzeptieren. Charles Lyell (1797 bis 1875) brachte 1830 seine *„Principles of Geology"* heraus und schuf auch die Bezeichnung Paläontologie für eine neue Wissenschaft. 1841 prägte Richard Owen (1804 bis 1892) den Begriff Dinosaurier und erkannte diese als ausgestorbene riesige Reptilien. Fossilien wurden nicht mehr nur als Zeitmarken angesehen, die „Petrefaktenkunde", die eine Hilfswissenschaft der Geologie gewesen war, begann ihr eigenes Dasein.

Der Begriff Leitfossil, im frühen 19. Jahrhundert geschaffen, leitet nicht mehr „nur" zu bestimmten Gesteinsschichten, er wurde zu einem wesentlichen Begriff im Zusammenhang mit der Evolution der Organismen auf der Erde.

Interessante Neuinterpretationen folgten: Der Lindwurm, Wahrzeichen der österreichischen Stadt Klagenfurt, erwies sich als Phantasieprodukt mit dem Kopf eines Wollnashorns; das legendäre Einhorn, nach dem heute noch Gaststätten und Apotheken genannt werden, konnte mit den Stoßzähnen tertiärzeitlicher Rüsseltiere (*Gomphotherium*), den Stoßzähnen des Mammuts (*Mammuthus primigenius*), aber auch dem Zahn des rezenten Narwales (*Monodon*) in Verbindung gebracht werden. Aus „versteinerten Münzen" (Nummuliten) wurden eozäne Foraminiferen (◘ Abb. 1.23b, 2.69). Der einäugige Riese Polyphem aus der Homerischen Odyssee bzw. die einäugigen Zyklopen lassen sich möglicherweise auf Schädel des Zwergelefanten (*Palaeoloxodon*) von Mittelmeerinseln zurückführen. Plausibel erscheint auch eine andere Erklärung: Mit Alkaloiden aus dem Germer (*Veratrum*), einem Liliengewächs, kann man Föten so beeinflussen, dass sie einäugig (stirnäugig) werden. Da Germer in Griechenland vorkommt, wäre es möglich, dass die alten Griechen dieses Phänomen bei Tieren und beim Menschen gesehen haben.

Was an Kalkstein seit Jahrtausenden als Baumaterial verwendet wird, ist zu einem erheblichen Teil biogenen Ursprungs, also durch Organismen entstanden und enthält vielfach Fossilien. Die Zementindustrie basiert auf dem biogenen Produkt Calciumcarbonat (s. **EXKURS 2.1, Abschn. 2.2.1**), und bei dessen Abbau werden in Steinbrüchen Fossilien zutage gefördert. In den großen Pyramiden Ägyptens wurde eozäner Nummulitenkalk verbaut, das Berliner Olympiastadion besteht aus Muschelkalk, das Dach der Hagia Sophia in Istanbul aus spezifisch leichten, da hohlraumreichen Diatomeen- und Radiolarienskeletten, und Kalkstein in vielen Gebäuden zeigt Anschliffe durch Schwämme, Belemniten u. a.

Schließlich sind Erdöl, Steinkohle und Braunkohle (s. **Abschn. 2.2.5 und 2.4.1**) zu nennen, wesentliche Rohstoffe für die moderne Industrie und damit ein Eckpfeiler heutiger Zivilisation. Diese fossilen Energieträger sind Reste ausgestorbener Organismen, die große Teile der Erde gestaltet haben.

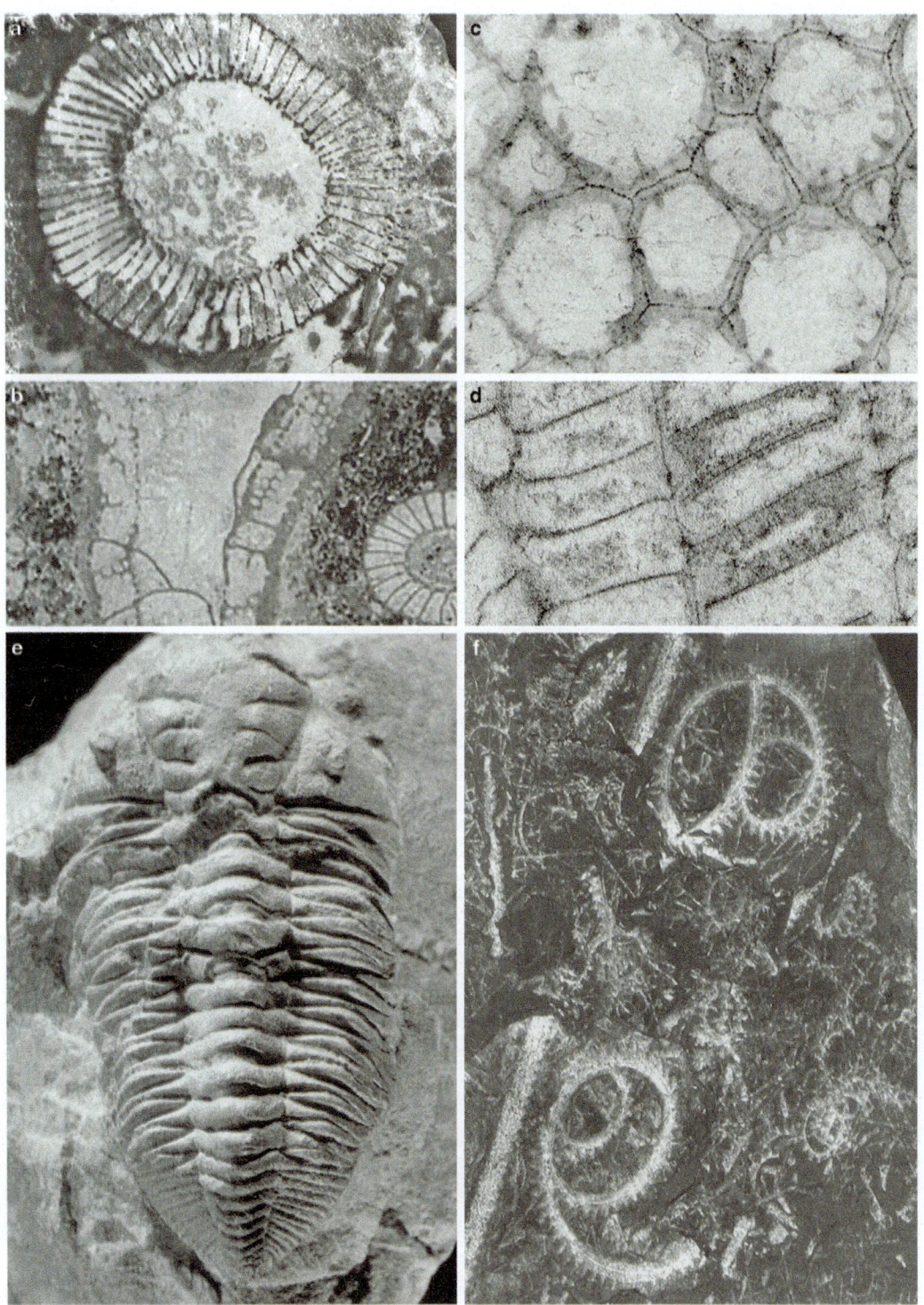

Abb. 1.24 a–f Im Paläozoikum ausgestorbene Formen: **a**, **b** Archaeocyatha, **c**, **d** Tabulata. **a** und **c** zeigen Querschnitte, **b** und **d** Längsschnitte, **e** Trilobita, **f** Graptolitha

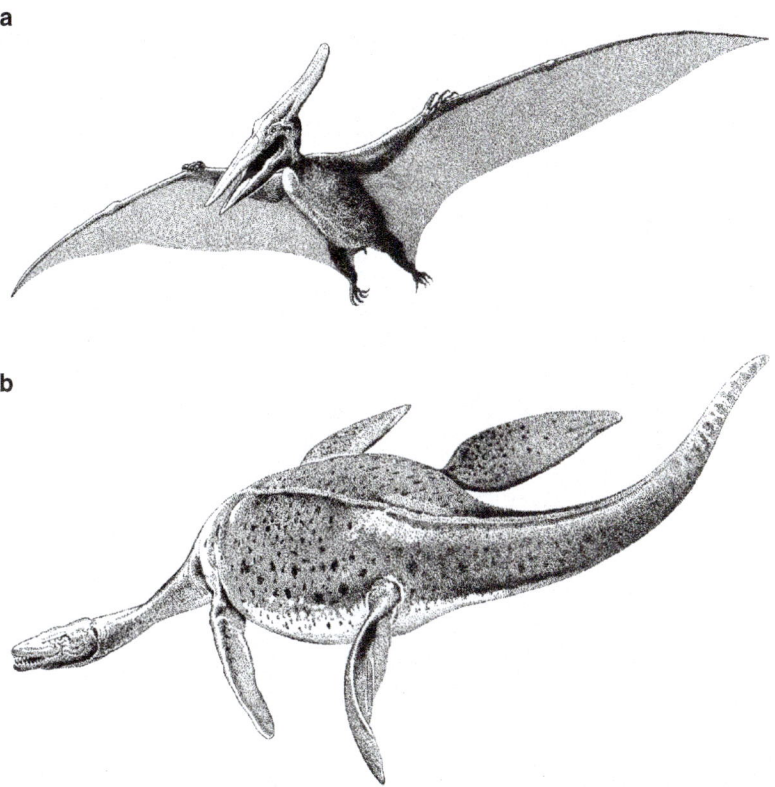

Abb. 1.25 a, b Im Mesozoikum ausgestorbene Formen: **a** Pterosauria (*Pteranodon*, Flügelspannweite 7 m), **b** Plesiosauria (*Macroplata*, Körperlänge 7 m)

Handhabung sogar Aussagen über frühere Umweltverhältnisse wie Wassertemperatur und Salinität (Salzgehalt). Zusätzlich besteht die Möglichkeit, das relative Alter mittels magnetischer Anomalien zu bestimmen (s. u.). Die einander ergänzenden Methoden erlauben heute eine gute Gliederung der Erdgeschichte.

Methoden der Altersbestimmung

Zurzeit sind fast 300.000 fossile Organismen-Arten bekannt. Diese Zahl liegt wesentlich unter der der rezenten Arten, aber sie vermittelt uns bei Tierstämmen, die Hartteile ausgebildet hatten, doch ein vergleichsweise gutes Bild ihrer Verteilung in Raum und Zeit. Unter der Voraussetzung, dass keine tektonischen Veränderungen erfolgt sind, kann man davon ausgehen, dass die unteren Gesteinsschichten früher abgelagert wurden als die weiter oben liegenden. Sind sie durch Fossilien gekennzeichnet, so kann man diese und die entsprechenden Schichten zeitlich ordnen: **relative Altersbestimmung**. Man spricht von **Leitfossilien**, wenn die fossilen Organismen einen bestimmten und klar definierten Raum-Zeit-Abschnitt kennzeichnen. Abgesehen vom wissenschaftlichen Interesse hat die genaue Altersbestimmung erhebliche praktische Bedeutung bei der Suche nach Bodenschätzen (v. a. Erdgas und Erdöl). Hier arbeitet man vorwiegend mit Mikrofossilien.

Die Paläontologie erbrachte zunächst folgende besonders wichtige Tatsachen: Zahlreiche Arten, Gattungen und sogar Ordnungen früherer Erdzeitalter sind ausgestorben. **Abb. 1.24** zeigt Wirbellose, die auf das Paläozoikum beschränkt sind, **Abb. 1.25** im Mesozoikum ausgestorbene Wirbeltiere. Viele fossile Organismengruppen sind nicht die Ahnen heutiger Arten, sondern gehören zu ausgestorbenen Ästen des Stammbaumes. Diese sind keineswegs immer kurzlebig, die meisten haben sogar viele, oft Hunderte von Millionen Jahren gelebt, ehe sie ausstarben. Bei dieser Vielfalt von erloschenen Seitenlinien ist die Entscheidung oft schwer, ob eine fossile Art in die Ahnenreihe einer rezenten Gruppe gehört oder eine ausgestorbene

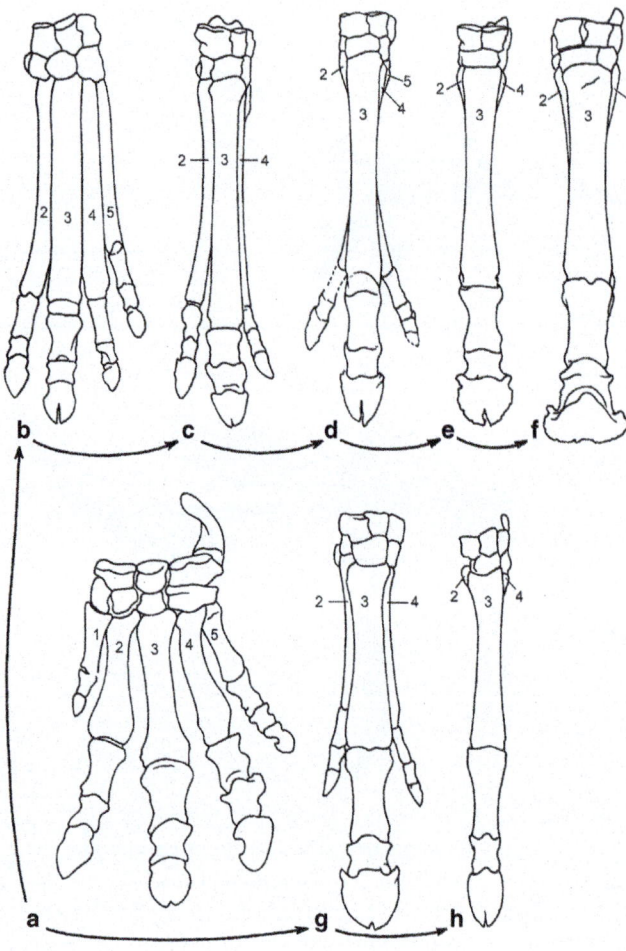

● **Abb. 1.26 a–h** Entwicklung der Vorderextremitäten vom eozänen *Phenacodus* (**a**) zu rezenten Pferden (**b–f**) sowie zu miozänen südamerikanischen pferdeähnlichen Formen (Litopterna) (**g–h**). **a** *Phenacodus*, **b** *Hyracotherium*, **c** *Miohippus*, **d** *Parahippus*, **e** *Pliohippus* (ähnlich *Dinohippus*), **f** *Equus*, **g** *Diadiaphorus*, **h** *Thoatherium*. Bei den letzten beiden Formen handelt es sich um eine Parallelentwicklung zu den echten Pferden. Aus Gregory (1951)

Seitenlinie ist. Die dreizehigen Pferde der tertiären Gattung *Hipparion*, die in der Alten Welt verbreitet waren, hielt man lange Zeit für die Ahnen unserer heutigen, einzehigen Pferde (● **Abb. 1.26**). Morphologisch wäre das durchaus möglich; aber mit der Zunahme der Fossilfunde, durch welche die Lücken in Reihen immer mehr geschlossen wurden, ergab sich, dass die rezenten Pferde nicht von *Hipparion* abzuleiten sind (s. **Abschn. 2.4.1**). Evolutionsbiologen müssen für die Lösung mancher Einzelfragen Geduld aufbringen, bis neue Funde die Linienführung der Stammesentwicklung sichern. Es geht ihnen wie dem Archäologen, dessen historische Schlüsse von den Fundmaterialien abhängen. Erfreulicherweise wächst dieses Fundmaterial in der Paläontologie auch heute noch von Jahr zu Jahr.

Die **absolute Altersbestimmung** beruht auf dem natürlichen Zerfall radioaktiver Elemente (**radiometrische Datierung**). Voraussetzung ist, dass das Ausgangselement (= Mutterelement) und sein Zerfallsprodukt (= Tochterelement) in einem geschlossenen System vorliegen, d. h. dass im System keine Mutter- oder Tochterelemente entweichen.

Mutterelemente zerfallen exponentiell, Tochterelemente nehmen entsprechend zu. Die Zeit, in der das Mutterelement zur Hälfte zerfällt, nennt man **Halbwertszeit**. Diese ist unabhängig von chemischer Bindungsart und Außeneinflüssen und erfolgt ganz präzise (**radioaktive Uhr**). Tochter- und Mutterelement werden im Allgemeinen im Massenspektrometer gemessen.

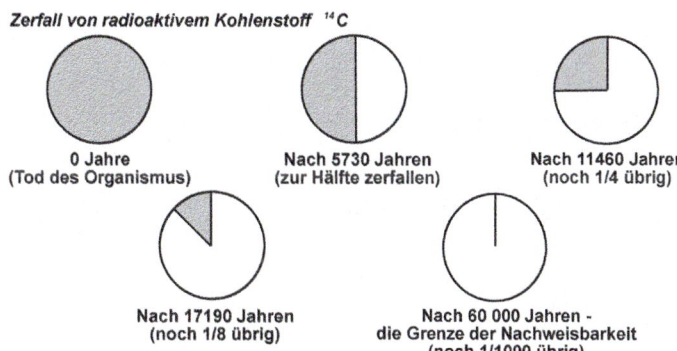

Abb. 1.27 ¹⁴C-Methode. Höhenstrahlung in den oberen Schichten der Atmosphäre macht Kohlenstoff radioaktiv. Radioaktiver Kohlenstoff hat eine Halbwertszeit von 5730 Jahren; zusammen mit normalem Kohlenstoff wird er in lebende Organismen bis zu deren Tod eingebaut. Der Tod markiert also den Nullpunkt einer möglichen Messreihe. Bei 60.000 Jahren liegt die Nachweisbarkeitsgrenze dieser Methode. Nach Lehmann (1997)

Der datierbare Zeitausschnitt hängt von der Halbwertszeit ab. Als besonders geeignet haben sich folgende Systeme erwiesen:

Mutterelement	Tochterelement	Halbwertszeit
^{238}U	^{206}Pb	4,5 Mrd. Jahre
^{235}U	^{207}Pb	704 Mio. Jahre
^{40}K	^{40}Ar	1,3 Mrd. Jahre
^{14}C	^{14}N	5730 Jahre

Wichtig ist die Festlegung der Nullstellung der radioaktiven Uhr. Die Altersbestimmung erfordert die Kenntnis der Anfangsmenge der Mutter- oder der Tochtersubstanz. Meistens kann man davon ausgehen, dass die Tochtersubstanz durch das zu datierende Ereignis aus dem System entfernt wird – die Uhr also auf Null gestellt wird. Ein solches Ereignis ist beispielsweise die Erhitzung eines Objektes, bei der das Tochterelement vollständig ausgetrieben wurde. So setzt man zum Beispiel die Kalium-Argon-Datierung nach vulkanischen Vorgängen ein, die zur vollständigen Argon-Entgasung führten.

Für Altersbestimmungen deutlich unter 100.000 Jahren hat sich die ¹⁴C-Methode (sprich: C¹⁴) besonders bewährt. Verwendet wird das ursprünglich vorhandene Mutterelement (¹⁴C), welches in kleinen Mengen in der Erdatmosphäre existiert und durch kosmische Strahlung immer nachgebildet wird. Es wird durch Photosynthese in Pflanzen eingebaut und ständig von Mensch und Tier durch Atmung aufgenommen und ausgetauscht. Die Nullstellung des radiometrischen Systems ist der Tod eines Organismus, wenn also Stoffwechsel und Atmung zum Abschluss gekommen sind. Das ¹⁴C zerfällt nun mit einer Halbwertszeit von 5730 Jahren. Viele organische Ablagerungen, einschließlich Skelettelemente, lassen sich so altersmäßig bestimmen. Auf der ¹⁴C-Methode basieren wichtige Aussagen zur jüngeren Klimageschichte. Eine sehr genaue Altersbestimmung ist bis zum Erreichen der Halbwertszeit möglich, eine weniger exakte mit zunehmender Zeit. Ihre Grenze findet die Methode bei etwa 60.000 Jahren (**Abb. 1.27**).

Radiometrische Datierungen und paläontologische Untersuchungen werden durch verschiedene Verfahren ergänzt. Die **Spaltspuren-Methode** beruht darauf, dass radioaktiver Zerfall in Kristallen Spuren hinterlassen kann. Deren Zahl nimmt im Laufe der Zeit zu und ist mikroskopisch bestimmbar. Auf diese Weise kann ein Altersbereich zwischen 10.000 und 10 Mio. Jahren datiert werden. Die **Paläomagnetik** beruht darauf, dass sich das erdmagnetische Feld im Laufe der Erdgeschichte mehrfach umgepolt hat. Eisenhaltige Mineralkörner, z. B. in erstarrender Lava oder unter wenig gestörten Sedimentationsbedingungen am Grund von Gewässern, richten sich entsprechend dem erdmagnetischen Feld aus. Schließlich kann es **plötzliche Mengenzunahmen** bestimmter Elemente (z. B. Iridium, s. **EXKURS 2.3 Abschn. 2.2.2**) oder Verbindungen (z. B. Kohlendioxid) geben, die auf großräumige, kurzfristige Ereignisse (sog. *events*) zurückgehen.

Kontinuierliche Veränderungen in der Erdgeschichte

Verfolgen wir von der heutigen Fauna und Flora aus die Erdzeitalter, so ergibt sich kein chaotischer Wechsel der Formen, sondern eine klare Gesetzmäßigkeit. Je älter Flora und Fauna sind, desto mehr weichen sie von den heutigen Verhältnissen ab; von den ältesten Fossilschichten aus betrachtet nähern sich die Lebewesen in stufenweiser Abänderung den heutigen Formen. Nehmen wir als Beispiel die Säugetiere: Manche Arten des Pleistozän (Beginn vor ca. 2,6 Mio. Jahren) gehören noch der heutigen Fauna an. Wir finden im noch jungen Pleistozän Mitteleuropas Marder, Löwen, Hyänen, Rothirsche usw. Auch der Mensch als *Homo sapiens* ist gegen Ende des Pleistozän vorhanden. Viele dieser Arten sind jedoch in Pleistozän und Jetztzeit nicht identisch; Menschen des mittleren Pleistozän werden wegen ihrer deutlichen Unterschiede zum *Homo sapiens* zu mehreren eigenen Arten, z. B. *Homo neanderthalensis*, *Homo heidelbergensis* und *Homo erectus*, gestellt (s. **Kap. 5**). Im Tertiär (vor 2,6 bis 65 Mio. Jahren) sind die meisten rezenten Arten verschwunden, allmählich verschwinden die rezenten Gattungen, d. h. die zurückverfolgten Stammeslinien sind so abgewandelt, dass man sie in eigene Gattungen stellt. Zu Beginn des Tertiär sind nur noch wenige der heutigen Familien nachweisbar. In der Kreide sind nur noch einzelne Ordnungen vorhanden, in der Trias verschwinden die Säugetiere ganz, oder genauer gesagt, gehen in ihrer Organisation in Formen über, die man definitionsgemäß als Reptilien bezeichnet.

Eine vergleichbare Situation finden wir in allen Gruppen, von denen reiche Fossilfunde vorliegen; allerdings ist das Tempo der Abänderung verschieden: Moderne Knochenfische (Teleostei) und Vögel „verschwinden" im Jura in Übergangsformen zu anderen Gruppen.

Fossile Faunen und Floren sind nicht nur durch Vorläufer heutiger Arten charakterisiert, sondern auch durch ausgestorbene Entwicklungslinien. Die in den letzten 2 Mio. Jahren ausgestorbenen Arten gehören fast ausnahmslos zu rezenten Gattungen und Familien. Mammut und *Mastodon* sind Rüsseltiere, wollhaariges und Merksches Nashorn sind Nashörner, die Riesengürteltiere Südamerikas Gürteltiere. Im Tertiär finden wir schon viele ausgestorbene Familien und eine Reihe aussterbender Ordnungen. Von den Paarhufern (Artiodactyla) leben noch neun Familien in der Jetztzeit, im Tertiär starben sechzehn aus, von den Unpaarhufern (Perissodactyla) leben heute mit Pferden, Nashörnern und Tapiren drei Familien, acht starben im Tertiär aus, aber alle diese ausgestorbenen Familien gehören zu rezenten Ordnungen.

Im Mesozoikum, einem Zeitraum von über 180 Mio. Jahren, starben viele Ordnungen und Überordnungen aus, die den rezenten Formen ferner stehen, z. B. die Ichthyosaurier (**Abb. 2.61**), Plesiosaurier (**Abb. 1.25b**), Mosasaurier, Pterosaurier (**Abb. 1.25a**) und Dinosaurier (**Abb. 2.55 bis 2.60**).

Im Paläozoikum erloschen viele Ordnungen und Klassen, die den rezenten Wirbeltieren noch ferner stehen, z. B. die Fischgruppen der Acanthodii, Heterostraci, Anaspida und Placodermi. Dasselbe Phänomen finden wir z. B. bei Echinodermen, Mollusken und Pflanzen. Diese Korrelation zwischen der geologischen Zeit und einer stufenweisen Abänderung der Organismen kann nur evolutionsbiologisch erklärt werden.

Umwandlungsreihen

Da die Evolution eine kontinuierliche Abänderung von Organismen darstellt, müssen heute isoliert stehende Formen mit Fossilien in einer zeitlichen Abfolge schrittweise zu verbinden sein. Das gilt nicht nur für Arten und ganze Gruppen des Systems, sondern auch für Organsysteme. Beispiele hierfür gibt es in großer Anzahl. Ein Musterbeispiel ist der Pferdefuß: Vorder- und Hinterextremitäten haben bei rezenten Formen nur eine Zehe und einen Huf. Die fossilen Funde erbrachten drei- und vierzehige Pferde, so dass im Alttertiär der Anschluss an die fünfzehige Grundstruktur der Säugerextremität gewonnen ist (**Abb. 1.26**).

Die so verschiedenen Zähne und Zahnformeln der plazentalen Säuger lassen sich alle auf eine Grundformel zurückführen: In jeder Ober- und Unterkieferhälfte befinden sich drei Schneidezähne, ein Eckzahn, vier Prämolaren und drei Molaren.

Ein Beispiel für Umwandlungen liefern die Kiefergelenkknochen der Säugetiere. Diese haben ein sekundäres Kiefergelenk aus den Hautknochen Squamosum und Dentale erworben, während alle übrigen Landwirbeltiere ein primäres Kiefergelenk aus den Ersatzknochen Articulare und Quadratum besitzen. Diese beiden Ersatzknochen fehlen allerdings den Säugern nicht, sie sind ins Mittelohr gewandert und wurden dort zu Hammer (Malleus) und Amboss (Incus). Fossile Formen zeigen alle Zwischenstadien zwischen primärem und sekundärem Kiefergelenk, Ausdehnung der Hautknochen Squamosum und Dentale in die Gelenkregion, bis sie sich am Gelenk beteiligen (◘ Abb. 1.34), so dass Formen mit beiden Kiefergelenken nebeneinander entstehen, wie *Diarthrognathus* in der späten Trias, bis schließlich das primäre Kiefergelenk ins Mittelohr gelangt und nur das sekundäre im Kieferbereich verbleibt. Die Säuger sind übrigens auch ein Beispiel dafür, wie sich eine ganze Gruppe über ausgestorbene Formen bis zu ihrer Vereinigung mit ihrer Nachbargruppe, den Sauropsiden (Reptilien und Vögel), verfolgen lässt. Zahlreiche Gattungen verbinden die Organisation der Säuger über die Ictidosaurier, Theriodontier und Pelycosaurier mit der der primitiven Reptilien (Captorhinomorpha), die noch nahe der Grenze zwischen Amphibien und Reptilien stehen und in deren Nähe auch die Sauropsiden einmünden. Das ist kein Einzelfall, sondern die Norm bei Gruppen, die fossil gut belegt sind. Gleiches gilt unter den Säugern für Rüsseltiere, die Wale, die Nashörner u. a., unter den Reptilien für die Krokodile, Dinosaurier usw.

Die bisherigen Reihen haben entfernte Formen über lange erdgeschichtliche Zeiträume verbunden. Ebenfalls von Interesse ist die Umwandlung von Arten innerhalb kurzer Epochen. Entsprechende Untersuchungen wurden zum Beispiel anhand der Zähne von Säugetieren, der Schalen von Muschelkrebsen (Ostracoden) und Mollusken sowie der Panzer von Trilobiten durchgeführt. Ein sehr genau untersuchter Umwandlungsprozess ist die Entwicklung der Bären im Pleistozän einerseits zum Höhlenbären und andererseits zum Braunbären. Die schrittweise Umbildung der Molaren von Rüsseltieren konnte nach Übergang in kalte Steppen zum Mammut (*Mammuthus primigenius*) verfolgt werden. Noch reicheres Material liefern Molluskenschalen. Bekannt sind die gradweisen Umbildungen von Deckelschnecken (*Paludina* bzw. *Tolutoma*) in den Schichten eines pliozänen Sees in Slowenien. Die glatten Schalen aus den Tiefschichten des Sees (*Paludina hoernesi*) wandeln sich allmählich in die mit Ornamenten versehenen Schalen von *Paludina neumayri*. Austernschalen zeigen, durch verschiedene Zonen verfolgt, eine Wandlung von der schwach gewölbten Schale des *Ostrea*-Typs (*Ostrea irregularis*) zu der eingerollten Schale des *Gryphaea*-Typs.

Fossile Übergangsformen

Die Existenz fossiler **Übergangsformen** wurde oft bejaht, aber auch verneint. Dieser Gegensatz beruht auf verschiedenen Anforderungen an die Merkmale einer Übergangsform. Die bisweilen erhobene Forderung, sie müsste in allen Charakteren eine Mittelstellung einnehmen, ist nicht erfüllbar, da die Umbildung der einzelnen Organe in unterschiedlichem Tempo erfolgt und viele Lebewesen gleichzeitig ursprüngliche (= primitive, plesiomorphe) und abgeleitete (apomorphe) Merkmale aufweisen. Übergangsformen werden also stets neben primitiven Charakteren, die sie mit der älteren Gruppe teilen, auch abgeleitete, d. h. fortschrittliche Organisationszüge besitzen. Das gilt für jedes Lebewesen. Andere Autoren lehnen die Existenz von *missing links* ab, weil man immer irgendwie spezialisierte Seitenzweige findet und nicht die zu fordernden unspezialisierten Ahnenformen. Dass diese Forderung auf einer falschen Voraussetzung beruht, wird später näher ausgeführt.

Wenn wir das fossile Material bewerten, müssen wir eher erstaunt sein, wie viele Übergangsformen uns die Paläontologie schon gebracht hat. Das bekannteste Beispiel ist *Archaeopteryx*, der Urvogel aus dem Jura Solnhofens (◘ Abb. 1.28a). Sein Skelett trägt viele Merkmale fossiler Reptilien, speziell der theropoden Dinosaurier, das Flügelskelett und zum Teil der Schädel nehmen eine Zwischenstellung ein, die Federn sind Vogelmerkmale; s. aber auch **EXKURS 2.13 Abschn. 2.3.2**. Die Ichthyostegiden, speziell *Ichthyostega* aus dem Devon Grönlands, sowie *Acanthostega* und die noch etwas ältere, bis über 2 m lange Gattung *Tiktaalik* aus Kanada sind Zwischenformen von Fischen und Amphibien (◘ Abb. 1.28b). Diese ältesten Landwirbeltiere haben in der Schwanzflosse noch Flossenstrahlen wie Fische. Der Schädel ist dem der fossilen Crossopterygier (Fische) noch ganz ähnlich. Die Extremitäten besitzen aber bereits primitive Hände und Füße, wie sie für Landwirbeltiere typisch sind. Dass die Säugetiere über eine Kette von Formen mit primitiven Reptilien verbunden sind, wurde bereits erwähnt. Auch innerhalb der Säugetiere gibt es viele Reihen verbundener Formen; Rüsseltiere begin-

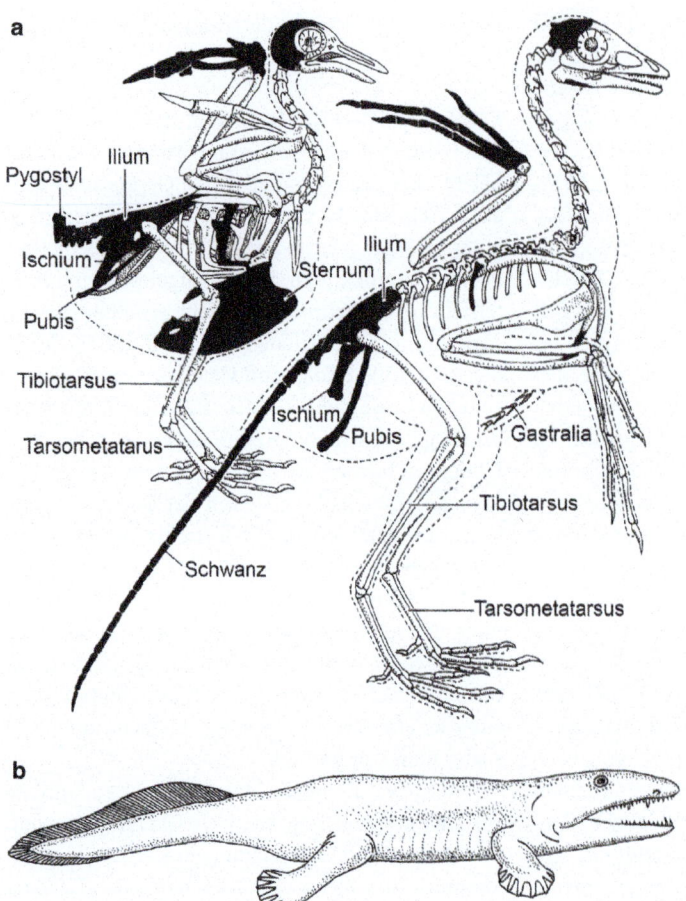

◘ **Abb. 1.28 a, b** Fossile Übergangsformen. **a** Vergleich des Skeletts einer Taube (*links*) mit dem von *Archaeopteryx*. Einige homologe Strukturen, die unterschiedlich ausgeprägt sind, wurden schwarz gezeichnet. **b** Rekonstruktion von *Acanthostega* (Lebensbild; 65 cm lang) aus dem Oberen Devon Grönlands. Die Ichthyostegalia sind die ältesten bekannten vierfüßigen Landwirbeltiere und entsprechen in vieler Hinsicht Formen, die zwischen Crossopterygiern und ursprünglichen Amphibien vermitteln. An Fische erinnern unter anderem die Struktur des Schädels und des Schwanzes; Amphibienmerkmale sind die Extremitäten und die Ausbildung eines Beckengürtels, der Anschluss an die Wirbelsäule gefunden hat.

nen mit *Moeritherium*, Pferde mit *Hyracotherium* (◘ **Abb. 2.74**), Wale mit *Pakicetus*. Das gleiche gilt für viele Sauriergruppen. Unter den Wirbellosen nähern sich die recht verschiedenen Echinodermenklassen der Seesterne (Asteroidea) und der Schlangensterne (Ophiuroidea) im Paläozoikum stark. Die Schwertschwänze (Xiphosura) zeigen im Paläozoikum Annäherungen an Trilobiten. Nur für die ganz großen Gruppen, die bereits im Kambrium zu Beginn des Paläozoikums vorhanden sind, kennen wir rückwärts kaum Verbindungen, weil uns aus präkambrischen Schichten nicht viele Fossilien bekannt sind. Insgesamt erfüllt die Paläontologie nicht nur die Forderungen der Evolutionsbiologie; die Existenz der vielen Fossilien und ihre zeitliche Abfolge sind ohne die Annahme einer Evolution gar nicht zu verstehen.

Eine beträchtliche Lücke wurde in der jüngeren Vergangenheit geschlossen: Diejenige zwischen den am stärksten an das Wasserleben angepassten Säugetieren, den Walen, und ihren landlebenden Ahnen. Wichtige Fossilfunde der Urwale (Archaeoceti) stammen aus dem Eozän und dokumentieren eine rasche Evolution in dieser Zeit. Etwa 50 Mio. Jahre alt sind die in eozänen Ablagerungen Pakistans und Indiens gefundenen Pakicetidae. Sie waren fuchs- bis wolfsgroß, carnivor und lebten überwiegend am Land (◘ **Abb. 1.29**). Die etwas jüngeren, ebenfalls eozänen Ambulocetidae erinnern habituell eher an Krokodile. Sie kamen vermutlich in Lagunen des Tethys-Meeres vor und sind stärker abgeleitet als die Pakicetidae. Die Remingtonocetidae besaßen kurze, kräftige Extremitäten und zwischen den Digiti wahrscheinlich Schwimmhäute. Sie lebten an den Küsten Südostasiens. Auch Protocetidae fand man in eozänen marinen Ablagerungen, z. B. in Ägypten. Aus ihnen gingen vermutlich die Basilosauridae und Dorudontidae hervor, die in den

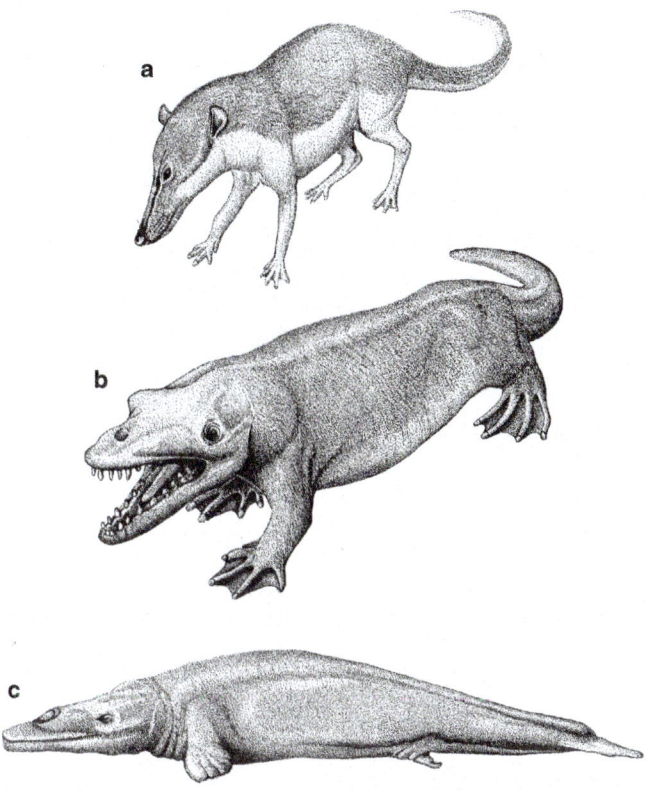

Abb. 1.29 a–c Wale aus dem Eozän.
a *Pakicetus*, **b** *Kutchicetus*, **c** *Dorudon*. Nach Thewissen und Williams (2003)

Flachmeeren des mittleren und späten Eozän verbreitet waren. Ihre Vorderextremitäten hatten schon Paddelform, die hinteren waren erheblich rückgebildet (Abb. 1.29).

1.2.3 Vergleichende Anatomie und Systematik, Artdefinitionen (Artkonzepte)

Ein System ist die Gliederung einer Mannigfaltigkeit mit der Zielsetzung, eine Übersicht zu gewinnen. Das beste System ist dasjenige, das die Mannigfaltigkeit am besten beherrscht. In der Biologie wurden zunächst die heute künstlich genannten Systeme errichtet. Linné errichtete z. B. ein System der Pflanzen, das auf der Zahl der Staubgefäße beruhte. Bei der Klassifizierung der Gliedertiere war für Linné ein wesentlicher Punkt, ob sie Flügel besaßen oder nicht. In die Gruppe der Flügellosen (Aptera) stellte er die Gattungen *Pediculus, Acarus, Araneus, Oniscus* und *Scolopendra*, also Läuse, Milben, Spinnen, Asseln und Tausendfüßler. Solche Systeme sind oft sehr klar aufgebaut und praktisch brauchbar, wenn es z. B. darum geht, Pflanzen oder Tiere zu bestimmen oder einzuordnen. Aber schon Linné erkannte, dass es eine andere Gruppierung gibt, die auf einer in der Natur gegebenen Übereinstimmung, also auf Genealogie bzw. Verwandtschaft beruht. Ein System, welches diese Gruppierungen ordnet, nennt man **natürliches System** oder **phylogenetisches System**. Ein solches ist dem künstlichen in vieler Hinsicht überlegen (s. u.) und spiegelt die Verwandtschaft der untersuchten Organismen wider.

Die vielen Diskrepanzen, die es zwischen einer künstlichen Klassifikation und dem natürlichen System gibt, beruhen darauf, dass ein praktisches System getrennte Einzelmerkmale fordert, welche die Klassen, Ordnungen usw. völlig isolieren und möglichst in Zahlen ausdrückbar sind, und dass natürliche Systeme auf zahlreichen korreliert auftretenden Merkmalen basieren. Diese Korrelation

◼ **Abb. 1.30** Diagrammatischer Typus (= Grunddiagramm; *Mitte*) und Einzelformen monandrischer Orchideen. Außen sind verschiedene Blüten europäischer Orchideen dargestellt

ist aber in der Natur selten vollständig, so dass in einzelnen Charakteren Ausnahmen existieren. Die durch eine ganze Anzahl von Merkmalen gekennzeichneten Einheiten sind „natürliche Einheiten" oder Typen. Der Begriff Typ ist in diesem Zusammenhang sachlich-konkret und bezeichnet nicht ein gedankliches Konstrukt der Phantasie.

Wir wissen heute, dass das natürliche System auf Verwandtschaft beruht. Der historische Weg zu dieser Einsicht war lang.

Es ist schwer zu entscheiden, wann zum ersten Mal die Erkenntnis gewonnen wurde, dass es ein objektives System, eben das natürliche, gibt. In manchen künstlichen Systemen des 18. und 19. Jahrhunderts kommen zwar natürliche Gruppen vor, wie die der Vögel oder Schmetterlingsblütler, aber den nötigen methodischen Unterbau konnte die rein klassifikatorische Systematik nicht liefern.

Während künstliche Systeme nur eine Nebeneinanderstellung der einzelnen Gruppen kennen, existieren in der Vorstellung von einer Stufenleiter höhere und niedere Lebewesen. Diese Forschungsrichtung gewann im 19. Jahrhundert Anschluss an die klassifikatorische Systematik und entwickelte ein Gabel- bzw. Stammbaumschema. Dieses beruht darauf, dass der Gedanke der höheren und niederen Organisation und die Vorstellung der aufsteigenden Entfaltung in einer Darstellung zum Ausdruck gebracht werden sollte.

Die vergleichend-anatomische Forschung (= Morphologie im Sinne Goethes) hat ihren Ansatzpunkt bereits in der Betrachtung, die zur Abstraktion in der Lage ist und gleiche Dinge auch in nicht identischem Zusammenhang erkennt. Jeder stellt an Mensch und Säugetier und an gleich organisierten Tieren identische Teile fest (Augen, Ohren, Füße usw.) und belegt sie mit identischen Namen. „Die Ähnlichkeit der Tiere, besonders der vollkommenen untereinander, ist in die Augen fallend und im Allgemeinen auch stillschweigend von jedermann anerkannt" (Goethe).

Schon früh wurden zwei grundlegende Erkenntnisse gewonnen:
- Ähnlichkeit bedeutet sehr oft, aber nicht automatisch gleiche Funktion.
- Der Vergleich erlaubt die Konzeption des Typus.

Häufig stellt sich das Problem, Struktur und Funktion zu trennen, nicht, weil die untersuchten Organe bei nahe verwandten Arten meist identisch bezüglich dieser beiden Komponenten sind. Anlass, Strukturelemente und Funktionsteile begrifflich zu trennen, ergab sich erst, als ein Organ bei einer großen Zahl von Arten betrachtet wurde. Dabei stellte sich zunächst heraus, dass identische Organe sehr unähnlich werden können; dann wurde entdeckt, dass sie auch verschiedene Funktionen besitzen können (Funktionswechsel).

Identische, auf Verwandtschaft beruhende Strukturelemente werden seit Richard Owen als **Homologien** bezeichnet. Im Laufe der weiteren Forschung stellte sich heraus, dass Homologien sehr oft korrelativ gebunden auftreten. Das bedeutet, wenn zwei Organismen einzelne homologe Merkmale aufweisen, so sind im Allgemeinen auch alle oder fast alle anderen Merkmale homolog. Das Prinzip der Korrelation von Homologien beherrscht also die Gestaltung der Organismen. Diese Strukturteile treten nun nicht nur korreliert, sondern auch in gleichartiger Anordnung und Verbindung auf. Aufgrund dieser Tatsachen entstand die Vorstellung des Typus oder Bauplans, da sich nunmehr eine Vielzahl von Arten in ihren Organisationen unter einem gemeinsamen Bild darstellen ließ. Die Aufstellung eines Typus erlaubte, auf die Existenz bestimmter Charaktere zu schließen. Goethes Arbeit über den Zwischenkiefer ist ein Beispiel hierfür. Aufgrund seiner Vorstellungen vom Typus des Säugetierschädels, zu dem ein Zwischenkiefer (Praemaxillare) mit Schneidezähnen gehört, vermutete er, dass auch dem Menschen dieser Knochen zukommt, und es gelang ihm auch, diesen Nachweis zu führen.

Diese Einheit des Typus gestattet es einem Metzger, der bisher nur Hühner ausgenommen hat, sich sofort in der Anatomie einer Ente zurechtzufinden. Die griechischen Ärzte lernten die Anatomie des Menschen durch Sektion von Schweinen, und die berühmte Anatomie des Galenos, eines griechischen Arztes der römischen Kaiserzeit, wurde nach Präparation von Affen geschrieben und war bei Berücksichtigung der unterschiedlichen Proportionen durchaus brauchbar. Diese Gemeinsamkeiten natürlicher Gruppen betreffen die gesamte Organisation und sind außerordentlich

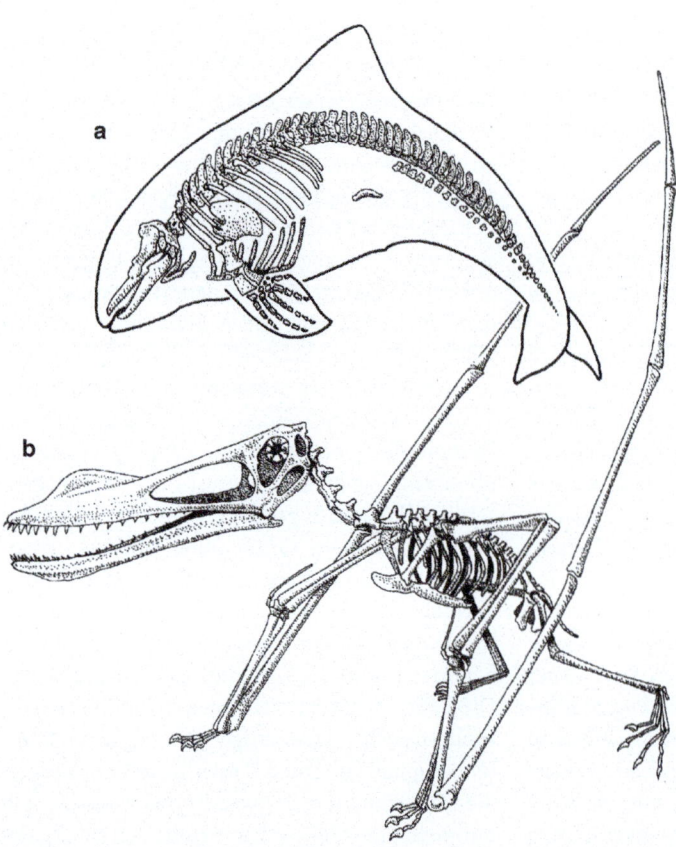

Abb. 1.31 a, b Die Extremitäten der Wirbeltiere wurden vielfältig abgewandelt und erfüllten ganz verschiedene Funktionen, z. B. als Flossen, Lauf- oder Grabbeine sowie als Flügel. **a** Delphin, **b** *Anhanguera* (Pterosaurier), Flügelspannweite 4,5 m. Nach Schäfer (1972), Wellnhofer (1988)

zahlreich. Aus den Anforderungen der Umwelt und Lebensweise sind sie nicht erklärbar, jedoch aus der Evolution. Durch Abstammung von einem Ahnen haben sie von diesem die gemeinsamen Strukturen erhalten und dann abgewandelt. Der einheitliche Bauplan natürlicher Gruppen lässt sich bildlich darstellen, indem jede Struktur durch ein Zeichen oder einen Buchstaben gekennzeichnet wird. Die Botaniker stellen z. B. den Typus des Blütenbaus einer Gruppe in einem Blütendiagramm dar, wofür **Abb. 1.30** ein Beispiel bietet. Tausende von Orchideenarten lassen sich trotz ihrer äußerlich so verschiedenen Blüten in einem einfachen Blüten-Diagramm darstellen. Ebenso kann für die vielen Formen der Arme und Hände tetrapoder Wirbeltiere (**Abb. 1.31**) ein diagrammatischer Typus aufgestellt werden. Er beginnt mit dem Humerus (Oberarmknochen), es folgen nebeneinander Ulna (Elle) und Radius (Speiche), dann die Handwurzelknochen, die Mittelhandknochen und die Fingerglieder. Wo dieses Muster am erwachsenen Tier verwischt ist, kann es in den Embryonen noch angelegt sein.

Diagrammatische Typen geben zwar eine bildliche Darstellung des Bauplans natürlicher Gruppen, aber Evolutionsbiologen wollen mehr, sie wollen die Umformungen kennen lernen, die von der Ahnenform zu der heutigen Formenfülle geführt haben.

Vor einer weiteren Diskussion dieses Problems muss darauf hingewiesen werden, dass auch bei nicht-verwandten Formen die gleiche Lebensweise zu einer gewissen Ähnlichkeit der Organismen führen kann. Für die Lösung bestimmter biologischer Probleme oder Tätigkeiten, z. B. Festheften, gibt es immer nur eine begrenzte Zahl technischer Möglichkeiten. Daher wird man bei Organismen mit gleichen funktionellen Erfordernissen einige sich wiederholende Konstruktionstypen finden. Diese ermöglichen es, bestimmte Arten zu einer Gruppe, also wieder einem Typus, einem **Lebensformtypus**, zusammenzufassen (**Abb. 1.32**). Wir kennen das z. B. von Pflanzen in

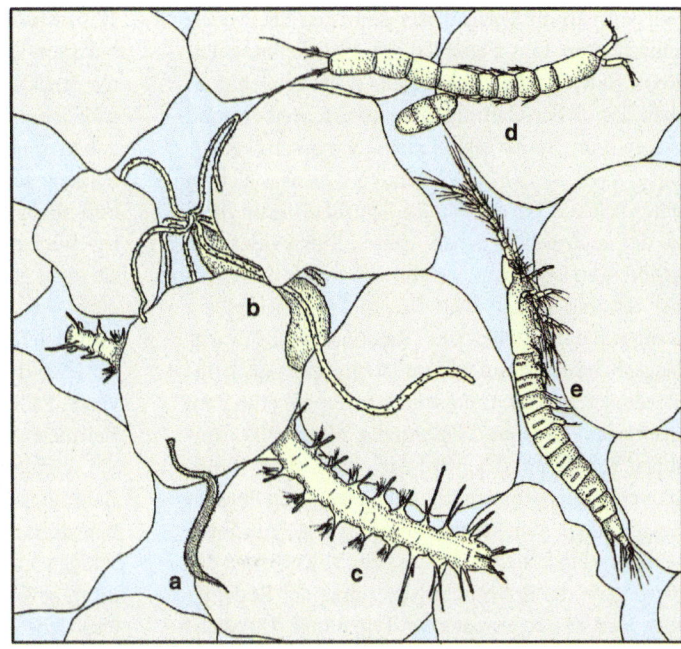

Abb. 1.32 a–e Das Lückensystem zwischen den Körnern mariner Sande wird von winzigen Tieren mehrerer Tierstämme besiedelt, die oft eine lang gestreckte Körpergestalt aufweisen und damit einen Lebensformtypus darstellen (Konvergenz). **a** *Tracheoraphis* (Ciliata), **b** *Halammohydra* (Cnidaria), **c** *Microphthalmus* (Annelida), **d** *Cylindropsyllus* (Copepoda), **e** *Derocheilocaris* (Mystacocarida). Nach Higgins, Storch, Welsch (1989)

Trockengebieten: Ihre Gestalt ist oft so ähnlich, dass Kakteen, Wolfsmilchgewächse (Euphorbiaceen), Stapeliaceen u. a. auf den ersten Blick oft verwechselt werden; sie konvergieren auf eine ähnliche oder einheitliche Gestalt (**Konvergenz**). Die Lebensformtypen der Pflanzen hat besonders ausführlich Alexander v. Humboldt beschrieben. Auch unterirdisch lebende Säugetiere wie Maulwurf, Goldmull, Blindmull und Nacktmull haben viele äußerliche Ähnlichkeiten und sind doch nicht nahe verwandt. Bei genauerer Untersuchung zeigt sich auch immer, dass die Gemeinsamkeiten dieser Lebensformtypen, die auf die gleiche Lebensweise zurückzuführen sind, gering sind gegenüber den Übereinstimmungen in Einheiten des natürlichen Systems. Das sei an den Möglichkeiten, zutreffende Voraussagen zu machen, verdeutlicht. Für eine sukkulente Pflanze kann man folgenden Bau voraussagen: Verdickung des Stammes oder Stängels unter Rückbildung der Blätter und Ausbildung von Dornen oder Stacheln, Verdickung und oft Rosettenanordnung der Blätter. Früchte und Blüten zeigen dagegen kaum Gemeinsamkeiten. Die Voraussagemöglichkeiten sind also auf wenige Organe beschränkt, die auf die besonderen Anforderungen der Lebensweise und des Lebensraumes reagieren. Die molekularen Mechanismen, die solche analogen Veränderungen verursachen, sind noch ungenügend erforscht.

Es hat sich aber gezeigt, dass viele molekulargenetische Entwicklungsmechanismen, z. B. die Homöobox, hoch konserviert sind und in im Prinzip gleicher Art und Weise auch bei voneinander weit entfernten Gruppen vorkommen. Außerdem interagieren Gene und ihre Regulatorproteine mit der Umwelt und es gibt ähnliche Gene, die auf ähnliche Umwelteinflüsse reagieren. Ein einzelnes Genregulatorprotein kann die Bildung eines ganzen Organs anregen, bei *Drosophila*, Maus und Mensch das Auge. Bestimmte Signalwege stimmen das Wachstum der Organe miteinander ab (HIPPOS).

Den Lebensformtypen stehen die **morphologischen Typen** gegenüber, deren Organisationszusammenhänge viel tiefer greifender sind und die auf Verwandtschaft und Homologien begründet sind.

Es stellte sich bald heraus, dass die morphologischen Typen nicht isoliert nebeneinander stehen, sondern geordnet werden können (Typenfolge). Nehmen wir den Typ der Gattung Eichhörnchen (*Sciurus*). Die Gattung enthält eine Reihe von Arten. Hier können wir über einen Knochen, etwa den Oberschenkelknochen oder den Zwischenkiefer, viel mehr aussagen als nur auf seine Existenz hinweisen.

Wir können die Form dieser Knochen bis in viele Einzelheiten (am Femur [Oberschenkelknochen] Kopf, Hals, Trochanter, spezielle Gelenkrollen u. a.) dem Typus der Gattung *Sciurus* zuschreiben, und dieser Typus besitzt bis auf kleine Varianten (Fellfärbung) das Aussehen *eines* lebenden Wesens. Will man einen solchen Typ der Familie Sciuridae bestimmen, zu der auch Erdhörnchen, Ziesel, Murmeltier u. a. gehören, so kann man einzelne Merkmale des Typus der Gattung *Sciurus* auch diesem Typ zuschreiben, während andere wie Kiefer, Kaumuskeln, Schwanzlänge, Behaarung und Extremitätenproportionen unsicher werden. Bei umfassenderen Typen, etwa dem der Nager (Rodentia), Placentalia, Mammalia, Amniota, Vertebrata usw., wird das „Bild" dieses Typus immer ärmer, wenn wir uns auf die heutigen Formen beschränken. Wir können aber das erste Auftreten von Organen festlegen, z. B. das der Milchdrüsen der Säugetiere, das der echten Nagezähne der Rodentia usw. Es lässt sich also aus der Typenfolge das Nacheinander des Erscheinens von Organen ablesen. Bei Gruppen mit eng verwandten Arten lässt sich die Ahnenform bis in viele Einzelheiten rekonstruieren, für weiter zurückliegende Ahnenformen wird die Rekonstruktion immer lückenhafter. Aber je mehr fossiles Material gefunden wird, desto genauer wird die Rekonstruktion der Ahnen.

Homologie-Kriterien

Im Folgenden sollen kurz die Kriterien aufgeführt werden, die bei der Ermittlung von Homologien angewendet werden und die im vorhergehenden Text bereits kurz erwähnt wurden.

Während in der Mitte des 19. Jahrhunderts zahlreiche Forscher die methodischen Probleme bei der Homologisierung von Strukturen und Organen klarer erkannten, setzte am Ende des 19. und im 20. Jahrhundert eine methodische Verwilderung ein, die zu absurden Behauptungen führte. Beispiele sind die Ableitung der Wale von Ichthyosauriern und die getrennte Zurückführung verschiedener Wirbeltiere auf verschiedene Flagellaten aufgrund bestimmter Spermienmerkmale.

Die Kriterien zur Ermittlung von Homologien lassen sich nach Adolf Remane in drei Haupt- und einige Hilfskriterien untergliedern. Die Hauptkriterien:

— Das **Kriterium der Lage** ist am längsten bekannt. Ein Vergleich der Lage von bestimmten Strukturen ist auf verschiedenen Wegen möglich; in der Biologie ist davon nur einer gangbar, nämlich der Vergleich von Lageähnlichkeiten in einem Gefügesystem. Selbst in komplizierten Gebilden lässt sich noch objektiv eine Lageidentität ermitteln, auch wenn sie nicht geometrisch ähnlich sind, nämlich dann, wenn die Teilstrukturen in gleicher Zahl und gleicher relativer Verknüpfung vorhanden sind. Mit Hilfe dieses Kriteriums lassen sich in vielen Fällen homologe Strukturen erkennen. Beispiele sind die Flügeladern vieler Insekten, die Schädelknochen von Wirbeltieren, die Zahnhöcker vieler Säuger sowie Spross- und Blattdornen der Pflanzen. Solange die gegenseitigen Verbindungen der einzelnen Strukturen gewahrt bleiben, können sie auch bei ungleicher Lage als homolog erkannt werden. Ausfall oder Hinzutreten eines Elementes des Gefügesystems kann die Homologisierung nach diesem Prinzip unsicher machen. Ein Beispiel für solche Schwierigkeiten ist die Beurteilung des am medialen Vorderrand der Orbita der Säuger gelegenen Knochens. Bei Reptilien befinden sich hier zwei Knochen: Präfrontale und Lacrimale. Die Homologisierung des einen Knochens der Säugetiere gilt auch heute noch als unsicher; er wird jedoch generell Lacrimale genannt. Auch die gegenseitigen Verbindungen der einzelnen Elemente des Gefüges können sich verändern, wie die Verlagerungen von Blutgefäßen, Muskeln und Nerven bei Wirbeltieren zeigen.

— **Kriterium der speziellen Qualität der Strukturen.** Hier werden Gebilde für homolog erklärt, die in spezifischen Sondercharakteren übereinstimmen, auch wenn sie nicht die gleiche Lage einnehmen. Die Bedeutung dieses Prinzips ist in der Biologie sehr groß, denn dadurch lassen sich auch Einzelorgane homologisieren; ein Beispiel sind Organe der Plathelminthen wie Hoden und Ovarien, die aufgrund gleichartigen Baues und auch gleicher Funktion trotz ganz unterschiedlicher Lage homologisiert werden. In der Paläontologie kann sogar umgekehrt aus isolierten Teilen von Organismen der Gesamtorganismus wieder aufgebaut werden. Aber auch hier gibt es Bereiche, wo die Anwendung dieses Kriteriums schwierig wird, denn die Ausbildung von Übereinstimmungen in den Sondercharakteren kann gering sein, wie ein Vergleich der Ausprägung von Knochen bei verschiedenen Wirbeltieren zeigt, z. B. des Humerus von Crossopterygiern bis zum Menschen. Unsicherheiten können auch beim Beurteilen von Blütenblättern auftreten, zumal wenn sie ähnliche Form, Farbe, Größe und Funktion besitzen. Auch in der Molekularbiologie werden Proteine mit gleicher (oder sehr ähnlicher) Aminosäurensequenz als homolog bezeichnet, ebenso wie DNA-Abschnitte bzw. Gene mit gleicher (oder sehr ähnlicher) Nucleotidsequenz.

- **Kriterium der Verknüpfung durch Zwischenformen (Stetigkeitskriterium).** Dieses Kriterium besagt, dass extreme Ausbildungsformen eines Organs durch Übergangs- oder Zwischenformen verbunden sein können, die eine Identität der Extremformen erkennbar machen. Solche Zwischenformen können durch den ontogenetischen Entwicklungsprozess (Beispiele vgl. Biogenetisches Gesetz) oder aber durch Formenreihen ausgebildeter Strukturen geliefert werden. Letztere Möglichkeit kann zu Vieldeutigkeiten Anlass geben, denn zwischen einem Dreieck und einem Viereck können z. B. auf verschiedenen Wegen Übergangsformen konstruiert werden. Wünschenswert ist, dass sich die verwendeten Zwischenformen in ihrer gesamten Organisation intermediär verhalten oder dass sich wenigstens die Organe der verglichenen Reihe gleitend abändern. Von Wichtigkeit ist auch der Grad der Dichte, mit dem die Zwischenformen aneinander schließen. In manchen Fällen ist die Beurteilung von Zwischenformen sogar den zwei ersten Kriterien übergeordnet, nämlich dann, wenn die Organe zweier Organismen trotz gleicher Lage und sehr ähnlicher Struktur eine unterschiedliche Entstehung zeigen. Ein Beispiel liefern die Augen von Wasserflöhen (Phyllopoden) und Hüpferlingen (Copepoden). Viele Formen besitzen bei diesen Gruppen ein unpaares Scheitelauge. Während das von Cladoceren (Phyllopoden), z. B. *Diaphanosoma*, aber aus der Verschmelzung von paarigen Seitenaugen hervorgeht, ist das der Copepoden, z. B. das von *Cyclops*, ein unpaares Nauplius-Auge. Das unpaare Auge der beiden Krebsgruppen ist also nicht homolog.

Gleich gelegene und gleich strukturierte Gebilde werden auch dann nicht homologisiert, wenn echte Zwischenformen fehlen. Ein Beispiel ist die Knochenleiste auf dem Schädel von Säugetieren, an der die Schläfenmuskulatur entspringt (Crista sagittalis). Sie ist z. B. bei Gorillas und Hyänen ausgebildet. Zwischen beiden Gattungen stehen so viele systematische Zwischenstufen ohne Crista sagittalis, dass dieses Gebilde nicht als homolog betrachtet wird.

Ähnlichkeiten, die an homologen Organen unabhängig entstehen, nennt man **Homoiologien**. Ein Beispiel ist die Atemhöhle von Pulmonaten und Prosobranchiern. Diese Homoiologien sind in der Praxis im Allgemeinen leicht zu erkennen und von Homologien zu unterscheiden. Es handelt sich meist um einfache Leisten, Knochenkämme, Stachelbildungen oder Strukturen, die nur oberflächlich gleich aussehen.

Mit Hilfe der genannten Hauptkriterien lassen sich in zahllosen Fällen Homologien ermitteln, besonders bei kompliziert gebauten und ähnlichen Organismen einer Gattung oder Familie. Wo größere Lücken auftreten, wird die Beurteilung unsicher, z. B. beim Vergleich von Ringelwürmern und Wirbeltieren; auch bei einfacher gebauten Organismen wie Algen und Cnidariern sind Homologieermittlungen schwierig. Hier können einige Hilfskriterien herangezogen werden:
- Selbst einfache Gebilde können als homolog erklärt werden, wenn sie bei einer großen Zahl nächstähnlicher Arten auftreten. Ein Beispiel liefern die Querleisten der Molaren der cynomorphen Primaten. Dieses Hilfskriterium beruht auf einem einfachen Wahrscheinlichkeitsschluss: Gehäuftes Auftreten einer einfachen Struktur bei nächstähnlichen Arten sowie deren Fehlen bei benachbarten Gruppen lässt Parallelentwicklung unwahrscheinlich erscheinen.

- Die Wahrscheinlichkeit der Homologie einfacher Gebilde wächst mit dem Vorhandensein weiterer Ähnlichkeiten von gleicher Verbreitung bei nächstähnlichen Arten. Hier muss beachtet werden, dass funktionell zusammengehörige Merkmale, wie der Komplex Kaumuskulatur-Knochenleisten am Schädel der Säugetiere, nur als ein Merkmal gewertet werden.
- Die Wahrscheinlichkeit der Homologie eines Merkmales sinkt mit der Häufigkeit des Auftretens dieses Merkmals bei sicher nicht verwandten Arten. Dieses Hilfskriterium zeigt z. B., dass Hämoglobin, das bei sicher nicht nahe verwandten Gruppen wie Schnecken, Chironomiden und Wirbeltieren auftritt, nicht als Zeuge von Homologie und Verwandtschaft herangezogen werden darf, wenn es um großsystematische Zusammenhänge geht. Leider wurde in der Biologie versäumt, die zahllosen als homolog erkannten Strukturen konsequent mit einheitlichen Namen zu belegen.

Ganz kurz sei hier auf das Problem der Beziehungen von ontogenetischer Entwicklung von Organen und Homologie eingegangen. Ursprünglich wurde gefordert, dass homologe Organe auch eine gleiche Entwicklung haben müssten. Es hat sich jedoch herausgestellt, dass dieser Forderung nicht immer zu Genüge geleistet werden kann:
- Für viele homologe Organe liefern unterschiedliche Keimbezirke das Bildungsmaterial.
- Auch der Entwicklungsablauf, z. B. die Neuralrohrbildung bei Wirbeltieren, kann verschieden sein, ohne dass davon die Homologie berührt zu werden braucht. Aus einer großen Fülle von Befunden ergibt sich also der Schluss, dass ontogenetische Übereinstimmung nur mit Vorsicht als Definition oder Kriterium der Homologie eingesetzt werden darf.

Auch gleichartig gebaute Teile an ein und demselben Organismus können identifiziert und „homologisiert" werden. Solche „homologen" Gebilde sind z. B. die Blätter einer Pflanze, die Wirbel eines Wirbeltieres und die Haare eines Säugers. Seit Bronn bezeichnet man diesen Typ der Homologie als **Homonomie** und gebraucht den Begriff Homologie nur für die Identifizierung von Strukturen verschiedener Organismen (Individuen, Arten, Gattungen usw.). Bei Streitfragen, ob Organe – z. B. die Mundwerkzeuge und Schreitbeine eines Krebses – homonom seien, muss häufig auf das Kriterium der Zwischenformen zurückgegriffen werden.

Festzuhalten bleibt, dass Homologien auf gemeinsamem Erbgut eines gemeinsamen Ahnen beruhen.

Analogie, Parallelentwicklung, Konvergenz, Homoplasie

Auch der Begriff Analogie geht auf Richard Owen (1848) zurück. Er definiert ihn folgendermaßen: *„An analogue is a part or organ in one animal which has the same function as a part or organ in another animal"*. Diese Fassung des Begriffes Analogie ist sehr weit und braucht gar nicht im Gegensatz zur Bedeutung der Homologie zu stehen; denn homologe Organe haben ja oft die gleiche Funktion. Beispiele sind die Lungen von Spitzmaus und Giraffe oder die Flügel von Biene und Schmetterling. Daher wurde der Analogiebegriff bald eingeengt. Man beschränkte ihn auf strukturelle Ähnlichkeiten, die nur durch gleiche Funktion bedingt sind. Die noch heute gängige Definition der Analogie lautet: Analogien bzw. analoge Ähnlichkeiten sind Ähnlichkeiten, die durch gleiche Anforderungen des Lebensraumes oder der Funktion unabhängig von phylogenetischer Verwandtschaft entstanden sind. Die Analogien beruhen also auf konvergenter oder paralleler Evolution (Analogie/Konvergenz; ◘ Abb. 1.32). In diesem Sinne gebrauchte Darwin den Analogiebegriff, der von ihm und auch heute von vielen Wissenschaftlern mit „Anpassungsähnlichkeit" gleichgesetzt wird.

Die Analogie besitzt zwei Kennzeichen:
- Sie weist immer eine Beziehung zur Funktion und Lebensweise auf.
- Sie steht immer im Gegensatz zur Homologie im Sinne eines Entweder – Oder.

Verbreitete Erscheinungen, die in den Bereich der Analogie gehören, sind die Schutzanpassungen. Hierunter versteht man Anpassungen bei Tieren hinsichtlich Organ- und Körperform, Farbmustern, Haltung und Verhaltensweisen, die ihre Träger vor ungünstigen Einwirkungen durch andere Organismen schützen.

Verbreitet sind Farbübereinstimmungen mit der Umgebung (Schutzfärbung, Homochromie). Beispiele stellen viele weiß gefärbte arktische Tiere, grüne Laubbewohner und braune Wüsten- und Steppentiere dar. Eine noch bessere Tarnung wird erreicht, wenn durch Form und Farbe andere Objekte nachgeahmt werden (Mimese, ◘ Abb. 1.33). Unter **Zoomimese** versteht man eine Ähnlichkeit, die sich auf ein anderes Tier bezieht, **Phytomimese** liegt vor, wenn Pflanzenteile nachgeahmt werden, **Allomimese**, wenn tote Gegenstände (Steine, Kot) kopiert werden. Die Farbanpassungen werden vielfach in ihrer Wirksamkeit durch unauffällige Körperhaltungen unterstützt.

Schutzanpassungen, die ein Abschrecken des Angreifers bewirken sollen, sind die Droh-, Schreck- und Warntrachten, die oft von Schrecklauten und Schreckstellungen begleitet werden.

Ein Sonderfall der Schutzanpassungen liegt in der **Mimikry** vor. Hier wird ein gut geschütztes Tier, z. B. eine wehrhafte Wespe oder eine Giftschlange, das über eine Warntracht verfügt, von einem ungeschützten Tier einer anderen Art so gut imitiert, dass dieses von der Ähnlichkeit profitiert. Das Problem der Entstehung der Mimikry ist viel diskutiert, aber bisher nicht gelöst worden.

Homologien und Analogien können in allen Lebensäußerungen von Organismen nachgewiesen werden. Beispiele aus Biochemie und Verhaltenslehre werden in **Abschn. 1.2.5 und 1.2.6** gesondert behandelt.

In neuerer Zeit wird, insbesondere in der molekularen Evolutionsforschung, der Begriff **Homoplasie** verwendet, der aus der Kladistik stammt. Er bezeichnet primär ein Merkmal, dessen Auftreten im Kladogramm (s. **Abschn. 4.1.2**) nicht zu anderen Merkmalen passt. Zunehmend wird der Begriff Homoplasie ganz generell statt des Begriffs Analogie verwendet.

Artdefinitionen und Artkonzepte

Die Systematik soll den Grad der Verwandtschaft zwischen Organismen widerspiegeln. Verwandtschaftliche Zusammenhänge lassen sich mit verschiedenen Methoden erkennen und bearbeiten, heute werden dazu auch Analysen von DNA und Proteinen herangezogen (s. **Abschn. 4.1**). Eng Verwandte besitzen ein höheres Maß an DNA-Über-

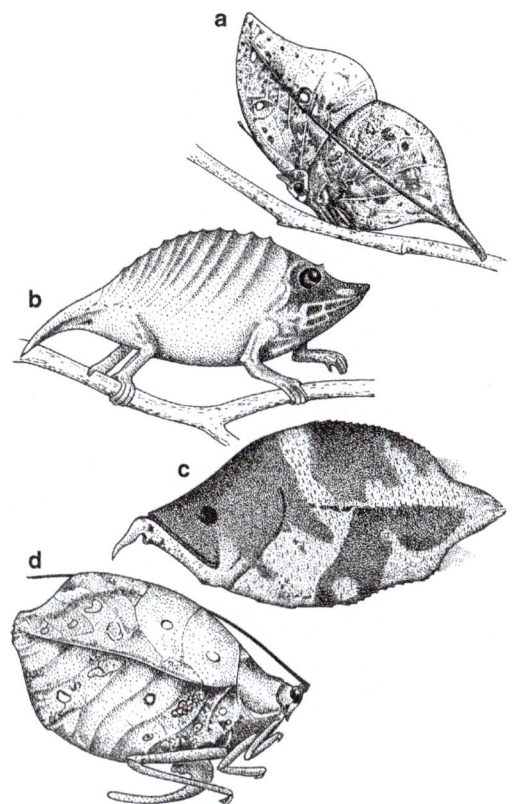

◘ **Abb. 1.33 a–d** Tarntrachten (Phytomimese). **a** *Kallima* (Blattschmetterling), **b** *Rhampholeon* (Reptil), **c** *Monocirrhus* (Fisch), **d** *Cycloptera* (Heuschrecke). Alle Formen täuschen ein Blatt vor. Nach Grant (1960)

einstimmungen als entfernter Verwandte. Dabei kann es sein, dass zwei eng verwandte Formen, z. B. *Pan* und *Homo*, morphologisch recht verschieden aussehen, sogar u. U. verschiedener als einer der Vergleichspartner mit anderen, weiter entfernten Formen, z. B. *Gorilla* oder *Pongo*. Derlei Diskrepanzen zwischen äußerem Erscheinungsbild und DNA-Übereinstimmung nennt man **Divergenz**. Divergenz ist besonders auffällig, wenn sich eine Form besonders schnell und tief greifend umgestaltet wie im Beispiel *Homo*. Was nach vorherrschender Auffassung wesentlich zählt, ist die Übereinstimmung im Genom. *Pan* und *Homo* besitzen eine Übereinstimmung ihrer DNA-Sequenzen von 98,5 %, die Übereinstimmung zwischen *Homo* und *Pongo* beträgt nur 95 %. In der Gesamt-DNA codieren nur ca. 1 % für phänotypische Merkmale und die auffallenden morphologischen Merkmale machen davon nur einen kleinen Teil aus. Die große Mehrzahl der Merkmale betrifft die zahllosen biochemischen Parameter. Besonders aussagekräftig sind DNA-Vergleiche bei nah verwandten Arten, z. B. bei Laubsängern oder den Schnäpperverwandten. Bei höheren systematischen Kategorien (Ordnungen, Stämme) können DNA-Vergleiche ambivalente, schwer deutbare Ergebnisse liefern. Zu weiteren Details des DNA-Vergleichs, einschließlich auftauchender Probleme dabei, s. **Abschn. 4.2.2**.

In Theorie und Praxis bleiben morphologische Kriterien aus vielerlei Gründen für die Systematik unverzichtbar, z. B. bei der Erstellung von Artenlisten und der Bewertung von Lebensräumen, beim Vergleich fossiler und rezenter Formen und beim Vergleich hoher systematischer Einheiten. Es gibt außer der Analyse eines Genoms und der DNA noch eine Menge weiterer Parameter, die ein Taxon, z. B. eine Art, auszeichnen, wie seine Anatomie, Geographie, Ökologie, Demographie, seine evolutionäre Wandelbarkeit, die funktionellen Anpassungen usw. Meistens ergänzen sich Morphologie und DNA-Analysen in den Händen erfahrener Systematiker gut. Aus dem Gesagten wird deutlich, dass sich Klassifikationen parallel zu Fortschritten in Analysetechniken und generell in der Erkenntnis wandeln, also nicht stabil sind. Bei Änderungen muss aber stets das Gewicht neuer Befunde sorgsam abgewogen werden.

Was ist ein **Taxon**? Ein Taxon (Plural Taxa) ist eine Gruppe tatsächlich existierender Organismen, die auf jeder Stufe einer hierarchischen Klassifikation eine anerkannte formale Einheit bilden (Simpson 1961). So ist z. B. die Art *Cebus apella* (Haubenkapuziner) ein Taxon, ebenso die Gattung *Cercocebus* (Mangaben), die Familie Hylobatidae (Gibbons), die Ordnung Primates usw. Taxa sind die Basis der Taxonomie.

In der Praxis kommt diagnostischen morphologischen Merkmalen für die **Artbeschreibung** die größte Bedeutung zu. Die **Art** ist die grundlegende Einheit der systematischen Biologie. Hierbei hat man die interessante Beobachtung gemacht, dass Naturvölker und Naturforscher sich häufig darüber einig sind, was unter einer Art zu verstehen ist. Phänotypische, also morphologische Merkmale stehen für die Definition einer Art allgemein im Vordergrund, und in über 95 % der Fälle besteht kein Zweifel, was als Art anzusehen ist. Theoretisch ist die Definition der Art und ihre Abgrenzung zu anderen Arten wesentlich schwieriger, insbesondere aus Sicht der Evolutionsbiologie; oft führt die Diskussion in philosophische Bereiche (Groves 2001). Probleme treten bei jungen Arten auf, die sich nur wenig von einer Stammart unterscheiden: Wie viele Unterschiede muss man sehen, um eine distinkte Art anzuerkennen? Einige Arten weisen eine hohe morphologische oder geographische Variabilität auf: Sind alle unterschiedlichen Varietäten schon Arten? Bereits Darwin schrieb dazu 1859: *„No one definition has yet satisfied all naturalists; yet every naturalist knows vaguely what he means when he speaks of a species."* (Bisher hat noch keine Artdefinition alle Naturforscher überzeugt; jedoch weiß jeder Biologe ungefähr, was er meint, wenn er von einer Art spricht).

Heute gibt es eine Vielzahl von Artdefinitionen. Manche Biologen messen allerdings der Diskussion über den Artbegriff nur relativ wenig Bedeutung bei und sehen in Arten vor allem Ordnungseinheiten, die für wissenschaftliche Diskussionen und den Naturschutz nötig sind.

Im Wesentlichen unterscheidet man zwischen morphologischen, biologischen, phylogenetischen und ökologischen Artkonzepten.

Bei der **morphologischen = phänotypischen = phänetischen Artdefinition** fasst man Individuen, die sich ähnlich sehen, als Art zusammen. Das Maß für die Ähnlichkeit ist die Distanz. Wenn dieses Artkonzept auch in der Praxis meistens funktioniert, so ist es aus theoretisch evolutionärer Sicht z. T. fragwürdig, zumal es keine Regeln gibt, wie man Zweifelsfälle behandelt.

Die **biologische Artdefinition** (*biological species concept*, **BSC**), das alte Wurzeln hat, wurde von Ernst Mayr, Theodor Dobzhansky und Julian Huxley entwickelt. Es fasst Gruppen von natürlichen Populationen als Art zusammen, wenn sie sich fortpflanzen und durch **Isolationsmechanismen** (die sich im Verhalten, in der Anatomie, in der Kompatibilität der Gameten, in ökologischen und phänologischen Merkmalen zeigen können) reproduktiv von anderen Gruppen isoliert sind. Das biologische Artkonzept ist mit den Vorstellungen der Populationsgenetik vereinbar, und Arten stellen danach Genpools dar, in denen Allelfrequenzen und Genotyphäufigkeiten durch Genfluss und Gendrift variieren können. Arten, die sich morphologisch wenig oder gar nicht, wohl aber reproduktiv unterscheiden, werden als **Zwillingsarten** bezeichnet; als Beispiele aus der heimischen Vogelfauna gelten Garten- und Waldbaumläufer, Fitis und Zilpzalp sowie Sumpf- und Weidenmeise. Manche Arten sind durch Hybridisierung entstanden, insbesondere bei Pflanzen, aber auch bei Tieren, z. B. bei Amphibien und südamerikanischen Affen.

Nach der **phylogenetischen Artdefinition** (*phylogenetic species concept, PSC*) gehören zu einer Art die Angehörigen einer evolutionären Linie, die sich von einem gemeinsamen Vorfahren ableitet und sich durch klar diagnostizierbare und relevante Merkmale unterscheiden lässt.

Ganz ähnlich ist die **evolutionäre Artdefinition**: eine Art ist eine einzelne Linie von Vorfahr-Nachkommen-Populationen, die ihre Identität erhält und ihre eigenen Evolutionstendenzen und ein eigenes geschichtliches Schicksal aufweist (Simpson 1961, Wägele 2005). Bei Bakterien spricht man von einer **physiologischen Artdefinition**, das auf biochemischen Stoffwechselmerkmalen beruht. Eigene Probleme verursacht die Definition fossiler Arten.

Betrachtet man alle Artdefinitionen (Artkonzepte) – es gibt derer mindestens 10 – so stellt sich letztlich die Frage, ob man eher das morphologische, das biologische oder das phylogenetische Artkonzept vorzieht. Kritiker des BSC weisen darauf hin, dass im BSC auch paraphyletische oder nicht-historische Gruppen akzeptiert werden. Ein schwieriges Problem für das biologische Artkonzept stellen außerdem in verschiedenen Regionen lebende (allopatrische) Taxa dar, da man nicht entscheiden kann, ob sie sich noch fortpflanzen, wenn sie in einem Gebiet (sympatrisch) vorkämen. Wenn sich Arten lange Zeit allopatrisch entwickeln konnten, bestehen häufig keine Reproduktionsschranken, d. h. man könnte sie kreuzen und fruchtbare Nachkommen erhalten. Nach dem biologischen Artkonzept müsste man diese Taxa streng genommen als eine Art ansehen. Von dem nordamerikanischen Specht *Colaptes auratus* existieren z. B. zwei Taxa, z. T. *Colaptes auratus* und *Colaptes cafer* genannt, die sich morphologisch und über mtDNA trennen lassen. Beide Taxa kreuzen sich aber und würden nach dem BSC deshalb als Unterarten klassifiziert werden, auch wenn sie bereits klar unterschiedlichen genetischen Entwicklungslinien angehören. In der Praxis würde das BSC in manchen Fällen keine oder falsche Aussagen über den Artstatus einer Population machen, wenn man die Kriterien streng anwendete. Ebenso schwierig oder unmöglich ist es, Organismen nach dem biologischen Artkonzept zu klassifizieren, die sich nicht sexuell fortpflanzen, z. B. die meisten Prokaryoten, oder wenn sie nur als Weibchen existieren, z. B. wie viele Rädertiere.

Kritiker des phylogenetischen Artkonzepts betonen, dass letztendlich jedes Individuum als eigene Art anzusehen wäre, wenn man mit ausreichend auflösenden Methoden (z. B. Mikrosatelliten-PCR) an Populationen heranginge. Hier wird jedoch übersehen, dass eine Monophylie nicht über abgeleitete Einzelmerkmale (Autapomorphien) definiert wird; bei einer kladistischen Analyse werden ausschließlich synapomorphe Merkmale berücksichtigt (s. **EXKURS 4.5 Abschn. 4.2.1**).

Ein **Merkmal** (Charakter) ist jedes Kennzeichen eines Organismus, z. B. ein anatomisches Charakteristikum, ein Verhaltenskennzeichen oder ein DNA-Basenpaar, solange es eine genetische Basis hat. Merkmale sind bei den einzelnen Organismen unterschiedlich ausgeprägt. Die jeweilige Kombination wird Merkmalszustand (*character state*) genannt. Die Merkmalszustände ändern sich im Laufe der Evolution. Die Merkmale, die unverändert vom Ausgangszustand übernommen wurden, werden **plesiomorph** (primitiv, ursprünglich) genannt, die, die sich geändert haben, heißen **apomorph** (abgeleitet).

Gemeinsame ursprüngliche Charaktere werden **symplesiomorph** genannt; sie sind kein Hinweis auf eine engere Verwandtschaft. Gemeinsame abgeleitete Merkmale werden **synapomorph** genannt; sie zeigen – im sinnvollen Kontext – engere Verwandtschaft an. Zwei Taxa mit Synapomorphien zeigen eine Verzweigung einer evolutionären Linie an und werden „**Schwester**"-Gruppen genannt. *Homo*, *Gorilla*, *Pongo*, *Pan* und *Hylobates* weisen das abgeleitete Merkmal „Schwanzlosigkeit" auf. *Homo* fehlt aber die typische Körperbehaarung, welche die Menschenaffen kennzeichnet. Körperbehaarung ist ein ursprüngliches Merkmal und kann nicht herangezogen werden, um zu zeigen, dass z. B. *Pan* und *Gorilla* enger miteinander verwandt sind als mit *Homo*. Das reduzierte Haarkleid am Körper des Menschen ist ein **autapomorphes** Merkmal und natürlich kein Hinweis auf irgendeine Verwandtschaftshypothese.

Die kladistische Analyse besteht also in der **Aufdeckung von Synapomorphien**. Der Merkmalszu-

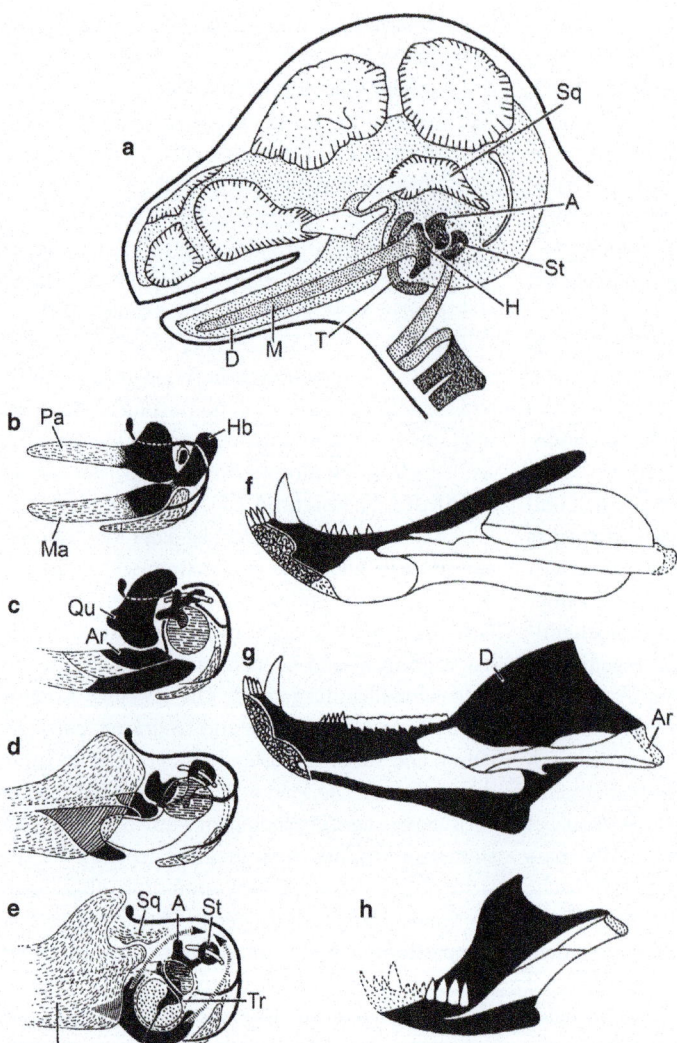

◻ **Abb. 1.34 a–h** Umformung des Kiefergelenks bei den Wirbeltieren. **a** Kopf eines Säugerembryos mit primärem Kiefergelenk. *St:* Steigbügel, *A:* Amboss, *H:* Hammer (proximaler Anteil des Mandibulare [=Meckelscher Knorpel M]), *T:* Tympanicum, *Sq:* Squamosum, *D:* Dentale. Das primäre Kiefergelenk liegt zwischen Hammer und Amboss, die bei erwachsenen Säugern Gehörknöchelchen bilden, das sekundäre zwischen Dentale und Squamosum. **b–e** Kieferapparate von Fischen, primitiven Tetrapoden, säugerähnlichen Reptilien und Säugern. Zuerst wird das Kiefergelenk von Palatoquadratum *(Pa)*, welches dem Quadratum *(Qu)* entspricht, und Mandibulare *(Ma)*, das proximal dem Articulare *(Ar)* entspricht, gebildet, bei Säugern von Squamosum *(Sq)* und Dentale *(D)*. Bei den Säugern bilden Quadratum und Articulare Amboss *(A)* und Hammer *(H)*; das dritte Gehörknöchelchen, der Steigbügel *(St)*, das innerhalb der Wirbeltiere als erstes schallleitende Funktion übernimmt, entspricht dem Hyomandibulare *(Hb)*; *Tr:* Trommelfell. **f–h** Unterkiefer in der Ansicht von innen (primitiver Tetrapode, säugerähnliches Reptil, hoch entwickeltes säugerähnliches Reptil). Beachte die Vergrößerung des Dentale *(D, schwarz)* und die Reduktion der anderen Deckknochen; *Ar:* Articulare. Nach Portmann (1950)

stand der zu vergleichenden Arten oder Gruppen wird festgestellt, die Polarität von plesio- und apomorphen Merkmalen wird dokumentiert. Dabei können verschiedene Methoden eingesetzt werden: Außengruppen(*Out-group*)-Vergleich, Ontogenie, „*In-group*"-Commonalität, *A-priori*-Methoden und Paläontologie.

Am häufigsten wird der **Außengruppen-Vergleich** durchgeführt. Dabei wird den Organismen einer Gruppe, deren Verwandtschaftsverhältnisse analysiert werden sollen, der *in-group*, ein bekanntermaßen weiter entfernt verwandter Organismus (die *out-group*), dessen Merkmalszustand auch bekannt ist, zur Seite gestellt. Merkmale, die sowohl in *in-* als auch in *out-group* vorkommen, sind symplesiomorph, Merkmale, die bei der *out-group* nicht vorkommen, sind apomorph (autapomorph, wenn nur bei einem Mitglied der *in-group* vorhanden, synapomorph, wenn bei mehreren vorhanden). Die *In-group*-Mitglieder mit den meisten Synapomorphien werden als besonders eng verwandt angesehen, die, welche weniger Synapomorphien besitzen, sind weniger eng verwandt usw.

Der Organismus, der die Außengruppe repräsentiert, muss vernünftig ausgewählt werden. Werden Meerkatzen analysiert, wäre der afrikanische Wildesel kein sinnvoller Außengruppenvertreter, ein Gibbon dagegen schon. Manchmal sind zwei oder drei Außengruppen sinnvoll. Das Ergebnis des Vergleichs ist ein Kladogramm (s. **Abschn. 4.2**), das zunächst wie ein Stammbaum aussieht, aber keiner ist. Das Kladogramm stellt Schwestergruppenverhältnisse dar, deren verwandtschaftliche Beziehungen dann auf der Basis der Evolutionstheorie erörtert werden können.

Ein Problem bietet das verbreitete Phänomen der **Homoplasie** (Merkmals-Inkongruenz, ein bestimmtes Merkmal ist nur scheinbar echt synapomorph). Homoplasie kann das Ergebnis von Konvergenz, Parallelbildung und Entwicklungsumkehr (*reversal*) sein. Mit dem Sparsamkeits(Parsimonie)-Prinzip (s. **Abschn. 4.1.2**) kann man – besonders effektiv mit Computer-Programmen – gegen das Homoplasieproblem vorgehen (z. B. PAUP, PHYLIP, MacClade; s. **Abschn. 4.1**). So können Zweiglängen (Zahl der „Stufen" = evolutionäre Veränderungsschritte), Konsistenz, Index und Retentions-Index berechnet werden. Mit diesem Vorgehen wird die Frage beantwortet, ob mit den gewählten Merkmalen und der gewählten Methodik der tatsächliche phylogenetische Ablauf oder zumindest ein Teil davon gefunden wurde.

Beim heute dominanten kladistischen Vorgehen gibt es eine ganze Reihe von Problemen. Wichtig sind die Kriterien für Merkmalsauswahl, das Problem der Homoplasie und die Klassifikation fossiler Formen. Ein praktisches Problem ist der Zwang, traditionelle, vertraute Taxa (z. B. Reptilien) aufgeben zu müssen (s. **Abschn. 4.2**) und eine Flut neuer Begriffe für monophyletische Taxa und Rangstufen schaffen zu müssen. Kladisten neigen außerdem dazu, das Potenzial an Informationen in Primitivgruppen oder einzigartig abgeleiteten Gruppen zu vernachlässigen. Vorfahren werden vernachlässigt, manchmal wird sogar bestritten, dass man sie erkennen kann. Kladistische Klassifikationen sind inhärent unstabil.

1.2.4 Entwicklungsbiologie

Die Entwicklung der Lebewesen vom Ei bis zum fertigen Organismus unterliegt ganz bestimmten Gesetzmäßigkeiten. Dass Organe aus einfacheren Vorstadien geformt werden, ist eine Selbstverständlichkeit, aber sehr oft machen die Lebewesen Umwege der Entwicklung durch.

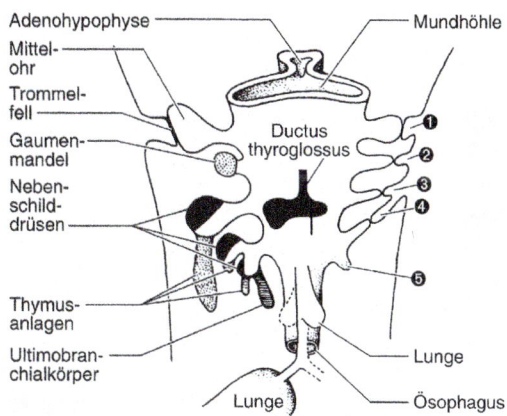

◼ **Abb. 1.35** Kiemendarm und branchiogene Organe. Bei Säugetieren wird, wie bei allen Wirbeltieren, embryonal ein Kiemendarm angelegt, aus dem verschiedene Organe (= branchiogene Organe) entstehen. *Links*: Derivate des Kiemendarmes, *rechts*: früheres Stadium als links. 1–5: Kiementaschen. Nach Storch, Welsch (1994)

Vielfach haben die Jugendstadien eine andere Lebensweise als die Adulten und bewohnen einen anderen Lebensraum – wie die Larven der meisten Insekten, z. B. der Libellen, Schmetterlinge und vieler Käfer, sowie die planktischen Larven vieler am Boden des Meeres lebender Tiere. In diesem Falle besitzen die Larven Strukturen, die den Erwachsenen fehlen. Darüber hinaus findet man aber häufig Umwegsentwicklungen von Organen, die nicht mit der Lebensweise erklärbar sind, wohl aber durch die Evolution. Wir erwähnten die merkwürdige Umbildung des Kiefergelenks im Vorfahrenbereich der Säugetiere. Ein primäres Kiefergelenk wird hier durch ein sekundäres ersetzt. Dieser Vorgang läuft auch in den Embryonen der Säugetiere ab (◼ **Abb. 1.34**). Bei den Beutelratten ist im Säuglingsstadium sogar noch das primäre Kiefergelenk in Aktion.

In den Embryonen werden vielfach auch Organe angelegt und entwickelt, die vor Erreichen des erwachsenen Stadiums wieder abgebaut oder abgestoßen werden. Auch das ist zum Teil aus den Anforderungen der Lebewesen verständlich. Ein solches embryonal funktionierendes Organ ist die Plazenta. Bei Larven haben pelagische Stadien oft spezielle Schwebeorgane (Pluteus-Larve der Seeigel, Larven mariner Krebse usw.), wasserlebende Larven landbewohnender Imagines besitzen spezielle Atmungsorgane (Eintagsfliegen, Libellen, Köcherfliegen u. a.). Auch hier gibt es aber Fälle embryonaler Organe, deren Vorhandensein nur aus der Evolution verständlich wird. Die Chorda dorsalis (Rückensaite) ist beim Lanzettfischchen, bei Neunaugen und Copelaten ein Dauerorgan mit Stützfunktion, bei den meisten Wirbeltieren wird sie aber nur embryonal angelegt und bildet das morphogene Protein *sonic hedgehog*, das die funktionsgerechte Ausbildung des über ihm liegenden Zentralnervensystems induziert.

Die Kiementaschen werden embryonal noch bei den Landwirbeltieren angelegt, entwickeln sich aber niemals zu Kiemen; sie sind wichtig für die Ausbildung von Mittelohr, Tonsillen, Thymus und der inkretorischen Organe Nebenschilddrüse (Epithelkörperchen) und Ultimobranchialkörper (◘ Abb. 1.35). Auch gehen die Lungen von einer Kiementaschenanlage aus.

Für manche embryonalen Organe aber ist eine spezielle Funktion unwahrscheinlich, z. B. für die embryonalen Zahnanlagen, die bei vielen Säugetieren vorübergehend in den Kiefern erscheinen (z. B. bei Bartenwalen), bei den Erwachsenen jedoch fehlen oder für die embryonalen Rückenmuskeln der Schildkröten, die sich wieder auflösen.

Eine ähnliche Situation wie bei den eben genannten Embryonalorganen findet sich bei rudimentären Organen. Man hielt sie lange für funktionslose Strukturen, deren Anwesenheit nur mit funktionierenden Organen der Vorfahren zu begründen sei. Aber wann ist ein Organ funktionslos?

Rudimentäre Organe haben oft noch eine Funktion. Der Afrikanische Strauß hat, wie alle flugunfähigen Vögel, noch rudimentäre Flügel, die unter bestimmten Bedingungen sogar noch – allerdings erfolglos – Flugbewegungen ausführen. Sie dienen als Balanceorgane und werden bei der Balz bewegt. Sie sind also nicht total rudimentäre Organe, aber rudimentäre Flugorgane, also rudimentär in Bezug auf die eine Hauptfunktion.

Die isolierten Beckenknochen der Wale sind noch Ansatzstellen für Muskeln des Penis und der Afterregion, aber ursprünglich waren sie vor allem Traggerüst für die Hinterextremitäten.

Noch weiter sind oft Systeme rückgebildet, die sich als desorganisierte Apparate erweisen, z. B. die Augen mancher unterirdisch lebender Wirbeltiere. Sie weisen zwar noch ihre wesentlichen Bestandteile auf, aber in einer Anordnung, die ein hinreichendes Funktionieren nicht gewährleistet: Eine kleine Linse kann z. B. seitlich von der rückgebildeten Netzhaut liegen und somit ihre Funktion nicht erfüllen.

Bei vielen Insekten sind Vorder- und Hinterflügel durch einen Haftapparat verbunden. Bei manchen Wanzen, z. B. Arten der Gattung *Nabis*, sind die Hinterflügel rückgebildet. Die Vorderflügel tragen aber noch ihren Anteil des Haftapparates, also einen halben Apparat. Es gibt auch flugunfähige Insekten, deren Flügel noch erhalten sind, aber die Flugmuskulatur ist reduziert, und es gibt Insekten mit reduzierten Flügeln, aber erhaltener Flugmuskulatur. In solchen Fällen wird man schwer noch eine andere Funktion nachweisen können.

Das gilt auch für den letzten Typ rudimentärer Organe, der durch mangelnde histologische Ausdifferenzierung gekennzeichnet ist. In der Entwicklung wird embryonal zuerst die Form ausgebildet. In diesem Stadium sind die Gewebe und Zellen noch undifferenziert. Wir erwähnten die unterentwickelten Sehzellen rudimentärer Augen. Erst in der letzten Phase, der Differenzierung der Gewebe, erreichen die Zellen die Struktur, die für die Funktion des Organs notwendig ist.

Rudimentäre Organe können also embryonal noch eine Funktion erfüllen (Chorda dorsalis der Vögel und Säugetiere), Organen entsprechen, die ihre Hauptfunktion eingestellt haben (Flügel der Strauße), desorganisierte Apparate darstellen (Augen unterirdisch lebender Säugetiere) und schließlich der histologischen Ausdifferenzierung entbehren (Sinneszellen von Augen unterirdisch lebender Tiere).

In der ersten Zeit der Evolutionsbiologie spielten auch **Atavismen** eine große Rolle (Wiedersheim 1908). Atavismen sind Rückschläge auf Merkmale eines Ahnen, die als einzelne Varianten innerhalb einer Art auftreten. Dreizehige Pferde, Wale mit Hinterextremitäten, Menschen mit Vollbehaarung des Körpers, mit einem kurzen Schwanz, mit einer Kiemenspalte am Hals, Frauen mit überzähligen Brustwarzen oder Vollbart (◘ Abb. 1.36) sind Beispiele dafür. Die oben genannten Beispiele von Flügelbewegungen bei flugunfähigen Tieren zeigen, dass es auch rudimentäre Verhaltensweisen gibt, die zum Teil erst ausgelöst werden, wenn man den Tieren ihre alten, jetzt aber abnormen, Umweltsituatio-

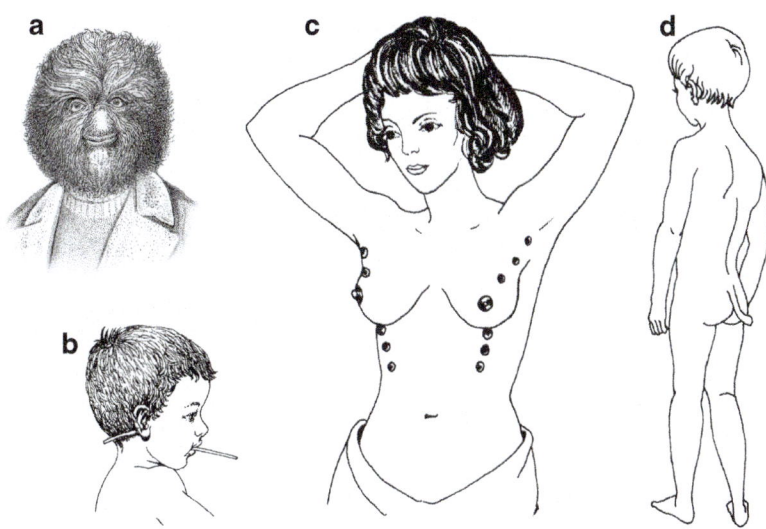

● **Abb. 1.36 a–d** Atavismen. **a** Mann mit Vollbehaarung des Gesichts, **b** Junge mit Halsfistel, d.h. offener Kiemenspalte, durch die ein Schlauch geführt wurde, **c** junge Frau mit zusätzlichen Brustwarzen, **d** Junge mit Schwanz. Nach Storch, Welsch (1994) und Wiedersheim (1908)

nen bietet. Raben und Tauben, die sekundär Baumbrüter geworden sind, rollen noch ihre Eier ins Nest, wenn man durch ein Stück Pappe eine Ebene um ihr Nest schafft. Haussperlinge bauen gelegentlich Kugelnester wie Webervögel, mit denen sie verwandt sind. Wüstenchamäleons, die in buschloser Wüste leben, setzen sich in Terrarien sofort auf Büsche. Für den Menschen hat man eine Reihe von Verhaltensrudimenten registriert, z. B. das Sträuben der Haare (Gänsehaut). Dieses bewirkt bei Schimpansen noch eine Vergrößerung des Körpers, ist also Imponiermittel. Beim Menschen verfehlt die Aufrichtung der meist sehr spärlichen Behaarung allerdings ihre Wirkung in dieser Hinsicht. Viele Menschen ziehen in prekären Lagen, oft schon bei Schilderung grausamer Situationen, Muskeln des hinteren Beckens zusammen – eine rudimentäre Verhaltensweise, die dem Schwanzeinziehen entspricht. Weitere rudimentäre Verhaltensweisen beziehen sich auf die Rangordnung beim Menschen (z. B. Sitzordnung an Tafeln, Passierenlassen durch Türen).

Atavismen können auf Mutationen beruhen oder sind modifikatorische Entwicklungsanomalien, die in einzelnen Fällen auch experimentell induziert werden können. Bei Vögeln kann unter bestimmten Versuchsbedingungen die Entwicklung einer vollständigen Fibula erreicht werden, die wiederum die Ausbildung von Metatarsalia zur Folge hat, so dass ein Muster entsteht, welches dem der Hinterextremität von *Archaeopteryx* entspricht.

Atavismen zeigen, dass Entwicklungsmechanismen in der Evolution sehr konservativ sein können. Hierfür gibt auch die Epidermis der Wirbeltiere Beispiele: Transplantiert man die Epidermis einer Eidechse auf die Dermis einer Maus, so bildet sie Schuppen aus, allerdings in dem Muster der Mäusehaare. Das Signal der Dermis ist offenbar so konservativ, dass es von der Reptilienepidermis erkannt wird.

Zahnschmelz von Wirbeltieren wird vom Mundepithel durch die Induktion des Kiefermesenchyms gebildet, das sich von der Neuralleiste herleitet. Entsprechendes Mundepithel vom Hühnchen kann auf Mäusekiefermesenchym noch Zähne entwickeln, ähnlich wie bei den Vorläufern der heutigen Vögel. Das Mundepithel antwortet also noch auf ein Signal, das anscheinend in der Entwicklung der Vögel vor über 80 Mio. Jahren verloren ging.

Man nimmt an, dass die Gene, die an diesen Vorgängen beteiligt sind, weitere Funktionen haben, die noch benötigt werden.

1.2.5 Biochemie und Zellbiologie

Die Evolution lässt sich natürlich auch an Änderungen auf molekularer Ebene nachweisen. In sehr vielen Fällen kann man beobachten, dass wichtige Strukturelemente der Zelle, Molekültypen oder Biosynthesewege bei allen Organismen, von *E. coli* bis zum Menschen, gleich oder sehr ähnlich sind. Wären die einzelnen Organismengruppen unabhängig voneinander entstanden, so könnte man eine solche Übereinstimmung kaum erklären. Geht man dagegen von der Evolution aus, so sind diese Befunde nur plausibel. Die Strukturelemente der Zelle, Molekültypen oder Biosynthesewege, die sich in der frühen Evolution als brauchbar und stabil erwiesen, wurden beibehalten und als Bausätze auf späteren Entwicklungsstufen weiterverwendet (s. **Abschn. 3.4**).

Aufbau der Makromoleküle und der Biomembran

Betrachtet man die biochemischen Bausteine, aus denen Proteine, Nucleinsäuren oder auch Biomembranen aufgebaut sind, so finden wir nahezu identische Bausätze auf allen Organisationsstufen.

Alle Organismen benutzen 20 **Aminosäuren** zum Aufbau der **Proteine** (s. **Tab. 3.3**), die als universelle Werkzeuge in den Zellen dienen, angefangen von den Strukturproteinen, über Rezeptoren, Transporter bis hin zu den Enzymen und regulatorischen Proteinen. Es ist bemerkenswert, dass nur die L-Formen der Aminosäuren als Proteinbausteine universell genutzt werden, während D-Aminosäuren nur in speziellen Proteinen, die vor dem Abbau durch Proteasen geschützt sein sollen (beispielsweise die Zellwände oder Peptidantibiotika in Bakterien), vorkommen. Die Universalität der L-Aminosäuren wird häufig als Argument dafür genutzt, dass das Leben nur ein einziges Mal auf der Erde entstand. Die Art und Weise, wie in Ribosomen Proteine synthetisiert werden, ist bei allen Organismen grundsätzlich gleich (**Abb. 3.8**); bei den Prokaryoten und Eukaryoten sind jedoch die beteiligten Proteine und ribosomalen Ribonucleinsäuren (s. **Abschn. 3.2**) unterschiedlich aufgebaut.

Der Aufbau der DNA (Desoxyribonucleinsäure; Einzelheiten s. Abschn. 3.2), die als Träger der Erbsubstanz dient, sowie der zugehörigen Ribonucleinsäuren (insbesondere mRNA, tRNA, rRNAs; s. **Abschn. 3.2** für eine ausführliche Darstellung) erfolgt bei allen Organismen nach demselben Grundprinzip, das offensichtlich nur einmal zu Beginn des Lebens entstand.

Alle Zellen werden von einer Lipiddoppelmembran (**Biomembran**) begrenzt, die als Permeationsschranke verhindert, dass Ionen und Metabolite unkontrolliert verschwinden oder eindringen. Bei den Eukaryoten finden wir im Zellinneren ein komplexes System von Membranen, die vielseitige Reaktionsräume (Kompartimente) bilden, in denen Stoffwechselwege ungestört voneinander ablaufen können. Auch dieses Prinzip ist universell bei allen Eukaryoten zu finden. Zum Aufbau der Biomembran werden in allen Organismen Phospholipide benutzt, die nach demselben Strukturschema aufgebaut sind. Es handelt sich dabei um amphiphile Moleküle, die mit einem lipophilen Strukturteil (meist zwei Fettsäureketten) ins Innere der Lipiddoppelmembran orientiert sind, während das Glycerolgrundgerüst mit den angehängten Phosphatgruppen (an die weitere Moleküle gekoppelt sein können) hydrophil ist und den äußeren Mantel der Biomembranen bildet. Weiterhin sind in den meisten Biomembranen Sterole (z. B. Cholesterol) eingelagert, die Fluidität und Stabilität der Biomembran unterstützen. Die Phospholipide und Sterole bilden in einem wässrigen Milieu spontan Lipid-Bilayer aus, die durch kooperative Wechselwirkungen zusammengehalten werden. Bei den Biomembranen wird das Prinzip der Selbstorganisation deutlich, das man auch bei vielen anderen Strukturelementen der Zelle beobachtet, z. B. beim Cytoskelett, bei der Ausbildung der Raumstruktur der Proteine oder bei der Ausbildung der DNA-Doppelhelix (s. **Abschn. 3.2**).

Die einheitliche Struktur der Grundbausteine der Proteine, Nucleinsäuren und Lipide hat zu manchen Spekulationen Anlass gegeben. Weshalb werden nur bestimmte Aminosäuren, Nucleotide oder Fettsäuren verwendet? Eine überzeugende Hypothese besagt, dass diese Moleküle auf der Erde spontan in der reduzierenden „Ursuppe" entstanden, in der einfache Kohlenwasserstoffe und Stickstoffverbindungen, wie Blausäure, bereits vorhanden waren. Gibt man solche einfachen Ausgangssubstanzen in ein Reaktionsgefäß und lässt sie miteinander reagieren (z. B. indem man starke elektrische Entladungen durchführt), so bilden sich spontan komplexe organische Moleküle, unter denen man Aminosäuren, Nucleotide und Zucker nachweisen konnte. Diese Grundmoleküle wurden dann weiter optimiert. Es bildeten sich die ersten Makromoleküle, vermutlich zunächst enzymatisch aktive Ribonucleinsäuren, später die Proteine und zuletzt die Desoxyribonucleinsäuren, deren Raumstrukturen über das Selbstorganisationsprinzip gesteuert wurde. Der Beginn der Evolution ist in vielen Fällen noch spekulativ. Einige Wissenschaftler gehen in ihrer Spekulation sogar so weit, dass sie behaupten, dass das Leben auf der Erde durch L-Aminosäuren und andere organische Moleküle „angeimpft" und initiiert wurde, die aus anderen Galaxien stammen und durch Meteoriteneinschlag zur Erde gelangten.

Da wir heute in der Lage sind, die **Aminosäuresequenzen** der Proteine und die **Nucleotidsequenzen** der Nucleinsäuren zu bestimmen (s. **Abschn. 3.2** und **4.1**), können wir uns unmittelbar davon überzeugen, dass in der Evolution strukturelle Komponenten, wie Proteine und zugehörige Gene, ursprünglich angelegt und von Evolutionsstufe zu Evolutionsstufe weitergegeben wurden. Im Verlauf der frühen Evolution bis heute traten Mutationen auf, indem einzelne Nucleotide oder Aminosäuren oder ganze Domänen ausgetauscht wurden (s. **Abschn. 3.4** und **3.5**). Die Analyse dieser Veränderungen ist das zentrale Thema der molekularen Evolutionsforschung. Diese wird ausführlich in den **Kap. 3** und **4** abgehandelt.

Organisation der Grundstoffwechselwege

Alle Zellen benötigen Energie, um Stoffwechselreaktionen (z. B. Biosynthesen von Aminosäuren, Zuckern, Fettsäuren, Nucleotiden, Hormonen und Makromolekülen) durchzuführen, um Substanzen gegen ein Konzentrationsgefälle durch Biomembranen zu transportieren, um mit anderen Zellen zu kommunizieren oder um sich zu teilen oder fortzubewegen.

In der Evolution wurden früh Stoffwechselwege entwickelt, um Sonnenlicht in chemische Energie umzuwandeln (**Photosynthese**) oder um vorhandene organische Verbindungen abzubauen und daraus chemische Energie, insbesondere in Form von ATP, zu gewinnen. Die Photosynthese entstand früh in der Evolution bei phototrophen Bakterien und Cyanobakterien. Im Verlauf der Eucytenevolution wurden Cyanobakterien aufgenommen, aus denen sich die Chloroplasten entwickelten (Endosymbiontenhypothese; s. **EXKURS 3.1 Abschn. 3.2.7**). Die zugehörigen Moleküle (wie Chlorophyll) und Reaktionswege, insbesondere das Photosystem I und II sowie der Calvin-Zyklus (mit den zugehörigen Enzymen), wurden grundsätzlich bis zu den heutigen Pflanzen beibehalten.

Die meisten Prokaryoten, Pilze und Tiere sind heterotrophe Organismen, die vorhandene organische Materie (insbesondere Kohlenhydrate und Fettsäuren) abbauen und daraus NADH und letztlich ATP gewinnen. Die katabolen Stoffwechselwege entstanden zuerst bei Bakterien. Wie wir in **Abschn. 3.2** ausführlicher darstellen, wurden α-Proteobakterien von den frühen Eucyten aufgenommen, aus denen sich die Mitochondrien entwickelten. Dabei kam es auch zum Transfer der wichtigen Energiestoffwechselwege, wie z. B. der Atmungskette, die in der Eucyte in den Mitochondrien lokalisiert ist. Die katabolen Stoffwechselwege, wie Glykolyse, Citratzyklus, b-Oxidation der Fettsäuren und die Energieumwandlung in der Atmungskette sind nahezu universell.

Ebenso universell sind bei Bakterien und Eukaryoten die Stoffwechselwege, die zur Biosynthese von Kohlenhydraten, den einzelnen Aminosäuren, Fettsäuren und Steroiden führen. In vielen Fällen (aber natürlich nicht allen) sind die biochemischen Erkenntnisse, die bei der Hefe oder E. coli gefunden wurden, direkt auf die Biochemie einer menschlichen Zelle übertragbar.

Die nachgewiesene Universalität der katabolen und anabolen Stoffwechselwege liefert einen direkten und weiteren Hinweis für die Richtigkeit der Evolutionstheorie.

Sekundärstoffe

Substanzen, die jede Zelle zum Leben benötigt, werden als **Primärstoffe** den **Sekundärstoffen** gegenübergestellt, die nur in speziellen Zellen oder nur in speziellen Organismen hergestellt werden.

Zu den Sekundärstoffen im weitesten Sinne zählen die mannigfaltigen **Hormone** und andere **Signalmoleküle**, die insbesondere im tierischen Organismus eine wichtige funktionelle Rolle in der Kommunikation der Gewebe und Organe untereinander und in der Regulation von Entwicklungs- und Wachstumsprozessen spielen. Auch auf dieser Stufe finden wir eine außerordentlich große Strukturkonservierung, d. h. einmal als funktionelle und wirksame Metabolite entwickelte Substanzen wurden in späteren Evolutionsstufen beibehalten. Die meisten Hormone und Signalsubstanzen, die wir im Menschen vorfinden, kommen, wie ihre Rezeptormoleküle, in identischer oder ähnlicher Form bereits bei den frühen Wirbeltieren, häufig auch schon bei den Wirbellosen vor.

In vielen Bakterien, Pilzen, sessilen marinen Lebewesen und insbesondere in Pflanzen kann man eine außerordentliche Mannigfaltigkeit an organischen Substanzen feststellen, deren Funktion man lange Zeit nicht erkannt und wohl auch deshalb „Sekundärstoffe" genannt hat. Inzwischen gibt es viele direkte und indirekte Hinweise, dass es sich bei den Sekundärstoffen um Substanzen handelt, die für die Produzenten im ökologischen Kontext wichtig sind. Viele Substanzen sind Abwehrstoffe gegenüber Fraßfeinden oder Mikroorganismen; andere dienen der intra- und interspezifischen Kommunikation. Die Struktur der Sekundärstoffe ist nicht zufällig, sondern sie wurde durch Selektion im Verlauf der Evolution so abgeändert, dass sie mit zellulären Zielstrukturen (DNA, Proteine, Rezeptoren, Enzyme, Biomembran) unmittelbar interagieren kann. Man kann deshalb sogar von einem evolutionären *molecular modelling* sprechen. Die Bedeutung der Sekundärstoffe für die Fitness der sie produzierenden Organismen kann man auch daran ablesen, dass diese Merkmale, deren Erhaltung energetisch äußerst aufwendig ist, in der Evolution beibehalten wurden. Wären Sekundärstoffe ohne Funktion, so wären sie längst wegselektiert worden. Einige Sekundärstoffe trifft man nur punktuell in verwandten Organismengruppen an. Auch dies kann ein weiterer wichtiger Hinweis für eine gemeinsame Evolution der betreffenden Arten sein. Eine ausführliche Diskussion der Evolution der Sekundärstoffe, insbesondere bei Pflanzen, findet sich in den **Kap. 3** und **4**.

Aufbau der Zellen

Bis auf die Viren bestehen alle Lebensformen aus Zellen, die von einer semipermeablen Biomembran umgeben sind. Während Bakterienzellen nur wenig strukturiert sind, aber schon Ribosomen besitzen (s. **EXKURS 3.1 Abschn. 3.2.7**), weisen Eukaryoten eine starke Kompartimentierung durch ein kompliziertes Endomembransystem auf. Wichtige Kompartimente sind Zellkern, glattes und raues endoplasmatisches Reticulum, Golgi-Apparat, Mitochondrien, Chloroplasten (nur bei Pflanzen), Peroxisomen, ferner Endo- und Lysosomen. Dazu kommen im Cytosol Ribosomen, Proteasomen, Inflammasomen und insbesondere ein hochkomplexes Cytoskelett. Der Erwerb von Mitochondrien und Chloroplasten wird in **Abschn. 3.2** genauer abgehandelt.

Erste einzellige Eucyten waren vermutlich phagocytierende Organismen (vergleichbar mit Amöben und vielen Leukocyten).

Die Differenzierung der Eucyte ist dann auch an die Entstehung der Vielzelligkeit gekoppelt, das heißt, die Einzelzellen haben sich zu einem Gebilde zusammengelagert, einem Vielzeller, der ein ganz neues Entwicklungsniveau darstellt. In einem solchen Vielzeller ist die Differenzierung in verschiedene Zellen mit verschiedenen Funktionen sehr sinnvoll und erhöht die Effektivität aller Leistungen. Alle Funktionen (Schutz, Reproduktion, Resorption, Sekretion, Motilität, Ultrafiltration, Reizaufnahme, Erregungsbildung und -weiterleitung, Phagocytose, Kontraktilität, Matrixproduktion usw.) sind durch einen oder mehrere Zelltypen charakterisiert. Beim Menschen unterscheidet man derzeit ca. 220 Zelltypen. ◘ **Abb. 1.37** zeigt eine Auswahl verschiedener Zellen in unterschiedlichen Organen. Sie liegen nicht beziehungslos nebeneinander, sondern bilden bei allen Tieren typische

◘ **Abb. 1.37 a–i** Lichtmikroskopische histologische Präparate verschiedener Zellen und Gewebe der Säugetiere. **a** Eizellen (*Sternchen*) in Primordial- (*oben und unten*) bzw. Primärfollikeln (*Mitte*) im Ovar einer Frau. **b–e** Epithelgewebe. **b** Zotten im Dünndarm eines Rhesusaffen, die von resorbierendem Epithel (*Sternchen*) bedeckt sind, L: Darmlumen. **c** Dünndarm einer Katze mit schleim- und bicarbonatbildenden Brunnerschen Drüsen (*Pfeile*) im Bindegewebe (grün gefärbt) der Darmwand. **d** Quergeschnittene Sammelrohre (*Sternchen*) in der Niere einer Katze. Die Wand der Sammelrohre besteht aus kubischem bis prismatischem Epithel. **e** Colonkrypten eines Rhesusaffen mit blau gefärbten schleimbildenden Becherzellen. **f** Gelenkknorpel (*Sternchen*) zwischen zwei Fingergliedern des Menschen. **g** Eosinophiler Granulocyt (*Pfeil*) und Erythrocyten (*Sternchen*) im Blutausstrich eines Menschen. **h** Quergestreifte Skelettmuskulatur eines Rhesusaffen. **i** Purkinje-Zellen im Kleinhirn eines Hundes. Diese großen Nervenzellen besitzen einen riesigen Dendritenbaum (*Pfeile*), der Impulse anderer Nervenzellen aufnimmt und ihre Sekretionsprodukte

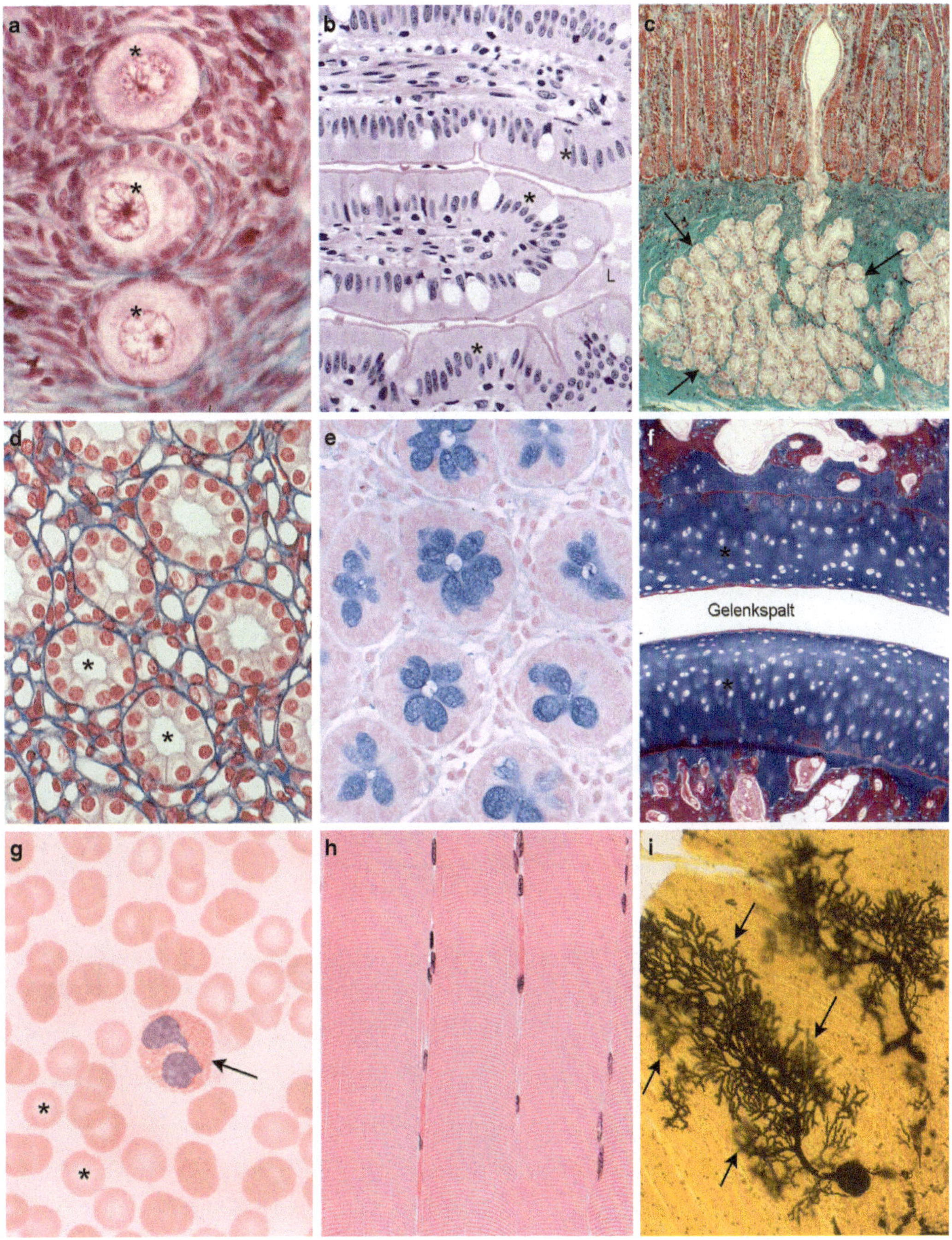
a
b
c
d
e
f
g
h
i
L
Gelenkspalt

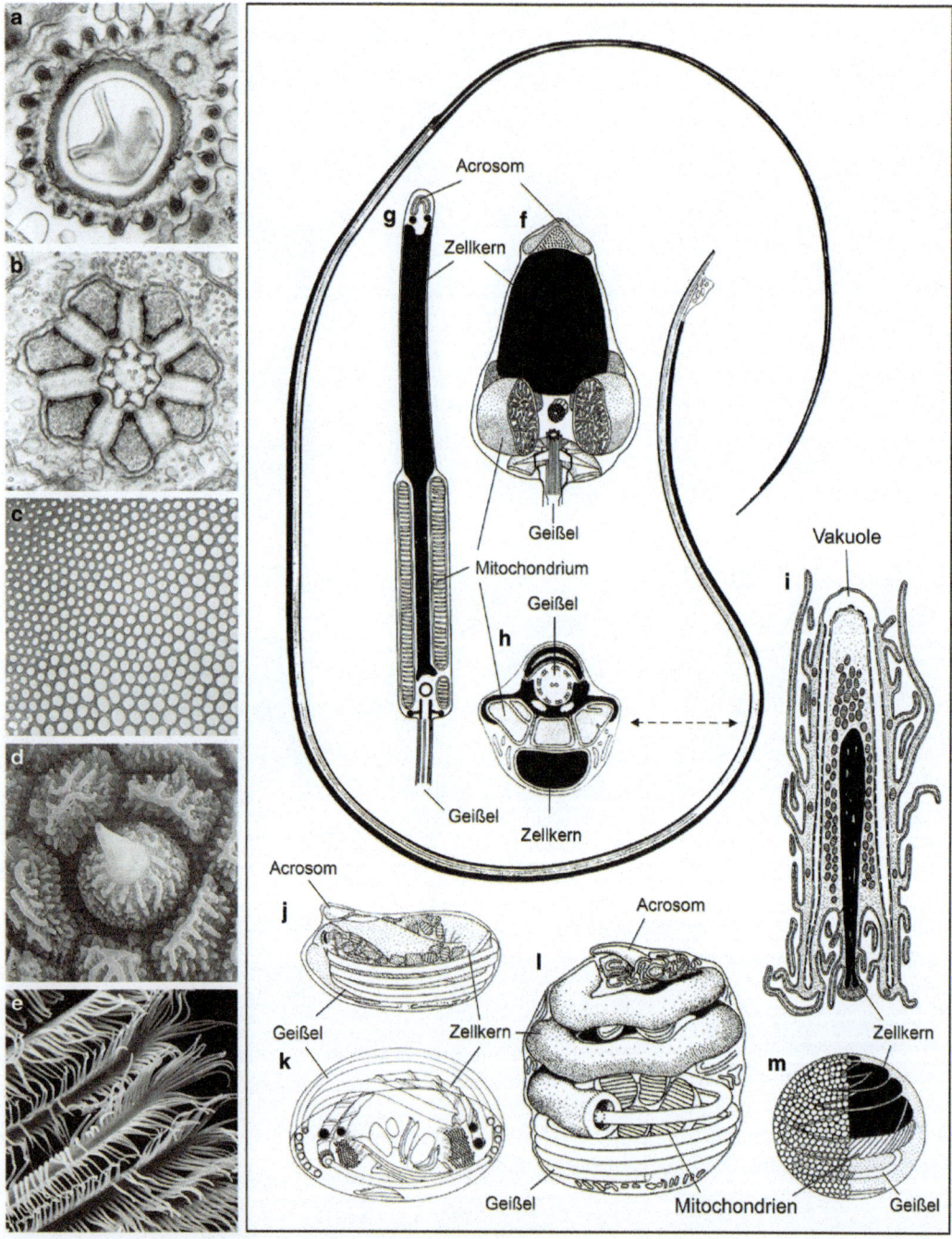

Abb. 1.38 a–m Ultrastruktur von Zellen: **a–e** Ectodermale Epithelzellen und ihre Sekretionsprodukte, **f–m** Spermien. **a** Cnide, **b** Receptor, **c** Epidermisborste, **d** Sensillum, **e** Magenfilter, **f** Aquaspermium (bei marinen Wirbellosen verbreitet). **g–m** abgeleitete Spermien. **g** Nemertini, **h** Pentastomida, **i** Acari, **j** Araneae, **k** Pseudoscorpiones, **l** Uropygi, **m** Amblypygi. Zeichnungen nach Afzelius (1971), Alberti (1980), Alberti u. Michalik (2004), Wingstrand (1972)

Gewebe, unter denen wir heute vier Hauptgewebe unterscheiden: Epithelgewebe, Nervengewebe, Binde- mit Stützgewebe und Muskelgewebe. Alle Zelltypen lassen sich diesen, bei fast allen vielzelligen Tieren (Metazoen) vorkommenden Geweben zuordnen. Das phylogenetisch älteste Gewebe ist das Epithelgewebe, das aus Zellschichten besteht, die äußere und innere Oberflächen bedecken. Epithelzellen sind z. B. resorbierende und sekretorisch aktive Zellen; sie können mit Kinocilien besetzt sein und Wasserströme sowie Schleimbänder bewegen; Epithelzellen können Schutzschichten (z. B. Cuticulae) abscheiden; sie können Sinnesfunktion haben; sie können Wasser und Ionen transportieren usw. Nervengewebe geht auf Epithelgewebe zurück und hat letztlich die Aufgabe, die Körperfunktionen zu koordinieren, Informationen aufzunehmen und zu verarbeiten. Im Nervengewebe sind beim Menschen auch alle höheren Funktionen bis hin zum Bewusstsein lokalisiert. Bindegewebe bildet eine zellfreie Matrix aus verschiedenen Makromolekülen (Kollagen, Proteoglykane, Glykoproteine), die Stützfunktion haben und aufgrund ihrer Fähigkeit, Wasser zu binden, Diffusionsräume für den Stofftransport schaffen. Spezielle Bindegewebe bilden Skelettmaterial wie Knorpel und Knochen. Muskelgewebe ist in verschiedener Ausprägung für Bewegungen (Bewegungsapparat, Herz, Blutgefäße, Darmperistaltik u. a.) zuständig.

Mit dem vermehrten Einsatz von Elektronenmikroskopen (EM) an Instituten der Biologie ist eine vergleichende Ultrastrukturforschung entstanden, sozusagen eine vergleichende Anatomie auf Zellebene, die in den letzten Jahrzehnten zu einer systematischen Untersuchung aller Organismengruppen geführt hat. Allein das Wissen über wirbellose Tiere wurde unter der Herausgeberschaft von Frederick Harrison in 17 Bänden „*Microscopic Anatomy of Invertebrates*" niedergelegt. ◘ Abb. 1.38 zeigt am Beispiel von Integument und Spermien, welche Vielfalt sich hier auftut. Viele Ultrastrukturmerkmale sind gruppen-, manchmal sogar artspezifisch. Ein Bild eines Ausschnittes aus einer Epithelzelle oder ihrer Sekretionsprodukte kann ausreichen, um einen Cnidarier (◘ Abb. 1.38a), einen Priapuliden (◘ Abb. 1.38b) oder einen Anneliden (◘ Abb. 1.38c) zu identifizieren; eine Oberfläche bestimmter Ultrastruktur kennzeichnet Onychophora (◘ Abb. 1.38d) und Malacostraca (◘ Abb. 1.38e). Gleiches gilt für Spermien. Bei vielen Tieren, deren Sperma und Eier ins freie Wasser abgegeben werden, bestehen die Spermien aus vorn gelegenem Acrosom, mehr oder minder kugeligem Zellkern, vier oder fünf Mitochondrien und einer Geißel (primitives Spermium, Aquaspermium, ◘ Abb. 1.38f). Wenn das Spermium sich durch ein dichteres Medium als Wasser bewegen muss, um an die Eizelle zu kommen, etwa durch die gallertige Hülle eines Eigeleges, ist der Zellkern langgestreckt und der Mitochondrienabschnitt verlängert (abgeleitete Spermien, ◘ Abb. 1.38g). Die abgeleiteten Spermien erfahren im Tierreich eine riesige Formenfülle, die sehr gut für phylogenetische Interpretationen verwendet werden kann (◘ Abb. 1.38 h–m).

Wenn man bei Pflanzen und insbesondere bei Tieren auch eine vielfältige und zunehmende Spezialisierung der Zelle in viele unterschiedliche Zelltypen vorfindet, so erfolgt jedoch der Grundaufbau grundsätzlich nach einem einheitlichen Prinzip. Zellen vermehren sich durch Teilung, die bei den Eukaryoten einheitlich mit Hilfe der Mechanismen der Mitose bzw. Meiose (s. **EXKURS 3.2 Abschn. 3.3.3**) erfolgt. Die gemeinsamen Grundstrukturen bei Mikroorganismen und Eukaryoten sowie einheitliche Grundprozesse der Zellteilung bei Eukaryoten kann man plausibel nur erklären, wenn man eine Evolution von jeweils einfachen Zelltypen in der frühen Evolution zu komplexeren Zelltypen in nachfolgenden Evolutionsphasen annimmt. Die einheitliche Struktur aller Eucyten beruht also auf Verwandtschaft.

1.2.6 Verhaltensbiologie

Ebenso wie in der Evolution von Strukturen kann man Evolutionsreihen, Funktionswechsel usw. im Verhalten feststellen. Schon Linné nannte die Hühnervögel „Scharrvögel", verwendete also ein Verhalten zur Namensgebung. Alle drei Gattungen der großen Menschenaffen (Orang-Utan, Gorilla und Schimpanse) bauen in Bäumen Schlafnester aus zusammengelegten Zweigen. Alle Saturniden und Bombyciden (Seidenspinner) fertigen als Raupen Kokons für das Puppenstadium mit dem Sekret ihrer Spinndrüsen. Bei den Lerchen führen die Männchen einen Singflug aus. Es gibt also im Bereich des Verhaltens Homologien, deren Vorkommen sich auf Verwandtschaftsgruppen erstreckt, die anderweitig erschlossen wurden. Tembrock hat sogar Homologiebereiche in den Lauten der Hunde (Canidae) aufgezeigt. Jeder Ornithologe wird solche in den Lauten der Meisen, Grasmücken u. a. entdecken. Die Männchen von räuberischen Tanzfliegen (Empididae) bieten dem Weibchen als Hochzeitsgeschenk eine Beute dar. Andere Arten umhüllen die Beute mit einem Schaumgespinst, so dass die Gabe größer erscheint, und schließlich überbringen Männchen weiterer Arten als Hochzeitsgabe ein großes Gespinst, also nur die Verpackung ohne Inhalt.

Die Feststellung von Homologien und Verwandtschaft mit Hilfe des Verhaltens allein ist aber schwieriger, als sie es aufgrund der Struktur oder der Chemie ist. Das hat drei Gründe:

- **Parallelentwicklungen, Konvergenzen, Analogien** sind häufig. Viele Insektengruppen bauen Kokons oder Gespinste für ihre Puppen mit einem Sekret der Spinndrüsen. Die sonderbare Art des Maulbrütens, bei dem die Eier bis zum Schlüpfen der Jungtiere in den Mund genommen werden, ist bei Fischen mehrfach entstanden. Das „Verleiten", d. h. das Ablenken eines Feindes von den Jungvögeln durch ein Elterntier, das sich oft flügellahm stellt, ist offenbar bei bodenbrütenden Vögeln mehrfach entstanden. Sogar bei einem Affen, dem Husarenaffen *Erythrocebus patas*, versucht das Männchen, einen Feind von seiner Weibchengruppe weg auf sich zu lenken. Auch der merkwürdige Brutparasitismus unseres Kuckucks hat eine weitgehende Parallele bei dem Stärling *Molothrus*, dessen Jungvögel gleichfalls die Eier und Jungvögel seines Wirtsvogels aus dem Nest befördern.
- Die Notwendigkeit der **Anpassung** erfordert oft eine schnelle Umgestaltung des Verhaltens. So können im allgemeinen Verhaltensgrundtypen nur für kleinere Gruppen des Systems aufgestellt werden. Der Ordnung der Webspinnen kann man allgemein die Beförderung der Spermien in Behältern am zweiten Gliedmaßenpaar (Taster) durch das Männchen und die Übertragung des Spermas in die Geschlechtsöffnung des Weibchens mit diesem Taster zuschreiben. Viel mehr verhaltenstypische Merkmale können wir von Familien der Spinnen nennen, etwa für die Araneidae das bekannte Radnetz, wie es die Kreuzspinne baut. Aber der Verhaltenstypus einer Gruppe bleibt wesentlich enger und spärlicher als der Bautypus. Zu bedenken ist aber auch, dass sich Verhalten oft nur langsam ändern kann, was bei raschem Wandeln der Umwelt, zu „unangepasstem" Verhalten (*mismatch*) führen kann. So sind vermutlich die Grundkomponenten des Verhaltens des Menschen im Pleistozän entstanden, was in der modernen Industriegesellschaft Konflikte mit sich bringt.
- Die dritte Besonderheit der Evolution des Verhaltens ist die **Übernahme von Verhaltensweisen**, sogar von anderen Arten. Sie beginnt mit der „Ansteckbarkeit" der Handlung. Sie ist bei sozial lebenden Arten verbreitet und kommt in der einfachsten Form in dem Nachlaufen und Nachfliegen schon bei Insekten vor (Prozessionsspinner, Heerwurm [=Wandergesellschaften von Trauermückenlarven], Wanderheuschrecken) und führt bei Fischschwärmen dazu, dass alle Mitglieder einer Gruppe jeweils dasselbe tun: Fressen, Putzen, Ruhen. Bei höheren Wirbeltieren (Vögel und Säugetiere) kann sich aber auf diesem Wege das neue Verhalten eines „Erfinders" rasch über Angehörige der gleichen Art durch Tradition ausbreiten. Berühmt ist das Öffnen des Deckels abgestellter Milchflaschen durch Meisen, das sich von einem Zentrum in England ausbreitete. Genau verfolgt wurde die Entstehung und Ausbreitung neuer Verhaltensweisen auch bei den japanischen Makaken (*Macaca fuscata*). In einer Gruppe begann ein jüngeres Tier die Nahrung (Bataten = Süßkartoffeln) zu waschen. Andere übernahmen das Verfahren, und so breitete es sich innerhalb der Gruppe aus. Nur alte Tiere, besonders alte Männchen, lehnten die neue Mode ab. In einer anderen Gruppe wurde das Trennen von Sand und Körnern durch Werfen ins Wasser eine neue Verhaltensweise, und manche Sitten von Schimpansen, z. B. das Fangen von Termiten mit Zweigen, die

in die Öffnung eines Termitenhügels gesteckt wurden, so in einer Population in Tansania (Goodall 1999), gehen ebenfalls auf Imitation des „Entdeckers" zurück. Ein solches neues Verhalten wird natürlich nicht nur an Altersgenossen, sondern auch an kommende Generationen weitergegeben. Man hat diesen Prozess als „neue Evolution" bezeichnet. Während sich die alte Evolution von einer einzelnen Mutation nur langsam in der Generationsfolge ausbreiten kann, besonders durch Selektion, kann die Ausbreitung neuer Moden sehr schnell innerhalb einer Generation erfolgen. Selbst komplizierte Verhaltensweisen können sich so ausbreiten. Betrachtet man solche durch Tradition und Nachahmung entstandenen komplexen Übereinstimmungen auch als Homologien, so muss man zwischen phylogenetischen und **Traditions-Homologien** unterscheiden. Beiden gemeinsam ist, dass sie ihre Übereinstimmung historischen Zusammenhängen verdanken; die **phylogenetische Homologie** beruht auf DNA mit ihren Erbinformationen, die traditionelle auf Informationen, die von Individuum zu Individuum, z. B. beim Menschen durch die Sprache, weitergegeben werden. Es ist sicher, dass die neue Evolution über Weitergabe von Informationen in der Kulturgeschichte der Menschheit eine entscheidende Rolle gespielt hat. So entstanden Sitten, Moden, technische Entwicklungen und schließlich das enorme Gedächtnis der Art Mensch, das in Büchern festgelegt ist und jeder Generation eigenes Schaffen auf der Basis der Erfahrungen und Entdeckungen der früheren Generationen bietet. Einheiten sich rasch ausbreitender Phänomene bei Sitten und Gebräuchen – oft Modeerscheinungen – wurden – in Analogie zu den Genen – Meme (Singular Mem) genannt (Blackmore 2005). In der Gegenwart läuft die Weitergabe dieser Information nicht mehr allein über Nachahmung gesehener Vorgänge, angefertigter Gegenstände oder Mitteilung von Mensch zu Mensch ab, sondern über das in Büchern und jetzt auch in Computerprogrammen festgelegte Gesamtgedächtnis und über die Massenmedien.

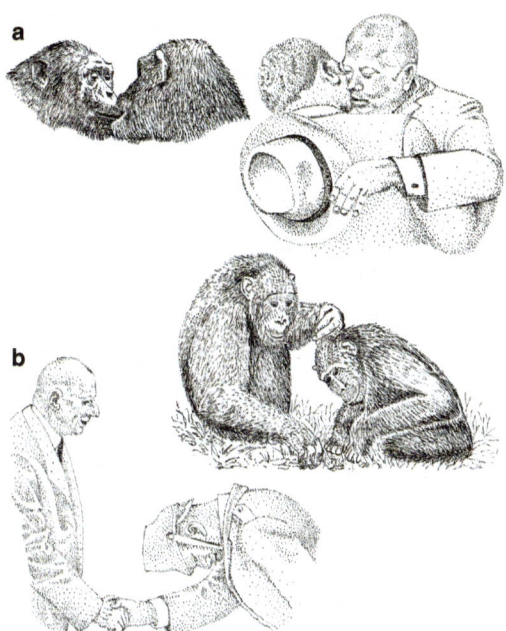

Abb. 1.39 a, b a Kussbegrüßung zweier Schimpansen; Parteichef Chruschtschow, seinen Gastgeber durch Wangenkuss begrüßend. **b** Schimpansen-Weibchen, ein Männchen begrüßend; Staatschef de Gaulle, einem deutschen Polizisten die Hand reichend. Nach Photos von Eibl-Eibesfeldt, Lawick-Goodall, UPI

In welchem Umfang das Verhalten des Menschen durch mit anderen Säugetieren homologe (d. h. angeborene) Komponenten festgelegt ist, lässt sich nicht in allen Fällen mit Sicherheit sagen. Zweifellos besitzen Lernvermögen und Verhalten beim Menschen – wie auch bei höheren Tierprimaten – eine ungewöhnlich weite Reaktionsnorm, aber auch der Mensch kommt nicht als unbeschriebenes Blatt zur Welt und das alte Erbe darf keineswegs unterschätzt werden (**Abb. 1.39**). Es liegt auch vielen Bereichen der Psychologie zugrunde (Schwab 2010) und spielt im sozialen Leben, in gesellschaftlicher Hierarchie, in Gestik und Mimik sowie bei territorialen Auseinandersetzungen eine wichtige und – bezogen auf ein wünschenswertes harmonisches Sozialgefüge – nicht immer positive Rolle.

Es gibt im Bereich der Tradition auch einen Einbau von Verhaltensweisen fremder Arten. Das ist besonders deutlich im Gesang der Vögel. Es kommt hier zum Einbau von Strophen und Lauten fremder Arten durch aktive Aufnahme (*acception*).

Der Gelbspötter (*Hippolais icterina*) kann z. B. den Schrei von Möwen und sogar das Quietschen von Rädern in seinen Gesang aufnehmen. Die Witwen Afrikas, die, wie bei uns der Kuckuck, Brutparasiten bei verschiedenen anderen Vögeln sind, übernehmen sogar den ganzen Gesang ihrer Wirtsvögel, die ja auch ihre Pflegeeltern sind.

EXKURS 1.5

Kreationismus

Was vorangehend als Fundament der Evolutionsbiologie dargestellt wurde, wird nicht von allen Menschen akzeptiert. Für Kreationisten beispielsweise hat der Schöpfungsglaube, wie er in der Bibel oder anderen heiligen Schriften niedergelegt ist, uneingeschränkt einen größeren Erklärungswert.

Der Kreationismus entstand Anfang des 20. Jahrhunderts im Bestreben des nordamerikanischen religiösen Fundamentalismus, die Evolutionstheorie zu bekämpfen. Die Fundamentalisten forderten, die Aussagen der Bibel wörtlich zu nehmen, und behaupteten zum Beispiel, die Welt sei vor 10.000 Jahren in 6 Tagen mit je 24 Stunden von Gott geschaffen worden. Eine besondere Bedeutung wiesen sie der Sintflut vor ca. 7000 Jahren zu, während der sich in einem Jahr alles gewandelt haben soll und neue geologische Formationen entstanden, Tiere ausstarben und in Form der Fossilien spurenhaft erhalten blieben; es überlebten die Tiere, die Noah im Auftrag Gottes mit auf seine Arche nahm. Es wurde versucht, der wissenschaftlichen Evolutionstheorie ein religiös verankertes, aber wissenschaftlich übertünchtes Dogma gegenüberzustellen. Kennzeichnend sind von Anfang an Aggressivität und Kampfbereitschaft. Verkannt wird dabei, dass es bei der biblischen Schöpfungsgeschichte gar nicht um eine wissenschaftliche Abhandlung über die Entstehung der Welt geht, sondern um eine Allegorie, die dem Menschen anbietet, sich auf einen Schöpfer zu beziehen, dem er seine Existenz verdankt.

Die Lehre vom *intelligent design* ist eine Weiterentwicklung des Kreationismus (Neo-Kreationismus). Es werden jetzt Jahrmillionen für den Entwicklungsprozess freigegeben und das Wort „Gott" wird vermieden. Jedoch ist das Grundkonzept das Gleiche wie beim Kreationismus und wie bei diesem hat sich der Schöpfungsplan mit dem Auftreten des Menschen erfüllt. Der Mensch kann nicht das Ergebnis eines evolutionären Prozesses sein, sondern muss von einem kongenialen „intelligenten Designer" geschaffen worden sein. Wissenschaftlich haben solche Thesen keinerlei Erklärungswert, sie können weder verifiziert noch falsifiziert werden. Es handelt sich um eine Flucht in eine mythische Welt, mit deren Hilfe versucht wird, dem Leben einen Sinn zu verleihen. In der Tat stehen hier Naturwissenschaften, in denen immer Beweise geliefert werden müssen, und Mythologie, in der gerade diese nicht vonnöten sind, nebeneinander. Beweisführung führt an Grenzen, Mythologie basiert auf Phantasie und Glauben, die fast grenzenlos sind und beliebig erscheinen.

Verhalten darf auch nicht als homogener Block angesehen werden und nicht nur durch eine Brille gesehen werden; Verhaltensweisen der Nahrungsaufnahme haben sich in anderem Kontext – auch zeitlichem – entwickelt als z. B. solche des Sexualverhaltens.

Bei einem speziellen Prozess der Evolution sind Verhaltensweisen sehr wichtig: bei der Artentrennung (Speziation, s. **Abschn. 3.5.6**). Ganz ähnliche Arten, die man lange Zeit nicht getrennt hatte, unterscheiden sich deutlich im Gesang, wie Sumpfmeise (*Poecile palustris*) und Weidenmeise (*P. montanus*), das Sommergoldhähnchen (*Regulus ignicapillus*), das Wintergoldhähnchen (*R. regulus*) usw. Überhaupt sind es gerade die Balzhandlungen, die sich recht schnell auseinander entwickeln und so die Isolation von Arten fördern.

Literatur

Alberts, B et. al. (2007) The Molecular Biology of the Cell, 5. Aufl. Garland Science, New York.

Blackmore S (2005) Die Macht der Meme oder Die Evolution von Kultur und Geist. Spektrum, Heidelberg

Eckart WU (2009) Geschichte der Medizin. Springer, Heidelberg

Dawkins R (2007) Der Gotteswahn. Ullstein, Berlin

Eibl-Eibesfeldt (2004) Die Biologie des menschlichen Verhaltens. Blank, Vierkirchen-Präsenbach

Futuyma DJ (1989) Evolutionsbiologie. Birkhäuser, Basel

Glaubrecht M (2002) Die ganze Welt ist eine Insel. Hirzel, Stuttgart

Goodall J (1999) Grund zur Hoffnung – Autobiographie. Bertelsmann, Bielefeld

Gould SJ (2002) The Structure of Evolutionary Theory. Harvard Univ Press, Cambridge/MA

Groves C (2001) Primate Taxonomy. Smithonian Institution Press, Washington London

Harrison FH (Hrsg) (1989 ff) Microscopic Anatomy of Invertebrates. Wiley, Liss, New York

Hausen H zur (2002) Genom und Glaube. Springer, Heidelberg

Heberer G (Hrsg) (1959) Darwin-Wallace: Dokumente zur Begründung der Abstammungslehre vor 100 Jahren. Fischer, Stuttgart

Henning W (1950) Grundzüge einer Theorie der phylogenetischen Systematik. Deutscher Zentralverlag, Berlin

Hilker M, Meiners T (2011) Plants and insect eggs: How do they affect each other? Phytochemistry 72: 1612–1623

Höffe O (2005) Kleine Geschichte der Philosophie. Beck, München

Höffe O (2007) Lesebuch zur Ethik. Beck, München

Jahn I (Hrsg) (2000) Geschichte der Biologie. Spektrum, Heidelberg

Jahn I, Schmitt M (Hrsg) (2001) Darwin & Co. Eine Geschichte der Biologie in Portraits (2 Bände). Beck, München

Junker T, Hoßfeld U (2009) Die Entdeckung der Evolution. Wissenschaftliche Buchgesellschaft, Darmstadt

Kämpfe, L (1992) Evolution und Stammesgeschichte der Organismen. Fischer, Jena

Kimura M (1992) Die Neutralitätstheorie der molekularen Evolution. Parey, Hamburg

Krauße E (1984) Ernst Haeckel. Teubner, Leipzig

Kutschera U (2009) Tatsache Evolution. dtv, München

Lemmer B (2011) Chronopharmakologie. Wiss. Verlagsgesellschaft, Stuttgart

Lorenz K (1983) Die Rückseite des Spiegels. Piper, München

Mägdefrau K (1992) Geschichte der Botanik. Fischer, Stuttgart

Mansfeld J (1983/1986) Die Vorsokratiker I und II. Reclam, Stuttgart

Mayr E (1986) Entwicklung der biologischen Gedankenwelt. Springer, Heidelberg

Mohr H (1981) Biologische Erkenntnis. Teubner, Stuttgart

Monod J (1971) Zufall und Notwendigkeit. Piper, München

Neukamm M (Hrsg) (2009) Evolution im Fadenkreuz des Kreationismus. Vandenhoek & Ruprecht, Göttingen

Raby P (2001) Alfred Russel Wallace. Princeton, Woodstock (UK)

Reader, J (2011) Missing Links. Oxford University Press, Oxford, London

Remane A (1971) Die Grundlagen des Natürlichen Systems, der vergleichenden Anatomie und Phylogenetik. Koeltz, Königstein

Riedl R (2003) Riedls Kulturgeschichte der Evolutionstheorie. Springer, Heidelberg

Rose MR, Mueller LD (2006) Evolution and Ecology of the Organism. Peason, London

Schwab F (2010) Darwin als Sehhilfe für die Psychologie – Evolutionspsychologie. In: Oehler J (Hrsg) Der Mensch – Evolution, Natur und Kultur. Springer Heidelberg, S. 75–90

Sehgal A (2003) Molecular Biology of Circadian Rhythms. Wiley, Hoboken

Simpson GG (1961) Principles of Animal Taxonomy. Columbia University Press, New York

Sommer V (2010) Evolution ernst nehmen. In: Oehler J (Hrsg) Der Mensch – Evolution, Natur und Kultur. Springer Heidelberg, S 39–58

Storch V, Welsch U (1989) Evolution. dtv, München

Strickberger MW (1996) Evolution. Jones & Bartlett, Boston

Vogel C (1989) Vom Töten zum Mord. Hanser, München

Voland E (2000) Grundriss der Soziobiologie. Spektrum, Heidelberg

Voland E (2009) Die Natur des Menschen. Grundkurs Soziobiologie. Spektrum Akademischer Verlag

Vollmer G (1998) Evolutionäre Erkenntnistheorie. Hirzel, Stuttgart

Wägele J W (2005) Foundations of Phylogenetic Systematics. Pfeil, München

Wiedersheim K (1908) Der Bau des Menschen als Zeugnis für seine Vergangenheit. Laupp, Tübingen

Wieser W (Hrsg) (1994) Die Evolution der Evolutionstheorie. Spektrum, Heidelberg

Wilson EO (1998) Consilience. The unity of knowledge. Vintage, New York

Winchester S (2001) The Map that changed the World. Harper Collins, New York

Zankl H (2012) Wissenschaft im Kreuzverhör. Wissenschaftliche Buchgesellschaft, Darmstadt.

2 Entfaltung der Organismen in der Erdgeschichte

Lebachacanthus
(Stapf, Nierstein)

Übersicht

Die Erde ist ungefähr 4,6 Mrd. Jahre alt und hat seitdem dauernd Veränderungen durchgemacht. Schon in den ersten 500 Mio. Jahren entstanden eine feste äußere Schale, die **Lithosphäre**, und eine Gashülle, die **Atmosphäre**, welche vor etwa 4 Mrd. Jahren die 100 °C-Grenze unterschritt. Mit der Abkühlung der zunächst heißen Erde wurden große Mengen Wasser bei magmatischen Prozessen in Form von Wasserdampf freigesetzt, der dann kondensierte, und es bildeten sich Urmeere. Heute geht man davon aus, dass ein Teil des Wassers zudem aus dem Weltraum stammt und mit dem anfänglich intensiven Meteoritenhagel auf die Erde gelangt ist. Vor etwa 2,3 Mrd. Jahren bildete sich auf der Erde zum ersten Mal Eis: Die **Kryosphäre** war entstanden.

Die Erde ist konzentrisch-schalenförmig aufgebaut. Auf den Kern mit einem Radius von etwa 3470 km folgt der 2850 km dicke Mantel, darüber die Kruste. Diese misst im kontinentalen Bereich 30–40 km (selten bis 80 km), im ozeanischen Bereich knapp 5–8 km. Die Kruste bildet mit den obersten 70 km des Mantels die Lithosphäre. Diese ist fest und starr.

Die heutige Lithosphäre besteht aus acht größeren und einer Vielzahl kleinerer, gegeneinander verschiebbarer Platten, die auf der zähflüssigen, darunter liegenden **Asthenosphäre** (einer Komponente des Mantels) schwimmen. Aufsteigende Ströme (Konvektionsströme) im magmatischen Untergrund werden als Motoren der Platten- bzw. Kontinentverschiebung angesehen. Die Geschwindigkeit der Plattenbewegungen reicht von wenigen Millimetern bis über 10 cm pro Jahr.

In den Meeren, so die heute vorherrschende Meinung, entstand das Leben vor knapp 4 Mrd. Jahren. Archaea (Archaebakterien) und Eubakterien sind zwei besonders ursprüngliche Gruppen (**Abschn. 4.2**). Einige unter ihnen betrieben schon früh Photosynthese, produzierten Sauerstoff und veränderten die Atmosphäre, bis der atmosphärische Sauerstoff vor etwa 350 Mio. Jahren den heutigen Wert erreichte.

Zu den ältesten Lebensspuren auf der Erde zählen die **Stromatolithen** oder „Teppichsteine". Sie sind Lebensgemeinschaften von Prokaryoten (blaugrünen Algen oder Cyanobakterien), die im flachen Wasser am Meeresboden Matten bildeten, Schwebstoffe einfingen und Gesteinskörper aufbauten. Übereinander entstanden im Laufe der Zeit viele Matten (oder Teppiche), die sich schließlich kuppel- oder tafelartig vom Meeresboden abhoben. Stromatolithen wurden in 3,5 Mrd. Jahre alten Gesteinen des Präkambriums konserviert und können auch heute noch in manchen flachen Meeresgebieten gefunden werden, z. B. in Westaustralien (Shark Bay, ◘ Abb. 2.4b).

Vergleicht man die 4,6 Mrd. Jahre lange Geschichte der Erde, also den gesamten geologischen Zeitablauf, mit einem Kalenderjahr, dann war es Mitte November, als das **Phanerozoikum** begann, jene Zeit, in der sich die vielzelligen Organismen auf der Erde entfaltet haben. Das Phanerozoikum begann vor 542 Mio. Jahren mit der ersten Periode des Paläozoikums, dem Kambrium, in dem zum ersten Mal in der Erdgeschichte uns vertraute Tierstämme in größerer Zahl auftraten. Die Zeit vor dem Kambrium wird **Präkambrium** genannt und war etwa siebenmal so lang wie das Phanerozoikum. Das Präkambrium wird gegliedert in Archaikum und Proterozoikum.

Die genannten Zahlen demonstrieren, welchen Schwierigkeiten Paläontologen bezüglich des Zeitablaufes gegenüberstehen, wenn sie die Entfaltung der Organismen in der Erdgeschichte darstellen wollen. Dazu kommen noch die riesigen, geradezu unvorstellbaren Artenzahlen: Nach verbreiteter Ansicht sind derzeit etwa 1,5 Mio. rezente Tier- und 300 000 Pflanzenarten beschrieben worden, und sie stellen weniger als 10 %, vielleicht sogar weniger als 1 % der Arten dar, die bis heute insgesamt auf der Erde gelebt haben. Es hat also bis zur Gegenwart vielleicht Hunderte Millionen von Tier- und Pflanzenarten gegeben (zuzüglich einer unbekannten Zahl von Prokaryoten). Wenn man dann bedenkt, dass

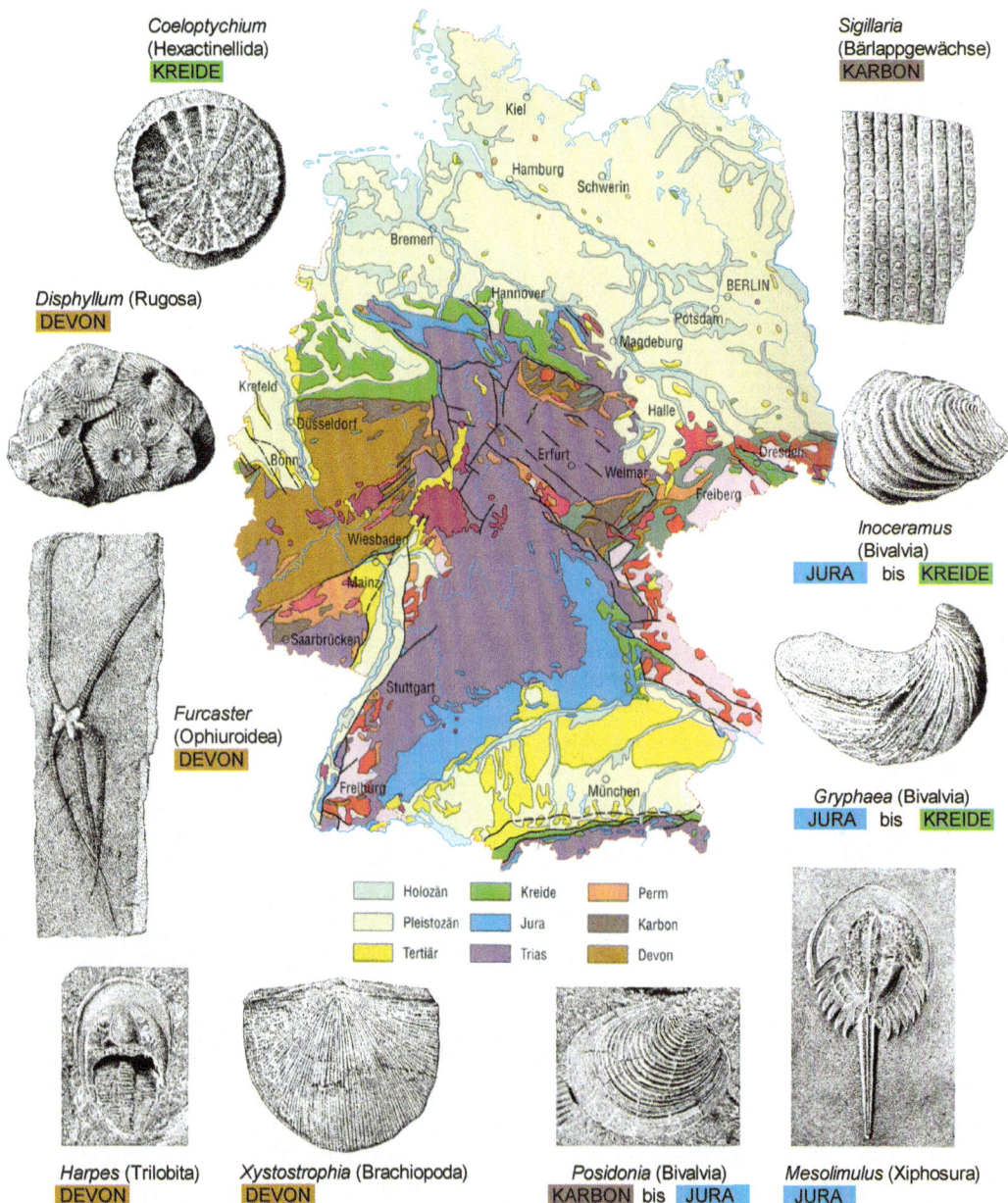

Abb. 2.1 Geologische Karte Deutschlands mit verschiedenen Leitfossilien unter Angabe der Perioden, aus denen man sie kennt

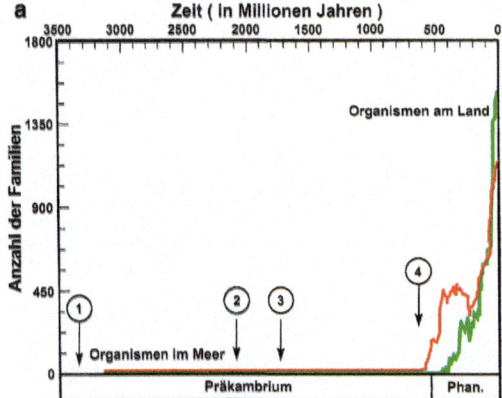

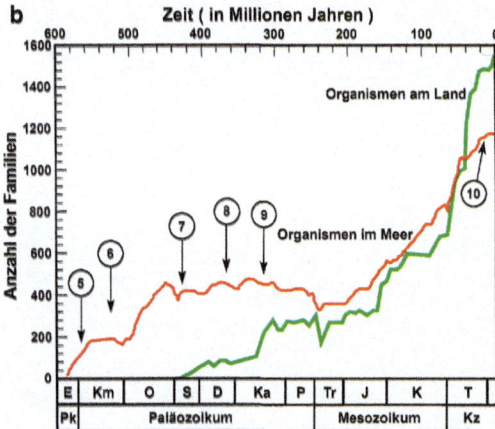

◘ **Abb. 2.2 a, b** Entfaltung des Lebens mit der Kennzeichnung von zehn Zeitpunkten, zu denen jeweils eine besonders wichtige Neuerung nachweisbar ist. **a** Darstellung der über 3,5 Mrd. Jahre, in denen es Leben auf der Erde gibt, **b** Darstellung des Phanerozoikums. *1* Ursprung des Lebens auf der Erde, *2* Eukaryoten, *3* Vielzelligkeit, *4* Hartstrukturen, *5* Räuber, *6* Riffe, *7* Besiedlung des Landes, *8* Bäume/Wald, *9* Flug, *10* menschliches Bewusstsein. Die Buchstaben bezeichnen die Perioden in der Erdgeschichte. Nach Benton u. Harper (2009; Bildrechte liegen bei Wiley)

bisher „nur" einige hunderttausend fossile Arten beschrieben wurden, wird deutlich, wie schwierig die Beurteilung der Entfaltung der Organismen ist. Zudem hat es in der Erdgeschichte viele Organismengruppen gegeben, die heute nicht mehr existieren und die zum Teil ohne bekannte Nachkommen ausgestorben sind. ◘ **Abbildung 2.1** zeigt davon eine kleine Auswahl, die in Deutschland gefunden werden kann. ◘ **Abbildung 2.2** stellt die wichtigsten Schlüsselereignisse in der Evolution der Organismen dar.

Das **Phanerozoikum** ist in drei Erdzeitalter (Ären, Singular Ära) sehr verschiedener Länge gegliedert. Diese Unterteilung basiert im Wesentlichen auf der Existenz bestimmter Organismen und wurde im 19. Jahrhundert erstmals definiert.

Das **Paläozoikum** (Erdaltertum) gliedert sich in die sechs Perioden Kambrium, Ordovizium, Silur, Devon, Karbon und Perm, enthält damit unter den Erdzeitaltern die meisten Perioden und ist mit fast 300 Mio. Jahren mit Abstand am längsten. Drei Massenaussterben fallen in diese Zeit. Im frühen Paläozoikum gab es nur im Wasser lebende Organismen, dann eroberten Pflanzen und Tiere das Land, und später entstanden riesige Wälder mit einer komplexen Fauna, so dass in den nicht marinen Schichten des Karbon eine biostratigraphische Gliederung nach Pflanzenfossilien möglich ist. Die marinen Abfolgen werden hauptsächlich mittels Ammonoideen, Conodonten, Trilobiten, Brachiopoden und Foraminiferen untergliedert.

Das **Mesozoikum** (Erdmittelalter) wird in die Perioden Trias, Jura und Kreide aufgeteilt. Mit 186 Mio. Jahren ist es deutlich kürzer als das Paläozoikum. Es wird oft als Zeitalter der Saurier angesehen. Zwei Massenaussterben fallen in diese Zeit.

Das **Känozoikum** (Erdneuzeit) umfasst die letzten 65 Mio. Jahre und gliedert sich in Tertiär und Quartär. In diesem Zeitabschnitt erfolgt die Entfaltung von Säugetieren, Vögeln, Teleosteern und vielen Blütenpflanzen; die Anfänge dieser Gruppen reichen allerdings ins Mesozoikum zurück.

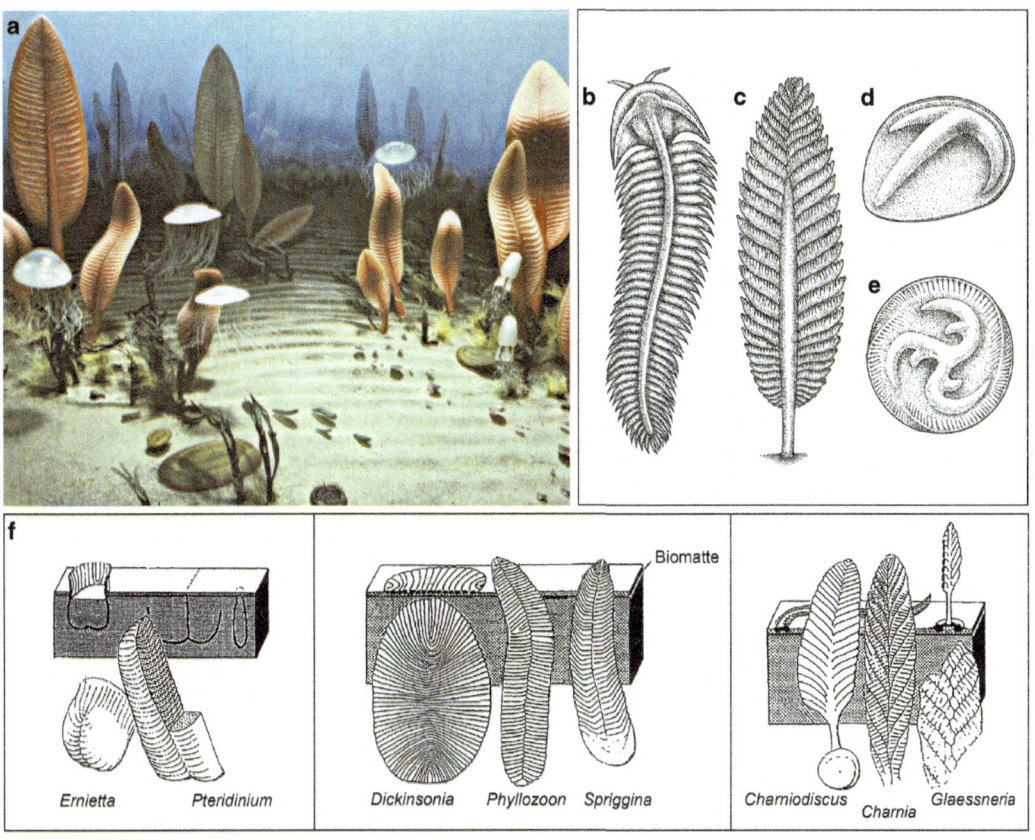

◘ **Abb. 2.3 a–e** Ediacara-Fauna. **a** Rekonstruktion einer Lebensgemeinschaft im Ediacarium nach konventioneller Sicht: als eine von Cnidariern dominierte Fauna. Nach Stanley (1998). **b–d** Formen der Ediacara-Fauna Südaustraliens. **b** *Spriggina*, **c** *Rangea*, **d** *Parvancorina*, **e** *Tribrachidium*. Nach Cloud (1989). **f** Vendobionten als Seitenzweig der Evolution: auf und im oberflächlichen Sediment liegend. Nach Seilacher (1995)

2.1 Präkambrium

Noch im jüngsten Präkambrium, in einer Zeit vor 900–542 Mio. Jahren, als große Teile der Erdoberfläche wiederholt von Eismassen bedeckt waren („Schneeball Erde"), machten die vielgestaltigen **Acritarchen** eine Radiation im Ozean durch. Es handelt sich um 10–50 µm messende, kugelige Formen mit glatter oder skulpturierter Oberfläche sowie komplizierten Zellwänden, die allem Anschein nach schon zu den Eukaryota zu rechnen sind. Auch im Paläozoikum waren sie die dominierende Gruppe. Sie sind wichtige Leitfossilien, ihre genaue systematische Zugehörigkeit ist noch offen. Sie waren photosynthetisierende Organismen, mit ihnen wird ein weiterer Anstieg der Sauerstoffkonzentration in der Atmosphäre in Zusammenhang gebracht.

2.1.1 Ediacara-Fauna: präkambrische Vielzeller

Als die letzte globale Vereisung zurückgegangen war, entwickelte sich das Leben in bis dahin nicht gekannter Weise: Schon vor 580 Mio. Jahren gab es eine offenbar weit verbreitete, spätpräkambrische, marine, vorwiegend bodenbewohnende vielzellige Fauna, die nach den Ediacara Hills in Südaustralien heute allgemein **Ediacara-Fauna** genannt wird und mittlerweile von allen Kontinenten außer von Antarktika bekannt ist. Das sind die ersten Großfossilien. ◻ **Abbildung 2.3** vermittelt einen Eindruck der Ediacara-Fauna.

Die zum Teil vorzüglich erhaltenen Fossilien von vielzelligen Tieren (Metazoa) dieser Fauna gliedert man in etwa 30 (nach manchen Autoren 100) Gattungen, deren systematische Einordnung im Einzelfall jedoch nicht gesichert ist. Über die Hälfte der Fossilien ähneln Cnidariern, meist Medusen oder Seefedern; ein Viertel erinnert in starkem Maße an Anneliden, eine kleine Minderheit wird zu den Arthropoden gestellt. Diese Sichtweise wird auf ◻ **Abb. 2.3a** wiedergegeben; ihr wird jedoch auch widersprochen. Es wird argumentiert, dass die Elemente der Ediacara-Fauna mit dem Ende des Präkambriums (im **Ediacarium**) zum großen Teil ausgestorben sind, und dass sie einen Seitenzweig der Evolution darstellen (**Vendobionten**; ◻ **Abb. 2.3f**). Ediacara-Organismen finden sich meist in sandigen Ablagerungen bewegter Flachmeerbereiche und lebten am oder im Meeresboden.

In dieser frühen Phase der Entfaltung der Organismen gibt es in der Tat erhebliche Interpretationsschwierigkeiten. Das abgeflachte *Tribrachidium* (◻ **Abb. 2.3e**) mit seiner Dreiersymmetrie ähnelt keinem rezenten Organismus, bei der ebenfalls abgeflachten *Parvancorina* (◻ **Abb. 2.3d**) handelt es sich eventuell um eine frühe Trilobitenlarve. Leichter ist die Einordnung der „medusoiden Formen" wie *Ediacaria*, *Cyclomedusa*, *Medusinites* und *Beltanella*, die in der Tat heute lebenden Medusen ähnlich sind; auch ist die Zuordnung der „pteridinoiden Formen" (z. B. *Pteridinium*, *Glaessnerina*, *Rangea* [◻ **Abb. 2.3c**] und *Charnia*) in das Umfeld der Seefedern nachvollziehbar, jedoch nicht allgemein akzeptiert. Bei den „sprigginoiden Formen", z. B. *Spriggina* (◻ **Abb. 2.3b**), gibt es jedoch schon wieder erheblichen Interpretationsspielraum: Sind es wirklich Anneliden, die keine Borsten hatten (◻ **Abb. 2.3b**) oder lagen sie dem Substrat auf (Interpretation auf ◻ **Abb. 2.3f**)?

Auffällig ist, dass alle Ediacara-Formen eine im Verhältnis zum Körpervolumen sehr große Oberfläche besaßen und manche abgeplattet waren und wohl dem Substrat auflagen, z. B. die bis 1 m lange, aber nur 3 mm dicke *Dickinsonia* (◻ **Abb. 2.3f**). Dieser Lebensformtyp lässt an eine Ernährung über die Körperoberfläche oder über Symbionten denken, die vielleicht photosynthetisch tätig waren. In der Tat war das flache, lichtdurchflutete Wasser der Hauptlebensraum der Ediacara-Fauna. Bemerkenswert ist weiterhin, dass Skelettteile fehlen und dass die Erhaltung vorzüglich ist.

Die Ediacara-Fauna verschwand weitgehend vor etwa 540 Mio. Jahren, also mit Beginn des Kambriums. Insgesamt hatte sie über 100 Mio. Jahre am Boden der Meere vorgeherrscht.

2.2 Paläozoikum (Erdaltertum)

Im **Paläozoikum**, einer Ära, die vor 542 Mio. Jahren begann und vor 251 Mio. Jahren endete, waren bald die meisten der auch heute noch existierenden Tierstämme vorhanden. Im Kambrium und Ordovizium existierten Tiere nur im Meer, Pflanzen waren fast nur durch Algen vertreten, im Ordovizium wuchsen am Rande der Meere die ersten Gefäßpflanzen. Im Silur breiteten sie sich auf dem Festland aus, und Arthropoden wie Skorpione und Tausendfüßer folgten. Ende Silur kam die für Europa und Nordamerika wichtige kaledonische Gebirgsbildung zum Abschluss. Der im Devon bei der Kollision von Laurentia und Baltica entstandene *Old-Red*-Kontinent (◻ **Abb. 2.28**) war auf niedrigen Höhenlagen durch Pflanzen schon relativ dicht besiedelt; hier gingen die Wirbeltiere an Land. Im Karbon erreichte die variscische Gebirgsbildung ihren Höhepunkt. Im Vorland des dabei entstandenen Gebirges und auf dessen Rumpf entwickelten sich Sümpfe mit baumhohen Bärlappgewächsen (Siegel- und Schuppenbäumen), Schachtelhalmen und Farnen; es entstand die Grundlage vieler Steinkohlevorkommen. Auf dem Südkontinent Gondwana herrschte über Teile von Karbon und Perm eine intensive Eiszeit, in Mitteleuropa wurden im späten Perm unter aridem Klima riesige Salzlagerstätten gebildet.

2.2.1 Kambrium

> **Übersicht**
>
> Reiches Leben im Meer. Fossilien sind vorwiegend tierischen Ursprungs. Verschiedene Tiergruppen bilden Skelette aus, vielleicht als Reaktion auf räuberische Organismen. Produktion biogener Carbonate in größerem Maßstab. In der fossilen Überlieferung dominieren Trilobiten, Brachiopoden und Archaeocyathen (Archaeocyathen-Kalke), aber es gibt z. B. auch schon Mollusken, Echinodermen und sogar Chordaten. Weit verbreitet: Burgess-Shale-Fauna mit besonders großem Anteil von Konstruktionsformen, die noch im Kambrium wieder aussterben.

Die erste Periode des Paläozoikums, das **Kambrium** (542–488 Mio. Jahre vor heute), wurde nach der römischen Bezeichnung *Cambria* für Nordwales benannt, weil dort Schichten aus dieser Zeit besonders reichhaltig vertreten sind. Sie erreichen hier eine Mächtigkeit von 400 m. Das Kambrium markiert den Beginn der Überlieferung von Fossilien in großer Zahl und an vielen Fundorten auf der Erde. In dieser Zeit kam es allem Anschein nach zu einer so raschen Entstehung verschiedener Konstruktionstypen von Tieren, dass man auch von der **kambrischen Explosion** spricht. Jedoch ist auch diese Entwicklung in geologischen Zeitmaßstäben zu sehen; sie ist in Millionen von Jahren erfolgt. Noch kann man diese rasche Entwicklung nicht mit Sicherheit erklären. Lag es an der vermehrten Verfügbarkeit von molekularem Sauerstoff? Waren auf DNA-Ebene so viele Funktionsmodule (z. B. Bauplan-Gene) entwickelt, dass durch deren verschiedene Kombinationen viele neue Formen entstehen konnten? Sind Transgressionen (also das Vorrücken der Ozeane in küstennahe Ebenen) zu Beginn des Kambriums wesentlich an der Diversifizierung beteiligt, da durch sie große Flachmeerbereiche mit photosynthetisierenden Organismen entstanden? Änderte sich die Geochemie der Ozeane tiefgreifend? Festzuhalten bleibt, dass alle oder fast alle damals existierenden Organismen auf das Meer beschränkt waren. ◘ **Abbildung 2.4a** vermittelt eine Vorstellung von der damaligen paläogeographischen Situation. Der Meeresspiegel war im Kambrium sehr hoch und blieb es auch über den größten Teil des Ordoviziums. Für tierisches Leben im Süßwasser gibt es keine unumstrittenen fossilen Belege, der terrestrische Bereich war noch kaum besiedelt. Wenn bisher fast nur von Tieren die Rede war, bedeutet das lediglich, dass sie als Fossilbelege vorliegen. Der freie Sauerstoff, den sie für die Atmung brauchten, stammt zu über 99 % aus der Photosynthese.

Eine Besonderheit der Organismen, die sich im frühen Kambrium (in den ersten 20 Mio. Jahren) in verschiedenartiger Weise entfalteten, sind deren winzige Hartteile (*small shelly fossils*, ssf). Zum größten Teil können wir diese keiner bestimmten Tiergruppe zuordnen, einige sind uns jedoch durchaus vertraut, da wir sie in ähnlicher Form von heute lebenden Schwämmen und Weichtieren kennen. Die ssf-Elemente sind im Unterkambrium Sibiriens (sog. **Tommotium-Fauna**) besonders intensiv untersucht worden, aber auch z. B. aus China und Grönland bekannt. Ihr Name geht auf die Stadt Tommot (südlich von Jakutsk) zurück. Die Hartteile bestehen v. a. aus Carbonat und Phosphat. Da sie etwa 10 Mio. Jahre vor den Trilobiten auftraten und es kaum Vergleichbares in der späteren Fauna gibt, divergieren die Interpretationen verschiedener Paläontologen erheblich.

Auf die vergleichsweise kurze Zeitspanne des Tommotiums folgte ein Zeitraum, in dem eine große Zahl mariner Organismen entstand, die ebenfalls Hartteile ausbildeten. Dies wird als wesentlicher Fortschritt in der Evolution angesehen und als Wehrhaftigkeit gegenüber Fressfeinden interpretiert. Solche Hartteile dürften vielfach auch eine Stütz- bzw. Skelettfunktion besessen haben.

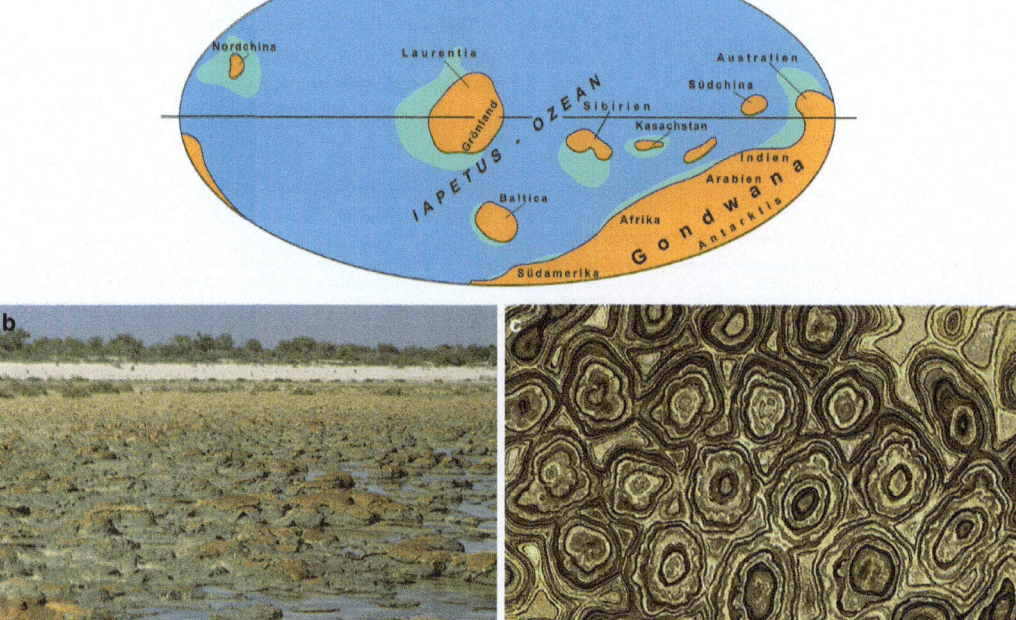

◘ **Abb. 2.4 a–c. a** Die paläogeographische Situation im Kambrium, basierend auf paläomagnetischen Untersuchungen. *Orange*: die aus dem Meer ragenden Teile der Kontinente, *türkis*: Schelfgebiete. Laurentia (Ur-Nordamerika und Grönland) und Baltica (Ur-Europa) sind durch den Iapetus-Ozean getrennte Kontinente. Ebenfalls isoliert liegen die Kontinente Sibirien, Kasachstan, Süd- und Nordchina. Der Großkontinent Gondwana erstreckt sich auf der Südhemisphäre von polaren bis in äquatoriale Breiten. Die geologische Entwicklung des Kambriums verlief relativ ruhig ohne stärkere tektonische oder vulkanische Aktivitäten. Nach Scotese u. Wertel (2006). **b** Stromatolithen an der Westküste von Australien, **c** Ausschnitt fossiler Stromatolithen (Oberkreide, Bolivien)

EXKURS 2.1

Carbonatmineralien: von Organismen hervorgebracht und landschaftsgestaltend

Sehr oft bestehen Hartteile im Tierreich aus Carbonatmineralien (z. B. Calciumcarbonat), und parallel zu den Skelettstrukturen in Organismen entstanden in der Erdgeschichte auch Kalksteinschichten. Deren Genese begann in größerem Umfang vor etwa 1 Mrd. Jahren; zunächst dominierte Calcium-Magnesium-Carbonat (Dolomit). Reine Kalksteine traten in nennenswertem Umfang erst mit dem Kambrium auf. Beispiele sind der Marmor vom Südrand des Fichtelgebirges, Kärntens und der Steiermark. Diese Kalke, wie auch praktisch alle später entstandenen, sind organismischer Herkunft, also biogen. Das hat schon Linné im 18. Jahrhundert prägnant formuliert: „Aller Kalk kommt vom Lebendigen". Wichtigster Ort der Carbonatbildung sind die Meere. Die Verhältnisse liegen ähnlich wie beim schon erwähnten freien Sauerstoff: Die Organismen haben einen wesentlichen Teil der Welt, in der sie leben, selbst hervorgebracht.

Bezüglich der Kalksteinfolgen beginnt es in Europa mit mächtigen schneeweißen Riffen im Unterkambrium Spaniens. Daran sind Schwämme und Archaeocyathen wesentlich beteiligt. Im Silur Englands und der Ostseeinsel Gotland folgen Stromatoporen-Korallen-Riffe. In Deutschland entstanden im Devon die Stromatoporen-Koral-

▶

> **EXKURS 2.1** (*Fortsetzung*)
>
> len-Riffe des Rheinischen Schiefergebirges (s. **Abschn. 2.2.4**).
>
> Triassische Kalklager sind in Deutschland von besonderer Bedeutung, weil sie als Zementrohstoff abgebaut werden. Da ist zunächst der von Süd- bis Norddeutschland verbreitete Muschelkalk (mittlere Trias) zu nennen, der Unmengen von Mollusken- und Brachiopodenschalen sowie Seelilien enthält (s. **Abschn. 2.3.1**). In den nördlichen Kalkalpen dominieren Korallen und Kalkalgen sowie Kalkschlamm, der wohl von Mikroorganismen produziert wurde. Die Kalke der alpinen Trias sind zehnmal so mächtig wie die des mitteleuropäischen Muschelkalkes. Weitere Höhepunkte der Kalkbildung gab es im Jura (Malm, s. **Abschn. 2.3.2**), in der Kreide (Plänerkalke, Schreibkreide, s. **Abschn. 2.3.3**) und in manchen Gebieten im Tertiär.
>
> Im Tertiär wurden die Mittelgebirge von Norden nach Süden zerspalten; der Oberrheingraben brach ein und war zeitweise Teil eines Verbindungskanals zwischen Nordsee und Mittelmeer. In dieser sehr bewegten Zeit entwickelten wenige Muschel- und Schneckenarten zahllose Individuen, welche die Kalksedimente des Mainzer Beckens hinterließen (z. B. Hydrobienkalk, **Abb. 2.75b**).
>
> Calciumcarbonat ist also ein Zeugnis der Geschichte der Organismen und der Besonderheiten der Lebensräume. Heute nehmen biogene Carbonatschlämme etwa 40 % der marinen Sedimente ein, und poröse Riff-Carbonate enthalten 40 % der Welterdölvorräte.

Burgess Shale, Chengjiang, Orsten-Fossilien, kambrische Explosion

Einen besonders guten Einblick in eine spezielle kambrische Tierwelt (**Abb. 2.5**) liefern die Fossilien des **Burgess Shale** (*shale* = Schiefer) in den kanadischen Rocky Mountains. Diese marine Fossillagerstätte liegt heute am Burgess-Pass in fast 3000 m Höhe und ist eine der berühmtesten Fundstätten der Erde. Die hier 1909 von dem amerikanischen Paläontologen Charles D. Walcott entdeckten mittelkambrischen Formen, etwa 505 Mio. Jahre alt, waren weit verbreitet und enthalten eine Fülle von Arthropoden, aber auch weichhäutige Tiere, wahrscheinlich bis hin zu den Chordaten. Zu ihrer Fossilisation kam es unter sehr günstigen Umständen: Das Milieu im bodennahen Wasser muss praktisch sauerstofffrei gewesen sein, Aasfresser und auch zersetzende Bakterien gab es nicht oder kaum, weiche Tierkörper zeichnen sich als Abdrücke oft bis in Einzelheiten ab. Walcott barg bis 1917 über 60.000 Fundstücke und unterschied im Burgess-Schiefer 70 Gattungen und 130 Arten, die er rezenten Taxa zuordnete. Heute ist man der Ansicht, dass die Fossilien des Burgess Shale aus einer gigantischen Radiation, insbesondere der Arthropoden, stammen. Viele sind noch im Kambrium wieder ausgestorben.

So stellte Walcott *Opabinia* (**Abb. 2.5n**), eine segmentierte Form mit fünf großen Komplexaugen und einem langen Rüssel, zu den Krebsen. Heute steht diese Gattung für einen der vielen „Versuche" in der Evolution, der wieder „aufgegeben" wurde. Diese neue Sichtweise geht insbesondere auf Harry B. Whittington zurück, der seit den 1970er Jahren aufgrund vieler neuer Fundstücke zu der Annahme kam, dass die Fossilien des Burgess Shale ein „Experimentierfeld" der Evolution widerspiegeln. Heute führt u. a. Simon Conway Morris die Forschung der Fauna des Burgess Shale weiter.

Unter den weichhäutigen Tieren dominieren die Priapuliden, eine heute nur noch mit etwa 20 Arten existierende Reliktgruppe des marinen Benthos. Die fossile Gattung *Ottoia* (**Abb. 2.6a**) weist eine große Ähnlichkeit mit der noch „ein wenig" (17 Mio. Jahre) älteren *Maotianshania* aus der Chengjiang-Formation im Süden Chinas (s. u.) und dem rezenten *Halicryptus* auf (**Abb. 2.6b,c**). Eine solche Konstanz der äußeren Gestalt – über eine halbe Milliarde Jahre konserviert – ist ein Extrem im Tierreich.

Andere Gruppen weisen dagegen kaum Ähnlichkeiten mit heutigen Organismen auf, z. B. *Wiwaxia* (**Abb. 2.5g**), die in die Verwandtschaft der Mollusken oder Anneliden gestellt wird.

Insbesondere die Fülle der Arthropoden der Burgess-Fauna zeigt, dass hier in der Evolution „experimentiert" wurde: Zahlreiche Konstruktionstypen entstanden, die meisten verschwanden

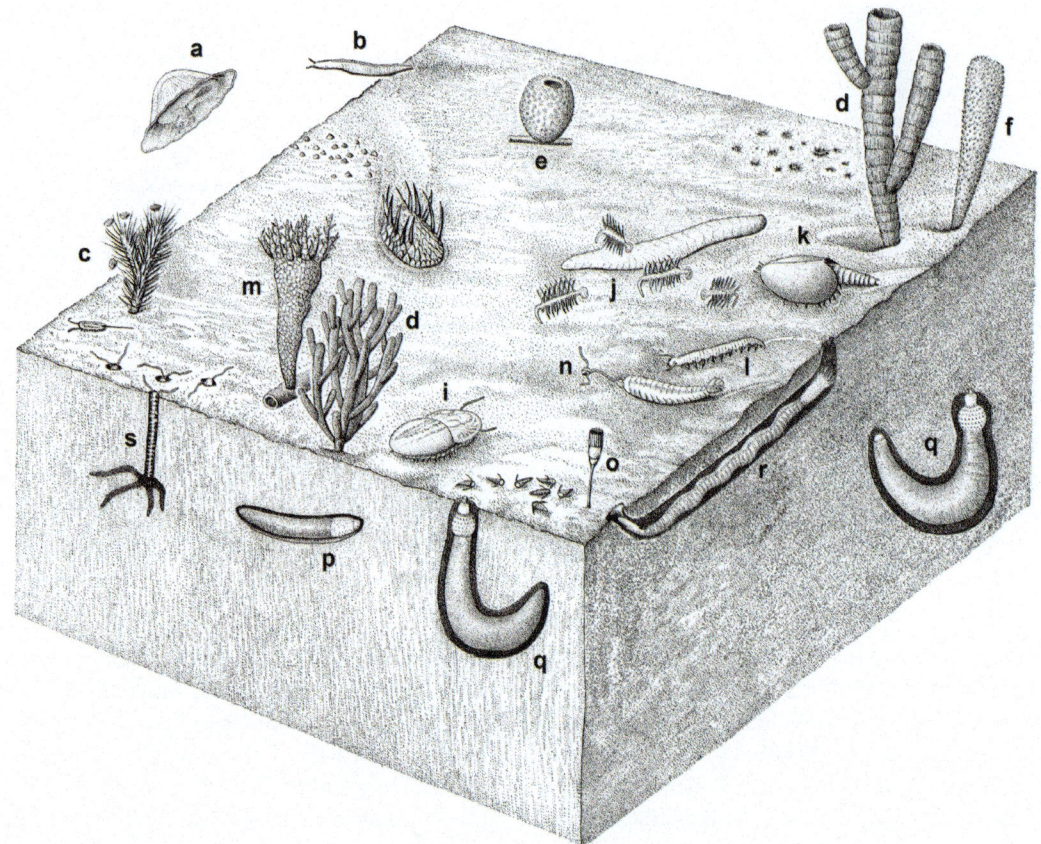

Abb. 2.5 a–s Fauna des Burgess Shale. Rekonstruktion des Lebensraumes mit einer Fülle von Tieren. Im freien, bodennahen Wasser: **a** *Eldonia* (Meduse), **b** *Pikaia* (vermutlich ein Chordat). Auf dem Meeresboden leben Schwämme (**c** *Pirania*, mit Brachiopoden besetzt, **d** *Vauxia*, **e** *Eiffelia*, **f** *Chancelloria*), **g** *Wiwaxia*, **h** *Hyolithes*, Arthropoda (**i** *Naroia*, **j** *Hallucigenia*, **k** *Canadaspis*, **l** *Aysheaia*) und Echinodermen (**m** *Echmatocrinus*) sowie Formen unbekannter Zuordnung (**n** *Opabinia*, **o** *Dinomischus*). Im Substrat dominieren Priapuliden: **p** *Ancalagon*, **q** *Ottoia*, **r** *Louisella*) und Anneliden (**s** *Burgessochaeta*). Nach Conway-Morris u. Whittington (1989)

wieder. *Anomalocaris* (Abb. 2.7a) war mit über 1 m Länge der größte Arthropode des Burgess Shale, allein seine vorderen Extremitäten erreichten 18 cm Länge. Allem Anschein nach handelte es sich um einen Räuber. *Sanctacaris* (Abb. 2.7b) wird in die Reihe der Chelicerata eingeordnet, *Kottixerxes* (Abb. 2.7c) war durch Doppelsegmente gekennzeichnet. Der häufigste Arthropode war *Marrella* (Abb. 2.7d), von dem viele tausend Exemplare gefunden wurden; er lässt sich nicht mit Sicherheit in das System einordnen. All diese Formen lebten in sonnendurchflutetem, flachem Wasser auf Schlamm- oder Sandbänken. Durch Schlammlawinen oder auch vulkanische Ereignisse wurden sie getötet und in tiefere Wasserlagen transportiert, wo sie unter Sauerstoffabschluss fossilisieren konnten, bevor sie mit der Auffaltung der Rocky Mountains im Tertiär in luftige Höhen aufstiegen.

Die auf Schwämmen gefundene *Aysheaia* (Abb. 2.5 l) stellen manche Autoren zu den Onychophoren. Auch Polychaeta sind aus dem Burgess Shale bekannt, z. B. *Canadia* und *Burgessochaeta*. *Hallucigenia* (Abb. 2.5j) weist ebenfalls metamere Strukturen auf. Ihre besonders langen Fortsätze wurden erst als Laufbeine, jetzt als Rückenanhänge interpretiert. *Pikaia* wird zu den Chordaten gestellt.

Im Jahre 1984 entdeckte man die **Chengjiang-Fauna** in Yunnan (China), die etwa 17 Mio. Jahre älter ist als die vom Burgess-Pass. Sie steht dem Beginn des Kambriums näher, und ihre Weichteil-

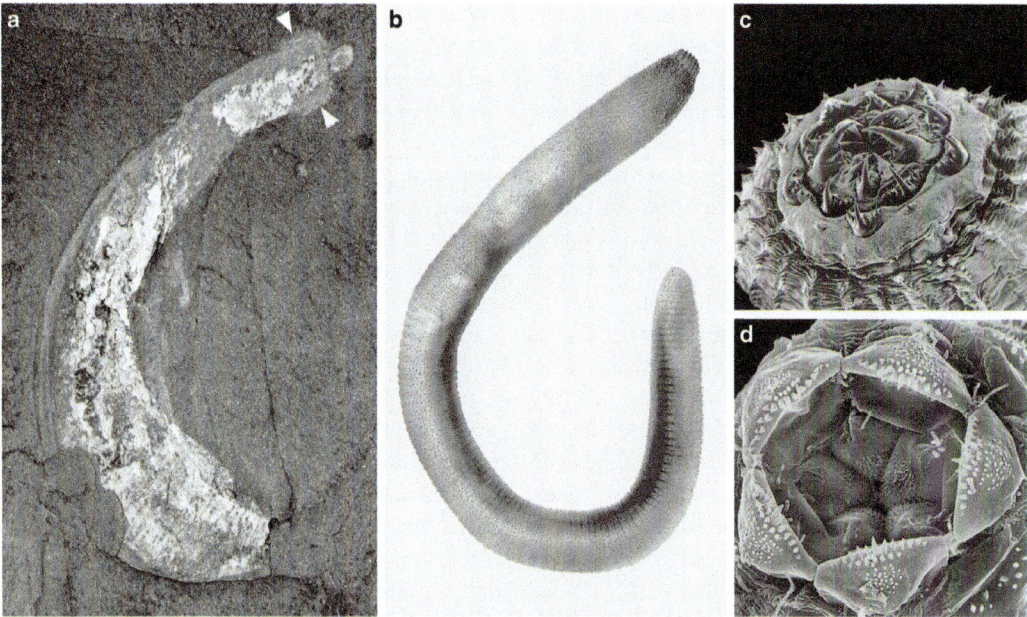

◘ **Abb. 2.6 a–c** Priapulida. **a** *Ottoia prolifica*; diese häufige Art aus dem Burgess Shale erreichte 20 cm Länge. Die *Pfeile* zeigen auf das ausgestülpte Introvert, mit dem sich die Tiere im Substrat verankerten. **b** Der rezente *Halicryptus higginsi* von der Nordküste Alaskas, der über 30 cm lang wird. **c** Introvert des rezenten *Halicryptus spinulosus*. **d** Introvert einer rezenten Priapulidenlarve

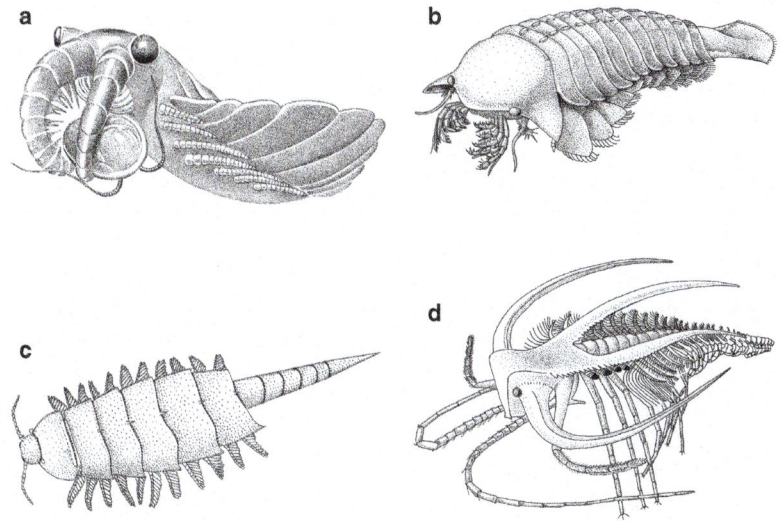

◘ **Abb. 2.7 a–d** Arthropoden des Burgess Shale: **a** *Anomalocaris*, **b** *Sanctacaris*, **c** *Kottixerxes*, **d** *Marrella*

erhaltung ist vorzüglich. Bisher kennt man über 300 Arten, die zum Teil eine große Ähnlichkeit mit der Burgess-Fauna haben und z. B. Einblicke in die frühe Evolution der Chordaten, vielleicht sogar der Vertebraten vermitteln. Weitere Entdeckungen, z. B. in Grönland, führten zu der Ansicht, dass die Burgess-Fauna globale Verbreitung hatte, wenn auch „nur" im Kambrium.

Einen speziellen Einblick in die kambrische Entwicklung der Arthropoden liefern auch die von dem Bonner Paläontologen Klaus J. Müller in Schweden entdeckten **Orsten-Fossilien**. Es handelt sich um winzige, meist 100 µm bis 2 mm lange Formen, die mittlerweile in verschiedenen Gebieten Europas, Nordamerikas, Ostasiens und Australiens nachgewiesen wurden. Sie sind bis in feinste Details dreidimensional erhalten und durch eine Imprägnierung mit Phosphat gekennzeichnet. Ihr Lebensraum war der Weichboden von Flachmeeren. Am häufigsten findet man Phosphatocopina, eine Gruppe kleiner Krebse, die ihre Blütezeit vor etwa 500 Mio. Jahren hatte. Sie ähneln den Muschelkrebsen. Außerdem wurden weitere Krebse nachgewiesen sowie Formen, die heutigen Tardigraden, Pantopoden und sogar den parasitischen Pentastomiden ähneln. Neben der ausgezeichneten Erhaltung von kleinsten Strukturen (Grannen von weniger als 1 µm Durchmesser können im Rastermikroskop dargestellt werden) ist der Nachweis mehrerer aufeinander folgender Larvenstadien eine Besonderheit der Orsten-Fossilien.

Die „**kambrische Explosion**", auch Big Bang in der Evolution der Tiere genannt, wird als die rascheste und am stärksten differenzierende Radiation in der gesamten Geschichte der Tiere angesehen. Diese hohe Geschwindigkeit erklärt man teilweise mit der Entwicklung von Räubern, die allem Anschein nach in der Ediacara-Fauna noch fehlten. Durch sie ist offenbar ein starker Selektionsdruck auf andere Organismen entstanden. Außerdem waren die Meere noch „leer". Fast alles, so sieht man es heute, konnte sich entwickeln, denn die Konkurrenz war gering. Später, in einer dichter besetzten Welt – im Wasser wie am Land – war dieses „Experiment" nicht wiederholbar. Es hat wohl nur etwa 10 Mio. Jahre gedauert, bis praktisch alle Tierstämme, die auch heute noch existieren, entstanden waren, bis hin zu den Chordaten mit *Pikaia* (◘ Abb. 2.5b) u. a.

Trilobita: dominierende Fossilien im Kambrium

Unter den Fossilien des Kambrium stehen die zu den Arthropoden gehörenden, ausschließlich marinen **Trilobiten** aufgrund ihrer Arten- und Individuenzahl weit an der Spitze. Sie hatten in dieser Periode der Erdgeschichte ihre Blütezeit. Über die Hälfte der kambrischen Fossilien entfallen auf diese Tiergruppe, die eine ganz oberflächliche Ähnlichkeit mit Asseln hat (◘ Abb. 2.8). Sie gehören zu den ursprünglichsten bekannten Arthropoden, sind jedoch bereits der Entwicklungslinie zuzuordnen, zu der auch die Spinnentiere gehören. Die meisten waren 3–10 cm lang, die Extrema liegen bei 1 mm (*Acanthopleurella*) und 75 cm (*Uralichas*). Beide Gattungen lebten im Ordovizium. Manche waren weichhäutig, die meisten hatten jedoch ein hartes, mineralisiertes Exoskelett mit Calciumcarbonat- und Calciumphosphatanteilen. An den Kopf schließen sich ein Rumpf mit bis zu 40 beintragenden Segmenten und ein Schwanzbereich an. Trilobita bedeutet Dreilapper und bezieht sich auf die Gliederung in großen Kopfschild, vielgliedrigen Rumpf und Schwanzschild. Außerdem wird der Körper durch Längsfurchen dreigeteilt: in einen Mittelteil (die Spindel oder Rhachis) und die beiden Seitenteile (Pleurae). Mittlerweile kennt man auch Details ihrer inneren Anatomie. Wichtig ist die Existenz von Mitteldarmdrüsen, wie sie auch bei Spinnentieren vorkommen.

Ihre kennzeichnende Verbreitung führte zu einer detaillierten stratigraphischen Zonengliederung im Kambrium und zur Erstellung von biogeographischen Trilobitenprovinzen. Da viele Arten nur in einer – geologisch gesehen – kurzen Zeitspanne von 1 Mio. Jahre oder weniger lebten, eignen sie sich vorzüglich als Leitfossilien. Trilobiten wurden durch wiederholte Aussterbeereignisse reduziert und machten anschließend neue adaptive Radiationen durch. Für Nordamerika ist erwiesen, dass die Radiationen jeweils einige Millionen Jahre dauerten, dass die Aussterbeereignisse jedoch relativ plötzlich eintraten und sich nur über ein paar Tausend Jahre erstreckten. Trilobiten waren im Wesentlichen bodenlebende Formen, die wohl von Kleinstorganismen lebten oder Sedimentfresser waren. Nur wenige Gattungen werden als Räuber angesehen. Die mit langen Stacheln versehene Gattung *Deiphon* lebte wohl im Oberflächenwasser und nahm Plankton auf. Viele Trilobiten hinterließen Spuren auf dem Boden, aber auch im Substrat. Die Trilobiten hatten zum Teil gut entwickelte Komplexaugen, die aus vielen Ommatidien zusammengesetzt waren. Ihre Position am Kopf variiert: sie liegen zum Teil seitlich, zum Teil auf Höckern der Oberseite oder an der Vorderseite des Kopfes. Manche Tiefwasserformen waren blind. All das lässt auf eine sehr unterschiedliche Lebensweise der Trilobiten schließen, von denen mittlerweile

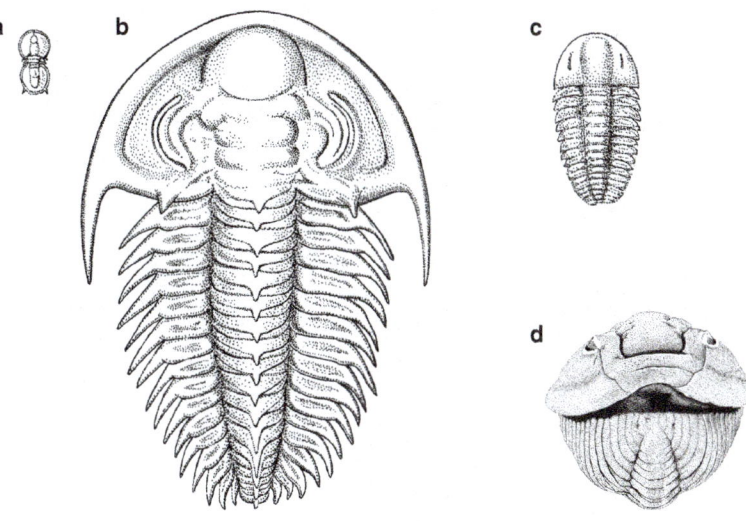

Abb. 2.8 a–d Trilobiten. **a–c** Kambrische Formen in Dorsalansicht. **a** *Agnostus* (Kambrium), **b** *Holmia*, **c** *Ellipsocephalus*, **d** *Calymene* (Silur), einer der häufigsten Trilobiten der schwedischen Insel Gotland, den man bisweilen eingerollt findet

15.000 Arten beschrieben wurden. Am Ende des Perm starben sie aus.

In Deutschland findet man Trilobiten in kambrischen Ablagerungen vor allem in Sachsen und Bayern. Bekannte Fundorte liegen bei Görlitz (Unterkambrium: u. a. *Serrodiscus*, *Lusatiops*), bei Leipzig (Unter- und Mittelkambrium: u. a. *Paradoxides*, *Ellipsocephalus*) und im Frankenwald (Mittelkambrium: u. a. *Paradoxides*, *Jincella*). Einen besonderen Höhepunkt stellt das Mittelkambrium Böhmens dar. In der Mulde von Prag erreichen Schiefer aus dieser Zeit eine Mächtigkeit von 400 m und enthalten wunderbar erhaltene Trilobiten. Nach ihrem ersten Bearbeiter Joachim Barrande (1799 bis 1883) wird die gesamte paläozoische Schichtenfolge dieser Gegend als **Barrandium** bezeichnet.

Brachiopoda: Nr. 2 der kambrischen Fossilien

Die Brachiopoden (Armfüßer) sind eine weitere dominierende Gruppe kambrischer Meere. Bezüglich ihrer Artenzahl stehen sie nach den Trilobiten in dieser Zeit an zweiter Stelle. Auf sie entfallen ungefähr 30 % der bekannten Arten des Kambriums. Brachiopoden sind zweiklappige Suspensionsfresser (**Abb. 2.9**), die später wohl zum großen Teil durch die ihnen äußerlich ähnlichen Muscheln (Bivalvia), welche zu dieser Zeit schon existierten, ersetzt wurden. Die Nahrungsaufnahme der Brachiopoden erfolgt über paarige Arme (Lophophore), die Tentakel tragen. Auf den Tentakeln finden sich Wimperstraßen, mit deren Hilfe Nahrung herbeigestrudelt wird. Die Lophophore können zwei Drittel des Schaleninnenraumes einnehmen. Ihre Größe lässt sich mit der Wassertiefe ihres Lebensraumes korrelieren: Im tieferen (nahrungsarmen) Wasser sind die Lophophore im Allgemeinen größer als im flachen (nahrungsreichen) Wasser. Zu den Brachiopoden gehört *Lingula*, deren Schalenmorphologie sich ohne wesentliche Veränderungen bis heute erhalten hat (**Abb. 2.9a**) und die damit eines der ältesten „lebenden Fossilien" darstellt (s. **Abschn. 2.4.2**).

Alle Brachiopoden sind marin. Die meisten sind mit einem Stiel am harten Substrat befestigt, die Schalen der Mehrzahl der Arten enthalten Calciumcarbonat; außerdem kann Calciumphosphat vorkommen. Die Schalengröße reicht bis 35 cm (*Gigantoproductus*).

Die Klassifizierung der Brachiopoden ist umstritten; traditionell ist die Gliederung nach dem Fehlen oder Vorhandensein eines Schalenschlosses in die Taxa Ecardines (Inarticulata) und Testicardines („Articulata"). Zu ersteren gehören die Lingulida (**Abb. 2.9a**), die heute als langstielige Formen in küstennahen Böden leben. Zu den Testicardines (**Abb. 2.9b,c**) gehört die Mehrzahl der rezenten Gattungen. In der Paläontologie werden die Klassen Lingulata und Calcitata unterschieden.

Die Brachiopoden hatten ihre maximale Entfaltung im Paläozoikum; mit dessen Ende nahm ihre

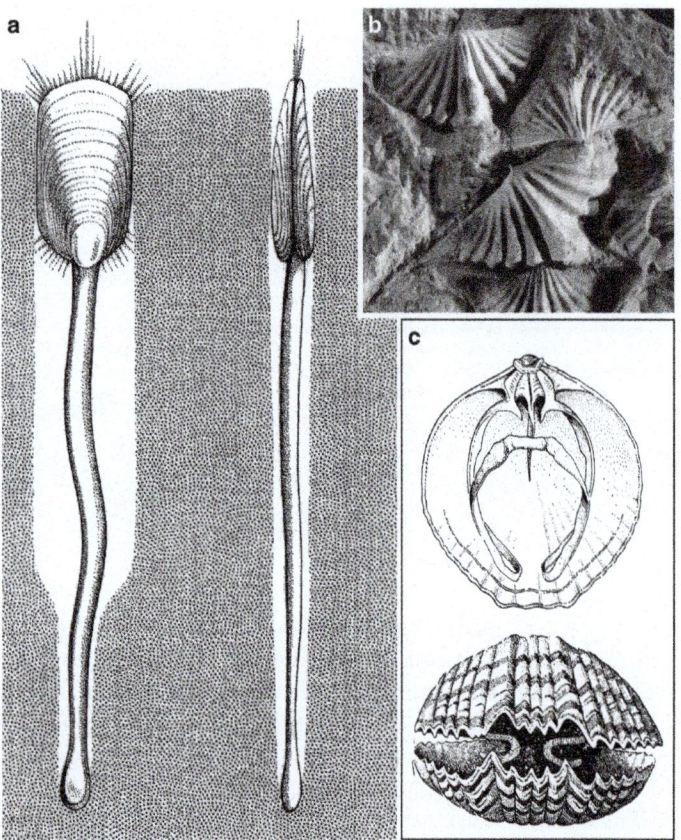

◘ **Abb. 2.9 a–c** Brachiopoden. **a** *Lingula* im Substrat, *links* in Dorsal-, *rechts* in Lateralansicht; **b** *Acrospirifer* (Devon, China); **c** *Magellania* (Terebratulida), *oben* Innenansicht der Dorsalschale mit Armskelett, *unten* Vorderansicht mit geöffneten Schalen

Vielfalt ab. 30.000 fossile Arten stehen 330 rezenten gegenüber.

Archaeocyatha: Nr. 3 der kambrischen Fossilien – Riffbildner

Die Archaeocyatha (◘ **Abb. 2.10**), die dritthäufigste Tiergruppe kambrischer Meere, waren im frühen Kambrium über große Teile der Erde verbreitet und dienen als wichtige Leitfossilien. Auf sie entfallen etwa 5 % der bekannten Arten des Kambriums. Sie waren festsitzende, kegelförmige Organismen – zwei ineinander stehenden, durchlöcherten Bechern ähnelnd (◘ **Abb. 2.10a**). Vermutlich gehörten sie in die nähere Verwandtschaft der Schwämme, die zur Zeit der Archaeocyathen schon existierten. Einige haben im Kambrium zeitweise die ökologische Nische eingenommen, welche später von Schwämmen und Korallen besetzt wurde. Als Riffbildner (oft gemeinsam mit Algen) und Zeugen eines milden Klimas lebten sie in flachen und warmen Meeresgebieten, meist in einer Wassertiefe von 10–50 m und auf Carbonatböden. Sie ernährten sich vermutlich mikrophag, pumpten Wasser durch ihre porösen Wände – der Zwischenraum zwischen den beiden „Bechern" (= Intervallum) wurde von einem Kalkgerüst durchzogen – und entließen es durch eine große Ausströmöffnung nach oben. Ein anderer Gedankenansatz geht davon aus, dass der Wasserdurchstrom rein physikalisch (d. h. ohne Cilien) erfolgte: durch die kleinen Poren der äußeren Becherwandung, das Intervallum, die größeren Poren der inneren Becherwandung, den Innenraum und die große zentrale Ausströmöffnung.

Archaeocyathen lebten meist solitär, einige auch kolonial (◘ **Abb. 2.10d**). Die meisten waren relativ klein und hatten einen oberen Durchmesser von 1–2 cm sowie eine Höhe von 8–15 cm. Jedoch existierten auch größere Formen: 60 cm Durchmesser erreichte die flache Gattung *Okulit-*

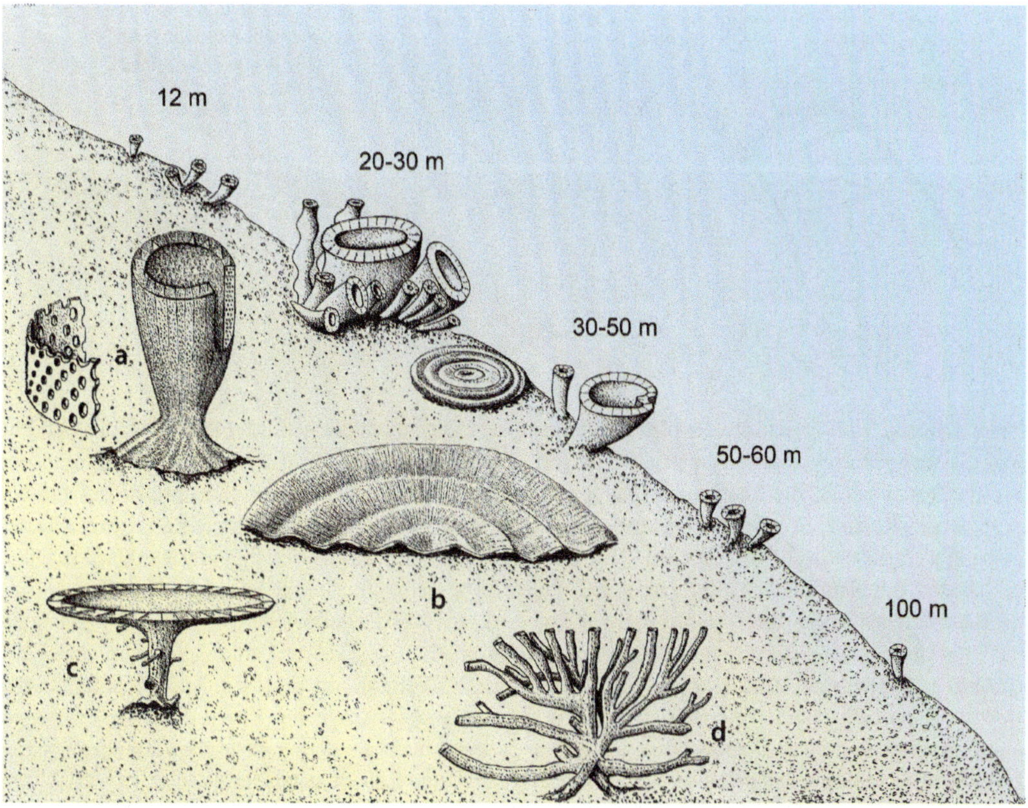

Abb. 2.10 a–d Archaeocyatha. An der Kante des Substrates Wachstumsformen in Beziehung zur Meerestiefe. **a** Außenwand von *Ajacicyathus*, **b** *Okulitchicyathus*, gewellt-scheibenförmige Gestalt, **c** *Paranacyathus*, konisch-terminal abgeflachte Form, **d** *Archaeolynthus*, verzweigte Form. Nach <[LW6]>Hill (1972), Vologdin (1962), Zhuravleva (1960)

chicyathus (**Abb. 2.10b**), und 30 cm wird als maximale Höhe angegeben. Ihre weite geographische Verbreitung macht sie besonders wichtig für eine interkontinentale Parallelisierung (chronostratigraphische Korrelation) von Gesteinsschichten. Sie umgaben die Erde in einem breiten Gürtel. Im Raum des heutigen Europa – damals ein Flachmeer – waren die Archaeocyathen im Südwesten (Spanien bis Marokko, Sardinien, Südfrankreich) recht häufig. Auch im damals tropischen Sibirien sowie in Australien besiedelten sie den Meeresboden in großer Fülle. In Deutschland findet man sie im Gebiet von Leipzig und Doberlug. Von Sardinien kennt man so schöne Archaeocyathen, dass man die fossilführenden Gesteine zur Herstellung von Kacheln abgebaut hat.

Die Riffe, die von Archaeocyathen aufgebaut wurden, hatten im Vergleich zu heutigen Riffen bescheidene Ausmaße. Sie waren bis 3 m dick und maßen zwischen 10 und 30 m im Durchmesser.

Da Archaeocyathen bisher in Schichten, die unterhalb von 100 m Wassertiefe abgelagert wurden, nicht gefunden wurden, schließt man auf eine Symbiose mit photosynthetisierenden Organismen. Aufgrund der weiten Verbreitung einzelner Archaeocyathen nimmt man ein planktisches Larvenstadium an. Nach der Blütezeit im älteren Kambrium wurden sie immer spärlicher und starben bereits im Mittelkambrium aus. Über die Ursachen wissen wir nichts, aber ihre Nische wurde bald von Schwämmen und Korallen eingenommen.

Weitere Wirbellose der kambrischen Meere

Auch **Mollusca** lebten in kambrischen Meeren, jedoch waren sie noch verhältnismäßig klein. Po-

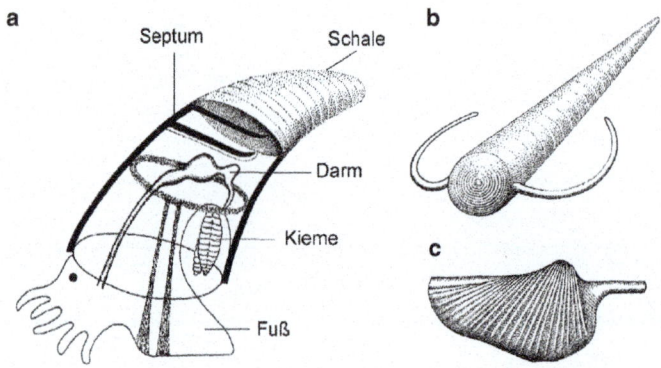

◘ Abb. 2.11 a–c a *Plectronoceras*, b Hyolith, c *Conocardium* (Rostroconchia). Nach Amler (1986), Clarkson (1998)

lyplacophoren sind bekannt, Monoplacophoren und Gastropoden sogar schon reich differenziert, Bivalvia noch selten, die ältesten Cephalopoden gruppieren sich um die oberkambrische Gattung *Plectronoceras* (◘ Abb. 2.11a). Spät im Kambrium entstanden die Nautiloideen; sie waren zunächst noch sehr klein; die meisten maßen 2–6 cm.

Umstritten ist die Zugehörigkeit der **Hyolitha** (◘ Abb. 2.11b) zu den Mollusken. Sie entfalteten sich im Kambrium, gingen danach stetig zurück und starben im Perm aus. Die Hyolithen trugen ein kegelförmiges, dünnes Kalkgehäuse, dessen spitzer Anfangsteil oft durch Querwände gekammert ist. Die Mündung konnte durch eine Klappe verschlossen werden; manchmal waren am Vorderende seitliche Fortsätze ausgebildet. Hyolithen lebten benthisch und waren mehrheitlich Suspensionsfresser.

Eine weitere ausgestorbene Tiergruppe sind die **Rostroconchia** (◘ Abb. 2.11c). Sie hatten eine zweiklappige Schale – jedoch ohne Schloss und Ligament – und lebten von Kambrium bis Perm, mit einem Maximum im Ordovizium.

Die **Echinodermata** sind eine sehr alte marine Tiergruppe mit zahlreichen ursprünglichen Merkmalen. Aufgrund ihres Hautpanzers liegen seit dem Kambrium zahlreiche Fossilfunde vor, die erlauben, ihre wechselvolle Geschichte zu rekonstruieren. Entwicklungsgeschichte, vergleichende Anatomie und auch Paläontologie haben die verwandtschaftlichen Beziehungen zu den Hemichordaten und Chordaten aufgedeckt. Ob drei- bzw. fünfstrahlige präkambrische Elemente aus der Ediacara-Fauna Australiens (*Tribrachidium, Arkarua*) den Echinodermen angehören, ist umstritten, das kennzeichnende Hautskelett fehlt diesen Formen.

Die Fossilgeschichte der Echinodermen ist sehr wechselvoll mit Perioden der Entfaltung und des Niederganges. Schon im Kambrium entstanden von Echinodermen dominierte Kalke; am Ende des Ordovizium gab es 19 Echinodermenklassen. Diese hohe Zahl reduziert sich dann bis zum Karbon stetig auf fünf bis sechs, eine Zahl, die auch heute noch gültig ist. Die Zahl der Gattungen nimmt einen anderen Verlauf, am Ende des Karbon sind ca. 400 Gattungen nachgewiesen, am Ende der Trias sind es nur noch 40; seither steigt die Zahl wieder stetig an, heute liegt sie bei mehr als 400.

Die frühen paläozoischen Echinodermen waren oft asymmetrisch (◘ Abb. 2.12); sie lagen zum Teil flach auf dem Boden und konnten sich mit Hilfe eines schwanzähnlichen Fortsatzes langsam bewegen. Viele hatten möglicherweise Kiemenspalten und auch Ambulakralrinnen. Sehr alte (Kambrium bis Devon) und in ihrer Bedeutung umstrittene Formen sind die **Homalozoa (Carpoidea;** ◘ Abb. 2.12a), die weder Anzeichen einer Radiär- noch einer Bilateralsymmetrie erkennen lassen, sondern asymmetrisch waren. Vermutlich handelt es sich um eine Sammelgruppe ursprünglicher Taxa. Die birnen- oder spindelförmigen **Helicoplacoidea** (◘ Abb. 2.12b) aus dem Unterkambrium waren wohl Echinodermen mit einer dreistrahligen Radiärsymmetrie, die möglicherweise der fünfstrahligen vorausging. Ältestes fünfstrahliges Echinoderm ist die kambrische *Camptostroma*. Vom Kambrium bis zum Perm lebten die kleinen, kissen- oder pilzförmigen *Edrioasteroidea* (◘ Abb. 2.12c). Noch im Kambrium bildeten sich zwei große Echinodermengruppen heraus, die gestielten, sessilen Pelmatozoa (◘ Abb. 2.12d,e) und die ungestielten, frei beweglichen Eleutherozoa.

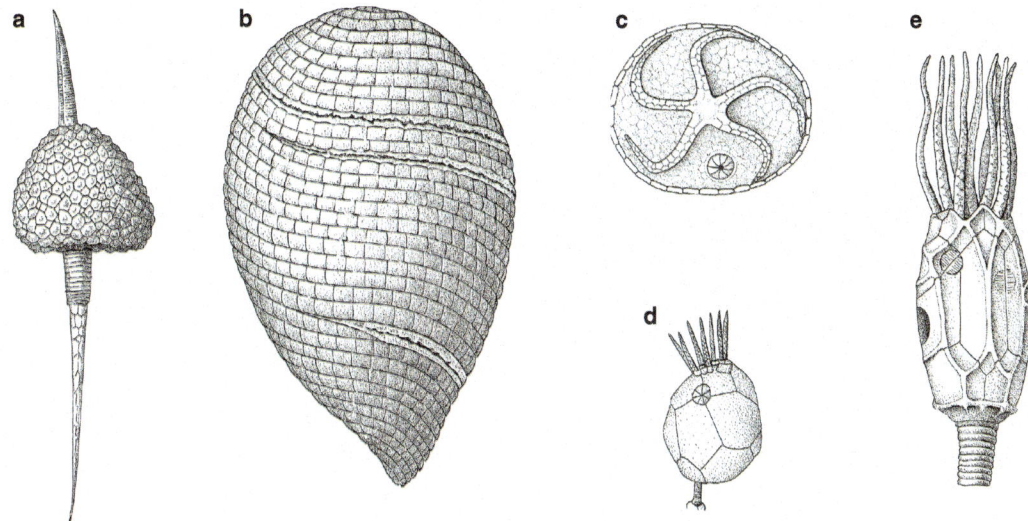

Abb. 2.12 a–h Paläozoische Echinodermata. **a** *Heckericystis* (Carpoidea; Ordovizium), **b** *Helicoplacus* (Helicoplacoidea; Kambrium), **c** *Cooperidiscus* (Edrioasteroidea; Devon), **d** *Cryptocrinites* (Pelmatozoa; Ordovizium), **e** *Cheirocrinus* (Pelmatozoa; Silur)

Die **Pelmatozoa** erfuhren im Laufe der Erdgeschichte wechselvolle Phasen der Entfaltung und des Niedergangs. Heute existieren nur noch relativ wenige Formen, Seelilien – meist in der konkurrenzarmen Tiefsee – und Haarsterne, die nach einem festsitzenden Jugendstadium frei beweglich am Boden oder in Korallenriffen leben und sogar schwimmen können.

Die rein fossilen Gruppen, z. B. die **Cystoidea** werfen noch viele offene Fragen auf. Die **Crinoidea** (Seelilien) waren zeitweilig so häufig, dass die Glieder ihrer zerfallenen Stiele (Trochiten), Kelche und Arme große Kalkbänke (Crinoidenkalke) aufbauen konnten. Ganz überwiegend waren diese vielgestaltigen Tiere festsitzend und bildeten z. T. dichte Rasen. Die silurisch-devonische Gattung *Scyphocrinites*, die aus Europa, Afrika, Asien und Nordamerika bekannt ist, besaß am Ende ihres Stieles eine kugelige Auftreibung, die als Schwebeorgan interpretiert wird. *Seirocrinus*, eine jurassische Seelilie aus der Gruppe, der auch die rezenten Seelilien angehören, ist besonders schön in den Posidonienschiefern Holzmadens erhalten (Abb. 2.62a). Die Krone mit den langen Armen war ca. 80 cm hoch, die Stiele erreichten eine Länge von bis zu 18 m. Sie waren wahrscheinlich an im Meer treibenden Baumstämmen angeheftet. Die Haarsterne (Comatuliden) existieren erst seit dem Mesozoikum. Die häufige jurassische Gattung *Saccocoma* (Abb. 2.63a) aus den Plattenkalken Solnhofens lebte vermutlich pelagisch.

Zu den **Eleutherozoa** gehören Asterozoa (See- und Schlangensterne) sowie **Echinozoa** (Seeigel und Seegurken). Die seit dem Ordovizium überlieferten Seesterne bewahren viele ursprüngliche Merkmale, wie z. B. die offene Ambulakralrinne, und haben sich im Laufe ihrer Evolution wenig verändert. Gut erhaltene Fundstücke stammen aus dem Devon der Hunsrückschiefer (*Urasterella*), in dem auch schon vielarmige Formen (*Helianthaster*, Abb. 2.29d) gefunden wurden. Auch die Schlangensterne sind seit dem Ordovizium bekannt, von ihnen liegen gut erhaltene Fundstücke (*Furcaster*, Abb. 2.1) aus dem devonischen Hunsrückschiefer vor. Die Schlangensterne sind die beweglichsten unter den heutigen Echinodermen. Auch die Seeigel und Seegurken sind seit dem Ordovizium bekannt. *Aulechinus* aus dem Ordovizium ist der älteste bekannte Seeigel, dessen interradiäre Plattenreihen noch recht unregelmäßig verlaufen. Die Lanzenseeigel (Cidaroidea) erscheinen im Devon und sind die Grundgruppe aller modernen Seeigel; einige Formen, z. B. *Cidaris*, haben bis heute überlebt. Die typischen modernen Seeigel sind seit der Trias bekannt. Die ältesten Seegurken besaßen noch einen Hautpanzer (z. B. *Palaeocucumaria*).

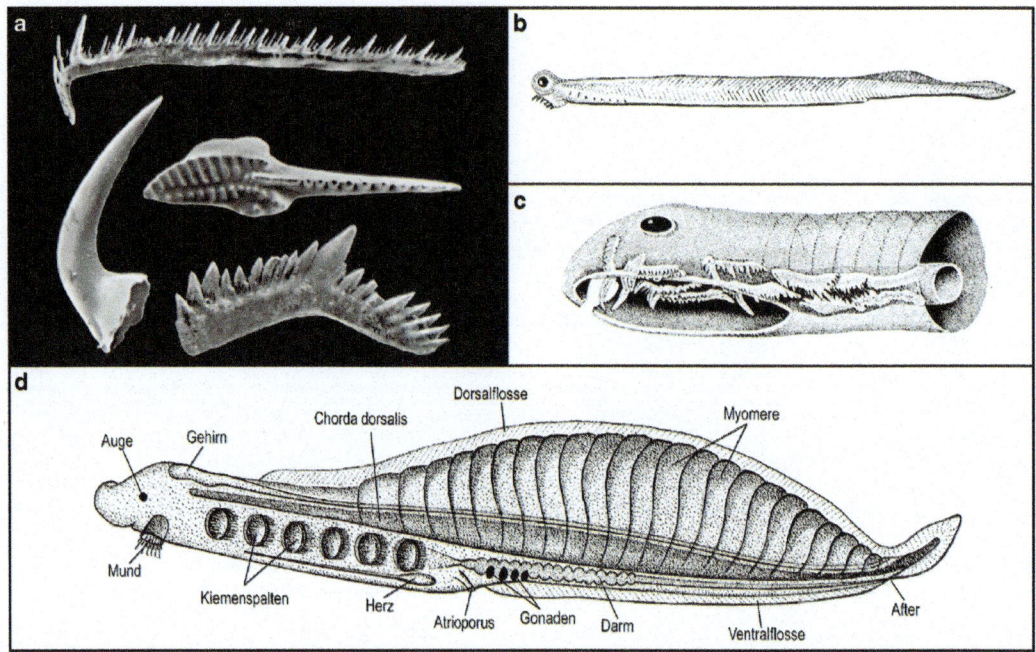

Abb. 2.13 a–d Conodonta und *Haikouella*. **a** Conodonta sind fast nur durch winzige, vielgestaltige Hartgebilde bekannt, die hier im rasterelektronenmikroskopischen Bild dargestellt sind. Die Länge der abgebildeten Teile liegt im Bereich eines Millimeters, **b** ganzes Conodonten-Tier, **c** Rekonstruktion des Vorderendes, **d** *Haikouella*. Nach Aldridge u. Purnell (1996), Davis u. Fuger (1998)

Conodonta

Die Conodonta oder Conodonten-Tiere (Conodontophorida) sind marine Formen, wahrscheinlich frühe Chordaten, die vom Kambrium bis zur Trias weit verbreitet vorkamen und der Wissenschaft in Form von kleinen, spitzen, meist 0,2–2 mm langen, zähnchenartigen Hartgebilden aus Calciumphosphat (Conodonten) schon seit Mitte des 19. Jahrhunderts bekannt sind, ohne dass man sie irgendwo sicher einordnen konnte. Der Begriff „Conodonta" ist doppeldeutig: Er wird gleichermaßen für die Hartgebilde wie für die ganzen Tiere benutzt. Die Formenvielfalt der Hartgebilde ist auffallend (**Abb. 2.13a**), und für erdgeschichtliche Forschungen haben Conodonten eine erhebliche Bedeutung als Leitfossilien. Die feinstratigraphische Gliederung des Paläozoikums basiert heute weitgehend auf dem Auftreten verschiedener Conodonten.

Conodonten gehören in Devon und Karbon zu den häufigsten Fossilien. Paläontologen unterscheiden bis über 3000 Formen.

Erst ab 1979 wurden vollständige Tiere in Südafrika (Ordovizium), in Wisconsin/USA (Silur) und in Schottland (Karbon) entdeckt, die uns eine recht gute Vorstellung ihrer Anatomie vermitteln, so dass auch Rückschlüsse auf ihre Lebensweise möglich sind. Es waren bis 40 cm lange, schlanke, seitlich zusammengedrückte, fischähnliche Meerestiere, deren Kopf große Augen und einen komplizierten Zahnapparat zur Nahrungsaufnahme besaß (**Abb. 2.13b,c**). Ein Schädel mit typischen Kiefern und ein Hautskelett waren jedoch noch nicht ausgebildet. Die Zähne waren mit einzigartigen Stützstrukturen aus Hartgewebe verbunden. Es wurden im Bereich dieses Gebissapparates insgesamt vier verschiedene Hartgewebe beschrieben: Knochen, verkalkter Knorpel, Dentin und Schmelz. Die Rumpfmuskulatur war wie bei Fischen und *Branchiostoma* segmentiert. Offensichtlich führten sie ein räuberisches, pelagisches Leben.

Ursprung der Chordaten

Zu den Chordaten zählen heute die Cephalochordaten (*Branchiostoma*), die Urochordaten (mit den

Tunicaten) und die Cranioten (mit den Wirbeltieren).

Das paläontologische Bild vom Ursprung der Chordaten – und damit auch der Wirbeltiere – hat sich in den letzten Jahren gewandelt, bleibt aber immer noch sehr umstritten. Aus kambrischen Ablagerungen wurden verschiedene Fossilformen beschrieben, die als Chordaten und z. T. sogar als Vertebraten gedeutet wurden, deren Zugehörigkeit zu einer dieser Gruppen aber bisher keinen Konsens gefunden hat. Den meisten dieser Formen ist gemeinsam, dass sie offensichtlich eine metamere Rumpfmuskulatur (Myomeren) besitzen, wie wir sie unter rezenten Formen tatsächlich nur von Chordaten kennen.

- Conodonta: Die Conodonten wurden schon im **Abschn. 2.2.1** dargestellt. Die ältesten Funde stammen aus dem Kambrium; sie repräsentieren vermutlich einen eigenen Entwicklungszweig der Chordaten.
- *Pikaia*: *Pikaia gracilens* stammt aus den kambrischen Schiefern des Burgess-Passes, über 100 Einzelfunde liegen vor. Sie war ca. 4 cm lang und seitlich abgeflacht, was für eine schwimmende Lebensweise spricht. Der zweilappige Kopfbereich trägt vorn zwei Tentakel und jederseits bis zu neun gefiederte Anhänge, die an externe Kiemen erinnern; ob Kiemenöffnungen vorlagen, ist unsicher. Die Muskulatur – vermutlich des ganzen Körpers – ist segmentiert, große Exemplare haben ca. 100 Myomere. Ob eine Chorda dorsalis vorlag, ist umstritten, dorsal im Rumpf befindet sich eine Struktur, die z. T. als Chorda, z. T. aber auch als eine eigene Struktur (Dorsalorgan) interpretiert wird. Möglicherweise steht *Pikaia* der Stammform der Chordaten nahe.
- *Metaspringgina*: Diese kambrische Form ähnelt entfernt *Pikaia*, möglicherweise gehörte sie zur Stammgruppe der Agnatha.
- Weitere Fossilfunde, die mit den Chordaten und sogar den Cranioten bzw. Vertebraten in Beziehung gesetzt werden, stammen aus dem Kambrium Südchinas.
    - Umstritten sind die Yunnanozoa mit *Yunnanozoon* und *Haikouella* (◘ **Abb. 2.13d**). Auch sie sind segmentiert; es wird mehrheitlich vermutet, dass die Segmente Myomeren entsprechen, vereinzelt wird die Segmentierung auf eine Ringelung einer chitinigen Wohnröhre zurückgeführt. Es ist wahrscheinlich, dass eine echte Chorda dorsalis vorlag und dass Augen vorhanden waren. Ein wohl geräumiger Pharynx ist wahrscheinlich von Kiemenbögen und Kiemenöffnungen begrenzt, vielleicht lagen äußere Kiemen, wie vermutlich bei *Pikaia*, vor. Ihre phylogenetische Stellung wurde z. T. als „fragliche Cranioten" bis hin zu „primitive Chordaten" bewertet.
    - *Haikouichthys* und *Myllokunmingia* besaßen Kiemenbögen und Kiemenöffnungen, V-förmige Muskelsegmente, eine Chorda und wohl sogar eine Schädelkapsel. Vielleicht hatten sie neben einer dorsalen Flosse auch schon ventrale Flossen; da das Vorderende dieser Formen bisher nicht gut bekannt ist, sind noch keine sicheren Aussagen über Augen und andere Kopfstrukturen möglich. Möglicherweise sind einzelne anatomische Anklänge an Neunaugen vorhanden. Vielen gilt *Haikouichthys* als derzeit ältester bekannter Craniot und sogar Vertebrat.

Unumstrittene Wirbeltiere treten erst im Ordovizium auf, und zwar in Form der fossilen Agnatha (Ostracodermen, s. **Abschn. 2.2.3**).

2.2.2 Ordovizium

> **Übersicht**
>
> Die Fossilien sind vorwiegend marinen Ursprungs. Es dominieren die freischwebenden Graptolithen und die großen Orthoceren. Trilobiten sind verbreitet, Conodonten sind wichtige Leitfossilien. Anthozoen (Rugosa und Tabulata) sowie Stromatoporen ersetzen die kambrischen Archaeocyathen als Riffbildner. Das pflanzliche Plankton entfaltet sich (Acritarchen). Massenaussterben gegen Ende des Ordoviziums.

Das **Ordovizium** (488–444 Mio. Jahre vor heute) ist ein etwa 44 Mio. Jahre währender Zeitabschnitt und wurde nach dem walisischen Keltenstamm der

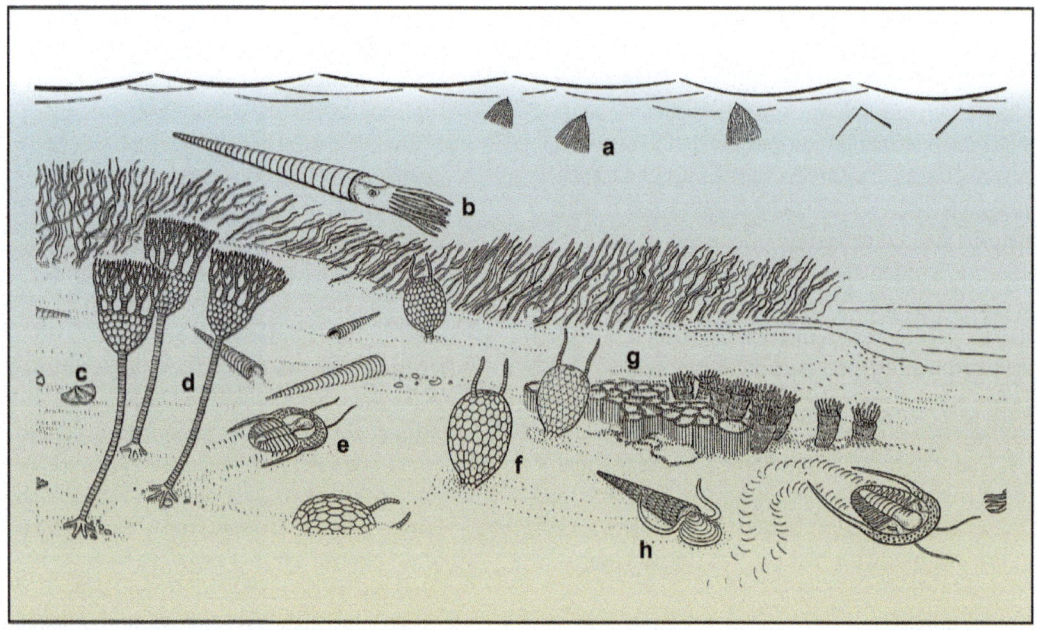

Abb. 2.14 a–h Das Meer im Ordovizium. Im freien Wasser trieben **a** Graptolithenkolonien (z. B. *Dictyonema*) und **b** große Cephalopoden (*Orthoceras*). Am Meeresboden lebten **c** Brachiopoden, **d** Crinoiden (*Caleidocrinus*), **e** Trilobiten (*Cryptolithus*), **f** Cystoidea (*Aristocystites*) und diverse Korallen, z. B. **g** *Halysites* (Tabulata). Unbekannt ist die systematische Stellung der **h** Hyolithen (*Elegantulites*). Berühmte Fundstätte: Öland, Schweden. Nach Schäfer, Senckenberg-Museum (2000)

Ordovizier benannt. An der walisischen Küste sind ordovizische neben kambrischen und silurischen Sedimenten zu finden. Alle drei Systeme lieferten Baumaterial für das Kaledonische Gebirge. Das Ordovizium ist vor allem durch das Vorkommen von Graptolithen (Abb. 2.14a, 2.20), aber auch durch die adaptive Radiation anderer Tiergruppen, insbesondere der Weichtiere, gekennzeichnet. Abbildung 2.14 vermittelt einen Eindruck von der Organismenwelt ordovizischer Meere. Die paläogeographischen Verhältnisse waren ähnlich wie im Kambrium, und die Verteilung von Land und Meer war ähnlich wie dort beschrieben (Abb. 2.4). Gondwana lag auf der Südhalbkugel; Baltica, Laurentia und Sibiria bewegten sich aufeinander zu.

Im Ordovizium waren alle Tierstämme der nachfolgenden geologischen Zeitabschnitte in den Meeren vorhanden. Trilobiten, Brachiopoden, Graptolithen und Conodonten waren verbreitete Gruppen. Die Trilobiten waren oft größer als früher, wiesen gegenüber denen des Kambriums eine verstärkte Bestachelung auf, und viele konnten sich einrollen. Neben Bryozoen- und Stromatoporen-Riffen kamen Korallenriffe vor, die von Rugosa und Tabulata aufgebaut werden. Diese Riffe markieren eine weitere Epoche der Riffbildung: Archaeocyathen als Riffbildner waren schon im Kambrium ausgestorben.

Riffbildner im Paläozoikum

Rugosa (Abb. 2.16a–c) waren auf das Paläozoikum beschränkte, in der Mehrzahl solitäre Anthozoa, die an der Riffbildung von Ordovizium bis Perm beteiligt waren. Ihr Kalkskelett ist zunächst durch sechs so genannte Protosepten gekennzeichnet, weitere Septen werden dann nur in vier Fächern gebildet, weswegen die Gruppe auch Tetracorallia genannt wird. Der Name Rugosa geht darauf zurück, dass die Außenwand des Korallenskeletts Runzeln (= Rugae) aufweist. Rugosa und Tabulata sind die ersten nennenswerten Riffbildner unter den Anthozoa. Infolge kurzfristiger, aber starker Meeresspiegelanstiege im Oberdevon kommt es zum Massenabsterben von Riffen; Rugosa und Tabulata waren dem Aussterben nahe: über 90 % der im Flachwasser lebenden Rugosa verschwanden, Tiefwasserformen wurden etwa zur Hälfte ausgelöscht. Von dieser Katastrophe erholten sie sich nicht wieder; an der Wende zum Mesozoikum verschwanden sie endgültig. *Zaphrentis* war im Flachmeer des Rheinlandes verbreitet; *Calceola* (◘ **Abb. 2.16a–c**; die Pantoffelkoralle) ist eine mitteldevonische Leitform und z. B. in Eifel und Hunsrück zu finden. Mit dreieckiger Grundfläche lag sie auf dem Substrat und konnte sich mit einem halbkreisförmigen Deckel schließen.

Tabulata sind auf das Paläozoikum beschränkte, stets koloniebildende Anthozoa. Die ersten Tabulata kennt man aus dem Kambrium; später, insbesondere in Silur und Devon, waren sie an der Riffbildung beteiligt. Im Karbon waren sie stark rückläufig, im Perm starben sie aus. Die Kalkskelette der einzelnen Polypen (= Corallite) sind durch Querböden (= Tabulae) gekennzeichnet (◘ **Abb. 1.25d**); Sklerosepten, die für heutige Korallen so typisch sind, hatten sie praktisch nicht. Stattdessen ragten Dornen in den Hohlraum der 0,5–5 mm breiten Coralliten (◘ **Abb. 1.25c**). Querböden wurden immer dann eingezogen, wenn der Polyp ein wenig höher gewachsen war und sich dann aus dem unteren, älteren Stockwerk in das obere, neue begab. Der Formenreichtum der Tabulata war groß; man unterscheidet über 300 Gattungen, wobei nicht ganz sicher ist, in welchem Umfang einige diagnostisch verwendete Merkmale erst nach dem Tod (= diagenetisch) eintraten. Tabulata besiedelten ausschließlich Schelfbereiche und Kontinentalabhänge; z. B. gab es rheinisch-ardennische Riffe (◘ **Abb. 2.30**). Wie heutige Riffkorallen lebten sie bevorzugt in Äquatornähe. Sie sind zweifellos eine der erfolgreichsten Tiergruppen des älteren Paläozoikums. Eine verbreitete und dominierende Gattung war *Favosites*. Bekannt ist auch die „Kettenkoralle" *Halysites* (◘ **Abb. 2.16d**) mit ihren zylindrischen bis ovalen Coralliten. Im Ordovizium und Silur war sie sehr weit verbreitet.

Stromatopora (**Stromatoporoidea**) sind marine, sessile und koloniale Organismen, die seit dem Kambrium bekannt sind. Bis zum mittleren Devon – als sie ihren Höhepunkt erreichten – waren sie in flachen, strömungsreichen Meeresgebieten verbreitet und eng mit Algen und Korallen assoziiert. Oberflächlich ähnelten sie Tabulaten. Ihre systematische Zuordnung ist unsicher: Sie werden heute von den meisten Autoren zu den Porifera, von anderen zu den Cnidaria gestellt. Typischerweise haben die Stromatoporen ein Kalkskelett mit vertikalen und horizontalen Strukturelementen (◘ **Abb. 2.17a**) und bilden unregelmäßig geformte, im Prinzip halbkugelige Blöcke, die 2 m Durchmesser und 1 m Höhe erreichen konnten. Manche Strukturelemente (Latilaminae, Laminae) werden als Hinweise auf Wachstumsperioden gewertet. Bei einigen Formen finden sich an der Oberfläche sternförmig verzweigte Kanäle (Astrorhizae), die als Ausfuhrgänge interpretiert werden. Die schwedische Ostsee-Insel Gotland ist durch eine besondere Fülle von silurischen Stromatoporen gekennzeichnet, und in den devonischen Riffen des Rheinlandes (s. **Abschn. 2.2.4**) spielten sie ebenfalls eine wichtige Rolle. Eine bekannte und gleichzeitig besonders alte Gattung ist *Pseudostylodictyon* (aus den Staaten New York und Vermont in den USA). Stromatoporen geben uns noch manches Rätsel auf. Nach verbreiteter Ansicht starben sie im Devon fast aus, erlebten jedoch im Jura eine weitere Entfaltung und verschwanden Ende des Paläogens. Einige Autoren halten sie für noch existent und verweisen auf die Ähnlichkeit mancher rezenter Schwämme (*Astrosclera, Calcifimbrospongia*) mit Stromatoporen.

EXKURS 2.2

◘ **Abb. 2.15 a–d** Erhebliche Teile der Alpen sind ehemaliger Meeresgrund. **a** Oberstdorf (im Allgäu): wenige Kilometer nördlich des Ortes findet man z. B. Nummuliten; **b** Zugspitze: in unmittelbarer Nähe der Gipfelstation findet man z. B. fossile Meeresschnecken. *Insets*: *Arietites* (Ammonit) und *Thecosmilia* (Koralle); **c, d** Faltung von Sedimenten (Deckenüberschiebung) (**c**) und Profil nach anschließender Erosion (**d**)

Plattentektonik – Gebirgsbildung (Orogenese)

Nach der Theorie der Plattentektonik entstehen Gebirge im Sinne langgestreckter tektonisch deformierter Krustenbereiche durch konvergente Plattenbewegungen. Die Konvergenz von ozeanischer und kontinentaler Lithosphäre und auch die Konvergenz zweier kontinentaler Lithosphärenplatten führt zur Ausbildung aktiver Kontinentalränder. Treffen eine ozeanische und eine kontinentale Platte aufeinander, so taucht die ozeanische wegen ihrer höheren Dichte unter der kontinentalen in die Asthenosphäre ab (Subduktion). Als Folge dieser Plattenkonvergenz können mit der abtauchenden subduzierten Platte kleinere Krustenstücke (Mikrokontinente, Terrane) im Kollisionsbereich an die kontinentale Kruste angegliedert werden.

Ähnlich wie im Falle der Mikrokontinente kommt es bei einer Kontinent-Kontinent-Kollision wegen der geringen Dichte der kontinentalen Lithosphäre nicht zur Subduktion. Die Kruste dieser Platten schiebt sich zu einem Gebirge in- und übereinander. Die Alpen (◘ **Abb. 2.15**) und der Himalaja entstanden auf diese Weise.

Im Verlauf der phanerozoischen Erdgeschichte kam es naturgemäß mehrfach zu solchen Kollisio-

— **EXKURS 2.2** (*Fortsetzung*) ———

nen, die für die Evolution und Verteilung der Organismen von Bedeutung waren.

Die **kaledonische Gebirgsbildung** erreichte ihren Höhepunkt gegen Ende des Silur vor etwa 420 Mio. Jahren. Durch den Zusammenstoß der nordamerikanischen (Laurentia) mit der nordosteuropäischen Platte (Baltica) wurden Ablagerungen des Iapetus-Ozeans (◘ Abb. 2.22) zum Kaledonischen Gebirge (den Kaledoniden) aufgefaltet. *Caledonia* ist der keltisch-römische Name für Schottland, und Teile dieses Gebirges sind von Schottland, Wales, Irland, der Bretagne, Ostgrönland, Norwegen, Spitzbergen sowie Neufundland und den nördlichen Appalachen in den USA bekannt.

Die **variscische Gebirgsbildung** hat praktisch die gesamte Erde umspannt und eine große zusammenhängende Landmasse, Pangaea, aus vielen Einzelteilen zusammengefügt. Sie erreichte ihren Höhepunkt im Karbon, endete im Perm und verdrängte das Meer aus Mitteleuropa. Der Begriff „variscisch" erinnert an den römischen Namen *Curia Variscorum* für die bayerische Stadt Hof und an das Vogtland (im anschließenden Bundesland Sachsen), das ehemalige Gebiet der germanischen Varisker. Dort waren zum ersten Mal Belege für diese Gebirgsbildung gefunden worden. In Europa erstrecken sich die Variscidien von Spanien über das französische Zentralmassiv bis in die Sudeten und zum polnischen Mittelgebirge. In Deutschland gehören beispielsweise Rheinisches Schiefergebirge, Spessart, Bayerischer Wald, Schwarzwald, Harz und Erzgebirge dazu. Am Ostrand von Baltica entstand durch die Kollision mit mehreren Festlandmassen der Ural.

Die bedeutendste Gebirgsbildung des Känozoikums ist die im ausgehenden Mesozoikum einsetzende und bis in das Känozoikum hinein fortdauernde **alpidische Gebirgsbildung**. Der entstandene Gebirgsgürtel erstreckt sich von den Pyrenäen über die Alpen, die Karpaten und die Türkei hinweg bis zum Himalaja. Diese Vorgänge waren die Folge einer Kollision von Nord- und Südkontinent. Dabei schob sich im Falle der Alpen die afrikanische Platte unter die eurasische. Das dazwischen liegende Meer, die Tethys, wurde geschlossen. Während der Schub der Alpen anhielt, begannen sich weiter nördlich die Vogesen und der Schwarzwald anzuheben. In einer der jüngeren Phasen der Alpenbildung (im Miozän) wurden schließlich die Jurahöhen aufgeworfen. Damit war in Südwestdeutschland intensiver Vulkanismus verbunden, z. B. im Bereich der Schwäbischen Alb (Kirchheim-Uracher Vulkangebiet mit über 350 Schloten) und im Oberrheingraben.

Ein erheblicher Teil der in den Kalkalpen (und in anderen Gebirgen) zu Tage tretenden Gesteine geht auf die Aktivitäten von Organismen zurück (◘ Abb. 2.15). Wer hält sich schon vor Augen, dass im Karwendel- und im Wettersteingebirge, in den Salzburger Alpen, in den Dolomiten und anderswo wesentliche Teile durch Algen (Dasycladales, Wirtelalgen) aufgebaut wurden? Ihre heute noch lebenden nahen Verwandten kommen vor allem in den lichtdurchfluteten Küstengewässern der Meere der Tropen und Subtropen vor. Man unterscheidet etwa 40 rezente Arten und 170 fossile. Unter den rezenten Formen ist wohl die Schirmalge *Acetabularia* die bekannteste. Eine Besonderheit der Dasycladales sind ihre Kalkausscheidungen, die einen massiven Panzer aufbauen können. Sie erlebten ihre erste Blütezeit im späten Paläozoikum, nur etwa die Hälfte der Gattungen überlebte die Perm-Trias-Grenze. Eine zweite und dritte Entfaltung erfolgte in der Trias (an deren Ende wiederum viele ausstarben) und in der Kreide. Die Kreide-Tertiär-Grenze überstanden sie weitgehend unbeschadet; im frühen Alttertiär kam es sogar zu einer besonderen Entfaltung, im Oligozän folgte dann ein Niedergang, von dem sie sich bis heute nicht erholt haben.

Abb. 2.16 a–d Paläozoische Korallen. **a–c** *Calceola* (Rugosa), **a** Ansicht von der Unterseite, **b** Ansicht des Deckels, **c** Ansicht von der Oberseite. Die Länge des Fossils beträgt 3 cm. **d** *Halysites* (Tabulata)

Weitere Meeresorganismen im Ordovizium

Schnecken, Muscheln und Kopffüßer sind weitere wichtige Gruppen, die im Ordovizium arten- und individuenreicher wurden.

Unter den **Cephalopoda** (Kopffüßern) sind die z. T. meterlangen Vertreter der Gattungen *Orthoceras*, *Actinoceras* und *Endoceras* zu nennen. In bis zu 9 m langen Kalkröhren lebten die Tiere im vorderen Röhrenbereich, während der hintere in gasgefüllte Kammern unterteilt war. Ob sich diese Riesenformen im freien Wasser schwimmend bewegten oder am Meeresboden krochen, wissen wir nicht mit Sicherheit. Alle erwähnten Gattungen gehören zu den Palcephalopoda.

Palcephalopoda (= Tetrabranchiata) umfassen die Nautiloida im weiteren Sinne, von denen sich bis heute noch *Nautilus* als „lebendes Fossil" gehalten hat (◘ Abb. 2.78f). Palcephalopoda besitzen gekammerte Gehäuse (◘ Abb. 2.18a–c).

Die zuletzt gebaute, nach außen offene Kammer ist die Wohnkammer, alle davor entstandenen Kammern (Phragmokon) sind zwar durch einfach gebaute, leicht gewölbte Scheidewände getrennt, stehen jedoch über einen Gewebestrang (Siphunkel) miteinander in Verbindung, der bis in die zuerst gebildete Kammer (den Protoconch) zieht. Bei den meisten Palcephalopoda liegt er zentral, bei *Endoceras* in randlicher (ventraler) Position. Über den Siphunkel kommt es zum Stoffaustausch: Die jeweils neueste Kammer wird zunächst mit Flüssigkeit gefüllt, dann mit Gas. Die hintereinander liegenden Gaskammern dienen dem Tier dann als hydrostatisches Organ. In der Paläontologie wird der Siphunkel „Sipho" genannt.

Palcephalopoden besitzen ein relativ großes Embryonalgehäuse (meist über 1 cm Durchmesser), was mit der Produktion von wenigen dotterreichen Eiern in Zusammenhang gebracht wird. Palcephalopoda gibt es seit dem Kambrium, im Ordovizium fand jedoch eine starke Entfaltung statt. Anfangs waren ihre Gehäuse gerade (z. B. *Orthoceras*, *Michelinoceras*, ◘ Abb. 2.18a); geologisch jüngere Formen sind in wechselndem Maße (z. B. *Lituites*, ◘ Abb. 2.18b) oder völlig eingerollt (z. B. *Germanonautilus*, ◘ Abb. 2.49; *Nautilus*, ◘ Abb. 2.18c). Von

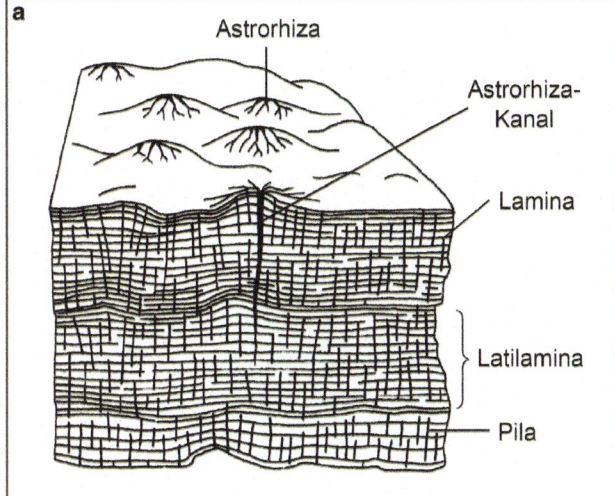

Abb. 2.17 a, b Stromatoporen. **a** Schematische Darstellung eines Ausschnittes. Mehrere horizontale Schichten (Laminae) bilden eine Latilamina. Senkrecht dazu verlaufen dünne Pilae und dickere Astrorhiza-Kanäle. **b** Angeschliffener Stromatopore aus dem Silur der schwedischen Insel Gotland, auf einer tabulaten Koralle festgewachsen

manchen Formen kennt man Massenvorkommen (Orthoceren-Schlachtfelder; *Michelinoceras* in Marokko, *Lituites*-Kalk auf der schwedischen Ostsee-Insel Öland).

Unsicher ist die Zuordnung der **Tentaculita** (◘ Abb. 2.19) zu den Mollusken. Sie lebten vom Ordovizium bis zum Devon. Ihre kleinen, spitzkegelförmigen Gehäuse bestehen aus Kalk; ihr Anfangsteil ist meist durch Querwände gekammert, ihre Oberfläche skulpturiert. Über die Lebensweise der Tentaculita wissen wir wenig, viele lebten wohl als Plankter. Ihre Gehäuse sind bisweilen in großer Dichte zu finden (Tentaculitenschiefer).

Auch **Echinodermata** waren nicht selten (◘ Abb. 2.14). Den Seeigeln fehlte noch der typische starre Panzer. Auch See- und Schlangensterne sind erstmalig im Ordovizium zu finden.

Auffällig ist, dass die meisten Tiergruppen des Ordoviziums noch auf dem Boden oder im freien Wasser lebten, jedoch kaum im Boden. Man nimmt an, dass die Sedimente sauerstoffarm waren und nur wenige Tiere anoxybiotisch leben konnten. Eine Ausnahme stellen die sich im Ordovizium stark entwickelnden Muscheln dar, die allerdings über Siphone mit der Oberfläche in Verbindung standen. Sie traten nun in großer Formenfülle auf und waren großräumig im Meer verbreitet. Ihre Stellung im Ökosystem war durchaus schon der heutigen

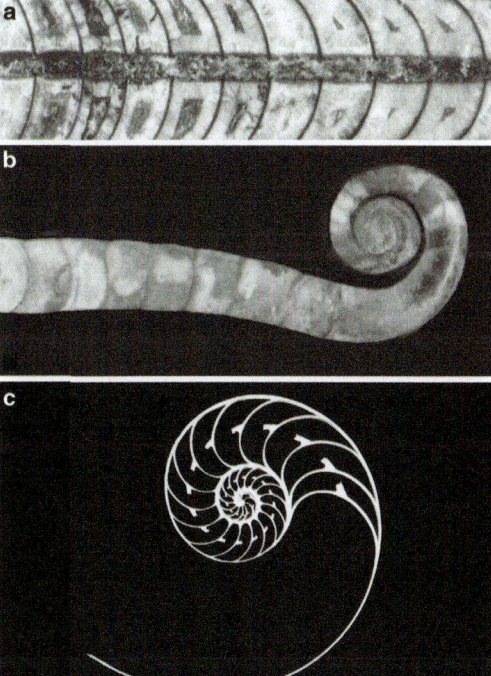

Abb. 2.18 a–c Palcephalopoda. **a** *Michelinoceras* vom *Orthoceras*-Typ mit Siphunkel, **b** *Lituites*, **c** rezenter *Nautilus*

Abb. 2.19 Tentaculiten und Brachiopoden (Spiriferiden) aus dem Devon der Ukraine

vergleichbar. Besonders wichtige Leitfossilien des Ordoviziums sind die articulaten Brachiopoden, die Graptolithen und die Conodonten.

Während sich im älteren Ordovizium noch häufig schlosslose **Brachiopoda** finden (z. B. *Acrothele* und *Lingulella*), werden später die articulaten, kalkschaligen, schlosstragenden Brachiopoden dominierend (*Orthis, Dalmanella, Strophomena*). Diese mit einer dorsalen (= Armklappe) und einer ventralen Schale (= Stielklappe) versehenen Suspensionsfresser existieren noch heute.

Die **Graptolitha** (Abb. 2.20) sind seit dem Mittelkambrium bekannt. Für Ordovizium und Silur stellen sie besonders wichtige Leitfossilien dar; sie waren allem Anschein nach den Pterobranchiern nahestehende koloniale Strudler. Man nennt sie in ihrer fossilisierten Form auch Schriftsteine, weil sie auf Schiefergestein wie Schriftzeichen aussehen (Abb. 1.24f). Sie gehören zu den häufigsten Fossilien des Ordoviziums. Ihr Aussehen erinnert auch ein wenig an Laubsägeblätter. In jedem „Zahn" (= Theca) lebte ein Einzeltier mit einem Tentakelkranz. In Deutschland findet man sie vom Silur bis zum Devon vor allem in Sachsen, Thüringen, im nördlichen Bayern, im Harz sowie im Rheinischen Schiefergebirge. Graptolithen-Kolonien konnten stabförmig, spiralig oder verzweigt sein und über 1 m Länge erreichen. Die Entwicklung der Graptolithen begann mit festsitzenden Formen (Abb. 2.20d), später erfolgte eine Radiation der schwebenden Kolonien. Da sie sich relativ rasch in gut unterscheidbare Formen differenzierten, kann man mit ihrer Hilfe eine vergleichsweise feine Unterteilung von Sedimentlagen vornehmen. Schon Altersunterschiede von einigen hunderttausend Jahren werden erkennbar, was für geologische Zeiträume im Paläozoikum etwas Besonderes ist. Die schwimmenden Kolonien trieben anscheinend oberflächennah durch die Meere und wurden so weit verbreitet. Nach ihrem Tod sanken sie ab und wurden stellenweise in großen Mengen fossilisiert. Graptolithen sind meist „kohlig" erhalten, und ihre Abdrücke glänzen auf der Oberfläche dunkler, toniger Gesteine. Im Devon starben die pelagischen Graptolithen aus, im Karbon die sessilen.

Das Klima entlang einem äquatorialen Gürtel führte zur Entfaltung zahlreicher neuer Wirbellosen-Gruppen, v. a. unter den Kalkschalern. Insgesamt ist die Fauna des Ordoviziums reicher als die des Kambriums. Paläontologen unterscheiden über 400 verschiedene Taxa von Familienrang, gegenüber etwa 150 im Kambrium.

Die Entwicklung der **Pflanzen** ist durch die Entfaltung der Kalkalgen gekennzeichnet; das Festland war noch weitgehend unbesiedelt. Kalk bildende Grünalgen drangen bis ins Brackwasser ein, im Plankton dominierten noch die Acritarchen. Ordovizische Sedimentgesteine sind in Mitteleuropa in größerem Umfang anzutreffen als kambrische und kommen von Nordrügen bis zum

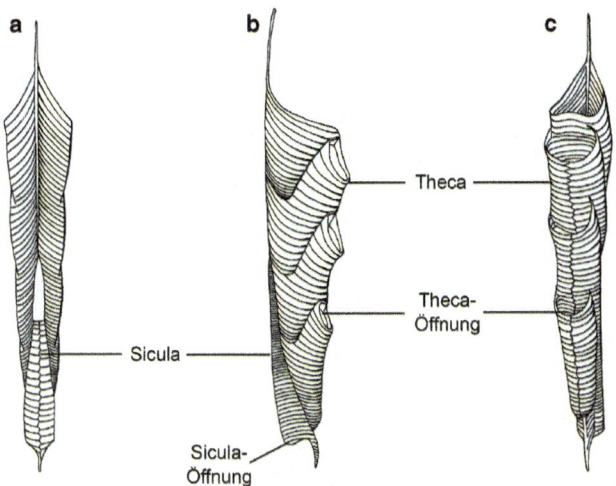
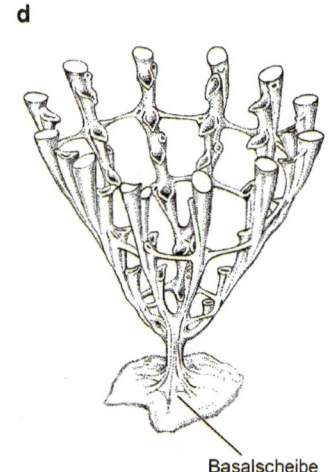

Abb. 2.20 a–d Graptolithen. **a–c** Ausschnitte einer Kolonie, von verschiedenen Seiten betrachtet. Jede Kolonie wurde von einem Tier in einer Anfangskammer (*Sicula*) begründet. Durch asexuelle Fortpflanzung kamen weitere Tiere hinzu, die in je einer Theca lebten. **d** Rekonstruktion einer sessilen Kolonie, die mit einer Basalscheibe am Substrat festgeheftet war

Erzgebirge sowie im Schwarzwald (Baden-Baden, Badenweiler-Lenzkirch-Zone) und in den Alpen vor.

Das Ordovizium ging mit einem der größten **Massenaussterben** der Tiere des gesamten Phanerozoikums zu Ende. Es war der erste von mindestens fünf dramatischen Einbrüchen im Phanerozoikum. In manchen Regionen starb über die Hälfte der Brachiopoden- und Bryozoen-Gattungen aus, etwa 100 Familien mariner Organismen überlebten die Ordovizium-Silur-Grenze nicht. Besonders betroffen waren die tropischen Riffgemeinschaften mit Stromatoporen, Tabulaten und Bryozoen. Auch Trilobiten, Nautiloiden, Brachiopoden, Graptolithen, Crinoiden und Conodonten wurden stark dezimiert. Als wesentliche Ursachen werden eine Abkühlung der Meere (spät-ordovizische Eiszeit; s. **EXKURS 2.3**) und eine spätere Erwärmung angesehen.

EXKURS 2.3

Massenaussterben

Man schätzt, dass im Laufe der Evolution über 90 % – vielleicht über 99 % – aller einmal entstandenen Arten wieder verschwunden sind. Ob es sich bei diesem Aussterben um einen mehr oder weniger kontinuierlichen Prozess handelt oder ob Zeiten gleichmäßigen, langsamen Aussterbens von Katastrophen abgelöst wurden, ist nicht in allen Fällen klar erwiesen. Die Existenz einiger Episoden extremen Massenaussterbens gilt jedoch aufgrund geologischer, paläontologischer und biologischer Befunde als gesichert.

Abgesehen von der heutigen, in großem Maßstab erfolgenden Ausrottung von Tier- und Pflanzenarten durch den modernen Menschen (s. Abschn. 5.9) haben im Phanerozoikum mindestens fünf Massenaussterben von globalem Umfang stattgefunden (**Abb. 2.21**): im späten Ordovizium, im späten Devon, am Ende des Perm, am Ende der Trias und an der Kreide-Tertiär-Grenze.

Massenaussterben erfolgten im Allgemeinen nicht „auf einen Schlag", sondern haben sich über eine gewisse Zeit erstreckt. Sie haben gemeinsam, dass nach diesen Ereignissen freier Lebensraum entstanden war, der von anderen Organismen genutzt werden konnte. Besonders deutlich tritt uns das nach der Katastrophe an der Kreide-Tertiär-Grenze vor Augen: die Säugetiere übernahmen die Rolle der großen Reptilien. Die fünf Massenaussterben bedeuteten also nur Einschnitte im Lebensstrom; auf die Dezimierung erfolgte jeweils eine starke Diversifizierung.

▶

EXKURS 2.3 (Fortsetzung)

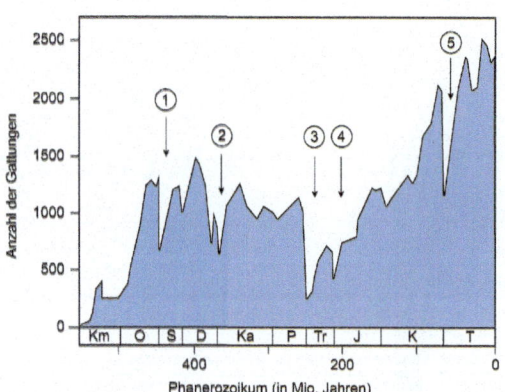

■ **Abb. 2.21** Aussterberaten mariner Organismen, die aufgrund ihres Skeletts leicht fossilisieren. Die Pfeile 1–5 zeigen die Massenaussterben im Phanerozoikum. Die Buchstaben bezeichnen Perioden in der Erdgeschichte. Nach Sepkoski (2002)

Alle fünf Massenaussterben sind durch große Verluste der im freien Wasser und am Boden lebenden Meerestiere gekennzeichnet. Der größte Einschnitt erfolgte Ende des Perm, als etwa 50 % der marinen Wirbellosen-Familien verschwanden und wohl über 80 % (nach manchen Autoren über 90 %) aller Arten. Neuere Untersuchungen zeigten, dass es im Paläozoikum und im Mesozoikum außer den fünf Massenaussterben weitere Phasen des Aussterbens in großem Ausmaße gegeben hat.

Über die vermuteten Ursachen wurde viel nachgedacht und geschrieben; die Beweislage ist allerdings keineswegs eindeutig, und allem Anschein nach gibt es nicht nur eine Ursache für alle Massenaussterben. Grundsätzlich kommen viele verschiedene Faktoren in Frage, in erster Linie wohl Vulkanismus und Meteoriteneinschläge. Große Bedeutung können auch Klimaschwankungen haben. Verglletscherung und Bildung von Inlandeis in den Polarregionen haben zur Folge, dass der Meeresspiegel sinkt und dass Schelfgebiete trockenfallen (Regression des Meeres). Das bedeutet Zurückziehen oder Aussterben von marinen Flachwasserorganismen und Vorrücken von Landflora und -fauna. Auf dem Höhepunkt der letzten Eiszeit, vor ca. 20.000 Jahren, lag der Meeresspiegel über 100 m unter dem heutigen. Wo heute vor Nordost-Australien das Große Barriereriff mit seiner reichen Organismenwelt als das größte Bauwerk des Känozoikums steht, konnten sich damals australische Ureinwohner trockenen Fußes fortbewegen und Beuteltiere jagen. Auch in der Mitte des Oligozän (vor etwa 30 Mio. Jahren) hat es einen Meeresspiegel-Tiefstand gegeben, jedoch kein Massenaussterben. Gleiches gilt im Prinzip für die längste und vermutlich auch kälteste Eiszeit, die Gondwana-Vergletscherung (Karbon-Perm), die kaum von Aussterbereignissen begleitet war.

Kommt es zum Abschmelzen des Eisschildes, steigt der Meeresspiegel und weite Landgebiete werden überflutet (Transgression des Meeres). Das war im extremen Maße der Fall Ende des Erdaltertums und Ende des Erdmittelalters. Beide Ären schlossen mit Massenaussterben ab.

Das Massenaussterben Ende Ordovizium, welches bis zu drei Viertel aller Meeresorganismen erfasste, wird mit einer dramatischen Abkühlung in Verbindung gebracht, die sehr rasch eingesetzt hat. Die große Landmasse Gondwana, zu der auch Afrika gehörte, lag zu dieser Zeit auf der Südhemisphäre, weswegen dieses Eiszeitalter auch Sahara-Vereisung genannt wird. Umfangreiche kontinentale Vereisung sorgte für einen weiteren Temperaturrückgang. Im Zuge der Vereisung kam es äquatorwärts zu einer Konzentration vieler Organismen und schließlich zum umfangreichen Aussterben. Einige Jahrhunderttausende später folgte eine rasche Erwärmung, die eine zweite Episode des Aussterbens bedingte.

Im späten Devon gab es mehrphasige Klimaschwankungen, verbunden mit eustatischen Schwankungen des Meeresspiegels und auch Meteoriteneinschlägen. Dann erfolgte eine weitere Vereisung in Gondwana, dieses Mal mit dem Schwerpunkt im heutigen Südamerika, welches nahe dem Südpol lag. Wiederum waren es die Meeresorganismen, vor allem die tropischen, die

▶

EXKURS 2.3 (Fortsetzung)

beeinträchtigt wurden. 70% wurden vernichtet. Riffgemeinschaften wurden dezimiert, und bis Ende des Paläozoikum erreichten sie nicht wieder die Bedeutung, die sie im Devon gehabt hatten. Besonders eindrucksvolle Riffe aus dem Devon finden wir im Nordwesten von Westaustralien, wo sich ein Barriereriff entlang dem Canning Basin über eine Länge von mehr als 300 km erstreckt. Aber auch das rheinisch-ardennische Gebiet und der Harz beherbergen Reste devonischer Riffe und demonstrieren den Umfang der Korallen-Stromatoporen-Riffe dieser Zeit sowie den Umfang des Massenaussterbens (◘ Abb. 2.30).

Ende des Perm folgte das verheerendste Massenaussterben im gesamten Phanerozoikum. 80–90% aller marinen Tierarten starben im Laufe von etwa 1 Mio. Jahren aus. Tropische Formen waren besonders betroffen. Fusulinen (◘ Abb. 2.46) und Trilobiten verschwanden vollständig, Crinoiden und Korallen entgingen dem Aussterben nur ganz knapp, am Land verschwanden etwa zwei Drittel der Amphibien und Reptilien. Auch diese Katastrophe wird mit einer Abkühlung in Verbindung gebracht. Im späten Perm war fast die gesamte kontinentale Erdkruste zu einem Kontinent (Pangaea) vereinigt, der sich von Pol zu Pol erstreckte (◘ Abb. 2.47). Beide Polarregionen waren vereist. Der Meeresspiegel war besonders niedrig, Flachmeergebiete wenig umfangreich. Ein erheblicher Teil der Kontinentalschelfe war trockengefallen, und möglicherweise ist es durch umfangreiche Oxidationen in diesen Gebieten zum Abfall der Sauerstoffkonzentration in der Atmosphäre gekommen. Zudem lässt sich an der permotriassischen Schichtgrenze ein deutlicher Anstieg des Kohlenstoffisotops der Atommasse 12 nachweisen, das aus Lebewesen oder deren Überresten kommen muss. Mit vulkanischer Aktivität könnten Kohle- oder Ölvorräte in Brand gesetzt worden sein. Auch umfangreiche Oxidation von Methanhydrat in den Meeren wird diskutiert. Seit dem Jahre 2004 wird zudem ein Meteoriteneinschlag vor der Nordwestküste Australiens als Auslöser für dieses Massenaussterben in Erwägung gezogen.

Die Ursachen für das Aussterben Ende der Trias sind unklar. Erst wurde das Festland, dann das Meer heimgesucht. Die Labyrinthodontia verschwanden, die Therapsiden wurden abermals reduziert, im Meer verschwanden Conodonten und mehrere Gruppen von Meeresreptilien (z. B. Placodontia und Nothosauria).

Besonderes Aufsehen haben Veröffentlichungen erregt, die für die hohe Aussterberate an der Kreide-Tertiär-Grenze einen Meteoriten-Einschlag (oder mehrere) verantwortlich machen (Impakt-Hypothese, nach *impact* = Aufprall). Als Beleg werden hohe Iridiumwerte in einem begrenzten Sedimentabschnitt dieser Zeit angegeben (Iridiumanomalie; Iridium ist in gewisser außerirdischer Materie in höherer Konzentration vorhanden als in irdischen Gesteinen) und Veränderungen von Quarzen an verschiedenen Orten der Erdoberfläche, die auf hohe Drucke zurückgeführt werden. Diese Vorstellung wurde zum ersten Mal 1980 von Walter Alvarez publiziert und in der Folgezeit in vielen Veröffentlichungen diskutiert. Ein Jahrzehnt später entdeckte man nahe der Nordwestspitze der Halbinsel Yucatan (Mexiko) den Riesenkrater Chicxulub (Durchmesser 180 km) unter einer 400 m dicken Kalkschicht. Er wurde auf ein Alter von etwa 65 Mio. Jahren datiert. Über einen längeren Zeitraum spielte auch Vulkanismus eine wichtige Rolle, z. B. in Indien, welches Asien noch nicht erreicht hatte (s. paläographische Karte im hinteren Umschlag). Man geht derzeit davon aus, dass Impakt(e) und Vulkanismus zu einer Verdunkelung und einer Abkühlung führten. Einschränkend muss allerdings gesagt werden, dass an der Kreide-Tertiär-Grenze nach heutigen Kenntnissen nicht alle Organismengruppen „auf einen Schlag" ausgestorben sind. In der Tat hatte ein umfangreicher Aussterbeprozess der Dinosaurier bereits mehrere Millionen Jahre vor Ende der Kreidezeit eingesetzt. Er beschleunigte sich in Nordamerika, als sich Säugetiere rasch entwickelten und von Asien nach Nordamerika einwanderten. Andere Organismen-Gruppen starben im Paleozän aus, wieder andere überstanden die Kreide-Tertiär-Grenze unbeschadet.

2.2.3 Silur

> **Übersicht**
>
> Die Mannigfaltigkeit der Organismen erreicht wieder das Niveau vor dem Aussterbeereignis Ende Ordovizium. Korallen (Tabulata, Rugosa) und Stromatoporen bilden umfangreiche Riffe. Graptolithen nehmen in ihrer Bedeutung ab. Wirbeltiere entfalten sich; es gibt viele Agnatha und auch mit Kiefern versehene Fischgruppen (Gnathostomata), z. B. Acanthodii, die das Erdaltertum nicht überleben. In Brackwasserzonen leben besonders große Arthropoden, die bis 2 m langen Eurypterida. Die ersten Pflanzen besiedeln das Land. Kaledonische Gebirgsbildung.

Das **Silur**, welches nach dem keltischen Volksstamm der Silurer benannt wurde und einen Zeitraum von 28 Mio. Jahren umfasste, ist die kürzeste Periode des Paläozoikums. Es währte von 444 bis 416 Mio. Jahre vor heute. Aus dieser Zeit kennen wir besonders viele Organismen aus Gesteinen im südlichen Schweden. Von hier wurden während der letzten Eiszeit Geschiebe in den norddeutschen Raum transportiert, wo sie heute, z. B. in Kiesgruben, zu finden sind, einschließlich der in ihnen erhaltenen Fossilien (s. **EXKURS 2.4, Abschn. 2.2.3**). Südskandinavien, aber auch Südgrönland und das Gebiet der Hudson Bay waren damals besonders warme Gebiete (zur paläogeographischen Situation s. ◘ Abb. 2.22). Zu jener Zeit entstanden in Nordamerika und Sibirien durch Verdunstung von Meerwasser umfangreiche Salzlager. Die häufigsten Gesteine sind Graptolithenschiefer, Brachiopodenmergel und Korallen- sowie Stromatoporenkalke. Mehrere marine Gruppen, die sich im Ordovizium entfaltet hatten und an dessen Ende fast ausstarben, entfalteten sich im Silur abermals. Auffallend waren Riffkomplexe mit einem reichen tierischen Leben: sie waren reicher entwickelt und größer als im Ordovizium (◘ Abb. 2.23). Hauptriffbildner waren Anthozoa, insbesondere Rugosa und Tabulata, sowie Stromatoporen. Stromatoporen-Tabulaten-Riffe erhoben sich stellenweise etwa 10 m über den umgebenden Meeresgrund und konnten mehrere Kilometer Länge erreichen. Brachiopoden hatten Ende Silur/Anfang Devon ihre Blütezeit, z. B. mit Strophomenida, Rhynchonellida und Spiriferida. Dazu kamen auch Muscheln (die anscheinend Brachiopoden zum Teil ersetzten) und Schnecken sowie Moostierchen und Seelilien. Das nördliche Europa lag im Bereich des Äquators; daran erinnert zum Beispiel die Insel Gotland, deren Untergrund zum großen Teil aus Riffkomplexen besteht. Die auffälligste Radiation betrifft die Graptolithen. Da die einzelnen Arten meist nur eine kurze Lebensdauer besaßen und weit verbreitet waren, eignen sie sich, wie schon im Ordovizium, sehr gut als Leitfossilien (wie auch die Conodonten). Die Trilobiten jedoch gehen weiter zurück.

Nach der ordovizischen Eiszeit, die eine globale Regression der Meere bewirkt hatte, war der Beginn des Silur durch eine Transgression markiert. In Silur und Devon war der Meeresspiegel weltweit ziemlich hoch. Es kam zu großräumiger Sedimentation unter häufig sehr geringer Wasserbedeckung, doch finden sich beispielsweise im Devon des Rheinischen Schiefergebirges auch ausgesprochene Tiefwassersedimente. Eine einschneidende Neuerung im Silur sowie im anschließenden Devon war die Eroberung des freien Wasserkörpers, des Pelagials, durch mehrere Tiergruppen. Bisher war im Wesentlichen die Bodenzone, das Benthal, besiedelt worden.

Die gegen Ende des Silur erfolgende Hauptfaltung der **kaledonischen Gebirgsbildung** führte zum Entstehen ausgedehnter Festlandbereiche, die zum Siedlungsraum für Skorpione, Spinnen, Tausendfüßer und vor allem für Gefäßpflanzen wurden. Zu den ersten Tieren, die im Silur das Land eroberten, gehören die **Euthycarcinoidea**. Sie haben eine gewisse oberflächliche Ähnlichkeit mit Schaben, liefen jedoch auf 11 Beinpaaren. Sie sind beispielsweise aus Australien bekannt, jüngere Formen auch aus Frankreich, und gelten als Vorläufer von Insekten. Unter den Arthropoden spielen nach wie vor Trilobiten eine wichtige Rolle, außerdem **Ostracoda**. Letztere bildeten lokal in Flachmeeren Steinkomplexe, z. B. den Beyrichienkalk der Ostsee. Die glattschalige *Leperditia* umfasst bis zu mehrere Zentimeter lange Formen.

Wichtige Faunenelemente sind außerdem die bis etwa 2 m langen **Eurypterida** (◘ Abb. 2.24); viele besaßen große Scheren, mit denen sie ihre

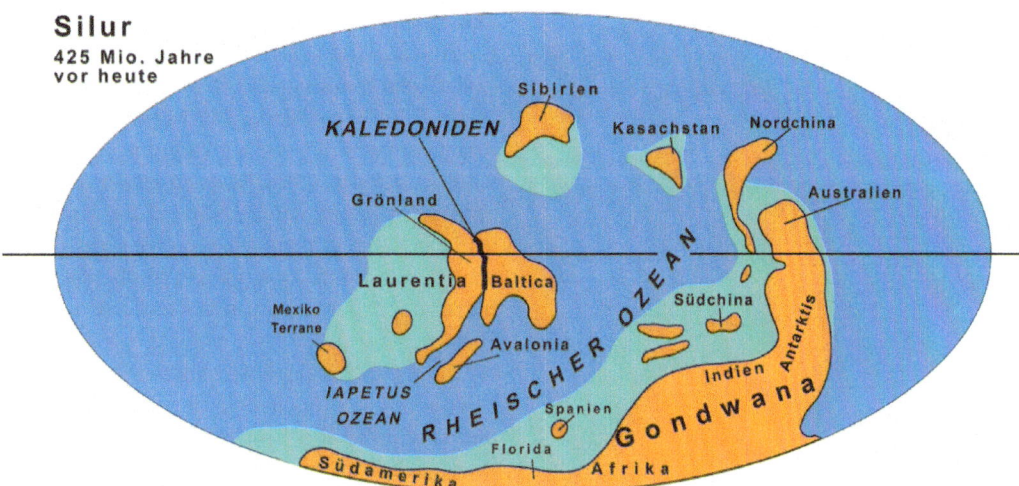

Abb. 2.22 Die paläogeographische Situation im Silur: Baltica ist weiter nach Norden gedriftet und liegt jetzt in äquatorialen Breiten. Im heutigen Skandinavien wachsen tropische Riffe. Es kommt zu einer Kollision von Laurentia und Baltica. Dabei entsteht das kaledonische Gebirge (die Kaledoniden), dessen Deckenbau in Skandinavien und den Appalachen erhalten geblieben ist. Der Mikrokontinent Avalonia, von Gondwana abgetrennt, liegt südlich von Laurentia. Der Rheische Ozean trennt Gondwana, Laurentia-Baltica, Sibirien und Kasachstan voneinander. Nach Scotese u. Wertel (2006)

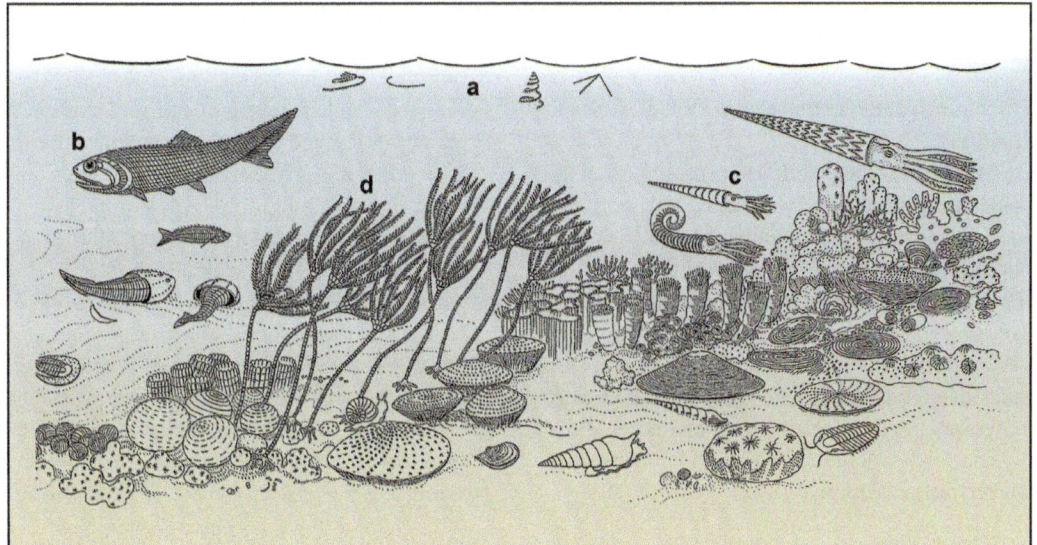

Abb. 2.23 a–d Das Meer im Silur. Im freien Wasser lebten **a** Graptolithen (z. B. *Monograptus* und *Linograptus*), **b** diverse ursprüngliche Fische und **c** Cephalopoden. Am Boden wuchsen Seelilien (z. B. **d** *Laubeocrinus*), verschiedene Korallen z. B. *Halysites*, *Favosites* und *Entelophyllum*. Berühmte Fundstelle: Gotland, Schweden. Nach Schäfer, Senckenberg-Museum (2000)

Beute greifen konnten. Sie erschienen im Ordovizium, existierten bis ins Devon und trugen vermutlich zur Ausrottung nicht gepanzerter Lebewesen bei. In Silur und Devon erreichten sie ihre größte ökologische Bedeutung. Die Eurypterida waren ursprünglich marine Organismen; gegen Ende des Silur lebten sie jedoch bevorzugt im Süßwasser.

Nautiloida differenzierten sich und umfassten außer mehrere Meter langen gestreckten Formen („Orthoceren") Gattungen mit gekrümmter Schale

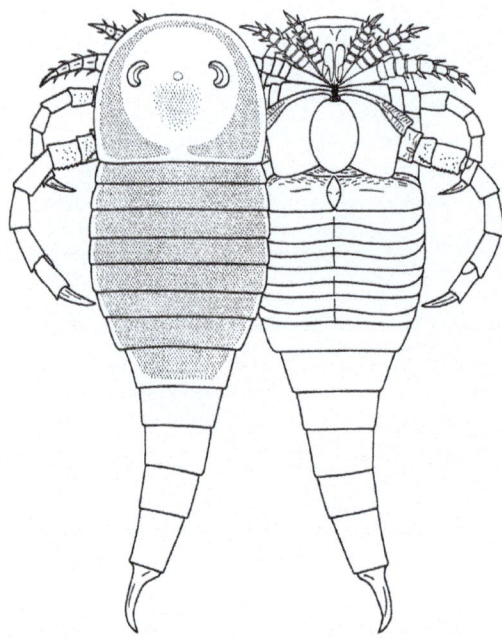

☐ **Abb. 2.24** Eurypterida ("Seeskorpione"): Dorsal- (*links*) und Ventralansicht (*rechts*) von *Moselopterus* (Devon, bei Alken an der Mosel gefunden). Nach Störmer (1974)

(*Cyrtoceras*) und völlig eingerollte wie den rezenten *Nautilus*.

Die rein fossile Echinodermengruppe der **Cystoidea** ging zurück und wurde z. T. von den **Crinoidea** abgelöst. Diese erreichten eine bis ins Perm andauernde Artenmannigfaltigkeit. Ihre Stielglieder waren regionenweise gesteinsbildend. An der Wende von Silur zu Devon lebten in einer geologisch kurzen Zeitspanne die Scyphocrinoidea. Diese langstieligen Seelilien hatten ihr Wurzelverankerungssystem zur Wurzelkugel umgestaltet, die als Schwimmboje diente. Damit hängt wohl ihre weite Verbreitung zusammen.

Agnatha

Die Agnatha (☐ Abb. 2.25) sind die ältesten unumstrittenen Wirbeltiere, sie waren im Allgemeinen kleine Tiere, ihnen fehlten Kiefer; Knochengewebe war im Endoskelett auf die Schädelregion beschränkt, wobei vielleicht verkalkter Knorpel die Vorstufe des Knochengewebes war. Sie trugen einen Hautknochenpanzer (worauf der alte Begriff Ostracodermi = Ostracodermata hinweist). Viele Agnatha lebten am Meeresboden oder gruben sich wahrscheinlich in das Substrat ein, z. B. die Gattungen *Hemicyclaspis*, *Thestes* und *Didymaspis*. Andere lebten freischwimmend, z. B. *Pteraspis* und *Rhyncholepis*. Die Agnathen des Silurs sind zum Teil vorzüglich erhalten, so dass wir aufgrund von Serienschliffen sehr detaillierte Kenntnisse über ihren Bau haben. Ihre Augen waren z. T. nach dorsal gerückt. Wie die Eurypteriden waren sie zunächst marin, dann limnisch. Die Agnatha sind anscheinend eine Basisgruppe nicht näher miteinander verwandter Formen.

Interessant ist, dass Knochengewebe möglicherweise bei frühen „Fischen" im Innenskelett konvergent entstand. Außer bei Ostracodermen tritt Knochengewebe auch bei Placodermen, Acanthodii und bei Actinopterygiern auf. Der Ossifikationsprozess selber kann auf verschiedene Weise erfolgen; enchondrale Verknöcherung ist bisher von Actinopterygiern, fossilen Crossopterygiern (*Eusthenopteron*) und Tetrapoden bekannt.

Zu den fossilen Agnathen zählen:

- **Heterostraci**: In die Nähe der Schleimaale gestellt, weil sie, wie die moderne *Myxine*, nur eine Kiemenöffnung haben. Da aber moderne Schleimaale der Gattung *Eptatretus* viele Kiemenöffnungen besitzen, ist die Situation von *Myxine* abgeleitet und kann nicht als Argument für die Verwandtschaft zwischen Schleimaalen und Heterostraci herangezogen werden, zumal sich jetzt gezeigt hat, dass die mit den Heterostraci verwandten Arandaspida mehrere Kiemenöffnungen besaßen. Heterostraci besaßen feste knöcherne Kopfschilde (makromeres Hautskelett) und Einzelschuppen am Körper (mikromeres Hautskelett) sowie i. A. eine symmetrische Schwanzflosse. Sie lebten vom unteren Silur bis zum oberen Devon Nordamerikas, Europas und Nordasiens. *Errivaspis* (☐ Abb. 2.25a), *Torpedaspis* (☐ Abb. 2.25b). Im Hunsrückschiefer kommt *Drepanaspis gemuendensis* vor (s. **EXKURS 2.5 Abschn. 2.2.4**, ☐ Abb. 2.25c).
- **Arandaspida**: Hierher gehören *Arandaspis* aus dem unteren Ordovizium Australiens und die sehr ähnliche *Sacabambaspis* (☐ Abb. 2.25d) aus dem oberen Ordovizium Boliviens. Auch sie besitzen einen festen knöchernen Kopf-

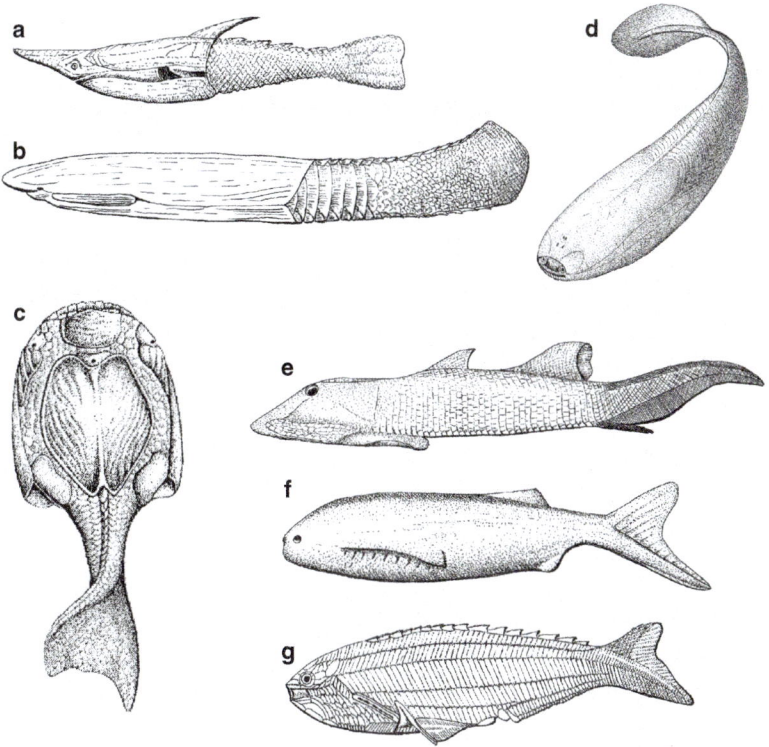

☐ Abb. 2.25 a–g Fossile Agnatha. **a** *Errivaspis* (Heterostraci), Devon, Europa; **b** *Torpedaspis* (Heterostraci), Devon, Kanada; **c** *Drepanaspis gemuendensis* (Heterostraci), Devon, Hunsrück; **d** *Sacabambaspis* (Arandaspida), Ordovizium, Bolivien; **e** *Ateleaspis* (Cephalaspida = Osteostraci), Silur, Schottland; **f** *Loganellia* (Thelodonti), Silur, Schottland; **g** *Rhyncholepis* (Anaspida), Silur, Norwegen

schild und einen von länglichen Einzelplatten bedeckten Körper. Schwanzflosse symmetrisch. Das gut erhaltene Material von *Sacabambaspis* zeigt, dass dieses Tier als einziges Wirbeltier paarige Pineal- und Parapinealorgane besaß, die vermutlich Lichtsinnesorgane darstellten.

— **Astraspida**: Kleine, den Heterostraci ähnliche Formen aus dem Ordovizium. Heterostraci, Arandaspida und Astraspida bilden eine Verwandtschaftsgruppe, die Heterostraci im weiteren Sinne.

— **Cephalaspida (= Osteostraci)**: Diese Formen weisen einige Übereinstimmungen mit Neunaugen, aber auch mit Placodermen auf. Der Schwanz war heterozerk, eine Besonderheit sind zwei Brustflossen. In den großen Kopfschild waren Felder mit sensorischen Strukturen eingebaut, die mit dem Innenohr in Verbindung standen. *Ateleaspis* (☐ Abb. 2.25e).

— **Galeaspida**: Ähneln den Cephalaspida, besaßen aber keine Brustflossen. Zum Teil bizarre Gestalt der Kopfschilde (*Sanchaspis*), viele Details der Nasenanatomie ähneln denen der Schleimaale. Unteres Silur bis oberes Devon, Funde aus China und Vietnam.

— **Thelodonti**: Meist flache, mit kleinen Schuppen bedeckte Formen, oder auch seitlich komprimierte Arten mit z. T. symmetrischen Schwanzflossen wie die frühen Heterostraci. Teilweise schräg aufsteigende Reihe von Kiemenöffnungen, wie bei Neunaugen und Anaspida. Bei den Funden aus dem Silur Kanadas war offensichtlich ein Magen vorhanden, der den rezenten Agnathen fehlt. *Loganellia* (☐ Abb. 2.25f). Silur, Devon.

— **Pituriaspida**: Mit Kopfschild, ähneln äußerlich den Galeaspida und Cephalaspida, mittleres Devon Australiens.

— **Anaspida**: Kleine, noch wenig bekannte, spindelförmige Fische. Unteres Silur bis oberes Devon Nordamerikas, Europas und Chinas. Kein Kopfschild, einige anatomische Ähnlichkeiten mit Neunaugen und Cephalaspida. Einige Formen (*Pharyngolepis*) mit langer paariger Bauchflosse. *Rhyncholepis* (☐ Abb. 2.25g).

Neben **Agnatha** traten die ersten **Gnathostomata** auf, die 10–20 cm langen Acanthodii, aber auch viel größere Formen. Die Acanthodii trugen zahlreiche paarige Flossen mit spitzen Dornen. Kiefer, paarige Flossen und Schuppen erinnern schon an moderne Fische. Am Ende des Silur tauchten auch erste Placodermen (Panzerfische) auf. Sie sind ebenso wie die Acanthodier gnathostome Wirbeltiere.

Pflanzen ragen in die Luft

Das Leben außerhalb des Wassers war im Silur noch spärlich entwickelt. Es erschienen die ersten Gefäßpflanzen auf dem Land, die Psilophytales mit den Rhyniales. Sie waren zunächst auf Sumpfgebiete beschränkt und überzogen das Festland mit einer immer größer werdenden Vielfalt. Psilophytales bedeutet „Nacktpflanzen": Ihre Sprosse besaßen noch keine Blätter, echte Wurzeln fehlten ihnen auch noch. Ihre Sporangien befanden sich in endständiger Position.

Die erste mit Leitbündeln und Spaltöffnungen ausgestattete Landpflanze war *Cooksonia* (◘ **Abb. 2.26**), die zu den Psilophytales gestellt wird; sie ist z. B. aus dem Silur der Britischen Inseln und Böhmens bekannt und hat ein Alter von etwa 420 Mio. Jahren. Noch älter sind Sporenreste, die man allerdings keiner bestimmten Pflanze zuordnen kann.

Das Landleben der Pflanzen brachte erhebliche evolutionäre Neuerungen mit sich: Epidermis mit Spaltöffnungen (Stomata) zum Gasaustausch und mit Cuticula (als Verdunstungsschutz), Wurzeln zur Verankerung, Stoffaufnahme und zum Transport, Leitgewebe mit Xylem aus Tracheiden zum Wasser- und Ionentransport sowie Phloem zum Transport organischer Stoffe, verschiedene Mechanismen, um die Biegungsstabilität des Pflanzenkörpers zu erhöhen (Lignin, Sklerenchym), Umhüllung der Gametangien (Archegonien und Antheridien) und der Meiosporangien mit einem Mantel steriler

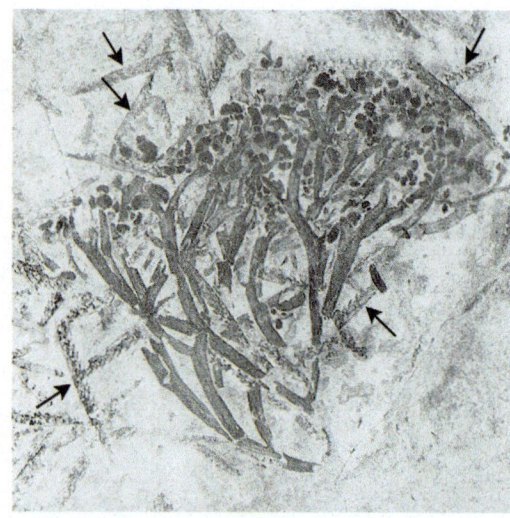

◘ **Abb. 2.26** *Cooksonia bohemica* (Silur, Böhmen) mit Graptolithen (*Pfeile*). Das abgebildete Stück ist der bisher vollständigste Fund dieser Gattung frühester Gefäßpflanzen. Nach Schweitzer (1990)

Zellen. Entwicklung der Zygote zu einem Embryo im Schutze der Mutterpflanze, Sporen mit Sporopolleninwand, Reduktion der haploiden Gametophyten, heteromorpher Generationswechsel, diploide Sporophytengeneration mit Kormusbauplan (Achse, Wurzel, Blatt). Die Besiedlung des Landes durch Pflanzen hatte enorme Konsequenzen für die gesamte Erde. Die Zusammensetzung der Atmosphäre wurde verändert, damit auch Wetter und Klima; es kam zur Bodenbildung und schließlich zu einer grundsätzlichen Änderung biogeochemischer Zyklen.

Am Ende des Silur erschienen bärlappähnliche Gefäßsporenpflanzen, und mit der terrestrischen Vegetation entstanden Lebensraum und Nahrungsquelle für viele Tiere, z. B. Skorpione, Spinnen und Tausendfüßer, alles Formen mit Chitincuticula.

--- EXKURS 2.4 ---

Eiszeitliche Geschiebe – Fenster in die Vergangenheit der nordischen Länder

Pleistozäne Eismassen haben im Verlauf von mehreren Vorstößen bis vor über 10.000 Jahren riesige Mengen von Gesteinen von ihrer ursprünglichen Lagerstätte im Norden, zum Beispiel in Skandinavien, dem Baltikum oder dem Ostseegrund, nach Süden transportiert und hier nach dem Abschmelzen wieder abgelagert. Solche Geschiebe bieten auf kleinstem Raum Gesteine (und Fossilien) unterschiedlichen Alters. Die Oberfläche Norddeutschlands und der Nachbarstaaten Niederlande, Dänemark und Polen wird zu großen Teilen von quartären Ablagerungen gebildet. Zwar hat das pleistozäne Eis mit seiner Schuttdecke den vorquartären Untergrund der genannten Gebiete unserem unmittelbaren Zugriff entzogen, aber andererseits Fossilien aus verschiedenen Erdzeitaltern herantransportiert. Man findet sie an oder vor Steilufern der Ostsee, in Kiesgruben, an Baustellen, auf Äckern und bei der Gartenarbeit. Wenn das Herkunftsgebiet der in Mitteleuropa gefundenen Geschiebe nördlich der Ostsee liegt, spricht man von Ferngeschieben; bei weniger weit im Norden gelegener Herkunft von Nahgeschieben. Lokalgeschiebe stammen von eng begrenzten Aufragungen des Untergrundes in unmittelbarer Umgebung des Fundortes.

Geschiebe fanden schon in prähistorischer Zeit Verwendung, zum Beispiel beim Bau von Hünengräbern, die aus Findlingen (Großgeschieben) errichtet wurden. Im Mittelalter schrieb man Geschieben vielerorts magische Kräfte zu. Feuersteine mit einem Loch wurden als „Hühnergötter" benutzt, um die Legeleistung von Hennen zu fördern.

Die wissenschaftliche Periode der Geschiebeforschung begann im 17. Jahrhundert mit der Frage nach Herkunft und Transport des Orthocerenkalkes (s. u.), der häufig an der Ostseeküste zu finden ist. Seine Nutzung als Baumaterial mittels schwedischer Importe führte über die Theorie der Rollsteinflut (Überflutungen sollten nordisches Gestein nach Norddeutschland transportiert haben) und die Drifttheorie (Eisberge sollten nordisches Gestein nach Norddeutschland transportiert haben) letztlich zur Glazialtheorie, welcher der schwedische Geowissenschaftler Otto Torell 1875 zum endgültigen Durchbruch verhalf. Er hatte in Rüdersdorf bei Berlin Gletscherschrammen im anstehenden Muschelkalk gefunden, die auf harte Findlinge zurückgingen.

Mittlerweile ist die Geschiebeforschung Bestandteil vieler geowissenschaftlicher Disziplinen. Größte Bedeutung hat sie für die nordische Geologie. Durch die starke Erosionskraft des Eises können wesentliche Teile der Erdgeschichte des Ostseeraumes nur noch aus Geschieben ermittelt werden. Zeugnisse der ehemaligen Bedeckung blieben lediglich dort erhalten, wo sie vor Erosion geschützt waren, entweder durch vulkanische Decken (z. B. Kinnekulle), durch Einsenkung infolge eines Meteoriteneinschlags (z. B. Siljan-Ring) oder durch tektonische Einsenkung (Oslograben). Das im Oslograben anstehende, jedoch geringmächtige Karbon wurde z. B. erst nach entsprechenden fossilführenden Geschiebefunden entdeckt.

Zur Bestimmung von Alter und Herkunft sedimentärer Geschiebe werden häufig Mikrofossilien herangezogen. Dadurch können auch kleine Geschiebemengen genau datiert werden.

Für die Flachlandsgeologie spielen Lokalgeschiebe eine bedeutende Rolle, da der Untergrund von pleistozänen Ablagerungen völlig bedeckt ist. Ein bekanntes Lokalgeschiebe ist der Sternberger Kuchen (Abb. 2.27a) aus dem Oligozän Mecklenburgs, aus dem mehr als 500 verschiedene Arten beschrieben wurden. Das Holsteiner Gestein (Abb. 2.27d) aus dem Miozän enthält über 200 Mollusken-Arten und wurde früher im Raum um Plön als Grabschmuck verwandt.

Aus dem Paläozoikum finden sich insbesondere kambrische, ordovizische und silurische Fossilien. Die Kalkgeschiebe aus Ordovizium und Silur sind im Allgemeinen fossilreich. Zu den ältesten Vertretern gehören die Wohnbauten sedentärer Polychaeten (*Scolithos* und *Diplocraterion*), die in unterkambrischen Sandsteinen häufig vorkommen.

EXKURS 2.4 (Fortsetzung)

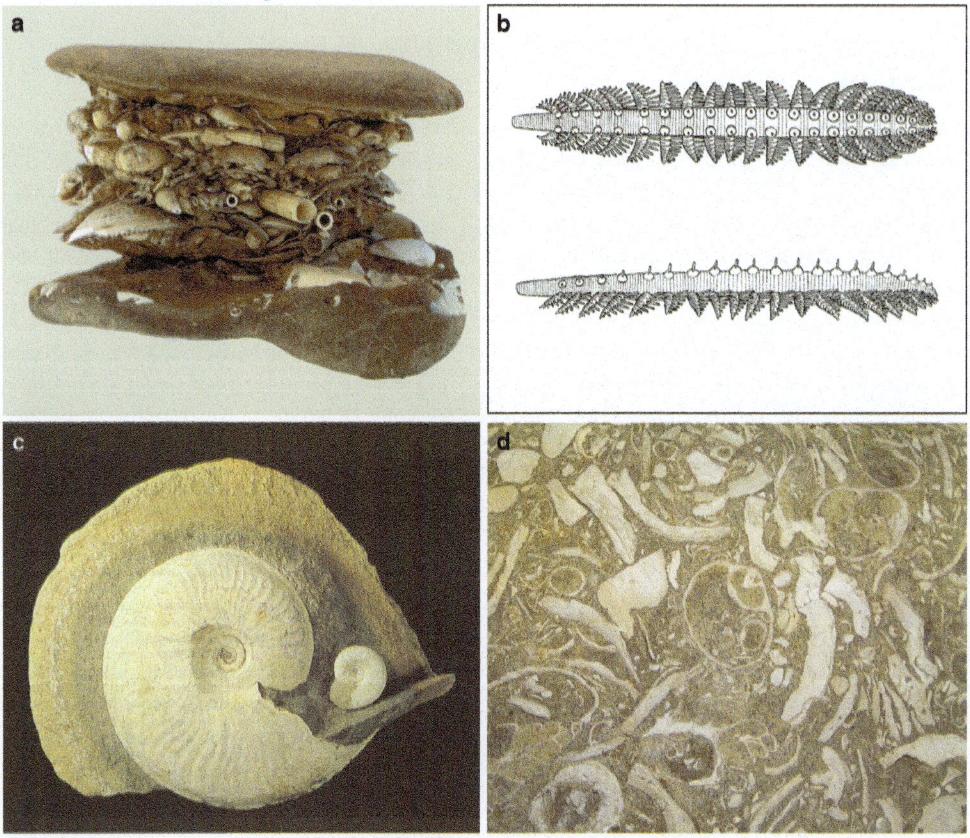

Abb. 2.27 a–d Norddeutsche Geschiebe. **a** Sternberger Gestein, als „Mecklenburger" angeordnet; **b** *Xenusion auerswaldae*, Dorsal- und Lateralansicht; **c** Liaskugel mit Ammoniten (*Eleganticeras*); **d** Holsteiner Gestein. Photos; a–c: I. Hinz-Schallreuter

Am spektakulärsten ist das kambrische Fossil *Xenusion auerswaldae*, beim Umgraben eines Gartens in der Prignitz (zwischen Schwerin und Berlin) gefunden und von einigen Autoren als frühes Onychophor interpretiert (**Abb. 2.27b**). Am häufigsten findet man Trilobiten (z. B. *Paradoxides*) und auch die meistens zu ihnen gestellten Agnostida (**Abb. 2.8a**). Seltener ist der Volborthellen-Sandstein. *Volborthella* ist ein Fossil des Unterkambriums und wurde lange als ein früher Cephalopode angesehen. In grauen Sandsteinen findet man bisweilen Hyolithen (**Abb. 2.11b**), deren systematische Einordnung nicht sicher ist. Die häufigen Chitinozoa kann man bisher gar nicht einordnen. Es handelt sich um merkmalsarme, radiärsymmetrische Mikrofossilien (bis 1,5 mm) von flaschen- oder keulenförmiger Gestalt, die in Ordovizium und Silur des Ostseegebietes entdeckt wurden und in dieser Zeit in Europa besonders häufig waren.

Wegen ihres Umfanges hat man Kalkgeschiebe mancherorts (z. B. in der Lausitz und Uckermark) zur Gewinnung von Mörtelkalk gebrannt, und Fossiliensammler haben sich nahe den Brennöfen auf die Suche nach frühen Lebensspuren gemacht.

Hauptvertreter der ordovizischen Geschiebe ist der Orthocerenkalk, der vielerorts zu Grabsteinen und Fußbodenbelägen verarbeitet wurde. Man findet ihn in dieser verbreiteten Form in Hafenstädten der Ostsee, aber auch in den Niederlanden als roten Gehwegbelag. *Ceratopyge*-Kalk enthält die auch im Ordovizium häufigen Trilobiten *Ceratopyge* und

EXKURS 2.4 (*Fortsetzung*)

Pliomera; er ist oft besonders bunt gefärbt. Verbreitet sind in Geschieben aus dem Ordovizium auch Graptolithen und Conodonten.

Silurische Gesteine erreichen in Schonen (Südschweden) 1000 m Mächtigkeit und auf Gotland über 600 m. Verbunden mit der außerordentlichen Zunahme der riffbildenden Tabulata findet man diese Korallen in Geschieben, dazu auch Graptolithengestein und Fische (Agnatha und Acanthodii). Ein besonders häufiges Silurgeschiebe ist der Beyrichienkalk (*Beyrichia*: 2–8 mm langer Ostracode) mit Trilobiten, Brachiopoden, Tentaculiten und vielen anderen, wobei die Beyrichien auch gesteinsbildend auftreten können.

Aus dem Zeitraum Devon bis Trias sind vergleichsweise wenig Geschiebe bekannt. Ein Grund liegt in der Fossilarmut der betreffenden Gesteine, die daher vielfach zeitlich nicht eingeordnet werden können. Große Gebiete waren auch landfest, so dass in dieser Region keine marine Sedimentation stattfand. Aus dem unteren Jura sind die so genannten Liaskugeln mit dem in aragonitischer Perlmuttschicht erhaltenen Ammoniten (*Eleganticeras elegantulum*, ◘ **Abb. 2.27c**) berühmt. Aus Liaskugeln stammen auch zahlreiche Insektenfunde sowie Saurierknochen (z. B. des Ornithischiers *Emausaurus*, benannt nach der Ernst-Moritz-Arndt-Universität [EMAU] in Greifswald). Hervorzuheben sind auch die fossilreichen Mitteljura- oder Doggergeschiebe (Kellowaygeschiebe), die zahlreiche Mollusken, z. T. mit Schalenerhaltung und originaler Farbstreifung, enthalten. Auch in Kreidegeschieben findet man zahlreiche Fossilien (vgl. Rügen, **EXKURS 2.15 Abschn. 2.3.3**).

2.2.4 Devon

Übersicht

Reich in Mitteleuropa repräsentiert: Dachschiefer im Hunsrück, Riffe im Rheinland und im Harz, Kalke in Sachsen und Thüringen. Rasche Entfaltung der Gnathostomata. Fische dominieren in Meer und Süßwasser und bringen Riesenformen hervor. Neben den meist langgestreckten Cephalopoden (Nautiloida) gibt es jetzt auch zunehmend Formen mit aufgerolltem Gehäuse (Nautiloida und Ammonoida). Der Meeresboden wird weiterhin von Rugosa und Tabulata besiedelt. Auf dem Land entstehen komplexe Lebensgemeinschaften aus Pflanzen (Psilophyten, Bärlappen, Farnen und Schachtelhalmen) und Tieren. Insekten treten in Erscheinung. Die ersten Wirbeltiere besiedeln das Land: es entstehen die Tetrapoden. Ende Devon: Faunenschnitt.

Das **Devon** (416–359 Mio. Jahre vor heute) erhielt seinen Namen nach der südenglischen Grafschaft Devonshire, wo Gesteinsabfolgen aus dieser Zeit ausgebildet sind. Allerdings gibt es andernorts devonische Gesteine mit sehr viel besser erhaltenen Fossilien, z. B. auch in den deutschen Mittelgebirgen. Sie wurden abgelagert, bevor hier im Karbon das variscische Gebirge (s. **EXKURS 2.2 Abschn. 2.2.2**) entstand.

Das Devon war das Zeitalter des großen Nordkontinentes (*Old-Red*-Kontinent, ◘ **Abb. 2.28**), an dessen Südrand bis 5000 m mächtige Sedimentschichten entstanden. Aus dieser Zeit stammt der Hunsrückschiefer, der in einer Meeresbucht mit sauerstoffarmem Tiefenwasser entstand. Umfangreiche Riffe, z. B. im Rheinischen Schiefergebirge (s. **EXKURS 2.6**), sind ein Hinweis auf relativ hohe Temperaturen. Viele Formen wärmeliebender mariner Flachwasserorganismen hatten eine besonders weite Verbreitung.

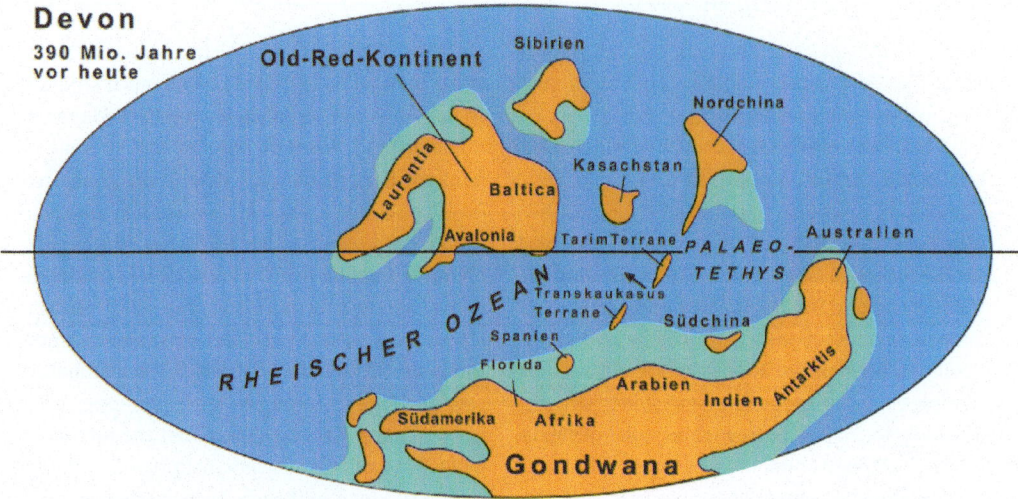

◘ **Abb. 2.28** Die paläogeographische Situation im Devon: Avalonia – von Gondwana stammend – hat sich an Laurentia-Baltica angeschlossen (Akkretion). Es ist der *Old-Red*-Kontinent entstanden. Außer ihm liegen Sibirien, Kasachstan und Nordchina auf der Nordhalbkugel. Der Rheische Ozean trennt die Nordkontinente von Gondwana. Nach Scotese u. Wertel (2006)

EXKURS 2.5

Hunsrückschiefermeer: Einblicke in die marine Lebenswelt vor fast 400 Mio. Jahren

Im Devon war die Erde in der Verteilung der Kontinente und Ozeane völlig verschieden von dem uns vertrauten Bild des heutigen Globus (◘ Abb. 2.28). Da eine zusammenhängende Pflanzendecke auf den Kontinenten bis ins späte Devon noch nicht existierte, bewirkten Wind und Niederschlag eine intensive Abtragung, so auch von dem im Norden des heutigen Rheinischen Schiefergebirges liegenden *Old-Red*-Kontinent. Vorgelagert war ein Schelfmeer, das nach Süden in einen tieferen Meeresraum überging und in das Flüsse im Verlauf von 25 Mio. Jahren Abtragungsschutt, Sand und Schlick transportierten.

Daraus wurde unter anderem der Hunsrückschiefer, der schon zur Römerzeit abgebaut wurde und der heute aus dem Hunsrück und seiner Umgebung als Dachschiefer und Fassadenverkleidung nicht wegzudenken ist. Auch zur Herstellung von Schiefertafeln fand das Material Verwendung. In besonders typischer Ausbildung und mit vielen Fossilien findet man den Hunsrückschiefer in einem Gebiet um die Orte Gemünden und Bundenbach (◘ Abb. 2.29), nach denen zahlreiche Formen benannt wurden (z. B. *Gemuendina* und *Bundenbachia*).

Im Rahmen der Gewinnung und Verarbeitung dieses Schiefers wurden schon im 19. Jahrhundert Fossilien gefunden. Inzwischen hat sich der Hunsrückschiefer als eine erdgeschichtliche Schatzkammer erwiesen, aus der man etwa 400 fossile Organismenarten kennt. Der Schlüssel zu dieser Schatzkammer liegt im Pyrit (FeS_2) und im Röntgengerät. Der Pyrit verdankt seine Bildung dem Schwefel in tierischen Geweben und Eisenionen aus dem anoxischen Sediment, das von anaeroben Bakterien besiedelt wurde. Da der Pyrit ein hohes Absorptionsvermögen für Röntgenstrahlen hat, lassen sich die Fossilien im Röntgengerät oft bis in feine Details darstellen. In Parapodien von Polychaeten sieht man Muskelzüge, an Seesternen erkennt man Ambulakralfüßchen, Trilobiten zeigen Mitteldarmdrüsen und den Verlauf der Nervenbahnen, die Komplexaugen und Gehirn verbinden.

EXKURS 2.5 (Fortsetzung)

Zu den Trilobiten zählt auch das häufigste Fossil des Hunsrückschiefers, *Chotecops ferdinandi*. Als besonders auffällige Vertreter der Arthropoden sind außerdem der bizarre „Scheinstern" *Mimetaster* (◨ Abb. 2.29a), der mit *Marrella* (◨ Abb. 2.7d) verwandt ist, und der Krebs *Nahecaris* zu nennen. Aus dem Bereich der frühen Chelicerata lebte im Hunsrückschiefermeer der Pfeilschwanz *Weinbergina* (◨ Abb. 2.29c). Als früher Pantopode wird *Palaeoisopus* (◨ Abb. 2.29b) angesehen. Besonders bemerkenswert sind die vielen Echinodermen, z.B. die ausgezeichnet erhaltenen verschiedenartigen Seelilien (*Hapalocrinus*, *Taxocrinus*), von den bislang etwa 70 Arten aus dem Hunsrückschiefer bekannt sind, See- und Schlangensterne (*Helianthaster* (◨ Abb. 2.29d), *Furcaster* (◨ Abb. 2.1) sowie Holothurien (*Palaeocucumaria*). Verbreitet waren Brachiopoden und Muscheln, aber auch Conularien, Goniatiten und Tentaculiten. Die Korallengattungen *Zaphrentis* (Rugosa) und das koloniale *Pleurodictyum* (Tabulata) waren häufige Bewohner des devonischen Flachmeeres im Rheinland. Letztere bildeten polsterförmige Kolonien, die häufig einen S-förmigen „Wurm" (*Hicetes*) umschlossen, der vielleicht ein Parasit war. Die Fischfauna umfasste Agnatha (kieferlose Wirbeltiere, s. Abschn. 2.2.3), zum Beispiel *Drepanaspis gemuendensis* (◨ Abb. 2.25), der zu den Heterostraci zählt. Die Art wurde nach der Ortschaft Gemünden genannt, ebenso wie die Gattung *Gemuendina* (◨ Abb. 2.34g), ein rochenartig abgeflachter Placoderme, also ein Fisch, der zu den Gnathostomata (s. Abschn. 2.2.4) zählt. Auch Lungenfische (*Dipnorhynchus*) hat man gefunden. Sie sind ursprünglich Bewohner des Süßwassers – wo sie auch heute noch vorkommen –, aber im Devon drangen sie auch in Meere ein.

Die Zeugnisse der Pflanzenwelt sind dagegen bescheiden. Aus dem Meer kennt man z.B. Grünalgen (*Receptaculites*). Dazu kommen eingespülte Teile von Psilophyten (*Psilophyton*, *Taeniocrada*) und Bärlappgewächsen. Nach wie vor ein Rätsel stellt *Prototaxites* dar. Es handelt sich um einen mehrere Meter hohen Organismus, der zwischen Psilophyten lebte. Derzeit interpretiert man ihn als Pilz oder Flechte.

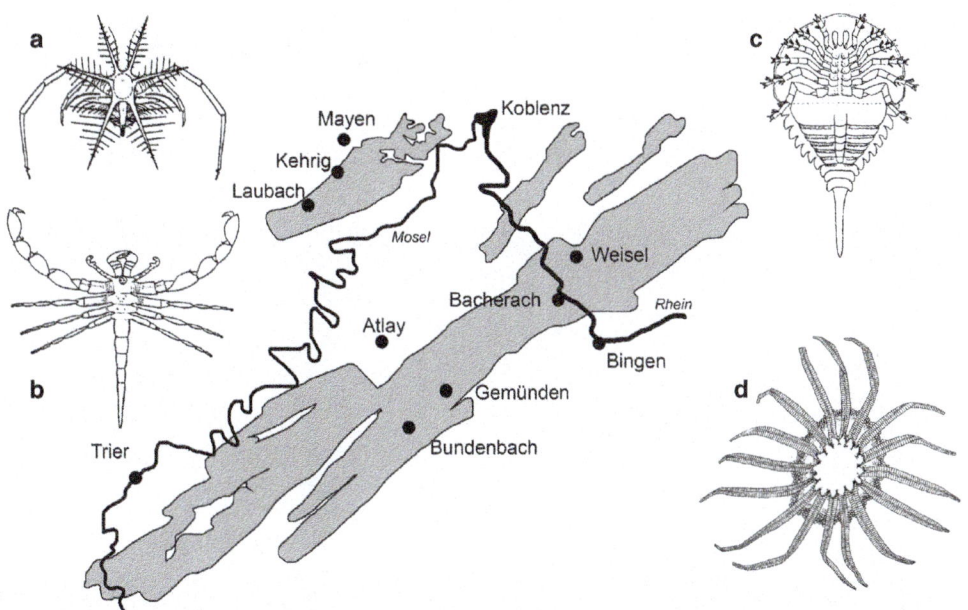

◨ Abb. 2.29 a–c Die Karte zeigt die heutige Verbreitung des Dachschiefers im Rheinischen Schiefergebirge. **a** *Mimetaster*, **b** *Palaeoisopus*, **c** *Weinbergina*, **d** *Helianthaster*

EXKURS 2.6

Devonische Riffe in der Eifel

Riffe sind im Devon des Rheinischen Schiefergebirges verbreitet (◘ Abb. 2.30). Ihre maximale Entwicklung hatten sie im Mitteldevon, und sie reichten bis ins Oberdevon. Besonders gut bekannte und sehr umfangreiche Riffkomplexe kennen wir linksrheinisch aus der Eifel (bei Prüm, Gerolstein, Hillesheim, Dollendorf, Blankenheim und Sötenich). Rechtsrheinisch verläuft ein Riffgürtel entlang der Ruhr (Wülfrath, Dornap, Hagen, Warstein, Brilon). Riffe findet man auch etwas weiter südlich von Bergisch-Gladbach sowie von Attendorn und schließlich im Lahngebiet. Die Riffe entlang der Lahn sind auf erloschenen Vulkanen herangewachsen. Den Dom der Stadt Limburg an der Lahn hat man auf einem devonischen Riffkalk errichtet. Aus diesem Gestein, dem ansprechenden Lahnmarmor, ist auch der Brückenheilige auf der alten Brücke geschlagen.

Unter den Riffbauern der Eifel, die besonders schön im Naturkunde-Museum, 54568 Gerolstein, Eifel dargestellt sind, spielten die Stromatoporen eine besondere Rolle. Die Dolomitfelsen von Gerolstein sind Reste eines großen Stromatoporenriffs aus dem Mitteldevon. Stromatoporen erlebten ihren Höhepunkt im Devon. Sie konnten im Riffkern große Blöcke bilden, existierten jedoch auch als inkrustierende Kolonien, die als Sedimentfestiger dienten. Bekannte Gattungen waren *Stromatopora* und *Actinostroma*.

Die Korallengruppen der Rugosa und Tabulata waren weitere Bestandteile der mitteldevonischen Riffe der Eifel. Die Rugosa haben große Einzelkorallen hervorgebracht, z. B. *Dohmophyllum* mit einem Durchmesser um 10 cm, aber auch koloniale Formen, z. B. *Disphyllum* (◘ Abb. 2.1). Auch die Pantoffelkoralle (*Calceola sandalina*, ◘ Abb. 2.16a–c) ist von Gerolstein bekannt und wurde sogar auf Äckern gesammelt. Die Tabulata sind am Riffaufbau mit einer Reihe kolonialer Formen verbreitet, z. B. *Favosites*, *Heliolites* und *Pleurodictyum*.

Weitere dominierende Gruppen auf dem Riff oder in dessen unmittelbarer Umgebung sind Mollusken mit Schnecken (unter anderem den auch

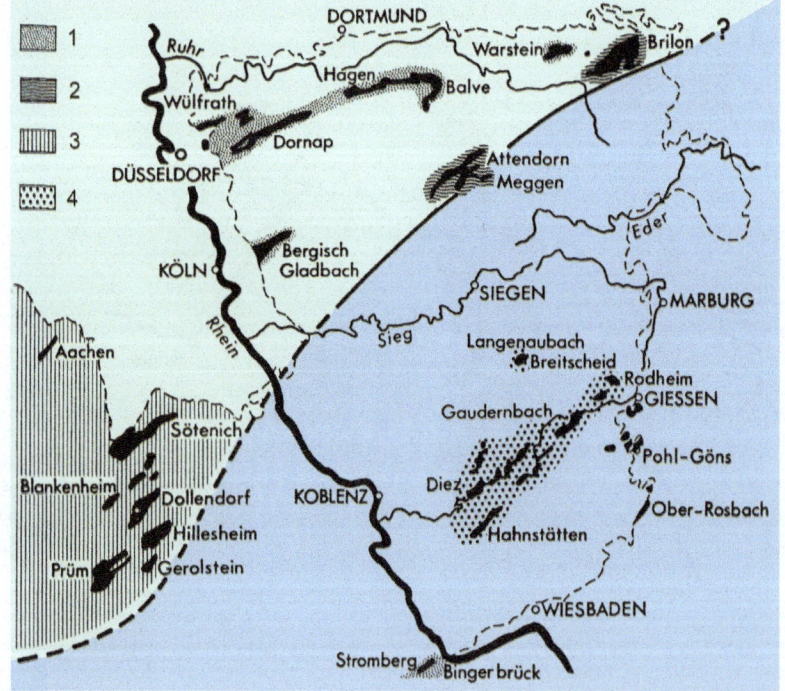

◘ Abb. 2.30 Verbreitung devonischer Riffe im Rheinischen Schiefergebirge. Die Raster bezeichnen Rifftypen: *1*: isolierte Riffe (häufig Atolle) auf einer ausgedehnten Carbonatplattform, *2*: Riffe am äußeren Schelfrand (= Diagonale), *3*: weiträumige Carbonatplattform im Schelfbereich, *4*: Riffe auf unterseeischen Vulkanen. Nach Krebs (1974)

EXKURS 2.6 *(Fortsetzung)*

heute noch existierenden Gattungen *Turbo* und *Pleurotomaria* sowie *Bellerophon*), Muscheln und Kopffüßern. Unter den letzteren sind die großen Exemplare von Cyrtoceras hervorzuheben.

Trilobiten waren verbreitete vagile Tiere, u.a. *Harpes* (◘ **Abb. 2.1**) und *Otarion*. Unter den sessilen Formen sind die reichen Brachiopoden- und Crinoidenbestände zu nennen.

Auch Fische sind aus devonischen Riffen überliefert. Eine besonders reiche marine Wirbeltierfauna ist aus dem Gebiet bei Bergisch-Gladbach (nahe Köln) bekannt. Sie enthält z. B. Acanthodii (*Protogonacanthus*), Crossopterygii (*Ctenurella*, *Nesides*) und Actinopterygii. *Nesides* steht der rezenten Gattung *Latimeria* recht nahe.

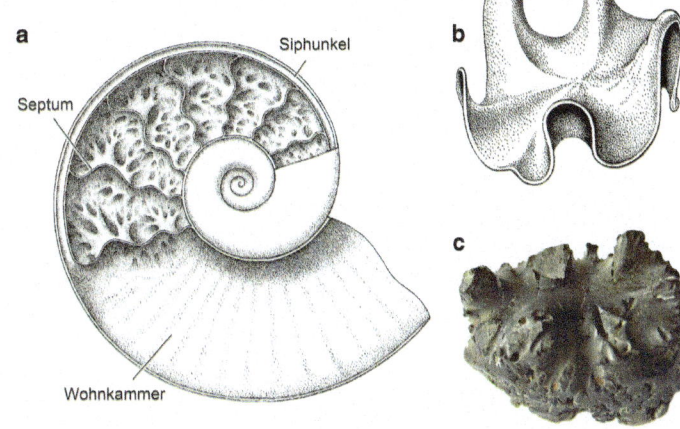

◘ **Abb. 2.31 a–c** Ammonoidea.
a Median aufgeschnittener Ammonit.
b Kammerscheidewand (Septum),
c Steinkern: solche Kammerausfüllungen sind z. B. von Helgoland als „Katzenpfötchen" bekannt. Sie stammen von dem Kreide-Ammoniten *Ancyloceras*. Nach Ward (1989)

Die Wirbellosenfauna des Devon ähnelt der im Silur. Korallen (Rugosa, Tabulata) nahmen weite Areale der Flachmeere ein. Die großen Nautiloida aus Ordovizium und Silur waren zwar ausgestorben; dafür gab es jetzt kleinere Formen, deren Schale meist zu einer Spirale aufgerollt war, der rezenten Gattung *Nautilus* (◘ **Abb. 2.78f**) vergleichbar. Aus den kleinen Bactriten (s. **Abschn. 2.2.4**) entstanden später die Ammonoideen, die die Flachmeere bis zum Ende des Mesozoikums mit einer unglaublichen Formenfülle besiedelten. In diesem langen Zeitraum von 300 Mio. Jahren liefern sie der Wissenschaft besonders wichtige Leitfossilien. Viele sind zudem ästhetisch so ansprechend, dass man sie als Ausstellungsstücke schätzt und vielfach zu Schmuck verarbeitet hat. Unter den Nautiloideen überwogen teilweise oder völlig eingerollte Arten. Die Trilobiten kamen in vielen Arten vor und waren oftmals bestachelt und mit Skleroproteinwülsten versehen, manche konnten sich einrollen. Ostracoden waren verbreitet und werden als Leitfossilien im Oberdevon verwendet. An Land erschienen apterygote Insekten (Collembola).

Ammonoida (= Ammonoidea)

Die Ammonoida sind eine etwa 12.000 Arten umfassende Gruppe fossiler Cephalopoden, meist mit einer spiraligen Schale (oft Gehäuse genannt; ◘ **Abb. 2.31**). Über 350 Mio. Jahre waren sie dominierende Formen der Meere. Sie sind seit dem frühen Devon überliefert und starben Ende der Kreide aus. In dieser langen Zeit haben sie eine sehr wechselhafte Geschichte durchgemacht (◘ **Abb. 2.32**). Nicht immer sind sie ganz leicht gegen die Nautiloida abzugrenzen. Abgesehen von der äußeren Form (die meisten Ammonoida haben spiralige Schalen, nur wenige unregelmäßige oder nicht eingerollte; viele Nautiloida haben gestreckte Schalen) sind folgende Unterschiede wichtig:

– Der Siphunkel (Sipho) ist bei den Ammonoida meist dünn und liegt am Außenrand der Schale (◘ **Abb. 2.31a**); bei den Nautiloida ist

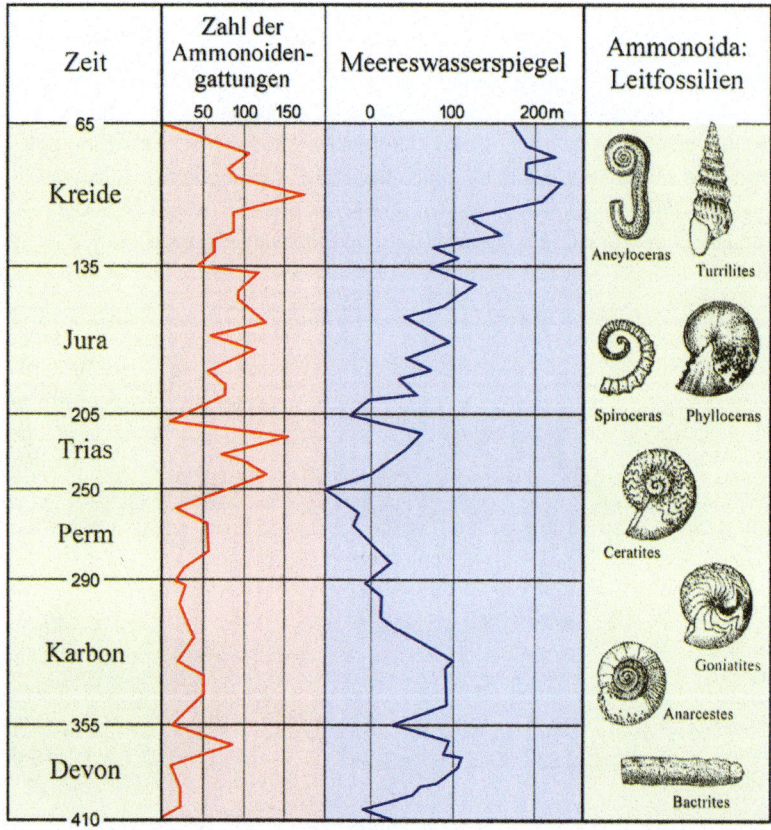

Abb. 2.32 Verteilung der Ammonoida in der Zeit. Die Anzahl der Gattungen ist mit dem Meereswasserspiegel korrelierbar: War dieser hoch, gab es auch viele Gattungen. In Zeiten extremer Transgression gab es Heteromorphe. Beachte die großen Aussterbeereignisse Ende des Devon, Ende des Karbon, im Perm, Ende der Trias und Ende des Jura, die jeweils mit sinkendem Meereswasserspiegel zusammenfallen. Nach Wiedmann u. Kullmann (1996)

er umfangreich, oft mit Kalkeinlagerungen versehen, seine Lage in der Schale variiert, ist jedoch meist zentrisch.

- Die Kammerscheidewände (Septen) der Ammonoida (◘ Abb. 2.31b) sind, abgesehen von den ältesten, gerade oder zur Wohnkammer hin gewölbt (opisthocöl), bei den Nautiloida sind sie dagegen zur Anfangskammer gewölbt (procöl).
- Die Lobenlinien, das sind die Verwachsungslinien der Kammerscheidewände mit der Innenseite der Schalenwand, sind bei den Ammonoida, vor allem in ihrer späten Entwicklungsphase, kompliziert (◘ Abb. 2.31), bei den Nautiloida im Allgemeinen geschwungen oder gerade (◘ Abb. 2.18). Die Lobenlinien sind nur dann sichtbar, wenn die Gehäusewand (Schale) fehlt und nur noch der Steinkern des Ammoniten erhalten ist. Tatsächlich ist das häufig der Fall (◘ Abb. 2.31c).

Unter den Ammonoida sind die **Ammoniten** aus Jura- und Kreidezeit die bekanntesten Formen und haben Menschen schon sehr früh beeindruckt. Sie gehören zweifellos zu den auffälligsten und schönsten Fossilien und fanden schon früh Eingang in die Sagenwelt. Benannt wurden sie nach dem altägyptischen Gott Ammon (Amun), dem der Widder heilig war, an dessen Hörner die Ammoniten („Ammonshörner") erinnern.

Im Vordergrund des wissenschaftlichen Interesses stehen die Ammonoideen wegen ihres hohen Wertes als Leitfossilien. Sie liefern das Grundgerüst für die zeitliche Untergliederung von Trias, Jura und Kreide und sind die „Ziffern auf der Uhr" dieses Zeitabschnittes der Erdgeschichte. In der Kreide, also kurz vor ihrem Aussterben, brachten sie Riesenformen, z. B. *Parapuzosia* (Durchmesser des größten Fundstückes 1,8 m; ursprünglicher Durchmesser 2,5 m) und so genannte heteromorphe Formen (◘ Abb. 2.32, 2.33) hervor, deren Windungen nicht mehr planspiralig angelegt sind.

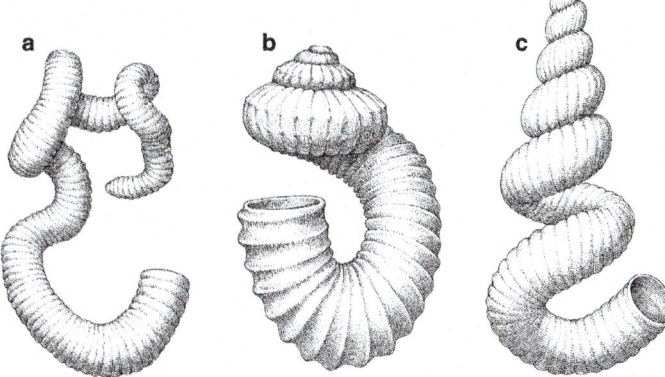

• **Abb. 2.33 a–c** Heteromorphe Ammoniten. **a** *Nipponites*, **b** *Nostoceras*, **c** *Didymoceras*. Nach Ward (1989)

Die Ausgangsgruppe der Ammonoida sind wohl die kleinen, paläozoischen Bactritida (• **Abb. 2.32**), die äußerlich den Orthoceraten (• **Abb. 2.18a**) ähneln, aber einen dünnen, marginalen Siphunkel besaßen. Ihre Schale war gerade (*Bactrites*) oder schwach gebogen (*Cyrtobactrites*). Von ihnen sind wohl auch die Coleoida abzuleiten. Bactritida existierten von Devon bis Perm.

Die Systematik der Ammonoida ist kompliziert, auch noch nicht generell akzeptiert, lässt sich aber folgendermaßen vereinfachen:

- Die **Palaeo-Ammonoida** (= „Goniatiten" im weiteren Sinne) sind auf das Paläozoikum (Devon-Perm) beschränkt. Im Perm folgte ein sehr starker Rückgang, in dessen Verlauf diese Gruppe ausstarb. Palaeo-Ammonoida werden in drei Ordnungen gegliedert: Die devonischen Anarcestida (• **Abb. 2.32**) gelten als Ausgangsformen aller späteren Ammonoida. Sie haben nur eine geringe Anzahl von Loben; die Lobenlinien sind einfach. Die Clymenida hatten ihre Blütezeit im späten Devon. Von ihnen gibt es in Europa und Nordafrika besonders viele Arten. Die Goniatitida (• **Abb. 2.32**) sind vorwiegend jungpaläozoisch verbreitet. Ihre Lobenlinien sind einfach und gewinkelt (gonion = Winkel).
- Die **Meso-Ammonoida** (= „Ceratiten") sind seit dem späten Perm bekannt und existieren zum Teil bis zum Ende der Trias. Sie erlebten in der Trias eine starke Entfaltung, nachdem das Überleben der Ammonoida Ende Perm am seidenen Faden gehangen hatte (• **Abb. 2.32**). Zu den Meso-Ammonoida zählt man zwei Ordnungen: Prolecanitida und Ceratitida. Zu letzteren zählen die meisten Trias-Ammonoiden (• **Abb. 2.49**).
- Die **Neo-Ammonoida** (= „Ammoniten") schließlich sind auf Jura und Kreide beschränkt. Auf sie entfallen vier Ordnungen: Lytoceratida, Ammonitida, Ancyloceratida und Phylloceratida, • **Abb. 2.32**). Zu den Ancyloceratida gehören die „Kreide-Heteromorphen" mit ihren stark abgewandelten Schalen (• **Abb. 2.32, 2.33**). *Baculites* ist stabförmig, *Turrilites* (• **Abb. 2.32**) ist wie eine Schnecke (z. B. *Turritella*) schraubig gewunden, *Crioceratites* stellt eine lose Spirale dar (ähnlich sieht die jurassische Gattung *Spiroceras* (• **Abb. 2.32**) aus).

Ammonoida sind die mit am intensivsten untersuchten Fossilien, und an ihnen lässt sich die Schwierigkeit paläontologischer Forschung einschließlich der Irrwege aufzeigen.

Erst spät erkannte man ihren Geschlechtsdimorphismus (Weibchen sind oft viel größer als Männchen), ebenfalls sehr spät wurde die erste Radula entdeckt (mit sieben Zähnen pro Reihe), die belegt, dass Ammonoida und Coleoida relativ eng miteinander verwandt sind. Lange währte der Streit um Aptychen und Anaptychen. Erstere sind zweiklappige Calcitstrukturen, die eine gewisse Ähnlichkeit mit Muscheln haben, letztere waren ursprünglich wohl chitinig und sehen aus wie auseinandergeklappte Muscheln. Heute ist man der Ansicht, dass es sich um Kieferteile von Ammonoida handelt.

Die meisten Ammonoida lebten in Bodennähe, bevorzugt im Schelfbereich. Die Fortbewegung erfolgte wohl langsam, manche können kriechende Bodenbewohner gewesen sein. Ihre wenig scharfen Kieferapparate lassen vermuten, dass sie ihre Nahrung eher einsammelten als erjagten. Ammonoida wurden wohl mehrere Jahre alt (wie auch *Nautilus*, aber im Gegensatz zu den rezenten Coleoida, die oft in einem Jahr heranreifen).

Sie selbst wurden Opfer von Mosasauriern, Plesio- und Ichthyosauriern, von Schildkröten, Fischen und von größeren Individuen ihresgleichen.

Gnathostomata und Landgang der Wirbeltiere

Im Devon entfalteten sich die kiefertragenden Wirbeltiere, die Gnathostomata, geradezu explosiv. Sie besitzen einen Kieferapparat, der sich aus dem vorderen Kiemenbogensystem der Kieferlosen, der Agnatha, entwickelt hat. Dieser Neuerwerb erwies sich rasch als erfolgsbringendes Instrumentarium, das den Gnathostomen eine dominierende Stellung in den devonischen Meeren verlieh und das ein bemerkenswertes evolutives Potenzial zur Weiter- und Höherentwicklung in sich barg. Die Agnathen verschwanden weitgehend und sind heute nur noch mit wenigen Formen, den Myxinoidea (Schleimaalen) und Petromyzonta (Neunaugen) vertreten.

Zu den devonischen Gnathostomata gehören die **Placodermi** (Panzerfische; ◘ Abb. 2.34b), zu denen die bis zu 10 m lange Riesenform *Dunkleosteus* (= *Dinichthys*) zählt. Die Placodermi sind die klassischen Leitfossilien für den *Old-Red*-Kontinent. Sie standen am Gipfel der marinen Nahrungspyramide. Diese gepanzerten, kiefertragenden Fische waren lange die vorherrschenden Wirbeltiere und erlebten im Devon ihre Blütezeit. Sie lebten zunächst im Süßwasser, später drangen sie auch in die Meere ein, so wie die schon erwähnte Gattung *Dunkleosteus*. Ihre vordere Körperhälfte wurde von einem Knochenpanzer geschützt. Den Placodermen fehlten echte Zähne, stattdessen waren an den Kieferrändern Knochenzacken ausgebildet. Generell waren zwei Paar Extremitäten ausgebildet, das vordere wurde bei einigen von Hautknochen umhüllt (Antiarchi), das hintere war bisweilen reduziert. Zu den Placodermi zählt auch die rochenartig abgeplattete Gattung *Gemuendina* (◘ Abb. 2.34g). Die Placodermen starben noch im Devon aus.

Auch die **Acanthodii** (◘ Abb. 2.34c), die schon im Silur erschienen, waren freischwimmende gnathostome Fische. Sie waren im Devon verbreitet und starben im Perm aus. Kopf und Körper dieser meist kleinen Fische waren oft mit Knochenplatten und Schuppen bedeckt, bisweilen war das Hautskelett stark rückgebildet. Zähne sind vorhanden. Die Flossen werden von starken Stacheln an ihrem Vorderrand gestützt. Neben den paarigen Flossen kommen seitlich am Körper bis zu sechs Paar Dornen (oder Flossen?) vor, daher auch der deutsche Name „**Stachelhaie**". Eine verbreitete Gattung war *Acanthodes*, z. B. mit *A. bronni* in der Pfalz und im Saargebiet. Eine nur 8 cm lange Kleinform war *Climatius*.

Haie (Chondrichthyes) gehörten ebenfalls zu den verbreiteten Fischen der devonischen Meere, z. B. *Cladoselache* und *Ctenacanthus* (◘ Abb. 2.34d).

Im Devon traten die ersten **Knochenfische (Osteichthyes)** auf, denen die Actinopterygii (Strahlenflosser, ◘ Abb. 2.34e), die Crossopterygii (Quastenflosser, ◘ Abb. 2.34a) und die Dipnoi (Lungenfische, ◘ Abb. 2.34f) angehören. Das Devon war die Zeit der größten Verbreitung der Lungenfische, von denen heute nur noch drei Gattungen leben (*Neoceratodus* [◘ Abb. 2.79a], *Lepidosiren*, *Protopterus*), und der Quastenflosser, von denen nur noch eine Gattung (*Latimeria;* ◘ Abb. 2.79b) existiert. Die Strahlenflosser waren noch relativ spärlich vertreten; sie entfalteten sich erst im Meso- und im Känozoikum zur dominierenden Fischgruppe. Zu ihnen gehören heute über 90 % der Fische, die alle Weltmeere und Süßgewässer besiedeln.

Die **Crossopterygii** waren Doppelatmer: Kiemen und Lungen-Schwimmblasen-Organ dienten dem Gasaustausch. Letzteres entstand vielleicht schon am Beginn der Gnathostomata und wird bei den Tetrapoden das zentrale Atmungsorgan. Innerhalb der Crossopterygii unterscheidet man zwei Gruppen: Rhipidistia und Actinistia (Coelacanthini).

Die Rhipidistia waren vom Devon bis zum Perm im Süßwasser verbreitet. Sie werden im Allgemeinen als Ahnen der Tetrapoden angesehen. In ihren Vorderflossen lassen sich, wie oben erwähnt, schon die typischen Knochen der Tetrapodenextremität iden-

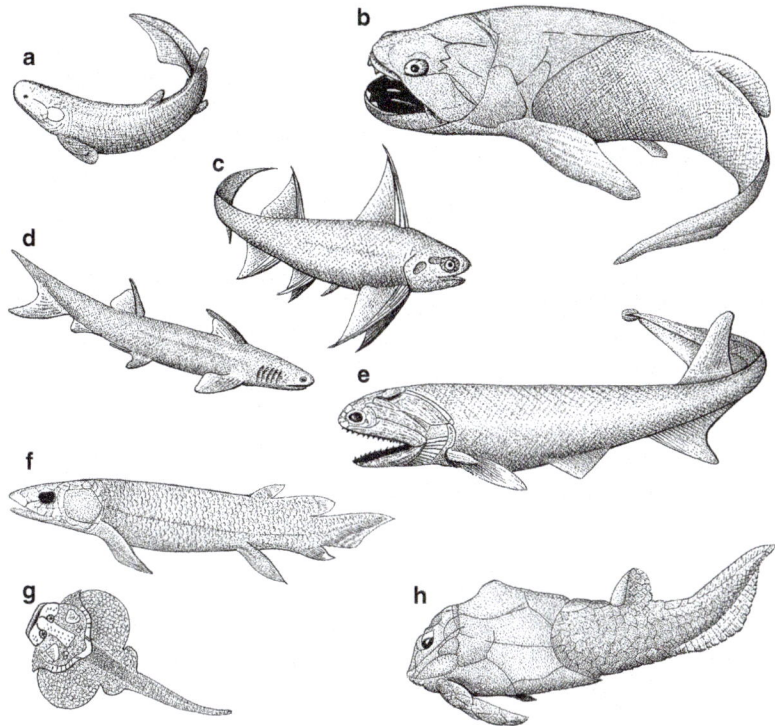

◘ **Abb. 2.34 a–h** Gnathostome Fische aus dem Devon. **a** *Osteolepis* (Crossopterygii), **b** *Coccosteus* (Placodermi), **c** *Diplacanthus* (Acanthodii), **d** *Ctenacanthus* (Chondrichthyes), **e** *Cheirolepis* (Actinopterygii), **f** *Dipterus* (Dipnoi), **g** *Gemuendina* (Placodermi), **h** *Pteroichthyodes* (Placodermi)

tifizieren, und ihre Zähne sind so aufgebaut wie die der ältesten Amphibien. Außerdem sind beiderseits drei Nasenöffnungen ausgebildet: der vordere Eingang in die Nasenhöhle, der Tränen-Nasen-Gang und die Choanen, also die Verbindung von Nasen- zur Mundhöhle. *Eusthenopteron* ist eine besonders bekannte Form der Rhipidistia. Die histologische Analyse langer Extremitätenknochen von *Eusthenopteron* im Jahre 2012 zeigte, dass die Knochen mittels enchondraler und periostaler Ossifikation wuchsen und dass zwischen ihnen echte diarthrotische Gelenke ausgebildet waren. Dies wird als Anpassung an terrestrische Fortbewegung angesehen, die mit starker mechanischer Belastung einhergeht.

Im Jahre 2006 erregte die Entdeckung eines weiteren Fossils Aufsehen. Von der kanadischen Ellesmere-Insel beschrieb man eine Form, die zeitlich und morphologisch zwischen *Eusthenopteron*, *Ichthyostega* und *Acanthostega* (s. u.) vermittelt: *Tiktaalik*. Ellesmere Island lag im Devon äquatornah und war ein Teil von Laurentia (◘ Abb. 2.28), und *Tiktaalik* gehörte zu den ersten Wirbeltieren, die – vom Süßwasser ausgehend – ihren Fuß auf das Land setzten. Schuppen, Kiemen und Flossen erinnern an Fische,

Vorderextremitäten (mit Ober- und Unterarm sowie Handgelenk), Lungen, einige Schädelmerkmale und ein Hals weisen auf Amphibien hin.

Die Actinistia erschienen im Devon und existieren bis heute in zwei Arten: *Latimeria chalumnae* (◘ **Abb. 2.79b, 2.80**) wurde 1938 vor der südafrikanischen Ostküste entdeckt und *L. menadoensis* 1997 vor der Nordküste von Sulawesi (Celebes).

Die Actinistia waren im Devon zunächst Süßwasserbewohner und wanderten dann ins Meer ein. Ihre Lunge wurde zur Schwimmblase, die bei *Latimeria* eine große Fettmasse darstellt. Das Gehirn wurde sehr klein und nimmt bei *Latimeria* nur 1/100 des Volumens der Schädelhöhle ein, die ansonsten von einem lockeren Fettgewebe ausgefüllt wird.

Im Devon wurde der **Landgang der Wirbeltiere** vollzogen. Im späten Devon entstanden die labyrinthodonten Amphibien: die Ichthyostegida (Dachschädler, ◘ **Abb. 1.29b**), die 1931 in Fossillagerstätten Grönlands entdeckt wurden. Grönland lag damals äquatornah, und *Ichthyostega* ist aus heutiger Sicht ein Organismus, der wasserlebende Fische und landlebende Tetrapoden verbindet, also ein *connecting link*: mit Fischschwanz und

Laufextremitäten, deren Skelett im Wesentlichen dem „standardisierten" System entspricht, welches selbst unsere Arme und Hände sowie Beine und Füße noch heute kennzeichnet. Allerdings waren die Extremitäten noch nicht pentadactyl. *Acanthostega* (◘ Abb. 1.29b) hatte z. B. acht Finger an jeder Hand.

Pflanzen erobern das Land

Auch die großflächige Eroberung des Landes durch Pflanzen mit Stützgewebe, Wurzeln, Leitungssystemen, Verdunstungsschutz sowie Spaltöffnungen (s. Abschn. 4.2.2) fällt in das Devon (◘ Abb. 2.35). Zwar gab es schon im Silur primitive Landpflanzen, aber erst im Devon breiteten diese sich richtig aus. Ursprüngliche Landpflanzen sind die **Psilophytatae**, Nacktpflanzen, Nackt- oder Urfarne genannt, da sie in ihrer primitivsten Form noch keine Blätter hatten. Sie besiedelten feuchte Standorte. Die bekannteste Form war *Rhynia* (◘ Abb. 2.36a). Man benannte sie nach dem Ort Rhynie bei Aberdeen in Schottland. Es handelt sich um eine bis 30 cm hohe, blattlose Pflanze, deren gegabelte aufrechte Stängel aus einem kriechenden Spross entspringen und am Ende Sporangien tragen. Verkieselte Pflanzen blieben so gut erhalten, dass wir außer ihrer Gestalt auch den Aufbau ihrer Gewebe kennen.

Die Psilophytatae waren im Unterdevon teilweise noch submers (lebten also im Wasser); nur ihre Sporangien ragten über die Wasseroberfläche hinaus. Spaltöffnungen und Cuticula waren nur im oberen Bereich der Pflanzen entwickelt.

Bekannte Gattungen dieser ursprünglichen Gruppe waren *Stockmansella* (*Taeniocrada*, ◘ Abb. 2.35d) und *Zosterophyllum* (◘ Abb. 2.35a). Erstere umfasste Wasser- und Landpflanzen, letztere bildete in Verlandungszonen ausgedehnte Bestände. *Taeniocrada* ist eine der häufigsten Pflanzen im Unterdevon des Rheinlandes und kann hier verhältnismäßig leicht als Fossil gefunden werden. Sie bildete sogar kleine Kohleflöze. Die Gattung *Sawdonia* (◘ Abb. 2.36b) spielt eine besondere Rolle für die Ableitung der Bärlappe; sie ist aus der Eifel bekannt. Schon im Oberdevon starben die Psilophytatae aus. Ihnen folgten Lycopodiatae, Filicatae, Equisetatae und den Nacktsamern nahestehende Formen („Progymnospermae").

Eine etwas jüngere Flora als die von Rhynie ist vom Kirberg bei Wuppertal bekannt. Hier fand man neben Psilophyten auch Farne, z. B. *Aneurophyton*, einen mehrere Meter hohen Baum mit fein gegliederten Seitensprossen, die Farnwedeln ähneln, jedoch in alle Richtungen verzweigt sind („Raumblätter") und *Asteroxylon*, eine Übergangsform von Psilophytatae und Lycopodiatae (Bärlappgewächsen). *Asteroxylon* war die häufigste Pflanze dieser Gemeinschaft und ist eine der ältesten Landpflanzen Deutschlands. Sie wurzelte im flachen Wasser, z. B. bei Wuppertal-Elberfeld (*A. elberfeldense*). Ihre Sprosse wurden bis 1 m hoch. Sie tragen in den bodennahen Abschnitten kleine schuppenförmige Auswüchse (Blattschuppen) ohne Blattadern; an den kahlen Enden befanden sich die Sporangien. Der Name *Asteroxylon* (= Sternholz) weist auf die im Querschnitt sternförmige Anordnung der Leitbündel hin. Für *Asteroxylon* wurde eine Pilzsymbiose nachgewiesen: In der Rindenschicht des Rhizoms lebte *Palaeomyces asteroxyli*.

Weitere Lycopodiatae waren *Drepanophycus* (bisweilen als Mitteleuropas älteste echte Landpflanze angesehen), *Protolepidodendron* (beide z. B. aus dem Wahnbachtal bei Bonn bekannt), und *Duisbergia* (◘ Abb. 2.36c). Letztere ist in ihrer Stellung umstritten.

Ausgangsformen der Equisetatae (Schachtelhalme) sind *Protohyenia* und *Hyenia*. Sie besaßen lange Rhizome, ihre Beblätterung war stockwerkartig in Quirlen, und sie wurden mehrere Dezimeter hoch.

Während sich die bisher erwähnten „Landpflanzen" zwar in die Luft erhoben, aber vermutlich noch im Grund des flachen Wassers wurzelten, besiedelten andere schon das trockene Land, so die bis 20 m hohe Progymnosperme *Archaeopteris* mit dem wohl ersten Holzstamm in der Evolution und mehrere Meter langen, farnartigen Wedeln (Megaphyllen). Die Holzanatomie weist schon auf Nacktsamer hin. Der Stammdurchmesser erreichte 1,5 m. Man kennt die Gattung seit dem Oberdevon und sieht in ihr ein *missing link*. Die bedeutendsten Funde stammen aus Marokko.

Heute ausgestorbene, baumförmige Schachtelhalme, Bärlappe, Farne sowie frühe Nacktsamer (Progymnospermae und Pteridospermae) haben im Devon schon mächtige Wälder gebildet, so z. B. auf

Abb. 2.35 a–d Lebensbild der Wahnbachflora im Unterdevon; Küstenzone an der Südküste des *Old-Red*-Kontinents. **a** *Zosterophyllum*, **b** *Drepanophycus* (Charakterpflanze des rheinischen Unterdevons), **c** *Sawdonia* (*Psilophyton*), **d** *Stockmansella* (*Taeniocrada*): diese Form bildete im Gegensatz zu anderen *Taeniocrada*-Arten schilfartige Bestände. Nach Schweitzer (1994). Eine ähnliche Flora wurde aus dem Devon Australiens beschrieben (*Baragwanathia*-Flora)

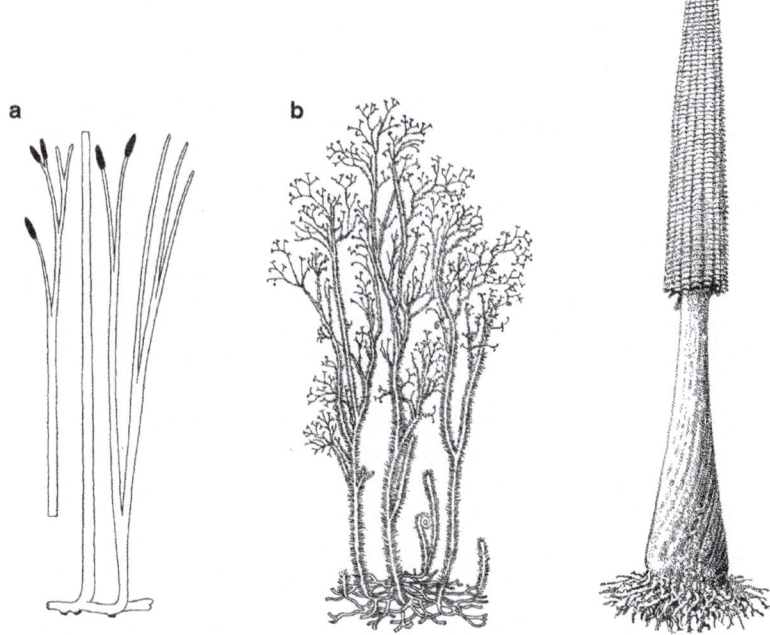

Abb. 2.36 a–c Devonische Pflanzen: **a** *Rhynia minor* aus verkieseltem Torf (Schottland), **b** *Sawdonia spinosissima* aus der Eifel, **c** *Duisbergia mirabilis*, bis 3 m hoher Baum aus dem Rheinland. Nach Schweitzer (1990)

der Bäreninsel (nördlich von Norwegen, zwischen Nordkap und Spitzbergen). Aus diesen ersten Wäldern in der Erdgeschichte entstand sogar Kohle. In weniger als 100 Mio. Jahren seit der Erstbesiedlung der Kontinente durch Pflanzen waren ausgedehnte Wälder mit allen Anpassungen der Landpflanzen entstanden – lediglich Blüten fehlten noch.

Im Oberdevon gab es dann schon verschiedene Bäume, auch in Mitteleuropa, z. B. das bis 8 m hohe Bärlappgewächs *Cylostigma* im Harz. Das bis dahin karge Land wurde grün. Farne, Schachtelhalm- und Bärlappgewächse machten einen wesentlichen Teil der Vegetation aus. Aus dem Oberdevon kennt man auch die erste Pflanze mit Samen (*Moresnetia*). Die Pflanzen waren Wegbereiter für andere Organismen, die jetzt – aus dem Wasser kommend – einen neuen Lebensraum samt Nahrungsgrundlage vorfanden. Das gilt insbesondere für die Arthropoden, heute mit über 1 Mio. beschriebener Arten die artenreichste Tiergruppe. Wir müssen annehmen, dass diese ersten terrestrischen Arthropoden auch von pflanzlicher Biomasse lebten, aber wir wissen darüber nur wenig (s. **Abschn. 4.3.3**). Die bisher bekannten Fossilien waren vielfach Räuber, lebten also von anderen Tieren, z. B. Skorpione, Spinnen und manche Tausendfüßer.

Kurz vor Ende des Devon raffte ein Massenaussterben viele der aquatischen Organismengruppen hinweg. Es war eines der verheerendsten Ereignisse des Phanerozoikums. Im marinen Bereich wurden vor allem die Brachiopoden getroffen: Über 80 % aller Gattungen verschwanden. Fast ebenso hart traf es die Ammonoiden. Die im Wesentlichen aus Tabulata und Stromatoporen aufgebauten Riffgemeinschaften scheinen in dieser Zeit fast völlig ausgelöscht worden zu sein, etwa 100 Mio. Jahre nach ihrer Entstehung. Im Pelagial wurden die Acritarchen, die einzige Gruppe des Phytoplanktons, die noch über weite Strecken des Devon umfangreich fossil erhalten blieb, und die Placodermen, die dominierenden Räuber devonischer Meere, dezimiert. Die fischartigen Tiere traf es besonders: Unter den Agnathen starben Anaspida, Heterostraci sowie Thelodonti aus. Generell waren tropische Formen stärker betroffen als polare, weswegen man eine Abkühlung als Ursache des Massenaussterbens annimmt.

2.2.5 Karbon

> **Übersicht**
>
> Wälder nehmen große Gebiete des Festlandes der Nordhemisphäre ein und beeinflussen das Klima erheblich. Sie werden später zu umfangreichen Steinkohlelagern, z. B. im Ruhr- und Saargebiet. In ihnen dominieren Riesenformen von Bärlappgewächsen, Farnen und Schachtelhalmgewächse. Die Sumpfwälder enthalten eine Vielzahl neu entstandener Tiergruppen, zum Beispiel geflügelte Insekten, Lungenschnecken und Amphibien. Im Meeresplankton verschwinden die Acritarchen, die vom Kambrium bis zum Devon so umfangreich vertreten waren; Trilobiten gehen zurück und Graptolithen sterben aus; Ammonoida, speziell Goniatiten, breiten sich aus; unter den Cephalopoden kommen die Coleoidea hinzu. Foraminiferen bringen sehr große Formen hervor. Variscische Gebirgsbildung; Vereisung auf dem Südkontinent.

Das **Karbon**, welches etwa 60 Mio. Jahre dauerte (359–299 Mio. Jahre vor heute), erhielt seinen Namen nach dem lateinischen Wort *carbo* für Kohle, die im späten Karbon (international Pennsylvanium genannt) in großen Mengen entstand; das Unterkarbon (international: Mississippium) besteht dagegen in manchen Gebieten vorwiegend aus Kalksteinen, die in flachen Meeresteilen gebildet wurden. Irland sei als Beispiel genannt; ein Großteil seiner Oberfläche besteht aus Kalk aus dem Karbon. Das Karbon ist die Zeit der tropischen Steinkohlenwälder (◘ **Abb. 2.37, 2.38**). Seine untere Grenze ist durch eine rasche Veränderung der Pflanzenwelt gekennzeichnet. Das Klima war auf der Nordhemisphäre tropisch-feucht, und Mitteleuropa und Nordamerika lagen in der Nähe des Äquators. Zur paläogeographischen Situation siehe ◘ **Abb. 2.37a**. Das Pflanzenwachstum erreichte besondere Ausmaße, und anschließend kam es zu riesigen Ablagerungen von organischem Material, aus dem die mächtigsten Steinkohlelager der Erde entstanden. Auf der Südhalbkugel war es dagegen überwiegend kühl-gemäßigt. Antarktis, Australien,

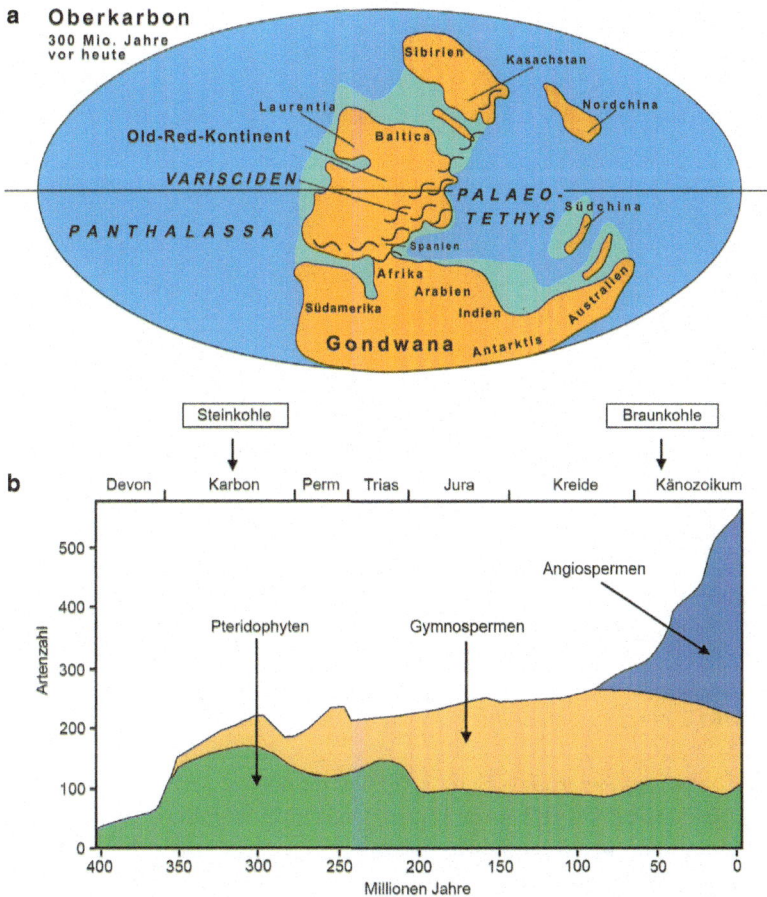

• **Abb. 2.37 a, b** **a** Die paläogeographische Situation im Karbon: Bei der Kollision des *Old-Red*-Kontinents mit Gondwana entsteht das variscische Gebirge (Varisciden). Sibirien und Kasachstan bilden einen Kontinent. Gegen Ende des Karbon kommt es zur Abkühlung und zu Vereisungen. **b** Entfaltung von Pteridophyten und Angiospermen. Nach Scotese u. Wertel (2006), Kenrick u. Davis (2005)

Afrika, Arabien, Südamerika und Indien bildeten den großen Südkontinent Gondwana, auf dem auch der von einem dicken Eispanzer bedeckte Südpol lag. In der Tat fällt in das Karbon die längste und wohl auch kälteste Eiszeit im Phanerozoikum. Die Flora Gondwanas wird zu dieser Zeit nach einer häufigen Pflanze *Glossopteris*-Flora genannt. *Glossopteris* war ein Farnsamer (Pteridospermae). Er hatte einfache, zungenförmige Blätter, deren Mittelrippe an der Basis in einen kurzen Stiel übergeht (• **Abb. 2.39**). Die große Diversität der Gruppe offenbart sich insbesondere in ihren vielgestaltigen Fruktifikationen. Sie dominierte im Perm und existierte noch in der Trias.

Tektonogenetisch ist das Karbon durch die in mehreren Impulsmaxima verlaufende **variscische Gebirgsbildung** gekennzeichnet (s. **EXKURS 2.2 Abschn. 2.2.2**). Das variscische Gebirge (die Varisciden, • **Abb. 2.37a**) erstreckte sich von Amerika über Nordafrika, Spanien und das französische Zentralmassiv bis zu den Sudeten und dem polnischen Mittelgebirge. Zu ihm gehören unter anderem das Rheinische Schiefergebirge, Harz, Spessart, Schwarzwald sowie Erzgebirge. Die variscische Gebirgsbildung endete im Perm und war in der Schlussphase von starkem Vulkanismus begleitet. Einhergehend mit der Orogenese entstanden vor und auf dem Gebirge Senkungsräume mit riesigen sumpfigen Küstenebenen, den größten, die es im Erdaltertum in Europa gab. Insgesamt waren die Veränderungen, die sich auf dem Festland ereigneten, weitaus tiefgreifender als im Meer. Weite Gebiete lagen etwa auf der Höhe des Meeresspiegels, der jedoch schwankte, so dass riesige Waldgebiete wiederholt überschwemmt wurden und abstarben, aber später wieder ersetzt wur-

Abb. 2.38 a, b a Karbonwald mit Baumfarnen, Schuppenbäumen, Siegelbäumen und Schachtelhalmen in den Augen eines Künstlers (Werner Weissbrodt). Auf dem Stamm eines Schuppenbaumes die Libelle *Meganeura*, direkt dahinter der Tausendfüßer *Arthropleura*, am und im Wasser der Lurch *Sclerocephalus*. b Fördergerüst im Steinkohleabbau (Bochum)

den. Die Meeresspiegelschwankungen gehen auf Vereisungsphasen auf der Südhemisphäre zurück, möglicherweise zum Teil auch auf tektonische Vorgänge. Auf diese Weise entstanden letztlich die zahlreichen Steinkohleflöze.

Die Tierwelt im Karbon

Die **karbonische Meeresfauna** entsprach einer verarmten devonischen. Die Korallen (Tabulata und Rugosa) zeigten einen deutlichen Rückgang, seit dem Niedergang der Tabulaten-Stromatoporen-Riffe im Devon blieben Riffe im jüngeren Paläozoikum von untergeordneter Bedeutung und spielten keine größere ökologische Rolle mehr. Die Trilobiten waren dem Aussterben nahe, Graptolithen und Placodermen verschwanden vollständig. Foraminiferen und Ammonoiden (Goniatiten!) dagegen zeigten eine deutliche Entfaltung. Innerhalb der Cephalopoden entstand eine neue und erfolgreiche Gruppe: die Belemnoida. Ihre nach innen verlagerte Schale war relativ groß. An das dorsale Proostracum schloss sich ein Teil mit Gaskammern und Septen an (Phragmoconus); die Spitze war durch ein massiges Rostrum („Donnerkeil") beschwert (**Abb. 2.40a**). Nach Einzelfunden zu urteilen, waren seitliche Flossen und zehn Arme mit Haken (**Abb. 2.40b**) ausgebildet.

Donnerkeile, die Rostren der Belemnida, haben eine gewisse Ähnlichkeit mit Geschossen, und in früheren Jahrhunderten hat man Massenvorkommen von Belemniten vor allem im Jura als Überreste früherer Schlachtfelder interpretiert (*belemnon* = Wurfspeer). Dieser Begriff ist bis heute im Gebrauch; **Abb. 2.40c** zeigt einen Ausschnitt aus einem Belemniten-Schlachtfeld.

Im Benthos entwickelten sich die Crinoiden zu großer Mannigfaltigkeit. In vielen Meeren bildeten sie geradezu Rasen. Auf sie, Foraminiferen und Bryozoen gehen viele unterkarbonische Kalksteine (Kohlenkalk) zurück. Fusulinen, bis 10 cm lange, spindelförmige Foraminiferen, machten im späten Karbon und im Perm eine adaptive Radiation durch: Aus permischen Gesteinen wurden etwa 5000 Arten beschrieben. Für Oberkarbon und Perm stellen sie wichtige Leitfossilien dar. Bryozoen bildeten Riffe, so die netzförmige *Fenestella* und die schrau-

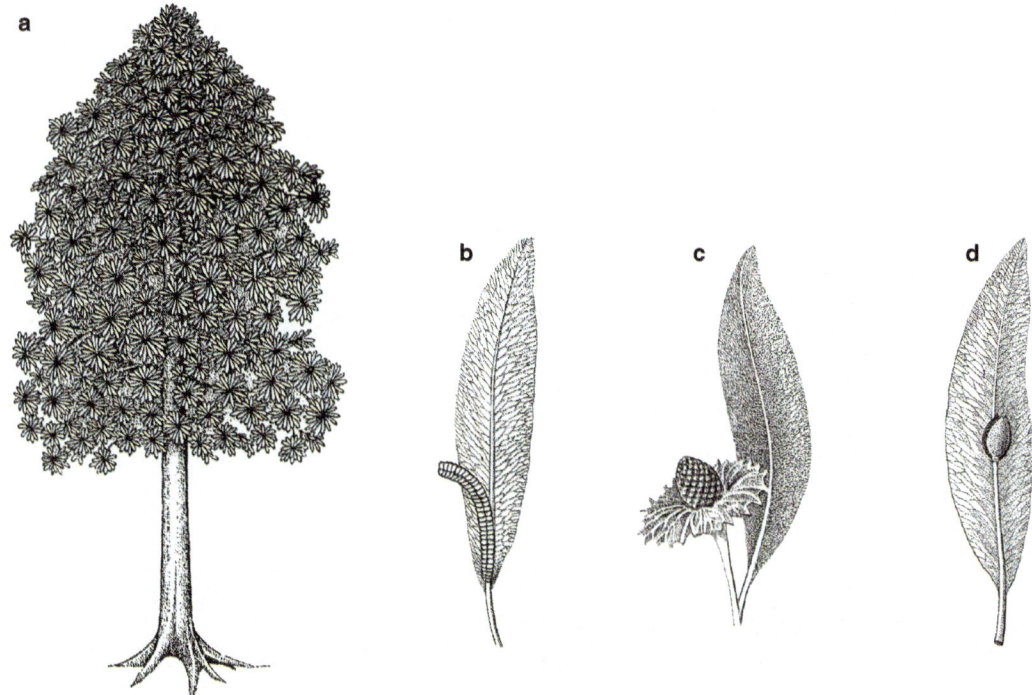

◨ **Abb. 2.39 a–d** *Glossopteris*. **a** 4 m hoher Baum aus dem Perm Australiens, **b–d** verschiedene Fruktifikationen. Die Fortpflanzungsorgane stehen auf modifizierten Blättern: **b** aus Australien, **c** aus Indien, **d** aus Afrika. Nach White (1998)

bige Gattung *Archimedes*. Brachiopoden brachten Riesenformen (*Gigantoproductus*) hervor. Unter den Muscheln ist *Posidonia becheri* eine bekannte Leitform, die man im Rheinischen Schiefergebirge finden kann. Die stark gepanzerten gnathostomen Fische wurden durch beweglichere Formen ersetzt.

Auf dem **Festland** entwickelten sich zahlreiche Insekten und Spinnentiere in einer reichhaltigen Vegetation. Damit verbunden entstanden die ersten Landschnecken, die von Pflanzensubstanz lebten. Die Insekten, die seit dem Devon bekannt sind, nahmen wichtige ökologische Rollen ein und eroberten den Luftraum, zum Beispiel die Urflügler (Palaeodictyoptera) mit ihren seitlich abstehenden, starren Flügeln. Im Karbon lebten die vermutlich größten Insekten aller Zeiten, Libellen der Gattung *Meganeura* aus Frankreich mit einer Flügelspannweite von 75 cm. Auch Ephemeroptera, Orthoptera und Blattodea sind im Karbon nachgewiesen, so dass man von einer reichen Insektenfauna ausgehen darf, allerdings war die Puppe noch nicht „erfunden", holometabole Insekten fehlten noch.

Die geflügelten Insekten (Pterygota) waren die ersten Tiere, die sich in den Luftraum erhoben. Das war vor mehr als 300 Mio. Jahren, und heute stellen sie etwa zwei Drittel aller rezenten Tierarten. Etwa 100 Mio. Jahre nach den Pterygota – in der späten Trias – folgten unter den Reptilien die Flugsaurier (Pterosauria; s. **Abschn. 2.3.1**). Diese nahmen den Luftraum im Bereich der Meere ein, während die Insekten in terrestrischen Lebensräumen dominierten, spielten über 150 Mio. Jahre eine wichtige Rolle und starben Ende des Erdmittelalters aus. Etwa 70 Mio. Jahre nach den ersten Flugsauriern – in der Kreide – erlebten die Vögel (Aves) ihren Aufschwung (s. **EXKURS 2.13 Abschn. 2.3.2**). Mit fast 10.000 rezenten Arten haben sie den ganzen Globus besiedelt. Sie wurzeln in der vielgestaltigen Gruppe der Dinosaurier (Theropoden). Schließlich sind die Fledermäuse (Chiroptera) zu nennen, die fast 100 Mio. Jahre nach den Vögeln – also im Tertiär – in die Lüfte aufstiegen, allerdings in einer anderen Zeitnische als die Vögel. Interessanterweise sind die ersten Eroberer der Lüfte, die Insekten,

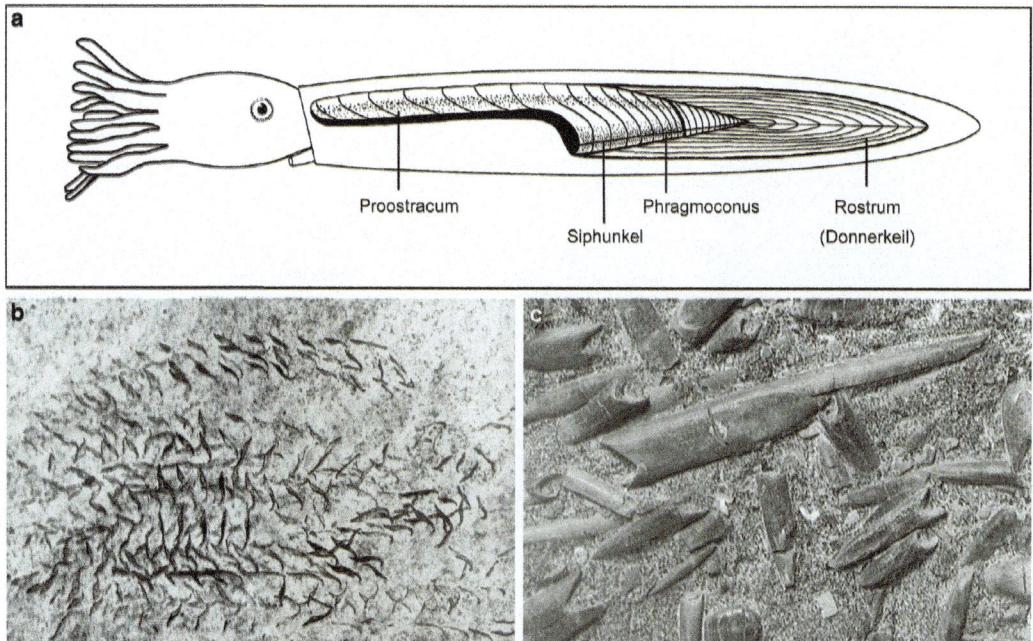

◘ **Abb. 2.40 a–c** Belemnoida. **a** Lage des Innenskeletts im Tier, dessen Gestalt und Armzahl nicht mit Sicherheit angegeben werden können. **b** Haken der Arme von *Acanthoteuthis* (Jura, Solnhofen). **c** Ausschnitt aus einem jurassischen Belemniten-Schlachtfeld. Nach Müller (1994).

weitverbreitete Nahrungsobjekte von Vögeln und Fledermäusen.

Fliegen bedeutet Verbesserung der Beweglichkeit und erhöhte Geschwindigkeit, Fliegen erfordert Verarbeitung von Reizen in kürzester Zeit, weswegen bei fliegenden Tieren besondere Sinnesleistungen erreicht werden.

Unter den Hundertfüßern erreichte *Arthopleura* (◘ **Abb. 2.41b**) eine Länge von über 2 m. Vermutlich lebte diese Form von abgestorbener Pflanzensubstanz; sie ist z. B. aus dem Saarland, aus Nordrhein-Westfalen und Thüringen bekannt. Auch Spinnentiere entwickelten im Karbon eine erhebliche Vielfalt und ungewöhnliche Ausmaße. Beispiele sind die Arachnidenordnungen Trigonotarbida und Phalangiotarbida mit zahlreichen, weit verbreiteten Arten. Der Eurypteride *Megarachne* aus Argentinien, zunächst als Spinnentier interpretiert, maß 34 cm Körperlänge, die Spannweite der Laufbeine lag bei 50 cm.

Unter den Wirbeltieren dominierten in terrestrischen Habitaten zunächst die Amphibien, später die Reptilien. Die starke Entwicklung der Amphibien dürfte eng mit der reichen Vegetation zusammenhängen, die in ausgedehnten Senken und um Seen umfangreiche Wälder bildete. Karbon, Perm und Trias markieren die Blütezeit der Amphibien. In Steinkohlensümpfen lebten u. a. die Ichthyostegalia (Stegocephalia, Panzerlurche), die ihre wissenschaftlichen Namen nach ihrer Verwandtschaft mit Fischen bzw. dem geschlossenen Schädeldach erhielten. Sie wurden bis 5 m lang.

Die ältesten Reptilien kennen wir aus dem Karbon. Ihre Unterschiede zu den Amphibien sind noch gering und betreffen z. B. verschiedene Schädelmerkmale wie Gaumendach und Innenohr.

In dieser Zeit muss auch die besondere Embryonalentwicklung der Amnioten entstanden sein, also die Entwicklung des Embryos in der flüssigkeitsgefüllten Amnionhöhle („ancestraler Teich"), die wiederum in einer wenig durchlässigen Eischale entsteht. Zu den Amnioten zählen alle Wirbeltiere oberhalb der Amphibien, also Reptilien, Vögel und Säugetiere, in deren ontogenetischer Entwicklung ein wasserlebendes Larvenstadium, das ja für die Amphibien typisch ist, fehlt. Hinsichtlich ihrer Lebensweise werden sie vom Wasser relativ unabhän-

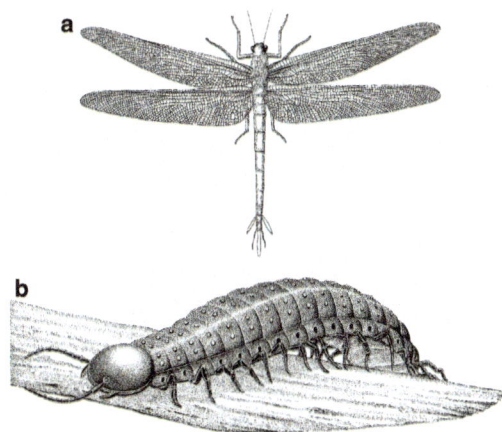

● Abb. 2.41 a, b Karbonische Arthropoden. a *Namurotypus* (ursprüngliche Libelle, Flügelspannweite 32 cm), b *Arthropleura*. Nach Brauckmann u. Zessin (1989), Hünicken (1980)

gig, was ihnen neue terrestrische Entfaltungsräume erschließt.

Der Steinkohlenwald

Die so auffällige und üppige karbonische Landflora der Nordhemisphäre führte zu zwei Kategorien von Kohlevorkommen: den paralischen (an den früheren Küsten entstanden, z. B. Schlesien, Ruhrgebiet, Nordfrankreich, Belgien, England, Wales und Schottland) und den limnischen in Gebirgsbecken (z. B. Saarland, Sachsen). Steinkohle entsteht, wenn umfangreiche Pflanzensubstanz luftdicht durch Schlamm oder Wasser bedeckt wird, so dass sie sich nicht zersetzt. Des Weiteren sind hoher Druck und hohe Temperaturen nötig, um Wasser, Kohlendioxid und Methan aus den Holz- und Blattresten zu entfernen (Inkohlung). Über Torf und Braunkohle entsteht schließlich Steinkohle in etliche Meter dicken Kohleflözen. Diese können in eine bis über 5000 m mächtige, sandige, tonige oder konglomeratische Sedimentabfolge eingeschaltet sein. Im ukrainischen Donezbecken erreicht die Karbonfolge 10.000 m Mächtigkeit; darin liegen bis zu 300 Flöze. Die Sumpfwälder und Moore, auf die die karbonzeitliche Steinkohle zurückgeht, verschwanden in Europa im folgenden Perm, als das Klima trockener wurde.

Seit der industriellen Revolution wird Kohle in großem Umfang abgebaut. Um das Jahr 2000 lag die Weltjahresproduktion bei 3,7 Mrd. Tonnen; sie deckte über ein Viertel der von der Menschheit genutzten Primärenergie. Kohle ist zudem Grundlage für etwa ein Drittel der Elektrizitätserzeugung weltweit und wichtig für die Eisen- und Stahlindustrie.

Wenn der Steinkohlenwald auch ein Tropenwald war, so darf er doch nicht mit heutigen Tropenwäldern verglichen werden: Blüten und Blüten besuchende Insekten fehlten noch, ebenso wie Früchte und Früchte fressende Vögel. Es dominierten vielmehr Gefäßsporenpflanzen wie Riesenbärlappe, Riesenschachtelhalme und Baumfarne. Diese Gruppen erreichten im Karbon und dem folgenden Unterperm ihre größte Entfaltung. Die Vegetation bestand in den Kohlebildungsräumen aus einer verhältnismäßig kleinen Zahl von Gattungen, z. B. *Lepidodendron* (Schuppenbaum, ● Abb. 2.42a) und *Sigillaria* (Siegelbaum, ● Abb. 2.42b,c), beides Bärlappgewächse. Einige *Lepidodendron*-Arten erreichten eine Höhe von ca. 40 m bei einem Stammdurchmesser bis zu 5 m an der Basis und sind damit neben Sigillarien, die bis 20 m hoch wurden, die höchsten Bärlappgewächse aller Zeiten.

Lepidodendron erhielt seinen Namen wegen der schuppenartigen Muster der rhombischen bis annähernd quadratischen Blattpolster (● Abb. 2.42a). Die Blattpolster lagen in Schrauben von der Stammbasis bis zur weit ausladenden Baumkrone, die durch zahlreiche Gabelteilungen ihrer Äste gekennzeichnet war (dichotome Verzweigung). Die immergrünen Blätter waren lanzettförmig. Sie waren 1–50 cm lang; die Spaltöffnungen waren in zwei Längsrillen an der Blattunterseite angeordnet (xeromorphes Merkmal). Die Zapfen erreichten 75 cm Länge. Eine weitere Besonderheit war die umfangreiche Rinde, die einen relativ dünnen und weichen Holzkern umfasste. Lepidodendren stürzten anscheinend leicht ein. Sie nahmen wohl einen Teil ihres Wassers über die Blattpolster auf. Diese bildeten ein Rinnensystem, das herablaufendes Wasser der Ligula (Blatthäutchen) zuführte, von der ein Leitbündel ins Stamminnere zieht.

Sigillaria besaß eine ein- bis zweifach dichotom verzweigte Krone. Ihre siegelförmigen Blattnarben standen in Längszeilen. Die Blätter waren lang und bildeten am Stammgipfel bzw. am Ende der dichotomen Verzweigungen einen Schopf. Unter den Blättern hingen Sporenzapfen. Wie *Lepidodendron*

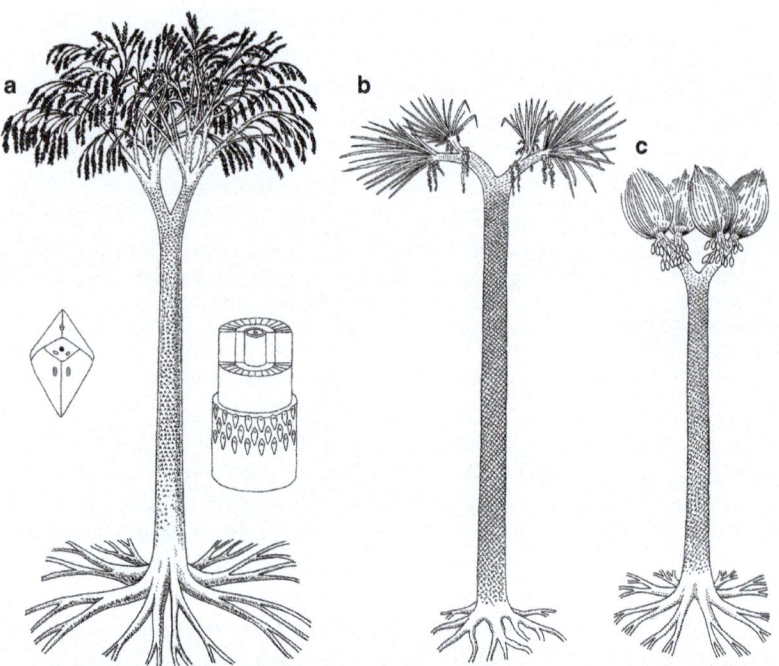

Abb. 2.42 a–c Bärlappgewächse des Steinkohlenwaldes. **a** *Lepidodendron* (Schuppenbaum) mit Blattpolster (*links*) und Stammausschnitt (*rechts*), **b, c** *Sigillaria* (Siegelbaum), **c** Exemplar mit Sporophyllzapfen. Nach Christner u. Kühner (1989)

hatte *Sigillaria* weit ausladende, flach ausstreichende Rhizome. Sigillarien traten im Oberkarbon auf und starben im Perm aus.

Weitere Formen waren die baumförmigen Schachtelhalme mit massiven Rhizomen, die Calamitales (**Abb. 2.43a–c**). Besonders im Unterperm haben sie als Kohlebildner große Bedeutung. Im Gegensatz zu den heutigen Schachtelhalmen besaßen sie einen mächtigen, holzigen Stamm, der anfangs mit Mark gefüllt war. Die bis zu 10 cm langen, in Quirlen angeordneten Blätter sind auch unter dem Namen *Annularia* bekannt. Zwischen den Blattquirlen standen die Sporen erzeugenden Zapfen. Die Calamiten bildeten im Steinkohlenwald auf sumpfigem Untergrund die mittlere Baumschicht. Manche erreichten jedoch 30 m Höhe. Calamiten heißen auch Röhrenbäume, weil ihr in Knoten (Nodien) und Internodien gegliederter Stamm im Alter einen großen Markhohlraum aufwies.

Sphenophyllum (Keilblatt), ein krautiges Schachtelhalmgewächs, bildete teilweise dichte, niedrige, oft monotypische Bestände im Uferbereich. Manche Formen waren auch Spreizklimmer oder Lianen.

Neben den genannten Gefäßsporenpflanzen (Pteridophyta), die einen wesentlichen Teil der Steinkohle ausmachen, gab es im Karbon Samenpflanzen.

Die Cordaiten (**Abb. 2.43e**) (nach dem Prager Botaniker August Joseph Corda [1809 bis 1849] benannt) erreichten bis zu 30 m Höhe, trugen bis 1 m lange Blätter und werden daher auch als Bandblattbäume bezeichnet. In Waldmooren kamen sie als kleine Stelzwurzelbäume oder kriechendes Buschwerk vor.

Die Farnsamer (Pteridospermae) erreichten nicht die Höhe der größten Cordaiten. Zu ihnen gehören beispielsweise *Medullosa* (**Abb. 2.43d**) und *Glossopteris* (**Abb. 2.39**). Beide Gruppen erreichten das Erdmittelalter, meisterten also die einschneidende Perm-Trias-Grenze.

Die riesigen Steinkohlenwälder haben einerseits große Mengen von Kohlenstoff festgelegt (und damit die CO_2-Konzentration der Atmosphäre herabgesetzt), andererseits zur Bodenbildung beigetragen. Sie haben die Atmosphäre damit ganz wesentlich beeinflusst; das obersilurisch-devonische Treibhausklima wandelte sich im Laufe des Karbon in ein Eishausklima um.

In den Wäldern gab es eine reiche Fauna mit Tausendfüßern, Insekten, Spinnentieren, Stegocephalen und Reptilien, die noch an Panzerlurche erinnern (Cotylosaurier).

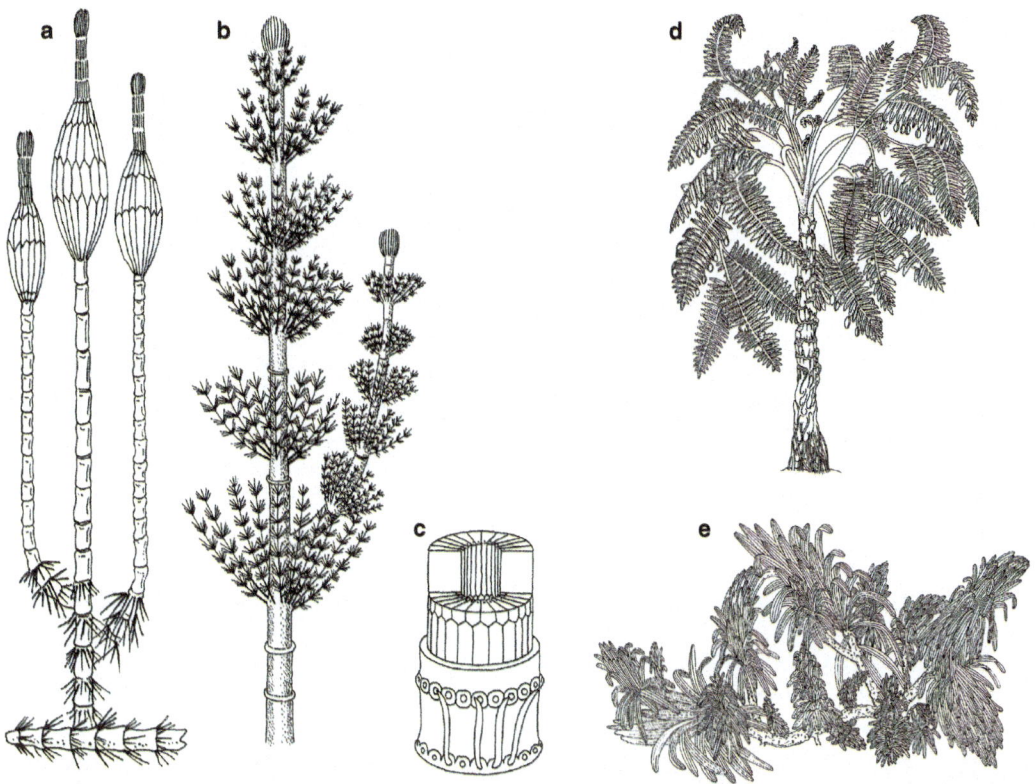

Abb. 2.43 a–e Karbonische Vegetation. **a–c** Schachtelhalme des Steinkohlenwaldes. **a** *Stylocalamites*, **b** *Calamitina*, **c** Teil des Stammes. Nach Christner u. Kühner (1989; Bildrechte liegen bei Attempto). **d** Farnsamer (Pteridospermae; *Medullosa*), **e** Cordaiten (*Cordaixolon*). Nach Stewart u. Delevoryas (1956), Rothwell und Warner (1984)

2.2.6 Perm

Übersicht

Die holometabolen Insektengruppen der Käfer, Hautflügler und Schmetterlinge sowie die Sauropsiden entfalten sich. Sie legen ihre dotterreichen Eier am Land ab und erreichen eine von Gewässern weitgehend unabhängige Lebensweise. Nadelhölzer werden häufiger; Samenpflanzen setzen sich gegenüber den Sporenpflanzen durch. In Rheinland-Pfalz und Sachsen wird uns heute ein Einblick in Süßgewässer und Wälder des Perm ermöglicht. Entstehen umfangreicher Salzlager. Das Perm endet mit dem gewaltigsten Massensterben der Erdgeschichte; zu den Opfern zählen Goniatiten, Trilobiten, Eurypteriden, Rugosa und Tabulata.

Das **Perm** (299–251 Mio. Jahre vor heute) erhielt seinen Namen nach dem russischen Gouvernement Perm. Schon im 17. Jahrhundert war in Deutschland für altersgleiche Schichten der Begriff Dyas (Zweiheit) eingeführt worden, weil die Gesteinsbeschaffenheit in zwei Kategorien zerfällt: die fast ausnahmslos festländischen Ablagerungen des **Rotliegend (Unterperm)** und die überwiegend marinen des **Zechstein (Oberperm)**.

Das Rotliegend besteht vor allem aus roten Sand- und Schluffsteinen sowie Konglomeraten, den Abtragungsprodukten des im Karbon entstandenen variscischen Gebirges. Einen breiten Anteil nehmen vulkanische Ablagerungen (Laven, Tuffe) ein. Die darüber folgenden Sedimente des Zechsteins entstanden im Meer, welches über die eingeebneten Gebirge hin weite Teile im Norden und Nordosten Mitteleuropas überschwemmte. Im damals vorherrschenden Wüstenklima kam es im Nordeuropäischen Becken zur wiederholten Eindampfung in größtem Ausmaß, und es entstanden mächtige Gips-, Stein- und Kalisalzlager. Das Nordeuropäische Becken reichte im Westen bis England, im Osten bis Weißrussland, im Süden bis Heidelberg und im Norden bis weit in die Nordsee hinein. In seinem Inneren (Niedersachsen, Mecklenburg) sind die zyklisch entstandenen Salzlager bis 7000 m mächtig. Man schätzt, dass sie im Verlauf von etwa 20.000 Jahren entstanden sind, also 1 m Salz in 20 Jahren hinzukam. Diesen Ereignissen ist zu verdanken, dass Deutschland heute eines der Länder mit den größten **Salzvorkommen** ist. Die Abraumhalden der Salzgewinnung türmen sich z. B. nahe Hannover über 150 m hoch auf („Mt. Kalimandscharo") und sind auf einer Bergtour bei Heringen zu „besteigen" („Monte Kali", 220 m). In abgeschnürten Meeresbecken ohne großen Wasseraustausch bildeten sich Faulschlammsedimente, die später zu dem wirtschaftlich genutzten **Kupferschiefer** wurden. Gegen Ende des Perm zog sich das Meer zurück, die Festländer wurden ausgedehnter denn je. Zum einzigen Mal im Phanerozoikum formierten sich die Kontinente zu einem zusammenhängenden Superkontinent (Pangaea), der von einem Meer umgeben war, welches Panthalassa genannt wird (◘ **Abb. 2.47**). Pangaea war durch das Zusammendriften von Laurasia (Nordamerika, Europa, Sibiria) und Gondwana (Südamerika, Afrika, Indien, Australien sowie Antarktika) entstanden und teilte sich in der Trias wieder. Zwischen Laurasia und Gondwana entstand die Paläotethys zunächst als Meeresgolf im Osten des Großkontinents, dann das Tethys-Meer.

EXKURS 2.7

Vor 290 Mio. Jahren: Haie und Lungenfische in der Pfalz

Teile des heutigen Pfälzer Berglandes, am Südrand des Rheinischen Schiefergebirges gelegen, waren vor 290 Mio. Jahren, im Rotliegend, Teil einer großräumigen, flachen Senkungszone, die in den folgenden 30 Mio. Jahren Verwitterungsschutt in einer Mächtigkeit von über 3000 m aufnam: Im Norden liegt die Grenze ungefähr an der Nahe, im Süden im Bereich der Autobahn Mannheim-Saarbrücken. Das Klima war in dieser Zeit tropisch-subtropisch (Mitteleuropa lag auf 10–20° nördlicher Breite), und an einer tiefen Stelle der genannten Senkungszone, der Saar-Nahe-Senke, lag damals der größte See Mitteleuropas, der Rümmelbach-Humberg-See. West- bzw. Ostufer lagen nahe dem heutigen Lebach (Saarland) bzw. Bad Kreuznach (Rheinland-Pfalz). Mit wenigstens 3500 km² Gesamtausdehnung war dieser Süßwassersee über sechsmal so groß wie der Bodensee mit seinen 536 km². Seine Umgebung wurde von Flüssen durchzogen und beherbergte kleinere stehende Gewässer.

Arbeiten der letzten Jahrzehnte, im Wesentlichen durchgeführt vom Pfalzmuseum für Naturkunde in Bad Dürkheim und heute z.B. zu besichtigen im **GEOSKOP (Urweltmuseum Burg Lichtenberg, 66871 Thallichtenberg)** nordwestlich von Kaiserslautern, haben eine Fülle von Fossilien aus den Ablagerungen dieses permischen Sees zutage gefördert. In ihm lebten viele Fische, darunter Acanthodii, Haie (◘ **Abb. 2.44**) und Lungenfische.

Der Acanthodier *Acanthodes bronni* wurde dem Heidelberger Zoologen und Paläontologen H.G. Bronn (1800 bis 1862) gewidmet, der 1860 Darwins Hauptwerk ins Deutsche übersetzt hatte. Die Acanthodii sind seit dem Silur bekannt, lebten zuerst im Meer, drangen im Karbon ins Süßwasser ein und starben weltweit im Unterperm (dem Rotliegend) aus.

Die Lungenfische – heute auf relativ kleine Areale in Australien, Afrika und Südamerika beschränkt – werden durch die seltene Art *Conchopoma gadiforme* repräsentiert. Sie waren überwiegend Süßwasserformen.

Haie, deren Zähne in Karbon und Perm biostratigraphisch wichtig sind, sind in vorzüglicher Erhaltung mit vollständigem Skelett, Abbildung von Weichteilen und z.T. mit Mageninhalt mit mehreren Gattungen aus dem Rümmelbach-Humberg-See bekannt: *Lebachacanthus* wurde bis über 3 m lang. *Xenacanthus* erreichte 1,5 m, *Triodus* 70 cm. Alle gehören zu der Ordnung Xenacanthodi, die durch einen auffälligen Nackenstachel

▶

EXKURS 2.7 (Fortsetzung)

Abb. 2.44 a, b Haie aus dem Perm (Rotliegend) der Pfalz. **a** *Xenacanthus*: Rekonstruktion, **b** Skelett von *Lebachacanthus colosseus*. Photo Heidtke (1993)

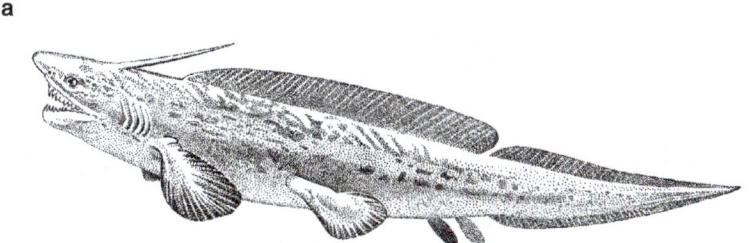

gekennzeichnet ist, der bei *Xenacanthus* und *Triodus* am Hinterhaupt und bei *Lebachacanthus* oberhalb des Schultergürtels entspringt (Abb. 2.44a). Diese altertümliche Gruppe lebte vom Devon bis zur Trias; im Karbon und frühem Perm wurde der Höhepunkt der Entwicklung erreicht. Die älteste Form ist aus dem Devon Antarktikas bekannt. Von den Haien der Pfalz kennt man auch Koprolithen, an denen sich sogar die Spiralfalte des Darmes abzeichnet.

Aus der Gruppe der Knochenfische wurden Palaeoniscida gefunden, darunter *Paramblypterus*. Ihre Schwanzflosse war heterozerk, ihre rhombischen Schuppen trugen einen dicken Ganoinbelag („Schmelzschupper"). Sie sind mit den Stören verwandt.

Auch Amphibien waren in dem größten permischen See des heutigen Mitteleuropas nicht selten: Im Raum um Kaiserslautern fand man verschiedene Stegocephalia, z. B. den bis zu 1,5 m langen, besonders weit verbreiteten Dachschädellurch *Sclerocephalus* sowie *Archegosaurus*, der wegen seines breiten Schwanzes als ein guter Schwimmer interpretiert wird. Er ernährte sich vorwiegend von Fischen. Von *Sclerocephalus* kennt man sogar Larven- und Jugendstadien.

An Wirbellosen hat man Malacostraca (*Uronectes*), Ostracoda (*Carbonita*) und sogar Medusen (*Medusina*) gefunden. Vom Land wurden z. B. Schaben (*Blattinopsis, Phylloblatta*) eingetragen. Das interessanteste Insekt ist *Eugereon boeckingi* aus der ausgestorbenen Ordnung der Palaeodictyoptera. Es hatte eine Flügelspannweite von 20 cm bei einer Körperlänge von 7–8 cm.

Die Vegetation der unmittelbaren Umgebung des Rümmelbach-Humberg-Sees unterlag im frühen Perm vor 275–270 Mio. Jahren einer tiefgreifenden Veränderung. Auch in der Saar-Nahe-Senke starben damals die Siegelbäume (*Sigillaria*), Riesen-Schachtelhalme (*Calamites*) sowie die meisten Baumfarne (Psaroniales) und Cordaiten aus. Viele Stücke wurden als Fossilien aus dem Seegebiet geborgen und legen heute Zeugnis ab aus der subtropisch-tropischen Zeit im ausgehenden Paläozoikum.

Am Ende des frühen Rotliegend war die Saar-Nahe-Senke fast vollständig mit Sedimenten aufgefüllt. Erdbeben und Vulkanismus bewirkten das

EXKURS 2.7 (Fortsetzung)

Aufsteigen von Magma. Damit wird in Verbindung gebracht, dass viele Fossilien eine weiße Farbe erhielten („der weiße Hai der Pfalz").

Interessante Einblicke in das Rotliegend vermitteln das **Paläontologische Museum, Marktplatz 1, 55283 Nierstein** und das **Naturhistorische Museum Schloss Bertholdsburg, Burgstraße 6, 98553 Schleusingen** in Thüringen. Das Rotliegend ist besonders kennzeichnend für den Thüringer Wald, dessen Oberfläche zu etwa 80 % aus Rotliegendsteinen besteht. Zwar waren die Rotliegendseen in Thüringen vergleichsweise klein, aber der Nachweis eines kleinen Haies (*Bohemiacanthus*) gelang auch hier.

Die Tierwelt im Perm

Im **Tethys-Meer** lebten unter anderem die schon aus dem Karbon bekannten großwüchsigen **Fusulinen** (Foraminifera, ◘ Abb. 2.46b), die einen raschen Formwandel durchmachten.

Tiefgreifende Veränderungen sind bei den **Korallen** zu beobachten: Die Tabulata waren weiter rückläufig und starben Ende des Perm aus. Die Rugosa verschwanden ebenfalls und wurden durch Scleractinia ersetzt.

Die **Bryozoa** erlangten im Perm als Bewohner von Riffen und mancherorts auch als Riffbildner eine besondere Bedeutung (englische Nordseeküste und bei Pößneck und Saalfeld in Thüringen). Bekannte Formen sind *Fenestella*, *Acanthocladia* und *Thamniscus*.

Letztmalig erlebten die **Brachiopoden** eine reiche Entfaltung mit manchen Spezialisierungen, ehe sie im Mesozoikum zunehmend von Muscheln ersetzt wurden. Sie brachten unter vielen anderen Formen die korallenartigen Richthofenien und Arten mit langen Stacheln hervor (Productiden).

Unter den **Mollusca** ist *Bellerophon* (vermutlich eine Zwischenform von Monoplacophoren und Gastropoden) eine dominierende Gattung; in den oberpermischen *Bellerophon*-Kalken der Karnischen Alpen wurden sie gesteinsbildend, außerdem in der Kasan-Stufe Russlands und in Indien.

Außer den Ammonoiden erlebten auch die Echinodermen noch einmal eine Blüte.

In den Tropen entfalten sich die erfolgreichsten **Insekten** in der Geschichte der Organismen: Käfer (Coleoptera), Hautflügler (Hymenoptera) und Schmetterlinge (Lepidoptera), alles Formen mit einer Puppenruhe (Holometabola).

Die **Fischfauna** des Perm ist von der des Karbons deutlich verschieden. Jetzt dominieren die Actinopterygii, insbesondere die Chondrostei mit den Palaeoniscoidea. Ihre rhombischen Schuppen tragen einen dicken Ganoinbelag. Aus dieser Gruppe haben sich bis heute die Flösselhechte (Polypterini, Afrika) sowie die Störe und Löffelstöre (Acipenserini, Europa, Asien, Nordamerika) erhalten. Zu den permischen Chondrosteern zählt z. B. der bis zu 40 cm lange „Kupferschieferhering" *Palaeoniscum*, der wohl weltweit in Brackwassergebieten vorkam. Auch Haie, z. B. die rochenähnliche *Janassa bituminosa*, und die Xenacanthi, Acanthodii und Dipnoi waren verbreitet. Die Entwicklung der Amphibien war rückläufig. *Archegosaurus* und *Branchiosaurus* sind verbreitete Gattungen.

Im Perm ist eine erste Entfaltung der **Reptilien** zu beobachten. An ihrer Basis stehen die Cotylosauria (Stammreptilien) mit einem geschlossenen Schädeldach. Sie sind seit dem Karbon bekannt und starben Ende der Trias aus. Zu ihnen gehören die Captorhinomorpha, aus denen vermutlich alle höheren Reptilien hervorgingen. *Captorhinus* und *Limnoscelis* sind bekannte Gattungen. Generell verdrängten die Reptilien die Amphibien. Sie erwiesen sich als besser angepasst an trockene Lebensräume. Die Embryonalentwicklung in Ei-Hüllen (mit Dottersack, Amnion, Chorionhöhle mit Wandung aus Choriongewebe [bei Vögeln = Serosa] und Allantois) sowie die Epidermis mit Stratum corneum sind zwei Merkmale, die ihnen das Überleben in Nadelwäldern und sogar in Wüsten ermöglichten. Der Süden der USA (Texas, Neu-Mexiko), Südafrika und Russland westlich vom Ural haben besonders reiche Funde früher Reptilien hervorgebracht. Der carnivore Pelycosaurier *Dimetrodon* („Texasdrache"), mittlerweile auch in Thüringen (nahe Gotha) gefunden, gehört zu den größten Formen dieser Zeit. Er besaß einen hohen Rückenkamm, der mit Thermoregulation in Verbindung gebracht wird. Ähnlich sah der pflanzenfressende *Edaphosaurus* aus, der in Nordamerika und Europa nachgewiesen wurde. Eine mitteleuropäische Besonderheit unter den Reptilien ist *Coelurosauravus* aus dem oberen Perm Thüringens. Das 15 cm lange, eidechsenartige Tier gilt als das erste Reptil mit Flugvermögen (Gleitflug).

Die Pflanzenwelt im Perm

Im Perm lässt sich wegen ausgeprägter Klimagradienten eine deutliche Differenzierung der Vegetation in Florenprovinzen vornehmen. Die Klimagradienten hingen mit mehreren Gebirgsketten zusammen, die z. B. mit dem Zusammentreffen von Gondwana und dem *Old-Red*-Kontinent entstanden waren. Unter den Florenprovinzen unterscheidet man im oberen Perm eine südliche *Glossopteris*-Flora, eine Sibirische *Angara*-Flora und eine *Cathaysia*-Flora in den Tropen Südostasiens. Auf der Südhemisphäre wurden großblättrige Formen wie *Glossopteris* und *Gangamopteris* zu Kohle (Permkohle Australiens und Antarktikas, wo die größten Kohlevorkommen der Erde vermutet werden). Im Laufe des Perm wurde das Klima generell trockener und es erfolgten dann deutliche Veränderungen: Im Norden wurde der mittelgroße Nadelbaum *Walchia* zu einer dominierenden Form, im Süden entwickelte sich *Dicroidium*, eine Gymnosperme mit Gabelwedeln. *Walchia* ähnelte mit ihrer Wuchsform und ihren kurzen, dichtstehenden Nadeln der bekannten Zimmertanne. Das Aussterben von Organismen war geologisch gesehen kein plötzliches Ereignis, sondern erfolgte in Etappen. Die Wälder waren artenärmer als die des Karbons; in größerer Entfernung vom Wasser war die Vegetation relativ spärlich. Farne und Farnsamer waren auf die unmittelbare Nähe von stehenden oder fließenden Gewässern beschränkt, z. B. der Baumfarn *Psaronius* (◘ Abb. 2.45), der Farnsamer *Medullosa* (◘ Abb. 2.43d), und *Autunia*, eine auch aus Rheinland-Pfalz bekannte Form. *Autunia conferta* gilt als Leitform für das Rotliegend Europas. Baumfarne (Marattiales) wurden bis 15 m hoch; ihre Wedel konnten 3 m Länge erreichen. Die Grenze zwischen Rotliegend und Zechstein markiert das Ende der Vorherrschaft der Gefäßsporenpflanzen und den Beginn der Dominanz der Nacktsamer. Der Rückgang der Gefäßsporenpflanzen wird nicht nur mit dem zunehmend trockenen kontinentalen Klima, sondern auch mit einer Abkühlung der Erde in Verbindung gebracht. Die Bärlappgewächse starben Ende des Rotliegend fast völlig aus, auch die Cordaiten, die zeitweise im Rotliegend noch Waldbestände gebildet hatten (sowie letztlich Kohle), verschwanden. Schachtelhalmgewächse waren mit bis 15 m hohen Formen vertreten; *Calamitina*, *Stylocalamites*, *Eucalamites* und die krautigen Sphenophyllales waren häufig.

In der sehr trockenen und warmen Zechsteinzeit dominierten die verhältnismäßig gut an Trockenheit angepassten Coniferen. Erstmals erschienen zudem Ginkgogewächse.

Der vielleicht berühmteste mitteleuropäische permische Wald ist als „Versteinerter Wald" in Chemnitz zu besichtigen (◘ Abb. 2.45). Dabei handelt es sich um Reste von Cordaiten und Coniferen, die im frühen Perm in Waldmooren vorkamen. Cordaiten hatten im frühen Perm einen großen Anteil an der Vegetation.

EXKURS 2.8

Der Versteinerte Wald von Chemnitz

Einen der besten Einblicke in den Wald des Rotliegend vermitteln uns die Funde im Raum Chemnitz in Sachsen, die im **Museum für Naturkunde, Moritzstraße 20, 09111 Chemnitz** ausgestellt sind. Mit dem Rotliegend ging die Zeit der großen Schachtelhalme, Bärlappe und Farne, die im Karbon ihren Höhepunkt erreicht hatten, in Europa zu Ende. Jetzt traten Samenpflanzen auf, zunächst die zu den Nacktsamern gehörenden Pteridospermae (Farnsamer), Cordaitinae und Coniferae. Letztere entwickelten sich im Perm zu wichtigen Florenelementen. Der Versteinerte Wald von Chemnitz spiegelt diese Umbruchphase in der Florenentwicklung wider, in der die alte, feuchtigkeitsliebende Vegetation verschwindet und die neue, an zunehmende Trockenheit angepasste Flora zunimmt, die zum Teil Sukkulenz aufweist (z. B. der Riesenschachtelhalm *Calamites gigas* und der Farn *Psaronius*), über ein tiefreichendes Wurzelsystem verfügt und resistente Samen entwickelt (Cordaiten, Coniferen).

EXKURS 2.8 (Fortsetzung)

Chemnitz liegt in einem Becken, das in Karbon und Rotliegend allmählich einsank und mit Abtragungsschutt und Resten der Vegetation der umliegenden Gebirge aufgefüllt wurde. Seit über 250 Jahren findet man hier versteinertes Holz. Seine organische Substanz wurde zu über 99 % durch Kieselsäure bzw. Fluorit ersetzt. Die meisten Kieselholz-Vorkommen stehen in Zusammenhang mit gewaltigen Vulkaneruptionen. Die vulkanischen Auswurfmassen (Aschen, Tuffe) haben die Kieselsäure zur Versteinerung der Hölzer geliefert.

Wegen seiner prächtigen Farben (im Falle von Rottönen durch Eisenoxid bedingt) und seiner guten Polierbarkeit wurde das versteinerte Holz von Chemnitz schon im 18. Jahrhundert zu Schmucksteinen verarbeitet. In Wagenladungen ging es an Mineralienkabinette und Schleifereien in Dresden. Am bekanntesten wurden die Stämme des Baumfarnes *Psaronius* (auch als Starstein bekannt, ◘ Abb. 2.45).

Heute unterscheidet man über 80 fossile Pflanzenarten aus dieser Region aus einer Zeit von vor über 250 Mio. Jahren. Sie gehören überwiegend zu Schachtelhalmen, Farnen, Farnsamern, Cordaiten und Coniferen.

Die Mehrzahl der Kieselhölzer wird zu der Sammelgattung *Dadoxylon* gezählt. Ihr Holz ähnelt dem heutiger Araucarien. Der längste Stamm war über 26 m lang, als maximaler Durchmesser werden 3 m angegeben.

Der Baumfarn *Psaronius* besaß einen nach unten schlanker werdenden Stamm, der von einem

◘ **Abb. 2.45 a, b. a** Der Versteinerte Wald von Chemnitz. Verkieselte Stämme im Kultur- und Bildungszentrum TIETZ. **b** *Arthropitys*. *Insets*: Rekonstruktion von *Psaronius* (*rechts* oben) und Ausschnitt aus dem Luftwurzelmantel des verkieselten Baumfarnes (*rechts unten*). Jede Luftwurzel stellt einen kleinen Achat dar. Photos Rößler (2011), Museum für Naturkunde Chemnitz

EXKURS 2.8 (Fortsetzung)

Wurzelmantel umhüllt wurde, welcher nach unten an Breite zunahm und so zur Festigkeit beitrug. Auf Querschnitten sieht man außer dem Wurzelmantel bandförmige Leitbündel. Psaronien wurden bis zu 15 m hoch.

Baumförmige Schachtelhalme (*Arthropitys*, *Calamitea*) erreichten über 5 m Höhe. Sie wuchsen vorwiegend in feuchten Regionen. Vermutlich noch ein wenig kleiner blieb *Medullosa* (◘ Abb. 2.45a), wegen ihrer Wuchsform und Beblätterung zunächst als Farn angesehen, später aber als Samenpflanze erkannt.

Außerdem gab es in Karbon und Perm eine Vielfalt weiterer Lebensformen unter Farnen und Farnsamern, z. B. Lianen und Epiphyten (z. B. *Ankyropteris*, *Tubicaulis* und *Callistophyton*).

Massenaussterben im Perm

Am Ende des Perm kam es zu der dramatischsten Katastrophe in der Geschichte der vielzelligen Organismen. Innerhalb von weniger als 1 Mio. Jahre sank der Meeresspiegel stark ab, und umfangreiche Flachmeer-Lebensräume fielen trocken. Extreme Klimaschwankungen, durch Vulkanausbrüche, insbesondere der sibirischen Trappbasalte, bewirkt, und der Anstieg des Kohlendioxid- und möglicherweise auch Methangehaltes in der Atmosphäre förderten den Treibhauseffekt. Wenig später stieg der Meeresspiegel wieder an, und umfangreiche, gerade neu entstandene Lebensräume wurden überflutet. Über 90 % aller Meerestiere fielen diesen Ereignissen zum Opfer. Es war die erste große Katastrophe nach der Eroberung des Landes durch Wirbeltiere, und auch diese sowie andere terrestrische Formen waren stark betroffen. Die Zeit der Calamiten und baumförmigen Bärlappgewächse ging zu Ende.

Viele Charakterformen des Paläozoikums, z. B. Trilobiten und Goniatiten starben aus. In der marinen Fauna verschwanden des Weiteren die spindelförmigen Fusulinen (Foraminifera, ◘ Abb. 2.46b), außerdem die Alt-Korallen (Rugosa) und wohl die Stromatoporen. Stark reduziert wurden die Bryozoen, die sich jedoch später, insbesondere in der Kreide, zu einer riesigen Formenfülle entwickelten.

◘ Abb. 2.46 a,b **a** Ende des Paläozoikums gab es einen dramatischen Rückgang des einzelligen Meeresplanktons und damit der Produktion der Ozeane. Aus Hansch (2003, modifiziert, Bildrechte liegen beim Städtischen Museum Heilbronn), modifiziert. **b** Fossile Fusulinen aus den Höhen der Karnischen Alpen: Benthische (= bodenlebende) Einzeller, die ihre Blüte im Perm hatten und dann drastische Einbußen erlitten

Unter den Brachiopoden verschwanden die korallenartig wachsenden, sehr dickschaligen Richthofenien und die mit langen Stacheln versehenen Productiden. Von den Ammonoiden überlebten nur wenige. Gigantostracen verschwanden, Crinoiden erlitten starke Verluste, weniger dagegen Muscheln und Schnecken (unter denen jedoch die Bellerophontaea ausstarben).

In terrestrischen Lebensräumen erloschen die Palaeodictyoptera und ursprüngliche Orthoptera, Blattodea und Odonata.

2.3 Mesozoikum (Erdmittelalter)

Auf das Perm, die letzte Periode des Paläozoikums, folgte ein neuer Abschnitt der Erdgeschichte, das **Mesozoikum**, das von 251 bis 65 Mio. Jahren vor heute dauerte. Es gliedert sich in Trias, Jura und Kreide. Die Bezeichnung Trias geht auf die Dreiteilung der Gesteine dieser Periode in Mitteleuropa zurück, nämlich Buntsandstein, Muschelkalk und Keuper. Für die zweite Periode waren die Juragebirge in der Schweiz und in Frankreich namengebend (Jura bedeutet in keltischer Sprache das Waldgebirge), und nach der Schreibkreide, wie sie z. B. auf der Ostseeinsel Rügen zu Tage tritt, wurde die dritte Periode benannt.

Zu Beginn des Mesozoikums waren alle größeren Landmassen noch im Superkontinent Pangaea vereint, der das warme Klima dieser Zeit prägte. Man ist der Ansicht, dass global ein ausgeprägtes Monsunklima herrschte, etwa wie heute in Südasien. Es war durch den starken Gegensatz zwischen extrem trockener und extrem niederschlagsreicher Jahreszeit gekennzeichnet („Megamonsun"), was auch durch Sedimente und Fossilien belegt wird. Pangaea grenzte an den Großozean Panthalassa (Abb. 2.47) und hatte eine solche Ausdehnung, dass sein Großteil weit entfernt vom Meer lag und niederschlagsarm (arid) war. Als riesiger, schätzungsweise 14.000 km langer Fluss erstreckte sich der Ur-Amazonas vom Ennedigebirge bis zur Panthalassa (Abb. 1.22); er floss also von Afrika nach Südamerika und mündete in den heutigen Pazifik. Im Laufe der Zeit wurde dieser Superkontinent durch eine eindringende „Meeresbucht", das Tethys-Meer bzw. die Paläotethys, in einen Nord- und einen Südkontinent geteilt. Im Jura war dieser Vorgang abgeschlossen, und aus Pangaea waren Laurasia und Gondwana geworden. Im weiteren Verlauf des Mesozoikums kam es zum Zerfall in mehrere Teile, und durch tektonische Vorgänge entstanden seit der Kreide große Gebirgsketten, z. B. am Westrand Nord- und Südamerikas.

Nach dem letzten Massenaussterben im Perm waren marine und terrestrische Lebensräume erheblich verarmt. Viele Tiergruppen erholten sich von dieser Katastrophe nur langsam, und die Vielfalt des späten Perm wurde erst in der mittleren Trias wieder erreicht. Komplexe Riffe bildeten sich ca. 10 Mio. Jahre nach dem permischen Massenaussterben. Auch die Mollusken breiteten sich erneut aus (insbesondere die Ammonoideen erlebten eine Blüte) und entwickelten eine viel größere Vielfalt als im Paläozoikum. Der Erfolg der Mollusken dauert bis heute an, und nach den Arthropoden sind die Weichtiere mit über 100.000 Arten die zweitgrößte Gruppe der rezenten Fauna. Der Schwerpunkt ihrer Entfaltung liegt nach wie vor im Meer, am artenreichsten sind die Schnecken.

Im terrestrischen Bereich machten die Reptilien eine einzigartige Entwicklung durch. Insbesondere die Formenvielfalt der Dinosaurier und mariner Reptiliengruppen sowie die Größe vieler Formen faszinieren heute viele Menschen. Im Gegensatz zu den Reptilien blieben die Säugetiere des Mesozoikums unauffällig. In das Erdmittelalter fällt auch die Entstehung der Angiospermen, die Gymnospermen waren allerdings noch dominierend.

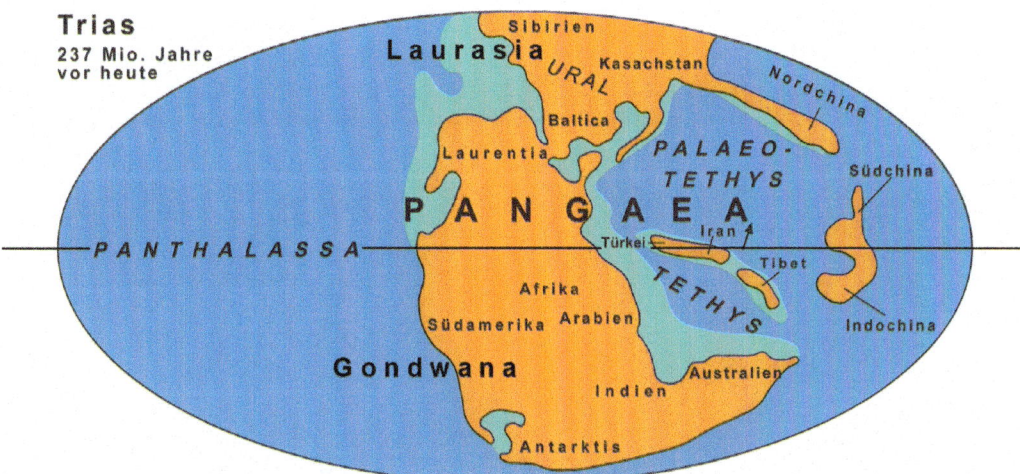

◘ **Abb. 2.47** Die paläogeographische Situation an der Perm-Trias-Grenze: Durch die Akkretion von Sibirien, Kasachstan (Entstehung des Ural) und Nordchina entsteht der Superkontinent Pangaea. Am Nordostrand von Gondwana lösen sich Mikrokontinente (Türkei-Iran, Tibet = Kimmerische Terranes) und wandern über die Tethys nach Norden. Nach Scotese u. Wertel (2006)

2.3.1 Trias

Übersicht

Nach dem großen Aussterben am Ende des Paläozoikums insbesondere Entwicklungsschübe bei Korallen und Landwirbeltieren. Riffbildung wird von Scleractinia übernommen, die bis heute wesentlich am Aufbau von Korallenriffen beteiligt sind. Es erscheinen die Säuger. Reptilien entwickeln sich zu beherrschenden Formen im Meer, auf dem Land und in den Lüften. Im Meer spielen Crinoidea, Brachiopoden, Gastropoden und vor allem Bivalvia eine bedeutende Rolle. Unter den Ammonoida sind die Ceratiten wichtige Leitfossilien. Fossilien im südwestdeutschen Raum vermitteln uns einen Einblick in die marine Organismenwelt dieser Zeit. Die Pflanzenwelt wird von Nadelbäumen, Ginkgogewächsen und Farnen dominiert. Es entsteht die erste Zwitterblüte (bei den Bennettitales). Die Trias endet mit einem Massenaussterben.

In der **Trias** (251–200 Mio. Jahre vor heute) teilte das Tethys-Meer – zunächst nur ein Golf und benannt nach der Schwester und Gattin des griechischen Meeresgottes Okeanos – langsam den nach Norden driftenden Riesenkontinent Pangaea in den späteren Nordkontinent Laurasia und den Südkontinent Gondwana. Ein Teil der Tethys-Sedimente wurde später als riesige Gebirgskette von den Pyrenäen über die Alpen, die Karpaten, den Kaukasus bis zum Himalaja aufgefaltet; deshalb sind diese Hochgebirge so fossilienreich. In der Trias herrschte ein warmes Klima.

In Mitteleuropa begann dieser Zeitabschnitt mit der Ablagerung des vor allem aus rötlichen Sand-Ton-Steinen (◘ Abb. 2.48) und Tonsteinen bestehenden **Buntsandsteins** (251–240 Mio. Jahre); ihm folgte der marine **Muschelkalk** (240–232 Mio. Jahre) mit Steinsalz, grauen Kalk- und Tonsteinen, dann der **Keuper** (232–200 Mio. Jahre), dessen Gesteine meist tonig, aber auch sandig sind (Keuper von fränkisch „Kipper, Keiper" für zerfallendes Gestein). Buntsandstein und Keuper sind meist arm an Fossilien, sie sind überwiegend festländische Bildungen. Beim Muschelkalk handelt es sich um Meeresablagerungen. Große Entwicklungsschritte erfolgten bei verschiedenen Reptilien, z. B. Krokodilen, Dinosauriern und Flugsauriern. Die Dinosaurier waren so auffällige Tiere, dass das Mesozoikum auch als „ihr" Zeitalter angesehen wird, zumindest aber als das der Reptilien. Einen guten Einblick in die mesozoische Organismenwelt, speziell die des Muschelkalks, kann man sich an verschiedenen Stellen in Mitteleuropa verschaffen.

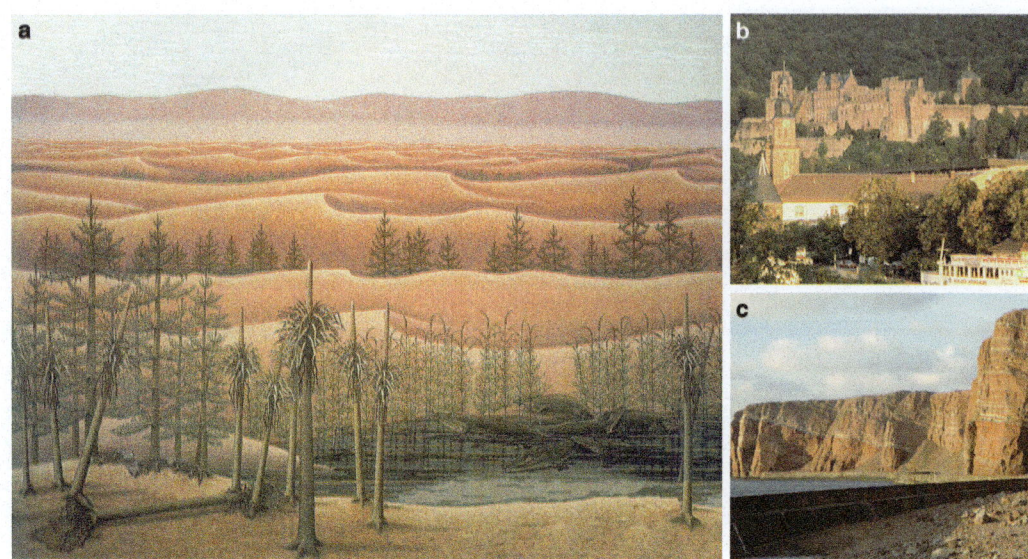

◘ **Abb. 2.48 a–c** **a** Landschaft der Buntsandsteinzeit mit *Pleuromeia* (im Vordergrund) und *Voltzia* (weiter hinten) in den Augen eines Künstlers (Werner Weissbrodt). In der Senke liegen mehrere große Lurche (*Mastodonsaurus*). **b** Roter Buntsandstein prägt heute z. B. Heidelberg mit seinem Schloss und baut wesentliche Teile der Nordseeinsel Helgoland auf (**c**) (Photo: K. Anger)

Der Muschelkalk findet schon lange als Werkstein Verwendung und prägt Kulturlandschaften und bekannte Gebäude, z. B. Orte in Franken, Stauferburgen an Neckar, Jagst und Kocher, den Dom zu Naumburg (◘ **Abb. 2.49**), den Stuttgarter Hauptbahnhof und das Berliner Olympiastadion. 25.000 km2 werden in Deutschland von den grauen Kalksteinen des Muschelkalkes geprägt, d. h. hier tritt er unmittelbar zutage. Die Bedeutung als Baustein trifft auch für den Buntsandstein und die Keupersandsteine zu, die jeweils ganze historische Baulandschaften prägen.

EXKURS 2.9

Mitteleuropa zu Beginn des Mesozoikums: Meerestiere im Germanischen Becken

Das heutige Mitteleuropa wurde in der Trias von einem großen Senkungsgebiet eingenommen, dem Germanischen Becken. Die Sedimente, die dieses Becken auffüllten, lassen eine deutliche Dreigliederung erkennen, die den Salinendirektor von Friedrichshall, Friedrich von Alberti 1834 veranlasste, die Schichtenfolge aus Buntsandstein, Muschelkalk und Keuper als Trias zu bezeichnen. Heute findet dieser Begriff allgemein Verwendung, wenn auch die Gliederung anderenorts nicht in der Weise hervortritt wie im süddeutschen Raum.

Eine besonders reichhaltige Fossilfauna ist aus dem subtropischen Muschelkalkmeer erhalten, das als Randmeer der Tethys das Germanische Becken ausfüllte. Das **Muschelkalkmuseum Hagdorn, Schlossstraße 11, 74653 Ingelfingen** (nahe Heilbronn) vermittelt einen hervorragenden Einblick in die Organismenwelt Mitteleuropas vor 235 Mio. Jahren.

Die wohl auffälligsten Muschelkalkfossilien sind die Ceratiten (◘ **Abb. 2.49c**). Sie bewohnten mit vielen Gattungen die Meere der Trias, doch wurden von ihnen im Muschelkalkmeer nur wenige heimisch. Muscheln gehörten nach der starken Dezimierung der Brachiopoden Ende des Perm zu den großen „Gewinnern" und besetzten viele Lebensräume. Sie drangen in Meeresböden ein (*Glottidia*) oder bauten bisweilen zusammen mit Seelilien

▶

EXKURS 2.9 (Fortsetzung)

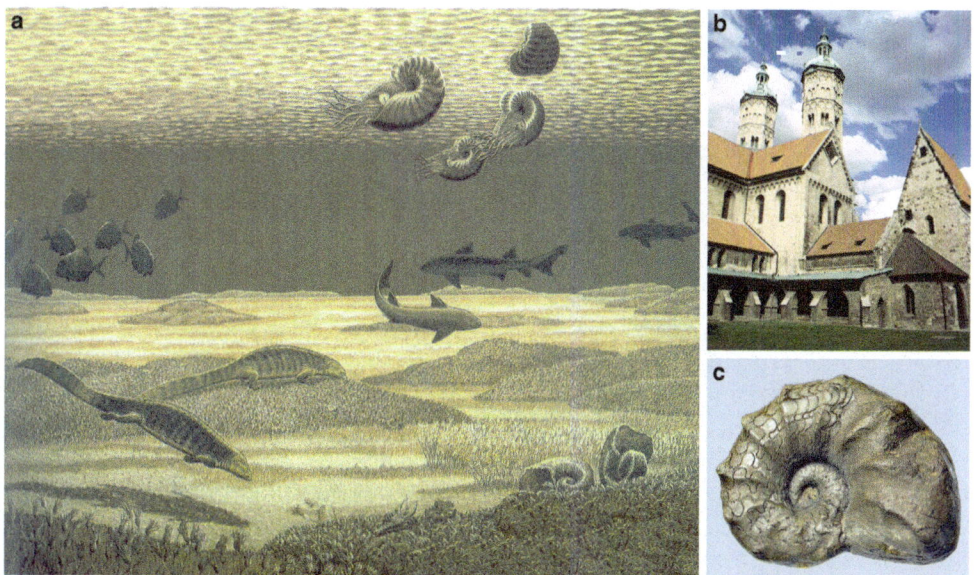

■ Abb. 2.49 a–c a Ansicht des Muschelkalkmeeres in den Augen eines Künstlers (Werner Weissbrodt). Direkt über dem von Muschelbänken und Seelilien dominierten Meeresboden Pflasterzahnechsen (Placodontia), weiter oben Cephalopoden (*Germanonautilus*), dazwischen Ganoidfische und Haie. b Naumburger Dom, c Steinkern von *Ceratites*, einem im Muschelkalkmeer häufigen Ammonoideen

Riffe. Wesentlich daran beteiligt war die etwa Euro-große *Placunopsis ostracina* (■ Abb. 2.50), die mit ihrer rechten Klappe an der Unterlage festwuchs und meterhohe Riffe bildete. Die großwüchsige Schnecke *Undularia* gehört zu den häufigen Bestandteilen der „Muschelkalkpflaster", die im Muschelkalkmeer nach Stürmen abgelagert wurden (Sturmablagerungen = Tempestite). Die Stielglieder der Seelilien waren schon lange als Trochiten bekannt (Bonifatius-Pfennige, Sonnenrädchen, Hexengeld, ■ Abb. 1.23a). Der zehnarmige *Encrinus liliiformis* (■ Abb. 2.51) ist eine besonders bekannte Form; man findet ihn unter anderem im Jagsttal bei Crailsheim und auf dem Höhenzug des Elm bei Braunschweig. Dort bilden Trochitenkalke meterdicke Lagen, die auch als Baustein Verwendung fanden. Freyburg an der Unstrut ist klassischer Fundort der zwanzigarmigen Art *Carnallicrinus carnalli* (■ Abb. 2.51).

Auch Fische lebten im Muschelkalkmeer. Es dominierten die Actinopterygii. Die meisten muss man allerdings aus Einzelknochen, Zähnen und Schuppen rekonstruieren, die oft in großen Mengen angereichert wurden (*bonebeds*). Über große Flächen erstreckt sich das Muschelkalk-Keuper-Grenz-*bonebed* vom Hochrhein bis ins Thüringer Becken. Bei Crailsheim (Baden-Württemberg) und Rothenburg ob der Tauber (Bayern) ist es besonders fossilreich.

Die ökologischen Nischen der heutigen Robben und Wale wurden im Muschelkalkmeer von Reptilien eingenommen. Die räuberischen Nothosaurier (■ Abb. 2.52a) und die schalenknackenden Placodontier (■ Abb. 2.52b) konnten sich noch am Land bewegen und legten hier wohl auch ihre Eier ab, die viviparen Ichthyosaurier (s. Abschn. 2.3.1) waren dagegen reine Wassertiere.

Nothosaurier ernährten sich von Cephalopoden und Fischen. *Nothosaurus giganteus* war die größte Art, sie erreichte 5 m Länge.

Die etwa 1,5 m langen Placodontia (Pflasterzahnechsen) sind vorwiegend aus Mitteleuropa bekannte Formen mit meißelförmigen Greifzähnen und flachen, schwarzen oder dunkelbraunen Quetschzähnen zum Zerdrücken der Nahrung (z. B. Mollusken). Sie sind eine nur aus der Trias bekannte

EXKURS 2.9 (*Fortsetzung*)

◘ **Abb. 2.50 a–f** Benthos-Lebensgemeinschaft des Muschelkalkmeeres. Besonders auffallende Formen sind verschiedene Muscheln, z. B. **a** die austernartige Gattung *Enantiostreon* und Miesmuscheln (**b** *Promysidiella*, **c** *Myalina*) und Seelilien (**d** *Encrinus liliiformis*). Wichtige Faunenelemente sind auch Brachiopoden (**e** *Coenothyris*) und die bisweilen riffbildende Muschel *Placunopsis* (**f**). Nach Hagdorn u. Simon (1988)

Gruppe; alle Funde stammen aus den Randgebieten des Tethys-Meeres. *Placodus gigas* ist in Mitteleuropa die häufigste Art. Zur Nahrungssuche suchte *Placodus* wohl die küstennahen Muschelbänke auf, wo er Muscheln und andere Tiere mit Hartteilen erbeutete. Eine andere Gattung (*Henodus*) wurde im Keuper von Tübingen gefunden. Sie erinnert durch ihren breiten Rückenschild (und einen entsprechenden Bauchschild) auf den ersten Blick an Schildkröten. *Henodus* lebte wohl in Tümpeln oder Fließgewässern.

Ein besonders merkwürdiges Reptil ist der Giraffenhalssaurier (*Tanystropheus*, ◘ **Abb. 2.52c**), der 6 m Länge erreichte, wovon über die Hälfte auf den Hals entfiel. Er wurde z. B. bei Berlin (Rüdersdorf), Bayreuth, Jena und in den Tessiner Kalkalpen gefunden.

EXKURS 2.9 (*Fortsetzung*)

▫ **Abb. 2.51** Crinoidea (Seelilien). *Encrinus liliiformis*, Stiel und Krone in Seitenansicht. *Carnallicrinus carnalli*, Krone mit ausgebreiteten Armen, ohne Stiel. Diese Stachelhäuter wurden als „Blumen aus dem Steinbruch" schon früh geschätzt und gehandelt.

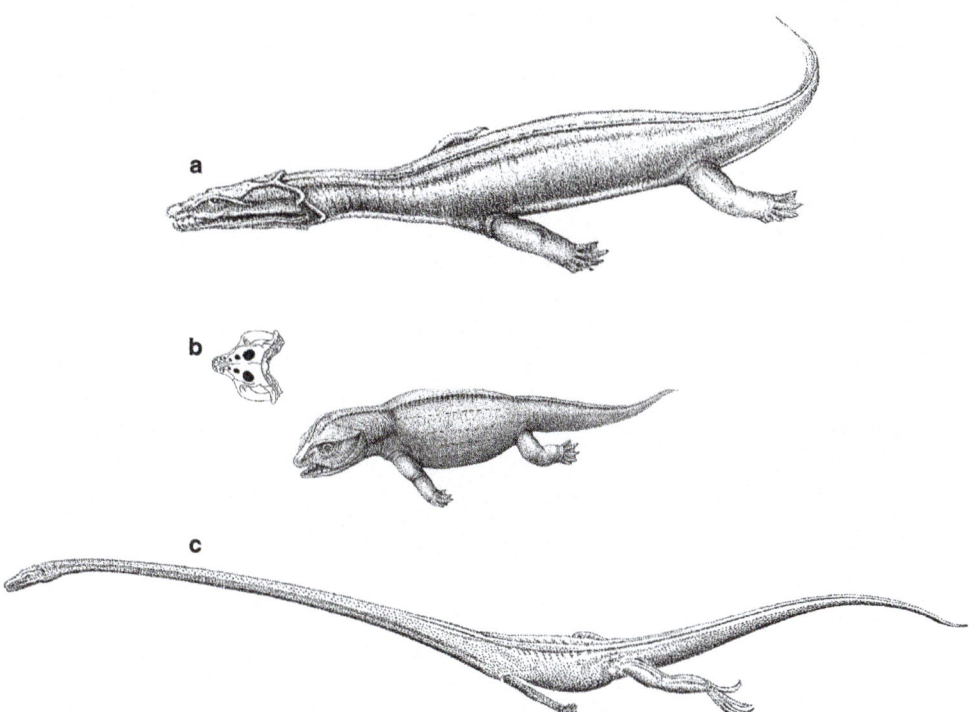

▫ **Abb. 2.52 a–c a** Nothosaurier (*Nothosaurus*), 4–5 m lang, **b** Placodontier (*Cyamodus*), 1,5 m lang, daneben Oberkiefer mit Pflasterzähnen, **c** *Tanystropheus*, 6 m lang. Nach Scheffold in Brinkmann (1994)

Die modernen riffbildenden Korallen, die **Scleractinia** (Madreporaria), entwickelten sich in vielfältiger Weise. Diese Gruppe umfasst einige solitäre und viele koloniebildende Gattungen. Heute bauen sie eines der reichsten Ökosysteme unserer Erde auf. Die frühen Scleractinia lebten in vergleichsweise tiefem Wasser. Im Gegensatz zur Mehrzahl der rezenten, vorwiegend im Flachwasser vorkommenden, riffbildenden (= hermatypen) Korallen haben sie also wohl nicht mit photosynthetisierenden Einzellern in Symbiose gelebt. Diese extrem wichtige symbiotische Beziehung ist erst später in der Trias oder im Jura entstanden, als die Scleractinia große Riffe aufzubauen begannen. Das größte rezente Riff ist das Große Barriereriff vor der Nordostküste Australiens. Es erstreckt sich über eine Länge von etwa 2300 km bei einer maximalen Breite von 300 km. Ein weiteres Merkmal mesozoischer und moderner Riffe ist ihre enge Assoziation mit Kalkalgen. Diese versehen die abgestorbenen Riffteile mit einer festen Kruste und schützen sie vor Zerstörung.

Schnecken und **Muscheln**, die vom permischen Massenaussterben weniger stark betroffen waren als viele andere Gruppen, wurden schon in der unteren Trias und besonders in der folgenden Zeit zu dominierenden marinen Organismen. Muscheln machten eine geradezu explosive Entfaltung durch. Sie übertrafen jetzt die Brachiopoden an Formenfülle. Eine wichtige Gruppe sind die Trigonioida, von denen einzelne Formen noch heute leben. In der Alpinen Trias und im Germanischen Muschelkalk waren sie verbreitet und formenreich. Stratigraphisch wichtig sind die Myophorien. Gesteinsbildend in der Alpinen Trias wurden die dickschaligen, bis zu 20 cm langen Megalodontidae, die im Tethys-Meer verbreitet waren.

Die **Ammonoida** erholten sich besonders rasch vom starken Rückgang am Ende des Perm. Man nimmt an, dass nur zwei Gattungen die permische Katastrophe überlebt hatten, und in der frühen Trias gab es bald mehr als 100 Gattungen. Einige lebten nur vergleichsweise kurz, manchmal weniger als 1 Mio. Jahre. Das machte sie zu wertvollen Leitfossilien. Die adaptive Radiation der Ammonoidea ging wohl von *Ophiceras*, einem Nachfahren von *Xenodiscus*, aus. In unglaublicher Formenfülle bevölkerten diese „Ceratiten" die Meere. Im germanischen Muschelkalkmeer war die Gattung *Ceratites* (◘ **Abb. 2.49**) so häufig, dass man sie heute in vielen Steinbrüchen und auf Äckern, z. B. bei Braunschweig und im Thüringer Becken, findet.

Auch **Seeigel** entfalteten sich in starkem Maße in benthischen Lebensräumen des Muschelkalkmeeres. Generell war die Stachelhäuterfauna jedoch verarmt. Eine verbreitete Gruppe von Seelilien sind die Encrinidae (◘ **Abb. 2.51**).

Wegen des großen Erfolges der Scleractinia, der Muscheln, Schnecken und Seeigel glich das benthische Leben des frühen Mesozoikums den heutigen Verhältnissen mehr als den paläozoischen. Noch fehlten allerdings die vielen modernen Arthropoden. In der Mitteltrias sind jedoch bereits einige Decapoda-Gruppen belegt, z. B. die „Ur-Languste" *Pemphix*.

Im **Pelagial** entfalteten sich die Dinoflagellaten, die bis heute wichtige Bestandteile mariner Nahrungsnetze darstellen.

Ähnlich wichtig für die stratigraphische Korrelation triassischer Gesteine wie die Ammoniten sind die Conodonten.

Unter den **Fischen** dominierten die Actinopterygii, z. B. die Chondrostei mit *Gyrolepis* im Muschelkalk. Auch die Haie traten deutlicher hervor (*Acrodus*, *Hybodus*), einige waren Molluskenfresser. Die am besten erhaltene und individuenreichste Fischfauna des mitteleuropäischen Buntsandsteins ist von Durlach bei Karlsruhe und gleichaltrigen Schichten in den Vogesen bekannt.

Unter den **Amphibien** gab es sehr große Formen, z. B. den bis 5 m langen Labyrinthodontier *Mastodonsaurus* („Zitzenzahnsaurier", so genannt wegen seiner eigenartig geformten Zähne), dessen Kopf über 1 m Länge erreichte. Der bislang längste Unterkiefer (1,4 m) wurde bei Kupferzell im Hohenloher Land (Baden-Württemberg) in einem „Sauriermassengrab" gefunden. Weitere Exemplare kennt man beispielsweise aus Thüringen (Bedheim, Hildburghausen). *Mastodonsaurus* war vermutlich ein träger Wasserbewohner, der nur gelegentlich an Land ging. Reste ähnlicher Labyrinthodontier wurden auch im Buntsandstein nachgewiesen. Aus dem Buntsandstein sind weiterhin *Capitosaurus* und *Trematosaurus* zu nennen. Einen Panzerlurchschädel kennen wir sogar aus dem Buntsandstein der Nordseeinsel Helgoland. Bis 5 m lang wurde *Koolasuchus*, den man in der Unterkreide Südaustraliens gefunden hat. Zu Beginn der Trias traten die ersten Froschlurche auf. *Triadobatrachus* aus triassischen Ablagerungen Madagaskars wird als besonders ursprüngliche Form aus der Fossilgeschichte der Anuren angesehen.

Auf die außerordentliche Entwicklung der **Reptilien** war schon oben hingewiesen worden. Zu Beginn der Trias erschienen die Thecodontia, i. A. kleine Formen mit grubenförmigen Vertiefungen (Alveolen) in den Kiefern, in denen die Zahnwurzeln steckten. Diese Tiere waren bald weltweit verbreitet. Sie sind die Grundgruppe der Archosauria, der beherrschenden Reptilien des Mesozoikums; hierher gehören u. a. auch die Dinosaurier (s. **Abschn. 2.3.1**).

In der Trias gab es zahlreiche Meeresreptilien, z. B. die schon erwähnten Placodontia und Nothosauria. Beide Gruppen überlebten die Trias nicht.

Aus den Nothosauriern jedoch gingen die **Plesiosaurier** (◘ **Abb. 1.25b**) hervor, die in mesozoischen Meeren später eine bedeutende Rolle einnahmen. Ihre frühesten Vertreter sind die in der Mitteltrias Europas und Amerikas belegten Pistosaurier. Plesiosaurier waren Fischfresser und erreichten eine Länge von über 15 m. Für *Liopleurodon* wird eine Schädellänge von bis zu 3 m angegeben. Ihre Extremitäten waren Paddel.

Äußerlich fisch- oder delphinartig waren die **Ichthyosaurier** (◘ **Abb. 2.61**) oder Fischechsen, die ebenfalls zuerst in der Trias erschienen. Ichthyosaurier lebten im offenen Ozean, waren schnelle, räuberische Schwimmer mit großen Augen und brachten lebende Junge zur Welt. Ihre Schwanzflosse erfuhr auffallende Umformungen (◘ **Abb. 2.61**). Sie erreichten eine Länge von über 20 m.

Die letzte wichtige marine Reptiliengruppe der Trias – und des späteren Mesozoikums – waren die **Krokodile**. Noch in der Trias entwickelten sie sich zunächst zu Landtieren.

Theropsida (säugetierähnliche Reptilien), Mammalia (Säugetiere)

Die **Synapsida** (= Theromorpha) sind eine alte Reptiliengruppe, die seit dem Karbon zu verfolgen ist und aus der Basisgruppe der Reptilien hervorgeht. Aus ihnen sind am Ende der Trias die Säugetiere entstanden. Alte, z. T. recht große Formen in Karbon und Perm waren die **Pelycosauria**, unter denen es Fleisch- und Pflanzenfresser gab. Jüngere Formen des späten Perm und der Trias waren die **Therapsida**, deren eine Untergruppe, die carnivoren Theriodontia, sich insgesamt zunehmend dem Säugetierniveau annäherte.

Säugetiere sind morphologisch-paläontologisch durch die Entstehung folgender Merkmale gekennzeichnet:
- sekundäres Kiefergelenk (zwischen Dentale und Squamosum)
- drei Gehörknöchelchen
- einheitlicher Unterkiefer
- heterodontes Gebiss
- differenzierte Wirbelsäule
- zwei Hinterhauptskondylen

Die Extremitäten legen sich dem Körper seitlich an und stehen nicht wie bei Reptilien seitlich von ihm ab. Paläontologisch nicht oder nur selten nachweisbar sind Säugetiermerkmale wie Homoiothermie, Haarkleid, Viviparie und Milchdrüsen. Ursprüngliche Säuger legen noch Eier (Monotremen).

Innerhalb der **Theriodontia** sind vermutlich die triassischen Cynodontia die Ursprungsgruppe der Säugetiere. Aus der Trias sind echte Zwischenformen zwischen Reptilien und Säugern gefunden worden, z. B. in Südafrika *Diarthrognathus*.

Die ersten Säugetiere stammen aus der Oberen Trias und sind somit älter als Vögel und Teleosteer. Während des Mesozoikums blieben sie eine Gruppe vorwiegend kleiner Tiere, die im Schatten der großen mesozoischen Saurier standen. Ihre Vielfalt war im Mesozoikum jedoch wesentlich größer als noch vor kurzer Zeit angenommen. Sie umfasste ganz unterschiedliche Gruppen wie z. B. die nagerähnlichen Multituberculata und sogar an eine subterrane Lebensweise angepasste Gruppen.

Die Stammlinie zu den modernen Säugetieren ist ab dem späten Jura zu verfolgen. Diese Tiere besaßen Molaren mit dreiecksartig angeordneten Haupthöckern und entsprechen am ehesten dem Typus eines generalisierten Insektenfressers. Über Gruppen, die taxonomisch Trechnotheria, Cladotheria und Zatheria genannt werden, wird in der frühen Kreidezeit die Gruppe der Tribosphenida erreicht, die einen Molarentyp besaßen, der schon dem der späteren Säugetiere vergleichbar ist. In diesen Tribosphenida wurzeln die Theria mit den

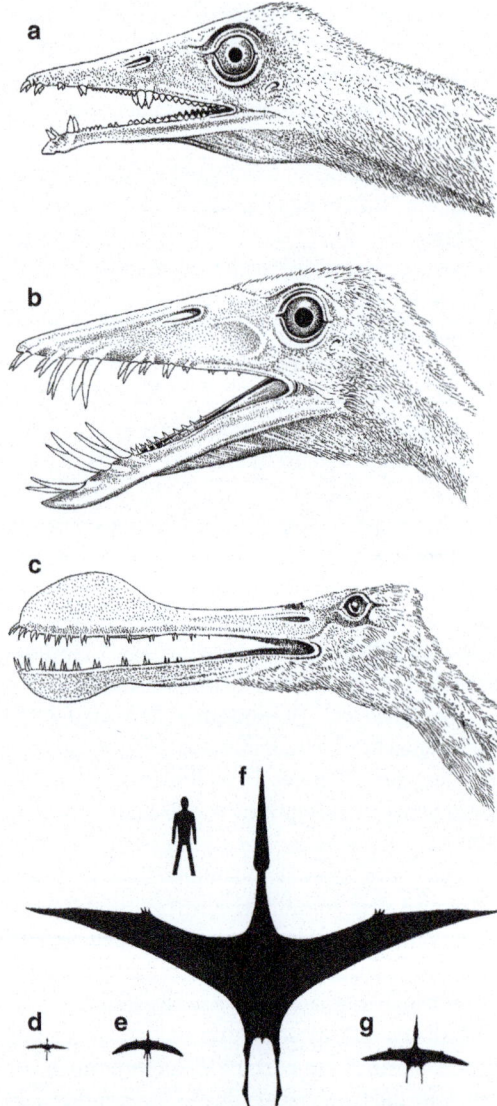

◘ **Abb. 2.53 a–g** Flugsaurier. a–c Rekonstruktion von Köpfen. **a** *Eudimorphodon*, **b** *Dorygnathus*, **c** *Anhanguera*, **d–g** Flugbilder im Vergleich zur Größe eines Menschen, **d** *Eudimorphodon*, **e** *Rhamphorhynchus*, **f** *Quetzalcoatlus* (Flügelspannweite 12 m), **g** *Pterodactylus*. Nach Wellnhofer (1991)

Australiens (zählte damals noch zu Gondwana) lassen sich den Monotremen zuordnen, *Monotrematum* stammt aus dem Paleozän Patagoniens. Von den Monotremen überleben bis heute die Schnabeltiere und Ameisenigel in Australien und Neuguinea. Nur die Schnabeltiere besitzen noch Zähne, die aber schon bei Jungtieren ausfallen.

Die Beuteltiere sind heute auf Amerika (primär Südamerika), die östliche indonesische Inselwelt, Neu-Guinea und Australien beschränkt. Das älteste bekannte Beuteltierfossil (*Sinodelphys*) stammt aus der Kreide Chinas und ist etwa 125 Mio. Jahre alt. Zunächst besiedelten die Beuteltiere nur die Nordhemisphäre. Vor etwa 100 Mio. Jahren erreichten sie Nordamerika. Im Paläogen starben sie in Eurasien aus. In Amerika erfolgte die Ausbreitung gen Süden bis Antarktika und von dort vor etwa 50 Mio. Jahren – als es auch bei uns noch Beuteltiere gab (s. **EXKURS 2.15 Abschn. 2.4.1**) – nach Australien. Auf diesem späteren Inselkontinent machten sie dann eine adaptive Radiation durch.

Die Placentalia sind seit dem späten Jura bekannt (*Juramaia* aus China) und erlebten in der Kreide, vor etwa 90 Mio. Jahren, eine rasche Radiation. Diese wird mit einem erheblichen Temperaturanstieg und der Fragmentation von Laurasia und Gondwana in Verbindung gebracht. Die Befunde aus Paläontologie, vergleichender Anatomie und Molekularbiologie ergeben bis heute allerdings kein ganz klares Bild der Verwandtschaftsverhältnisse der Placentaliaordnungen, weswegen auch Hybridisierung und damit eine reticulate Evolution diskutiert werden (s. **EXKURS 3.1 Abschn. 3.2.7**).

Pterosauria (Flugsaurier)

Die **Flugsaurier** (◘ **Abb. 2.53**) beherrschten den Luftraum von der späten Trias (*Eudimorphodon*) bis zur Kreide-Tertiär-Grenze, also über eine Zeitspanne von über 150 Mio. Jahren. Die Funde stammen fast alle aus marinen Ablagerungen, so dass gefolgert werden kann, dass sie wohl vor allem fliegende Bewohner der Küsten und des offenen Meeres waren. Die Pterosauria hatten ein leicht gebautes Skelett und einen typischen Archosaurierschädel, der die Tendenz zum Verschmelzen der Knochennähte zeigte. Die Verschiedenheit ihrer Gebisse spricht für unterschiedliche Nahrung und Ernährungsweisen. Die frühesten Formen wie

heutigen Beuteltieren (Metatheria = Marsupialia) und den Placentalia (=Eutheria).

Die Monotremata (=Prototheria) sind heute nur noch isolierte kleine Säugetiergruppe mit vielen altertümlichen morphologischen Merkmalen. Vermutlich gehen sie auch von den Tribosphenida aus. *Steropodon* und *Teinolophos* aus der frühen Kreide

Eudimorphodon (◘ Abb. 2.53a) hatten vielspitzige Zähne. Daraus entwickelten sich einheitlich gestaltete, einspitzige Zähne, die bisweilen nach vorne gerichtet waren (*Dorygnathus,* ◘ Abb. 2.54b). Bei zahlreichen Flugsauriern sind die Zähne auf den vorderen Schnabelbereich konzentriert (*Gallodactylus, Ornithocheirus, Anhanguera, Tropeognathus;* ◘ Abb. 2.53c). *Pteranodon, Tapejara* und *Quetzalcoatlus* sind zahnlos. Bei *Pterodaustro* und *Ctenochasma* bilden dagegen mehrere hundert dünne, dicht stehende Zähne ein Reusengebiss, das an die Barten von Walen erinnert. Die meisten Flugsaurier ernährten sich wahrscheinlich von Meerestieren. Im Fossil überlieferte Fischreste wurden bei *Eudimorphodon* und *Pterodactylus* nachgewiesen.

Der Rumpf der Flugsaurier war im Verhältnis zu den Flügeln klein und kompakt. Das breite Sternum, das an seinem Vorderende einen Fortsatz (Cristospina) aufwies, bot eine große Ansatzfläche für die Flugmuskulatur. Der Schultergürtel bestand aus Scapula und Coracoid. Diese waren nahtlos miteinander verwachsen. Bei späten Formen wie *Pteranodon* bilden die beiden Schultergürtelhälften einen geschlossenen Ring, der mit den Dornfortsätzen der Rumpfwirbelsäule in fester Verbindung steht. Dies ist von keiner anderen Wirbeltiergruppe bekannt. Die Hälfte bis etwa zwei Drittel der Länge des luftgefüllten Armskeletts macht der extrem verlängerte vierte Finger (Flugfinger) aus. An ihm ist die Flughaut aufgespannt, die sich entlang der Körperflanken bis zum Knie erstreckt. Die anderen drei Finger sind klein und weisen Krallen auf. Der fünfte Finger fehlt. Zwischen den relativ schwachen Beinen spannt sich ebenfalls eine Flughaut (Uropatagium), die zur Steuerung genutzt wurde. Bei den kurzschwänzigen Formen ist der Schwanz völlig in die Flughaut integriert, bei den langschwänzigen ragt er weit über sie hinaus und trägt an seinem Ende ein vertikal stehendes Hautsegel. Die riesigen Flugsaurier der Oberkreide waren vermutlich Segelflieger. Es ist anzunehmen, dass die kleinen Arten aktiv fliegen konnten (Ruderflug) und entsprechend wendig waren. Am Boden bewegten sich die Flugsaurier auf allen Vieren (quadruped) fort, wobei der Flugfinger zum Körper hin eingeklappt wurde (◘ Abb. 1.31b). Fossilisierte Flugsaurierfährten belegen diese Fortbewegungsweise. Die großen Flugsaurier landeten wie heutige Albatrosse wahrscheinlich nur selten, etwa zum Brüten.

Das Gehirn der Flugsaurier war relativ groß. Die Riechanteile sind klein, während die optischen und bewegungskoordinatorischen Anteile groß sind.

Wahrscheinlich waren die Flugsaurier hoch aktive und warmblütige Lebewesen, die vollständig getrennte Herzhälften und ein effizientes Atmungssystem besaßen. Dafür spricht auch der Nachweis von 2–3 mm langen, haarähnlichen Strukturen, die bei einigen Flugsaurierfossilien überliefert sind.

In systematischer Hinsicht werden zwei Hauptgruppen unterschieden:

– **Rhamphorhynchoidea** (Langschwanzflugsaurier, ◘ Abb. 2.53d,e): Späte Trias, Jura; Flügelspannweite 0,3–1,75 m, langer Schwanz, meist zahlreiche Zähne, Hinterhauptsloch weist nach caudal, Flugfinger macht etwa zwei Drittel der Flügellänge aus.
– **Pterodactyloidea** (Kurzschwanzflugsaurier, ◘ Abb. 2.53f,g): Später Jura, Kreide; Flügelspannweite 0,3–12 m, kurzer Schwanz, unterschiedliche Gebisstypen, auch zahnlose Formen, Hinterhauptsloch weist nach caudoventral, Flugfinger macht etwa die Hälfte der Flügellänge aus.

Dinosaurier

Keine andere Gruppe ausgestorbener Tiere hat so viel Interesse in weiten Kreisen der Bevölkerung hervorgerufen wie die Dinosaurier. Heute gibt es eine Reihe von Museen mit sehr guten Ausstellungen (◘ Abb. 2.54a, Senckenberg-Museum in Frankfurt/Main) und Sauriertrittfährten, Ausgrabungsstätten (◘ Abb. 2.54b), die für die Öffentlichkeit zugänglich sind, und auch Freilichtmuseen, in denen Modelle von Dinosauriern zu bewundern sind, z. B. in Münchehagen (bei Hannover) und in Kleinwelka (Bautzen, ◘ Abb. 2.54c).

Die Dinosaurier umfassen eine Fülle landlebender mesozoischer Reptilien (◘ Abb. 2.55, 2.56), die z. T. sehr groß wurden und das dominierende Element der damaligen terrestrischen Fauna waren. Diese vielseitigen und anpassungsfähigen Reptilien entstanden vor ca. 230 Mio. Jahren und starben vor ca. 65 Mio. Jahren aus. Sie existierten also ungefähr 165 Mio. Jahre. Über 600 Arten sind bisher bekannt geworden, für die man mehr als 500 Gattungen aufgestellt hat. Sie entwickelten sich nach ihrem ersten Auftreten – die ältesten Funde

Abb. 2.54 a–c Dinosaurier im Museum, am Fundort, auf Briefmarken und im Freiluftpark. **a** Senckenberg Museum (Frankfurt/Main), **b** Fundstätte im Dinosaurier-Nationalmonument (USA), **c** Saurierpark Kleinwelka. Photo B. Herkner

stammen aus NW-Argentinien – außerordentlich schnell in verschiedene Richtungen. Dinosaurier unterscheiden sich von anderen Reptilien u. a. durch ihre Beinstellung. Während Echsen mit seitlich abgespreizten Extremitäten laufen, werden die Beine der Dinosaurier wie bei Vögeln und Säugetieren

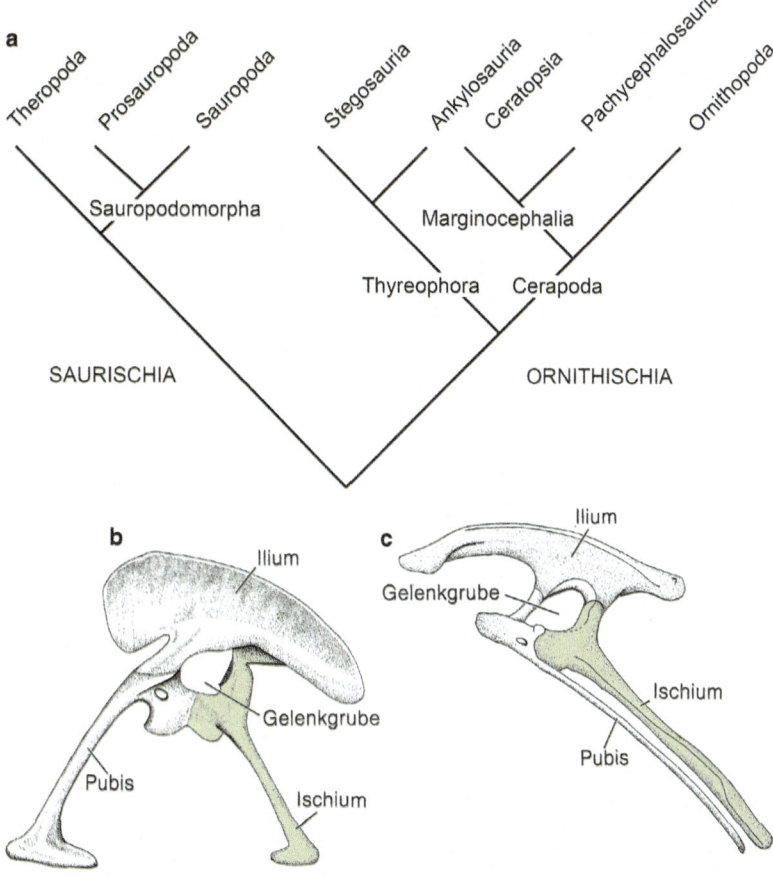

Abb. 2.55 a–c **a** Phylogenetische Beziehungen der Dinosaurier, **b** Saurischia-Becken, **c** Ornithischia-Becken. Der Aufbau der Gelenkgrube für den Oberschenkelknochen ist noch unbekannt

unter dem Körper in einer senkrechten Ebene vor und zurück bewegt (parasagittale Beinstellung). Dies wird als wichtige Voraussetzung für schnelles und vor allem ausdauerndes Laufen über große Distanzen betrachtet. Es gilt inzwischen als sicher, dass zumindest bestimmte Vertreter aus der Gruppe der Theropoden, die evolutionär zu den Vögeln überleiten, warmblütig (endotherm) waren. Fossilfunde von Federn bzw. federähnlichen Strukturen bei *Sinosauropteryx*, *Caudipteryx*, *Sinornithosaurus*, *Cryptovolans*, *Microraptor* und anderen deuten in dieselbe Richtung. Einige Merkmale am Skelett weisen darauf hin, dass zumindest die Vertreter aus dieser Gruppe über ein Lungen-Luftsack-System wie heutige Vögel verfügten, mit dem eine entsprechend hohe Respirations- und Ventilationsleistung sowie eine Unterstützung der Thermoregulation verbunden war. Bei manchen Formen zogen die Luftsäcke bis in Wirbel und Rippen.

Nach der Form ihres Beckens werden die Dinosaurier in zwei Hauptgruppen unterteilt, die **Saurischia** (Echsenbecken-Dinosaurier) und die **Ornithischia** (Vogelbecken-Dinosaurier) (◘ Abb. 2.55a). Diese Bezeichnungen sorgen häufig für Verwirrung, da das Vogelbecken, anders als der Name vermuten lässt, tatsächlich mehr Ähnlichkeit mit dem der Saurischia zeigt als mit dem der Vogelbecken-Dinosaurier. Jede Beckenhälfte besteht aus drei Elementen, Ilium, Ischium und Pubis (◘ Abb. 2.55b,c). Alle drei Knochen haben Anteil an der Hüftgelenkpfanne (Acetabulum). Von dort aus weisen sie in drei Richtungen. Das Ilium, das die Verbindung zur Wirbelsäule herstellt, weist nach oben, das Ischium schräg nach hinten und das Pubis schräg nach vorn. Dies ist auch bei der Mehrzahl der Saurischia der Fall. Bei Vögeln weist das Pubis dagegen nicht schräg nach vorn, sondern wie das Ischium schräg nach hinten und liegt diesem unmittelbar an. Bei

Abb. 2.56 Eigelege von *Oviraptor* aus der Mongolei. Original Senckenberg, Frankfurt/Main

denjenigen Vertretern der Saurischia, die in enger verwandtschaftlicher Beziehung zu den Vögeln stehen, ist dies in gleicher Weise der Fall. Sowohl bei Vögeln als auch bei den Saurischia stehen die Ilia senkrecht und die Muskelansatzflächen der Extremitäten weisen nach außen. Bei den Ornithischia stehen die Ilia dagegen eher waagerecht und die Muskelansatzflächen weisen nach unten. In dieser biomechanisch bedeutenden Hinsicht ist das Becken der Ornithischia, der so genannten Vogelbecken-Dinosaurier, völlig anders konstruiert als das der Vögel. Die einzige Gemeinsamkeit des Beckens der Ornithischia mit dem der Vögel besteht in dem bei diesen ausnahmslos schräg nach hinten weisenden Pubis.

Ein besonderes Kennzeichen vieler Dinosaurier ist ihr Riesenwuchs (**Gigantismus**). Zu ihnen gehören die schwersten Landtiere aller Zeiten. Allerdings werden die Angaben zu ihrer Körpermasse in neuerer Zeit nach unten korrigiert. Moderne Analysetechniken haben gezeigt, dass ihr Knochenskelett – abgesehen von den massiven Beinknochen – besonders leicht gebaut waren. Die Halswirbel erinnern in ihrer Architektur geradezu an Styropor. Für den Giganten *Brachiosaurus* werden derzeit 38 t Körpermasse für möglich gehalten (statt früher 75 t), was eine Laufgeschwindigkeit von 20 km/h ermöglicht haben könnte.

Derzeitige Schätzungen gehen davon aus, dass bei Großformen ein jährlicher Massenzuwachs von bis zu 2 t möglich war und dass die Geschlechtsreife nach zwei Jahrzehnten erreicht wurde. Dem Riesenwuchs war wohl auch förderlich, dass die Pflanzennahrung (es handelte sich um Farne, Schachtelhalme und Nadelbäume) nicht gekaut, sondern sogleich geschluckt wurde, um dann in einem umfangreichen Verdauungstrakt aufgearbeitet zu werden. Mit ihrem langen Hals konnten die Riesensauropoden zudem von der Krautschicht bis zu Baumspitzen alles erreichen, ohne sich von der Stelle zu bewegen.

Manche Dinosaurier besaßen offensichtlich ein hochentwickeltes Sozialleben. Dies wird vor allem für Dinosaurier der Kreidezeit vermutet. Dazu gehört auch z. B. koloniales Brutverhalten und Betreuung der aus den Eiern geschlüpften Jungtiere (*Maiasaura*). Bei anderen Formen verließen die Jungen vermutlich sofort nach dem Schlüpfen das Nest und wurden nicht betreut. Man geht heute davon aus, dass alle Dinosaurier eierlegend waren (**Abb. 2.56**).

Insbesondere aus der Mongolei, Argentinien und aus Südfrankreich kennt man fossile Dinosauriergelege. In manchen Fällen steht die Artzugehörigkeit der Eier fest. So hatte der Theropode *Oviraptor* aus der Mongolei knapp 20 cm lange Eier, die zu etwa 20 Stück in Nester abgelegt wurden. In Argentinien entdeckte man auf kleinem Raum so viele Gelege, dass Brüten in Kolonien möglich erscheint. Man fand zudem Skelette von Embryonen in Dinosauriereiern. Die Sauriereier der Provence (Aix-en-Provence, Montpellier) sind nicht mit Sicherheit zuzuordnen; vermutlich gehören sie zu *Hypselosaurus*.

Lange basierten unsere Kenntnisse über Dinosaurier überwiegend auf Funden von der Nordhemisphäre. Speziell durch Funde aus Argentinien wurde dieses Bild seit den 1990ern stark erweitert. In diesem Land sind mittlerweile Formen aus allen drei Epochen des Mesozoikums gefunden worden. Derzeit sind die ältesten und auch die größten Dinosaurier von hier bekannt. *Lagosuchus* gilt als potenzieller Vorläufer der Dinosaurier, *Eoraptor* und *Panphagus* stehen an der Basis. Sie lebten in der Trias, als der Riesenkontinent Pangaea noch existierte. Nach seiner Trennung in Laurasia und Gondwana kam es auf dem Nordkontinent zur Entfaltung der Ornithischia (s. **EXKURS 2.10**), z. B. der Pflanzen fressenden Stegosaurier, Ankylosaurier und Ceratopsier, die auf dem Südkontinent fehlen. Hier wurden die Sauropoden (s. **EXKURS 2.10**) zu den vorherrschenden Herbivoren. *Argentinosaurus*, im **GONDWANA – Das Praehistorium, Alexander-von-Humboldt-Str. 8–10, 66578 Schiffweiler (Saarland)** als Modell zu besichtigen, erreichte fast 40 m Länge bei einer Wirbelkörperbreite von 1,30 m. Diese wird von *Puertasaurus* mit fast 1,70 m noch übertroffen. Die größten Raubsaurier aus Argentiniens (*Gigantosaurus* und *Mapusaurus*) erreichten eine Schädellänge von 2 m und übertrafen damit den nordhemisphärischen *Tyrannosaurus rex*.

EXKURS 2.10

Systematik der Dinosaurier

Saurischia
Der Bau des Beckens begünstigte die Entwicklung großer Muskeln für die Bewegung der Beine, die meist viel größer waren als die Arme. Die ältesten bekannten Formen waren biped und carnivor, jedoch entstanden später neben großen bipeden Formen auch große quadrupede. Die Saurischia lassen sich in die überwiegend quadrupeden Sauropodomorpha und die bipeden Theropoda gliedern. Zu den ursprünglichsten Theropoden zählen *Eoraptor* (Obertrias, Argentinien, 1 m) und die Herrerasauria, die ursprüngliche und abgeleitete Merkmale aufweisen (*Herrerasaurus*, Obertrias, Südamerika, 3–4 m).

a. Theropoda: Generell biped, nahezu ausschließlich carnivor, Obertrias bis Oberkreide. *Eoraptor* + Herrerasauria + Ceratosauria + Tetanurae

1. Ceratosauria: Umstrittene Einheit. Obertrias bis Oberkreide. Frühe Formen (Coelophysoidea, Obertrias bis Unterjura) relativ klein, 90 cm (z. B. *Podokesaurus*), bis maximal 6 m (*Dilophosaurus*). Späte Formen (Abelisauridae) bis 9 m (z. B. *Carnosaurus*). Vier Finger. Älteste Vertreter *Coelophysis* (Obertrias, Nordamerika) und *Liliensternus* (Obertrias, Europa). *Coelophysis* ist durch mehr als 100 zum Teil vollständige Skelette dokumentiert. Ansonsten vergleichsweise schlecht überlieferte Gruppe.

2. Tetanurae: Systematische Einheit, die sowohl die Vögel als auch all die Theropoden umfasst, die näher mit den Vögeln als mit den Ceratosauriern verwandt sind. Tendenz zur Pneumatisierung des Schädels, höchstens drei Finger, reduzierte Fibula, Schwanz durch verknöcherte Sehnen versteift, Unterjura bis Oberkreide (ohne Vögel). Carnosauria + Coelurosauria (Ornithomimosauria + Maniraptora). Hierher gehört auch der bis 80 cm lange *Juravenator* von der Fränkischen Alb (s. **EXKURS 2.12** Abschn. 2.3.2).

2.1 Carnosauria: Selten kleine, bis 1,5 m (*Itemirus*) messende, meist große, bis 14 m (*Giganotosaurus*) lange Fleischfresser mit mächtigem Gebiss. Jura und Kreide. Allosauridae, Sinraptoridae, Carcharodontosauridae, Itemiridae, Dryptosauridae.

2.2 Coelurosauria: Gruppe, die ursprünglich nur kleine, leicht gebaute Theropoden mit hohlen Knochen umfasste, inzwischen aber auch die riesigen Tyrannosauriden enthält. Zusammengefasst werden hier alle Tetanurae, die näher mit den Vögeln als mit den Carnosauriern verwandt sind. Jura und Kreide. Ornithomimosauria + Maniraptora.

• **Ornithomimosauria:** Straußenähnlich wirkend, bis zu 6 m lang (*Gallimimus*). Kiefer zahnlos. Leicht gebaute Tiere mit langen Hälsen. Das Schambein (Os pubis) weist schräg nach vorne. Vermutlich omnivor. Ornithomimidae, Garudimimidae, Harpymimidae.

• **Maniraptora:** Kleine, nur 70 cm lange (*Microraptor*, China) bis mittelgroße, seltener große bis 13 m messende (*Tyrannosaurus* (◘ Abb. 2.57a), *Therizinosaurus*) Dinosaurier. Kennzeichnend sind der halbmondförmige Handwurzelknochen und die meist verlängerten Finger. *Therizinosaurus* war wahrscheinlich ein Pflanzenfresser. Mit seinen sichelförmigen, 60 cm langen Krallen zog er vermutlich Äste nach unten, um an die Blätter zu gelangen. Zahlreiche Funde von Fossilien mit federähnlichen Strukturen weisen darauf hin, dass die Mitglieder der gesamten Gruppe zumindest teilweise oder wenigstens im juvenilen Stadium befiedert waren. Bei *Dilong*, dem etwa 1,6 m großen, ältesten Tyrannosauriden aus der Unterkreide, sind schon federähnliche Strukturen nach-

EXKURS 2.10 (Fortsetzung)

◘ **Abb. 2.57 a–c** a *Tyrannosaurus*: neben einer neueren Rekonstruktion eine ältere (*eingekreist*), b *Deinonychus*, c *Camarasaurus*

gewiesen. Bei den zu den Vögeln überleitenden Formen wie den Dromaeosauriden (*Velociraptor, Deinonychus;* ◘ **Abb. 2.57b**) sind die Femora kurz und das Os pubis steht schräg nach hinten. Die Dromaeosauriden besaßen an der 1. Zehe eine sichelartige Kralle, die extrem nach hinten geklappt werden konnte. Mitteljura bis Oberkreide. Tyrannosauridae, Dromaeosauridae, Troodontidae, Caenognathidae, Oviraptoridae, Ingeniidae, Compsognathidae, Therizinosauridae, Scansoriopterygidae, Avialae (Archaeopterygidae, Aves). *Tyrannosaurus rex* (◘ **Abb. 2.57a**) aus der Kreide verschiedener Staaten der USA hat als (aufgerichtet) 6 m hoher und bis 13 m langer Raubsaurier besondere Berühmtheit erlangt. Seine bis 18 cm langen (bananengroßen) Zähne hat er wohl in seine Saurieropfer geschlagen, die er mit den Hinterextremitäten gepackt hatte. Die Vorderextremitäten sind sehr klein und tragen nur zwei Finger. Mit ihnen konnten die Tiere wohl nicht den Mund erreichen. Mittlerweile kennt man die Bissspuren von *Tyrannosaurus* in fossilen Knochen und wohl auch seine Faeces. Ein 44 cm langer Koprolith aus der Kreide des kanadischen Saskatchewan, welches an Mon-

EXKURS 2.10 (*Fortsetzung*)

○ **Abb. 2.58** *Plateosaurus*-Skelett in Fundlage und Rekonstruktion. Nach v. Huene (1928), Scheffold (2001)

tana grenzt, der zum erheblichen Teil Knochenfragmente enthielt, wird diesem Raubsaurier zugeordnet. Noch ist die Diskussion nicht abgeschlossen, ob *Tyrannosaurus rex* wirklich ein Jäger oder ob er ein Aasfresser war, ob er sich eher rasch oder langsam bewegt hat.

b. Sauropodomorpha: Im Gegensatz zu den Theropoden waren die Vertreter der Sauropodomorpha (Trias bis Kreide) quadruped und generell Pflanzenfresser. Kennzeichnend für diese Gruppe sind der lange Hals und der lange Schwanz, der im Vergleich zum tonnenförmigen Körper kleine Schädel sowie die bei den späten Formen häufig enorme Körpergröße (bis 40 m).

1. Prosauropoda: Die ältesten Vertreter der Sauropodomorpha werden als Prosauropoda (Obertrias bis Unterjura) zusammengefasst. Es waren die ersten pflanzenfressenden Dinosaurier. Zu dieser Gruppe gehören Formen unterschiedlicher Größe wie *Thecodontosaurus* (2,6 m, England) und *Plateosaurus* (10 m, Europa). Bei den nur 20 cm großen Individuen von *Mussaurus* (Patagonien) handelt es sich um Funde von frisch geschlüpften Jungtieren. Kennzeichnend für die Prosauropoden ist eine große, gekrümmte Daumenkralle. Hals- und Schwanz sind im Verhältnis zum Körper nicht so lang wie bei den Sauropoden. Die Vorderbeine sind deutlich kürzer als die Hinterbeine, so dass bei den kleineren Formen von einer Neigung zur Bipedie ausgegangen wird.

Plateosaurus (○ **Abb. 2.58**) war in der späten Trias (Keuper) Europas verbreitet. Der erste Fund stammt von Heroldsberg bei Nürnberg; heute sind Trossingen (im südlichen Baden-Württemberg) und Halberstadt (nordöstlich vom Harz) und Frick (Schweiz) mit Skelettresten von über 120 Tieren die ergiebigsten Fundstellen. *Plateosaurus* war im Keuper wohl eines der häufigsten großen Landtiere und der dominierende Pflanzenfresser; allein aus Deutschland kennt man seine Reste von etwa 30 Fundstellen, dazu kommen weitere z. B. in der Schweiz und in Frankreich.

Plateosaurus hatte kräftige Hinter- und schwächere Vorderextremitäten und konnte sich vermutlich auf allen Vieren sowie biped fortbewegen. Der größte Teil seiner Länge von maximal 10 m entfiel auf Hals und Schwanz, der Kopf war relativ klein. Wegen der Häufigkeit der Fossilfunde an manchen Orten glaubt man, dass sich *Plateosaurus*-Herden ähnlich verhalten haben wie Großsäugerherden in der heutigen Savanne Afrikas. Ihr mächtiges Rumpfvolumen deutet zudem auf große Verdauungsorgane und Pflanzennahrung hin.

Plateosaurus-Skelette sind in mehreren Museen Deutschlands zu besichtigen, z. B. in Halberstadt und Trossingen, Göttingen, Stuttgart, Tübingen,

EXKURS 2.10 (Fortsetzung)

Frankfurt und Berlin und werden bisweilen mit Lokalnamen belegt (Halberstädter Saurier, Schwäbischer und Fränkischer Lindwurm).

2. Sauropoda: weltweit, Trias und Kreide. Quadrupede, z. T. riesige Pflanzenfresser von bis zu 40 m Länge und 80 t Gewicht (*Seismosaurus*, *Argentinosaurus*). Zu ihnen zählen die größten landlebenden Tiere, die je auf der Erde gelebt haben. Die ältesten Vertreter wie *Antetonitrus* (Obertrias) und die Vulcanodontidae (Unter- bis Mitteljura) unterscheiden sich in ihrer Größe und ihren Proportionen nicht wesentlich von den Prosauropoden. Die Vorderextremitäten sind jedoch bereits deutlich länger, so dass das Längenverhältnis zwischen Vorder- und Hinterbeinen ausgewogener erscheint. Bei den späteren Formen können die Hälse und Schwänze enorme Längen erreichen. Bei *Seismosaurus* misst allein der Schwanz 26 m. Die Wirbelkörper waren insbesondere bei den Diplodociden mit Hohlräumen versehen, die beim lebenden Tier vermutlich mit Luft gefüllt waren. Diese Leichtbauweise ermöglichte wohl erst die enorme Verlängerung der Hälse. Zudem besaßen sie Halsrippen, die als dünne Stäbe in Längsrichtung an der Unterseite des Halses zur Stabilisierung beitrugen. Mit den langen Hälsen konnten die Sauropoden die Blätter bzw. Nadeln an den hohen Zweigen der damals verbreiteten Coniferen, Farnen, Cycadeen und Ginkgobäumen erreichen. Diese wurden mit den Frontzähnen abgerupft und unzerkaut verschlungen. Die Art der Bezahnung erlaubte kein Zerkleinern der Pflanzenteile. Selbst die größten Sauropoden mussten einst aus einem Ei schlüpfen, das wohl nicht wesentlich mehr als 30 cm lang war. Unumstritten ist, dass es sich bei den Sauropoden um Herdentiere handelte. Dies ist durch sehr viele überlieferte Fährten von Tieren unterschiedlicher Altersstadien nachgewiesen. Die ältesten, vergleichsweise kleinen und relativ kurzhalsigen Vertreter der Sauropoden zählen zu den **Vulcanodonsauridae** (Unter- bis Mitteljura) und **Cetiosauridae** (Unterjura bis Unterkreide). Zurzeit werden etwa zehn Familien unterschieden.

2.1 Brachiosauridae (Mitteljura bis Oberkreide): senkrecht aufgerichteter Hals, verlängerte Vorderbeine und schräg nach hinten abfallender Rücken. *Brachiosaurus* (Oberjura, 12 m hoch, 22,5 m lang, Gewicht ca. 40 Tonnen; ein montiertes Skelett befindet sich im Naturkundemuseum in Berlin, als Modell auf ◘ Abb. 2.54c links zu sehen). Aus Prioritätsgründen wurde *Brachiosaurus* in *Giraffatitan* umbenannt.

2.2 Diplodocidae (Mitteljura bis Oberkreide): Gruppe leicht gebauter Tiere mit im Vergleich zum Rumpf extrem langen Hälsen und Schwänzen. Waagrechte Halshaltung. Körperlängen von 30–40 m Länge sind keine Seltenheit (*Seismosaurus*, *Supersaurus*, *Amphicoelias*). Nach hinten verlagerte Nasenöffnungen, die früher als Beleg für eine aquatische Lebensweise galten. Rückenlinie mit Hornstacheln. *Diplodocus* (Oberjura, Nordamerika, 27 m, 12 Tonnen, ein Originalskelett steht im Senckenberg-Museum in Frankfurt (◘ Abb. 2.54a), ein Modell ist auf ◘ Abb. 2.54c rechts abgebildet). *Apatosaurus* (Oberjura, Nordamerika, 21 m, gedrungener als *Diplodocus*). *Supersaurus* wurde etwa doppelt so lang, seine Halslänge wird auf etwa 13 m geschätzt.

2.3 Camarasauridae (Oberjura bis Unterkreide): relativ kurzhalsige, gedrungene Formen mit kurzem, hohem Schädel und spatelförmigen Zähnen. *Camarasaurus* (Oberjura, Nordamerika, Europa, 18 m, ◘ Abb. 2.57c). In diesen Verwandtschaftskreis wird auch *Europasaurus* gestellt, eine bis 8 m lange, „verzwergte" Inselform vom südlichen Rand des Niedersächsischen Beckens aus dem späten Jura, die am Harzrand (Goslar) entdeckt wurde.

2.4 Titanosauridae (Oberjura bis Oberkreide): formenreiche Gruppe mit Verbreitungsschwerpunkt in der Oberkreide. Charakteristische Hautverknöcherungen (Osteoderme) und Schwanzwirbel. Überwiegend auf den damaligen Südkontinenten verbreitet. *Saltasaurus* (Oberkreide, Südamerika, 12 m). *Paralititan* (Oberkreide, Afrika, 30 m, größter Titanosaurier).

2.5 Euhelopodidae (Oberjura bis Unterkreide): chinesische Sauropodenfamilie mit sehr langen Hälsen. *Mamenchisaurus* (Oberjura, Asien, 25 m).

2.6 Andesauridae (Unter- bis Oberkreide): Schlecht dokumentierte, artenarme südamerikanische Gruppe, zu denen einer der größten Dinosaurier, *Argentinosaurus*, zählt. *Argentinosaurus* (Unter- bis Oberkreide, Südamerika, 40 m, Rumpfwirbel 1,35 m breit und 1,65 m hoch, Femurlänge 2,5 m).

EXKURS 2.10 (Fortsetzung)

Ornithischia
Die Ornithischia (Trias bis Kreide) sind bi- und quadrupede, ausschließlich herbivore Dinosaurier. Beim Becken weist das Pubis schräg nach hinten und liegt dem Ischium an (◘ Abb. 2.55c). Die Vorderbeine sind immer deutlich kürzer als die Hinterbeine. Abgesehen von zahlreichen Vertretern der Ceratopsia (*Triceratops*, *Styracosaurus*) liegt der Körperschwerpunkt nahe am Becken. Hierdurch besteht generell eine Neigung zur Bipedie. Beiderseits der Wirbelsäule verlaufen verknöcherte Sehnen, die an den Fossilien oft gut erkennbar sind. Die für Archosaurier typische Schädelöffnung vor dem Auge (Präorbitalfenster) ist meist reduziert oder geschlossen. Die Bezahnung besteht aus speerblattförmigen Zähnen. In einigen Gruppen der Ornithischia haben sich komplexe Gebisse mit z. T. selbstschärfenden Zähnen entwickelt, die sich hervorragend zum Zerschneiden oder Zerraspeln von harter Pflanzennahrung eignen. Meist sind keine oder nur wenige Frontzähne vorhanden. Stattdessen sind die Kieferenden mit einem Hornschnabel versehen. Die ältesten Ornithischia wurden in Argentinien (*Pisanosaurus*) und in den USA (*Technosaurus*) gefunden. Diese werden systematisch zusammen mit der sehr ursprünglichen Gruppe der Lesothosauria (Obertrias bis Unterjura) dem Rest der Ornithischia, den Genasauria, gegenübergestellt. Lesothosaurus (Unterjura, Lesotho, 1 m, leicht gebautes Tier mit kurzen Armen und langen Hinterbeinen, biped; ◘ Abb. 2.54). Ornithischia = *Pisanosaurus* + *Technosaurus* + Lesothosauria + Genasauria.

a Genasauria: Unterjura bis Oberkreide. In der Gruppe der Genasauria werden die Thyreophora (Scelidosauridae + Stegosauria + Ankylosauria) und die Cerapoda (Ornithopoda + Marginocephalia) zusammengefasst.

1. Thyreophora: Unterjura bis Oberkreide. Vielfältige Gruppe quadrupeder Pflanzenfresser mit charakteristischen Hautverknöcherungen in Form von Höckern, Platten oder Stacheln. Unspezialisiertes Gebiss aus kleinen Backenzähnen. Kein Antorbitalfenster. Die Formen des Unterjura sind noch relativ klein: 1–4 m (Scelidosauridae) und weisen vergleichsweise lange Vorderbeine auf. *Scelidosaurus* (Unterjura, England, USA, Tibet). Darauf folgen die Stegosaurier und Ankylosaurier mit bis zu 10 m großen Formen. Die Ankylosaurier verdrängten die Stegosaurier in der Kreidezeit. Stegosauria + Ankylosauria.

1.1 Stegosauria: Mitteljura bis Unterkreide. Zwei Reihen Rückenplatten bzw. Stacheln und mindestens zwei paar Schwanzstacheln. Kleiner Schädel, schmal und langgestreckt. Hornschnabel und kleine Backenzähne. Älteste Form *Hyangasaurus* (Mitteljura, China, 4,5 m), dann Ausbreitung nach Europa, Nordamerika, Indien und Afrika, größte Verbreitung im Oberjura. *Tuojiangosaurus* (Oberjura, China, 7 m; ◘ Abb. 2.59a), *Stegosaurus* (Oberjura, USA, 9 m; ◘ Abb. 2.54).

1.2 Ankylosauria: Mitteljura bis Oberkreide. Hauptverbreitung in der Kreide. Dies steht im Zusammenhang mit dem Niedergang der Stegosaurier. Kleine Schläfenfenster, kein Antorbitalfenster, einfach gebaute Zähne mit langen Wurzeln. Stärker gepanzert als Stegosaurier, zahlreiche in Reihen angeordnete Hautverknöcherungen (Osteoderme), einige auch mit Bauchpanzer, sogar gepanzerte Augenlider, extrem große und breite Rümpfe.

- **Nodosauridae:** schmaler Schädel, Zähne etwas größer als bei Ankylosauriden, abgesehen von *Sauropelta* immer mit sekundärem Gaumen, keine Schwanzkeule, Stacheln an den Körperseiten. *Nodosaurus* (Kreide, USA, 4–6 m).
- **Polacanthidae:** ähnlich Nodosauridae, aber mit charakteristischer Panzerplatte über dem Becken. *Polacanthus* (Unterkreide, England, 4 m; ◘ Abb. 2.59b).
- **Ankylosauridae:** kurzer breiter Schädel etwa so lang wie breit, am Hinterhaupt kleine Hörner, Antorbital- und Supratemporalfenster geschlossen, Schwanzkeule. *Pinacosaurus* (Oberkreide, China, Mongolei, 5–5,5 m).

2. Cerapoda: Obertrias bis Oberkreide. Systematische Einheit, in der die Ornithopoda und die Marginocephalia (Pachycephalosauria + Ceratopsia) zusammengefasst werden. In dieser Gruppe haben sich spezialisierte Gebisse und differenzierte Verhaltensweisen wie Brutpflege entwickelt.

2.1 Ornithopoda: Obertrias bis Oberkreide. Artenreichste und vielfältigste Gruppe der Ornithischia, die in der Kreide, insbesondere in der späten Kreide ihr Maximum erreicht. Kleine, um 1 m

EXKURS 2.10 (*Fortsetzung*)

◘ **Abb. 2.59 a, b** a *Tuojiangosaurus*, b *Polacanthus*

lange (*Heterodontosaurus*), bis große, an die 15 m (*Lambeosaurus*) messende Formen. Kennzeichnend ist ein ausgeprägter Hornschnabel. Die Mehrzahl der Ornithopoden konnte sich quadruped und biped fortbewegen. Einige Gruppen wie die Heterodontosauridae, die Hypsilophodontidae und die Dryosauridae waren wahrscheinlich rein biped. *Heterodontosaurus* (Unterjura, Südafrika, 1 m, eckzahnähnliche Zähne in Ober- und Unterkiefer).

• **Camptosauridae** (Oberjura bis Unterkreide): Langer, flacher Schädel, dicht stehende Zähne, vierzehige Füße mit hufähnlichen Krallen. *Camptosaurus* (Oberjura bis Unterkreide, England, Portugal, USA, 3,5–7 m).

• **Iguanodontidae** (Kreide): Weit verbreitete, artenreiche Gruppe mit Maximum in der Unterkreide. Langer Schädel, zahnloser Schnabel, dreizehige Füße mit hufähnlichen Krallen, fünffingrige Hand, vermutlich Herdentiere. *Iguanodon* (Kreide, Europa/Nordamerika, 6–10 m; ◘ **Abb. 2.60a**).

• **Hadrosauridae** (Kreide): Vielfältigste und artenreichste Gruppe der Ornithischia mit Maximum in der Oberkreide. Sehr variable Kopfform, Scheitelleisten, Hornbildungen u. ä. Diese enthielten Nasennebenhöhlen und dienten möglicherweise als Resonanzkörper bei der Lauterzeugung. Breiter zahnloser Schnabel, dicht stehende selbstschärfende Backenzähne in Zahnbatterien angeordnet. Der Unterkiefer bewegt sich beim Kieferschluss leicht nach innen, der Oberkiefer nach außen, wodurch die Nahrung zermahlen wird. *Lambeosaurus* (Oberkreide, USA, bis 15 m). *Parasaurolophus* (Oberkreide, USA, 10 m; ◘ **Abb. 2.60b**). *Maiasaura* (Oberkreide, USA, 9 m, über 200 Skelette vom Embryo bis zum Adulttier, Eier und Nester, Nachweis von Brutpflege).

2.2 Marginocephalia (Kreide): Systematische Einheit, in der Pachycephalosauria und Ceratopsia zusammengefasst werden. Kopf mit Knochenkamm oder Nackenschild am Hinterhaupt. Hornschnabel. Backenzähne bilden eine Schneidekante.

EXKURS 2.10 (*Fortsetzung*)

◘ **Abb. 2.60 a–c** a *Iguanodon*, b *Parasaurolophus*, c *Triceratops*

- **Pachycephalosauria** (Oberkreide): Kleine bis mittelgroße Tiere (60 cm bis 5 m). Außerordentlich dicke domartig gewölbte Schädeldecke (bis 25 cm dick), Schädeldach stark vaskularisiert, kleine blattförmige Zähne, viele verknöcherte Sehnen im Schwanzbereich. Kurze Arme, lange Beine, biped. *Stegoceras* (Oberkreide, Kanada, USA, 2,4 m). *Pachycephalosaurus* (Oberkreide, USA, 5 m).
- **Ceratopsia** (Kreide): artenreiche, überwiegend quadrupede Gruppe, mit Maximum in Oberkreide, die sich durch einen Knochenkamm am Hinterhaupt, der meist als Nackenschild ausgebildet ist, auszeichnet. Schädel mit spitzen Wangenknochen und häufig mit charakteristischen Hörnern. Ausgeprägter Schnabel. Die kleinen, nackenschildlosen Formen, wie *Psittacosaurus* (Unterkreide, China, Mongolei, 2 m), neigen zur Bipedie. Die mit einem Nackenschild ausgestatteten Neoceratopsia sind generell quadruped. *Protoceratops* (Oberkreide, China, Mongolei, bis 1,80 m, hornlos). *Triceratops* (Oberkreide, Kanada, USA, 9 m, drei bis zu 1 m lange Hörner; ◘ **Abb. 2.60c**).

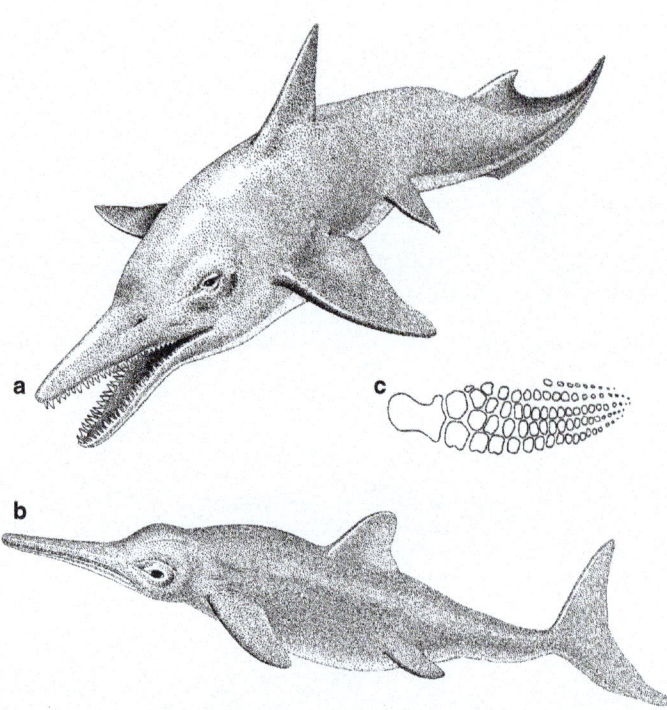

Abb. 2.61 a–c Ichthyosaurier. **a** *Mixosaurus*, **b** *Stenopterygius*, **c** Skelett der Vorderextremität von *Stenopterygius*

Das recht plötzliche Aussterben der Dinosaurier war und ist Anlass zu vielfältigen Spekulationen und lässt noch viele Fragen offen. Nach verbreiteter Ansicht hängt das Aussterben mit dem Aufschlag eines gewaltigen Meteoriten zusammen, der vor 65 Mio. Jahren im Gebiet der Halbinsel Yukatan niederging (s. **EXKURS 2.3 Abschn. 2.2.2**). Der Einschlag führte zur Verdunklung durch Staub in der Atmosphäre und damit zur Abkühlung der Erdoberfläche, was die Lebensbedingungen der Dinosaurier entscheidend verschlechterte. Es war jedoch ein langsames Aussterben, das eventuell mit einer ganzen Serie von Asteroideneinschlägen, die sich unter Umständen über 1–2 Mio. Jahre hinzog, in Beziehung stand. Vielleicht hängt das Aussterben auch mit starkem Vulkanismus am Ende der Kreide zusammen. Kohlendioxid reicherte sich an, saurer Regen trat auf und die Ozonschicht wurde zerstört.

Ichthyosauria (Fischsaurier)

Die Ichthyosaurier waren große, mesozoische Reptilien mit vielen Anpassungen an das Wasserleben (**Abb. 2.61**), z. B. stromlinienförmiger Gestalt, Umwandlung der Extremitäten zu Flossen, häutiger Rückenflosse und hypozerker Schwanzflosse. Ihre Augen waren ungewöhnlich groß und mit einem Skleralring versehen. Man kennt Ichthyosaurier seit der Trias, ausgestorben sind sie in der Kreide, lange vor der Kreide-Tertiär-Grenze. Die weltweit beste Fundstelle von hervorragend erhaltenen jurassischen Ichthyosauriern ist der Posidonienschiefer Holzmadens (Unterjura, 180 Mio. Jahre alt; s. **EXKURS 2.11 Abschn. 2.3.2**). Ichthyosaurier waren Räuber. Ihr Gebiss enthielt viele Zähne vom labyrinthodonten Typ. Ihre Extremitäten waren hochgradig abgewandelt: Ihre Knochenelemente waren plattenförmig und die Anzahl der Fingerknochen stark vermehrt. Eine Verbreiterung der Flossen wurde teilweise durch Aufspaltung und Neubildung von Fingern erreicht (Hyperdactylie). Der kreidezeitliche *Platypterygius* hatte bis zu elf Finger. Das Becken der Ichthyosaurier war zu stabförmigen Knochen reduziert und die Hinterextremitäten waren bei den Formen, die nach der Trias lebten, relativ klein.

Ichthyosaurier lebten anscheinend ähnlich wie Delphine. Sie ernährten sich insbesondere von Fischen und Cephalopoden (*Stenopterygius* [**Abb. 2.61b, 2.62c**]).

Ichthyosaurier waren vivipar, und wiederum zeigen die Fossilien von Holzmaden besonders eindrucksvolle Beispiele (◘ Abb. 2.62c): Man fand trächtige Weibchen mit bis zu elf Feten.

Der Riese unter den Ichthyosauriern war der jurassische *Leptopterygius*. Er erreichte 10 m, vielleicht sogar, wenn man von einzelnen Wirbeln extrapoliert, 15 m Länge. Der größte Schädel von *Leptopterygius*, der je in Europa gefunden wurde, hat eine Länge von über 2 m und ist im Kloster Banz (nahe Bamberg) ausgestellt. Während jurassische und kreidezeitliche Ichthyosaurier relativ einheitlich gebaut waren, gab es in der Trias ganz verschiedene und recht ursprüngliche Formen. *Grippia* (von Spitzbergen) hatte noch eine kurze Schnauze, *Mixosaurus* (aus dem Tessin) fünffingrige Vorderflossen und verlängerte Unterarmknochen; der Beckengürtel bestand noch aus sechs Knochen; eine vertikale Schwanzflosse war noch kaum ausgebildet.

Die Pflanzenwelt der Trias

Am Land scheint das Massenaussterben Ende des Perm die Pflanzen wesentlich weniger in Mitleidenschaft gezogen zu haben als die Tiere. Die spätpaläozoischen Floren hatten schon lange vor Ende des Perm Veränderungen durchgemacht. Im Perm hatten sich die Gymnospermen durchgesetzt; ihre mannigfaltigsten Gruppen waren die Cycadophytina (Palmfarne), Coniferen und Ginkgogewächse. Sie dominierten auch in den Wäldern des Mesozoikums.

Die Landflora des Buntsandsteins war an das damals vorherrschende Wüstenklima mit kurzzeitigen Niederschlagsperioden angepasst. Die Vegetation war arm, der Bewuchs locker. In den trockenen, bodensatzreichen Ablagerungsgebieten herrschten Coniferen vor.

Auffälligste Buntsandsteinpflanze war die sukkulentenartige, bis 2 m hohe *Pleuromeia* (◘ Abb. 2.48), die zu den Isoetales gehört. Ihr verdickter Stamm diente als Wasserspeicher, die Achse endete mit einem großen Zapfen an der Stammspitze. Wie bei dem verwandten Siegelbaum war der Stamm dicht mit Narben abgefallener Blätter besetzt; Blätter standen nur im oberen Bereich. Schachtelhalme (*Equisetites, Schizoneura*) erreichten in der Trias 6 m Höhe. Farne existierten als überwiegend an Trockenheit angepasste kleine Formen mit kurzem Stamm. Als Verdunstungsschutz trugen sie Haare, ähnlich wie rezente Trockenfarne. *Anomopteris* mit etwa 1 m langen Wedeln ist ein Leitfossil des Buntsandsteins. Die häufigsten und artenreichsten Fossilien des Buntsandsteins sind die Coniferen. Leitfossil ist *Voltzia*, die der Fichte ähnlich war. In der Pfalz und in den Vogesen erinnert der Voltziensandstein an diesen Nadelbaum. Seine Kurztriebe waren zweiseitig benadelt; allerdings gab es zwei Nadeltypen (Heterophyllie): 2–6 cm lange und unter 0,5–1 cm lange. Männliche und weibliche Blüten standen in getrennten Zapfen.

Die Keuperflora war üppiger und abwechslungsreicher als die Flora des Buntsandsteins. Das Klima war insgesamt humider. Wie auch das marine Benthos zeigten die terrestrischen Landschaften mehr Ähnlichkeit mit heutigen als mit paläozoischen Verhältnissen. Das liegt im Wesentlichen an den Nadelhölzern, die den Gesamtcharakter der Flora prägten. Im Keuper kündigt sich die bis zur frühen Kreide dauernde Blütezeit der Cycadeen an. Die Fossilfunde entsprechen im vegetativen Bau oft schon rezenten Cycadeen-Gattungen. Auch die Ginkgo-Gewächse, deren Blätter schon aus dem frühen Perm bekannt sind, spielten in der Trias eine wichtige Rolle.

Weitere wichtige Pflanzen dieser Zeit sind die Bennettitales. Sie existierten von der späten Trias bis zur frühen Kreide. Durch ihre Blattwedel ähnelten sie äußerlich den Cycadeen. Ihr Blütenbau wich jedoch grundlegend ab: Sie besaßen als erste Pflanzen der Erdgeschichte Zwitterblüten mit Perianth und wurden vermutlich von Käfern (Rüsslern) bestäubt. Bennettitales waren außerordentlich vielgestaltig. *Cycadeoidea* (◘ Abb. 2.68a) hatte einen knolligen, niedrigen Stamm, *Williamsonia* (◘ Abb. 2.68b) war palmenartig und erreichte mehrere Meter Höhe, *Wielandiella* und *Williamsoniella* waren kleine, dichotom verzweigte Sträucher.

Massenaussterben Ende der Trias

Am Ende der Trias, vor etwa 200 Mio. Jahren, fand das vierte Massenaussterben des Phanerozoikums statt. Es handelte sich um einen der größten Einbrüche aller Zeiten; Meer und Festland waren gleichermaßen betroffen, allerdings wohl nicht genau zur selben Zeit. Im Meer wurden etwa 20 % aller Tierfamilien ausgelöscht. Die großen Gruppen der Conodonta, Placodontia und Nothosauria sowie fast alle

Ammonoidea starben aus. Im terrestrischen Bereich verschwanden die meisten säugetierähnlichen Reptilien und die großen Amphibien (Labyrinthodontia). Über die Ursachen dieses Massenaussterbens wissen wir wenig.

2.3.2 Jura

> **Übersicht**
>
> Im Meer entfalten sich Ammoniten und Belemniten, Fische (Teleostei) und Meeresreptilien, auf dem Land die Dinosaurier, der Luftraum wird von Pterosauriern dominiert. Die ersten Vögel erscheinen. In der Pflanzenwelt sind Cycadales verbreitet, außerdem Filicales und Ginkgo-Gewächse sowie Bennettitales. Die ersten Angiospermen treten auf. In Mitteleuropa bieten Fränkische und Schwäbische Alb sowie das Jura-Gebirge in Frankreich und in der Schweiz Einblick in die marine Organismenwelt dieser Zeit.

Im **Jura** (200–146 Mio. Jahre vor heute) rückte das Meer weltweit vor: Große Teile des Festlandes wurden überflutet, darunter auch weite Teile Mitteleuropas, und die Flachwasserablagerungen aus dieser Zeit sind umfangreich. In Europa herrschten relativ hohe Temperaturen; der Temperaturgradient vom Äquator zu den Polen war relativ gering, das Klima also recht ausgeglichen. Eine wärmeliebende Vegetation erstreckte sich bis ungefähr 60° nördlicher und südlicher Breite. Es dominierten die Gymnospermen. In den Meeren erreichten die Ammoniten den Höhepunkt ihrer Entwicklung. Im Tethys-Meer, welches großenteils in den Tropen lag, nahmen Korallenriffe große Flächen ein. Jurazeitliche Meeresböden sind die ältesten, die man in heutigen Meeren erbohrt hat. Vereinzelt gibt es auch Reste von triassischem Ozeanboden. Auf dem Festland wurden die Dinosaurier die bestimmenden Formen. Die ersten Vögel entstanden.

Die Schichtenfolge des Jura wird in Süddeutschland in drei Abteilungen untergliedert, den Schwarzen, Braunen und Weißen Jura. Der Schwarze Jura (Unterer Jura oder Lias) Süddeutschlands ist wegen seiner hervorragend erhaltenen Wirbeltierfossilien in dunklen Tonsteinen berühmt geworden (**Abb. 2.62**). Der Braune Jura (Mittlerer Jura oder Dogger) bildet im Untergrund der Nordsee sandige Speichergesteine für Öl und Gas. Der Weiße Jura (Oberer Jura oder Malm) ist besonders bekannt geworden durch die hell gefärbten Plattenkalke im süddeutschen Raum, z. B. die Solnhofener Plattenkalke (s. **EXKURS 2.12**). Es handelt sich um sehr feinkörnigen Kalkstein. Besonders bekannte Fossilien sind der „Urvogel" *Archaeopteryx* (**Abb. 1.28a**) und der Pfeilschwanz *Mesolimulus* (**Abb. 2.1**), zu den häufigsten Fossilien gehören Ammoniten und Belemniten. Juragesteine sind an vielen Stellen Mittel- und Westeuropas reich an Fossilien. In Deutschland sind Schwäbische und Fränkische Alb großenteils aus Juragesteinen aufgebaut und klassisches Gebiet der Juraforschung. Der durch überwiegend helle Kalke charakterisierte Gebirgszug zieht in weitem Bogen bis in die Schweiz und nach Frankreich. In Norddeutschland werden Höhenzüge des Weser- und Leineberglandes aus marinen Sedimenten des Jura gebildet.

In Deutschland gibt es zwei weltberühmte Fossilfundstätten aus dem Jura: Holzmaden (Oberer Lias, Schwäbische Alb) und Solnhofen (Oberer Malm, Fränkische Alb). **Die Fauna des Jura**

EXKURS 2.11

Die Schwäbische Alb: vor 150 Mio. Jahren der Boden des Jurameeres

Ein Vorstoß des Meeres von England bis Norditalien über das absinkende Laurasia führte zu einer Verbindung von Nord- und Tethys-Meer, die sich zum Jurameer ausweitete. Große Gebiete Europas wurden für über 50 Mio. Jahre überflutet, und man unterscheidet heute drei große Meeresbecken: das Pariser, das Norddeutsche und das Süddeutsche Becken. In diesen entstanden vor 180–130 Mio. Jahren mächtige Ablagerungen, die uns einen Einblick in eine marine Tropenfauna geben.

▶

EXKURS 2.11 (*Fortsetzung*)

◼ **Abb. 2.62 a–d** Schwarzer Jura: Fossilien von der Schwäbischen Alb (Holzmaden, **a–c**) und aus Oberfranken (**d**). **a** *Seirocrinus*, **b** *Steneosaurus* (Krokodil), **c** *Stenopterygius* (Ichthyosaurier), **d** *Dactylioceras* (Ammonit). Photos P. Havlik

EXKURS 2.11 (*Fortsetzung*)

Der Weiße Jura, der auf der Schwäbischen Alb eine Mächtigkeit von 450 m erreicht, ist durch Schwammriffe charakterisiert. Der Braune Jura erreicht 240 m Dicke, er ist heute der Untergrund der Obstbaumwiesen und Hügel am Fuß der Alb. Im Albvorland steht der 110 m dicke Schwarze Jura an. In ihm fand man im Bereich des Posidonienschiefers (*Posidonia* [◘ Abb. 2.1] = Bezeichnung für die zwei heute meist getrennten Muschelgattungen *Bositra* und *Steinmannia*) besonders gut erhaltene Wirbeltierfossilien.

Während die Albhochfläche zunächst bis zum Rheinischen Schiefergebirge reichte, wurde sie durch Erosion seit dem Trockenfallen Ende des Jura bis südlich von Stuttgart rückverlegt.

In der anschließenden Kreidezeit und im Tertiär wurde der Meeresboden bis zu etwa 1000 m über den Meeresspiegel emporgehoben und bildet heute in Süddeutschland insbesondere die Fränkische und Schwäbische Alb und deren weite Vorebene.

Als häufigste Meeressaurier lebten im Jurameer die Fischechsen oder Fischsaurier (*Ichthyosauria*), die in die drei Gattungen *Stenopterygius* (◘ Abb. 2.62c), *Leptopterygius* und *Eurhinosaurus* eingeordnet wurden. Sie brachten vollentwickelte Junge im Wasser zur Welt. Verschiedene Museen, z. B. das **Urwelt-Museum Hauff, 73271 Holzmaden** und das **Fossilienmuseum im Werkforum, 72359 Dotternhausen** (nahe Tübingen) zeigen wunderbare Stücke aus dem Jurameer (v. a. Schwarzer Jura), u. a. auch Skelette von trächtigen Ichthyosauriern. Die Erhaltung ist so vorzüglich, dass man bisweilen sogar Haut und Muskulatur erkennen kann. Die ungewöhnliche Häufigkeit von trächtigen *Stenopterygius*-Weibchen im Raum Holzmaden hat die Vermutung aufkommen lassen, dass diese Fischsaurier Wanderungen durchführten, ähnlich wie es von modernen Walen bekannt ist, um ihre Jungen hier zu gebären. Man hat Muttertiere mit maximal elf Feten gefunden.

Viel seltener fand man *Leptopterygius* und *Eurhinosaurus*. *Leptopterygius* lebte wohl vorwiegend von *Cephalopoden*. Er erreichte über 10 m Länge. *Eurhinosaurus* maß 7 m, seine schmalen Flossen erreichten 1 m Länge. Sein Oberkiefer war doppelt so lang wie der Unterkiefer, aber vollständig bezahnt.

Des Weiteren lebten im Jurameer Plesiosaurier, deren Lebensweise der von Meeresschildkröten ähnelte. Mit ihren paddelförmigen Extremitäten bewegten sich diese langhalsigen Tiere langsam fort. Ihre Eier legten sie an Land ab.

Die Steneosaurier sind Meereskrokodile. Sie erreichten 7 m Körperlänge und lebten räuberisch. Aus dem Bereich der Schwäbischen Alb kennt man die drei Gattungen *Steneosaurus* (◘ Abb. 2.62b), *Pelagosaurus* und *Platysuchus*. Wie rezente Krokodile besaßen sie Magensteine, die vielleicht der Zerkleinerung von Nahrung oder auch als Ballast dienten.

Die fossilen Fische dieser Zeit zeigen eine Momentaufnahme des Wandels von eher trägen Schmelzschuppenfischen wie *Lepidotus* oder *Ptycholepis* mit ihrem knöchernen Panzer zu gewandten Raubfischen. Der etwa 9 cm lange *Leptolepides sprattiformis* (◘ Abb. 2.63c) wirkt sprottenähnlich und hat bereits eine verknöcherte Wirbelsäule. Störe waren mit ca. 3 m die größten Fische des Meeres; als echte Knorpelfische mit bis zu 2,60 m Länge sind Haie (*Hybodus*) erwähnenswert. Auch Quastenflosser (*Holophagus*, syn. *Trachymetopon*) gab es im Jurameer.

Unter den Wirbellosen sind die riesigen Seelilienkolonien auf Treibhölzern hervorzuheben, die wohl die eindrucksvollsten und umfangreichsten der Erde sind. Die größte in Holzmaden ausgestellte Ansammlung der Seeliliengattung *Seirocrinus* (. Abb. 2.62a) ist 18 m lang und 6 m hoch, wobei die Länge der Einzeltiere etwa 2 m betrug. Holzmaden ist auch berühmt wegen der häufig hier zu findenden Ammoniten und Belemniten. Die Ammoniten erreichten einen Durchmesser von 80 cm (*Phylloceras*) und traten auch mit kleineren Gattungen wie Dactylioceras (. Abb. 2.62d) und Hildoceras auf. Die Belemniten ähnelten in Körperbau und Lebensweise den Kalmaren

EXKURS 2.12

Solnhofen (Fränkische Alb): *Archaeopteryx* und andere weltberühmte Fossilien

Neben Holzmaden, wo die Fundschichten schwarze Tonsteine sind, ist Solnhofen im Altmühltal und seine weitere Umgebung mit dem Weißen Jura eine Fundstelle von besonderer Bedeutung. Die Steinbrüche der Fränkischen Alb, z. B. bei Treuchtlingen („Treuchtlinger Marmor") dienen in erster Linie wirtschaftlichen Zwecken, denn die hellen Kalksteine eignen sich hervorragend zur Herstellung von Platten für Fußböden und Wandverkleidungen. Die häufigen Anschnitte der zigarrenförmigen, braun-schwarzen Belemniten und die gekammerten Ammoniten-Gehäuse kann man landauf, landab in öffentlichen Gebäuden und Privathäusern sehen. Schon in der Römerzeit hat man die Jurakalksteine genutzt. Unter den berühmten Gebäuden, für deren Bau man sie verwendete, ist die Hagia Sophia in Istanbul zu nennen. Später setzte man die Solnhofener Plattenkalke auch zur Lithographie (Steindruck) ein. Im **Fossilien und Steindruck Museum (vormals Maxberg-Museum), Sonnenstraße 4, 91710 Gunzenhausen** wird dieser Wirtschaftszweig besonders anschaulich dargestellt. Solnhofen wurde zu einer weltberühmten Fossilienfundstätte, einer

◘ **Abb. 2.63 a–d** Fundstücke aus dem Weißjura. **a** *Saccocoma*, **b** Dendriten, **c** *Leptolepides*, **d** *Mecochirus* (c, d: Photos N. Becker)

EXKURS 2.12 (Fortsetzung)

sog. Fossillagerstätte, wobei der „Urvogel" *Archaeopteryx* (◘ Abb. 1.28a) wohl der bekannteste Fund ist, aber dazu kommen viele weitere fossile Arten, die zum Teil wunderbar erhalten sind.

Schon 1860 hatte man in einem Solnhofener Steinbruch den Abdruck einer Feder gefunden. Der Frankfurter Paläontologe Hermann von Meyer gab dem Tier, von dem sie stammte, 1861 den noch heute gültigen Namen *Archaeopteryx lithographica*. Ebenfalls 1861 entdeckte man ein fast vollständiges Skelett, welches Reptilien- und Vogelmerkmale aufwies und kurz nach dem Erscheinen von Darwins Hauptwerk für Diskussionen sorgte. Es wurde 1862 für 700 Pfund Sterling an das Britische Museum in London verkauft („Londoner Exemplar"). Ein weiterer und der bisher schönste *Archaeopteryx*-Fund erfolgte 1876. Mit Hilfe des Industriellen Werner von Siemens ging er an Preußen („Berliner Exemplar"). 1956 fand man das später „Maxberg-Exemplar" genannte, teilweise zerfallene Exemplar. Es war zunächst im Museum auf dem Maxberg auf der Jurahöhe über dem Altmühltal bei Solnhofen ausgestellt, ging aber an seinen Finder zurück und gilt seit dessen Tod 1991 als verschollen. 1970 entdeckte der amerikanische Paläontologe John H. Ostrom ein weiteres *Archaeopteryx*-Exemplar in einer alten Sammlung in Haarlem (Niederlande; „Haarlemer Exemplar"), das schon 1855 im Altmühltal geborgen worden war. 1973 wurde das fünfte Exemplar beschrieben, welches im **Jura-Museum, Willibaldsburg, Burgstraße 19, 85072 Eichstätt** ausgestellt ist. 1987 fand sich in der Fossiliensammlung des Altbürgermeisters Friedrich Müller von Solnhofen *Archaeopteryx* Nr. 6, heute im **Museum Solnhofen, Bahnhofstraße 8, 91807 Solnhofen** zu besichtigen („Solnhofener Exemplar"). 1992 kam ein weiterer Fund dazu, der in München liegt und auch als eigene Art (*A. bavarica*) gilt. Mittlerweile sind drei weitere Exemplare bekannt geworden. Nr. 10 ist besonders gut erhalten; anatomische Merkmale an Schädel und Fuß weisen auf enge Beziehungen zu Dromaeosauriern hin. Es wurde in die USA verkauft. 2011 stellte man Nr. 11 der Öffentlichkeit vor, ohne über Fundort, -datum und Finder zu informieren. Interessanterweise wurde 2010 im Nusplinger Plattenkalk auf der Schwäbischen Alb eine Feder gefunden, die deutlich älter ist als die *Archaeopteryx*-Funde (Schweigert et al. 2010).

Wer die Museen in Eichstätt, Solnhofen, Gunzenhausen und weiteren Orten in der Umgebung betritt, ist überwältigt von der Fülle der Fossilien und der Qualität ihres Erhaltungszustandes: selbst gallertige Medusen, Holothurien, Muskelstränge von Fischen oder die Flughaut von Pterosauriern sind noch zu identifizieren. Insgesamt kennt man über 700 Organismenarten aus den Solnhofener Plattenkalken. Zur Zeit ihrer Entstehung lag im Bereich der Fränkischen Alb ein Lagunengebiet, welches zum Tethys-Meer gehörte. Den Lagunengrund bildeten Schwammriffe, zwischen denen sich Sediment absetzte, und zwar lagenweise aus Kalk und aus Ton oder Mischungen aus beiden.

Der Solnhofener Plattenkalk enthält neben vielen Meeresorganismen terrestrische Formen, z. B. Insekten. Unter den fast 200 beschriebenen Arten sei nur der Netzflügler *Kalligramma* mit einer Flügelspannweite von 19 cm erwähnt. Mit der rezenten Brückenechse ist *Homoeosaurus* besonders nahe verwandt. Im Jahre 2006 wurde zudem aus den Plattenkalken von Schamhaupten der bisher besterhaltene Raubdinosaurier Europas beschrieben: *Juravenator*.

Unter den marinen Organismen seien außer Belemniten und Ammoniten der besonders häufige Haarstern *Saccocoma* (◘ Abb. 2.63a), der verbreitete Fisch *Leptolepides* (◘ Abb. 2.63c) und die bis in Einzelheiten erhaltene Meduse *Rhizostomites* genannt. Speziell *Saccocoma* bedeckt oft in riesiger Zahl Schichtflächen. Man kann sie regelmäßig in Treppenhäusern und Wohnungen sehen, die mit Solnhofener Platten ausgekleidet sind. Häufig sind auch Krebse, z. B. *Aeger*, *Eryon* und *Mecochirus* (◘ Abb. 2.63d).

Sehr oft findet man Dendriten, die zur optischen Attraktivität der Solnhofener Platten beitragen (◘ Abb. 2.63b). Aufgrund ihrer filigranen Verästelungen werden sie oft als Algen interpretiert, es handelt sich aber um mineralische Gebilde, die aus schwarzen Mangan- und braunen Eisenverbindungen bestehen, die erst in der Kreide oder im Tertiär entstanden.

> **EXKURS 2.12** (*Fortsetzung*)
>
> Dem Besucher fällt in den zahlreichen Steinbrüchen mit ihren ausgedehnten Halden die plattige Ausbildung der Schichten auf. Ihnen verdanken sie den Namen Solnhofener Plattenkalke statt der älteren Bezeichnung „Schiefer", da es hier keine eigentliche Schieferung durch Metamorphose gibt. Sie bestehen bis zu 95 % aus Kalklagen und zudem aus weichen, dünnen („faulen") Zwischenlagen aus tonigerem Material. Man unterscheidet dementsprechend Flinz und Fäule, die regelmäßig miteinander abwechseln. Die rund 40 m mächtigen Schichten enthalten etwa 250 Flinzlagen.
>
> An den steilen Hängen des Altmühltals fallen immer wieder weiße Kalkfelsen mit massigen Gesteinen auf, z. B. die „Zwölf Apostel" bei Solnhofen: Sie stammen teilweise von Schwammriffen. Zwischen den Riffen lagerte sich der feine Kalkschlamm der Flinze mit den zwischengeschalteten tonigen Fäulen in vielfachem Wechsel ab.
>
> Die riffbildenden Korallen weisen auf tropisches Klima im süddeutschen Jurameer hin. Kurz vor dem Ende des Jura zog sich das Meer aus dem Bereich der Frankenalb zurück.

Im Jurameer machten die **Schwämme** eine rasche Entfaltung durch, deren Höhepunkt in der Kreide erreicht wurde. Kieselschwämme, v. a. Lithistiden, bauten im Malm Süddeutschlands umfangreiche Riffe auf (Schwammstotzen, Altmühltal), und ein wesentlicher Teil der Weißjurakalke besteht aus Schwammriffen.

Korallenriffe, vorwiegend von **Scleractiniern** hervorgebracht, waren dominierend am Aufbau von Lebensgemeinschaften im küstennahen Bereich des Tethys-Meeres beteiligt. Auf der Schwäbischen Alb hat man diverse Riffe gefunden, z. B. bei Gerstetten und Nattheim.

An der Wende von Trias und Jura gab es bei **Mollusken** starke Veränderungen. Die Schnecke, *Pleurotomaria*, noch heute als lebendes Fossil erhalten (s. **Abschn. 2.4.2**), brachte eine große Artenfülle hervor. Leitformen waren die dickschaligen Nerinoidea. In Nordwestdeutschland entstanden die Nerineen- und *Natica*-Kalke, auf der Fränkischen Alb Nerineen- und *Diceras*-Kalke.

Unter den **Muscheln** sind die Pterioida besonders weit verbreitet. *Pteria* und *Posidonia* (**Abb. 2.1**) waren gesteinsbildend (Posidonienkalke der Schwäbischen Alb). *Steinmannia* (*Posidonia*) *bronni* war namengebend für den Lias epsilon in Holzmaden (Posidonienschiefer).

In den Südalpen ist *Bositra buchi* (*Posidonia alpina*) Leitform des oberen Dogger. Mit den heutigen Austern ist *Gryphaea* (**Abb. 2.1**) verwandt, die im Lias Muschelbänke bildete.

Die ausgeprägtesten Veränderungen betreffen die **Cephalopoden**, insbesondere die Ammoniten, die im Jura ihre Blütezeit fortsetzten. Sie sind die wichtigsten Leitfossilien und Grundlage für die biostratigraphische Gliederung des Jura. In manchen Gebieten ist es zu massenhafter Anreicherung von Ammoniten in marinen Kalksteinen gekommen. Solche Steine wurden zu hoch geschätzten Dekorationsstücken in der Bauindustrie, z. B. Altdorfer Marmor (Altdorf, Franken) und Ammonitenkalk (Schwäbisch-fränkischer Jura). Ammoniten lebten vorwiegend in Bodennähe; sie waren wohl langsame Schwimmer, die sich von Kleinorganismen ernährten.

Auch die Belemnoidea entwickelten sich zu einer vielfältigen Gruppe. Die Doggerbelemniten waren besonders große Formen; ihre Rostren erreichten 1,5 m Länge (*Megateuthis giganteus*); die Tiere wurden insgesamt bis 3 m lang. Belemnoidea gehören innerhalb der Cephalopoden zu den fossil ansonsten kaum belegten Coleoida (Dibranchiata), wohin auch Kalmare und Kraken gehören. Wie bei diesen fehlt die äußere Schale; es ist ein Innenskelett ausgebildet, das aus drei Teilen besteht (**Abb. 2.40a**).

Man kennt weit über 1000 Arten dieser in Jura und Kreide so weit verbreiteten Belemnoiden. Sie waren rasche Schwimmer der offenen Meere, hatten wohl zehn Arme, die mit Haken (Onychiten) bewaffnet waren, und besaßen Tintenbeutel.

Die Rostren der Belemnoidea haben sich als ideal für die Analyse von Paläotemperaturen erwiesen, da sie das ursprüngliche Verhältnis verschiedener Sauerstoffisotope beibehielten.

Rostren kann man heute als Einzelstücke finden oder in größeren Ansammlungen (Belemniten-Schlachtfelder, **Abb. 2.40c**), in denen die Einzelstücke oft „eingeregelt" liegen, was sich mit Wasserströmungen erklären lässt. Anschliffe von Belemniten sind vielfach in Fensterbänken oder Fußbodenplatten zu beobachten, die aus Weißjurakalken („Treuchtlinger Marmor") bestehen. Mit dem Ende der Kreide verschwand die Gruppe.

Innerhalb der **Echinodermen** erfolgten ebenfalls markante Veränderungen. Die Crinoidea bringen Riesenformen hervor, ihre Arme sind oft stark verzweigt. *Seirocrinus subangularis* aus dem Schwarzjura (**Abb. 2.62a**) erreichte einen Kronendurchmesser von 1 m und eine Stiellänge von über 20 m. Manche siedelten auf Treibholzstämmen und sind mit diesen als Fossilien erhalten. Besonders häufig ist im Malm der Solnhofener Plattenkalke der Haarstern *Saccocoma* (**Abb. 2.63a**). Die Seeigel vollführten den Übergang von den radiärpentameren Regularia zu den bilateral-pentameren Irregularia; als neuer Lebensraum wurden von den Seeigeln Weichboden und Sandgründe erschlossen. Auch die sonstige marine Wirbellosenfauna war im Jurameer reich entwickelt.

Im Jura treten erstmals **Teleostei** auf (Leptolepidae, Pholidophoridae; **Abb. 2.63c**). Die **Selachier** ähneln noch denen der Trias; *Hybodus hauffianus* wurde fast 2 m lang. Im Magen eines Haies dieser Art fand man Rostren von etwa 250 Belemniten, was zwei Schlüsse nahe legt: *Hybodus* jagte pelagische Tiere und dieses Exemplar ist wohl an der Menge der spitzen Rostren zugrunde gegangen. Besonders schöne Haifunde hat man im Nusplinger Plattenkalk auf der Schwäbischen Alb gemacht, z. B. den Meerengel *Squatina*. Mit *Latimeria* nahe verwandt ist *Trachymetopon*, ein bis 1,7 m langer **Crossopterygier**. Auch **Störartige** brachten besonders große Formen hervor, z. B. den bis 3 m langen *Chondrosteus hindenburgi*.

Unter den **Reptilien** waren die **Ichthyosaurier** im Jurameer verbreitet. Sie stellen ein klassisches Beispiel für Konvergenz mit den später entstandenen Thunfischen (Teleostei) und Delphinen (Mammalia) dar.

Gegenüber den Ichthyosauriern wirkten die bis 12 m langen **Plesiosaurier** plump. Schlangenartiger Hals, kurzer Rumpf und Schwanz kennzeichnen ihren Körper (**Abb. 1.25b**). Der Antrieb erfolgte durch die zu Paddeln umgeformten Extremitäten. Da ihre Unterseite von kräftigen Bauchrippen gestützt wurde, nimmt man an, dass sie sich auch ans Land begeben konnten. Vermutlich haben sie dort, wie es heute Meeresschildkröten tun, ihre Eier abgelegt.

Nicht selten waren im Jurameer auch **Krokodile**, die sich Hunderte von Kilometern in den Ozean begaben.

Auch auf dem festen Land entwickelten sich die Reptilien weiterhin in großer Fülle. Die Sauromorpha umfassen Dinosaurier, Flugsaurier, Krokodile, Eidechsen, Schlangen sowie Vögel. Die Theromorpha (säugetierähnliche Reptilien) hatten ihre Blütezeit schon hinter sich, im Jura lebten nur noch ihre Nachkommen, die Säugetiere.

Zu den Dinosauriern gehören die größten Landwirbeltiere, die es jemals auf der Erde gegeben hat. Ihre Entwicklung hatte in der Trias begonnen (s. **Abschn. 2.3.1**).

Schließlich sind unter den Reptilien des Jura die Brückenechsen zu nennen: Allein im Gebiet von Solnhofen hat man sechs Gattungen nachgewiesen, u. a. *Homoeosaurus* und *Pleurosaurus*. Während erstere insbesondere kleine Formen umfassten (unter 10 cm), erreichten letztere 1,5 m Gesamtlänge. Heute sind diese lebenden Fossilien auf kleine Areale in Neuseeland beschränkt (s. **Abschn. 2.4.2**).

Im ausgehenden Jura finden sich die ersten **Vögel**.

EXKURS 2.13

Evolution der Vögel
Gerald Mayr (Frankfurt/Main)

Vögel stammen von Dinosauriern aus der Gruppe der Theropoden ab und meist werden die Deinonychosaurier (Dromaeosauridae und Troodontidae) als ihre nächsten Verwandte betrachtet. Der älteste Stammgruppenvertreter ist der gut elsterngroße *Archaeopteryx*, dessen fossile Reste in den Plattenkalken des Oberen Jura (vor etwa 150 Mio. Jahre) der südlichen Frankenalb um Solnhofen gefunden wurden. Das zuerst beschriebene Fossil ist eine isolierte Feder, deren Struktur der einer modernen Vogelfeder gleicht; inzwischen sind elf Skelettfunde bekannt, die vermutlich zu mehreren Arten gehören (zur Fundgeschichte s. **EXKURS 2.12 Abschn. 2.3.2**).

Im Unterschied zu heutigen Vögeln hatte *Archaeopteryx* kein verknöchertes Brustbein. Andere Primitivmerkmale dieses entwicklungsgeschichtlich sehr ursprünglichen Vogels sind das Vorhandensein von Zähnen im Ober- und Unterkiefer, nur fünf bis sechs Sakralwirbel, ein langer, zweizeilig befiederter Schwanz, Gastralia („Bauchrippen"), eine Symphyse im Beckengürtel und drei frei bewegliche Finger mit Krallen.

Als Übergangsform zwischen zwei höheren Tiergruppen (*missing link*) spielte *Archaeopteryx* schon sehr früh eine wichtige Rolle in der Evolutionstheorie und lange Zeit galt der „Urvogel" als ein Taxon, welches ein Mosaik von „Reptilien"- und Vogelmerkmalen aufweist. Mit einem zunehmend umfangreicheren Fossilbericht aus der Frühzeit der Vogelevolution ist inzwischen allerdings jedes der „Vogelmerkmale" von anderen theropoden Dinosauriern bekannt. So wurden etwa Federn bei zahlreichen Deinonychosauriern und anderen Theropoden aus der Unterkreide Chinas nachgewiesen und auch zum Gabelbein (Furcula) verwachsene Schlüsselbeine kennt man von vielen theropoden Dinosauriern. Wie ferner am zehnten Exemplar zu erkennen ist, war die Hinterzehe von *Archaeopteryx* nicht wie bei heutigen Vögeln nach hinten gerichtet, sondern seitlich abgespreizt. Die zweite Zehe des Urvogels konnte wie die namensgebende „Killerkralle" der Deinonychosaurier weit nach oben gespreizt werden.

Die genaue phylogenetische Stellung von *Archaeopteryx* wurde daher in jüngster Zeit kontrovers diskutiert. Dabei geht es im Wesentlichen um die Frage, ob das Taxon direkt auf der Ahnenlinie der Vögel liegt, zu den morphologisch sehr ähnlichen Deinonychosauriern gehört, oder ob Deinonychosaurier gar sekundär flugunfähige Stammgruppenvertreter der Vögel sind. Der Ausgang dieser Diskussion hängt neben der Bewertung der Verwandtschaftsbeziehungen einiger neuer Funde aus China (*Xiaotingia*, *Anchiornis*) auch von der jeweils verwendeten Definition des Taxons „Aves" ab. Unabhängig davon stellt *Archaeopteryx* aber nach wie vor eines der überzeugendsten Übergangsformen zwischen zwei sehr verschiedenen Wirbeltiergruppen (mesozoischen Theropoden und rezenten Vögeln) dar, und der Bauplan des Urvogels war vermutlich dem der Stammart der Aves sehr ähnlich.

Seit den 1990er Jahren wurden vor allem in kreidezeitlichen Ablagerungen in China, Spanien, Argentinien und den USA zahlreiche weitere mesozoische Vögel entdeckt. Besonders in der Unterkreide (vor 120 Mio. Jahren) der Jehol-Formation in Nordchina war die Diversität ursprünglicher Vogeltaxa sehr hoch. *Jeholornis* und *Protarchaeopteryx* entsprachen in ihrem Bauplan noch weitgehend *Archaeopteryx*. *Sapeornis* dagegen hatte schon eine reduzierte Schwanzwirbelsäule sowie Bezahnung und auch der dritte Finger des Flügelskelettes war deutlich verkleinert. *Confuciusornis sanctus*, der mit mehreren Hundert bekannten Exemplaren einer der häufigsten fossilen Vögel überhaupt ist, besaß ebenfalls schon zu einem Pygostyl verwachsene Schwanzwirbel und einen zahnlosen Schnabel, wies dagegen aber noch einen ursprünglichen, diapsiden Schläfenbau auf.

Die meisten Vögel aus der Unterkreide Chinas und anderer kreidezeitlicher Fundstellen zählen zu den durch einen besonderen Bau von Coracoid und Scapula gekennzeichneten Enantiornithes („Gegenvögel"; z. B. *Sinornis*, *Iberomesornis*). Diese Vögel sind von Fundstellen aus allen Kontinenten mit

EXKURS 2.13 (Fortsetzung)

Ausnahme der Antarktis bekannt und umfassten zahlreiche verschiedene Ökotypen, von fischfressenden, langschnäbligen Arten bis zu körnerfressenden mit einem kurzen Schnabel.

Neben den genannten ursprünglichen Formen treten in der Jehol-Formation bereits Stammgruppenvertreter der Ornithurae auf, d. h. des Taxons, welches die modernen Vögel beinhaltet. Unter anderem sind diese Vögel durch einen abgeleiteten Bau des Pygostyls gekennzeichnet, der eine bessere Steuerung der Schwanzfedern gewährleistet. Während *Confuciusornis* und die Enantiornithes nur zwei sehr stark verlängerte Schwanzfedern hatten, ist für die Ornithurae ein fächerförmiger Schwanz charakteristisch, mit dem der Flug effektiver kontrolliert werden kann.

Die Fossilfunde zeigen, dass die Verteilung vieler Merkmale im Stammbaum der Vögel durch Parallelentwicklungen geprägt ist. Die Reduktion der Zähne etwa fand unabhängig in mehreren Linien mesozoischer Vögel statt (Confuciusornithidae, Enantiornithes, Ornithurae) und ist im Zusammenhang mit der Entstehung des Hornschnabels und des Muskelmagens zu sehen. Während in den Enantiornithes die Reduktion der Zähne von caudal beginnt, fing der Verlust der Zähne bei den Ornithurae an der Schnabelspitze an. Innerhalb der Ornithurae finden sich Zähne noch in nah mit modernen Vögeln verwandten Formen aus der Oberkreide, wie *Ichthyornis* und *Hesperornis*. Letzterer, ein tauchender Meeresvogel, hatte das Flugvermögen sekundär wieder verloren. Sekundäre Flugunfähigkeit kennt man auch von anderen mesozoischen Vögeln, wie etwa *Patagopteryx* aus der oberen Kreide Argentiniens.

Noch in der obersten Kreide herrschte eine hohe Diversität an verschiedenen Vogellinien außerhalb der Kronengruppe (Enantiornithes, Ichthyornithidae, Hesperornithidae). Aus känozoischen Fundstellen wurden dagegen, mit der möglichen Ausnahme eines Restes aus dem Paleozän Chinas (*Qinornis*), nur Vertreter der Kronengruppe (Neornithes) nachgewiesen. Die Gründe für das Verschwinden nicht-neornithiner Vögel an der Kreide-Paläogen-Grenze sind unbekannt, aber oft wird ein Zusammenhang mit dem Meteoriteneinschlag angenommen, der auch für das Aussterben der nicht zu den Vögeln zählenden Dinosauriergruppen verantwortlich gemacht wird.

Wann genau die letzte gemeinsame Stammart der Neornithes, d. h. der modernen Vögel, lebte ist umstritten. Die ältesten Funde neornithiner Vögel stammen aus der Oberkreide, aber die fragmentarische Erhaltung aller bekannten Reste lässt meist keine sichere phylogenetische Einordnung zu. Abgesehen von mutmaßlichen Stammgruppenvertretern der Galliformes (Hühnervögel), Anseriformes (Gänsevögel) und Gaviiformes (Seetaucher) sind keine Funde bekannt, welche sich überzeugend modernen Vogelgruppen zuordnen lassen. Aus dem Paleozän allerdings kennt man schon zweifelsfrei identifizierte Stammgruppenvertreter von phylogenetisch weit getrennten und morphologisch sehr unterschiedlichen Gruppen, wie etwa Pinguinen und Eulen. Die Aufspaltung der Kronengruppen-Neornithes fand daher mit hoher Wahrscheinlichkeit schon in der späten Kreidezeit statt, d. h. vor dem Aussterbeereignis, das zum Verschwinden der basalen Vogellinien führte. Aus molekulargenetischen Analysen abgeleitete Datierungen einer Aufspaltung der Neornithes in der frühen Kreidezeit sind durch den Fossilbericht dagegen nicht belegt.

Entgegen weit verbreiteter Ansicht sind känozoische Fossilfunde von Vögeln keineswegs selten und tragen wesentlich zu einem Verständnis der Evolution dieser Tiergruppe bei. Insbesondere der Fossilbericht Europas und Nordamerikas ist recht umfangreich, während unsere Kenntnis der känozoischen Vogelwelt der Südhalbkugel erst durch Funde der letzten Jahre vertieft wurde. Allein aus dem unteren Eozän der Grube Messel bei Darmstadt (s. **EXKURS 2.15 Abschn. 2.4.1**) wurden bisher mehr als 50 verschiedene Vogelarten beschrieben, die einen Einblick in die Vogelwelt Deutschlands vor 47 Mio. Jahren geben. Auch an zahlreichen anderen Fundstellen sind Vögel keineswegs seltener als andere Wirbeltiergruppen.

Diese Funde geben nicht nur Aufschluss über die Evolution einzelner Vogelgruppen, sondern sind oft auch von großem biogeographischem Interesse, indem sie belegen, dass die frühere geographische Verbreitung zahlreicher Vogelgruppen sehr verschieden von der heutigen war. Lange

▶

EXKURS 2.13 (Fortsetzung)

Abb. 2.64 Der fast einen halben Meter lange Schädel des 2010 beschriebenen Pseudozahnvogels *Pelagornis chilensis* aus der miozänen Bahía Inglesa Formation in Chile. Mit einer Flügelspannweite von etwa 5,5 m war dies eine der größten bekannten Arten der Pelagornithidae. Photo: S. Tränkner

bekannt ist zum Beispiel, dass im Miozän Mitteleuropas Arten vorkamen, deren nächste heute lebenden Verwandten auf die tropischen und subtropischen Gebiete beschränkt sind. Weit verbreitet waren etwa Papageien, Trogons, Bartvögel und Mausvögel, wobei es sich bei den paläogenen, d. h. vor-miozänen, Formen immer um Stammgruppenvertreter handelt. Diese Vogelgruppen beinhalten vorwiegend frugivore oder insectivore Arten mit geringen Ausbreitungsmöglichkeiten. Ihr Verschwinden von den nördlichen Breitengraden lässt sich recht zwanglos mit der globalen klimatischen Abkühlung während des Känozoikums erklären, insbesondere dem Entstehen einer klimatischen Saisonalität mit kalten nordhemisphärischen Wintern, welche diesen Vögeln kaum Nahrung bieten.

Bemerkenswert ist allerdings, dass es im frühen Känozoikum noch weitere südhemisphärische Vogelgruppen auf der Nordhalbkugel gab, deren Aussterben nicht so einfach durch klimatische Ereignisse begründet werden kann. So sind aus dem Eozän Europas Stammgruppenvertreter der neuweltlichen Kolibris und Seriemas bekannt, sowie von Tagschläfern (einer neotropischen Gruppe der Schwalmvögel), Todis (einer heute nur auf den Antillen vorkommenden Gruppe der Rackenvögel) und dem heute mit einer einzigen Art auf Madagaskar und den Komoren vorkommenden Kurol. Wäre das Verschwinden dieser Vögel nur der känozoischen Klimaveränderung geschuldet, würde man wie bei den oben genannten Gruppen ein Vorkommen in den Tropen der Alten Welt erwarten. Die nächsten Verwandten dieser Vögel leben heute allerdings entweder in der Neotropis oder in Madagaskar, d. h. in Gebieten, die während des Känozoikums weitestgehend isoliert waren. Dies lässt vermuten, dass biotische Faktoren eine Rolle bei ihrem Aussterben spielte, und zumindest in Europa verschwanden diese südhemisphärischen Exoten vor oder kurz nach dem als *Grande Coupure* bekannten Faunenwechsel an der Eozän-Oligozän-Grenze, der auf eine Immigration von neuen Säugetieren aus Asien nach Schließen der Turgai-Meeresstraße zurückgeht.

Das Känozoikum wird oft als das „Zeitalter der Säugetiere" bezeichnet, kann aber mit dem gleichen Recht auch als das „Zeitalter der Vögel" bezeichnet werden, da die Evolution beider Gruppen große Parallelen in Hinblick auf den zeitlichen Ursprung und die Radiation der Kronengruppe zeigt. Stammgruppenvertreter vieler höherrangiger rezenter Vogeltaxa sind bereits aus dem unteren Eozän (vor etwa 50 Mio. Jahren) bekannt. Bemerkenswert ist allerdings, dass es bis zum Oligozän auf der Nordhalbkugel noch keine Sperlingsvögel gab, die heute mit mehr als 5000 Arten die zahlenmäßig dominierende Vogelgruppe darstellen. Die ökologischen Nischen für kleine Baumvögel wurden im frühen Paläogen daher von Stammgruppenvertretern anderer Vogeltaxa besetzt, wie etwa Hopfen, Trogons, Papageien und Rackenartigen.

Im Känozoikum gab es auch zahlreiche ausgestorbene Vogelgruppen, deren morphologische Anpassungen kein Pendant in der heutigen Vogelwelt haben. Ein bemerkenswertes Beispiel sind die

EXKURS 2.13 (*Fortsetzung*)

Pseudozahnvögel (Pelagornithidae), die über einen Zeitraum von mehr als 50 Mio. Jahren, vom Paleozän zum Pliozän, lebten, und deren Knochen auf allen Kontinenten gefunden werden. Kennzeichnendes Merkmal dieser marinen Vögel sind zahlreiche, regelmäßig angeordnete Fortsätze der Kieferränder, welche sich von echten Zähnen mesozoischer Vögel dadurch unterscheiden, dass sie direkte Auswüchse des Knochens sind, d. h. nicht in Alveolen sitzen und keinen Zahnschmelz besitzen (◘ Abb. 2.64). Diese recht fragil wirkenden Strukturen dienten vermutlich zum Fang weicher Meerestiere (z. B. Tintenfische), welche die Pseudozahnvögel im Flug durch Abfischen der oberen Wasserschicht erbeuteten. Selbst die kleinsten Arten der Pseudozahnvögel erreichten schon die Größe heutiger Albatrosse, während die Flügelspannweite der größten 5–6 m betrug (zum Vergleich: die Flügelspannweite rezenter Albatrosse beträgt höchstens 3,5 m). Die riesigen Arten (*Pelagornis*) gehören neben Vertretern der südamerikanischen, mit den Neuweltgeiern verwandten, Teratornithidae (*Argentavis*) zu den größten flugfähigen Vögeln. Warum Pseudozahnvögel ausgestorben sind, ist unbekannt, könnte aber mit einer Veränderung der Meeresströmung nach Bildung der mittelamerikanischen Landbrücke im Pliozän zusammenhängen oder auf einen vermehrten Prädatorendruck an den Brutplätzen zurückgehen.

Vor allem auf abgelegenen Inseln ohne Raubsäugetiere erreichen auch zahlreiche flugunfähige Vogelgruppen eine beträchtliche Körpergröße. Allgemein bekannt sind die Straußenvögel Neuseelands (Moas) und Madagaskars (Elefantenvögel) sowie die Dronte und der Solitär, große Taubenvögel, welche bis ins 17. Jahrhundert auf Mauritius bzw. dem benachbarten Rodriguez lebten. Die Flugfähigkeit dieser Vögel wurde durch einen fehlenden Prädatorendruck in einer isolierten Umgebung ohne größere Carnivoren ermöglicht. Zusammen mit einer Vielzahl weniger spektakulärer Arten auf den Maskarenen, Neuseeland und zahlreichen Inseln der Karibik sowie der Südsee wurden diese Tiere von den ersten menschlichen Besiedlern oder den von ihnen mitgebrachten Säugetieren (z. B. *Rattus exulans*) ausgerottet.

Neben der zahlreichen unabhängigen Entstehung flugunfähiger Formen haben Inselfaunen auch eine Reihe von Arten mit extremen morphologischen Anpassungen hervorgebracht. Unter den im Holozän zusammen mit zahlreichen anderen endemischen Vogelarten ausgerotteten Enten Hawaiis hatten einige der flugunfähigen Moa-Nalos einen sehr kurzen Schnabel, der an den der Schildkröten erinnert, während ein anderes Taxon, *Talpanas*, offensichtlich nahezu blind war und ein entfernt maulwurfartiges (daher der Name) Cranium hatte. Die extrem abgewandelten Flügelknochen des im Pleistozän ausgestorbenen jamaikanischen Ibisses *Xenicibis* wurden als Waffe beim intraspezifischen Revierkampf benutzt. Wahrscheinlich spielt der Gründereffekt, d. h. eine geringe genetische Variabilität der Ausgangspopulationen, eine Rolle in der raschen Manifestation außergewöhnlicher Spezialanpassungen in den Avifaunen isolierter Inseln.

Zur Zeit des Eozäns war auch Europa von anderen Kontinenten isoliert, und die damals lebenden carnivoren Säugetiere erreichten kaum die Größe eines Fuchses. Daher finden sich im Fossilbericht einige flugunfähige Formen, wie etwa die Gastornithidae, ausgestorbene Verwandte der Gänsevögel, die sich trotz des riesigen Schnabels vermutlich von Blättern ernährten. Ein südhemisphärisches Pendant der Gastornithidae sind die „Donnervögel" (Dromornithidae) Australiens, von denen inzwischen zahlreiche Reste aus oligozänen bis pleistozänen Ablagerungen bekannt sind. Felsmalereien legen nahe, dass diese Vögel noch lebten, als Australien schon von Menschen besiedelt war. *Sylviornis*, ein mit den heutigen Großfußhühnern verwandter großer flugunfähiger Vogel Neukaledoniens, war den Ureinwohnern ebenfalls bekannt. Es wird angenommen, dass in Neukaledonien heute noch zu findende Erdhügel auf den Nestbau der Sylviornithidae zurückgehen. Im während fast des gesamten Känozoikums isolierten Südamerika entwickelten sich die flugfähigen, carnivoren Phorusrhacidae zu einer der dominierenden Vogelgruppen. Diese „Terrorvögel" existierten vom Paleozän bis in das Pleistozän, und zumindest eine Art wanderte nach Schließung der mittelamerikanischen Landverbindung in Nordamerika ein.

EXKURS 2.13 (Fortsetzung)

Auch Pinguine verloren ihre Flugfähigkeit wohl in Zeiten verringerten Prädatorendruckes an der Kreide-Paläogen-Grenze. Die ältesten Fossilfunde (*Waimanu*, *Crossvallia*) datieren aus dem frühen Paleozän, und Pinguine besiedelten die Antarktis lange bevor deren Vereisung im Oligozän einsetzte. Viele paläogene Arten fallen durch ihre enorme Größe und den langen, speerartigen Schnabel auf (*Anthropornis*, *Icadyptes*), und besonders aus Neuseeland, der Antarktis und Südamerika sind zahlreiche fossile Arten bekannt. Während des Eozäns und Oligozäns lebte auch im Nordpazifik eine ausgestorbene Gruppe pinguinartiger Vögel, die Plotopteridae, deren Verwandtschaftsbeziehungen noch nicht abschließend geklärt sind.

Die Verwandtschaftsbeziehungen innerhalb der Neornithes sind bislang nur in ihren Grundzügen verstanden und Gegenstand vieler aktueller Forschungsprojekte. Moderne phylogenetische Analysen morphologischer und molekularer Daten stützen die schon seit langem angenommene Unterteilung der Neornithes in Palaeognathae (Steißhühner, Kiwis, Nandus, Emu, Kasuare und Strauß) und Neognathae (alle übrigen). Innerhalb der palaeognathen Vögel sind die flugunfähigen „Ratiten" allerdings nicht monophyletisch und es ist fraglich, ob die heutige Verbreitung dieser Vögel auf der Südhalbkugel ein Beispiel einer vikarianten Verbreitung aufgrund des Auseinanderbrechens des südlichen Superkontinentes Gondwana ist. Ratitenartige palaeognathe Vögel kamen auch im Eozän Europas vor (*Palaeotis*, *Remiornis*), was gegen einen Ursprung der Gruppe auf Gondwana spricht.

Konsens besteht inzwischen auch darin, dass die Galloanseres (Hühner- und Entenvögel) die Schwestergruppe aller übrigen Neognathae sind. Letztere werden als Neoaves zusammengefasst und sind unter anderem durch den Verlust des Phallus charakterisiert, der bei paläognathen Vögeln und Entenvögeln noch gut entwickelt ist. Galloanseres haben einen reichhaltigen Fossilbericht, von dem hier nur die eozänen Presbyornithidae erwähnt werden sollen, die durch die Kombination eines langbeinigen, stelzenläuferartigen Körpers mit einem typischen Gänseschnabel ein ungewöhnliches Merkmalsmosaik aufweisen.

Die Verwandtschaftsverhältnisse innerhalb der Neoaves werden dagegen noch kontrovers diskutiert. So wird inzwischen angenommen, dass der meist zu den Storchenvögeln („Ciconiiformes") gestellte Schuhschnabel (*Balaeniceps rex*) näher mit den Pelikanen (Pelecanidae) verwandt ist, mit denen er unter anderem eine abgeleitete Eischalenstruktur teilt. Gut begründet ist darüber hinaus eine Schwestergruppenbeziehung zwischen den früher ebenfalls zu den Storchenvögeln gestellten Flamingos (Phoenicopteridae) und den morphologisch sehr verschiedenen Lappentauchern (Podicipedidae). Neben anderen abgeleiteten Merkmalen besitzen beide Gruppen elf Handschwingen und werden von einem nur ihnen eigenen Cestoden-Taxon (Amabiliidae) parasitiert. Darüber hinaus gibt es fossile Stammgruppenvertreter der Flamingos (Palaelodidae), deren Beine denen von Lappentauchern ähneln und nahe legen, dass die Stammart der Flamingos kein Schreitvogel war, sondern schwimmend oder tauchend im Wasser nach Nahrung suchte.

Die in den 1980er Jahren für Aufsehen sorgende Hypothese, dass Neuweltgeier (zu denen z. B. der Kondor zählt) das Schwestertaxon der Störche sind, konnte durch Analysen von Gensequenzen nicht bestätigt werden. Letztere stützen eine Schwestergruppenbeziehung zwischen Neuweltgeiern und einem Taxon, das aus dem Sekretär (*Sagittarius serpentarius*) und habichtartigen Taggreifvögeln (Accipitridae) besteht.

Nicht monophyletisch sind auch die Schwalmvögel („Caprimulgiformes"), da die in Australien und Neuguinea heimischen Höhlenschwalme (Aegothelidae) das Schwestertaxon von Kolibris (Trochilidae) und Seglern (Apodidae) sind. Sowohl die Verwandtschaftsbeziehungen als auch der Fossilnachweis legen nahe, dass Kolibris von einem Vorfahren abstammen, der Insekten in der Luft fing. Fossilfunde zeigen zudem, dass ein Teil der Kolibrievolution in der Alten Welt stattfand, wo diese Vögel heute nicht mehr vorkommen. Bemerkenswert ist zudem, dass alle Schwalmvögel dämmerungs- oder nachtaktiv sind, was entweder auf eine zumindest dämmerungsaktive Stammart von Seglern und Kolibris hinweist, oder auf ein mehrmaliges unabhängiges

▶

EXKURS 2.13 (*Fortsetzung*)

Entstehen von Dämmerungs- bzw. Nachtaktivität innerhalb der „Caprimulgiformes".

Neueste molekulargenetische Untersuchungen, sowohl anhand von Sequenzdaten als auch mittels Retroposon-Analysen, stützen ein Monophylum, welches Falken, Papageien und Sperlingsvögel umfasst. Diese Hypothese ist auch bemerkenswert in Hinblick auf einige fossile Taxa, welche Falken- und Papageienmerkmale kombinieren (Messelasturidae), sowie der Tatsache, dass das Schwestertaxon der Sperlingsvögel einen zygodactylen Fuß besaß (Zygodactylidae). Bei diesem, auch als Klammerfuß bezeichneten Fußbau, der heute nur bei Papageien, Kuckucken und Spechtvögeln zu finden ist, ist die vierte Zehe permanent nach hinten gerichtet. Papageien selbst haben einen vergleichsweise umfangreichen paläogenen Fossilnachweis, der zahlreiche ursprüngliche Stammgruppenvertreter einschließt. Diese Funde zeigen, dass in der Evolution der Papageien der Klammerfuß vor dem charakteristischen Papageienschnabel entstanden ist.

Molekulargenetische Studien lieferten ebenfalls zahlreiche neue Erkenntnisse bezüglich der Verwandtschaftsbeziehungen innerhalb der Sperlingsvögel, zu denen mehr als die Hälfte aller rezenten Vogelarten gehören. So wurde etwa nachgewiesen, dass die neuseeländischen Maorischlüpfer (Acanthisittidae) das Schwestertaxon aller übrigen Sperlingsvögeln sind, welche in Schreivögel (Suboscines) und Singvögel (Oscines) unterteilt werden. Die basal abzweigenden Taxa der letzteren leben in Australien und man nimmt deshalb an, dass Singvögel ihren Ursprung auf der australischen Kontinentalplatte hatten. Die ältesten Fossilien von Sperlingsvögeln stammen aus dem Eozän Australiens und dem frühen Oligozän Europas, während Passeriformes nicht vor dem Miozän in der Neuen Welt und in Afrika nachgewiesen wurden.

2.3.3 Kreide

Übersicht

Letzter Abschnitt des Mesozoikums, der 80 Mio. Jahre währte und viele Veränderungen mit sich brachte. Rudisten (Muscheln) sind wichtige Riffbildner; kalkhaltige Einzeller (Coccolithophoriden) besiedeln in großen Mengen die Meere; ihre Schalen sind als umfangreiche Sedimente (Schreibkreide) erhalten. Teleostei sind die dominierenden Fische. Mehrere Tiergruppen, z. B. Ammoniten, Inoceramen, Pterosaurier und Raubdinosaurier, bringen Riesenformen hervor. Wendepunkt in der Florengeschichte: Angiospermen dominieren. Die Kreide endet mit einer der größten Katastrophen in der Geschichte der Organismen. Rudisten, Ammoniten, Belemniten, Dinosaurier und zahlreiche andere Reptiliengruppen sterben aus. Schreibkreidekliffs in Deutschland und Dänemark, Frankreich und England sind Zeugen aus der Zeit des Kreidemeeres.

Die 80 Mio. Jahre während **Kreide** (146–65 Mio. Jahre vor heute) ist durch umwälzende Veränderungen gekennzeichnet. Der Südkontinent Gondwana zerfiel in Antarktika-Australien, Südamerika, Afrika und Indien; die Kontinente bewegten sich in Richtung auf ihre heutige Position. Im Nordkontinent Laurasia lagen Nordamerika und Eurasien zunächst noch nahe zusammen. Das Meer überschwemmt bei den ausgedehntesten Überflutungen der jüngeren Erdgeschichte selbst alte Hochflächen, u. a. auch den nordwesteuropäischen Raum und lagerte zunächst tonige, dann stärker kalkige Schichten ab, auf die in der Oberkreide die weiße Schreibkreide folgt. Auf den Kontinenten traten die Bedecktsamer (Angiospermen) an die Seite der Nacktsamer (Gymnospermen). Viele heute noch vorhandene Wirbeltiergruppen entfalteten sich in dieser Zeit, z. B. Schlangen, Schildkröten, Eidechsen und Krokodile. Nach wie vor dominierten jedoch die Dinosaurier. Gegen Ende der Kreide starben Inoceramen, Rudisten, Ammoniten, Dinosaurier, Flugsaurier sowie diverse Meeresreptilien (z. B. Plesiosaurier und Mosasaurier) und bezahnte Vögel aus. Die Kreide-Tertiär-Grenze vor 65 Mio. Jahren markiert das fünfte und letzte Massenaussterben vor dem Entstehen des Menschen.

EXKURS 2.14

Die Schreibkreide von Rügen: Reste spätmesozoischen Lebens

Die bis 120 m aus der Ostsee ragenden weißen Steilufer der Insel Rügen gehen auf marine Sedimente der Oberkreide zurück und sind etwa 68–70 Mio. Jahre alt. Die Schreibkreide hat sich am Grund eines Schelfmeeres gebildet, dessen Nordküste in Südschweden und dessen Südküste im Bereich des Harzes lag. Im Westen stand dieser umfangreiche Sedimentationsraum mit dem Kreidemeer Englands und Frankreichs, im Osten mit dem Kreidemeer Russlands in Verbindung. Man schätzt, dass in einem Jahrtausend einige Zentimeter Sediment entstanden.

Eine besondere Bedeutung besaßen im Kreidemeer die planktischen Coccolithophorida (◘ Abb. 2.65). Etwa drei Viertel der Rügener Schreibkreide bestehen aus ihren winzigen, nur wenige Mikrometer messenden Schalenschuppen, den Coccolithen. Coccolithophoriden sind bis 25 µm kleine, einzellige, photosynthetisierende Organismen. Einen weiteren wichtigen Anteil der Schreibkreide stellen Bryozoenbruchstücke; allerdings liegt ihr Anteil deutlich unter 10 %. Die drittwichtigste Komponente sind Foraminiferenschalen, die zwar nur etwa 1 % ausmachen, aber auf über 250 Arten zurückgehen. Auch Ostracoden (Muschelkrebse) kommen vor. Gemeinsam ist den erwähnten Kreidebestandteilen, dass sie aus Calciumcarbonat bestehen, welches insgesamt etwa 98 % der Schreibkreide ausmacht.

Oft findet man in der Schreibkreide Rügens auch Feuersteine. Sie bestehen vorwiegend aus Siliciumdioxid und verdanken ihre Existenz einer aus dem Sediment aufsteigenden Porenwasserströmung; der Hauptteil des SiO_2 dürfte wohl von Diatomeen und Radiolarien stammen; auch Schwämme waren beteiligt. Der leicht zu identifizierende Feuerstein wurde mit den Eismassen der letzten Eiszeiten weit nach Süden verfrachtet und diente *Homo sapiens* bis ins Neolithikum als Ausgangsmaterial für Werkzeuge und Waffen. Die Verbindungslinie der südlichsten Fundpunkte (die Feuersteinlinie) verläuft am Fuße der Mittelgebirge und gilt als Kriterium der maximalen Ausdehnung der pleistozänen Vergletscherung.

Damit offenbaren sich die Steilküsten Rügens, naher dänischer Inseln (Mön), Dovers (in Südeng-

◘ **Abb. 2.65** Kreideküste Rügens, zu einem erheblichen Teil aus den Schalenplatten (Coccolithen) einzelliger Algen (Coccolithophorida, *Inset*) aufgebaut. Photo Rolf Reinicke

EXKURS 2.14 (Fortsetzung)

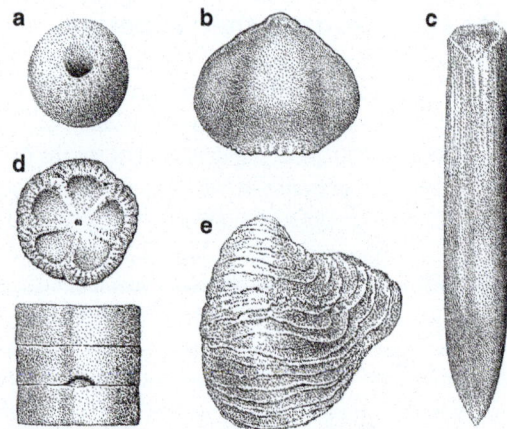

◘ **Abb. 2.66 a–e** Kreidefossilien, die man am Ostseestrand finden kann: **a** *Porosphaera*, **b** *Cretirhynchia*, **c** *Belemnella* (Belemnit, „Donnerkeil"), **d** *Isselicrinus*, **e** *Pycnodonte*. Nach Nestler (1995)

land) und der gegenüberliegenden Normandie (Frankreich) als organismischen Ursprungs. Bis heute enthalten sie darüber hinaus weitere Fossilien und haben schon viele in das umliegende Meer und an dessen Küsten entlassen, weswegen ein aufmerksamer Gang entlang der Ostsee- oder Nordseeküste eine Fülle von Fossilien zutage fördern kann. Folgend seien einige besonders auffällige genannt:

Nicht selten kann man Schwämme finden. Alle heutigen Gruppen (Calcarea, Hexactinellida und Demospongiae) sind vertreten. Besonders auffällig ist der kugelförmige Kalkschwamm *Porosphaera globularis*. Oft findet man die weißen Kugeln mit ihrer porösen Oberfläche am Ostseestrand, vielfach von Fremdorganismen angebohrt oder durchlöchert (◘ Abb. 2.66a). Schon im Paläolithikum hat man sie für die Herstellung von „Perlenketten" verwendet.

Bryozoen sind in der Schreibkreide Rügens mit über 270 Arten vertreten. Die mit ihnen verwandten Brachiopoden sind ebenfalls auf Rügen und anderswo am Strand der südlichen Ostsee zu finden (z. B. *Cretirhynchia*, ◘ Abb. 2.66b). Allein von Rügen kennt man über 30 Arten, darunter *Lingula cretacea*. Kalkschalige Brachiopoden findet man fast immer doppelklappig.

Unter den Mollusken sind die Belemnitida besonders leicht zu finden. Belemnitenrostren sind allbekannte Fossilien, die interessanterweise auf Rügen alle nur einer Gattung angehören: *Belemnella* (◘ Abb. 2.66c). Die bekannteste Muschel ist die Auster *Pycnodonte* (◘ Abb. 2.66e).

Ebenfalls auffällige und schöne Fossilien Rügens sind Seelilien und Seeigel. Von ersteren werden fast nur die scheibenförmigen, fünfstrahligen Stielglieder oder Stielbruchstücke, z. B. von *Isselicrinus* und *Nielssenicrinus*, gefunden (◘ Abb. 2.66d). Der Durchmesser der Stielglieder beträgt einige Millimeter; die Elemente sind also gut mit bloßem Auge zu finden. Kreideseeigel findet man in unterschiedlicher Erhaltung, oft die kompletten Panzer, besonders häufig die Irregularia *Galerites vulgaris* und *Echinocorys ovata*.

Eine Vorstellung vom Reichtum der Kreidefossilien kann man im **Deutschen Meeresmuseum in der historischen Altstadt von Stralsund** gewinnen.

Um Missverständnisse zu vermeiden:
- Heute stellt man die aus der Mode kommende Schultafelkreide aus gemahlenem Gips her; dieser ist weicher und schont die Tafeln.
- Ebenfalls in der Kreide entstanden auch andere Sedimente, insbesondere entlang dem Nordrand der Mittelgebirge und in Süd- und Südostdeutschland (◘ Abb. 2.1), z. B. die Sandsteinfelsen der Sächsischen Schweiz. Im Elbsandsteingebirge gab es zeitweise bis zu 600 Steinbrüche, aus denen viele Bauten der Dresdener Barockzeit entstanden.

Organismenwelt der Kreide

Im Plankton der Ozeane machten die **Kieselalgen** (Diatomeen) eine Radiation durch. Sie haben wohl mit den Dinoflagellaten einen wesentlichen Teil zur Primärproduktion und zur Bildung von Tiefseesedimenten der Ozeane beigetragen. Auch die planktischen Foraminiferen – **Globigerinida** – sowie die Radiolarien entwickelten sich stark; ihre aus Calciumcarbonat bestehenden Gehäuse haben auch heute noch wesentlichen Anteil an der Sedimentbildung warmer Meere.

Speziell während der späten Kreide spielte auch das kalkige **Nannoplankton** eine wichtige Rolle. Die Platten, mit denen die Zellen der nannoplanktischen Coccolithophorida gepanzert waren, sammelten sich zu mächtigen Sedimenten (Schreibkreide, ◘ Abb. 2.65). Solche Ablagerungen kennen wir, wie schon gesagt, beispielsweise von den Ostseeinseln Rügen und Mön. In großer Gleichförmigkeit erstreckt sich die Schreibkreide von Südengland bis zur Krim. In manchen Gebieten sind auch Schwämme und Bryozoen an ihrem Aufbau beteiligt (Maastrichter Kreide). Unter den Lithistida sind die propellerförmige *Verruculina*, die birnenförmige *Siphonia* und unter den Hexactinelliden die trichterförmige Gattung *Ventriculites* sowie das schirmförmige *Coeloptychium* (◘ Abb. 2.1) erwähnenswert.

Korallen sind als Riffbildner in der Kreide nur von untergeordneter Bedeutung; Korallenkalke aus dieser Zeit gibt es z. B. in den südfranzösischen Alpen (Urgon-Facies). Außer Korallen waren hier auch Bryozoen und vor allem Rudisten an der Riffbildung beteiligt.

Im Benthos der Meere gehen die **Brachiopoden** weiter zurück (heute existieren von ihnen nur noch etwa 330 Arten – gegenüber 30.000, die fossil bekannt wurden); ähnliches gilt für die gestielten Crinoidea. Brachiopoden lebten allerdings in manchen küstennahen Gebieten in großer Dichte, so die Inarticulaten mit der kalkschaligen, festgewachsenen Gattung *Isocrania*, im Volksmund als „Totenkopfmuschel" oder „Totenköpfchen" bezeichnet, weil die Muskelinsertionsstellen und das Armgerüst eine Ähnlichkeit mit einem Schädel suggerieren.

Unter den **Gastropoden**, speziell den Neogastropoden, entstanden viele moderne Familien mit carnivoren Formen.

Die **Bivalvia** erreichten in Form der weit verbreiteten Inoceramen eine besondere Mannigfaltigkeit. Die Inoceramen sind Muscheln, die über 1 m lang wurden. Sie stellen wichtige Leitfossilien in der Kreide dar (◘ Abb. 2.1).

In flachen, warmen Meeresgebieten dominierten die bis zu 1 m hohen Rudisten, die zum Teil umfangreiche Riffe bildeten. Sie entstanden im Jura und besiedelten die tropischen und subtropischen Flachmeere etwa 70 Mio. Jahre, bevor sie etwa 100.000 Jahre vor der Kreide-Tertiär-Grenze ausstarben. Rudisten bevorzugten jene Schelfbereiche, in denen starke Wasserbewegung vorherrschte. Trotz ihrer robusten Schalen wurden sie oft zerstört, weswegen man heute vorwiegend Trümmerkalke findet (lat. *rudus* = Schutt). An manchen Stellen entstanden bis über 1000 m dicke Schichten! Für die Ausbreitung der Rudisten wirkte sicher die Überflutung großer Bereiche der Kontinente begünstigend. Rudisten hatten zwei sehr unterschiedliche Schalen. Die eine war kegel-, die andere deckelförmig (◘ Abb. 2.67a). Flachwasserriffe der späten Kreide wurden im Wesentlichen von ihnen aufgebaut. Heute findet man fossile Rudistenriffe in Südeuropa, Nordafrika, Arabien, Indonesien, im Iran, auf den Philippinen, in China und in der Karibik, also entlang der alten Tethys-Küste. Auf der arabischen Halbinsel sind Rudistenkalke wichtige Speichergesteine für Erdöl. ◘ Abb. 2.67 zeigt die Umgestaltung der bilateralsymmetrischen Formen (*Diceras*) in die merkwürdigen Gattungen *Titanosarcolites* und *Vaccinites*. Unglaublich war die Kalkproduktion: Ein Weichkörper von 5–10 cm3 (entspricht einer heutigen Auster) konnte in einem Jahrzehnt mehrere Kilogramm Kalk produzieren. Der relativ kleine Weichkörper bewohnte in den hohen, kegelförmigen Gehäusen nur die oberste Etage; alle darunter liegenden ehemaligen Wohnbereiche wurden durch Kalkböden verschlossen.

Unter den **Cephalopoden** brachten die Ammoniten Riesenformen hervor. Die größte je gefundene Form stammt aus einem Steinbruch bei Seppenrade (Münsterland, Nordrhein-Westfalen): sie erreicht einen Durchmesser von über 2 m und eine Dicke von 40 cm. Gegen Ende der Kreide erlebten die Ammoniten ihren stammesgeschichtlichen Niedergang, die Belemniten dagegen erlangten in der Kreide eine größere Bedeutung als sie im Jura hatten. Zum Teil sind sie in riesigen Mengen fossiliert.

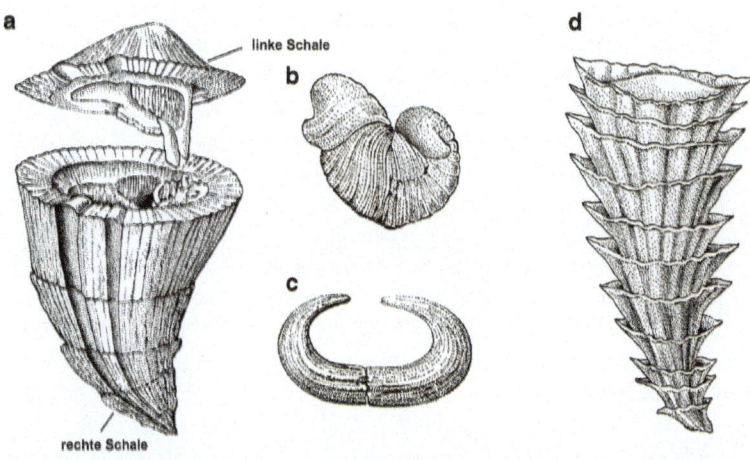

◻ Abb. 2.67 a–e Rudista. a Aufbau eines Rudisten. Die Muschel ist mit der rechten, kegelförmigen Schale am Substrat festgewachsen; die linke Schale ist als Deckel entwickelt. Der relativ kleine Weichkörper lebte im jeweils oberen Gehäusebereich. Höhe bis 1,5 m. b *Diceras:* beide Schalen sind noch relativ ähnlich; ursprünglicher Rudist. c *Titanosarcolites:* jede Schale dieser liegenden Form bis 1 m lang. d *Vaccinites:* diese Gattung hat Riffkörper bis 1,8 m Höhe aufgebaut. e *Vaccinites vesiculosus* am Fundort (Kreide, Oman). Nach Schumann u. Steuber (1997)

Unter den **Decapoda** entfalteten sich die Brachyura, deren Ursprung im Jura liegt.

Auch **Echinodermen** sind aus der Kreide reichlich überliefert. Irreguläre Seeigel sind in der Kreide häufig und sogar als Leitfossilien einsetzbar. Reguläre Seeigel wie *Stereocidaris*, *Salenia* und *Phymosoma* sind als schöne, aber seltene Formen im norddeutschen Tiefland zu finden.

In der Fischfauna der Kreide werden die **Teleosteer** mit ihren dachziegelartig angeordneten, dünnen und elastischen Schuppen die artenmäßig absolut vorherrschende Gruppe.

Insgesamt zeigt die Tierwelt der Meere der Kreidezeit gegenüber der des Jura keine grundsätzlichen Unterschiede. Auch die marinen Reptilien bleiben ähnlich. Die Schildkröten entwickeln bis 2 m lange Formen, deren knöcherner Panzer zu einem Rahmenwerk zurückgebildet wurde.

Gegen Ende der Kreidezeit drangen die rein kreidezeitlichen (= kretazischen) **Mosasaurier** (Maas-Saurier; nach dem Fluss Maas benannt) in die Meere ein. Der erste Schädel eines Mosasauriers wurde Ende des 18. Jahrhunderts bei Maastricht (Niederlande) gefunden. Als französische Truppen 1795 Maastricht belagerten, gab Napo-

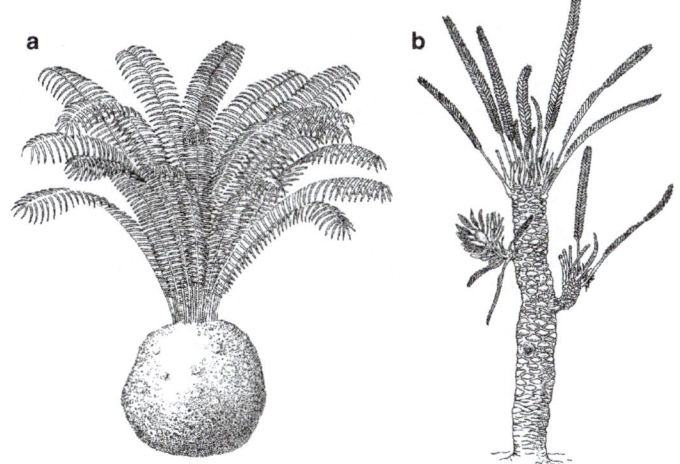

• Abb. 2.68 a, b Kreidezeitliche Bennettitales. a Cycadeoidea, b *Williamsonia*

leon den Befehl, diesen Schädel zu erbeuten. 600 Flaschen Wein waren als Prämie ausgesetzt! Der Schädel wurde gefunden, geraubt und zu Cuvier nach Paris gebracht.

Mosasaurier waren lang gestreckte, carnivore Reptilien. Ihre Länge reichte von 2 m (*Clidastes*) bis 17 m (*Mosasaurus*). Mosasaurier haben sich vergleichsweise schnell in den Weltmeeren ausgebreitet. In ihrer relativ kurzen Geschichte von 25 Mio. Jahren brachten sie ganz verschiedene Lebensformen hervor, u. a. Muschelknacker (*Globidens*) und Räuber, die von ihresgleichen, Fischen und Vögeln (*Hesperornis*) lebten (*Tylosaurus* u. a.).

Auf dem Festland entwickelten die **Saurischia** mit den großen Raubdinosauriern und den riesigen Pflanzenfressern neue Gattungen (s. **Abschn. 2.3.1**). Die **Ornithischia** brachten eine Reihe neuer Formen hervor, z. B. die bekannte Gattung *Iguanodon*. Diese bis 7 m großen Pflanzenfresser lebten auch in Europa. Bei Bernissart in Belgien stürzte eine ganze Herde in eine Felsspalte und wurde fossil erhalten. Im Naturkundemuseum in Brüssel hat man ihre Skelette aufgestellt und so ein Bild der Kreidezeit in Europa entworfen. Besonders bekannte Formen sind auch *Triceratops* (• **Abb. 2.60c**) mit langen Hörnern und *Ankylosaurus* mit seiner starken Panzerung.

Die **Flugsaurier** brachten in der späten Kreide die größten Formen ihrer Geschichte hervor: *Quetzalcoatlus* (• **Abb. 2.53f**) erreichte 15 m Spannweite und war das größte fliegende Tier, welches uns bekannt ist. *Pteranodon* (• **Abb. 1.25a**) wies eine Spannweite von 9 m auf. Daneben gab es eine Fülle kleinerer Formen. Die Pterosaurier besaßen als einzige Wirbeltiere eine feste Verbindung des Schultergürtels mit der Brustwirbelsäule und waren wahrscheinlich wie die Säugetiere und Vögel homoiotherm. In der Kreide entwickelten sich schließlich Schlangen und Eidechsen.

In der Kreide liegt ein entscheidender **Wendepunkt in der Florengeschichte**: Mit der rapiden Ausbreitung der **Angiospermen** innerhalb von etwa 10 Mio. Jahren ab der Grenze Unterkreide-Oberkreide begann vor etwa 120 Mio. Jahren das von diesen dominierte Neo- oder Känophytikum. Von der mittleren Kreidezeit an überflügelten die Angiospermen die viel älteren Gymnospermen. Die Bennettitales (• **Abb. 2.68**), die mit den Angiospermen in Verbindung gebracht werden, starben aus. Angiospermen sind „Bedecktsamer", d. h. ihre Samenanlagen werden von einem Fruchtknoten umhüllt und liegen nicht mehr frei wie bei den Gymnospermen („Nacktsamern"). Ihre Blüten sind bunt und locken Bestäuber an, die an ihrem Vermehrungsprozess beteiligt sind. Es begann eine enge Koevolution mit Insekten, insbesondere Schmetterlingen und Hautflüglern (s. **Abschn. 4.3.3**). Ginkgogewächse starben in der Kreide bis auf geringe Reste aus; auch die in der Unterkreide noch stark vertretenen Voltziales gingen zurück. Die **Pinales** machten etwa parallel zu den Angiospermen eine rasche Evolution durch, wurden aber dann im Tertiär endgültig von den Angiospermen in Randsituationen gedrängt.

Mit dem Ende der Kreidezeit setzte ein weltweiter Rückzug der Meere aus den vorher überfluteten Flachmeergebieten ein, der dem am Ende des Perm vergleichbar ist und vom Aussterben vieler Organismengruppen begleitet ist. In der Tat war dieser Rückzug des Meeres stärker denn je, und im Großen und Ganzen waren in dieser Zeit die jetzigen Umrisslinien der Kontinente erreicht. Mit dem Ende der Kreide verschwanden mehrere Organismengruppen oder wurden doch drastisch reduziert.

Unter den Schwämmen hatten in der Kreide die massiven, zum Teil gesteinsbildenden Lithistida (Demospongiae) und die Hexactinellida eine besondere Blüte erlebt; jetzt ging ihre Zahl stark zurück, heute leben diese Schwämme bevorzugt in großen Meerestiefen. Auch die Kalkschwämme (Calcarea) verloren Ende der Kreide den Großteil ihrer Formen.

Die Bryozoen, die in der Kreide ihre größte Formenfülle erreicht hatten, verloren etwa die Hälfte ihrer Gattungen.

Massenaussterben an der Kreide-Tertiär-Grenze

Wie schon im **EXKURS 2.3** im **Abschn. 2.2.2** dargestellt, hatte nach verbreiteter Ansicht der Einschlag eines Asteroiden (oder mehrerer Asteroidentrümmer) vor etwa 65 Mio. Jahren Konsequenzen für die Organismen. Die Atmosphäre wurde vermutlich schockartig aufgeheizt, Seebeben zerstörten küstennahe Lebensräume, gewaltige Staubmengen wurden in die Atmosphäre geschleudert. Es kam zu mehrjähriger Verdunkelung und zur Abkühlung. Das Aussterben hatte aber vermutlich noch weitere Ursachen.

2.4 Känozoikum (Erdneuzeit)

Das **Känozoikum** ist mit 65 Mio. Jahren das kürzeste der drei Erdzeitalter des Phanerozoikums. An seinem Beginn steht das Aufblühen zahlreicher Organismengruppen, welche die Lebensräume einnahmen, die nach dem großen Einschnitt an der Kreide-Tertiär-Grenze (K-T-Grenze) ausgestorben waren. Das Känozoikum wird in **Tertiär** und **Quartär** gegliedert. Diese Bezeichnungen gehen auf eine heute nicht mehr übliche Einteilung der Erdgeschichte zurück, in der das Tertiär die dritte (lat. *tertius*) und das Quartär (lat. *quartus*) die vierte Abteilung darstellten. Derzeit wird die Gliederung des Känozoikums in **Paläogen**, **Neogen** (s. u.) und **Quartär** bevorzugt. Das Känozoikum ist durch bedeutende geologische Ereignisse gekennzeichnet, die letztlich die heutigen Bedingungen geschaffen haben. Das Öffnen der Drakepassage zwischen Südamerika und der Antarktis führte Ende des Eozän zur Bildung der zirkumantarktischen Strömung. Damit erfolgte eine thermische Isolation der südpolaren Region. Die alpidische Gebirgsbildung (s. **EXKURS 2.2 Abschn. 2.2.2**) ist ein weiteres wichtiges Ereignis der Erdneuzeit, und die Ausbildung der mittelamerikanischen Brücke veränderte das ozeanische Strömungsmuster. Der Golfstrom entstand.

Europa war relativ lange (bis zum Eozän) über Spitzbergen und Grönland mit Nordamerika durch eine Landbrücke verbunden, und durch den Anschluss Europas an Asien und Afrika erfolgte ein beträchtlicher Austausch von Organismen.

2.4.1 Tertiär

> **Übersicht**
>
> Säugetiere, Vögel und Blütenpflanzen entfalten sich und kennzeichnen das Bild der Erde bis heute. Die Kontinente nehmen die heutige Position ein, wodurch sich die Meeresströmungen ändern. Antarktika wird isoliert und von einem Eisschild bedeckt. Es kommt zu erheblichen Meeresspiegelschwankungen. Knochenfische, speziell Teleosteer, dominieren in marinen und limnischen Lebensräumen. Insekten entfalten sich weiter.

Das **Tertiär** (65–2,6 Mio. Jahre vor heute) ist über lange Phasen durch Artenvielfalt in tropischem oder auch warm-gemäßigtem Klima gekennzeichnet. Im marinen Benthos entwickelten Foraminiferen Riesenformen (Nummuliten, ◘ Abb. 2.69).

Das Tertiär wird weitgehend nach dem prozentualen Anteil der heute noch lebenden Molluskengattungen differenziert. Man unterscheidet

Abb. 2.69 Der Sphinx bei Gisa (nahe Kairo) – Löwenkörper mit Antlitz des Königs Chefren – und die großen Pyramiden (im Hintergrund die Chefren-Pyramide) bestehen aus eozänem Nummulitenkalk (*Inset*)

Alttertiär oder **Paläogen** (**Paleozän, Eozän** und **Oligozän**) sowie **Jungtertiär** oder **Neogen** (**Miozän** und **Pliozän**).

Das **Paleozän** ist die erste Epoche der Erdneuzeit; sie erstreckte sich über fast 10 Mio. Jahre (65–56 Mio. Jahre vor heute). Das folgende **Eozän** (griechisch *eos* = Morgenröte) währte über 20 Mio. Jahre (56–34 Mio. Jahre vor heute) und erlebte den Beginn der modernen Weichtiere. Im **Oligozän** (*oligos* = wenig; 34–23 Mio. Jahre vor heute) entsprachen nur wenige Weichtiere den heutigen Formen. Ähnliches soll mit dem Begriff **Miozän** (23–5 Mio. Jahre vor heute) ausgedrückt werden (griechisch *meion* = weniger), im abschließenden **Pliozän** (5–2,6 Mio. Jahre vor heute; griechisch *pleion* = mehr) gab es dann schon viele Weichtiere der Gegenwart. Man schätzt, dass es im Eozän weniger als 5 % der heute existierenden Molluskengattungen gab, im Miozän waren es 20 %, im Pliozän über 50 %.

Im Tertiär erfolgten immer wieder Meereseinbrüche, die auch in Europa zu fossilreichen Ablagerungen in „Tertiär-Becken" führten, dem Pariser, Londoner, Nordwestdeutschen und Wiener Becken, sowie dem Oberrheingraben mit dem Mainzer Becken. Die tiefgreifendsten Veränderungen erfolgten jedoch im Raum der Pyrenäen, Alpen und Karpaten, wo hoch aufragende Gebirge und die heutigen Flusssysteme entstanden (**alpidische Gebirgsbildung**, s. **EXKURS 2.2 Abschn. 2.2.2**).

In weiten, absinkenden Gebieten Europas dagegen entstanden im Tertiär umfangreiche **Braunkohlenlager** (s. **EXKURS 2.16** und **Abb. 2.37**). Die klimatische Situation war ähnlich wie im Karbon: die Temperaturen waren relativ hoch, die Vegetation reich entwickelt, das Land sank langsam ab. Große Mengen absterbender Pflanzensubstanz sammelten sich, vertorften und wurden schließlich zu Braunkohle. Etwa 20 % der wirtschaftlich nutzbaren Weltbraunkohlevorräte lagern in Europa, davon etwa die Hälfte in Deutschland. Im Wesentlichen gibt es hier drei Reviere: Rheinland (Niederrhein) mit 35 Mrd. Tonnen, Mitteldeutschland mit 8 Mrd. Tonnen und Lausitz mit 13 Mrd. Tonnen. Bezüglich ihres Heizwertes ist die Braunkohle der Steinkohle unterlegen. Sie liefert 11.000–26.000 kJ/kg, die Steinkohle 25.000–35.000 kJ/kg. In ihrer Genese war die Braunkohle nicht so hohen Drucken und Temperaturen ausgesetzt wie die Steinkohle. In manchen Gebieten ist sie eine wesentliche Energie- und Rohstoffquelle unserer modernen Welt (**Abb. 2.70a**).

Einen weiteren Einblick in die Braunkohlenzeit, wie das Tertiär auch genannt wird, vermittelt uns der **Bernstein** (**Abb. 2.70b–d**). Bernstein entstammt einer lange vergangenen Baumvegetation und geht auf Baumharze zurück, insbesondere aus der Kreide und dem Tertiär. Wesentlich jüngere, subfossile Harze der letzten 5 Mio. Jahre nennt man Kopale.

Abb. 2.70 a–d **a** Braunkohlekraftwerk am Lausitzer Findlingspark Nochten (Sachsen). Bevor man an die Braunkohle gelangte, mussten bis 100 m Sediment entfernt werden, das im Laufe der pleistozänen Vergletscherungen hierher gelangte. **b–d** Bernstein. **b** Ansammlung verschiedener Insekten, **c** *Raptophasma* (Mantophasmatodea), **d** Termiten. Photos **b–d** aus Wichard u. Weitschat (2004)

Am bekanntesten ist in Europa der „baltische Bernstein". Sein Alter beträgt 40–50 Mio. Jahre, und wegen seiner Einschlüsse (Inklusen) von Tieren und auch Pflanzenteilen gibt er Auskunft über Fauna und Flora dieser Zeit. Baumharze wurden damals aus Totholz ausgespült, von Flüssen verfrachtet, ins Meer transportiert und zu Bernstein. Ohne Wasser wäre dessen Genese nicht denkbar. 99 % aller im Bernstein eingeschlossenen Tiere sind Arthropoden, meist Insekten, oft amphibische. Man geht also davon aus, dass die Entstehung von großen Bernsteinmengen in riesigen alttertiären Bergwäldern erfolgte, die von Fließgewässer durchzogen wurden und dass Entstehungsort des Harzes und Entstehungsort des Bernsteins nicht übereinstimmen. Im Zuge der Eiszeiten kam es dann zu weiteren Verfrachtungen.

Der baltische Bernstein wird z. B. mit Kiefern (*Pinus succinifera*) in Zusammenhang gebracht, in anderen Fällen (mexikanischer und dominikanischer Bernstein) spielten offenbar Heuschreckenbäume (*Hymenaea*), die zu den Hülsenfrüchtlern (Fabaceae) gehören, eine wichtige Rolle.

Auch in Braunkohlelagerstätten Mitteldeutschlands, z. B. bei Bitterfeld und Hoyerswerda, ist Bernstein keine Seltenheit. Dieser „sächsische Bernstein" ist wesentlich jünger als der oben erwähnte „baltische Bernstein".

Die **Insektenfauna**, soweit sie über Bernsteininklusen erfasst wurde, besteht zum kleineren Teil aus auch heute noch in Europa vorkommenden Taxa (**Abb. 2.70b**), zum größeren Teil jedoch aus Formen, die sich in wärmere Gebiete zurückgezogen haben (z. B. Termiten, **Abb. 2.70d**). Besonders bekannt wurden die kürzlich entdeckten Mantophasmatodea (**Abb. 2.70c**).

In der „Braunkohlenzeit" dominierten die Bedecktsamer (Angiospermen). Außerdem gab es Nadelhölzer in großer Artenfülle. Im Paläogen standen, entsprechend dem warm-feuchten Klima wärme- und feuchtigkeitsliebende Gehölze mit immergrünen Blättern (Lorbeer-Mischwald-Gesellschaften) im Vordergrund. Im Zuge der Abkühlung im Neogen wurde diese Vegetation von einer aus dem Osten einwandernden Flora verdrängt, die im Herbst ihre Blätter abwirft. Damit entstanden in Mitteleuropa zum ersten Mal Wälder, wie wir sie heute kennen.

Die **Fauna der Meere** im Tertiär ähnelte der heutigen Meeresfauna schon sehr. Die früher so hervortretenden Brachiopoden waren stark zurückgegangen, Muscheln dagegen verbreitet. Schnecken entfalteten sich zu großer Artenfülle, im Pariser Becken findet man z. B. hervorragend erhaltene Schalen. Unter den Foraminiferen erschienen abermals Riesenformen: die scheibenförmigen Nummuliten (nach dem lateinischen Wort für kleines Geldstück = *nummulus* genannt) erreichten Durchmesser von mehr als 10 cm. Stellenweise sind sie gesteinsbildend. Am bekanntesten sind wohl die großen Pyramiden von Gisa in der Nähe von Kairo, die im Alten Reich aus Nummulitengestein aus nahegelegenen Steinbrüchen aufgebaut wurden. An ihnen kann man die Nummulitenschalen sehr schön erkennen (Abb. 2.69); und schon in der Antike waren sie aufgefallen, jedoch als Linsen interpretiert worden. Man meinte, die Bauarbeiter hätten ihr Linsengericht verschüttet.

Nachdem im Mesozoikum die Reptilien als Raubtiere in den Meeren eine bedeutende Rolle gespielt hatten, folgten jetzt Fische, insbesondere Teleosteer, und Säugetiere.

Die Teleosteer entwickelten sich zur artenreichsten Wirbeltiergruppe. Die bedeutendste Fundstätte tertiärer Knochenfische liegt in der Provinz Verona (Italien). Aus dem Eozän des dortigen Monte Bolca kennt man über 150 wunderbar erhaltene Fischarten, die in verschiedenen Museen zur Ausstellung kamen. Rezente Teleosteer umfassen etwa 25.000 Arten. 60 % von ihnen leben im Meer, 40 % im Süßwasser, obwohl dieses nur 1 % des Oberflächenwassers einnimmt. Die rasche Artbildung von Süßwasserteleosteern ist ein intensiv bearbeitetes Thema. Besonders gut sind in dieser Hinsicht die Seen Ostafrikas untersucht, in denen sich Cichliden in Hunderte von Arten differenziert haben. Man geht derzeit von einer Artbildung in weniger als 100 Jahren aus. Cichliden sollen 5 % der rezenten Wirbeltierarten stellen.

Schon im Paläogen eroberten die Wale das Meer, sie stammen von den Paarhufern nahestehenden Huftieren ab. Aus Pakistan kennt man Schädel- und Skelettreste, die Übergangsformen angehören, die wohl eine amphibische Lebensweise hatten (Abb. 1.29). In Mitteleuropa hat man eozäne Walreste bei Helmstedt (Niedersachsen) gefunden. Ebenfalls aus dem Eozän Mitteleuropas kennt man Robben. Robben lassen sich von bärenartigen Raubtieren ableiten.

Im Oligozän war es in unseren Breiten feucht-warm. Zu dieser Zeit bestand eine letzte direkte Verbindung zwischen Nordsee und Mittelmeer, und dementsprechend finden wir an verschiedenen Stellen in Mitteleuropa Fossilien mariner Formen aus dieser Zeit. Bewohner der über 500 km langen Meeresstraße, die z. B. den heutigen Oberrheingraben und Teile Westfalens einnahm, waren z. B. Haie, die im Paläogen eine besondere Entfaltung erlebten, und Seekühe. Von besonderer Bedeutung ist der Doberg bei Bünde (Ostwestfalen) mit seinen küstennahen Ablagerungen. Die vielleicht bekannteste Region mit oligozänen, marinen Fossilien ist wohl das Mainzer Becken, eine Ausbuchtung des Oberrheingrabens, wo man z. B. auf Äckern und in Weinbergen Fossilien von Meeresschnecken und -muscheln findet, die heute in ganz ähnlicher Form noch im Indo-Westpazifik leben.

Auch auf dem **Festland** machten die Säugetiere eine rasche Entfaltung durch. Raubtiere, Nagetiere und Insektenfresser waren schon im Paleozän vorhanden, Paar- und Unpaarhufer sowie Fledermäuse sind seit dem Eozän bekannt. Es gab im Tertiär nicht nur das rasche Entstehen neuer Säugerordnungen, manche starben auch bald wieder aus (Abb. 2.73).

Die Entfaltung der Blütenpflanzen, die vor etwa 120 Mio. Jahre vor heute begann, setzte sich im Tertiär fort. Mit ihr entstand in einer engen Coevolution die große Vielfalt der Insekten mit über 1 Mio. Arten.

Einen ganz besonders detaillierten Eindruck von der alttertiären Organismenwelt vermitteln uns die Grube Messel, die wegen ihrer kontroversen Einschätzung durch Wissenschaft und Politik in die Schlagzeilen kam, und das Geiseltal.

EXKURS 2.15

Messel: Von der geplanten Mülldeponie zum UNESCO-Weltnaturerbe – ein Blick in die Welt vor nahezu 50 Mio. Jahren

Die Grube Messel liegt etwa 8 km nordöstlich von Darmstadt auf einem Ausläufer des nördlichen Odenwaldes und erlangte in breiten Kreisen der Bevölkerung erst „Berühmtheit", als man das bis zu 70 m tiefe „Loch", das durch den Abbau von Ölschiefer zustande gekommen war und aus dem man schon viele Fossilien geborgen hatte, als Mülldeponie verwenden wollte. Ein fast 20 Jahre während Kampf engagierter Personen führte jedoch dazu, dass dieser unverantwortliche Missbrauch nicht eintrat, sondern dass die Grube Messel 1995 durch die UNESCO, die Organisation der Vereinten Nationen für Bildung, Wissenschaft und Kultur, zum Weltnaturerbe der Menschheit ernannt wurde. Diese Fundstätte enthält einen einzigartigen Reichtum fossilisierter Pflanzen und Tiere aus dem Eozän, als Europa noch eine Inselwelt war, zu der auch Grönland mit Krokodilen und Palmen zählte, und in der die großen Faltengebirge der Alpen, Pyrenäen und Karpaten noch nicht existierten.

Die Fossilien eröffnen uns einen differenzierten Einblick in eine eozäne Organismenwelt (◘ Abb. 2.71). In der Zeit vor gut 47 Mio. Jahren reichte die Ur-Nordsee bis etwa an die heutigen Mittelgebirge und der Alpenraum war vom Meer bedeckt. Das Klima war tropisch-subtropisch, mit Jahresmitteltemperaturen von etwas über 20 °C. In dem Maarsee nahe dem

◘ **Abb. 2.71 a–e** Fossilien von Messel. **a** *Diplocynodon* (das häufigste Krokodil in Messel), **b** *Eurotamandua* (Ameisenbär), **c** *Eomanis* (Schuppentier), **d** *Hyrachyus* (Tapir), **e** *Formicium* (Ameise). Nach von Koenigswald, G. Storch (1998)

EXKURS 2.15 (Fortsetzung)

heutigen Messel lagerten sich über einen Zeitraum von etwa 1 Mio. Jahren Faulschlammlagen ab, die später zu einer bis zu 200 m dicken Ölschieferschicht wurden, d. h. es sind nicht nur Skelettelemente und Zähne erhalten, sondern auch Bakterienrasen, die den Körperumriss mit Haarkleid abbilden. Fossil überlieferter Magen-Darm-Inhalt lässt Rückschlüsse auf die Ernährung zu. Der Messeler See, stagnierend und weniger als 200 m tief, wurde zu einem fossilen Sammelbecken, einer so genannten Grabgemeinschaft (Thanatozönose) für Bewohner limnischer und terrestrischer Habitate sowie des Luftraumes. Weltruhm erlangte Messel als Fundstätte fossiler Säugetiere, die so gut erhalten sind wie nirgendwo sonst; in sehr vielen Fällen lassen sich sogar Magen- und Darminhalte identifizieren. In der ufernahen Vegetation spielten Palmen, Theaceae, Juglandaceae, Araceae, Magnolien u. a. eine wichtige Rolle. Insgesamt fand man Vertreter von 60 Blütenpflanzenfamilien; dazu Formen aus sieben Farnfamilien. Der artenreiche, immergrüne subtropisch-tropische Regenwald hatte eine gewisse Ähnlichkeit mit den heutigen Wäldern Südostasiens; die Fauna des Sees zeigt Anklänge an die der Everglades im Süden Floridas, wo auch heute noch – wie damals in Messel – Knochenhechte, Schlammfische und Alligatoren zusammen vorkommen.

Groß ist die Zahl der gefundenen Insekten, allerdings handelt es sich bis auf wenige Wasserinsekten, z. B. Hydrophilidae, um terrestrische Formen, u. a. Riesenameisen (*Formicium*, Spannweite bis 16 cm; ◘ Abb. 2.71e).

An Fischen sind der Schlammfisch *Cyclurus* und der Knochenhecht *Atractosteus* zu erwähnen, die zu den Holosteern zählen. Holosteer leben heute nur noch in Mittel- und Nordamerika (*Amia*, *Lepisosteus*), von wo sie nach Europa eingewandert sind (◘ Abb. 2.71a). Unter den Teleostei sind Barschartige (*Amphiperca*) und der Aal (*Anguilla*) zu nennen, eine Gattung, die noch heute verbreitet existiert.

Eine weitere wichtige Faunenkomponente waren Krokodile: sieben Arten wurden bisher auf relativ engem Raum nachgewiesen; so etwas gibt es heute nirgendwo auf der Erde. Mit 5 m Länge ist *Asiatosuchus germanicus* die längste Art.

Auch Vögel sind mit einer großen Anzahl (über 50 Arten aus 36 Ordnungen) vertreten. Relativ häufig findet man Wiedehopfartige, Mausvögel und Racken. Neben vielen fliegenden Formen gab es den 2 m hohen Riesenlaufvogel *Gastornis* (*Diatryma*), der auch aus Nordamerika bekannt ist.

Das „Urpferdchen" *Eurohippus parvulus* dagegen hatte nur die Größe eines Foxterriers, das verwandte *Propalaeotherium hassiacum* war schäferhundgroß. Diese Formen besaßen vorn drei, hinten vier Zehen und lebten von Blättern und Früchten (einschließlich Weintrauben). Sie gehörten zu einer phylogenetischen Seitenlinie der Pferde und starben im Eozän aus.

Auch einen Ameisenfresser (*Eurotamandua joresi*, ◘ Abb. 2.71b) kennt man aus Messel. Dessen zahnlose Unterkiefer sind zu schmalen Spangen reduziert. In der Morphologie ähnelt *Eurotamandua* den Ameisenbären Südamerikas.

Dazu kommen Schuppentiere (*Eomanis*, ◘ Abb. 2.71c), die heute auf Afrika und Teile Asiens beschränkt sind, und Tapire (*Hyrachyus*, ◘ Abb. 2.71d), welche rezent in Südostasien und Mittel- sowie Südamerika leben.

Groß ist die Zahl der gefundenen Fledermäuse. Ihre unglaublich gute Erhaltung wird auf die geringe Wasserbewegung am und im sauerstofffreien Boden des Maarsees zurückgeführt. Warum die Häufigkeit der Funde so hoch ist, weiß man nicht. Vielleicht waren Gasausbrüche oder auch toxische Blaualgen die Ursache für ein besonders rasches Sterben. Die nachfolgende Einbettung muss in einem lebensfeindlichen Milieu am Seeboden erfolgt sein.

Auf besonderes Interesse stieß im Jahr 2009 die Beschreibung eines lemurenähnlichen Primatenfossils aus Messel: *Darwinius masillae*.

Etwa 60 % der Säugetiergattungen der Messeler Formen sind übrigens auch aus dem Eozän Nordamerikas bekannt, was nicht überraschend ist, weil sich der nördliche Nordatlantik erst im Alttertiär öffnete. An der Grenze zwischen Paleozän und Eozän gab es über transatlantische Landbrücken noch einen umfangreichen Austausch zwischen Nordamerika und Europa. Unerwartet waren dagegen die paläogeographischen Beziehungen zu Südamerika. Man vermutet, dass die Ameisenbären aus Afrika, wo sie jedoch bisher noch nicht nachgewiesen werden konnten, nach Europa gelangten.

EXKURS 2.16

Das eozäne Geiseltal – eine Fossillagerstätte von Weltgeltung in Mitteldeutschland

Meinolf Hellmund (Halle [Saale])

Die Fossillagerstätte Geiseltal, ein in der Vergangenheit wirtschaftlich bedeutendes Braunkohlenvorkommen in Mitteldeutschland, befindet sich etwa 20 km Luftlinie südwestlich von Halle (Saale). Die wirtschaftliche Erschöpfung dieses Vorkommens war im Jahre 1993 endgültig erreicht und damit endeten auch die Möglichkeiten, dort paläontologische Grabungen durchzuführen. Die zurückgebliebene Bergbaufolgelandschaft wurde in den darauffolgenden Jahren in einen See umgewandelt.

Die Ausdehnung der Lagerstätte betrug etwa 60 km², die Mächtigkeit der Kohlenflöze zusammen mit den darin eingeschalteten, klastischen Zwischenmitteln bisweilen bis zu 120 m. Von der ältesten, fossilführenden Kohlebildung bis zur jüngsten verging ein Zeitraum von etwa 5–6 Mio. Jahren. In der Fossillagerstätte Messel (s. **Abschn. 2.4.1**) dagegen umfassen die dortigen Sedimente lediglich einen Zeitraum von etwa 1,5 Mio. Jahren. Diese bilden ein zeitliches Pendant zur sogenannten „Unterkohle" im Geiseltal, während die „untere Mittelkohle" und die „obere Mittelkohle" sowie die „Oberkohle" des Geiseltales entsprechend jüngere Flöze repräsentieren. Die Flöze wurden im Geiseltal vor etwa 48–43 Mio. Jahren unter subtropischen Klimabedingungen während des Mitteleozäns und des basalen Obereozäns gebildet (s. **EXKURS 2.15, Abschn. 2.4.1**).

Die einzelnen Braunkohlenflöze mit den darin eingeschalteten Klastika umfassen im Geiseltal vier stratigraphisch unterschiedliche, terrestrische *Mammal Paleogene Zones* (MP 11–MP 14), dabei handelt es sich jeweils um lokale, d. h. räumlich begrenzte Säugerfaunen, die ein bestimmtes Evolutionsniveau repräsentieren. Diese spielen eine entscheidende und herausragende Rolle für biostratigraphische Vergleiche sowie für Korrelationen mit anderen eozänen Fundlokalitäten.

Die Besonderheit für das Geiseltal liegt also in der nahezu kontinuierlichen Superposition von Kohlenflözen und Zwischenmitteln. Dies eröffnete die seltene Möglichkeit, einzelne Taxa unter stratophänetischen Aspekten, d. h. kontrolliert am Profilverlauf zu untersuchen und zu interpretieren.

Aufgrund besonderer geochemischer Bedingungen kamen in bestimmten Flözbereichen im Geiseltalrevier, insbesondere in den 1930er bis 1960er Jahren, ausgezeichnet erhaltene, z. T. dreidimensional überlieferte Fossilien durch den Bergbau zu Tage. Dabei ist das Vorkommen von artikulierten Wirbeltierskeletten und deren Bezahnungen unmittelbar in der Braunkohle einmalig in Mitteleuropa.

Die außergewöhnliche Überlieferung beruhte auf der Zufuhr von kalkhaltigen Wässern aus dem Unteren Muschelkalk. Hierbei wurde die Zerstörung von potenziellen Tierleichen durch eine zufällig stattgefundene, natürliche Pufferung bzw. Neutralisation aggressiver Stoffe wie beispielsweise von Huminsäuren in den Niedermooren während eines frühen Stadiums der Diagenese unterbunden. Auch die z. T. durch Silizifizierung und Gerbung hervorgerufene strukturgetreue Überlieferung von Weichteilen hat die Geiseltalfossilien weltbekannt gemacht. Die Geiseltalsammlung ist unterdessen in die Liste „national wertvollen Kulturgutes" aufgenommen worden, wodurch ihr wissenschaftlicher Stellenwert noch unterstrichen wird.

Die Bergung, Konservierung und durchlichtmikroskopische Betrachtung derartig filigraner Strukturen wurde durch eine eigens hierfür entwickelte, damals bahnbrechende Methode möglich, die sogenannte Lackfilmmethode von E. Voigt. Entsprechende Objekte ließen sich unabhängig von ihrer Größe nach Auftragen eines speziellen Nitrozelluloselacks („Geiseltallack") und nach dessen Trocknung wie ein „Abziehbild" vom Substrat abnehmen und im Durchlicht analysieren.

Die Faunenliste der Vertebraten aus dem Geiseltal umfasst zurzeit insgesamt 125 verschiedene Taxa, die sich folgendermaßen verteilen: Fische: 5,

EXKURS 2.16 (Fortsetzung)

Amphibien: 8, Reptilien: 24, Vögel: 13 und Säugetiere: 75. Einige charakteristische und besonders bemerkenswerte Faunenelemente werden hier genannt. Die Knochenfische *Anthracoperca*, *Palaeoesox* und *Thaumaturus* waren in stehenden Gewässer in den obersten Profilbereichen sehr zahlreich, in den tieferen Teilen der oberen Mittelkohle waren Schlammfische aus der Gattung *Cyclurus* häufige Fossilien.

Auch die Frosch- und Schwanzlurche stammen aus ehemaligen Seen des oberen Profilbereiches, zahlreich sind Verwandte der Knoblauchkröte, z. B. *Eopelobates*. Andere Vertreter gehören zu den Wasserfröschen, z. B. *Palaeobatrachus*.

Schildkröten haben im Geiseltal unterschiedliche ökologische Nischen besetzt; nachgewiesen sind *Geoemyda* (Erdschildkröte), *Chrysemys* (Sumpfschildkröte), *Geochelone* (Landschildkröte), nur sehr selten wurde die Wasserschildkröte *Trionyx* gefunden.

Schlangen sind vergleichsweise häufige Fossilien, oftmals sind es vollständige Exemplare, die über zwei Meter Körperlänge erreichten. Die meisten von ihnen gehören zu den Würgeschlangen (Boidae).

Krokodile kommen in fast allen Fundstellen vor. Sie ermöglichen Aussagen zu den Klimaverhältnissen während der eozänen Kohlenbildung. Die fünf bekannt gewordenen Gattungen sind *Diplocynodon*, *Asiatosuchus*, *Pristichampsus*, *Allognathosuchus* und *Bergisuchus*. Die Krokodile des Geiseltales zeichnen sich durch eine große Diversität in der Gebissmorphologie, der Panzerung und des Körperbaues aus.

Die Differenziertheit der Eidechsenverwandten deutet auf sehr spezielle Lebensräume innerhalb des „Ökosystems Geiseltal" hin. Es sind sowohl stark gepanzerte als auch weniger bewehrte, fußlose Schleichen, Leguane und Baumeidechsen darunter.

Die vergleichsweise kleinwüchsigen Säugetiere des Geiseltales repräsentieren Vertreter aus einer frühen Phase der Entwicklung hin zu den modernen Säugetierarten unserer Zeit. Unter den insgesamt 14 verschiedenen Arten von Paarhufern wird beispielhaft das nur etwa ferkelgroße *Amphiragatherium* genannt.

Eine Besonderheit unter den pferdeartigen Säugetieren ist das nahezu vollständige Skelett von *Propalaeotherium isselanum*. Die Erhaltung ist dreidimensional und es handelt sich aufgrund der Größe der Canini und der Beckenmorphologie um einen Hengst. Von diesem sehr bekannten Fossil ist erst kürzlich, mehr als 75 Jahre nach der Ausgrabung in der oberen Mittelkohle, der bislang verschollene Inhalt des Magen-Darm-Traktes analysiert worden. Diese Analyse belegt die betont folivore Ernährungsweise dieser Urpferde, hier bestehend aus Blättern von Heidekraut- und tropischen Mistelgewächsen.

Die mit zu bis 2 m Körperlänge größten Säugetiere stellten damals die tapirartigen *Hyrachyus* und *Lophiodon*, die mit ausgezeichnet dreidimensional erhaltenen Schädeln, Gebissen und teilweise artikulierten Skeletten vertreten sind. In der Geiseltalfauna sind diese großen Unpaarhufer vergleichsweise zahlreich und in allen Flözen nachgewiesen.

Die Urraubtiere (Creodonta) sind mit sieben unterschiedlichen Arten vertreten. Ihre Brechschere bildete ein wirksames Instrument zum Zerbeißen von Knochen. Diese wird aus dem zweiten oberen und dem dritten unteren Molaren gebildet. Von den „modernen" Raubtieren (Carnivora) gibt es nur einen Einzelnachweis, ähnlich selten sind die raubtierähnlichen Urhuftiere (Condylarthra).

Funde von Kleinsäugern, wie Rodentia, Chiroptera und Insectivora sind insgesamt selten. Dies ist insbesondere auf unvermeidbare aufsammlungstechnische Defizite im Zusammenhang mit Kohlensubstrat zurückzuführen.

Die Beuteltiere sind z. B. mit den kleinwüchsigen Gattungen *Amphiperatherium* und *Peratherium* vertreten. Die eozänen Halbaffen, tarsierähnliche Microchoeridae und die lemurenähnlichen Adapidae kommen mit mehreren Arten vor.

Besonders bekannt geworden unter den Wirbellosen sind neben den Schnecken und den Muscheln die farbig erhaltenen Flügeldecken (Strukturfarben) von Prachtkäfern (Buprestidae) (◘ Abb. 2.72).

Als Besonderheiten unter den Gymnospermen und Angiospermen des Geiseltales ist die Erhaltung von Chlorophyllresten hervorzuheben.

EXKURS 2.16 (Fortsetzung)

◘ **Abb. 2.72** Prachtkäfer (*Psiloptera acroptera*) aus dem Eozän des Geiseltales. Durch Interferenz treten die Strukturfarben des etwa 2 cm langen Käfers hervor. Archiv Geiseltalmuseum/Geiseltalsammlung

Obwohl sich der eozäne Maarsee von Messel und die eozänen Niedermoore und Urwalddickichtzonen des Geiseltales aus geologischer und paläoökologischer Sicht deutlich voneinander unterscheiden, weisen die Algenlaminite („Ölschiefer") aus Messel und die Unterkohle im Geiseltal (jeweils MP 11, s. o.), z. T. identische Tierarten auf.

Es sind bei den Fischen insbesondere *Cyclurus* (*Amia*) *kehreri*, bei den Krokodilen z. B. *Diplocynodon darwini* und *Asiatosuchus germanicus* und schließlich der Laufvogel *Gastornis* („*Diatryma*"). Von diesem beeindruckenden Faunenelement liegen aus den Braunkohlen des Geiseltales die vergleichsweise umfangreichsten und insgesamt besterhaltenen osteologischen Belege für ganz Europa vor.

Die sehr bekannten „Urpferde" *Eurohippus parvulus* (älteres Synonym: *Propalaeotherium parvulum*) und *Propalaeotherium hassiacum* reihen sich hier ebenfalls ein. Das seltene Taxon *Eurotamandua joresi* ist sowohl aus Messel als auch aus dem Geiseltal bekannt geworden. Neuere Untersuchungen haben gezeigt, dass es sich hier nicht, wie lange Zeit angenommen, um einen Vertreter der Ameisenbären, sondern dass es sich eher um ein Schuppentier handelt. Substanzielle Unterschiede in den Faunenzusammensetzungen lassen sich auf taphonomische, spezifisch ökologische und stratigraphische Verschiedenheiten zurückführen, es kommen aber auch Überlieferungslücken in Betracht.

Die Säugetiere entfalten sich

Dem Verlust an Biodiversität an der Kreide-Tertiär-Grenze folgte eine rasche Evolution und Diversifikation der Säugetiere, weswegen das Känozoikum auch als das Zeitalter der Säugetiere bezeichnet wird.

Heute sind über 4600 rezente Arten bekannt, mehr als 90 % davon sind Eutheria. Von diesen stellen wiederum die Nagetiere mit 46 % die artenreichste Gruppe, es folgen die Fledermäuse mit 21 %. Die artenreichste Familie sind die Muridae, die über 10 % aller rezenten Säugetierarten stellen.

In den Meeren entwickelten sich **Wale** (◘ Abb. 1.29), **Robben** und **Seekühe**. Die Wale erlebten im Eozän eine intensive Entwicklungsphase. Ursprüngliche Formen weisen im Skelett Übereinstimmungen mit den Paarhufern auf, so dass an der Verwandtschaft dieser beiden Gruppen nicht gezweifelt wird. Die Robben sind seit dem Oligozän nachgewiesen und gehen wohl auf eine Form zurück, aus der sich auch Bären entwickelt haben. Seekühe waren auch im heutigen Mitteleuropa verbreitet. Im Paläogen gab es noch eine Verbindung von Nordsee und Tethys, in der Seekühe eine bedeutende Rolle spielten. Im Norden (im heutigen Westfalen) lebte im Oligozän die Bündener Seekuh (*Anomotherium langewieschei*). Aus dem Süden beschrieb man die Mainzer Seekuh (*Halitherium schinzi*), die recht häufig in Rheinhessen gefunden wird. Seekühe lassen sich derzeit fossil bis ins Eozän zurückverfolgen. Ihre nächsten Verwandten sind die **Rüsseltiere** (Proboscidea), mit denen sie auch als Tethytheria zusammengefasst werden,

◘ **Abb. 2.73 a–d** Ausgestorbene Säugetiere: **a** *Indricotherium* (Oligozän bis Miozän, China und Pakistan, Kopfhöhe 6–7 m; Länge etwa 7 m), **b** *Thylacosmilus* (Beuteltier, Miozän bis Pliozän, Argentinien; Länge gut 1 m), **c** *Deinotherium* (Miozän bis Pliozän, Afrika und Europa, Schulterhöhe etwa 4 m), **d** *Macrauchenia* (Pleistozän, Argentinien; etwa 3 m lang). Nach Palmer (1988)

weil sie wohl in Küstenzonen der Tethys ihren Ursprung hatten. Von den Rüsseltieren existieren heute nur noch zwei Gattungen (*Loxodonta* in Afrika, *Elephas* in Südasien). Die ältesten Fossilien kennt man aus dem Paleozän; ihre frühen Vertreter hatten die Größe von Schweinen (z. B. *Moeritherium* in Afrika). Später entstanden viele Riesen-, aber auch sekundär Zwergformen (1 m hoch, auf Mittelmeerinseln). Die Rüsseltiere machten drei Radiationen durch, im Eozän, im Miozän und am Übergang Miozän-Pliozän. Ihren Ausgangspunkt hatten sie in Afrika, von dort besiedelten sie Europa, Asien und Amerika. In Mitteleuropa waren z. B. Deinotheriidae (mit nach unten gebogenen Stoßzähnen im Unterkiefer (◘ **Abb. 2.73c**), Gomphotheriidae (mit vier Stoßzähnen) und diverse Elephantidae verbreitet. Zu letzteren gehört das Mammut, welches in einer kleinen Form bis vor 4000 Jahren auf der Wrangel-Insel nördlich von Sibirien gelebt hat.

Im Paläogen waren bis nashorngroße Pflanzenfresser wie *Brontotherium*, *Brontops* und *Uin-*

tatherium verbreitet. In dieser Zeit sahen sich die Ausgangsformen von Huf- und Raubtieren noch so ähnlich, dass es bisweilen sogar zu Schwierigkeiten bei der Einordnung kommt. So hat man *Mesonyx* lange Zeit zu den Urraubtieren (Creodonta) gestellt, ordnet sie jetzt aber den Urhuftieren (Condylarthra) zu.

Die Vorfahren der heutigen Unpaarhufer und Paarhufer waren im Paläogen noch kleine, etwa fuchsgroße Tiere. Manche Huftiere wichen stark von heutigen Formen ab (◘ Abb. 2.73d).

Die **Unpaarhufer** entwickelten dann viele Formen, z. B. diverse Nashörner und das mit diesen verwandte größte Landsäugetier aller Zeiten, das über 6 m Schulterhöhe messende und über 7 m lange *Indricotherium* (*Baluchitherium*) (◘ Abb. 2.73a), das vom Oligozän bis zum Miozän bekannt ist. Es wurde ursprünglich nach Belutschistan (engl. Baluchistan; Iran, Pakistan) benannt. Diese gigantische Form hatte einen 1,5 m langen Schädel, welcher an einem 2,5 m langen Hals saß. Die Körpermasse schätzt man auf 20 Tonnen. *Indricotherium* war Pflanzenfresser.

Sehr genau ist die Geschichte der Pferde bekannt, und in der Tat ist der Pferdestammbaum das „Paradepferd" der Evolutionsbiologie. Ausgangspunkt sind kleine, etwa hasengroße Formen wie *Hyracotherium*. ◘ Abb. 2.74 stellt die Evolution der Pferde so dar, wie sie heute gesehen wird: sehr viel komplizierter als noch vor einigen Jahren. In etwa 50 Mio. Jahren sind die heutigen Pferde, hoch spezialisierte Lauftiere, aus kleinen Buschschlüpfern hervorgegangen. Der Beginn ihrer Evolution ist am reichhaltigsten in Europa dokumentiert, wo es allerdings im Oligozän (34–24 Mio. Jahre vor heute) keine Pferde gab. In jüngerer Zeit ist die Evolution der Pferde dagegen in Nordamerika besonders gut zu verfolgen. Hier gab es sie vom Eozän bis kurz nach dem Pleistozän. Erst die europäischen Eroberer haben das altweltliche Pferd später nach Nordamerika gebracht.

Mehrfach ist Europa durch Einwanderungswellen von Pferden nach dem Oligozän neu besiedelt worden, zu Beginn des Miozän durch *Anchitherium*, dann durch *Hippotherium* und *Hipparion*, alles dreizehige Formen. Auch Asien und Südamerika wurden von Nordamerika aus besiedelt. *Equus* und *Hippidion* überlebten in Südamerika (Patagonien) bis ins Holozän. Die jüngsten Funde sind 4000 Jahre alt.

Der Pferdestamm„baum" präsentiert sich also heute eher als ein Busch mit mehreren Radiationen, einer im Eozän der Alten Welt und weiteren im Miozän in Nordamerika (◘ Abb. 2.74). Jens Lorenz Franzen (2006) stellt speziell die Pferde der Morgenröte (eozäne Radiation) in einem größeren Zusammenhang dar.

Unter den **Paarhufern** existierten die Kamele schon im Alttertiär mit vielen Formen, insbesondere in Nordamerika. Die übrigen Paarhufer erreichten den Höhepunkt ihrer Entwicklung erst im Jungtertiär, die Rinderartigen sogar erst im Pleistozän.

Auch **Raubtiere** haben im Tertiär viele ungewöhnliche Formen hervorgebracht, z. B. die Säbelzahnkatzen mit ihren extrem langen oberen Eckzähnen, die verschiedenen Familien angehören. Ähnliche Formen gibt es auch unter den Beuteltieren. Ihre ersten Vertreter kennt man aus dem Paleozän; gleiches gilt für **Nagetiere** und **Hasenartige**. Mit zunehmender Kenntnis der Plattentektonik, der Morphologie und des Genoms entstehen interessante neue Vorstellungen über die Verwandtschaftsbeziehungen zwischen den einzelnen

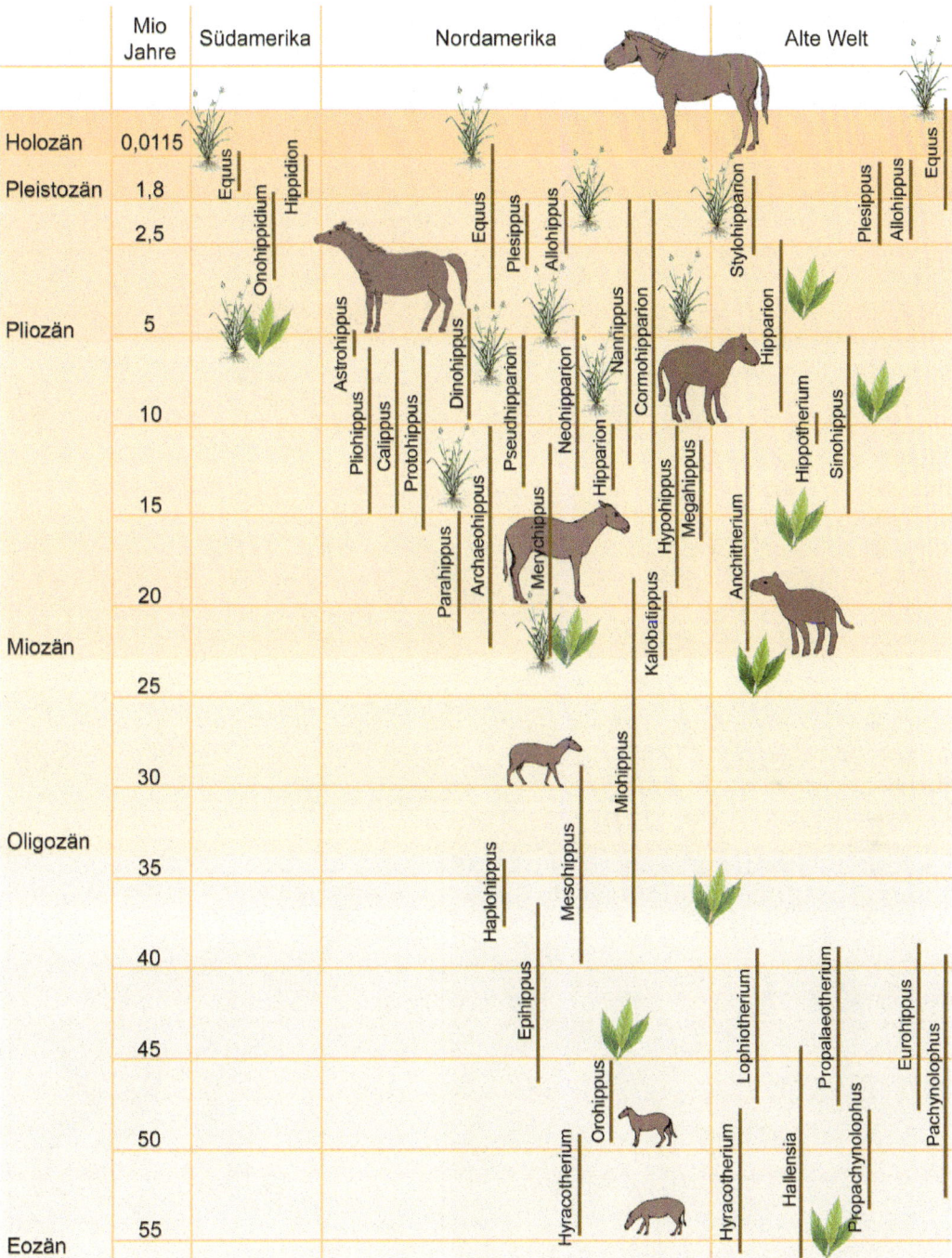

Abb. 2.74 Die Stammesgeschichte der Pferde präsentiert sich uns heute als ein sehr komplexes Geschehen mit einer Radiation im Eozän Europas und weiteren im Miozän. Beachte die Lücke im Oligozän Europas und das Aussterben der Pferde im nacheiszeitlichen Amerika. Nach Franzen (2006), MacFadden (2006)

EXKURS 2.17

Die jungtertiäre Tier- und Pflanzenwelt zur Zeit der Auffaltung der Alpen: Öhningen, Höwenegg, Eppelsheim

Als die Alpen zu einem Gebirge aufstiegen, entstand vor der Gebirgsfront ein Vorlandbecken, das unmittelbar am Gebirgsrand am tiefsten war, und in dem die Schichtenfolge der Molasse zur Ablagerung kam (Molasse: aus dem Französischen; Abtragungsschutt). Starke Schüttungen von Gesteinsbruchstücken (klastischem Material) von den aufsteigenden Alpen her drängten das Meer wiederholt aus dem Vorlandbecken hinaus. Daher lassen sich innerhalb der Molasseabfolge marine

■ Abb. 2.75 a–d Eppelsheim (Rheinhessen) und Miozän. a Luftbild der Ortschaft, b Hydrobienkalk, c Wildtränke, mit den Augen eines Künstlers (Pavel Major) gesehen. Im Vordergrund Pferde (*Hippotherium*) und Hirsche (*Euprox*), im Wasser ein Nashorn (*Aceratherium*); im Hintergrund das „Krallentier" *Chalicotherium* und Rheinelefanten (*Deinotherium*). d *Moropus* (Chalicotheriidae)

EXKURS 2.17 (*Fortsetzung*)

Serien (untere und obere Meeresmolasse) von den unter festländischen Bedingungen abgelagerten Süßwassermolassen unterscheiden.

Neben der Alpenfaltung war Vulkanismus ein weiteres wichtiges landschaftsgestaltendes Ereignis am Rande des Molassebeckens. Vulkanische Explosionstrichter ließen Seen entstehen, die später verlandeten. Zwei wurden zu besonders bekannten Fossilfundstätten: Öhningen und Höwenegg.

Öhningen (im Hegau nordwestlich des Bodensees) wurde schon im 18. Jahrhundert bekannt, nachdem der Züricher Stadtarzt Johann Jakob Scheuchzer 1726 ein Fossil aus den dortigen Steinbrüchen beschrieben hatte (s. **EXKURS 1.4 Abschn. 1.2.2**). Scheuchzer war von der Existenz der Sintflut überzeugt und interpretierte das „menschenähnliche" Fossil als Überrest eines Sintflutopfers: *Homo diluvii testis*. Später wurde dieses Fossil noch detaillierter im Sinne des Sintflutglaubens als alter Sünder interpretiert. Heute trägt es den Namen *Andrias scheuchzeri* (◘ Abb. 1.24c): Der „alte Sünder" wurde als Riesensalamander erkannt, dessen nächster Verwandter heute nur noch in eng umschriebenen Gebieten Ostasiens vorkommt.

Man hat aus den Öhninger Steinbrüchen etwa 500 Pflanzen- und fast 900 Tierarten beschrieben. Bei letzteren überwiegen Insekten. Das Klima war dort vor 13 Mio. Jahren ausgeglichen und relativ warm; die mittlere Jahrestemperatur lag etwa 7 °C über der heutigen, die Niederschläge von 1300–1500 mm waren recht gleichmäßig über das Jahr verteilt.

Im See von Öhningen lebten zahlreiche Fischarten, insbesondere Weißfische (*Leuciscus*), aber auch Schleie (*Tinca*) und Hechte (*Esox*). Die Öhninger Zahnkarpfen (*Prolebias*) gehörten wohl zu den eierlegenden Zahnkarpfen, die heute in Südeuropa, Asien und Mittelamerika verbreitet sind. An Grundfischen kamen Steinbeißer (*Cobitis*), Gründlinge (*Gobius*) und Groppen (*Cottus*) vor. Am Seeboden lebten Malermuscheln (*Unio*) und Süßwasserkrabben (*Telephusa*); an Pflanzen wuchsen dort Laichkräuter (*Potamogeton*) und Brachsenkräuter (*Isoetes*). Die Uferzone wurde von einem Schilf-Rohrkolben-Gürtel eingenommen (*Phragmites*, *Arundo* und *Typha*). Hier lebten auch Wasserschildkröten (*Chelydropsis*) und Kröten (*Bufo*), Unken (*Bombinator*) sowie der Riesenfrosch (*Latonia*). Auch *Andrias* dürfte hier gelebt haben. In der Uferzone existierte eine reiche Insektenfauna. Auch über Lebensgemeinschaften aus der Umgebung des Sees haben wir Kenntnisse, da viel Material eingeweht oder eingeschwemmt wurde. Weide (*Salix*) und Erle (*Alnus*) standen dort, Pappel (*Populus*) und Ulme (*Ulmus*), aber auch Zimt- oder Kampferbäume (*Cinnamomum*) und Seifenbäume (*Sapindus*) sowie Palmen.

Das Höwenegg ist der nördlichste der Hegauvulkane am Südrand der Schwäbischen Alb. Vor etwa 11 Mio. Jahren entstand dort ein vulkanischer Sprengtrichter von 1 km Durchmesser, der sich mit Wasser auffüllte. In seiner Umgebung entstand eine Vegetation mit Ahorn, Pappel, Ulme, Kastanie, Weide und Kiefer. Während den Mitteleuropäern dieses botanische Szenario aus der Jetztzeit geläufig ist, gilt das nicht in Bezug auf die hier gefundenen großen Säugetiere: Sie erinnern eher an die Säugetierfauna im heutigen Ostafrika. Waldantilopen (*Miotragocerus*), Nashörner (das hornlose *Aceratherium*), Pferde (die dreizehige Gattung *Hippotherium*) sowie Elefanten (*Deinotherium*, *Mastodon*) und Säbelzahnkatzen (*Sansanosmilus*) kamen damals im Schwäbischen vor. In der Umgebung des Höwenegg müssen große Huftierherden geweidet haben.

Mit Abkühlen des Klimas zogen sich die Höwenegg-Säuger in wärmere Gefilde zurück und starben spätestens im Verlauf der Vereisungen vor etwa 1 Mio. Jahren aus.

Eine umfassende Präsentation der genannten Fossilien findet sich im **Naturkundemuseum am Friedrichsplatz 7, 76133 Karlsruhe.**

Einen weiteren Einblick in die Welt des Miozän offenbart uns Eppelsheim (nahe Mainz; ◘ Abb. 2.75a). Hier fand man 1835 den ersten Schädel von *Deinotherium* (◘ Abb. 2.73c). Mittlerweile kennt man von dieser Fundstelle über 20 Säugetier-Arten (◘ Abb. 2.75c, d), z. B. *Aceratherium* und *Chalicotherium*. Eppelsheim selbst fällt durch einen hier oft verwendeten Baustein auf, den Hydrobienkalk (◘ Abb. 2.75b), der ganz vorwiegend aus den Gehäusen dieser kleinen Schnecken besteht und der vor 16–21 Mio. Jahren entstand. Einige Funde sind im **Dinotherium-Museum, Rathaus, 55234 Eppelsheim,** ausgestellt.

EXKURS 2.18

Zeuge einer der größten Katastrophen unseres Planeten: das Steinheimer Becken, in dem man die Evolution „beobachten" kann

Vor 15 Mio. Jahren schlugen zwei Meteoriten mit einer Geschwindigkeit von 20–50 km/s im Gebiet der Schwäbischen Alb ein, ein größerer mit einem Durchmesser von vielleicht 1000 m und ein kleinerer mit einem Durchmesser von etwa 100 m. Es entstanden Krater von 25 bzw. 3,5 km Durchmesser, noch heute als Nördlinger Ries und Steinheimer Becken erkennbar. Von den Meteoriten selbst blieb nichts Nachweisbares übrig, aber sie hinterließen zwei Hochdruckmodifikationen des Quarzes, Coesit und Stishovit, die als Beweise für die meteoritische Entstehung von Kratern gelten.

In beiden Kratern entstanden abflusslose Seen, und der See im Steinheimer Becken hinterließ eine artenreiche Lebensgemeinschaft in fossilisierter Form, die uns einen detaillierten Einblick in die Organismenwelt des Miozäns erlaubt. **Steinheim am Albuch** (nicht mit Steinheim bei Ludwigsburg zu verwechseln, wo der „Steinheimer Mensch" gefunden wurde, s. **Abschn. 5.6.4**) beherbergt im Meteoritenkrater ein **Meteorkratermuseum**, wo die wichtigsten Funde aus den 30–40 m dicken Seesedimenten dargestellt werden.

Die hohe Artenzahl der Fossilien des Steinheimer Beckens hängt damit zusammen, dass hier Organismen ganz unterschiedlicher Lebensräume zusammenkamen: aus dem See, seiner bewaldeten Uferzone und von der Hochfläche der Alb, die von einem lockeren Wald bestanden wurde. In der Uferzone gab es z. B. Erle (*Alnus*), Gleditschie (*Gleditsia*) und Seifenbaum (*Sapindus*), auf der Hochfläche Eiche (*Quercus*), Scheinakazie (*Robinia*), Zürgelbaum (*Celtis*) und Walnuss (*Juglans*). Das Klima war offenbar durch größere jahreszeitliche Schwankungen gekennzeichnet. Die Durchschnittstemperatur lag über der heutigen.

Eine der paläontologischen Besonderheiten des Steinheimer Beckens ist die sich langsam verändernde Schneckenfauna. Unter den fast 100 beschriebenen Arten von Land- und Süßwasserschnecken dominiert die Tellerschnecke *Gyraulus*. In den etwa 40 m mächtigen Seeablagerungen zeigt sie ganz bestimmte Veränderungen ihres Gehäuses, die schon 1866 – 7 Jahre nach dem Erscheinen von Darwins epochalem Werk – von dem Tübinger Franz Hilgendorf (1839 bis 1904) beschrieben wurden. Das war der erste konkrete Nachweis einer Entwicklungsreihe fossiler Lebewesen! Auch bei Muschelkrebsen (Ostracoda) wurden solche Veränderungen gefunden.

Die Fischfauna des Sees vom Steinheimer Becken ähnelte schon der heutigen mitteleuropäischen: man fand z. B. Barbe (*Barbus*) und Schleie (*Tinca*). Besonders groß ist die Zahl der Vögel: über 50 Arten wurden bisher identifiziert. Neben vielen, die noch heute hier vorkommen, gab es in dieser Zeit auch Papageien.

Ähnlich artenreich sind die Säugetiere. Weit verbreitet waren Pfeifhasen, die heute v. a. in Steppen Zentralasiens leben. Unter den Paarhufern dominieren die Hirschverwandten, z. B. der fast elchgroße *Palaeomeryx*. Unter den Unpaarhufern sind verschiedene Nashörner zu nennen. Raubtiere waren durch 15 Arten vertreten, wobei das marderartige *Rochotherium* besonders häufig war. Größter Carnivore war der etwa löwengroße Bärenhund *Amphicyon*. Aus der Gruppe der Rüsseltiere gab es die Gattung *Gomphotherium*.

Säugetierordnungen (s. **Abschn. 4.2.2**). So wurde z. B. die Einrichtung einer Überordnung Afrotheria vorgeschlagen, der die Ordnungen Proboscidea (Elefanten), Sirenia (Seekühe), Hyracoidea (Klippschliefer), Tubulidentata (Erdferkel), Macroscelidea (Elefantenspitzmäuse) und Afrosoricida (Goldmulle und Tanreks) angehören. Alle diese Tiergruppen wären demnach in Afrika entstanden und zwar zu einer Zeit, als Afrika noch von den anderen Kontinenten isoliert war (Ende der Kreide, Beginn des Tertiär). DNA- und Proteinsequenzdaten stimmen bei diesen Säugetiergruppen in einem erkennbaren Ausmaß überein, was eine nähere Verwandtschaft möglich erscheinen lässt (◘ **Abb. 4.34**).

Die Vögel brachten nahe der Kreide-Tertiär-Grenze zahlreiche sehr große, flugunfähige Formen hervor, z. B. den schon erwähnten Riesenvogel *Gastornis* (◘ **Abb. 4.35b**).

2.4.2 Quartär

> **Übersicht**
>
> Das Quartär umfasst die letzten 2,6 Mio. Jahre der Erdgeschichte und wird in Pleistozän und Holozän unterteilt. Auf das Pleistozän fällt der bei weitem größere Anteil des Quartärs. Es ist durch mehrere Kaltzeiten gekennzeichnet, deren Auswirkungen vor allem die nördlichen Bereiche Nordamerikas, Europas und Asiens betrafen. Seit etwa 500.000 Jahren entwickelten sich vor allem in Europa und Nordamerika periodische Inlandgletscher. Das Holozän umfasst den ca. 11.700 Jahre langen Zeitraum nach dem Ende der letzten Eiszeit und ist durch das zunehmende Eingreifen des modernen Menschen in die Biosphäre gekennzeichnet: Mit der Industrialisierung und dem starken Bevölkerungswachstums von *Homo sapiens* beginnt der auch Anthropozän genannte allerjüngste Abschnitt der Erdgeschichte.

Die Erdperiode, die dem Pliozän folgte und in der wir heute leben, ist das **Quartär**. Dieses wird unterteilt in das **Pleistozän** (das eigentliche Eiszeitalter, früher Diluvium (Sintflut) genannt) und das **Holozän**, die Zeit nach der letzten Vereisung, die Jetztzeit. Die Abtrennung des Holozäns vom Pleistozän ist historisch bedingt. Es handelt sich um die Warmzeit nach der Würm- (Alpenvorland) bzw. Weichseleiszeit (Mitteleuropa). Das **Holozän** begann vor ca. 11.700 Jahren. Auch im Holozän gab es durchaus Temperaturoszillationen; bemerkenswert sind die Kälteeinbrüche vom 13. bis 19. Jahrhundert n. Chr. („Kleine Eiszeit").

Die Tertiär-Quartär(Plio-/Pleistozän-)-Grenze ist nach jahrzehntelanger Diskussion seit dem Jahr 2009 international verbindlich und einvernehmlich auf 2,58 Mio. Jahre vor heute festgelegt. Zu dieser Zeit setzte eine signifikante globale Abkühlung der Atmosphäre ein, die sich sowohl auf den Kontinenten als auch in den Ozeanen auswirkte.

Die zeitliche Großgliederung des Quartärs unterscheidet Früh-, Mittel- und Spätpleistozän sowie Holozän. Die Grenze zwischen Früh- und Mittelpleistozän ist durch eine Umpolung des Erdmagnetfeldes (Matuyama/Brunhes-Grenze) vor ca. 780.000 Jahren definiert. Die Grenze zwischen Mittel- und Jungpleistozän wird durch den Beginn der letzten Warmzeit, dem Eem-Interglazial, vor etwa 128.000 festgelegt. Das Holozän, die Nacheiszeit, begann, wie erwähnt, vor ca. 11.700 Jahren (◘ **Abb. 2.76, 2.77**). Die Datierung quartärer kontinentaler Ablagerungen ist mit vielen Problemen behaftet, weil diese Ablagerungen große zeitliche und räumliche Lücken aufweisen. Tiefseesedimente, die langsam und kontinuierlich abgelagert werden, sind im Allgemeinen weniger problematisch. In diesen Meeresablagerungen sind es insbesondere die Sauerstoffisotopen-Signatur und die paläomagnetische Polarität, die in stratigraphischer Hinsicht gut verwertbar sind (Sauerstoffisotopen-Stratigraphie und Magneto-Stratigraphie). Diese stratigraphischen Methoden liefern, wie die Biostratigraphie, relative Altersangaben, jedoch nicht zahlenmäßige Altersangaben in Jahren. Hierfür lassen sich physikalische Methoden einsetzen, die vor allem auf der Bestimmung der natürlichen Radioaktivität beruhen.

Klimaveränderungen spiegeln sich deutlich auch in Änderungen überlieferter Floren- und Faunenelemente wider. Die kalten Zeitabschnitte des Frühpleistozäns werden zumeist Kaltzeiten genannt, während die Kaltphasen von Mittel- und Jungpleistozän Glaziale heißen, da sie mit umfangreichen

Gletscherbildungen und Verschiebungen von Steingeröll (Geschiebe) verbunden waren. Zwischen den Kälteperioden lagen Warmzeiten, Interglaziale genannt. Kürzere und zumeist gemäßigter ausgeprägte Zwischenwarmzeiten innerhalb der Kälteperioden werden als Interstadiale bezeichnet.

Die ersten zwei großen Hauptabschnitte des Frühpleistozäns sind **Prätegelen** und **Tegelen** (◘ Abb. 2.76), Bezeichnungen, die sich auf Tonablagerungen bei dem Ort Tegelen in den südlichen Niederlanden beziehen. Um 1,8 Mio. Jahre vor heute, gegen Ende des paläomagnetischen Olduvai-Subchrons, trat die Wühlmausgattung *Microtus* aus Asien kommend erstmals in Europa auf. Diese Tiere waren durch beständig wachsende Molaren gekennzeichnet. In der Florenentwicklung, die durch kombinierte Pollenprofile erschlossen ist, zeichnen sich in Prätegelen und Tegelen mehrere kühlere und wärmere Phasen ab, die als **Eburon** (überwiegend kalt), **Waal** (zwei Warmzeiten und ein dazwischenliegender kalter Abschnitt), **Menap** (überwiegend kalt) und **Bavel** (eher warm) beschrieben wurden (◘ Abb. 2.77). In der Fauna schlagen sich die jeweils etwa 41.000 Jahre dauernden Klimaoszillationen durch wechselnde Anteile von Wald- oder Offenlandarten nieder. Als ökologische Generalisten sind aus zahlreichen Fundstellen Südelefant (*Mammuthus meridionalis*) und Hundsheim-Nashorn (*Stephanorhinus hundsheimensis*) nachgewiesen. Unter den Hirschen fällt *Eucladoceros* wegen seines großen, kammartigen Geweihs auf. Daneben lässt sich aber auch der viel kleinere Damhirsch (*Dama rhenana*) nachweisen. Die aus Werra-Sanden bei Untermaßfeld in Südthüringen geborgene Warmzeitfauna der Bavel-Phase (Frühpleistozän, ◘ Abb. 2.77) zeigt den eigenständigen Charakter der Tierwelt vor 1,2–0,9 Mio. Jahren sehr deutlich an. Neben Makaken (*Macaca sylvanus*), Wölfen (*Canis mosbachensis*) und Wildhunden (*Xenocyon lycaonoides*) gab es die frühesten Vertreter der Höhlenbärenlinie (*Ursus dolinensis*), Hyänen (*Pachycrocuta brevirostris*), Säbelzahnkatzen (*Homotherium crenatidens*, *Megantereon cultridens*) und den hier erstmals außerhalb Amerikas nachgewiesenen Eurasischen Puma (*Puma pardoides*). Er wurde in der Alten Welt später durch den Leoparden ersetzt. Auch große Geparde (*Acinonyx pardinensis*) und Eurasische Jaguare (*Panthera onca*) wurden nachgewiesen. Neben verschiedenen Pferden und dem Hundsheim-Nashorn (*Stephanorhinus hundsheimensis*) traten Cerviden unterschiedlicher Körpermaße auf. Neben der Großform *Eucladoceros giulii* und dem damhirschgroßen *Cervus nestii* gab es Elche (*Alces carnutorum*) sowie eine frühe Rehform mit abgeplatteten Geweihstangen (*Capreolus cusanoides*). Typisch ist außerdem der hochbeinige Waldbison (*Bison menneri*). Riesige Flusspferde (*Hippopotamus antiquus*) deuten milde Winter und ganzjährig offene Wasserflächen an.

Das **Mittelpleistozän** begann vor ca. 780.000 Jahren und endete mit dem Saale-Komplex (◘ Abb. 2.77). Im Laufe des Mittelpleistozäns begann der klassische Zyklus von Glazialen und Interglazialen, der in der Größenordnung von jeweils etwa 100.000 Jahren lag. Die Interglaziale waren vergleichsweise kurz. Durch Tiefseebohrungen konnte ein sehr genaues Bild dieser Zyklen aus dem Verhältnis der Sauerstoffisotope gewonnen werden. Danach kamen in den letzten 780.000 Jahren wahrscheinlich zehn Zyklen mit Warm- und Kaltzeiten vor. Diese Zahl besagt, dass die klassische Gliederung mit den drei nordischen Vereisungen (Elster-Saale-Weichsel) und den vier alpinen Vereisungen (Günz-Mindel-Riß-Würm) auf jeden Fall unvollständig ist. Hinzu kommt, dass die drei nordischen Vereisungen in Mittel- und Spätpleistozän liegen. Die Günz- und Mindel-Ablagerungen, wenn sie überhaupt Gletschervorstöße belegen, gehören dagegen noch in das Frühpleistozän.

Im frühen Mittelpleistozän traten in Mitteleuropa die ersten Tiere auf, die heute auf den nordischen Lebensraum beschränkt sind, wie Rentier (*Rangifer tarandus*) und der Moschusochse (*Ovibos moschatus*). Bei den Elefanten löste der Steppenelefant (*Mammuthus trogontherii*) in den kühleren Phasen den Südelefanten (*Mammuthus meridionalis*) ab. Stammesgeschichtlich hat sich der Steppenelefant sicher aus frühen Formen des Südelefanten entwickelt. Älteste Nachweise des Steppenelefanten sind aus 1,66 Mio. Jahre alten Sedimenten Chinas bekannt. Die gesamte Veränderung der Säugetierfauna des Pleistozäns ist in Mitteleuropa in erster Linie durch klimatisch bedingte Arealverschiebungen bestimmt. Während kontinental geprägter bzw. kaltklimatischer Zeitspannen zogen sich die Warmformen in unterschiedliche Refugialräume z. T. außerhalb Europas

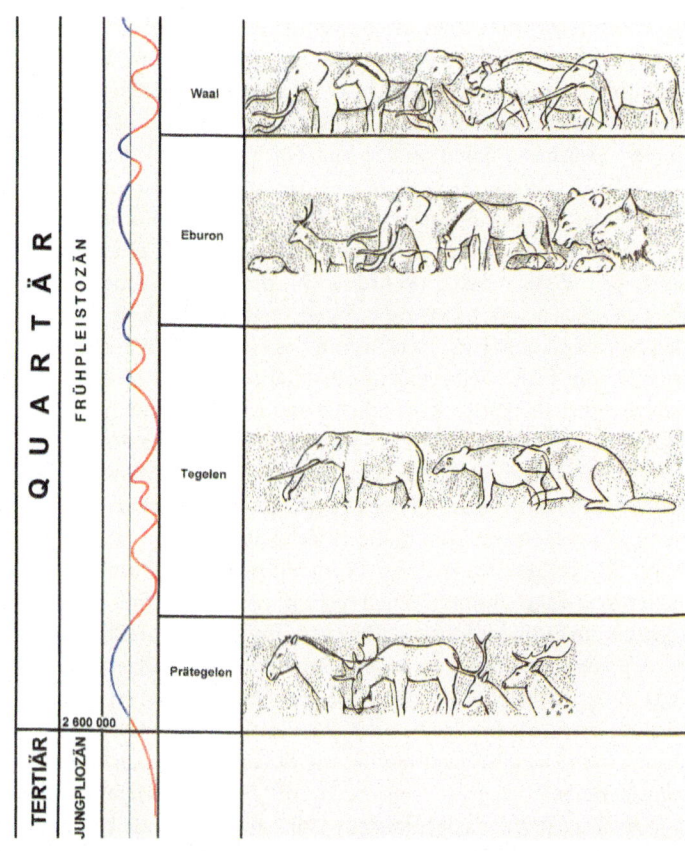

Abb. 2.76 Schematische Darstellung des Ablaufs wesentlicher Teile des Frühpleistozäns in Europa. Im Prätegelen herrschte ein eher kühles, im Tegelen ein eher warmes Klima vor. Die mittlere Juli-Temperaturkurve (*rot-blau*) zeigt aber, dass auch in den größeren Zeitabschnitten deutliche Klimaschwankungen vorkamen. Folgende Tiere sind dargestellt: **Prätegelen**: *Equus stenonis* (Pferd), *Alces gallicus* (Elch), *Cervus philisi* (Hirsch) und *Praedama* sp. (Großhirsch). **Tegelen**: *Anancus arvernensis* (Elephantidae), *Tapirus arvernensis* (Tapir) und *Trogontherium cuvieri* (Biber). **Eburon**: *Allophaiomys* sp. (Wühlmaus), *Cervus philisi*, *Mammuthus meridionalis* (Südelefant), *Hypolagus brachygnathus* (Hase), *Equus stenonis*, *Dicrostonyx* sp. (Lemming), *Ursus* sp. (Bär), *Lynx issiodorensis* (Luchs). **Waal**: *Mammuthus meridionalis*, *Equus stenonis*, *Stephanorhinus hundsheimensis* (Nashorn), *Ursus* sp., *Anancus arvernensis*

zurück. Asiatische Kontinentalregionen wurden zu Entwicklungs- und Ausbreitungszentren für Arten, die an Trockenheit und niedrige Jahresdurchschnittstemperaturen angepasst waren. Mit den Klimadepressionen des Mittelpleistozäns (Elster, ■ Abb. 2.77) entstanden eurasische Mammutfaunen (*Mammuthus-Coelodonta*-Faunenkomplex). Sie rekrutierten sich vor allem aus zentralasiatischen Steppenelementen (z. B. *Coelodonta*, *Saiga*) sowie aus Bewohnern arktischer Tundren (z. B. *Ovibos* und *Rangifer*). Die Ausformung der so genannten Mammutsteppe ermöglichte es Arten aus beiden Lebensräumen, beträchtliche Arealgewinne zu erzielen, die sich während der Glaziale bis an die Pyrenäen und sogar auf die Iberische Halbinsel erstreckten. Im Zuge der Wiederbewaldungen während der Interglaziale des späten Mittel- und Spätpleistozäns zogen sich die Offenlandarten der Mammutfaunen wieder in ihre jeweiligen Herkunftsräume zurück und überlebten dort.

Eine besonders wichtige warmzeitliche Einwanderungsphase, die im Bereich der Interglaziale II und III der Cromer-Zeit lag, ist durch das Auftreten des Waldelefanten (*Elephas antiquus*) gekennzeichnet. Er hat den Südelefanten in waldreichen Regionen ersetzt und wird in allen kommenden Warmzeiten mit Ausnahme des Holozäns in Mitteleuropa erscheinen. Der Waldelefant mag im Mittelmeergebiet bereits früher vorgekommen sein, aber sein erstes Auftreten nördlich der Alpen ist in Mauer bei Heidelberg belegt. Diese Warmzeit hatte ein so mildes Klima, dass auch das Flusspferd seinen Lebensraum wieder nach Mitteleuropa ausdehnen konnte. Für die Biostratigraphie ist zwar das Erscheinen der Schermaus (*Arvicola*) von großer Bedeutung, aber für das Verständnis der Geschichte ist weit bedeutender, dass in dieser Warmzeit der Mensch das erste Mal in Mitteleuropa als Sammler und Jäger vorgekommen ist. Er ist durch den berühmten, auf etwa 600.000 Jahre datierten Unterkiefer von Mauer (*Homo heidelbergensis*) belegt. Gegenständliche Hinterlassenschaften dieses Menschen sind aus dem Rheingebiet von Miesenheim und Kärlich zusammen mit Steinwerkzeugen bekannt geworden. Die in Mauer belegte Warmzeit gehört in eine der jüngeren warmen Phasen der Cromer-Zeit.

Nach der Warmzeit von Mauer beginnt der Zyklus der großen Vereisungen. Während des Hochstandes der ersten nordischen Inlandvereisung, dem **Elster**-Glazial (◘ Abb. 2.77), drangen die Gletscher bis nach Leipzig vor und erreichten den Nordrand des Harzes. Zu Beginn des Glazials ist das eine frühe Fellnashornform (*Coelodonta tologoijensis*) als typisch kaltzeitlich-kontinentales Faunenelement nachzuweisen, aber über die Zeit des Höchststandes der Gletscher gibt es keine Informationen zur Vegetation oder Fauna. Es ist allerdings anzunehmen, dass in dieser Zeit wie auch während der Maxima späterer Glaziale die Charaktertiere der Mammutfaunen vorkamen. Der Mensch dürfte in den kältesten Phasen aus Mitteleuropa verschwunden sein, so dass sein Vorkommen in der nächsten Warmzeit (Holstein), etwa in Bilzingsleben, ebenso wie das der warmzeitlichen Fauna und Flora als Neueinwanderung verstanden werden muss.

Die Säugetierfauna der **Holstein**-Warmzeit, die insgesamt ca. 16.000–17.000 Jahre dauerte, ist gegenüber der des frühen Mittelpleistozäns deutlich verändert. Der großwüchsige Hirsch *Praemegaceros verticornis* fehlt; das Hundsheim-Nashorn ist durch eine Waldform (*Stephanorhinus kirchbergensis*) ersetzt. In der Kleinsäugerfauna sind auch einige Insektenfresser (*Talpa minor* und *Drepanosorex savini*) ausgeblieben. Das Elster-Glazial mit seiner starken Gletscherausbreitung hat offensichtlich zu einem erheblichen Faunenwandel geführt. In das Holstein-Interglazial gehören auch die Funde von Bilzingsleben (Thüringen). An größeren Säugetieren kamen u. a. Waldnashorn, Wisent, Wildschwein, Reh und Makak vor.

Aus der Holstein-Zeit ist die Abfolge der Vegetation aus Pollenanalysen gut bekannt. Es lassen sich ca. 15 Vegetationsphasen unterscheiden, die belegen, dass auch in einer Warmzeit deutliche Klimaschwankungen vorkamen. Zu Beginn kamen z. B. Zwergbirken und Wacholder vor, es folgten Birken, dann traten Kiefern auf, denen sich nach ca. 1000 Jahren Ulmen anschlossen; in späteren Phasen herrschten für über 2000 Jahre Eiben, Hasel und Fichten vor, in weiteren Phasen kamen neben Kiefern und Erlen Eichen und Tannen vor.

Die folgende Eiszeit wird als **Saale-Eiszeit** (im Alpenraum auch als **Riß-Eiszeit**) bezeichnet und ist ein über mehrere 100.000 Jahre andauernder Komplex mehrerer Kalt- und Warmphasen. Das skandinavische Gletschereis erreichte die Regionen Sachsen, Ostthüringen sowie Dortmund, Düsseldorf, Kleve und die Niederlande. Das Rote Kliff auf Sylt entspricht einer saalezeitlichen Moräne. Die Alpengletscher erreichten den heutigen Stadtrand von München. Zwischen den Eisrändern breitete sich weitgehend baumlose Tundrensteppe aus mit Mammut (*Mammuthus primigenius*), Fellnashörnern, Löwen, Riesenhirschen sowie Steppenbisons.

Das **Spätpleistozän** beginnt mit der **Eem-Warmzeit**, die wohl nur gut 10.000 Jahre dauerte und im Alpenraum auch **Riß-Würm-Warmzeit** heißt. Nordsee- und Ostseebecken waren mit Meerwasser gefüllt, so dass Skandinavien und Mitteleuropa getrennt waren. Wärmeliebende Meeresmollusken drängten über den Ärmelkanal nach Norden. Typisch ist die Abfolge a) Birken und Kiefern (frühe Eem-Zeit), b) Eichenmischwälder mit Ulmen, Haselnuss, Linden, Eiben und Hainbuchen und schließlich c) Fichten und Kiefern am Ende der Eem-Zeit. Es wanderten wieder wärmeliebende Tiere nach Mitteleuropa ein, darunter Flusspferde, Waldelefanten, Waldnashörner, Riesenhirsche, Damhirsche und die Wimpernspitzmaus.

Die bisher letzte Eiszeit war die **Weichsel-Eiszeit** (im Alpenraum **Würm-Eiszeit** genannt), die vor ca. 115.000 Jahren begann und vor ca. 11.700 Jahren endete. Auch diese Eiszeit ist durch unterschiedliche Klimaphasen gekennzeichnet. Immer wieder kam es zu gemäßigten Klimaperioden mit Waldbildungen. Hocheiszeitliche Kaltzustände traten vor etwa 22.000–18.000 Jahren auf. In gletscherfreien Gebieten war zumeist eine Tundrensteppe ausgebildet. Schon wenige tausend Jahre danach kam es wieder zur Erwärmung. Die skandinavischen Gletscher drangen nur noch bis Schleswig-Holstein, Mecklenburg, Brandenburg, Westpreußen und das südliche Ostpreußen vor. Durch die Absenkung des Meeresspiegels um bis zu 130 m waren die Flächen der heutigen Nordsee und des Ärmelkanals sowie

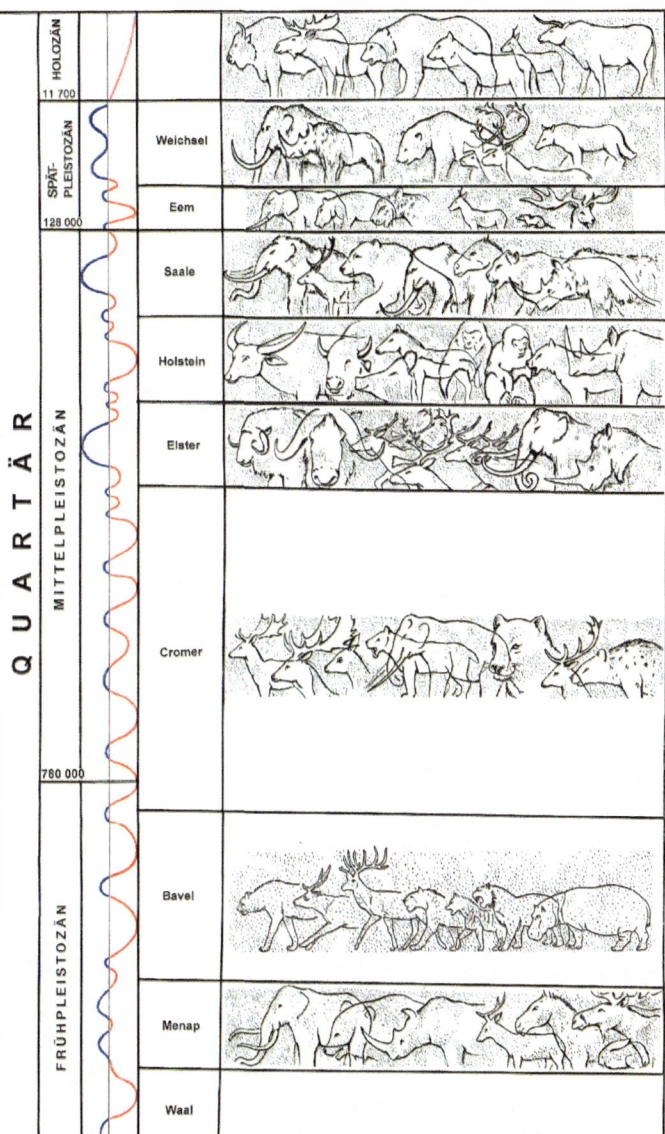

Abb. 2.77 Schematische Darstellung des Ablaufs von spätem Frühpleistozän bis Holozän. Folgende Tiere sind dargestellt: **Menap**: *Mammuthus meridionalis, Ursus* sp., *Stephanorhinus hundsheimensis, Cervus philisi, Equus stenonis, Alces* sp., *Hypolagus brachygnathus*. **Bavel**: *Acinonyx pardinensis, Cervus nestii, Eucladoceros giulii, Homotherium crenatidens, Pachycrocuta brevirostris, Megantereon cultridens, Hippopotamus antiquus*. **Cromer**: *Praedama* sp., *Capreolus suessenbornensis* (Reh), *Homotherium crenatidens, Elephas antiquus* (Waldelefant), *Panthera leo* (Löwe), *Cervus reichenaui* (Hirsch), *Crocuta praespelaea* (Hyäne). **Elster**: *Ovibos moschatus* (Moschusochse), *Praeovibos priscus, Rangifer tarandus* (Rentier), *Mammuthus trogontherii* (Steppenelefant), *Coelodonta tologoijensis* (Fellnashorn). **Holstein**: *Bubalus murrensis* (Wasserbüffel), *Bison schoetensacki* (Wisent), *Sus scrofa* (Wildschwein), *Equus steinheimensis* (Pferd), *Macaca sylvanus* (Makak), *Homotherium crenatidens, Stephanorhinus kirchbergensis* (Waldnashorn). **Saale**: *Mammuthus trogontherii, Cervus elaphus, Ursus spelaeus* (Höhlenbär), *Mammuthus primigenius, Equus steinheimensis, Panthera leo* (Löwe), *Coelodonta antiquitatis* (Fellnashorn). **Eem**: *Elephas antiquus, Hippopotamus antiquus* (Flusspferd), *Panthera pardus* (Leopard), *Crocidura* (Wimpernspitzmaus), *Megaloceros giganteus* (Riesenhirsch). **Weichsel**: *Mammuthus primigenius, Coelodonta antiquitatis, Ursus spelaeus, Rangifer tarandus, Canis lupus* (Wolf). **Holozän**: *Bison bonasus* (Wisent), *Alces alces, Ursus arctos* (Braunbär), *Canis lupus, Capreolus capreolus* (Reh), *Bos primigenius* (Auerochse)

der Britischen Inseln Bestandteil des europäischen Festlandes. Rhein, Themse und Seine flossen zusammen und mündeten als mächtiger Fluss nördlich der heutigen Bretagne in den Atlantischen Ozean. Die Alpengletscher erreichten eine Linie Bodensee-Salzburg. Die Alpentälern füllten Gletscher bis zu 1500 m Mächtigkeit. Wie in früheren Eiszeiten waren auch Schwarzwald und Vogesen vereist. Diese Eiszeit wird oft in drei Perioden gegliedert: Früh-, Hoch- und Spätglazial. In der ersten Phase waren Wölfe, Biber, Braun- und Höhlenbären, Mammuts, Höhlenhyänen, Höhlenlöwen, Elche, Riesenhirsche, Vielfraß und andere Säuger verbreitet vorhanden. Gämsen kamen bis in den Harz und das Wiehengebirge vor. In dieser Periode lebte auch der Neandertaler, von dem in Deutschland 1856 im Neandertal (**s. Abschn. 5.6.4**) erste Funde gemacht wurden. Typische Pflanzen des Hochglazials waren Silberwurz (*Dryas octopetala*), Zwergbirken, Zwergweiden und Heidekräuter. In dieser Zeit traten u. a. Saiga-Antilopen und Rentiere auf, letztere waren auch für das Spätglazial typisch, ebenso wie Wildpferde. An zahlreichen Stellen Deutschlands sind noch heute Pflanzen aus der ausgehenden letzten Eiszeit zu finden. Typische Spätglazialarten sind *Betula nana*, *Dryas octopetala* und *Hippophae rhamnoides*.

Holozän. Das Holozän, die Jetztzeit, begann vor ca. 11.700 Jahren und ist in Deutschland durch gemäßigtes und feuchteres Klima gekennzeichnet. In den deutschen Alpen gibt es heute nur noch einige Gletscherreste, so im Watzmanngebiet und im Zugspitzmassiv.

Die ursprünglich überall verbreiteten Wälder sind erst seit ca. 1000 Jahren durch den modernen Menschen zunehmend gerodet und durch Kulturland ersetzt worden. Kälteliebende Tiere der offenen Landschaften wurden von gemäßigt wärmeliebenden Arten abgelöst. Kennzeichnend sind z. B. Braunbär, Luchs, Wildschwein, Elch, Reh, Rothirsch und Auerochse. Viele dieser Tiere verschwanden in Deutschland. Der Auerochse wurde sogar völlig ausgerottet, das letzte Exemplar wurde 1627 südlich von Warschau getötet. Der Steppenwisent starb aus, der kleinere Waldwisent überlebt bis heute in geschützten Reliktarealen Osteuropas und des Kaukasus. Im Gebiet der Ostsee entstand zunächst ein Eisstausee, der sich dann eine Verbindung zur Nordsee schuf. Vor knapp 10.000 Jahren enthielt die Ostsee schon eine marine Fauna (*Yoldia*-Meer, nach der verbreitet vorkommenden Muschel *Yoldia* [*Portlandia*]). Vor 8000 Jahren war sie infolge Hebung des Meeresbodens ein Binnensee (*Ancylus*-See). Vor 7000 Jahren erhielt sie wieder Anschluss ans Meer (*Littorina*-Meer). Seither verengten sich die Verbindungen zum Kattegat und Skagerrak und der Salzgehalt nahm stetig ab. Die Phase des *Littorina*-Meeres, die bis heute andauert, wird weiter untergliedert in eine Reihe von Unterstadien: *Mastogloia*-Meer (niedriger Salzgehalt), *Littorina*-Meer im engeren Sinne (hoher Salzgehalt), *Lymnaea*-Meer (zunehmende Verbrackung) und *Mya*-Meer (nach der erst im 16. Jahrhundert eingewanderten Sandklaffmuschel *Mya arenaria*).

Während der Eiszeiten war die Nordsee zum größten Teil trocken gefallen. Zwischen dem (heutigen) Großbritannien und Kontinentaleuropa befand sich eine weiträumige Mammutsteppe, durch die Rhein, Maas und Schelde in einem (gemeinsamen) Flusssystem flossen, die Themse aufnahmen, um dann in den Atlantik zu münden. Der globale Meeresspiegel lag zeitweise 130 m unter dem heutigen. Mit dem nacheiszeitlichen Meeresspiegelanstieg füllte die Nordsee wieder ihr altes Bett. Vor 10.000 Jahren wurde die Doggerbank als große Insel abgetrennt, und vor 9000 Jahren wurde auch die Festlandsverbindung nach England unterbrochen. Diese wechselvolle Geschichte der Nordsee spiegelt sich in spektakulären Fossilfunden terrestrischer Großsäugetiere wider. Hunderttausende von Stücken wurden vor allem von Fischern, die mit Schleppnetzen arbeiten, vom Nordseegrund heraufbefördert. Fast alle bekannten eiszeitlichen großen Landsäuger hat man hier gefunden, Mammut, Höhlenbär, Wollnashorn, Moschusochsen – und sogar die Säbelzahnkatze *Homotherium*, von vor 28.000 Jahren.

Das Schicksal der Erde wird in den letzten beiden Jahrhunderten im globalen Maßstab zunehmend vom Menschen beeinflusst. Es wurde daher für diesen Zeitabschnitt der Begriff **Anthropozän** geschaffen, das mit dem Beginn der Industrialisierung einsetzte. Treibhausgase, Zerstörung riesiger ökologischer Systeme und Gefährdung der Grundlagen allen höheren Lebens auf der Erde kennzeichnen dieses neue Zeitalter.

Lebende Fossilien

Als lebende Fossilien bezeichnet man Taxa, die in sehr ähnlicher Form schon in weit zurückliegenden Erdzeitaltern existierten. Man kennt sie unter Pflanzen (s. **Abschn. 3.5**) und Tieren, und die ältesten von ihnen haben ihre äußere Gestalt seit über 500 Mio. Jahren kaum verändert.

Unter den Tieren stellen die Priapuliden die ältesten lebenden Fossilien. *Ottoia* aus dem Burgess Shale (Mittel-Kambrium) stimmt bis in Einzelheiten der inneren Anatomie mit der rezenten Gattung *Halicryptus* überein (**Abb. 2.6**). *Ottoia prolifica* weist sogar eine besondere Ähnlichkeit mit der an der Küste Alaskas entdeckten Art *Halicryptus higginsi* auf. Etwas jüngeren Datums ist die Gattung *Priapulites* aus der karbonischen Mazon-Creek-Formation in den USA, die den rezenten Gattungen *Priapulus* (**Abb. 2.78a,b**) und *Priapulopsis* ähnelt.

Ebenfalls seit dem Paläozoikum (Silur) hat die Brachiopodengattung *Lingula* ihre äußere Gestalt bewahrt. *Lingula* (**Abb. 2.9a**) ist heute in der Gezeitenzone des Indopazifik weit verbreitet und

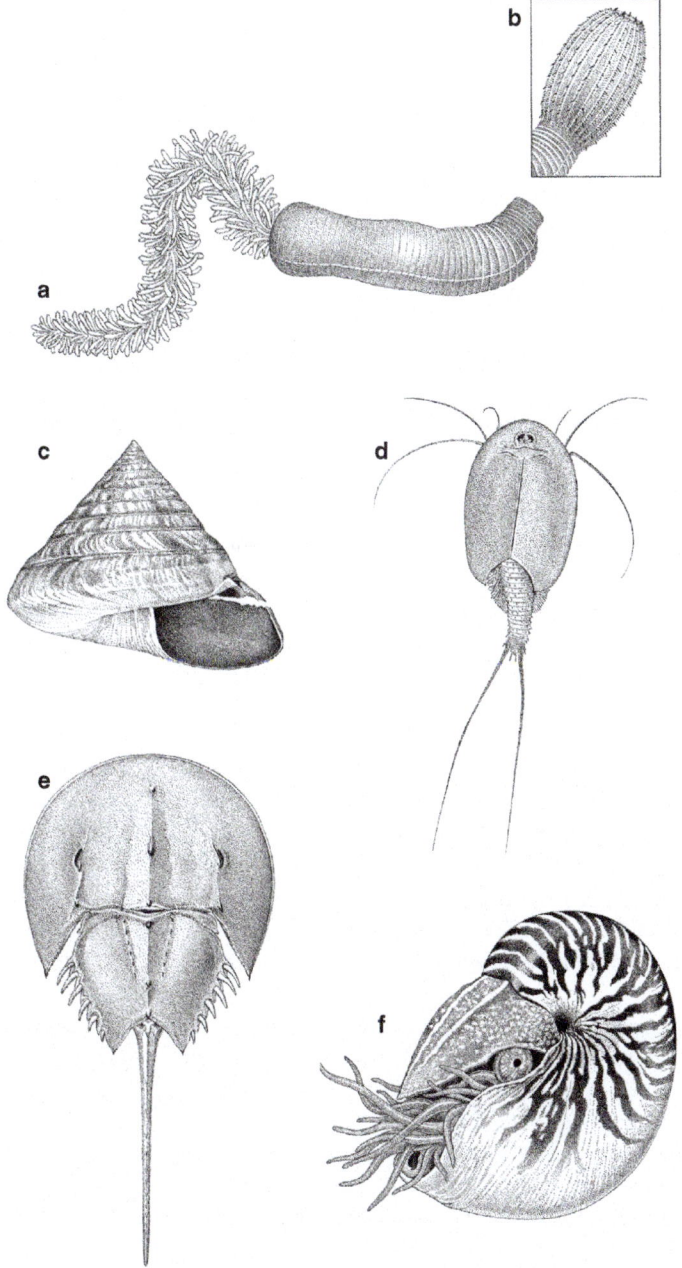

☐ **Abb. 2.78 a–f** Lebende Fossilien (Wirbellose): **a** *Priapulus*, vollständiges Tier mit eingezogenem Introvert, **b** *Priapulus*, Vorderende mit ausgestülptem Introvert, **c** *Pleurotomaria*, **d** *Triops*, **e** *Limulus*, **f** *Nautilus*

kommt in manchen Gebieten, z. B. in Südostasien, in so hohen Populationsdichten vor, dass sie für die Ernährung von Menschen und Haustieren genutzt wird.

Neopilina, zur Molluskengruppe der Monoplacophora gehörend, wurde als rezente Form erst 1952 vor der Ostküste Costa Ricas entdeckt und später im Peru-Chile-Graben gefunden, wo sie bis in 6000 m Tiefe vorkommt. Bis dahin kannte man sie nur fossil. *Neopilina* und die nahe verwandte *Vema* gehen auf eine kambrische Radiation zurück. Damals lebten die Formen auf Felssubstrat im Flachwasser und hatten dickere Schalen als die rezenten Tiefseeformen. Ein weiteres Mollusk mit einer besonders langen Geschichte ist die Schnecke *Pleurotomaria* (◘ Abb. 2.78c). Wir kennen sie seit dem Devon, und auch in ihrem Fall blieb die Gestalt weitgehend konstant.

Seit dem Karbon, also seit mehr als 300 Mio. Jahren, sind die Notostraca bekannt, von denen es heute die beiden Gattungen *Lepidurus* und *Triops* (◘ Abb. 2.78d) gibt. Es handelt sich um bodenlebende, filtrierende und räuberische Krebse, deren vordere Rumpfextremitäten als Fangbeine entwickelt sind. Die Zahl von Segmenten und Rumpfextremitäten ist sehr hoch; es können bis etwa 70 Beinpaare ausgebildet sein, bis sechs Paare stehen auf einem Segment. Notostraca leben in Tümpeln, die nur kurzfristig existieren (ephemere, astatische Gewässer). Lange Trockenperioden überstehen sie in Form von Dauereiern, die Jahrzehnte trocken liegen können. Rasches Schlüpfen, tägliche Häutungen über etwa einen Monat und Parthenogenese ermöglichen die Existenz selbst in Regionen, wo nur kurzfristig Pfützen entstehen, sogar auf dem Ayers Rock im Zentrum Australiens (*Triops australiensis*).

Seit dem späten Paläozoikum sind die Xiphosuren aus marinen Lebensräumen bekannt. *Palaeolimulus* aus dem Perm hatte schon große Ähnlichkeit mit heutigen Formen. *Mesolimulus* kennen wir mit wunderbar erhaltenen Exemplaren zum Beispiel aus dem Jura der Fränkischen Alb. Noch älter ist der Pfeilschwanz *Weinbergina*, der vor 400 Mio. Jahren lebte und heute im Hunsrückschiefer (◘ Abb. 2.29c) zu finden ist. Heute sind Xiphosuren noch entlang der nordamerikanischen Atlantikküste verbreitet (*Limulus*; ◘ Abb. 2.78e), und kommen mit zwei Gattungen (*Carcinoscorpius, Tachypleus*) in Südostasien vor, wo sie auch ins Brackwasser eindringen. Es handelt sich also um eine disjunkte Verbreitung und relativ kleine Reliktvorkommen. *Limulus* wurde zeitweise in Wagenladungen zum Düngen von Feldern in Nordamerika eingesetzt, und die anderen genannten Gattungen werden in Südostasien zum Essen auf Märkten angeboten. Heute sind die Bestände rückläufig. Die heutigen Xiphosuren sind Bewohner von Flachmeeren. Die Weibchen legen ihre Eier in Sandgruben, die auf ihnen reitenden Männchen geben das Sperma ins freie Wasser ab. Die Entwicklung erfolgt direkt.

Nautilus (◘ Abb. 2.78f) schließlich ist seit dem Eozän bekannt und gehört zu einer ehemals weit verbreiteten und formenreichen Tiergruppe, den Nautiloida, innerhalb der Cephalopoden. Die Nautiloida erlebten ihre Hauptblütezeit im älteren Paläozoikum. Mit Hunderten von Gattungen waren sie in den Weltmeeren vertreten (s. **Abschn. 2.2.2**). Während die ältesten Formen vorwiegend langgestreckte Gehäuse besaßen, gibt es seit der Trias nur noch spiralig eingerollte Formen mit einfachem Siphunkel, ähnlich dem rezenten *Nautilus*. Derartige Fossilien dieser Art sind in Südschweden (Schonen), auf den Inseln Öland und Gotland, aber auch in Kiesgruben Norddeutschlands zu finden. Die rezente Gattung *Nautilus* ist auf Teile des Indo-Westpazifik beschränkt, wo sie in Tiefen von 60–500 m lebt. Das Wachstum dieser Formen erfolgt im Gegensatz zu dem der modernen Kalmare, die im Laufe eines Jahres geschlechtsreif werden können, außerordentlich langsam. Es dauert 20 Jahre, bis eine Schale, die aus 30–35 Kammern besteht, ausgebildet ist. In 300 m Tiefe dauert allein das Resorbieren der Flüssigkeit aus einer neu gebildeten Kammer wenigstens ein halbes Jahr. Die Kopulation ist mit einer stundenlangen Umarmung verbunden, und ein Weibchen legt nur etwa zwei Dutzend Eier pro Jahr.

Vielfach ist die Frage gestellt worden, warum es überhaupt Formen gibt, die ihre Gestalt über so lange Zeiten bewahrt haben. Eine Antwort bemüht den konkurrenzarmen Lebensraum als Erklärung. Das mag für die Tiefsee gelten (und damit z. B. für *Neopilina*), aber auf keinen Fall für andere Formen wie *Lingula* und *Limulus*, die in der turbulenten und wechselhaften Gezeitenzone leben. Eine weitere Antwort berücksichtigt Extrembedingungen (z. B. eine hohe Konzentration von Schwefelwasserstoff), unter denen nur wenige Organismen zu existieren vermögen. Das gilt für einige Priapuliden, jedoch nicht für die anderen genannten Formen.

Die richtige Antwort liegt vermutlich im genetischen Polymorphismus. Untersuchungen von Priapuliden haben gezeigt, dass homologe Blutproteine bei Formen, die sich strukturell kaum unterscheiden, bei Arten einer Gattung stärker unterschieden sind als vergleichbare Blutproteine verschiedener Säugetierordnungen. Hinter identischen oder sehr ähnlichen Strukturen muss sich also nicht ein entsprechender identischer oder sehr ähnlicher phy-

Abb. 2.79 a–e Lebende Fossilien (Wirbeltiere): **a** *Neoceratodus*, **b** *Latimeria*, **c** *Lepisosteus*, **d** *Leiopelma*, **e** *Sphenodon*

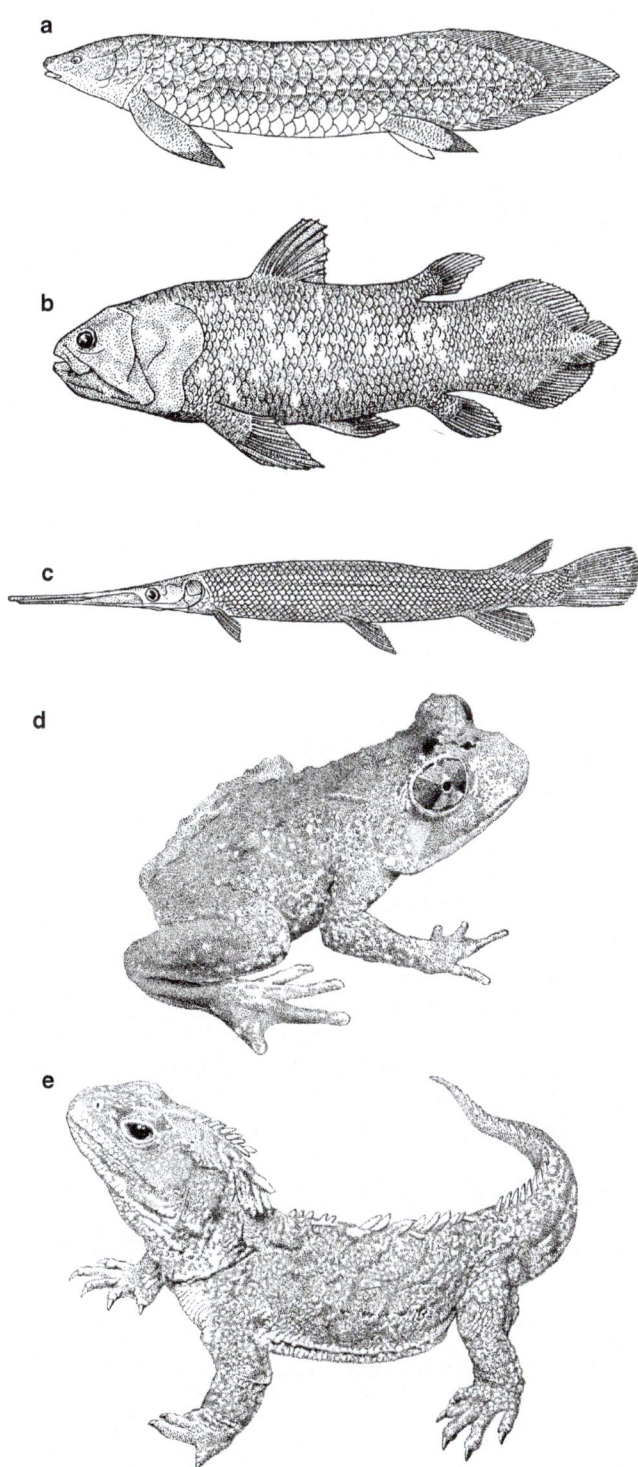

siologischer „Chemotyp" oder Genotyp (s. **Kap. 3**) verbergen.

Seit dem Devon sind Lungenfische (Dipnoi) bekannt. Man kennt sie beispielsweise aus vielen triassischen Sedimenten, sogar denen Helgolands. Die Gattung *Ceratodus* hat sich in leicht abgewandelter Form bis heute in Australien gehalten (*Neoceratodus*, **Abb. 2.79a**). Ähnliche Formen, allerdings in eine andere Gattung (*Conchopoma*) gestellt, lebten z. B. im permischen Rümmelbach-Humberg-See, der vor 290 Mio. Jahren weite Gebiete der heutigen Pfalz einnahm (s. **EXKURS 2.7 Abschn. 2.2.6**).

Quastenflosser (Crossopterygii), wie die Lungenfische zu den Choanichthyes (= Sarcopterygii) innerhalb der Knochenfische gehörend, waren schon seit langem fossil bekannt (vom Devon bis zur Kreide mit einer Blütezeit in der Trias), als 1938 völlig überraschend die kaum abgewandelte, bis 2 m lange *Latimeria chalumnae* (**Abb. 2.79b, 2.80**) vor der südafrikanischen Küste für die Wissenschaft entdeckt wurde. *Latimeria* gehört innerhalb der Crossopterygii zu den Actinistia, deren Existenz schon seit dem Devon belegt ist. Ihre Lunge wurde im Laufe der Evolution zu einer Schwimmblase. Wie sich später herausstellte, war *Latimeria* der Bevölkerung der Komoren schon lange bekannt. Mit dem freien Teil der bestachelten Cosmoidschuppen rauten sie die zu beklebenden Flächen von defekten Fahrradschläuchen auf. Seit Ende der 1980er Jahre wissen wir, wie sich *Latimeria* in einer Tiefe von 150–300 m auf Felsböden vor der südafrikanischen Küste fortbewegt: langsam schwimmend, Brust- und Bauchflossen im Kreuzgang bewegend. Seit Ende der 1990er Jahre kennen Wissenschaftler *Latimeria* auch aus Meeresgebieten nördlich von Sulawesi (Celebes). Auch dort war die Art den Einheimischen seit langem bekannt; in der Wissenschaft wird sie jetzt als *L. menadoensis* geführt. In ihrer inneren Anatomie weist *Latimeria* einige Besonderheiten auf: Das Gehirn nimmt nur ein Hundertstel des Volumens der Schädelhöhle ein, der übrige Raum wird von einer fettreichen Substanz ausgefüllt. Auch das Schwimmblasenorgan stellt eine Fettmasse dar. Die Eier sind mit 300 g die größten aller Knochenfische. Die Jungtiere sind bei der Geburt bereits 30 cm lang. Kein lebendes Fossil hat so viel Aufmerksamkeit auf sich gezogen wie *Latimeria* (s. **EXKURS 2.19**).

Auch die Actinopterygii unter den Knochenfischen enthalten lebende Fossilien. *Lepisosteus* (**Abb. 2.79c**) ist mit ähnlichen Formen seit der Kreide bekannt und lebt heute noch in Süßgewässern Nord- und Mittelamerikas, kann aber auch ins Salzwasser vordringen. In Mitteleuropa sind aus seiner nächsten Verwandtschaft Formen aus der Grube Messel (s. **EXKURS 2.15 Abschn. 2.4.1**) nachgewiesen. Vor 50 Mio. Jahren lebten diese Stoßräuber mit ihrem Panzer aus rhombischen, aneinandergrenzenden Schuppen in dem dortigen Seengebiet.

Unter den Amphibien verdient wohl am ehesten der Frosch *Leiopelma* (**Abb. 2.79d**) das Prädikat „lebendes Fossil". Die Gattung ist aus Neuseeland bekannt und weist erhebliche Übereinstimmungen mit den jurassischen *Montsechobatrachus* auf.

Unter den Reptilien bietet die Brückenechse (*Sphenodon*, **Abb. 2.79e**) ein Beispiel für lebende Fossilien. Die beiden rezenten Brückenechsenarten leben tagsüber in selbstgegrabenen Erdlöchern oder in Höhlen von Sturmvögeln; nachts gehen sie auf Nahrungssuche (Insekten, Vogeleier und Küken). Sie kommen auf einigen kleinen Inseln vor der Nordinsel Neuseelands vor. Im Mesozoikum war die Gruppe der Rhynchocephalia dagegen weit verbreitet. Man kennt sie u. a. aus dem Jura Solnhofens (*Homoeosaurus*, **Abschn. 2.3.2**).

Unter den Säugetieren hat sich offenbar *Didelphis*, das Opossum, besonders lange gehalten. Schädelteile nahe verwandter Gattungen sind aus der Kreide bekannt.

EXKURS 2.19

Latimeria – gesucht, gefunden, geschützt
Hans Fricke (Tutzing)

Wenn ein kaltes Schuppentier einen tauchbessenen Jugendlichen so begeistert, dass er es zu seiner Lebensaufgabe macht und es ihn noch heute, nach mehr als drei Dekaden, zu weiterer Neugier animiert, dann kann es wohl nur ein besonderer Gast unseres blauen Wasserplaneten sein: der Quastenflosser, ein Vertreter, dessen Vorfahren einstmals den Schritt ans Land wagten. Er wurde Lehrbuchbeispiel eines „lebenden Fossils". Charles Darwin prägte diesen Ausdruck – gerne hatte er ihn nicht. Lebende Fossilien bleiben über Erdzeitalter hinweg äußerlich fast gleich; ein Makel für die Evolutionstheorie, die auf evolutive Anpassung aus ist, auf stete Veränderung. In der Trias hatten seine Vorfahren ihre Blüte, und vor 60 Mio. Jahren starben sie angeblich aus.

Wie Phönix aus der Asche tauchten sie 1938 vor der Komoreninsel Anjouan im westlichen Indischen Ozean wieder auf. Dass ein großer Fisch von fast 2 m Länge in einer versteckten ökologischen Nische des Indischen Ozeans überlebt hatte, wurde als größte wissenschaftliche Sensation des vorigen Jahrhunderts gefeiert. Seine Wieder-Entdeckungsgeschichte wurde ein Zoologenklassiker, geschrieben vom südafrikanischen Fischforscher JLB Smith, übersetzt in 37 Sprachen. Als 12-jähriger las ich die deutsche Übersetzung und schwor mir, den Fisch zu suchen.

Glaube versetzt Berge. Ich probierte es mit Tauchgeräten. Später, als angehender Berufszoologe tauchte ich vor Madagaskar und vor den Komoren in Tiefen, die für die heutige Sporttaucherei tabu sind. Viele Schutzengel standen dabei Wache.

Die wissenschaftliche Literatur verriet mir, dass sie in Tiefen unterhalb von ca. 150 m die besten Lebensbedingungen vorfinden. Ich brauchte ein Tauchboot und begann, Tauchboottechnik zu studieren. So entstand GEO – und ich wurde sein erster Pilot. Im Januar 1987, fast ein halbes Jahrhundert nach ihrer Entdeckung, hatten wir Glück. In 198 m Tiefe führte ein Quastenflosser einen bizarren Tanz aus: er stand minutenlang auf dem Kopf und bis heute, nach vielen Hunderten Begegnungen, wissen wir nicht, was der Kopfstand eigentlich zu bedeuten hat.

Die Quastenflosser machten in diesen Wochen eine rasante Medienkarriere durch. Sie erschienen auf der ersten Seite der *„New York Times"* und auch *„Nature"* brachte sie auf den Titel. Wir hatten aber nur sechs Tiere gefunden. Lebten sie also in noch tieferem Wasser? Mit GEO konnten wir nur 200 m tief tauchen. Ein neues, tiefer gehendes Tauchboot musste her. So wurde JAGO geboren. Öffentliche Fördergelder hatten wir nicht – JAGO entstand durch unsere Handarbeit und zählt heute als einzi-

◘ **Abb. 2.80** *Latimeria chalumnae*: Ansammlung von adulten Tieren in einer Höhle. Photo: Hans Fricke

EXKURS 2.19 (Fortsetzung)

ges bemanntes Tauchboot zur Forschungsflotte der Bundesrepublik Deutschland.

Zwei Jahre später waren wir wieder unterwegs – und jetzt ging es Schlag auf Schlag. Schon beim ersten Tauchgang sahen wir zwei Individuen vor einer Höhle, die sich bei Annäherung von JAGO in die Höhle zurückzogen. Wir lernten, dass Quastenflosser tagsüber Höhlenbewohner sind und nachts in der dunklen Lavawelt Jagd auf Fische machten. Sie sind piscivor und nehmen mittels ihres empfindlichen Rostralorgans, einer überdimensionierten Lorenzinischen Ampulle, Veränderungen im elektrischen Feld wahr, das selbst beim Schwimmen eines Beutefisches verändert wird.

Jetzt war es nur eine Frage von Tagen, weitere Quastenflosser zu finden – wir sahen in jede Höhle, und dort saßen sie. Keiner von ihnen kroch am Boden, wie es Smiths berühmtes Buch *„Old Fourlegs"* suggerierte. Noch etwas fiel uns auf: der Takt ihrer paarigen Flossen. Sie bewegten sich im Vierfüßergang. Hunderte Meter Film werteten wir später aus und sahen mit Verwunderung, dass der Quastenflosser nicht außer „Tritt" geriet. Und wenn, so korrigierte er seinen Fehler in weniger als einer viertel Sekunde. Den Vierfüßertakt machte er in jeder Position, auch bei seinem Kopfstand. Sehr schnell fanden wir heraus, dass der Vierfüßergang hydrodynamische Ursachen hatte – er verhinderte Drehmomente seines Körpers, die beim Abschlag einer Flosse entstehen würden. Dass diese zentralnervöse Koordination den späteren Tetrapodengang erleichtern würde, steht außer Frage – sie ist eine Präadaptation.

Der Blick in die dunklen Höhlen verriet uns auch, dass alle Quastenflosser individuelle Fleckenmuster haben (◘ Abb. 2.80). Ihre weißen Flecken sind optische Fingerabdrücke und dienen der Tarnung. Die Höhlenböden waren stellenweise mit einem Teppich toter Austernschalen übersät, und im Dämmerlicht der Höhlen verschwinden die Körperumrisse des Quastenflossers – sie lösen seine Gestalt auf. Der Jäger tarnt sich vor seiner Beute, die in den Höhlen tagsüber Schutz suchen.

Für uns war das individuelle Fleckenmuster ein Geschenk des Himmels. Jetzt konnten wir Individuen wieder finden und beobachten. Sehr schnell fanden wir fast 60 verschiedene Tiere. Die Fleckenmuster wurden ein ideales Hilfsmittel, einen Ausschnitt der Gesamtpopulation auf Grande Comores zu beobachten. Einen 8 km langen Küstenstreifen wählten wir als Testgebiet aus. Um hier alle Quastenflosser und ihre Tageshöhlen zu erfassen, markierten wir sie mit akustischen Transmittern. Mit einer Art Harpune schossen wir einen kleinen Pfeil dicht unter den Schuppenpanzer, an dem der Sender hing. Dies war wohl ein *„First"* in der Meeresforschung, dass ein Fisch von einem Tauchboot aus besendert wurde. Nächtelang folgten wir ihnen jetzt von der Oberfläche aus. Der Sender verriet uns, dass sie sich nachts bevorzugt in etwa 250 m Tiefe aufhielten – wir hatten JAGO nicht umsonst gebaut.

Im Verlauf der nachfolgenden Jahre suchten wir stets die gleichen Höhlen auf und videographierten ihre Bewohner. Ein Individuenkatalog entstand. Fast 130 Exemplare lebten in unserem Beobachtungsgebiet. Wir gaben ihnen Namen: Niko, Dirty Henry, Walflosse oder Herr Schwarzkopf (der amerikanische General) wurden unsere Vertrauten – und über 21 Jahre fanden wir sie wieder, immer im selben Gebiet. Sie waren extrem ortstreu. Jetzt gelang eine erste Abschätzung der Gesamtpopulation – es waren 200–400 Tiere vor Grande Comores. Und doch störte etwas unser Bild. Wir sahen niemals Jungtiere. Wo lebten sie? Ich war während des Bürgerkriegs 1992 nach Mozambique geflogen. Dort war ein Weibchen mit fast 26 fertigen Jungtieren, jedes etwa 30 cm lang, gefangen worden. Das kleinste Exemplar auf Grande Comores schätzten wir auf ca. 50 cm. Die Kinderstube bleibt uns bis heute ein Rätsel.

Quastenflosser haben offenbar keine natürlichen Feinde, außer – wie immer – uns Menschen. Die Einheimischen angeln sie gelegentlich nachts von ihren wackligen Auslegerkanus aus. Quastenflosser sind ein Nebenprodukt der Ölfischangler. Über Jahre hinweg zählten wir alle traditionellen Auslegerkanus, aber auch motorisierte Boote, die von der EU und anderen Organisationen gestiftet wurde. Die Zahl der Auslegerkanus ging stetig zurück, die Motorisierung nahm zu. Da motorisierte Boote weit außerhalb des küstennahen Quasten-

EXKURS 2.19 (Fortsetzung)

flosserhabitates operieren, nahm die Zahl der gefangenen Quastenflosser dramatisch ab. Das war ein gutes Zeichen. Doch auf unserer letzten Quastenflosserexpedition 2008 erlebten wir eine Überraschung. Eine Art Wasserbombe erschütterte die Wassersäule, als wir 170 m tief in Jago saßen. Dynamitfischer waren am Werk – und wir wurden an die erschreckenden Berichte aus Tansania erinnert. Dort gingen über 80 Quastenflosser im Tiefwasser in abgesenkte Stellnetze. Die Fischerei greift dort zu dieser letzten Ressource, nachdem Dynamitfischer das flache Meer leergebombt haben. Quastenflosser sind ihre unfreiwillige Beute. Die Tiefkühltruhen in Museen und Instituten quellen über. Jetzt wird berichtet, dass über 20 Quastenflosser verrotteten und vergraben werden mussten, weil die Elektrizität ausfiel. Ein großer Verlust für die Wissenschaft.

Über Jahre hinweg meinten es die Quastenflosser gut mit uns. Wo immer wir konnten, haben wir uns für sie eingesetzt – in vielen Artikeln, Filmen, Gesprächen und Vorträgen. Jedoch haben wir kein großes Vertrauen mehr in die überregionalen Naturschutzorganisationen wie auch generell in die *conservation industy*. Privatpersonen und die einheimische Bevölkerung haben dem Quastenflosser am besten geholfen. Ob auch zukünftige Generationen Zeitzeugen dieses „lebenden Fossils" sein können, liegt jetzt in unseren Händen.

Unsere genetischen Studien haben gezeigt, dass die Heimat der Quastenflosser irgendwo im westlichen Pazifik sein muss. Auf Papua Neuguinea wurden paläolithische Felszeichnungen entdeckt, die Quastenflossern ähneln – und dort wurden kürzlich Quastenflosser gefangen. Ihre Heimat zu finden, soll unser letztes, abschließendes Ziel sein, das wir mit Tauchbooten erforschen. Auch wollen wir wissen, weshalb Quastenflosser sich über 400 Mio. Jahre äußerlich kaum veränderten – sie blieben, was sie schon immer waren: Quastenflosser. Sicher hätte auch Charles Darwin dies gerne gewusst. Es ist ein faszinierendes Stück evolutionärer Ökologie.

Literatur

Behre KE (2009) Landschaftsgeschichte Norddeutschlands. Wachholtz, Neumünster

Bell PB, Hemsley AR (2000) Green Plants: their origin and diversity. Cambridge Univ Press, Cambridge

Benton MJ (2007) Paläontologie der Wirbeltiere. Pfeil, München

Benton MJ, Harper AT (2009) Introduction to Paleobiology and the Fossil Record. Wiley & Sons, Chichester

Bollen C (2000) Der Flug des *Archaeopteryx*. Quelle & Meyer, Wiebelsheim

Bottjer DJ, Etter W, Hagadorn JW, Tang CM (2002) Exceptional Fossil Preservation. Columbia Univ Press, New York

Chiappe LM (2007) Glorified Dinosaurs: The Origin and Early Evolution of Birds. Wiley, Hoboken

Christner J, Kühner G (1989) 400 Millionen Jahre Landpflanzen. Führer zur Ausstellung von Pflanzenfossilien im Geologischen Institut der Eberhard-Karls-Universität Tübingen. Attempto, Tübingen

Conway-Morris S, Caron JB (2012) *Pikaia gracilens* Walcott, a stem-group chordate from the Middle Cambrian of British Columbia. Biological Reviews 87: 480–512

Daeschler EB, Shubin NH, Jenkins FA (2006) A Devonian tetrapod-like fish and the evolution of the tetrapod body plan. Nature 440: 757–763

Dietl G, Schweigert G (2011) Im Reich der Meerengel. Der Nusplinger Plattenkalk und seine Fossilien. Pfeil, München

Ehlers J (2011) Das Eiszeitalter. Spektrum, Heidelberg

Eliason S (2000) Fossilien auf Gotland. Gotlands Fornsal, Visby

Etter W (1994) Paläokologie. Birkhäuser, Basel

Fastovsky DE, Weishampel DB (2005) The Evolution and Extinction of the Dinosaurs. Cambridge Univ Press, Cambridge

Faupl P (2000) Historische Geologie. UTB, Stuttgart

Feduccia A (1999) The Origin and Evolution of Birds, 2. Aufl. Yale University Press, New Haven

Franzen JL (2007) Die Urpferde der Morgenröte – Ursprung und Evolution der Pferde. Spektrum, Heidelberg

Fricke H (2007) Die Jagd nach dem Quastenflosser. Beck, München

Geyer OF, Gwinner MP (2011) Geologie von Baden-Württemberg, 5. Aufl.. Schweizerbart, Stuttgart

Gliemeroth AK (1995) Paläoökologische Untersuchungen über die letzten 22000 Jahre in Europa. Fischer, Stuttgart

Gould SJ (1993) Das Buch des Lebens. Verlagsgesellschaft, Köln

Gould SJ (1999) Illusion Fortschritt. Fischer, Frankfurt/M.

Gradstein FM, Ogg JG, Smith AG (2004) A Geologic Time Scale 2004. Cambridge Univ Press, Cambridge

Grauvogel-Stamm L (2005) Recovery of the Triassic land flora after the end-Permian life crisis. Compte Rendu Pale 4: 525–540

Gravesen P (1993) Fossiliensammeln in Südskandinavien. Goldschneck, Korb

Hagdorn H (2004) Muschelkalkmuseum Ingelfingen. Lattner, Heilbronn

Hansch W (Hrsg) (2003) Katastrophen in der Erdgeschichte. Städtische Museen, Heilbronn

Hauschke N, Wild V (Hrsg.) (1999) Trias. Pfeil, München

Heizmann EPJ (1998) Vom Schwarzwald zum Ries. Pfeil, München

Holtz TH, Rey LV (2007) Dinosaurs. Random House, New York

Jansen U, Königshof P, Steininger FF (Hrsg) (2004) Zeugen der Erdgeschichte. Schweizerbart, Stuttgart

Jungheim HJ (1996) Die Eifel: Erdgeschichte, Fossilien, Lebensbilder. Goldschneck, Korb

Kahlke RD, Mol D (2005) Eiszeitliche Großsäugetiere der Sibirischen Arktis. Die Cerpolex/Mammuthus-Expeditionen auf Tajmyr. Schweizerbart, Stuttgart

Kappeler P (2006) Verhaltensbiologie. Springer, Berlin

Keupp H (2000) Ammoniten. Thorbecke, Stuttgart

Koenigswald W von (2002) Lebendige Eiszeit. Wissenschaftliche Buchgesellschaft, Darmstadt

Koenigswald W von, Meyer W (1994) Erdgeschichte im Rheinland. Pfeil, München

Koenigswald W von, Storch G (Hrsg) (1998) Messel – ein Pompeji der Paläontologie. Thorbecke, Sigmaringen

Küster H (1996) Die Geschichte der Landschaft in Mitteleuropa. C.H. Beck, München

Kump LR, Kasting JF, Crane RG (2004) The Earth System. Prentice Hall, Upper Saddle River/NJ

Lammerer B (2006) Alpen. Geologischer Bau und Erdgeschichte. Spektrum, Heidelberg

Lehmann U, Hillmer G (1997) Wirbellose Tiere der Vorzeit. Enke, Stuttgart

Leins P, Erbar C (2008) Blüte und Frucht. Schweizerbart, Stuttgart

MacFadden BJ (1989) Fossil Horses from *Eohippus* (*Hyracotherium*) to *Equus*. Paleobiology 12: 355–369

Mayr G (2009) Paleogene fossil birds. Springer, Heidelberg

Mayr G (2011) Two-phase extinction of „Southern Hemispheric" birds in the Cenozoic of Europe and the origin of the Neotropic avifauna. Palaeobiodiv Palaeoenviron 91: 325–333

Mayr G, Rubilar-Rogers D (2010) Osteology of a new giant bony-toothed bird from the Miocene of Chile, with a revision of the taxonomy of Neogene Pelagornithidae. J Vertebr Paleontol 30: 1313–1330

Meischner D (Hrsg.) (2000) Europäische Fossillagerstätten. Springer, Heidelberg

Meyer-Berthand B, Scheckler SE, Wendt J (1999) *Archaeopteris* is the earliest known modern tree. Nature 396: 700–701

Meyer RKF, Schmidt-Kaler H (1997) Wanderungen in die Erdgeschichte. Auf den Spuren der Eiszeit südlich von München, westlich und östlicher Teil. Pfeil, München

Mol D, Logchem W van, Hooljdonk K van, Bakker K (2008) The saber-toothed cat of the North Sea. Druk-Ware, Norg, Niederlande

Moosleitner G (2004) Fossilien sammeln im Salzburger Land. Goldschneck, Wiebelsheim

Naish D (2010) die faszinierende Entdeckung der Dinosaurier. Theiss, Stuttgart

Narbonne GM (2005) The Ediacara biota: Neoproterozoic origin of animals and their ecosystems. Ann Rev Earth Planet Sciences 33: 421–442

Nestler H (2001) Die Fossilien der Rügener Schreibkreide. Spektrum, Heidelberg

Novas FE (2009) The Age of Dinosaurs in South America. Indiana University Press, Bloomington

Probst E (1999) Deutschland in der Urzeit. Orbis, München

Reich M, Frenzel P (2002) Die Fauna und Flora der Rügener Schreibkreide. Archiv für Geschiebekunde 3: 73–284

Röper M, Rothgaenger M (2012) Altmühltal. Vom Urvogel zu den Aposteln. Quelle & Meyer, Wiebelsheim

Rössner G, Heissig K (Hrsg.) (1999) The Miocene Land Mammals of Europe. Pfeil, München

Rothschild LJ, Lister AM (2003) Evolution on Planet Earth. Academic Press, Amsterdam

Rust J, Briggs D, Bartels C Kühl G (2011) Fossilien im Hunsrück-Schiefer. Quelle & Meyer, Wiebelsheim

Sander PM, Mateus O, Laven T, Knötschke N (2006) Bone histology indicates insular dwarfism in a new Late Jurassic sauropod dinosaur. Nature 441: 739–741

Schmidtke KD (2004) Die Entstehung Schleswig-Holsteins. Wachholtz, Neumünster

Schopf JW (1999) Cradle of Life. Princeton Univ Press, Princeton/NJ

Schulz W (2003) Geologischer Führer für den norddeutschen Geschiebesammler. CW Verlagsgruppe, Schwerin

Schweigert G, Tischlinger H, Dietl G (2010) The oldest feather from the European Jurassic. Neues Jb Geol Paläont 256: 1–6

Schweitzer H-J (1987) Einführung in das pflanzenführende Unterdevon und seine Flora im Rheinland. Bonner Paläobotanische Mitteilungen, 17–94, Bonn

Scotese CR, McKerrow WS (1990) Revised world maps. Geol Soc London Mem 51: 1–21

Seldon PA, Nudds J (2007) Fenster zur Evolution. Spektrum, Heidelberg

Sitte P, Ziegler H, Ehrendorfer F, Bresinsky A (1998) Strasburger – Lehrbuch der Botanik. Spektrum, Heidelberg

Skelton PW, Spicer RA, Kelley SP, Gilmour I (2003) The Cretaceous World. Cambridge Univ Press, Cambridge

Stanley SM (2001) Historische Geologie. Spektrum, Heidelberg

Steininger FF, Maronde D (1997) Städte unter Wasser. Senckenberg, Frankfurt a M

Storch V, Welsch U (2004) Systematische Zoologie. Spektrum, Heidelberg

Sun G, Dilcher DL, Zengh S, Zhou Z (1998) In search of the first flower: A Jurassic Angiosperm, *Archaeofructus*. From Northeast China. Science 282: 1692–1695

Taylor TN, Tayler EL, Krings M (2009) Paleobotany – The Biology and Evolution of Fossil Plants. Academic Press, Amsterdam

Thenius E (2000) Lebende Fossilien. Pfeil, München

Thenius E, Vavra N (1996) Fossilien im Volksglauben und im Alltag. Kramer, Frankfurt a. M.

Turek V, Marek J, Benes J (1991) Fossilien. Weltbild, Augsburg

Turner S, Burrow CJ, Schultze HP, Bliek A, Reif WE, Rexroad CB, Bultynck P, Nowlan GS (2010) False teeth: conodent-vertebrate phylogenetic relationships revisited. Geodiversitas 32: 545–584

Unwin DM (2006) The Pterosaurs from deep time. PI Press, New York

Urlichs M, Ziegler B (2003) Farbatlas Fossilien. Ulmer, Stuttgart

Wefer G (Hrsg) (2006) Expedition Erde. Marum, Bremen

Weidert WK (Hrsg) (1988–2001) Klassische Fundstellen der Paläontologie I–IV. Goldschneck, Korb

Wellnhofer P (1993) Die große Enzyklopädie der Flugsaurier. Mosaik, München

Werneburg R (2003) 300 Millionen Jahre Thüringen. Frankenschwelle, Hildburghausen

White ME (1990) The flowering of Gondwana. Princeton Univ Press, Princeton/NJ

Wichard W, Weitschat W (2004) Im Bernsteinwald. Gerstenberg, Hildesheim

Ziegler B (1998) Einführung in die Paläobiologie Bd 1ff. Schweizerbart, Stuttgart

3 Evolution – genetische und zellbiologische Grundlagen

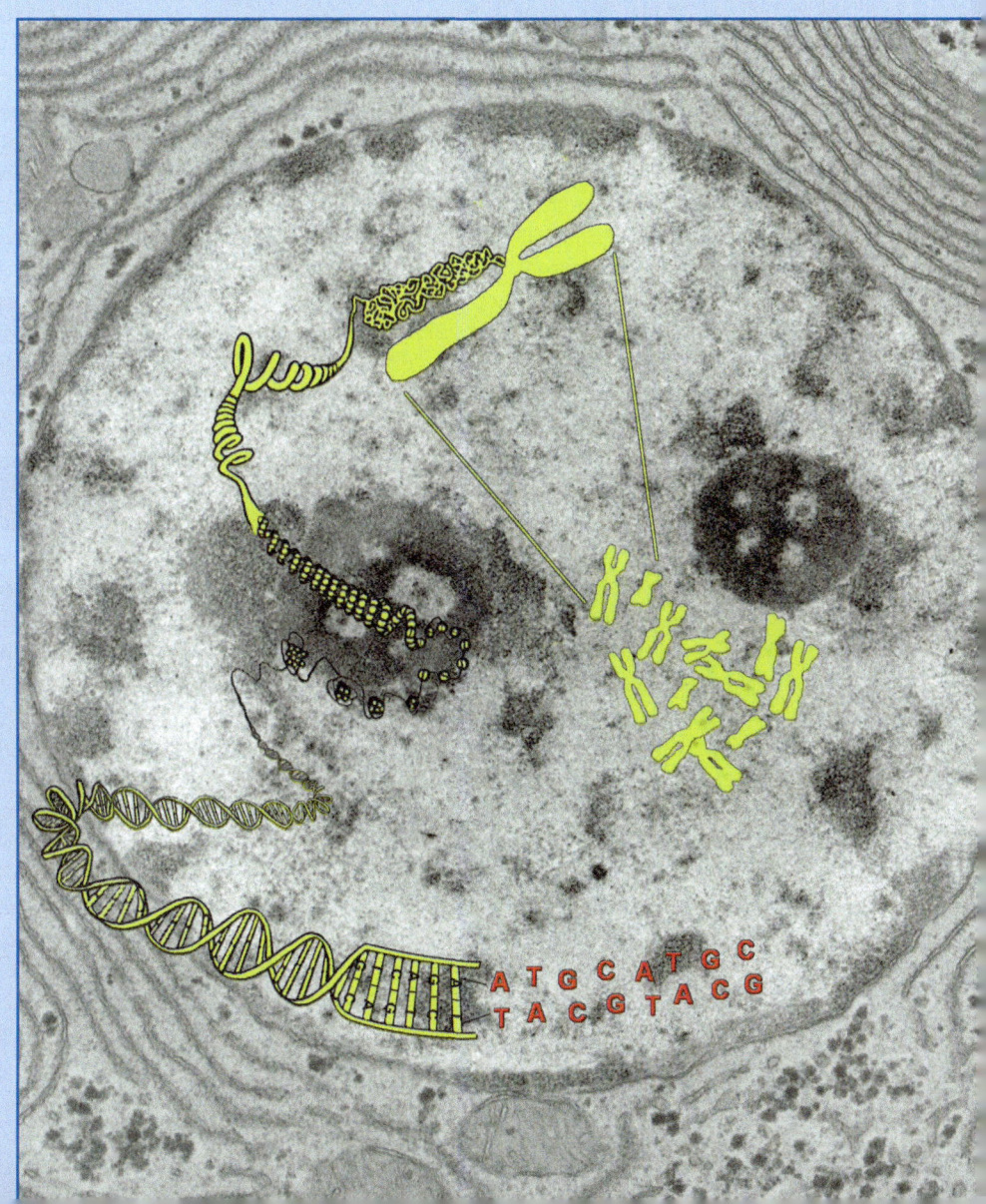

3.1 Einführung

Bereits vor über 150 Jahren konnte **Charles Darwin** durch zahlreiche wissenschaftliche Befunde und Überlegungen aufzeigen, dass sich die heutigen Organismen aus früheren Formen herleiten lassen und durch Evolution entstanden sein müssen. Darwins großes Verdienst bestand jedoch insbesondere darin, dass er einen Mechanismus, nämlich die **natürliche Selektion**, vorschlug, der die Entwicklung und Spezialisierung der Organismen im Verlauf der Evolution plausibel erklären kann. Obwohl Darwin damals noch kein Wissen über Zellbiologie, Biochemie, Genetik und Molekularbiologie besitzen und daher über die molekularen Mechanismen nichts sagen konnte, werden seine grundsätzlichen Vorstellungen immer noch als zutreffend angesehen. Heute sind wir jedoch in der Lage, Einzelheiten der Evolution und dazugehörige molekulare Mechanismen und Ursachen im Detail wesentlich besser verstehen und belegen zu können. Dazu dienen die Ausführungen in den **Kap. 3** und **4** dieses Buches.

Die Evolution und **Stammesgeschichte (Phylogenie)** der Organismen lässt sich in Form von Stammbäumen anschaulich darstellen. Bereits Darwin dachte in Stammbäumen, wie man der einfachen Skizze in seinem *„First Notebook on Transmutations of Species"*, das er 1837 erstellte, entnehmen kann (◘ **Abb. 3.1**). Die Grundidee besteht darin, dass Organismen, die gleiche Merkmale tragen, auch nahe verwandt sein müssen und in den Bäumen benachbart positioniert sind, da sie diese Merkmale von einem gemeinsamen Vorfahren ererbt haben. Ein wichtiges Ziel der Biologie besteht deshalb darin, ein **natürliches System** der systematischen Beziehungen aller Lebewesen zu erstellen. Die **Zuordnung nach dem Ähnlichkeitsprinzip** wird jedoch dadurch erschwert, dass gleiche Merkmale nicht in jedem Falle homolog sind, sondern auch konvergent durch Anpassung an gemeinsame Lebensbedingungen entstanden sein können; d. h. sie sind analog (zur Diskussion der Homologie-Analogie-Problematik s. **Abschn. 1.2.3**). Bekannte Beispiele für analoge Merkmale sind die Flossen bei Fischen und Tintenfischen (Cephalopoda) und die Flügel bei Vögeln und pterygoten (geflügelten) Insekten. Für die Interpretation von Verwandtschaftsverhältnissen sind aber nur die homologen Merkmale hilfreich. Die Unterscheidung zwischen homologen und analogen Merkmalen ist in der Praxis häufig problematisch und kann zu widersprüchlichen Phylogeniehypothesen führen. Schon Charles Darwin beklagte diese Problematik:

Darwin schrieb 1857 an seinen Freund **Thomas H. Huxley**: *„In regard to classification, & all the endless disputes about the ‚natural system' which no two authors define in same way, I believe it ought, in accordance with my heterodox notions, to be simply genealogical. – But as we have no written pedigrees, you will, perhaps, say this will not help much; but I think it ultimately will, whenever heterodoxy becomes orthodoxy, for it will clear away an immense amount of rubbish about the value of characters & – will make the difference between analogy & homology, clear. – The time will come I believe, though I shall not live to see it, when we shall have fairly true genealogical trees of each kingdom of nature ..."* („In Hinblick auf die Klassifizierung der Organismen und die endlosen Dispute über das natürliche System, das von zwei Autoren niemals gleich definiert wird, habe ich die unorthodoxe Vorstellung, dass sie einfach genealogisch sein sollte. – Da wir aber keine dokumentierten Stammbäume besitzen, werden Sie vermutlich argumentieren, dass diese Aussage nicht weiterhilft. Aber letztendlich wird sie weiterführen, dann nämlich, wenn sich die unorthodoxe Sichtweise als richtig herausstellen wird. Denn genealogische Stammbäume werden die immensen Dummheiten, die über den Wert von Merkmalen geschrieben wurden, beseitigen und den Unterschied zwischen Analogie und Homologie klarstellen. – Ich glaube, dass einmal die Zeit kommen wird, obwohl ich es nicht erleben werde, dass wir ziemlich exakte genealogische Stammbäume für jedes Reich der Natur haben werden ...")

Die Evolutionsbiologie, die sich traditionell mit Fachgebieten wie vergleichender Anatomie und Morphologie, Entwicklungsbiologie, Biogeographie, Paläontologie und Verhaltensbiologie sowie Biochemie (Proteine, Sekundärstoffe), aber nicht mit der Erbsubstanz selbst beschäftigen konnte, hat in den letzten 40–50 Jahren durch die rasche Entwicklung der Molekularbiologie neue Werkzeuge erhalten, um Evolutionsvorgänge sowie deren Mechanismen und Ursachen molekular zu analysieren und besser zu verstehen.

Die vielen Millionen Basenpaare in den Genomen der heute lebenden Organismen stellen eine **Blaupause der Evolutionsgeschichte und Phylogenie** eines jeden Individuums dar. Punktmutationen haben das Genom im Verlauf der Zeit in kleinen Schritten verändert (**Abschn. 3.3**). Durch Verdopplungen von DNA-Abschnitten oder ganzen Genomen, Insertionen und Inversionen wurden Genome umorganisiert oder vergrößert. Mobile DNA-Elemente, vor allem aber Viren, haben dazu beigetragen, dass DNA-Abschnitte horizontal, d. h. über Artgrenzen hinaus, verschoben wurden (**Abschn. 3.4 und EXKURS 3.4 Abschn. 3.4.3**). Alle diese DNA-Veränderungen, die in der Vergangenheit auftraten, sind im Genom eines jeden Individuums und aller Arten gespeichert. Denn jede Zelle der heute lebenden Eukaryoten ist durch Fusion einer Ei- und Spermazelle oder durch Teilung aus einer Mutterzelle entstanden, und hat damit die DNA einer Vorgängerzelle erhalten. Wenn es gelingt, diese Informationen zu lesen und zu interpretieren, dann können wir die nahe, mittlere und ferne evolutionäre Vergangenheit aller Lebewesen rekonstruieren. Theoretisch lässt sich über die DNA-Analyse die Verwandtschaft der Lebewesen bis zur Entstehung des Lebens zurückverfolgen, ohne dass wir die Zwischenglieder oder Fossilien kennen. So wie der Archäologe aus alten Scherben auf frühere Kulturen oder der Paläontologe anhand von Fossilien auf die Phylogenie ausgestorbener Arten schließen kann, vermag die molekulare Evolutionsforschung anhand der DNA-Analyse die Entstehung des Lebens auf der Erde sowie die Phylogenie oder Phylogeographie einer Organismengruppe, Art oder Population zu rekonstruieren.

Die molekularen Methoden reichen von der bereits länger etablierten **Allozymanalyse** über neuere Verfahren, wie **DNA-Fingerprinting, Mikrosatelliten-Analyse**, bis hin zur **DNA-Sequenzierung** (inklusive des *Next Generation Sequencing*) und **vergleichenden Genomanalyse** (**Kap. 4**). Genetische Unterschiede sind zwischen Individuen einer Population in der Regel klein, aber größer zwischen Arten oder Angehörigen verschiedener Gattungen oder Familien. Je länger zwei Organismen sich von einem gemeinsamen Vorfahren getrennt haben, desto größer sind die genetischen Unterschiede. Diese Tatsache ist die Grundlage für die **molekulare Uhr**, die in **Abschn. 4.1.2** ausführlicher diskutiert wird.

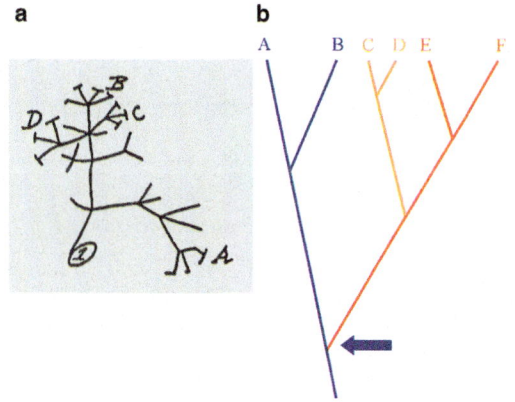

Abb. 3.1 a, b. Darstellung evolutionärer Beziehungen anhand eines Stammbaums. **a** Skizze eines hypothetischen Stammbaums von Charles Darwin (1837) im *„First Notebook on Transmutation of Species"*. **b** Schematische Darstellung eines Phylogramms: Taxa A und B, C und D sowie E und F sind jeweils Schwesterarten, die sich von einem gemeinsamen Vorfahren ableiten lassen. Taxa C, D, E und F bilden eine monophyletische Gruppe. Der blaue Pfeil weist auf den gemeinsamen Vorfahren hin, von dem sich die monophyletischen Gruppen ableiten lassen

Obwohl die Molekulare Evolutionsforschung eine noch junge Disziplin ist, kann man jetzt schon absehen, dass Darwins Vision vom natürlichen System bereits vielfach Realität geworden ist oder bald werden wird. Schon heute verfügen wir über verlässliche molekulare Stammbäume für ausgewählte Organismen (s. **Kap. 4**), und vermutlich werden die Evolutionsbiologen in nächsten Jahren derartige Stammbäume für alle wichtigen Tier-, Pflanzen- und Prokaryoten-Gruppen aufgestellt haben. Solche Projekte laufen häufig unter dem Überbegriff ***Assembling the Tree of Life*** (ATOL-Projekte). Neuerdings bestehen Bestrebungen, alle Organismen durch die Analyse von Markergenen zu identifizieren und zu typisieren. In Analogie zu den Strichcodes auf Industrieprodukten spricht man deshalb vom **DNA-Barcoding**.

3.2 Grundlagen der Molekularbiologie und Genetik

Übersicht

In diesem Kapitel werden diejenigen Grundlagen der Molekularbiologie und Genetik kurz dargestellt, die wichtig sind, um die Ergebnisse der molekularen Evolutionsforschung zu verstehen. Zunächst erfolgt eine Übersicht über die Struktur der DNA und den Aufbau der Gene. Dann werden die zentralen Prozesse der Replikation, Transkription und Translation in ihren Grundzügen erläutert. Besonders wichtig sind in unserem Zusammenhang Funktionsweise und Redundanz des genetischen Codes. Zuletzt wird der Aufbau des Kerngenoms sowie der Mitochondrien- und Plastiden-DNA diskutiert. Exkurse führen in die Problematik der Endosymbiontentheorie (d.h. die Evolution von Mitochondrien und Chloroplasten), der Evo-Devo-Forschung, der repetitiven DNA und mobiler und retroviraler Genomelemente ein.

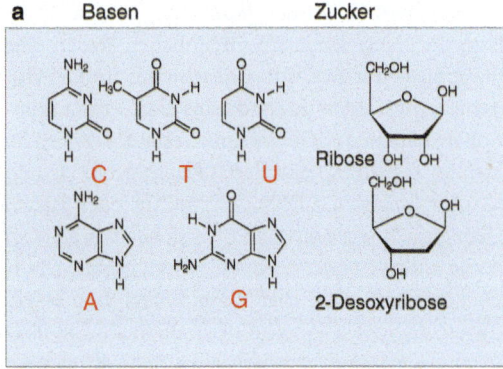

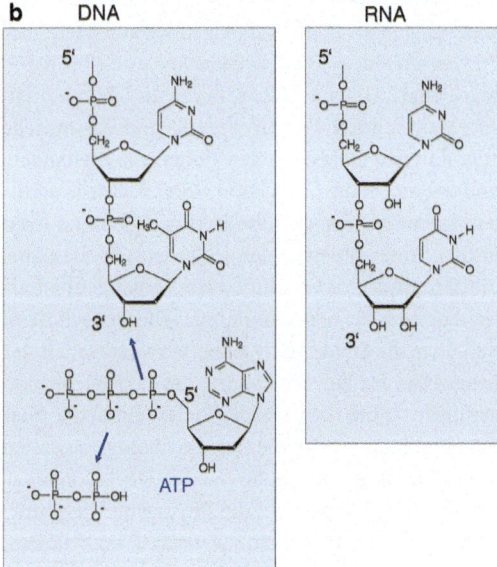

3.2.1 Aufbau der DNA

Desoxyribonucleinsäure (DNA) ist ein Makromolekül, das aus linear gekoppelten Nucleotiden aufgebaut ist (◘ Abb. 3.2). Jeder der vier **Nucleotid-Bausteine** besteht aus einer stickstoffhaltigen Base (◘ Tab. 3.1), d.h. einem heterozyklischen Kohlenstoffgerüst. Die Pyrimidinbasen **Cytosin (C)** und **Thymin (T)** weisen zwei N-Atome auf, die Purinbasen **Adenin (A)** und **Guanin (G)** jeweils vier N-Atome. Außerdem gehören Desoxyribose (eine Pentose) und eine Phosphatgruppe zu einem Nucleotidbaustein. Im Unterschied zur DNA findet man in der **Ribonucleinsäure** (RNA) **Uracil (U)** anstelle von Thymin und Ribose (der die Hydroxylgruppe in 2-Position fehlt) anstelle von Desoxyribose. DNA enthält also die Basen **A**, **T**, **G** und **C**, RNA die Basen **A**, **U**, **G** und **C**.

Die Basen sind N-glycosidisch mit der 1-Position der Pentose verknüpft. Ein solches Molekül

◘ Abb. 3.2 a, b. **a** Struktur der Bausteine der Nucleinsäuren und Aufbau von DNA und RNA. A: Adenin, G: Guanin, C: Cytosin, T: Thymin, U: Uracil; **b** Bei der Biosynthese der Nucleinsäuren wird die α-ständige Phosphatgruppe von Trinucleotiden (dNTPs) mit der freien 3'-OH-Gruppe des bereits vorliegenden Stranges verknüpft

wird als Nucleosid bezeichnet; trägt die 5-Position der Pentose einen Phosphatrest, so liegt ein Nucleotid vor (◘ Tab. 3.1).

Die **Nucleotide** stellen die Bausteine für DNA und RNA dar. Nucleotide sind über ein Phosphatrückgrat zu Polynucleotidketten verknüpft. Dabei wird jeweils die 5'-Hydroxylgruppe (sprich „Fünf-Strich-Hydroxylgruppe") einer Pentose über eine Phosphodiesterverbindung mit der 3'-Hydroxylgruppe einer zweiten Pentose verknüpft (◘ Abb. 3.2). In einer Nucleinsäurekette haben die

◻ Tab. 3.1 Nomenklatur der DNA- und RNA-Bausteine

Base	Nucleosid	Nucleotid (Anzahl Phosphatgruppen)					
	(Abkürzung)	RNA			DNA		
		1	2	3	1	2	3
Adenin	Adenosin (A)	AMP[a]	ADP[a]	ATP[a]	dAMP	dADP	dATP*
Guanin	Guanosin (G)	GMP	GDP	GTP	dGMP	dGDP	dGTP
Cytosin	Cytidin (C)	CMP	CDP	CTP	dCMP	dCDP	dCTP
Thymin	Thymidin (T)				dTMP	dTDP	dTTP
Uracil	Uridin (U)	UMP	UDP	UTP			

[a]AMP: Adenosin-Monophosphat, ADP: Adenosin-Diphosphat, ATP: Adenosin-Triphosphat; *dATP: Desoxyadenosin-Triphosphat

endständigen Nucleotide eine freie 5'-Gruppe auf der einen Seite und eine freie 3'-Gruppe auf der anderen Seite. Man hat sich darauf geeinigt, Nucleotidsequenzen in der 5'→3'-Orientierung aufzuschreiben, wobei der 5'-Terminus links und das 3'-Ende rechts zu stehen kommt.

Zur **Biosynthese der Nucleinsäuren** (◻ Abb. 3.2) werden die jeweiligen Triphosphate benötigt, deren Phosphatesterbindungen besonders energiereich sind. In der fertigen Nucleinsäure liegen die jeweiligen Monophosphate vor. Nach Abspaltung eines Diphosphatrestes greift die α-Phosphatgruppe am freien 3'-Ende des bereits bestehenden Nucleinsäurestranges an und bildet eine neue Phosphodiesterbindung.

Die DNA liegt als **Doppelhelix** vor, wobei die Basen A und T bzw. G und C sich jeweils komplementär gegenüberstehen (◻ Abb. 3.3). Die DNA-Doppelhelix weist einen Durchmesser von 2 nm auf. Die **komplementäre Basenpaarung** kommt durch Ausbildung von jeweils zwei bzw. drei Wasserstoffbrücken zwischen **AT- bzw. GC-Paaren** zustande (◻ Abb. 3.3). Die komplementäre Basenpaarung kann als Ergebnis einer molekularen Erkennungsreaktion angesehen werden.

Die beiden DNA-Stränge sind antiparallel angeordnet, d. h. wenn man auf die Helix blickt, läuft einer der Stränge in 5'→3'-Richtung, während der Partnerstrang in 3'→5'-Richtung orientiert ist. Die nach außen durch Phosphatgruppen vielfach negativ geladene DNA-Doppelhelix wird bei Eukaryoten durch basische Histonproteine komplexiert (bilden die sogenannten Nucleosomen); bei Prokaryoten übernehmen Polyamine diese Rolle. Die Basen sind ins Helixinnere gerichtet und bilden planare Stapel aus (◻ Abb. 3.3). Das Innere der Helix ist wasserfrei, d. h. nur lipophile Substanzen, vor allem, wenn sie ebenfalls planar sind, können sich zwischen die Basenstapel einlagern („**DNA-Interkalatoren**"). Eine solche Interkalation führt meist zu Fehlern bei der Replikation, die zu *Frame-shift*-Mutationen, d. h. einem Verschieben des Leserasters, führen können (s. **Abschn. 3.3.1**).

Bedingt durch die **Kooperativität** vieler Wasserstoffbrücken und die lipophilen Wechselwirkungen zwischen den Basenstapeln ist die DNA-Doppelhelix sehr stabil und kann nur durch hohe Temperaturen in ihre beiden Einzelstränge getrennt werden. Dieser Vorgang wird auch als Schmelzen bezeichnet; **T_m kennzeichnet die Temperatur, bei der 50 % der DNA bereits einzelsträngig vorliegen**. T_m ist abhängig vom GC-Gehalt der DNA, der zwischen den Organismengruppen deutlich schwankt (◻ **Tab. 3.2**). Je größer der GC-Gehalt, desto höher liegt die mittlere Schmelztemperatur (bedingt durch drei Wasserstoffbrücken in GC-Paaren gegenüber zwei Wasserstoffbrücken in AT-Paaren). T_m-Werte wurden in der Anfangszeit der molekularen Systematik als taxonomisches Merkmal, insbesondere für die Klassifizierung von Prokaryoten, herangezogen. T_m-Werte spielten ferner bei der heute kaum noch eingesetzten **DNA-DNA-Hybridisierung** in Phylogenieuntersuchungen eine wichtige Rolle (s. **Abschn. 4.1.2**).

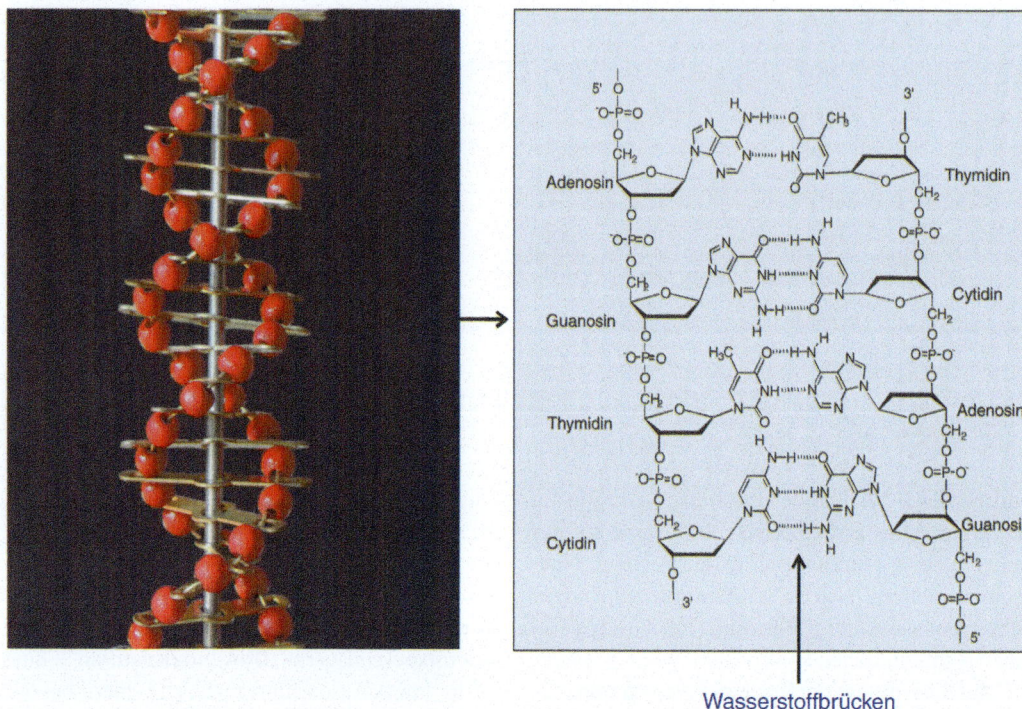

Abb. 3.3 Aufbau der DNA-Doppelhelix. Räumliche Orientierung der Basenpaare in der Doppelhelix (maßstabsgetreues Modell der DNA nach dem Moletomics™-Konzept, das die Bildung der großen und kleinen Furche zeigt; Herkunft: Quadbeck-Seeger) und Prinzip der komplementären Basenpaarung zwischen A und T bzw. G und C durch Ausbildung von Wasserstoffbrücken-Bindungen

3.2.2 Replikation

Schon **Rudolf Virchow** postulierte 1885, dass Zellen nicht *de novo* entstehen können, sondern immer nur aus der Teilung einer Mutterzelle hervorgehen. Sein Lehrsatz lautete „*omnis cellula e cellula*". Jeder Zellteilung muss eine exakte Verdopplung des Genoms vorausgehen, d. h. aus jedem Chromosom entstehen **zwei identische Chromatiden**, die nach Trennung als identische Tochterchromosomen auf die Tochterzellen verteilt werden (s. **Abschn. 3.3**). Die Verdopplung der DNA, die als **DNA-Replikation** bezeichnet wird, verläuft **semikonservativ**. Dabei wird der DNA-Doppelstrang zunächst lokal in seine Einzelstränge getrennt, indem sich eine Replikationsgabel bildet. Die Einzelstränge dienen nun als Matrize für die Synthese der jeweils **komplementären** neuen Stränge (**Abb. 3.4**). Die DNA-Replikation ist ein komplexer Vorgang, an dem mehrere Proteine und Enzyme beteiligt sind.

DNA-Polymerasen kopieren die ursprüngliche Basensequenz äußerst exakt (ihre Fehlerrate liegt während der eigentlichen Synthese bei 1 falsch eingebautem Nucleotid pro 10.000 Nucleotide). Spezielle **Korrekturlese- und Reparaturfunktionen** des Enzyms spielen eine große Rolle und sorgen dafür, dass die fertige Kopie fast fehlerfrei ist. Falsch gepaarte Nucleotide werden durch eine spezifische

Tab. 3.2. Variation des GC (Guanosin-Cytidin)-Gehalts der DNA bei verschiedenen Organismengruppen

Organismus	% GC
Plasmodium (Malaria-Erreger; Protozoa)	18–20 %
Dictyostelium (Schleimpilz)	22 %
Saccharomyces cerevisiae (Bierhefe)	39 %
Rattus/Mus (Säugetiere)	40–44 %
Gallus (Vogel)	43 %
Escherichia coli (Bakterium)	51 %
Neurospora crassa (Hefe)	54 %
Herpes-simplex-Virus (Virus)	72 %

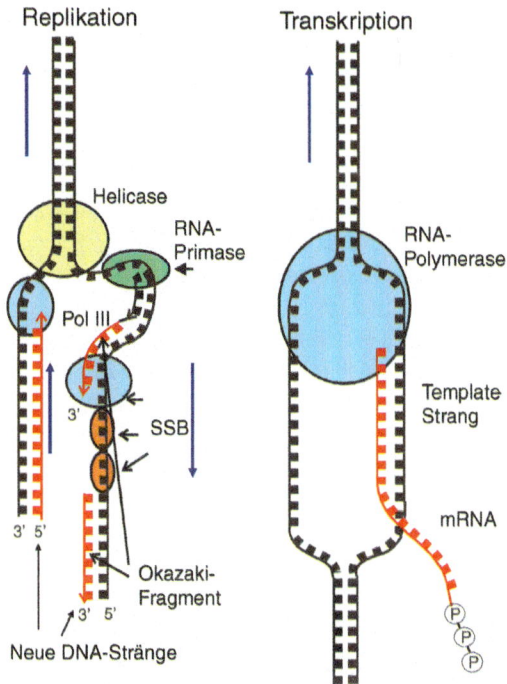

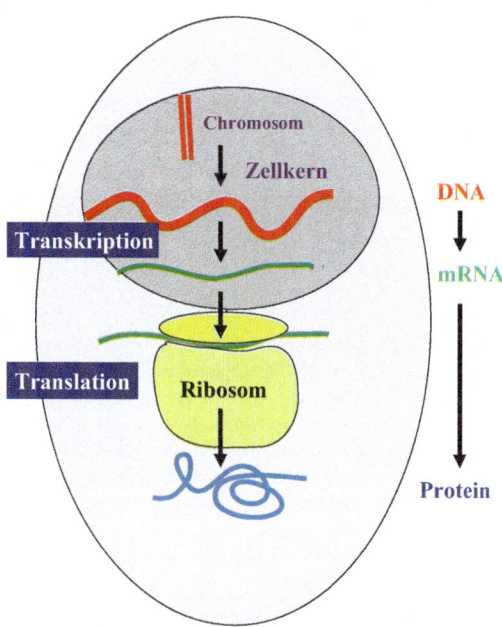

Abb. 3.4 Schematische Darstellung der DNA-Replikation und Transkription. DNA-Polymerase-Komplex (Pol III: DNA-Polymerase III; SSB: *single-strand binding protein;* Transkription erfolgt mittels RNA-Polymerase

Abb. 3.5 Vom Gen zum Protein. Im Zellkern der Eukaryoten finden Replikation und Transkription statt. Die mRNA wird aus dem Kern über Poren in der Kernmembran in das Cytoplasma transportiert. Im Cytoplasma erfolgt die Übersetzung (Translation) des mRNA-Codes in Aminosäuresequenzen mittels Ribosomen

Exonuclease entfernt und dann durch DNA-Polymerase ersetzt; zuletzt wird die Phosphodiesterbindung mittels **DNA-Ligase** kovalent verknüpft (Abschn. 3.3). Diese hohe, aber nicht absolute Genauigkeit war und ist für die Evolution von großer Wichtigkeit, denn das Erzeugen von Variabilität ist eine Grundvoraussetzung für evolutive Vorgänge. Zur Entfernung der in der DNA regelmäßig und häufig entstehenden Mutationen sind in der Evolution spezielle **Reparaturenzyme** selektiert worden, die in Abschn. 3.3.1 näher besprochen werden.

3.2.3 Vom Gen zum Protein

Ursprünglich, als man die DNA als Genträger noch nicht kannte, wurden Mutations- und Rekombinationseinheiten als **ein Gen** bezeichnet; in den 50er Jahren des 20. Jahrhunderts wurden Gene enger definiert und die **„Ein-Gen-ein-Protein"**-Hypothese aufgestellt (*„DNA makes RNA, which makes proteins"*) (Abb. 3.5). Heute wird das Gen allgemein als **Transkriptionseinheit** definiert, da inzwischen sowohl die **Intron/Exonstruktur** als auch die nichtcodierenden regulatorischen Sequenzen, die zu einem Gen gehören, sowie das alternative Spleißen erkannt wurden. Mit **Exon** bezeichnet man die DNA-Abschnitte innerhalb eines Gens, die eine Proteindomäne codieren, während **Introns** nichtcodierende Bereiche zwischen benachbarten Exons darstellen (Abb. 3.6).

Der **Fluss der Erbinformation** verläuft bei allen Organismen **vom Gen über die mRNA zum Protein** (Abb. 3.5). Nur Retroviren können RNA mittels **reverser Transcriptase** in DNA zurückübersetzen; aber in keinem Falle wurde ein Informationsfluss vom Protein zum Gen nachgewiesen. Durch Variation und Kombination der 20 Protein-bildenden Aminosäuren können Peptide und Proteine alle nur erdenklichen Raumstrukturen, aktive Zentren und Bindungsstellen bilden. Durch **alternatives Spleißen** können aus einem mRNA-Vorläufer, in dem noch Introns und Exons enthalten sind, fertige mRNAs gebildet werden, die unterschiedliche Kombi-

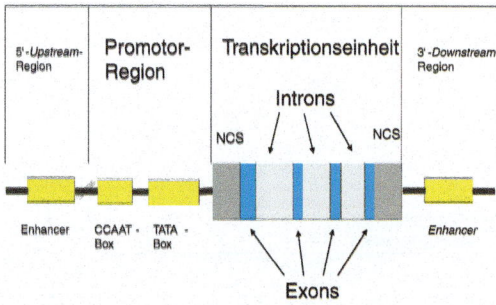

◘ **Abb. 3.6** Schematische Darstellung der Struktur eines Eukaryotengens. Zu einem Gen zählen die regulatorischen Enhancer- und Promotorregionen ebenso wie die eigentliche Transkriptionseinheit, die aus Introns, Exons und nicht-codierenden Sequenzen (NCS) aufgebaut ist. Der DNA-Abschnitt, der oberhalb des Promotors liegt, wird 5'-Upstream-Region genannt; entsprechend heißt der DNA-Abschnitt, der hinter einem Gen folgt, 3'-Downstream-Region. Die CCAAT- und TATA-Box bezeichnet DNA-Sequenzen in Promotoren, an die Transkriptionsfaktoren binden

3.2.4 Transkription und Mosaikstruktur der Eukaryotengene

Bei Eukaryoten finden wir drei verschiedene **RNA-Polymerasen**, die DNA in mRNA (RNA-Polymerase II), in rRNA (RNA-Polymerase I) oder in andere funktionelle RNAs (z. B. tRNAs; RNA-Polymerase III) umschreiben. Dieser Prozess wird als **Transkription** bezeichnet.

Auch bei der Transkription wird die DNA-Doppelhelix lokal geöffnet, so dass die RNA-Polymerase die RNA (mRNA, rRNA oder tRNA) komplementär zum **Template**-DNA-Strang synthetisieren kann (◘ Abb. 3.4). Der Templatestrang dient somit als Matrize für die Synthese der mRNA. Der DNA-Strang, der dieselbe Basensequenz wie die mRNA aufweist (außer dass er T anstelle von U enthält), wird Nicht-Templatestrang oder (irreführenderweise) als codierender Strang bezeichnet. Üblicherweise wird die Sequenz des codierenden Stranges in 5'→3'-Orientierung abgebildet und auch so in Datenbanken hinterlegt.

Die Festlegung Template- oder Nicht-Templatestrang gilt nicht für ein komplettes Chromosom; innerhalb eines Chromosoms kann diese Funktion von Gen zu Gen wechseln, d. h. Gen A kann von einem der Stränge abgelesen werden, das benachbarte Gen B dagegen vom gegenüber liegenden komplementären Strang (s. ◘ Abb. 3.18).

Bei Eukaryoten sind die Protein-codierenden Gene meist aus **Exons** und **Introns** aufgebaut; wir sprechen deshalb auch von **Mosaikgenen**. Das bei der Transkription entstehende **Primärtranskript** wird anschließend noch im Zellkern so prozessiert („gespleißt"; abgeleitet von *splicing*), dass die jeweils nicht-codierenden Intronregionen, die durch **GU**- und **AG**-Sequenzen flankiert sind, entfernt werden. Am Spleißprozess sind **snRNAs** (*small nuclear RNAs*) beteiligt und wirken hier als **Ribozyme**, d. h. RNAs mit katalytischer Aktivität. Die wichtige Bedeutung der Intron-Exon-Struktur für die Evolu-

nationen von Exons enthalten (◘ Abb. 3.29). Auf diese Weise können aus einem Gen diverse Proteine codiert werden, die sich in der Zusammenstellung der Exons unterscheiden. Durch das alternative Spleißen kann also die **phänotypische Variabilität und Plastizität** erhöht werden. Proteine sind aufgrund ihrer Strukturvariabilität in der Lage, ihre mannigfaltigen Aufgaben als Enzyme, Rezeptoren, Ionenkanäle, Transporter, Strukturproteine, Transkriptionsfaktoren, Wachstumsfaktoren und Hormone zu übernehmen. Proteine gehören somit zu den wichtigsten Werkzeugen der Zelle. Ihre **Konformation** ist für molekulare Erkennungsreaktionen von entscheidender Bedeutung. Wird durch eine Genmutation eine Aminosäure in einem Protein ausgetauscht, so kann dies die Funktionsweise eines Proteins dann einschneidend verändern, wenn dadurch Raumstruktur oder Bindungsstellen verändert werden.

codierender Strang	5'-GGC	TCC	CTA	TTA	GCA	GTC	TGC	CTC	ATG-3'
Templatestrang	3'-CCG	AGG	GAT	AAT	CGT	CAG	ACG	GAG	TAC-5'
mRNA	5'-GGC	UCC	CUA	UUA	GCA	GUC	UGC	CUC	AUG-3'

tion (Erhöhung der Variabilität; Generierung neuer Proteine) wird in **Abschn. 3.4** ausführlich diskutiert.

Während bei Eukaryoten die Gene in der Regel streng linear hintereinander angeordnet sind, findet man bei Prokaryoten häufiger sich überlappende Gene, die entweder von demselben oder dem gegenüber liegenden komplementären DNA-Strang codiert werden. Dies ermöglicht eine erhöhte Informationsdichte, behindert aber die unabhängige Evolution der DNA-Sequenzen.

Die Transkription eines Gens wird durch benachbarte **regulatorische DNA-Bereiche (Promotoren,** *enhancer*) (◻ Abb. 3.6) mittels **Transkriptionsfaktoren** gesteuert, die darüber entscheiden, ob ein Gen angeschaltet und aktiv oder abgeschaltet und inaktiv ist. Von den rund 20.000 Protein-codierenden Genen des Menschen wird in einer einzelnen differenzierten Zelle nur immer ein kleiner Teil der Gene spezifisch angeschaltet, während die Mehrzahl der Gene inaktiv bleibt. Der Aufbau eines korrekten zellspezifischen Genexpressionssystems war ein wichtiges Ergebnis der frühen Evolution und Voraussetzung für die Entwicklung von höher differenzierten Metazoen. Genregulation, insbesondere das Abschalten von Genen, kann auch über **RNA-Interferenz (RNAi)** erfolgen. Sie beruht auf der Aktivität von microRNA-Molekülen, die komplementär zur Basensequenz von spezifischen Genen sind. Wenn microRNAi mit komplementären mRNAs hybridisieren, entstehen Doppelstränge, die enzymatisch von einem Enzymkomplex abgebaut werden. Auf diese Weise wird die Genexpression auf dem Weg vom Transkript zur Translation gestört. In der Molekularbiologie spielt die RNAi-Technik heute eine große Rolle, um gezielt Gene auszuschalten.

Bei der **Genregulation** und der Differenzierung spielt die **Epigenetik** eine entscheidende Rolle (s. **EXKURS 5.9 Abschn. 5.7**). Der Begriff Epigenetik wurde 1942 von Conrad H. Waddington geprägt als *„the branch of biology which studies the causal interactions between genes and their products which bring the phenotype into being"* („der Zweig der Biologie, der die kausalen Wechselwirkungen zwischen Genen und ihren Produkten, die den Phänotyp hervorbringen, studiert"). Durch unterschiedliche Umweltbedingungen können ausgehend von einem singulären Genotyp diverse Phänotypen (**Polyphänie**) herausgebildet werden. Für die **phänotypische Plastizität** spielt die Epigenetik ebenfalls eine wichtige Rolle. Bei der Epigenetik geht es um die **Methylierung** von **Cytosin** (bei Eukaryoten) sowie eine enzymatische **Modifikation der Histonproteine**. In der Regel sind die Promotoren der Gene, die in einer Zelle exprimiert werden, nicht methyliert, während sie bei abgeschalteten Genen (*silent*) hoch methyliert sind. Nach jeder Replikation muss die Methylierung des frisch replizierten DNA-Stranges neu erfolgen; eine Störung der Methyltransferasen kann die Genexpression und Differenzierung von Zellen (und damit den Phänotyp) stark beeinflussen. Als kleinste Organisationseinheit des **Chromatins** ist die DNA in Nucleosomen verpackt. Unter dem mit basischen Kernfarbstoffen anfärbbaren Chromatin versteht man das Material (Komplex aus DNA und speziellen Proteinen, u. a. Histone), aus dem die Chromosomen aufgebaut sind. Wenn Gene transkribiert werden sollen, muss die Nucleosomorganisation kurzfristig aufgegeben werden. Dies wird durch eine lokale enzymatische Veränderung der Histonproteine erreicht.

Im Wesentlichen durch die Methylierung der DNA-Basen und durch enzymatische **Modifizierung der Histonproteine** wird die Differenzierung von Zellen gesteuert und festgelegt („**Epigenese**", genetische Prägung oder *imprinting*). Die DNA ist in den Gameten noch nicht durch Methylierung modifiziert. Nach der Befruchtung ist die Zygote omnipotent; sukzessive erfolgt eine Programmierung des Erbmaterials in der nachfolgenden Embryonalentwicklung. Daher weisen differenzierte Zellen einen hohen Methylierungsgrad auf und sind daher nicht mehr in der Lage, sich in andere Zelltypen umzuwandeln.

DNA-Methylierung und Histonmodifizierungen werden bei der Zellteilung an die Tochterzellen vererbt; man spricht hier von einer **epigenetischen Vererbung**. Solche somatischen Veränderungen haben vermutlich aber keinen Einfluss auf die Nachkommen. Nur direkte Mutationen der Gameten können an die nachkommenden Generationen vererbt werden. Ausnahmen wurden bei Pflanzen nachgewiesen, was die Diskussion über die Hypothese der **Vererbung erworbener Eigenschaften** (Lamarck) wieder entfacht hat. Über die möglichen Einflüsse der Epigenetik auf die Evolution des Menschen geht der **EXKURS 5.9** in **Abschn. 5.7** ein.

	AGA						UUA				AGC								
	AGG						UUG				AGU								
GCU	CGA				GGA		CUA				CCA	UCA	ACA				GUA		
GCA	CGC				GGC	AUA	CUC				CCC	UCC	ACC				GUC	UAA	
GGC	CGG	GAC	AAC	UGC	GAA	CAA	GGG	CAC	AUC	CUG	AAA		UUC	CCG	UCG	ACG		UAC	GUG	UAG
GGG	CGU	GAU	AAU	UGU	GAG	CAG	GGU	CAU	AUU	CUU	AAG	AUG	UUU	CCU	UCU	ACU	UGG	UAU	GUU	UGA
Ala	Arg	Asp	Asn	Cys	Glu	Gln	Gly	His	Ile	Leu	Lys	Met	Phe	Pro	Ser	Thr	Trp	Tyr	Val	Stopp

◘ **Abb. 3.7** Überblick über den genetischen Code. Die meisten Aminosäuren werden von mehr als einem Triplett codiert. Unterschiede im Codon findet man meist in der dritten Triplettposition. Die Abkürzungen der Aminosäuren sind in Tab. 3.3 erklärt

3.2.5 Genetischer Code

Ein zentraler Fortschritt in der Anfangszeit der Molekularbiologie war die Entdeckung eines fast einheitlichen, kommalosen und nicht überlappenden **genetischen Codes** bei allen lebenden Organismen, der für Bakterien ebenso gilt wie für Pflanzen und Tiere. Er wird „kanonisch" genannt und evolvierte offenbar in einer Epoche, bevor sich die Organismenreiche aufspalteten. Jeweils drei Nucleotide codieren für den Einbau einer spezifischen Aminosäure in das jeweilige Protein (◘ **Abb. 3.7**). Der weitgehend **universelle Triplettcode** beginnt an einem spezifischen Startsignal. Da Methionin (bei Eukaryoten) bzw. *N*-Formylmethionin (bei Bakterien und Chloroplasten) als erste Aminosäure in Polypeptide eingebaut wird, heißt das universelle Startcodon **AUG** (wesentlich seltener kommt GUG vor). Methionin bleibt jedoch nicht als die erste Aminosäure in den fertigen Proteinen erhalten, sondern wird nach der Translation in den meisten Fällen durch eine spezifische Protease wieder entfernt.

In den tierischen und pilzlichen (nicht aber pflanzlichen) Mitochondrien gibt es kleine Abweichungen vom universellen genetischen Code: z. B. wird auch AUA zur Initiation verwendet und codiert für Methionin, während dieses Codon in eukaryotischen Ribosomen für Isoleucin steht; AGG/AGA wird bei Vertebraten als Terminationscodon eingesetzt, während es sonst für Arginin codiert. UGA, das gewöhnlich als Stoppcodon eingesetzt wird, kann auch für **Selenocystein** („21. Aminosäure") oder für **Pyrrolysin** (ein modifiziertes Lysinmolekül; „22. Aminosäure") codieren.

Der Translationsstart beginnt bei AUG; dadurch ist die Sequenz der folgenden Codons festgelegt (der **Leserahmen**). Würde sich der Start der Translation auch nur um ein oder zwei Nucleotide verschieben, käme es zu einer Verschiebung des **Leserahmens**, einem *frame shift*. Dadurch würden sich die Codons verschieben und für gänzliche andere Aminosäuren codieren. Folglich würde ein gänzlich anderes neues Protein entstehen. Mutationen, die einen *frame shift* verursachen, führen meist zum Funktionsverlust in den veränderten Proteinen (s. **Abschn. 3.3.1**).

Bei einem **Triplettcode** mit vier Basen stehen theoretisch $4^3 = 64$ Kombinationen zur Verfügung. Da aber nur **20 reguläre Aminosäuren** in Proteinen (◘ **Tab. 3.3**) vorkommen, gibt es mehr Codons als eigentlich notwendig wären. In der frühen Evolution wurde dieses Problem so gelöst, dass einige Aminosäuren nicht von nur einem, sondern von zwei bis maximal sechs verschiedenen **synonymen Codons** (also Codons, die jeweils für dieselbe Aminosäure

◻ **Tab. 3.3** Zusammenstellung und Gruppierung der proteinogenen Aminosäuren. Zwei Typen von Abkürzungen werden international verwendet, die entweder aus drei oder einem Buchstaben bestehen.

Klassifizierung	Abkürzungen	
Neutrale und hydrophobe Aminosäuren		
Alanin	Ala	A
Glycin	Gly	G
Isoleucin	Ile	I
Leucin	Leu	L
Methionin	Met	M
Phenylalanin	Phe	F
Prolin	Pro	P
Tryptophan	Trp	W
Valin	Val	V
Neutrale und polare Aminosäuren		
Serin	Ser	S
Threonin	Thr	T
Tyrosin	Tyr	Y
Cystein	Cys	C
Asparagin	Asn	N
Glutamin	Gln	Q
Basische Aminosäuren		
Lysin	Lys	K
Arginin	Arg	R
Histidin	His	H
Saure Aminosäuren		
Aspartat	Asp	D
Glutamat	Glu	E

stehen) codiert werden (◻ **Abb. 3.7**). Häufig unterscheiden sich die Codons, die für dieselbe Aminosäure codieren, in der **dritten Codonposition**. Die zugehörigen tRNAs existieren grundsätzlich für jedes Codon; bei synonymen oder „**degenerierten" Codons**, die alle dieselbe Aminosäure codieren, existiert häufig nur **eine** spezifische tRNA, die eine **Fehlpaarung (*mismatching*)** in der dritten Codonposition toleriert. Insgesamt wurden im eukaryotischen System ca. 31 tRNAs, in Mitochondrien 22 tRNAs nachgewiesen. Eine Mutation in der dritten Codonposition beeinflusst das Ergebnis der Proteinbiosynthese meist nicht, da dieselbe Aminosäure eingebaut wird; die Konsequenz aus dieser für die molekulare Evolution so wichtigen Tatsache wird ausführlich in **Abschn. 3.3.1** diskutiert.

3.2.6 Proteinbiosynthese (Translation)

Die Proteinbiosynthese erfolgt in den Ribosomen, die komplex aufgebaute Multienzymkomplexe (auch molekulare Maschinen genannt) darstellen. In den Ribosomen spielen verschiedene rRNAs eine wichtige Rolle (◻ **Abb. 3.10**, ◻ **Abb. 3.11**). Da die rRNAs durch interne Basenpaarung (Stammstrukturen) komplexe Raumstrukturen ausbilden, können sie als Gerüst für die richtige Anordnung der diversen Ribosomenproteine dienen. Sie sind zudem katalytisch aktiv, z. B. bei der Synthese von Peptidbindungen. Da die Proteinbiosynthese ein Prozess ist, der offenbar in der frühen Evolution entstand, ist es nicht verwunderlich, dass der Aufbau der Ribosomen in den verschiedenen Organismenbereichen grundsätzlich sehr ähnlich ist, wenn sich auch prokaryotische von eukaryotischen Ribosomen in Einzelheiten unterscheiden.

Ribosomale RNAs (rRNAs) gehören zu den häufigsten Makromolekülen in einer Zelle, alleine für *E. coli* schätzt man die Zahl der rRNA-Moleküle auf 38.000. Die zusammengehörigen rRNA-Gene liegen als Sequenzeinheiten (**rDNA-Kassetten**) vor, z. B. in der Abfolge 18S rDNA, 5,8S rDNA und 28S rDNA, die als komplette Einheit transkribiert werden (◻ **Abb. 3.9**). Nach der Transkription werden sie in die einzelnen rRNAs aufgespalten. Da diese rRNAs unterschiedlich groß sind, kann man sie mittels Ultrazentrifugation voneinander trennen. Die Größe der rRNA wird in **Svedberg-Einheiten (S)** angegeben; also 18S für 18 Svedberg-Einheiten. In den Genomen der Zellen kommen die rDNA-Kassetten in zahlreichen Kopien vor. Dies beruht sicher auf der Tatsache, dass diese Gene sehr häufig abgelesen werden müssen, um die große Zahl an rRNA-Molekülen zu produzieren, die jede Zelle zum Aufbau der zahlreichen Ribosomen benötigt.

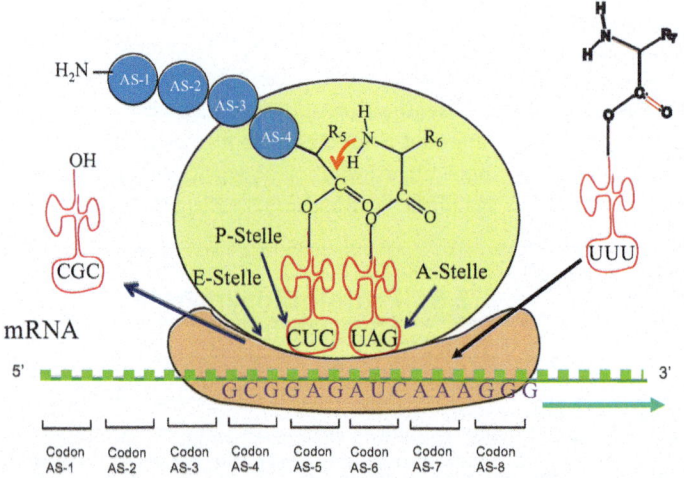

☐ **Abb. 3.8** Schematische Darstellung der ribosomalen Proteinbiosynthese von Pro- und Eukaryoten. Die große Ribosomenuntereinheit steht oben, die kleine Untereinheit, durch die die mRNA läuft, unten. In der A-Stelle hybridisiert jeweils die ankommende, mit einer Aminosäure (AS) beladene tRNA mit ihrem Anticodon an das entsprechende Triplett der mRNA. Dann kommt es zum Transfer des Peptidrestes, der auf der tRNA in der P-Stelle sitzt, auf die Aminosäure in der A-Stelle (Peptidyltransferase). Jetzt rückt das Ribosom drei Nucleotide weiter auf der mRNA und entlässt die freie tRNA aus der E-Stelle (*Exit*-Stelle); die tRNA mit dem verlängerten Peptidylrest rückt in die P-Stelle. Diese Schritte wiederholen sich, bis ein Stoppcodon erreicht wird. Die Knüpfung der Peptidbindung (*roter Pfeil*) wird durch die rRNA katalysiert.

Weil rRNAs und zugehörige Gene auch als **Markergene** für die molekulare Evolutionsforschung wichtig sind, wurden in ☐ **Abb. 3.10** die Bausteine von prokaryotischen und eukaryotischen Ribosomen zusammengestellt. Da sich Mitochondrien und Chloroplasten aus Bakterien ableiten (s. **EXKURS 3.1 Abschn. 3.2.7**), finden wir in mtDNA und cpDNA erwartungsgemäß rRNAs, deren Aufbau und Sequenz denen der Bakterien weitgehend entsprechen (☐ **Abb. 3.11**, ☐ **Abb. 3.17**, ☐ **Abb. 3.18**) (man beachte, dass in Mitochondrien eine 12S rRNA anstelle der 23S rRNA der Prokaryoten vorkommt).

Insbesondere 16/18S rRNAs und 23/28S rRNAs weisen komplexe Raumstrukturen auf, die über große Bereiche der Organismen konserviert wurden (☐ **Abb. 3.11**). Obwohl RNAs als Einzelstränge vorliegen, bilden sie im wässrigen Milieu an vielen Stellen komplementäre Doppelstränge, sogenannte **Stammstrukturen** aus. Die Nucleotidsequenz dieser Bereiche der rRNAs wurde in der Evolution meist sehr stark konserviert. Anders sieht es bei den nicht basengepaarten **Schleifen** (*loops*) aus, in denen die Nucleotide zudem noch nachträglich durch Anhängen von weiteren chemischen Gruppen modifiziert werden. Dieses Phänomen beobachtet man insbesondere bei **tRNAs**, bei denen mehr als 50 modifizierte Nucleotide entdeckt wurden. Substituierte Basen sind Thiouracil, 5-Methylcytosin, Dihydrouracil, 2-Thiothymin, 2-Thiocytosin, N4-Acetylcytosin, 1-Methylhypoxanthin, 1-Methylguanin oder N6-Methyladenin. Insbesondere über diese ungepaarten Nucleotide können RNAs mit anderen Molekülen (meist Proteinen) wechselwirken. In den *loops* finden wir vergleichsweise viele Basensubstitutionen, Deletionen, Insertionen und Inversionen, die ein *Alignment* homologer Sequenzen erschweren (s. **Abschn. 4.1.2**). Unter Alignment versteht man die Anordnung von zwei oder mehreren Sequenzen zueinander, so dass identische Basenpositionen übereinander zu stehen kommen. Da die Nucleotidsequenzen der rDNA-Gene in der Evolution sehr stark konserviert wurden, sind sie für die molekulare Evolutionsforschung von großem Interesse, da man mit ihrer Hilfe Stammbäume über alle Organismengruppen hinweg erstellen kann. Der *Tree of Life* (Baum des Lebens) und die davon abgeleitete Einteilung der Organismen beruht u. a. auf der Analyse von konservierten rDNA-Genen (s. **Abschn. 4.2**).

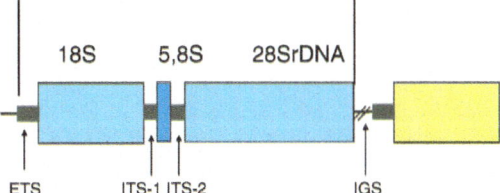

○ **Abb. 3.9** rDNA-Kassetten. ITS: *internal transcribed spacer;* ETS: *external transcribed spacer;* IGS: *intergenic spacer.* Die Wiederholungseinheit umfasst ETS, 18S rDNA, ITS-1, 5,8S rDNA, ITS-2, 28S rDNA und IGS. Gene der 5S rRNA liegen außerhalb der RNA-Kassetten auf anderen Chromosomenabschnitten

3.2.7 Kern-, Mitochondrien- und Chloroplastengenom

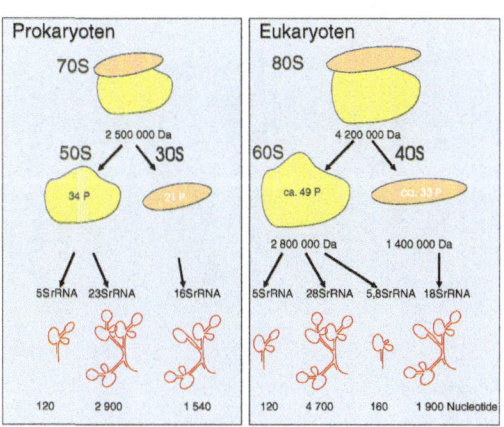

○ **Abb. 3.10** Vergleich des Aufbaus pro- und eukaryotischer Ribosomen, die Molekülmasse ist in Dalton angegeben. S bedeutet Svedberg-Sedimentationseinheit, über die man die Größe der Ribosomenuntereinheiten und die rRNA charakterisieren kann

Die **Gene** eines Organismus (in ihrer Gesamtheit auch als **Genotyp** zusammengefasst) sind die funktionellen Einheiten der Vererbung und enthalten die **Bauanweisungen** für RNAs, Struktur- und Membranproteine, Transkriptionsfaktoren sowie Enzyme (○ **Abb. 3.6**), die für die Differenzierung und zum Aufbau der Zellen, Gewebe und des Gesamtorganismus und damit zur Ausbildung des **Phänotyps** notwendig sind. Ebenso steuern die Gene direkt oder indirekt alle zentralen Lebensvorgänge, sowohl Stoffwechsel und Organfunktion, Bewegung, Reizaufnahme und Erregungsleitung als auch Zellteilung, Fortpflanzung und diverse Verhaltensweisen. Da in einer Zelle oder einem Organismus nicht alle Gene gleichzeitig zur Expression kommen, bezeichnet man unter Phänotyp die jeweils in Erscheinung tretende Ausprägung der Gene. Am Phänotyp setzt die natürliche Selektion an, so dass die Variabilität des Phänotyps eine große Bedeutung hat.

Bei Prokaryoten liegt die DNA als ringförmiges **Chromosom** in einem Kernäquivalent vor, während sie in eukaryotischen Chromosomen, von denen der Mensch z. B. 46 und die Taufliege *Drosophila* 8 hat, linear aufgebaut ist (○ **Tab. 3.10**). Eukaryotische Chromosomen sind im Zellkern vom Rest der Zelle abgegrenzt lokalisiert.

Genomgröße

Die Gesamtheit der DNA einer Zelle, eines Zellkerns oder eines Organells (Mitochondrien, Chloroplasten) wird als **Genom** bezeichnet. Betrachtet man das menschliche Kerngenom, so erkennt man schnell, welche gigantische Informationsmenge hier vorhanden ist. Würde man die DNA einer einzelnen Zelle des Menschen als Faden aufspannen, so wäre er 2 m lang. Bei etwa 10^{13} Zellen in unserem Körper beträgt die Gesamtlänge der DNA aller Zellen 2×10^{10} km. Man könnte damit einen DNA-Faden spannen, der mehrfach von der Erde bis zur Sonne und zurück reicht.

Von den 3 Mrd. Basen, die z. B. im **haploiden Chromosomensatz** des Menschen vorhanden sind, codieren jedoch nur ca. 1–3 % direkt für Peptide und Proteine (○ **Abb. 3.28**). Die restliche DNA besteht aus RNA-Genen und nicht-codierenden Bereichen, die oft an Regulationsvorgängen beteiligt sind, keine Funktion besitzen oder deren Funktion man noch nicht kennt (s. **Abschn. 3.4.3**).

In den letzten Jahren hat sich die **Genomik** (*genomics*) als neues Teilgebiet der Genetik mit Riesenschritten etabliert, mit dem Ziel, komplette Genome molekular und funktionell zu charakterisieren. Im Rahmen des **humanen Genomprojektes** (HUGO; *human genome organization*) wurde die Nucleotidsequenz eines haploiden Chromosomensatzes des Menschen im Jahre 2001 fast komplett ermittelt. Bedingt durch die Entwicklung neuer leistungsfähiger DNA-Sequenziergeräte (insbesondere *Next Generation Sequencer;* s. **Kap. 4**) wächst die Zahl komplett sequenzierter Genome

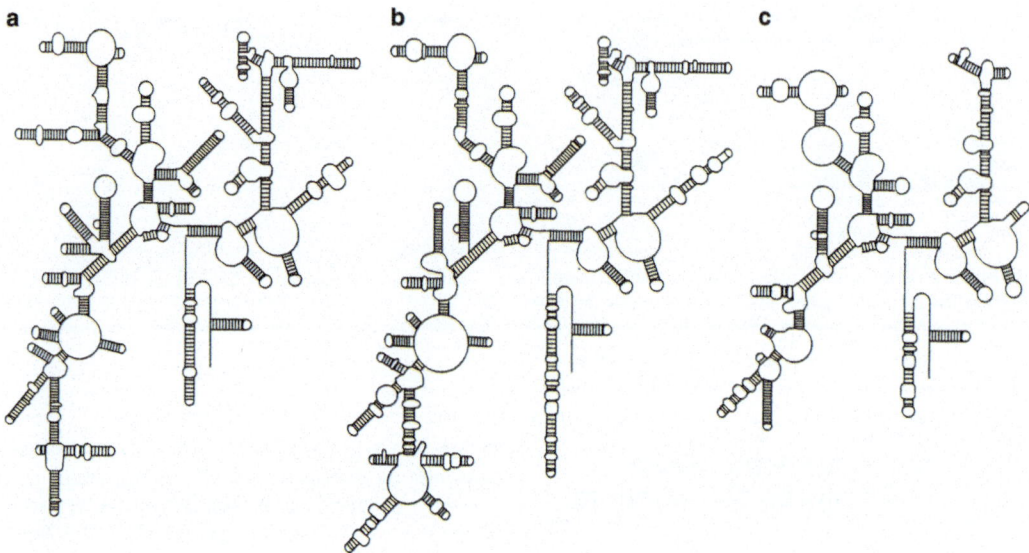

Abb. 3.11 a–c. Struktur der 16S rRNA am Beispiel von **a** *E. coli*, **b** *Saccharomyces cerevisiae* und **c** Säugermitochondrien (Rind)

kontinuierlich. Über 2000 weitere Genome (davon 124 Archaea, 1845 Bacteria, 152 Eukaryota) sind bereits vollständig sequenziert (Stand Feb. 2012) (**Tab. 3.4**). Diverse Großprojekte wurden initiiert, welche unser Wissen in den nächsten Jahren signifikant vergrößern werden; u. a. das *Genome 10 K Project* (G10K), das *1000 Plant & Animal Reference Genomes Project* (1000P&A), die *5000 Insect (i5 K) and other Arthropod Genome Initiative* oder das *Ten Thousand Microbial Genomes Project* (10 K M). Über den Vergleich mit Nucleotidsequenzen, die aus umfangreichen organ- und gewebespezifischen cDNA- und EST-Banken (*expressed sequence tags*) gewonnen wurden, oder durch Konstruktion von Knock-out- oder *Antisense*-Mutanten (in denen einzelne Gene gezielt abgeschaltet wurden) sowie durch RNAi-Experimente wird im nächsten Schritt versucht, genomischen Sequenzen funktionelle Einheiten oder Gene zuzuordnen (Teilgebiet der Funktionellen Genomik). Die **Funktionelle Genomik** wird letztlich eine genaue Antwort auf die Frage liefern, welche Bereiche des Genoms eine Funktion haben (heute schätzt man die zum Überleben notwendige Information auf 85–90 % bei Bakterien und auf weniger als 10 % der Gesamt-DNA bei Vertebraten) und welche Teile lediglich als funktionsloses evolutionäres Erbe anzusehen sind (s. **Abschn. 3.4**). Da wir erst am Anfang dieser Forschung stehen, wird man sicher bald für viele der aus heutiger Sicht funktionslosen DNA-Abschnitte eine Funktion erkennen können.

Die Größe der Genome einiger Organismengruppen ist in **Abb. 3.12** graphisch dargestellt. Betrachtet man die **minimale Genomgröße** in den Organismenreichen (d. h. nur die linke Seite der Balken in **Abb. 3.12**), so beobachtet man eine Zunahme, die im Wesentlichen parallel zur Organisationshöhe verläuft. Einfach aufgebaute Bakterien und Pilze haben kleinere Genome als komplex aufgebaute multizelluläre Organismen. Die **maximale Genomgröße** hat bei den Eukaryoten jedoch nur eine geringe Beziehung zur Entwicklungshöhe, denn viele Pflanzen und Amphibien haben Genome mit annähernd 10^{11} Basen, die damit das Genom des Menschen um ein bis zwei Größenordnungen übertreffen. Dieses Phänomen (sogenanntes **C-Wert-Paradoxon**) deutet schon darauf hin, dass die überdimensionierten Genome DNA-Bereiche aufweisen, die nicht mit dem Phänotyp im Zusammenhang stehen können (s. **Abschn. 3.4**). Offensichtlich kam es bei diesen Gruppen zu mehrfachen Verdopplungen der Genome (s. **Abschn. 3.4.2**).

◘ **Tab. 3.4** Verhältnis zwischen Genomgröße und der Anzahl der Gene. Übersicht über einige der bereits sequenzierten und publizierten Genome (siehe www.ebi.ac.uk/genomes und www.genome.jp/kegg/catalog/org_list.html)

Organismus	Genomgröße[a] Basenpaare	Proteincodierende Gene
Archaea		
Archaeoglobus fulgidus	$2,18 \times 10^6$	2541
Methanothermobacter thermoautotrophicus	$1,75 \times 10^6$	1968
Pyrococcus furiosus	$1,91 \times 10^6$	2160
Sulfolobus acidocaldarius	$2,99 \times 10^6$	2233
Bacteria		
Clostridium tetani (Tetanus-Erreger)	$2,8 \times 10^6$	2617
Escherichia coli	$4,67 \times 10^6$	4288
Haemophilus influenzae	$1,83 \times 10^6$	1728
Mycoplasma genitalium	$0,58 \times 10^6$	487
Rhodospirillum rubrum	$4,35 \times 10^6$	3926
Hefen		
Aspergillus fumigatus (Schimmelpilz)	$4,9 \times 10^7$	9630
Saccharomyces cerevisiae (Bierhefe)	$1,2 \times 10^7$	5882
Candida glabrata (Candida-Hefe)	$1,2 \times 10^7$	5213
Sporozoa		
Plasmodium falciparum (Malaria-Erreger)	$2,3 \times 10^7$	5331
Pflanzen		
Arabidopsis thaliana (Ackerschmalwand)	$1,4 \times 10^8$	27.296
Glycine max (Sojabohne)	$1,1 \times 10^9$	43.095
Tiere		
Caenorhabditis elegans (Fadenwurm)	$1,0 \times 10^8$	20.183
Drosophila melanogaster (Taufliege)	$1,6 \times 10^8$	13.776
Danio rerio (Zebrafisch)	$1,0 \times 10^9$	26.577
Mus musculus (Hausmaus)	$3,0 \times 10^9$	22.169
Pan troglodytes (Schimpanse)	$3,2 \times 10^9$	21.552
Homo sapiens (Mensch)	$3,2 \times 10^9$	19.762

[a] haploides Genom

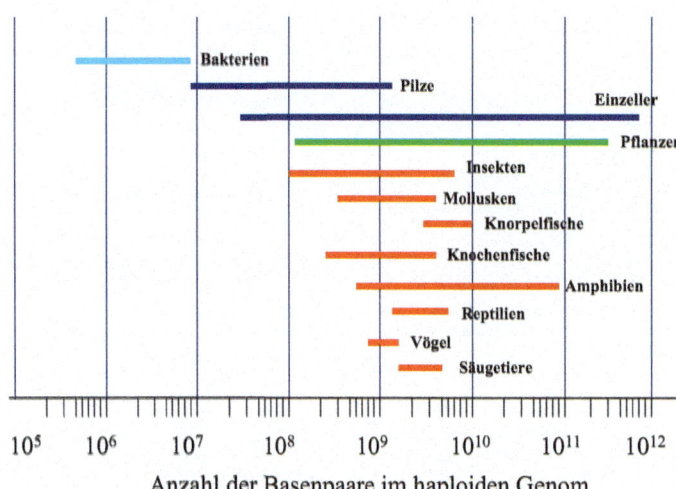

Abb. 3.12 Größe des haploiden Genoms bei einigen großen Organismengruppen. Die X-Achse hat eine logarithmische Skala

Mitochondrien und Chloroplasten enthalten DNA

Eukaryotenzellen enthalten Erbinformation in den **Chromosomen** (Kerngenom) sowie in den **Mitochondrien** und **Chloroplasten** (s. EXKURS 3.1).

EXKURS 3.1

Symbiogenese in der Zell- und Lebensevolution
Peter Sitte (Freiburg)

Das Periodsystem der Biologie: Zwei Zelltypen, drei Domänen

Zellen sind die kleinsten lebensfähigen Systeme. Sie sind enorm vielgestaltig – man denke nur an Bakterien oder die meist größeren, sehr verschiedenen Einzellerformen, schließlich an die ganz unterschiedlichen Zellen unseres Körpers. Dennoch lassen sie sich zwei Grundtypen zuordnen: Protocyten und Eucyten. Die meist sehr kleinen **Protocyten** der Bakterien und Archaeen (Archaebakterien) enthalten keinen von Membranen umhüllten Zellkern, ihre DNA-haltigen Nucleoide liegen ohne Membranumgrenzung in der Zelle. Dagegen verfügen die in der Regel viel größeren **Eucyten** aller übrigen Organismen über einen Zellkern, der von einer doppelten, von Porenkomplexen durchbrochenen Membranhülle umschlossen ist. Auch sonst gibt es eine Reihe fundamentaler Unterschiede (**Tab. 3.5**). Nach ihrem Zellbau werden dementsprechend die beiden Großreiche der **Prokaryota** (der Monera im Sinne Ernst Haeckels; ihre Zellen entsprechen Protocyten) und der **Eukaryota** (mit Eucyten) unterschieden.

Inzwischen haben neben anderen Merkmalen vor allem Sequenzvergleiche ribosomaler RNAs bei den Prokaryoten eine tiefe Kluft zwischen Bakterien und Archaeen deutlich werden lassen (**Tab. 3.6**). Daher wird heute das Gesamtreich aller zellulär gebauten Organismen in drei Domänen gegliedert: Bacteria, Archaea und Eukarya (**Abb. 3.16**).

Frühe Lebensevolution als Zellevolution

Spuren von Lebewesen lassen sich bis in älteste Sedimente zurückverfolgen. Es hat demnach schon vor mehr als 3,5 (vermutlich sogar 4) Mrd. Jahren Leben auf unserem Planeten gegeben. Darüber, wie erste Zellen auf der unwirtlichen Ur-Erde in nur einer halben bis einer Jahrmilliarde entstehen konnten (die Erde ist 4,6 Mrd. Jahre alt), gibt es mangels konkreter Daten nur Hypothesen. Wahrscheinlich konnten sich unter einer weitge-

EXKURS 3.1 (*Fortsetzung*)

Tab. 3.5 Einige strukturelle Unterschiede zwischen Protocyten und Eucyten

Merkmal	Protocyt	Eucyt
Endomembranen (endoplasmatisches Reticulum, Golgi-Membranen, Endosomen)	–	+
Kernhülle mit Porenkomplexen	–	+
Cytoskelett und damit assoziierte Motoroproteine	+ –	+ +
Exo- und Endocytose, Phagocytose	–	+
Genom	1 zirkuläres DNA-Molekül	mehrere lineare Chromosomen
Ribosomentyp	70S	80S
RNA-Polymerasen	1	3 (I-III)

Tab. 3.6 Einige Unterschiede zwischen Bakterien und Archaeen

Merkmal	Bacteria	Archaea
Peptidoglycan (Murein) in der Zellwand	+	–
RNA-Polymerase	eubakt.	archaebakt.
Formylmethionyl-tRNA	+	–
Methanogenese	–	bei einigen Vertretern
Isoprenyl-Ether-Lipide	–	+
Acylester-Lipide	+	–
ATP-Synthase-Typ	F	V

hend sauerstofffreien Atmosphäre und an unterseeischen heißen Quellen abiotisch verschiedene organische Moleküle bilden, darunter Aminosäuren, Zucker und organische Basen, schließlich auch Oligonucleotide und Peptide. In dieser präbiotischen, chemischen Evolution können sich letztlich auch selbstreplizierende Ribonucleinsäuren („**RNA-Welt**") gebildet haben, eine Vorstellung, die durch den Nachweis enzymatisch aktiver RNAs (Ribozyme) gestützt wird. Somit war zwar noch nicht die Organisationsstufe von Zellen erreicht, doch gab es jetzt schon Vererbung. Damit waren alle wesentlichen Voraussetzungen für eine Evolution im Sinne Darwins erfüllt: Vermehrung, erbliche Variation durch Mutationen, Konkurrenz und Selektion. Dabei stand das Mutationsgeschehen wegen der zunächst noch geringen Präzision der Nuclein-säure-Vervielfältigung im Vordergrund. Die Evolution konnte vergleichsweise rasch zur Verbesserung der Replikation mit Hilfe von Proteinen führen, damit zu Hyperzyklen (zyklische Reaktionsfolgen zwischen RNAs und Proteinen) (Eigen u. Winkler 1975) und Translation, zu definierten Genen und über RNA-Genome schließlich zu DNA-Genomen, Transkription und Genregulation. Nach Ausbildung einer umgebenden Membran, über deren Entstehung unterschiedliche Hypothesen existieren, sollte es Zellen gegeben haben, die alle essenziellen biochemischen Komponenten und Vorgänge innerhalb einer Membran – der Zellmembran – vereinigten und in hohen Konzentrationen halten konnten. Mit dem Auftreten zellulärer Organismen war jene Evolutionsphase erreicht, die bis heute andauert. Dabei sind nach den frei-

EXKURS 3.1 (Fortsetzung)

lich sehr lückenhaften Mikrofossilfunden Eucyten möglicherweise vor ca. 2 Mrd. Jahren aufgetreten. Reste von möglichen Vielzellern finden sich in Ablagerungen, die ca. eine Jahrmilliarde alt sind. Der dominante Teil der Lebensentwicklung war also Zellevolution.

Astronomen nehmen an, dass im Universum Abertausende erdähnliche Systeme existieren. Daher ist die Möglichkeit nicht auszuschließen, dass das Leben nicht auf unserer Erde entstand, sondern durch Meteoriteneinschlag aus anderen Welten importiert wurde.

Makroevolution und Großübergänge

In der Evolution der Organismen wurden und werden evolutive Fortschritte vorwiegend durch Rekombination im Gen-Pool der einzelnen Arten im Sinne immer **besserer Anpassung** an die jeweils gegebenen, veränderlichen Umwelten erzielt. Eine nicht unerhebliche Rolle spielen weiterhin Änderungen der Expressionsrate von Genprodukten, sowie die Integration und Expression von Genen, die von nicht verwandten Arten abstammen und via **horizontalem Gentransfer** in einen Organismus gelangen können. Nun muss es allerdings in der Phylogenese neben den zahlreichen kleineren Veränderungsschritten gelegentlich auch größere Sprünge gegeben haben. Neben graduellen Veränderungen, wie sie die Bildung von Unterarten und Arten beherrschen (Mikroevolution), wird für die Makroevolution also auch die mehr oder weniger unvermittelte Entstehung grundsätzlich neuartiger Organismen postuliert. Solche dramatischen Veränderungen waren zwar sicher viel seltener als die kleinen Mutations- und Rekombinationsereignisse, aber folgenreicher. Sie entsprechen den zukunftsträchtigen Bifurkationen im deterministischen Chaos der Evolution und markieren die großen Verzweigungen der Stammbäume. Allerdings bleiben solche Vorgänge wegen ihrer Seltenheit der direkten Beobachtung entzogen, die zugrunde liegenden Mechanismen sind einer experimentellen Erforschung nur schwer zugänglich. Eine mögliche Erklärung liefert das Konzept der **phylogenetischen Großübergänge** (*major evolutionary transitions*). Grundaussage ist, dass sich in der biologischen Evolution immer wieder Fortpflanzungseinheiten, die sich zunächst selbstständig entwickelt hatten, zu komplexeren Einheiten zusammengeschlossen haben. Die so entstandenen Systeme konnten dann zu Ausgangspunkten für völlig neue Entwicklungslinien werden.

Ein Beispiel für einen solchen Großübergang ist die evolutive **Entstehung von Vielzellern** aus Einzellern. Bei Einzellern repräsentiert die einzelne Zelle einen ganzen Organismus, im Vielzeller ist sie nur mehr eines von vielen Elementen eines einzigen Lebewesens. Die einzelnen Zellen büßen mit dem Einbau in das größere System, das ihnen stabile Lebensbedingungen gewährt, viel von ihrer Selbstständigkeit ein. Steuernde Einflüsse des Gesamtsystems diktieren z. B. die Teilungstätigkeit und entscheiden über Leistungen und Lebensdauer der einzelnen Zellen im übergeordneten Funktionsgefüge. Damit ist ein wichtiges Charakteristikum solcher Systeme angesprochen: sie sind arbeitsteilig. Im vielzelligen Organismus können sich die einzelnen Zellen auf bestimmte Teilaufgaben spezialisieren, andere sind ihnen dafür abgenommen. Dadurch können nicht nur Teilprozesse wichtiger Stoffwechselvorgänge bzw. bestimmte Funktionen mit höherer Effizienz ausgeführt werden, sondern auch Synergiepotenziale voll ausgenützt werden. Zusätzlich können die so differenzierten Zellen bzw. Gewebe während der weiteren Phylogenese ohne große genetische Veränderungen vermehrt oder vermindert, verschoben und wie Module im Gesamtsystem neu kombiniert werden. Dank dieser Kombinatorik können mit relativ wenigen unterschiedlichen Elementen fast beliebig viele verschiedene Systeme aufgebaut werden. Dem ist die enorme Arten- und Formenfülle an Makroorganismen in der Biosphäre mit zu verdanken.

Komplexe Vielzeller haben sich nur bei den Eukaryoten entwickelt. Mit steigender Komplexität der Organismen nimmt die für die systemgerechte Steuerung der einzelnen Zellen, Gewebe und Organe und ihrer Entwicklung in der Ontogenese erforderliche Informationsmenge zu. Die Information kann jedoch in verschiedenen Ebenen gespeichert und abgerufen werden. In der Tat findet sich eine gewisse Korrelation zwischen Komplexität ei-

EXKURS 3.1 (*Fortsetzung*)

Abb. 3.13 Doppel-, Drei- und Vierfachmembranen von Plastiden bei primärer bzw. sekundärer Endosymbiose. Oben: Cyanobakterien werden durch Phagocytose in eukaryotische Wirtszellen aufgenommen (1), wenn dabei die sogenannte Outer membrane der Cyanobakterien erhalten bleibt, können Plastiden mit drei Hüllmembranen entstehen (2). *Unten*: Entstehung komplexer Plastiden durch Aufnahme plastidenhaltiger Einzeller in phagotrophe Wirtszellen und nachfolgende Reduktion der Endocytobionten auf Plastide und Zellmembran (3). Geht eine der vier Hüllmembranen verloren (5), entstehen auch hier Plastiden mit drei Hüllmembranen. Durch unvollständige Reduktion des Endocytobionten (4) entsteht eine Situation, wie sie bei Cryptomonaden und *Chlorarachnion* beobachtet wird (vgl. Abb. 3.15)

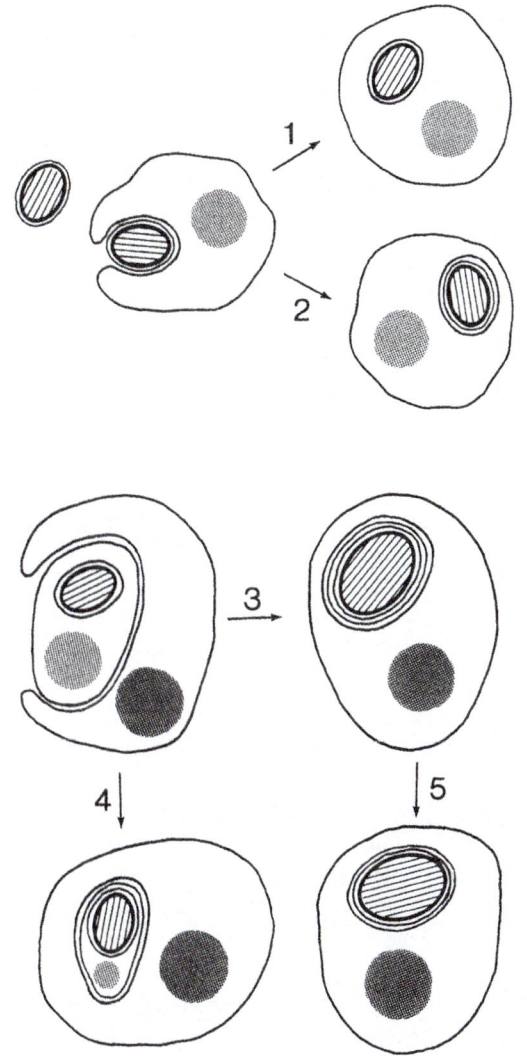

nes Organismus und der Anzahl der in seinem Genom codierten Gene, die bei Eukaryoten im Gegensatz zu den meisten Bakterien in mehreren Chromosomen lokalisiert sind. Jedoch können homologe Gene in unterschiedlichen Organismen verschieden exprimiert werden, was zur Ausbildung neuer Einheiten führen kann. Neben dem Übergang vom Einzeller- zum Vielzellerstatus gibt es weitere Möglichkeiten für evolutive Großübergänge. Eine besonders bedeutsame ergibt sich aus **Symbiosen**, dem intimen Zusammenleben artverschiedener Organismen (Abb. 3.13).

Endocytobiose

Unter Endocytobiose versteht man den Einbau artfremder Zellen in größeren Wirtszellen. Solche intrazellulären Symbiosen stellen den engsten Symbiosebezug dar, der überhaupt denkbar ist. In der

EXKURS 3.1 (Fortsetzung)

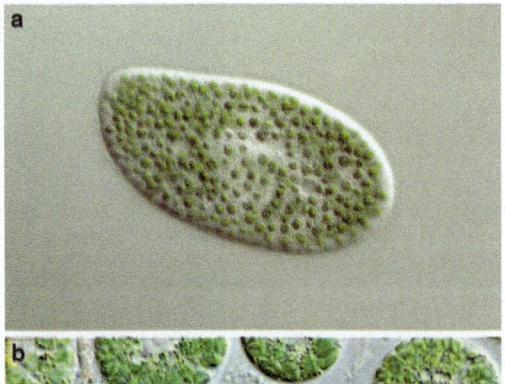

Abb. 3.14 a, b. Beispiele für Endocytobiosen rezenter Einzeller. **a** das Grüne *Paramecium, P. bursaria*, ist durch intrazelluläre, einzellige Grünalgen (*Chlorella lobophora*) phototroph. **b** *Glaucosphaera vacuolata*, ein einzelliger Glaucocystophyt, mit Cyanellen, endocytischen Abkömmlingen von Cyanobakterien

rezenten Organismenwelt finden sich zahlreiche Beispiele für mutuelle Endocytobiosen. Als Endocytobionten treten dabei vielfach Bakterien auf, so die N_2-fixierenden Knöllchenbakterien (*Rhizobium, Bradyrhizobium*) der Leguminosen oder die Photosynthese betreibenden Cyanobakterien im Erdpilz *Geosiphon* (s. unten). In vielen Fällen finden sich eukaryotische Einzeller in Wirtszellen eingebaut, z. B. einzellige Grünalgen („Zoochlorellen") in bestimmte Amöben, Paramecien (Abb. 3.14) und Hydren, oder Dinophyceen („Zooxanthellen") in Foraminiferen und in die Polypenzellen von Riffkorallen. Dabei gibt es neben vorübergehenden, fakultativen Endocytobiosen stabilere Verbindungen, deren Partner in der Natur zwar nur gemeinsam auftreten, nach künstlicher Trennung aber auch einzeln zu überleben vermögen. Dagegen können in obligaten Endocytobiosen die Partner ohne einander nicht mehr überleben.

Symbiogenese

Schon 1905 hat der russische Biologe Constantin Mereschkowsky postuliert, dass die Etablierung stabiler, mutualistischer Endocytobiosesysteme neue phyletische Entwicklungen einleiten kann. Sie entspricht dann einem evolutiven Großübergang. Er hat dergleichen als Symbiogenesis bezeichnet und damit nach seiner Überzeugung „eine neue Lehre von der Entstehung der Organismen" entwickelt. Tatsächlich erzwingt ja der dauerhafte Einbau artfremder Zellen in eine Wirtszelle eine besonders enge Koevolution der Partner. Vor allem müssen das Teilungsverhalten beider Teilzellen aufeinander abgestimmt und der gegenseitige Stoffaustausch optimiert werden. Den Startpunkt einer symbiogenetischen Entwicklung markiert der ursprüngliche Vereinigungsprozess ungleichartiger Zellen, die **intertaxonische Kombination (ITC)**. Dabei ist wesentlich, dass es zwar zu einer stabilen Vereinigung, aber nicht zu einer Fusion der Partner kommt. Echte Zellfusionen, d. h. die Vermischung bisher getrennter Zellplasmen, sind nur zwischen artgleichen Zellen möglich. Beispiele dafür sind die Gametenverschmelzung bei Syngamie oder die Bildung vielkerniger quergestreifter Skelettmuskelfasern aus einkernigen Myoblasten. Von artfremden Zellen können die natürlichen Fusionsbarrieren offenbar nicht durchbrochen werden. Solche Zel-

EXKURS 3.1 (*Fortsetzung*)

Abb. 3.15 a, b. Nucleomorphen in den Zellen von **a** Pyrenomonas salina und **b** *Chlorarachnion reptans*. *P:* Plastiden mit Pyrenoiden, *Py; S:* Stärke oder entsprechende Speicherstoffe; *N:* Kern der Wirtszelle (in b außerhalb der Schnittebene); *M:* Mitochondrien. *Pfeile:* Nucleomorphen, in beiden Fällen in die Pyrenoide eingesenkt. Maßstab 1 µm. Elektronenmikroskop. Aufnahmen von H. Falk (a) und V. Speth (b)

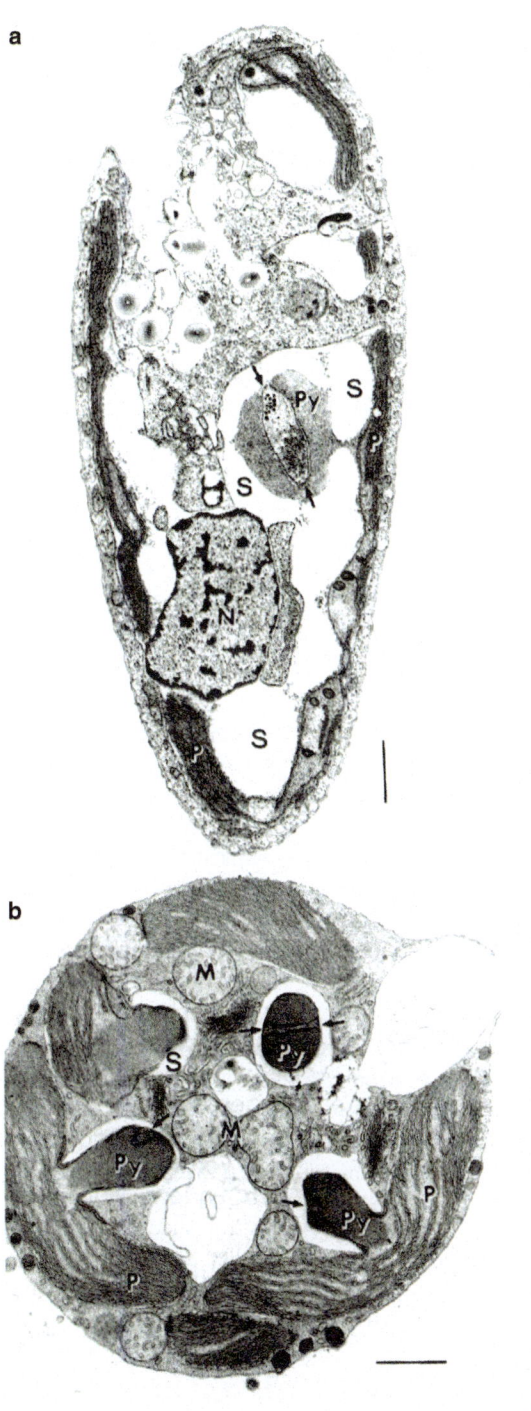

len können zwar durch Phagocytose- bzw. Endocytose-ähnliche Mechanismen in Wirtszellen aufgenommen werden, sie bleiben aber in Membran-umschlossenen Strukturen und damit abgegrenzt gegen das Cytoplasma der Wirtszelle. Das entspricht in vielen Fällen der Situation bei rezenten Endocytobiosen, die auch bei fortdauernder Symbiogenese beibehalten werden kann (Abb. 3.13).

Die Kombination vorher selbstständiger Partner bei ITC und nachfolgender Symbiogenese hat nur dann auf dem Prüfstand der Selektion Bestand, wenn sie sich in mindestens einer Hinsicht entscheidend ergänzen können. Denn nur dann weist das neue Übersystem emergente Eigenschaften auf, die den einzelnen Partnern nicht zukamen. Bei erfolgreichen Endocytobiosen ist Arbeitsteiligkeit, wie sie für Großübergänge typisch ist, bereits vorgegeben. Und da beide Partner ihre eigene genetische Information mit einbringen, ist auch der Gehalt an genetischem Material im Gesamtsystem von vornherein entsprechend höher. Dazu zwei konkrete Beispiele:

- **Geosiphon**: Dieser unscheinbare Pilz ohne Chloroplasten, der zu den Glomeromycota gezählt wird, bildet unter geeigneten Bedingungen etwa 1 mm große, zartwandige Blasenzellen und nimmt in diese durch Phagocytose Cyanobakterien (*Nostoc punctiforme*) auf. Die endocytobiotischen *Nostoc*-Zellen betreiben Photosynthese, sie spielen im Pilz die Rolle von Chloroplasten. Das Endocytobiosesystem ist dadurch phototroph und vermag auch Luftstickstoff zu assimilieren.

EXKURS 3.1 (Fortsetzung)

– *Paramecium bursaria*: Das „Grüne Pantoffeltierchen" (◘ Abb. 3.14a) enthält mehrere hundert *Chlorella*-Zellen, die ihren heterotrophen Wirt mit Produkten der Photosynthese – Maltose, Glucose und Sauerstoff – versorgen und von ihm mit anorganischen Ionen und CO_2 beliefert werden. Die Verdauung der eukaryotischen Symbionten durch den Wirt wird durch das Lektin Concanavalin A verhindert, ein Mannose und Glucose bindendes Oberflächenprotein der Chlorellen. Chlorellen, die dieses Lektin nicht bilden können, werden im *Paramecium* wie andere Nahrungspartikel abgebaut. Das Grüne Pantoffeltierchen ist im Gegensatz zu anderen Paramecien phototaktisch, es bringt also seine „Gäste" in günstige Lichtbedingungen für optimale Photosynthese. Das gesamte Endocytobiosesystem kann bei Licht in rein anorganischen Medien kultiviert werden. Die *Paramecium-Chlorella*-Symbiose ist nicht obligatorisch, beide Partner sind unter geeigneten Umständen auch zu selbstständigem Leben befähigt. Doch wird dank seinem Selektionsbonus in freier Natur nur das komplette Symbiosesystem gefunden.

Die Endosymbiontentheorie

Schon vor über hundert Jahren hatte Andreas Schimper nachgewiesen, dass **Plastiden** in den Eizellen der Pflanzen nicht neu gebildet, sondern in ununterbrochener Folge über die Eizellen von den Mutterpflanzen auf die Nachkommen übertragen werden. Zeitgleich hatte Friedrich Schmitz für die Plastiden von Algen gezeigt, dass sie nicht aus dem Zellplasma neu gebildet werden können, sondern immer nur durch Teilung aus ihresgleichen hervorgehen. Entsprechendes wurde bald auch für Mitochondrien vermutet.

C. Mereschkowsky hat dann eine bereits von Schimper (und nach ihm noch mehrfach) geäußerte Vermutung zu einer konsequenten Hypothese großer Tragweise ausgebaut. Danach geben Plastiden stammesgeschichtlich auf endosymbiotische Cyanobakterien zurück; die verschiedenen Algen und grünen Pflanzen verdanken ihre Befähigung zur Photosynthese einem Symbiogeneseprozess. Tatsächlich weisen Plastiden viele Typenmerkmale von Protocyten auf (◘ Tab. 3.7) und verfügen über ein eigenes genetisches System. Nach RNA- und DNA-Sequenzvergleichen stammen sie aus dem Bereich der Cyanobakterien, wie schon Mereschkowsky postuliert hatte.

Für die **Mitochondrien**, die Atmungsorganellen der Eucyten, haben Sequenzvergleiche gezeigt, dass sie dem Bereich der α-Proteobakterien entstammen. Somit gehen auch alle atmenden Eukaryoten (das sind die allermeisten) auf einen phylogenetischen Großübergang zurück, der auf ITC und Symbiogenese beruht. So haben sich also jene beiden Organellen, die bei den meisten Eukaryoten den zellulären bzw. organismischen Energiebedarf befriedigen, aus endocytierten Prokaryoten evoluiert. Es ist ein Verdienst von Lynn Margulis, die Endosymbiontenhypothese in den 70er und 80er Jahren des letzten Jahrhunderts so popularisiert zu haben, dass sie heute zum Lehrbuchwissen zählt.

Bei den heute lebenden Organismen verfügen nun allerdings weder Plastiden noch Mitochondrien über genügend eigene genetische Information, um alle ihre Proteine selbst synthetisieren zu können. Während der Koevolution (Symbiogenese) von Symbiont und Wirt ist ein Großteil des Symbiontengenoms durch intrazellulären Gentransfer in den Kern der eukaryoten Wirtszelle verlagert worden. Dadurch wurde die Steuerung wesentlicher Leistungen der Endocytobionten zentralisiert. Die Symbionten wurden zu **Xenosomen** reduziert, die außerhalb der Wirtszelle nicht mehr auf Dauer überleben können. Die Vereinigung der taxonomisch so unterschiedlichen Zellen bzw. Genome ist damit unauflöslich. Eucyten sind genetische Chimären, nicht eigentlich Einzelzellen, sondern **Mosaikzellen**. Dennoch verhalten sie sich wie einheitliche Zellen.

Unter den Algen gibt es die kleine, heterogene Gruppe der Glaucocystophyten, die alle wesentlichen Aussagen der Endosymbiontentheorie gut illustrieren kann. Die Vertreter dieser Gruppe waren durch ihre blaugrün gefärbten Plastiden aufgefallen, die schon im Lichtmikroskop an Cyanobakterien erinnern (◘ Abb. 3.14). Sie werden daher als **Cyanellen** bezeichnet, die stabilen Endocytobio-

▶

EXKURS 3.1 (Fortsetzung)

Tab. 3.7 Prokaryotische Eigenschaften von Plastiden und Mitochondrien

Genom:	meist zirkuläre DNA mit Membrananheftung, ohne Histone und Nucleosomen; mehrere Kopien in Nucleoiden konzentriert; Gene z. T. in prokaryotische Anordnung (Operonstruktur); hoch-repetitive Sequenzen selten bis fehlend
Ribosomen:	70S Typ, Chloramphenicol-sensitiv
Peptidoglycan:	bei den Plastiden der Glaucocystophyten vorhanden.
Translation:	keine *Cap*-Struktur am 5'-Ende der mRNAs, prokaryotisches Komplement von Initiationsfaktoren
Tubulin und Aktin:	in den Organellen fehlend. Bei der Teilung von Plastiden (und bei der Teilung von Mitochondrien mancher Algengruppen) wirkt das bakterielle, Tubulin-homologe Zellteilungsprotein (FtsZ) mit
Plastidäre Fettsäuresynthese:	wie bei Bakterien mithilfe von Acylcarrierproteinen
Cardiolipin:	als Membranlipid bei Bakterien verbreitet, fehlt in Eucytenmembranen außer in der inneren Mitochondrienmembran

sesysteme als **Endocyanome**. Inzwischen haben elektronenmikroskopische, biochemische und molekularbiologische Untersuchungen gezeigt, dass es sich bei den Cyanellen tatsächlich um Abkömmlinge aufgenommener Cyanobakterien handelt, die sich zu Plastiden evolviert haben. So ließen sich zwar an den Cyanellen noch Reste prokaryotischer Zellwände nachweisen, aber ihr Genom ist bereits großenteils in den Kern der Wirtszelle verlagert wie bei Chloroplasten. Dementsprechend ist bei den Glaucocystophyten – im Gegensatz zu *Geosiphon* – die Endocytobiose obligatorisch, die Partner können nicht getrennt voneinander kultiviert werden.

Sekundäre Endocytobiose: Eucyten in Eucyten

Die Plastiden der höheren Pflanzen sowie der Glaucocystophyten, Rot- und Grünalgen sind von zwei Membranen umgeben (**Abb. 3.13**). Die Plastiden aller übrigen Algen haben allerdings mehr als zwei Hüllmembranen. Solche **„komplexe"** Plastiden mit drei Hüllmembranen finden sich bei den Euglenen und den meisten Dinoflagellaten, solche mit vier Membranen sind charakteristisch für alle Heterokonten von den Xantho- und Chrysophyceen bis zu den Kiesel- und Braunalgen, ferner für die Haptophyten, Cryptomonaden und Chlorarachniophyten sowie für einige Alveolaten (s. unten). Die evolutive Entstehung komplexer Plastiden kann durch **sekundäre Endocytobiose** erklärt werden (**Abb. 3.13**). In diesem Fall waren nicht nur die Wirtszellen, sondern auch die Endosymbionten eukaryote Zellen (und nicht Prokaryoten, wie bei der primären Endocytobiose). Bei den Algen, die Plastiden mit vier Hüllmembranen haben, war der sekundäre Endosymbiont ursprünglich offenbar ein phototropher Protist, dessen Plastoplasma vom Cytoplasma der Wirtszelle nun durch vier Membranen getrennt ist. In einem solchen System aus zwei artverschiedenen Mosaikzellen finden sich viele einander entsprechende Zellstrukturen und Gene sowohl im Wirt wie auch im Symbionten. Man kann nun annehmen, dass der Symbiont während der Symbiogenese durch Eliminierung überflüssiger Zellorganellen immer weiter reduziert wurde, bis im Extremfall schließlich nur seine Plastiden übrig blieben als die einzigen Organellen, die der Wirtszelle gefehlt hatten. Dies scheint allerdings nur die Spitze des Eisbergs zu sein, die ansatzweise auch morphologisch nachweisbar ist. Denn neue genomische und bioinformatische Daten lassen den Schluss zu, dass die Wirtszelle einiger sekundär evolvierter Organismen bereits phototroph war, d. h. bereits eine Plastide besaß. Somit wäre eine bereits vorhandene Plastide mittels Endosymbiose durch eine komplexe ausgetauscht, ein Szenario, das den Mosaikcharakter dieser Zellen entscheidend vergrößert.

EXKURS 3.1 (Fortsetzung)

Komplexe Plastiden geben ihre Abstammung aus einem phototrophen, endosymbiontischen Eucyten in den meisten Fällen nur noch durch die vier oder drei umhüllenden Membranen morphologisch zu erkennen. Nun konnte allerdings bei zwei Algengruppen überzeugend gezeigt werden, dass sie ihre Plastiden tatsächlich durch sekundäre Endocytobiose erworben haben. Sowohl bei den einzelligen, biflagellaten Cryptomonaden als auch bei den Chlorarachniophyten liegen die beiden Membranpaare ihrer komplexen Plastiden nicht wie sonst unmittelbar aneinander, sondern sind durch schmale Cytoplasmasäume voneinander getrennt. Diese sind sicher eukaryotischen Ursprungs, weil sie 80S Ribosomen enthalten und einen kleinen Zellkern, das **Nucleomorph** (◘ Abb. 3.13, 3.14). Das in den Nucleomorphen enthaltene Genom besteht in beiden Fällen aus drei sehr kleinen, linearen Chromosomen, deren rRNA-Gensequenzen sich eindeutig von denen der Wirtszellkerne unterscheiden. Die Pigmente der Plastiden und Sequenzvergleiche haben gezeigt, dass die sekundären Endosymbionten der Cryptomonaden von Rotalgen abstammen, jene der Chlorarachniophyten von Grünalgen.

Die Erforschung phyletisch sekundärer Endocytobiosen kann übrigens auch für die Medizin wichtig sein. Sowohl *Toxoplasma gondii*, der Erreger der Toxoplasmose, wie auch der Malaria-Parasit *Plasmodium falciparum* (beide zum Stamm der Apicomplexa gehörend) enthalten komplexe Plastiden („Apicoplasten"), die von vier Membranen umgeben sind. Die Apicoplasten sind photosynthetisch inaktiv, dennoch zeigen Genvergleiche, dass sie auf internalisierte Rotalgen zurückgehen. Somit zeigt dies den Übergang von einer photosynthetisch aktiven Zelle hin zu einem intrazellulären Parasiten. Neben diesen wichtigen evolutionären Erkenntnissen eröffnet dieses Wissen die Möglichkeit, diese gefährlichen Parasiten durch Pharmaka auszuschalten, die spezifisch auf den Stoffwechsel von Plastiden einwirken, was die Gefahr ungünstiger Nebenwirkungen mindert.

Für sekundäre Endocytobiosen mit zwei eukaryoten Partnern gibt es rezente Beispiele, bei denen die Mosaik-Natur der resultierenden Zellen deutlich hervortritt, weil sie noch nicht durch sekundäre Veränderungen während einer langen Symbiogenese verschleiert ist. So lässt sich etwa beim Grünen *Paramecium* (◘ Abb. 3.14) klar erkennen, dass fünf verschiedenartige Zellen ineinander geschachtelt sind: die Wirtszelle (1) mit ihren Mitochondrien (2), sowie die endocytischen Chlorellen (3) mit ihren Plastiden (4) und Mitochondrien (5).

Die Herkunft der Eukaryoten

Nach der Endosymbiontentheorie sind also die Mitochondrien und Plastiden, die hauptsächlichen Energielieferanten der Eucyten, als Prokaryoten in die Zellen urtümlicher Eukaryoten endocytiert worden. Dabei besteht über die phyletische Herkunft der Endocytobionten heute Klarheit. Offen ist aber die Frage, woher ihre Wirte kamen, jene urtümlichen Einzeller („Ur-Karyoten" oder „Protoeukaryoten"), die weder Mitochondrien noch Plastiden besaßen und aus denen sich die modernen Eucyten entwickeln konnten.

Wenn alles Leben dieser Erde auf einen gemeinsamen Ahnen zurückgeht (**Cenancestor** bzw. „**LUCA**", *Last Universal Cellular Ancestor*), dann legen eklatante Unterschiede in den rRNA-Sequenzen das Drei-Domänen-Konzept nahe (◘ Abb. 3.16). Die Stämme der Archaeen, Bakterien und Eukaryoten sollten sich danach sehr frühzeitig voneinander getrennt haben. Nun weisen die Archaeen in den Genen für Replikation, Transkription und Translation auffällige Ähnlichkeiten zu den Eukaryern auf. Daher wird angenommen, dass sich die Bakterien noch vor der Trennung der Stammlinien von Archaeen und Eukarya vom zunächst gemeinsamen Stammbaum abgetrennt und ihre eigene Entwicklung eingeschlagen haben. Die Hoffnung, durch weitere Sequenzvergleiche diese Vorstellung konkretisieren zu können, hat sich allerdings nicht erfüllt – im Gegenteil. Je mehr DNA-, RNA- und Proteinsequenzen bekannt geworden sind, desto verwirrender wurde das Bild. Der intertaxonische **horizontale Gentransfer** (HGT) hat sich durch den Vergleich ganzer Genomsequenzen als sehr weit verbreitet erwiesen. Der Stammbaum des Lebens nimmt immer mehr den Charakter eines Netzwerkes an. Die in ◘ Abb. 3.16a

EXKURS 3.1 (Fortsetzung)

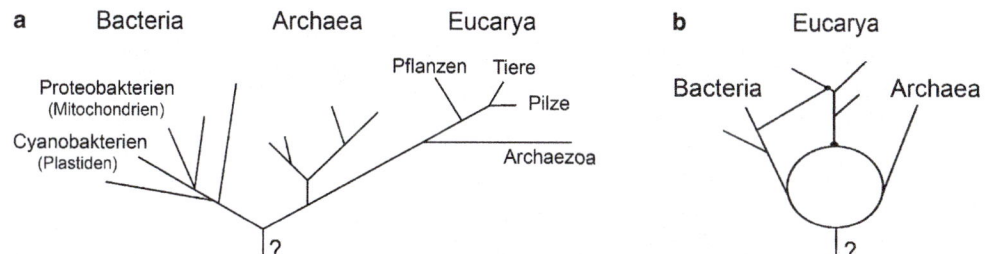

● Abb. 3.16 a, b. a Allgemeiner Stammbaum des Organismenreiches nach Sequenzvergleichen ribosomaler RNAs, Drei-Domänen-Konzept (verändert nach C. R. Woese). b Basis des allgemeinen Stammbaumes nach neueren Vorstellungen: Die Domäne der Eucarya ist sekundär durch eine Symbiogenese von Vertretern der beiden prokaryotischen Domänen entstanden (in Anlehnung an Martin u. Müller 1998, Rivera u. Lake 2004)

eingezeichnete gemeinsame Wurzel aller Stammbäume ist jedenfalls hinsichtlich ihrer Positionierung ganz unsicher. Es ist sogar fraglich, ob das gesamte irdische Leben nur eine einzige Wurzel hat. Die Bildung erster Zellen (Progenoten) aus den damals verfügbaren Bausteinen hätte theoretisch mehrfach unabhängig voneinander erfolgt sein können. Gegen jene Vorstellung und für den gemeinsamen Ursprung allen Lebens spricht jedoch die Universalität des genetischen Codes sowie die universelle Verwendung von L-Aminosäuren beim Aufbau der Proteine am Ribosom.

Gibt es heute noch – als lebende Fossilien – urtümliche eukaryotische Einzeller, an denen klärende Untersuchungen vorgenommen werden könnten? Eine Zeit lang war angenommen worden, dass es tatsächlich rezente Protoeukaryoten in Gestalt der mitochondrienlosen und plastidenfreien **Archaezoen** gäbe. Zu diesen wurden einst die protozoischen Diplomonaden, Trichomonaden, Hypermastiginen und Microsporidien gezählt. Diese Gruppen weisen nämlich von den übrigen Eukaryern relativ stark abweichenden DNA-, RNA- und Proteinsequenzen auf, die eine frühzeitige Abspaltung der genannten Gruppen im Stammbaum der Eukaryoten nahelegen. Aber abweichende Sequenzen können sowohl auf eine basale phylogenetische Stellung als auch auf stark abgeleitete Merkmale spät abzweigender Gruppen hindeuten. Bei diesen Organismen handelt es sich nämlich um obligate Parasiten, die auf funktionelle Mitochondrien nicht angewiesen sind. Auch hat sich gezeigt, dass ihre Zellen DNA-freie, von Doppelmembranen umhüllte Organellen enthalten (Mitosomen bzw. Hydrogenosomen, s. unten). Schließlich fanden sich in ihrer Kern-DNA Sequenzen, die nur von Mitochondrien stammen können. Auch andere Molekulardaten sprechen dafür, dass die ehemals als Archaezoen bezeichneten Organismen extrem abgeleitete Einzeller sind, die ursprünglich Mitochondrien besaßen.

Durch diese Befunde ist das Stammbaumschema von ● Abb. 3.16 in Frage gestellt, alternative Vorstellungen wurden entwickelt. Eine Hypothese, die sich unter anderem auf die besonderen Stoffwechselverhältnisse bei den Trichomonaden und Diplomonaden stützt, ist die **Wasserstoffhypothese**. Ihr Basispostulat ist, dass bereits die ersten Eucyten das Produkt einer zellulären Symbiose waren. Die Partner jener Symbiose waren demnach H_2-abhängige, methanogene Archaeen als Wirtszelle und zur H_2-Produktion befähigte α-Proteobakterien als Mitochondrien. Die Eukaryer wären durch Symbiogenese entstanden.

α-Proteobakterien sind fakultative Anaerobier, sie können auch ohne O_2 leben und gewinnen das erforderliche ATP dann nicht durch Atmung, sondern – wenn auch weniger effizient – durch Gärung. Dabei wird in vielen Vertretern Pyruvat in H_2, CO_2 und Essigsäure gespalten. Dieselbe Reaktion führen auch **Hydrogenosomen** aus, die nach Größe und Form Mitochondrien entsprechen, wie diese eine doppelte Membranhülle besitzen und sich durch Querteilung vermehren, aber in der Regel keine DNA enthalten. Das Kerngenom von Zellen mit Hydrogenosomen enthält Gene für mitochondriale Hitzeschockproteine.

▶

EXKURS 3.1 (Fortsetzung)

Hydrogenosomen sind also offenbar anaerobe Formen der Mitochondrien (und damit letztlich Abkömmlinge vom gleichen α-proteobakteriellen Endosymbionten, der die aeroben Mitochondrien hervorbrachte). Die allermeisten Hydrogenosomen haben nicht nur einen Teil, sondern ihre gesamte DNA an den Kern der Wirtszelle abgegeben. Eine wichtige Ausnahme ist jedoch beim Ciliaten *Nyctotherus ovalis* anzutreffen, dessen Hydrogenosomen noch ein kleines Genom beibehalten haben, das Genom eines Ciliaten-Mitochondriums, was die phylogenetische Identität der Hydrogenosomen und der Mitochondrien belegt.

Viele rezente anaerobe Protozoen, die Hydrogenosomen enthalten (z. B. der Ciliat *Plagiopyla frontata*, aber eben auch Trichomonaden und Diplomonaden), bergen zusätzlich methanogene Archaeen als Endocytobionten. Diese erzeugen aus H_2 und CO_2 Methan (CH_4) und H_2O und bilden dabei ATP. Hydrogenosomen und Methanogene sind in den sie enthaltenden Zellen verständlicherweise eng assoziiert. Im Sinne der Wasserstoffhypothese kann man in solchen Assoziationen Abbilder der Entstehung der Eucyten sehen: Methanogene Archaeen lagerten sich unter anaeroben Bedingungen an gärende α-Proteobakterien an, deren H_2-Ausscheidung sie unabhängig machte von abiotischen Wasserstoffquellen. Im Zuge der weiteren Symbiogenese konnten diese Assoziationen dadurch gefestigt werden, dass die Methanogenen ihre H_2-Lieferanten schließlich ganz umwuchsen und sie sich damit total einverleibten – die primäre Endocytobiose. Die stabile intrazelluläre Lebensweise der α-proteobakteriellen Endosymbionten erforderte jedoch Gentransfer vom Symbionten zum Wirt. Durch den Transfer von Genen für Transportproteine der Zellmembran vom Bakteriengenom in das Archaeengenom konnte ja auch die zur Wirtszelle gewordene Archaeenzelle die organischen Substrate für die Gärung ihrer Symbionten aus der Umwelt aufnehmen und sie an diese weitergeben. Zugleich wurde durch diesen Gentransfer die zur Endocytobiose avancierte Assoziation unauflöslich. Nebenbei: Gerade die methanogenen Archaeen verfügen – wie sonst nur Eukaryoten – über Histone und vermögen dementsprechend ihre DNA in Nucleosomen zu kompaktieren.

Sobald Sauerstoff zur Verfügung stand, konnten die bakteriellen Endocytobionten ihre Atmungskette als Mitochondrien verwenden, unter anaeroben Bedingungen blieb die Fermentationen der Hydrogenosomen. Der Wasserstoffhypothese nach stammen alle Eukaryoten aus mitochondrienhaltigen Vorfahren ab, Eukaryoten ohne Mitochondrien wären somit allesamt als abgeleitete Formen einzuordnen, was sich soweit mit den Befunden bis dato deckt. Rezente Übergangsformen zwischen Mitochondrien und Hydrogenosomen, die sogenannten anaeroben Mitochondrien sind bekannt. Der geforderte Transfer von Genen aus dem Genom der Mitochondrien und deren Integration im Genom der Wirtszelle ist in der Natur ein ganz gewöhnlicher Vorgang, wie die Analyse eukaryotischer Kerngenome belegt. Einige Eukaryoten besitzen weder Mitochondrien noch Hydrogenosomen. Zumindest bei den gut untersuchten Vertretern konnte allerdings ein weiteres Kompartiment nachgewiesen werden, dass wie die Mitochondrien und Hydrogenosomen von zwei Membranen umgeben und α-proteobakteriellen Ursprungs ist, die Mitosomen. Diese liefern der Wirtszelle allerdings kein ATP. Ihre essenzielle Funktion ist in der Synthese von Eisen-Schwefel-Clustern zu suchen, wichtigen Komponenten einiger Proteine, die in Mitochondrien, Hydrogenosomen oder Mitosomen synthetisiert und dem Cytoplasma der Wirtszelle zur Verfügung gestellt werden.

Der allgemeine Stammbaum muss nach dieser Hypothese umgezeichnet werden (◘ Abb. 3.16). Nach ihr gab es zunächst nur zwei Domänen, die Eukarya wären erst später aus einer intertaxonischen Vereinigung bestimmter Vertreter dieser Domänen hervorgegangen. Schon die urtümlichsten Eukarya hätten außerdem bereits Proteobakterien enthalten und brauchten sie sich (entgegen der entsprechenden Aussage der Endosymbiontentheorie) nicht erst nachträglich einzuverleiben. Doch wären auch nach dieser Vorstellung zwei unterschiedliche, zunächst selbstständige Organismen mit unterschiedlichen, sich aber ergänzenden metabolischen Fähigkeiten zu einem

▶

EXKURS 3.1 (Fortsetzung)

komplexeren System zusammengetreten und hätten damit einen fundamental neuen, überaus erfolgreichen Evolutionsprozess gestartet.

Offene Probleme

Von den geschilderten, noch weiter zu prüfenden Hypothesen werden andere wesentliche Aspekte der Eucytenevolution nicht berührt. Wie bildeten sich die zahlreichen Endomembranen (endoplasmatisches Reticulum und Kernhülle, Golgi-Dictyosomen, Vakuolen usw.)? Sind sie, wie zu vermuten ist, letztlich Abkömmlinge der Plasmamembran? Wie entstanden aus einem einzigen DNA-Ring mehrere lineare Chromosomen mit besonderen Telomeren und zahlreichen Startpunkten der Replikation?

Trotz dieser und anderer noch offener Fragen steht heute fest, dass es in der Evolution nicht nur zu ständigen Verzweigungen von Stammbäumen (Kladogenese) gekommen ist, sondern gelegentlich auch zu folgenschweren **Vernetzungen**. Durch ITC und Symbiogenese können sich weit getrennte Zweigenden evolutiver Stammbäume zu Startpunkten für neue Entwicklungslinien verbinden. **Die Formierung stabiler intertaxonischer Kombinationen ist damit neben Mutation, genetischer Rekombination und horizontalem Gentransfer ein wichtiger Motor der Evolution**, zumal er auch evolutive Großübergänge zu provozieren vermag.

In den **Mitochondrien** ist die DNA **ringförmig** aufgebaut (Abb. 3.17), wie bei den α-Proteobakterien, aus denen die Mitochondrien ursprünglich durch **Endosymbiose** entstanden sind (s. EXKURS 3.1). In Pflanzenzellen finden wir außerdem extranukleäre ringförmige DNA in den **Chloroplasten** (Abb. 3.18), die sich ursprünglich aus Cyanobakterien entwickelt haben. Mitochondrien und Chloroplasten werden niemals *de novo* gebildet, sondern vermehren sich (ähnlich wie Bakterien) durch Teilung. Es liegt also eine **klonale Vererbung** vor. Bei jeder Zellteilung werden diese Organellen auf die Tochterzellen verteilt. Auch Replikation, Transkription und Proteinbiosynthese laufen heute noch in den Mitochondrien und Chloroplasten ab, jedoch sind diese Organellen nicht länger autonom. Sie importieren die meisten ihrer Proteine aus dem Cytoplasma. Die zugehörigen Gene waren ursprünglich einmal Bestandteil der Endosymbionten, wurden dann aber zunehmend in den Kern ausgelagert, so dass heute nur ein vergleichsweise kleiner Bausatz an Genen in Mitochondrien und Chloroplasten übrig geblieben ist (Abb. 3.17, Abb. 3.18). Im Gegensatz zu vielen Protein-codierenden Genen verblieben die tRNA- und rRNA-Gene in diesen Organellen. Mitochondrien sind strukturell sehr dynamische Organellen, die **regelmäßig Fusionsprozesse** mit anderen Mitochondrien einer Zelle durchlaufen und auf diese Weise ihre DNA offenbar durchmischen.

Das **Chloroplastengenom (cpDNA)** ist 120–200 kB groß und kommt 20- bis 40-mal in einem einzelnen Chloroplasten vor. Da eine Pflanzenzelle bis zu 40 Chloroplasten enthält, liegt die Gesamtzahl der cpDNA-Kopien zwischen 800 und 1600 pro Zelle. Auch in den Chloroplastengenomen ist die lineare Anordnung der Gene innerhalb der verschiedenen photosynthetisch aktiven Eukaryoten sehr ähnlich. Dies deutet auf einen gemeinsamen Ursprung hin. Auffällig ist eine inverse Verdopplung eines größeren Sequenzabschnitts (Abb. 3.18).

Das **Mitochondriengenom (mtDNA)** ist bei Tieren mit ca. 14–19 kB deutlich kleiner als bei Pflanzen. Es enthält bei den meisten Tieren 13 Gene, die für Enzyme oder andere am Elektronentransport beteiligte Proteine codieren, und Gene für tRNAs sowie zwei für rRNAs. Die lineare Anordnung der mitochondrialen Gene ist bei den Eukaryoten weitgehend konstant, was auf einen gemeinsamen Ursprung der Mitochondrien hindeutet. Kleine Unterschiede, die auf einer Inversion von Genen beruhen, ergeben sich jedoch z. B. zwischen Säugetieren und Vögeln (Abb. 3.17). Da jede tierische Zelle mehrere Hundert bis über 1000 Mitochondrien und jedes davon 5–10 mtDNA-Kopien enthält, liegt die Gesamtzahl der mtDNA-Kopien bei mehreren Tausend pro Zelle. Die mtDNA macht etwa 1 % der Gesamt-DNA-Menge einer Zelle aus.

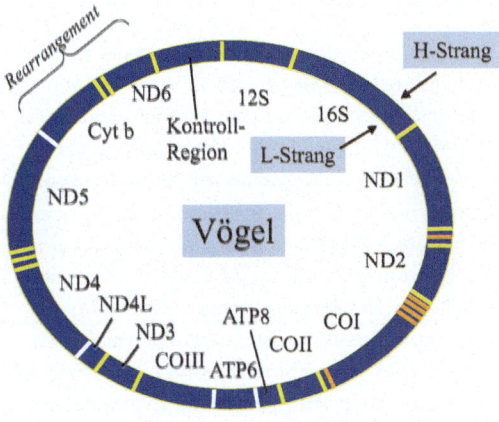

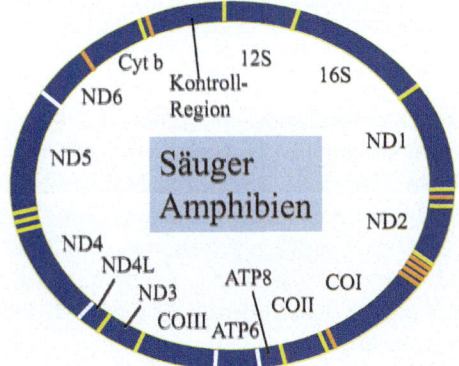

◘ **Abb. 3.17** Schematische Übersicht über die Anordnung der Gene in Mitochondrien von Vögeln, Mensch und anderen Säugetieren (ohne Beuteltiere) sowie Amphibien (nach Mindell 1997). Im Vergleich zu anderen Vertebraten ist bei Vögeln ein Teil der mtDNA neu arrangiert, indem das ND6-Gen (*links oben*) zwischen Cytochrom b und der Kontrollregion inseriert wurde. Die Kontrollregion wird auch als D-Loop bezeichnet und enthält den Replikationsursprung (*origin of replication*). Der äußere DNA-Strang wird als H-Strang, der innere als L-Strang bezeichnet (H von *heavy*; L von *light*). ND: NADH-Dehydrogenase mit den Untereinheiten ND1 bis ND6; CO: Cytochrom-Oxidase mit den Untereinheiten COI bis COIII; ATP: ATPase mit den Untereinheiten ATPase 6 und 8; *12S*: 12S rRNA-Gen; *23S*: 23S rRNA-Gen. Die *gelben Querstriche* stellen tRNA-Gene dar; in vielen Fällen stehen sie zwischen Protein-codierenden Genen. *Weiße Querstriche* deuten die Grenzen von Genen an

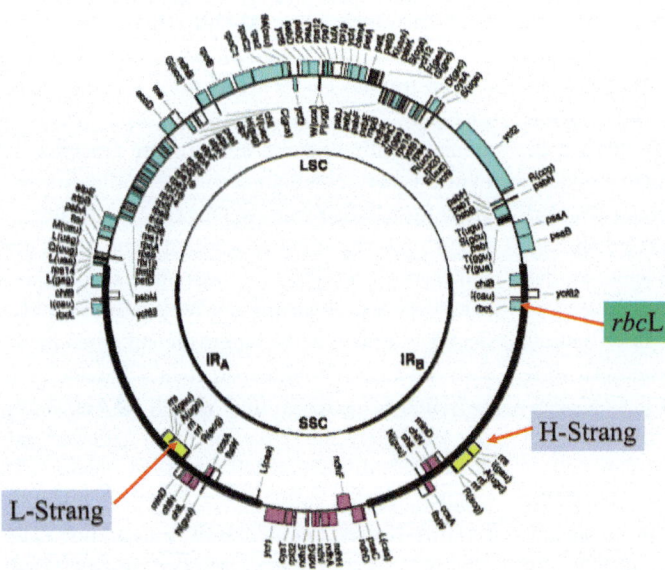

◘ **Abb. 3.18** Übersicht über die Gene im Chloroplastengenom einer Alge (*Nephroselmis olivacea*) mit 200.799 Basenpaaren (nach Turmel et al. 1989). Das Genom enthält 200 Gene, davon 155 Protein-codierend und 45 RNA-Gene. Im Chloroplastengenom wurde ein DNA-Abschnitt verdoppelt und invers orientiert eingebaut; sogenannte *inverted repeat*, IR_A und IR_B. Einige Gene werden vom äußeren H-Strang, andere vom inneren L-Strang codiert. In vielen phylogenetischen Arbeiten wird das *rbc*L-Gen, das für die große Untereinheit der Rubisco codiert, als Markergen eingesetzt. Jedes Kästchen entlang der ringförmigen DNA entspricht einem Gen, das durch eine Abkürzung eindeutig gekennzeichnet wird, so dass man Chloroplastengenome untereinander vergleichen kann

Bislang ungeklärt ist, warum Pilze und vor allem Pflanzen Mitochondrien besitzen, deren DNA um ein Vielfaches größer ist als die der Tiere. Mitochondriengenome von Pilzen weisen große Längenunterschiede auf und enthalten zwischen 20 und 100 kB. Pflanzliche Mitochondrien haben dagegen sehr große Genome (über 140–2500 kB) und weisen z. T. Gene mit Intron-/Exonstruktur auf.

Bedingt durch die hohe Kopienzahl der mtDNA und cpDNA eignen sich diese Genome besonders gut für die molekulare Evolutionsforschung, da sie leichter zugänglich sind als *single-copy*-Gene der Kern-DNA, die nur in wenigen Kopien pro Zelle vorkommen (Kap. 4). Für die Betrachtung der molekularen Systematik ist außerdem die Tatsache wichtig, dass Mitochondrien fast immer und Chloroplasten bei höheren Pflanzen bei ca. 70 % der Arten **maternal** (also nicht nach den Mendelschen Regeln; s. **Abschn. 3.5.2**) vererbt werden. Über die Analyse von mtDNA und cpDNA kann man streng genommen nur maternale Linien zurückverfolgen.

Experimentelle Befunde deuten jedoch daraufhin, dass bei der Befruchtung doch einige Mitochondrien aus den Spermien in die Eizelle (die sehr viele Mitochondrien aufweist) gelangen, so dass die Hypothese der rein maternalen Vererbung vermutlich nur begrenzt stimmt und im Einzelfall zu prüfen ist. Nach allgemeiner Ansicht unterliegen mtDNA und cpDNA außerdem keiner Rekombination (s. **Abschn. 3.3.3**). Überraschenderweise sind die DNA-Sequenzen der mtDNA in einem Individuum weitgehend identisch, was eigentlich auf Rekombinationsvorgänge oder Genkonversion hinweist. Vermutlich finden Rekombinations- und Genkonversionsvorgänge (s. **Abschn. 3.3.3** u. **3.4.2**) auch in der mtDNA bei Tier und Mensch statt.

Da sich die DNA-Polymerasen und Reparaturenzyme der Mitochondrien und Chloroplasten untereinander und von denen des Zellkerns unterscheiden, beobachtet man unabhängige und unterschiedlich schnelle Evolutionsraten der mtDNA und cpDNA. Bei Tieren ist die Rate der Nucleotidsubstitutionen in den Mitochondrien etwa zehnmal höher als die der DNA im Zellkern (ncDNA), da die mitochondriale Replikation eine höhere Fehlerrate aufweist. In Pflanzen dagegen ist die mtDNA am stärksten konserviert und die ncDNA am variabelsten; die cpDNA liegt in der Evolutionsgeschwindigkeit zwischen beiden Extremen.

Bakterien weisen zusätzlich zu einem ringförmigen Chromosom mehrere kleine ringförmige DNA-Moleküle auf, die **Plasmide**, welche häufig Gene enthalten, die für Antibiotikaresistenz codieren. Plasmidähnliche DNA-Elemente wurden auch in Mitochondrien und Chloroplasten nachgewiesen, in denen sie aber angeblich keine Funktion haben. Vielleicht helfen sie, über Rekombination die DNA-Sequenzen der Organell-DNA einheitlich zu halten; denn extrachromosomale Elemente der Bakterien ermöglichen auch bei den haploiden Prokaryoten Rekombinationsvorgänge.

3.3 Veränderlichkeit und Vererbung der genetischen Information

> **Übersicht**
>
> In diesem Kapitel werden die genetischen Grundlagen besprochen, die der Veränderlichkeit und Vererbung der genetischen Information zugrunde liegen. Während die Mitose wichtig ist, um die Tochterzellen mit einem identischen Genom auszustatten, erzeugt die Meiose durch zufällige Mischung der haploiden Chromosomensätze und durch Rekombination von DNA-Abschnitten der mütterlichen und väterlichen Chromosomen die notwendige genetische Variation der Genotypen, an der die natürliche Selektion angreifen kann. Weitere wichtige Themen sind die Art, Auslösung und Häufigkeit von Mutationen.

Darwin schrieb 1872: *„variations, … if they be in any degree profitable to the individuals of a species, … will tend to the preservation of such individuals, and will generally be inherited by the offspring … I have called this principle, by which each slight variation, if useful, is preserved, by the term* **Natural Selection**". („Variationen, die auf irgendeine Weise einem Individuum einer Art nützen, werden zum Überleben dieser Individuen beitragen und an die nachkommenden Generationen weitergegeben ….

Ich habe dieses Prinzip, durch das jede kleine Variation, falls nützlich, beibehalten wird, **Natürliche Selektion** genannt."). Damit kommt der Frage, auf welche Weise Variabilität entstehen kann, eine entscheidende Bedeutung zu.

In diesem Kapitel werden wir erörtern, wie die Variabilität der genetischen Information zustande kommen kann.

3.3.1 Mutationen

Die Struktur der DNA muss relativ stabil sein und DNA muss nahezu fehlerfrei repliziert und transkribiert werden, um als verlässlicher Informations- und Erbträger dienen zu können. Andererseits müssen Erbänderungen (Mutationen) zugelassen werden, um die notwendige Variabilität für die natürliche Selektion zu schaffen. Offensichtlich haben sich die Mutationsraten bei allen Organismen im Laufe der Evolution auf ein Niveau eingependelt, das eine Weiterentwicklung der Organismen ermöglicht und positive und negative Mutationseffekte in ein Gleichgewicht bringt.

Unter einer **Mutation** versteht man Veränderungen der DNA, die einzelne Basen oder auch längere Sequenzbereiche auf den Chromosomen betreffen können. Mutationen können spontan oder nach Induktion (z. B. durch mutagene Substanzen oder ionisierende Strahlung) auftreten. **Punktmutationen** liegen vor, wenn nur einzelne oder wenige Nucleotide ausgetauscht wurden (◻ Abb. 3.19). Man spricht von *single nucleotide polymorphisms* (SNPs), wenn Punktmutationen in einer Population an identischen Stellen in einem DNA-Abschnitt auftreten. Man schätzt, dass sich jeder Mensch von einem anderen Menschen durch 1–10 Mio. Punktmutationen unterscheidet. Erfolgen Mutationen innerhalb von Transkriptionseinheiten, sprechen wir von **Genmutationen**; sind mehrere Gene, Chromosomenabschnitte oder mehrere Chromosomen betroffen, handelt es sich um **Chromosomenmutationen**. Zahlenmäßige Abweichungen im Gesamtbestand der Chromosomen (z. B. Polyploidie; s. **Abschn. 3.4.2**) werden als **Genommutationen** bezeichnet. Nucleotide oder DNA-Abschnitte können herausgeschnitten (**Deletion**), eingefügt (**Insertion** oder **Translokation**), verdoppelt (**Duplikation**) oder in ihrer Orientierung

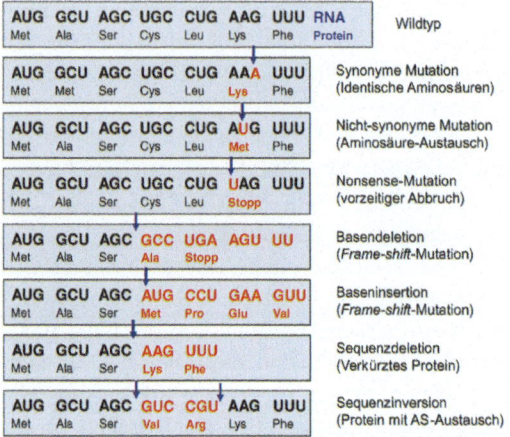

◻ **Abb. 3.19** Schematische Darstellung der Auswirkung von Punkt- und Genmutationen

umgedreht wurden (**Inversion**). Die Auswirkungen von Punktmutationen oder dem Herausschneiden von Sequenzelementen sind in ◻ Abb. 3.19 und ◻ Abb. 3.20 erläutert. Wird der Leserahmen des genetischen Codes in einem Protein-codierenden Gen durch Deletionen und Insertionen einzelner Basenpaare verändert, entstehen häufig *Frame-shift*-Mutationen; d. h. die nachfolgende Basenreihenfolge ist zwar identisch, jedoch wurde das Leseraster um ein oder zwei Basen verschoben, so dass jetzt andere Codons entstehen. Dadurch geht die Funktionalität des betreffenden Proteins verloren.

Punktmutationen, bei denen es sich um den Austausch (Substitution) einzelner Basen handelt, werden in zwei große Klassen unterteilt (◻ Abb. 3.21):

- **Transitionen:** Darunter versteht man die Substitution einer Pyrimidinbase durch eine andere, d. h. T → C oder umgekehrt, oder einer Purinbase durch eine andere, d. h. A → G oder umgekehrt (◻ Abb. 3.21). Transitionen stellen die häufigste Klasse der Punktmutationen dar (u. a. durch Fehlpaarung tautomerer Basen hervorgerufen; ◻ Abb. 3.22). Betrachtet man homologe Gene nah verwandter Arten, so machen Transitionen ca. 90 % und mehr der Substitutionen aus. Zwischen entfernt verwandten Arten geht der Anteil der Transitionen durch multiple Substitutionen, d. h. mehrfacher Austausch einer Base an derselben Position, auf unter 35 % zurück.

Abb. 3.20 a, b. Schematische Übersicht über die Mechanismen von Chromosomen-Rearrangements durch homologe Rekombination. Die Zahlen in den farblich markierten Kästchen deuten definierte DNA-Abschnitte in DNA-Doppelsträngen. **a** Es können direkte Chromosomenbrüche auftreten, die anschließend wieder verbunden werden. **b** Zwischen repetitiven DNA-Elementen (z. B. Mikrosatelliten; s. Abschn. 4.1.2) kann es zur homologen Rekombination und Crossing over kommen; dies ermöglicht den Austausch von DNA-Abschnitten. *1.* Deletion von DNA-Abschnitten innerhalb eines Chromosoms. *2.* Inversion innerhalb eines Chromosoms. *3.* Austausch von Chromosomenstücken zwischen homologen Chromosomen durch reziproke Translokation, die jeweils mit einer Sequenzdeletion und Sequenzduplikation einhergeht. *4.* Austausch von Chromosomenstücken zwischen verschiedenen Chromosomen durch reziproke Translokation, die jeweils mit einer Sequenzdeletion und Sequenzinsertion einhergeht. *5.* Inversion von DNA-Abschnitten innerhalb eines Chromosoms infolge von Crossing over zwischen benachbarten repetitiven Elementen. *6.* Rekombination zwischen unterschiedlichen Chromosomen an repetitiven Elementen führt zur reziproken Translokationen von Chromosomenabschnitten

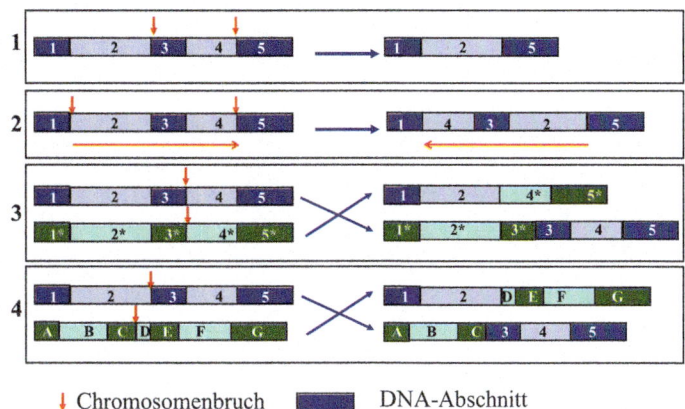

a Chromosomenbrüche und Neuverknüpfung

↓ Chromosomenbruch   ▬ DNA-Abschnitt

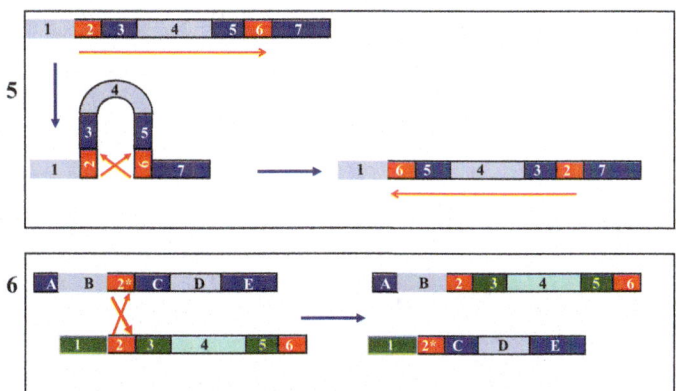

b *Crossing-over* zwischen repetitiven Elementen

▬ Repetitives Element   ✕ Homologe Rekombination

— **Transversionen:** Darunter versteht man den Austausch einer Purinbase durch eine Pyrimidinbase (**Abb. 3.2**), d. h. A→C oder T und G→C oder T oder umgekehrt (**Abb. 3.21**). Transversionen sind deutlich seltener als Transitionen.

Wie entstehen Mutationen?

DNA-Basen können spontan und zufällig desaminiert, depuriniert und oxydiert werden. In eukaryotischen Zellen treten **Basen-Desaminierungen** mit einer Rate von 100 Desaminierungen pro Tag und Zelle auf (**Abb. 3.23**). Durch Desaminierung von **Cytidin** entsteht **Uridin**. Werden solche Mutationen nicht repariert (s. unten), paart sich bei der nachfolgenden Replikation U mit A statt mit G, wie es das ursprüngliche C getan hätte. Dadurch ist das CG-Paar letztlich durch ein TA-Paar ersetzt worden (also eine **Transition**) (**Abb. 3.24**). Da viele Gene durch Methylierung in ihrer Expression reguliert werden (abgeschaltete Gene sind häufig stark methyliert), führt die spontane oder induzierte Desaminierung von **5-Methylcytosin** zu **Thymin**. Bei der nachfolgenden Replikation würde jetzt T mit A anstelle von C mit G paaren (**Transition**). Als Beispiel für eine chemisch induzierte Mutation sei auf die Wirkung von salpetriger Säure oder Disulfit hingewiesen, die zu einer oxidativen Desaminierung von Cytosin und 5-Methylcytosin führt.

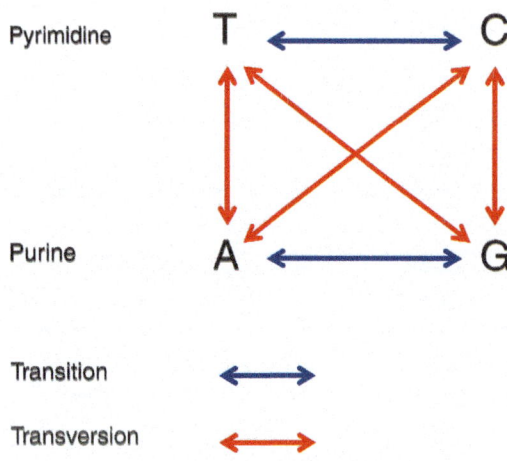

Abb. 3.21 Schematische Darstellung der Transition und Transversion von Nucleotiden. *A*: Adenin; *G*: Guanin; *C*: Cytosin, *T*: Thymin

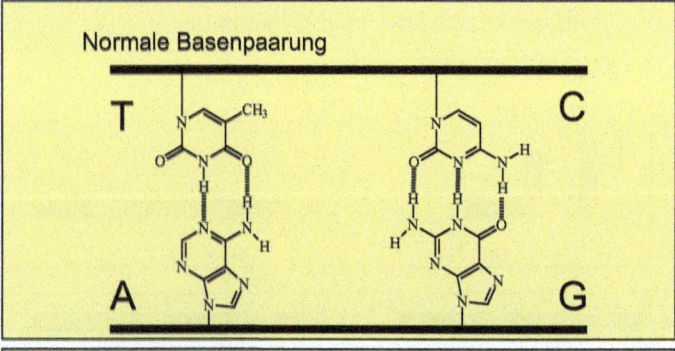

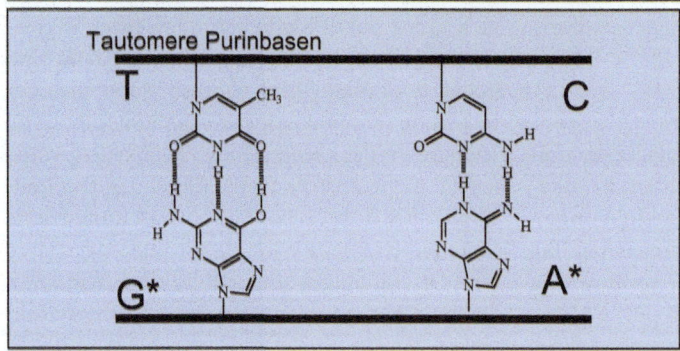

Abb. 3.22 Auslösung von Punktmutationen (Transitionen): Prinzip der Basenfehlpaarung tautomerer Nucleotide, die durch intramolekulare Umlagerung der „normalen" Basen entstehen. *A*: Adenin; *G*: Guanin; *C*: Cytosin, *T*: Thymin; *A**: seltene Iminoform des Adenins; *G**: seltene Enolform des Guanins; *C**: seltene Iminoform des Cytosins; *T**: seltene Enolform des Thymins

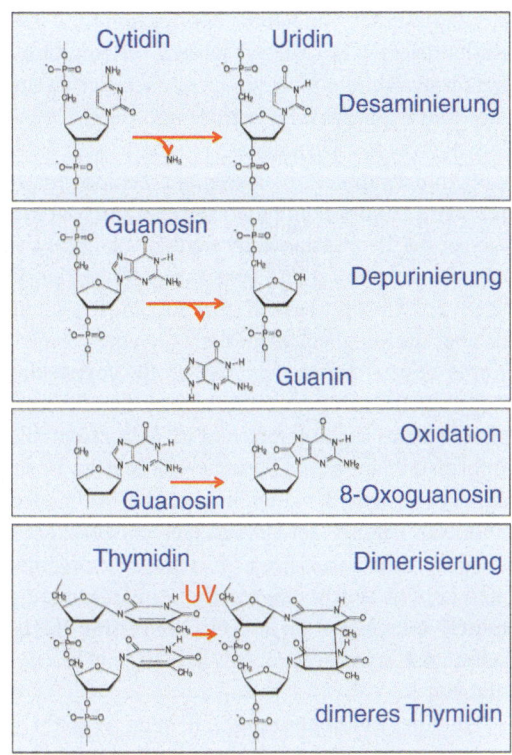
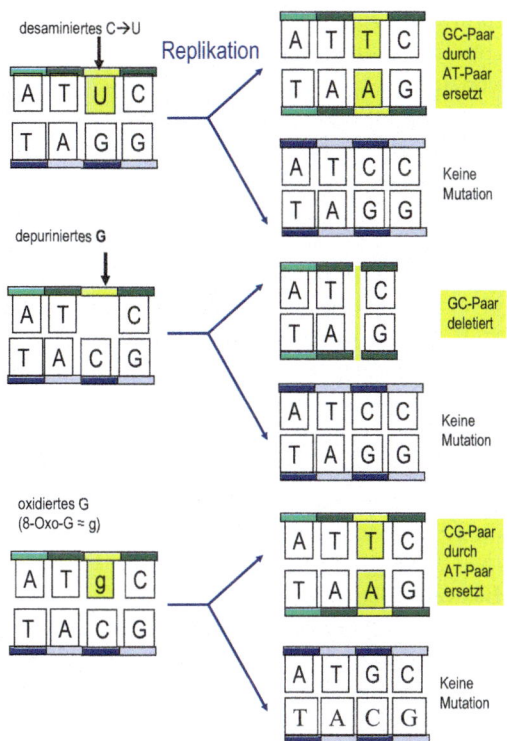

- **Abb. 3.23** Ursachen für Punktmutationen: Prinzip und Auswirkung der Desaminierung, Depurinierung, Oxidation und Dimerisierung von DNA-Basen. Durch Desaminierung kann aus Cytosin Uracil, aus 5-Methylcytosin Thymin und aus Adenin Hypoxanthin entstehen. Durch Depurinierung können sowohl Guanosin als auch Adenosin verändert werden. Guanosin wird zu 8-Oxoguanosin oxidiert. Dimerisierung aufgrund von UV-Strahlung tritt besonders bei Thymidin auf, ist aber auch bei Cytosin festgestellt worden

- **Abb. 3.24** Auswirkungen von Desaminierung, Depurinierung und Oxidation. Wurde eine durch Desaminierung, Depurinierung oder Oxidation hervorgerufene Punktmutation nicht durch Reparaturenzyme rückgängig gemacht, so wirken sie sich in den nachfolgenden Replikationen aus: Während der nicht-mutierte Strang (*blau*) identisch repliziert wird, führt der mutierte Strang (*grün*) dazu, dass auf dem komplementären neuen Strang nach Desaminierung oder Oxidation ein verändertes Nucleotid eingebaut wird oder aber nach Depurinierung eine Deletion erfolgt oder eine neue Base zufällig ersetzt wird. *A:* Adenin; *G:* Guanin; *C:* Cytosin, *T:* Thymin, *U:* Uracil

Das Genom ist permanent oxidativem Stress, z. B. durch **Sauerstoffradikale** (*reactive oxygen species*; **ROS**) ausgesetzt. Die Base Guanosin ist besonders anfällig für oxidativen Stress, da sie das geringste Oxidationspotenzial besitzt. Durch Oxidation kann aus **Guanin 8-Oxoguanin** entstehen (8-OxoG). 8-OxoG paart nicht länger mit Cytosin sondern mit Adenosin. Wird eine solche Mutation nicht durch Reparaturenzyme entfernt, kommt es nach einer Replikation zu einer **Transversion**, d. h. das GC-Paar wird durch ein TA-Paar ausgetauscht (**Abb. 3.24**). Man nimmt an, dass Alterungsprozesse unter anderem durch Mutationen entstehen, die durch Oxidation von Guanosin durch ROS hervorgerufen werden. Daher wird den **Antioxidanzien**, die in vielen Nahrungsmitteln vorkommen, eine besondere Bedeutung für eine gesunde Ernährung zugesprochen.

Die **Purinreste** Guanin und Adenin können spontan durch Hydrolyse aus der DNA entfernt werden (**Abb. 3.23**). Solche **Depurinierungen** zählen zu den häufigsten spontanen Veränderungen; über 5000–10.000 Purinbasen werden täglich in jeder menschlichen Zelle depuriniert. Werden depurinierte Basen nicht repariert (s. unten), so kommt es bei der nachfolgenden Replikation entweder zur **Deletion** einer einzelnen Base (**Abb. 3.24**) oder es wird anstelle des depurinierten Guanins jede beliebige Base nach dem Zufallsprinzip eingebaut. Solche Substitutionen können entweder zu einer **Transition** aber auch **Transversion** führen.

Durch **UV-Bestrahlung** können benachbarte **Thymin- oder Cytosinreste** aktiviert werden, die dann jeweils Dimere ausbilden (◘ **Abb. 3.23**). Solche Dimere führen unrepariert zu Deletionen oder wenn sie häufig vorhanden sind, zum programmierten Zelltod (**Apoptose**). Solche Dimerisierungen treten verstärkt auf, wenn natürlich vorkommende Mutagene, wie z. B. die in Apiaceen und Rutaceen vorkommenden Furanocumarine (s. **Abschn. 4.3.3**), mit der Nahrung oder als Arzneimittel aufgenommen wurden. Denn diese Sekundärstoffe werden in der Haut abgelagert. Setzt man sich intensiver Sonnen- und damit UV-Strahlung aus, so werden die DNA-interkalierenden Furanocumarine photochemisch angeregt und können mit der DNA von Hautzellen in der Epidermis reagieren und diese quervernetzen. **Interkalierende Substanzen** sind planar und lipophil. Sie lagern sich zwischen die Basenstapel der DNA-Doppelhelix ein und führen bei der Replikation zur Deletion oder zur Insertion eines Basenpaars. Dadurch wird der Leserahmen um eine Base verschoben, es entstehen *Frameshift*-Mutationen, die sich meist negativ auf das zu codierende Protein auswirken (◘ **Abb. 3.19**). Interkalierende Substanzen kommen auch in der Natur vor; z. B. haben diverse Sekundärstoffe, die Pflanzen zur Abwehr von Fraßfeinden und Mikroorganismen einsetzen, solche Eigenschaften (s. **Abschn. 4.3.3**).

Depurinierung, Interkalation und Alkylierung können **Einzel- und Doppelstrangbrüche in der DNA** auflösen, die zum Zelltod oder Chromosomenmutationen führen können.

In seltenen Fällen können die DNA-Basen durch intramolekulare Umlagerungen **tautomere Formen** einnehmen (◘ **Abb. 3.22**), die zu Fehlpaarungen bei der Replikation führen. Normalerweise liegen die Basen in der **Keto-Form** vor und nehmen selten die **Enol-Form** ein. Tautomeres Adenin paart mit Cytosin statt mit Thymin, und tautomeres Thymin mit Guanin statt mit Adenin und umgekehrt. Die durch Einbau tautomerer Basen bewirkten Nucleotidsubstitutionen fallen alle in die Klasse der **Transitionen** (◘ **Abb. 3.21**).

Die meisten primären Veränderungen (Desaminierung, Depurinierung, Oxidation, Dimerisierung) werden von **Reparaturenzymen** (u. a. AP-Endonuclease; DNA-Glycosylasen) erkannt und herausgeschnitten (solange nicht auch der zweite DNA-Strang beschädigt wurde) und durch DNA-Polymerase und DNA-Ligase repariert. Aber auch Alkyltransferasen, Photolyasen und Fehlpaarungsreparatur- und Rekombinationsreparatursysteme, die vor der Replikation aktiv werden, sind vorhanden. Die Anzahl der an Reparaturvorgängen beteiligten Enzyme liegt bei weit über 50. Eine Reparatur ist aber nur möglich, wenn die Zelle eine korrekte Kopie besitzt. Darin liegt der große **Vorteil der Doppelhelix**, in der genetische Information komplementär als Kopie gespeichert ist. Selbst wenn die Information auf einem Strang verloren geht, ist sie auf dem komplementären Strang noch vorhanden und kann genutzt werden, um eine entsprechende Korrektur durchzuführen. In diploiden Organismen kommt zudem eine zweite Genkopie vor, die mittels Rekombination und Genkonversion (s. **Abschn. 3.4.2**) nutzbar wird, falls das Original geschädigt wurde.

In einer **Keimbahnzelle**, z. B. beim Menschen, kommt es dank der Effektivität der **Reparatursysteme** nur zu 10–20 Basensubstitutionen pro Jahr bezogen auf die vorhandenen 3×10^9 Basenpaare. Die Bedeutung der Reparatursysteme lässt sich gut bei Menschen erkennen, die an **Xeroderma pigmentosum**, einer seltenen autosomal-rezessiven neurocutanen Krankheit, erkrankt sind. Bei ihnen sind einzelne Elemente des Reparatursystems ausgefallen, die bei durch UV-Strahlung verursachter DNA-Schädigung benötigt werden. Als Folge der UV-Strahlung des Sonnenlichts treten neben zahlreichen neurologischen und psychischen Symptomen eine starke Hautfleckenbildung und Hautkrebs auf, die sich nur durch vollständige Vermeidung von Sonnenlichtexposition verhindern lassen. Inzwischen sind weitere vererbbare Störungen von Reparaturenzymen und die dadurch hervorgerufenen Krankheitsbilder bekannt geworden, die belegen, wie wichtig Reparaturenzyme sind (◘ **Tab. 3.8**).

Mutationen treten in allen Organismen spontan und zufällig auf; die Häufigkeit dieser **Spontanmutationen** (auch „Hintergrundmutationen" genannt) ist organismenspezifisch. Die meisten Mutationen, soweit sie nicht durch Reparaturenzyme beseitigt werden, beobachtet man in somatischen Zellen, die

Tab. 3.8 Erkrankungen, denen Defekte in der DNA-Reparatur zugrunde liegen

Erkrankung	Phänotyp	ausgefallenes Reparatursystem
Xeroderma pigmentosum	Hautkrebs, neurologische Probleme	*Excision-Repair*
MSH2,3,6; MLH1, PMS2	Kolonkrebs	*Mismatch-Repair*
BRCA-2	Brust- und Ovarialkrebs	homologe Rekombination
Werner-Syndrom	vorzeitiges Altern; diverse Tumoren	3-Exonuclease; DNA-Helicase
Bloom-Syndrom	Zwergwuchs, Genominstabilität	DNA-Helicase
Fanconi-Anämie	Missbildungen, Leukämie,	DNA-*Cross-link-Repair*
46 BR-Patient	Hypersensitivität für Mutagene	DNA-Ligase

mit dem Tod des Individuums untergehen (**somatische Mutationen**). Somatische Mutationen sind für das Auftreten vieler Krankheiten, u. a. Tumorerkrankungen, verantwortlich. Nur Mutationen in Keimbahnzellen und Gameten (**Gametenmutationen** oder **generative Mutationen**) werden an Nachkommen weitergegeben. Mutationen, die in einer Population fixiert sind (d. h. mehrere Individuen tragen dieses Merkmal), werden zu einem evolutionären Ereignis und unterliegen der Selektion sowie Zufallsprozessen (**genetische Drift**).

Natürliche **Mutationshäufigkeiten**, die zum Ausfall eines Gens führen, schätzt man bei Bakterien auf 10^{-5} bis 10^{-6} Mutationen pro Genlocus (darunter versteht man den Ort eines Gens auf dem Chromosom) und Generation. Bei Eukaryoten sind diese Häufigkeiten nur schwer zu bestimmen, dürften aber in derselben Größenordnung liegen. Auf die einzelne Nucleotidposition bezogen, beträgt die Mutationshäufigkeit bei Bakterien 10^{-9} bis 10^{-10} Substitutionen pro Generation. Beim Menschen kommt auf 100.000–200.000 Genreplikationen eine Mutation. Bei etwa 20.000 Genloci pro haploidem Genom finden wir entsprechend weniger als 1 mutiertes Allel pro Genom, das bei den jeweiligen Eltern nicht vorhanden war. Bei **Bakterien** und Viren mit hoher Teilungsrate und Individuenzahl kann man die Auswirkung von Mutationen direkt beobachten. Vermehrt man Bakterien in Anwesenheit eines starken Selektionsfaktors, z. B. **Antibiotika**, so werden die meisten von ihnen abgetötet oder im Wachstum gehemmt. Gelingt es aber einer einzigen Bakterienzelle, durch Mutation eine Resistenz gegen das Antibiotikum auszubilden, so wird sie sich vermehren und – zumal es alle 20 Minuten zu einer Zellteilung kommt – bald hohe Dichten erreichen. Interessanterweise sind die Gene für Antibiotikaresistenz offenbar bereits sehr alt (> 30.000 Jahre) und wurden von Bakterien evolviert bevor Antibiotika medizinisch eingesetzt wurden (Wright u. Poinar 2012). Auch die schnelle Veränderlichkeit der Viren ist medizinisch bekannt und gut belegt. Viren, deren Erbinformation auf einzelsträngiger RNA gespeichert ist (z.B **Retroviren**) zeichnen sich durch besonders hohe Veränderlichkeit aus. Man denke an die Variabilität von **HIV**, dem Erreger von AIDS, der sich so schnell ändert, dass es bislang nicht möglich war, einen wirksamen Impfstoff zu entwickeln. An der schnellen Entwicklung von Resistenzen bei Bakterien und Viren kann man erkennen, dass auch heute noch evolutive Prozesse ablaufen, die wir im Gegensatz zu den Prozessen in der fernen Vergangenheit unmittelbar untersuchen können. Bei den Tieren und Pflanzen mit längerer Generationszeit und meist geringen Nachkommenzahlen dauert es entsprechend länger, bis man den Effekt einer Mutation feststellen kann.

Mutationen können durch Behandlung mit energiereichen Strahlen (UV-Strahlung, radioaktive Strahlung) oder mutagenen Agentien vermehrt ausgelöst werden (**induzierte Mutationen**). Die meisten **Mutagene** bewirken eine Modifikation einzelner Basen (**Alkylierung, Desaminierung, Depurinierung**), werden als Basenanaloge eingebaut, hemmen Reparaturenzyme oder DNA-Topoisomerasen oder führen zu Strangbrüchen und Um- sowie Neuordnungen (*rearrangements*). Chemische **Alkylantien** (z. B. Dimethylsulfat) methylieren u. a. Guanin zu O^6-Methylguanin, das nicht länger mit Cytosin ein Basenpaar bilden kann. Ähnliche Reaktionen kön-

Tab. 3.9 Konsequenzen von Nucleotidaustauschen in Protein-codierenden Genen. 549 Mutationen der Aminosäurecodons sind theoretisch möglich

Mutation in	AS-ändernd	synonym	nonsense Stoppcodons	Summe
1. Position	166	8	9	183 (100 %)
2. Position	176	0	7	183 (100 %)
3. Position	50	126	7	183 (100 %)
Summe	392	134	23	549 (100 %)

nen auch durch natürlich vorkommende Substanzen, wie z. B. S-Adenosylmethionin, hervorgerufen, werden. In der Natur sind etliche Sekundärstoffe bekannt, die nach metabolischer Aktivierung in der tierischen Leber zu starken Alkylantien werden, Beispiele sind Pyrrolizidinalkaloide, Aristolochiasäure oder Aflatoxine. Weitere mutagene Effekte werden in unseren Zellen durch ROS (Wasserstoffperoxid, Sauerstoff- und Superoxidradikale) (s. oben) hervorgerufen.

Bedingt durch den redundanten genetischen Code (s. **Abschn. 3.2.5**) führt bei weitem nicht jede Punktmutation in einem Gen zu einer Veränderung der Aminosäuresequenz. 134 (24,4 %) der 549 theoretisch möglichen Substitutionen sind synonym; 23 (4,2 %) führen zu Stoppcodons und 392 (71,4 %) zu Aminosäureaustauschen (**Tab. 3.9**). Wie aus **Abb. 3.7** und **Tab. 3.9** ersichtlich, hat aber die Nucleotidsubstitution in der dritten Codonposition in ca. 69 % der Fälle (126 von 183) keine Veränderung zur Folge (man spricht von **stiller, neutraler Mutation** oder *silent mutation*). Eine solche Mutation kann demnach beibehalten werden, ohne dass der Träger des Merkmals negative Auswirkungen erfährt. Wie **Tab. 3.9** andeutet, sind unter den 549 Mutationsformen theoretisch 392 Aminosäure-ändernde (nicht-synonyme) Mutationen möglich; davon ändern 184 (47 %) die Polaritätsklasse der Aminosäuren und 128 (33 %) die Ladung, während 273 (70 %) zu einer Aminosäure einer anderen Klasse führen. Doch selbst konservierte Aminosäuresubstitutionen führen nur selten zum Totalausfall eines Proteins oder Enzyms (man spricht von **neutraler Substitution**), es sei denn, das aktive Zentrum wäre von einer Mutation betroffen oder ein Stoppcodon wäre eingefügt. Bei den Mutationen, die sich etablieren konnten, überwiegen Aminosäureaustausche,

die keinen oder nur geringen negativen Selektionswert aufweisen. Wenn auch positive Veränderungen selten sind, so führt die natürliche Auslese im Verlauf der Jahrmillionen doch zu einer Optimierung der Genfunktionen. Träger von Austauschen mit negativen Eigenschaften sind geschwächt (man denke an Patienten mit neuromuskulärer Dysfunktion, Thalassämie und anderen Erbkrankheiten, bei denen einzelne kritische Aminosäuren mutiert sind) oder sterben.

Insertionen/Deletionen oder Translokation **längerer Sequenzelemente** (Chromosomenmutationen) treten mit einer gewissen Häufigkeit auf und werden u. a. durch **Transposons** (s. **Abschn. 3.4.3**) oder **Viren** hervorgerufen. Strangbrüche und Fehlpaarungen der DNA während der Meiose, so z. B. im Bereich repetitiver Sequenzelemente (**Abb. 3.20**), können ungleiches Crossing over, fehlerhafte Replikation und Reparatur zur Folge haben und führen meist zu einem größeren Nucleotidaustausch als einfache Punktmutationen (**Abb. 3.19**).

Außerhalb von codierenden oder regulatorischen DNA-Abschnitten wirken sich Mutationen nicht oder nur geringfügig aus. Wenn ein oder zwei Nucleotide oder größere Einheiten innerhalb eines Gens entfernt oder hinzugefügt werden, kommt es zu einer Verschiebung des Leserasters (*Frame-shift-Mutation*) und damit zu gänzlich anderen Proteinen (**Abb. 3.19**), die fast immer funktionslos sind (*loss-of-function*), in seltenen Fällen aber zu Proteinen mit neuen Funktionen (*gain-of-function*) führen. Die meisten Mutationen sind neutral oder negativ, und nur in seltenen Fällen vermag ein mutiertes Gen oder Allel seinen Träger besser an seine Umwelt anzupassen und dadurch den Fortpflanzungserfolg der Nachkommen zu steigern. Wenn wir demnach DNA-Sequenzen oder Genomstruk-

Tab. 3.10 Anzahl (n) der Chromosomen in haploiden Chromosomensätzen

Wissenschaftlicher Name	n
Hefen/Pilze	
Aspergillus nidulans (Kolbenschimmel)	8
Saccharomyces cerevisiae (Bierhefe)	16
Algen	
Chlamydomonas reinhardtii (einzellige Grünalge)	16
Pflanzen	
Oenothera biennis (Nachtkerze)	7
Solanum tuberosum (Kartoffel)	24
Vicia faba (Saubohne)	6
Zea mays (Mais)	10
Insekten	
Bombyx mori (Seidenspinner)	28
Culex pipiens (Mücke)	3
Musca domestica (Hausfliege)	6
Fische	
Alosa pseudoharengus (Alse, Maifisch)	24
Salmo salar (Lachs)	28
Amphibien	
Bufo regularis (Kröte)	10
Hyla chrysoscelis (Laubfrosch)	12
Rana pipiens (Leopardfrosch)	13
Reptilien	
Boa constrictor (Königsschlange)	18
Mabuya mabouya (Skink)	15
Tropidurus torquatus (südamerikanischer Leguan)	18
Xenodon merremii (neuweltliche Natter)	15
Vögel	
Bubo virginianus (Virginia-Uhu)	41
Corvus corax (Kolkrabe)	39
Gallus gallus forma *domestica* (Haushuhn)	39
Rhea americana (Nandu)	41
Säuger	
Equus przewalskii forma *domestica* (Hauspferd)	32
Felis silvestris forma *domestica* (Hauskatze)	19
Mus musculus (Hausmaus)	20
Macaca mulatta (Rhesusaffe)	24
Gorilla gorilla (Gorilla)	24
Pan troglodytes (Schimpanse)	24
Pongo pygmaeus (Orang-Utan)	24
Homo sapiens (Mensch)	23

turen der heute lebenden Organismen analysieren, so sehen wir im Wesentlichen nur Mutationen, die entweder neutral waren oder einen positiven Selektionswert hatten, da die Träger von schädlichen Mutationen keine nachhaltige Überlebenschance hatten, sondern im Verlauf der Evolution herausgefiltert wurden.

3.3.2 Mitose und Meiose

In Bakterien liegt die DNA als ringförmiges, in Eukaryoten jedoch als lineares Molekül vor. Eukaryotische Chromosomen bestehen aus einem Centromer, an dem die Mikrotubuli während der Zellteilung angreifen, diversen Replikationsstarts (*origin of replication*) und Telomersequenzen an den Enden. Die DNA liegt in den Chromosomen nicht als freier Faden, sondern mit basischen **Histonproteinen** verbunden vor. Vier Histonproteine (H2A, H2B, H3, H4), die viele positiv geladen Lysinreste aufweisen, bilden octamere Zylinder aus, um die sich die DNA (**Nukleosomen** mit ca. 145 Basenpaare DNA) windet. Hierbei spielen ionische Wechselwirkungen zwischen den positiven geladenen Lysinresten und den negativ geladenen Phosphatgruppen der DNA eine wichtige Rolle. Zwischen zwei benachbarten Nucleosomen befindet sich meist ein linearer DNA-Abschnitt von ca. 80 Basenpaaren, an dem sequenzspezifische Proteine binden.

Im Gegensatz zu den haploiden Bakterien und primitiven Eukaryoten weisen die meisten höheren Eukaryoten einen **diploiden Chromosomensatz** auf. Im diploiden Genom sind von jedem Chromosom zwei Exemplare vorhanden, deren Länge und Struktur (z. B. Sitz des Centromers, lineare Anordnung der Genloci) identisch sind; man spricht deshalb von **homologen Chromosomen**. Jeweils eins der homologen Chromosomen lässt sich auf das haploide väterliche, das andere auf das haploide mütterliche Genom zurückführen, denn bei der Befruchtung werden die jeweils haploiden Chromosomensätze der männlichen und weiblichen Gameten in der Zygote vereinigt und bleiben in den somatischen Zellen als diploider Chromosomensatz erhalten. In **Tab. 3.10** ist eine Übersicht von haploiden Chromosomenzahlen einiger Organismen zusammengestellt. Wie man leicht erkennt, gibt es keinen einheitlichen Trend hinsichtlich der evolutionären Entwicklungshöhe und der Chromosomenzahl. Die Grünalge *Chlamydomonas* hat bereits 18 Chromosomen, der Seidenspinner 28, während der Mensch (*Homo sapiens*) 23 Chromosomen im haploiden Chromosomensatz aufweist.

Man unterscheidet paarweise auftretende **Autosomen** und **Geschlechtschromosomen** (**Gonosomen**); letztere sind beim heterogametischen Geschlecht nicht als identisches Paar (**Abb. 3.25**) vorhanden. Beim Menschen finden wir im diploiden Chromosomensatz (auch als **Karyotyp** bezeichnet) bekanntlich 46 Chromosomen, darunter 2 Geschlechtschromosomen, die bei Frauen, dem **homogametischen** Geschlecht mit **XX**, bei Männern, dem **heterogametischen** Geschlecht mit **XY** bezeichnet werden (**Abb. 3.25**). Nicht bei allen Organismen ist das männliche Geschlecht heterogametisch; bei Vögeln und Schmetterlingen, z. B., sind die Weibchen heterogametisch und besitzen WZ-Geschlechtschromosomen, die homogametischen Männchen dagegen ZZ-Chromosomen (s. **Abschn. 4.3**).

Die Anzahl und Form der in einer Zelle vorhandenen Chromosomen ist in der Regel artkonstant. Bei einigen Organismen gibt es Ausnahmen, indem die Chromosomenzahl innerhalb einer Art schwanken kann (z. B. Silbergrüner Bläuling, *Polyommatus coridon*). Bei einer Zellteilung muss auch die Tochterzelle das identische Genom der Mutterzelle erhalten; diesen Prozess nennt man **Mitose**. Bei der **mitotischen Zellteilung** wird die gesamte DNA zunächst verdoppelt (**Replikation**); es entstehen dabei aus einem Chromosom jeweils zwei parallel liegende identische **Schwesterchromatiden**, die über ein gemeinsames **Centromer** eng zusammenhängen (**Abb. 3.25, 3.26**). Die kondensierten Chromatiden werden über den Spindelapparat so auseinander gezogen, dass jede neue Zelle einen kompletten diploiden Chromosomensatz erhält (s. **EXKURS 3.2 Abschn. 3.3.3**).

Die **Gameten** sind **haploid**. Der Prozess, der vom diploiden zum haploiden Chromosomensatz führt, wird als **Meiose** bezeichnet. Bei der **Meiose** wird der verdoppelte Chromosomensatz halbiert (**Reduktionsteilung**) und somit wieder in haploide Genome zurückgeführt (s. **EXKURS 3.2**). Die Meiose ist bei diploiden Organismen die Voraussetzung für die geschlechtliche Fortpflanzung. Wären die Gameten diploid, so würde jede neue Zygotenbildung eine Verdopplung der Chromosomensätze mit sich bringen. Nur durch haploide Gameten lässt sich dieses Dilemma lösen.

Über die **Evolution und Bedeutung der Geschlechter** gibt es unterschiedliche Ansichten. Fest steht, dass die **geschlechtliche Fortpflanzung** die **genetische Variabilität** der Individuen erhöht. Jeder Gamet erhält in der Meiose eine unterschiedliche Mischung der ursprünglich mütterlichen und väterlichen Chromosomen (s. **EXKURS 3.2**); beim Menschen mit 23 Chromosomen sind 2^{23} Kombinationen möglich; d. h. theoretisch kann jeder Mensch über 8 Mio. genetisch unterschiedliche Gameten bilden. Da bei der Zygote zwei Gameten verschmelzen, liegt die Zahl der Chromosomenkombinationen bei ($8 \times 10^6)^2 = 64 \times 10^{12}$. Wie in **Abschn. 3.3.3** gezeigt, kommt es bei der Meiose außerdem zu einem Crossing over der homologen Chromosomen und damit zu einem zusätzlichen Genaustausch zwischen den jeweils homologen Chromosomen. Dadurch stellt bereits jedes einzelne Chromosom in einem Gameten ein Mosaik aus jeweils homologen mütterlichen und väterlichen Genen dar. Deshalb ist die Wahrscheinlichkeit, dass zwei Kinder eines Elternpaares identisch sind, extrem klein. Nur **eineiige Zwillinge** sind weitgehend gleich.

Bei der sexuellen Fortpflanzung finden also ein starker Austausch und eine Rekombination der elterlichen Gene statt; damit wird die notwendige **genetische Variabilität** erzeugt, an der die **natürliche Selektion** ansetzen kann. Die Entwicklung der sexuellen Fortpflanzung war demnach ein extrem wichtiger Evolutionsschritt, ohne den die Weiter- und Höherentwicklung der Organismen nicht hätte stattfinden können.

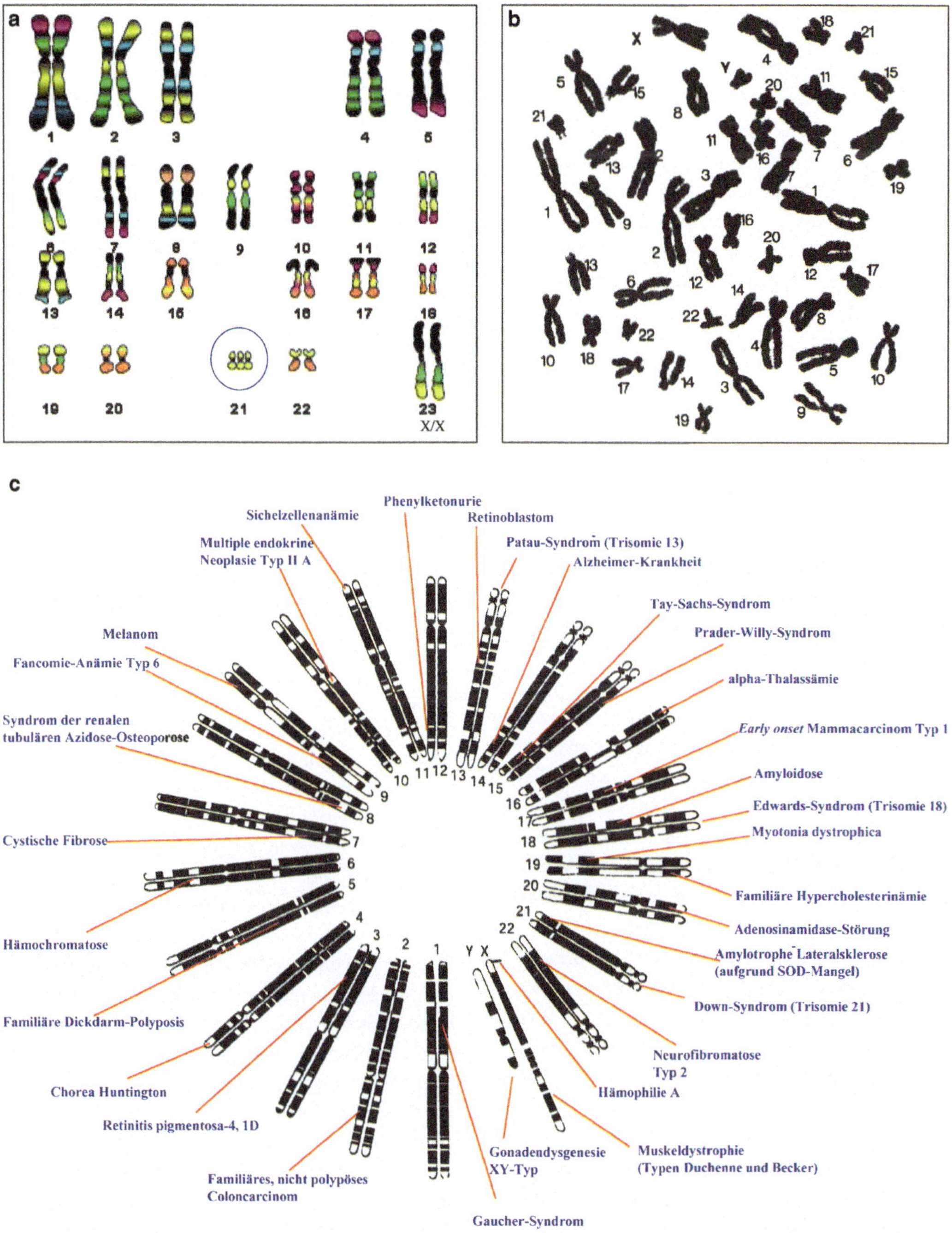

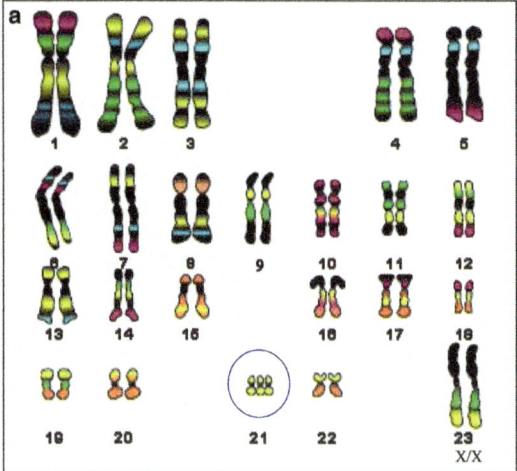
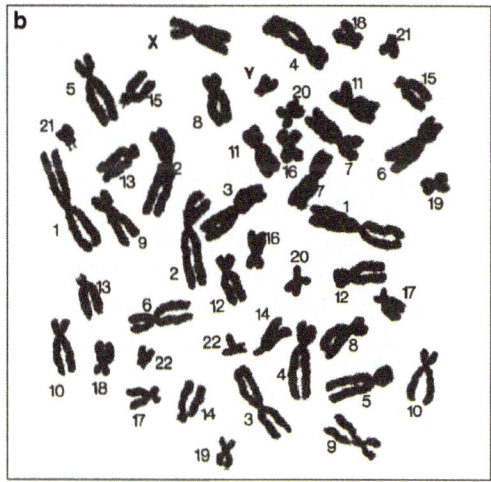

Abb. 3.25 a–c. Schematische Illustration der menschlichen Chromosomen während der Metaphase. **a** Darstellung der Metaphase-Präparation einer Frau mit einer Trisomie 21 (Chromatinregionen *farblich markiert*) und **b** eines Mannes (*schwarze Umrissdarstellung*). Von jedem Chromosom sind zwei homologe Partner vorhanden; nur die X- und Y-Chromosomen treten beim Manne einzeln auf. Jedes einzelne Chromosom liegt verdoppelt vor, wobei die Schwesterchromatiden durch ein gemeinsames Centromer zusammengehalten werden. **c** Lokalisation wichtiger Gene, die bei genetisch bedingten Krankheiten eine Rolle spielen, auf den jeweiligen Chromosomen

3.3.3 Rekombination

Unter Rekombination verstehen wir den Austausch von homologen DNA-Sequenzen. Mehrere Formen der Rekombination werden unterschieden:
- **Homologe Rekombination** tritt zwischen homologen DNA-Sequenzen, z. B. während der Meiose in der Prophase I (s. **EXKURS 3.2**) auf, die meist auf den homologen männlichen und weiblichen Chromosomen lokalisiert sind. In geringem Umfang findet Rekombination auch während der Mitose statt.
- **Ortsspezifische Rekombination** durch spezifische Basenpaarung wird bei Viren beobachtet, deren DNA in die Wirtszell-DNA eingefügt wird.
- **Transpositionale Rekombination** ist durch Einfügen von Transposons an Stellen **ohne** Sequenzhomologie gekennzeichnet.

EXKURS 3.2

Mitose, Meiose und Cytokinese

Mitose (Kern- und Zellteilung; Karyokinese und Cytokinese)

Grundsätzlich werden bei den meisten Eukaryoten mehrere Phasen der Mitose unterschieden: Prophase, Prometaphase, Metaphase, Anaphase und Telophase (◘ **Abb. 3.26**).

Nachdem die Chromosomen im **Interphasekern** (in der S-Phase) verdoppelt (repliziert) wurden, erfolgt in der **Prophase** eine Verdichtung des Chromatins zu diskreten Chromosomen, die aus zwei identischen Schwesterchromatiden bestehen (s. oben). Am Ende der Prophase und vor Beginn der **Prometaphase** lösen sich Kernmembran und Nucleoli auf; die Kernspindel (bestehend aus polaren Mikrotubuli und Kinetochorenmikrotubuli), die in den Zentrosomen (Zentriolen) verankert ist, bildet sich aus. In der Prometaphase heften sich die Mikrotubuli über spezielle Proteinkomplexe (Kinetochoren) an die Centromeren der Chromosomen an. Die Chromosomen werden über die Mikrotubuli zum Zelläquator hin bewegt. In der **Metaphase** liegen die Chromosomen in der Äquatorialebene aufgereiht vor und Mikrotubuli verbinden die Centromere mit den beiden Spindelpolen. In der **Anaphase I** verkürzen sich die Kinetochorenmikrotubuli; dadurch werden die Schwesterchromatiden zu den jeweiligen Spindelpolen gezogen. In der darauffolgenden **Anaphase II** verlängern sich die polaren Mikrotubuli, so dass die Zelle sich zu strecken beginnt. In der **Telophase** befinden sich die Schwesterchromatiden an den jeweiligen Spindelpolen; die Kernmembran bildet sich wieder aus; auch werden die Nucleoli sichtbar. Gleichzeitig schieben die polaren Mikrotubuli die Zellen weiter auseinander. In der anschließenden **Cytokinese** (Zellteilung) wird die Mutterzelle in der Mitte ein- und durchgeschnürt. Damit ist die Mitose abgeschlossen und zwei Tochterzellen mit jeweils fast identischen Chromosomensätzen (bis auf Änderungen durch Rekombination) sind entstanden.

Meiose

Der wesentliche Unterschied zur Mitose liegt in der **Paarung homologer Chromosomen** und der anschließenden **Reduktion des Chromosomensatzes**. Es werden zwei Teilungen unterschieden: die 1. und 2. Reduktionsteilung (oder Meiose I und Meiose II) (◘ **Abb. 3.26**).

In der **Prophase der 1. Reduktionsteilung** unterscheidet man fünf Stadien: Leptotän, Zygotän, Pachytän, Diplotän und Diakinese. Nach der Verdopplung der DNA der Chromosomen in jeweils zwei Schwesterchromatiden werden diese im Leptotän als kondensierte Chromosomen sichtbar. Im Zygotän beginnt die Paarung der homologen mütterlichen und väterlichen Schwesterchromatiden-Paare (Synapsis). Die jeweils gepaarten Bereiche entsprechen sich auch auf der Sequenzebene, wodurch Crossing over und Rekombination möglich werden. Im Pachytän wird die Paarung der homologen Schwesterchromatiden-Paare abgeschlossen. Im darauf folgenden Diplotän trennen sich die Schwesterchromatiden-Paare, haften aber an den Stellen, an denen ein Crossing over stattgefunden hat, zusammen (Chiasmata, Singular: Chiasma). In dieser Phase sind die Chromosomen entspi-

▶

— EXKURS 3.2 (*Fortsetzung*) —

■ **Abb. 3.26** Schematische Darstellung des Verlaufs von Meiose, Mitose und Cytokinese. Bei der Mitose entstehen stets identische Tochterzellen. Bei der Meiose kommt es durch Crossing over zu einem Austausch von DNA-Abschnitten zwischen väterlichen und mütterlichen Chromosomen. Die haploiden Gameten erhalten eine Zufallsmischung von jeweils väterlichen und mütterlichen Chromatiden

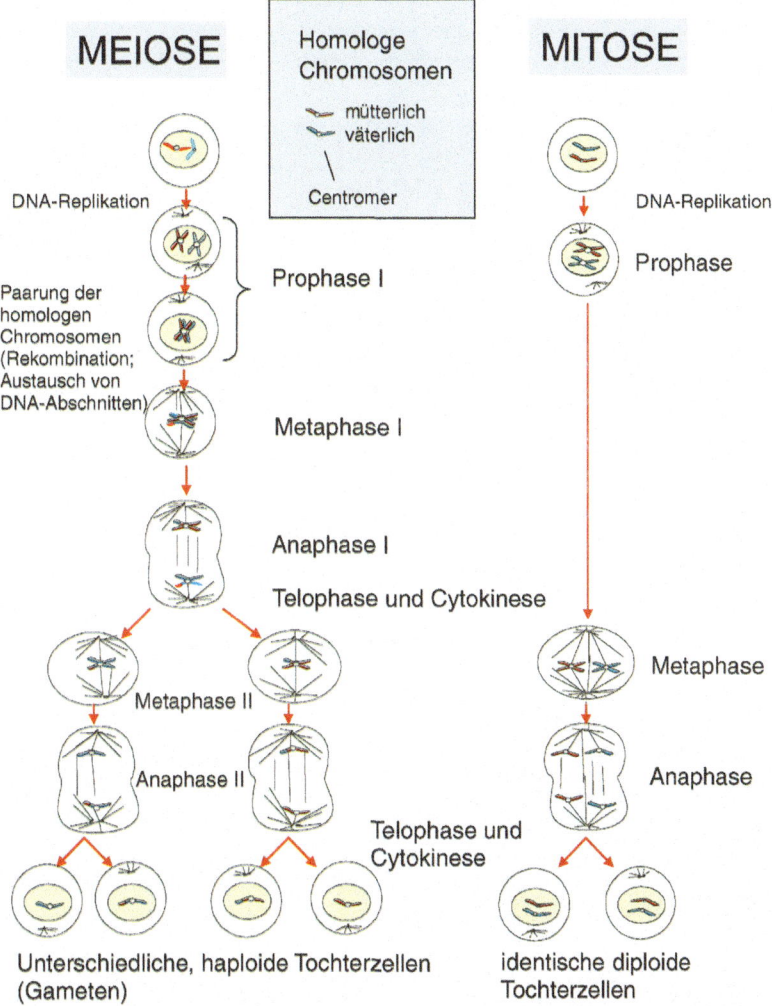

ralisiert und transkriptorisch aktiv. In der Diakinese hört die Transkription auf und die Chromosomen kondensieren erneut.

In der folgenden **Metaphase I** werden Kernmembran und Nucleoli aufgelöst und der Spindelapparat bildet sich aus. Die Schwesterchromatiden-Paare ordnen sich in der Äquatorialplatte an, wobei die jeweiligen Centromeren zu den Spindelpolen ausgerichtet sind. Die Kinetochorenmikrotubuli setzen jedoch nicht an den Centromeren einzelner Chromatiden (wie in der Mitose) an, sondern an einem gemeinsamen Centromer jedes Chromatidenpaares. In der meiotischen **Anaphase I** werden die Schwesterchromatiden-Paare über die sich verkürzenden Kinetochorenmikrotubuli zu den Zellpolen auseinander gezogen. An den Chiasmata trennen sich die rekombinierten Chromosomenbereiche. Die Schwesterchromatiden bleiben dabei über ihr Centromer vereint.

Nach einer kurzen Interphase setzt die **2. Reduktionsteilung** ein. Die Chromosomen werden wieder in einer Metaphase, der **Metaphase II**, angeordnet. Die Chromatiden werden über Kinetochorenmikrotubuli zu den Zellpolen auseinander gezogen. Dieser Vorgang wird mit der **Anaphase II** abgeschlossen. Nach der **Telophase II** und **Cytoki-**

▶

EXKURS 3.2 (Fortsetzung)

nese liegen vier haploide Zellen (Meiosporen oder Meiogameten) vor, die jeweils über einen haploiden Chromosomensatz verfügen. Auf diese Weise erreicht die Meiose zwei Ziele:
- Zurückführung des diploiden Genoms auf das haploide Genom und
- eine intensive Mischung der väterlichen und mütterlichen Gene durch Rekombination.

Die Meiose verläuft bei Pflanzen und Tieren, ebenso bei Männchen und Weibchen grundsätzlich nach dem hier schematisch dargestellten Muster ab. Dies deutet schon daraufhin, dass diese Mechanismen früh in der Evolution entstanden sein müssen. Im Speziellen gibt es jedoch etliche Unterschiede, z. B. in der männlichen und weiblichen Gametogenese.

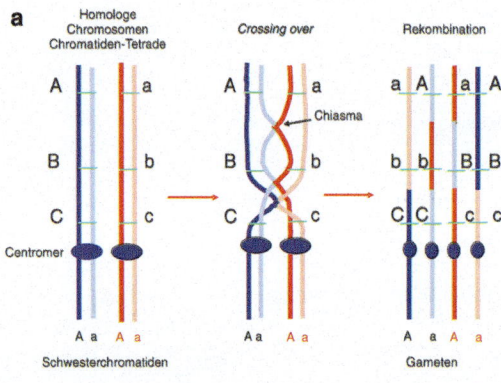

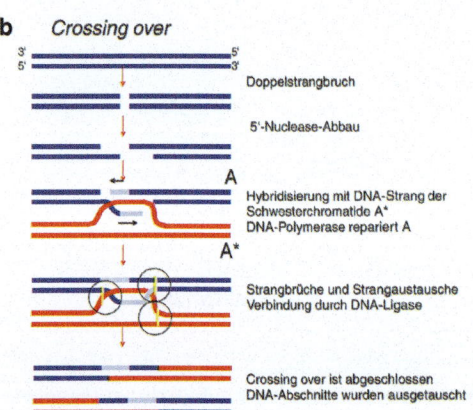

Abb. 3.27 a, b. Schematische Darstellung der homologen Rekombination. **a** Austausch von Chromosomenabschnitten durch Crossing over und Rekombination; Beispiel Chromosomentetrade in der meiotischen Prophase I. **b** Crossing over und Rekombination auf der DNA-Ebene

Für die Evolution sind die Rekombinationsereignisse während der meiotischen Reduktionsteilung am wichtigsten. Während der Meiose (s. **EXKURS 3.2**) kommt es durch Crossing over regelmäßig zu einer gemischten Basenpaarung der jeweils homologen Gensequenzen homologer Chromosomen (**Abb. 3.27**). Werden die Stränge dabei durchschnitten, kann ein DNA-Strang aus dem ursprünglich mütterlichen Erbgut nun mit dem homologen väterlichen Strang hybridisieren (*Breakage-and-reunion*-Hypothese). Dabei können große, aber auch kleine Chromosomenabschnitte (z. B. Allele) ausgetauscht werden (**Abb. 3.20**; **Abb. 3.27**). Bei geschlechtlicher Vermehrung werden also Allele neu kombiniert und nach dem Zufallsprinzip auf die Chromosomen verteilt. Auf diese Weise entstehen neue Genotypen. Aus evolutionärer Sicht ist ein einzelnes Chromosom demnach nur ein Übergangszustand mit einer zeitweiligen Assoziation bestimmter Allele.

Fehlerhafte Hybridisierung während der Rekombination, insbesondere im Bereich repetitiver DNA (**Abb. 3.20**), erhöht deren Variabilität. Die daraus bedingte individuelle Architektur der Genome nutzt man beim **DNA-Fingerprinting** oder bei der Mikrosatelliten-Analyse (s. **Abschn. 4.1.2**) zur Untersuchung von Paternität oder von Genfluss in Populationen.

3.4 Veränderung des Genoms während der Evolution

Übersicht

In diesem Abschnitt werden Genomelemente und ihre Veränderungen im Verlauf der Evolution besprochen. Sehr wichtig in diesem Zusammenhang ist die Intron-Exon-Struktur der Eukaryotengene, da durch Kombinatorik vorhandener Grundbausteine (z. B. Exons) schneller neue Eigenschaften erzeugt werden konnten als durch einfache Punktmutationen. Mittels Um- und Neuordnung von DNA-Elementen durch Insertion, Duplikation oder Transposition entstanden im Verlauf der Evolution weitere neue Bausteine (Multigenfamilien, Pseudogene, Transposons) für eine evolutionäre Weiterentwicklung. Während bei einfachen Eukaryoten nur kurze nicht-codierende Bereiche zwischen zwei Genen liegen, finden wir bei Pflanzen und Tieren lange, oft repetitive DNA-Abschnitte (VNTR, Mikro- und Minisatelliten-DNA, SINE, LINE) zwischen individuellen Genen, die wichtige molekulare Marker liefern.

Aus relativ einfach gebauten Genomen, wie man sie heute noch bei einigen Bakterien sieht und in denen nahezu alle DNA-Abschnitte funktionell von Bedeutung sind, entwickelten sich im Verlauf der Evolution bei den Eukaryoten durch genetische Rekombination (s. **Abschn. 3.3.3**) und Mutationen (s. **Abschn. 3.3.1**) sehr große und komplex aufgebaute Genome (◘ **Abb. 3.28**), die umfangreiche nicht-codierende Bereiche aufweisen (z. B. Introns, Promotor- und Enhancerbereiche, Pseudogene und repetitive DNA). Die Erforschung der Genomstruktur ist die Domäne eines eigenen Forschungszweiges, der **strukturellen** oder **vergleichenden Genomforschung**.

3.4.1 Eukaryotengene mit regulatorischen Sequenzabschnitten und Intron-Exon-Struktur

Bedeutung der Exon-Intron-Struktur der Eukaryotengene

Evolutionär von Bedeutung ist die Entwicklung der Mosaikstruktur der Eukaryotengene mit Introns und Exons (◘ **Abb. 3.29**). Prokaryoten besitzen in der Regel keine Introns. Eine Ausnahme stellen die Archaea dar, bei denen nur wenige Gene, wie z. B. die 23S rDNA, Introns aufweisen. Wie man ◘ **Abb. 3.30** entnehmen kann, steigt die Zahl der Introns, die in einem Gen vorkommen, in etwa mit der Entwicklungshöhe der Organismen.

Introns weisen eine Länge von über 1000 Nucleotiden auf, während **Exons** mit nur 100–300 Nucleotiden (entsprechend 30–100 Aminosäuren) deutlich kürzer sind. Durch die Intron-Exon-Struktur erhalten Eukaryotengene häufig eine Gesamtlänge von 5–40 kB. Einzelne Gene haben sogar eine Länge von mehr als 2 Mio. Basenpaaren (2000 kB): das Dystrophie-Gen (eine mutierte Form ist für die Duchenne-Muskeldystrophie verantwortlich) weist 50 Introns auf, während die eigentliche Transkriptlänge 17.000 Nucleotide beträgt. Die Intronbereiche werden nach der Transkription herausgeschnitten (*RNA-splicing*) (◘ **Abb. 3.29**). Der Spleißprozess verläuft nicht in allen Zellen nach demselben Muster: Durch **alternatives Spleißen** werden nicht nur die Introns, sondern auch einige der Exons entfernt. Auf diese Weise können aus einem Gen nicht nur ein einziges Protein, sondern mehrere Proteine erzeugt werden, die sich in der Zusammensetzung der Exons unterscheiden. Die Zahl der Protein-codierenden Gene liegt beim Menschen bei ca. 20.000; man schätzt jedoch, dass die Zahl der Proteine, bedingt durch den alternativen Spleißprozess zwischen 50.000 und 200.000 liegt. Durch diesen Prozess wird die **phänotypische Variabilität und Plastizität** der Eukaryoten zusätzlich erhöht.

Die funktionelle Analyse der Proteine hat gezeigt, dass man in einem Protein häufig mehrere funktionelle Bereiche, die **Domänen,** unterscheiden kann, z. B. Domänen für aktive katalytische Zentren, für Transmembranbereiche oder Bindungsstellen. Ein Protein wird in der Regel von mehreren Exons codiert, wobei die Exons häufig speziellen funktio-

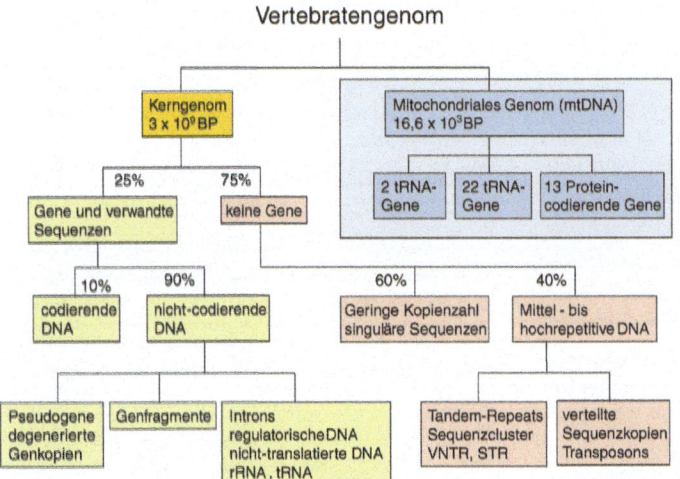

Abb. 3.28 Übersicht über die wichtigsten Elemente des Genoms einer tierischen Zelle

nellen Domänen entsprechen. Die nicht-codierenden Introns fungieren demnach als *Spacer*. Bei einigen Genen (unterschiedlicher Organismen) findet man Introns an identischen Genpositionen, so z. B. im Triosephosphat-Isomerase-Gen von Mensch und Mais. Dieses Phänomen deutet daraufhin, dass Introns recht alte genetische Erfindungen sein müssen, denn bei späterer Insertion hätte man Introns an unterschiedlichen Stellen erwarten müssen.

Man nimmt heute an, dass im Verlauf der frühen Evolution zunächst einmal die Struktur einzelner Domänen optimiert wurde, die nur jeweils eine oder wenige Funktionen ausübten. Diese Grundbausteine (**Module**) wurden in der späteren Evolution bei den Eukaryoten offensichtlich so miteinander kombiniert, dass zusammengesetzte Proteine, Enzyme oder Rezeptoren mit neuen und mehreren Funktionen entstanden (**Abb. 3.31**). Dieser Prozess wurde von W. Gilbert 1979 als *Exon-Shuffling* bezeichnet. Die mannigfaltigen neuen Möglichkeiten, die sich aus einer solchen Kombinatorik ergeben, lassen sich gut am Beispiel der **Antikörpergene** der Säugetiere (über 1 Mio. Antikörper können in einem einzigen Individuum erzeugt werden) oder der variablen Oberflächenantigene der Trypanosomen und anderer Parasiten erkennen, mit denen das Immunsystem der Wirte überlistet wird.

Man kann das *Exon-Shuffling* mit dem Fertighausprinzip vergleichen. Wenn man alle Elemente eines Hauses vorgefertigt hat, ist es relativ einfach und wenig zeitaufwendig, eine Vielzahl von unterschiedlichen Häusern zu bauen. Fängt man dagegen mit einzelnen Ziegeln an, so ist der Prozess wesentlich aufwendiger und dauert länger. Ähnlich war es wohl in der Evolution: Nur durch Abänderung eines ursprünglichen Gens durch Punktmutationen hätte es sehr lange gedauert, bis ein neues Gen entstanden wäre, das für ein Protein mit mehreren funktionellen Domänen codiert. Durch Verwendung und Kombination der „vorgefertigten" Exonmodule konnten sprunghaft Gene mit neuen Eigenschaften geschaffen werden.

Bedeutung regulierbarer Genaktivitäten

Bereits auf der Stufe der Prokaryoten sind die meisten Strukturgene mit **regulierbaren Promotoren** ausgestattet, die es einem Organismus erlauben, Gene nur dann anzuschalten, wenn die Genprodukte benötigt werden. Bei den Eukaryoten ist die Genregulation noch wesentlich stärker weiterentwickelt. Von den vielen vorhandenen Genen des Genoms ist nur ein kleiner Teil in allen Zellen aktiv (*house-keeping genes*). Viele Gene werden nicht nur zell- und gewebespezifisch exprimiert, sondern auch noch entwicklungsspezifisch. Nur das korrekte An- und Abschalten der Gene während der Embryogenese (Epigenetik, s. **EXKURS 5.9 Abschn. 5.7**), der Gewebe- und Zelldifferenzierung, der Jugendzeit und im Erwachsenstadium führt zu Individuen mit angepasstem und artspezifischem Phänotyp. Die Steuerung erfolgt über **spezifische**

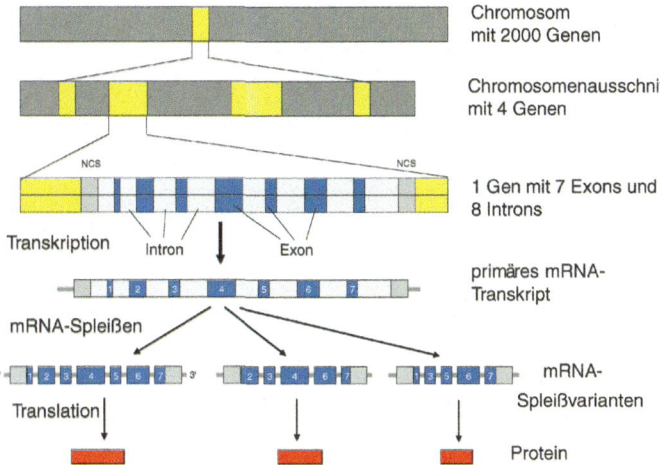

Abb. 3.29 Struktur und Transkription eukaryotischer Mosaikgene, Intron-Exon-Struktur eukaryotischer Gene, Transkription und alternatives Spleißen der mRNA

Transkriptionsfaktoren und *enhancer-* bzw. *silencer-*Proteine (**Abb. 3.6**). Nur wenn diese Proteine an die regulatorischen Genabschnitte binden, kann die RNA-Polymerase die zugehörigen Gene transkribieren (**Abb. 3.4**).

Viele Gene der heutigen Organismen entstanden bereits in der frühen Evolution der Pro- und Eukaryoten. Sie umfassen sowohl Gene, die Enzyme, Rezeptoren und andere Elemente des Zellstoffwechsels und der Zellstruktur codieren, als auch **Bauplan- und Entwicklungsgene**, die eine entwicklungsspezifische Morphogenese steuern (s. **EXKURS 3.3**).

Einmal entstandene Gene oder Genkomplexe wurden im Verlauf der Evolution meist beibehalten (wenn auch nicht notwendigerweise exprimiert) und standen als Bausteine in späteren Evolutionsphasen zur Verfügung, da die Genome ja von Generation zu Generation weitervererbt werden. Der vorhandene **Genpool** lässt sich durch Kombinatorik insbesondere auf der Ebene der Genregulation vielfältig variieren. Die DNA-Sequenz im Promotorbereich eines Gens kann durch Punkt- oder andere Mutationen so geändert werden, dass andere oder neue Transkriptionsfaktoren binden können. Auf diese Weise würde dieses Gen zu einem Zeitpunkt oder in einem Organ aktiviert, wo es früher abgeschaltet gewesen wäre. Ebenso können Sequenzabschnitte, an die spezifische Transkriptionsfaktoren binden, als DNA-Elemente vor vorhandene Gene inseriert werden (z. B. durch Transposons) und so neue Expressionsmuster hervorrufen. Auch auf diese Weise wird die **phänotypische Variabilität und Plastizität** gefördert.

Das Arbeiten mit Modulen oder vorgefertigten Bausätzen findet man in der Evolution an vielen Stellen; selbst die Ausbildung komplexer morphologischer Strukturen ist offenbar modular geordnet und durch wenige Schritte, z. B. durch An- oder Abschalten von **Kontroll- oder Mastergenen** ursprünglich angelegter Gencluster regulierbar. Beispielsweise führt bei der Ackerschmalwand (*Arabidopsis thaliana*) oder beim Löwenmäulchen der Austausch eines einzigen Mastergens dazu, dass die Blüte von einer radiären zu einer zygomorphen Form oder umgekehrt verändert wird. Bei *A. thaliana* zeigen die homöotischen *apetala*-Mutanten unterschiedliche Maße der Ausbildung von Staub-, Kron- und Fruchtblättern. Diese Kombinationsebene, d. h. das Umschalten von einem komplexen Phänotyp zu einem anderen durch An- und Abschalten weniger **Kontroll-** und **Bauplangene** (Morphogene), wird experimentell bald in einem größeren Maße zugänglich sein als heute. Vermutlich werden wir dann besser verstehen können, wie durch „Makromutationen" komplexe Strukturen relativ schnell entstehen konnten.

Auch bei **künstlicher Selektion**, wie sie bei **Haustieren** und **Kulturpflanzen** stattfindet, lässt sich diese Evolutionsebene erkennen. Man denke an die vielen, oft ungewöhnlichen Formen von Hunden, Katzen, Tauben oder Hühnern, die in vergleichsweise kurzer Zeit (meist innerhalb der letzten 5000–10.000 Jahre) selektiert wurden (s. **Ab-**

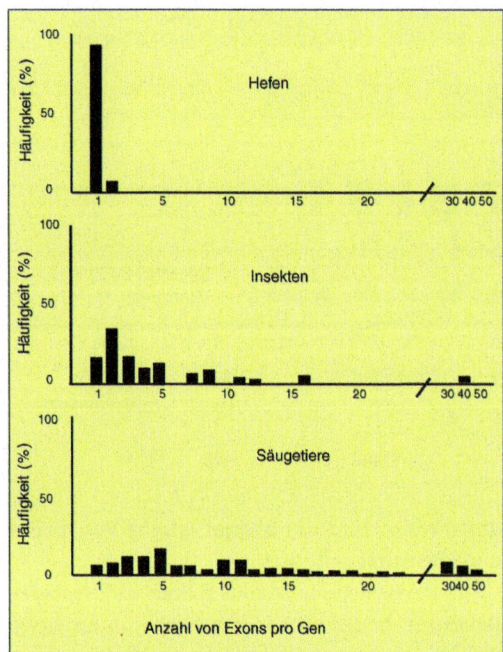

◘ **Abb. 3.30** Prozentualer Anteil der Zahl der Exons pro Gen bei Hefen, Insekten und Säugetieren

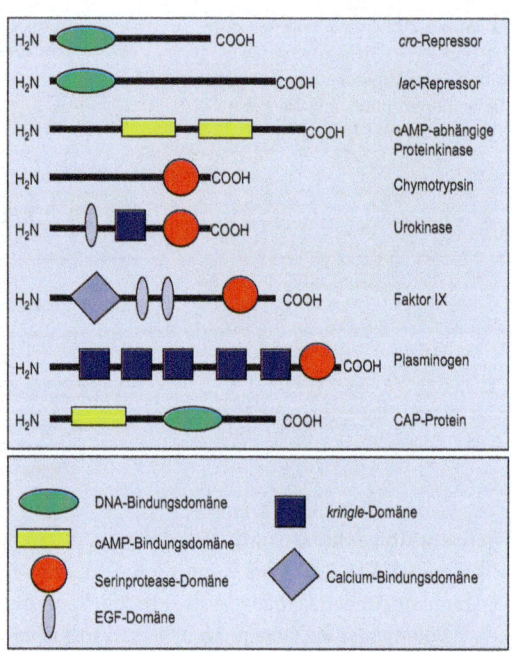

◘ **Abb. 3.31** Beispiele für Domänenkombinatorik. In bakteriellen lac- und cro-Repressorproteinen findet man typische DNA-Bindungsdomänen, die ebenfalls als Modul im bakteriellen Katabolit-Aktivator-Protein (CAP-Protein) vorkommen. Zusätzlich enthält das CAP-Protein auch eine Bindungsdomäne für cyclisches AMP (cAMP), die bei Proteinkinasen mehrfach vorkommen kann. Chymotrypsin ist eine einfache Protease mit einer Serinprotease-Domäne; diese Domäne kommt als Modul in spezialisierten eukaryotischen Proteasen, wie der Urokinase, dem Faktor IX und im Plasminogen vor. Diese Proteasen enthalten zusätzliche Module, z. B. des epidermalen Wachstumsfaktors (EGF), von Calcium-Bindungsstellen und des kringle-Proteins, das drei interne Disulfidbrücken trägt

schn. 5.8.3), oder an die verschiedenen Kohlsorten, die aus der Wildform *Brassica oleracea* entstanden (◘ **Abb. 3.32**).

Fände man die verschiedenen Haustier- und Kulturpflanzenvarietäten in einer Museumssammlung ohne eine Kenntnis ihrer Vorgeschichte, so würde man vermutlich eine größere Anzahl von distinkten Arten beschreiben und nicht auf die Idee kommen, dass es sich nur um junge Varietäten weniger Arten handelt. Charles Darwin hatte eine große Sammlung von verschiedenen Taubenrassen angelegt. Als Charles Lyell ihn im April 1856 besuchte, legte ihm Darwin Bälge von 15 Taubenrassen vor, die so unterschiedlich aussahen, dass „three good genera, and about 15 species according to the received mode of species and genera making of the best ornithologists" (drei gute Gattungen und mindestens 15 Arten entsprechend dem Art- und Gattungskonzept der besten Ornithologen) plausibel gewesen wären.

Ein solches Variieren von Bauplan- und Entwicklungsgenen (insbesondere von *Hox*-Genen und Genen des Wnt-Signalweges) hat sicherlich zu einer **schnellen Evolution auf morphologischer Ebene** beigetragen (man könnte sie auch „Makromutationen" nennen) (s. **EXKURS 3.3**). Wenn ein schneller Wechsel der Morphologie in erdgeschichtlich neuerer Zeit erfolgte, ist er auf der Ebene der Markergen-Sequenzen (s. **Abschn. 4.1.2**) meist nicht zu sehen. Mit anderen Worten, **bei jungen Ereignissen kann sich das sichtbare Tempo zwischen morphologischer und molekularer Evolution deutlich unterscheiden**. In anderen Fällen beobachtet man eine Konstanz der Baupläne über viele Jahrmillionen hinweg, obwohl diese Arten weiterhin der molekularen Evolution unterlagen. Diese werden als **„lebende Fossilien"** bezeichnet (s. **Abschn. 2.4.2**).

Abb. 3.32 a–i. Sprunghafte Veränderung einer Wildform durch Züchtung, am Beispiel von Kohl *Brassica oleracea*, den man auch heute als Wildform noch an der deutschen Nordseeküste finden kann, z. B. auf Helgoland. Schematische Illustration der Merkmalsvariation in den kultivierten Kohlsorten: **a** Wildform; **b** Weißkohl, **c** Rotkohl, **d** Grünkohl, **e** Blumenkohl, **f** Brokkoli, **g** Markstammkohl, **h** Kohlrabi, **i** Rosenkohl

Veränderung	Varietät
Gehemmte Knospenentfaltung	Kopfkohl, Weißkohl
Vergrößerung der Blätter; Anthocyanbildung	Rotkohl
Verdickung des Stiels und Vergrößerung des Blütenstandes	Broccoli
Vergrößerung des Blütenstandes; Stauchung der Blütenstandachsen	Blumenkohl
Verlängerung und Verdickung des Stiels	Markstammkohl
Starke Verdickung des Stiels	Kohlrabi
Vergrößerung der Blätter	Grünkohl
Vergrößerung und Vermehrung der Achselknospen mit Kopfbildung	Rosenkohl

Umformung und Neukombination von Vorhandenem ist offenbar ein wichtiges Evolutionsprinzip, das von dem französischen Molekularbiologen François Jacob als *tinkering* (spielen, basteln) bezeichnet wurde. Durch diese Prozesse verlief die Evolution natürlich schneller als durch Veränderung der Proteine über einfache Punktmutationen. Man kann sich so eher jene sprunghaften morphologischen Veränderungen vorstellen, die bei Fossilien oft beobachtet wurden.

EXKURS 3.3

Evo-Devo-Forschung
Detlev Arendt und Thomas Holstein (Heidelberg)

Ontogenie und Phylogenie
Die Evolution vielzelliger Organismen erschließt sich durch die vergleichende Analyse ihrer Entwicklung. Dieser fundamentale Zusammenhang zwischen Evolution und Entwicklung spiegelt sich in der Bezeichnung einer sehr lebhaften neuen Forschungsrichtung – „Evo-devo" – wieder (Gould 1977; Riedl 1977; Raff u. Kaufman 1983; Schlosser u. Wagner 2004; Kirschner u. Gerhart 2007). In seiner Bedeutung und Tragweite zuerst erfasst wurde dieser Zusammenhang in der „biogenetischen Grundregel" von Ernst Haeckel.

„Die Ontogenie rekapituliert die Phylogenie" erläuterte Haeckel 1874 am Beispiel der Gastrula, die er als Rekapitulation einer urtümlichen Metazoen-Stammart, der Gastraea, verstand (◘ Abb. 3.33). Wie erklärt sich dieser Zusammenhang? In Anlehnung an Haeckel verändern sich Tierarten in der Evolution durch eine Abwandlung ihrer Entwicklung, entweder durch Hinzufügen neuer Entwicklungsschritte an das bestehende Programm oder durch Veränderung desselben.

Ersteres erklärt das Phänomen der „Rekapitulation", letzteres macht begreiflich, warum nicht jeder Weg (und Umweg) der Evolution in der heutigen Entwicklung Niederschlag findet: „In der Tat existiert immer ein gewisser Parallelismus (zwischen Entwicklung und Evolution). Aber dieser wird dadurch verwischt, dass meistens in der ontogenetischen Entwicklungsfolge vieles fehlt und verloren gegangen ist, was in der phylogenetischen Entwicklungskette früher existiert und wirklich gelebt hat" (Haeckel 1874).

Homologie
Wie lässt sich unterscheiden, welche Entwicklungsschritte die Evolution rekapitulieren und welche im Verlauf derselben abgewandelt worden sind? Diese Unterscheidung ist Ziel der vergleichenden Evolutionsforschung, welche die Entwicklungsgänge möglichst vieler Arten vergleicht und nach Gemeinsamkeiten sucht. Wenn sich zwei Arten in bestimmten Entwicklungsschritten im Detail ähneln, besteht der Verdacht, dass diese Ähnlichkeit

EXKURS 3.3 (Fortsetzung)

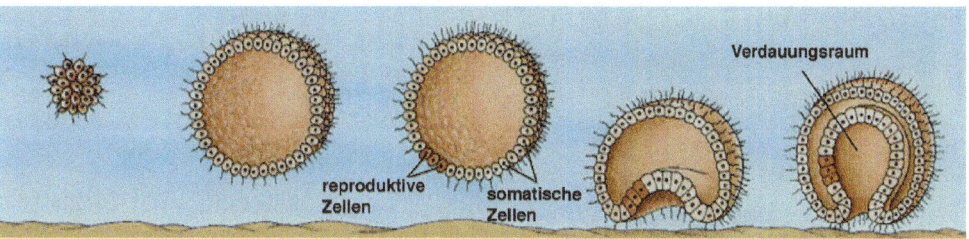

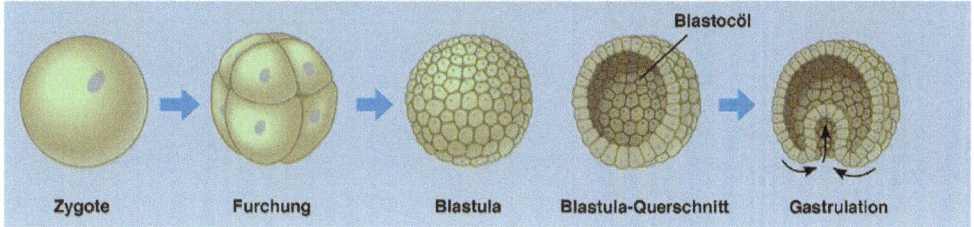

Abb. 3.33 Ontogenie und Phylogenie. Die obere Reihe zeigt die hypothetische Entstehung eines Gastrea-ähnlichen Organismus in der frühen Evolution der Metazoen. Hier kam es zu einer Trennung von somatischen und reproduktiven Zellen und zur Entstehung eines eingesenkten Verdauungsraums (Urdarm). Die untere Reihe zeigt die Rekapitulation dieses frühen Stadiums in der Evolution, die von allen Tiere in mehr oder weniger stark abgewandelter Form in der Gastrulation durchlaufen wird (Stern 2004, Bildrechte liegen bei CSHL Press)

auf Vererbung beruht und als Homologie gedeutet werden kann. Homologe Merkmale zweier Arten lassen sich auf dasselbe Vorläufermerkmal in der letzten gemeinsamen Stammart zurückführen und sind am besten an morphologischen und/oder molekularen Gemeinsamkeiten zu erkennen, die sich plausibel nur durch ein gemeinsames Erbe erklären lassen. Die Evo-devo-Forschung ist also zu einem großen Teil Homologieforschung, die Entwicklungsgänge verschiedener Organismen vergleicht und nach Gemeinsamkeiten und Unterschieden abklopft. Darüber hinaus stellt sie einen Ansatz dar, um die Mechanismen der Makro-Evolution (Evolution von Bauplänen) aufzuklären (Schlosser u. Wagner 2004). Ihre momentane Blüte erklärt sich dadurch, dass den vergleichenden Entwicklungsbiologen ein ganzer neuer Werkzeugkasten in die Hand gedrückt wurde, der ihnen völlig neue Ebenen des Vergleichs erschlossen hat: Evo-devo ist heute im Wesentlichen eine molekulare Disziplin, welche die Methoden der Gentechnik für sich nützt. Haeckels Ziele werden heute mit molekularen Werkzeugen verfolgt.

Orthologe und paraloge Gene

Grundlage eines jeden Vergleichs auf molekularer Ebene ist die Analyse der Verwandtschaft der beteiligten Gene.

Vergleicht man die Entwicklung von Organismen auf molekularer Ebene, muss zunächst die Homologie der beteiligten Gene untersucht werden. Somit ist der bioinformatische Vergleich von Molekülen ein Grundpfeiler moderner Evo-devo-Forschung. Durch das Alinieren der DNA- und Proteinsequenzen wird zunächst ermittelt, ob eine Verwandtschaft zwischen Molekülen besteht. Als nächstes wird geprüft, welcher Art diese Verwandtschaft ist. Mit Hilfe der Sequenzalinierungen und durch das Errechnen von Genstammbäumen werden Gene und Proteine in Familien und „Überfamilien" eingeteilt. Genfamilien sind in der Evolution durch Genduplikation, also durch die Verdoppelung einzelner Gene, Chromosomenabschnitte oder ganzer Genome, entstanden. Oftmals findet man viele Duplikate eines ursprünglichen Gens innerhalb eines Genoms. Beim Vergleich von Genen ist es daher besonders wichtig, zunächst die „serielle Homologie" duplizierter Gene innerhalb eines Genoms zu erkennen und zu berücksichti-

EXKURS 3.3 (Fortsetzung)

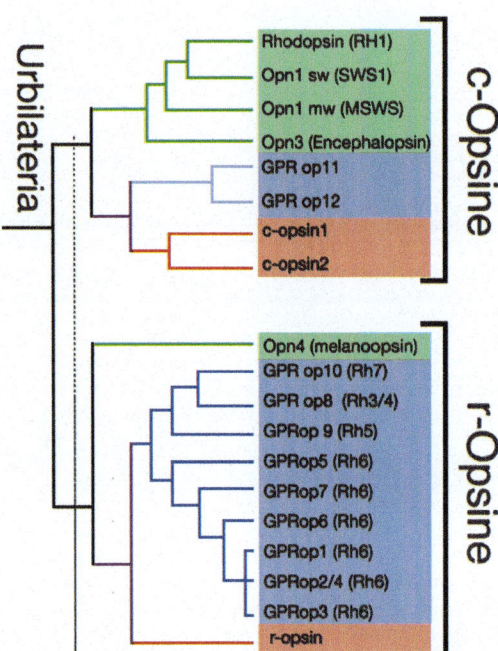

◘ Abb. 3.34 Paraloge und orthologe Gene. Am Beispiel der Evolution der Opsin-Genfamilie wird der Unterschied von paralogen Genen (z. B. *GPR op11* und *12*) und von orthologen Genen (z. B. *r-Opsin* und *c-Opsine*) deutlich (für weitere Details siehe Text)

gen. Paraloge Gene sind durch Genduplikation und anschließende Diversifizierung entstanden. Man findet sie innerhalb einer Evolutionslinie; wenn das Duplikationsereignis jedoch weit genug zurückreicht, existieren dieselben verdoppelten paralogen Gene auch in den Genomen weiterer Organismen, welche sie ebenfalls geerbt haben. Orthologe Gene hingegen werden stets zwischen zwei Spezies identifiziert. Es handelt sich um Gene, die auf dasselbe Vorläufergen im letzten gemeinsamen Vorfahren zurückzuführen sind, deren Sequenzdivergenz also im Wesentlichen auf phylogenetischer Distanz beruht. Die Unterscheidung von paralogen und orthologen Gene kann man am besten mit Hilfe von Genstammbäumen verstehen, wie in ◘ **Abb. 3.34** illustriert. Eine Komplikation ergibt sich, wenn zwei zwischen zwei Spezies nahe verwandte Gene auf zwei unterschiedliche Paraloge (Schwestergene) des letzten gemeinsamen Vorfahren zurückgehen. Diese Gene sind nicht ortholog!

Die Bedeutung konservierter Genfunktionen
Einen wichtigen Einblick in die Entwicklung und die organismische Komplexität unserer Vorfahren erhält man bereits durch die Rekonstruktion ihres Genoms und ihres Proteoms (der Gesamtheit der exprimierten Proteine) sowie der damit verbundenen Molekülfunktionen.

Ein zunehmend wichtiger Aspekt der vergleichenden Genomforschung ist die Rekonstruktion von Genom (und Proteom) bestimmter Schlüsselarten, wie z. B. der letzten gemeinsamen Stammart der Bilaterier und der Cnidarier (Eumetazoa), durch die vergleichende Analyse sequenzierter Genome. Beispielsweise wissen wir heute durch den Vergleich des Genoms des Anthozoenpolyps *Nematostella* mit Wirbeltier- und Polychaetengenomen, dass die Stammart der Eumetazoa bereits 12 paraloge Liganden der Wnt-Familie besaß (Kusserow et al. 2005; Holstein 2012) (◘ **Abb. 3.35a**). Diese Tatsache allein ist von großer Wichtigkeit für unser Verständnis dieser Stammart, denn diese unterschiedlichen Liganden stehen für verschiedene Induktions- und Signaltransduktionsereignisse während der Entwicklung, was auf eine unerwartet hohe Komplexität des Polypen und damit

▶

EXKURS 3.3 (Fortsetzung)

Verteilung der *Wnt* Gen-Subfamilien

	WntA	Wnt1	Wnt2	Wnt3	Wnt4	Wnt5	Wnt6	Wnt7	Wnt8	Wnt9	Wnt10	Wnt11	orphan Wnts
Cnidaria	1	1	1	1	1	1	1	2	2		1	1	
Ecdysozoa													
Insekten	1	1	0	0	0	1	1	1	0	1	1	0	1
Nematoden	0	1	0	0	0	1	?	?	0	?	0	0	3
Lophotrochozoa													
Turbellarien						1							
Polychäten	1	1	1		1			1			1	1	
Mollusken	1	1	1					1				1	
Deuterostomia													
Amphioxus		1	1	1	1	1	1	2	1	2	1	1	
Mensch	0	1	2	2	1	2	1	2	2	2	2	1	1
Ur-Eumetazoa	1	1	1	1	1	1	1	1	1	?	1	1	

Planula Larve der Cnidaria

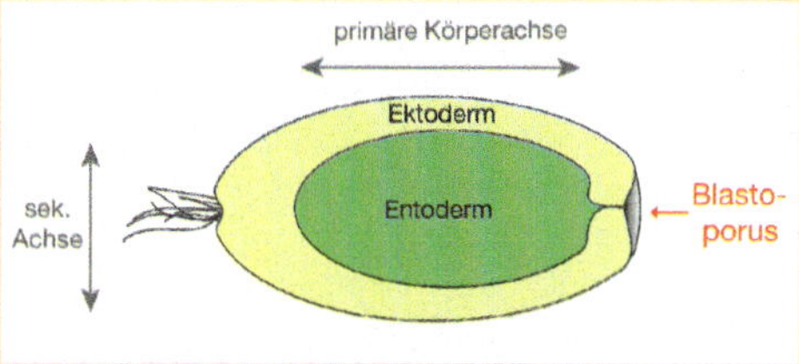

primäre Körperachse
Ektoderm
Entoderm
sek. Achse
Blastoporus

Expressionsdomänen der *Wnt* Gene in der Planula

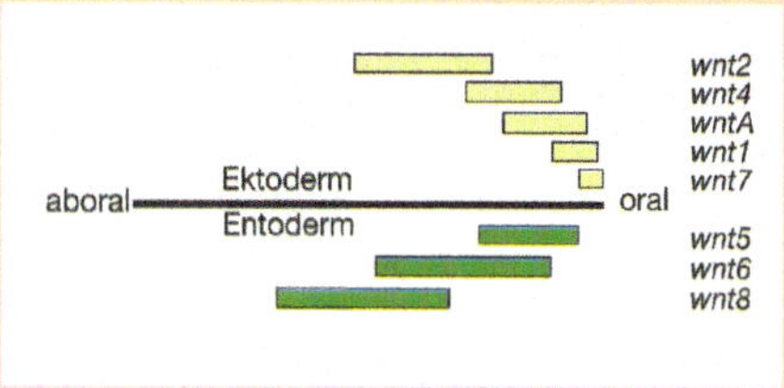

aboral — Ektoderm / Entoderm — oral

wnt2, wnt4, wntA, wnt1, wnt7
wnt5, wnt6, wnt8

▪ **Abb. 3.35** Evolution und basale Funktion der Wnt-Genfamilie. Vergleiche zwischen den an der Basis der Metazoenevolution stehenden Cnidaria und den restlichen Metazoen zeigen, dass es in der Evolution zu einem Genverlust in mehreren Großgruppen kam. Die Vertebraten zeichnen sich dagegen durch einen kompletten Satz von *Wnt*-Genen aus, die sie mit den Cnidariern und den Ur-Eumatazoen, den gemeinsamen Vorfahren aller Tiere, teilen. Die *Wnt*-Gene werden während der Gastrulation am Blastoporus in der Planulalarve in einer gestaffelten Abfolge vom oralen zum aboralen Pol exprimiert („Wnt-Code") (aus: Kusserow et al. 2005, Bildrechte liegen bei Nature)

der Stammart der Eumetazoa hinweist. Einen Einblick in die möglicherweise ursprünglichen Funktionen dieser Wnt-Gene liefert die Analyse ihrer gestaffelten Expression entlang der Körperlängsachse des Cnidarierpolypen (▪ Abb. 3.35b).

Die Entdeckung eines Östrogenrezeptormoleküls beim Seehasen *Aplysia*, einer Gattung der Weichtiere, ist ein weiteres Beispiel für die Aussagekraft von Proteomvergleichen (Thornton et al. 2003). Aus der Existenz dieses Moleküls im Seehasen und seiner (noch unvollständigen) funktionellen Analyse können wir schließen, dass die Stammart der Bilaterier, der Urbilater, bereits einen solchen Steroidhormonrezeptor besaß. Das bedeutet wiederum, dass ein östrogenähnliches Hormon bereits vorhanden und wirksam war, was man bislang für eine Spezialität der Wirbeltiere gehalten hatte. Das Östrogensystem kann in der Entwicklung oder in der adulten Physiologie dieser Stammart eine Rolle gespielt haben.

Der Transkriptionsfaktor Pax6 ist das wohl berühmteste Beispiel für ein innerhalb der Bilaterier konserviertes Protein und für aus der vergleichenden funktionellen Analyse gewonnene spektakuläre Schlussfolgerungen. Das Pax6-Gen ist durch die Augenmutante Aniridia in der Maus zuerst als Schlüsselgen der Augenentwicklung bei Wirbeltieren identifiziert worden, bis man herausfand, dass der Verlust der Genfunktion des orthologen Gens bei der Taufliege *Drosophila* zum vollständigen Verlust der Augen führt (Quiring et al. 1994). Bei Drosophila lässt sich durch die ortsfremde (ektopische) Expression von Pax6 auch an anderen Körperstellen ein Auge erzeugen, was die zentrale Rolle dieses Gens bei der Augenentwicklung noch unterstreicht. Diese Ergebnisse erlauben den Schluss, dass der Urbilater bereits ein Pax6-Gen besaß, und sie machen es sehr wahrscheinlich, dass die Funktion des urtümlichen Pax6-Transkriptionsfaktors auch dort bereits mit der Augenentwicklung zu tun

EXKURS 3.3 (Fortsetzung)

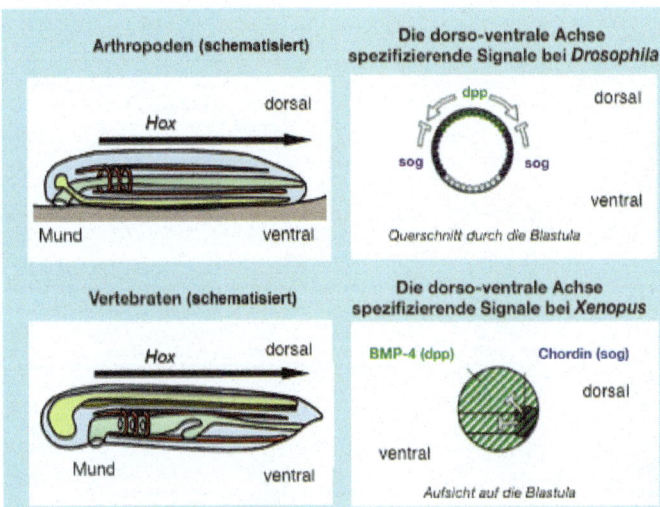

Abb. 3.36 Dorsoventrale Achsenumkehr zwischen Vertebraten und Arthropoden. Der inversen Anlage des Nervensystems (*hell-grünlich*) und Blutgefäßsystems (*schwarz*) bei Arthropoden und Vertebraten entlang der Dorsoventral-Achse entspricht die antagonistische Expression und Funktion von dpp (BMP-4) und sog (Chordin) bei Arthropoden und Vertebraten in der Blastula (Details siehe Text) (aus: Wolpert 2002, Bildrechte liegen bei Oxford University Press)

hatte. Letzteres wiederum setzte voraus, dass der Urbilater bereits Augen besaß – die eigentliche Überraschung dieser Studie.

Konservierte Signalkaskaden bei der Bildung der Körperachsen im Tierreich

Die wichtigste Entdeckung der vergangenen Jahrzehnte ist die gemeinsame Verwendung homologer Signalkaskaden bei der embryonalen Achsenbildung völlig unterschiedlicher Tiergruppen, von Wirbeltieren bis zu Insekten oder Polypen, gewesen. Diese überraschende Gemeinsamkeit ermöglicht den Vergleich von Körperachsen durch das gesamte Tierreich und erlaubt Rückschlüsse auf die Evolution dieser Achsen vor Hunderten von Jahrmillionen.

Nachdem Lewis in einer bahnbrechenden Arbeit die Musterbildung entlang der Körperlängsachse der Taufliege durch die Aktivität der Hox-Gene erklärt hatte, kam es einer Revolution gleich, dass dieselbe homologe Genkassette auch bei Wirbeltieren entlang der Körperlängsachse aktiv sein sollte. Zum ersten Mal ergab sich die Möglichkeit, die Bildung von Körperachsen und damit auch die Körperachsen selbst zu homologisieren. Die konservierte Rolle der Hox-Gene bei Fliege und Maus machte eine Homologie der Körperlängsachse von Fliege und Maus unausweichlich (◘ Abb. 3.36), was im Zootyp-Konzept Niederschlag fand (Slack et al. 1993). Dieses Konzept deutet die Hox-Genkassette als eine Synapomorphie bilateralsymmetrischer Tiere. Auch die Wnt-Gene sind primär in der Entwicklung und Evolution entlang dieser Achse exprimiert (Holstein 2012).

Die Überraschung steigerte sich noch, als auch für die Bildung der Dorsoventralachse (Rücken-Bauch-Achse) der Insekten und Wirbeltiere eine konservierte Genkassette ins Spiel gebracht wurde, die allerdings in beiden Tiergruppen in umgekehrter Orientierung aktiv ist (◘ Abb. 3.36). Unverhofft verhalf dieser Befund einem jahrhundertealten Konzept zum Durchbruch, das die Rückenseite samt Neuralrohr der Wirbeltiere mit der Bauchseite samt Bauchmark der Insekten homologisierte und eine dorsoventrale Achsenumkehr in der frühen Evolution der Wirbeltiervorfahren postulierte (Arendt u. Nübler-Jung 1994). Molekular handelt es sich bei dieser Genkassette um ein System zweier gegenläufig wirkender Signalmoleküle namens Decapentaplegic (Dpp) und Chordin, das inzwischen auch in Polypen identifiziert werden konnte (Holstein et al. 2011) und damit erstmalig erlaubt, die Entstehung der Dorsoventralachse durch das gesamte Tierreich zu verfolgen.

Abgleich der molekularen Fingerabdrücke von Zelltypen

Diese jüngste Variante der Evo-devo-Forschung identifiziert homologe Zelltypen zwischen weit

▶

EXKURS 3.3 (*Fortsetzung*)

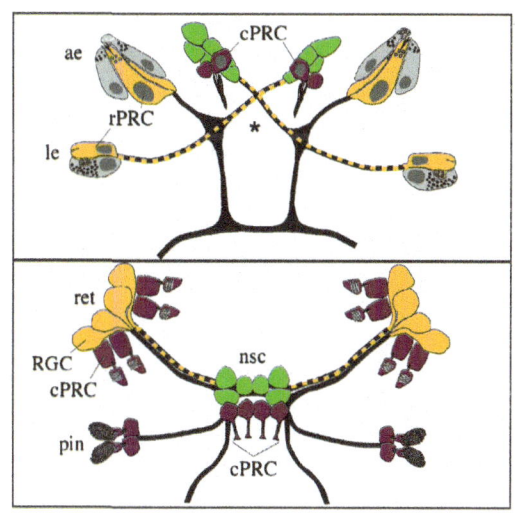

Abb. 3.37 Molekularer Fingerabdruck. Am Beispiel ciliärer Lichtsinnesorgane bei Polychaeten kann gezeigt werden, dass Polychaeten (*oben*) und Vertebraten (*unten*) homologe cilliäre Zelltypen besitzen (Details siehe Text). *Purpur*: ciliäre Photorezeptorzellen; *gelb*: rhabdomere Photorezeptorzellen und retinale Ganglionzellen; *grün*: photoperiodisch aktive Neuronen; *grau*: Pigmentzellen. Abkürzungen: ae: adultes Auge; cPRC: ciliärer Photorezeptor; le: larvales Auge; nsc: Nucleus suprachiasmaticus; pin: Pinealorgan; ret: Retina; RGC: retinale Ganglionzelle; rPRC: rhabdomerer Photorezeptor. *Sterne* zeigen die Lage des *Apical organs* (aus: Arendt et al. 2004, Bildrechte liegen bei AAAS)

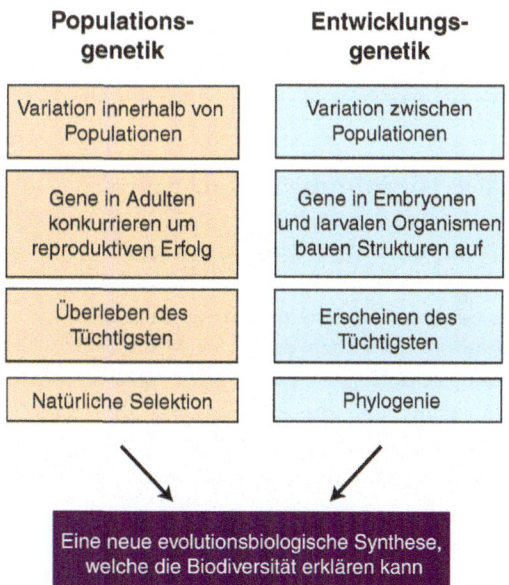

Abb. 3.38 Evo-devo. Aus Populationsgenetik und Entwicklungsgenetik ist es in den letzten Jahren zu einer neuen evolutionsbiologischen Synthese gekommen (mod. nach Gilbert 2003)

entfernten Tiergruppen aufgrund ihres molekularen Fingerabdrucks und zeichnet die Diversifizierung von Zelltypen in der Evolution der Tiere nach.

Ein Zelltyp repräsentiert eine molekular und morphologisch homogene Population von Zellen, in denen eine einzigartige Kombination von Transkriptionsfaktoren und nachgeschalteten Effektorgenen eine zelltypspezifische Differenzierung bewirkt. Diese Kombination zelltypspezifischer Gene wird als molekularer Fingerabdruck bezeichnet. Der Abgleich molekularer Fingerabdrucke zwischen weit entfernten Tierstämmen hat ergeben, dass Zelltypen ein hoch konserviertes Merkmal darstellen, deren Evolution über weite evolutive Distanzen

> **EXKURS 3.3** (*Fortsetzung*)
>
> nachgezeichnet werden kann. So konnten konservierte Motoneuronentypen zwischen Insekten, Nematoden und Wirbeltieren identifiziert werden (Thor u. Thomas 2002), was eine entscheidende Voraussetzung für ein tieferes Verständnis funktioneller Gemeinsamkeiten der zentralen Nervensysteme ist (wie z. B. der nervösen Steuerung des Bewegungsapparats). Ein weiteres Beispiel ist die Entdeckung einer besonderen Form von cilientragenden Lichtsinneszellen im Gehirn der Polychaeten, die durch den Abgleich der molekularen Fingerabdrücke als homolog mit den ebenfalls ciliären Stäbchen und Zäpfchen der Wirbeltierretina identifiziert werden konnten (Arendt et al. 2004) (**Abb. 3.37**). Dieses sind erste Belege für die Tragfähigkeit eines Ansatzes, der die Evolution komplexer Organsysteme der Metazoen wie z. B. des Nervensystems als eine Abfolge von Differenzierungsereignissen von Zelltypen nachzuzeichnen versucht.
>
> **Synthese der Evolutionsforschung: Evo-devo und Populationsbiologie**
> Neben der Evo-devo-Forschung ist die Populationsgenetik ein weiterer klassischer Ansatz der Evolutionsbiologie. Die Populationsbiologie betont vor allem die Variationen innerhalb einer Art. Sie untersucht, unter welchen Bedingungen sich manche dieser Variationen unter natürlicher Selektion effektiv vermehren (**Abb. 3.38**). Sie erklärt nicht, wie es zur Entstehung neuer Strukturen kommt.
>
> Die Entwicklungsgenetik untersucht hingegen, wie es durch Expression von regulatorischen Genen zu Morphogenese, Organbildung und Zelldifferenzierung kommt. Dieser Ansatz erklärt die Entstehung neuer Strukturen im Kontext von Zwängen, welche die Variation einschränken (*evolutionary novelties* und *constraints*). Gemeinsam eröffnen beide Ansätze einen umfassenden genetischen Ansatz, um die Mechanismen der Evolution zu verstehen.

3.4.2 Genomduplikationen und Evolution von Multigenfamilien

Die Genomgröße der Tiere hat sich im Verlauf der Evolution vermutlich durch wiederholte Duplikationen des Genoms stark erhöht (**Abb. 3.12**). Protostomia und die Deuterostomia-Vorfahren (s. **Abschn. 4.2**) enthielten in der Regel nur eine Ausführung eines Gens, während man in den Genomen der Chordaten meist mehrere Kopien eines Gens vorfindet. Es wird deshalb angenommen, dass die Chordatengenome mindestens zweimal verdoppelt wurden (**1-2-4-Regel**). Die erste **Genomduplikation** während der Evolution der Chordaten erfolgte bereits vor der kambrischen Explosion (s. **Abschn. 2.2.1**), während die zweite und nächste Verdopplung (also auf vier Kopien) im frühen Devon stattfand. In der Evolution der Fische erfolgte im späten Devon, nachdem sich bereits die Sarcopterygii abgetrennt hatten, eine weitere Verdopplung des Genoms auf acht Kopien (**1-2-4-8-Hypothese**) (Wittbrodt et al. 1998, Robinson-Rechavi et al. 2004). Zu den Sarcopterygii gehören die Quastenflosser und Lungenfische. Aus ihnen gingen alle Landwirbeltiere (Amphibien, Reptilien, Vögel und Säuger) hervor (**Kap. 2** und **Abschn. 4.2**).

Auch bei der Evolution der Angiospermen spielen Genomduplikationen (**Polyploidisierung**) eine sehr große Rolle (Soltis u. Soltis 2009). Man unterscheidet zwischen **Allopolyploidisierung** (nach Hybridisierung verschiedener Arten) und **Autopolyploidisierung** (Verdopplung ohne vorherige Artkreuzung). Polyploidisierung trat zu Beginn der Angiospermenentwicklung auf und wiederholte sich in vielen Pflanzenfamilien. Eine Polyploidisierung kann durch Wegfall der meiotischen Reduktionsteilung auftreten, indem diploide Gameten entstehen, die zu tetraploiden Zygoten verschmelzen (**Autopolyploidie**). Eine andere Entstehungsweise der Polyploidie beruht auf der **Hybridisierung zweier Arten** (**Allopolyploidie**). Hybridisierung war offenbar eine treibende Kraft in der Pflanzenevolution, die zur großen Biodiversität der Landpflanzen geführt hat.

Polyploidisierung findet man häufiger bei Pflanzen als bei Tieren. Bei Pflanzen sieht man in den meisten Familien polyploide Chromosomensätze, die einem Mehrfachen des diploiden Chromosomensatzes entsprechen. Viele Tiere sind diploid: Ausnahmen im Tierreich sind zwittrige Oligochaeten, Turbellarien und Gastropoden sowie parthenogenetische Arten (einige Coleopteren, Lepidopteren und Garnelen). Aber auch innerhalb eines ansonsten diploiden Organismus können einzelne Zelltypen polyploid sein: Beispiel für polyploide Zellen beim Menschen sind die Megakaryocyten und Urothelzellen (nur obere Zellschichten). Da in den polyploiden Zellen alle Chromosomen funktionell sind, erhöht sich in diesen Zellen die Transkriptionsrate, da mehr Genkopien vorhanden sind als im diploiden Genom.

Polyploidie stört besonders, wenn ein XY-XX-Mechanismus der genotypischen Geschlechtsbestimmung vorliegt, da die XY-Gleichgewichte in der Zygote gestört werden. Bei Fischen und Amphibien, deren Mechanismus der Geschlechtsbestimmung weniger streng ist, tritt Polyploidisierung regelmäßig auf. Bei einigen Amphibien existieren heute noch diploide und tetraploide Arten in derselben Gattung nebeneinander. Selbst unter Säugetieren existieren polyploide Arten, z. B. bei der argentinischen Kammratte (Familie Octodontidae). Auch die stark schwankenden Chromosomenzahlen der Vertebraten und Invertebraten (z. B. bei Lycaenidae; Lepidoptera) (◘ Tab. 3.10) deuten darauf hin, dass Chromosomenduplikation und Polyploidisierung in der Evolution auftraten.

Verdoppelte Chromosomensätze (z. B. von Hybriden) tragen aber eine verdoppelte genetische Information, die evolutionär genutzt werden kann. Einzelne Allele werden durch Mutation abgeschaltet (sogenannte Null-Allele), oder aber die duplizierten Gene durchlaufen eine divergente Evolution und erwerben neue Eigenschaften. Meist werden sie dann entwicklungs- und gewebsspezifisch unterschiedlich exprimiert. Letztlich wird die Funktionalität des diploiden Chromosomensatzes durch diese Mechanismen wiederhergestellt (**Diploidisierung**).

Die wiederholten Gen- und Genomverdopplungen eröffneten die Möglichkeit, mit den zusätzlich geschaffenen Genkopien neue Wege zu gehen, da diese nicht unmittelbar zum Überleben gebraucht wurden. Aus den Genkopien entwickelten sich durch Punktmutationen und Genmutationen Gene mit neuen Eigenschaften, die für Proteine mit meist ähnlichen Eigenschaften codierten. Auf diese Weise entstanden in der Evolution **Genfamilien**. In ◘ Abb. 3.39 ist ein molekularer Stammbaum der Proteinkinasefamilie dargestellt, der zeigt, wie aus einem ursprünglichen Protein eine Vielzahl von funktionellen Proteinkinasen entstehen konnte, die sich heute in diverse Unterfamilien aufteilen.

In Multigenfamilien lassen sich besondere Phänomene beobachten. In vielen Fällen sind die Mitglieder von Genfamilien in Genclustern auf den Chromosomen angeordnet und nicht zufällig irgendwo im Genom verteilt, sondern benachbart. Man könnte diese Cluster auch als **Supergen** bezeichnen. Markant und nicht ohne weiteres erklärbar ist die häufig beobachtete Sequenzähnlichkeit zwischen den Genen einer Familie, da sich die Sequenzen innerhalb von Multigenfamilien häufig nicht unabhängig entwickeln, wie man es eigentlich erwarten würde.

Der zugrunde liegende Evolutionsprozess wird als **konzertierte** oder **horizontale Evolution** bezeichnet. Diese Prozesse (◘ Abb. 3.40) führen nicht nur dazu, dass die DNA-Sequenzen aller Mitglieder einer Genfamilie angeglichen werden, sondern auch dazu, dass sich Varianten in der Genfamilie ausbreiten können und letztlich in der Population fixiert werden. Dieses Phänomen ist für rRNA-Gene, Globin-, Immunoglobin-, HLA-, Histon- und Hitzeschockgene sowie für repetitive DNA genauer untersucht worden. Eine wichtige Multigenfamilie stellen die rRNA-Gene dar, die in der Grundeinheit als **Genkassette** vorliegen (◘ Abb. 3.9). Zunächst wird die ganze Kassette transkribiert, später erfolgt das Herausschneiden der 5S, 18S und 28S rRNAs. Beim Krallenfrosch (*Xenopus*) findet man 400–600 tandemartige Wiederholungen der RNA-Kassette auf einem einzigen Chromosom. Beim Menschen sind ca. 300 Kopien auf fünf Chromosomen verteilt. Trotz hoher Kopienzahl sind die Nucleotidsequenzen in allen *repeats* fast immer identisch; dies ist eine wichtige Voraussetzung für die Verwendung der rRNA-Gene in der molekularen Phylogenieforschung (s. **Abschn. 4.2**); die Sequenz eines einzelnen rDNA-Gens ist meist repräsentativ für die vielen Kopien, die im Genom vorhanden sind.

Für Um- und Neuordnungen (*rearrangements*) der Kern-DNA werden zwei Prozesse verantwortlich gemacht, das **ungleiche Crossing over** (*unequal crossing-over*) und die **Genkonversion** (◘ Abb. 3.40).

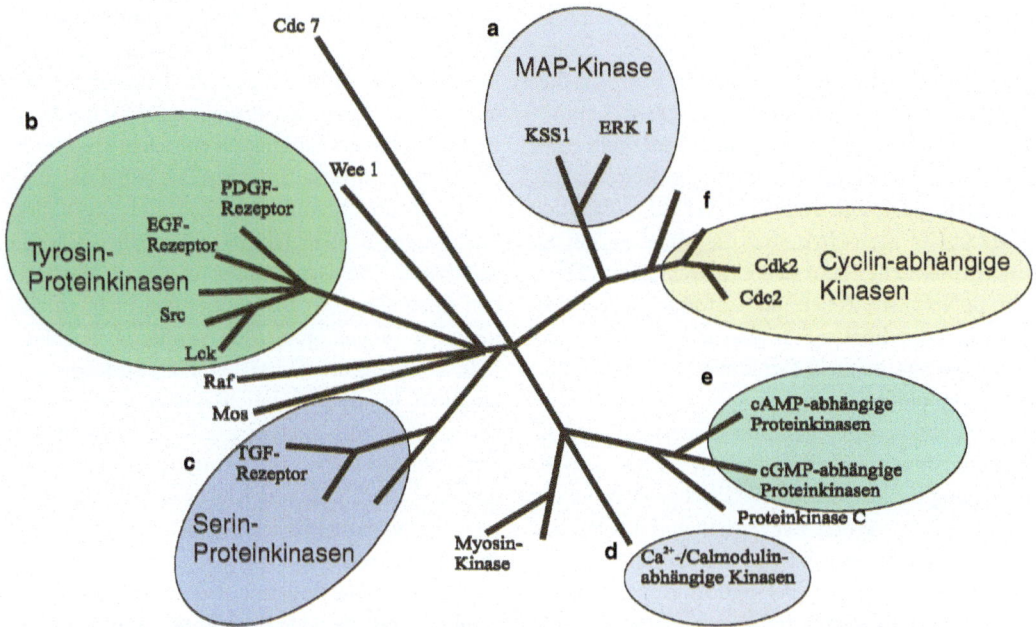

☐ **Abb. 3.39 a–f.** Nicht gewurzelter molekularer Stammbaum der Proteinkinasefamilie rekonstruiert über Aminosäuresequenzen der zugehörigen Proteine. Mehrere Unterfamilien können definiert werden: **a** durch Mitogene aktivierte Proteinkinasen (MAP-Kinase); **b** Proteinkinasen, die Tyrosinreste phosphorylieren; **c** Proteinkinasen, die Serinreste phosphorylieren; **d** Calcium/Calmodulin-abhängige Proteinkinasen; **e** die im Stoffwechsel verbreiteten Proteinkinasen, die cAMP oder cGMP als allosterischen Aktivator benötigen; **f** Cyclin-abhängige Proteinkinasen

Beide Mechanismen beruhen auf Fehlpaarungen homologer DNA. Crossing over ist ein wesentlicher Prozess in der Meiose (s. **EXKURS 3.2 Abschn. 3.3.3**), bei dem homologe Abschnitte der Chromatiden ausgetauscht werden. Beim ungleichen Crossing over, das insbesondere im Bereich repetitiver Sequenzen auftritt (☐ **Abb. 3.20**), werden Sequenzbereiche oder vollständige Gene verdoppelt, d. h. Genzahl und Genlänge verändern sich. Bei repetitiver DNA (z. B. Minisatelliten-DNA; s. **Abschn. 3.4.3**) ist dieses Phänomen am auffälligsten.

Genkonversion tritt dagegen sowohl in der Mitose als auch in der Meiose auf, wenn bereits durch Genduplikation mehrere Kopien eines Gens vorliegen. Bei der Genkonversion bleibt die Zahl der Gene und ihre Länge unverändert (☐ **Abb. 3.40c**). Genkonversion beginnt mit einer **Heteroduplexbildung** von DNA-Einzelsträngen verwandter, aber nicht gleicher Gene, die dann durch *Mismatch-Repair* in vollständig komplementäre Stränge umgewandelt werden. Ausgangspunkt der Heteroduplexbildung sind identische (häufig repetitive) Sequenzbereiche, z. B. in der Intronregion oder in anderen Sequenzbereichen. Durch Genkonversion werden Sequenzen einander angeglichen oder neue Sequenzkombinationen erzeugt. Bei Säugetieren liegen rDNA-Repeats auf fünf Chromosomen und weisen alle die gleiche Sequenz auf. Demnach erfolgt Genkonversion nicht nur innerhalb eines Chromosomenpaares, sondern auch zwischen nicht-homologen Chromosomen. Nicht immer werden komplette Gene umgewandelt, manchmal sind es auch nur begrenzte Genbereiche, die dieses Merkmal zeigen, z. B. findet man bei zwei humanen Cytochrom p_{450}-Genen eine Sequenzidentität im 5′-Ende, aber eine Variabilität an 36 Positionen im 3′-Ende. Ein anderes Beispiel betrifft die beiden Alpha-Globin-Gene (α1 und α2) des Hämoglobins, die an beiden Loci bei verschiedenen Organismen identische Mutationen aufweisen, obwohl eine Trennung beider Gene vermutlich bereits vor 300 Mio. Jahren erfolgte.

Genkonversion ist also nur bei DNA-Abschnitten möglich, die eine Sequenzhomologie aufweisen; ihre Häufigkeit ist proportional zur Sequenzhomologie. Sind die Mitglieder von Genfamilien durch

3.4.3 Nicht-codierende repetitive DNA

Der vermutlich größte Teil des Genoms (über 50 % bei vielen höheren Eukaryoten) wird nicht transkribiert und ist teilweise vermutlich funktionslos. Wichtige Elemente stellen **Pseudogene** und **repetitive DNA-Sequenzen** dar (◘ Abb. 3.28).

Pseudogene

Durch Verdopplung oder Vervielfachung von Genen und Genomen entwickelten sich meist, aber nicht immer, neue funktionelle Gene (s. **Abschn. 3.4.2**). Im Gegensatz dazu stehen **Pseudogene**, bei denen es sich um nicht translatierbare Kopien von ehemals aktiven Genen handelt, die *Frame-shift*-, *Nonsense*-Mutationen, Deletionen und Insertionen aufweisen. Pseudogene haben nicht mehr die ursprüngliche Genfunktion. Auch sie unterliegen der horizontalen Evolution, d. h. sie können durch ungleiches Crossing over und durch Genkonversion (s. **Abschn. 3.4.2**) verändert werden.

Bei Pseudogenen kann man zwei Gruppen unterscheiden: Die erste entsteht durch **Genduplikation** und anschließender Geninaktivierung. Die zweite Gruppe mit sogenannten **Retropseudogenen** (oder prozessierten Pseudogenen) durch **Retrotransposons**. Im diesem Falle werden Gene transkribiert, die mRNAs prozessiert und nach Rückübersetzung mittels reverser Transcriptase an einer neuen Stelle im Genom als cDNA-Kopie inseriert. Diese **Retropseudogene** haben keine Introns, aber häufig Poly-A-Schwänze und liegen nicht in Nachbarschaft zum Ursprungsgen, wie dies bei Pseudogenen, die durch Duplikation entstanden sind, der Fall ist.

Erstaunlicherweise kann die Natur es sich leisten, diese Sequenzen, die früher aufgrund mangelnden Wissens als „Müll" (*junk-DNA*) bezeichneten Sequenzen, mit jeder Generation weiter zu vermehren, obwohl die Replikation ein energieaufwendiger Prozess ist. Aber vielleicht sind ja diese DNA-Abschnitte, die heute funktionslos erscheinen, in einer späteren Evolutionsphase (als molekulares „Ersatzteillager") wieder von Nutzen. Unter anderen befinden sich in diesen DNA-Abschnitten Sequenzen für RNAi, die bei der Genregulation eine wichtige Rolle spielen (s. **Abschn. 3.2.4**).

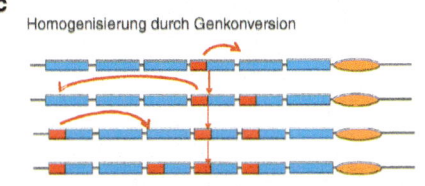

◘ **Abb. 3.40 a–c.** Sequenzangleichung (Homogenisation) von tandemartig angeordneten DNA-Sequenzen durch ungleiches Crossing over und Genkonversion. **a** In einer Familie von tandemartig angeordneten DNA-Elementen kommt es zu einem regelmäßigen Gewinn oder Verlust von Einzelelementen durch ungleiches Crossing over, denn homologe Genelemente sind Orte erhöhter genetischer Rekombination. **b** Mutationen können sich durch ungleiches Crossing over in einer Genfamilie durchsetzen, indem das mutierte Element bevorzugt dupliziert wird, während die Wildtypallele verloren gehen. **c** Ausbreitung von Mutationen in einer Genfamilie durch Genkonversion. Dabei dient eine Genkopie als Matrize und überführt ihre Information (und Mutation) auf andere Genkopien. Dieser Prozess verläuft bei höheren Eukaryoten nur bei Genkopien, die nebeneinander auf einem Chromosom lokalisiert sind

Alu-Sequenzen (s. **Abschn. 3.4.4**) getrennt, so tritt eine Genkonversion nicht oder seltener ein; wir beobachten in solchen Fällen, dass die Einzelgene getrennt evolvierten, d. h. unterschiedliche Sequenzen aufweisen.

Unklar ist der Mechanismus, über den eigentlich eine Sequenzkonstanz in den vielen Kopien der **Organell-DNA** (Mitochondrien und Chloroplasten) erreicht wird, da hier Rekombinationsprozesse (angeblich) fehlen. Ob bei ihnen ebenfalls extra-chromosomale Elemente, wie z. B. Plasmide, eine Rekombination ermöglichen, wie bei haploiden Prokaryoten angenommen wird, bleibt zu prüfen.

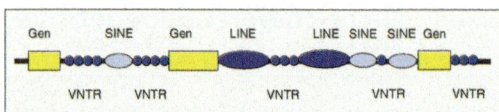

Abb. 3.41 Schematische Darstellung der Anordnung von Protein-codierenden Genen, VNTR, LINE und SINE auf einem Chromosom: VNTR *(variable number tandem repeats)*, SINE *(short interspersed elements)*, LINE *(long interspersed elements)*

Repetitive DNA

Wird ein DNA-Bereich verdoppelt und neben dem ursprünglichen Gen positioniert, so sprechen wir von **Tandem-Repeat**. Diese Tandem-Repeats sind der Ausgangspunkt für weitere DNA-Amplifikationen, hervorgerufen durch **ungleiches Crossing over** (◘ Abb. 3.20; ◘ Abb. 3.40). Mengenmäßig bedeutsam ist die **repetitive DNA**, die man in **mittelrepetitive DNA** (umfasst Transposons und Retroelemente) und **hochrepetitive DNA** unterteilen kann. Die letzte Klasse umfasst kurze Nucleotidsequenzen, die tandemartig in großer Anzahl in den Chromosomen vorkommen (◘ Abb. 3.28; ◘ Abb. 3.41). Man unterscheidet **Telomer-**, **Satelliten-**, **Minisatelliten-** und **Mikrosatelliten-DNA**.

EXKURS 3.4

Repetitive, mobile und retrovirale Sequenzen im menschlichen Genom

Jens Mayer (Homburg)

Das haploide menschliche Genom besteht aus ca. 3,2 Mrd. Basenpaaren. Jedoch codiert nur ein kleiner Teil unseres Genoms, ca. 1,5 %, für Proteine, also die den menschlichen Organismus maßgeblich aufbauenden und regulierenden Moleküle. Ein deutlich größerer Teil der DNA des menschlichen Genoms, ca. 45 % besteht aus sogenannten repetitiven Elementen, auch mobile DNA genannt. Dies bedeutet, dass bestimmte Nucleotidsequenzen (mit entsprechend ihrem evolutiven Alter angesammelten Sequenzveränderungen) an vielen Stellen im Genom vorkommen. Alle diese Sequenzen waren oder sind mobil; sie haben sich in unserem Genom über lange Zeiträume hinweg bewegt oder können sich sogar noch bewegen. Man unterscheidet verschiedene Klassen solcher **repetitiven, mobilen Elemente**, und untersucht, wie sich diese Elemente im Genom beweg(t)en bzw. wie sie entstanden.

Ca. 3 % unseres Genoms sind sogenannte **DNA-Transposons**. Diese codieren ein Protein (Transposase), mit dem sie ihre eigene DNA-Sequenz aus einem DNA-Strang ausschneiden und an einer anderen Stelle im Genom wieder einsetzen können. Das Intermediat während dieses Vorganges ist also eine DNA (und keine RNA wie bei Retrotransposons). Im menschlichen Genom finden sich jedoch keine aktiven DNA-Transposons mehr, sondern nur noch evolutiv sehr alte, teilweise Hunderte von Millionen Jahren alte DNA-Transposonsequenzen.

Ungefähr 13 % unseres Genoms bestehen aus sogenannten **Short Interspersed Elements (SINEs)**, wobei bisher ca. 1,8 Mio. solcher SINEs in unserem Genom identifiziert werden konnten. Diese wenige hundert Basenpaare langen Elemente haben sich über RNA-Intermediate in unserem Genom ausgebreitet. SINEs können durch eigene Promotorelemente eine RNA von sich herstellen, die an einer anderen Stelle im Genom wieder als DNA integriert werden kann. Da SINE-Sequenzen selbst keine Proteine codieren, profitieren sie quasi als Nebenprodukte von den folgenden mobilen DNA-Elementen.

Ungefähr 17 % unseres Genoms bestehen aus sogenannten *Long Interspersed Elements* **(LINEs)**, wobei sich in unserem Genom ca. 1,4 Mio. solcher Elemente, welche eine Länge von mehreren Kilobasenpaaren haben, finden. Die im Genom vorkommenden LINEs sind in den meisten Fällen nicht komplett; sehr oft fehlen größere 5′-Bereiche der Elemente. Volllängenelemente sind ca. 6 kb lang, enthalten in ihrem 5′-Bereich einen Promotor und codieren zwei Proteine, wobei das eine mit RNA interagieren kann und das andere eine reverse Transcriptase (RT) und eine Endonuclease codiert, also Enzyme, welche einen RNA-Strang in einen DNA-Strang umschreiben und zusätzlich DNA-

▶

EXKURS 3.4 (Fortsetzung)

Stränge durchtrennen können. Volllängen-LINEs können, sofern sie noch entsprechend intakt sind, eine RNA von sich transkribieren, welche von dem codierten RT/EN-Protein an einer anderen Stelle im Genom als DNA wieder integriert wird, ein als Retrotransposition bezeichneter Prozess. Dieser Prozess ist nicht sehr effizient, so dass oft nur ein 3'-Abschnitt einer LINE-RNA in DNA umgeschrieben wird. Von diesem Mechanismus profitieren auch SINEs, deren RNA ebenfalls von der Enzymmaschinerie von LINEs in DNA umgeschrieben werden kann. Ebenso bildet die LINE-Maschinerie sogenannte prozessierte Pseudogene, quasi cDNA-Kopien (*copy* oder *complementary DNA*) die mittels reverser Transcriptase von RNA-Transkripten zellulärer Gene hergestellt wurden.

Im menschlichen Genom findet sich noch eine weitere Klasse von mobilen Elementen, die ursprünglich auf **Retroviren** zurückgeht und ca. 8 % unseres Genoms einnimmt. Wenn Retroviren einen neuen Wirtsorganismus infizieren, bauen sie ihr retrovirales Genom als Provirus in das Genom bestimmter somatischer Zellen des Wirtes ein. Solche **Proviren** enthalten in ihrem etwa 9kb langen Genom Elemente zur Steuerung der Transkription, wie Promotoren, Polyadenylierungs- und Spleißsignale sowie Proteine, welche retrovirale Partikel bilden, retrovirale Proteine prozessieren oder sich in die Membran der Wirtszelle integrieren und später die Infektiosität retroviraler Partikel vermitteln können, sowie eine reverse Transcriptase, eine Endonuclease und eine RNase H, welche die Umschreibung eines retroviralen RNA-Genoms in provirale DNA bewerkstelligen. Zu retroviralen Sequenzen in unserem Genom kommt es, wenn sich provirale Sequenzen nicht (nur) in somatischen Zellen unseres Organismus, sondern in Genomen von Zellen der Keimbahn bilden. In einzelnen Fällen werden solchermaßen „infizierte" Genome (Chromosomen) an die folgende Generation vererbt. Da alle Zellen der Nachkommen aus dem Genom von Keimbahnzellen hervorgehen, werden also die Genome aller Zellen des Nachkommens dieses Provirus enthalten. Das Provirus wurde vertikal an nachfolgende Generationen und über evolutive Zeiträume auf neue Spezies vererbt. Für den Menschen bezeichnet man solche Sequenzen als humane endogene Retroviren (HERV). Weitere Infektionen durch ein bestimmtes Retrovirus A konnten zu weiteren HERV-Elementen im Genom führen. Andere Retroviren B, C, D usw. können ebenfalls Kopien in der Keimbahn bilden. Tatsächlich hinterließen während der Evolution eine ganze Reihe verschiedener Retroviren ihre Spuren in den Genomen der evolutiven Vorläufer des Menschen (wie auch in denen vieler anderer Vertebraten). Es finden sich ca. 35 verschiedene Gruppen von HERVs in unserem Genom. Zusätzlich konnten die einzelnen HERV-Gruppen noch innerhalb des Wirtsgenoms weitere Kopien von sich bilden, so dass manche HERV-Gruppen mit vielen tausend Kopien im Genom vertreten sind. Verschiedene HERV Gruppen bildeten bzw. breiteten sich im Genom z. B. vor 35 oder 55 Mio. Jahren jeweils innerhalb relativ kurzer evolutiver Zeiträume aus. Danach verloren diese Sequenzen durch Mutationen ihre Fähigkeit zur Codierung der retroviralen Proteine. Es gibt aber Ausnahmen, manche HERV-Gruppen bildeten noch nach der evolutiven Abspaltung des Menschen vom gemeinsamen Vorfahren mit dem Schimpansen neue Proviren im menschlichen Genom. Diese Proviren sind noch relativ intakt und können noch retrovirale Proteine codieren.

Warum gibt es mobile Elemente in unserem Genom? Welche Auswirkungen hat diese Mobilität auf unser Genom bzw. Genome allgemein? Zunächst ist hier zu betonen, dass keineswegs nur das menschliche Genom solche mobilen Sequenzen enthält. In den Genomen von praktisch allen eukaryoten Spezies finden sich Spuren von mobilen Elementen, die sich in den Genomen von (gemeinsamen) Vorläuferspezies bewegten, oder aktuell noch in den Genomen dieser Spezies bewegen. Innerhalb der SINEs finden sich im Menschen sogenannte Alu-Elemente, die sich im Verlauf der Evolution der Primaten innerhalb von deren Genomen stark ausbreiteten und deshalb in den Genomen von Primaten zu finden sind. In Nagern verbreiteten sich innerhalb der SINEs dagegen sogenannte B1- und B2-Sequenzen. Die Evolution von LINEs überspannt vermutlich mehrere hundert Millionen Jahre, und man kann Sequenzen entsprechender

▶

EXKURS 3.4 (Fortsetzung)

unterschiedlicher Alter in Genomsequenzen vieler Spezies detektieren. Auch finden sich homologe Sequenzen von im menschlichen Genom vorhandenen HERVs je nach evolutivem Alter auch in anderen Primaten oder gar in Nagern.

Generell sind mobile Elemente (genetische) Moleküle, welche sich in bestimmter Weise bewegen oder vervielfältigen können. Sie nutzen dabei ihre Wirtsgenome als „Lebensraum", in dem sie sich auf molekularer Ebene vermehren bzw. erhalten. Mobile Elemente sind offensichtlich sehr erfolgreiche genetische Elemente, auch in niederen Eukaryoten und Bakterien findet man mobile Elemente. Dabei mussten vor allem die mobilen Elemente sicherstellen, dass sich durch ihre eigene Aktivität die Genome des Wirtes nicht zu sehr schädigten, also nicht zu stark mutierten. Das ist offensichtlich gut gelungen.

Durch ihre eigene Aktivität innerhalb von Genomen verändern mobile Elemente die Struktur und teilweise auch Funktionalität eines Genoms, und die Auswirkungen solcher Aktivitäten sowie die sich daraus ergebenden sekundären Phänomene sind keinesfalls zu unterschätzen. Wenn sich z. B. die Alu-Elemente innerhalb von 60 Mio. Jahren auf heute ca. 1 Mio. Elemente vermehrten, hatte dies sicherlich Auswirkungen auf die Struktur des Genoms und manche Gene. In der Tat finden sich vielfach Beispiele, in denen die Funktion von Genen durch die Bildung von mobilen Elementen verändert wurde. Retrovirale Elemente konnten z. B. mit ihren eigenen Sequenzen alternative Promotoren oder Spleißsignale einbringen. Die Bildung neuer SINEs oder LINEs konnte während der Evolution Gene verändern oder zerstören. Sowohl SINEs als auch LINEs sind noch heute im menschlichen Genom aktiv und bilden neue Kopien von sich. Es ist deshalb eine ganze Reihe von Fällen genetisch bedingter Erkrankungen bekannt, bei denen das jeweils relevante Gen durch die Bildung eines LINE oder SINE innerhalb des Gens zerstört wurde. Für den Menschen wird deshalb auch wissenschaftlich untersucht, ob mobile Elemente oder die von bestimmten HERVs codierten Proteine an der Entstehung von bestimmten Erkrankungen mit genetischen Ursachen, oder z. B. gar Krebs, beteiligt sein

könnten. Zum Beispiel wird für eine evolutiv junge und deshalb noch für verschiedene retrovirale Proteine codierende Gruppe von HERVs (als HERV-K[HML-2] bezeichnet) die Involvierung in bestimmte Formen von Krebs, wie z. B. Hodentumoren (der häufigsten Tumorform des jungen Mannes), Brustkrebs und Hautkrebs diskutiert und grundlagenwissenschaftlich untersucht. Für die HERV-W-Gruppe wird deren Involvierung in Multiple Sklerose erwogen und ebenso untersucht.

Jedoch sind mobile Elemente nicht grundsätzlich schädigend für das Wirtsgenom bzw. den menschlichen Organismus. Mobile Elemente hatten auch durchaus positive Auswirkungen für den Wirtsorganismus. Wenn durch mobile Elemente die Funktion und die Produkte eines Gens verändert wurden, könnte dies im jeweiligen evolutiven Kontext einen Vorteil für die betreffenden Individuen gehabt haben, und diese wurde deshalb selektiert. In Mäusen finden sich z. B. von proviralen Sequenzen abstammende Gene, welche teilweise sehr effektiv gegen die Infektion durch bestimmte exogene Retroviren schützen. Im Menschen und einigen anderen Primaten ist ein von einem endogenen Retrovirus abstammendes Gen bzw. Proteinprodukt anscheinend essenziell in die Entwicklung der Plazenta involviert. Hierbei wurde ein einzelner Locus der HERV-W-Gruppe, insbesondere der für ein Hüllprotein (*Envelope Protein*) codierende Teil des Locus, zu einem echten Gen (*Syncytin*) hin selektiert. *Syncytin* wird während der Bildung von Syncytiotrophoblasten aus Trophoblasten exprimiert. Die Membranen von Trophoblasten-Einzelzellen verschmelzen hierbei miteinander. Die Evolution hat offensichtlich eine für Retroviren während der Infektion von Zellen wichtigen Prozess, nämlich die Verschmelzung von Zellmembranen, welche vom retroviralen Hüllprotein vermittelt wird, für einen körpereigenen Prozess nutzbar gemacht. *Syncytin* ist nun anscheinend ein im Menschen essenzielles Gen; in bisherigen Studien konnten keine *Nonsens*-Mutationen innerhalb des *Syncytin*-Locus identifiziert werden.

Aus wissenschaftlicher Sicht liefern die Sequenzen von HERVs, wie auch die von endogenen Retroviren in anderen Spezies, zudem wichtige Er-

EXKURS 3.4 (Fortsetzung)

kenntnisse für ein besseres Verständnis der Evolution von Retroviren. HERVs sind im Prinzip die Sequenzüberreste von Retroviren, welche Vorläuferspezies vor vielen Millionen von Jahren infizierten. Die retroviralen Sequenzen im Menschen beinhalten also Hinweise, welche Proteine diese damaligen Retroviren codierten, inwieweit diese Retroviren z. B. schon spezialisierte Proteine codierten, die sich heute bezüglich der Proteinfunktion auch im Humanen Immundefizienz-Virus (HIV) finden. Man kann hier also gewissermaßen Paläo(retro)virologie betreiben.

Tab. 3.11 Nucleotidsequenz von Telomeren

Organismus	Sequenzelement
Mensch (Vertebrata)	TTAGGG
Bombyx (Insecta)	TTAGG
Arabidopsis (höhere Pflanzen)	TTTAGGG
Chlamydomonas (Algen)	TTTTAGGG
Saccharomyces (Hefepilze)	$G_{(2-3)}(TG)_{(1-6)}T$
Neurospora (filamentöser Pilz)	TTAGGG
Trypanosoma (Flagellata)	TTAGGG
Tetrahymena (Ciliata)	TTGGGG

Tab. 3.12 Repetitive Sequenzelemente in Satelliten-DNA von *Drosophila*

Sequenzelement	Länge der Satelliten-DNA (Anzahl Basenpaare)
ACAAACT	10^7
ATAAACT	10^6
ACAAATT	10^6
AATATAG	10^6

An den Enden der Chromosomen findet man mehrere Tausend Kopien der tandemartig wiederholten **Telomersequenzen**, die über weite Organismengruppen konserviert wurden (**Tab. 3.11**). Telomere verhindern, dass Chromosomenenden vorzeitig durch Nucleasen abgebaut werden. Telomere werden durch spezielle **Telomerasen** an die Chromosomenenden angeheftet. Die Telomerase, die mit den reversen Transkriptasen von LINEs (s. unten) verwandt ist, ist in Embryonal- und Tumorzellen besonders stark, in somatischen Zellen erwachsener Organismen ist sie dagegen weitgehend inaktiv. Ausgehend von diesem Phänomen wurde die Hypothese aufgestellt, dass Altern und Tod eine Konsequenz des irreversiblen Abbaus der Telomersequenzen und funktionaler Chromosomenabschnitte ist.

Trennt man die Gesamt-DNA von Eukaryoten durch Cäsiumchlorid-Gradientenzentrifugation auf, so findet man häufig zwei Banden, von denen eine kleinere die sogenannte **Satelliten-DNA** enthält. Diese Satelliten-DNA ist besonders reich an repetitiven Sequenzen und kann auf den Chromosomen bevorzugt im Bereich der **Centromeren** lokalisiert sein. Bei Insekten und anderen Arthropoden ist die Satelliten-DNA sehr homogen aufgebaut, d. h. ihre Sequenzelemente sind hochkonserviert (**Tab. 3.12**). Bei Vertebraten sind die bis 1000-fach wiederholten Sequenzeinheiten der Satelliten-DNA deutlich länger und variabler (Länge über 200 Basenpaare); in diesen Elementen findet man variierte Unterelemente, wie z. B. GA_5TGA. Durch ungleiches Crossing over (s. **Abschn. 3.4.3**) ist die Variabilität in der Satelliten-DNA etwa zehnmal höher als bei Genen, die nur in wenigen Kopien vorkommen. Verteilung und Organisation der repetitiven DNA-Elemente in den Centromerenbereichen sind chromosomen- und artspezifisch; vermutlich dient die repetitive Centromeren-DNA dazu, dass sich die homologen Chromosomen während der Meiose erkennen und zusammenlagern können. Sie ist auch der Ansatzpunkt für die Kinetochorenproteine, an denen sich die Mikrotubuli des Spindelapparats anheften können.

Neben der eigentlichen Satelliten-DNA findet man bei Tieren und Pflanzen 5- bis 50-fach wiederholte Sequenzelemente, die jeweils 15–100 Basenpaare umfassen. Die Sequenzelemente lassen sich auf ursprüngliche Sequenzen zurückführen, die durch Punktmutationen variiert wurden. Diese repetitive DNA, die jeweils ca. 500–5000 Nucleotide umfasst, ist wesentlich kürzer als die eigentliche Satelliten-DNA (**Tab. 3.13**) und wird als **Minisatelliten-DNA** oder **VNTR** (*variable number tandem repeats*) bezeichnet. Sie zeigt eine starke Längenvariabilität an jedem Locus und weist durch ungleiches Crossing over (s. **Abschn. 3.4.2**) eine besonders hohe Mutationsrate auf (indem z. B. die Zahl und Länge der Repeats verändert wird), die bis zu 5 % pro Gamet betragen kann. Man hat die Minisatelliten-DNA deshalb auch als *hot spot* der meiotischen Rekombination bezeichnet. Minisatelliten-DNA eignet sich besonders zur Identifizierung von Individuen (z. B. in der forensischen Medizin oder Kriminalistik bei Aufklärung von Sexualstraftaten oder Mord) und zur Aufklärung von Paternität und Homozygotie in einer Population. Viele VNTR-Loci haben in einer Population Dutzende von Allelen, die dominant vererbt werden. Diese Eigenschaft wird im **Multilocus-DNA-Fingerprinting** (s. **Abschn. 4.1.2**) ausgenutzt, bei dem Dutzende Loci gleichzeitig analysiert werden. Die Wahrscheinlichkeit, dass zwei nicht verwandte Individuen identische Fingerprints aufweisen, ist kleiner als 1 zu 10 Mio. Diese Voraussetzung ist jedoch nicht immer gegeben, denn gerade in natürlichen Populationen oder bei Haustieren finden wir, dass nah verwandte Individuen in einer Population vorhanden sind (bedingt durch Philopatrie, d. h. bevorzugte Ansiedlung am Geburtsort, und Inzucht). Je höher die innere Verwandtschaft in einer Gruppe oder Population, desto schwieriger kann es sein, über DNA-Fingerprinting eindeutig identitäts- und Vaterschaftsnachweise zu erbringen.

Daneben treten in tierischen und pflanzlichen Genomen noch kürzere repetitive Elemente auf, deren Grundeinheit aus zwei (manchmal bis fünf) Nucleotiden (z. B. (GC)$_n$ oder (CA)$_n$) bestehen, die bis zu 100-mal wiederholt sind. Von diesen, als **Mikrosatelliten** oder *short tandem repeats* (**STR**) bezeichneten Elementen, finden wir beim Menschen ca. 30.000 Loci, die für die Erkennung von Individuen, für Paternitäts-, Populationsuntersuchungen und Genomkartierungen von großer Wichtigkeit sind (s. **Abschn. 4.1.2**). Die Allele eines Mikrosatellitenlocus, die dominant vererbt werden, lassen sich mittels PCR (s. **Abschn. 4.1.2**) amplifizieren. Zur eindeutigen Identifizierung eines Individuums benötigt man die Allelverteilung von 10–20 STR-Loci. Da die Mikrosatelliten-PCR mit geringsten Mengen an DNA auskommt, ist sie heute für viele forensische und biologische Fragen die Methode der Wahl (s. **Abschn. 4.1.2**) und hat das Multilocus-Fingerprinting inzwischen weitgehend ersetzt. Die Variabilität von Mikrosatelliten-DNA wird während der Meiose durch ungleiches Crossing over und *slippage* (man kann dies bildhaft als Stottern der DNA-Polymerase auffassen, die durch die kurzen repetitiven DNA-Elemente „irritiert" wird) stark erhöht, indem die kurzen Sequenzelemente mutieren, oder in ihrer Anzahl verdoppelt oder verringert werden können (**Abb. 3.20**; **Abb. 3.40**).

Im Genom von Pflanzen und Tieren findet man zusätzlich bis 500 Basen lange DNA-Abschnitte, die *short interspersed elements* (**SINE**) (mit über 1,8 Mio. Kopien im Humangenom) oder im Falle von Volllängenelementen ca. 6000 Nucleotide lange *long interspersed elements* (**LINEs**), die in vielen Kopien (>1 Mio. im Humangenom) auftreten (jedoch nicht in tandemartigen Wiederholungen) (**Abb. 3.41**). In tierischen und pflanzlichen Genomen gibt es ferner Tausende Kopien von *miniature invertedrepeat transposable elements* (**MITEs**), die an ihren Enden ca. 15 Basen lange *inverted repeats* tragen (s. **EXKURS 3.4**).

Zu den SINEs zählen die DNA-Elemente Alu (s. **EXKURS 3.4**). Im menschlichen Genom umfasst der Anteil dieser Elemente ca. 13 % des Gesamtgenoms. SINEs eignen sich auch als phylogenetische Marker, da sie Merkmalspolarität aufweisen. Diese Elemente, die man auch als **mobile genetische Elemente („springende Gene")** oder **Retroposons** bezeichnet, werden durch Reverse-Transcriptase-Aktivität von intakten LINEs gebildet. Aus evolutionärer Sicht könnte man die **Transposons** (mit *long terminal repeats*, LTR oder *inverted repeats*, IR), **Retrotransposons** und **Retroposons** (Transposons ohne LTR) als Beispiele für aktive **„egoistische" Gene** (*selfish genes*) ansehen, die nur ihre Vermehrung „im Sinn haben". Andererseits **führen diese mobilen Elemente zur genetischen Variabilität** (u. a. vermehrtes *Exon-Shuffling* oder *Enhancer-Shuffling*), die sich langfristig auch positiv auswirken kann. Chromosomen zeigen im Bereich von *Alu*-Sequenzen erhöhte Raten von Neuorientierung. Wenn *Alu*-Elemente in aktive Gene springen, so werden diese meist inaktiviert; umgekehrt

Tab. 3.13 Beispiele für Sequenzvariation und Länge von Minisatelliten-DNA

Sequenzelement	Repeat-Länge	Zahl der Repeats	Allele
AAGGGTGGG-CAGGAAC	62	20–40	6
TGGGGAGGGCAG-AAAG	64	10–18	5
GGA-GTGGG-CAGGCAG	41	5	1

können „schlafende" Gene aktiviert werden, indem springende Elemente als Enhancer fungieren. Letztlich werden damit der Selektion neue Merkmale zur Verfügung gestellt. Sexuelle Isolation und Artbildung können durch diese Mechanismen gefördert werden.

Retrovirale Sequenzen sind ebenfalls in vielen eukaryoten Genomen identifizierbar. Bei voller Länge codieren retrovirale Sequenzen verschiedene Proteine, u. a. *gag* (Kapsidprotein), reverse Transcriptase, Envelope (Hüllprotein) und manchmal Oncoproteine. Sie werden von LTR-Sequenzen flankiert. Die retrovirale RNA wird durch die retrovirale reverse Transcriptase in eine doppelsträngige DNA umgeschrieben und an einer neuen Stelle im Genom als sogenanntes **Provirus** inseriert.

Der relative **Anteil der nicht-repetitiven DNA** liegt bei Bakterien bei 100 % und nimmt bei höher entwickelten Eukaryoten ab: 70 % bei *Drosophila*, ca. 55 % bei Säugetieren und 33 % bei Pflanzen. Der Anteil der repetitiven DNA nimmt entsprechend zu. Bedingt durch ungleiches Crossing over wird der Anteil der repetitiven DNA im Genom der Eukaryoten in der zukünftigen Evolution vermutlich weiter wachsen. Wie bereits oben erwähnt, kennen wir die Funktion von deutlich über 50 % des Genoms nicht, die Funktion und Regulation vieler Gene ist größtenteils oder gänzlich unverstanden. Die repetitive mobile DNA hatte zunächst einmal als „egoistische" DNA aber entscheidenden Einfluss auf das Genom selbst und trug wesentlich zur Evolution des Genoms bei. Die zukünftige Forschung wird solche Einflüsse detaillierter aufklären.

3.4.4 Horizontaler Gentransfer und Symbiosen

EXKURS 3.5

Die Bedeutung des horizontalen Gentransfers für die Evolution der Bakterien

Gottfried Wilharm (Wernigerode)

1995 begann mit der Sequenzierung des ersten kompletten Genoms eines Organismus' – des Bakteriums *Haemophilus influenzae* – ein neues Zeitalter in den Biowissenschaften: das der Genomforschung. Inzwischen hat uns die Geräteentwicklung dahin gebracht, dass bakterielle Genome in einem einzigen experimentellen Ansatz in wenigen Stunden vollständig sequenziert werden können. So werden inzwischen die Metagenome ganzer Lebensräume studiert und wir lernen, dass der kollektive Genpool der etwa 10^{13} bis 10^{14} Darmbakterien eines Menschen etwa hundertfach mehr Gene umfasst als unser eigenes Genom. Gerade für die Evolutionsforschung stellen diese Datensammlungen eine besonders wertvolle Ressource dar. Die Analyse dieser Daten lässt uns vor allem die fundamentale Bedeutung des **horizontalen Gentransfers (HGT)** für die Phylogenie der Bakterien und Archaebakterien erkennen. HGT bezeichnet den Erwerb von Erbsubstanz außerhalb der normalen Erbfolge. Die am besten verstandenen Mechanismen zum Erwerb neuer Erbsubstanz bei Bakterien sind die Aufnahme nackter DNA aus der Umgebung (Transformation), die Übertragung von Erbsubstanz zwischen Bakterien über sogenannte Sex-Pili (Konjugation) sowie die Übertragung durch Infektion

EXKURS 3.5 (Fortsetzung)

mit Bakteriophagen (Transduktion). Man weiß inzwischen, dass alle funktionellen Kategorien von Genen dem HGT unterliegen können, wenn auch mit unterschiedlicher Frequenz. Selbst die taxonomisch so wichtigen rRNA-Operons bilden hier keine grundsätzliche Ausnahme. Aus diesen Erkenntnissen folgt nicht nur die Erosion der gebräuchlichen Taxonomie sondern vor allem der Abschied von einer rein Stammbaum-artigen Betrachtung der Phylogenie. Stattdessen werden Netzwerk-artige Betrachtungen der Entwicklungsgeschichte der Bakterien und auch der anderen Lebensformen erforderlich. Die entwicklungsgeschichtliche Bedeutung des horizontalen Gentransfers soll hier anhand einiger Beispiele illustriert werden.

Während sich die Akquisition neuer Gene in Eukaryoten vor allem durch Genduplikation innerhalb einer Entwicklungslinie abzuspielen scheint, ist für die Entwicklung prokaryotischer Genome vor allem der horizontale Gentransfer (HGT) zwischen verschiedenen Entwicklungslinien entscheidend. Immerhin weist aber auch das menschliche Genom mehr als 100 Gene auf, die wahrscheinlich über HGT Eingang in unsere Erbmasse gefunden haben und von Bakterien stammen. Umgekehrt hat auch menschliches Erbgut vereinzelt Einzug in bakterielle Genome gehalten. So findet man etwa in einigen Isolaten des Gonorrhoe-Erregers *Neisseria gonorrhoeae* einen Genabschnitt menschlichen Ursprungs. Deutlich stärker sind jedoch die meisten bakteriellen Genome durch HGT untereinander bzw. durch Austausch mit Archaebakterien geprägt. Dies führt dazu, dass auch nah verwandte Taxa sich vor allem auf Grund von HGT dramatisch im Gengehalt unterscheiden können. Die Art *Escherichia coli* als Beispiel umfasst neben kommensalisch lebenden Darmbewohnern auch verschiedene Pathovare wie enterohämorrhagische *E. coli* (EHEC), enteroaggregative *E. coli* (EAEC) oder extraintestinal pathogene *E. coli* (ExPEC). Ein Genomvergleich zwischen dem gebräuchlichen Laborstamm *E. coli* K12 und einem EHEC zeigt, dass diese nur 70 % Gemeinsamkeit in der Genausstattung aufweisen. Vergleicht man nun alle bekannten *E.-coli*-Genome, so kommt man bei einer Genomgröße der verschiedenen Vertreter von etwa 4200–5500 Genen nur auf etwa 2000 Gene, die bei allen Vertretern anzutreffen sind (das sogenannte Kerngenom). Demgegenüber ist das Pangenom von *E. coli*, also die Gesamtheit aller nicht-orthologen Gene, die man in dieser Spezies finden kann, mit mehr als 18.000 Genen fast zehnmal so groß wie der Kernbestand der Art. Diese enorme Plastizität bakterieller Genome spielt unter anderem für die Entwicklung vieler bakterieller Krankheitserreger eine entscheidende Rolle.

Ein aktuelles Lehrstück, das diese Plastizität illustriert, stellt ein Lebensmittel-assoziierter Infektionsausbruch im Jahr 2011 in Deutschland dar, bei dem ein *E. coli* vom Serotyp O104:H4 fast 4000 Durchfallerkrankungen verursachte. Dabei kam es über 900-mal zu der schweren Komplikation eines hämolytisch-urämischen Syndroms (HUS) sowie zu 54 Todesfällen. Die blutigen Durchfallerkrankungen mit der Komplikation HUS deuteten auf enterohämorrhagische *E. coli* (EHEC) hin, allerdings war der Serotyp O104:H4 für einen EHEC-Erreger ebenso ungewöhnlich wie die hohe Komplikationsrate bei diesem Ausbruchsgeschehen. Die Genomsequenzierung mehrerer Ausbruchsisolate zeigte dann, dass der Erreger die höchste Verwandtschaft mit enteroaggregativen *E. coli* (EAEC) aufwies, aber zusätzlich ein für EHEC-Erreger typisches Shiga-Toxin erworben hatte, ebenso einige typische Eigenschaften extraintestinal pathogener *E. coli* (ExPEC) sowie mehrere Antibiotika-Resistenzgene. Zusammengefasst zeigt dies, wie durch HGT aus verschiedenen Erregerpools neue aggressive Erregervarianten entstehen können. Das gleichzeitige Akkumulieren von Antibiotika-Resistenzgenen deutet an, dass die Entstehung dieser Erregervariante zumindest teilweise in einem Umfeld stattgefunden hat, in dem ein Selektionsdruck durch Antibiotika bestand, also z. B. durch human- oder tiermedizinische Intervention.

Die **Entwicklung multiresistenter bakterieller Krankheitserreger** innerhalb weniger Jahrzehnte seit der therapeutischen Nutzung von Antibiotika, die vor allem in Krankenhäusern zu einem immer größeren Problem wird, fußt vor allen Dingen auf HGT. Antibiotika sind keine Erfindung des Menschen sondern eine alte Erfindung der Natur. Des-

EXKURS 3.5 (Fortsetzung)

halb waren Resistenzgene auch schon lange vor der Entdeckung und therapeutischen Nutzung von Antibiotika in der Natur vorhanden und konnten so unter Selektionsdruck schnell aus verschiedensten Genpools mobilisiert werden. Zu den bekanntesten Krankenhauserregern gehören Methicillin-resistente *Staphylococcus aureus* (MRSA). Für eine bestimmte Gruppe von MRSA, den klonalen Komplex 398 (CC398), der zunehmend häufig von Nutztieren auf den Menschen übertragen wird, konnte man durch phylogenetische Untersuchungen an Hand einer Vielzahl von ermittelten Genomen die jüngere Entwicklungslinie nachzeichnen. Ursprünglich handelte es sich um Methicillin-sensitive Kolonisierer des Menschen, die dann auf Nutztiere wie Schweine übertragen wurden. Dort erwarben sie **Resistenzgene** gegen die Antibiotika Methicillin und Tetracyclin und von dort werden sie nun in immer schwerer zu behandelnder Form wieder zurück auf den Menschen übertragen. Es wird hier offensichtlich, dass durch den Einsatz von Antibiotika in der Tiermast die Evolution von Krankheitserregern befeuert wird.

Erscheinen diese Entwicklungen schon rasant gemessen an den in der Evolutionsbiologie sonst üblicherweise betrachteten Zeiträumen, so kann man in Krankenhäusern Evolution wie im Zeitraffertempo erleben. So konnte man nacheinander in einem einzelnen Patienten die zur Familie der Enterobacteriaceae gehörigen Erreger *Klebsiella pneumoniae*, *E. coli* und *Serratia marcescens* isolieren, die alle das gleiche Resistenzplasmid trugen. Auch bei Klinikausbrüchen mit einer Vielzahl von Patienten konnte man schon die Weitergabe von Resistenzplasmiden über Art-, Gattungs-, Familien- und sogar Ordnungsgrenzen hinweg nachweisen. Zwischen Krankenhausproblemkeimen aus der Familie der *Enterobacteriaceae* und entfernter verwandten Gram-negativen Erregern wie *Pseudomonas aeruginosa* und *Acinetobacter baumannii* bilden sich regelrechte genetische „Austauschgemeinschaften".

Dass durch den Gebrauch von Antibiotika in Human- und Tiermedizin, aber auch in der Pflanzenproduktion, vielfältige Selektionsdrücke auf bakterielle Populationen aufgebaut werden und so deren Evolution beeinflusst wird, ist unmittelbar einsichtig. Das wahre Ausmaß dieser anthropogenen Einflüsse ist jedoch bislang kaum abzuschätzen. Bakterien haben Mechanismen entwickelt, die eine genetische „Auffrischung" unter Stressbedingungen fördern. Dazu gehört nicht nur die Erhöhung von Mutations- und Rekombinationsraten sondern auch die Stimulation von HGT-Ereignissen. Besonders bedrohlich ist nun die Beobachtung, dass bereits unter dem Einfluss von subinhibitorischen Antibiotikakonzentrationen die Frequenz von HGT-Ereignissen erhöht werden kann und somit der Resistenzentwicklung weiter Vorschub geleistet wird. So reicht die Bedeutung des HGT weit über die Evolution der Bakterien hinaus und betrifft den Menschen ganz unmittelbar.

Die Genome wurden nicht nur durch intraspezifische Duplikationen, Deletionen und Insertionen verändert, sondern auch durch fremde DNA-Bereiche angereichert. Der Transfer von genetischem Material über Art- und Familiengrenzen hinweg wird als **horizontaler Gentransfer (HGT)** bezeichnet, tritt bei Prokaryoten weit verbreitet auf und ist gut belegt (s. **EXKURS 3.5**). Ein HGT war offenbar in der frühen Evolution von besonderer Bedeutung und hat dazu geführt, dass im Durchschnitt 6 % eines bakteriellen Genoms auf Import von anderen Organismen zurückgeht. Aber auch heute noch tritt HGT auf: So werden z. B. Antibiotikaresistenzen, die durch Gene auf den **Plasmiden** codiert werden, durch Plasmidaustausch auch über Artgrenzen hinweg weitergegeben.

Ebenso bekannt ist der Gentransfer von Viren (z. B. **Retroviren**), die als mobile genetische Elemente angesehen werden können, in tierische Genome. Dieser Prozess hat in der Evolution offenbar vielfach stattgefunden, so dass die Vertebratengenome viele, meist repetitive DNA-Abschnitte enthalten, die auf Retroviren zurückgehen (s. **Abschn. 3.4.3**). Bei Pflanzen kommt es bei Infektion durch *Agrobacterium tumefaciens* zu Kronengalltumoren oder durch *A. rhizogenes* zu *hairy roots*. Auch hier findet ein Transfer der t-DNA (Transfer-DNA) in die Pflanzenzelle statt, bei dem Gene für die

Biosynthese von Wuchsstoffen und für die Opine (nicht-proteinogene Aminosäuren, die von den Agrobakterien als Stickstoffquelle genutzt werden können) übertragen werden. Das gemeinsame Vorkommen von Hämoglobingenen bei Tieren und Leguminosen könnte ebenfalls durch horizontalen Gentransfer verursacht worden sein, nur kennen wir die Übertragungswege nicht.

Ein neu entdeckter Fall von HGT wurde für *Wolbachia* beschrieben, eine Gattung von parasitisch lebenden gram-negativen Bakterien, die offenbar sehr viele Insekten, einige Spinnen- und Nematodenarten befallen. *Wolbachia* lebt intrazellulär und manipuliert offenbar die Fortpflanzung ihrer Wirte. Man kennt inzwischen mehrere Fälle, dass Teile des *Wolbachia*-Genoms auf die Chromosomen der Wirtsarten (Insekten, Nematoden) übertragen und dort zu einem geringen Teil sogar exprimiert wurden.

HGT wurde inzwischen bei einigen Pilzen, insbesondere bei Hefen nachgewiesen und scheint für die Evolution der Pilzgenome wichtig zu sein. Pflanzen leben mit **pilzlichen Endophyten** zusammen. In den letzten Jahren wurden Endophyten entdeckt, welche dieselben Sekundärstoffe produzieren, wie ihre Wirtspflanze (**Abb. 4.46**). Es wird spekuliert, dass die Endophyten durch HGT Sekundärstoffgene in Pflanzen übertragen haben. Die laufenden und zukünftigen Genomprojekte werden sicher noch viel mehr Evidenzen für horizontalen Gentransfer aufdecken, als wir heute vermuten.

Ein klassisches Beispiel für einen besonders wichtigen horizontalen Gentransfer kann man in Eukaryotenzellen sehen: Wie im **EXKURS 3.1** in **Abschn. 3.2.7** dargestellt, entstanden durch die Aufnahme von α-Proteobakterien in frühe Eucyten Mitochondrien und durch Aufnahme von Cyanobakterien Chloroplasten. Zunächst wurden natürlich die bakteriellen Genome in die Eucyte übertragen und waren vermutlich funktionsfähig. In der späteren Evolution wurden die bakteriellen Gene aus dem mitochondrialen bzw. Chloroplastengenom entfernt und teilweise in den Zellkern der Wirtszelle ausgelagert. Mitochondrien und Chloroplasten können im Verlauf der Evolution auch wieder verloren gehen; dies sieht man bei einigen parasitischen Protozoen (s. **Abschn. 4.2.2**). Ebenso wurden sekundäre Symbiosen beschrieben, indem Zellen mit ihren Organellen von Wirtszellen aufgenommen wurden (s. **Abschn. 4.2.2**). W. Ford Doolittle hat den HGT als wichtigsten Mechanismus der Phylogenie angesehen; diese Aussage wird inzwischen auf die frühe Evolution vor 1 Mrd. Jahren eingeschränkt; die meisten Phylogenien, die wir heute sehen, gehen vermutlich mehr auf vertikale Abstammungsprozesse zurück (Kurland et al. 2003).

Symbiosen sind aber nicht auf Mitochondrien oder Chloroplasten beschränkt. Symbiosen, d.h. ein enges Miteinander von Partnern mit gänzlich unterschiedlichen Genomen, treten in vielen Organismengruppen auf. Sie sind aber noch nicht soweit fortgeschritten, wie die Mitochondrien oder Chloroplasten. Beispiele sind (s. **EXKURS 1.2 Abschn. 1.1.8**):

- Flechten bestehen aus einer Symbiose von Algen- und Pilzzellen
- Viele Pflanzen leben mit Endophyten und Mykorrhizen zusammen
- Riffbildende Korallen enthalten häufig photosynthetisch aktive einzellige Algen als Symbiosepartner
- Viele Insekten, deren Nahrung nicht alle essenziellen Nahrungsbestandteile enthält, kultivieren in speziellen Mycetomen intrazellulär oder extrazellulär Bakterien, Protozoen und Pilze, die in der Lage sind, die fehlenden Nahrungsbestandteile zu synthetisieren. Bei den intrazellulär lebenden Bakterien liegt eine Endosymbiose vor.
- In den Därmen kultivieren Tiere eine große Diversität an meist symbiontischen Bakterien, welche zur Verdauung der Nahrung beitragen
- Leguminosen enthalten in Wurzelknöllchen symbiotische Bakterien, die es vermögen, den Luftstickstoff in organische Verbindungen zu fixieren
- In Erlenwurzeln sorgen andere Bakterien (Actinomyceten) in analoger Weise für die Verwertung des Luftstickstoffs

Die symbiontischen Beziehungen belegen, dass für die Evolution nicht nur Wettbewerb (*survival of the fittest*), sondern auch Kooperationen zwischen unterschiedlichen Partnern eine sehr große Rolle gespielt hat (s. **EXKURS 1.2 Abschn. 1.1.8**).

3.5 Vererbung, Populationsgenetik und Artbildung

> **Übersicht**
>
> Wie Mutationen vererbt werden und sich in Populationen ausbreiten, beschreiben Mendelsche Regeln und Populationsgenetik. Diese Basisdaten sind wichtig, um das Phänomen der Artbildung und phylogenetischen Diversifikation zu verstehen.

3.5.1 Allel- und Genotypenfrequenz und Vererbungsregeln

Auf den Chromosomen befinden sich linear angeordnet die Gene. Genorte mit einer spezifischen Erbinformation bezeichnet man als einen **Genlocus** (Plural: Genloci) mit jeweils einem **Allel** auf den beiden homologen elterlichen Chromosomen. Ihre Vererbung erfolgt demnach **biparental**. Ist die Nucleotidsequenz identisch, sprechen wir davon, dass die Individuen **homozygot** sind; unterscheiden sie sich, z. B. weil in einem Allel eine Punktmutation oder anderweitige Veränderung aufgetreten ist, dann sind sie **heterozygot**. In einem diploiden Individuum gibt es natürlich für jeden Locus nur zwei Allele (Ausnahme sind multiple Kopien eines Gens). Anders kann es in der **Gesamtheit einer Population** aussehen. Wenn man für einen Locus mehrere Allele findet spricht man von **Genpolymorphismus**. In der Praxis sucht man nach Polymorphismen, deren Frequenz im häufigsten Allel kleiner als 0,99 bis 0,95 ist. Den Gesamtbestand an Genen und Allelen in einer Population zu einem bestimmten Zeitpunkt bezeichnet man als **Genpool** der Population.

Der **Genotyp** eines Individuums umfasst alle Gene des Genoms, während der **Phänotyp** nur durch die exprimierten Gene zustande kommt. Auf der Stufe der Allele kann die Expression ausfallen, wenn ein oder beide Allele durch Mutationen verändert und die abgeleiteten Proteine funktionsunfähig geworden sind (◘ Abb. 3.42). Ein Funktionsausfall wird auch als *loss of function* bezeichnet. Solche Fälle kann man zuweilen schon makroskopisch analysieren. Wir wollen von dem einfachsten Fall ausgehen, dass in einer Population das **Allel A** und seine **mutierte Form a** vorkommen. In der Population finden wir demnach Individuen mit den Allelverteilungen **AA, Aa** und **aa. AA** und **aa** bezeichnen wir als **homozygot** und **Aa** als **heterozygot**. A soll ein Gen darstellen, das für ein Enzym codiert, welches einen schwarzen Farbstoff bildet. **AA**-Tiere wären dann schwarz gefärbt, während **aa**-Tiere, die dieses Pigment nicht bilden, weiß aussähen (in der Wirklichkeit benötigen wir meist eine Serie von Biosynthesegenen, um einen Farbstoff zu bilden, die von einem oder mehreren Mastergenen reguliert werden; unsere Betrachtung könnte demnach auf ein Kontrollgen zurückgehen, das einen Biosyntheseweg an- oder abschaltet). Treten heterozygote Individuen auf, so sind diese entweder **intermediär** grau gefärbt oder entsprechen dem homozygoten schwarzen Phänotyp. Im letzteren Fall würden wir **A** (man beachte die Großschreibung!) als **dominant** bezeichnen. Das entsprechende **rezessive** Allel wird mit **a** gekennzeichnet (man beachte die Kleinschreibung!). In welchem Grade die Dominanz ausgeprägt ist, kann von Genlocus zu Genlocus variieren, und der Phänotyp der Heterozygoten kann irgendwo zwischen dem der beiden Homozygoten liegen, in unserem Falle auch also alle Graustufen umfassen (wenn z. B. ein Enzym der Biosynthesekette von der Mutation betroffen wäre). Die meisten Merkmale sind jedoch nicht disjunkt sondern kontinuierlich, da eine Vielzahl an Genen zur Ausprägung des Merkmals beiträgt. Die formale Analyse solcher Merkmale ist daher wesentlich komplexer als in unserem einfachen Beispiel angenommen wurde.

Das in der Population am stärksten vertretene Allel wird häufig als **Wildtyp-Allel** bezeichnet. Bei diploiden Organismen wird das Wildtyp-Allel meist dominant, das mutierte Allel dagegen rezessiv vererbt. **Unvollständige**, **partielle Dominanz** oder **Kodominanz** liegen vor, wenn die Heterozygoten **intermediäre Merkmale** ausbilden, z. B. sind die Nachkommen aus Kreuzungen zwischen rotblühenden mit weißblühenden Löwenmäulchen rosafarben; in der F2-Generation erhalten wir rote, rosa und weiße Pflanzen im 1:2:1-Verhältnis. Werden

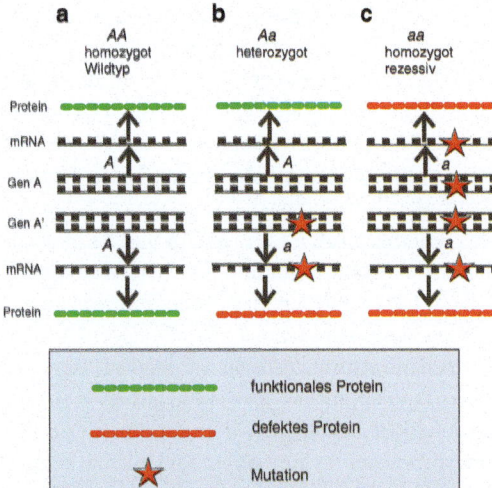

◨ **Abb. 3.42** Auswirkung von Mutationen, die zur Funktionslosigkeit von Proteinen in diploiden Organismen führen. **a** Wildtyp Genotyp AA; **b** heterozygoter Genotyp Aa, **c** homozygoter rezessiver Genotyp aa. A codiert für das funktionsfähige Protein, a für das funktionslos gewordene Protein

beide Allele gleich stark und unabhängig vererbt, so sprechen wir von **Kodominanz**.

In vielen Fällen finden wir Nucleotidsubstitutionen in den Allelen eines Genlocus, durch die sich die Aminosäuresequenz des resultierenden Proteins aufgrund des degenerierten Codes nicht ändert oder im Falle einer Veränderung der Aminosäuresequenz dessen Funktion nicht oder nicht wesentlich verändert wird. Dieser **Allelpolymorphismus** ist makroskopisch nicht zu erkennen und die Grundlage der **Allozymanalyse** oder **DNA-Analytik** (s. Abschn. 4.1.2). Häufig unterscheiden sich die Proteine eines Locus durch ein bis zwei Aminosäuren in ihrer Sequenz, was zu einem veränderten Laufverhalten in der Elektrophorese führt. So verändert sich etwa durch den Austausch einer basischen Aminosäure durch eine saure Aminosäure die elektrophoretische Eigenschaft des Proteins (d. h. die Gesamtladung bei definiertem pH-Wert), so dass sich hierdurch auch die Wanderungsgeschwindigkeit im elektrischen Feld ändert. Als 1966 die Enzymelektrophorese in die Populationsgenetik eingeführt wurde, hatte dies eine „elektrophoretische Revolution" zur Folge, denn nun konnten äußerlich nicht sichtbare Allele eines Individuums bestimmt werden. Heute werden in diesem Zusammenhang zunehmend DNA-Analysen wie beispielsweise DNA-Fingerprinting, AFLPs (*amplified fragment length polymorphisms*) und Mikrosatelliten-Analysen verwendet (s. Abschn. 4.1.2), da sie den direkten Zugriff auf die variablere DNA-Sequenzebene erlauben.

Über die Allozym- und Mikrosatelliten-Analyse lässt sich auch der Heterozygotiegrad einer Population bestimmen. Die Heterozygotie des einzelnen Locus h ergibt sich aus folgender Berechnung:

$$h = 1 - \sum x_i^2$$

Wobei x_i die Frequenz des i-ten Allels darstellt.

In einer bisexuellen Population mit Zufallspaarung entspricht **h** dem Anteil der an einem einzelnen Locus heterozygoten Tiere und **H** dem durchschnittlichen Anteil heterozygoter Loci. In natürlichen Populationen weicht der beobachtete Anteil der Heterozygoten H_{obs} oft von der erwarteten Größe H_{exp} ab. Inzucht und Selbstbefruchtung verringern H_{obs}, d. h. der Anteil der Homozygoten nimmt zu. **H** variiert in natürlichen Populationen zwischen 0,1 und 0,35. Die Wahrscheinlichkeit, dass zwei Individuen in solchen Populationen an **z** Loci die identische Allelverteilung aufweisen, kann über

$$W = (1-H)^z$$

ermittelt werden.

Bei H = 0,1 und z = 10^4 ergibt sich W = 10^{-458}; d. h. die Wahrscheinlichkeit identischer Allelmuster ist extrem gering; nur bei eineiigen Zwillingen sind die Muster nahezu identisch. Diese Erkenntnis ist die Grundlage der Anwendung von **DNA-Fingerprinting** und Mikrosatelliten-Analysen zum Erkennen von Individuen und für Vaterschaftsanalysen (s. Abschn. 4.1.2).

3.5.2 Mendelsche Vererbungsregeln

Diese Betrachtung führt uns zu den allgemeinen **Mendelschen Vererbungsregeln**, die für die moderne Evolutionstheorie extrem wichtig sind, denn ohne diese Basis bleibt die Darwinsche Evolutionstheorie unvollständig. Diese Regeln erklären die

Häufigkeit der Genotypen bei Nachkommen von Eltern, deren Genotyp genau definiert ist.

Für die formale Erläuterung der Mendelschen Regeln bleiben wir bei den Genotypen **AA**, **Aa** und **aa**, wobei A dominant und a rezessiv ist (◘ Abb. 3.43). In unserem Beispiel sind die Nachkommen von **AA × AA** und **AA × aa** (oder *vice versa*) zu 100 % schwarz gefärbt, da sie alle das dominante A-Allel besitzen. (**1. Mendelsche Regel** [Uniformitätsregel], nach der die Nachkommen reziproker Kreuzungen reiner Linien einen einheitlichen Phänotyp besitzen). Sind beide Eltern **Aa**-heterozygot (Ergebnis der F1-Kreuzung **AA × aa**), so erhalten wir 25 % **AA**, 50 % **Aa** und 25 % **aa**-Genotypen. Wir beobachten ein Phänotypenverhältnis von 3:1 und ein Genotypenverhältnis von 1:2:1 in der F2-Generation (**2. Mendelsche Regel** [Spaltungsregel]) (◘ Abb. 3.43). Bei der Kombination **AA × Aa** entstehen zu 50 % **AA** und 50 % **Aa**-Genotypen.

Betrachtet man die Kreuzung in einem **dihybriden Erbgang** mit zwei unabhängigen Merkmalen (z. B. **AaBb × AaBb**) so erhält man ein 9:3:3:1 Phänotypenverhältnis. Dieses Ergebnis belegt, dass die Allele frei kombiniert werden (**3. Mendelsche Regel** [*independent assortment*], Prinzip der unabhängigen Segregation). Kreuzungsschemata lassen sich auch für trihybride Erbgänge mit drei unabhängigen Merkmalen usw. aufstellen. Komplizierter wird der Erbgang, wenn multiple Allele für einen Locus in der Population vorhanden sind; ein bekanntes Beispiel dafür ist die Ausprägung der Blutgruppen AB0. Viele Merkmale variieren jedoch nicht diskontinuierlich, wie in ◘ Abb. 3.46 dargestellt, sondern kontinuierlich. Für ihre Vererbung gelten die Regeln der **quantitativen Genetik**.

Auf einem typischen Säugerchromosom liegen ca. 1000 Gene. Bei der Vererbung segregieren einige Gene/Allele nicht unabhängig voneinander, sondern zusammen. Wir bezeichnen die Zusammengehörigkeit solcher Gene, die häufig benachbart liegen, als **Kopplung**. Dieses Phänomen hat man zuerst bei der Vererbung von Puffmustern auf den *Drosophila*-Riesenchromosomen beobachtet. Als Maß wurden die Morgan-Distanzen ermittelt. Heute kann durch Erstellung von Kopplungskarten (*linkage maps*) mittels RFLP-, AFLP- oder STR-Markern (s. **Abschn. 4.1.2**) die Verteilung der verschiedenen Gene auf einzelnen Chromosomen und

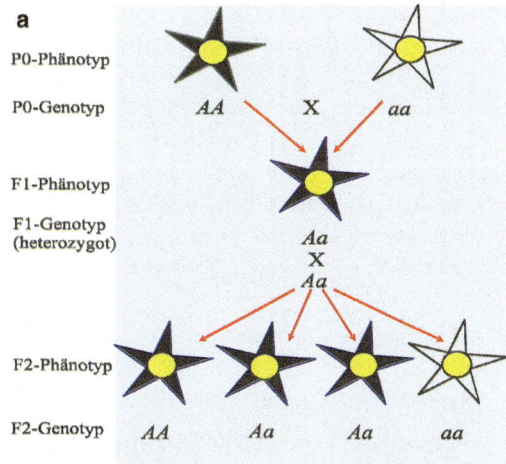

◘ **Abb. 3.43 a, b.** Illustration der Mendelschen Regeln. **a** In der Elterngeneration (Parentalgeneration, *P0*) werden die homozygoten Genotypen AA und aa miteinander gekreuzt. In der Tochtergeneration (Filialgeneration, *F1*) erhalten wir nur Aa-Genotypen, die das dominante Gen A exprimieren. Kreuzt man die Heterozygoten miteinander, so beobachtet man in der F2-Generation eine Aufspaltung in den AA-, Aa- und aa-Genotyp. **b** Intermediäre Vererbung der Blütenfarbe bei der Wunderblume *Mirabilis jalapa* (Nyctaginaceae)

Chromosomenabschnitten und damit die Architektur des Genoms ermitteln. Auch der Vergleich solcher Kopplungskarten verschiedener Organismen kann uns interessante Information über die Phylogenie dieser Taxa liefern.

3.5.3 Grundlagen der Populationsgenetik

Die Betrachtung der Allelvariabilität führt unmittelbar zur Frage der **Populationsgenetik**, die herauszufinden versucht, wie und warum gewisse genetische Varianten in der Population erhalten bleiben, während andere abnehmen oder mit der Zeit gänzlich verschwinden. **Variation, Vererbung** und **natürliche Selektion** sind die wichtigsten Prozesse.

Dieser Bereich der sogenannten **Mikroevolution** ist zum Verstehen des Artbildungsprozesses und damit für das Gesamtverständnis der Evolutionsvorgänge wichtig. Die Grundlagen der Populationsgenetik, die bereits in den ersten Jahrzehnten des 20. Jahrhunderts erarbeitet wurden, sind im EXKURS 3.6 erläutert.

EXKURS 3.6

Grundlagen der Populationsgenetik

Aus dem einfachen Genmodell mit einem Locus und zwei Allelen kann man die Grundlagen der Populationsgenetik ableiten. Zwei Kenngrößen spielen hier eine besondere Rolle:
- die Gen- oder Allel-Häufigkeit (oder -Frequenz),
- die Genotypen-Häufigkeit (oder -Frequenz).

In einer Modellpopulation mit den Allelen **A** und **a** werden z. B. folgende Genotypen Aa, AA, aa, aa, AA, Aa, AA, Aa beobachtet. Daraus leitet sich die **Genotypenhäufigkeit** P (für **AA**), Q (für **Aa**) und R (für **aa**) ab; wobei P + Q + R = 1,0 ergibt: P: **AA**(3/8) = 0,375; Q: **Aa**(3/8) = 0,375 und R: **aa**(2/8) = 0,25.

Als **Allelfrequenz** p für **A** und q für **a** ergibt sich: p: **A**(9/16) = 0,56; q: **a**(7/16) = 0,44; wobei p + q = 1,0 ist. Aus den Genotypenhäufigkeiten kann man leicht die Allelfrequenz ermitteln:

p = P + 1/2Q und q = R + 1/2Q.

Wenn man die Häufigkeit der Genotypen und Allele in einer Population kennt, so möchte man in der Populationsgenetik wissen, wie sich diese Parameter in nachfolgenden Populationen entwickeln, denn durch natürliche Auslese könnten einzelne Genotypen unterschiedlich gut überleben oder sich fortpflanzen. Falls in großen Populationen Paarungen zufällig und nicht selektiv verlaufen und wenn keine Selektion gegen einen Genotyp eintritt, gelten die **Regeln des Hardy-Weinberg-Gesetzes** (nach den Wissenschaftlern Godfrey Harold Hardy [englischer Mathematiker] und Wilhelm Robert Weinberg [Arzt aus Stuttgart] benannt, die das Gesetz unabhängig voneinander 1908 erkannten).

Es lautet:

$(p + q)^2 = p^2 + 2pq + q^2$,

wobei p^2 für **AA**, pq für **Aa** und q^2 für **aa** stehen.

Aus ◘ Abb. 3.44 kann man, wenn diese Voraussetzung erfüllt ist, die Relation zwischen der Genotypenfrequenz und der Allelfrequenz bestimmen, auch wenn man nicht alle Größen kennt. Das Hardy-Weinberg-Gesetz hat drei wichtige Eigenschaften. Es besagt:
- Über die Allelfrequenz lässt sich die Genotypfrequenz vorhersagen.
- Allel- und Genotypfrequenzen ändern sich nicht von Generation zu Generation, wenn ein Hardy-Weinberg-Gleichgewicht vorliegt.
- Das Hardy-Weinberg-Gleichgewicht stellt sich bereits nach einer Generation ein, wenn die Partnerwahl zufällig erfolgt.

Als Voraussetzungen für die Gültigkeit des Hardy-Weinberg-Gesetzes gelten:
- Die Population ist so groß, dass Probenfehler und Zufallseffekte keine Rolle spielen.
- Die Partnerwahl in der Population erfolgt zufällig.
- Alle Genotypen sind gleich lebensfähig und fertil; d. h. sie haben keinen selektiven Vorteil gegenüber anderen Genotypen.
- Mutation, Migration und zufällige Gendrift spielen keine Rolle.

Über das Hardy-Weinberg-Gesetz lässt sich auch die Frequenz der Heterozygoten berechnen (◘ Abb. 3.44). Beispiel: Das Merkmal **Albinismus** ist

▶

EXKURS 3.6 (Fortsetzung)

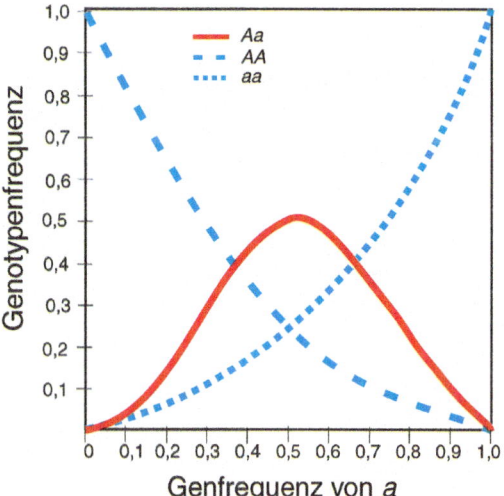

Abb. 3.44 Häufigkeit der Genotypen AA, Aa und aa in Abhängigkeit zur Frequenz des Allels a

autosomal rezessiv; d. h. Träger des Merkmals (ihren Epidermiszellen fehlt durch einen Gendefekt das Enzym Tyrosinase, so dass kein Melanin gebildet werden kann) müssen homozygot sein. Wenn die Häufigkeit von albinotischen Individuen in einer Population bei 1:10.000 liegt, so ergibt sich die Frequenz des rezessiven Allels als

$\sqrt{q^2} = \sqrt{0{,}0001}$;

q = 0,01 oder 1:100. Da p + q = 1,

ergibt sich für p die Häufigkeit 1 − q = 0,99. Die Frequenz der Heterozygoten ist 2 pq; also 2 × (0,99 × 0,01) = 0,02 oder 2 %.

Man kann das Hardy-Weinberg-Gleichgewicht natürlich auch für Populationen anwenden, in denen drei und mehr Allele in einem Genlocus beobachtet werden. Liegt in einer Population kein Hardy-Weinberg-Gleichgewicht vor, so findet entweder natürliche Auslese statt oder es erfolgt eine gerichtete Verpaarung. Wenn die Population sehr klein ist und stochastische Effekte an Bedeutung gewinnen, kann das Hardy-Weinberg-Gesetz verletzt sein. In diesen Fällen lohnt es sich, den zugrunde liegenden Variablen weiter nachzugehen.

Am Beispiel der Gefiedermorphen des **Eleonorenfalken** (*Falco eleonorae*) lassen sich die **Mendelschen Regeln** und das **Hardy-Weinberg-Gesetz** gut erläutern. Diese Falkenart brütet in großen Kolonien auf Felsinseln des Mittelmeers und überwintert in gemischten Schwärmen zusammen mit dem Schieferfalken (*Falco concolor*), mit dem der Eleonorenfalke nah verwandt ist (s. **Abschn. 4.4**), auf Madagaskar. Beim Eleonorenfalken kann man eine helle und eine dunkle Gefiedermorphe eindeutig erkennen, während beim Schieferfalken nur die dunkle Morphe vorkommt (**Abb. 3.45**). In einer vereinfachten Betrachtung kann man etwa 29 % der Altvögel des Eleonorenfalken in einer ägäischen Kolonie der dunklen und 71 % der hellen Morphe zurechnen (in Wirklichkeit treten aber auch Übergänge auf). **Tabelle 3.14** zeigt die Gefiedermorphen der Jungvögel in Relation zu den Morphen der Eltern.

Demnach treten bei Paaren der dunklen Morphe sowohl helle (in geringer Zahl) als auch dunkle Nachkommen (überwiegend) auf, während bei Paaren der hellen Morphe ausschließlich helle und keine dunklen Jungvögel beobachtet wurden. Diese Verteilung lässt sich erklären, wenn das Merkmal „dunkel" (***D***) dominant und „hell" (***d***) rezessiv ist. Bei ***DD × DD***-, ***DD × dd***- und ***DD × Dd***-Paaren hätten 100 % der Nachkommen den dunklen Phänotyp, während bei ***dd × dd***-Paaren alle Nachkommen hell sind. Ebenso sind bei der Kombination von zwei mischerbig dunklen Falken sowohl helle als auch dunkle Nachkommen zu erwarten (**Tab. 3.14**).

○ **Abb. 3.45 a–d.** Gefiedermorphen des Eleonorenfalken (*Falco eleonorae*) (nach Ristow et al. 1998). **a** Männchen und **b** Weibchen der hellen Morphe; **c** heterozygotes Männchen der dunklen Morphe; **d** homozygoter Jungvogel der dunklen Morphe. Bildrechte liegen bei Ornithological Society of the Middle East

Wäre das Merkmal d dagegen dominant, so hätte man in heterozygoten **d × d**-Kombinationen auch dunkle Morphen bei den Nachkommen finden müssen, was aber nicht der Fall ist.

Da wir den Anteil der hellen Falken, d. h. des homozygot rezessiven Genotyps kennen, können wir über das Hardy-Weinberg-Gesetz (s. **EXKURS 3.6**) die Häufigkeit der **DD**- und **Dd**-Genotypen ermitteln. Da $q^2 = 0{,}71$, ist nach der Formel $p + q = 1$, $p = 0{,}157$. Demnach ergibt sich eine Genotypfrequenz für **DD** von 2,5 % und für **Dd** von 26,5 %; dieses Ergebnis hätte man grafisch auch aus ○ **Abb. 3.44** entnehmen können. Im Phänotyp lassen sich homozygote **DD**-Falken nur bei genauem Hinsehen von heterozygoten **Dd**-Genotypen unterscheiden (○ **Abb. 3.45**); sie sind lediglich stärker schwarz gefärbt und weisen einen dunklen Schnabel auf. Diese Merkmale lassen sich bereits bei Falken im Jugendkleid erkennen. Da Paarungen zwischen hellen und dunklen Falken rein stochastisch erfolgen und da der Anteil der dunklen Morphe von Jahr zu Jahr zwar schwankt, aber im Trend weder zunoch abnimmt, kann man annehmen, dass sich die Population im Hardy-Weinberg-Gleichgewicht befindet. Unklar ist, warum sich der Anteil der dunklen dominanten Morphe auf 29 % eingependelt hat.

In vielen Fällen liegt jedoch nicht das einfache Vererbungs- und Populationsmodell vor, wie wir es in den vorangehenden Abschnitten besprochen haben. In der Natur finden wir wesentlich häufiger Merkmale, die genetisch von mehreren Loci gesteuert werden. Ein Beispiel dafür ist der Farbpolymorphismus bei den Schmetterlingen *Papilio glaucus* in Nordamerika (**mimetischer Polymorphismus**) oder *Papilio memnon* in Südostasien, bei denen nicht die Männchen, wohl aber die Weibchen extrem variable und polymorph sind. Gut untersucht ist der Polymorphismus in der südamerikanischen Schmetterlingsgattung *Heliconius*, bei der die Morphen geographisch getrennt vorkommen.

Wenn nur ein Genlocus pro Merkmal vorkommt, ermittelt die Populationsgenetik Allelfrequenzen; liegt ein Multilocussystem vor, dann werden **Haplotyphäufigkeiten** bestimmt. Unter einem **Haplotyp** versteht man eine Variante einer Nucleotidsequenz in einem bestimmten Chromosomenabschnitt oder in der mitochondrialen oder plastidären DNA. Wenn in einem **Multilocussystem** die Loci auf einem Chromosom liegen, kann

○ **Tab. 3.14** Verteilung der Gefiedermorphen bei Jungvögeln des Eleonorenfalken bei bekannter Morphenzusammensetzung der Altvögel (nach Wink et al. 1978); ? = Morphe war nicht sicher zu bestimmen

Morphenkombination	n Elternpaare	n Jungvögel hell	dunkel	?
dunkel x dunkel	5	2	5	0
dunkel x hell	23	23	17	3
hell x hell	18	29	0	0

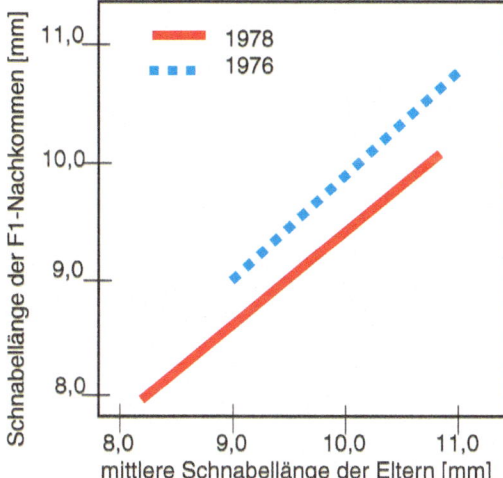

◘ **Abb. 3.46** Beispiel für die Vererbung eines kontinuierlichen Merkmals am Beispiel der Schnabelgröße des Galapagosfinken (*Geospiza fortis*). Eltern mit großen Schnäbeln erzeugen meist auch Nachkommen mit großen Schnäbeln. Da die Nahrungsbedingungen von Jahr zu Jahr schwanken, wirkt sich die Schnabellänge unterschiedlich auf die Fitness und letztlich auf das Reproduktionsverhalten aus

man Kopplung beobachten; analog zum Hardy-Weinberg-Gleichgewicht kann man bei Multilocussystemen ein **Kopplungsgleichgewicht (*linkage equilibrium*)** bestimmen. Liegt kein Kopplungsgleichgewicht vor, so ist dies häufig ein Hinweis darauf, dass die Partnerwahl nicht zufällig erfolgt oder dass die Population sehr klein ist.

Neben diskreten Verteilungen von Merkmalen findet man in der Natur häufig eine **kontinuierliche Variation** eines Merkmals. In diesen Fällen geht man davon aus, dass mehrere Gene für die Expression eines Merkmals zuständig sind. Ein klassisches Beispiel für dieses Phänomen kann man bei den Darwinfinken auf den Galapagos-Inseln beobachten: 14 Darwinfinkenarten wurden als eigenständige Arten beschrieben, die sich in ihrer Körpergröße, insbesondere aber in der Schnabellänge und -größe unterscheiden, je nachdem, welche Nahrungsnische genutzt wird. Große Finken haben „Nussknacker-Schnäbel" und können entsprechend große Samen öffnen, während sich Arten mit kleinen Schnäbeln auf kleine Samen spezialisiert haben. Die Schnabelgröße ist vererbbar. Das ist daran zu erkennen, dass Eltern mit größeren Schnäbeln im statistischen Mittel auch Nachkommen mit größeren Schnäbeln produzieren (◘ **Abb. 3.46**). Für die Vererbung kontinuierlicher Merkmale (Gewicht, Größe, Farben), die in allen Organismen häufig vorkommen, gelten die Regeln der **quantitativen Genetik**. Die zugehörigen Loci werden als **QTL (*quantitative trait loci*)** bezeichnet. Es würde den Rahmen des Buches sprengen, auf die Genetik von QTLs ausführlicher einzugehen (s. hierzu Camp u. Cox, 2002).

Aus Zwillingsforschung und Ethologie kann man heute sicher sagen, dass auch viele **Verhaltensmerkmale** der Tiere und des Menschen genetische Komponenten aufweisen und vererbbar sind. Nur in wenigen Fällen wird ein Verhaltensmerkmal auf einem Genlocus liegen, eher müssen wir QTLs erwarten. Über die Struktur der **Verhaltensgene** und ihre Veränderung in der Evolution können wir heute meist noch keine Aussage machen. Nicht vergessen werden darf in diesem Zusammenhang, dass Verhaltensmerkmale zwar genetisch determiniert sein können, aber häufig plastisch sind, d. h. durch Umwelteinflüsse, Erziehung und Lernen (s. **EXKURS 5.9 Abschn. 5.7**) gestaltet werden.

3.5.4 Selektion und Mikroevolution

Charles Darwin hat als erster klar erkannt, dass man die Entstehung neuer Arten nur unter Annahme der **natürlichen Selektion** durch Umweltfaktoren plausibel erklären kann. Es geht dabei nicht um das Überleben des Stärksten, sondern um den Fortpflanzungserfolg. Dabei spielen Kooperation und Altruismus ebenso eine Rolle wie eine körperliche Fitness. Im Unterschied dazu steht die **künstliche Selektion**, bei der ein Züchter den Fortpflanzungserfolg jener Individuen fördert, die Eigenschaften besitzen, welche vom Züchter gewünscht werden. Am Beispiel der Rassen von Haustieren hatten wir bereits gesehen, dass die künstliche Selektion relativ schnell zu morphologisch unterschiedlichen Rassen kommen kann.

Selektion greift nicht an einzelnen Genen (**Genselektion**) sondern am ganzen Organismus (**Individualselektion**) an; nicht nur die Fähigkeit zu überleben entscheidet, sondern der reproduktive Erfolg

(Fitness), d. h. die Frage, wie viele Nachkommen ein erfolgreiches Individuum produzieren kann. Doch der evolutionäre Einfluss der natürlichen Auslese zeigt sich nur, wenn man die Entwicklung einer Population (**Gruppenselektion**) über längere Zeiträume hin verfolgt.

Selektionsvorgänge auf der Stufe von Populationen werden diskutiert, um die Evolution von gewissen Verhaltensmerkmalen (z. B. Altruismus, Kooperation) und den Zusammenhalt in sozialen Gruppen zu erklären (Clutton-Brock 2009). Während die Theorie der Gruppenselektion nach Vero Wynne-Edwards (Wynne-Edwards 1962) heute meist abgelehnt wird, wird heute die Theorie der **Verwandtenselektion** (*kin selection*), die von John Maynard Smith und William D. Hamilton entwickelt wurde, eher akzeptiert. Richard Dawkins hat dieses Konzept durch seine Theorie vom „**egoistischen Gen**" erweitert und popularisiert. Auf Robert Trivers geht das Konzept des **reziproken Altruismus** zurück (Trivers 1971). Die Theorie der **Multilevelselektion** erklärt, dass Selektion nicht nur auf der Gen- und Individualebene auftritt, sondern auch in sozialen Gruppen und Populationen wirkt (Wilson 1975, Wilson u. Wilson 2007).

Ein wichtiges Thema in diesem Zusammenhang ist die **sexuelle Selektion**. Schon Charles Darwin hatte erkannt, dass die Männchen vieler Arten energieaufwendige morphologische Strukturen (Geweihe, Federn beim Pfau) oder Verhaltensmerkmale (Balz, Schaukämpfe) aufweisen, die für die Fitness oft eher nachteilig sein können. Diese Merkmale erleichtern jedoch den Weibchen, ein Männchen zu wählen, das die besten Gene für die Nachkommen liefert und/oder sich um die Ernährung des Weibchens und der Brut besonders gut kümmern wird. Die sexuelle Selektion ist zum Verständnis des Sexualdimorphismus, zur Erklärung des Geschlechterverhältnis in Populationen und für die Interpretation des Verhaltens und von Sozialsystemen wichtig.

Formen der Selektion

Innerhalb der Selektion kann man drei Formen unterschieden:
- stabilisierende Selektion
- gerichtete Selektion
- disruptive Selektion

Stabilisierende Selektion: Liegen konstante Umweltbedingungen vor, so haben Individuen, deren Merkmale nahe dem Mittelwert der Population liegen, eine höhere Fitness als Individuen, die extreme Merkmale aufweisen. Durch die stabilisierende Selektion ist die phänotypische Variabilität herabgesetzt.

Gerichtete (oder transformierende, dynamische oder verschiebende) **Selektion**: Ändern sich die Umweltbedingungen, so haben Individuen, deren Merkmale vom Mittelwert der Population abweichen unter Umständen einen Überlebensvorteil, wenn sie besser angepasst sind (z. B. Birkenspanner, *Biston betularia*, s. unten).

Disruptive Selektion: Wenn Individuen, deren Merkmale dem Mittelwert einer Population entsprechen, bevorzugt von Parasiten, Pathogenen oder Fressfeinden dezimiert werden, werden unter Umständen Phänotypen bevorzugt, die unterschiedliche Merkmale ausgebildet haben.

Ein anderes Selektionsregime ist die **frequenzabhängige Selektion**, bei der ein Phänotyp in Abhängigkeit seiner Häufigkeit in der Population ausgelesen wird. Steigt die Fitness mit der Häufigkeit des Phänotyps, liegt eine **positiv-frequenzabhängige Selektion** vor. Ein bekanntes Beispiel betrifft das Auftreten einer Warnfärbung. Je mehr Tiere in einer Population warnfarben sind, desto höher der Schutz vor Fressfeinden, die schneller das Signal erlernen und beachten. Bei der **negativ-frequenzabhängigen Selektion** sinkt die Fitness in Abhängigkeit zur Häufigkeit eines Phänotyps. Ein Beispiel wäre das Auftreten von Nachahmern in Populationen von warnfarbenen Arten (**Mimikry**). Je häufiger der Nachahmer, desto geringer der Abschreckungseffekt, denn Fressfeinde werden den Unterschied schnell lernen. Weitere Beispiele sind Wirt-Parasit-Beziehungen bei Schnecken und bei Daphnien.

Auf der Gen- und Allelebene kann durch Selektion die Allelfrequenz negativ oder positiv beeinflusst werden. Unter **negativer Selektion** (*purifying selection*) versteht man die Entfernung nachteiliger Allele in einer Population. Im Gegensatz dazu führt die **positive Selektion** zur Auswahl bestimmter Allele. Bei der **gerichteten positiven Selektion** (*directional selection*) werden die Träger einzelner Allele bevorzugt, so dass dieses Allel in einer Population häufiger vorkommt. Dadurch werden Allele in einer Population fixiert und die Variabilität (Polymorphismus) vermindert. Bei der **ausgleichenden Selektion** (*balancing selection*) werden Allele aufgrund ihrer Häufigkeit (Allelfrequenz) unterschiedlich ausgelesen. Wird ein Allel in der Population häufiger, wird es benachteiligt, wird es seltener so wird es bevorteilt. Damit erhält die ausgleichende Selektion den **Polymorphismus** in einer Population. Wenn für einen bestimmten Genlocus heterozygote Individuen gegenüber homozygoten bevorzugt werden, spricht man von **Überdominanz** (*overdominance*). Ein Beispiel wäre der Erhalt des Polymorphismus der **MHC-Gene**, die für die Vielfältigkeit der Immunantwort wichtig sind. In diese Gruppe fällt auch die **Sichelzellanämie**, bei der heterozygote Individuen gegenüber Malaria resistent sind (s. **unten**).

Ursprünglich wurde angenommen, dass Richtung und Geschwindigkeit der Evolution ausschließlich von der Selektion abhängen. Als man in den 60er Jahren des 20. Jahrhunderts den ungeheuren Allozym-Polymorphismus und später die Häufigkeit der synonymen Nucleotidsubstitution (s. **Abschn. 4.1.2**) in Populationen und die Grundlagen der molekularen Uhr erkannte, suchte man nach neuen Erklärungsmöglichkeiten. Kimura (1983) entwickelte die **Neutrale Theorie der molekularen Evolution**, die eine Gegenposition zum Denkmodell der Evolution durch natürliche Selektion darstellen sollte. Beide Standpunkte sind zwischenzeitlich konträr diskutiert worden. Heute erkennt man jedoch, dass sich die Argumente beider Seiten ergänzen und keineswegs so gegensätzlich sind, wie zunächst angenommen. Weder ist die neutrale Evolution so wichtig, noch die natürliche Selektion so unwichtig, wie Kimura vermutete. Die molekulare Evolutionsforschung zeigt, dass Kimuras Vorstellung der neutralen Evolution am ehesten für die häufigen synonymen Mutationen gilt (die zu keinem Wechsel des Phänotyps führen), während die nicht-synonymen Substitutionen den Regeln der natürlichen Selektion unterliegen. Der ursprüngliche Titel „*Non-Darwinian Evolution*", (King u. Jukes 1969) entfachte eine Diskussion darüber, ob die Neutrale Theorie und die molekulare Genetik den Darwinismus in Frage stellen. Jedoch erweitern gerade die Erkenntnisse der Molekularbiologie die darwinistische Evolutionstheorie. Sie belegen lediglich, dass nicht alle Mutationen (man denke an die synonymen Substitutionen) der Selektion, sondern der freien Drift unterliegen. Um zwischen Selektion und neutraler Evolution zu entscheiden, kann man den McDonald-Kreitman- und den Hudson-Kreitman-Aguade-Test (HKA-Test) einsetzen.

Die natürliche Selektion wird Individuen bevorzugen, die über eine höhere Fitness verfügen. Fitness-steigernde Allele werden daher in einer Population im Vergleich zu neutralen Allelen zunehmen. Neutrale Mutationen, die mit solchen Fitness-steigernden Allelen gekoppelt sind, werden ebenfalls bevorzugt; man nennt dies **genetic hitchhiking**. Durch einen **selective sweep** wird die genetische Variabilität in DNA-Abschnitten in Nachbarschaft zu Fitness-steigernden Allelen reduziert oder eliminiert.

Tab. 3.15 Simulation der Veränderung von Allelfrequenzen, wenn eine Selektion gegen das rezessive Gen *a* erfolgt

Generationen	s = 0,05 A	a	s = 0,01 A	a
0	0,01	0,99	0,01	0,99
100	0,44	0,56	0,026	0,974
200	0,81	0,19	0,067	0,933
400	0,93	0,07	0,28	0,72
800	0,97	0,03	0,72	0,28

Modellierung von Selektionsvorgängen

Die Auswirkungen der Selektion zugunsten oder zuungunsten eines Genotyps lassen sich einfach berechnen. Liegt keine **Selektion** vor, d. h. wenn der Selektionskoeffizient s = 0 ist, dann befindet sich die Population im Hardy-Weinberg-Gleichgewicht. Ein Selektionskoeffizient von 0,1 gegen **aa** würde z. B. bedeuten, dass bei gleicher Häufigkeit der Allele A und a in der Parentalgeneration in der ersten Filialgeneration auf 100 **AA**- 90 **aa**-Genotypen kommen. Unter diesen Bedingungen beobachten wir (wie in **Tab. 3.15** dargestellt) über vergleichsweise wenige Generationen eine Abnahme von **aa** und eine Zunahme von **AA** in der Population.

Kennt man die Veränderung der Allelfrequenzen in zwei aufeinanderfolgenden Generationen,

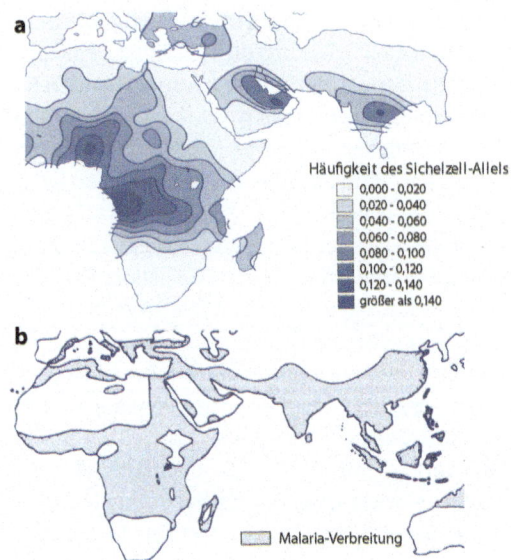

◘ Abb. 3.47 a, b Farbmorphen von *Biston betularia*. **a** Illustration der Tiere; Form *typica* (*links*), Form *carbonaria* (*rechts*). **b** Verteilung der Formen in Großbritannien. Die *carbonaria*-Mutante überwiegt in Industriegebieten mit starken Rußemissionen (aus: Sperlich 1988)

◘ Abb. 3.48 a, b Potenzielles Verbreitungsgebiet der Malaria tropica und **b** Häufigkeit des Sichelzellallels (HbS). Nach Bodmer u. Cavalli-Sforza (1976; Bildrechte liegen bei Freeman)

dann lässt sich der Selektionskoeffizient s wie folgt berechnen:

$s = \Delta p / p' \cdot q^2;$

dabei ist p die Allelhäufigkeit in Generation 1 und p' diejenige in Generation 2.

Bei starker Selektion wird einer der Genotypen eliminiert und der andere in der Population fixiert (**gerichtete Selektion**). Ein aufschlussreiches Beispiel für eine starke Selektion ist die Zunahme der melanistischen Morphe des Birkenspanners (*Biston betularia*) in England. In der vor- und frühindustriellen Zeit, d.h. vor 1850, lag der Anteil der hellen Morphe (*typica*) bei annähernd 100% (◘ Abb. 3.47a). Durch zunehmende Umweltverschmutzung hatten sehr seltene dunkle Phänotypen (*carbonaria*) den Selektionsvorteil, nicht so leicht von Prädatoren, z. B. Vögeln, erkannt zu werden (◘ Abb. 3.47b). Bereits 1878 lag der Anteil dunkler Spanner bei 45%, 1908 bei 90% und 1938 bei 96%. Aus diesen Daten lässt sich ein Selektionsvorteil von s = 0,33 berechnen; d.h. nach weniger als 100 Generationen kann sich eine Morphe in der Population quantitativ durchsetzen. Inzwischen ist die Luftverschmutzung in England aber deutlich zurückgegangen und parallel dazu hat sich die helle Morphe *typica* wieder stärker ausgebreitet. Die Birkenspanner-Ergebnisse, die Kettlewell in den 1950er Jahren durchführte, wurden von Majerus in den neunziger Jahren überprüft und wegen der Methodik kritisiert. Da einige der experimentellen Befunde nicht reproduzierbar waren, wurde von Seiten der antievolutionären Kritik die gesamte *Biston*-Forschung als fragwürdig dargestellt, während Majerus die Schlussfolgerungen im Prinzip für richtig einschätzte. Aus dem Hunsrück, wo die Luftverschmutzung als gering angesehen werden kann, ist bekannt, dass die *carbonaria*-Form eine Häufigkeit von ca. 50% hat. Hier gibt es aber viele Buchen, die dunkle Stämme aufweisen und damit den dunklen Birkenspannern einen Überlebensvorteil liefern (T. Schmitt, Universität Trier). Andere Beispiele für aktuelle Selektionsprozesse sind das Auftreten von resistenten Insekten nach längerer Insektizidbehandlung, wie man es z. B. bei der *Anopheles*-Mücke nach DDT-Behandlung feststellte, oder resistenter pathogener Bakterien nach Antibiotika-Applikation.

Ein weiteres gut untersuchtes Beispiel zur **ausgleichenden Selektion** ist die Sichelzellanämie, die in Gebieten mit Malaria vermehrt auftritt. Bei der Sichelzellanämie tritt eine Mutation im Hämoglobingen auf, indem in der Position 6 Glutamin durch Valin ausgetauscht wird. Dies bewirkt, dass das Hämoglobin in den Erythrozyten nicht länger globulär, sondern als fibrilläres Netzwerk vorliegt. Entsprechende Erythrozyten sind sichelförmig und nicht länger als Sauerstoffträger funktionsfähig. Plasmodien, die Erreger der Malaria, überleben in Sichelzellen deutlich schlechter als in normalen Erythrozyten. Deshalb haben Menschen, die für die Sichelzellmutation heterozygot sind, in Malariagebieten einen Vorteil, während Homozygote zwar auch keine Malaria bekommen, aber unter starker Anämie leiden und frühzeitig sterben. Aus diesem Grunde ist der heterozygote Genotyp in Malariagebieten Afrikas deutlich erhöht. In Asien ist die Sichelzellmutation vermutlich unabhängig entstanden (◘ Abb. 3.48).

3.5.5 Genfluss und genetische Drift

Bisher haben wir die Allelverteilung bzw. den Polymorphismus in einer uniformen Population betrachtet. In der Natur finden wir jedoch häufig Populationen, die geographisch isoliert sind. Am auffälligsten ist dieses Phänomen bei Inselpopulationen, die mit Festlandspopulation nicht länger im Austausch stehen. Jedoch bilden sich auch auf dem zusammenhängenden Festland lokale Verbreitungsinseln, die meistens geographisch z. B. durch physische Barrieren (Gebirge, breite Flüsse, große Wälder, Wüsten) oder zeitliche Trennung bedingt sind. Da viele Tierarten dazu neigen, sich an ihrem Geburtsort anzusiedeln (**Philopatrie**), wird der „**Verinselungseffekt**" weiter verstärkt und ist wesentlich häufiger, als meist allgemein angenommen wird.

In Inselpopulationen oder anderen ähnlich isolierten Populationen können sich die Allelfrequenzen durch **Zufallseffekte** deutlich verändern. Diese Zufallseffekte, die insbesondere bei kleinen Populationen auftreten, werden als **genetische Drift** bezeichnet. Sie sind besonders häufig bei neutralen Allelen, die dem Träger weder Vor- noch Nachteil bringen. In kleinen und mittelgroßen Populationen bewirkt der Einfluss der Gendrift, dass neutrale Mutationen häufig durch Zufall fixiert werden.

Wird von einer Art ein neues Areal besiedelt, z. B. eine bisher unbewohnte Insel, so hängt es von der Größe der Gründerpopulation ab, ob alle Genotypen vertreten sind und ob sich die gleiche Allelfrequenz wie in der Ursprungspopulation entwickelt. Da Gründerpopulationen meist klein sind (im Minimum ein trächtiges Weibchen bei Tieren oder ein Samen bei Pflanzen), kommt es meist kurzfristig zu einer genetischen Verarmung (**Flaschenhalseffekt**), und eine Zunahme der Homozygoten wird beobachtet. Dieser Trend kann leicht erkannt werden, da sich diese Populationen nicht länger im Hardy-Weinberg-Gleichgewicht befinden.

Betrachten wir einmal zwei isolierte Inselpopulationen, deren Allelfrequenzen sich stark unterscheiden. Kommt es aber zu einem **Genfluss** zwischen beiden Inseln (dazu reicht bereits der Austausch von ein bis zwei Individuen pro Generation aus), so verändern sich die Allelfrequenzen bald wieder in Richtung des Hardy-Weinberg-Gleichgewichtes. Man beobachtet dann wieder eine Zunahme der Heterozygoten und eine Abnahme von Erbkrankheiten, die bei homozygot rezessiven Individuen vermehrt auftreten können.

Die Veränderung der Allelfrequenzen durch Genfluss lässt sich nach folgender Formel berechnen:

$$\Delta p = m(p_m - p)$$

dabei ist p die Frequenz von A in der Hauptpopulation und p_m die Allelfrequenz von **A** bei den Einwanderern. Δp beschreibt die Veränderung nach einer Generation; m ist der Einwanderungskoeffizient (Verhältnis der Einwanderer zur Populationsgröße pro Generation).

Über die Allelverteilung kann man die Struktur von Populationen und zugrunde liegende Effekte (z. B. Wahlund-Effekt, FST, Coalescence) ermitteln. Die Populationsgenetik ist ein umfangreiches und schwieriges Gebiet, das sich nicht im Rahmen des vorliegenden Buches abhandeln lässt (näheres in Gillespie 2004; Hartl u. Clark 2007; Hamilton 2009; Hedrick 2009).

Populationsgröße und Selektion beeinflussen demnach signifikant die evolutionären Veränderungen und den Polymorphismus. Ist eine Population klein und die Selektion niedrig, so herrscht im Wesentlichen die genetische Drift vor. In großen Populationen mit deutlicher Selektion beobachtet man dagegen besonders die Effekte der natürlichen Auslese.

Die Paarung erfolgt unter natürlichen Bedingungen nicht immer nach dem Zufallsprinzip, sondern häufig gerichtet: **Positives** *assortative mating* liegt vor, wenn verwandte oder ähnliche Partner, *negatives assortative mating*, wenn nicht verwandte, ungleiche Partner gewählt werden. Ein Spezialfall ist die **Inzucht** *(inbreeding)*, bei der sich nah verwandte Individuen paaren. Als Konsequenz fortgesetzter Inzucht wird man in einer Population eine Zunahme an Homozygoten und eine Abnahme an Heterozygoten feststellen. Insbesondere wird der Anteil der Nachkommen mit nachteiligen homozygot rezessiven Genen zunehmen; man spricht von **Inzuchtdepression**. Der *inbreeding*-Koeffizient **F** nach Sewall Wright beschreibt die Wahrscheinlichkeit, dass zwei Allele eines Gens in einem Individuum von einem gemeinsamen Gen des Vorfahren abstammen.

Auch in großen natürlichen Populationen tritt Inzucht auf. Da die **Jugendmortalität in freier Natur meist sehr hoch** liegt, kommt bei fast allen Organismen nur ein kleiner Teil der Nachkommen zur Fortpflanzung. Daher werden sich nachteilige rezessive Homozygote kaum auswirken, da sie meist nicht zur Fortpflanzung kommen. Anders sieht die Situation bei Haus- oder Zootieren aus. Hier fällt die natürliche Jugendmortalität weitgehend fort, so dass man die negativen Inzuchteffekte schon nach wenigen Generationen bemerkt. Durch Mikrosatel-liten-Analyse lässt sich der Homozygotiegrad einer Zuchtpopulation leicht ermitteln (s. **Abschn. 3.5.1** und **4.1.2**). Die erhaltenen Daten geben dem Züchter die Möglichkeit, möglichst wenig verwandte Tiere zur Nachzucht einzusetzen und damit Inzuchtdepression zu vermeiden.

Mutation, Selektion, Drift, Migration und Kopplung gehören demnach zu den Mechanismen, welche die Allel- und Genotypfrequenzen in einer Population beeinflussen. Dieser Evolutionsbereich wird auch als **Mikroevolution** bezeichnet, die den Wandel in der genetischen Ausstattung einer Population widerspiegelt.

3.5.6 Artbildung (Speziation)

Eine neue Art (zum Thema Artkonzepte s. **Abschn. 1.2.3**) kann entstehen, wenn Angehörige einer Fortpflanzungsgemeinschaft in zwei getrennte Populationen aufgeteilt werden, deren Mitglieder sich nur noch innerhalb, aber nicht mehr zwischen den Populationen fortpflanzen. Man unterscheidet zwischen **allopatrischer Artbildung** (d. h. Populationen entwickeln sich in geographischer Isolierung), **parapatrischer** (d. h. Populationen grenzen aneinander) und **sympatrischer** (d. h. Populationen überlappen sich) **Artbildung** (◘ **Abb. 3.49**) (Coyne u. Orr 2004; Butlin u. Ritchie 2009; Schluter 2009; Sobel et al. 2010).

Allopatrische Artbildung

Bei den meisten Vertebraten geht man von einer **allopatrische Artbildung** (Artbildung durch räumliche Trennung) aus. Viele Arten, insbesondere wenn sie sessil leben, zeigen erhebliche geographische Variabilität; bei einer räumlichen Trennung einzelner variabler Populationen können diese sich zu selbstständigen Arten entwickeln. Allopatrische Speziation kann durch Teilung der Ausgangspopulation oder durch Abtrennung peripherer Teilpopulationen zustande kommen. Ein gut belegtes Beispiel ist die Besiedlung vulkanischer Inseln, die in den Ozeanen neu entstanden. Wenn Individuen oder Teilpopulationen vom Festland auf diese Inseln verdriftet werden, können dort neue Arten entstehen, die sich von der Ausgangsart oft deutlich unterscheiden. Auf den Makaronesischen Inseln, zu

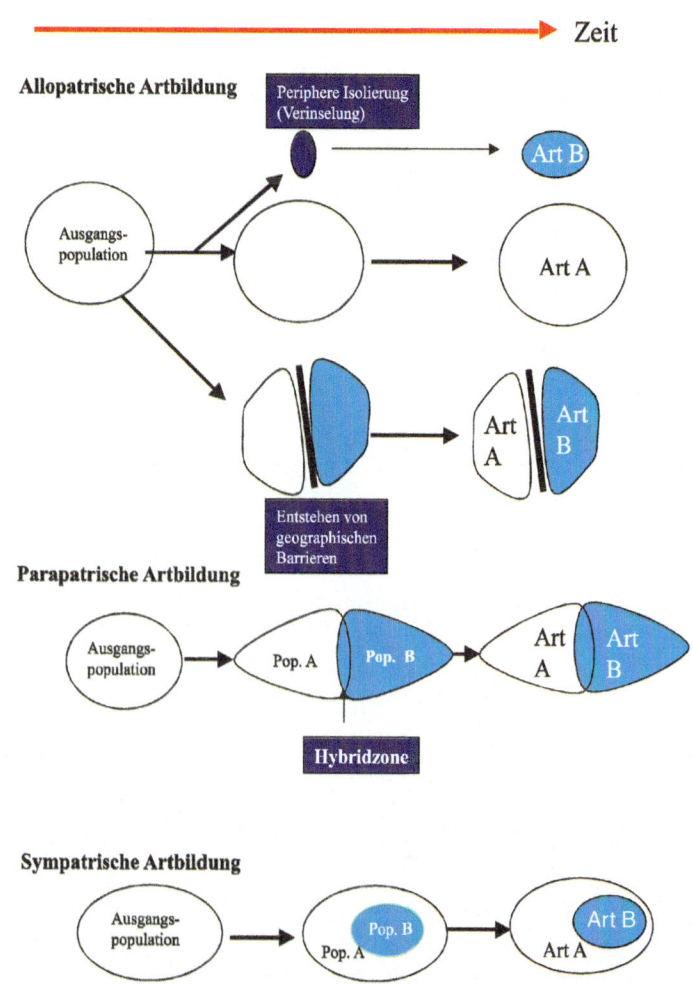

Abb. 3.49 Schematische Darstellung der verschiedenen Speziationsmodelle

denen die Azoren, Madeira, die Kanaren und die Kapverden zählen, wird ein erheblicher Anteil der Arten als **endemisch** angesehen, d. h. sie kommen nur hier vor: von 2400 Pflanzenarten gelten 1120 Arten als endemisch, unter den 105 Brutvogelarten, die wesentlich mobiler sind, liegt der Anteil der Endemiten bei 13 %. Ozeanische Inseln sind daher zur Untersuchung von Artbildungsprozessen besonders gut geeignet.

Als Beispiel ist in ■ Abb. 3.50 und ■ Abb. 3.51 die molekulare Phylogeographie der Geckos der Gattung *Tarentola* und von Rotkehlchen, Goldhähnchen und Blaumeisen dargestellt. Bei den Geckos kann man vermuten, dass *Tarentola mauritanica* vom afrikanischen (Kanarentiere) oder europäischen Festland (Madeiratiere) auf die Inseln verdriftet wurde (z. B. mit Holzstämmen). Es scheinen mehrere unabhängige Kolonisierungen stattgefunden zu haben. So lassen sich alle Gecko-Haplotypen der Ostinseln, die als *T. angustimentalis* abgetrennt werden, von einer gemeinsamen Stammart ableiten. Selbst die vorgelagerten kleinen Inseln sind durch Geckos besiedelt, die bereits inselspezifische Haplotypen ausgebildet haben. Die Besiedlung der Westinseln erfolgte in einer zweiten Phase. Betrachtet man die Astlängen in den Phylogrammen, die mit den Divergenzzeiten korreliert sind, erhalten wir einen Anhaltspunkt dafür, wann die Besiedlung der einzelnen Inseln erfolgte. Da die Kanaren vulkanischen Ursprungs sind, kann man ihr Alter gut datieren. Alle Inseln entstanden in den letzten 20 Mio. Jahren (■ Abb. 3.50a). Die

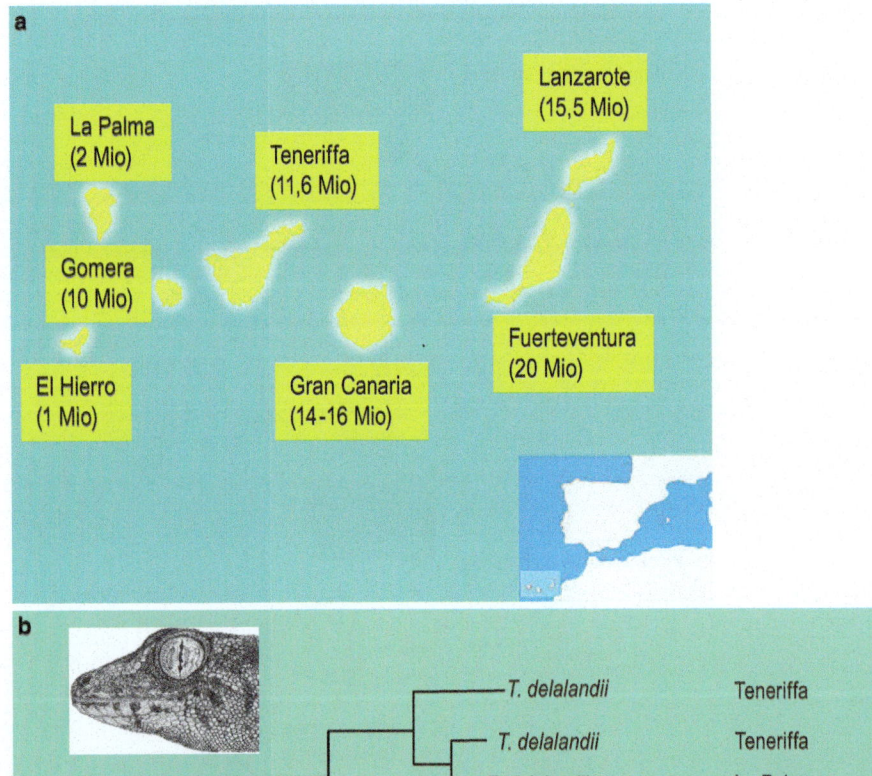

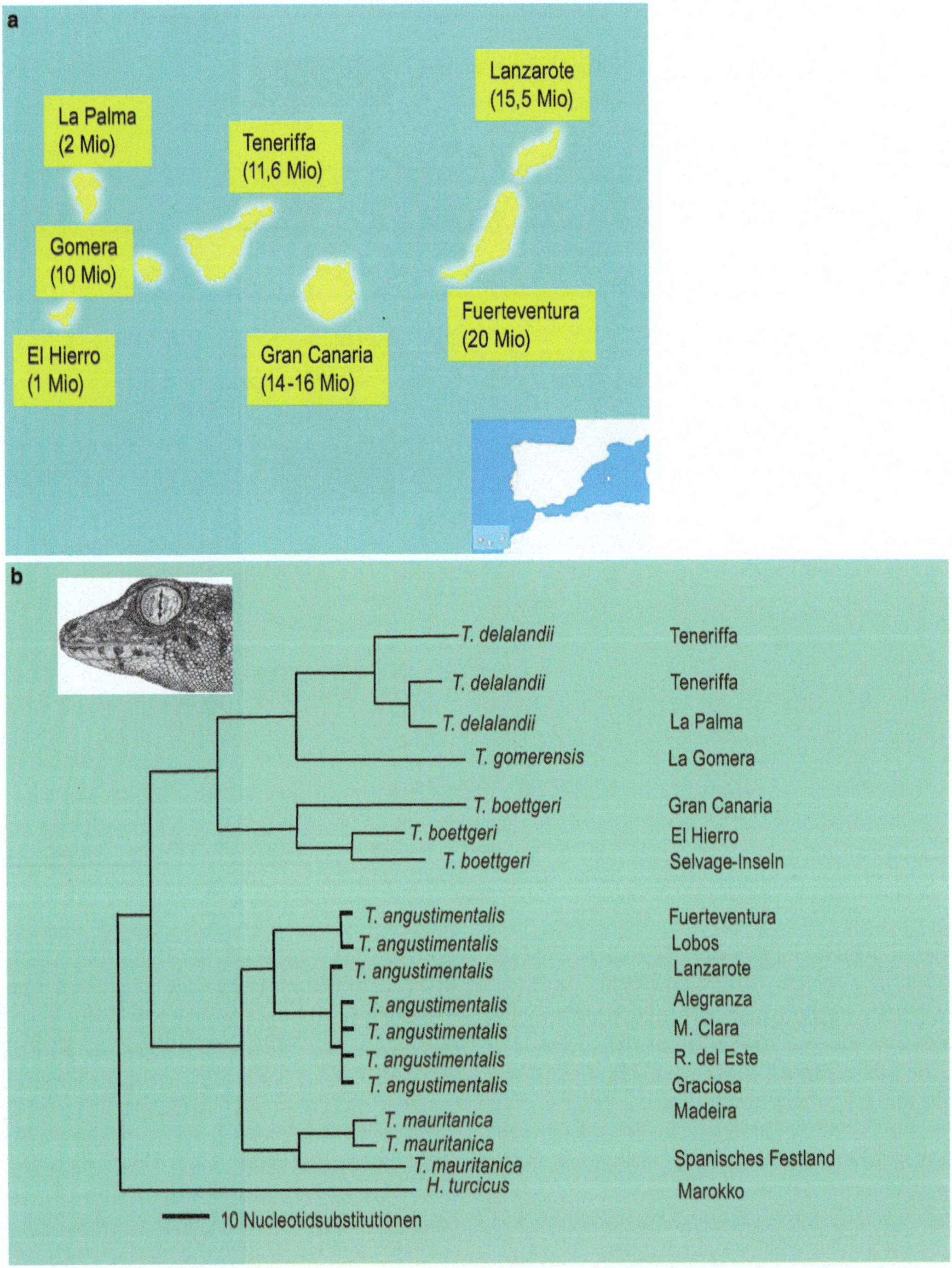

☐ **Abb. 3.50 a, b. a** Lage und Alter der Kanarischen Inseln und Madeiras. **b** Phylogeografie der Geckos (Gattung *Tarentola*) auf den Makaronesischen Inseln; rekonstruiert über Nucleotidsequenzen mitochondrialer DNA (Cytochrom b, 12S rRNA) (nach Nogales et al. 1998). Im Phylogramm entsprechen die Astlängen genetischen Distanzen. Bildrechte liegen bei Wiley

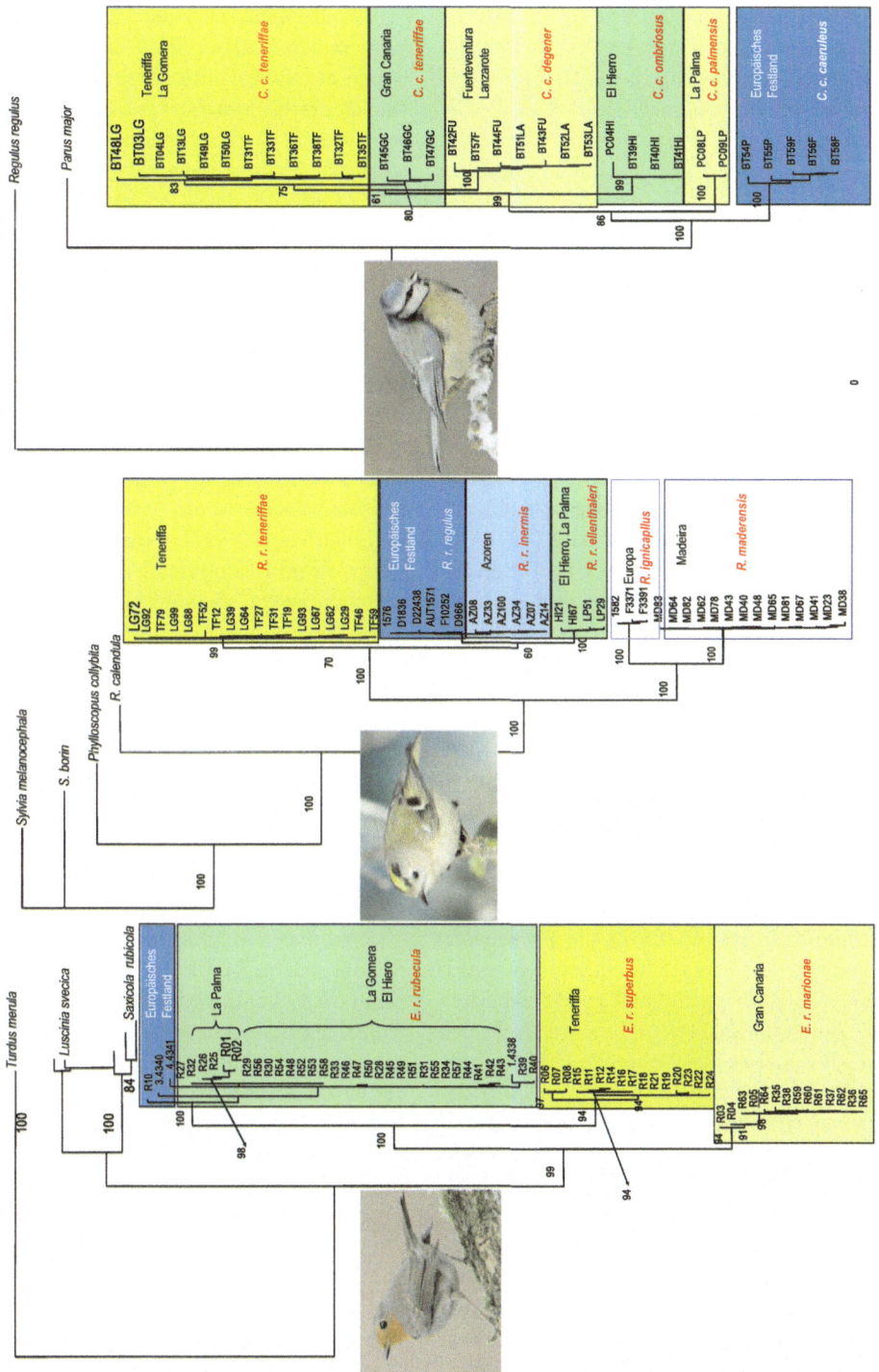

Abb. 3.51 Phylogeographie der Rotkehlchen, Goldhähnchen und Blaumeisen auf den Makaronesischen Inseln; rekonstruiert über Nucleotidsequenzen des mitochondrialen Cytochrom-b-Gens. Im Phylogramm entsprechen die Astlängen genetischen Distanzen (nach Dietzen et al. 2006, Bildrechte liegen beim Autor)

Astlängen in den Phylogrammen der Geckos von den Westinseln sind größer als die der Ostinseln. Da die Westinseln ein Alter von 10–12 Mio. Jahren und weniger aufweisen, kann man folgern, dass die Geckos frühestens vor 5–10 Mio. Jahren dort ankamen, während die Besiedlung der Ostinseln vermutlich erst später erfolgte.

Auf den Kanaren leben weitverbreitet Rotkehlchen (*Erithacus rubecula*), die teilweise eigenen Unterarten, wenn nicht sogar Arten angehören (◘ **Abb. 3.51a**): Auf Teneriffa und Gran Canaria konnten aufgrund von DNA-Sequenzen zwei eigenständige Taxa erkannt werden, *E. r. superbus* auf Teneriffa und *E. r. marionae* auf Gran Canaria. Die Rotkehlchen der übrigen kanarischen Inseln haben Haplotypen (also Sequenzvarianten), die denen der Rotkehlchen auf dem europäischen Festland entsprechen (*E. r. rubecula*). Man kann die Unterarten auf Teneriffa und Gran Canaria auch an der intensiveren Rotfärbung und den abweichenden Gesängen unterscheiden; aufgrund der genetischen Distanzen und der übrigen Unterschiede könnte diese Besiedlung schon bald nach der Entstehung dieser Inseln vor max. 11,6 bzw. 16 Mio. Jahren erfolgt sein, während die übrigen Inseln deutlich später vom europäischen Festland her besiedelt wurden. Von einigen Autoren werden die beiden Kanaren-Rotkehlchen als eigenständige Arten angesehen.

Ein ähnliches Szenario ergibt sich für den Blaumeisenkomplex (*Cyanistes caeruleus*) der Makaronesischen Inseln (◘ **Abb. 3.51c**), die gut definierbare Inselunterarten ausgebildet haben, welche sich durch Gefiederfärbung und Rufe gut differenzieren lassen. Auf der molekularen Ebene unterscheiden sich die Blaumeisen der Westinseln El Hierro und La Palma (*C. c. ombriosus* und *C. c. palmensis*) klar von denen der mittleren (Teneriffa und Gran Canaria) und östlichen Inseln (Fuerteventura und Lanzarote). Aus genetischer Sicht lassen sich die Bewohner von Teneriffa und Gran Canaria, die bislang zur derselben Unterart gerechnet werden, ähnlich wie die Rotkehlchen, in zwei eigenständige Arten unterteilen. Ausgehend von den Blaumeisen des europäischen Festlands gab es möglicherweise mehrere Kolonisationsereignisse, wobei die erdzeitlich jungen Westinseln offenbar zuerst besiedelt wurden.

Spannend ist auch die Phylogeographie der Wintergoldhähnchen (*Regulus regulus*), die nur wenige der Kanareninseln besiedeln. Von Teneriffa wird eine eigene Unterart (*R. r. teneriffae*) beschrieben, die sich überraschenderweise von den Goldhähnchen der Westinseln El Hierro und La Palma (*R. r. ellenthaleri*) unterscheidet. Die Bewohner der Westinseln sind mit den Wintergoldhähnchen der Azoren und des Festlandes offenbar näher verwandt als mit den Bewohnern Teneriffas. Das Wintergoldhähnchen kommt jedoch nicht auf Madeira vor, sondern wird dort durch einen Vertreter aus dem Sommergoldhähnchen-Komplex (*R. ignicapillus*) ersetzt.

Für andere Archipele (z. B. die Galapagosinseln und Hawaii) lassen sich ähnliche Beispiele aufführen. Als Fazit kann man feststellen, dass sich auf den meisten landfernen Inseln inselspezifische (endemische) Haplotypen und Spezies/Subspezies erkennen lassen, die sowohl genetisch als auch morphologisch (bei Vögeln meist auch akustisch) differenziert sind. Da endemische Inselarten meist auf kleinem Raum vorkommen und kleine Bestände aufweisen, sind viele von ihnen durch Habitatverluste oder andere menschliche Eingriffe viel stärker bedroht als weit verbreitete Festlandarten. Es ist daher nicht verwunderlich, dass unter den nachweislich ausgestorbenen Arten und unter den hochgradig gefährdeten Arten besonders viele Inselendemiten zu finden sind.

Parapatrische Artbildung

Wenn sich die Umweltbedingungen im einem geographisch abgrenzbaren Teilbereich einer Population ändern, kommt es durch natürliche Selektion zur Ansiedlung von Individuen, die an die neuen Bedingungen besser angepasst sind, als die Ursprungsart. Bleiben die veränderten Umweltbedingungen konstant, so können sich zunächst zwei separate Entwicklungslinien herausbilden, die zunächst als Unterarten, später als Arten abzutrennen sind. Da deren Areale aneinander grenzen, findet man häufig eine **Hybridzone**. Isolationsmechanismen und Hybridisierungsschranken folgen später. Isolationsmechanismen können präzygotisch oder postzygotisch erfolgen. **Präzygotische Isolation** kann durch Unterschiede im Timing des Brutgeschehens, in Bruthabitaten, Balzverhalten, Morpho-

Abb. 3.52 a–c. Sympatrische Artbildung durch Hybridisierung, am Beispiel der Gattung *Galeopsis*. Aus den diploiden Ausgangsarten *Galeopsis speciosa* (a) und *G. pubescens* (c) entstand eine neue tetraploide Art, *G. tetrahit* (b)

logie oder gametischer Inkompatibilität hervorgerufen werden. Eine **postzygotische Isolation** tritt erst nach der Befruchtung ein und reduziert die Vitalität oder Fertilität der hybriden Nachkommen.

Diese Art der Artbildung wird auch als ökologische Artbildung bezeichnet. Ein Beispiel aus der heimischen Fauna ist das Auftreten von Raben- und Nebelkrähe (*Corvus corone* und *C. cornix*), die früher in zwei Unterarten untergliedert wurden. In Westdeutschland treten Rabenkrähen auf, während östlich der Elbe die Nebelkrähen überwiegen. Wo beide Taxa aneinander stoßen, bilden sich Hybridzonen aus. Auf der Ebene von DNA-Sequenzen des mitochondrialen Cytochrom-b-Gens unterscheiden sich beide Taxa noch nicht, ein Hinweis darauf, dass immer noch ein Genfluss stattfindet und die Trennung erst vor erdgeschichtlich kurzer Zeit erfolgte. Demnach ist die Artbildung noch nicht abgeschlossen. Erst wenn keine Hybridzone mehr vorhanden ist, können wir von „guten" Arten sprechen. Dies gilt z. B. für Schwesterartenpaar Sprosser (*Luscinia luscinia*) und Nachtigall (*Luscinia megarhynchos*), die sich geographisch ersetzen und nur in Ausnahmefällen hybridisieren. Viele nah verwandte und junge Arten unterscheiden sich morphologisch nur wenig; solche „**kryptischen" Arten** lassen sich am ehesten durch DNA-Marker auseinanderhalten (s. Abschn. 4.1.2).

Abb. 3.53 Hybridisierung bei Minzen. Aus den Ausgangsarten *Mentha suaveolens* (2n = 24 Chromosomen) und *M. longifolia* (2n = 24 Chromosomen) entstand *M. spicata* (2n = 36 und 48 Chromosomen), die mit den Ausgangsarten rückkreuzbar ist. Durch Hybridisierung von *M. spicata* mit *M. aquatica* (2n = 96) entstand die sterile *M. x piperita* (2n = 66 und 72 Chromosomen)

Bei parapatrischen Arten kennt man das Phänomen des **character displacements**. In den Bereichen, wo zwei nah verwandte parapatrische Arten sich nicht begegnen, ähneln sich beide Arten meist sehr. Dagegen findet man in den Überlappungsbereichen eine starke Ausprägung von unterscheidenden Merkmalen im Aussehen, Verhalten oder ökologischen Ansprüchen.

Sympatrische Artbildung

Wenn Arten innerhalb desselben Verbreitungsgebietes entstehen, so liegt Sympatrie vor. Da sympatrische Arten regelmäßig aufeinander treffen können, sind bei jungen Arten Hybridisierungen nicht selten. Sympatrische Artbildung ist schwerer nachzuweisen und bei Arten mit stabilen Polymorphismen denkbar, bei denen sich eine Verpaarung zwischen speziellen Genotypen bevorzugt einstellt.

Insbesondere bei Cichliden, Anolis-Leguanen, Insekten und Palmen gibt es klare Belege für diese Form der Artbildung, wie dies in den Labors von A. Meyer, B. Dieckmann, M. Doebeli, D. Tautz und U. Schlieven eindrucksvoll gezeigt werden konnte. Bei Vögel und Säugetieren ist die sympatrische Artbildung bislang nur selten belegt; ein Beispiel dafür ist die Differenzierung der Witwenvögel, bei denen ein Wirtswechsel zu einer anderen Prachtfinkenart zur generativen Isolierung und damit zur Artbildung führen kann (Dieckmann et al. 2004, Pennisi 2006).

Wie schon in **Abschn. 3.4.2** diskutiert spielen die **Hybridisierung** und **Polyploidisierung** für **Pflanzen** (sowohl Allopolyploidisierung als auch Autopolyploidisierung) und sicher auch für einige Tiergruppen eine wichtige Rolle bei der sympatrischen Artbildung, da sie zu Genfluss und komplexen Genomreorganisationen führen: einige Wissenschaftler vermuten, dass 50 % der höheren Pflanzen durch Hybridisierung entstanden. Die Genomevolution von Polyploiden und Hybriden wird durch vielfältige genetische Interaktionen gesteuert, z. B. Rekombination, Genkonversion, konzertierte Evolution, innergenomische Chromosomenaustausche, cytonukleäre Stabilisation und Genstilllegungen. Durch diese Reorganisationen können neue Genkombinationen zustande kommen, die zu neuen Funktionen führen und adaptive Radiationsprozesse erleichtern.

Normalerweise sind Hybride steril. Durch Polyploidisierung (s. **Abschn. 3.4.2**) kann die Fertilität jedoch u. U. wieder restauriert werden, so dass fertile neue Arten entstehen. Ein Beispiel für Artbildung durch natürliche Hybridisierung ist der Hohlzahn *Galeopsis tetrahit* (Familie Lamiaceae), der aus *G. pubescens* und *G. speciosus* entstand (◨ **Abb. 3.52**). Ein anderes Beispiel stellen Minzen da, die nah verwandt sind und in der Natur oder in Kultur leicht hybridisieren. Viele der Hybride sind steril oder haben eine reduzierte Fertilität; sie können sich jedoch vegetativ vermehren und bleiben daher erhalten. Die bekannte Pfefferminze (*Mentha × piperita*), die zur Gewinnung von ätherischem Öl angebaut wird, stellt einen sterilen Tripel-Bastard dar, mit *M. aquatica* und *M. spicata* als Ausgangsarten, wobei *M. spicata* selbst ein Hybrid zwischen *M. suaveolens* und *M. longifolia* darstellt (◨ **Abb. 3.53**). In der Pflanzenzucht wird diese Strategie häufig genutzt, indem man Arten kreuzt, anschließend die sterile Hybride durch Colchicin polyploidisiert und fertile Mutanten selektiert; z. B. ist so die beliebte Zierpflanze *Primula kewensis* (2n = 36) aus *P. verticillata* (2n = 18) und *P. floribunda* (2n = 18) gezüchtet worden. In der Natur sind Arthybride besonders häufig in einigen Gattungen der Asteraceae, Brassicaceae, Lamiaceae, Asphodelaceae (Gattung *Aloe*) und Orchidaceae zu finden.

Literatur

Arendt D, Nübler-Junk K (1994) Inversion of dorsoventral axis? Nature 371: 26

Arendt D, Tessmar-Raible K, Snyman H, Dorresteijn AW, Wittbrodt J (2004) Ciliary photoreceptors with a vertebrate-type Opsin in an invertebrate brain. Science 306: 869–871

Bodmer WF, Cavalli-Sforza LL (1976) Genetics, evolution and man. Freeman, San Francisco

Brown WM, George M, Wilson AC (1979) Rapid evolution of animal mitochondrial DNA. Proc Natl Acad Sci USA 76: 1967–1971

Butlin RK, Ritchie MG (2009) Genetics of speciation. Heredity 102: 1–3

Camp NJ, Cox A (2002) Quantitative Trait Loci: Methods and Protocols. Reihe: Methods in Molecular Biology. Band 195. Humana Press, Totowa

Clutton-Brock T (2009) Cooperation between non-kin in animal societies. Nature 462: 51–57.

Coyne JA, Orr HA (2004) Speciation. Sinauer Associates, Sunderland

Cracraft J (2005) Phylogeny and evo-devo: Characters, homology, and the historical analysis of the evolution of development. Zoology 108: 345–356

Dawkins D (1999) The Selfish *Gene*. Oxford University Press, Oxford

Dawkins R (2000) The Blind Watchmaker. Neuaufl. Penguin, London

Dawkins R (2009) The Greatest Show on Earth. Free Press, New York

de Duve C (1994) Ursprung des Lebens. Präbiotische Evolution und die Entstehung der Zelle. Spektrum, Heidelberg

de Duve C (1995) Aus Staub geboren. Spektrum, Heidelberg (Vgl. auch: Die Herkunft der komplexen Zellen (1996) Spektrum Wiss, S 60–68

Dieckmann U, Doebeli M, Metz JAJ, Tautz D (2004) Adaptive speciation. Cambridge Univ Press, Cambridge

Dietzen C, Garcia-del-Rey E, Delgado Castro G, Witt HH, Wink M (2006) Molecular phylogeography of passerine bird species on the Atlantic Islands. Poster IOC Berlin

Doolittle WF (2000) Stammbaum des Lebens. Spektrum Wiss, S 52–57

Doyle JJ, Gaut BS (2000) Evolution of genes and taxa: a primer. Plant Mol Biol 42: 1–23

Eigen M, Winkler R (1975) Das Spiel. Naturgesetze steuern den Zufall. Pieper, München

Finnerty JR, Pang K, Burton P, Paulson D, Martindale MQ (2004) Origins of bilateral symmetry: Hox and dpp expression in a sea anemone. Science 304: 1335–1337

Futuyma DJ (1990) Evolutionsbiologie. Birkhäuser, Basel

Gilbert SF (2003) Developmental Biology, 7. Aufl. Sinauer, Sunderland

Gillespie JH (2004) Population Genetics: A Concise Guide, 2. Aufl. Johns Hopkins Press

Gobert V, Moja S, Colson M, Taberlet P (2002) Hybridization in the section *Mentha* (Lamiaceae) inferred from AFLP markers. Am J of Botany 89: 2017–2023

Gobert V, Moja S, Taberlet P, Wink M. (2006) Heterogeneity of three molecular data partition phylogenies of mints related to *M. × piperita* (Mentha, Lamiaceae). Plant Biol 8: 470–485

Gould SJ (1977) Ontogeny and Phylogeny. Harvard Univ Press, Cambridge/MA

Haeckel E (1884) Die Gastraea-Theorie, die phylogenetische Classification des Thierreiches und die Homologie der Keimblätter. Jena Z Naturwiss 8: 1–55

Hamilton M (2009) Population Genetics. Wiley, New York

Harley RM, Brighton CA (1977) Chromosome numbers in the genus *Mentha* L. Botanical J of the Linnaean So 74: 71–96

Hartl DL, Clark AG (2007) Principles of Population Genetics, 4. Aufl. Palgrave Macmillan, Houndmills

Hedrick PW (2009) Genetics of Populations, 4. Aufl. Jones & Bartlett, Burlington

Hennig W (1998) Genetik, 2. Aufl. Springer, Heidelberg

Holstein TW (2012) The evolution of the wnt pathway. Cold Spring Harb Perspect Biol. 4 pii: a007922. doi: 10.1101/cshperspect.a007922

Holstein TW, Watanabe H, Ozbek S (2011) Signaling pathways and axis formation in the lower metazoa. Curr Top Dev Biol 97: 137–77

Keeling PC (2004) Diversity and evolutionary history of plastids and their hosts. Amer J Bot 91: 1481–1493

Kimura M (1983) The Neutral Theory of Molecular Evolution. Cambridge Univ Press, Cambridge

King JL, Jukes TH (1969) „Non-Darwinian Evolution". Science 164: 788–798

Kirschner MW, Gerhart JC (2007) Die Lösung von Darwins Dilemma. rororo Reinbek

Kurland CG, Canback B, Berg OG (2003) Horizontal gene transfer: A critical view. PNAS 100: 9658–9662

Kusserow A et al (2005) Unexpected complexity of the Wnt gene family in a sea anemone. Nature 433: 156–160

Kutschera U (2008) Evolutionsbiologie. 3. Aufl. Ulmer, Stuttgart

Kutschera U, Niklas KJ (2005) Endosymbiosis, cell evolution, and speciation. Theory Biosci 124: 1–24

Li WH, Wu CI, Luo CC (1985) A new method for estimating synonymous and non-synonymous rates of nucleotide substitution considering relative likelihood of nucleotide and codon changes. Mol Biol Evol 2: 150–174

Maier U-G, Douglas SE, Cavalier-Smith T (2000) The nucleomorph genomes of Cryptophytes and Chlorarachniophytes. Protist 151: 103–109

Margulis L (1981) Symbiosis in Cell Evolution. Freeman, New York

Martin W, Koonin EV (2006) Introns and the origin of nucleus-cytosol compartmentalization. Nature 440: 41–45

Martin W, Müller M (1998) The hydrogen hypothesis for the first eukaryote. Nature 392: 37–41 (vgl. auch Spektrum Wiss (1998) 18–20)

Mayr E (1967) Artbegriff und Evolution. Parey, Hamburg

Mayr E (2005) Das ist Evolution. Goldmann, München

Meyer A, Schartl M (1999) Gene and genome duplications in vertebrates: The one-to-four (-to-eight in fish) rule and the evolution of novel gene functions. Curr Opin Cell Biol 11: 699–704

Mindell DP (1997) Avian molecular evolution and systematics. Academic Press, San Diego

Monod J (1971) Zufall und Notwendigkeit. Pieper, München

Müller WA, Hassel M (1999) Entwicklungsbiologie, 2. Aufl. Springer, Heidelberg

Nogales LM, Jimenez-Asensio J, Larruga J M, Hernandez M, Gonzalez P (1998) Evolution and biogeography of the genus *Tarentola* (Sauria: Gekkonidae) in the Canary islands, inferred from mitochondrial DNA sequences. J Evol Biol 11: 481–494

Pennisi E (2006) Speciation standing in place. Science 311: 1372–1374

Plomin R, DeFries JC, McClearn GE, Rutter M (1997) Behavioral Genetics, 3. Aufl. Freeman, New York

Quadbeck-Seeger, HJ (2008) Die Struktur der DNA – ein Modell-Projekt. Chemie i u Zeit 42: 292–294

Quiring R, Walldorf U, Kloter U, Gehring WJ (1994) Homology of the eyeless gene of *Drosophila* to the small eye gene in mice and aniridia in humans. Science 265: 785–789

Raff RA, Kaufman TC (1983) Embryos, genes, and evolution. Macmillan, New York

Riedl R (1977) A systems-analytical approach to macroevolutionary phenomena. Quart Rev Biol 52: 351–370

Riedl R (1978) Order in living organisms: A systems analysis of evolution. Wiley, New York

Rieseberg LH, Baird, SJE, Gardner KA (2000) Hybridization, introgression, and linkage evolution. Plant Molecular Biology 42: 205–224

Ristow D, Wink C, Wink M, Scharlau W (1998) Colour polymorphism in Eleonora's Falcon, *Falco eleonorae*. Sandgrouse 20: 56–64

Rivera MC, Lake JA (2004) The ring of life provides evidence for a genome fusion origin of eukaryotes. Nature 431: 152–155 (Vgl auch: Groß M (2005) Der Ring des Lebens schließt sich. Spektrum Wiss, S 20–22)

Robinson-Rechavi M, Boussau B, Laudet V (2004) Phylogenetic dating and characterisation of gene duplications in vertebrates: The cartilaginous fish reference. Mol Biol Evol 21: 580–586

Sarich VM, Wilson AC (1973) Generation time and genome evolution in primates. Science 179: 1144–1147

Schlosser G, Wagner GP (Hrsg) (2004) Modularity in development and evolution. Chicago Univ Press, Chicago/IL

Schluter D (2009) Evidence for ecological speciation and ist alternatives. Science 323: 737–741

Seehausen O (2004) Hybridization and adaptative radiation. Trends Ecol Evol 19: 198–207

Slack JM, Holland PW, Graham CF (1993) The zootype and the phylotypic stage. Nature 361: 490–492

Sobel JM, Chen GF, Watt LR, Schemske DW (2010) The biology of speciation. Evolution 64: 295–315

Soltis DE, Soltis PS (1995) The dynamic nature of polyploid genomes. Proc Natl Acad Sci USA 92: 8089–8091

Soltis DE, Soltis PS (1999) Polyploidy: recurrent formation and genome evolution. Trends Ecol Evol 14: 348–352

Soltis PS, Soltis DE (2009) The role of hybridisation in plant speciation. Annu Rev Plant Biol 60: 561–588

Soltis PS, Soltis DE, Doyle JJ (1992) Molecular systematics of plants. Chapman & Hall, New York

Sperlich D (1988) Populationsgenetik, 2. Aufl. Fischer, Stuttgart

Szathmary E, Maynard Smith J (1995) The major evolutionary transitions. Nature 374: 227–232

Thoms SP (2005) Ursprung des Lebens. Fischer, Frankfurt am Main

Thor S, Thomas J (2002) Motor neuron specification in worms, flies and mice: conserved and ‚lost' mechanisms. Curr Opin Genet Dev 12: 558–564

Trivers RL (1971) The evolution of reciprocal altruism. Quarterly Revue of Biology 46: 35–57

Turmel M, Otis C, Lemieux C (1999) The complete chloroplast DNA sequence of the green alga *Nephroselmis olivacea*: insights into the architecture of ancestral chloroplast genomes. Proc Natl Acad Sci USA 96: 10248–10253

Wendel JF (2000) Genome evolution in polyploids. Plant Mol Biol 42: 225–249

Wilson DS (1975) A theory of group selection. Proc Natl Acad Sci USA 72: 143–146

Wilson DS, Wilson EO (2007) Rethinking the theoretical foundations of sociobiology. Quart Rev Biol 82: 327–348

Wink M, Wink C, Ristow D (1978) Biologie des Eleonorenfalken (*Falco eleonorae*). 2. Zur Vererbung der Gefiederphasen (hell-dunkel). J Ornithol 119: 421–428

Wittbrodt J, Meyer A, Schartl M (1998) More genes in fish? Bioessays 20: 511–515

Wolpert L (2002) Principles of Development, 2. Aufl. Oxford University Press, Oxford

Wright GD, Poinar H (2012) Antibiotic resistance is ancient: implications for drug discovery. Trends Microbiol 20: 157–159

Woese CR, Kandler O, Wheelis ML (1990) Towards a natural system of organisms: Proposal for the domains Archaea, Bacteria, and Eukarya. Proc Natl Acad Sci USA 87: 4576–4579

Wynne-Edwards V (1962) Animal Dispersion in Relation to Social Behaviour. Oliver & Boyd, Edinburgh

4 Molekulare Evolutionsforschung: Methoden, Phylogenie, Merkmalsevolution und Phylogeographie

4.1 Methoden der molekularen Evolutionsforschung

> **Übersicht**
>
> In diesem Kapitel erfolgt zunächst eine kurze historische Einführung in molekulare Evolutionsforschung. Den Methoden, wie beispielsweise Allozymanalyse, DNA-Fingerprinting, Mikrosatelliten-Analyse und andere PCR-Verfahren, DNA-Sequenzierung, Sequenzanalysen, Stammbaumrekonstruktion und molekularen Uhren wird ein etwas breiterer Raum gewidmet, da man die Aussagekraft der Ergebnisse der molekularen Evolutionsforschung nur beurteilen kann, wenn man die Methoden und ihre Einschränkungen kennt.

4.1.1 Ein kurzer historischer Rückblick

Der britische Biologe Falkner untersuchte um 1900 immunologische Merkmale in Blutproben von Menschen und Menschenaffen (Schimpanse, Gorilla, Orang-Utan und Gibbon). Schon damals erkannte der Autor, dass *Homo sapiens* mit den afrikanischen Menschenaffen näher verwandt ist als mit den asiatischen Arten (s. Kap. 5). In Deutschland war es Paul Uhlenhuth, der 1901 als Erster Menschenblut mithilfe der Serologie von Tierblut unterscheiden konnte. 60 Jahre später wurden erneut Blutproben untersucht; dieses Mal wurden Blutproteine über die neu entwickelten Methoden der **Proteinelektrophorese** in ihre Einzelkomponenten aufgetrennt und die Aminosäuresequenzen ausgewählter Blutproteine in mühevoller Kleinarbeit über den Edman-Abbau bestimmt. Berühmte Forscher wie Pauling, Zuckerkandl und Goodman sind mit dieser frühen Phase der molekularen Evolutionsforschung (◘ Tab. 4.1) eng verbunden. Ab Mitte der 60er Jahre des 20. Jahrhunderts traten informativere DNA-Untersuchungen an die Stelle der Proteinanalyse, da die **Aminosäuresequenzierung** sehr aufwendig ist und da Proteine nah verwandter Arten oft keine Unterschiede aufweisen.

Mitte der 1970er Jahre, bevor die Klonierungs- und Sequenzierungsmethoden etabliert waren, führte Charles Sibley die **DNA-DNA-Hybridisierung** als eine wichtige Methode in die Evolutionsforschung ein (die 1966 von Britten und Kohne entwickelt worden war), um Verwandtschaftsbeziehungen zwischen Organismen erkennen zu können. Bei dieser Methode hybridisiert man *Single-copy*-DNA von zwei Organismen und bestimmt die Veränderung der Schmelztemperatur der DNA. Eine Veränderung um 1 °C in der Schmelztemperatur entspricht in etwa einer Divergenz von 1 %, d. h. einem Austausch von 1 Nucleotid in 100 Nucleotiden. Sibley und Mitarbeiter untersuchten über 1000 Vogelarten mit dieser Methode und erstellten die erste molekulare Gesamtphylogenie einer großen Organismengruppe (Sibley u. Ahlquist 1990). Da die DNA-DNA-Hybridisierung nur Distanzen und keine distinkten Merkmale liefert, konnten sich kladistisch arbeitende Systematiker (s. **Abschn. 4.2**) nur schwer mit dieser Methode anfreunden. Außerdem ist ihre Auflösung in vielen Fällen nicht ausreichend, so dass die DNA-DNA-Hybridisierung heute kaum noch durchgeführt wird und durch die Sequenzierung von Markergenen abgelöst wurde.

Durch die Entdeckung von **Restriktionsendonucleasen** durch Werner Arber im Jahre 1962 wurde es möglich, isolierte DNA in Abschnitte definierter Länge zu zerschneiden, da diese Enzyme spezifische Sequenzabschnitte erkennen können, die häufig eine **Palindromstruktur** aufweisen (◘ Abb. 4.1). Man hat diese Methode insbesondere bei zirkulärer mitochondrialer (mtDNA) und plastidärer (cpDNA) DNA eingesetzt und nach Gelelektrophorese komplexe Bandenmuster erhalten, wie man sie heute beim DNA-Fingerprinting kennt. Die Methode des **Restriktionsfragment-Längen-Polymorphismus (RFLP)** von mtDNA und cpDNA wurde besonders in den Jahren zwischen 1970 und 1990 benutzt, wird aber heute in der Evolutionsforschung zunehmend durch höher auflösende Methoden, z. B. DNA-Sequenzierung oder AFLP ersetzt (s. **Abschn. 4.1.2**).

Durch die bahnbrechenden Versuche von Boyer, Cohen und Berg wurde es ab 1973 möglich, **Gene** gezielt zu **klonieren**. Weitere Meilensteine waren reproduzierbare und schnelle Methoden zur **DNA-Sequenzierung**: In den Jahren 1975–1977 entwickelten Frederick Sanger und Mitarbeiter die

Tab. 4.1 Meilensteine in der Entwicklung molekularbiologischer Methoden oder Konzepte mit Bezug auf die molekulare Evolutionsforschung

Jahr	Methode	Maßgebliche Wissenschaftler
1871	DNA wird isoliert	Miescher
1881	Struktur der Nucleotide wird ermittelt	Kossel
1933	Entwicklung der Proteinelektrophorese	Tiselius
1943	Nachweis von DNA als Erbsubstanz	Avery
1953	Ermittlung der DNA-Doppelhelixstruktur	Watson u. Crick
1957	Entdeckung der DNA-Polymerasen	Kornberg
1959	Entwicklung der Polyacrylamid-Gelelektrophorese	Raymonds
1961	DNA-Renaturierung und Hybridisierung	Marmur u. Doty
1961	Postulat einer molekularen Uhr	Pauling u. Zuckerkandl
1962	Entdeckung der Restriktionsenzyme	Arber
1963	Erste molekulare Phylogenie wird über die Aminosäuresequenz des Cytochrom c aufgestellt	Margoliash
1966	Entzifferung des genetischen Codes	Nirenberg, Ochoa, Khorana
1967	Entdeckung der DNA-Ligase	Gellert
1972/73	Entwicklung der DNA-Klonierung	Boyer, Cohen, Berg
1975	DNA-Transfer aus Gel auf Membran	Southern
1975–77	Entwicklung der DNA-Sequenzierung	Sanger u. Barrell; Maxam u. Gilbert
1983–85	Entwicklung der PCR	Mullis
1985	DNA-Fingerprinting von Minisatelliten-DNA	Jeffreys
1987	erster automatisierter DNA-Sequencer (ABI 370)	Applied Biosystems
1995	erste Komplettsequenzierung eines Lebewesens (*Haemophilus influenzae*)	Venter, Smith
1996	Entwicklung der Pyrosequenzierung	Nyrén, Ronaghi
2000	Entwicklung des *Next Generation Sequencing* (MPSS)	Lynx Therapeutics
2001	Sequenzierung des humanen Genoms	Venter
2004	Automatisierung der Pyrosequenzierung	454 Life Sciences
2010	Genom des Neandertalers (2,6 GB) sequenziert	Pääbo und Mitarbeiter

Strangabbruchmethode und Maxam und Gilbert die chemische Sequenzierung. Heute hat sich die Strangabbruchmethode mit Didesoxynucleotiden durchgesetzt und wird vor allem bei der automatischen Sequenzierung verwendet, bei der DNA-Fragmente durch Fluoreszenzfarbstoffe markiert werden. In den letzten 5–10 Jahren sind die Hochdurchsatzverfahren des **Next Generation Sequencing** (NGS) hinzugekommen (s. **Abschn. 4.1.2**). Diese neuen DNA-Sequenzierungsmethoden erlauben es, ganze Genome oder Transkriptome in einem einzigen Lauf zu analysieren. Diese Analysen liefern eine Fülle von Informationen, die in allen Bereichen der Biologie, vor allem in der Evolutionsforschung, zu neuen Erkenntnissen geführt haben und weiterhin führen werden.

Enzym Herkunft	Erkennungssequenz	Produkt	
EcoRI *Escherichia coli*	----G-A-A-T-T-C---- ----C-T-T-A-A-G----	----G ----C-T-T-A-A	A-A-T-T-C---- G----
HindIII *Haemophilus influenzae*	----A-A-G-C-T-T---- ----T-T-C-G-A-A----	----A ----T-T-C-G-A	A-G-C-T-T---- A----
BamHI *Bacillus amylodiquefaciens*	----G-G-A-T-C-C---- ----C-C-T-A-G-G----	----G ----C-C-T-A-G-G	G-A-T-C-C---- G----
BalI *Brevibacterium albidum*	----T-G-G-C-C-A---- ----A-C-C-G-G-T----	----T-G-G ----A-C-C	C-A-A---- G-T-T----
Sau3A *Staphylococcus aureus*	------G-A-T-C------ ------C-T-A-G------	---- ----C-T-A-G	G-A-T-C---- ----
TaqI *Thermus aquaticus*	------T-C-G-A------ ------A-G-C-T------	----T ----A-G-C	C-G-A---- T----
HaeIII *Haemophilus aegypticus*	------G-G-C-C------ ------C-C-G-G------	----G-G ----C-C	C-C---- G-G----
AluI *Arthrobacter luteus*	------A-G-C-T------ ------T-C-G-A------	----A-G ----T-C	C-T---- T-C----

Abb. 4.1 Erkennungssequenzen und Hydrolyseprodukte einiger Restriktionsenzyme. Die spiegelbildlich identischen Erkennungssequenzen werden als Palindrome bezeichnet

Durch die Fortschritte in der Klonierung und der Entwicklung der DNA-Sequenzierung war es erstmals möglich, anstelle von Proteinen Gene zu sequenzieren. Anfangs wurden nur leichter zugängliche Nucleinsäuren wie 5S rRNA (s. **Abschn. 3.2.6**) unter phylogenetischen Aspekten bearbeitet, denn die Isolierung der DNA und die Klonierung waren aufwendige Arbeitsschritte.

Die Situation änderte sich gewaltig mit der Entwicklung der **Polymerase-Kettenreaktion (PCR)** in den Jahren 1983–1985 durch Mullis und Mitarbeiter. Mit Hilfe der PCR kann man heute einzelne DNA-Abschnitte (z. B. Markergene) gezielt enzymatisch vermehren (amplifizieren), bis am Ende der Reaktion 10^8–10^9 Kopien vorliegen (**Abb. 4.2**), eine ausreichende Menge für eine anschließende Sequenzierung. Als Ausgangsmaterial reicht die DNA aus wenigen Zellen oder Geweberesten. Ferner benötigt man Sequenzinformation über den DNA-Bereich, der amplifiziert werden soll. Entsprechende PCR-Primer von ca. 20 Nucleotiden-Längen, die zur *Template*-DNA komplementär sind, werden chemisch synthetisiert. Die eingesetzte DNA-Polymerase (meist *Taq*-Polymerase) aus dem thermophilen Bakterium *Thermus aquaticus* ist temperaturtolerant, so dass die PCR bei hohen Temperaturen durchgeführt werden kann. Der schematische Verlauf der PCR ist in **Abb. 4.2** dargestellt.

Weitere Meilensteine in der Geschichte der Molekularbiologie und molekularen Evolutionsforschung sind in **Tab. 4.1** aufgeführt.

4.1.2 Wichtige Methoden der molekularen Evolutionsforschung

Da die Methoden der molekularen Evolutionsforschung von der DNA-Sequenzierung von Markergenen über die Analyse der Muster von Mini- und Mikrosatelliten sowie von Allozymen bis zur Genom- und Transkriptomanalytik reichen (**Tab. 4.2**), sind entsprechend viele Methoden vorhanden, die für Anfänger und Nichtfachleute häufig verwirrend sind. In den folgenden Abschnitten sind die wichtigsten Prinzipien einiger Basismethoden kurz dargestellt. Ausführlichere Beschreibungen finden sich in den in der Literaturübersicht aufgeführten Titeln.

Allozymanalyse
Mittels **Allozymanalyse**, die seltener auch Alloenzym- oder Allelozymanalyse genannt wird (s. **Abschn. 3.5.1**) kann geprüft werden, ob die Proteine, welche von einem Gen-Locus codiert werden, in ihrer Aminosäuresequenz identisch sind. Falls

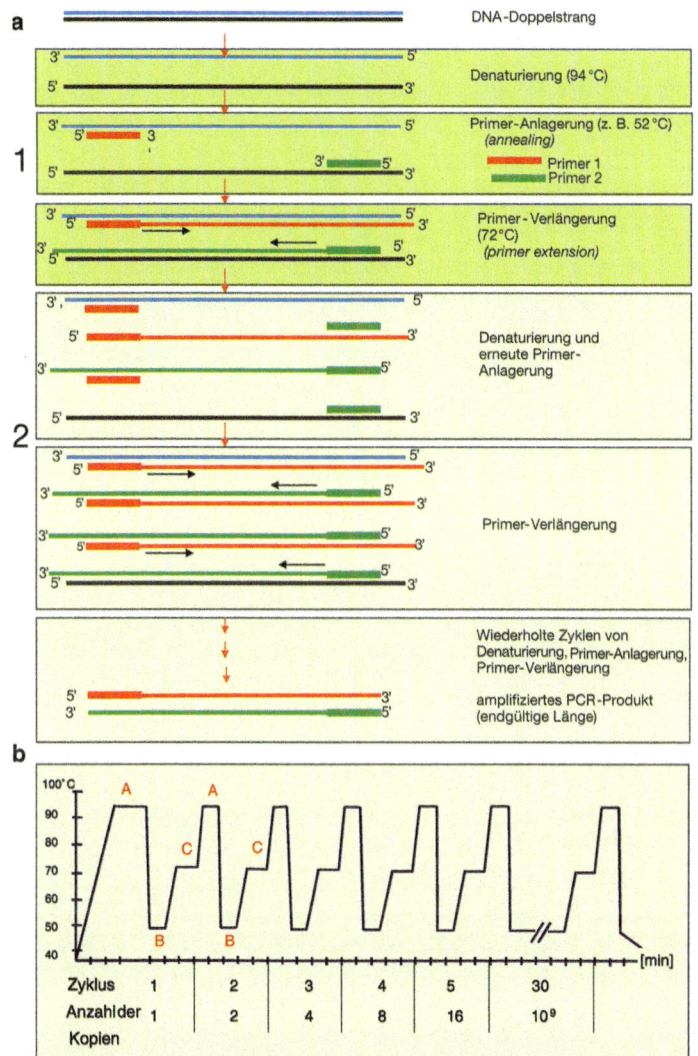

☐ **Abb. 4.2 a, b** Schematischer Verlauf der Polymerase-Kettenreaktion (PCR). Darstellung der einzelnen Reaktionsschritte: **a** Im ersten Zyklus wird in einem ersten Schritt die DNA bei 94 °C denaturiert, d. h. die beiden Einzelstränge werden getrennt. Wenn anschließend die Reaktionslösung auf beispielsweise 52 °C (je nach Basenzusammensetzung der Primer) abgekühlt wird, lagern sich die PCR-Primer an die jeweils komplementären Sequenzbereiche des zu amplifizierenden DNA-Abschnittes. Im folgenden Schritt wird die Temperatur auf 72 °C erhöht, bei der die *Taq*-Polymerase optimal arbeitet. Die *Taq*-Polymerase verlängert die PCR-Primer in 5'→3'-Richtung, wobei die Sequenz des jeweiligen *Template*-Stranges als Matrize dient. Auf diese Weise wird die Ausgangs-DNA identisch kopiert und verdoppelt. Damit ist der erste PCR-Zyklus abgeschlossen. Der zweite Zyklus beginnt wieder mit Denaturierung; Primeranlagerung und Primerverlängerung folgen. Die Zyklen werden 20- bis 30-mal wiederholt, so dass am Ende theoretisch 10^9 Kopien vorliegen. In der Praxis liegt die Ausbeute ein bis zwei Zehnerpotenzen niedriger, da in den letzten Reaktionszyklen die Menge der PCR-Primer und Nucleotide zunehmend limitiert wird und die *Taq*-Polymerase durch Hitzeeinwirkung einen Teil ihrer Aktivität einbüßt. Im Verlauf der PCR stellt sich die Länge der PCR-Produkte auf genau die Länge ein, die durch die PCR-Primer vorgegeben ist, während die ersten Amplifikate noch deutlich länger sind. **b** Temperatur- und Zeitprofil der PCR. *A:* Denaturierung, *B:* Primeranlagerung, *C:* Primerverlängerung. Die Anzahl der Kopien verdoppelt sich mit jedem Zyklus

Tab. 4.2 Wichtigste Methoden der molekularen Evolutionsforschung

Methode	DNA-Bereiche	Fragestellung
DNA-Sequenzierung		
Sequenz-Analyse	Markergene: mtDNA, cpDNA, Kerngene, Introns	Phylogenie, Taxonomie, Phylogeographie
SNP-Analyse	Punktmutationen in allen DNA-Abschnitten	Populationsgenetik, Individualerkennung, Paternitätsbestimmung, Phylogeographie
Sequenz-Analyse *Next Generation Sequencing*	Gesamte Genome, Exome oder Transkriptome	Phylogenie, Genomevolution, funktionelle Genomik
DNA-Fragmentlängen-Analysen (Fingerprints) meist repetitiver DNA		
Mikrosatelliten-Analyse (*Single locus*)	Mikrosatelliten (STR) des Kerngenoms	Populationsgenetik, Individualerkennung, Paternitätsbestimmung
AFLP-Analyse (*Multilocus*)	vor allem Kerngenom	Populationsgenetik, Gen-Kartierung; Hybridisierung
ISSR-Analyse (*Multilocus*)	vor allem Kerngenom	Phylogenie, Populationsgenetik, Gen-Kartierung, Hybridisierung
RAD-Marker (*Restriction site associated DNA*)	vor allem Kerngenom	Genkartierung (Mapping), Populationsgenetik, Individualerkennung, Paternitätsbestimmung
DNA-Fingerprinting (*Multilocus*)	Satelliten-DNA (VNTR, STR)	Paternitätsbestimmung, Individualerkennung
Sexing (*single locus*)	Geschlechts-Chromosom	molekulare Geschlechtsbestimmung

AFLP: amplified fragment length polymorphism; cpDNA: Chloroplasten-DNA; ISSR: inter simple sequence repeats; mtDNA: mitochondriale DNA; SNP: single nucleotide polymorphism; STR: short tandem repeats; VNTR: variable number tandem repeats

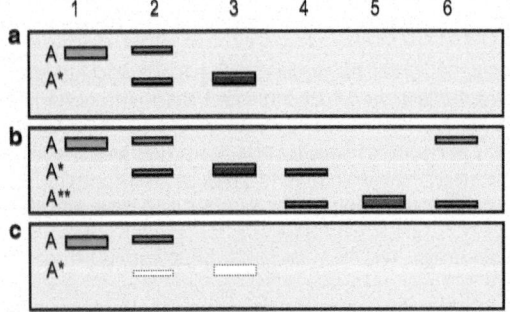

Abb. 4.3 a–c Schematische Darstellung der Allozymmuster bei Vorliegen von einem Polymorphismus in einem einzigen Genlocus. a Monomeres Protein mit zwei kodominanten Allelen; Spur 1: homozygoter Locus mit Allel A; Spur 3: homozygoter Locus mit Allel A*, Spur 2: heterozygoter Locus mit Allelen A und A*. **b** Wie a, aber drei kodominante Allele A, A* und A**. **c** Ein Wildtyp-Allel A, ein Nullallel von A*, das aber nicht sichtbar ist, weil das Gen nicht exprimiert wird.

Punktmutationen, z. B. Substitution einer neutralen Aminosäure durch eine basische oder saure Aminosäure, in einem der Allele vorkommen, kann man dies durch elektrophoretische Trennung nachweisen. Da nicht alle Mutationen zur Veränderung der elektrischen Ladung eines Proteins führen, werden mit dieser Methode nicht alle Mutanten (sog. kryptische Varianten) erfasst. In **Abb. 4.3** sind verschiedene Ausprägungen von Polymorphismus in einem Genlocus schematisch dargestellt. Treten mehr als drei Allele in einer Population auf, werden die Expressionsmuster entsprechend komplexer.

Bei der Wahl der **Markerproteine** werden in der Regel Enzyme gewählt, deren Aktivität man durch chromogene Substrate nachweist, deren Produkte farblich erkannt werden können. ◘ **Tab. 4.3** gibt eine Übersicht über häufig verwendete Markerproteine.

Der **Polymorphismus** (in ◘ **Tab. 4.3** durch die Spalte „Heterozygotie" gekennzeichnet) variiert zwischen Proteinen, aber auch zwischen Organismengruppen. Außerdem nimmt die Wahrscheinlichkeit, dass Punktmutationen auftreten, mit der Proteingröße zu. Bei Wirbeltieren sind ca. 25 % der Loci polymorph mit einer mittleren **Heterozygotie** H von 0,06, bei vielen Wirbellosen hingegen 47 % der Loci (H = 0,134). Je kleiner die Tiere sind, desto größer ist im Allgemeinen der Heterozygotiegrad. Bei Arten mit Selbstbefruchtung oder **Parthenogenese** ist H = 0. D.h. sexuelle Reproduktion erhöht die genetische Variabilität, während diese bei Parthenogenese sehr niedrig liegt. Die Heterozygotie nimmt mit der Größe einer Population und ihrem Alter zu. Junge und von wenigen Individuen gegründete Populationen zeigen verminderten Polymorphismus (**Gründereffekt**, **Founder**-**Effekt**), ebenso Populationen, deren Größe reduziert wurde und dann wieder anstieg. Man spricht von **Bottleneck-** oder **Flaschenhalseffekten**. Meist dauert es über 1000 Generationen, bis die Heterozygotie in solchen Populationen wieder den mittleren Wert großer Populationen erreicht. Gründer- und Bottleneck-Effekte sind für eine Reihe von Tier- und Pflanzengruppen beschrieben, u. a. für die Nördlichen See-Elefanten (*Mirounga angustirostris*), für die Mücke *Aedes aegypti*, für in Europa eingebürgerte Waschbären (*Procyon lotor*) oder südafrikanische Palmfarne der Gattung *Encephalartos*.

Aus den Allozymdaten lassen sich auch evolutionäre oder genetische Distanzen zwischen zwei Populationen oder Taxa abschätzen. Am häufigsten wird die **standard genetic distance** nach Nei verwendet. D entspricht der mittleren Anzahl erkennbarer Codondifferenzen pro Locus zwischen zwei Organismengruppen **X** und **Y**, abzüglich der mittleren Codondifferenzen innerhalb dieser Gruppen. D wird als der negative natürliche Logarithmus der normierten Genidentität **I** ausgedrückt:

◘ **Tab. 4.3** Charakterisierung der bei der Allozymanalyse verwendeten Markerproteine

Protein	Heterozygotie	Funktionstyp
Adenylatkinase (ADKIN)	0,136	R
Alkoholdehydrogenase (ADH)	0,140	R
Aspartat-Transaminase (GOT)	0,057	N
Esterase (EST)	0,277	U
Glucose-6-Phosphat-Dehydrogenase (G6PDH)	0,121	N
Glycerophosphat-Dehydrogenase (GPDH)	0,039	N
Hexokinase (HK)	0,087	R
Isocitratdehydrogenase (IDH)	0,082	N
Malatdehydrogenase (MDH)	0,064	N
Malatenzym (ME)	0,131	R
Peptidasen (PEP, LAP)	0,192	U
Phosphoglucomutase (PGM)	0,170	R
Phosphoglucose-Isomerase (PGI)	0,138	R
Saure Phosphatase (ACPH)	0,224	U
Superoxiddismutase (SOD)	0,080	U
Triosephosphat-Isomerase (TIM)	0,054	N
Xanthin-Dehydrogenase (XDH)	0,208	R

U: relativ unspezifische Enzyme; *R*: spezifische regulatorische Enzyme; *N*: spezifische nicht-regulatorische Enzyme

$D = \log_e I$, wobei $I = J_{xy} : (J_x J_y)^{1/2}$.

$J_x = (1:r) \sum \sum x_{ij}^2$, $J_y = (1:r) \sum \sum y_{ij}^2$

und $J_{xy} = (1:r) \sum \sum x_{ij}^2 y_{ij}^2$;

r ist die Zahl der verglichenen Loci, x_{ij} und y_{ij} die Frequenz des Allels i am Locus j in den Gruppen X und Y. J_x ist demnach die über alle Loci gemittelte Wahrscheinlichkeit, dass zwei beliebig aus der Gruppe X herausgegriffene Gene identisch sind; J_y gilt entsprechend für Gruppe Y; J_{xy} für den Vergleich eines Gens aus X mit einem aus Y. I kann den Wert zwischen 0 und 1 annehmen; I ist gleich 1, wenn in X und Y an allen Loci identische Allele in gleicher Frequenz vorliegen; I ist gleich 0, wenn dies an keinem Locus der Fall ist.

Da die Allozymanalyse synonyme Mutationen in Protein-codierenden Genen und Veränderungen in nicht-codierenden DNA-Abschnitten nicht erfassen kann, wird sie inzwischen meist durch DNA-Analysen mit höherer Auflösung ersetzt (◘ Tab. 4.2).

Analyse der DNA-Variabilität

Die Genome von Individuen, Mitgliedern einer Familie oder einer Population unterscheiden sich durch eine Vielzahl von Mutationen, beispielsweise synonyme Nucleotidsubstitutionen, vor allem aber durch Längenpolymorphismus im Bereich der repetitiven DNA (s. Abschn. 3.4.3), insbesondere der Mini- und Mikrosatelliten. Man hat geschätzt, dass sich zwei beliebige Menschen bereits durch ca. 5 Mio. Nucleotidunterschiede (in einem diploiden Genom von $6{,}6 \times 10^9$ Nucleotiden) unterscheiden können (d. h. die Sequenzunterschiede liegen unter < 0,1 %). Gameten eines einzelnen Menschen differieren untereinander im Mittel schon durch 20 Nucleotidsubstitutionen. Diese Variabilität wird genutzt, um Individuen zu erkennen, Vaterschaft, Populationsstrukturen (Heterozygotiegrad; Hardy-Weinberg-Gleichgewicht) oder Genfluss zu bestimmen (s. Abschn. 3.5). Bei der Größe und Komplexität des Genoms ist es sehr aufwendig, diese Unterschiede gezielt nachzuweisen. In den letzten Jahrzehnten sind verschiedene Methoden entwickelt worden (neue Verfahren werden nahezu jährlich eingeführt), die zunehmend größere Auflösung und verbesserte Reproduzierbarkeit aufweisen.

Da **mitochondriale DNA** bei Tieren eine hohe Variabilität zeigt, setzte man in den 1970er Jahren Restriktionsenzyme (◘ Abb. 4.1) ein, um mtDNA in definierte Größenfragmente zu schneiden, die man elektrophoretisch trennen kann. Nach Gelelektrophorese erhält man komplexe Bandenmuster. Durch die **RFLP-Analyse** (*restriction fragment length polymorphism*) wird bereits eine Auflösung erreicht, die Unterschiede zwischen Arten, manchmal auch zwischen Populationen sichtbar macht.

Aus den Restriktionsmustern lässt sich der Anteil identischer Banden für zwei mtDNAs x und y leicht berechnen:

S = 2n_{xy} : ($n_x + n_y$),

wobei n_x, n_y und n_{xy} die Zahl der Banden in x, y oder der gemeinsamen Banden zwischen x und y darstellt. Bei nahe verwandten Organismen liegt S bei 1,0.

Werden Restriktionsstellen durch Punktmutation verändert, so fallen u. a. bekannte Banden weg und/oder neue Restriktionsschnittstellen entstehen. Da man mit Restriktionsenzymen nicht alle Punktmutationen erfassen kann, wird die RFLP-Analyse von **Organell-DNA**, die besonders in den Jahren zwischen 1970 und 1990 eingesetzt wurde, heute zunehmend durch Methoden mit höherer Auflösung, wie z. B. DNA-Sequenzierung oder DNA-Fingerprinting sowie Mikrosatelliten-Analysen der Kern-DNA ersetzt.

DNA-Fingerprinting (genetischer Fingerabdruck)

Um 1985 entwickelte Jeffreys das **Multilocus-DNA-Fingerprinting**, das zeitweise in vielen Labors für Vaterschaftsuntersuchungen oder für forensische Fragestellungen eingesetzt wurde. In diesem Verfahren wird die Gesamt-DNA eines Individuums mit einer spezifischen **Restriktionsendonuclease**, z. B. *Hinf* I, *Hae* III (◘ Abb. 4.1), in unterschiedlich große, aber definierte Restriktionsfragmente zerschnitten, die über Gelelektrophorese ihrer Größe nach aufgetrennt werden (◘ Abb. 4.4). Anschließend wird die aufgetrennte DNA auf eine Nylon- oder Nitrocellulosefolie übertragen (im sog. **Southern-Blot**). Erst

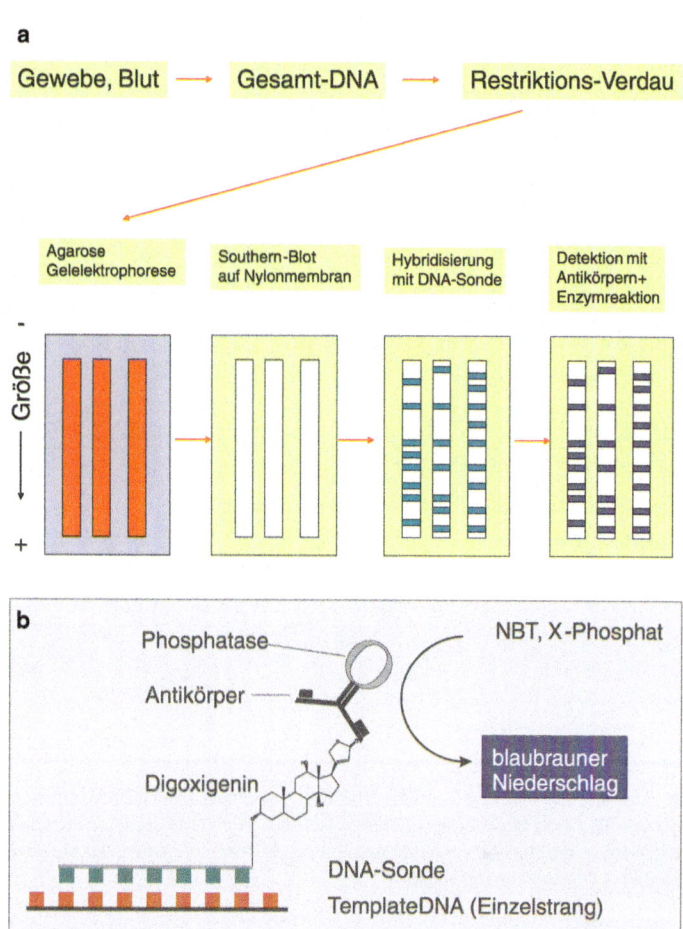

Abb. 4.4 a, b Schematischer Verlauf des DNA-Fingerprintings mit Oligonucleotid-Sonden und immunologischer Detektion. Nach den jeweiligen Hybridisierungs- und Antikörperreaktionsschritten wird die Nylonfolie intensiv mit Puffer gewaschen, um unspezifisch gebundene Oligonucleotide oder Antikörper zu entfernen. Nach der Enzymreaktion (meist alkalische Phosphatase oder Peroxidase) erscheinen die DNA-Fragmente, an denen die Sonde gebunden hat, als gefärbte Banden. Zur sicheren Vaterschafts- oder Individualbestimmung wird die Analyse mit mehreren Restriktionsenzymen, die jeweils unterschiedliche Erkennungssequenzen aufweisen, wiederholt. Schematische Darstellung **a** der wichtigsten Reaktionsschritte und **b** des Nachweisverfahrens. X-Phosphat = 5-Brom-4-chlor-1H-indol-3-yl) dihydrogenphosphat; BCIP; NBT = Nitroblautetrazolium

nach Hybridisierung mit einer DNA-Sonde, welche Mini- oder Mikrosatelliten selektiv erkennt und daran bindet, lassen sich in der großen Mannigfaltigkeit der RFLP-Fragmente definierte Banden erkennen. Die DNA-Sonde kann entweder aus kurzen Oligonucleotiden wie $(GGAT)_4$ oder $(CAC)_6$ oder aus komplexen Minisatellitensequenzen bestehen. Das Prinzip der spezifischen **DNA-Hybridisierung** ist in Abb. 4.5 schematisch dargestellt; nur wenn sich ausreichend viele komplementäre Basenpaare ausbilden können, kommt eine stringente und spezifische Hybridisierung zustande.

Wurde die Sonde **radioaktiv markiert** (z. B. mit ^{33}P-ATP oder ^{32}P-ATP), kann man die DNA-Fragmente, an denen eine Sonde gebunden hat, durch Autoradiographie nachweisen. In Abb. 4.4b ist ein **nicht-radioaktives Detektionssystem** gezeigt, bei dem das Herzglycosid Digoxigenin an die Sonde gekoppelt ist. Die gebundenen Sondenmoleküle werden über einen Digoxigenin-spezifischen Antikörper detektiert, der seinerseits mit einem Enzym gekoppelt ist. Durch Zugabe eines chromogenen Substrats bildet sich an DNA-Fragmenten, an denen eine Sonde gebunden hat, eine blaue oder braune Farbe aus. Das Ergebnis der Autoradiographie oder der immunologischen Detektion ist ein spezifisches Bandenmuster, das als **Fingerprint** oder **genetischer Fingerabdruck** bezeichnet wird. Die Gleichsetzung mit dem Fingerabdruck ist berechtigt, da auch das DNA-Bandenmuster für jedes Individuum spezifisch und in der Regel nicht bei zwei Individuen einer Art identisch ist. Das DNA-Fingerprinting mit Mini- und Mikrosatellitensonden wird manchmal auch als **VNTR** (*variable number*

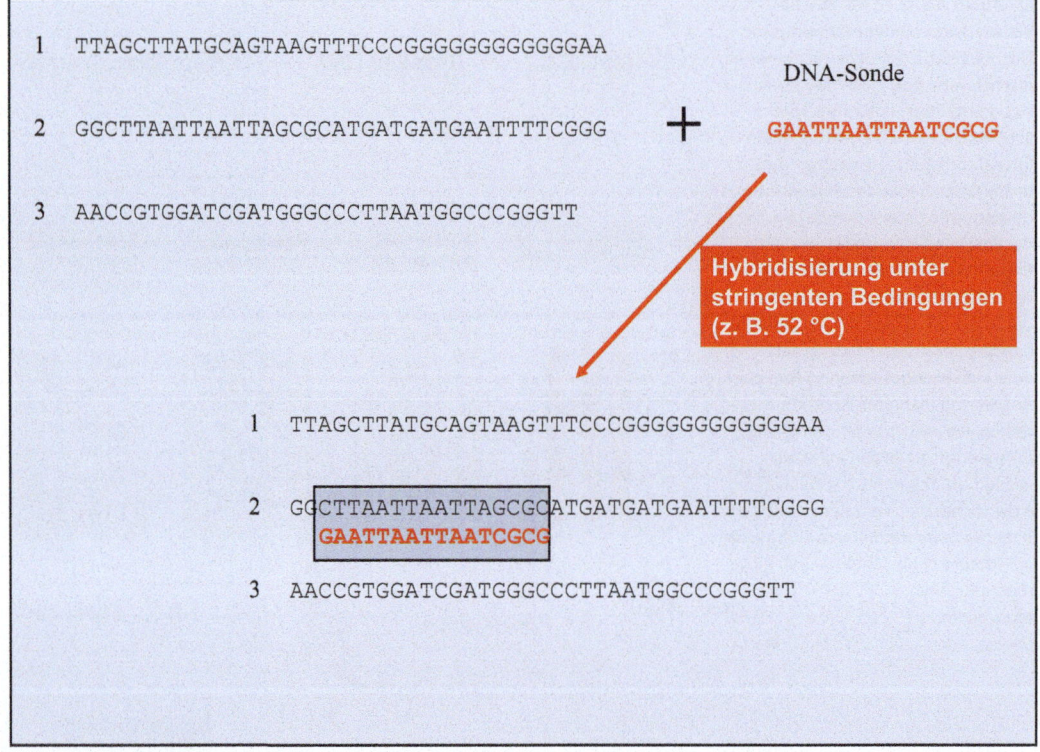

Abb. 4.5 Schematische Darstellung der DNA-Hybridisierung mit DNA-Sonden. Unter stringenten Hybridisierungsbedingungen bindet die Oligonucleotidsonde ausschließlich an Gen 2, da es auf eine perfekte Basenpaarung der komplementären Basen ankommt. Erfolgt die Hybridisierung unter weniger stringenten Bedingungen, dann kann eine Sonde auch unspezifisch an andere DNA-Abschnitte binden

of tandem repeat)- oder **RFLP**(*restriction fragment length polymorphism*)-Analyse bezeichnet.

In ◘ **Abb. 4.6a** ist der DNA-Fingerprint einer Familie mit drei Kindern schematisch dargestellt. Die DNA-Banden von Vater und Mutter werden nach den Mendelschen Regeln codominant vererbt, d. h. 50 % der Banden eines Kindes stammen vom Vater und 50 % von der Mutter. Bei den Kindern 1 und 2 kann man auf diese Weise alle Banden eindeutig zuordnen. Bei Kind 3 ist die Mutter eindeutig erkennbar, jedoch der BSC (*band-sharing coefficient*) von 0,1 zeigt, dass der Vater nicht stimmt. D.h. Kind 3 wurde von einem anderen Vater gezeugt. Die Berechnung des BSC wird in ◘ **Abb. 4.6a** erläutert. BSC-Werte unter 0,2 deuten auf nicht-verwandte Individuen, BSC-Werte über 0,5 in der Regel auf Vollgeschwister und Vater- bzw. Mutter-Kind-Verwandtschaftsverhältnisse hin. In ◘ **Abb. 4.6b, c** sind Original-Fingerprints von Seggenrohrsängern und Gelbschnabel-Sturmtauchern dargestellt, damit man einen Eindruck erhält, wie solche Multilocus-DNA-Fingerprints aussehen.

Beim DNA-Fingerprinting unterscheidet man zwischen **Multilocus-Sonden**, die komplexe Fingerprints vieler Loci produzieren, und **Single locus-Sonden**, mit denen man die beiden Allele eines Genlocus sichtbar machen kann. Die Auswertung von *Single locus*-Fingerprints ist meist einfacher, da die Muster direkt zu interpretieren sind. In vielen Fällen benötigt man jedoch ein Set von *Single locus*-Sonden (die meist artspezifisch sind), um eine eindeutige Entscheidung zu treffen. *Multilocus*-Sonden sind dagegen nicht artspezifisch und haben deshalb einen breiteren Anwendungsbereich, jedoch sind die Fingerprintmuster schwieriger zu interpretieren.

PCR-Methoden

Ausgehend von **Polymerase-Kettenreaktion (PCR)** (◘ **Abb. 4.2**) sind inzwischen weitere Methoden ent-

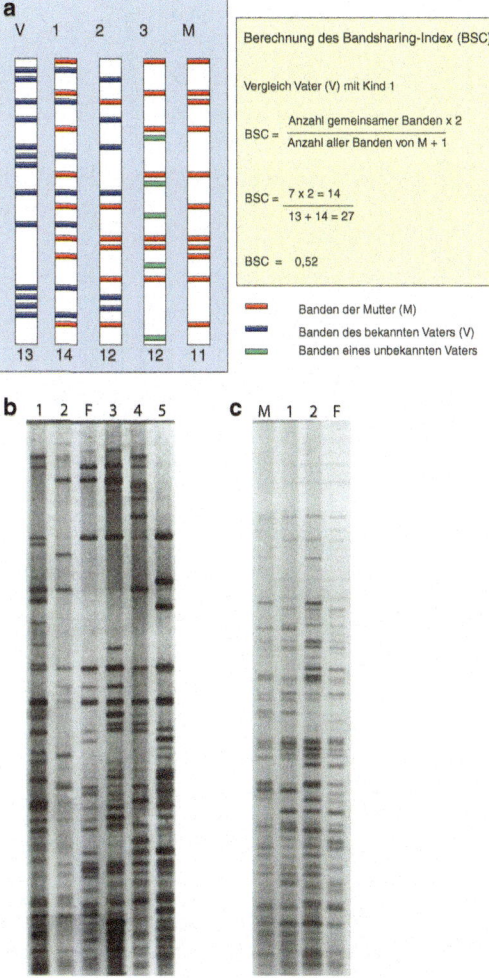

Abb. 4.6 a–c Beispiel für eine Paternitätsanalyse mittels DNA-Fingerprinting. **a** Die Ähnlichkeit der Bandenmuster wird über den Bandsharing-Index (*band sharing coefficient*, BSC) ermittelt. Die Banden von Kind 1 und 2 lassen sich zu je 50 % dem Vater (V) oder der Mutter (M) zuordnen. Bei Kind 3 liegt eine klare Übereinstimmung mit der Mutter, nicht jedoch mit dem vermeintlichen Vater vor. Demnach wurde Kind 3 von einem anderen Vater gezeugt. Über den Band-Sharing-Index (BSC) lässt sich der Verwandtschaftsgrad ermitteln. **b** Illustration eines Original-Fingerprints einer Seggenrohrsängerbrut (*Acrocephalus paludicola*), an der mehrere Väter beteiligt sind. Die Hälfte der Jungvogelbanden lassen sich der entsprechenden Mutter (F) zuordnen, die Banden 1, 2 und 4 stammen von einem unbekannten Männchen a, Banden von Nr. 3 und 5 vermutlich von einem zweiten Männchen b. Eine hohe Polygamierate ist für Seggenrohrsänger typisch (nach M. Wink und Mitarbeiter). **c** Original-Fingerprint einer Gelbschnabels-Sturmtaucher-Familie (*Calonectris diomedea*) mit Jungvögeln aus zwei aufeinanderfolgenden Jahren. Die DNA-Banden der Jungvögel lassen sich entweder denen des Männchens (M) oder denen des Weibchens (F) zuordnen, so dass die genetische Elternschaft hier durch DNA-Fingerprinting eindeutig belegt werden kann. Obwohl Gelbschnabel-Sturmtaucher in engen Kolonien brüten, war in keinem Falle *extra-pair young* (EPY) nachzuweisen (nach M. Wink und Mitarbeiter)

wickelt worden, die eine individuelle Identifizierung erlauben. Die anfangs der 1990er Jahre entwickelte **RAPD-Analyse** (*randomly amplified polymorphic DNA*) mit Zufallsprimern von 10 Nucleotiden-Länge hat sich nur bedingt bewährt, da die Reproduzierbarkeit zu gering ist.

Mehr und mehr setzt sich anstelle der RAPD-PCR die **Mikrosatelliten-Analyse** oder **STR-Analyse** (*short tandem repeats*) durch, bei der PCR-Primer von ca. 20 Nucleotiden-Länge verwendet werden, die polymorphe Mikrosatelliten-Loci flankieren (Abb. 4.7). Während man beim DNA-Fingerprint komplexe Bandenmuster erzeugt, erhält man bei der Mikrosatelliten-Analyse nur jeweils zwei Banden pro Locus (bei diploiden Zellen), die jeweils einem väterlichen und einem mütterlichen Allel entsprechen (Abb. 4.7a). Durch Einsatz mehrerer polymorpher Mikrosatelliten-Loci mit mehr als 20 Allelen in der Population kann man Vaterschaftsbestimmungen auch in komplexen Sozialsystemen vornehmen oder die Populationsstruktur und den Genfluss bestimmen. Um eine individuelle Zuordnung zweifelsfrei durchzuführen, sollten 10 und mehr Loci analysiert werden. Um den Arbeitsaufwand einer solchen Analyse zu senken, kann man eine Multiplex-PCR durchführen, in der mehrere Loci gleichzeitig amplifiziert werden (Abb. 4.7b). Die An- oder Abwesenheit von Allelen kann man in einer 0/1-Matrix darstellen, die sich mit Cluster-Programmen und anderen Programmen der Populationsgenetik (*Structure*, *GenePop*) analysieren lässt. Der Vorteil der Mikrosatelliten-Analyse ist

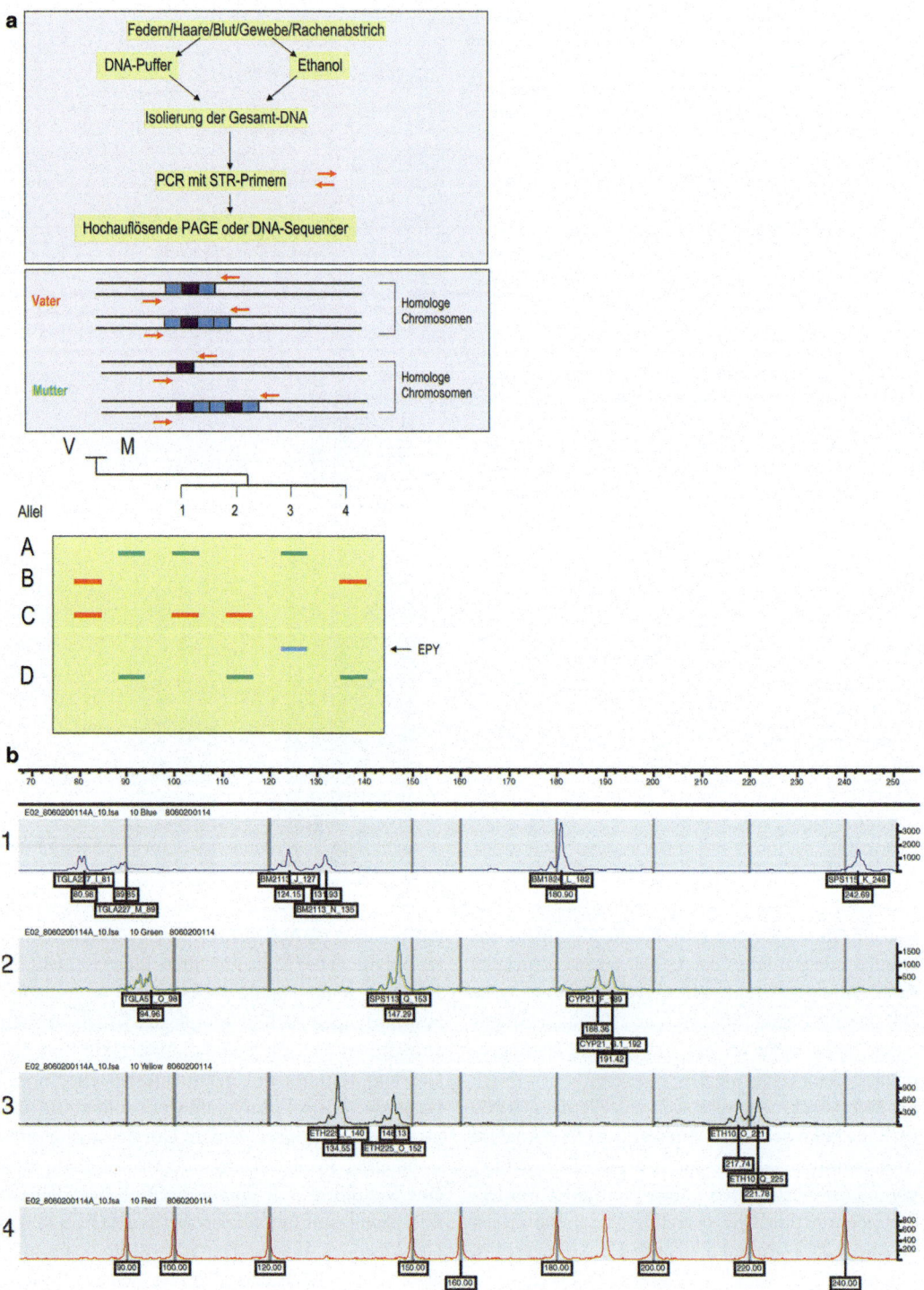

ihre Empfindlichkeit (sie benötigt nur Nanogramm-Mengen an DNA), ihr Nachteil, dass man für die meisten Arten eigene spezifische PCR-Primer entwickeln muss. *Next Generation Sequencing* über Pyrosequenzierung bietet ein schnelles Verfahren zur Identifizierung von Mikrosatellitenprimern in einem einzigen Sequenzierlauf. Liegt die entsprechende Primerinformation vor, so stellt die Mikrosatelliten-Analyse eine sehr effektive Methode dar, Individuen zu identifizieren, Vaterschaften aufzuklären, Familienstammbäume zu erstellen, Populationsstrukturen zu erkennen oder Genfluss zwischen Populationen zu bestimmen.

In einem Spezialfall der Mikrosatelliten-Analyse werden PCR-Primer benutzt, die direkt zu den Sequenzen von Mikrosatelliten komplementär sind. Liegen zwei Mikrosatelliten in Nachbarschaft (Abstand bis 3000 Bp.), von denen einer durch Inversion seine Orientierung geändert hat, erhält man PCR-Produkte (◘ **Abb. 4.8a,b**), die oft Polymorphismen zwischen Taxa klar erkennen lassen. Diese Methode wird als **ISSR-Analyse** (*inter simple sequence repeats*) bezeichnet. Ebenso wie die RAPD-PCR wird bei der ISSR-Methode nur ein einziger Primer eingesetzt. Da dieser Primer jedoch meist 20 Nucleotide lang ist, erreicht die ISSR-Analyse die notwendige Selektivität und Reproduzierbarkeit. Diese Methode eignet sich zur molekularen Geschlechtsbestimmung, zur Differenzierung und Identifizierung von Populationen und Arten sowie zur Hybridanalyse (◘ **Abb. 4.8b**). Im Unterschied zur Mikrosatelliten-Analyse liegt der Vorteil der ISSR-Methode darin, dass die Primer universell einsetzbar sind und nicht erst für jede Organismenart speziell entworfen werden müssen.

Vor mehr als 15 Jahren wurde das Methodenrepertoire durch die **AFLP-Analyse** (*amplified fragment length polymorphisms*) erweitert, welche die Selektivität der RFLP mit der Empfindlichkeit der PCR kombiniert (◘ **Abb. 4.9a,b**). Durch hochauflösende Gelelektrophorese oder Kapillarelektrophorese in einem DNA-Sequenziergerät werden noch komplexere Bandenmuster (Fingerprints) als bei der ISSR-Analyse erzeugt, die Aufschluss über Variabilität zwischen Individuen, Populationen oder Arten geben. Die AFLP-Profile sind sehr komplex, und es kann Schwierigkeiten bereiten, ein eindeutiges *band-scoring* vorzunehmen, d. h. identische Banden zu bestimmen. Diese Methode wird bereits vielfach in der **Kartierung von Pflanzengenen** (*mapping*), aber auch für Vaterschaftsanalysen eingesetzt, da sie universell einsetzbar ist und nicht auf das Vorhandensein von spezifischen PCR-Primern (wie bei der STR-Analyse) angewiesen ist. Man kann die Variabilität der AFLP-Profile noch weiter erhöhen, indem man wie bei der ISSR-Analyse mit einem ISSR-Primer arbeitet, z. B. **MFLP** (*microsatellite-anchored fragment length polymorphism*).

Da sich auch nah verwandte Individuen durch einzelne Basenmutationen unterscheiden (bis zu 5 Mio. beim Menschen), kann man durch die Analyse von **SNP** (*single nucleotide polymorphisms*) ebenfalls wertvolle Informationen zu Fragen der Populationsgenetik, Phylogeographie oder Soziobiologie gewinnen. Voraussetzung ist jedoch, dass ausreichend viele SNP-Marker untersucht werden (mehr als 30). Die Daten können über eine 0/1 Matrix mit Phylogenie- und Clusterprogrammen ausgewertet werden. Die SNP-Daten haben eine ähnliche gute Auflösungskraft wie STR-Marker. Ihre Interpretation ist jedoch meist einfacher und

---

◘ **Abb. 4.7 a, b a** Prinzip der Vaterschaftsbestimmung mittels Mikrosatelliten-Analyse (schematische Darstellung). Bei der Mikrosatelliten-Analyse werden PCR-Primer eingesetzt, die spezifische Mikrosatelliten-Loci flankieren. Die Länge der erhaltenen PCR-Produkte hängt von der Länge, d. h. der Gesamtzahl der wiederholten Mikrosatelliten-Elemente (*repeats*) ab. In diesem Beispiel wurde ein Mikrosatelliten-Locus gewählt, der sehr polymorph ist, d. h. bei dem Vater (V) der Beispielfamilie liegen andere Allele vor als bei der Mutter (M). Die Mikrosatellitenbanden der vier Kinder sollten jeweils zwei der vier möglichen Elternallele aufweisen. Bei Kind 1, 2 und 4 ist dies der Fall, d. h. Vater und Mutter sind nicht nur die sozialen, sondern auch die genetischen Eltern. Bei Kind 3 finden wir Allel 1, das dem der Mutter entspricht. Das zweite vorhandene Allel entspricht nicht den väterlichen Allelen; demnach sollte es von einem fremden Vater stammen; wir sprechen davon, dass es sich um ein EPY (*extra-pair young*) handelt. **b** Original einer Multiplex-Mikrosatellitenanalyse. In den Bahnen *1 bis 3* sind jeweils die Allelpeaks von zwei bis vier Loci aufgetrennt. Die Länge der Allele ist über den Größenstandard in *Bahn 4* abzulesen. Die Allelfragmente kann man durch vier unterschiedliche Fluoreszenzfarbstoffe markieren. Dadurch kann man in einem einzigen Lauf in einem DNA-Sequenzierer bis zu zehn Loci gleichzeitig analysieren

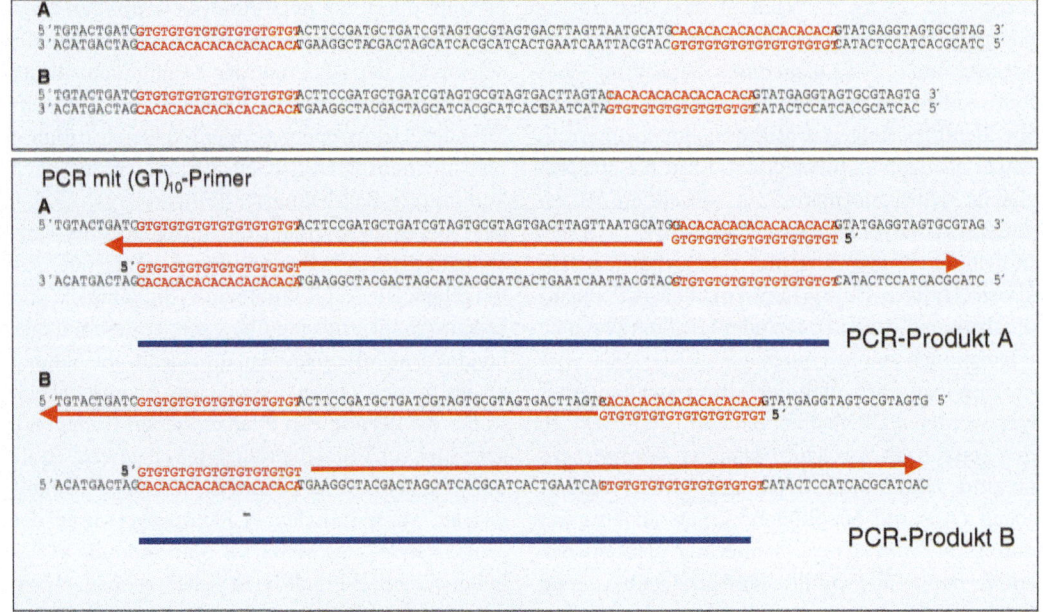

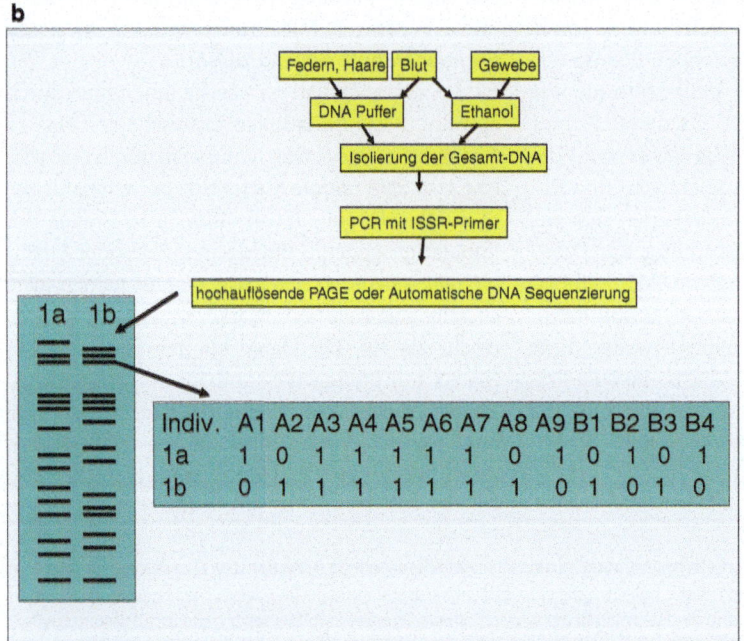

Abb. 4.8 a, b Schematische Darstellung von ISSR-PCR. **a** Bei der ISSR-PCR (*inter simple sequence repeats*) wählt man i. d. R. einen einzigen PCR-Primer, der mit Mikrosatelliten-*repeats* identisch ist, z. B. $(GT)_{10}$. Diese Primer werden immer dann ein eindeutiges PCR-Produkt liefern, wenn in einem gewissen Abstand ein zweiter, aber in der Orientierung umgedrehter (invertierter) GT-*repeat*-Bereich auftritt. **b** Schematisches Vorgehen bei der ISSR-Analyse. Die An- oder Abwesenheit von DNA-Banden kann man in einer 0/1-Matrix darstellen, die sich mit Cluster-Programmen analysieren lässt

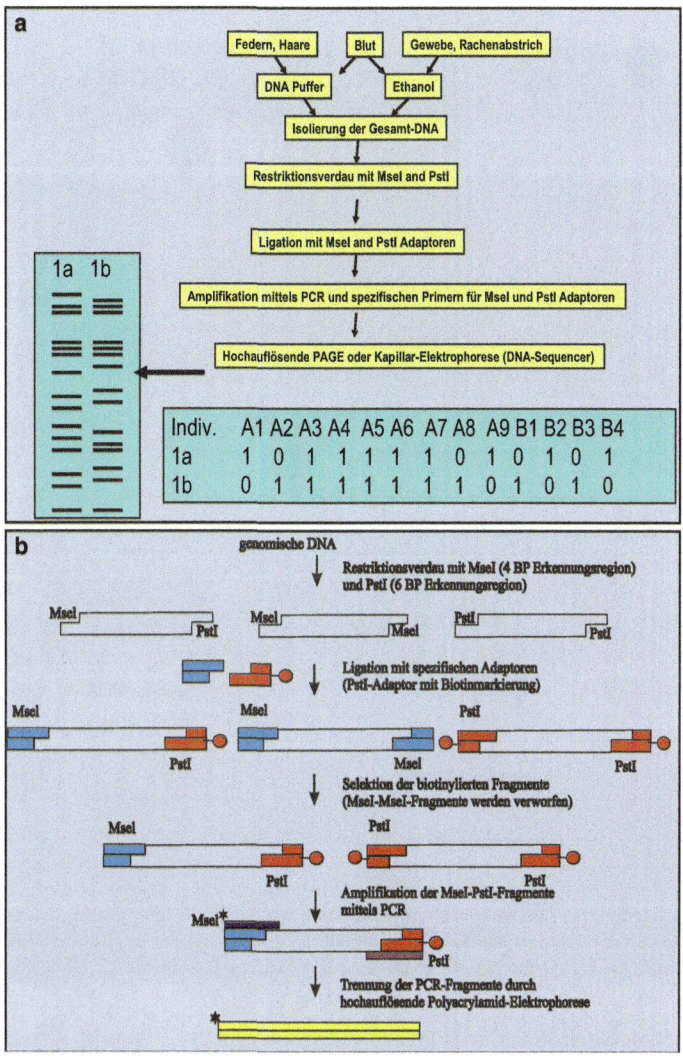

Abb. 4.9 a, b Schematische Darstellung der AFLP-Analyse. **a** Schematisches Vorgehen bei der AFLP-Analyse. Die An- oder Abwesenheit von DNA-Banden kann man in einer 0/1-Matrix darstellen, die sich mit Cluster-Programmen analysieren lässt. **b** Prinzip der AFLP-Analyse

eindeutiger. SNP-Markersysteme müssen für jede Art individuell aufgebaut werden; deshalb sind sie zurzeit nur für wenige Organismen (Mensch, Rind) einsetzbar. Da SNP-Analysen jedoch leicht automatisierbar sind (DNA-Chips, Massenspektrometrie), werden sie zukünftig von Bedeutung sein, wenn große Individuenzahlen genetisch zu analysieren sind.

Analyse der Nucleotidsequenzen von Markergenen

Da Keimbahnmutationen bei Eukaryoten über die Gameten an nachfolgende Generationen weitergegeben werden, kann man theoretisch den Weg der evolutionären Entwicklung (**Stammesgeschichte** oder **Phylogenie**) dadurch zurückverfolgen, dass man das Auftreten und die Weitergabe von Punktmutationen analysiert. Dieser Vorgang soll an einem einfachen Beispiel, wie es in der Evolution von Tieren und Pflanzen vielfach aufgetreten ist, schematisch erläutert werden (**Abb. 4.10**).

Aus einer Stammpopulation von Pflanzen oder Tieren werden einige Individuen abgetrennt und z. B. auf eine Insel verdriftet. Sie können sich dort etablieren und fortpflanzen (s. Abschn. 3.5.5 und 3.5.6). In der Ausgangs- und der Inselpopulation treten im Verlauf der nachfolgenden Generationen unabhängig voneinander zufällige Mutationen (vor

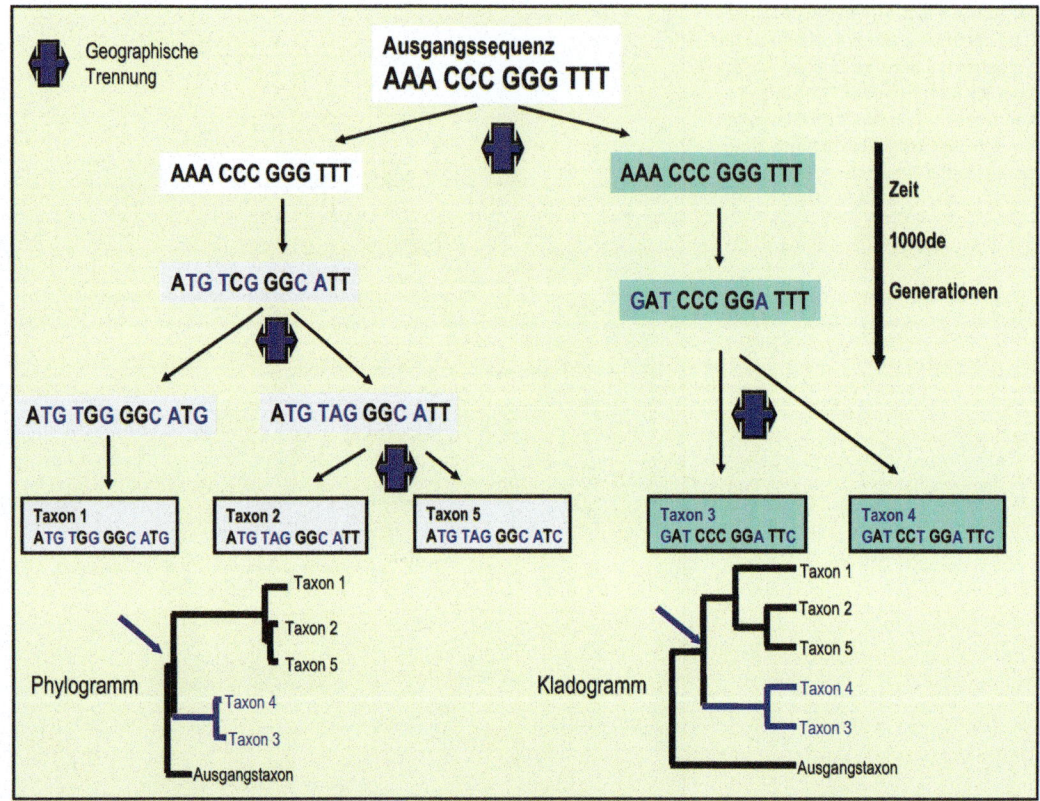

Abb. 4.10 Evolution auf der Ebene von Nucleotidsequenzen. Ausgehend von einer Stammart nehmen wir mehrere Trennungen der Entwicklungslinien an, z. B. durch Verdriften auf Inseln. Die isolierten Populationen sollen in keinem Genfluss mit der Ausgangspopulation stehen und deshalb eine unabhängige Evolution durchlaufen. Substituierte Nucleotide sind blau hervorgehoben. Gehen wir von den bekannten Sequenzen der fünf Taxa aus, die wir heute vorfinden, so kann man die Phylogenie mit den Phylogenieprogrammen rekonstruieren. Das Ergebnis ist als Phylogramm und Kladogramm dargestellt. In einem Phylogramm entsprechen die Astlängen den genetischen Distanzen

allem Nucleotidsubstitutionen) auf. Diese Mutationen werden, sofern sie nicht die Merkmalsträger schwächen, an nachfolgende Generationen weitergegeben. Die Mutationen, die wir bei den heute lebenden Organismen sehen, betreffen insbesondere nicht-codierende DNA-Abschnitte und die dritte Codonposition Protein-codierender Gene, da diese Mutationen sich in der Regel nicht auf die Aminosäuresequenz und damit die Funktion eines Proteins auswirken (**Tab. 3.9**; **Abb. 3.7**). Wenn man die Nucleotidsequenzen homologer Gene (oder die Aminosäuresequenzen der aus den DNA-Sequenzen abgeleiteten Proteine) bei den heute lebenden Organismen sequenziert, so kann man über entsprechende computergestützte Phylogenieprogramme den mutmaßlichen Verlauf der Stammesgeschichte rekonstruieren (**EXKURS 4.1**), der zu den heutigen Formen führte, ohne dass man die Zwischenstufen jemals gesehen hat. Diese Logik wendet die molekulare Phylogenieforschung heute an, um die Phylogenie oder Phylogeographie von Organismen (s. **Abschn. 4.2**) zu rekonstruieren.

Aber nicht nur Nucleotid- und Aminosäuresubstitutionen eignen sich zur Phylogenieforschung. Änderungen in der Topologie der Genome oder größere Genom-*rearrangements* (s. Abschn. 3.3 und 3.4) stellen ebenfalls wichtige Merkmale dar, die, wenn sie einmal aufgetreten sind, an nachfolgende Generationen weitergegeben werden. In **Abb. 3.17** sieht man z. B., dass bei allen Vögeln ein Teil der mtDNA neu angeordnet wurde, indem das *ND6-*Gen zwischen *Cytochrom b* und der Kontrollregion inseriert wurde. Diese Umlagerung trat offenbar bei den Vorfahren der Vögel auf und findet sich heute als synapomorphes Merkmal bei allen lebenden Vögeln.

Aussagen der molekularen Phylogenie sind Teil der **Evolutionsgeschichte** und bleiben streng genommen Hypothesen (s. **Abschn. 1.1**), die wir experimentell nur selten beweisen können. Diese Einschränkung gilt natürlich auch für die molekularen Ergebnisse. So wie der Archäologe aus Mustern auf gefundenen Scherben Rückschlüsse auf die Geschichte ziehen kann, ist es für den Evolutionsbiologen möglich, aus den DNA-Ergebnissen evolutionäre Ereignisse und Beziehungen zu rekonstruieren. Je umfangreicher die untersuchten Sequenzen und je vollständiger die Datensätze sind, desto größer wird die Wahrscheinlichkeit, über solche Analysen die realen Evolutionsereignisse erkennen zu können.

Es gibt einige experimentelle Befunde, welche die Validität molekularer Daten belegen. Fitch und Atchley (1985) untersuchten Allozymvariationen in einer Linie von Labormäusen, die seit 70 Jahren kontrolliert gezüchtet wird und von der man die Phylogenie der letzten 70 Jahre genau kennt. Die molekularen Daten konnten die bekannte zugrunde liegende Phylogenie exakt rekonstruieren, während streng kladistisch (die Kladistik wird als eine wichtige Methode der Systematik angesehen; s. **EXKURS 4.5, Abschn. 4.2.1**) ausgewertete morphologische Daten zu gänzlich anderen Ergebnissen kamen. Ein weiteres aktuelles Beispiel stammt aus der AIDS-Forschung; auch hier konnte man über die Nucleotidsequenzen von HIV die bekannte Evolution der verschiedenen Virusstämme eindeutig rekonstruieren und den Ursprung von HIV-1 in Schimpansen in Kamerun wahrscheinlich machen, während HIV-2 vermutlich von Mangaben (*Cercocebus atys*) aus Westafrika stammt.

In den nachfolgenden Abschnitten werden einige der Grundannahmen sowie das methodische Vorgehen bei der Analyse von Nucleotidsequenzdaten ausführlicher erläutert, da sie für das Verständnis molekularer Phylogenie-Rekonstruktionen wichtig sind.

Aminosäure- und vor allem aber Nucleotidsequenzen sind für die molekulare Evolutionsforschung, insbesondere für die Rekonstruktion von Phylogenie, Phylogeographie und für die molekulare Systematik durch folgende Eigenschaften besonders gut geeignet:

- Sequenzdaten sind eindeutige und diskrete Merkmale (im Unterschied zu Protein- oder DNA-Banden, unter denen sich mehrere Moleküle verstecken können).
- Sie sind quantifizierbar und statistischen Tests zugänglich.
- Sie lassen sich einem bestimmten Genlocus zuordnen (Homologiekriterium).
- Man kann sie erkennen, auch wenn sie nicht mutiert sind (im Unterschied zu den Methoden der klassischen Populationsgenetik).
- Sie sind unabhängig von inneren und äußeren Bedingungen und auch in Heterozygoten bestimmbar.
- Sie weisen einen hohen Informationsgehalt auf (jede Aminosäuren- oder Nucleotidposition in einem Protein oder Gen wird zunächst als unabhängiges Einzelmerkmal angesehen, obwohl die Nachbarschaft einen Einfluss haben kann). Bereits 1000 und mehr Merkmale können durch die Sequenzierung eines einzelnen Markergens bereitgestellt werden.
- Man kann sie über weite systematische Bereiche vergleichend analysieren, da homologe Gene unmittelbar für eine Analyse zugänglich sind.
- Konvergenzen, welche die Interpretation morphologischer Merkmale oft erschweren, spielen bei DNA-Sequenzen eine deutlich geringere Rolle. Eine Konvergenz längerer Sequenzbereiche oder Genomanordnungen ist extrem unwahrscheinlich.

Die Sequenzen von **Markergenen** lassen sich für eine Reihe von wichtigen biologischen und evolutionären Fragestellungen nutzen. Während man in den 60er und 70er Jahren des 20. Jahrhunderts im wesentlichen **Markerproteine** sequenziert hat, um molekulare Stammbäume zu erstellen, findet man seit 1980, bedingt durch die Erfolge in der Klonierung, Amplifizierung und Sequenzierung von DNA, einen Rückgang der direkten Proteinsequenzierung und eine starke Zunahme der DNA-Sequenzen, aus denen leicht die zugehörigen Aminosäuresequenzen abgeleitet werden können. Nucleotidsequen-

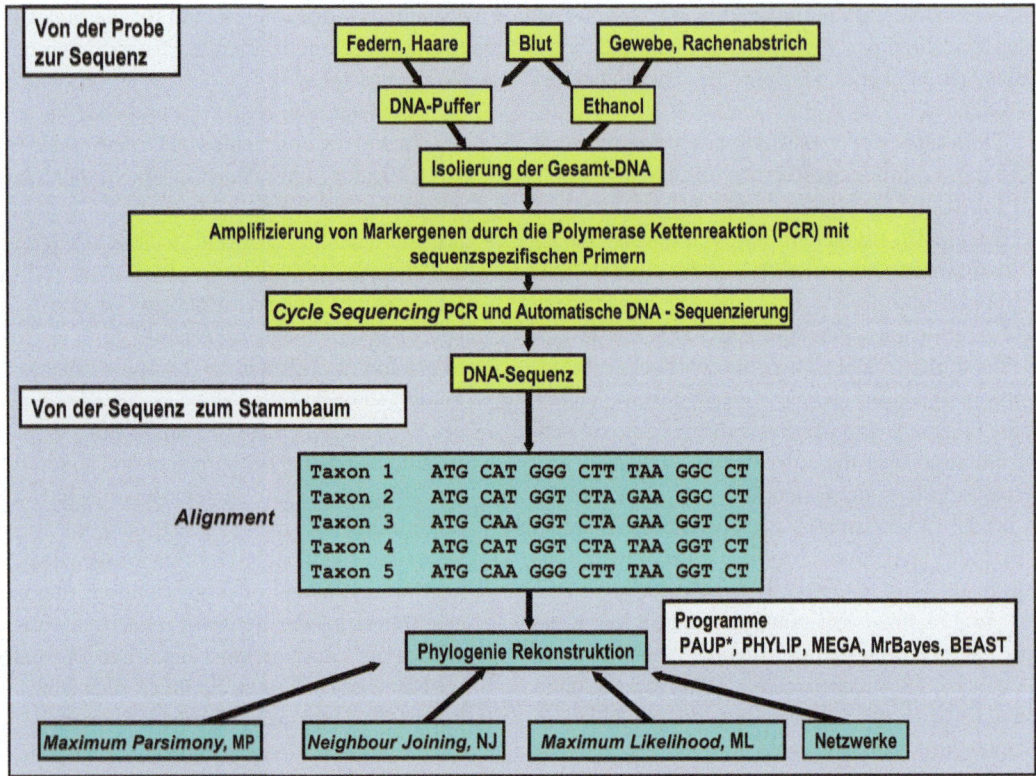

◘ **Abb. 4.11** Schematische Zusammenfassung der Arbeitsschritte, die zwischen Probeentnahme, Sequenzierung und Stammbaumrekonstruktion liegen

zen weisen eine Reihe von Vorteilen auf: Sie sind leicht zugänglich und erfassen zudem den großen Bereich der synonymen Substitutionen, die auf Proteinebene nicht sichtbar sind. Deshalb steht die Untersuchung von Nucleotidsequenzen von Markergenen oder kompletten Genomen durch *Next Generation Sequencing* (s. **Abschn. 3.2.7**) heute im Mittelpunkt der **Molekularen Systematik** und Evolutionsforschung, die in nachfolgenden Abschnitten ausführlicher beschrieben wird.

Wie man von einer Gewebeprobe zu einer Nucleotidsequenz eines Markergens kommt, ist in **EXKURS 4.1** abgehandelt und in ◘ **Abb. 4.11** schematisch skizziert.

EXKURS 4.1

Amplifizierung und Sequenzierung von Markergenen

Qualität der DNA
Eine wichtige Voraussetzung für molekulargenetische Untersuchungen ist das Vorhandensein intakter DNA, d.h. für eine Sequenzanalyse müssen lange zusammenhängende Nucleotidsequenzen vorliegen. Diese Bedingung wird leider oft nicht erfüllt, häufig gerade in den Fällen, die aus Sicht der Evolutionsforschung besonders interessant sind, nämlich in Fossilien oder im Museumsmaterial ausgestorbener Organismen.

DNA aus Fossilien
Die anfänglichen sensationellen Erfolgsmeldungen zwischen 1980–1995, man habe DNA aus Millionen Jahre alten Fossilien isoliert und sequenziert, haben sich in fast allen Fällen als falsch herausge-

▶

EXKURS 4.1 (Fortsetzung)

stellt. Vermutlich wurde rezente DNA, welche die Präparate kontaminiert hatte, kloniert und sequenziert. Pääbo (MPI für evolutionäre Anthropologie in Leipzig) hat mit seinen Mitarbeitern überzeugend darlegen können, dass DNA innerhalb von ca. 20.000 Jahren in der Regel weitgehend zerfällt. D.h. die Hoffnung, aus Knochen von Dinosauriern intakte DNA zu isolieren oder vielleicht sogar zu exprimieren, wird sich demnach nicht erfüllen.

Noch nicht abgeschlossen ist die Diskussion, ob man aus Insekten, die in **Bernstein** eingeschlossen wurden, intakte DNA gewinnen kann. Bei den wenigen positiven Befunden, die bislang publiziert wurden, muss man beachten, dass Bernstein häufig manipuliert wird, da er mit Einschlüssen einen hohen Handelswert hat. Bei den Fälschungen wird Bernstein geöffnet und rezente Insekten werden eingeschmolzen. Diese Fälschungen sind so gut, dass nur Fachleute sie erkennen können. Es ist nicht ausgeschlossen, dass solche Präparate bei den „erfolgreichen" DNA-Analysen unwissentlich verwendet wurden.

Es ist jedoch möglich, aus mehrere Tausend Jahre alten Knochen kleine Bruchstücke von DNA (meist unter 100 Bp Länge) zu isolieren und zu sequenzieren. Als Methode der Wahl hat sich für fossile DNA das *Next Generation Sequencing* (NSG) besonders bewährt (s. **Abschn. 4.1.2**). Aus den sequenzierten Bruchstücken werden dann schrittweise komplette Gene rekonstruiert. Besonders eindrucksvolle Beispiele der letzten Jahre sind die Analysen der mtDNA und ncDNA des Neandertalers, des Denisova-Menschen oder der Steinzeitmumie „Ötzi" im Labor von Svante Pääbo (Kap. 5). Die Arbeit mit alter DNA ist jedoch äußerst schwierig und erfordert sehr viel Zeit und Vorsichtsmaßnahmen gegen Kontaminationen.

DNA aus altem Museumsmaterial
Leider ist die DNA auch in den meisten Museumsbälgen und Knochen bereits so degradiert, dass man in der Regel keine längeren Abschnitte intakter DNA mehr gewinnen kann. Hier muss man ähnlich vorgehen wie bei fossiler DNA: Es werden jeweils nur kleine DNA-Abschnitte von ca. 100 BP Länge amplifiziert, die man anschließend zu einem kompletten Gen zusammensetzt. Sind Basen in der alten DNA auf beiden DNA-Strängen ausgefallen (z. B. durch gleichzeitige Depurinierung und Desaminierung, ◘ **Abb. 3.23**) kann die Taq-Polymerase in der PCR unter Umständen diese Lücken zufällig auffüllen und so künstlich Variationen schaffen, wo ursprünglich gar keine vorhanden waren. Bei der Sequenzierung der kompletten mtDNA des Mammuts wurde diese Methode erfolgreich eingesetzt. Mithilfe dieser Arbeiten konnte 2006 bestätigt werden, dass das Mammut eine Schwesterart des Asiatischen Elefanten ist. Auch die DNA von weiteren ausgestorbenen Arten, wie Moas, Dronte oder Riesenalk wurde erfolgreich sequenziert und konnte mit den Sequenzen ähnlicher, heute noch lebender Taxa verglichen werden.

Aufbewahrung von Proben zur DNA-Untersuchung
Für die meisten Forschungsprojekte im Bereich der molekularen Systematik und Phylogenie wird man DNA aus lebenden Organismen bevorzugen, um zu einem sicheren Ergebnis zu kommen (◘ **Abb. 4.11**). Für Tiere mit kernhaltigen Erythrocyten (unter den Wirbeltieren Fische, Amphibien, Reptilien oder Vögel) bietet sich Blut als die einfachste DNA-Quelle an, zumal man die geringen Mengen an Blut, die benötigt werden (1–2 Tropfen), meist leicht entnehmen kann, ohne dem Tier zu schaden. Aber auch Federn und Haare, ja selbst Kot, enthalten DNA (wenn auch geringe Mengen), die sich isolieren und über PCR amplifizieren lässt. Bei Fischen entnimmt man auch Schuppen und Flossenstücke, die DNA-haltig sind. Bei Säugetieren benötigt man etwas mehr Blut (ca. 0,1–1 ml), da nur die kernhaltigen Leukocyten DNA enthalten, oder man entnimmt DNA-haltiges Gewebe, wie z. B. kleine Hautstücke aus der Ohrmuschel. Als nicht-invasive Methode für die DNA-Gewinnung bieten sich bei vielen Wirbeltieren **Rachenabstriche** an.

Gewebestücke und Blut lassen sich selbst bei Raumtemperatur über viele Monate hinweg in einem EDTA-Puffer aufbewahren (10 % EDTA, 0,5 % Natriumfluorid, 0,5 % Thymol, 1 % Tris-Puffer, pH 7,0), was besonders für Felduntersuchungen wichtig ist. Auch eine Aufbewahrung in reinem Ethanol

EXKURS 4.1 (*Fortsetzung*)

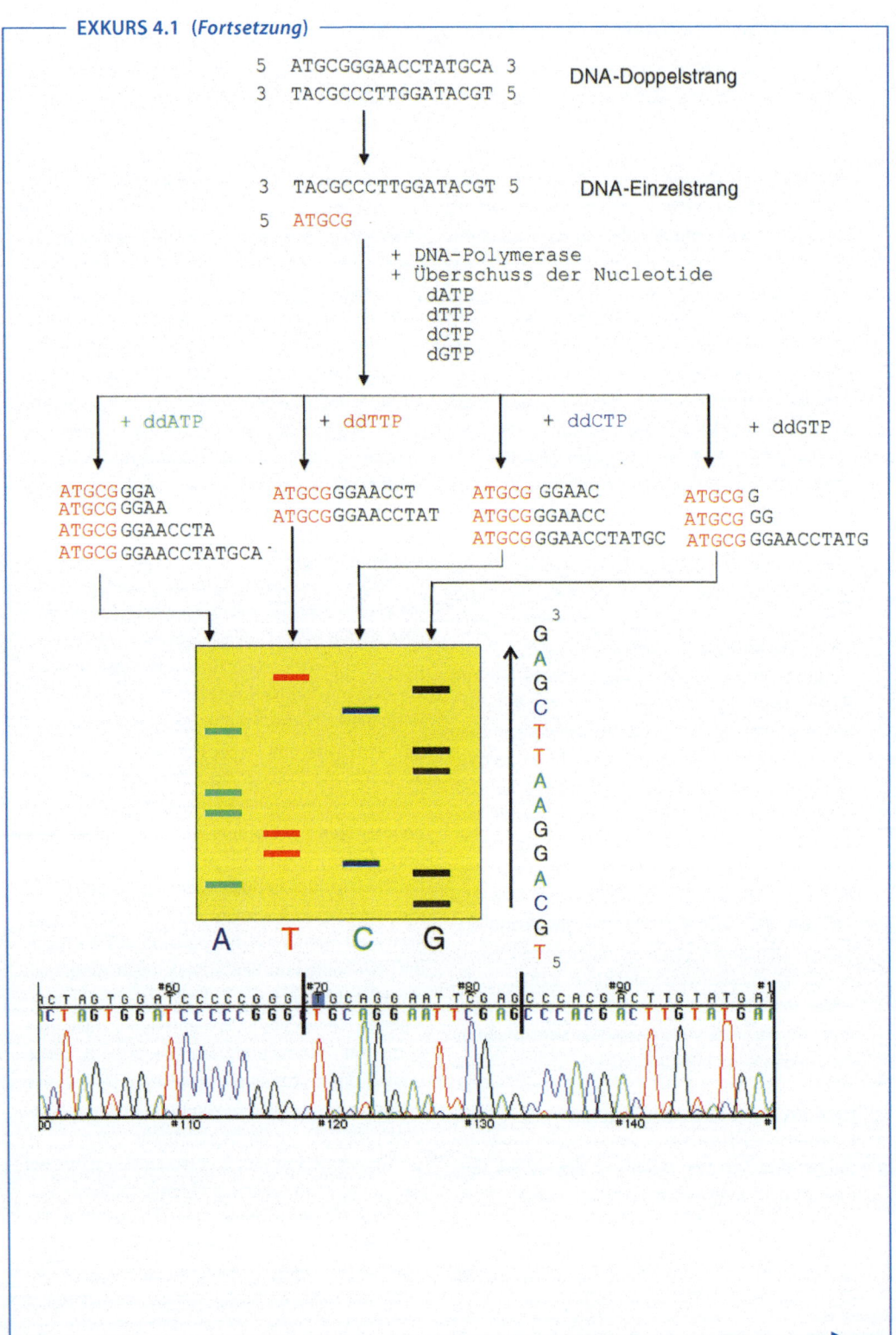

EXKURS 4.1 (Fortsetzung)

(Endkonzentration ca. 70%) konserviert die DNA; man muss jedoch sicherstellen, dass der Alkohol nicht verdunstet. Auch tiefgefrorenes Gewebe eignet sich meist für eine DNA-Untersuchung. Als Alternative zur Aufbewahrung des Blutes in Pufferlösung bietet sich ein speziell behandeltes Filterpapier an (**FTA-Cards** von Whatman): Blut wird auf das Filterpapier getropft und bei Raumtemperatur getrocknet. Blutproben können so längere Zeit aufbewahrt werden. Material, das in Formaldehyd fixiert wurde (wie leider die meisten Museumspräparate), ist völlig ungeeignet, da Formaldehyd die DNA irreversibel verändert.

Pflanzenmaterial kann entweder durch Ethanol oder aber durch schnelles Trocknen so konserviert werden, dass intakte DNA isoliert werden kann. Insbesondere Pflanzensamen eignen sich gut für die DNA-Isolierung, so dass sich hier die Konservierungsfrage nicht unbedingt stellt. Die in den Pflanzen enthaltenen Sekundärstoffe (s. **Abschn. 4.3.3**) müssen aus den DNA-Präparaten entfernt werden, da sie oft die nachfolgenden Enzymreaktionen hemmen. Altes Herbarmaterial ist häufig genauso unbrauchbar wie Balgmaterial in Zoologischen Museen.

Amplifizierung und Sequenzierung von Markergenen

Ausgehend von der isolierten Gesamt-DNA (d. h. Kern- und Organell-DNA) wird im nächsten Schritt ein Markergen entweder kloniert oder heute meistens mittels PCR in solcher Menge amplifiziert, dass es anschließend sequenziert werden kann (◘ **Abb. 4.12**). Daran schließt sich eine zyklische Sequenzierung an: Ausgehend von PCR-Produkten wird die Sequenzierung mit fluoreszenzmarkierten Sequenzierprimern oder fluoreszenzmarkierten Nucleotiden und einer speziellen hitzestabilen DNA-Polymerase mittels PCR durchgeführt (◘ **Abb. 4.11**).

Je nach Fragestellung werden die Markergene aus ncDNA oder mtDNA (bei Tieren) oder ncDNA und cpDNA (bei Pflanzen) ausgewählt (◘ **Abb. 4.13**). Diese Gene haben nichts mit der Morphologie zu tun und unterliegen somit nicht den adaptiven Faktoren, welche die äußere Gestalt der Organismen geprägt haben. Aufgrund dieser Auswahl sollen Konvergenzen, welche die traditionelle Systematik erschweren, vermieden werden.

Sollen evolutionäre Ereignisse rekonstruiert werden, die vor Hunderten von Millionen Jahren erfolgten, so eignen sich rDNA-Gene des Kerns (◘ **Abb. 3.9**, ◘ **Abb. 3.17**) am besten, da sie in allen Eukaryoten gleichermaßen zur Verfügung stehen und sehr konserviert, d. h. wenig variabel sind. Die entsprechenden rDNA-Gene (◘ **Abb. 3.9**, ◘ **Abb. 3.17**) der tierischen Mitochondrien sind dagegen wesentlich variabler und sind gute Marker für Ereignisse zwischen 5 und 100 Mio. Jahren. Aber auch codierende Kerngene (sowohl Introns als auch Exons) werden zunehmend eingesetzt, so z. B. *RAG1*, *EF-1α*, *atp6*, *rpb1* oder *rpb2*.

◘ **Abb. 4.12** Schematische Darstellung der DNA-Sequenzierung mittels Strangabbruchmethode. Bei dieser Methode werden dem Reaktionsansatz Didesoxynucleotide (ddNTP) zugegeben, denen die 3'-OH-Gruppe der Desoxyribose fehlt. Wird ein ddNTP von der DNA-Polymerase in einen neuen Strang eingebaut, kommt es zu einem Strangabbruch, da an dieses Nucleotid kein weiteres Nucleotid angehängt werden kann (es fehlt ja die 3'-OH-Gruppe). In einer ersten Reaktion muss die zu sequenzierende DNA in ausreichender Menge (d. h. in vielen Kopien) hergestellt werden (z. B. durch Klonieren oder PCR). Dann wird diese DNA in vier Reaktionsgefäße gegeben, die alle DNA-Polymerase, einen Sequenzierprimer und die vier dNTPs enthalten. Der Sequenzierprimer muss zum *Template*-Strang komplett komplementär sein. Bei der radioaktiven Sequenzierung wird der Primer mit ^{32}P-dATP, ^{33}P-dATP oder ^{35}S-dATP markiert. Bei der automatischen Sequenzierung wird der Primer mit einem Fluoreszenzfarbstoff gekoppelt (alternativ werden die dNTPs mit einem Farbstoff markiert). Zusätzlich gibt man in Reaktionsgefäß 1 eine kleine Menge an ddATP, in Gefäß 2 ddTTP, in Gefäß 3 ddCTP und in Gefäß 4 ddGTP. Die Mengen der dNTPs zu ddNTPs muss so eingestellt werden, dass die statistische Wahrscheinlichkeit gegeben ist, dass die DNA-Polymerase an allen in Frage kommenden Positionen ein entsprechendes ddNTP einbauen kann. Dadurch wird eine Leiter von DNA-Fragmenten synthetisiert, die sich um jeweils ein Nucleotid unterscheiden. Im DNA-Sequencer werden die DNA-Fragmente mit Kapillar-Elektrophorese getrennt und aufgrund ihrer Fluoreszenz detektiert (*untere Abbildung*)

— **EXKURS 4.1** (*Fortsetzung*) —

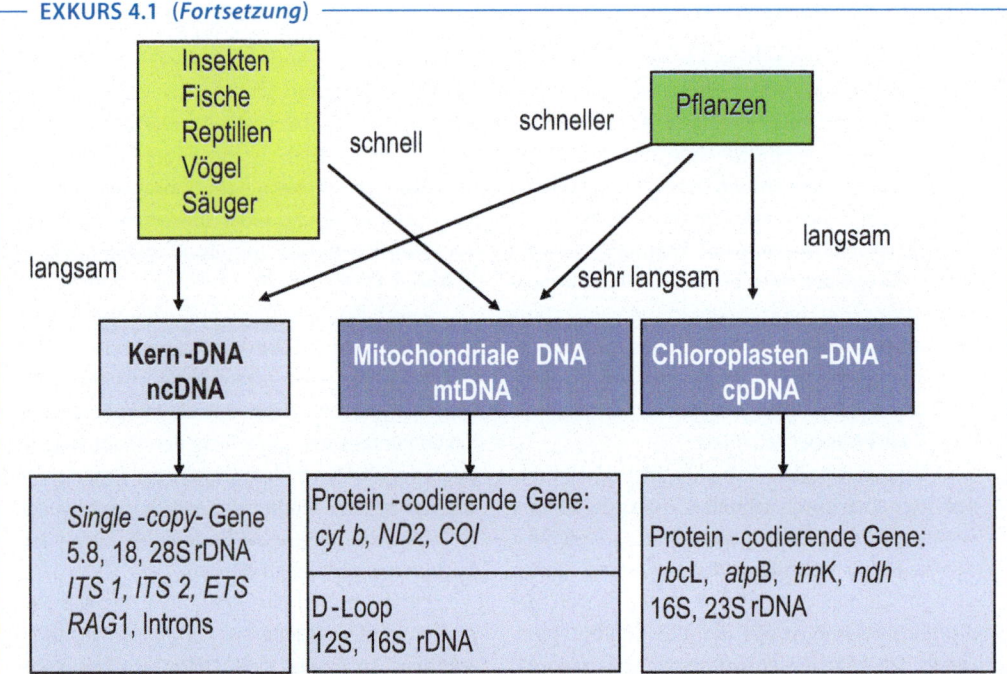

● **Abb. 4.13** Schematische Übersicht über das evolutionäre Tempo von ncDNA, mtDNA und cpDNA sowie eine kleine Auswahl häufig verwendeter Markergene

In den Mitochondrien der Tiere ist die Kontrollregion (auch D-Loop-Bereich genannt) (● **Abb. 3.17**), die am Start der Replikation liegt und nicht transkribiert wird, am variabelsten (ungefähr vier- bis sechsmal variabler als das *Cytochrom-b*-Gen, das häufig als Marker bei Tieren verwendet wird). Bei Kerngenen wählt man die ITS-Bereiche (*internal transcribed spacer*) zwischen den rRNA-Genen, die zwar transkribiert werden, aber keine weitere Funktion ausüben (● **Abb. 3.9**). Sie sind nicht so konserviert wie rRNA-Gene, kommen aber in ebenso vielen identischen Kopien im Genom vor.

Bei der Auswahl der PCR-Bedingungen und Markergene ist es wichtig, dass man ausschließlich homologe Gene (orthologe Gene) amplifiziert und miteinander vergleicht. **Orthologe Gene** sind durch ein Speziationsereignis entstanden, so dass dasselbe Gen nach der Artaufspaltung in zwei oder mehr Arten vorkommt. Wenn ein Gen im Genom dupliziert wurde (s. Abschn. 3.4.3) liegen unter Umständen Pseudogene vor, d. h. multiple, aber unterschiedliche Kopien (z. B. im Fall von Multigenfamilien; man spricht von **paralogen Genen**). Wenn man anstelle der homologen Gene solche paralogen Gene amplifiziert und sequenziert, kann eine Phylogenierekonstruktion scheitern. Werden Sequenzen von homologen und paralogen Genen gemischt, so erhält man meist falsche molekulare Stammbäume. Von **paralogen Genen** spricht man beispielsweise, wenn ein mitochondriales Gen durch „illegitime Rekombination" eine funktionslose Kopie im Kerngenom (sog. *nuclear mitochondrial DNA*; **Numt**) erhalten hat, die sich mit anderer Evolutionsgeschwindigkeit entwickelt als das mitochondriale Gen. Wenn ein Gen durch horizontalen Gentransfer (HGT) verschoben wurde, spricht man von einem **xenologen Gen**, das bei einer Phylogenierekonstruktion sicherlich Probleme verursacht, da es aus einem völlig anderen Organismus stammte.

Next Generation Sequencing

Durch den Einsatz des **Next Generation Sequencing** (**NGS**) werden Phylogenierekonstruktionen zukünftig nicht nur auf einzelne Markergene sondern auf Multigen-Vergleiche oder Genom-Analysen (***phylogenomics***) zurückgreifen können. Wie bereits in Kap. 3 erwähnt, wurden einige sehr ehrgeizige Genomprojekte unter diesem Aspekt gestartet, wie z. B. *Genome 10 K Project* (G10 K), das *1000 Plant & Animal Reference Genomes Project* (1000P&A), die *5000 Insect (i5 K) and other Arthropod Genome Initiative* oder das *Ten Thousand Microbial Genomes Project* (10 K M).

Zu den wichtigen Geräten zählen zurzeit (2012) die folgenden Geräte, die zunehmend auch für phylogenetische und phylogenomische Untersuchen eingesetzt werden: Das 454-Sequenzgerät (und Folgegeräte) von Roche war das erste NGS-Gerät auf dem Markt. Es hat den Vorteil, dass man vergleichsweise lange Sequenzen erhält. Der Nachteil liegt in einem vergleichsweise hohen Preis der Analysen. Das HiSeq2000 von Illumina, in dem man bis zu fünf Genome parallel in einem Lauf auf 2 x 8 Bahnen sequenzieren kann, wird aktuell am meisten verwendet. Pro Bahn werden 100–200 Mio. Sequenzen produziert. In Anzeigen wurde 2012 ein neues NGS-Verfahren von Oxford Nanopore angekündigt, dass über die Nanoporentechnologie sehr lange Sequenzen ermitteln soll.

Stammbaumrekonstruktion

Die Arbeitsschritte zwischen der Sequenzierung (◘ Abb. 4.12) und der Phylogenie-Rekonstruktion sind in ◘ Abb. 4.11 sowie **EXKURS 4.2** schematisch dargestellt.

Erhaltene DNA-Sequenzen werden in einem **Alignment** (◘ Abb. 4.11) so angeordnet, dass homologe Positionen (die alle als einzelne Merkmale gelten) jeweils untereinander zu stehen kommen. Ein *Alignment* ist einfach durchzuführen, wenn in einem Gen keine Deletionen, Insertionen oder Inversionen auftreten, wie dies bei Protein-codierenden Genen auch meist der Fall ist. Nicht-codierende Gene und DNA-Abschnitte, wie z. B. rDNA und ITS-Regionen, weisen dagegen auch *rearrangements* auf. Diese Veränderungen können auf einem einzelnen Evolutionsschritt (Verlust oder Insertion eines DNA-Abschnittes) oder auf multiplen Schritten beruhen. Meist werden die unklaren Merkmale bei der Stammbaumrekonstruktion als ein Einzelmerkmal gewertet oder gänzlich weggelassen. *Alignment*-Programme, die auf *Dynamic Programming* und Needleman-Wunsch- oder Smith-Waterman- Algorithmen beruhen (wie in CLUSTALW), können sehr hilfreich sein, ein erstes *Alignment* zu erstellen, doch muss in jedem Falle eine manuelle Feinkorrektur erfolgen, indem man z. B. auf die Raumstruktur der rRNA Rücksicht nimmt (◘ Abb. 3.11; Struktur der 16S rRNA).

Sobald ein gutes *Alignment* vorliegt, können Phylogenieprogramme eingesetzt werden, um die zugrunde liegenden Verwandtschaftsverhältnisse und Phylogenie zu rekonstruieren. Das evolutionäre Verzweigungsmuster lässt sich am besten durch einen dichotom aufgebauten Stammbaum darstellen (◘ Abb. 4.14).

Grundsätzlich wird zwischen numerischen **Distanzmatrixmethoden** und **Merkmalsmethoden** (***Parsimony***- und ***Maximum-Likelihood***-Methoden) unterschieden (**EXKURS 4.2**). Es gibt eine fast unendliche Anzahl möglicher Bäume, von denen aber nur einer den wahren Verlauf der Evolution wiedergibt. Um aus der Vielzahl der Bäume den oder diejenigen herauszugreifen, die der Wahrheit am nächsten kommen, muss man den Bäumen eine bestimmte Qualität zuordnen und sie danach reihen können. Dies geschieht durch sog. Optimierungskriterien (MP, ME, ML, *A-posteriori*-Wahrscheinlichkeit usw.). Bei **Maximum Parsimony** (**MP**) werden Taxa so angeordnet, dass die Zahl der Merkmalsänderungen zwischen verwandten Taxa möglichst klein ist; d. h. derjenige Baum ist am besten, der mit der geringsten Anzahl von Substitutionsereignissen die phylogenetischen Zusammenhänge darstellen kann. Unter **Maximum Likelihood** (**ML**) wird derjenige Baum als am besten geeignet gewählt, bei dem die *Likelihood* (Wahrscheinlichkeit) der Daten maximal wird. **Neighbour-Joining** (**NJ**) ist eine typische Distanzmethode, bei der die Gesamtähnlichkeit der Sequenzen von jeweils zwei Taxa als numerischer Wert ermittelt wird. Dann wird das Taxon ermittelt, das diesen Sequenzen am nächsten kommt. Dieser Prozess wird so lange wiederholt, bis alle Taxa zugeordnet wurden.

Kladisten erkennen nur *Parsimony*-Methoden als sinnvoll an, da Distanzmethoden grundsätzlich nur phänetische Dendrogramme erstellen können und nicht zwischen ursprünglichen und abgeleiteten Merkmalen unterscheiden. Streng genommen

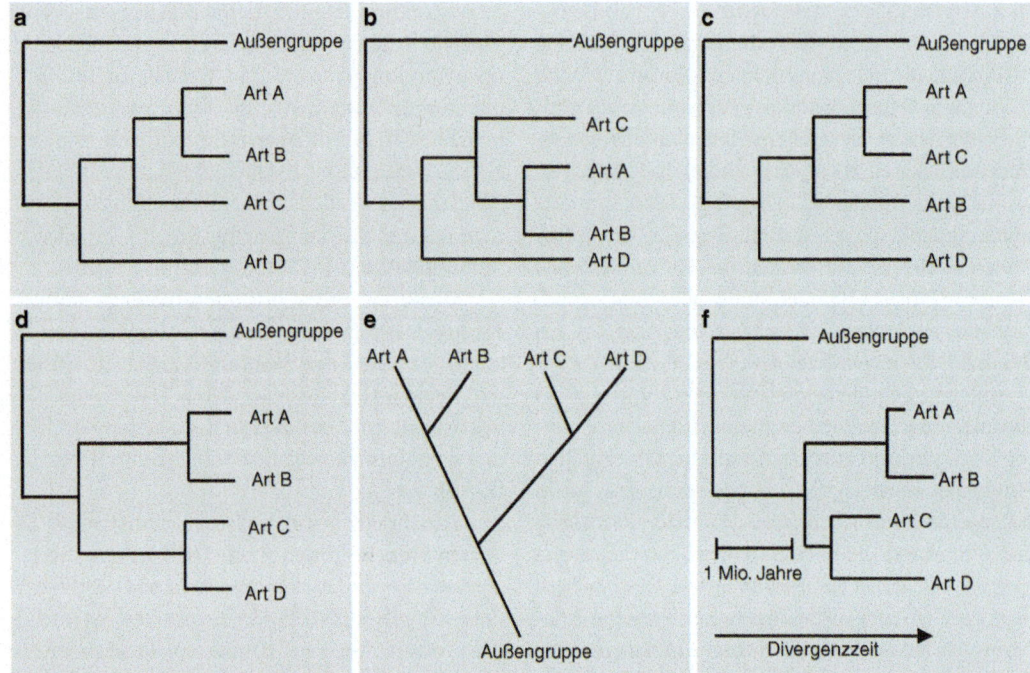

○ **Abb. 4.14 a–f** Grafische Darstellung von Stammbäumen und Aussagemöglichkeiten. **a–e** Darstellung als Kladogramm; **f** ist ein Phylogramm, in dem die Astlängen mit der Divergenzzeit proportional sind. **a** A und B sind Zwillingsarten, die einen gemeinsamen Vorfahren aufweisen. A, B, C und D bilden eine monophyletische Gruppe, die sich von einem gemeinsamen Vorfahren ableitet. Außengruppen sollen nicht zu nahe mit den zu untersuchenden Arten (Innengruppe) verwandt sein, aber gemeinsame Ursprünge mit den Arten der Innengruppe aufweisen. **b** In einem Stammbaum können die Äste frei um die jeweiligen Verzweigungsknoten gedreht werden, d. h. Kladogramme a und b sind identisch. **c** Kladogramm c unterscheidet sich von a und b, da die Reihenfolge der Arten A, B und C verändert ist. **d** und **e** zeigen ein Kladogramm, in denen die Taxa A und B sowie C und D Zwillingsarten sind, die von einem gemeinsamen Vorfahren abstammen. Die Kladogramme d und e sind in ihrer Aussage identisch, aber graphisch anders dargestellt. **f** Darstellung der Verwandtschaftsbeziehungen aus d und e als Phylogramm, das die unterschiedlichen Divergenzzeiten der einzelnen Taxa aufzeigt

unterscheiden aber auch Parsimonie-Verfahren bei den Berechnungen nicht zwischen ursprünglichen und abgeleiteten Merkmalen, sondern addieren zunächst einmal nur Merkmalsänderungen. Im fertigen Baum lassen sich aber dann Apomorphien für jeden Ast anzeigen. In der Praxis der molekularen Phylogenieanalyse liefern Distanz- und Merkmalsmethoden daher identische oder ähnliche Bäume.

In jedem Falle versuchen die Programme, einen **Stammbaum** zu erstellen, der die Entstehung der Taxa im Verlauf der Evolution so genau wie möglich widerspiegelt. Streng genommen ist jeder Stammbaum eine Hypothese über den Verlauf der Evolution, deren Plausibilität mit weiteren Hypothesen zu bewerten ist. Problematisch kann es sein, wenn in einer Organismengruppe die meisten Linien bereits ausgestorben sind und eine rezente Linie nur isoliert vorkommt, oder wenn unvollständige Datensätze zugrunde gelegt werden. Der Wahl des Markergens, das in der richtigen Geschwindigkeit evolviert (kann je nach Organismus und Fragestellung verschieden sein; ○ **Abb. 4.13**), kommt damit eine entscheidende Bedeutung zu. Wählt man ein schnell evolvierendes Markergen zur Analyse alter Gruppen, dann wird die ursprünglich vorhandene phylogenetische Information durch multiple Substitutionen bereits teilweise verloren gegangen sein. Wählt man konservierte Markergene, z. B. rRNA-Gene des Zellkerns, zur Analyse junger Gruppen, so wird man keine Unterschiede finden. Ferner muss beachtet werden, dass Stammbäume, die auf den Sequenzen eines Markergens beruhen, im strengen Sinne nur **Genstammbäume** darstellen, die nicht immer mit der Phylogenie der zugehörigen Organismen (**Speziesbäume**) übereinstimmen. Mitochondriale Gene werden beispielsweise weitgehend maternal vererbt; falls in einem Datensatz Hybridarten vorkommen, so könnte es hier zu einer (meist lokalen) Unstimmigkeit kommen. Im Falle, dass molekulare Stammbäume und herkömmliche Vorstellungen divergieren, ist es angebracht, nicht nur ein einziges Markergen, sondern mehrere Markergene (sowohl mtDNA als auch ncDNA) zu untersuchen.

Für die phylogenetische Analyse ist die Leserichtung (Polarität) von Merkmalsänderungen wichtig. Innerhalb der homologen Merkmale wird zwischen **ursprünglichen und gleich gebliebenen (plesiomorphen)** und **abgeleiteten veränderten (apomorphen) Merkmalen** unterschieden. Tragen alle Folgearten einer Stammart ein gemeinsames abgeleitetes Merkmal (evolutive Neuheit), so wird dies als **Synapomorphie** bezeichnet. Eine **Symplesiomorphie** liegt vor, wenn ein relativ ursprüngliches Merkmal bei vielen Taxa auftritt unterschiedlicher Kategorie. Tritt ein Merkmal neu nur in einem Monophylum auf, so liegt eine **Autapomorphie** vor.

Man kann Stammbäume ohne Annahme einer **Wurzel** (*unrooted tree*) oder mit Wurzel (*rooted tree*) erstellen. Bei interspezifischen Analysen wird meistens der *rooted tree* vorgezogen, da er mehr Informationen enthält und eine zeitliche Abfolge der Verzweigungen sichtbar macht. Dabei werden die Arten, die man untersuchen möchte, als **Innengruppe** angesehen, die der **Außengruppe** (*Outgroup*) gegenübergestellt wird. Außengruppen sollen sich von einem früheren gemeinsamen Vorfahren mit der Innengruppe ableiten lassen, aber nicht nah mit der Innengruppe verwandt sein. Durch die Wahl der Außengruppe wird der Merkmalssatz polarisiert, d. h. es lassen sich jetzt **abgeleitete (apomorphe)** Merkmale von **ursprünglichen (plesiomorphen)** Merkmalen unterscheiden. Bei *Parsimony*-Methoden empfiehlt es sich, mehrere Außengruppentaxa zu wählen, so dass der Effekt der *long branch attraction* und *ancestral lineage sorting* reduziert und die Anzahl der phylogenetisch informativen Merkmale erhöht wird. Bei *Maximum Parsimony* werden nur die phylogenetisch informativen Merkmale ausgewertet, während bei NJ-Rekonstruktionen alle Merkmalsunterschiede als Gesamtdistanz gewertet werden. In der Praxis der molekularen Phylogenie ist die Wahl einer geeigneten Außengruppe zwar wichtig, hat aber meist einen geringeren Einfluss auf die Baumtopologie, als gemeinhin angenommen wird, insbesondere dann, wenn Datensätze durch aussagekräftige Merkmale gestützt werden. Bei morphologischen Datensätzen ist die Wahl der Außengruppe von wesentlich größerer Bedeutung als bei DNA-Datensätzen.

Verlässlichkeit der Stammbäume. Die Suche nach dem wahren Stammbaum ist außerordentlich schwierig, denn selbst bei nur vier Arten gibt es schon drei ungewurzelte Rekonstruktionen, von denen nur eine korrekt sein kann. Enthält ein Sequenzdatensatz aber viele Taxa, so verringert sich die Wahrscheinlichkeit gewaltig, einen in **allen** Verzweigungen korrekten Baum zu finden. Bei 50 Arten sind bereits theoretisch $2,8 \times 10^{74}$ Bäume möglich (also mehr Bäume als Atome im Universum). Selbst wenn ein moderner und schneller Rechner 10^9 Bäume pro Sekunde durchrechnen könnte, würde er immer noch $8,9 \times 10^{54}$ Jahre benötigen, um alle Möglichkeiten zu berücksichtigen. Man berechnet deshalb selten die relative Wahrscheinlichkeit ganzer Bäume, sondern eine wie auch immer geartete statistische Unterstützung für einzelne Äste oder Knoten. Bedingt durch die Komplexität müssen die mathematischen Verfahren deshalb vereinfacht und die Kombinationsmöglichkeiten von vornherein limitiert werden (**EXKURS 4.2**). Wir sprechen davon, dass **Maximum Parsimony** (MP) ein Optimalitätskriterium ist, das nur bei kleineren Datensätzen (ca. 25 Arten) streng durchgehalten werden kann. Man kann den Suchprozess durch vereinfachte Annahmen (z. B. durch **heuristische Suche** mittels ***Branch-and-bound*-Methode**) erleichtern und beschleunigen. Computergestützte Phylogenieprogramme arbeiten, trotz theoretisch vorhandener Unzulänglichkeiten, verlässlich. Stammbäume über die Evolution der Nucleotidsequenzen von T7-Phagen, deren Phylogenie man genau kannte, ergaben eine hervorragende Übereinstimmung zwischen errechneter und bekannter Phylogenie. Hillis, ein renommierter molekularer Systematiker, äußerte sich 1994 dazu: „*Both simulation and experimental phylogenies indicate that many methods are powerful enough to reconstruct evolutionary histories with* *a high degree of accuracy.*" (Computersimulationen und experimentelle Phylogenien belegen, dass viele Methoden ausreichend geeignet sind, die Evolutionsgeschichte mit einem hohen Grad an Genauigkeit zu rekonstruieren.).

Gute Datensätze liefern mit allen drei Verfahren kongruente Bäume; Unterschiede weisen auf Verzweigungen hin, die vermutlich nicht eindeutig sind. Wie sicher eine Verzweigung in einem Phylogramm ist, kann man ebenso durch statistische Verfahren, **Bootstrapping**, **Jackknifing** oder **Bremer-Support**, bestimmen. In der **Bootstrap**-Analyse werden von dem ursprünglichen Datensatz sehr viele (100–10.000) zufällig erzeugte Pseudodatensätze gleicher Größe erstellt, in denen Basenpositionen (Matrixmerkmale) des ursprünglichen Datensatzes durch willkürliches Sammeln und Weglegen verändert werden. Dadurch kommen zufällig einzelne Matrixmerkmale mehrmals vor, andere fallen weg. Beim *Jackknifing* wird dagegen eine bestimmte Anzahl von Positionen willkürlich **weggelassen**. *Bootstrapping* und *Jackknifing* lassen sich in *Maximum-Parsimony*(MP)- und *Neighbour-Joining*-Analysen leicht durchführen; für *Maximum-Likelihood*-Verfahren sind sie meist zeitaufwendig, es sei denn man verfügt über einen Computercluster: In einem **Konsensusbaum** wird für jede Verzweigung (Knoten) angezeigt, wie oft sie in den 1000-mal wiederholten Einzelbäumen gefunden wurde (Angabe meist in Prozent). Je höher der jeweilige *Bootstrap*- oder *Jacknife*-Wert, desto sicherer soll eine bestimmte Verzweigung sein. In der Praxis werden vielfach schon *Bootstrap*-Werte größer als 70% als ausreichend sicher angesehen. Eine *Bootstrap*-Analyse sollte jedoch nicht überbewertet werden, denn auch phylogenetisch falsche Verzweigungen lassen sich manchmal durch hohe Werte sichern, während sichere Verzweigungen, die auf wenigen Merkmalen beruhen, oft als unsicher bezeichnet werden. Der **Bremer-Support** (oder *decay index*) gibt an, wie robust ein Knoten von den Daten gestützt wird.

Notwendige Länge der DNA-Sequenzen und Vollständigkeit der Datensätze. Häufig wird die Frage diskutiert, wie viele Basen man sequenzieren muss, um eine verlässliche Aussage zu erhalten. In einer Computersimulation (Nei 1996) erhielt man folgendes Ergebnis (◘ Tab. 4.4): Bei einem Datensatz mit einer Sequenzlänge von 300 Basen

◘ **Tab. 4.4** Wahrscheinlichkeit (in %), mit unterschiedlichen Phylogenieprogrammen die korrekte Baumtopologie zu erhalten. NJ: *Neighbour-Joining*; MP: *Maximum Parsimony*, ML: *Maximum Likelihood*

Anzahl der Nucleotide	NJ			MP		ML
	p	JC	K2	UW	W	
100	98	73	74	88	96	64
300	100	88	86	98	100	82
500	100	96	94	100	100	90
800	100	98	96	100	100	94
1000	100	99	99	100	100	96

p: *p*-Distanz; JC: Jukes-Cantor-Distanz; K2: Kimura-2-Parameter-Distanz; UW: ungewichtet; W: gewichtete Merkmale

liegt die Wahrscheinlichkeit, mit allen drei Berechnungsverfahren (MP, ML, und NJ) den korrekten Baum zu finden, bereits über 80%. In der Praxis versucht man, Markergene von mindestens 1000 Nucleotiden zu analysieren. Zudem bestehen die Datensätze zunehmend aus den Sequenzen von mehreren Markergenen (**Multigen-Analyse**). Wie man der ◘ Tab. 4.4 entnehmen kann, führen dann alle drei Methoden zu nahezu identischen und korrekten Bäumen. Grundsätzlich gilt jedoch, dass längere DNA-Sequenzen aus verschiedenen Genomen (insbesondere von mtDNA und ncDNA) und eine möglichst vollständige Zusammensetzung der zu untersuchenden Organismengruppen (*taxon sampling*) zu den verlässlichsten Stammbäumen führt. Letztlich tragen ein möglichst vollständiges *taxon sampling* und *character sampling* beide zur Verbesserung phylogenetischer Rekonstruktionen bei (zur Diskussion, siehe Rosenberg u. Kumar 2003; Hillis et al. 2003). Liegen Sequenzen mehrerer Gene (Multigen-Ansatz) vor, so kann man diese zu einem gemeinsamen Datensatz (*total evidence*) vereinen und damit die Gesamtlänge der zu untersuchenden Sequenzen erhöhen.

Zunehmend stehen immer längere Sequenzen für eine phylogenetische Analyse zur Verfügung; schon heute existieren Sequenzierungen der **kompletten mtDNA oder cpDNA** von über 3400 Organismen, die z. T. natürlich eine bessere und sicherere

Aussage zulassen, als die Analyse eines einzelnen Markergens (s. **Abschn. 4.2**). In ◘ **Abb. 4.34a** ist eine Phylogenierekonstruktion gezeigt, die auf einem Datensätzen mit kompletten mtDNA-Genomen basieren. Inzwischen liegen auch DNA-Sequenzen kompletter Genome von mehr als 2000 Bakterien- und über 150 Eukaryotenarten vor, die man phylogenetisch auswerten kann (s. **Abschn. 4.2**; ◘ **Abb. 4.25**).

Wenn sowohl molekulare als auch morphologische Datensätze vorliegen, kann man beide natürlich getrennt berechnen und prüfen, ob die Ergebnisse kongruent sind. Einige Wissenschaftler plädieren dafür, beide Datensätze zu vereinen und berechnen sog. *total evidence trees* (Gesamtevidenzbäume). Es kommt dann aber auf die Ausgewogenheit der Datensätze an, ob sinnvolle Stammbäume entstehen können.

Evolutionäre Distanzen und Molekulare Uhren

Für Protein- und DNA-Sequenzen lässt sich der Unterschied zwischen zwei Sequenzen homologer Proteine oder Gene leicht quantitativ fassen, indem die Anzahl der unterschiedlichen Aminosäuren bzw. Nucleotide zwischen zwei Sequenzen ermittelt wird. Weil der Aminosäurevergleich nur schwer Mehrfach-, Parallel- und Rückmutationen erkennen kann und vor allem synonyme Substitutionen unberücksichtigt lässt, wurden verschiedene Korrekturen vorgeschlagen, wie z. B. die Poissonkorrektur. Da heute zunehmend DNA-Sequenzdaten ermittelt werden, über die man synonyme Substitutionen erkennen kann, zieht man sie heran, um evolutionäre Distanzen zu berechnen. Um multiple Substitutionen, Parallel- und Rückmutationen zu berücksichtigen oder um Transition/Transversionsverhältnisse zu gewichten, wurden verschiedene **Substitutionsmodelle** entwickelt (z. B. Jukes-Cantor, Kimura, Tamura-Nei. Näheres s. Handbücher von PAUP und MEGA), die bei ML- und NJ-Analysen nützlich sind (**EXKURS 4.2**).

Die Anzahl der Nucleotidsubstitutionen ist mit der **Divergenzzeit** korreliert, d. h. je länger zwei Taxa getrennt sind, desto größer die Anzahl der Nucleotidunterschiede und Aminosäureaustausche. Diese Tatsache ist die Grundlage für das Konzept der **molekularen Uhr**, wie es von Pauling und Zuckerkandl 1961 erstmals postuliert wurde. Eine molekulare Uhr bezieht sich meist auf die Mutationsraten in einzelnen Genen oder Proteinen und kann nur dann eine verlässliche Maßeinheit sein, wenn sie eine konstante Taktfrequenz aufweist und geeicht werden kann, z. B. über Fossilfunde. Molekulare Uhren werden in der Praxis häufig verwendet, aber ebenso häufig kritisiert. Wir wissen heute, dass es keine exakte und generelle molekulare Uhr im Sinne der Physik gibt, wie früher optimistisch angenommen wurde. Aber eine molekulare Uhr grundsätzlich zu negieren, wie es manche Kritiker tun, ist ebenso unangemessen. Es handelt sich bei der molekularen Uhr eher um lokale Uhren, die relative Zeitaussagen erlauben.

Aus der Sequenzdifferenz K zwischen zwei Taxa lässt sich die **Trennungs-** oder **Divergenzzeit** T berechnen: $T = K/2$.

EXKURS 4.2

Methoden der Stammbaumrekonstruktion

Für die Stammbaumerstellung stehen heute eine Reihe brauchbarer Phylogenieprogramme zur Verfügung, wie z. B. PAUP* (Swofford 2003), PHYLIP (Felsenstein 1993), MEGA5 (Tamura et al. 2011), und MrBayes (Huelsenbeck u. Ronquist 2001). Diese Programme sind über das Internet erhältlich:
- MEGA5.1: http://megasoftware.net
- MrBayes 3.2.1: http://mrbayes.sourceforge.net/
- PAUP*4.0: http://paup.csit.fsu.edu/
- PHYLIP und 383 weitere Programme: http://evolution.genetics.washington.edu/phylip/software.html
- MacClade 4: http://www.sinauer.com/detail.php?id=4707
- Netzwerkverfahren: http://darwin.uvigo.es/

Maximum Parsimony (MP)
MP-Methoden liegt das Prinzip der größten Sparsamkeit (englisch: *parsimony*) zugrunde, d. h. sie

EXKURS 4.2 (Fortsetzung)

halten die Lösung, die mit der geringsten Anzahl evolutiver Schritte (hier Nucleotidsubstitutionen oder Merkmalsänderungen) auskommt, für die wahrscheinlichste Variante. Ob die Evolution in jedem Falle nach diesem Prinzip verläuft, ist fraglich, doch sprechen viele Beobachtungen und Erfahrungen aus der Biologie und anderen Naturwissenschaften dafür, dass einfache Lösungswege wahrscheinlicher sind als komplexe.

Im MP-Verfahren wird derjenige Stammbaum als der wahrscheinlichste angesehen, der am kürzesten ist und auf der geringsten Anzahl an Merkmalsänderungen beruht. Zu beachten ist, dass bei MP nur **phylogenetisch informative Merkmale (Synapomorphien)** und „sichtbare" Substitutionen (ohne Korrektur durch Substitutionsmodelle) gewertet werden, die im *Alignment* bei mindestens zwei Taxa auftreten und diese von anderen abgrenzen. **Nicht-informative Polymorphismen**, die nur bei einem einzigen Taxon auftreten (**Autapomorphien**), haben dagegen keine Bedeutung, obwohl diese Merkmale für die Berechnung der genetischen Distanz und damit der Divergenzzeit wichtig sind. Solche autapomorphen Merkmale können real sein oder aber auch auf Sequenzierfehlern beruhen, d. h. eine schlechte Sequenzierung führt automatisch zu hohen Distanzen (kann sich bei Distanzmethoden negativ auswirken). Eine gründliche Kontrolle der Sequenzier-Ergebnisse, insbesondere wenn sie über automatische DNA-Sequenzier-Geräte erhalten wurden, ist absolut notwendig, um falsche Aussagen zu vermeiden. Für jedes informative Merkmal wird bei MP ein eigenes Verzweigungsschema berechnet, für jedes Schema die Minimalzahl an Substitutionen pro informativer Position abgeleitet, und schließlich werden die Ergebnisse aller informativer Positionen zusammengefasst. Aus der Gesamtheit dieser Rekonstruktionen wird der Baum ausgewählt, der bei minimaler Anzahl an Substitutionen durch die meisten informativen Merkmale gestützt wird.

Bei MP unterscheidet man zwischen ungewichteten (*unweighted parsimony*) und gewichteten Analysen (*weighted parsimony*). Bei gewichteten MP-Verfahren kann man z. B. die dritte Codonposition schwächer werten, um den Einfluss multipler Substitutionen (die hier besonders häufig auftreten) zu reduzieren, oder aber Transversionen höher bewerten als die häufigeren Transitionen, da Transversionen als Mutationsereignisse seltener sind als Transitionen (s. Abschn. 3.3.1). Das Problem bei einer Gewichtung ist jedoch, dass man u. a. damit bewusst oder unbewusst den Baum als richtig wählt, den man sich *a priori* gewünscht hat. Hillis et al. (1994) fanden, dass *unweighted parsimony* eine höhere Genauigkeit zeigte, als gewichtete MP oder Distanzanalysen.

Die Baumrekonstruktion kann bei MP durch „exakte" und „heuristische" Verfahren durchgeführt werden. Die exakten Algorithmen (*exhaustive search, branch-and-bound*) garantieren, den kürzesten unter allen möglichen Bäumen zu finden. Da die Kombinationsmöglichkeiten immens sind, lassen sich die exakten Algorithmen zurzeit nur mit kleinen Datensätzen unter 25 Taxa einsetzen. Bei größeren Datensätzen verwendet man heuristische Algorithmen, die mit hoher, aber nicht absoluter Wahrscheinlichkeit den kürzesten Baum finden.

Durch MP-Verfahren erhält man im günstigsten Falle nur einen einzigen Baum. Im Falle, dass mehrere gleich kurze Bäume gefunden werden, lassen sich die Ergebnisse entweder als ein „Strikter Konsensus" (*strict consensus*) oder beispielsweise als 50 %-Konsensusbaum darstellen. Maße für die Qualität der Daten sind der Retentions(RI; *retention index*)- und der Konsistenz-Index (CI; *consistency index*); je näher beide Zahlen einem Wert von 1 kommen, desto besser wird ein Baum durch die zugrunde liegenden Daten gestützt und desto geringer ist die Homoplasie (als HI ausgedrückt).

Maximum Likelihood (ML)

Unter ML wird derjenige Baum als am besten angesehen, bei dem die *Likelihood* (Wahrscheinlichkeit) der Daten unter einem bestimmten Modell maximal wird. ML bevorzugt streng genommen also das Verzweigungsmuster, bei dessen Annahme der Datensatz die größte Wahrscheinlichkeit hat. Bei ML wird meist ein einziger optimaler Baum erhalten. Der Umfang der evolutiven Veränderungen wird über verschiedene statistische Substitutions-

▶

EXKURS 4.2 (Fortsetzung)

modelle abgeschätzt; z. B. werden die Häufigkeiten von Transitionen und Transversionen und der einzelnen Nucleotide sowie Rück- und Parallelmutationen berücksichtigt. Das geeignete **Substitutionsmodell** kann über das Programm „jModeltest" (Posada 2006; http://darwin.uvigo.es/software/modeltest_server.html) ermittelt werden. Durch ML werden bei der Analyse diejenigen Positionen stärker gewichtet, an denen nur zwei oder drei unterschiedliche Nucleotide auftreten und die deshalb weniger homoplasieträchtig sind, als solche Positionen, an denen alle vier Nucleotide vorhanden sind. Vergleichende Studien konnten zeigen, dass über ML berechnete Stammbäume der vermutlichen realen Phylogenie häufig am nächsten kommen. Den MP-Methoden gegenüber ist ML darin überlegen, dass man durch Einbeziehung der Astlängen den hypothetischen Merkmalszustand eines Vorfahren bestimmen kann. Da jedoch lange Rechenzeiten notwendig sind, und wenn man nur über einfache Rechnerkapazität verfügt, eignen sich ML-Methoden eher für kleine Datensätze (< 100 Taxa), während umfangreiche Datensätze mit mehreren Hundert Sequenzen bislang nur über MP, NJ vor allem aber über MrBayes bearbeitbar sind, es sei denn man hat einen leistungsfähigen Rechnercluster zur Verfügung.

MrBayes
MrBayes verwendet das Bayes'sche MCMC (*Markov Chain Monte Carlo*)-Verfahren, als Simulationstechnik. Das Markov-Ketten-Verfahren sucht eine optimale Lösung durch zufällige Veränderungen in kleinen Schritten. Bayes'sche Phylogenierekonstruktionen basieren auf der *A-posteriori*-Wahrscheinlichkeitsverteilung von Bäumen. Bei MCMC-Verfahren werden Tausende von Bäumen „gesammelt", die als Konsensusbaum zusammengefasst werden. Bei der Berechnung der Bäume werden Substitutionsmodelle zugrunde gelegt. Das MCMC-Verfahren wird teilweise auch kontrovers diskutiert, weil *A-posteriori*-Wahrscheinlichkeiten aus MCMC-Analysen meist höher sind als die entsprechenden *Bootstrap*-Werte. MrBayes hat eine enorme Effizienz und ergänzt daher immer mehr ML- und andere Verfahren. Man kann mit ihm auch leicht gemischte Datensätze, also morphologische und molekulare Daten, analysieren. Bei Datensätzen mit identischen Sequenzen liegen diese nicht auf einer Linie (wie bei ML oder NJ), sondern auf eigenen Ästen, was unter Umständen eine nicht vorhandene Sequenzdiversität vortäuscht.

Neighbour-Joining (NJ)
NJ ist ein **Distanzmatrixverfahren**, das nicht auf Sequenzen, sondern zur Baumberechnung auf die Distanzen zwischen den Sequenzen zurückgreift; d. h. bei NJ werden zunächst die paarweisen Distanzen zwischen jeweils zwei Taxa bestimmt, wobei alle Merkmale (auch autapomorphe) berücksichtigt werden (daher wirken sich Sequenzierfehler relativ stark aus). Um unterschiedliche Substitutionsmöglichkeiten zu berücksichtigen, stehen bei NJ diverse Substitutionsmodelle z. B. Jukes-Cantor, Tajima-Nei, Kimura 2-Parameter oder Tamura-Nei zur Verfügung, die Nucleotidhäufigkeiten, Transitionen/Transversionen und Rück- und Parallelmutationen berücksichtigen oder gar keine Annahmen machen (p-Distanz oder LogDet). Rück- und Parallelmutationen sind primär unsichtbar; ihre Wahrscheinlichkeit wird aber von den Substitutionsmodellen berücksichtigt und in genetische Distanzen eingerechnet. Wenn informative Datensätze mit hohem *taxon and character sampling* (s. oben) vorliegen, haben die verschiedenen Algorithmen kaum einen Einfluss auf die Baumtopologie.

NJ startet mit einem sternförmigen Kladogramm, sucht aus diesem das Taxonpaar mit der geringsten Distanz und verknüpft es mit einem Knoten. Von nun an wird dieses Paar als eigene OTU (*operational taxonomic unit*) betrachtet, die über einen internen Zweig mit den restlichen OTUs verbunden ist. Jetzt werden erneut die paarweisen Distanzen berechnet und dem ersten OTU-Paar die nächste OTU zugewiesen, zu dem die geringste Distanz besteht (*nearest neighbour*). Dieses Verfahren wird solange wiederholt, bis alle Taxa im Kladogramm eingebaut sind. Da das Berechnungsverfahren relativ einfach ist, eignet sich NJ zur schnellen Analyse großer Datensätze, insbesondere um zu einer ersten Stammbaumhypothese zu kommen. Anschließend wählt man dann die aufwendigeren MP- und ML-Berechnungen.

EXKURS 4.2 (Fortsetzung)

Netzwerk-Methoden

Bei phylogeographischen Auswertungen, in denen viele nah verwandte Haplotypen zu analysieren sind, bieten sich zusätzlich Netzwerkprogramme, beispielsweise sog. *minimal spanning networks* (vgl. ◘ Abb. 4.59), an. TCS 1.2 berechnet phylogenetische Netzwerke über Parsimonie-Algorithmen.

GEODIS 2.4 implementiert die *nested clade analysis* (NCA), die von Templeton (1998) entwickelt wurde, um die geographische Verteilung von Haplotypen zu ermitteln. Die *nested clade analysis* wurde vielfach kritisiert und wird daher heute kaum noch verwendet.

◘ **Tab. 4.5** Evolutionsgeschwindigkeit verschiedener Proteine

Protein	UEP[a]	Substitutionsrate[b]
Histon H4	400	0,013
Histon H3	330	0,015
Glutamatdehydrogenase	55	0,09
Glucagon	43	0,12
Corticotropin	24	0,21
Triosephosphat-Isomerase	19	0,26
Lactatdehydrogenase	19	0,26
Cytochrom c	21	0,33
Insulin	14	0,36
Lipotropin (β-Kette)	8	0,60
Myoglobin	6	0,8
Trypsinogen	6	0,8
Prolactin	5	1,0
Hämoglobin (α-Kette)	3,7	1,4
Hämoglobin (β-Kette)	3,3	1,5
Albumin	3,0	1,7
Ribonuclease	2,3	2,2
Immunoglobulin C	1,7	2,9
Fibrinopeptid A	1,7	2,9
Fibrinopeptid B	1,1	5,5

[a]Als UEP (*unit evolutionary period*) gilt die Zeit (in Mio. Jahren), die zur Ausbildung von 1 % Sequenzunterschied zwischen zwei Evolutionslinien notwendig ist

[b]Austauschrate pro Aminosäureposition und in 1 Mrd. Jahren

Aminosäuresubstitutionen. Seit ca. 1960 wurden **Aminosäuresubstitutionen** in Proteinen und seit 1980 vermehrt **Nucleotidsubstitutionen** in DNA analysiert, um das **Tempo der molekularen Evolution** zu bestimmen. Nehmen wir zur Erläuterung zwei Arten an, die von einem gemeinsamen Vorfahren abstammen. Wenn wir die Dauer der zugrunde liegenden Divergenzzeit durch Fossilfunde abschätzen können, ergibt sich z. B. die Rate der Proteinevolution als Anzahl der paarweisen AS-Substitutionen geteilt durch 2.

Rechenbeispiel: Angenommene Divergenzzeit = 80 Mio. Jahre; Länge des Proteins = 100 Aminosäuren (AS), davon sind 16 substituiert.

Evolutionsrate (AS-Substitution pro Position und Jahr) = $16 / (100 \times 80 \times 2 \times 10^6) = 110^{-9}$. Analog wird diese Berechnung auch für Nucleotidsubstitutionen bei DNA-Sequenzen benutzt.

Für viele Proteine liegen Abschätzungen der Evolutionsgeschwindigkeit (◘ **Tab. 4.5**) und der molekularen Uhr vor, die zeigen, dass die Evolutionsrate nicht konstant ist, sondern von Protein zu Protein variiert, je nachdem, wie wichtig die Beibehaltung der Raumstruktur für die Funktion eines Proteins ist (◘ **Tab. 4.5**). So ist die Struktur von **housekeeping genes**, wie z. B. Histonen, hoch konserviert, während spezialisierte Proteine, wie Fibrinopeptide, offensichtlich einen höheren Freiheitsgrad besitzen. Insbesondere Proteinbereiche, die funktional wichtig sind, z. B. aktive Zentren oder Bindungsstellen, evolvieren langsamer als funktionell weniger kritische Bereiche, z. B. in Transmembranregionen, denn Träger von Mutationen, welche die Funktion eines wichtigen Proteins beeinträchtigen, haben eine geringere Fitness und sind daher weniger in der Lage, ihre Gene an die Nachkommen weiterzugeben als Individuen mit neutralen oder sogar positiven Mutationen.

Für einige spezifische Proteine hat man zeigen können, dass die Evolutionsraten über lange Zeiträume relativ konstant blieben und damit das Kriterium einer molekularen Uhr erfüllen. Beispiele sind Hämoglobin, Cytochrom c und Fibrinopeptide (◘ Abb. 4.15). Die Kalibrierung erfolgt über das ungefähre Alter von Fossilien bzw. evolutionären Meilensteinen. Auch unabhängig von Fossilfunden kann man prüfen, ob die Veränderungsrate eines Proteins oder Gens in verschiedenen Entwicklungslinien konstant ist und damit in etwa den Bedingungen einer molekularen Uhr entspricht. Dazu dient der *Relative-rate*-Test nach Sarich und Wilson (1973) (**EXKURS 4.3**).

Wie in ◘ Abb. 4.15 gezeigt, verläuft die molekulare Evolution bei spezifischen Proteinen ungefähr mit gleicher Geschwindigkeit. Dabei spielt die Zahl der Generationen oder die Zahl der Nachkommen (wider Erwarten) keine wesentliche Rolle, d. h. die Substitutionsrate ist beim Elefanten (als Beispiel für eine Art mit langer Generationszeit) genauso hoch wie bei Mäusen (als Beispiel für eine Tiergruppe mit kurzer Generationszeit).

◘ **Tab. 4.6** Vergleich der Evolutionsrate (Substitution pro Position in 1 Mrd. Jahren) zwischen synonymen und nicht-synonymen Nucleotidpositionen (nach Li et al. 1985)

Gen	Rate der Nucleotidsubstitutionen	
	Nicht-synonym	synonym
β2-Mikroglobulin	1,21	11,77
Albumin	0,92	6,72
Histon H4	0,027	6,13
Immunoglobulin Vh	1,07	5,67
α-Globin	0,56	3,94
β-Globin	0,87	2,96
Mittel aus 38 Proteinen	0,88	4,65

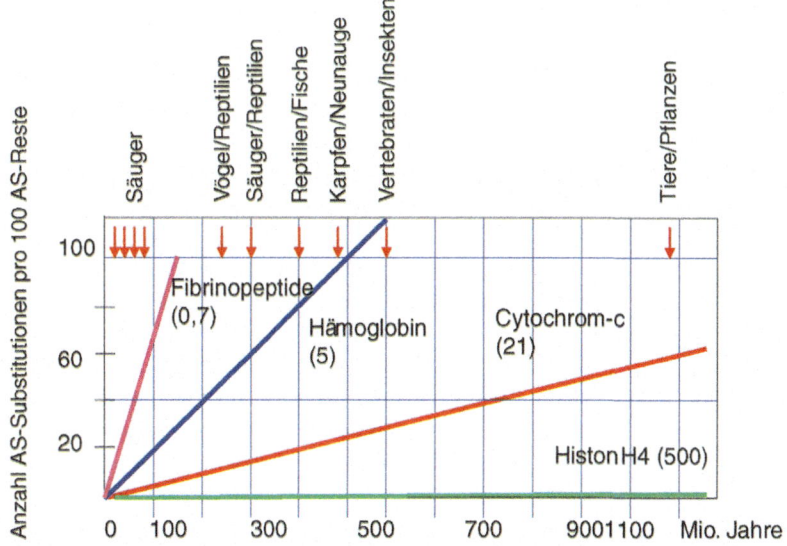

◘ **Abb. 4.15** Evolutionsraten (auf Aminosäureebene) von Fibrinopeptiden, Hämoglobin, Cytochrom c und Histon H4. Wichtige Meilensteine der Evolution sind durch Pfeile gekennzeichnet. Die Rate der Aminosäuresubstitutionen/Zeit (T) ist in Klammern aufgeführt als Millionen Jahre, die benötigt wurden, um zu 1 Aminosäureaustausch auf 100 Aminosäuren eines Proteins (*AS*) zu kommen. Wenn man den Austausch pro Million Jahre berechnet, muss man die Formel T = K: 2 berücksichtigen

EXKURS 4.3

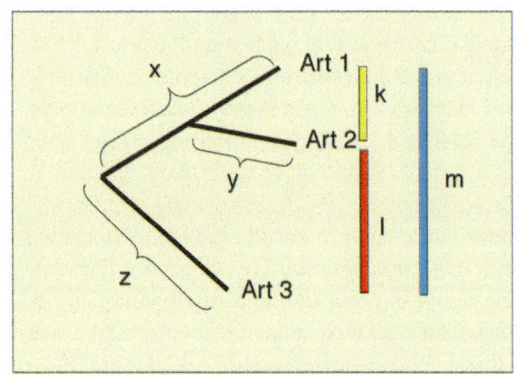

■ **Abb. 4.16** Schematische Darstellung des *Relative-rate*-Tests; k, l und m entsprechen der Anzahl an Aminosäure- oder Nucleotidsubstitutionen zwischen den drei Arten 1, 2 und 3. Zur Ermittlung der Evolutionsraten x, y und z s. Text

Relative-rate-Test

Wenn die Sequenz von drei Arten 1, 2 und 3 und die zugehörige Phylogenie ermittelt ist (■ Abb. 4.16), kann die Veränderungsrate zwischen einem gemeinsamen Vorfahren und den heutigen Arten 1 und 2 berechnet werden.

Da wir die Substitutionsrate zwischen Art 1 und 2 (K), zwischen 1 und 3 (M) und 2 und 3 (L) kennen, ergeben sich 3 Gleichungen mit insgesamt 3 Unbekannten:

$K = x + y$; $L = y + z$ und $M = x + z$.

Ist die Rate gleich, so sollte die Zahl der Aminosäuren- oder Nucleotidsubstitutionen zwischen Art 1 und dem Vorfahren gleich groß sein wie zwischen Art 2 und dem Vorfahren, deshalb ist $x = y$; ist x ungleich y, dann liegt keine konstante Rate vor, d. h. man kann das Gen oder Protein nicht als molekulare Uhr benutzen.

Nucleotidsubstitutionen. Bei Nucleotidsequenzen von Protein-codierenden Genen ergibt sich ein anderes Bild (■ Tab. 4.6), da sich nicht alle Nucleotidsubstitutionen auf die Aminosäuresequenz auswirken (z. B. sind ca. 70 % der Substitutionen in der dritten Codonposition synonyme Austausche, d. h. sie führen nicht zur Substitution einer Aminosäure und sind damit selektionsneutral; s. **Abschn. 3.3.1**; ■ Tab. 3.9). Generell finden wir bei Tieren eine bis fünfmal schnellere Substitutionsrate in synonymen Nucleotidpositionen als in nicht-synonymen Positionen (■ Abb. 4.17; ■ Tab. 4.6), in denen eine Substitution zur Änderung der Aminosäure führen würde.

Tiere mit kurzer Generationszeit und hoher Nachkommenzahl haben in der Regel höhere Substitutionsraten an synonymen Nucleotidpositionen als Tiere mit wenigen Nachkommen und langen Generationszeiten (■ Tab. 4.7). Die Zahl der Mutationen ist offenbar proportional zur Anzahl der DNA-Replikationen in Keimbahnzellen und damit zur Generationszeit. Mutationsraten können außerdem von der Körper- und Umgebungstemperatur abhängen, da bei höheren Temperaturen spontane Mutationen beispielsweise durch Depurinierung, Desaminierung oder Oxidation; (s. **Abschn. 3.3.1**) leichter erfolgen. Entsprechend geht die molekulare Uhr bei wechselwarmen (poikilothermen) Tieren in der Regel langsamer als bei homoiothermen Tieren. Die höhere Artenzahl in den Tropen und die raschere Artbildung in warmen Erdepochen könnten mit diesem Phänomen zusammenhängen.

Wenn Populationen auf Inseln verdriftet oder durch andere Ereignisse auf kleine Größe reduziert werden, dann können sich DNA-Veränderungen unter Umständen schneller manifestieren als in großen Populationen, die in einem regen Genfluss stehen; d. h. „**Flaschenhalseffekte**" (*Bottleneck*-Effekte) können die messbare Evolutionsrate erhöhen (s. **Abschn. 3.5.5**).

Wir wissen heute, dass sich die Mutationsraten zwischen codierenden und nicht-codierenden DNA-Abschnitten unterscheiden. Im Allgemeinen haben Mutationen in nicht-codierenden Genombereichen keinen Einfluss auf die Fitness des

4.1 · Methoden der molekularen Evolutionsforschung

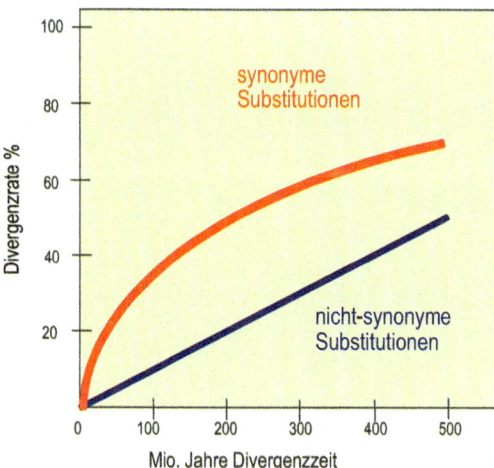

Abb. 4.17 Molekulare Evolutionsraten der synonymen und nicht-synonymen Nucleotidpositionen in Globingenen. Die Divergenzzeiten ergeben sich aus dem Alter von Fossilfunden

Tab. 4.7 Evolutionsrate von synonymen Nucleotidsubstitutionen in Relation zur Generationszeit (nach Li et al. 1987)

Vergleich	Untersuchte Gene	Divergenzzeit Mio. Jahre	Rate[a] × 10^{-9}	Generationszeit
Primaten				
Mensch/Schimpanse	7	7	1,3	langsam
Mensch/Eulenaffe	8	25	2,2	langsam
Paarhufer				
Kuh/Ziege	3	17	4,2	mittel
Schaf/Ziege	3	55	3,5	mittel
Nagetiere				
Maus/Ratte	24	15	7,9	schnell

[a]Substitution pro Nucleotidposition in 1 Mrd. Jahren

Tab. 4.8 Substitutionsraten (pro Position in 1 Mrd. Jahren) in Pseudogenen verglichen mit synonymen Substitutionen in aktiven Genen (nach Li et al. 1987)

Vergleichspaare	Divergenz Zeit (Mio. Jahre)	Evolutionsrate Pseudogene	Synonyme Positionen in aktiven Genen
Mensch/Schimpanse	7	1,2	1,3
Mensch/Orang-Utan	15	1,0	2,0
Mensch/Rhesusaffe	25	1,5	2,2
Kuh/Ziege	17	2,7	4,2

Merkmalsträgers und unterliegen damit weniger der Selektion. Als Konsequenz manifestieren sich in diesen Bereichen höhere Substitutionsraten. Im Vergleich zwischen Protein-codierenden Genen und ihren Pseudogenen (s. Abschn. 3.4.3) lässt sich dieser Zusammenhang gut erkennen (**Tab. 4.8**). Die Substitutionsrate liegt bei Pseudogenen so hoch wie in synonymen Codonpositionen und deutlich höher als bei nicht-synonymen Substitutionen (**Tab. 4.6**).

Die Mutationsrate variiert ebenfalls zwischen **Kern- und Organellgenen** (**Abb. 4.13**), was mit den entsprechenden unterschiedlichen Reparaturmechanismen im Zusammenhang steht. Gene in Mitochondrien und Plastiden können selbst bei verschiedenen Organismen unterschiedlich schnell evolvieren: Bei Wirbeltieren ist **mitochondriale DNA** vergleichsweise variabel (ihre Rate ist 10- bis 20-mal höher als bei Kern-DNA), während sie bei Pflanzen zu den am stärksten konservierten DNA-

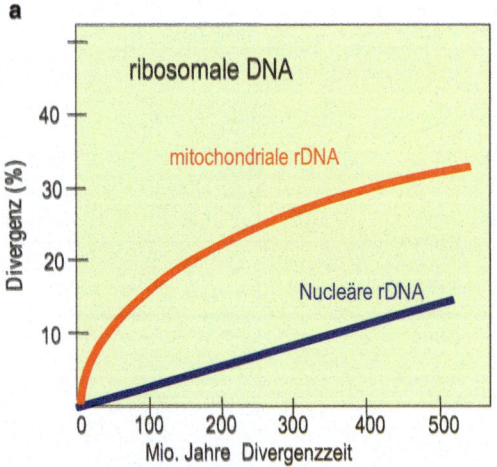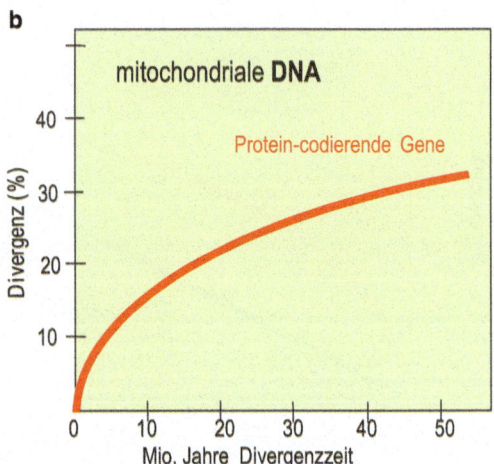

○ Abb. 4.18 a, b Vergleich der Evolutionsraten (a) ribosomaler RNA im Kern und in Mitochondrien und (b) Protein-codierender Gene in tierischen Mitochondrien

Bereichen überhaupt zählt. Bei Pflanzen ist die Mutationsrate der cpDNA dagegen dreimal und die der ncDNA etwa sechsmal größer als die der mtDNA (○ Abb. 4.13). Die Relation zwischen Divergenzzeit und die Evolutionsrate von mtDNA und ncDNA ist in ○ Abb. 4.18a skizziert. Für mtDNA von Säugern und Vögeln (Protein-codierende Gene) setzt man in vielen Fällen 2 % Divergenz mit einer Evolutionszeit von 1 Mio. Jahren gleich (○ Abb. 4.18b). Dieser Eichung liegen Divergenzzeiten bei verschiedenen Tieren zugrunde, deren zeitliches Auftreten man über Fossilien datieren konnte. Die 2 %-Rate gilt jedoch nur für die lineare Anfangsphase; sobald sich die Kurve durch **multiple Substitutionen** abflacht, werden mit dieser Eichung die Divergenzzeiten meist unterschätzt. Trägt man anstelle der kompletten Substitutionsrate nur die Rate der nicht-synonymen Mutationen auf, so erhält man weitgehend lineare Beziehungen, die denen von Kerngenen ähneln. Bei Vögeln z. B. liegt die Rate nicht-synonymer Substitutionen bei mitochondrialen Protein-codierenden Genen bei ca. 0,1 % pro 1 Mio. Jahre. Anstelle der nicht-synonymen Positionen kann man auch Proteindistanzen auswerten, indem man zunächst die Nucleotidsequenzen in Aminosäuresequenzen umwandelt. Dann kann man die zugehörigen Proteinsequenzen vergleichen und die Distanzwerte zur Zeitbestimmung einsetzen (○ Abb. 4.15).

Theoretisch sollten alle synonymen Substitutionen gleich häufig auftreten, da sie sich ja nicht auf die Proteinstruktur auswirken. In der Realität zeigt sich jedoch, dass einzelne synonyme Codons häufiger auftreten als andere, wobei sich die relativen Häufigkeiten zwischen den Organismenklassen unterscheiden. Die Selektivität ist durch die Häufigkeit der einzelnen tRNA-Moleküle bedingt: Von den sechs Codons für Leucin (○ Abb. 3.7) benutzt E. coli in den meisten Fällen nur CUG. Entsprechend ist in der E.-coli-Zelle nur die tRNA für dieses spezifische Codon in nennenswerter Menge vorhanden. Bei der Hefe ist UUG dagegen das bevorzugte Codon für Leucin.

Da es nur vier Möglichkeiten (A, T, G oder C) der einzelnen Nucleotidposition eines Gens gibt, können theoretisch **multiple Mutationen** an den einzelnen Nucleotidpositionen auftreten. Durch multiple Substitutionen (z. B. mehrfachen Austausch derselben Basenposition; Parallel- und Rückmutationen), die bei langen Divergenzzeiten beobachtet werden, können die realen genetischen Distanzen leicht unterschätzt werden. Durch multiple Substitutionen kann theoretisch der ursprüngliche Zustand wiederhergestellt werden (Rückmutationen) oder zwei Taxa können an derselben Position dieselbe Base aufweisen, obwohl dieses Nucleotid nicht durch Abstammung von einem gemeinsamen Vorfahren sondern durch multiple Substitution entstand. In diesem Falle sprechen wir von **Homopla-**

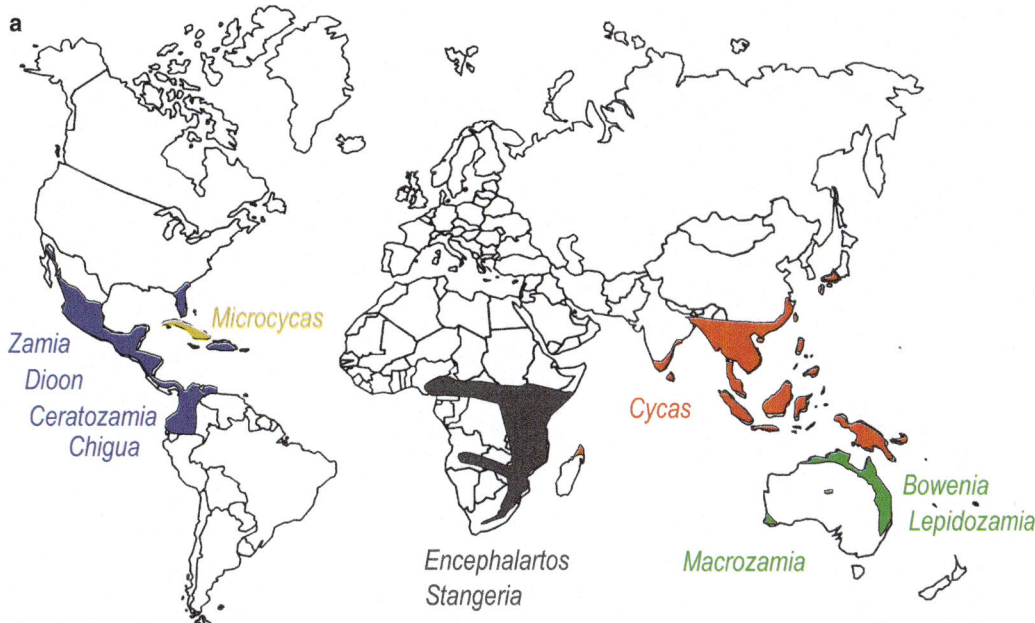

Abb. 4.19 a, b Molekulare Phylogenie der Palmfarne, rekonstruiert über Nucleotidsequenzen des Chloroplastengens *rbc*L-Gens (Abb. 3.18). **a** Verbreitung der Palmfarngattungen; **b** Stammbaum-Rekonstruktion; Darstellung als Phylogramm, in dem die Astlängen den Divergenzzeiten entsprechen. Zahlen an den Ästen sind *Bootstrap*-Werte. Die *farbliche Codierung* der Palmfarne entspricht ihrer geographischen Verbreitung (a). Die abgebildeten Arten gehören der Gattung *Encephalartos* an

sie oder molekularer Konvergenz (s. **Abschn. 1.2.3**). Bezogen auf die Gesamtzahl der variablen Nucleotidpositionen eines Markergens sind in der Regel nur wenige Positionen von multiplen Substitutionen betroffen, insbesondere wenn die Verwandtschaft in näher verwandten Gruppierungen untersucht wird. Werden Taxa mit langer Divergenzzeit verglichen, so muss man insbesondere in der dritten selektionsneutralen Codonposition mit Homoplasie rechnen. Deshalb lässt man die dritte Position manchmal in der Berechnung weg oder wichtet sie mit einem geringeren Faktor als die zweite oder erste Position. Die Arbeit mit sehr großen Datensätzen (z. B. *rbc*L-Datensätzen mit über 3000 Taxa) zeigte jedoch, dass die dritte Codonposition trotz Homoplasie wichtige Informationen zur Stammbaumrekonstruktion beiträgt, da bei weitem nicht alle Positionen von Homoplasie betroffen sind. Um multiple Substitutionen bei der Ermittlung von genetischen Distanzen zu berücksichtigen, ist es angebracht, Korrekturen mit entsprechenden Substitutionsmodellen vorzunehmen. Im Unterschied zu den Nucleotiden tritt eine Rückmutation bei Entwicklungslinien von Organismen nicht auf. Dieses Phänomen wird als Muller-Ratsche oder **Muller's ratchet** bezeichnet.

Innerhalb von Familien und Gattungen kann man molekulare Uhren gut verwenden, wenn man berücksichtigt, dass damit nur Annäherungswerte erhalten werden. Über molekulare Uhren können wir Ereignisse sicher nicht auf 100 Jahre genau datieren, wohl aber eine grobe zeitliche Einordnung von evolutionären Ereignissen erreichen (vgl. Sanderson et al. 2004).

Adaptive Merkmale unterliegen keiner konstanten molekularen Uhr. Die Annahme einer konstanten Uhr ist nur für die Entwicklung **nichtadaptiver Merkmale** sinnvoll; morphologische Merkmale, die der natürlichen Selektion unterliegen, entwickeln sich häufig nicht mit konstanter Rate. Dies kann man leicht erkennen, wenn man die Morphologie sog. lebender Fossilien oder von Haustieren oder Kulturpflanzen mit ihrer molekularen Evolution vergleicht.

Bei „**lebenden Fossilien**" bleibt die zugehörige Morphologie über Jahrmillionen annähernd konstant (s. **Abschn. 2.4.2**), Beispiele für lebende Fossi-

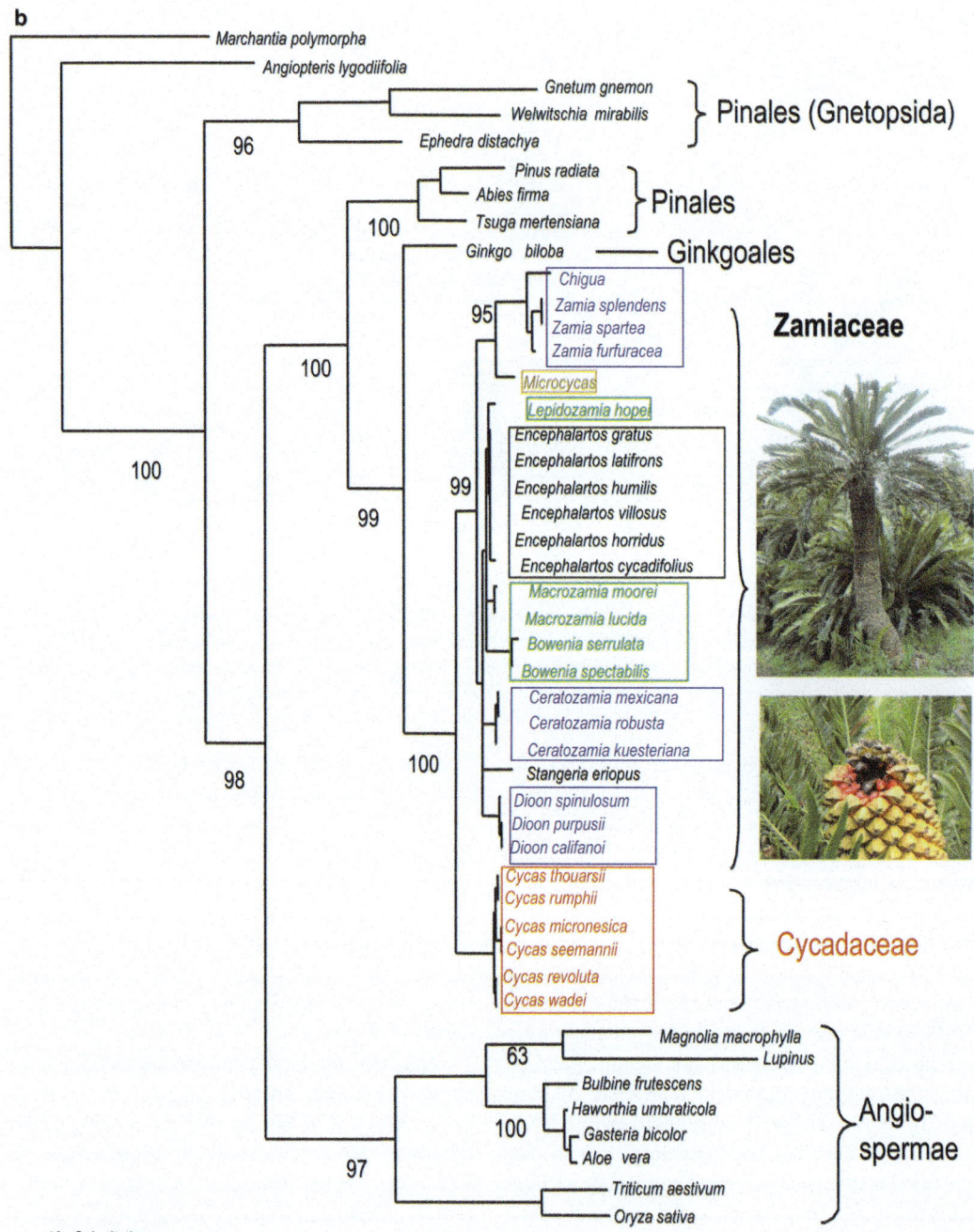

■ **Abb. 4.19 b** (*Fortsetzung*) Molekulare Phylogenie der Palmfarne, rekonstruiert über Nucleotidsequenzen des Chloroplastengens *rbc*L-Gens (Abb. 3.18). **a** Verbreitung der Palmfarngattungen; **b** Stammbaum-Rekonstruktion; Darstellung als Phylogramm, in dem die Astlängen den Divergenzzeiten entsprechen. Zahlen an den Ästen sind *Bootstrap*-Werte. Die *farbliche Codierung* der Palmfarne entspricht ihrer geographischen Verbreitung (a). Die abgebildeten Arten gehören der Gattung *Encephalartos* an

lien sind die Brachiopodengattung *Lingula*, deren Morphologie seit über 400 Mio. Jahren nahezu unverändert ist, oder der Pfeilschwanz *Limulus*. Brückenechsen (*Sphenodon*) und Krokodile sehen heute noch so aus wie ihre frühen Vorfahren. Die genetische Variabilität dieser Gruppen entspricht jedoch derjenigen „normaler" Arten, d. h. die Sequenzevolution ist nicht im Mesozoikum stehen geblieben, sondern ist „normal" weiter gelaufen.

Unter den Pflanzen gelten Schachtelhalme, Bärlappgewächse und Farne, aber auch höhere Pflanzengruppen, wie die Palmfarne (Cycadophyta) und *Ginkgo* als lebende Fossilien. Die Vorfahren der Palmfarne (Cycadophyta), die als frühe Vertreter der Gymnospermen angesehen werden (**Abb. 4.28**), wiesen bereits in der Trias vor 200 Mio. Jahren eine ähnliche Anatomie auf wie die heutigen Formen. Ein molekularer Stammbaum der rezenten Gattungen ist in **Abb. 4.19** dargestellt. Aufgrund der Fossilgeschichte hätte man annehmen können, dass auch die heutigen Arten alt sind, d. h. dass sie im Phylogramm lange Astlängen aufweisen. Die vorliegenden DNA-Daten, aber auch Allozymuntersuchungen, belegen jedoch eindeutig, dass die heutigen Arten eher jung sind und sich erst in den letzten 10–20 Mio. Jahren entwickelt haben. Die Gattungen *Cycas*, *Encephalartos* oder *Zamia* wurden vermutlich schon vor 70–80 Mio. Jahren von gemeinsamen Vorfahren auf dem Urkontinent Gondwana durch die Kontinentaldrift abgespalten. Die australischen Gattungen *Lepidozamia*, *Macrozamia*, *Bowenia* sind so nah mit der afrikanischen Gattung *Encephalartos* sowie mit den amerikanischen Gattungen *Dioon* und *Ceratozamia* verwandt, dass man ihre Verbreitung nicht mit der Plattentektonik vereinbaren kann. Denn diese Gattungen entstanden, als die Erdteile sich bereits komplett getrennt hatten. Eine Verbreitung über das Meer ist eine plausible Alternative (s. **Abschn. 4.4.2**). Die Vielfalt der Arten innerhalb der Gattung *Encephalartos* entstand in Südafrika in Trockenzeiten, in denen einzelne Pflanzen oder Population nur in kleinräumigen Feuchtigkeitsinseln überleben konnten. Dadurch wurden sie „verinselt" und durchliefen so den Prozess der allopatrischen Artbildung (s. **Abschn. 3.5.6**).

Im Gegensatz zur Konstanz der äußeren Gestalt bei lebenden Fossilien kann man bei **Haustieren und Kulturpflanzen** morphologisch stark divergierende Formen finden, die vor nicht langer Zeit aus jeweils einer Stammart **selektiert** wurden. Als Beispiel kann die Züchtung der verschiedenen Kohlsorten dienen, die in **Abb. 3.32** illustriert sind. Man denke aber auch an die vielfältigen Hunde-, Katzen-, Rinder- und Taubenrassen, die der Mensch innerhalb der letzten 10.000 Jahre domestiziert und durch aktive Zuchtwahl modifiziert hat (s. **Abschn. 5.8.3**). Eine rasche morphologische Evolution wurde auch in der Natur beispielsweise für *Drosophila*-Arten auf Hawaii, für Buntbarsche (Cichliden) in den ostafrikanischen Seen (Victoria, Malawi und Tanganjika) und für die Besiedlung der Kanarischen Inseln durch Boraginaceen der Gattung *Echium* beschrieben. Da die Artentstehung bei diesen Gruppen relativ rezent ist, können über die Sequenzen von Markergenen in diesen Fällen keine oder nur geringe Unterschiede festgestellt werden, während die morphologischen Änderungen alleine lange Evolutionszeiten implizieren würden.

4.2 Molekulare Systematik und Phylogenie

Übersicht

Organismen wurden in der klassischen Systematik hauptsächlich aufgrund gemeinsamer morphologischer Ähnlichkeiten klassifiziert. Wenn gleiche Merkmale aber adaptiv in paralleler Evolution entstanden, werden Taxa möglicherweise zusammengefasst, obwohl sie phylogenetisch nicht verwandt sind. Die Anwendung genetischer Methoden, insbesondere die Analyse der Nucleotidsequenzen von Markergenen und Genomen kann helfen, Konvergenzprobleme objektiv zu klären. Bei der Erkennung von Artniveau und monophyletischen Gruppen kommt der DNA-Analyse eine besondere Bedeutung zu. Molekulare Stammbäume werden in diesem Kapitel exemplarisch angeführt, um die Evolution der großen Organismenreiche, beispielsweise der Bakterien, Pflanzen und der Tiere zu illustrieren.

Ziel der **Systematik** ist eine hierarchische Ordnung aller Lebewesen aufgrund von verwandtschaftlichen Zusammenhängen, die durch Phylogenieuntersuchungen erfassbar sind. Als kleinste Einheit gilt die **Art**, die nach Linné binominal benannt wird (s. Abschn. 1.1.5). Artnamen bestehen aus einem Gattungsnamen und dem Art-Epitheton. Während Art-Epitheta mehrfach vergeben werden können, dürfen Gattungsnamen nur einmalig Anwendung finden. Auf diese Weise wird verhindert, dass zwei Arten denselben Namen tragen. Die Namensgebung (**Nomenklatur**) wird international durch den *International Code of Zoological Nomenclature* (ICZN), den *International Code of Botanical Nomenclature* (ICBN), den *International Code of Nomenclature for Cultivated Plants*, *Bacteriological Code* und *Rules for Virus Classification and Nomenclature* geregelt.

Ähnliche Arten werden zu umfassenderen Ordnungseinheiten, sog. **Taxa** (singular Taxon) in einem hierarchischen, eingeschachtelten System zusammengefasst. Das Beschreiben und die Einordnung von Organismen in Arten oder andere Taxa nach festgelegten Regeln ist Aufgabe der **Taxonomie**. Ähnliche Arten werden nach Linné in kategoriale Ränge, wie Gattungen (Genus, pl. Genera), Familien und Ordnungen und Klassen zusammengefasst (**Aufgabe der Klassifikation**). Die linnaeischen Ränge kann man in der Regel an ihren Namensendungen erkennen (◘ Tab. 4.9).

Eine natürliche Systematik soll den Grad der Verwandtschaft zwischen Organismen widerspiegeln. Das **Ähnlichkeitskriterium** ist für die Ermittlung von Verwandtschaft seit jeher von entscheidender Bedeutung gewesen. Ähnliche Merkmale können **homolog** oder **analog** sein (s. Abschn. 1.2.3). Bei nicht verwandten Arten, die gleiche ökologische Nischen nutzen, können sich durch Anpassungsprozesse identische oder ähnliche Merkmale entwickeln (**Konvergenz**). In diesem Falle würde Ähnlichkeit (bedingt durch **analoge Merkmale**) eine falsche Verwandtschaft vortäuschen. So hat man bei Vögeln lange Zeit alle beutegreifenden Arten mit gebogenen Schnäbeln, also Falken, Habichte, Adler, Geier, Eulen und selbst Würger als Greifvögel zusammengefasst. Phylogenierekonstruktionen über DNA-Sequenzen des *Cytochrom-b*-Gens zeigen dagegen eine Vielzahl von unabhängigen Entwicklungslinien und lassen deshalb die morphologischen Konvergenzen gut erkennen (s. Abschn. 4.3.2).

Auch wenn der Schwerpunkt in diesem Kapitel auf DNA-Daten liegt, sollte nicht vergessen werden, dass für den Systematiker selbstverständlich anatomische und morphologische Merkmale nach wie vor eine wichtige Grundlage darstellen. Bei der Rekonstruktion von Stammbäumen kommt der Systematiker in manchen Gruppen jedoch nicht weiter, weil entweder zu wenige morphologische Merkmale zur Verfügung stehen oder weil sie sich widersprechen. In dieser Situation kann die Molekularbiologie helfen. Da die molekulare Phylogenieforschung häufig objektive Basisdaten liefern kann, ist sie bereits heute zu einer wichtigen **Grundlage der Systematik** geworden, ohne dass damit morphologische, entwicklungsgeschichtliche Grundlagen oder Verhaltensmerkmale unwichtig würden. Im Gegenteil, Molekularbiologie und klassische Systematik schließen einander nicht aus, sondern ergänzen sich.

Ein großer Vorteil der Analyse von **Markergenen** (s. Abschn. 4.1) besteht darin, dass homologe Merkmale (s. Abschn. 4.1.2) über weite Organismengruppen verglichen werden können. Dies ist besonders dann von Bedeutung, wenn nur wenige „klassische" Merkmale innerhalb einer Organismengruppe existieren. Bei Bakterien z. B. fußt heute schon die Systematik weitgehend auf Analysen von Markergenen oder kompletten Genomen, da in der Regel nur sehr wenige morphologische und andere biochemische Merkmale als Unterscheidungsmerkmale zur Verfügung stehen. Bei gut untersuchten höheren Tieren und Pflanzen, bei denen meist viele morphologische Merkmale sichtbar sind, existiert zwar häufig bereits eine fundierte Taxonomie. Wie in diesem Kapitel ausgeführt, führten die genetischen Daten oft zu einigen Neuanordnungen.

4.2.1 Hilfe der DNA-Daten bei der Erkennung von Arten und monophyletischen Gruppen

Die verschiedenen **Artkonzepte** wurden in **Abschn. 1.2.3** bereits diskutiert. Um die genetischen Daten berücksichtigen zu können, müsste der Artbegriff folgendermaßen erweitert werden: Die Art

Tab. 4.9 Nomenklaturregeln: Endungen zur Bezeichnung linnaeischer Ränge oberhalb der Gattungsebene. Gattungen und Arten tragen keine einheitlich festgelegten Endungen

Rang	Pflanzen	Pilze	Tiere
Abteilung/Stamm	-phyta	-mycota	
Klasse	-atae (oder -opsida)	-mycates	
Unterklasse	-idae	-anae	
Ordnung	-ales	-ales	- formes; bei Krebsen –acea; bei Insekten -optera
Unterordnung	-ineae	-ineae	
Familie	-aceae	-aceae	-idae
Unterfamilie	-oideae	-oideae	-inae
Tribus	-eae	-eae	-ini

ist das terminale Glied einer evolutionären Linie und umfasst Gruppen von Individuen, die sich von anderen Gruppen durch diagnostische Merkmale (Morphologie, Anatomie, Physiologie, Biochemie, Verhalten) eindeutig als distinkt abtrennen lassen. Genetische Unterschiede, die durch Analyse von Markergenen (**Abschn. 4.1**) sichtbar werden, können dann als zusätzliches Kriterium herangezogen werden, wenn sie zwischen zwei etablierten Arten größer sind als die genetische Variation zwischen den Mitgliedern einer Art. Unterscheiden sich informative Markergene signifikant zwischen zwei Taxa, so kann man annehmen, dass beide Taxa nicht länger eine Fortpflanzungsgemeinschaft bilden, während gleiche Gensequenzen auf Genaustausch hindeuten (**Abb. 4.20**). Nach diesem Konzept lassen sich auch allopatrische Taxa und sich nichtsexuell fortpflanzende Organismen klassifizieren. Junge Arten mit sehr ähnlichen oder identischen DNA-Sequenzen lassen sich über DNA-Marker dagegen kaum differenzieren (**EXKURS 4.4**).

Um Arten oder höhere systematische Ebenen (Gattung, Familie, Ordnung) zu klassifizieren, kann man genetische Distanzen ins Spiel bringen. Jedoch sind Klassifizierungsebenen oberhalb des Artniveaus wesentlich schwieriger zu definieren. Bei gut untersuchten Organismengruppen findet man häufig eine Zunahme der genetischen Distanzen mit jeder höheren Klassifizierungsebene; eine verbindliche Richtschnur existiert jedoch nicht. Große Unterschiede findet man bei der Klassifizierung in unterschiedlichen Organismengruppen, die auf Traditionen in der Systematik der jeweiligen Organismen zurückgehen. So beobachtet man bei Pflanzen häufig große Gattungen mit genetischen Unterschieden, die bei höheren Tieren bereits zu einer Aufgliederung in mehrere Gattungen oder Tribus geführt hätten.

Nur **monophyletische Gruppen**, deren Mitglieder sich ohne Ausnahme von einem gemeinsamen Vorfahren ableiten lassen, sollten (aus Sicht der Kladistik und Phylogenetik) als Einheiten für Systematik und Klassifizierung verwendet werden (**EXKURS 4.5**). Monophyletische Gruppen lassen sich meist über die Sequenzanalyse von Markergenen verlässlich erkennen. Wenn paraphyletische und polyphyletische Gruppierungen über die molekularen Stammbäume sichtbar werden, so muss die Systematik dieser Taxa neu bearbeitet werden. Dies kann zu erheblichen Umbenennungen führen.

EXKURS 4.4

Erkennung von Artstatus

Wenn sich zwei Taxa morphologisch durch diagnostische Merkmale unterscheiden, werden Unterschiede auf der Sequenzebene geeigneter Markergene sicher als Bestätigung dafür genommen, dass beide Taxa bereits sexuell isoliert sind; andernfalls wären die Sequenzen eines Markergens zwischen zwei Taxa identisch oder würden nur in einem Rahmen schwanken, wie er innerartlich üblich ist. Genetische Unterschiede, die größer als die Variation innerhalb einer Population sind, deuten demnach bei zwei isolierten Taxa darauf hin, dass sich beide Taxa nicht länger in einer Fortpflanzungsgemeinschaft befinden und dass seit einiger Zeit kein Genfluss mehr stattfand. Um Speziationsfragen zu klären, müssen wir aber die Sequenzvariabilität des entsprechenden Markergens in der zu untersuchenden Organismengruppe kennen, da die molekulare Uhr nicht in allen Organismen gleich schnell geht (s. **Abschn. 4.1.2**). Kennt man die genetischen Distanzen zwischen gut etablierten Arten, z. B. einer Gattung oder Familie, so kann man eine untere genetische Distanz definieren, die für abgegrenzte („gute") Arten typisch ist.

Findet man jetzt genetische Distanzen zwischen zwei Taxa, beispielsweise zwischen zwei Unterarten oder Populationen, die diesen „Schwellenwert" überschreiten, so ist dies ein Hinweis darauf, dass beide Taxa bereits seit längerer Zeit reproduktiv isoliert sein müssen. Gibt es jetzt noch zusätzliche diagnostizierbare morphologische, ökologische oder ethologische Unterschiede, so liegen mit großer Wahrscheinlichkeit zwei distinkte Arten vor.

Schwieriger wird die Situation bei Taxa, die sich morphologisch nur geringfügig (sog. kryptische Arten), genetisch aber deutlich unterscheiden. Da die genetischen Differenzen für das Vorhandensein von sexueller Isolation sprechen, wären Sequenzunterschiede, die in derselben Größenordnung liegen wie bei etablierten Arten

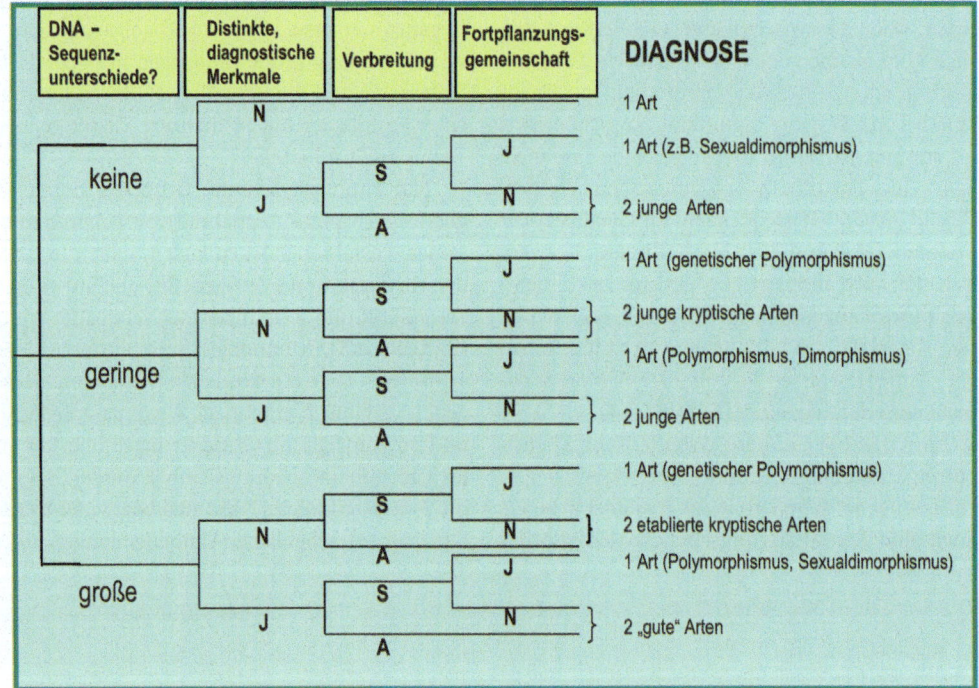

■ **Abb. 4.20** Entscheidungshilfe zur Artdiagnose unter Berücksichtigung von molekularen und morphologischen Merkmalen und der Frage, ob die Taxa allopatrisch oder sympatrisch vorkommen und in einer kontinuierlichen Fortpflanzungsgemeinschaft stehen. N = nein, J = ja, S = sympatrisch, A = allopatrisch

EXKURS 4.4 (Fortsetzung)

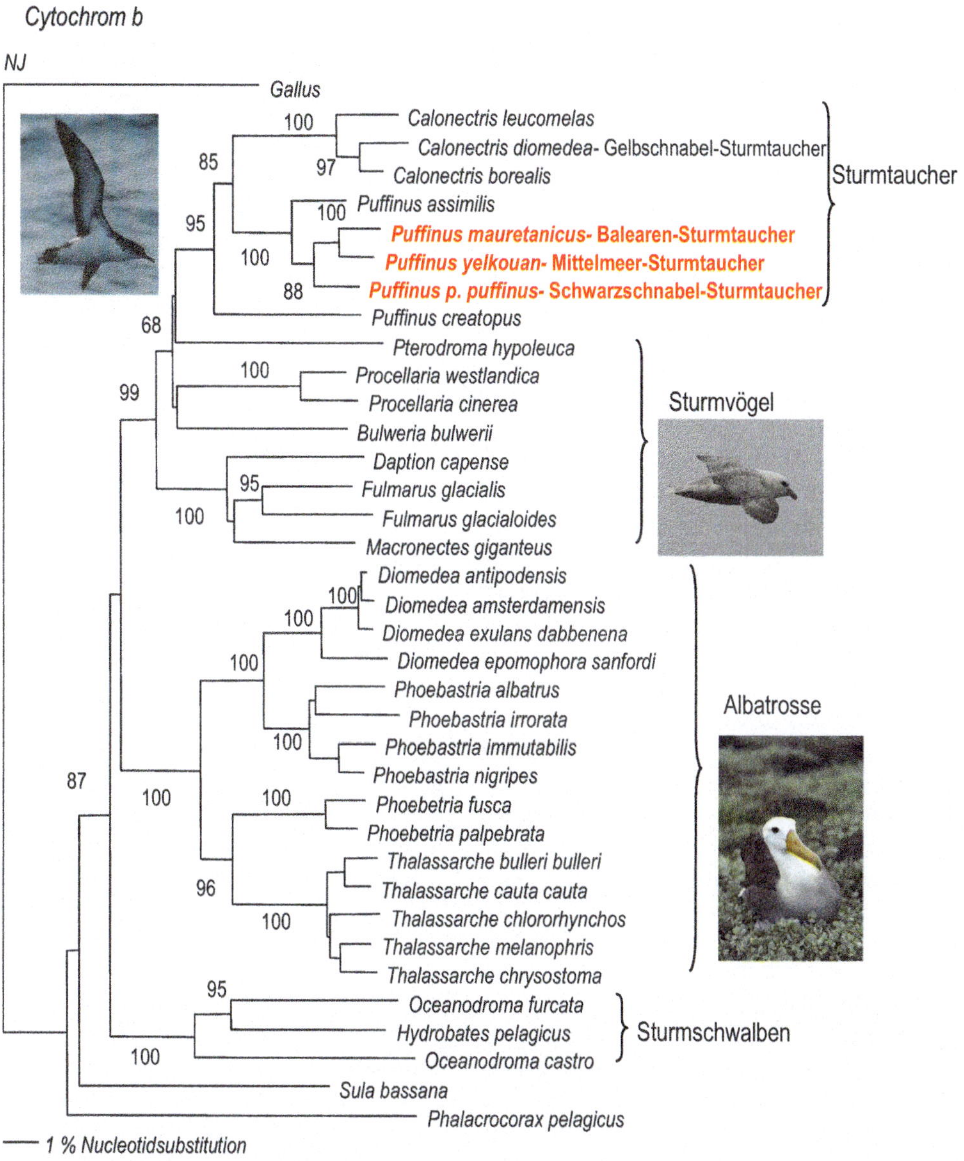

Cytochrom b

NJ

```
                    Gallus
              100 ┌── Calonectris leucomelas
         85 ┌─┤   ├── Calonectris diomedea - Gelbschnabel-Sturmtaucher    ⎫
            │ 97└── Calonectris borealis                                   │
       95 ┌─┤  100┌── Puffinus assimilis                                   │ Sturmtaucher
          │ │    ├── Puffinus mauretanicus - Balearen-Sturmtaucher         │
          │ 100┌─┤   Puffinus yelkouan - Mittelmeer-Sturmtaucher           │
          │    │88├── Puffinus p. puffinus - Schwarzschnabel-Sturmtaucher ⎭
       68 │    └── Puffinus creatopus
          │      ┌── Pterodroma hypoleuca                                  ⎫
       99 │  100┌┤── Procellaria westlandica                               │
          │     │└── Procellaria cinerea                                   │ Sturmvögel
          │     ├── Bulweria bulwerii                                      │
          │   95┌── Daption capense                                        │
          │ 100┌┤── Fulmarus glacialis                                     │
          │    │└── Fulmarus glacialoides                                  │
          │    └── Macronectes giganteus                                   ⎭
87 ┌──────┤        ┌── Diomedea antipodensis                               ⎫
   │  100 │    100┌┤── Diomedea amsterdamensis                             │
   │      │   100┌┤└── Diomedea exulans dabbenena                          │
   │      │      └── Diomedea epomophora sanfordi                          │
   │      │       ┌── Phoebastria albatrus                                 │
   │      │       ├── Phoebastria irrorata                                 │ Albatrosse
   │      │   100 ├── Phoebastria immutabilis                              │
   │      │       └── Phoebastria nigripes                                 │
   │  100 │   100 ┌── Phoebetria fusca                                     │
   │      │       └── Phoebetria palpebrata                                │
   │      │    96 ┌── Thalassarche bulleri bulleri                         │
   │      │       ├── Thalassarche cauta cauta                             │
   │      │   100 ├── Thalassarche chlororhynchos                          │
   │      │       ├── Thalassarche melanophris                             │
   │      │       └── Thalassarche chrysostoma                             ⎭
   │         95 ┌── Oceanodroma furcata                                    ⎫
   │       100 ┌┤── Hydrobates pelagicus                                    │ Sturmschwalben
   │           └── Oceanodroma castro                                      ⎭
   └── Sula bassana
       Phalacrocorax pelagicus
```

── 1 % Nucleotidsubstitution

Abb. 4.21 Molekulare Phylogenie der Schwarzschnabel-Sturmtaucher-Gruppe, rekonstruiert über Nucleotidsequenzen des *Cytochrom-b*-Gens (nach Heidrich et al. 1998)

innerhalb der zu untersuchenden Organismengruppe, ein guter Hinweis für das Vorliegen distinkter Arten. Bedenkt man, dass Sequenzunterschiede von Markergenen erst nach längerer Divergenz signifikante Unterschiede aufweisen, wird man bei jungen Arten, die sich rasch morphologisch differenzieren (beispielsweise die Cichliden in ostafrikanischen Seen), noch keine oder nur geringe genetische Unterschiede feststellen. Diese Einschränkungen muss man berücksichtigen, wenn man Sequenzunterschiede für taxonomische Zwecke nutzen möchte. **Abbildung 4.20**

—— EXKURS 4.4 *(Fortsetzung)* ——

fasst diese Argumente in ein mögliches Diagnoseschema zusammen, das die klassische Artdiagnose ergänzt. Dieses Schema erfasst aber keineswegs Spezialfälle und alle Ausnahmen.

Analysiert man nur mitochondriale oder plastidäre Gene, so erfasst man in vielen Fällen nur maternale Linien. Wenn eine Hybridisierung zwischen zwei Arten mit anschließender Introgression erfolgt, können bei derselben Art zwei mitochondriale Haplotypen in der Population vorhanden sein, welche die Artdiagnose erschweren. Der zusätzliche Einsatz von Kern-DNA (ncDNA), die von beiden Eltern vererbt wird, ist in diesen Fällen hilfreich (◘ Abb. 4.13).

Die Speziationsproblematik soll kurz am Beispiel des Schwarzschnabel-Sturmtauchers (*Puffinus puffinus*) erläutert werden. Schwarzschnabel-Sturmtaucher brüten kolonieweise auf Inseln des Nordatlantiks sowie im Mittelmeergebiet, wo man bislang zwei Unterarten *P. p. yelkouan* und *P. p. mauretanicus* unterschied. *P. p. yelkouan* ist hauptsächlich im mittleren und östlichen Mittelmeer verbreitet, während *P. p. mauretanicus* ausschließlich auf den Balearen brütet. Beide Mittelmeerunterarten unterscheiden sich in Gefiederfärbung, Größe und in ihrem Zugverhalten von den Schwarzschnabel-Sturmtauchern der atlantischen Inseln. Die Analyse des *Cytochrom-b*-Gens zeigte populationsspezifische Sequenzunterschiede innerhalb der jeweiligen Unterarten (◘ Abb. 4.21), jedoch wesentlich größere Unterschiede zwischen den Unterarten: *yelkouan* weist 2,2 % Nucleotidsubstitutionen zu *mauretanicus* auf und beide Taxa haben eine Distanz von 3,3 % zu *P. p. puffinus*. Bei den akzeptierten Sturmtaucherarten liegt der Schwellenwert für zwischenartliche Distanzen bei 2–3 %. Aufgrund der genetischen, morphologischen und ökologischen Daten wurden die beiden Mittelmeer-Sturmtaucher als distinkte Arten *P. yelkouan* und *P. mauretanicus* abgetrennt (◘ Abb. 4.21). Die Beschreibung von *P. mauretanicus* als eigene Art hat unmittelbare Auswirkungen auf seinen Schutzstatus. Als Unterart wurde er nach den Kriterien von *Birdlife International* in der SPEC-Kategorie 4 geführt. Als eigenständige Art rückt er nun mit maximal 4000 Brutpaaren in SPEC-Kategorie 2 auf und hat damit einen wesentlich höheren Schutzstatus.

Ebenso wie bei den Schwarzschnabel-Sturmtauchern wird man bei einer ganzen Reihe anderer Vogelarten, in denen Subspezies unterschieden wurden, distinkte Arten neu beschreiben können. Man schätzt, dass durch die molekularen Analysen die Zahl der Vogelarten von heute 10.300 auf maximal 20.000 Arten steigen wird. Für andere Organismengruppen, in denen Unterarten unterschieden werden, gelten vermutlich ähnliche Bedingungen.

—— EXKURS 4.5 ——

Kladistik

Die **Kladistik** erkennt nur **monophyletische Gruppen** als Basis für eine Klassifizierung an; d. h. para- und polyphyletische Gruppierungen gelten als artifiziell. Im Gegensatz dazu akzeptiert die **evolutionäre Klassifikation**, die von Ernst Mayr begründet wurde, auch paraphyletische Gruppen. Eine Gruppe ist monophyletisch, wenn alle Nachkommen (ohne Ausnahme) einer Stammart darin enthalten sind. Haben zwei Monophyla eine gemeinsame Stammart, so werden sie als **Schwestergruppen** bezeichnet. Eine Gruppe, die ausschließlich Nachkommen einer Stammart enthält, aber diese nicht einheitlich benannt wird, als **paraphyletisch** bezeichnet (s. Beispiel Reptilien und Vögel, **Abschn. 4.2.2**). Wenn ein Taxon Nachkommen unterschiedlicher Stammarten vereint, so wird es **polyphyletisch** genannt (z. B. Würmer, Geier, Algen). Nach Hennig entstehen neue Arten, wenn sich eine Stammart in zwei Schwesterarten auftrennt (Dichotomie). Daher kann man alle Artspaltungsereignisse im Evolutionsverlauf als Kladogenese ansehen und daraus dichotome Stammbäume rekonstruieren.

Die Analyse von Nucleotidsequenzen von Markergenen kann mithelfen, para- und polyphyletische Gruppen zu identifizieren (◘ Abb. 4.22). Am

▶

EXKURS 4.5 (Fortsetzung)

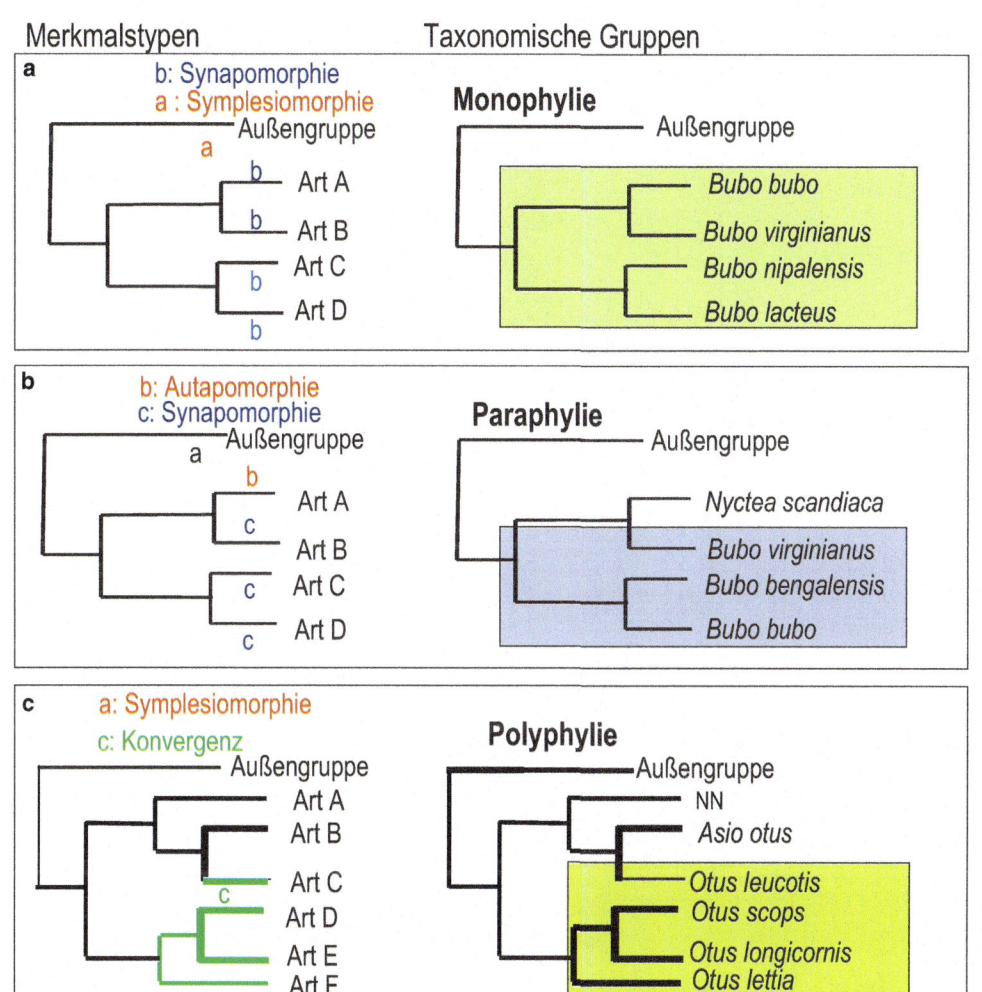

Abb. 4.22 Schematische Darstellung der verschiedenen Merkmalskategorien (Symplesiomorphie, Synapomorphie, Autapomorphie) und taxonomischen Gruppierungen (Monophylie, Paraphylie und Polyphylie). Symplesiomorphe Merkmale sind ursprünglich in der Ausgangsart und in allen davon abgeleiteten Taxa vorhanden; synapomorphe Merkmale sind jünger und abgeleitet und bei allen Vertretern einer monophyletischen Gruppe vorhanden; autapomorphe Merkmale sind abgeleitet und treten nur isoliert in einem terminalen Taxon auf. Alle Mitglieder einer monophyletischen Gruppe (A) haben denselben gemeinsamen Vorfahren; Angehörige von paraphyletischen Gruppen (B) lassen sich zwar auf eine letzte gemeinsame Stammform zurückführen, die sie jedoch mit Angehörigen einer anderen Gruppierung teilen. Angehörige polyphyletischer Gruppen (C) gehen auf als mehr als eine Stammart zurück

Beispiel der molekularen Systematik der Eulen soll das Vorgehen erläutert werden.

Abbildung 4.23 zeigt die molekulare Phylogenie der Eulen, die über Nucleotidsequenzen des *Cytochrom-b*-Gens rekonstruiert wurden. Die Vertreter der Tytonidae (Schleiereule und Verwandte) gruppieren sich (clustern) als Schwestergruppe zu den Strigidae (Käuze, Ohreulen und Uhus). Innerhalb der Strigidae bilden die Steinkäuze, Raufußkäuze und Sperlingskäuze monophyletische Gruppen, die von einem ursprünglich gemeinsamen Vorfahren abstammen (Gruppe der Käuze).

EXKURS 4.5 (Fortsetzung)

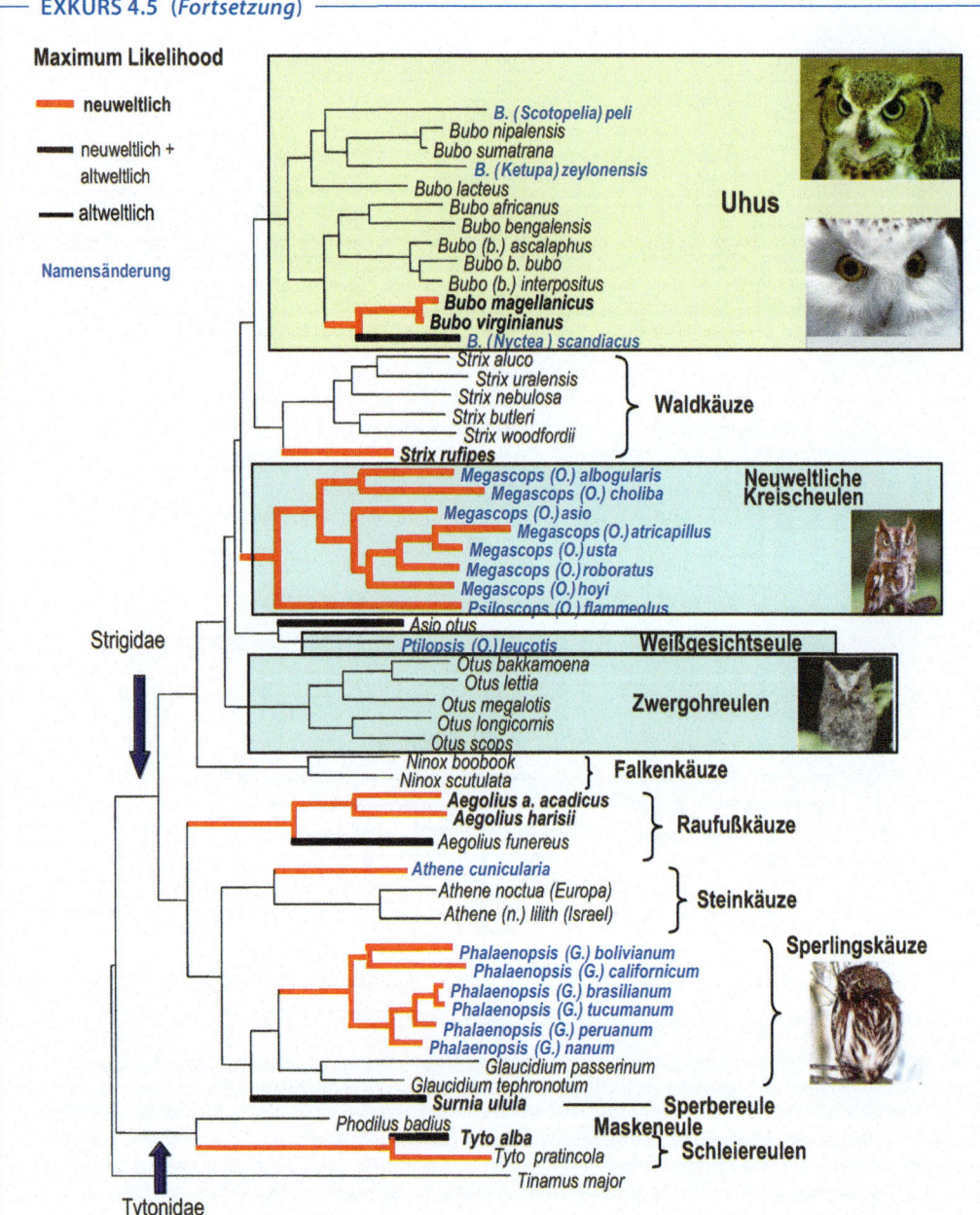

■ **Abb. 4.23** Para- und Polyphylie in der Taxonomie der Eulen, rekonstruiert über Nucleotidsequenzen des *Cytochrom-b*-Gens. Nach Wink u. Heidrich (2009)

Die zweite große Gruppe innerhalb der Strigidae umfasst die „Ohreulen" der Gattungen *Otus*, *Bubo* und *Asio*; die Waldkäuze und Verwandte (Gattung *Strix*) gruppieren sich als Schwestergruppe zu den Uhus. Demnach hat das Merkmal „Ohren" nur eine sehr begrenzte systematische Bedeutung. Innerhalb dieser Ohreulen gibt es mehrere Gattungen, in denen offensichtlich para- und polyphyleti-

EXKURS 4.5 *(Fortsetzung)*

sche Beziehungen vorkommen. Da sich diese Eulen oft nur wenig in der Gefiederfärbung unterscheiden, hat man sie zu gemeinsamen Gruppen vereint, obwohl die Analyse der angeborenen Lautäußerungen, der bei Eulen eine große taxonomische Bedeutung zukommt, eine wesentliche stärkere Unterteilung nahe legt.

Die Gattung *Otus* (nach alter Systematik) z. B. clustert in drei unabhängige, jeweils monophyletische Gruppen und wird dadurch zu einer polyphyletischen Gruppe. Die Ohreulen der Neuen Welt, die man inzwischen als eigene Untergattung *Megascops* abtrennt (König u. Weick 2008), trennten sich schon vor mindestens 6–8 Mio. Jahren von den altweltlichen Zwergohreulen der Gattung *Otus*; sie bilden eine artenreiche Gruppe, die sich an unterschiedliche Lebensräume angepasst hat. Die altweltlichen Zwergohreulen unterscheiden sich von den afrikanischen Büscheleulen, die man besser als Gattung *Ptilopsis* abtrennt. *Ptilopsis* ist die Schwestergruppe der Waldohreule (*Asio otus*), zu der sie auch morphologische Ähnlichkeiten aufweist.

Para- und polyphyletische Gruppierungen erkennt man innerhalb der Uhus (◘ Abb. 4.23). Die Fischuhus der Gattung *Ketupa* teilen mit *Bubo nipalensis* und *B. sumatrana* einen gemeinsamen Vorfahren, der vermutlich im südlichen Asien zu Hause war. Die Fischuhus stehen den eigentlichen Uhus auch morphologisch nahe. Ähnliches gilt für die Fischeulen der Gattung *Scotopelia*, die im selben Cluster wie *Ketupa* und *Bubo nipalensis/B. sumatrana* liegen. Die in der Arktis lebende Schneeeule *Nyctea scandiaca* hat mit den amerikanischen Uhus einen gemeinsamen Vorfahren und würde die Gattung *Bubo* paraphyletisch machen. Ein Ausweg wäre, entweder die Gattungen *Ketupa*, *Scotopelia* und *Nyctea* einzuziehen und sie mit *Bubo* zu vereinen oder aber die große Gattung *Bubo* in mehrere neue Gattungen aufzuteilen. Vogeltaxonomen haben diese Erkenntnisse bereits konsequent umgesetzt: die amerikanischen Kreischeulen wurden in die Gattung *Megascops*, die amerikanischen Sperlingskäuze in die Gattung *Phalaenopsis* sowie *Ketupa* und *Nyctea* in die Gattung *Bubo* überführt.

4.2.2 Molekulare Phylogenie ausgewählter Organismengruppen

Die moderne Biologie, insbesondere Zell-, Molekular- und Entwicklungsbiologie, beschäftigt sich mit wenigen **Modellorganismen** und kaum mit der Breite der Biodiversität. Wichtige Modellorganismen wurden bereits in ◘ Tab. 3.4 vorgestellt. Sehr leicht werden Befunde, die in einem Modellorganismus gefunden wurden, verallgemeinert. Vor diesen Fehlern könnte eine profunde Kenntnis der Phylogenie der Modellorganismen bewahren.

Evolutionsbedingt kann es **nur einen einzigen objektiven Stammbaum** für jede Gruppe von Organismen geben. Bedingt durch die Komplexität, das Fehlen geeigneter Merkmale und die Unvollständigkeit der Datensätze sind die meisten Bäume, die wir heute rekonstruieren, nur Annäherungen an den einzig richtigen Baum. Mit jedem Taxon oder Merkmal, welches man der Datenmatrix zuführt, kommt man aber dem Ziel in der Regel ein Stück näher. Diese Einschränkung sollte der Leser bei der Betrachtung von Stammbäumen immer im Gedächtnis behalten.

Die Zahl der bereits publizierten molekularen Stammbäume für einzelne Gruppen oder größere Organismenreiche hat bereits einen erstaunlichen Umfang angenommen. Es würde den Rahmen dieses Buches sprengen, wenn wir alle Bereiche ausführlich dokumentieren wollten. Nachfolgend sind molekulare Stammbäume einiger ausgewählter Gruppen dargestellt. Viele der hier besprochen Stammbäume beruhen nicht nur auf den Sequenzen eines einzelnen Markergens, sondern bereits auf der Analyse von mehreren Markergenen (Multigen-Vergleich) bzw. auf partiellen und kompletten Genomdaten (*phylogenomics*).

Evolution der Organismenreiche

Schon Haeckel, der sich als früher Evolutionsbiologe einen Namen machte (s. **Abschn. 1.1.9**), publizierte 1866 Stammbäume der Organismen, die vom Grundverständnis her auch den molekularen Stammbäumen durchaus entsprechen. Sie sollten phylogenetische Zusammenhänge widerspiegeln. Ähnlich wie bei kladistischen und molekularen Phylogenien legte Haeckel dichotome Verzweigungen als Grundschema zugrunde (Abb. 4.24). Haeckel nahm also an, dass aus einer Vorläuferart nach Trennung zwei neue Arten entstehen.

Um phylogenetische Beziehungen aufzuklären, die von den Archaea bis hin zu *Homo sapiens* reichen, benötigt man konservative molekulare Marker (s. Abschn. 4.1). Bislang wurden insbesondere rRNA-Gene oder von DNA abgeleitete Aminosäuresequenzen konservativer Proteine herangezogen. In Abb. 3.16 wurde bereits ein Stammbaum des Lebens vorgestellt (EXKURS 3.1, Abschn. 3.2.7), der die Zusammenhänge zwischen den Organismenreichen illustriert. Dieser Stammbaum basiert im Wesentlichen auf den Nucleotidsequenzen der *Small-subunit*-rRNA (s. Abschn. 3.2.6). Drei Reiche lassen sich gut erkennen, die beiden Prokaryotenreiche **Archaea** und **Bacteria** sowie das Reich **Eukaryota** (oder Eucarya) (Abb. 3.16). Für die basale Verzweigung der drei Reiche werden verschiedene Möglichkeiten diskutiert. Entweder sind Archaea und Bacteria oder Archaea und Eukaryota Schwestergruppen, die einen gemeinsamen Vorfahren (die „Urzelle") haben. Einige Autoren diskutieren sechs Lebensreiche mit Bacteria, Protozoa, Animalia, Fungi, Plantae und Chromista (Cavalier-Smith 2003). 2006 wurde ein neuer Stammbaum des Lebens publiziert (Abb. 4.25), welcher auf den Nucleotidsequenzen von 31 orthologen Genen aus 191 Organismen beruht, deren Genom bereits sequenziert und annotiert wurde (Tab. 3.4). Nach diesem Stammbaum gibt es drei große Domänen; die Bacteria bilden die Basis von der sich Archaea und Eukaryota als Schwestergruppen ableiten lassen.

Der Verlauf der frühen Evolution und die mutmaßlichen Zeitpunkte, zu denen Zellkern und Mikrotubuli evolvierten und die Eucyten durch Endosymbiose Mitochondrien erwarben, wurden bereits im **EXKURS 3.1** (s. Abschn. 3.2.7) diskutiert. Die Endosymbiontenhypothese lässt sich über die Analyse von Genen, die sowohl in Prokaryoten als auch in Mitochondrien und Chloroplasten vorkommen, anschaulich belegen. Als Beispiel für ein Proteincodierendes Gen wurde das *atpB*-Gen (codiert F-Typ-ATPase) gewählt, das sowohl bei Prokaryoten als auch in Mitochondrien und Chloroplasten der Eukaryoten vorkommt (Abb. 3.17, Abb. 3.18). Wie man Abb. 4.26 entnehmen kann, existieren drei Großgruppen: Die Gene der Archaea bilden eine Gruppe, getrennt von denen der Cyanobakterien und Chloroplasten (Algen, Moose, Farne und höheren Pflanzen) sowie von denen der Bakterien und den Mitochondrien (Pflanzen, Pilze und Tiere). Cyanobakterien und Chloroplasten sowie α-Proteobakterien und Mitochondrien bilden jeweils Schwestergruppen, so wie man es aufgrund der Endosymbiontenhypothese erwarten würde. Die Sequenzen der *atpB*-Gene in Plastiden spiegeln die Evolution von den Algen bis zu den höheren Pflanzen gut wider. Die Sequenzen der mitochondrialen *atpB*-Gene bilden drei Gruppen mit Pilzen, Tieren und Pflanzen, die erwartungsgemäß jeweils monophyletisch sind.

Diese Stammbäume beantworten nicht die Frage, ob die Endosymbiose, die zu Mitochondrien und Chloroplasten führte, im Verlauf der frühen Evolution nur einmal oder mehrfach erfolgte. Neuerdings nimmt man an, dass dieser Prozess mehrfach und unabhängig stattgefunden hat (**EXKURS 3.1, Abschn. 3.2.7**); insbesondere bei diversen Algen sind „sekundäre" Endosymbiosen bekannt. Auch der Verlust von Mitochondrien und Chloroplasten ist bei parasitisch lebenden Einzellern mehrfach aufgetreten (s. Abschn. 4.2.2).

Evolution der Prokaryoten

Für die Systematik der Bakterien, die man morphologisch nur schlecht differenzieren kann, hat man schon frühzeitig biochemische und molekulare Marker eingesetzt. Die heutige Systematik der Bakterien beruht im Wesentlichen auf Nucleotidsequenz-Analysen von Markergenen. Die Evolution der Bakterien ist teilweise in Abb. 4.25 wiedergegeben, für die ein vergleichsweise großer Datensatz von vollständig sequenzierten Taxa zugrunde liegt. Für die Phylogenie und Artbildung der Bakterien spielt horizontaler Gentransfers eine sehr große Rolle (s. **EXKURS 3.5, Abschn. 3.4.4**). Aus dieser Tatsache haben einige Wissenschaftler geschlossen, dass die Evolutionstheorie von Darwin nicht stimmen würde.

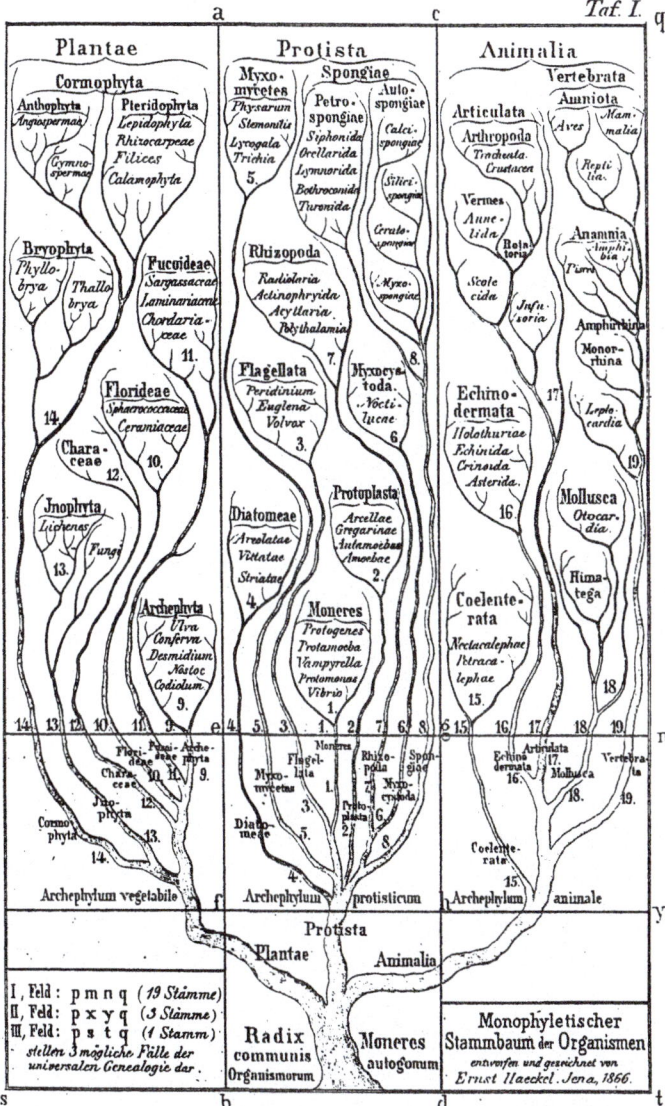

Abb. 4.24 Der Stammbaum des Lebens. Nach Haeckel (1866)

Archaea

Archaea (oder Archaebakterien) sind ausnahmslos Prokaryoten mit variabler Struktur (**EXKURS 3.1, Abschn. 3.2.7**). Sie können rund oder gelappt sein oder Stäbchen- bzw. Spiralformen aufweisen. Sie leben einzeln oder in Aggregaten. Archaea sind aerob, fakultativ oder obligatorisch anaerob. Weitere biochemische und physiologische Eigenschaften sind in **Tab. 3.6** zusammengefasst. Archaea sind häufig Bewohner extremer Lebensräume, so besiedeln sie beispielsweise heiße Vulkanquellen am Meeresgrund, kochende Schlammlöcher oder hypersaline Gewässer. Sie kommen auch im Verdauungstrakt der Wirbeltiere vor, so z. B. im Pansen der Wiederkäuer.

Innerhalb der **Archaea** mit ca. 260 bekannten Arten unterscheidet man aufgrund von DNA-Merkmalen drei Gruppen (**Abb. 4.25**):
- **Nanoarchaeota**
- **Crenarchaeota**
- **Euryarchaeota**

Die Crenarchaeota (griech. *Krne* = Quelle) umfassen Arten, die an warmen bis heißen Standorten

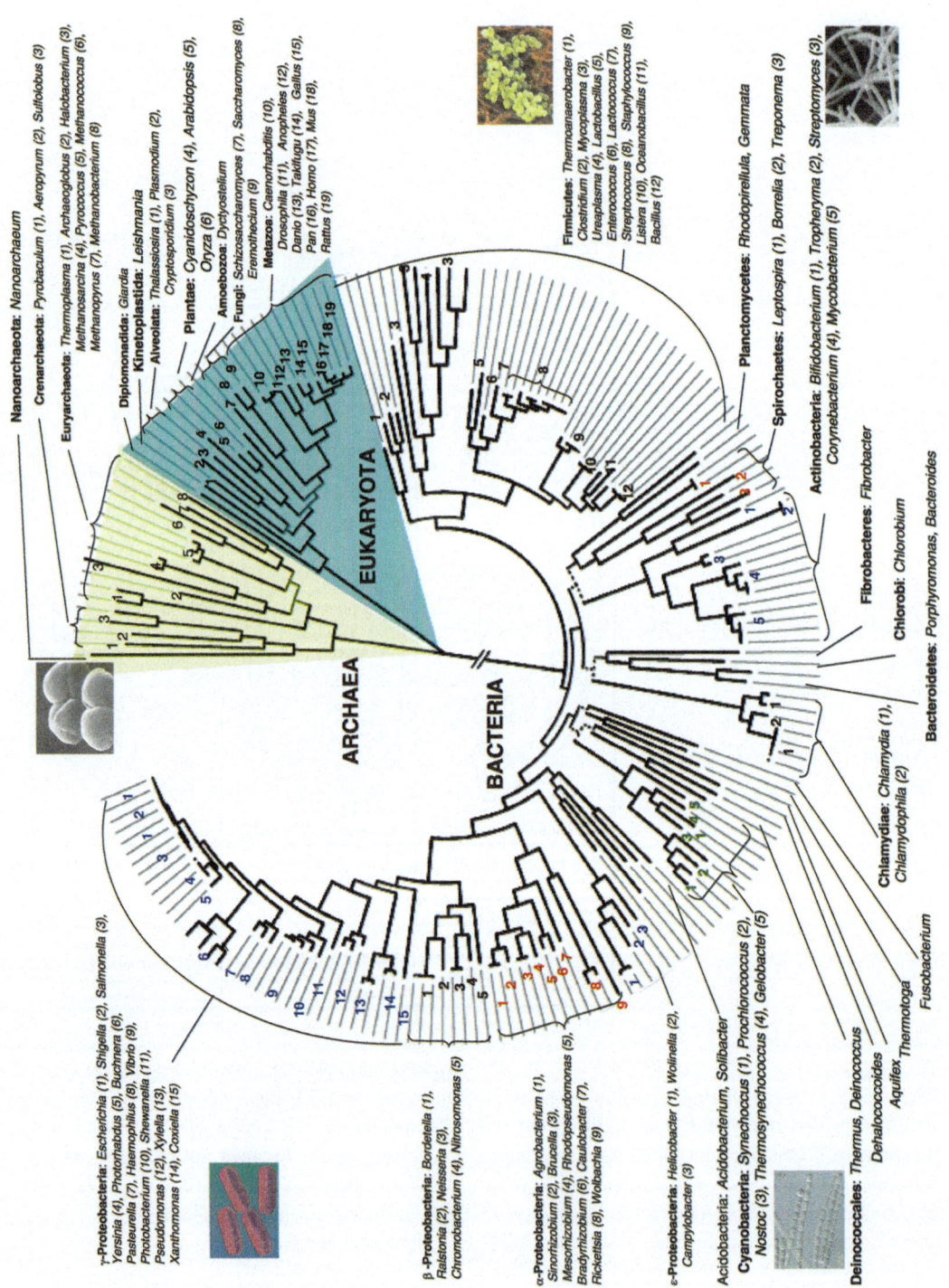

◾ **Abb. 4.25** Phylogenetische Beziehungen zwischen den Organismenreichen Archaea, Bacteria und Eukaryota, rekonstruiert über Nucleotidsequenzen von 31 universell vorkommender orthologer Gene (8090 Merkmale) von 191 Arten, deren Genome komplett sequenziert und annotiert wurden (nach Ciccarelli et al. 2006, Bildrechte liegen bei AAAS). Der gemeinsame Ast, der zu Archaea und Eukaryota führt, wurde aus Platzgründen verkürzt

(bis 100 °C; thermophil bzw. hyperthermophil) vorkommen; beispielsweise in den heißen Quellen des Yellowstone Nationalparks (Wyoming, USA), in hydrothermalen Ozeanquellen oder in den Schwefelböden des Vesuvs. Einige Archaea sind acidophil und können hohe Säuregehalte tolerieren; die meisten betreiben einen anaeroben Schwefelstoffwechsel. Die Ernährungsweise ist autotroph oder heterotroph. Innerhalb der Crenarchaeota werden die **Thermoproteales, Igneococcales** und **Sulfolobales** unterschieden (◘ **Abb. 4.25**).

Die **Euryarchaeota** umfassen mesophile (leben zwischen 20 °C und 40 °C), aber nicht acidophile Arten, die häufig Methan produzieren (methanogen) und/oder halophil sind (d. h. in hypersalinen Gewässern leben). Ihre Ernährung ist heterotroph oder autotroph, z. T. wird Photophosphorylierung betrieben. Innerhalb der Euryarchaeota werden die Methanopyrales, Thermococcales, Methanococcales, Methanbakterien, Thermoplasmen, Archaeoglobales, Methanomicrobiales, Methanosarcinales und Halobakterien unterschieden (◘ **Abb. 4.25**).

Die **Nanoarchaeota** umfassen nur eine Art ***Nanoarchaeum equitans,*** die symbiotisch oder parasitär mit anderen Archaea in Extremlebensräumen (heiße Sauerstoff-freie Quellen) zusammenlebt. Die sehr kleine Art wurde erst 2002 von K.O. Stetter in Regensburg gefunden, aber bereits 2004 komplett sequenziert. Ihr Genom ist mit 490.000 BP äußerst klein.

Bacteria

Bakterien besiedeln nahezu alle Lebensräume und kommen in einer sehr großen Diversität vor. Vermutlich stellen die ca. 9000 bislang beschriebenen und kultivierbaren Arten nur einen kleinen Anteil der auf der Erde real vorkommenden Arten dar. Biochemische Eigenschaften und die frühe Evolution der Bakterien wurden bereits in **EXKURS 3.1** (s. **Abschn. 3.2.7**) sowie in ◘ **Tab. 3.6** erörtert.

Bakterien waren die ersten Lebewesen, die auf der Erde vor über 3,5 Mrd. Jahren evolvierten. Bakterien waren in der Lage, sich an unterschiedliche Lebensbedingungen anzupassen. Einige Arten können bei sehr hohen Temperaturen (z. B. in Vulkanquellen) oder nahe dem Gefrierpunkt leben. Das setzt natürlich voraus, dass die Eigenschaften von Proteinen und Biomembranen sich entsprechend anpassen mussten, um unter diesen Bedingungen funktionsfähig zu sein. Die Ernährung der Bakterien ist sehr divers; offenbar sind Bakterien fähig, nahezu alle verfügbaren energiereichen Stoffe für ihren Stoffwechsel zu nutzen.

Bakterien leben heterotroph oder autotroph. In unterschiedlichen Gruppen entstand (möglicherweise parallel) die Fähigkeit zur Photosynthese, z. B. bei den Chlorobi, Cyanobacteria und ε-Protobacteria. Sie nutzen Bacteriochlorophyll und Chlorophyll a als Photosynthesepigmente. Wie bereits im letzten Kapitel ausgeführt, erwarben Algen und Pflanzen die Fähigkeit zur Photosynthese durch Aufnahme von Cyanobakterien vor vermutlich 1 Mrd. Jahren. Andere Gruppen sind in der Lage, anorganische Materie zu nutzen (chemoautotrophe und chemolithoautotrophe Arten). Die auf organische Materie angewiesenen heterotrophen Bakterien leben entweder aerob und setzen Glykolyse mit anschließender Atmungskette zur Energiegewinnung ein (aus ihnen entstanden vor ca. 1,4 Mrd. Jahren die Mitochondrien). Viele Arten leben anaerob; sie bauen organische Materie fermentativ ab (ihnen fehlen die Enzyme der Atmungskette). Einer Reihe von Bakterien ist es gelungen, als Parasiten intrazellulär zu leben; dazu zählen die Mycoplasmen, Rickettsien und Chlamydien. Viele dieser Arten sind Krankheitserreger bei Mensch und Tier. Die diversen Ernährungsweisen treten in allen Bakteriengruppen nebeneinander auf, wobei innerhalb von Gattungen häufig ähnliche Lebensweisen vorherrschen, die offenbar von einem gemeinsamen Vorfahren übernommen wurden.

Aufgrund von DNA-Merkmalen (◘ **Abb. 4.25**) und biochemischen Eigenschaften werden folgende Gruppen unterschieden:
- **Proteobakterien**
  - **α-Proteobakterien**: Umfangreiche Gruppe mit über 1000 Arten, die in nährstoffarmer Umgebung leben können (z. B. chemolithotrophe Arten und Nichtschwefel-Purpurbakterien). Auch die landwirtschaftlich wichtigen Agrobakterien, stickstoff-fixierende Rhizobien sowie nitrifizierende *Nitrobacter*- oder *Nitrococcus*-Arten fallen in diese Gruppe. Auch *Rickettsia*, ein bedeutsamer pathogener Mikroorganismus, zählt zu den α-Proteobakterien. Man nimmt

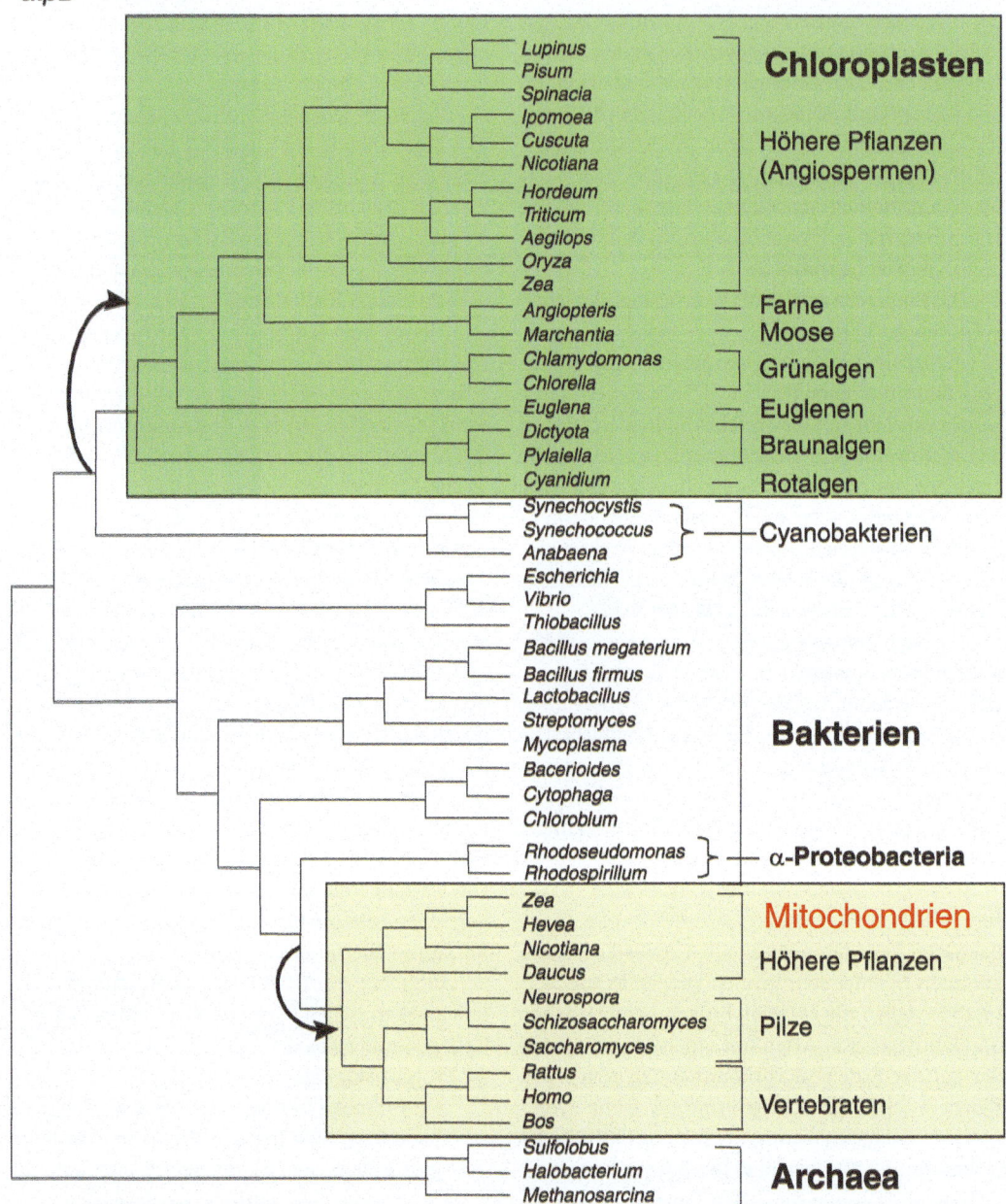

Abb. 4.26 Phylogenie des *atpB*-Gens aufgrund von Aminosäurensequenzen, die von Nucleotidsequenzen abgeleitet wurden. Darstellung als Kladogramm, das mit dem Neighbour-Joining(NJ)-Verfahren errechnet wurde. Die plastidären Sequenzen sind grün, die mitochondrialen Sequenzen gelb unterlegt

an, dass sich die Mitochondrien aus dieser Gruppe ableiten (◘ Abb. 4.26; EXKURS 3.1, Abschn. 3.2.7).
- **β-Proteobakterien**: Morphologisch und biochemisch heterogene Gruppe (über 460 Arten) mit farblosen Schwefelbakterien und einigen pathogenen Arten, wie z. B. *Neisseria gonorrhoeae* (Erreger der Gonorrhoe) oder *Bordetella pertussis* (Keuchhusten-Erreger)
- **γ-Proteobakterien**: wichtige und vielfältige Gruppe von **gram-negativen** Bakterien (über 1500 Arten), u. a. Schwefel-Purpurbakterien, biolumineszente Arten in Leuchtorganen der Fische (*Photobacterium*), intrazelluläre Parasiten (*Legionella*, *Coxiella*), pathogene Bakterien (Pest-Erreger *Yersinia pestis*; Cholera-Erreger (*Vibrio cholerae*); Typhus-Erreger (*Salmonella typhi*), Endosymbionten (*Buchnera*) und Enterobakterien (*Escherichia coli*).
- **δ-Proteobakerien**: Myxobakterien (bilden zeitweise mehrzellige Fruchtkörper), ferner *Bdellovibrio* und *Desulfovibrio* (> 180 Arten).
- **ε-Proteobakterien**: Gruppe mit über 180 Arten, darunter der humanpathogene *Helicobacter*, der Gastritis und Magengeschwüre hervorrufen kann.

- **Firmicutes**: Umfangreiche monophyletische Bakteriengruppe mit über 3100 Arten, zu denen zellwandlose **Mycoplasmen** (mit Erregern einer speziellen Lungenentzündung) und **gram-positive** Clostridien und Bazillen zählen. **Clostridien** sind Anaerobier mit Sporenbildung; zu ihnen zählen die Erreger von Tetanus (*Chlostridium tetani*), Wundbrand (*C. perfringens*) und von Botulismus (*C. botulinum*). Auch *Bacillus* bildet Sporen; Bazillen sind stäbchenförmig und bewegen sich mit Bakteriengeißeln fort; zu ihnen zählen auch humanpathogene Bakterien, z. B. der Anthrax-Erreger *B. anthracis* oder der insektenpathogene *B. thuringensis*. Humanpathogene Arten, die teilweise schon resistent gegen Antibiotika geworden sind, findet man auch in den Gattungen *Streptococcus* und *Staphylococcus*. Für die Biotechnologie sind Vertreter der Gattung *Lactobacillus* wichtig. Die Firmicutes haben eine basale Stellung im *Tree of Life*; dies unterstützt die Vorstellung, dass gram-positive Organismen die Vorfahren der Bacteria waren.
- **Actinobakterien**: Umfangreiche **gram-positive** Bakteriengruppe (> 1400 Arten), zu der wichtige Produzenten von natürlichen Antibiotika gehören (früher auch Actinomyceten genannt), vor allem Vertreter der Gattung *Streptomyces*. Ferner fallen in diese Gruppe einige humanpathogene Arten, z. B. der Diphtherie-Erreger *Corynebacterium diphtheriae*, der Lepra-Erreger *Mycobacterium leprae* und der Tuberkulose-Erreger *Mycobacterium tuberculosis*. Aber auch das Darmbakterium *Bifidobacterium bifidus* sowie das für die Käseherstellung und bei der Entstehung der Akne wichtige *Propionibacterium* zählt man zu den Actinobacteria.
- **Spirochaeten**: Gruppe von meist lang gestreckten und schraubenförmigen Bakterien (> 340 Arten), die sich mittels Bakteriengeißeln auch in zähflüssigen Medien fortbewegen können. In diese Gruppe fallen einige humanpathogene Bakterien, beispielsweise der in Zecken lebende Erreger der Lyme-Borreliose (*Borrelia burgdorferi*) oder der Syphilis-Erreger (*Treponema pallidum*).
- **Planctomyceten**: Kleine Gruppe (> 80 Arten) von Bakterien mit fibrillärem Anhang (sog. Stiel), die im Süßwasser leben.
- **Chlamydien**: Kleine Gruppe (> 110 Arten) von Bakterienkokken mit sehr kleinem Genom, die als intrazelluläre Parasiten von Vögeln und Säugetieren leben. Wichtige pathogene Chlamydien sind: *Chlamydia psittaci* (Erreger der Psittacose), *C. trachomatis* (Trachom-Erreger; einer Augenkrankheit, die bei ca. 20 Mio. Menschen Blindheit verursacht) und *C. pneumoniae* (Erreger einer Form der Lungenentzündung).
- **Bacteroide**: Strikte Anaerobier, die in der Mundhöhle und im Verdauungstrakt beim Menschen und Wiederkäuern leben (> 270 Arten). *Bacteroides ruminicola* lebt im Pansen und ist in der Lage, Cellulose abzubauen.
- **Grüne Schwefelbakterien/Chlorobi**: Kleine Gruppe strikt anaerob lebender grüner Schwefelbakterien (*Chlorobium*, *Pelodictyon*), die

Schwefel und Sulfide als Elektronendonator nutzen. Besiedeln schlammige Gewässer und Meeressedimente. Bilden mit Chlamydiae, Fibrobacteres, Bacteroidetes, Actinobacteria, Spirochaetes und Planctomyces eine vermutlich monophyletische Gruppe (◘ Abb. 4.25).

- **Deinococcales:** Kokken oder Stäbchen, die häufig in Paaren oder Tetraden auftreten. Zu dieser kleinen Gruppe (> 60 Arten) zählen mesophile Aerobier (*Deinococcus*), die im Süßwasser oder in Exkrementen vorkommen, ferner Arten aus heißen Quellen, z. B. die für die Entwicklung der Molekularbiologie so wichtige Art *Thermus aquaticus*, aus der die hitzestabile *Taq*-Polymerase (s. Abschn. 4.1) gewonnen wurde, die heute in vielen PCR-Verfahren eingesetzt wird.
- **Cyanobakterien:** Eine ökologisch bedeutende Gruppe photosynthetischer Bakterien (> 150 Arten), die als Vorläufer der Chloroplasten angesehen werden (EXKURS 3.1, Abschn. 3.2.7). Leben meist in Kolonien, die häufig Filamente ausbilden. Cyanobakterien sind gegenüber Umweltbedingungen sehr tolerant und kommen daher in fast allen Gewässern, Böden und Lebensräumen vor. Einige Arten können Luftstickstoff fixieren und leben in Symbiose mit Moosen, Nadelbäumen und Angiospermen. Wichtige Gattungen sind: *Anabaena, Oscillatoria, Prochlorococcus, Spirulina, Synechococcus* und *Nostoc*.
- **Aquificales:** Kleine Gruppe (> 14 Arten) mit der Gattung *Aquifex*, die lange und unbewegliche Stäbchen ausbilden; leben chemolithoautotroph in heißen Vulkanquellen und nutzen Wasserstoff, Thiosulfat und Schwefel als Elektronendonatoren. Die Aquificales werden als ursprüngliche Gruppe innerhalb der Bakterien diskutiert. In heißen Quellen leben auch die Thermotogales (mit *Thermotoga*), die phylogenetisch mit den Aquificales verwandt sind.

Evolution der Eukaryoten

Die frühe Evolution der Eukaryoten wurde bereits in EXKURS 3.1 (s. Abschn. 3.2.7) besprochen. Wichtige Innovationen waren die Herausbildung von membranumschlossenen Kompartimenten, der Erwerb von Mitochondrien und Chloroplasten sowie eines komplex aufgebauten Cytoskeletts (◘ Tab. 3.5). Die Taxonomie der einfachen Eukaryoten, beispielsweise **Einzeller (Protozoen)**, steht noch vor erheblichen Problemen. Dies gilt insbesondere für parasitische Formen, die sich an das Leben in Wirt und Zwischenwirt besonders angepasst haben. Auch hier führen molekulare Analysen von Markergenen zu weitgehend neuen Erkenntnissen. In ◘ Abb. 4.27 ist eine vereinfachte Übersicht über die Phylogenie der Einzeller dargestellt, die im Wesentlichen auf den Nucleotidsequenzen von rRNA und anderen Markergenen beruht. In diesem System werden vier Großgruppen unterschieden: **Excavata, Chromalveolata, Archaeplastida und Unikonta.** Ein verbindliches und allgemein anerkanntes System gibt es aber noch nicht.

Excavata

Zu den basalen Linien der Protozoen gehören offenbar die begeißelten **Fornicata** (oder Tetramastigota; > 300 Arten), zu denen die **Diplomonada** als bekannteste Gruppe gehören (◘ Abb. 4.27), die weder Mitochondrien noch Chloroplasten aufweisen. Viele Taxa dieser Gruppe leben als Kommensalen oder Parasiten im Verdauungstrakt von Tieren; *Giardia lamblia* ist z. B. ein Darmflagellat des Menschen. Ebenfalls als ursprüngliche Protozoen werden die **Parabasalia** (> 350 Arten) angesehen, eine allerdings sehr heterogene Gruppe. Viele haben vier Geißeln, andere gar keine, wieder andere Tausende. Sie besitzen einen typischen **Parabasalkörper** (ein modifizierter Teil des Golgi-Apparats). Anstelle von Mitochondrien haben einige Parabasalia Hydrogenosomen, mit deren Hilfe molekularer Wasserstoff zur Energiegewinnung genutzt werden kann. Sie leben als Endosymbionten oder Parasiten im Verdauungstrakt von Insekten (z. B. Termiten) und Vertebraten. *Trichomonas vaginalis* kommt als Parasit im Urogenitaltrakt des Menschen vor.

Zu den Excavata rechnet man inzwischen auch die **Euglenozoa** oder **Euglenobionta** (> 1400 Arten), die sich in drei Protozoengruppen gliedern:
- **Euglenophyta:** Photosynthetische Algen, z. B. *Euglena*.
- **Kinetoplastida:** Protozoen, die frei oder parasitisch leben; charakteristisch sind zwei Geißeln, von denen eine oft reduziert ist, die andere kann eine undulierende Membran ausbilden. Sie besitzen ein einziges großes Mito-

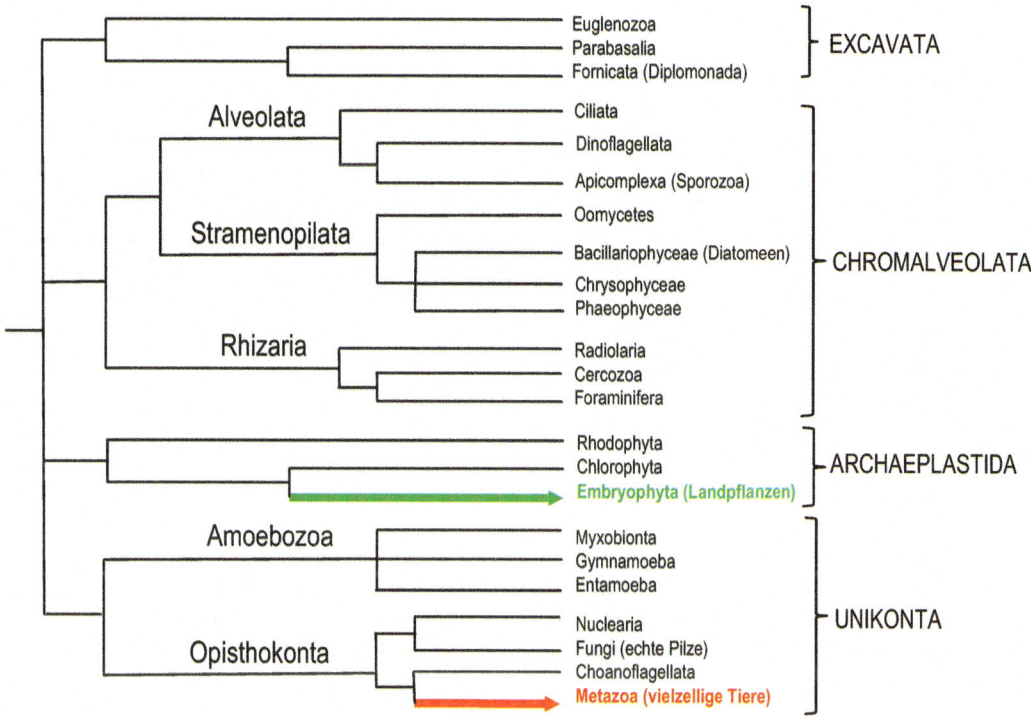

■ **Abb. 4.27** Entwicklungslinien der Eukaryoten (nach Lecointre u. Le Guyader 2006, Ciccarelli et al. 2006, Keeling 2004, Palmer et al. 2004, Adl et al. 2005)

chondrium, das sich über die Länge der Zelle erstreckt. Ein Abschnitt hoher DNA-Dichte wird als Kinetoplast bezeichnet. Wichtige Vertreter sind die Blutparasiten der Gattung *Trypanosoma*: *T. brucei* wird in Afrika von der Tsetsefliege übertragen und ruft die Schlafkrankheit hervor; *T. cruzi* wird in Südamerika von Wanzen verbreitet und verursacht die Chagas-Krankheit. *Leishmania*-Arten sind die Erreger der Leishmaniose. Die Vorfahren der Kinetoplastida hatten offenbar Chloroplasten, deren Reste man auch heute noch mit molekularbiologischen Methoden nachweisen kann.
- **Pseudociliata**: Heterotrophe, begeißelte Protozoen, die früher für Ciliaten gehalten wurden. Beispiel: *Stephanopogon*.

Chromalveolata
Die **Chromalveolata** (die Chloroplasten über sekundäre Endosymbiose erhielten) bilden offenbar ein Monophylum, das sich in Alveolata, Stramenopilata und vermutlich Rhizaria aufgliedert.

Die **Alveolata** sind Protozoen mit Geißeln oder Cilien, die abgeflachte Vesikel unter den Zellmembranen, sogenannte Alveolen, als synapomorphes Merkmal aufweisen. Auch molekular wurden sie als monophyletische Gruppe erkannt. Man unterscheidet drei Gruppen:
- **Ciliata**: Große und strukturell diverse Gruppe (ca. 8000 Arten), die zahlreiche Cilien (Wimpern) auf der Oberfläche tragen (**Wimpertierchen**) und einen Kerndualismus (Mikro- und Makronucleus) aufweisen; einzellig oder in Kolonien lebend. Beispiele: *Paramecium caudatum* (das bekannte Pantoffeltierchen), *Paramecium tetraurelia*, *Stentor polymorphus*.
- **Dinoflagellata**: Zweigeißlige, planktonisch lebende Gruppe (> 2200 Arten), die auch als **Panzergeißler** bezeichnet werden. Hülle aus Celluloseplatten. Viele Arten betreiben Photosynthese mit Chloroplasten unterschiedlicher Herkunft (sekundäre Endosymbiose). Seit dem Silur (420 Mio. Jahre; s. **Abschn. 2.2.3**) bekannt; möglicherweise schon

im Kambrium (540 Mio. Jahre) vorkommend. Beispiele: *Gonyaulax, Ceratium, Noctiluca, Peridinium.*
- **Apicomplexa**: Die auch als **Sporozoa** oder **Sporentierchen** bezeichneten einzelligen Parasiten (> 5000 Arten) zeichnen sich durch enge Anpassungen an Wirt und Wirtswechsel aus. Gemeinsame synapomorphe Merkmale sind der **Apikal-Komplex** und Centriolen, die aus neun einzelnen Mikrotubuli (sonst neun Tripletts) aufgebaut sind. Die Gruppe hat in der frühen Evolution offenbar Chloroplasten besessen; denn man konnte mit genetischen Methoden Reste der cpDNA nachweisen. Wichtige Parasiten: *Babesia canis* (Erreger der Piroplasmose); *Eimeria falciformis* (Erreger der Kokzidiose); *Plasmodium falciparum* (Erreger der Malaria tropica), *Toxoplasma gondii* (Erreger der Toxoplasmose).

Die nächste große Abteilung der Chromalveolata, die **Stramenopilata** (oder **Heterokontobionta**) umfassen eine monophyletische, aber diverse und artenreiche Gruppe von ein- bis vielzelligen Organismen (> 110.000 Arten), die man weiter untergliedern kann.
- **Bacillariophyceae**: Die auch als **Diatomeen** oder **Kieselalgen** bezeichneten Organismen sind photosynthetisch aktiv und leben im Süß-, Brack- und Salzwasser. Sie sind durch einen stabilen Panzer aus Kieselsäure charakterisiert. Fossile Diatomeen sind weit verbreitet und gehen auf Ursprünge im Präkambrium (s. **Abschn. 2.1**) zurück.
- **Phaeophyceae**: Die auch als **Braunalgen** oder Tange bezeichneten mehrzelligen Organismen leben marin und bilden wichtige Vegetationszonen im Meer. Wichtige Gattungen sind: *Ascophyllum, Fucus, Nereocystis* und *Pelvetia*.
- **Chrysophyceae**: einzellige oder in Kolonien lebende goldbraune gefärbte Algen, sog. **Goldalgen**; seit dem Präkambrium bekannt.
- **Xanthophyceae**: einzellige, filamentöse oder Kolonien bildende gelbgrüne Algen.
- **Oomycetes**: Die Oomyceten betreiben keine Photosynthese und leben häufig parasitär, wie z. B. der Mehltau (*Plasmopara viticola*). Molekular sind es keine „niederen Pilze", wie bislang angenommen, sondern Mitglieder der Stramenopilata.

Als dritte große Gruppe der Chromalaveolata zählen die Rhizaria: Zu den **Rhizaria** (> 12.000 Arten) werden die Cercozoa, Haplosporidia, Foraminiferen (Foraminifera), *Gromia* und Strahlentierchen (Radiolaria) gerechnet. Die Foraminiferen und Radiolarien haben harte Schalen, die auch fossil erhalten blieben und für die Stratigraphie wichtig sind (**Kap. 2**).

Archaeplastida
Eine weitere Entwicklungslinie, die man auch als **Archaeplastida** zusammenfasst, führt zu den **Rotalgen, Grünalgen** und **Landpflanzen**. Ein gemeinsames Merkmal ist das Vorhandensein von Chloroplasten (primäre Endosymbiose).
- **Rhodophyta**: Die mehrzelligen **Rotalgen** sind artenreich (> 5950 Arten) und leben marin. Die Kernhülle bleibt bei der Mitose bestehen. Seit dem Kambrium (ca. 540 Mio. Jahren; s. **Abschn. 2.2.1**) bekannt. Wichtige Vertreter: *Chondrus, Corallina, Gracilaria, Lithothamnion, Polysiphonia* und *Porphyra*.
- **Chlorobionta**: Die Chlorobionta (mehr als 3700 Arten) umfassen die Grünalgen und die grünen Landpflanzen mit Moosen, Farnen und Samenpflanzen (s. unten). Die **Grünalgen (Chlorophyta)** sind sehr formenreich und umfassen sowohl Einzeller als auch fädige und thallöse Lebensformen. Man unterscheidet die **Prasinophyta, Ulvophyta** und **Streptophyta** (mit den Algengruppen Charophyta, Zygnemophyta; Embryophyta [Landpflanzen]). Fossilien, die möglicherweise auf Chlorophyten zurückgehen, sind aus dem Präkambrium (ca. 1,2 oder 0,9 Mrd. Jahre; s. **Abschn. 2.1**) beschrieben worden.

Unikonta
Als vierte Gruppe kann man die **Unikonta** definieren, die sich in Amoebozoa und Opisthokonta gliedern:
- **Amoebozoa**: Monophyletische Gruppe (umfasst **Schleimpilze** mit > 530 Arten und **Archamöben**), die sich durch einen komplexen Lebenszyklus auszeichnet. Aus einzelligen amoeboiden

oder begeißelten Formen erfolgt ein Wechsel in eine mehrzellige Phase (Plasmodium), die den Fruchtkörper mit einem Sporangium bildet. Wichtige Vertreter sind die Acrasiomyceten (*Dictyostelium discoideum*), Myxomyceten (*Didymium iridis*; *Physarum polycephalum*) und Archamöben (*Pelomyxa palustris*, *Entamoeba histolytica*). Bei den **parasitischen Archamöben** sind die ursprünglich vorhandenen Mitochondrien verloren gegangen.

- Eine weitere wichtige Entwicklungslinie, die als **Opisthokonta** zusammengefasst wird, führt zu den **echten Pilzen (Eumycetes), Nucleariida, Choanoflagellaten** und vielzelligen **Tieren (Metazoa).** Ein gemeinsames Merkmal ist das Vorhandensein einer vorwärts treibenden Geißel (griech. *pisthe* = hinten; *konts* = Ruderstange), die immer am hinteren Ende einer Zelle sitzt. Man unterscheidet:
  - **Eumycetes** (> 100.000 Arten): Pilze haben Zellwände aus Chitin und leben heterotroph; sie pflanzen sich durch haploide Sporen fort, die nach Auskeimung Hyphen bilden. Die Gesamtheit der Hyphen wird als Myzel bezeichnet. Es kann einen vegetativen Thallus und die Fruchtkörper bilden. Ein Gefäßsystem ist nicht vorhanden. Zu den Pilzen zählen die **Ascomyceten** (Hefen, Trüffel, Schimmelpilze), **Basidiomyceten** (Hutpilze) und die **Zygomyceten** (Jochpilze). Vorläufer der Eumyzeten sind aus dem Devon (400 Mio. Jahre) und Ordovizium (460 Mio. Jahre; s. **Abschn. 2.2.2**) bekannt. Eine besondere Lebensform stellen die **Flechten** dar: Es handelt sich bei dieser weltweit verbreiteten Organismengruppe, die an klimatisch extremen Standorten vorkommt, primär um Pilze, die mit photosynthetisch aktiven Algen (z. B. Kugelalgen) in Symbiose leben. Diese Symbiosen entstanden offenbar mehrfach in der Evolution der Pilze; sie wurden aber auch wieder aufgegeben. Zu den Pilzen gehören auch die **Microsporidia**, einzellige Parasiten (> 800 Arten) mit breitem Wirtsspektrum, die obligat intrazellulär leben. Mitochondrien sind verloren gegangen.
  - Die **Nucleariida** bilden einer Schwestergruppe zu den Eumycetes. Es handelt sich um Einzeller der Gattungen *Nuclearia*, *Micronuclearia*, *Rabdiophrys*, *Pinaciophora* und *Pompholyxophrys*, die im Boden oder im Süßwasser leben.
  - **Choanoflagellata:** Kleine Gruppe von marin oder limnisch verbreiteten, einzelligen, begeißelten Formen (> 120 Arten), die einen Kranz („Kragen") von Mikrovilli aufweisen. Choanoflagellaten spielen bei der Entstehung der Metazoa eine wichtige Rolle.
  - **Metazoa:** Die vielzelligen Tiere werden als Metazoa bezeichnet; sie bilden eine monophyletische Gruppe.

Evolution der Pflanzen

Für die Rekonstruktion der phylogenetischen Beziehungen zwischen den verschiedenen Pflanzenabteilungen (Algen, Moose, Farne, Gymnospermen, Angiospermen) wurden Nucleotidsequenzen von rRNA-Genen, Chloroplastengenen, wie *rbc*L oder anderen Protein-codierenden Genen wie GAP-DH herangezogen. Berücksichtigt man Nucleotid- und Aminosäuresequenzen sowie die Struktur der Genome, so lässt sich die Phylogenie der Landpflanzen wie in **Abb. 4.28** dargestellt zusammenfassen.

Innerhalb der Chlorobionta (s. oben) führen die Streptophyta als Entwicklungslinie zu den Landpflanzen (**Abb. 4.28**). Die Anpassung an eine terrestrische Lebensweise erforderte eine Reihe wichtiger Innovationen:

- Bildung einer wachsartigen Cuticula, die ein Austrocknen verhindert, und von Schließzellen für den Gasaustausch.
- Entwicklung von Gametangien, die Gameten einschließen und einer Austrocknung entgegenwirken.
- Embryonen, die als junge Sporophyten anzusehen sind, liegen nicht frei, sondern geschützt vor (daher Embryophyta).
- Synthese von UV-absorbierenden Sekundärstoffen.
- Entwicklung von Sporenwänden, die gegen Austrocknung und mikrobiellen Abbau schützen.

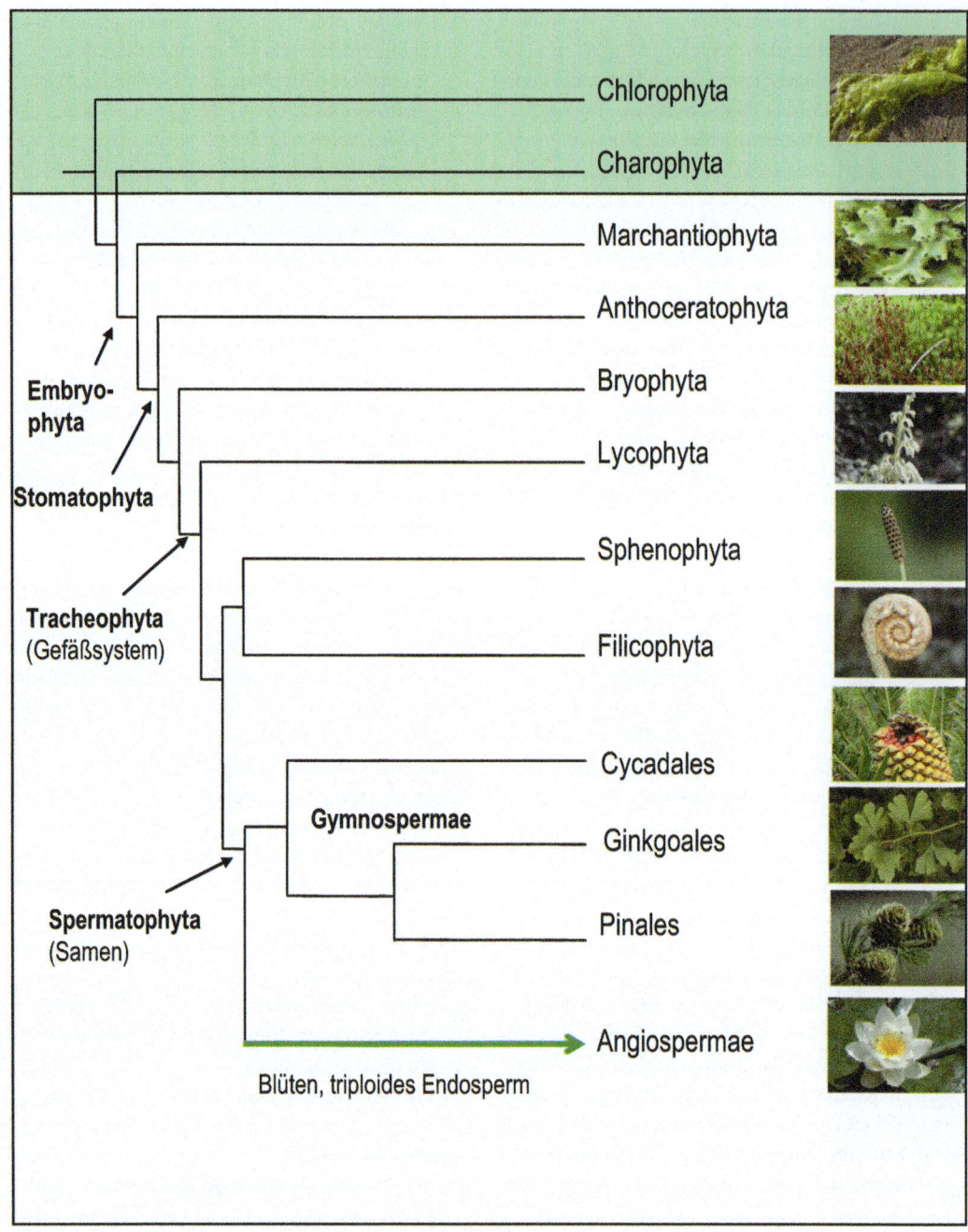

◘ **Abb. 4.28** Entwicklung von der Chlorobionta zu den höheren Pflanzen (nach Palmer et al. 2004, Burleigh u. Mathews 2004, Crane et al. 2004, Pryer et al. 2004, Lecointre u. Le Guyader 2006)

Als einfachste Landpflanzen treten Formen ohne Leitgewebe (also ohne Xylem und Phloem) auf. Die auch als **Nicht-Tracheophyten** bezeichneten Pflanzen umfassen die **Marchantiophyta** (Lebermoose), **Anthoceratophyta** (Hornmoose) und **Bryophyta** (Laubmoose). Eine Zusammenfassung dieser Gruppen als Moose ist aus kladistischer Sicht nicht korrekt, da es sich nicht um eine monophyletische, sondern paraphyletische Gruppe handelt.

- **Marchantiophyta**: Thallöse **Lebermoose** ohne Wurzeln, Gefäßsystem und Spaltöffnungen (ca. 9100 Arten); der haploide Gametophyt ist die dominante Lebensform. Mikrosporen sind aus dem unteren Silur (435 Mio. Jahre), Makrofossilien aus dem oberen Devon (375 Mio. Jahre) bekannt (s. **Abschn. 2.2.3** und **2.2.4**). Beispielgattungen: *Marchantia*, *Riccia* und *Lunularia*.
- **Anthoceratophyta**: Kleine monophyletische Moosgruppe (> 300 Arten), die bereits Stomata und aufgerichtete Sporophyten besitzt. Cyanobakterien (*Nostoc*) leben als Symbionten in Einbuchtungen der Thallus-Unterseite. Sporen sind aus dem Silur beschrieben. Beispielgattungen: *Anthoceros* und *Dendroceros*.
- **Bryophyta**: Umfangreiche Gruppe der Laubmoose (> 15.000 Arten), die Leitelemente in den Stängeln des Gametophyten (Vorstufe zum Gefäßsystem der Tracheophyten) und Rhizoide (wurzelähnliche Organe) bilden. Makrofossilien sind aus dem Devon (395 Mio. Jahre; **Abschn. 2.2.4**) bekannt. Wichtige Gattungen: *Funaria*, *Polytrichum*, *Sphagnum* (Torfmoos) und *Takakia*.

Als nächste wichtige Innovation ist die Entwicklung eines **Gefäßsystems** mit **Xylem** und **Phloem** zu werten, das als synapomorphes Merkmal der **Tracheophyten** anzusehen ist (◻ **Abb. 4.29**). Wichtige Gruppen sind:

- **Lycopodiophyta**: Kleine monophyletische Gruppe (> 1275 Arten) mit den Ordnungen **Selaginellales** (**Moosfarne**), **Lycopodiales** (**Bärlappe**) und **Isoetales** (**Brachsenkräuter**). Stängel mit Mikrophyllen; Sporangien auf spezialisierten Blättern (Sporophylle). Bärlappgewächse produzieren bereits Alkaloide zur chemischen Verteidigung (s. **Abschn. 4.3.3**). Lycopodiophyten sind seit dem Silur bekannt und traten insbesondere im Karbon (s. **Abschn. 2.2.5**) als formenreiche Gruppe auf. Wichtige Gattungen: *Lycopodium*, *Selaginella* und *Isoëtes*.
- **Sphenophyta**: Die Klasse **Sphenopsida** wird auch als **Equisetales** (**Schachtelhalme**) bezeichnet. Schachtelhalme sind durch gegliederte, aufrechte Stängel und wirtelig angeordnete Zweige gekennzeichnet. Viele Arten bilden fertile Stängel, die chlorophyllfrei sind. Seit dem Devon (380 Mio. Jahre) bekannt; im Karbon besonders formenreich mit baumartigen Vertretern (Calamitaceae) (s. **Abschn. 2.2.5**); heute als „lebendes Fossil" mit nur noch 20 Arten vertreten. Gattung: *Equisetum*.
- **Filicophyta**: Die Farne (**Filicopsida bzw. Pteridopsida**) (> 9500 Arten) sind eine Schwestergruppe der Schachtelhalme, die gemeinsam als monophyteische **Monilophyta** abgetrennt werden. Gekennzeichnet durch große, wedelförmige Blätter, die auf der Unterseite Sporangien tragen. Seit dem Devon bekannt; im Karbon formenreich mit baumartigen Vertretern (s. **Abschn. 2.2.5**). Wichtige Ordnungen: Ophioglossales, Psilotales, Marattiales, Osmundales, Hymenophyllales, Gleicheniales, Schizaeales, Salviniales, Cyatheales und Polypodiales (größte Gruppe). Wichtige Gattungen: *Marsilea*, *Osmunda*, *Pteridium*, *Polypodium* und *Psilotum*.

Als weitere Innovation in der Evolution der Landpflanzen kann die Entwicklung von Samen angesehen werden. Samenpflanzen bilden als **Spermatophyta** eine monophyletische Gruppe (◻ **Abb. 4.28**; ◻ **Abb. 4.29**). Man unterscheidet **Gymnospermae** (Samenanlage wird nicht im Fruchtknoten eingeschlossen; Nacktsamer) und **Angiospermae** (Samenanlage vollständig im Fruchtknoten eingeschlossen, der sich später zur Frucht entwickelt; Bedecktsamer). Man unterscheidet innerhalb der Gymnospermae (> 870 Arten):

- **Ginkgoales**: Heute nur noch in einer Art, *Ginkgo biloba*, vorkommend. Ähnliche Formen sind aus dem Mesozoikum bekannt; im Jura wurde *Ginkgoites lunzensis* beschrieben. *Sphenobaiera* aus dem Perm (270 Mio. Jahre)

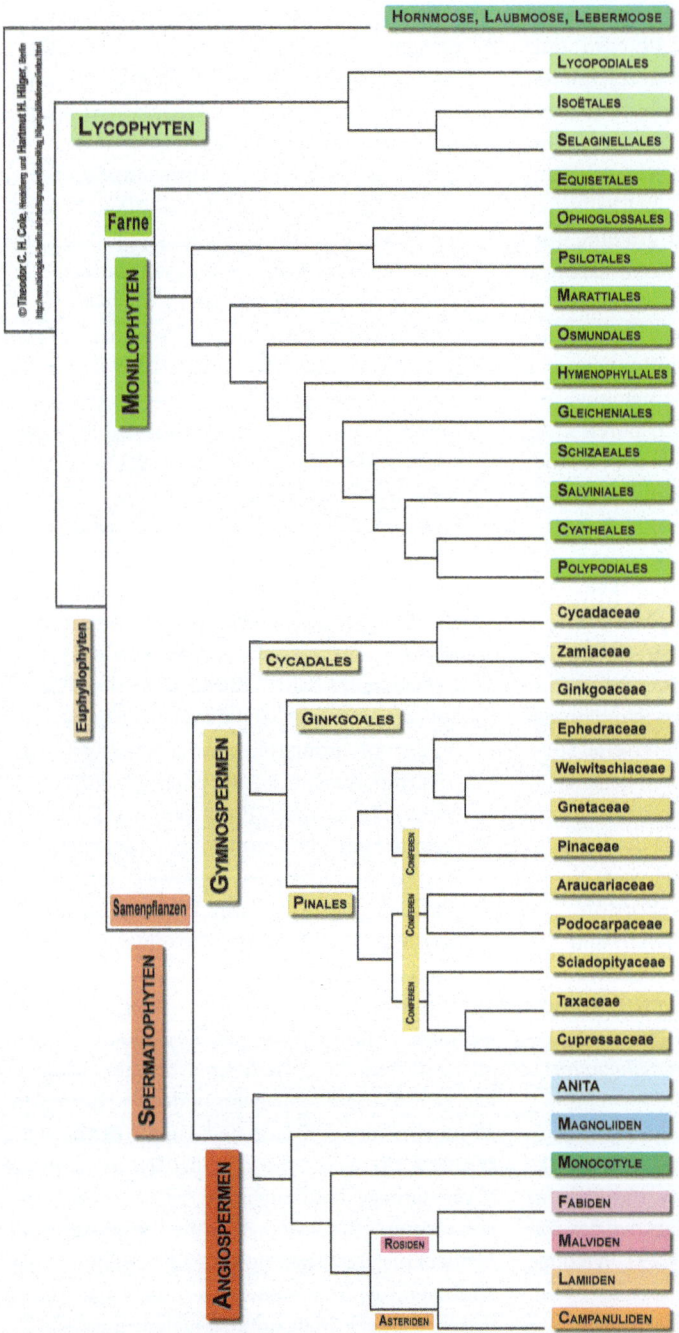

Abb. 4.29 Phylogenie der Sporen- und Samenpflanzen

wird manchmal den Ginkgoales zugerechnet (s. **Abschn. 2.3**).
- **Pinales** (inkl. Gnetopsida) (> 660 Arten): Nadelbäume bilden eine monophyletische Gruppe, die seit dem oberen Karbon (310 Mio.

Jahren) bekannt sind (Gattung *Walchia*) (s. **Abschn. 2.2.5**). Die Gnetopsida (91 Arten) wurden früher mit den ursprünglichen Gattungen *Ephedra*, *Gnetum* und *Welwitschia* als gemeinsame Gruppe betrachtet. Heute werden die Gattungen in die Familien Ephedraceae, Gnetaceae und Welwitschiaceae unterteilt und den Pinopsida zugerechnet (◘ **Abb. 4.19**). Seit dem Perm (270 Mio. Jahren) nachgewiesen (s. **Abschn. 2.2.6**).

– **Cycadales**: Palmfarne oder Cycadeen (>210 Arten) werden häufig als „lebende Fossilien" (s. **Abschn. 2.4.2 und 4.1.2**) angesehen, deren Vorläufer (*Taeniopteris*) bereits aus dem Perm (270 Mio. Jahre; s. **Abschn. 2.2.6**) und insbesondere aus dem Mesozoikum beschrieben wurden (s. **Abschn. 2.3**). Während die meisten Nacktsamer eine Windbestäubung aufweisen, findet man bei vielen Palmfarnen eine Bestäubung durch Insekten, insbesondere Rüsselkäfer und Thripse. Diese Interaktion begann vermutlich bereits in der Kreide vor 135 Mio. Jahren (s. **Abschn. 2.3.3**).

Die **Angiospermae** (Magnoliopsida) sind eine umfangreiche monophyletische Gruppe (> 280.000 Arten in 413 Familien und 55 Ordnungen), die sich durch weit verbreitete Zwitterblüten und bedeckte Samenanlagen auszeichnet. Angiospermen sind seit der Kreidezeit (135 Mio. Jahre; s. **Abschn. 2.3.3**) bekannt. Die Ausbildung komplex aufgebauter Blüten entstand in **Koevolution** mit der starken Diversifikation der Arthropoden, insbesondere der Insekten, die als Bestäuber eine entscheidende Bedeutung haben (s. **Abschn. 4.3.3**).

Für die höheren Pflanzen (Angiospermae) wurde die klassische Großsystematik (◘ **Abb. 4.30**) aufgrund der Ergebnisse der DNA-Daten komplett neu strukturiert. Danach stehen die Amborellaceae, Nymphaceae und Austrobaileyales an der Basis der Angiospermen, von denen sich die **Einkeimblättrigen (Monocots)** (62.600 Arten in 86 Familien), die Magnoliiden und die **Zweikeimblättrigen im engeren Sinne (Eudicots)** als jeweils monophyletische Gruppen ableiten. Innerhalb der Eudicots werden die **core eudicots** unterschieden, in denen sich die Großgruppen der **Asteriden** und **Rosiden** befinden.

Evolution der Tiere

Wie in ◘ **Abb. 4.27** dargestellt, leiten sich die vielzelligen Tiere (Metazoa) aus der Entwicklungslinie der Opisthokonta ab. Eine Auftrennung der Tierstämme von einem gemeinsamen Vorfahren erfolgte vermutlich vor circa 800 Mio. Jahren (s. **Abschn. 2.1**). Auf der Basis von Sequenzdaten der 18S rDNA, Hox-Genen, mtDNA, des Myosin-II-Gens und der Anordnung der mitochondrialen Gene wurde ein Stammbaum der Metazoa entwickelt, der sich im Bereich der Protostomia von der klassischen Aufteilung etwas unterscheidet.

Der aktuelle Stammbaum (◘ **Abb. 4.31**) weist die über 5000 Arten umfassenden **Schwämme (Porifera)** mit den **Demospongiae, Hexactinellida** und **Calcarea** als möglicherweise paraphyletische Gruppe an der Basis der Metazoen aus. Schwämme sind als Fossilien wenigstens seit dem unteren Kambrium (540 Mio. Jahre) bekannt (s. **Abschn. 2.2.1**).

Die nachfolgenden Tierstämme werden als **Eumetazoa** abgetrennt.

Im Phylogramm (◘ **Abb. 4.31**) folgen die **Nesseltiere (Cnidaria)** (> 9000 Arten), **Rippenquallen (Ctenophora)** (> 100 Arten) und **Placozoa** (1 Art; *Trichoplax adhaerens*). Die Placozoa sind die strukturell am einfachsten aufgebauten Metazoa. Ihre systematische Stellung ist nicht unumstritten. Nesseltiere zeichnen sich durch Radiärsymmetrie aus, Rippenquallen sind zweistrahligsymmetrisch. Beide Gruppen sind aus zwei Keimblättern aufgebaut. Erstere haben spezialisierte Nesselzellen (Cnidocyten), letztere Klebzellen (Colloblasten). Cnidarier wurden in der **Ediacara**-Fauna nachgewiesen (s. **Abschn. 2.1.1**).

Alle anderen Tiere gehören zu den **Bilateria**, die sich primär durch Bilateralsymmetrie, einen durchgehenden Verdauungstrakt, Mesoderm als drittem Keimblatt, unidirektionelle chemische Synapsen mit Acetylcholin u.v.a. als Neurotransmitter, einem zentralen Nervensystem und diversen anderen Innovationen auszeichnen. Innerhalb der bilateralsymmetrischen Tiere, die vermutlich ein Monophylum bilden und in **Protostomia** und **Deuterostomia** unterteilt werden, unterscheidet man drei Großgruppen:

– **Lophotrochozoa** (> 150.000 Arten),
– **Ecdysozoa** (> 1.200.000 Arten),
– **Deuterostomia** (> 63.000 Arten).

Protostomia

Lophotrochozoa und **Ecdysozoa** sind vermutlich monophyletische Untergruppen innerhalb der

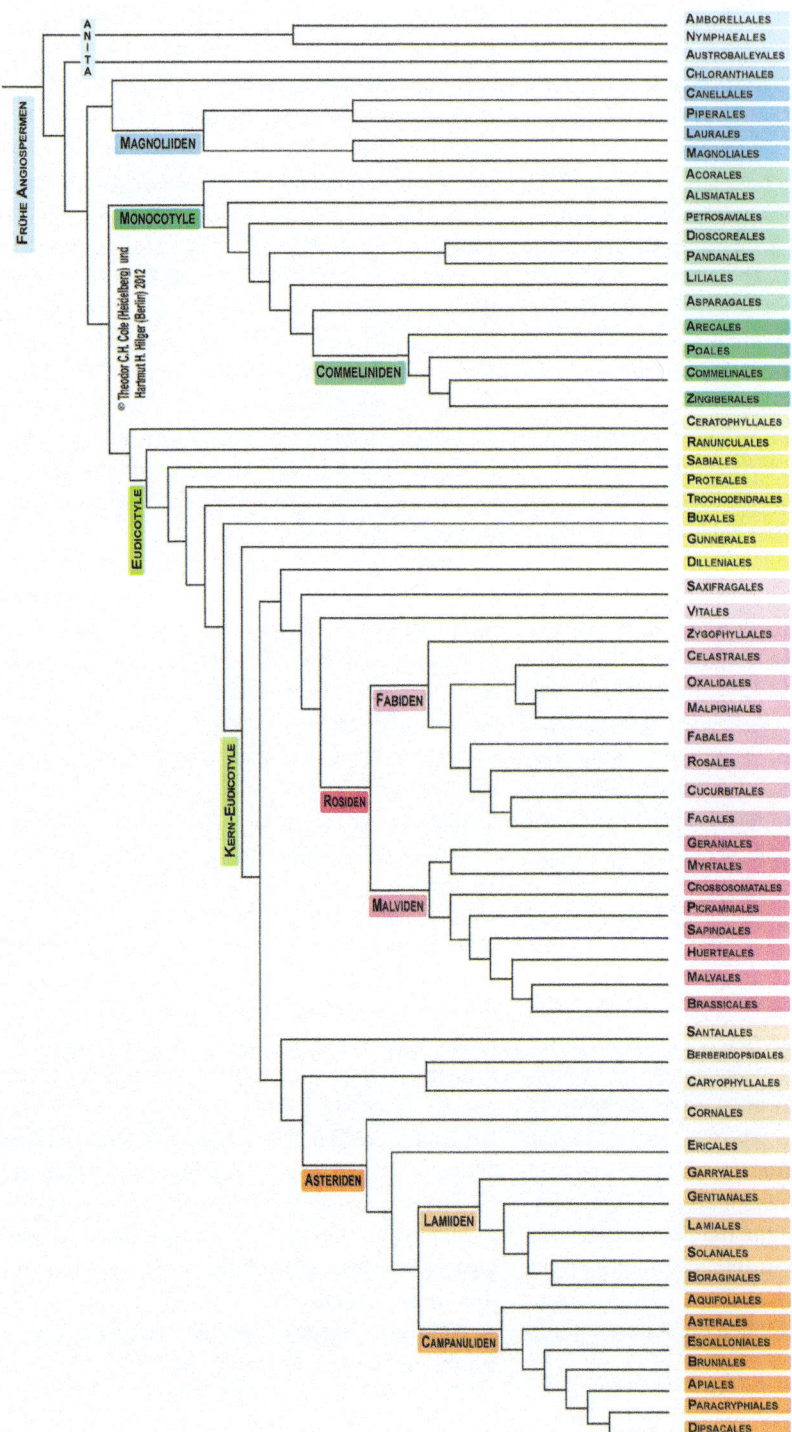

Abb. 4.30 Molekulare Phylogenie der Angiospermen (nach *Angiosperm Phylogeny Group*, APGIII, 2009). Die Neuordnung beruht auf Stammbäumen, die über Nucleotidsequenzen der 18S rRNA, *rbc*L, *atb*B-Gene und diversen anderen DNA-Markern rekonstruiert wurden

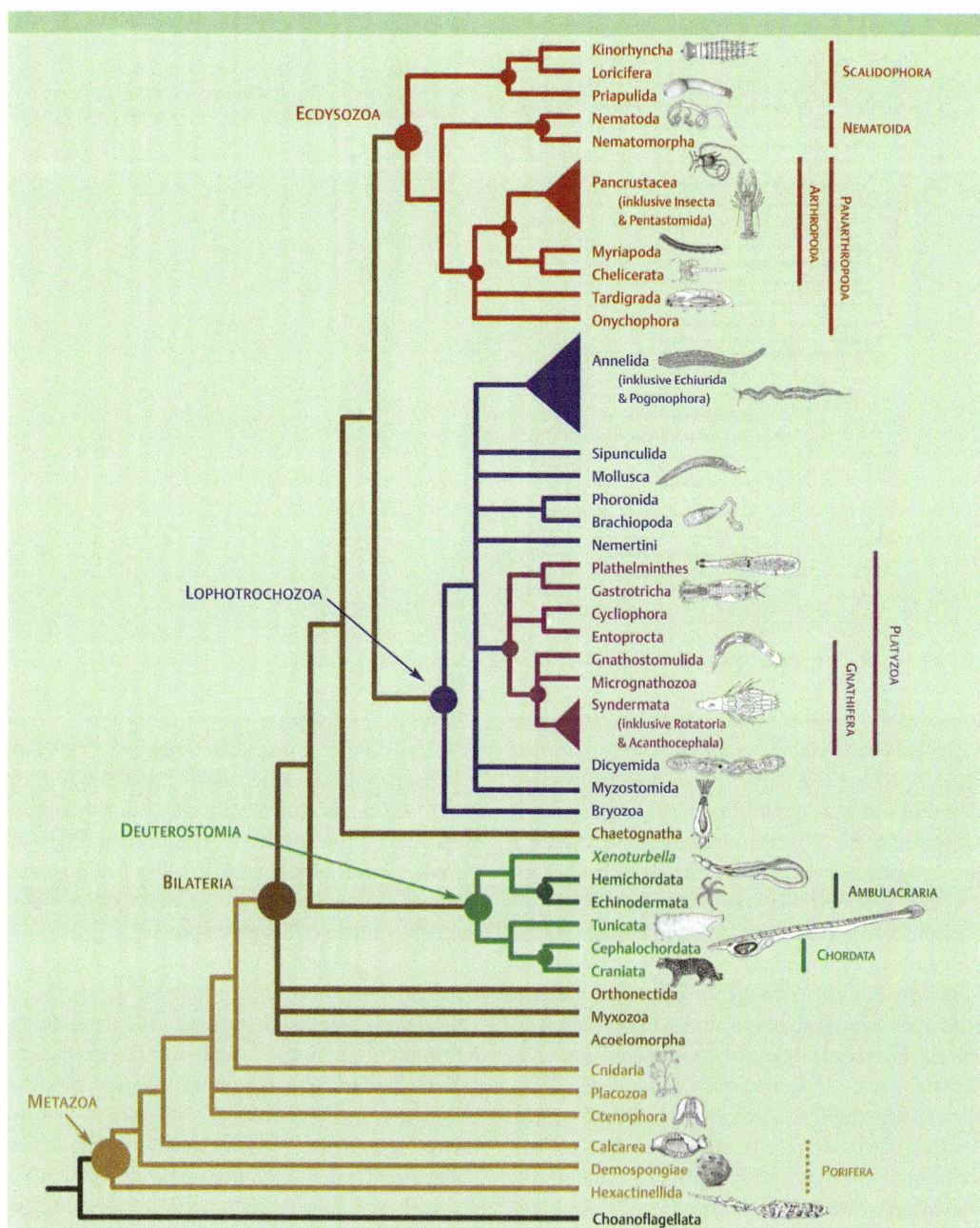

Abb. 4.31 Molekulare Phylogenie der Hauptentwicklungslinien der Tiere (nach Halanych 2004, Wink 2006). Nicht aufgelöste Verzweigungen sind als Polytomien dargestellt, d. h. die Äste gehen ohne Verzweigung aus einer gemeinsamen Basis hervor. Aufgelöste Phylogenien sind dichotom aufgebaut. Die Pfeile und farbigen Punkte deuten auf wichtige Verzweigungen hin. Dreiecke bedeuten, dass diese Verzweigung zu mehr als einer Gruppe führt

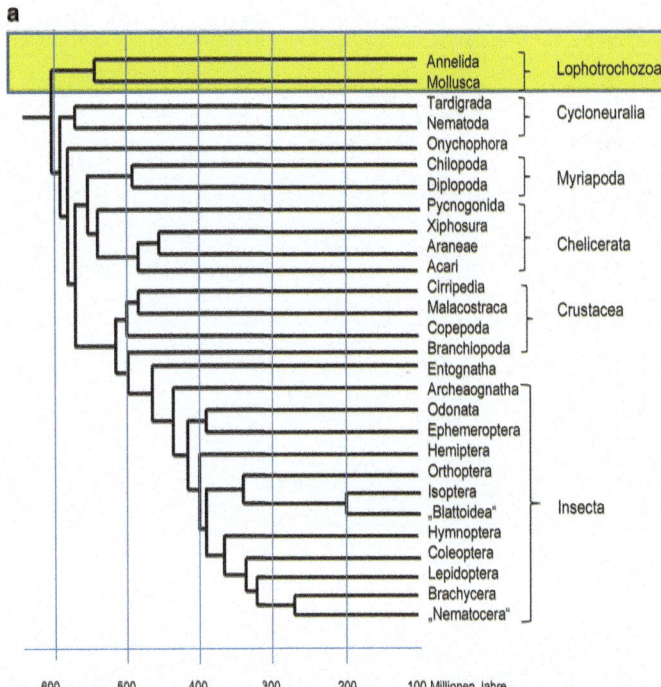

☐ **Abb. 4.32 a,b** Phylogenie der Ecdysozoa, insbesondere der Arthropoden. **a** Stammbaum und molekulare Datierung aufgrund von 129 Markergenen (Rehm et al., 2011). **b** *siehe Folgeseite*

Protostomia (☐ Abb. 4.31). Die **Lophotrochozoa** vereinen Organismen mit einem Lophophor und einer Trochophora-Larve (beispielsweise Anneliden und Mollusken mit über 85.000 Arten) sowie weitere Stämme (Plathelminthes und Nermertini). Die **Ecdysozoa** stellen die artenreichste Tiergruppe dar und vereinen alle Organismen mit Häutung (beispielsweise Arthropoden, Nematoden, Tardigraden und Priapuliden). Nach wie vor bestehen Unklarheiten zur Phylogenie einzelner Stämme innerhalb der Ecdysozoa und Lophotrochozoa. Für die **Ecdysozoa** liegt eine Auswertung eines Datensatzes mit 129 Genen vor (Rehm et al. 2011), die zudem eine Datierung erlaubt (☐ Abb. 4.32a). Danach entstanden einige Stämme bereits im Präkambrium vor mehr als 550 Mio. Jahren, z. B. die Tardigrada, Nematoda und Onychophora. Dagegen haben Myriapoden, Cheliceraten, Crustaceen und einige frühe Insekten ihre Wurzel im Kambrium (s. Abschn. 2.2.1). Die Trennung von Lophotrochozoa und Ecdysozoa ist noch älter und erfolgte vor mehr als 600 Mio. Jahren.

Einen Überblick über die **Phylogenie der Insekten** liefert ☐ Abb. 4.32b (nach Gullan u. Cranston 2005). Die apterygoten Urinsekten wie Beintastler (Protura), Springschwänze (Collembola), Doppelschwänze (Diplura), Felsenspringer (Archaeognathae) und Silberfischchen (Zygentoma) existieren seit dem Ordovizium oder Silur. Auch die meisten Ordnungen der Pterygota entstanden im Palaeozoikum. Jünger sind lediglich Dermaptera, Zoraptera, Isoptera, Mantodea, Manthophasmatodea, Strepsiptera und Siphonaptera.

Deuterostomia

Die **Deuterostomia** umfassen die Hemichordaten, Echinodermen und Chordaten. Die Phylogenie innerhalb der Deuterostomia, insbesondere der Wirbeltiere ist in ☐ Abb. 4.33 vereinfacht zusammengefasst. An der Basis der Deuterostomia stehen die marin lebenden **Echinodermata** (> 6000 Arten), die als Larven bilateralsymmetrisch, als Adultformen jedoch meist pentamärsymmetrisch aufgebaut sind. Charakteristisch sind ein Ambulakralsystem und ein im Bindegewebe liegendes Skelett aus Calciumcarbonat. Man unterscheidet unter den rezenten Echinodermen **Asteroidea** (Seesterne), **Ophiuroidea** (Schlangensterne), **Holothuroidea** (Seegurken), **Echinoidea** (Seeigel) und **Crinoidea** (Haarsterne und Seelilien). Echinodermen sind

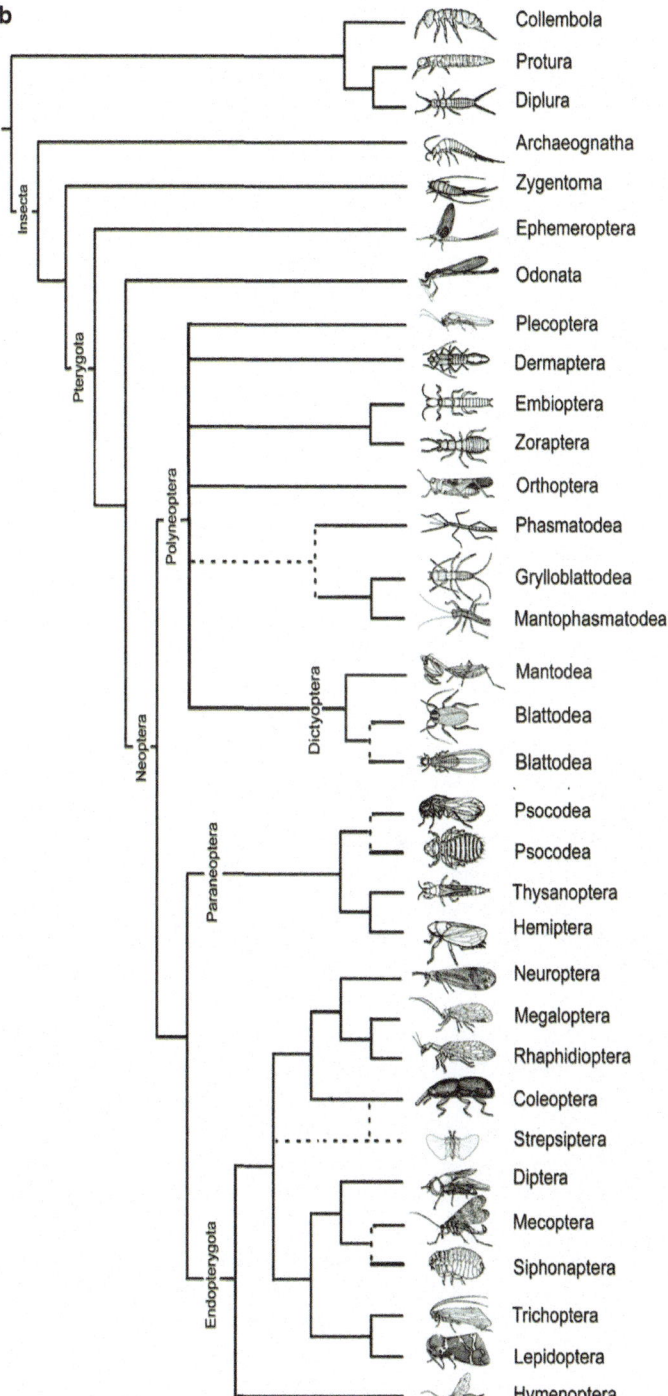

■ **Abb. 4.32 a,b** (*Fortsetzung*) Phylogenie der Ecdysozoa, insbesondere der Arthropoden. **b** Phylogenierekonstruktion der Insekten über molekulare und morphologische Merkmale (nach Gullan u. Cranston 2010)

seit dem frühen Kambrium (540 Mio. Jahre; s. **Abschn. 2.2.1**) bekannt.

Die **Hemichordaten** umfassen marine Formen (**Enteropneusta**, Eichelwürmer; **Pterobranchia**, Flügelkiemer). Die Pterobranchia sind mit den fossilen **Graptolithen** verwandt, die vom Kambrium bis zum Devon vorkamen (s. **Abschn. 2.2.2**).

In der weiteren Entwicklung werden die **Chordata** abgetrennt, deren gemeinsame Merkmale bilateralsymmetrische Larven, eine Chorda dorsalis (Rückensaite), Neuralrohr (aus Neuroektoderm), segmentierte Rumpfmuskulatur und ein ventral gelegener Verdauungstrakt sind. Wichtige Gruppen sind:

- **Urochordata**: Marine Deuterostomia (> 1300 Arten), die als nahe Verwandten der Vertebraten gelten. Chorda dorsalis im Larvenstadium vorhanden; typisch ist das Vorhandensein einer Tunica (daher auch **Tunicaten**). Man unterscheidet **Thaliacea (Salpen)**, **Ascidiae (Seescheiden)** und **Appendicularia**.
- **Cephalochordata**: Die Cephalochordaten (auch Acrania, Schädellose genannt; 13 Arten) leben marin. **Lanzettfischchen** (*Branchiostoma*) stehen morphologisch den Craniota näher als die Urochordata (Ascidiae sind molekular näher mit Vertebraten verwandt sind). Fossile Cephalochordaten sind bereits im unteren Kambrium (530 Mio. Jahre) z. B. in SO-China gefunden worden; z. B. *Haikouella* (s. **Abschn. 2.2.1**).
- **Myxinoidea: Schleimaale** (22 Arten) sind marine Cranioten (umfassen Myxinoidea und Vertebraten), die weder Wirbel noch Kiefer besitzen („agnath").
- **Vertebrata** (> 63.000 Arten) mit Wirbeln, Ohr mit zwei bis drei Bogengängen. Fossile Formen aus dem unteren Kambrium (530 Mio. Jahre; s. **Abschn. 2.2.1**). Die Gruppen der Fische (über 31.300 Arten) und Reptilien sind phylogenetisch gesehen paraphyletisch und wurden daher von einigen Taxonomen neu strukturiert.
  - **Petromyzonta**: Neunaugen (38 Arten) leben larval im Süßwasser, als adulte Tiere ebenfalls limnisch oder marin. Parasitische Lebensweise (Blutsauger bei Fischen und Walen) (es gibt auch nichtparasitische Arten). Fossile Formen aus dem Karbon nachgewiesen. Wichtige Gattungen: *Lampetra*, *Petromyzon*.
  - **Chondrichthyes: Knorpelfische** (> 850 Arten), wie Haie, Rochen und Chimären, deren Skelett aus Knorpel besteht. Seit dem Silur (410 Mio. Jahre; s. **Abschn. 2.2.3**) bekannt.
  - **Osteichthyes: Knochenfische** mit chondralen Knochen und Deck- oder Hautknochen. Weitere Merkmale: Ausbildung eines Schultergürtels, der mit der Wirbelsäule verbunden ist und Vorhandensein von Luftsäcken (Schwimmblase). Man untergliedert die Knochenfische in Actinopterygii (z. B. Aal, Barsch, Nilhecht, Lachs, Stör, Flösselhecht) und Sarcopterygii (Choanichthyes). Zu den letzteren zählen die Crossopterygii und Dipnoi.
  - **Dipnoi**: Lungenfische (6 Arten) weisen paarige Flossen und funktionelle Lungen auf. Fossilien sind aus dem Unter-Devon (410 Mio. Jahre; s. **Abschn. 2.2.4**) bekannt. Rezente Gattungen: *Protopterus* (Afrika), *Lepidosiren* (Südamerika) und *Neoceratodus* (Australien).
  - **Crossopterygii**: *Latimeria* (Quastenflosser) ist der einzige noch lebende Vertreter. Zahlreiche, morphologisch ähnliche Formen wurden z. B. in der Kreide gefunden. Älteste Fossilien aus dem Unter-Devon (380 Mio. Jahre; s. **Abschn. 2.2.4**). Besonderes Merkmal sind paarige Flossen, die wie bei Tetrapoden kreuzweise koordiniert werden können. Beispiel: *Latimeria chalumnae*. Offenbar entstanden Crossopterygii, Dipnoi und Tetrapoden in einem relativ kurzem Zeitraum, so dass sich diese Verzweigungen molekular oft nicht eindeutig auflösen lassen (Takezaki et al. 2004). Morphologische, paläontologische und entwicklungsgeschichtliche Gründe sprechen aber dafür, dass die Crossopterygier näher mit den Tetrapoden verwandt sind als die Lungenfische.
  - **Amphibia**: Die Amphibien stellen wahrscheinlich ein Monophylum (> 6440 Arten) innerhalb der Tetrapoden mit drei Gruppen: Gymnophiona (Blindwühlen), Urodela (Schwanzlurche: Salamander und Molche)

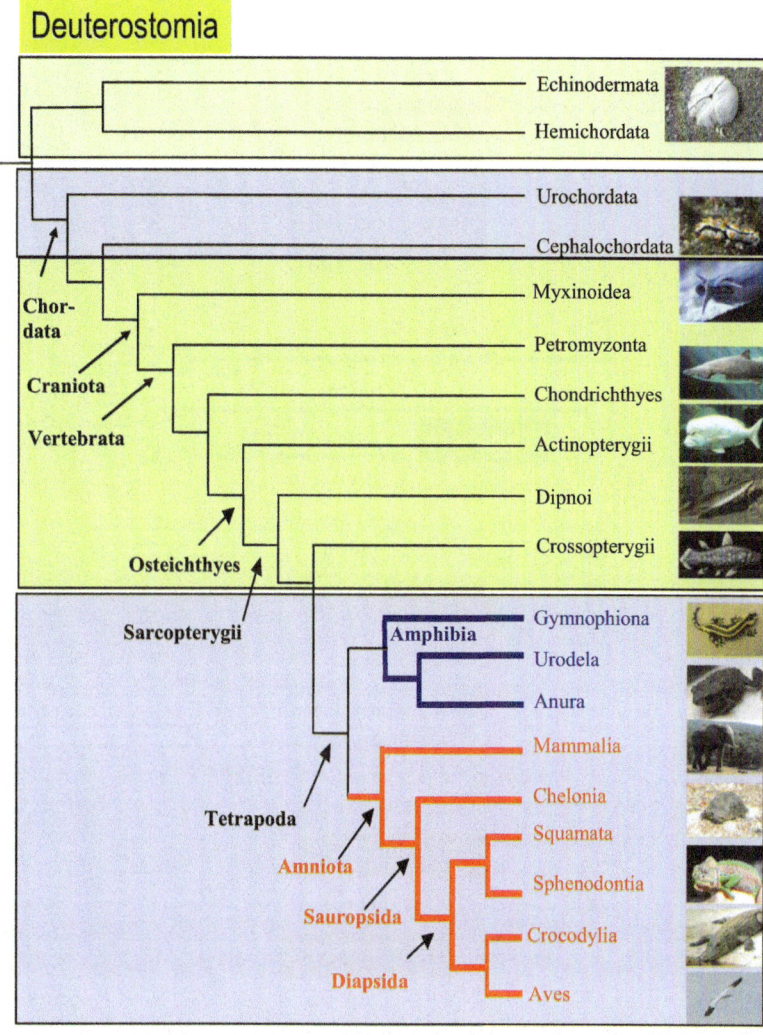

Abb. 4.33 Entwicklung der Deuterostomia: von den Echinodermata zu den Vertebrata (nach Lecointre u. Le Guyader 2006). Aktuelle Genomdaten deuten darauf hin, dass die Lungenfische (Dipnoi) und nicht die Quastenflosser näher mit den Tetrapoden verwandt sind

(als Urodelomorpha vereinigt) und Anura (Froschlurche: Frösche, Kröten, Laubfrösche) dar. Erste Amphibienfossilien sind in der Trias aufgetreten (240 Mio. Jahre; s. **Abschn. 2.3.1**).

- **Mammalia:** Säugetiere (> 5490 Arten) (s. **unten**) als basales Mitglied der **Amnioten**, die Mammalia, Reptilien und Vögel umfassen. Als Fossilien seit der Trias (220 Mio. Jahre; s. **Abschn. 2.3.1**) bekannt.
- **Sauropsida:** Traditionell wurden **Reptilien** und **Vögel** als eigenständige systematische Gruppierungen betrachtet. Jedoch widerspricht diese Aufteilung den Regeln der **Kla-**

distik. Diese erlaubt nur monophyletische Gruppen (s. **EXKURS 4.5**). Nach dem streng kladistischen Stammbaum sind Vögel somit entweder eine Untergruppe der Reptilien – wogegen jeder Ornithologe protestieren würde –, oder aber die Übergruppe der „Reptilien" muss aufgegeben und in fünf eigenständige Entwicklungslinien unterteilt werden. Da viele Argumente für den zweiten Vorschlag sprechen, werden die heute lebenden **Sauropsida** folgendermaßen gegliedert: **Schildkröten** (Testudines) (327 Arten), **Schuppenkriechtiere** (Schlangen und Echsen; Squamata; über 9000 Arten),

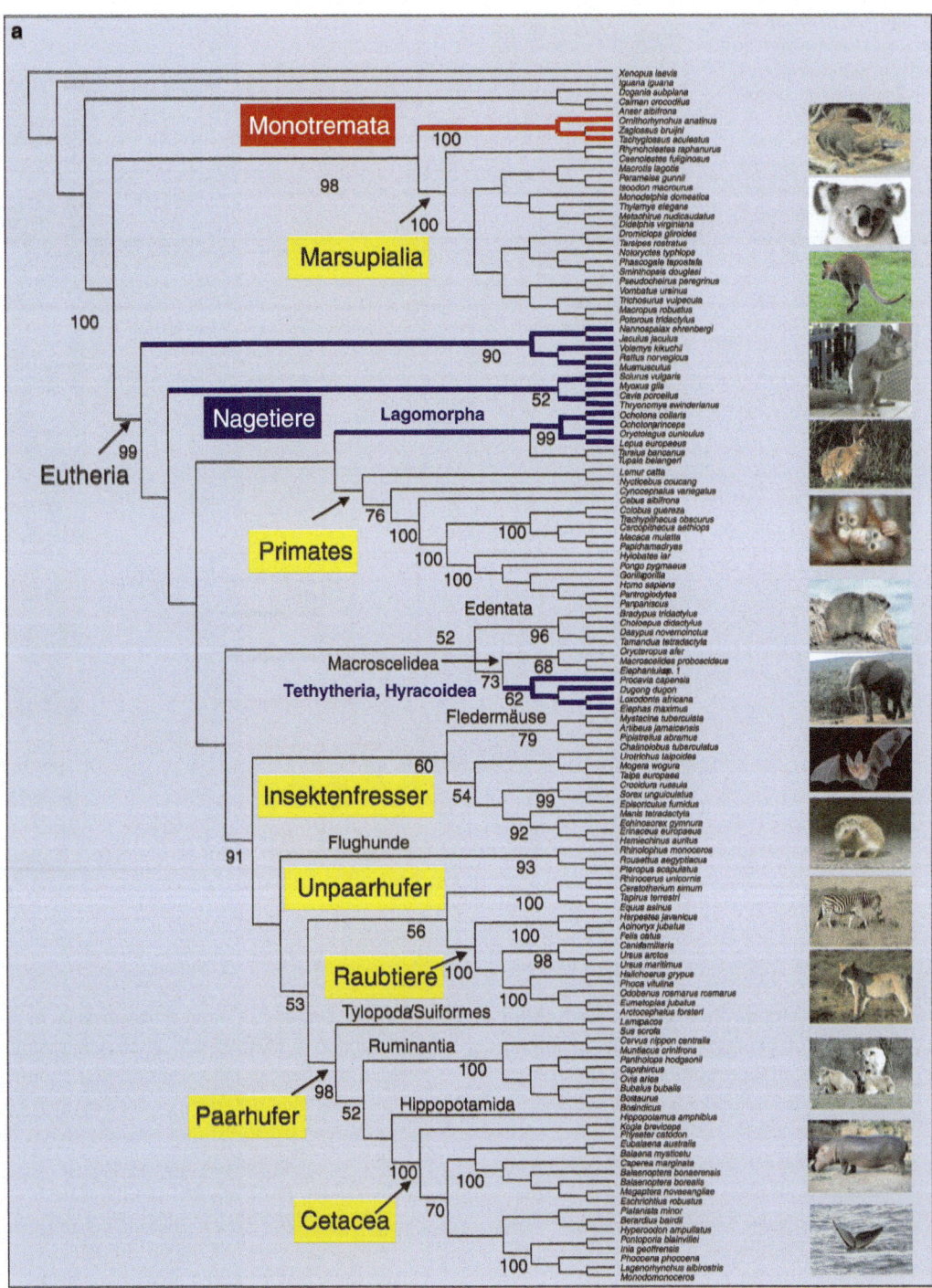

Abb. 4.34a, b Evolution und Divergenz wichtiger Säugetiertaxa. **a** Rekonstruktion über die Nucleotidsequenzen von 13 Protein-codierenden mtDNA-Genen (nach M. Wink und Mitarbeiter). Das dargestellte Kladogramm wurde mit *Maximum parsimony* als kürzester Baum erhalten; die Zahlen an den Ästen stellen *Bootstrap*-Wahrscheinlichkeiten dar.)

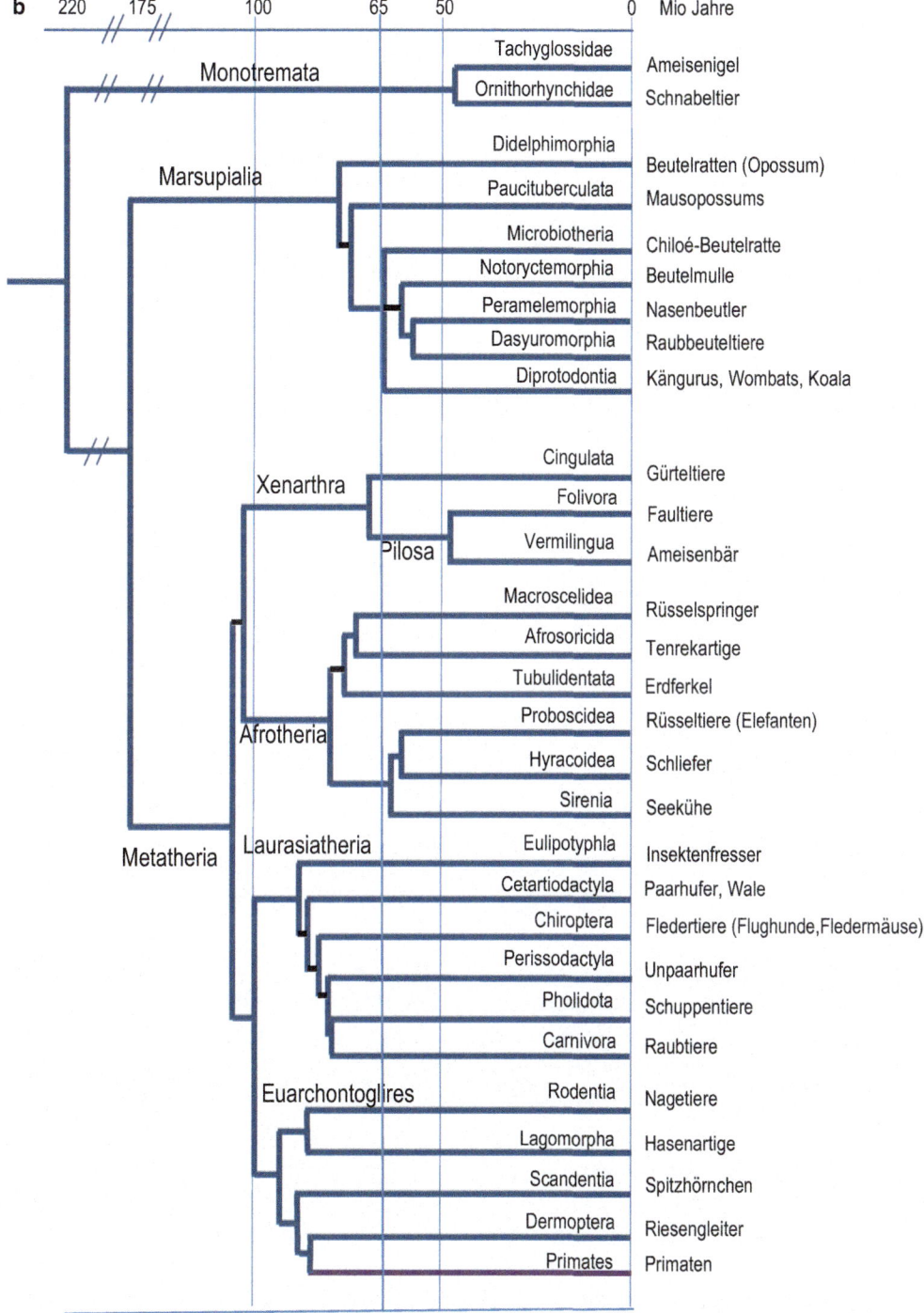

● **Abb. 4.34** (*Fortsetzung*) **b** Rekonstruktion der Säugerphylogenie über Sequenzen von Kernmarkern (inklusive einer molekularen Datierung)

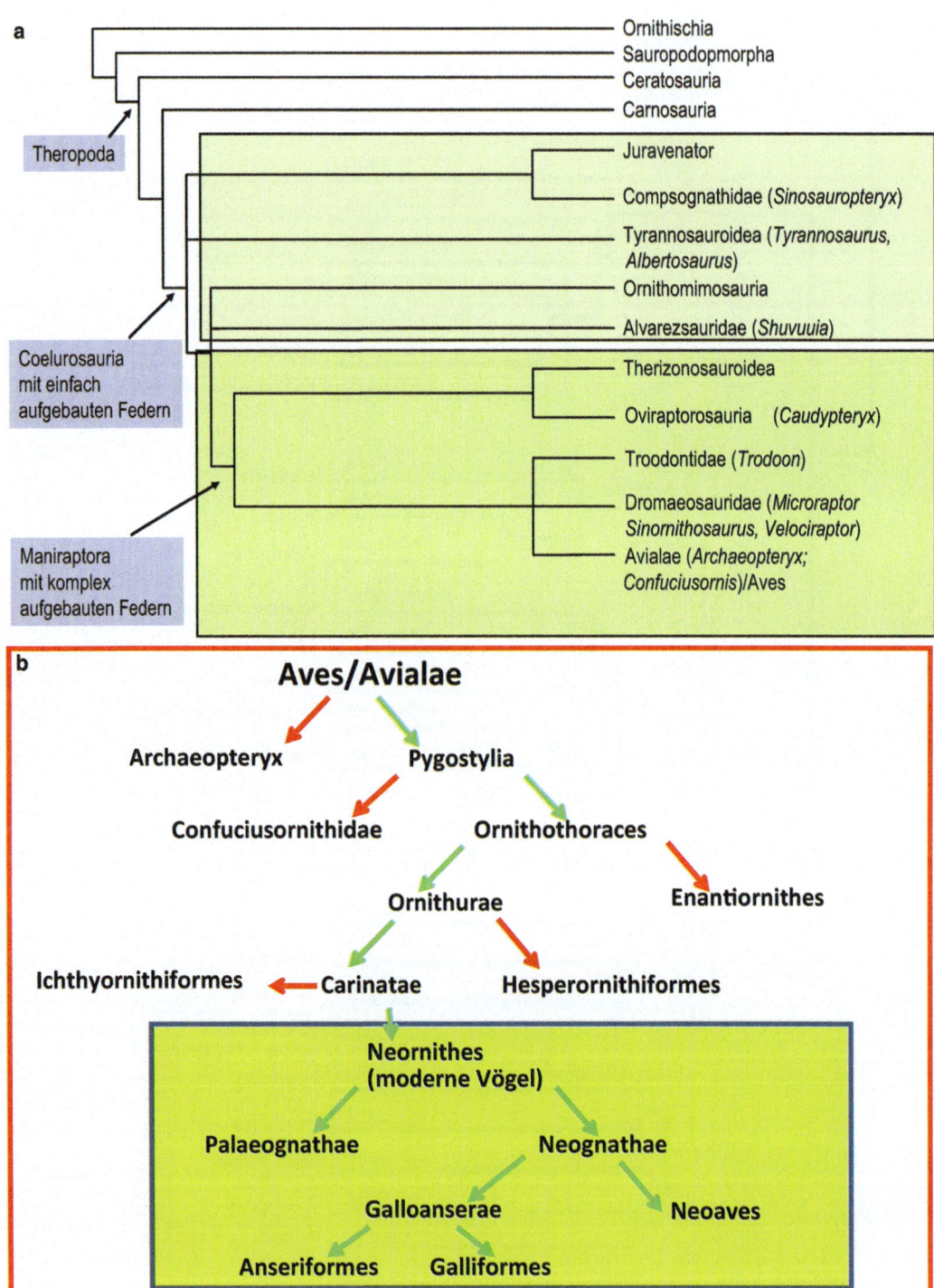

Abb. 4.35 a–c Von den Dinosauriern zu den Vögeln. **a** Kladistische Analyse der Fossilfunde (nach Xu 2006, Göhlich u. Chiappe 2006). Bei den Coelurosauria finden wir bereits einfache Befiederung, während die Maniraptora schon komplex aufgebaute Federn besaßen. **b** Die Avialae/Aves (*Archaeopteryx* als Vertreter) waren schon flugfähig. **c** Stammbaum der Vögel nach Hackett et al. (2008) Grüne Pfeile: direkte Entwicklungslinie der Vögel; rote Pfeile: Seitenlinien

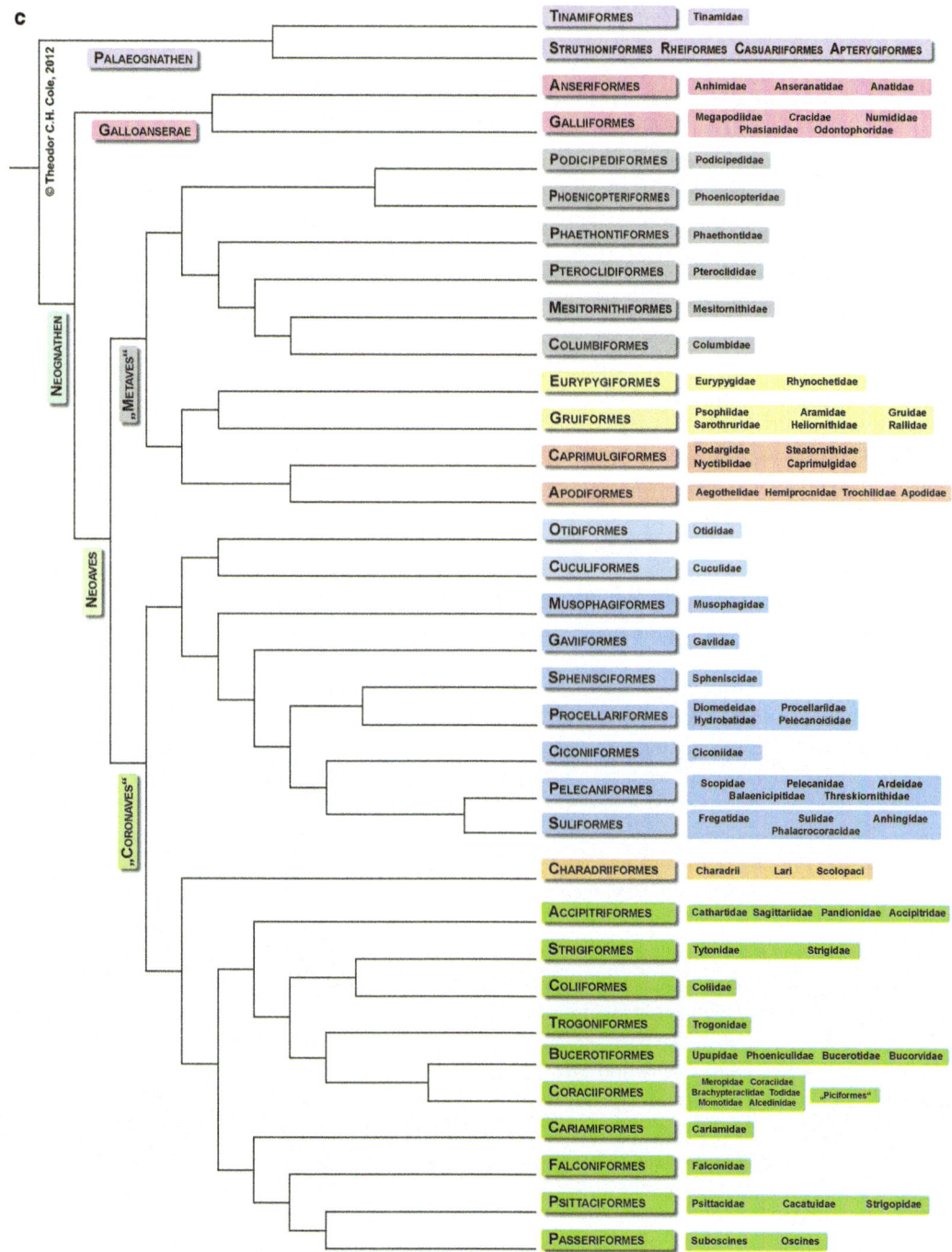

Abb. 4.35 a–c *(Fortsetzung)* **c** Stammbaum der Vögel nach Hackett et al. (2008)

Brückenechsen (Sphenodontidae; heute 2 Arten), **Krokodile** (Crocodylia; etwa 25 Arten) und **Vögel (Aves**; > 10.300 Arten) (s. **unten**). Reptilien wurden als Fossilien vielfach nachgewiesen (s. **Abschn. 2.3**).

Innerhalb der **Mammalia** kann man inzwischen über die Nucleotidsequenzen von 13 Protein-codierenden Genen mitochondrialer Genome (jeweils 11.631 Nucleotide-Länge) einen hoch aufgelösten Stammbaum rekonstruieren. ◘ **Abbildung 4.34a** gibt eine darauf fußende Übersicht über die großen Entwicklungslinien der Säugetiere. Innerhalb der Mammalia trennten sich die Schnabeltiere (Monotremata) und Beuteltiere (Marsupialia) als basale monophyletische Gruppen bereits vor ca. 175 Mio. Jahren ab (◘ **Abb. 4.34b**). Während die Nagetiere paraphyletisch erscheinen, clustern Primaten, Insektenfresser, Raubtiere, Unpaarhufer, Paarhufer und Wale jeweils als monophyletische Gruppen. Die Position der Wale und Flusspferde als Schwestergruppe der Unpaarhufer, die bereits durch frühere Rekonstruktionen aufgedeckt werden konnte, wird bestätigt. Ein interessantes Monophylum bilden die Tethytheria (mit Elefanten und Seekühen), Hyracoidea (Klippschliefer) und Macroscelidea (Rüsselspringer; Elefantenspitzmäuse). Auch die Evolution der Primaten und des Menschen wird durch die molekularbiologischen Daten erhellt. Entsprechende Ergebnisse sind in Kap. 5, in dem die Evolution des Menschen ausführlich abgehandelt wird, dargestellt.

Inzwischen liegt auch ein Stammbaum der Säugetiere vor, der auf einer Multigenanalyse von diversen Kerngenen beruht. In diesen Stammbäumen stehen die Monotremata an der Basis, gefolgt von den Schwestergruppe Marsupialia und Metatheria (◘ **Abb. 4.34b**). Innerhalb der Metatheria werden vier größere Monophyla abgetrennt, Xenarthra, Afrotheria, Laurasiatheria und Euarchontoglires. Die meisten Gruppen entstanden bereits in der Kreide vor 65 Mio. Jahren.

Die Ursprünge der Vögel, die sich offenbar von den Dinosauriern ableiten, wurden bereits in **EXKURS 2.13** (s. **Abschn. 2.3.2**) diskutiert. In ◘ **Abb. 4.35a** ist eine Rekonstruktion der frühen Vogelphylogenie dargestellt. Das Merkmal Federn ist offenbar nicht auf Vögel alleine beschränkt, sondern war in der Kreide auch bei einigen Dinosauriern vorhanden. Während bei den Coelurosauria einfache Federn auftreten, findet man bei den Maniraptora bereits komplex aufgebaute Federn, die, wie bei *Archaeopteryx*, zur Flugfähigkeit führten. Die vermutliche Weiterentwicklung von den vogelähnlichen Dinosauriern zu den modernen Vögeln (Neornithes) ist in ◘ **Abb. 4.35b** dargestellt. Wichtige Zwischenstufen waren: Die Verkürzung der Schwanzwirbel zum Pygostyl (Pygostylia) und die Herausbildung eines kräftigen Brustbeins (Carinatae) (◘ **Abb. 4.35b**).

Für die Phylogenie der Vögel (**EXKURS 2.13, s. Abschn. 2.3.2**) sind Phylogenierekonstruktionen, die auf Nucleotidsequenzen kompletter mtDNA-Daten fußen, bei weitem nicht so umfassend wie die der Säugetiere; sie werden hier daher nicht weiter illustriert. 2008 wurde eine Phylogenie auf Ordnungsebene vorgestellt, die auf der Analyse von 19 Kerngenen beruht (Hackett et al. 2008) (◘ **Abb. 4.35c**), die sich mit der Struktur innerhalb der Neornithes auseinandersetzt (**EXKURS 2.13**).

Innerhalb der Non-Passeres liegen die **Palaeognathen** mit flugunfähigen Laufvögeln (Ratitae) und Tinamidae basal. Es wird angenommen, dass es sich bei den Ratitae um Gondwana-Elemente handelt, da man davon ausgeht, dass die Flugunfähigkeit in dieser Gruppe ein ursprüngliches Merkmal darstellt. Als weitere monophyletische Gruppen sind die Enten- und Hühnervögel (Galloanserae) als basale Gruppe der **Neognathae** erkennbar. Innerhalb der **Neoaves** (◘ **Abb. 4.35b**), die alle übrigen Vögel enthalten, werden zwei Großgruppen unterschieden, die Metaves und Coronaves. Die **Metaves** umfassen Segler, Kolibris, Nachtschwalme, Kranichvögel und Rallen, Flamingos und Lappentaucher, sowie Flughühner, Stelzenrallen und Tauben. Zu den **Coronaves** zählen alle übrigen Non-Passeres, die zwei Monophyla bilden: 1. Trappen, Kuckucke, Turakos, Seetaucher, Pinguine, Röhrennasen, Störche, Pelikane und Tölpel, und 2. Watvögel, Möwen, Greifvögel, Eulen, Mausvögel, Trogons, Hornvögel, Rackenvögel, Falken, Papageien sowie Sperlingsvögel.

Diese Anordnung steht vielfach im Widerspruch zur Großsystematik der Vögel, die Sibley und Ahlquist (1990) aufgrund von DNA-DNA-Hybridisierung aufgestellt hatten. Die Ordnung Falconiformes (zu der Falconidae, Accipitridae, Cathartidae, Pandionidae und Sagittariidae gerechnet werden) ist offenbar eine künstliche Gruppe, zu der die Falken phylogenetisch nicht gehören (Abb. 4.35c). Die Falken bilden eine Schwestergruppe zu den Papageien und Singvögeln. Die Neuweltgeier liegen nach den Kerngendaten doch im Verwandtschaftskreis der übrigen Greifvögel und nicht bei den Störchen, wie man eine Zeit lang annahm.

Im mitochondrialen Stammbaum clustern die Singvögel (Passeres) an der Basis des Baumes. Vermutlich ist dies ein Fehler des mitochondrialen Datensatzes, denn im Phylogramm der Kerngene finden sich die Singvögel erwartungsgemäß innerhalb der Neoaves als Schwestergruppe zu den Papageien. Man nimmt an, dass die Singvögel in Australien entstanden und sich erst vor 30 Mio. Jahren nach Eurasien ausgebreitet haben.

4.3 Merkmalsevolution: Erkennung konvergenter Evolutionsprozesse

Übersicht

Wie in den **Abschn. 4.1** und **4.2** dargestellt, erhält man über molekulare Stammbäume die Möglichkeit zu prüfen, ob gemeinsame morphologische, biochemische, verhaltensbiologische oder andere biologische Merkmale in einer Organismengruppe dadurch zustande kommen, dass die zugehörigen Arten von einem gemeinsamen Vorfahren abstammen und dabei diese (homologen) Merkmale ererbt haben, oder ob diese Merkmale unabhängig und konvergent entstanden sind. Die Interpretation von Merkmalstransformationen anhand der molekularen Stammbäume ist spannend und betrifft alle Gebiete der Biologie, inklusive Verhalten, Ökologie und *life history evolution*. Aus Platzmangel können in diesem Kapitel nur wenige Beispiele besprochen werden. Stellvertretend werden exemplarisch die Blütenform bei Pflanzen, Morphologie und Verhalten bei Greifvögeln, die Genetik von Sozialsystemen sowie das Vorkommen und die Funktion von Sekundärstoffen bei Pflanzen und herbivoren Insekten betrachtet.

4.3.1 Blütenmorphologie und Systematik

Die Blütenmorphologie, die durch genetische Rahmenbedingungen und durch Koevolution zwischen Angiospermen und bestäubenden Tieren beeinflusst wurde, liefert informative Merkmalskomplexe. Diese wurden sehr früh in der Pflanzensystematik (z. B. von Linné) bewertet, insbesondere der Unterschied zwischen **zygomorphem** (unregelmäßigem oder partialsymmetrischem) und **actinomorphem** (radiärsymmetrischem) Blütenbau. In Abb. 4.36 ist die molekulare Phylogenie der Euasteriden I dargestellt (zur Stellung der Euasteriden I im System der höheren Pflanzen vgl. Abb. 4.30). Die jeweilige Blütenform wurde in einem *rbc*L-Stammbaum markiert. Es wurde angenommen, dass radiärsymmetrische Blüten ein ursprüngliches Merkmal darstellen. Würde man die Blütenform als einziges Merkmal für die Klassifikation heranziehen und die Familien mit gleicher Blütenform als verwandt ansehen, erhielte man falsche Gruppierungen: Zygomorphe Blüten beobachtet man als abgeleitetes Merkmal in den Gattungen *Lamium*, *Acanthus*, *Linaria* und *Antirrhinum*, die eine monophyletische Gruppe bilden, aber ebenso in den nicht-verwandten Gattungen *Echium* und *Schizanthus*, die anderen Evolutionslinien angehören. Die Blütenform ist demnach teilweise sowohl ein synapomorphes Merkmal als auch ein adaptives Merkmal, das im Zusammenhang mit der Koevolution mit bestäubenden Insekten zu interpretieren ist. Ob es sich um Konvergenz im strengen Sinne handelt (d. h. um analoge Merkmale), müsste geprüft werden, denn denkbar wäre auch ein Ab- und Anschalten von vorhandenen Bauplangenen für zygomorphen bzw. actinomorphen Blütenbau (s. **Abschn. 3.4.1**). Die Ontogenie ist oft aussagekräftiger als die adulte Form (Beispiele: Zustandekommen der Kronröhren bei den Euasteriden, Muster bei der Entstehung multistaminater Androeceen). Fazit: Morphologische Variationen im Blütenbau eignen sich nur mit Einschränkungen für taxonomische Klassifizierungen.

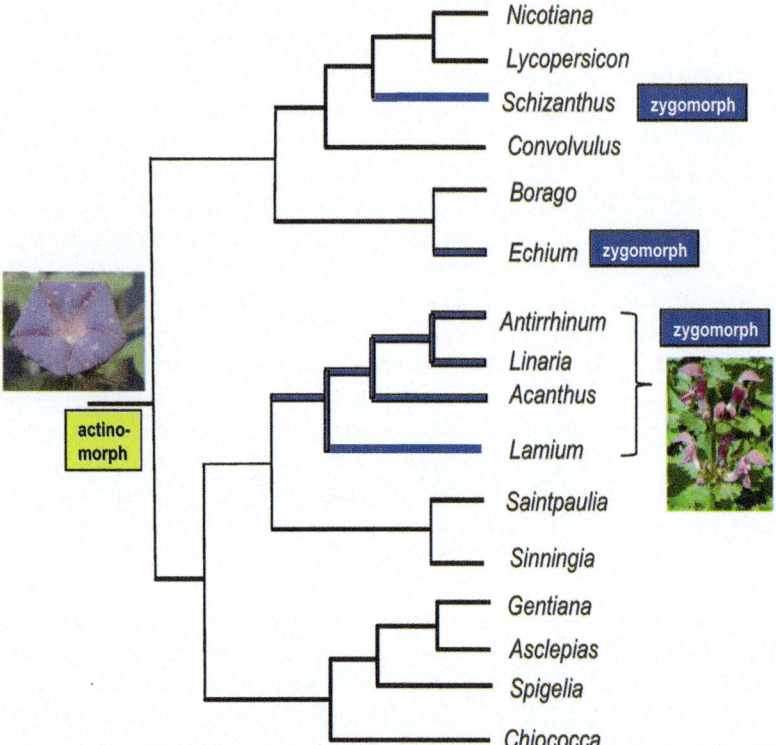

Abb. 4.36 Phylogenie der Asteridae und das Vorkommen von zygo- und actinomorphen Blütenformen. Nach Donoghue et al. (1998). Taxa mit zygomorphen Blüten sind durch blaue Äste markiert

4.3.2 Morphologie, Verhalten und Systematik

Konvergenzen bei Geiern und Adlern

Insgesamt wurden über 230 Greifvogelarten beschrieben, die 79 Gattungen und 5 Familien (Falken – **Falconidae**; Adler, Bussarde, Weihen, Habichte, Altweltgeier – **Accipitridae**; Fischadler – **Pandionidae**; Sekretäre – **Sagittariidae**; Neuweltgeier – **Cathartidae**) zugeordnet wurden. Die Familien werden traditionsgemäß oft als Ordnung **Falconiformes** zusammengefasst, da sie äußerlich ähnlich aussehen und viele gemeinsame Merkmale aufzeigen. Vögel dieser Ordnung sind daran angepasst, entweder lebende Beute zu erlegen oder Aas zu fressen. Dazu besitzen sie entsprechende morphologische Anpassungen, wie z. B. kräftige hakenförmige Schnäbel, kräftige Greifüße mit starken Krallen, exzellentes Sehvermögen und sehr gut entwickelte Flugfähigkeit. Die meisten dieser Merkmale könnte man als synapomorph betrachten und deshalb diese Arten zu einer gemeinsamen Gruppe Falconiformes zusammenfassen. Conrad Gesner (16. Jahrhundert; s. **Abschn. 1.1.3**) zählte auch die Würger und Eulen zur Gruppe der Greifvögel, doch wurden die Merkmale, die sie mit den eigentlichen Greifvögeln gemein haben, schon länger als Konvergenzen (d. h. als analoge Merkmale) erkannt. Heute gelten die Würger als eigene Familie unter den Singvögeln und die Eulen als eigene Ordnung Strigiformes unter den Non-Passeriformes.

In eigenen Arbeiten haben wir (M. Wink und Mitarbeiter) die Nucleotidsequenzen des mitochondrialen *Cytochrom-b*-Gens und des Kern-Gens RAG1 (s. **Abschn. 4.1.2**) von ca. 300 Greifvogeltaxa erfasst und geprüft, ob die Falconiformes und die einzelnen Familien jeweils monophyletische Gruppen bilden, oder ob der ökologische „Beruf" Beutegreifer bzw. Geier nicht auch unabhängig in verschiedenen Verwandtschaftskreisen entstanden sein könnte. In **Abb. 4.37** wurde eine molekulare Phylogenie der Falconidae, Accipitridae, Pandionidae, Sagittariidae, Cathartidae, sowie Vertreter anderer Vogelfamilien (*Gallus* als Außengruppe);

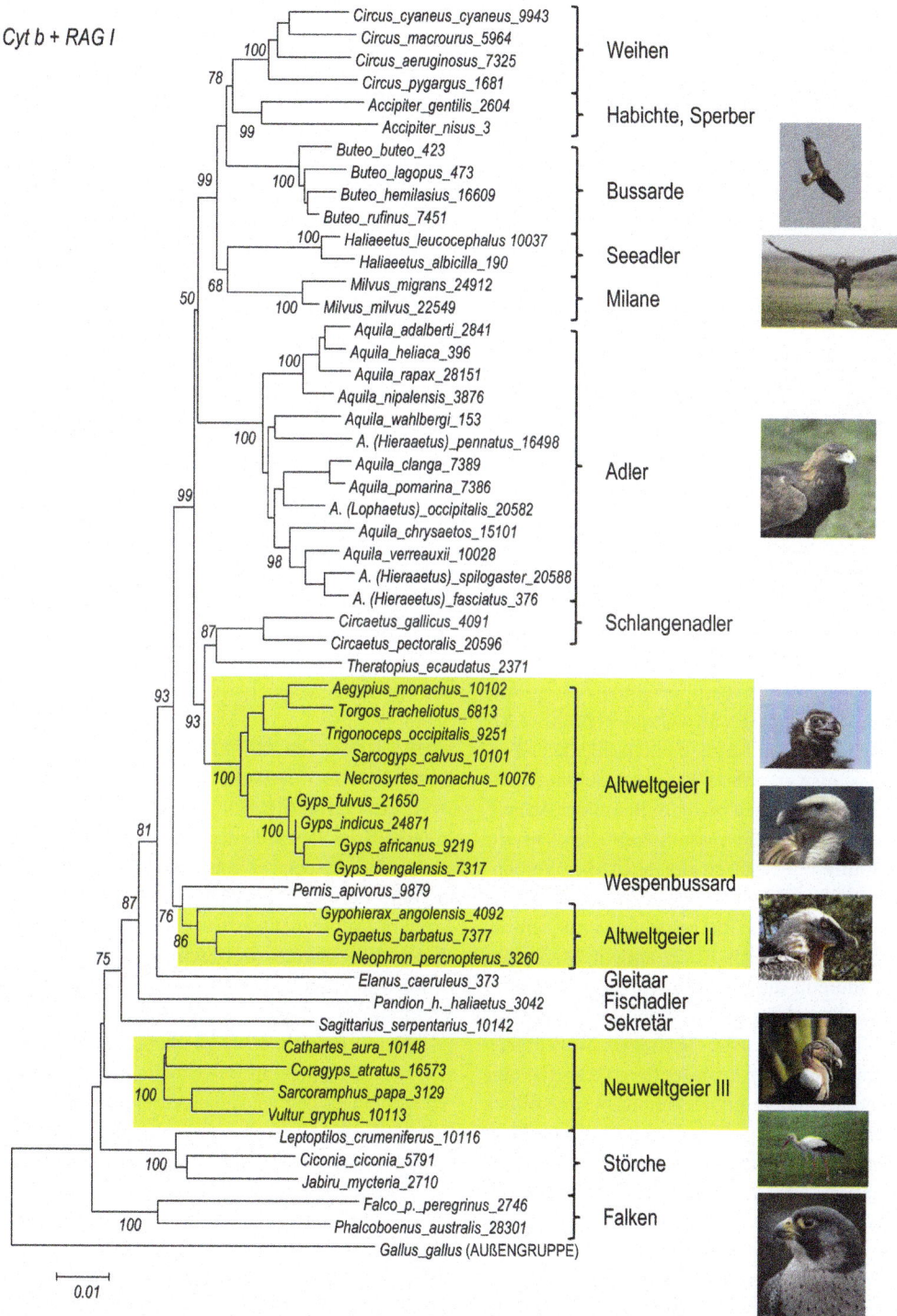

Abb. 4.37 Konvergenz in der Phylogenie der Greifvögel. Molekulare Phylogenie, abgeleitet aus Nucleotidsequenzen des *Cytochrom-b*-Gens und der Intronregion von RAG I und dargestellt als *Bootstrap*-Phylogramm. Nach M. Wink und Mitarbeiter. Die Kladen, die Geier beinhalten, sind gelb markiert. Die Zahlen an den Ästen stellen *Bootstrap*-Wahrscheinlichkeiten dar

Ciconiiformes als Innengruppe) rekonstruiert. Aus Gründen der Übersichtlichkeit wurde nur eine begrenzte Anzahl an Arten aus diesen Gruppen berücksichtigt; die Eigenständigkeit der Gruppen bleibt aber erhalten, wenn man alle vorhandenen Sequenzen oder Sequenzen von anderen Genen zugrunde legt. Man kann eindeutig erkennen, dass jeweils die Familien der Falken, Habichtsartigen, Bussarde und Neuweltgeier erwartungsgemäß monophyletische Gruppen bilden, die jedoch nicht unbedingt näher miteinander verwandt sind. Falken bilden eine unabhängige Gruppe, die keine nähere Verwandtschaft zu den eigentlichen Greifvögeln (Accipitridae) aufweist (◘ Abb. 4.35c). Ähnlichkeiten in ihren Lebensweisen sind deshalb vermutlich auf Konvergenz zurückzuführen. Fischadler stehen in dieser Rekonstruktion an der Basis des Astes, der zu den Accipitridae führt; sie teilen sich vermutlich einen gemeinsamen Vorfahren mit den eigentlichen Greifvögeln.

Am Beispiel der **Geier** kann man die konvergente Evolution der Greifvögel am klarsten erkennen. Die Sequenzanalyse bestätigt, dass die Neuweltgeier eine eigenständige Entwicklungslinie darstellen. Innerhalb der **Altweltgeier** (◘ Abb. 4.37) lassen sich zwei grundsätzlich unterschiedliche Entwicklungslinien erkennen: Bartgeier, Schmutzgeier und Palmgeier zweigen basal im Baum der **Accipitridae** ab, d. h. sie stellen vermutlich eine sehr alte Entwicklungslinie dar, zu der auch die Wespenbussarde zählen, die mit den echten Bussarden der Gattung *Buteo* nicht näher verwandt sind (obwohl sie ähnlich aussehen). Auch andere Merkmale, insbesondere in der Embryonal- und Jugendentwicklung, bestätigen den gemeinsamen Ursprung dieser Altweltgeiergruppe. Gänsegeier, Mönchsgeier und verwandte Arten repräsentieren dagegen eine zweite eigenständige Entwicklungslinie. Sie bilden eine Schwestergruppe zu den Schlangenadlern. Innerhalb der Altweltgeier sind die Vertreter der Gattung *Gyps* sehr nah verwandt und stellen relativ junge Arten dar. Als Schwestergruppe gruppieren sich Mönchsgeier und verwandte Arten, die man in monotypische Gattungen aufgegliedert hat. Die Lebensweise als Aasfresser entstand offensichtlich mehrfach in der Evolution und führte jeweils zu vielen Ähnlichkeiten in Morphologie und Verhalten; dass diese Merkmale nicht homolog, sondern analog sind, kann die genetische Analyse unzweifelhaft herausstellen.

Fischadler, Seeadler und die Steinadlerverwandten könnte man oberflächlich alle in eine Gruppe „**Adler**" einordnen. Genauere morphologische, biologische und ökologische Analysen weisen darauf hin, dass diese Gruppen eigenständige Verwandtschaftslinien darstellen. Die Sequenzanalyse bestätigt diese Annahme: Seeadler der Gattung *Haliaeetus* teilen sich einen gemeinsamen Vorfahren mit den Bussarden (*Buteo* und Verwandte) und Milanen (*Milvus*, *Haliastur*), während der Fischadler (*Pandion*) eine sehr frühe Entwicklungslinie repräsentiert. Die Adler der Gattungen *Aquila* und *Hieraaetus* (Habichts- und Zwergadler) hingegen bilden in der jetzigen Form eine polyphyletische Gruppe. Würde man *Hieraaetus*, *Lophaetus* mit *Aquila* vereinen, wie dies bereits vor einigen Jahrzehnten geschah, so erhielte man eine eigenständige monophyletische Gruppierung (◘ Abb. 4.37), die biologisch und phylogenetisch sinnvoll ist. Eine Zusammenfassung in eine gemeinsame Gattung *Aquila* findet man bereits in neueren Handbüchern und Bestimmungsbüchern.

Evolution der Brutbiologie bei Baum-, Eleonoren- und Rotfußfalken

Innerhalb der westpaläarktischen Falken finden wir spezifische ökologische, morphologische und soziologische Besonderheiten; z. B. leben einige Arten sozial in Kolonien, andere dagegen solitär und territorial. Einige Arten sind strikte Flugjäger, andere nehmen die Beute vom Boden. Einige Falken sind Stand- oder Strichvögel, andere ausgeprägte Zugvögel, die im tropischen Afrika überwintern. Es stellt sich nun die Frage, inwieweit diese Besonderheiten von einem gemeinsamen Vorfahren entwickelt und an die Nachkommen einer monophyletischen Gruppe sequenziell weitergegeben wurden oder konvergent entstanden sind. Bei den Falken (Gattung *Falco*) lassen sich mindestens vier große Entwicklungslinien erkennen, die 1. zu den Turm- und Rötelfalken, 2. zu den Wander- und Ger-/Würgfalken, 3. zu den Merlinen und 4. zu den Baum-, Eleonoren- und Rotfußfalken führen (◘ Abb. 4.38).

Betrachten wir das Merkmal **Zugverhalten** (◘ Abb. 4.38a), so erkennt man, dass alle Mitglieder

der Gruppe 4 in Europa oder Asien brüten, aber in Afrika südlich der Sahara überwintern. Vermutlich hat der gemeinsame Vorfahre von Rotfuß-, Amur-, Baum-, Schiefer- und Eleonorenfalke (*Falco vespertinus, F. amurensis, F. subbuteo, F. concolor* und *F. eleonorae*) bereits diese Eigenschaft aufgewiesen. Zugverhalten findet man aber auch beim Rötelfalken (*F. naumanni*), der mit den Falken aus Gruppe 4 nicht verwandt ist; hier würde man eher eine unabhängige Entwicklung des Merkmals Zugverhalten annehmen.

Die meisten Greife und Falken brüten solitär und sind territorial. Unter den Falken sind Eleonoren-, Rotfuß- und Amurfalke ausgesprochene **Koloniebrüter**; Schieferfalken und Baumfalken, die zur selben monophyletischen Gruppe gehören, sind häufig Einzelbrüter, kommen manchmal aber in lockeren Kolonien (besonders der Schieferfalke) vor (◘ **Abb. 4.38b**). Aber auch die Mitglieder der Turmfalkengruppe, insbesondere der Rötelfalke, brüten kolonial. Das wahrscheinlichste Szenario ist, dass Koloniebrüten und soziale Verhaltensweisen in beiden monophyletischen Falkengruppen unabhängig voneinander entstanden sind.

Setzt man die **Nahrung** und die **Art der Nahrungssuche** in Beziehung (◘ **Abb. 4.38c**), so erkennt man Gemeinsamkeiten in einigen monophyletischen Teilgruppen: Baum-, Schiefer- und Eleonorenfalken, die sich erst vor ca. 1 Mio. Jahren trennten, sind reine Flugjäger und auf Insekten und Kleinvögel spezialisiert. Amur- und Rotfußfalken sind nah verwandte Zwillingsarten und ernähren sich ähnlich den Baum-, Schiefer- und Eleonorenfalken; sie haben aber ihr Nahrungsspektrum um Eidechsen und Amphibien erweitert, die auf dem Erdboden erbeutet werden. Darin ähneln sie den Rothalsfalken (*F. chicquera, F. horsbrughi*), mit denen sie einen gemeinsamen Vorfahren teilen. Ganz anders sieht das Nahrungsspektrum der Großfalken (*Falco cherrug, F. biarmicus, F. rusticolus*) aus, die sich auf größere Vögel, Kleinsäuger und Eidechsen spezialisiert haben. Die Vertreter der Turm- und Rötelfalken dagegen erbeuten ihre Nahrung auf dem Erdboden, insbesondere Kleinsäuger, Eidechsen, aber auch Kleinvögel und Insekten. Auch bei diesem Merkmal erkennt man sowohl phylogenetisch beibehaltene als auch konvergente Elemente.

Ein letztes Merkmal, das wir kurz diskutieren wollen, ist das Auftreten einer dunklen Gefiedermorphe, insbesondere in der Gruppe der Rotfuß-, Amur-, Baum-, Schiefer- und Eleonorenfalken (◘ **Abb. 4.38d**): Während die dunkle Morphe beim Eleonorenfalken bei beiden Geschlechtern vorkommt (s. ◘ **Abb. 3.38**), finden wir bei Rotfuß- und Amurfalken stets dunkelfarbige Männchen und helle Weibchen. Interessanterweise sind Schieferfalke (dunkel) und Baumfalke (hell) monomorph, d. h. sie besitzen nur eine Farbmorphe. Die phylogenetischen Beziehungen implizieren, dass bereits der gemeinsame Vorfahre dieser Gruppe beide Merkmale dunkel und hell besaß.

Die Analyse der Falken zeigt also, dass gemeinsame ökologische, soziologische und morphologische Merkmale in einigen Fällen synapomorph sind, d. h. sich von einem gemeinsamen Vorfahren ableiten lassen, in anderen Fällen aber auf Konvergenz beruhen.

Genetik von Paarungssystemen

Wie in **Absch. 3.3** erläutert, war die **Entwicklung der Sexualität** ein wichtiger evolutionärer Schritt, der die genetische Variabilität und phänotypische Plastizität stark erhöhte. In diesem Kapitel soll die Evolution der sich daraus ableitenden Paarungssysteme bei Tieren diskutiert werden; außer Betracht bleibt der bei Pflanzen und anderen einfachen Organismen vorherrschende **Hermaphroditismus** (Zwittrigkeit).

Wenn getrennte Geschlechter vorliegen, so lassen sich theoretisch folgende Paarungssysteme unterscheiden:

- **Promiskuität**: es liegt keine Paarbindung vor und Kopulationen erfolgen bei beiden Geschlechtern mit mehreren Partnern.
- **Polygynie**: ein Männchen paart sich mit mehreren Weibchen (Haremsbildung); im Sonderfall, dass ein Männchen zwei Weibchen hat, spricht man von Bigynie.
- **Polyandrie**: ein Weibchen paart sich mit mehreren Männchen.
- **Polygamie**: umfasst Polygynie und Polyandrie.
- **Monogamie**: die Paarbindung hat während einer oder mehrerer Brutperioden Bestand.

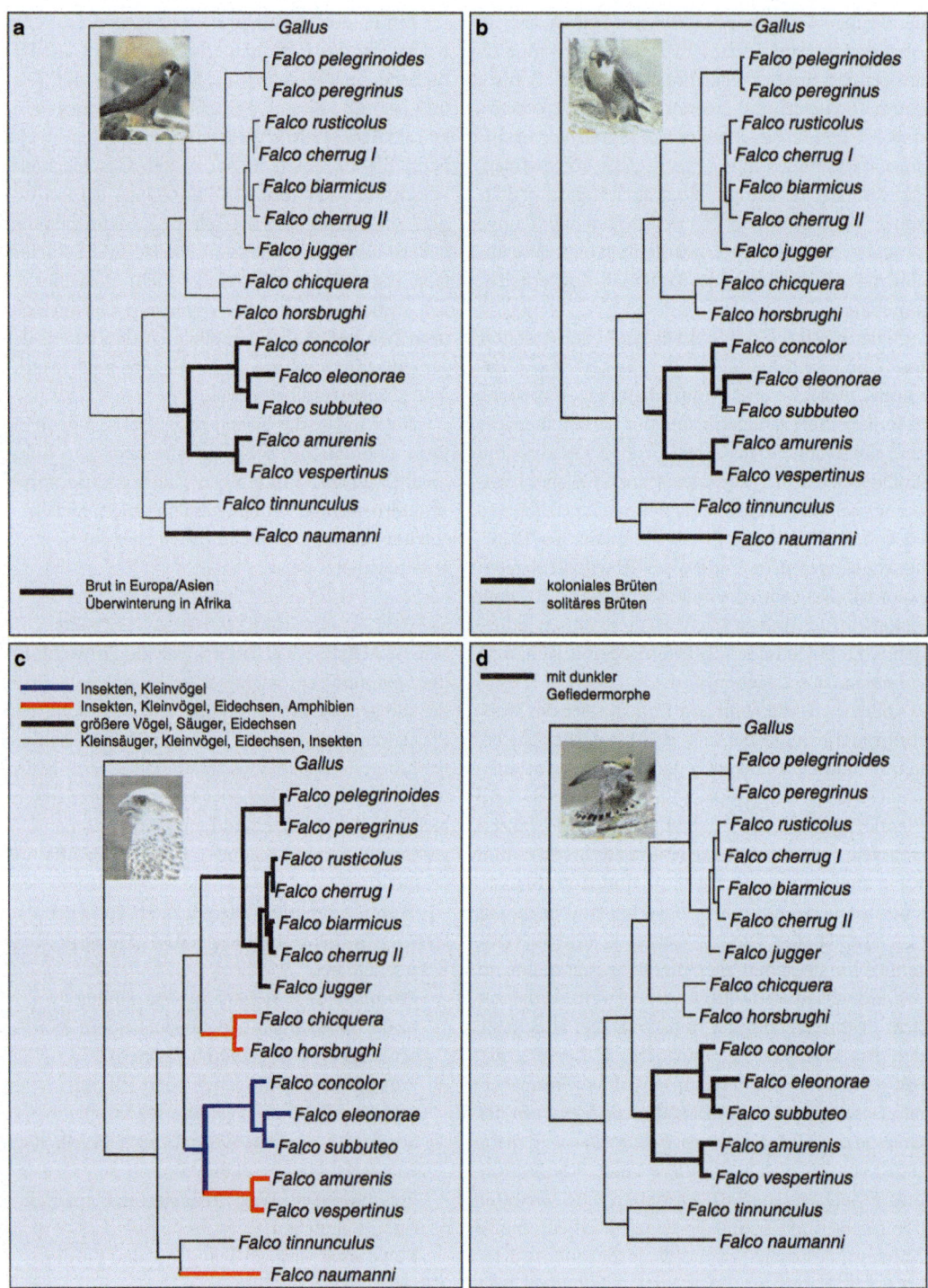

Abb. 4.38 a–d Molekulare Evolution der Falken im Zusammenhang mit ökologischen, ethologischen, physiologischen und morphologischen Merkmalen. **a** Zugverhalten, **b** Sozialverhalten, **c** Nahrung, **d** Gefiederfärbung. Beim Würgfalken können zwei Haplotypen unterschieden werden, die als *Falco cherrug* I und II bezeichnet werden.

Bei vielen **Wirbellosen** sind feste Paarungssysteme mit gemeinsamer Aufzucht der Nachkommen selten, so dass polygyne und promiskuine Paarungssysteme vorherrschen. Man kann von einer anonymen Panmixie sprechen. Bei den **sozialen staatenbilden Insekten** (z. B. Bienen, Ameisen, Termiten) hat sich die **Polyandrie** als ein sehr erfolgreiches System etablieren können.

Wie sieht die Situation bei den Vertebraten aus? **Fische, Amphibien** und **Reptilien** zeigen nur selten monogame Paarbeziehungen; meist liegt Polygamie und Promiskuität vor. Bei **Vögeln** überwiegen monogame Paarungssysteme; ca. 90 % aller Vogelarten sollen wenigstens sozial monogam sein. Bei den **Säugetieren** ist wiederum die Polygynie besonders häufig, gefolgt von Promiskuität und Monogamie. Ein interessantes Thema ist in diesem Zusammenhang die **Spermienkonkurrenz** (*sperm competition*), denn für die reproduktive Fitness kommt bei promiskuinen Systemen nicht nur darauf an, wer mit wem kopuliert sondern welche Spermien zur Befruchtung kommen (Shifferman 2012). Für interessierte Leser sei auf das Buch von T. Birkhead (2001) *„Promiscuity: An Evolutionary History of Sperm Competition"* verwiesen.

Der **sexuellen Selektion**, die bereits 1871 von Darwin eingehend untersucht wurde, kommt aus evolutionärer Sicht besondere Bedeutung in den verschiedenen Paarungssystemen zu. Während Darwin die **Weibchenwahl** (*female choice*) zumindest in monogamen Paarungssystemen für nicht wichtig hielt, nimmt sie heute in der aktuellen Diskussion eine größere Rolle ein. Sexuelle Selektion kann Merkmale fördern, die aus Sicht der natürlichen Auslese auf den ersten Blick als schlecht angepasst gelten. Man denke an die aufwendige Prachtfärbung der Vogelmännchen, zu denen auch das Rad des Pfaus und die für den menschlichen Betrachter oft merkwürdigen Balzgefieder bei Birkhühnern oder Trappen zählen. Der lautstarke Gesang vieler Singvogelmännchen während der Balzzeit ist ein weiteres Verhalten, womit die Männchen Prädatoren geradezu auf sich aufmerksam machen und anlocken. Diese Merkmale sind nur unter dem Aspekt der *female choice* sinnvoll. Es sind nämlich die Weibchen, welche die Männchen als Partner wählen. Als Zielkriterium gilt sicherlich die Vitalität der Männchen, die aber nicht direkt, sondern nur über solche „Statussymbole" indirekt sichtbar wird. Denn diese Balzkleider, ausgiebige Gesänge oder andere Luxusmerkmale (besonders gelb oder rot gefärbte Schnäbel, Füße und Hautareale) verursachen Kosten und nur ein gesundes und vitales Männchen ist in der Lage, solche Merkmale auszubilden. Kommen Tiere mit solchen „Statussymbolen" vermehrt zur Fortpflanzung, werden sich auch die zugehörigen Merkmale (vorausgesetzt, dass sie genetisch vererbt werden) bevorzugt durchsetzen. Dieses Phänomen wird auch als „Handicap-Prinzip" von Amotz Zahavi und Avishag Zahavi (1998) bezeichnet.

Das neue Methodenrepertoire der Molekularbiologie kann man nutzen, um die **Soziobiologie** von Paarungssystemen genetisch zu überprüfen (näheres s. Bennett u. Owens 2002). Durch **DNA-Fingerprinting** (◘ Abb. 4.4, ◘ Abb. 4.6) oder **Mikrosatelliten-Analyse** (◘ Abb. 4.7) kann man die Elternschaft genauer analysieren und der Frage nachgehen, ob sozial monogame Arten auch auf genetischer Ebene als monogam anzusehen sind, oder ob **Extra-pair young** (**EPY**) außerhalb des Paarverbundes auftreten. Um Paternität oder individualspezifische DNA-Strukturen zu erkennen, muss der Bereich der DNA analysiert werden, der die höchste Variabilität aufweist (s. **Abschn. 3.4.3**). Mini- und Mikrosatelliten-DNA, die in vielen unterschiedlich großen Kopien im Genom verbreitet sind und durch Rekombination individualspezifisch variieren, eignen sich für diese Fragestellung besonders. Die vielfältigen Analysen, die im letzten Jahrzehnt durchgeführt wurden, haben klar gezeigt, dass in monogamen Systemen Kopulationen außerhalb des Paarverbundes (**Extra-pair copulations**; **EPC**) regelmäßig auftreten und in nicht wenigen Fällen zu **Extra-pair fertilisation** (**EPF**) und zu EPY führen (diese Terminologie hat sich auch im deutschen Sprachraum eingebürgert). Deshalb schränkt man den Begriff Monogamie häufig durch das Adjektiv „sozial" ein.

Die Analysen haben außerdem gezeigt, dass in monogamen Beziehungen nicht nur die Männchen, sondern auch die Weibchen versuchen, ihren individuellen Reproduktionserfolg durch EPC zu erhöhen. Weibchen können durch EPC **direkte und indirekte Fitness-Gewinne** erlangen. Zu den direkten Vorteilen zählen eine zusätzliche Versorgung und

Verteidigung des Weibchens und der Jungvögel durch ein EPC-Männchen. Indirekte Vorteile betreffen die genetische Qualität des EPC-Männchens (**Gute-Gene-Hypothese**; *good gene hypothesis*), indem die Heterozygotie in den Nachkommen, ihre Fitness oder die Attraktivität der Söhne erhöht werden (*sexy son hypothesis*). Nicht immer ist die Wahl eines Partners ideal (*constrained female hypothesis*); durch EPC können Weibchen diese Fehlentscheidung teilweise bereits im Brutjahr korrigieren. Bei längerlebigen Tieren kann aus einer solchen Beziehung eine Neuverpaarung in der nächsten Brutsaison resultieren (*re-pairing hypothesis*). Entspricht das Männchen jedoch dem Qualitätsstandard des Weibchens oder liegt es sogar darüber, dann sollte ein Weibchen keine EPC suchen und nicht die Vorteile der Monogamie riskieren.

Die Faktoren, die zur *Extra-Pair*-Paternität führen, sind vielschichtig, und EPF-Raten können zwischen Arten, ja selbst Populationen und unterschiedlichen ökologischen Randbedingungen schwanken. Man kann nicht erwarten, dass ein einmal gefundener Wert für eine EPF-Rate bei einer Art für alle Populationen und Bedingungen gilt. Analysiert man die EPF-Raten bei sozial monogamen Vogelarten, so findet man relativ hohe Raten bei Singvögeln (bis zu 50 % der Bruten können bei einigen EPY enthalten), aber deutlich geringere Raten (unter 10 %) bei längerlebigen größeren Vogelarten (meist in der Gruppe der Nicht-Singvögel), selbst wenn diese kolonial und synchron brüten und damit die theoretischen Möglichkeiten für EPC besonders günstig wären. Setzt man diese Werte in Relation zur Wahrscheinlichkeit, dass ein Brutpaar bis zur nächsten Saison überlebt (*pair survival*), so ergibt sich eine Beziehung, wie in ◘ Abb. 4.39 dargestellt. Vogelarten mit hoher Mortalität brüten oft nur einmal in ihrem Leben; für solche Arten sollte es wichtig sein, den Reproduktionserfolg in jedem Falle durch EPC abzusichern. Längerlebige Arten können eine schlechte Partnerwahl im nächsten Jahr revidieren. Einmal erfolgreich brütende Paare sollten jedoch zusammenbleiben und keine EPC eingehen. Dieser Trend wird aus ◘ Abb. 4.39 und aus Freilandstudien ersichtlich.

Hat man über diese Verfahren die Genetik der Sozialsysteme ermittelt, so kann man im nächsten Schritt prüfen, wie diese Systeme in der Phylogenie

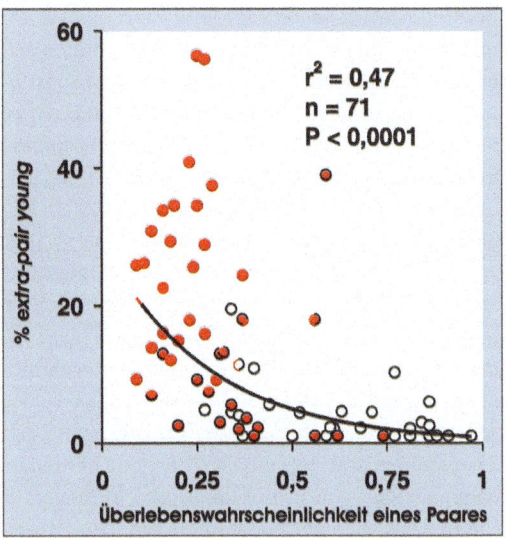

◘ Abb. 4.39 Beziehung zwischen der Wahrscheinlichkeit, dass beide Partner eines Vogelpaares überleben und ein zweites Mal zusammen brüten, und dem Anteil an *Extra-pair Young* (EPY) bei den Nachkommen. Nach Wink u. Dyrcz (1999). Singvögel sind als gefüllte rote, Nicht-Singvögel als offene Kreise dargestellt

einer Organismengruppe entstanden, z. B. indem man die molekulare Phylogenie über Sequenzen von Markergenen ermittelt und in die erhaltenen Stammbäume die Paarungssysteme kartiert.

Für amerikanische Stärlinge (Familie Icteridae) oder altweltliche Rohrsänger, in denen monogame, polygyne, promiskuine und polymorphe Paarungssysteme nachgewiesen wurden, liegen entsprechende Analysen bereits vor. Die Mehrzahl der Arten ist sozial monogam. Die Kuhstärlinge der Gattung *Molothrus* sind polygam und gleichzeitig Brutparasiten, die ihre Jungen von fremden Eltern ausbrüten und aufziehen lassen (ähnlich unserem Kuckuck). In der Gattung der Rotschulterstärlinge (die nach den *Cytochrom-b*-Analysen polyphyletisch zu sein scheint) treten monogame und polygame Brutsysteme parallel auf. Nimmt man die Monogamie als ancestrales (ursprüngliches) Merkmal an, so erfolgten die Spezialisierungen zu polygamen Systemen nur bei einzelnen Arten oder bei Zwillingsarten; es handelt sich damit um vermutlich adaptive konvergente Merkmale.

Brutparasitismus stellt einen Sonderfall der Brutsysteme dar. Beim Kuckuck (*Cuculus canorus*) konnte die Genetik des Brutparasitismus weitgehend geklärt werden. Kuckucksweibchen bilden spezifische Wirtsrassen aus und legen Eier, die denen der jeweiligen Wirtseltern entsprechen, d. h. ein Kuckucksweibchen, das von einer Bachstelze aufgezogen wurde, legt seine Eier später nur in Bachstelzennester. Da seine Eier denen der Bachstelzen in Färbung und Größe ähneln, besteht eine große Chance, dass die Wirtseltern das Kuckucksei nicht entdecken, sondern ausbrüten. Die Kuckucksmännchen sind promiskuin und paaren sich mit allen verfügbaren Weibchen, unabhängig von deren Wirtsrasse. Da bei den Vögeln die Weibchen das heterogametische Geschlecht (s. **Abschn. 3.3.2**) darstellen, wäre es möglich, dass die genetischen Anlagen für die Eimorphologie auf dem W-Chromosom (s. **Abschn. 3.3.2**) lokalisiert sind. Dies würde die Herausbildung der genetisch determinierten Wirtsrassen ermöglichen.

Es liegt nahe, die Betrachtung der Evolution der Paarungssysteme auf den **Menschen** auszudehnen (s. **Kap. 5**). Wenn auch eine zeitweise und soziale Monogamie als ein weitverbreitetes Paarungssystem in den meisten menschlichen Kulturen vorherrscht, kann man Polygynie (Haremsbildung) und Polyandrie in einigen Ethnien beobachten. Berücksichtigt man die Paarungssysteme bei den Menschenaffen, die im Wesentlichen von Polygynie (Gorilla) bis zur Promiskuität (Bonobo) reichen, ist die beim Menschen vorherrschende Monogamie nicht als selbstverständlich anzusehen. Es stellt sich eher die Frage, welche ökologischen und soziologischen Faktoren dieses System beim Menschen selektiert haben.

Geschlechterverhältnis

Das Geschlechterverhältnis beträgt bei getrenntgeschlechtlichen Arten (Gonochoristen) bei Geburt theoretisch 1:1, doch gibt es viele Beispiele, die Abweichungen von diesem Gleichgewicht zeigen.

Wie kann das Geschlechterverhältnis (*sex allocation*) verändert werden?

Nach der Befruchtung könnte es in der Gebärmutter zu einer **selektiven Mortalität** kommen, indem eines der Geschlechter bevorzugt abstirbt. Bei Organismen, in denen die Männchen heterogametisch sind (z. B. den Säugetieren) kann das Geschlechtsverhältnis auch dadurch beeinflusst werden, dass die Spermien mit Y- und X-Chromosomen unterschiedliche Fitness oder Motilität haben. Das Geschlechtsverhältnis (*sex ratio*) bei Geburt wird als **primäres Geschlechtsverhältnis** bezeichnet. Nach der Geburt kann es durch unterschiedliche Fitness und Mortalität weiter modifiziert werden (**sekundäres Geschlechtsverhältnis**).

Bei Rothirschen wurde beispielsweise beobachtet, dass vitale Weibchen mehr Söhne produzieren als schwächere Weibchen. Umgekehrt haben starke vitale Männchen mehr Töchter als Söhne. Als Erklärung wird diskutiert, dass Töchter für eine vitale Mutter bzw. Söhne für einen starken Vater später u. U. zu Konkurrenten werden, während das gegenteilige Geschlecht nicht zum Konkurrenten, sondern eher sogar zum Geschlechtspartner werden könnte (näheres in Hardy 2002).

Eine Voraussetzung für die Analyse solcher Fragestellungen ist die Möglichkeit, das Geschlecht von Embryonen oder gerade geborenen Tieren molekular zu bestimmen, denn bei vielen Tiergruppen, z. B. Vögeln, ist die Geschlechtsbestimmung nach äußerlichen morphologischen Kriterien schwierig. In den letzten Jahren wurden deshalb PCR-Verfahren entwickelt, welche DNA-Fragmente auf den Geschlechtschromosomen amplifizieren, die bei Vogelweibchen bekanntlich heterogametisch sind (s. **Abschn. 3.3.2**). Bei geeigneter Wahl der PCR-Primer kann man bei den Weibchen eine oder mehrere Banden amplifizieren, die bei den Männchen nicht vorhanden sind. Bei Säugetieren funktioniert die Methode analog, nur dass die Männchen zusätzliche geschlechtsspezifische Banden aufweisen.

Es würde den Rahmen dieses Buches sprengen, wenn man die unterschiedlichen sexuellen Verhältnisse bei Tieren und Pflanzen (Eingeschlechtlichkeit, Hermaphroditismus, sequenzieller Hermaphroditismus) ausführlich abhandeln wollte – so spannend das Thema auch aus evolutionärer Sicht ist.

4.3.3 Pflanzliche Sekundärstoffe und Systematik

Funktion der Sekundärstoffe

Ein auffälliges Merkmal der höheren Pflanzen ist ihre Fähigkeit, **Sekundärstoffe**, eine große Diversität meist niedermolekularer Naturstoffe, zu pro-

Zahl der Sekundärstoffe

Mit Stickstoff
- Alkaloide (1) — 21.000
- Nichtproteinogene Aminosäuren (2) — 700
- Amine (3) — 100
- Cyanglycoside (4) — 60
- Glucosinolate (5) — 100

Ohne Stickstoff
- Monoterpene (6) — 2.500
- Sesquiterpene (7) — 5.000
- Diterpene (8) — 2.500
- Triterpene, Saponine, Steroide (9) — 5.000
- Tetraterpene — 500
- Flavonoide, Gerbstoffe (10) — 5.000
- Phenylpropane, Cumarine, Lignane — 2.000
- Polyketide (11) — 750
- Polyacetylene (12) — 1.000

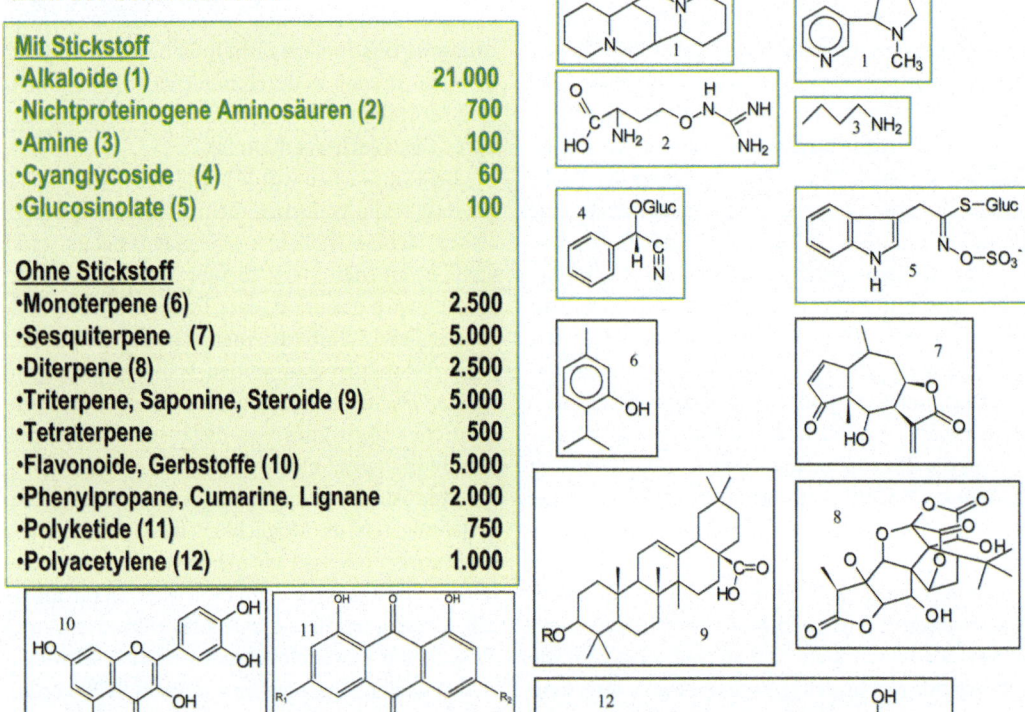

Abb. 4.40 Übersicht über die Strukturklassen der Sekundärstoffe und die geschätzte Zahl der bekannten Strukturen

duzieren. Bei der Betrachtung der in ◘ Abb. 4.40 aufgeführten Zahlen der derzeit bekannten Strukturvarianten muss man beachten, dass schätzungsweise lediglich 20 % aller Pflanzen – und diese bislang meist nur unvollständig – phytochemisch untersucht wurden. Man kann annehmen, dass die Zahl der wirklich vorhandenen Strukturen, zu deren Aufklärung neuerdings sehr empfindliche und leistungsfähige Methoden, beispielsweise HPLC (*high pressure liquid chromatography*), GLC (*gas-liquid chromatography*), MS (Massenspektrometrie) und NMR (*nuclear magnetic resonance*) zur Verfügung stehen, ein Vielfaches betragen wird. Eine Auswahl wichtiger Strukturtypen ist in ◘ Abb. 4.40 aufgeführt.

Nachdem man die pflanzlichen Sekundärstoffe lange als Endprodukte und Abfallprodukte oder als funktionslose Stoffwechselprodukte angesehen hat, weiß man inzwischen, dass viele Sekundärstoffe für die Fitness und das Überleben der sie produzierenden Pflanze wichtig sind (Übersichten in Rosenthal u. Berenbaum 1992; Harborne 1993; Wink 1988, 1993, 2003, 2010a, b). Die über 360.000 Landpflanzen stehen als autotrophe Organismen an der Basis der Nahrungskette (**Primärproduzenten**). Direkt oder indirekt hängen über 1,5 Mio. Tierarten als Konsumenten (**Sekundärproduzenten**) von ihnen ab. Sowohl Pflanzen als auch Tiere werden von den Mikroorganismen als Nahrungssubstrat genutzt. Wir wissen in vielen Fällen, welche Strategien Tiere benutzen, um sich gegen Mikroorganismen oder gegen Fraßfeinde zu schützen: Da ist zum einen das hoch entwickelte Immunsystem gegen Viren und Mikroorganismen wie Bakterien und Pilze, zum anderen sind es Waffen oder Verhaltensweisen (Flucht, Tarnung usw.) gegenüber Prädatoren.

Pflanzen sind unbeweglich und können deshalb weder fliehen noch sich aktiv mit Waffen wehren, und gegen pathogene Mikroorganismen fehlt ihnen ein Immunsystem. Jede Pflanzenart hat in der Evolution spezielle Eigenschaften erworben, die ihr Überleben fördern (◘ **Abb. 4.41a**). **Mechanischen**

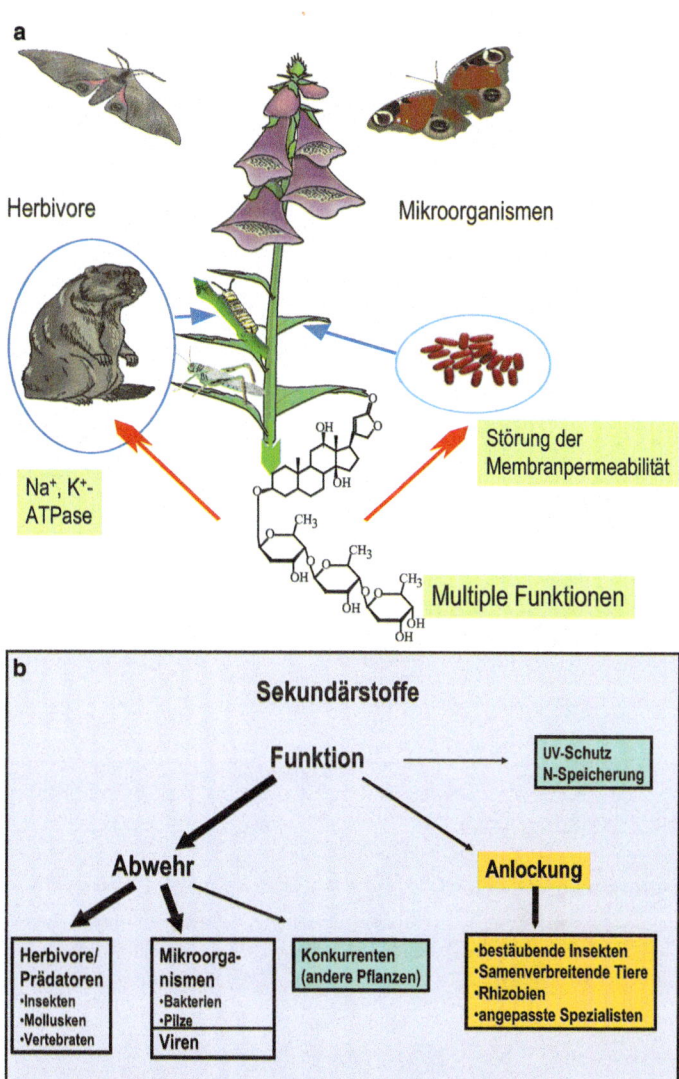

Abb. 4.41 a, b Mögliche Funktionen von Sekundärstoffen bei Pflanzen und Tieren. **a** Verteidigung gegen Pflanzenfresser und Mikroorganismen am Beispiel des Fingerhuts (*Digitalis purpurea*), der Herzglycoside produziert. Herzglycoside wirken gegen Tiere, indem sie Na$^+$-K$^+$-ATPasen hemmen. Außerdem wirken Herzglycoside, die man chemisch als Saponine ansehen kann, wie Tenside und sind daher in der Lage, Biomembranen von Mikroorganismen permeabel zu machen. Daher sind sie auch antimikrobiell. **b** Übersicht über die generelle Funktion von Sekundärstoffen in Pflanzen

Schutz erhalten einige Arten durch Brennhaare, Dornen, Stacheln oder inerte Rinden und andere abweisende Abschlussgewebe. Einige Proteine (Abwehrproteine [*pathogenesis related proteins*: PR-Proteine], Enzyme wie Glucanasen oder Chitinasen) helfen gegen mikrobiellen Befall. Die wichtigste Funktion haben in diesem Zusammenhang aber wohl die **Sekundärstoffe** (Abb. 4.40), die zum Teil konstitutiv vorkommen, zum Teil präformiert (z. B. als „**Protoxine**" wie Glucosinolate, cyanogene Glucoside, Cumaroylglycoside, Alliin und Ranunculin, die erst im Verteidigungsfall durch Enzyme aktiviert werden) oder nur nach Induktion (z. B. Phytoalexine nach Pathogenbefall) gebildet werden. Die Hauptfunktion der Sekundärstoffe besteht besonders in der chemischen Abwehr von Pflanzenfressern aber auch von Mikroorganismen und anderen Pflanzen. Daneben wirken andere, manchmal aber auch dieselben Sekundärstoffe als Signale zur Anlockung von bestäubenden Insekten oder von Früchte-verbreitenden Tieren; auch UV-Schutz und Schutz gegen reaktive Sauerstoffspezies (ROS) können eine zusätzliche Komponente sein (Abb. 4.41b).

Um erfolgreich gegen Pflanzenfresser geschützt zu sein, muss die Pflanze Substanzen in ausreichen-

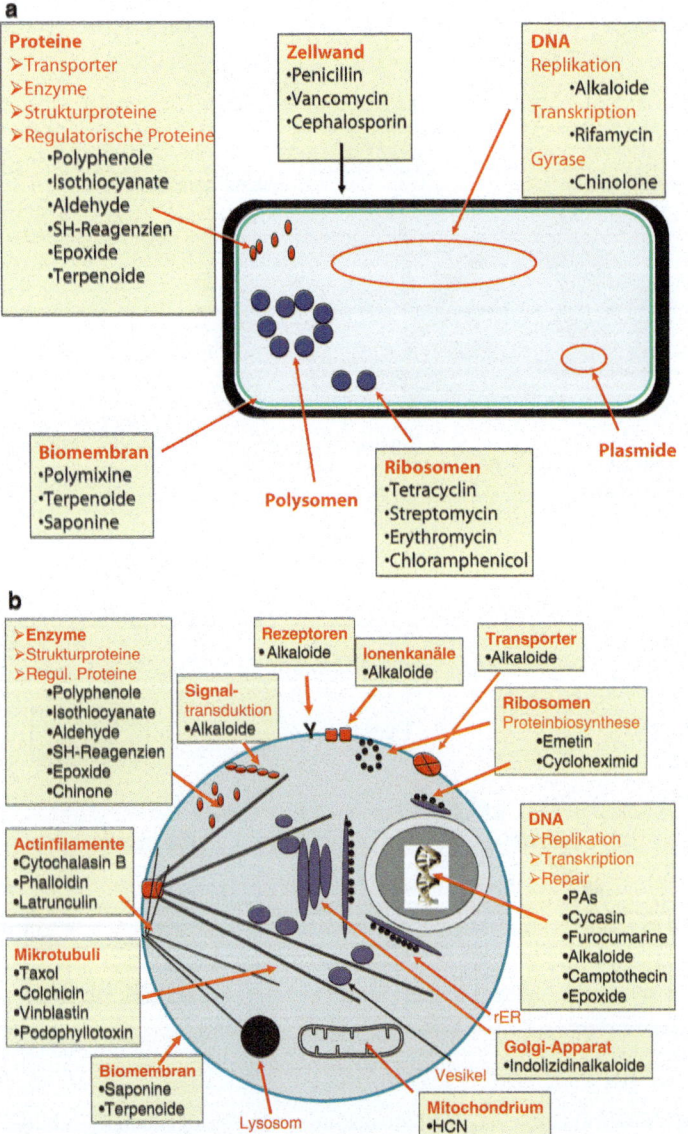

Abb. 4.42 a, b Wirkorte von Sekundärstoffen in Bakterien und Tieren auf der Ebene der Zelle und Makromoleküle: **a** Bakterien, **b** Tierzelle. PAs = Pyrrolizidin-Alkaloide

der Konzentration produzieren. Dazu müssen sie wichtige Organe oder Gewebe bzw. Zielstrukturen (*Targets*) in einem Tier oder einem Mikroorganismus signifikant beeinflussen. In ◘ Abb. 4.42a,b sind die molekularen *Targets* in Bakterien und tierischen Zellen aufgeführt, die besonders „sensibel" sind. Wichtige basale Zielstrukturen, die in allen Organismen vorkommen, wie DNA, RNA und zugehörige Enzyme und Prozesse, die Proteinbiosynthese und die Stabilität der Biomembran kommen genauso in Frage wie Neurorezeptoren (Bindeproteine für Neurotransmitter) oder andere Elemente der neuronalen Signaltransduktion, die nur im Tier angelegt sind. Es ist deshalb auch nicht überraschend, dass Pharmakologen und Toxikologen für jedes dieser *Targets* Naturstoffe nennen können, die hier spezifisch angreifen (◘ Abb. 4.42). Neben den spezifisch wirksamen Naturstoffen existieren diverse Polyphenole und Terpene, die eher unselektiv mit Proteinen und Biomembranen interagieren, aber dennoch biologisch sehr aktiv sind (Wink 2008).

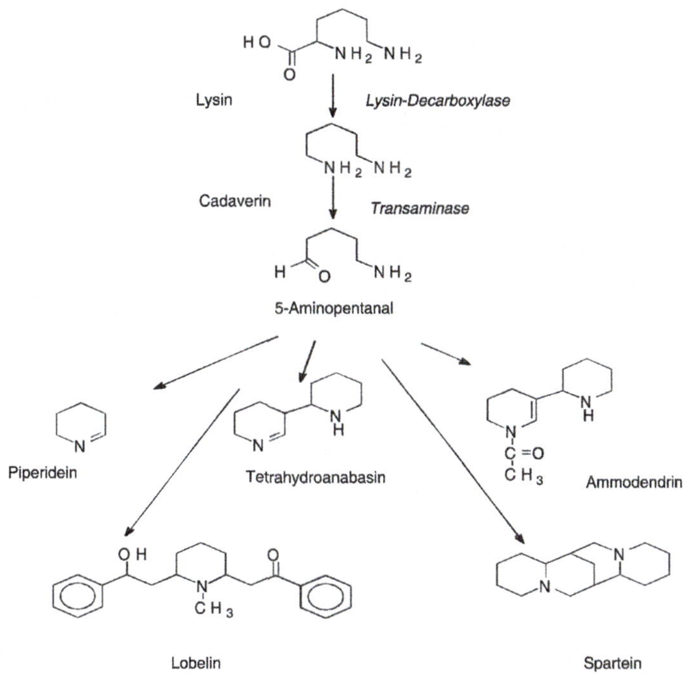

Abb. 4.43 Hypothetische Entstehung von Biosynthesewegen am Beispiel der von Lysin abgeleiteten Alkaloide

Eine chemische Verteidigung evolvierte parallel an vielen Stellen des pflanzlichen Stammbaums. Dabei ist nicht nur eine einzige Wirkstoffklasse entstanden, sondern viele unterschiedliche Wirkstoffe, die zudem an unterschiedlichen Stellen im Stoffwechsel angreifen und **pleiotrope Wirkungen** hervorrufen können. Außerdem produzieren Pflanzen fast immer komplexe Gemische von Sekundärstoffen mit unterschiedlichen Wirkspektren. Vermutlich wirken die einzelnen Inhaltsstoffe nicht nur additiv, sondern verstärken sich synergistisch (Wink 2008). Auf diese Weise sind Pflanzen gegen ein weites Spektrum von Feinden geschützt. Zudem wäre die chemische Abwehr sehr anfällig, wenn sich alle Pflanzen auf eine einzige Substanz „konzentriert" hätten; es wäre den Tieren oder Pathogenen sicher ein Leichtes gewesen, entsprechende Resistenzmechanismen „zu entwickeln". Man denke an die analoge Situation bei den Antibiotika: Werden alle Patienten nur mit Penicillin behandelt, so selektiert man Bakterienstämme mit Penicillinresistenz. Setzt man dagegen unterschiedliche Antibiotika (die zudem noch an verschiedenen molekularen *Targets* [Zielorte] angreifen) oder Mischpräparate ein, so lässt sich eine Resistenz in vielen Fällen vermeiden.

Evolution von Sekundärstoffen mit biologischer Wirkung

Wie kann man sich die Evolution eines Wirkstoffs vorstellen? In der Natur werden immer sehr viel mehr Nachkommen produziert als überleben können. Wenn auch die Nachkommen im Wesentlichen gleich sind, entstehen durch Mutation und Rekombination doch ständig kleine Varianten im Genotyp und im Phänotyp einer Art. Man könnte sich vorstellen, dass in einer ursprünglichen Pflanzenart durch Mutation ein Enzym des Primärstoffwechsels (z. B. eine Decarboxylase) so modifiziert wurde, dass es Lysin als Substrat akzeptiert. Alle Nachkommen, die dieses mutierte Gen exprimierten, würden Lysin in das Diamin Cadaverin überführen. Würde bei diesen Pflanzen in weiteren Generationen eine erneute Mutation vorhandene Transaminasen oder Aminoxidasen so verändern, dass diese Cadaverin als Substrat einsetzen, so würde Cadaverin in 5-Aminopentanal umgewandelt. Dieses instabile 5-Aminopentanal kann mit Cadaverin oder mit sich selbst zyklisieren und biologisch aktive Piperidein-Derivate wie z. B. Ammodendrin bilden (**Abb. 4.43**). Also wären Pflanzen bereits durch zwei Mutationsschritte

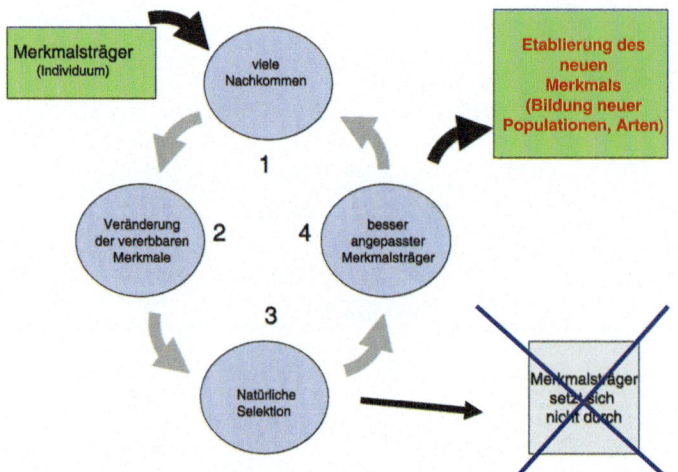

Abb. 4.44 Schematische Darstellung des evolutionären molekularen Modellings der Natur

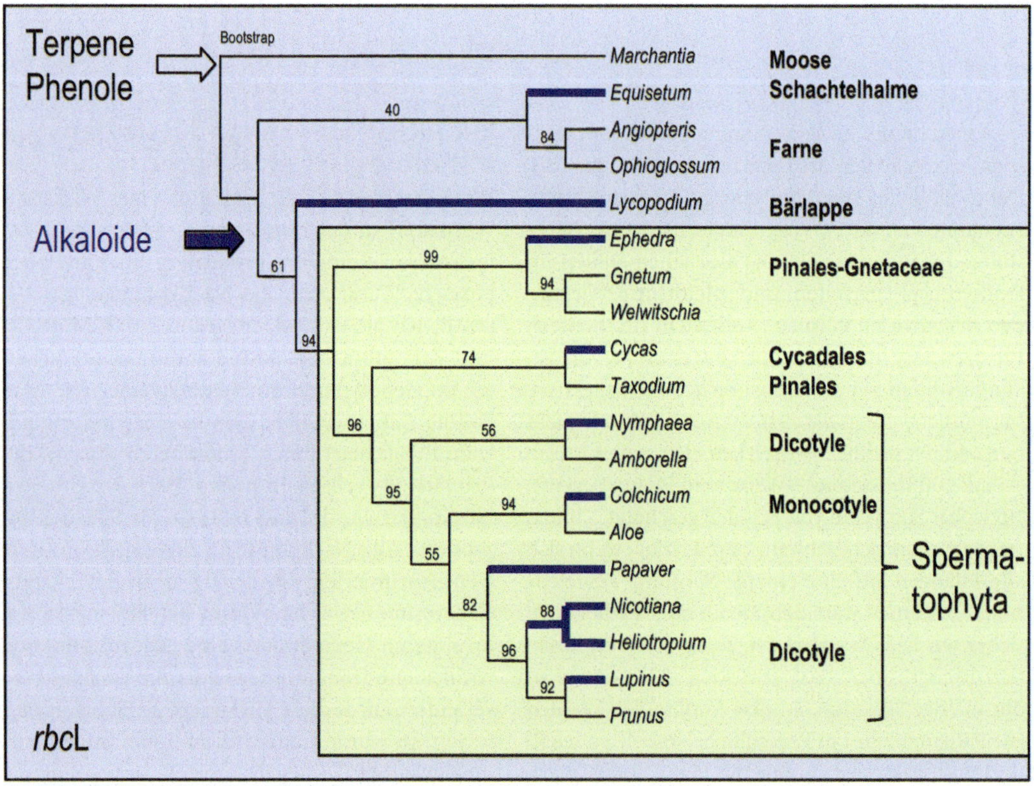

Abb. 4.45 Auftreten von Sekundärstoffen im Stammbaum der Pflanzen, der über Sequenzen des plastidären *rbc*L-Gens rekonstruiert wurde. Darstellung als *Bootstrap*-Kladogramm. Die Bärlappe stehen in diesem Stammbaum zwischen Farnen und Samenpflanzen; sie sind aber in der Evolution vermutlich früher als die Farne entstanden (**Abb. 4.29**). Die blau gezeichneten Äste führen zu Taxa, die Alkaloide produzieren

an Primärstoffwechselenzymen in der Lage, aktive Wirkstoffe zu synthetisieren.

In jeder Generation setzt die Selektion ein, d. h. in der Regel bleiben von den vielen potenziellen Nachkommen nur solche Individuen am Leben, die am besten an ihre Umwelt angepasst sind. Dabei verschwinden insbesondere Individuen, die funktionslose oder negative Merkmale exprimieren. Bezogen auf die Evolution der chemischen Verteidigung kann man annehmen, dass Individuen, die in der Lage sind, einen Abwehrstoff zu bilden, bessere Überlebenschancen haben als Pflanzen ohne Schutzstoffe. Da bereits einfache Piperideinderivate Neurorezeptoren in Tieren negativ beeinflussen, könnte man sich in unserem Beispiel vorstellen, dass die Pflanzen, die durch Mutation in der Lage sind, diese Alkaloide zu produzieren, einen gewissen Selektionsvorteil haben. Wenn sich die Selektionsspirale weiterdreht, können durch weitere Mutationen an Biosynthesegenen Enzyme entstehen, die aus den einfachen Piperideinen komplexere Alkaloide, z. B. Spartein machen (◨ Abb. 4.43). Je besser diese Alkaloide mit einem molekularen *Target* interagieren (z. B. je besser es an die Bindestelle des Acetylcholins am Acetylcholinrezeptor passt), desto größer wird der evolutionäre Vorteil. Da diese Prozesse über viele Millionen von Generationen ablaufen konnten, ist es nicht verwunderlich, dass die Natur so viele Sekundärstoffe entwickelt hat, die gut mit Zielstrukturen (*Targets*) in Tieren interagieren können. Bildlich gesprochen hat die Natur „Nachschlüssel" entworfen, die aber nur tierische Türen aufschließen können und damit für die produzierenden Pflanzen harmlos sind. In Analogie zum „*molecular modelling*" der modernen synthetischen Chemie könnte man von einem „**evolutionären molekularen Modelling**" sprechen. In ◨ Abb. 4.44 sind diese Schritte schematisch zusammengefasst.

Synthetische Wirkstoffe werden auf ähnliche Weise entwickelt; nur entscheidet hier der Chemiker (und nicht die natürliche Selektion) aufgrund von Ergebnissen im Bioassays oder Tiermodell, ob eine Struktur ausreichend wirksam ist. Ein grundsätzlicher Unterschied besteht jedoch zwischen den „natürlichen" und den „synthetischen" Wirkstoffen. Eine Pflanze kann nur einen Wirkstoff hervorbringen, der sie selbst nicht tötet, d. h. es sind insbesondere solche Substanzen, die nur *Targets* im Tier angreifen oder aber für die es biochemische Schutzmechanismen gibt. Während der Chemiker auch Substanzen erzeugen kann, die alle Lebensformen vernichten, kann diese Möglichkeit für natürliche Wirkstoffe ausgeschlossen werden.

Dadurch, dass Pflanzen im Verlauf der Evolution eine Vielzahl an Wirkstoffen entwickelt haben, waren sie seit jeher auch für den Menschen interessant und nutzbar. Alkaloide, Herzglycoside und andere Wirkstoffe wurden früher bei uns und werden heute noch bei einigen Naturvölkern als **Gifte zur Jagd und Verteidigung** eingesetzt (z. B. als Pfeilgifte). Bei uns steht inzwischen die **medizinisch-pharmazeutische Nutzung** im Vordergrund, denn viele Sekundärstoffe liefern, richtig dosiert, interessante Therapeutika. Ökonomisch bedeutsam ist ferner die Nutzung der Sekundärstoffe als **Gewürz-, Aroma- und Duftstoffe**, ferner als **Stimulanzien** (beispielsweise das Koffein im Kaffee oder Tee, oder das Nicotin im Tabak) und **Naturfarben**. Da bislang nur etwa 20–30 % aller Pflanzen phytochemisch untersucht wurden, lässt sich nur abschätzen, wie viele Wirkstoffe, insbesondere in tropischen Pflanzenarten, noch nicht gefunden wurden. Mit z. T. großem Aufwand wird die Suche nach diesen Wirkstoffen (**Bioprospektion**) betrieben. Nicht nur aus evolutionären oder naturschützerischen Gründen, sondern auch unter biotechnologisch-ökonomischen Aspekten ist daher die vollständige Erhaltung der Biodiversität der Erde von großer Wichtigkeit.

Sekundärstoffe als taxonomische Marker

Sekundärstoffe müssen schon früh in der Evolution der Pflanzen entstanden sein, denn die Notwendigkeit einer Abwehr von Bakterien und Tieren bestand schon in der frühen Phase der Landpflanzenevolution. Auch ein Schutz gegen UV-Strahlen war notwendig. Wir wissen natürlich nicht, welche Sekundärstoffe bereits im Mesozoikum oder früher produziert wurden. Wenn man jedoch die Nachfahren der frühen Landpflanzen, beispielsweise Moose, Farne und Samenpflanzen daraufhin überprüft, ob sie Sekundärstoffe produzieren, so gibt es keine Gruppe ohne chemische Verteidigung. ◨ Abb. 4.45 illustriert den vereinfachten Stammbaum der Landpflanzen und das Vorkommen wichtiger Sekundärstoffgruppen. Es ist sehr

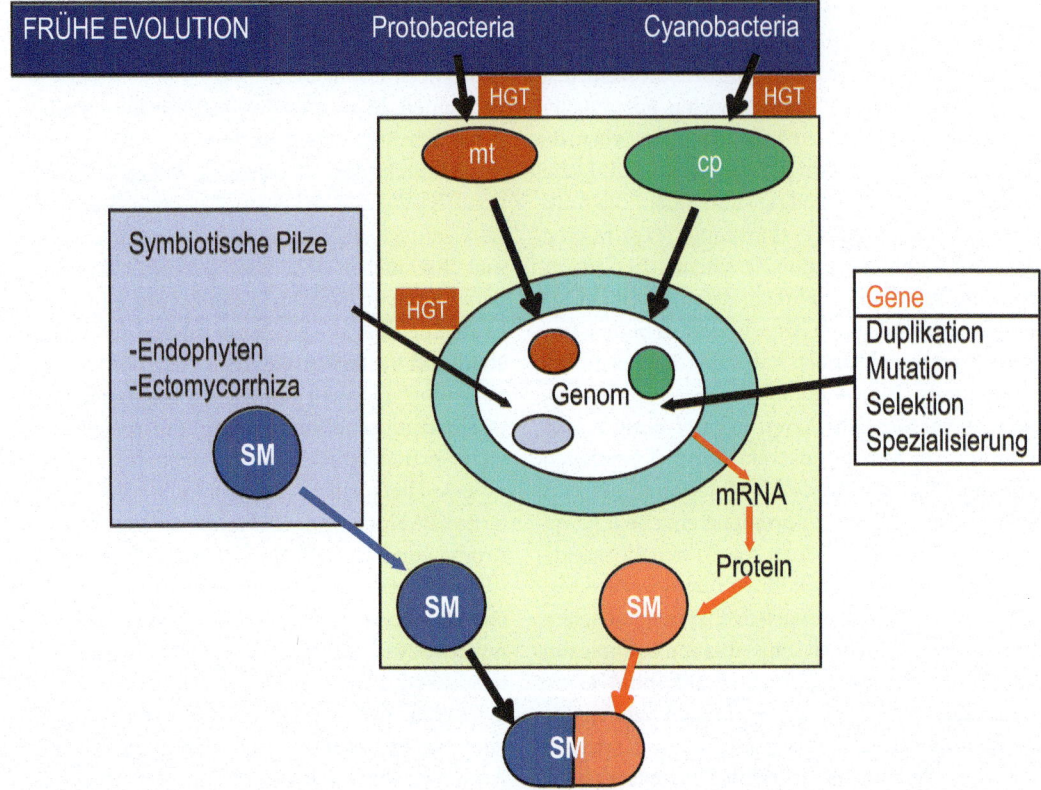

Abb. 4.46 Schematische Darstellung der möglichen Evolution von Sekundärstoffgenen bei Pflanzen unter besonderer Berücksichtigung des horizontalen Gentransfers (HGT). *cp* = Chloroplast, *mt* = Mitochondrium, *SM* = Sekundärmetabolit

wahrscheinlich, dass die Stoffwechselwege, die zu den Sekundärstoffklassen führen, bereits sehr früh in der Phylogenie angelegt wurden: Terpene und Polyphenole (z. B. Flavonoide) treten verbreitet bereits bei Moosen auf, die im Palaeozoikum vor mehr als 400 Mio. Jahren entstanden. Alkaloide finden wir bei den meisten Gruppen der Tracheophyta (**Abb. 4.29**); sie sind bereits prominent bei Bärlappgewächsen, die im Devon vor ca. 400 Mio. Jahren entstanden (s. **Abschn. 2.2.4**). Da die meisten Alkaloide mit Zielstrukturen im tierischen Nervensystem interagieren, sind sie sicher gegen tierische Fraßfeinde gerichtet, die auch schon im Paläozoikum vorhanden waren. Wenn man über die Evolution des Sekundärstoffwechsels spekuliert, darf man die Möglichkeiten des horizontalen Gentransfers (HGT; s. **Abschn. 3.4.4**) und die Mitwirkung von pilzlichen Symbionten nicht aus dem Auge verlieren. Wie in **Abb. 4.46** angedeutet, kam es in der frühen Evolution der Pflanzen zu einem Import an bakteriellen Sekundärstoffgenen über α-Proteobakterien, aus denen die Mitochondrien entstanden und aus Cyanobakterien, aus denen die Chloroplasten hervorgingen. Viele Pflanzen leben mit endophytischen Pilzen zusammen, die ebenfalls Sekundärstoffe produzieren und damit die chemische Verteidigung der Wirtspflanzen verbessern. Es gibt Hinweise darauf, dass diese Endophyten offenbar einige Biosynthesegene an das Genom der Wirtspflanzen abgegeben haben, also ein weiterer Fall von horizontalem Gentransfer.

Da Sekundärstoffgruppen in vielen Fällen in gewissen Pflanzenfamilien oder Gattungen vermehrt auftreten, hat man Sekundärstoffe seit 200 Jahren als taxonomische Marker benutzt. Die daraus entstandene Disziplin wird als **Chemotaxonomie** bezeichnet. Je mehr Sekundärstoffe in ihrer Struktur und Verbreitung aufgeklärt wurden, desto widersprüchlicher wurde ihre Bedeutung als unabhängige systematische Marker, denn in vielen Fällen ist eine Gruppe von Sekundärstoffen nicht nur in einer Pflanzengattung oder Familie anzutreffen, sondern in mehreren, die dazu häufig nicht einmal verwandt sind. Zudem unterscheiden sich die Sekundärstoffmuster innerhalb einer Pflanze (Profile von Samen und Blättern sind beispielsweise meist verschieden) häufig stärker als zwischen zwei verwandten Arten. Würde man die Sekundärstoffe stringent als Marker einsetzen und nach kladistischen Grundsätzen auswerten, so erhielte man eine Vielzahl von para- und polyphyletischen Gruppen. Die Grundfrage lautet demnach, ob gleiche chemische Strukturen von Sekundärstoffen in jedem Falle homologe Merkmale darstellen oder ob diese Merkmale auch analog entstanden sein können. Da wir heute die molekulare Phylogenie vieler Pflanzen relativ sicher kennen, besteht die Möglichkeit, noch genauer zu prüfen, inwieweit die Verbreitungsmuster von Sekundärstoffen auf Synapomorphien beruhen oder konvergente und parallele Entwicklungen widerspiegeln.

◘ Abb. 4.47 zeigt eine Rekonstruktion der Phylogenie der höheren Pflanzen anhand eines Multigenen-Datensatzes. In diesem Stammbaum haben wir das Vorkommen von Glucosinolaten, Herzglycosiden, Pyrrolizidin- und Chinolizidinalkaloiden kartiert. **Glucosinolate** findet man als verbreitete Sekundärstoffe in den **Brassicales**, welche die Familien Tropaeolaceae, Moringaceae, Caricaceae, Limnanthaceae, Resedaceae, Capparidaceae und Brassicaceae umfassen. Die Glucosinolate, oder genauer die aus ihnen bei Gewebsverletzung freigesetzten Senföle oder Isothiocyanate, weisen ein breites Wirkungsspektrum gegen Mikroorganismen und Herbivore auf, so dass sie in diesen Pflanzengruppen als potente chemische Abwehrmittel genutzt werden können.

Die Caricaceae, die man ursprünglich nicht zu der engen Verwandtschaft der Brassicales rechnete, sind durch molekulare und chemische Merkmale eindeutig diesem Verwandtschaftskreis zuzuordnen. Diese Familien sind offensichtlich monophyletisch, und die Glucosinolate könnte man als verlässliches synapomorphes Merkmal mit taxonomischer Bedeutung ansehen, gäbe es nicht auch noch isolierte Vorkommen von Glucosinolaten in den Familien Euphorbiaceae, Gyrostemonaceae und Salvadoraceae. Diese Familien sind mit den Brassicales aber nicht verwandt.

Ein ähnliches Dilemma lässt sich in der Verbreitung von **Herzglycosiden** erkennen, die als Hemmstoffe der Na^+-K^+-ATPase sehr potente Fraßgifte gegen Herbivore darstellen. Ein gewisser Verbreitungsschwerpunkt liegt in den Familien Scrophulariaceae (neu Plantaginaceae) (z. B. *Digitalis purpurea*; Roter Fingerhut), Apocynaceae (z. B. *Nerium oleander*, Oleander), Asclepiadaceae (*Asclepias*; Schwalbenwurz), Ranunculaceae (z. B. *Adonis vernalis*; Adonisröschen), Brassicaceae, Hyacinthaceae, Liliaceae (z. B. *Convallaria majalis*; Maiglöckchen), Celastraceae (*Euonymus europaea*; Pfaffenhütchern) und einigen anderen. Wie man aus ◘ Abb. 4.47 ersehen kann, ist das gemeinsame Vorkommen von Herzglycosiden kein Zeichen von näherer Verwandtschaft.

Auch die **Pyrrolizidinalkaloide (PA)**, die in ca. 3 % aller höheren Pflanzen gefunden wurden, zeigen ein erratisches und mosaikartiges Verbreitungsmuster: Zwar findet man sie gehäuft in den Boraginaceen (alle Gattungen), in den Tribus Eupatorieae und Senecioneae der Asteraceae (z. B. *Senecio*-Arten, Kreuzkraut), im Tribus Crotalarieae der Fabaceae und bei einigen Orchidaceae, doch treten sie vereinzelt in den Apocynaceae, Celastraceae, Convolvulaceae, Poaceae, Ranunculaceae, Rhizophoraceae, Santalaceae und Sapotaceae auf. Auch die PA-produzierenden Familien sind nicht näher untereinander verwandt.

Chinolizidinalkaloide (QA) haben einen Verbreitungsschwerpunkt bei den Schmetterlingsblütlern (Fabaceae, Unterfamilie Papilionoideae); man findet sie aber auch in Chenopodiaceae, Berberidaceae, Ranunculaceae, Scrophulariaceae und Solanaceae, die mit den Fabaceen nicht verwandt sind (◘ Abb. 4.47).

Wie lassen sich die Phänomene interpretieren, die wir im Verbreitungsmuster von Glucosinolaten, Herzglycosiden, Pyrrolizidin- und Chinolizidinalkaloiden sehen? Die getrennte Verbreitung könnte auf konvergente Evolution zurückzuführen sein, d. h. die Sekundärstoffwege wurden unabhängig voneinander mehrfach gebildet. Da diese Substanzen für die Pflanzen als Verteidigungsmittel wichtig sind, hat ihre Produktion einen positiven Selektionswert. Aus dem Tierreich wissen wir, dass Verteidigungsstrategien, z. B. Tarnung, Flucht oder Waffen, an vielen Stellen unabhängig und konver-

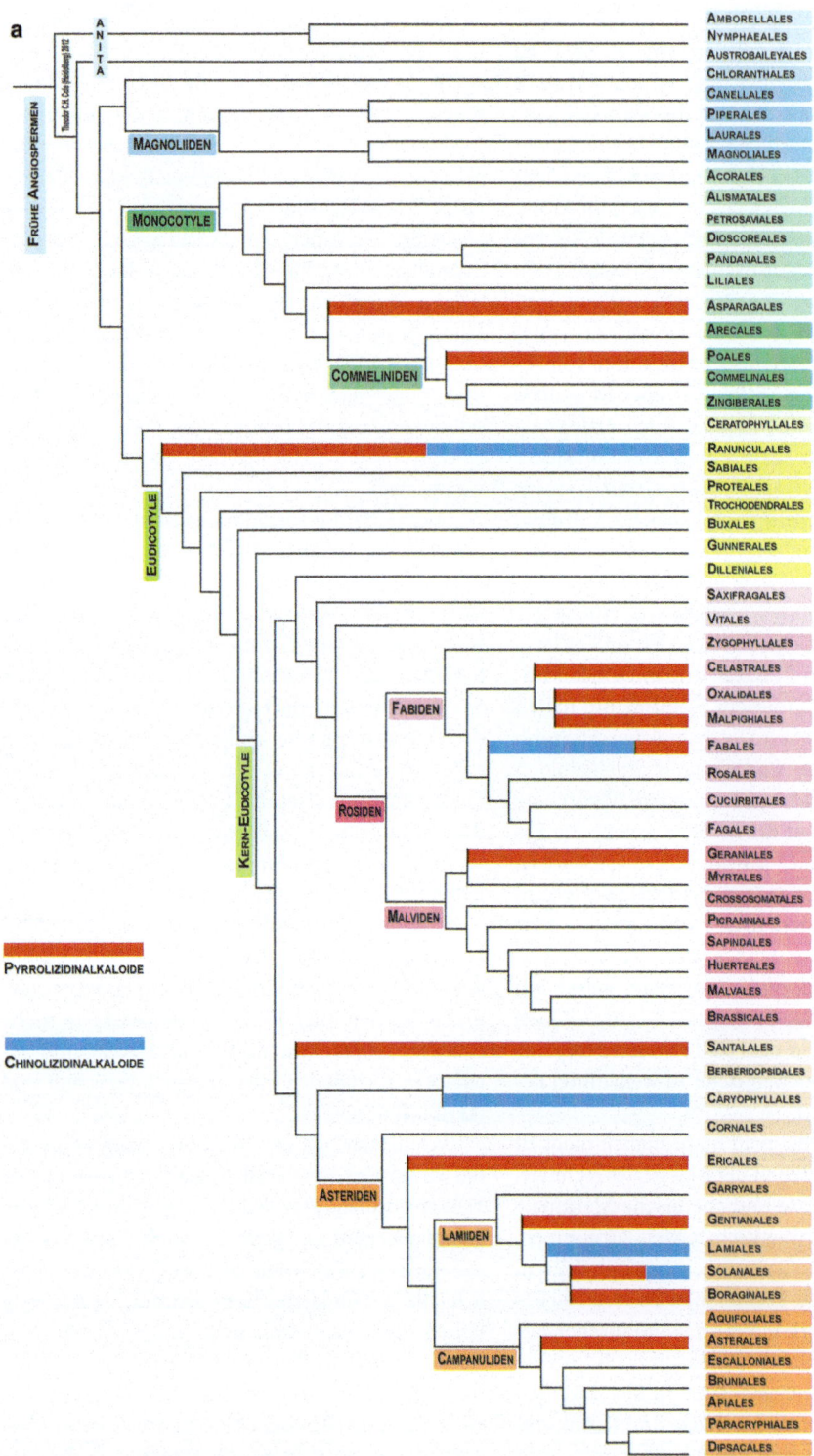

◘ **Abb. 4.47 a, b** Molekulare Phylogenie der höheren Pflanzen und Vorkommen von **a** Pyrrolizidinalkaloiden und Chinolizidinalkaloiden sowie **b** Glucosinolaten und Herzglykosiden

4.3 · Merkmalsevolution: Erkennung konvergenter Evolutionsprozesse

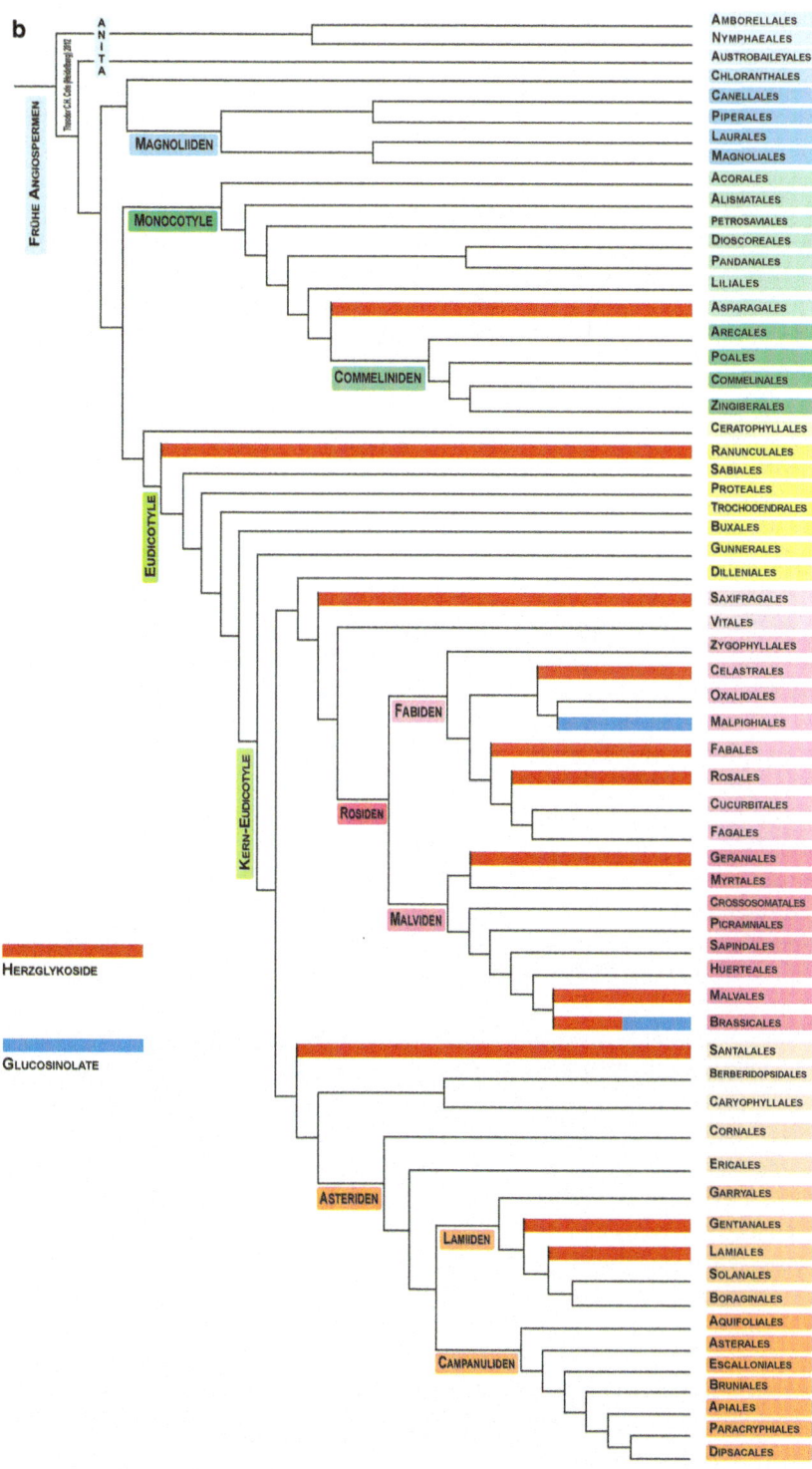

◻ Abb. 4.47 a, b (*Fortsetzung*)

gent entstanden sind. Ähnlich plausibel wäre eine konvergente Evolution von chemischen Schutzsubstanzen (s. **Abschn. 4.3.3**).

Nicht auszuschließen ist jedoch auch eine andere Erklärungsmöglichkeit, die für das Vorkommen einiger Substanzen, z. B. der Chinolizidinalkaloide, in nicht verwandten Pflanzengruppen gelten könnte. Möglicherweise entstanden die notwendigen Biosynthesegene bereits früh in der Evolution, so dass alle späteren Pflanzen einen Grundbestand dieser Gene aufweisen. Jedoch werden diese Gene in den meisten Pflanzen nicht exprimiert und nur in wenigen Gruppen, z. B. Leguminosen, angeschaltet; hier finden wir außerdem noch eine Vielzahl von sekundären Modifikationen im Alkaloidskelett, die als spätere Entwicklung angesehen werden könnten. Demnach dürften diese Alkaloide echte homologe Merkmale darstellen, die ein mosaikartiges Expressionsmuster zeigen. Als stringente taxonomische Marker sind sie damit aber nur von begrenzter Bedeutung.

Man könnte nun aus Sicht der Chemotaxonomie argumentieren, dass die Aussagekraft von Sekundärstoffen weniger in der Großsystematik als in der Systematik innerhalb von Familien und Gattungen Gewicht besitzt. Wir wollen diese Frage am Beispiel der **Leguminosen** erörtern, die mit 720 Gattungen und ca. 19.500 Arten zu den größten Pflanzenfamilien zählen (**EXKURS 4.6 Abschn. 4.3.3**).

Bei den hier angesprochenen Insekten handelt es sich insbesondere um Schmetterlinge, Wanzen und Blattläuse, bei den Abwehrstoffen um Chinolizidinalkaloide und Pyrrolizidinalkaloide (**EXKURS 4.7**) und Herzglycoside (**EXKURS 4.8**), die bereits in **Abschn. 4.3.3** näher besprochen wurden.

Würde man die Sekundärstoffprofile kladistisch bewerten, so würde man zwar an einigen Stellen gute monophyletische Gruppen erkennen, in vielen anderen Fällen dagegen para- und polyphyletische Beziehungen. Demnach finden wir auch auf der Stufe der Familien, dass in einigen Fällen das gemeinsame Vorkommen von Sekundärstoffen tatsächlich auf eine gemeinsame Phylogenie hindeutet; hier wären die Sekundärstoffe ein guter Marker. Ihr gleichzeitiges Auftreten in nichtverwandten Gruppen schränkt diese Aussage aber deutlich ein.

Für einige Biosynthesegene, die Schlüsselreaktionen von Sekundärstoffbiosynthesen katalysieren, sind die DNA-Sequenzen bekannt. Durch einen Datenbankvergleich kann man in diesen Fällen prüfen, wann und wo die zugehörigen Gene evolvierten. Dies soll am Beispiel der Strictosidinsynthase (STS), die einen spezifischen Schritt in der Biosynthese von Monoindolalkaloiden (MIA), nämlich die Vereinigung von Tryptamin und Secologamin, katalysiert, erläutert werden. MIA kommen besonders in den Apocynaceen und Rubiaceen vor. Das STS-Gen ist jedoch bei allen Pflanzen vorhanden (**Abb. 4.50**, also auch bei den Arten, die keine MIA produzieren, wie beispielsweise *Arabidopsis thaliana*. Interessanterweise gibt es Gene bei Bakterien und Tieren, die Proteine codieren, die offenbar mit der STS ganz nah verwandt sind und von einem gemeinsamen Vorläufer abstammen (**Tab. 4.10**). Eine ähnliche Situation gibt es für weitere Alkaloid-Schlüsselgene, wie z. B. der Ornithin-Decarboxylase, Tyrosin-Decarboxylase, Tryptophan-Decarboxylase, Phenylalanin-Ammoniumlyase, Chalcon-Synthase, Berberin-Brückenenzym und Codeinon-Reduktase (Wink 2008b). Diese Daten sprechen dafür, dass die Gene des pflanzlichen Sekundärstoffwechsels weit verbreitet vorkommen und vermutlich schon früh in der Evolution entstanden und z. T. wohl durch HGT in das Pflanzengenom gelangten (**Abb. 4.46**). Es bleibt abzuwarten, zu welchen Erkenntnissen man gelangt, wenn die kompletten Genome von Pflanzen aus allen taxonomischen Gruppen vorliegen. Erst dann wird man das Ausmaß von HGT erst richtig bewerten können.

Zusammenfassend lässt sich demnach sagen, dass das Vorkommen von Sekundärstoffen in den meisten Fällen eher etwas über die ökologische Bedeutung als chemische Abwehr- oder Signalstoffe aussagt als über gemeinsame Evolution. Bedingt durch die Vielzahl von Ausnahmen sind Sekundärstoffe demnach für die Taxonomie von zweifelhaftem Wert, da sie adaptive Merkmale darstellen, die der Selektion unterliegen (Wink 2003).

EXKURS 4.6

Verbreitung von Sekundärstoffen in Leguminosen

Innerhalb der Leguminosen finden wir als Sekundärstoffe Alkaloide, nicht-proteinogene Aminosäuren, Amine, Flavonoide, Isoflavone, Cumarine, Anthrachinone, Cyanglycoside, Protease-Inhibitoren, Lektine und etliche Terpene, die als Schutz- oder Signalsubstanzen eine funktionelle Rolle spielen.

Zur Rekonstruktion der molekularen Phylogenie der Leguminosen wurden Sequenzen des *rbc*L-Gens (◘ Abb. 3.18, ◘ Abb. 4.13) herangezogen. Wie man den ◘ Abb. 4.48a, b entnehmen kann, ist auf der molekularen Ebene eine Unterteilung der Leguminosen in drei bisher angenommene Unterfamilien nicht erkennbar. Monophyletisch ist die Unterfamilie Papilionoideae, aber die Mimosoideae leiten sich aus den Caesalpinioideae ab, die damit als paraphyletisch erkannt werden. Die Mimosoideae stellen eindeutig nicht die ursprüngliche Gruppe der Leguminosen dar, wie man früher aufgrund der nicht zygomorphen Blüten annahm. Das Merkmal der Zygomorphie ist offensichtlich ancestral und bereits in der Schwestergruppe der Fabaceae, den Polygalaceae angelegt.

Betrachten wir zunächst das Vorkommen der Alkaloide, so finden wir Chinolizidinalkaloide (QA) in nahezu allen Tribus der Sophoreae, Podalyrieae, Thermopsideae und Genisteae. Eine Ausnahme sind die Crotalarieae, in denen QA und Pyrrolizidinalkaloide (PA) vorkommen; im Genus *Crotalaria* finden wir ausschließlich PA als Schutzsubstanzen, aber keine QA, während andere Gattungen der Tribus noch QA aufweisen. Die plausibelste Erklärung ist, dass die QA-Gene bei *Crotalaria* abgeschaltet und PA-Biosynthesegene entweder angeschaltet oder

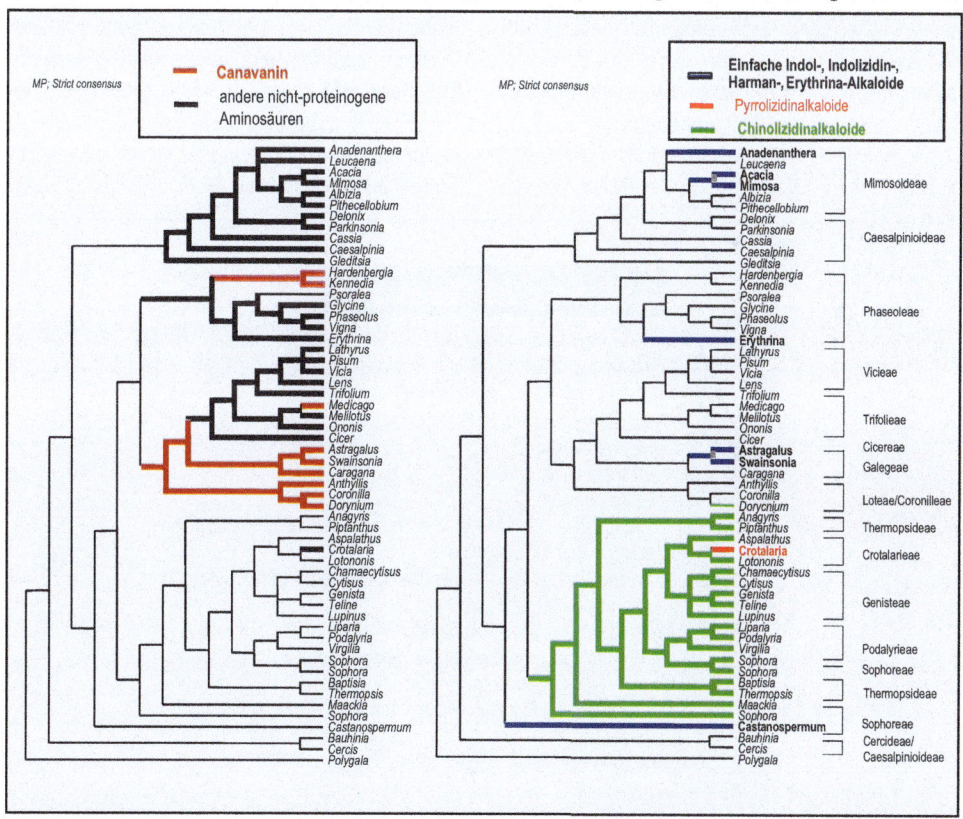

◘ **Abb. 4.48** Molekulare Phylogenie der Leguminosen und Verbreitung von Alkaloiden (**a**) und nicht-proteinogenen Aminosäuren (**b**). Die Stammbäume wurden über Nucleotidsequenzen der Chloroplasten-Gens *rbc*L rekonstruiert (nach Wink et al. 2010)

EXKURS 4.6 (Fortsetzung)

neu entwickelt wurden. Andere Alkaloide, wie die *Erythrina*-Alkaloide, findet man nur im Genus *Erythrina*, Indolizidinalkaloide nur bei ursprünglichen Sophoreae und *Astragalus*-Arten (◘ Abb. 4.48b).

Bei den Pflanzengattungen ohne Alkaloide finden wir vermehrt nicht-proteinogene Aminosäuren als chemische Schutzsubstanzen (◘ Abb. 4.48a), insbesondere bei baum- und strauchförmigen Caesalpinioideae und Mimosoideae. Ein ähnliches Muster zeigen die Protease-Inhibitoren und Cyanglucoside. Diesen stickstoffhaltigen Sekundärstoffen ist gemeinsam, dass sie gegen Insekten und Vertebraten giftig wirken. Sie werden meist den großen Samen in hoher Konzentration mitgegeben, die reich an Speicherprotein sind. Im Samen dienen diese Sekundärstoffe sowohl zur chemischen Verteidigung als auch zur Speicherung von Stickstoff, der später von den wachsenden Keimpflanzen genutzt werden kann. Das Vorkommen dieser Schutzsubstanzen ist wechselseitig exklusiv, d. h. Taxa, die Alkaloide produzieren, haben keine nicht-proteinogenen Aminosäuren und umgekehrt.

Unter den nicht-stickstoffhaltigen Sekundärstoffen zeigen die Flavonoide ein auffälliges Muster. Die Gruppe der Isoflavone, die phytoöstrogene und fungizide Eigenschaften aufweisen, findet man nur in der Unterfamilie Papilionoideae, während die anderen Strukturen in allen Gruppen vorkommen. Eine weite Verbreitung in vielen Gruppen der Leguminosen findet man auch bei den terpenoiden Verbindungen (eine ausführlichere Darstellung findet sich in Wink et al. (2010).

Selbst innerhalb von Gattungen ist der Aussagewert von Sekundärstoffprofilen beschränkt. In der großen Gattung *Lupinus* finden wir Chinolizidinalkaloide (QA) als die wichtigsten chemischen Schutzsubstanzen. Etwa 150 unterschiedliche QA sind bekannt. Während man Lupanin und Spartein bei nahezu allen Arten antrifft, kommen andere QA-Subtypen unsporadisch vor. Die stark giftigen α-Pyridone vom Cytisin-Typ (die auch im Goldregen vorkommen) findet man nur in einigen amerikanischen Lupinenarten, nicht jedoch bei den ursprünglicheren altweltlichen Arten. Da auch ursprünglichere Gruppen der Genisteae und Thermopsideae diese α-Pyridone produzieren, liegt der Verdacht nahe, dass die zugehörigen Biosynthesegene überall vorhanden, aber bei den altweltlichen und vielen neuweltlichen Arten abgeschaltet sind.

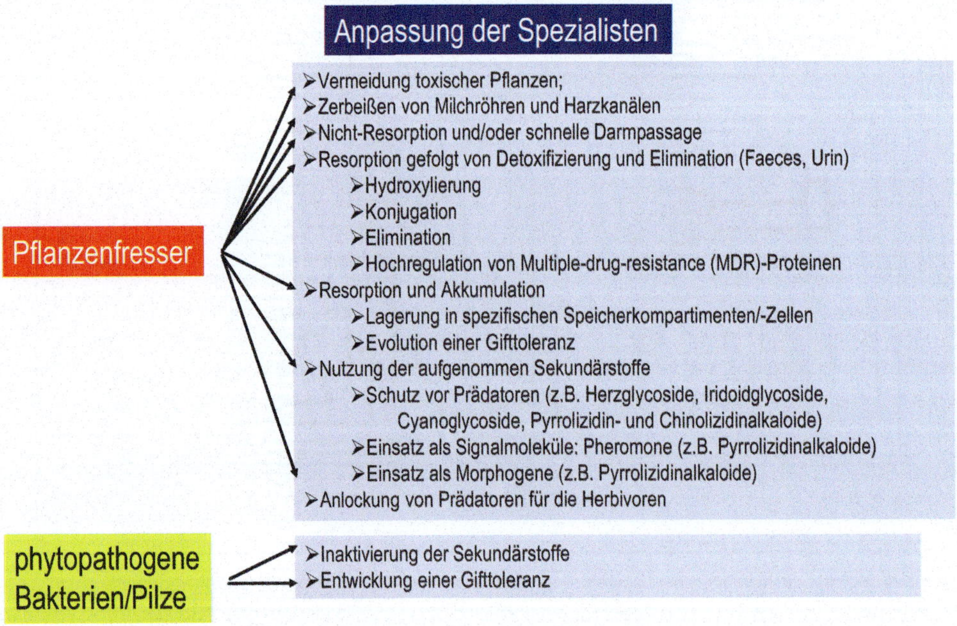

Anpassung der Spezialisten

Pflanzenfresser
- Vermeidung toxischer Pflanzen;
- Zerbeißen von Milchröhren und Harzkanälen
- Nicht-Resorption und/oder schnelle Darmpassage
- Resorption gefolgt von Detoxifizierung und Elimination (Faeces, Urin)
  - Hydroxylierung
  - Konjugation
  - Elimination
  - Hochregulation von Multiple-drug-resistance (MDR)-Proteinen
- Resorption und Akkumulation
  - Lagerung in spezifischen Speicherkompartimenten/-Zellen
  - Evolution einer Gifttoleranz
- Nutzung der aufgenommen Sekundärstoffe
  - Schutz vor Prädatoren (z.B. Herzglycoside, Iridoidglycoside, Cyanoglycoside, Pyrrolizidin- und Chinolizidinalkaloide)
  - Einsatz als Signalmoleküle: Pheromone (z.B. Pyrrolizidinalkaloide)
  - Einsatz als Morphogene (z.B. Pyrrolizidinalkaloide)
- Anlockung von Prädatoren für die Herbivoren

phytopathogene Bakterien/Pilze
- Inaktivierung der Sekundärstoffe
- Entwicklung einer Gifttoleranz

◘ **Abb. 4.49** Anpassungen von spezialisierten Insekten an die Sekundärstoffe ihrer Wirtspflanzen

Koevolution zwischen Insekten und Pflanzen

Samenpflanzen waren vermutlich schon vor 200 Mio. Jahren in der Lage, Sekundärstoffe zu bilden (◘ Abb. 4.45). Da zu diesem Zeitpunkt bereits viele der herbivoren Insektenordnungen entstanden waren, musste es zu einem engen Zusammenspiel zwischen der Wehrchemie der Pflanzen und Anpassungen auf Seiten der Insekten kommen. Bei den Pflanzen erfolgte in den letzten 130 Mio. Jahren eine große Diversifizierung der Blütenpflanzen, die insbesondere auf Insekten zur Bestäubung angewiesen sind. Parallel zur Evolution der höheren Pflanzen erlangten die Insekten vermutlich koevolutiv eine besonders umfassende Diversität. Den über 350.000 Pflanzenarten stehen vermutlich mehrere Millionen Insektenarten gegenüber, von denen die vielen mono- oder oligophagen Arten besonders eng an die Chemie ihrer Wirtspflanzen angepasst sein müssen (◘ Abb. 4.49). Die Entwicklung dieser wechselseitigen Beeinflussungen wird als Koevolution angesehen.

Ein Pflanzenfresser, der erfolgreich überleben will, muss sich in vielfältiger Hinsicht mit der Wehrchemie seiner Futterpflanze auseinandersetzen. In diesem Abschnitt konzentrieren wir uns auf pflanzenfressende Insekten, denen es nicht nur gelungen ist, die Abwehrstoffe ihrer Wirtspflanzen zu tolerieren, sondern die auch in der Lage sind, diese Abwehrsubstanzen für die eigene Fitness zu nutzen. Viele Insekten verwenden pflanzliche Sekundärstoffe als Verteidigungs- und Signalsubstanzen, seltener als Morphogene, welche die Genexpression bzw. Entwicklung bestimmter Organe modulieren können. Es fand offenbar in der Evolution ein ständiges **Wettrüsten (*arms race*)** zwischen Pflanzen und ihren Giften und Pflanzenfressern statt, die sich an die jeweilige Verteidigungsstrategie anpassen konnten; dieses Phänomen wird auch als **Red Queen Hypothesis** bezeichnet (Die Rote-Königin-Hypothese [aus Lewis Carrolls „Alice hinter den Spiegeln" abgeleitet] wird auch bei Entwicklung der Sexualität diskutiert).

Die Koevolution zwischen Pflanzen und Pflanzenfressern umfasst nicht nur die Interaktionsebene, welche auf den letzten Seiten beschrieben wurde.

Einige Pflanzen produzieren Duftstoffe, wenn Insekten sie fressen oder ihre Eier auf ihnen ablegen. Durch diese Duftstoffe werden Parasiten und Prädatoren der herbivoren Insekten angelockt. Die Duftmuster sind häufig sehr spezifisch und hängen von den Fraßfeinden ab. Salopp ausgedrückt: einige Pflanzen rufen um Hilfe, wenn sie angegriffen werden. Dies ist ein weiteres Indiz für Koevolution und Kooperation.

Viele Insekten beherbergen in ihrem Darm und z. T. auch in speziellen Organen (in Mycetomen) kommensalische und symbiotische Bakterien, die in der Lage sind, pflanzliche Abwehrstoffe zu metabolisieren. Viele Pflanzen leben mit Pilzen (z. B. Endophyten, Mycorrhizen) zusammen, die Sekundärstoffe produzieren und damit ihren Wirtspflanzen nutzen. Ein gut untersuchtes Beispiel betrifft den **Mutterkornpilz (*Claviceps purpureus*)**, der auf Ähren von Roggen lebt und früher als Parasit angesehen wurde. Von der Pflanze erhält er Nährstoffe. Im Gegenzug produziert er giftige Indolalkaloide (Mutterkornalkaloide), die als spezifische Nervengifte mit Neurorezeptoren (Serotonin-, Dopamin- und Noradrenalin-Rezeptoren) in Herbivoren interagieren können. Es konnte experimentell gezeigt werden, dass Gräser mit Mutterkornpilz (oder ähnlichen Pilzen) deutlich weniger von Herbivoren heimgesucht werden als pilzfreie Gräser (Wink 2008b).

Viele marine Organismen (z. B. Schwämme) produzieren toxische Sekundärstoffe gegen Prädatoren; in vielen Fällen werden die Toxine aber nicht von den Tieren selbst, sondern von Mikroorganismen gebildet, die mit den Tieren eng zusammenleben. Solche mikrobiellen Gifte können in der Nahrungskette weitergegeben werden. Ein Beispiel sind die Gifte der Baumsteigerfrösche („Pfeilgiftfrösche"), z. B. Pumiliotoxin bei *Dendrobates* und Batrachotoxin bei *Phyllobates,* die die Frösche von ihren Nahrungstieren übernehmen. Diese Interaktion von Mikroorganismen, ihren Giften und Wirten ist vermutlich koevolutiv entstanden.

Tab. 4.10 Sequenz-*Alignment* (Aminosäuren) der Strictosidinsynthase (STS) ausgewählter Pflanzen, Tiere und Bakterien. Konservierte Positionen sind mit „x" gekennzeichnet, Arten die STS funktionell exprimieren sind fett gedruckt

	AMVVSILCAL	FLSSSLSFFE	FIEAPSYGPN	AAFDSDGLYA	SVEDGRIIKY	DPSNLKPLCG	RVYDFGFHYE	TRLYIADCYF
Ophiorrhiza_pumila	T.ALFTVFL.	....LA.KEI	L......A..	ST...TNF.T	..Q...V...	E.NSKR....	.T.ISYNLQ	NQ...V...Y
Rauvolfia_serpentina	**T.ALFTVFL.**	**....LA.KEI**	**L......A..**	**ST...TNF.T**	**..Q...V...**	**E.NSKR....**	**.T.ISYNLQ**	**NQ...V...Y**
Rauvolfia_mannii								
Medicago_truncatula	MV.SV..L.I	..LCPSVNKL	QLPP.LT..E	S...RN.P.V	TSS.....F..	VSNEVQAI..	.PLGL...NHQ	.D..V..A..
Arabidopsis_thaliana	LAKIFLVF.I	YCAIPFHSEI	RFLNEVQ..E	S...PQ.P.T	G.A....LFW	NGTRKEDI..	.PLGLR.DKK	ND.....A.L
Solanum_esculentum	ILLLI.VVQ.	VSVNAFKSKI	IHLNG.I..E	S...PN.P.I	G.A....L.L	QG...KEHI.	.PLGLR.DTK.	E......A.L
Oryza_sativa	HLFFAA.ALA	L.LTPFLGRL	EFVGEVF..E	SE..RH.P..	GLA...VVRW	MEDAEERR..	.PLGLR...G.	.E..V...A.Y
Brassica_napus	VLCIIA.SVV	.IAIPFMGKL	EFVDRVF..E	SE..GL.P.T	GLA...VVRW	MEAVKEK...	.PLGLR.VK.	.N.....A.Y
Triticum_aestivum	HLFIAA.ALA	LVLMPFLGRL	EFVNEVF..E	SE..RQ.P..	GLA...VVRW	MDKAGEQW..	.PLGLR..R.	.E.F....A.Y
Zea_mays	HLFFAA.ALA	L.VAPFLGRL	EFVGEVF..E	SE..LQ.P..	GLA...VVRW	MEEAEEEF..	.PLGLR...G.	.E..V...A.Y
Danio_rerio	SGK.FRVTL.	TMVAL.LAER	LF.ERLIV..E	SLANIGDF.T	GTA..K.V.I	ERNIEEHT..	.PLGIRVGPN	GT.FV..A.L
Homo_sapiens_BSCv	SGR.FRVTF.	M.AVTVLAER	LF.NQLV..E	SIAHIGDMFT	GTA..VV.L	EGEIDE.V..	.PLGIRAGPN	GT.FV..A.K
Marinobacter_aquaeolei	WLL..L.VVF	L.LGF.LADL	LARGEV...E	DTTIGPD..S	GTQ..W.VRV	HDGTHLETG.	.PLGLV.DSN	GN.IV..AWK
Pseudomonas_aeruginosa	KLSGI.VILL.	AGAAY.LAEL	LGQGQLH..E	DTAVDSQV..	GLA...VVRL	.SGKTVDTG.	.PLGMD.DAA	GN.IL..AWK
Konservierte Positionen			x		xx		x	x
Konservierte Positionen (Pflanzen)			x	x	xxx	xx	x	xx x

	GLGFVGPDGG	HAIQLATSGE	FKWLYALAID	QQFVYVTDVS	TKYDDRGVQD	RINDTTGRLI	KYDPSTEEVT	VLMKGLNIPG
Ophiorrhiza_pumila	H.SV..SE..	..T.....VP	......VTV.	.RI..F....	.L....Q	DTS.K....	......K.T.	L.L.E.HV..
Rauvolfia_serpentina	**H.SV..SE..**	**..T.....VP**	**......VTV.**	**.RI..F....**	**.L....Q**	**DTS.K....**	**......K.T.**	**L.L.E.HV..**
Rauvolfia_mannii								
Medicago_truncatula	..VK...N..	N.T..VGPTS	TMFADG.DV.	PDI..F..A.	.N.KLKDF.T	ASG.NS...L	R......NQT.	..LRN.T..S
Arabidopsis_thaliana	.IMK...E..	L.TS.TNEAP	LRFTND.D..	DEN..F..S.	SFFQR.KFML	VSGEDS..VL	..N.K.K.T.	T.VRN.QF.N
Solanum_esculentum	..QV...K..	L.TP.VQKFP	LVFTNDVD..	DDVI.F..T.	...QRWQFLT	SSG......M	...K..KK	...LGD.AFAN
Oryza_sativa	..MS...N..	V.TS..REVP	VNFAND.D.H	RNS.FF..T.	.R.NRKDHLN	LEGEG....L	R...E.KAAH	.VLS..VF.N
Brassica_napus	..LV...E..	V.TP...HVP	ILFAND.D.H	RNSIFF..T.	KR..RANHFF	LEGES....L	R...P.KTTH	IVQE..AF.N
Triticum_aestivum	..MA..ES..	V.TS..REAP	VHFAND.D.H	MNSIFF..T.	.R.SRKDHLN	LEGEG....L	R..RE.GA.H	.VLN..VF.N
Zea_mays	..MV..QS..	V.SSV.REAP	IRFAND.DVH	RNS.FF..T.	MR.SRKDHLN	LEGEG....L	R...E.SG.H	.VL..VF.N

Tab. 4.10 *(Fortsetzung)* Sequenz-*Alignment* (Aminosäuren) der Strictosidinsynthase (STS) ausgewählter Pflanzen, Tiere und Bakterien. Konservierte Positionen sind mit „x" gekennzeichnet, Arten die STS funktionell exprimieren sind fett gedruckt

Danio_rerio	..FE.N.VT.	EVKS.VSTER	LGFVND.DVT	.DK..F..S.	SRWQR.DFMH	L.MTAD..VL	E..TE.K...N	.M.EN.RF.N
Homo_sapiens_BSCv	..FE.N.WKR	EVKL.LS.EN	MSFVND.TVT	.DKI.F..S.	S.WQR.DYLL	LVMTDD...L	E..TV.R...K	..LDQ.RF.N
Marinobacter_aquaeolei	..LSIT.Q.D	ITVLTREAEP	.RFTDDVV.A	PDRI.F..A.	SRFQQPDYVL	DLLRPH...L	R.N.K.RKTE	..LGN.HFAN
Pseudomonas_aeruginosa	..LRID.Q.K	VETLATEADP	.AFTDD.D.A	SDRI.F..A.	S.FHQPDYIL	DLLRPH...L	R.....GKTE	..L.D.YFAN
Konservierte Positionen	x							
Konservierte Positionen (Pflanzen)	x xx xx	x x		xx x	xx	xx	x x	
Ophiorrhiza_pumila	GTEVSKDGSF	VLVGEFASHR	ILKYWLKGPK	ANTSEFLLKV	RGPGNIKRTK	DGDFWVASSD	NGITVTRGIR	FDEFGNILEV
Rauvolfia_serpentina	.A....A.S.	...A..L..Q	.V.....E..	KG.A.V.V.I	PN......NA	..H..S..E.	.HGR.DK..K	....
Rauvolfia_mannii	.A....A.S.	...A..L..Q	.V.....E..	KG.A.V.V.I	PN......NA	..H..S..E	.HGR.DK..K	....
Medicago_truncatula	.VA....E..	...S.YLAN.	.QRV.....R	..S..LFMLL	A..D....NS	G.Q..ISV.S	S.CSTLS.V.	VN.N.LV.QI
Arabidopsis_thaliana	.LSLG.....	FIFC.GSIG.	LR......E.	.G...VVALL	H..D..RTN.	.......VHC	Q.GWPHVAVK	YS.E.KV.K.
Solanum_esculentum	.VAL..NK..	...T.TTNF.	..R......L	VG.HDVFVEL	K......LQA	GDGELHTALK	LS.D.RV...
Oryza_sativa	.VQI.D.QQ.	L.FS.TTNC.	.MR...E..R	.GQV.VFADL	P..D.VRLSS	G.R....IDC	MSMRMHLVAL	L.GE.DVV..
Brassica_napus	.IQL..Q...	L.FT.TTNC.	LV....E.A.	TGEV.VVVDL	P..D.VRMN.	K.E....IDC	A.MKMYVIS.	..AD.EV...
Triticum_aestivum	.VQI.Q.QQ.	L.FS.TTNC.	.MR...E..R	.GQV.VFANL	P..D.VRLNS	K.Q....IDC	MSMKMYLLAL	L.GE..VV..
Zea_mays	.VQI.E.HQ.	L.FS.TTNC.	.MR...E..R	.GEV.VFANL	P..D.VRSNG	R.Q....IDC	KARRMHVLAL	L.GE.RVV..
Danio_rerio	.IQLFP.EES	...A.TTMA.	.KRVHVS.LN	KGGMDTFIEL	P..D..R.SS	S.GY...M.A	KVPRYSLVVE	LQSD.TCVRS
Homo_sapiens_BSCv	.VQL.PAED.	...A.TTMA.	.RRVYYS.LM	KGGADLFVEM	P..D..RPSS	S.GY..GM.T	KVPRYSLVLE	LSDS.AFRRS
Marinobacter_aquaeolei	.VA..PQ.DY	...N.TWKY.	..R..IS...	.GRA.VFADL	P..D.LAVDG	G.RY...FPT	KPQNYGLVVA	..RK.RM.TS
Pseudomonas_aeruginosa	.VAL.ANED.	...N.TYRY.	.TR......E	.GQH.VFIDL	P..D.LQGDR	K.T....LPT	KPTAYGLV.A	I..Q.K.VRS
Konservierte Positionen	x	x			x x	x xx		x
Konservierte Positionen (Pflanzen)	x	x	xx x		x x	x xx		x

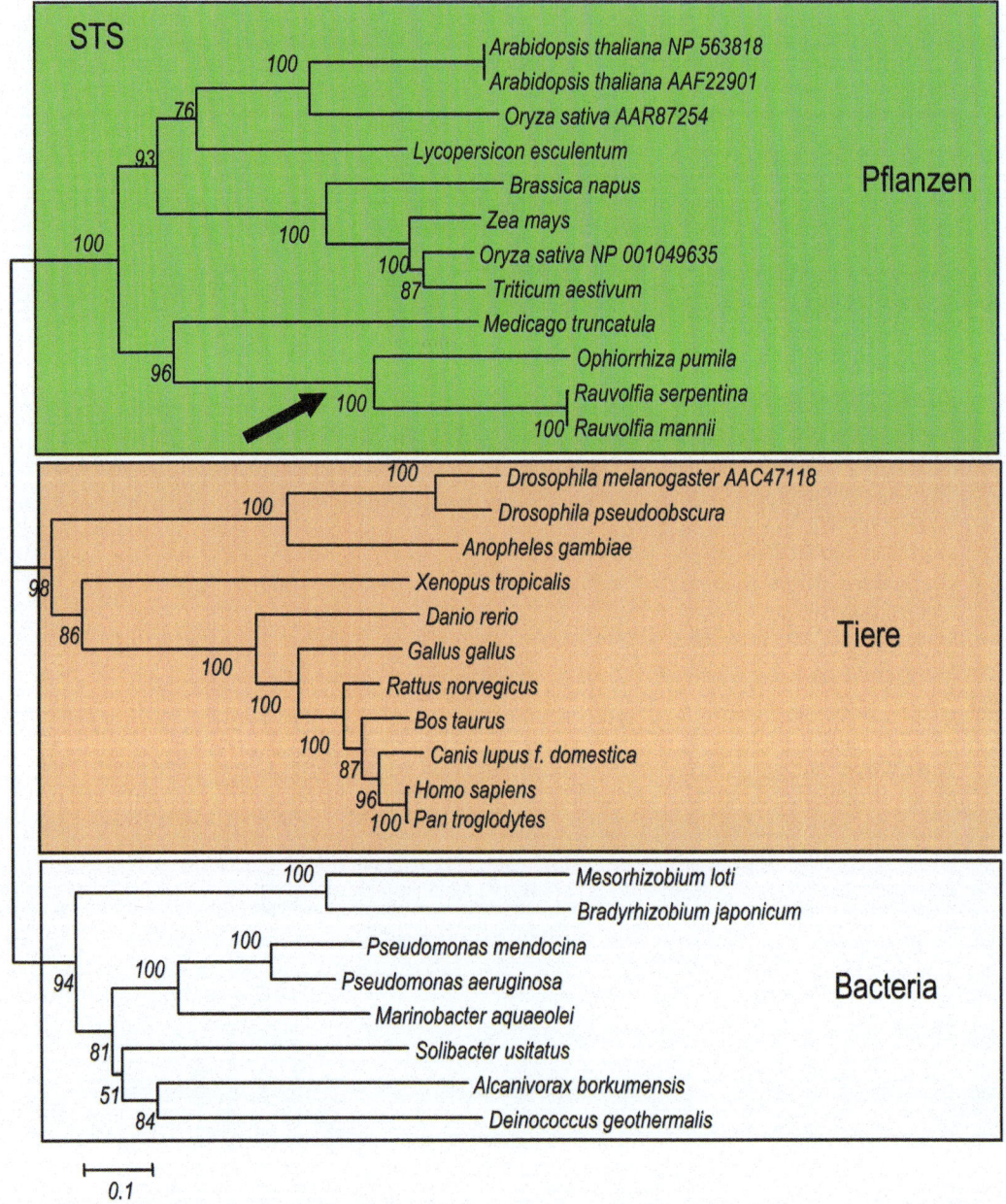

◘ **Abb. 4.50** Phylogenie der Strictosidinsynthase (STS) aufgrund von Aminosäuresequenzen, die von DNA-Sequenzen abgeleitet wurden

EXKURS 4.7

Alkaloide

Chinolizidinalkaloide (QA)

Viele Schmetterlingsblütler (Leguminosen; Familie Fabaceae) bilden QA als charakteristische Inhaltsstoffe, die sich durch eine breite biologische Wirkung auszeichnen: Neben allelopathischen, antiviralen, antibakteriellen und antifungalen Aktivitäten wirken sie auf viele Herbivoren fraßabschreckend. Zugleich sind QA für die meisten Insekten und Vertebraten toxisch. Zellulär wurden mehrere Wirkorte erkannt: So hemmen QA insbesondere Na^+- und K^+-Kanäle und aktivieren muscarinische und nicotinische Acetylcholinrezeptoren. Beide Wirkungen führen zu gravierenden Störungen der neuronalen Erregungsleitung bei Tieren. Als Langzeitwirkung wurden füwr einige QA, wie Anagyrin, mutagene Effekte beschrieben, die bei neugeborenen Tieren zu verkrüppelten Gliedmaßen *(crooked calf disease)* führen.

Aufgrund ihrer Giftigkeit (und ihres bitteren Geschmacks) werden QA-Pflanzen, wie Lupinen, Ginster und Goldregen, von Pflanzenfressern weitgehend gemieden. An vielen Stellen in Mitteleuropa kann man beobachten, dass sich diese Pflanzen, insbesondere der Besenginster (*Cytisus scoparius*) und die vielblättrige Lupine (*Lupinus polyphyllus*), gut behaupten und sich als Pionierpflanzen häufig durchsetzen. Die Bedeutung der QA als chemische Abwehrsubstanzen konnte im Freiland getestet und bestätigt werden: Da Lupinen von Natur aus sehr alkaloidreich sind, gleichzeitig aber proteinreiche Samen aufweisen, die ernährungsphysiologisch denen der Sojabohne nicht nachstehen, haben Pflanzenzüchter versucht, den Alkaloidgehalt der Lupinen zu senken. Es ist inzwischen gelungen, fast alkaloidfreie Mutanten von mehreren Lupinenarten zu züchten, die als „Süßlupinen" den wilden „Bitterlupinen" gegenübergestellt werden. Pflanzt man Süß- und Bitterlupinen, die sich nur in ihrem Alkaloidgehalt unterscheiden, nebeneinander an und verzichtet auf Zäune und chemische Pflanzenschutzmittel, verschwinden die alkaloidarmen Süßlupinen sehr schnell, da sie von Kaninchen und Hasen selektiv gefressen und von verschiedenen Insekten (Pfirsich- und Erbsenblattläusen, Minierfliegen usw.) befallen werden, während die am gleichen Platz stehenden Bitterlupinen unbelästigt bleiben (◘ Abb. 4.51).

Keine auch noch so gute chemische Verteidigung ist sakrosankt. Fast immer ist es einigen Herbivoren gelungen, in diese „ökologische Nische" einzudringen, indem sie nicht nur die Alkaloide tolerieren, sondern diese speichern und sie zur eigenen chemischen Verteidigung gegen Prädatoren einsetzen. Gut untersuchte Beispiele für QA-Nutzer sind einige Blattlausarten, wie *Macrosiphum albifrons*, die auf Lupinen lebt, oder *Aphis cytisorum* und *A. genistae* auf Goldregen und Ginster. Diese Blattläuse zeichnen sich dadurch aus, dass sie die Alkaloide der Wirtspflanze aus dem Phloem aufnehmen und speichern. Für *Macrosiphum albifrons* konnte experimentell gezeigt werden, dass insektenfressende Käfer und deren Larven, wie Laufkäfer und Marienkäfer gelähmt oder sogar tödlich vergiftet wurden, nachdem sie alkaloidhaltige Blattläuse gefressen hatten. Nur diese adaptierten Blattlausarten tolerieren die Alkaloide ihrer Wirtspflanzen; alle anderen Blattlausarten werden durch QA abgeschreckt oder vergiftet. Man könnte diese Alkaloide deshalb auch als natürliche Insektizide einsetzen; sie sind sog. biorationale Pestizide.

Ebenfalls gut ist eine Schmetterlingsart, *Uresiphita reversalis* (Pyralidae), untersucht, deren Larven auf QA-Pflanzen (*Teline monspessulana*) leben. Die Raupen nehmen Alkaloide vom besonders toxischen Cytisin-Typ selektiv aus ihrer Nahrung auf und speichern sie in ihrer Haut. Die Alkaloidaufnahme erfolgt aktiv unter Beteiligung eines Transportsystems, das offensichtlich nur bei QA-speichernden Insekten vorkommt. Bevor sich die Larve verpuppt, stellt sie sich einen mechanisch stabilen Kokon her, den sie zusätzlich chemisch schützt, indem sie die in ihren Geweben gespeicherten Alkaloide in seine Wand transferiert. Die Puppe und der schlüpfende Falter enthalten keine Alkaloide mehr. Fressfeinde können offensichtlich erkennen, welche Raupen Alkaloide speichern und verschmähen diese im Wahlversuch. Das unterschiedliche Alkaloidspeicherverhalten von Larven, Puppen und Imagines spiegelt sich auch im Verhalten und Aussehen der Tiere wider: Während die alkaloidreichen Raupen

▶

EXKURS 4.7 (Fortsetzung)

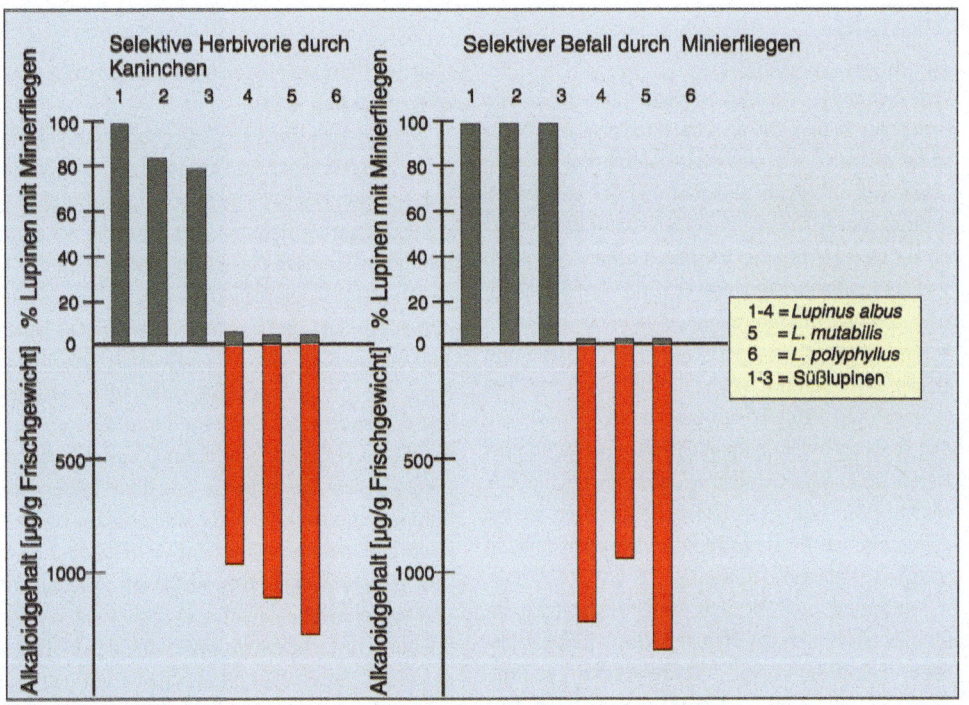

Abb. 4.51 Bedeutung der Lupinenalkaloide als chemische Schutzsubstanzen gegen Herbivore

bunt, auffällig gefärbt (aposematische Färbung) und tagaktiv sind, haben die Falter eine Tarnfärbung und leben versteckt und nachtaktiv.

Pyrrolizidinalkaloide (PA)

Über 200 unterschiedliche Pyrrolizidinalkaloide kommen insbesondere bei Korbblütlern (Asteraceae) und Raublattgewächsen (Boraginaceae) vor. Neben einer Modulation von Neurorezeptoren sind es mutagene und karzinogene Effekte, die diese Alkaloide als chemische Abwehrsubstanzen auszeichnen. Die letztgenannten Eigenschaften kommen erst dadurch zustande, dass die PA in der Vertebratenleber „entgiftet" werden. Erst durch die dabei ablaufenden biochemischen Reaktionen entsteht ein Pyrrolderivat, das DNA alkylieren und damit mutagene und karzinogene Effekte verursachen kann. Als Verteidigungskonzept scheint dieses Prinzip gut zu wirken, da PA-haltige Pflanzen von den meisten Pflanzenfressern gemieden werden. Dies ist auf Viehweiden leicht zu beobachten. Wenn alles andere bereits gefressen ist, bleiben PA-Pflanzen wie das Jakobskreuzkraut (*Senecio jacobaea*) meist noch unberührt stehen (**Abb. 4.52a**). Es gibt jedoch Spezialisten, die Pflanzen mit PA nutzen können. So lebt auf dem Jakobskreuzkraut der Karminbär (*Tyria jacobaeae*), der PA speichert und dessen Raupen durch schwarzgelbe Warnfärbung ihre Ungenießbarkeit signalisieren. Die giftigen Falter tragen eine karminfarbene Warnfärbung (**Abb. 4.52b**).

Ein anderes Beispiel für Insekten, die auf PA-Pflanzen spezialisiert sind und die Alkaloide in vielfältiger Weise nutzen, ist der südostasiatische Bärenspinner, *Creatonotos transiens*, dessen chemische Ökologie gut untersucht wurde. Einige der im Zusammenhang mit der PA-Nutzung wichtigen biochemischen und biologischen Prozesse sind in **Abb. 4.53** illustriert. Beim Weibchen wird kurz vor dem Schlüpfen ein Teil der Alkaloide aus dem Integument mobilisiert und in das Ovar bzw. in die Eier transferiert. Das schließlich produzierte Gelege ist damit stark alkaloidhaltig (4–6 mg PA je g Frischgewicht) und erhält damit einen chemischen Schutz vor Eiräubern. Die Männchen transferieren einen

EXKURS 4–7 (Fortsetzung)

○ **Abb. 4.52 a, b** a Alkaloid-haltige *Senecio*-Pflanzen (gelb blühend) werden vom Vieh verschmäht; **b** warnfarbene Raupe und Falter von *Tyria jacobaea* (diese speichern PAs)

Teil der Alkaloide in ihre Spermatophore, die bei der Kopulation auf das Weibchen übertragen wird. Dieses erhält so mit den Alkaloiden ein „Brautgeschenk", das jedoch auf die Eier übergeht, die somit auch einen chemischen Schutz vom Vater mitbekommen. Für das Weibchen sollte es deshalb wichtig sein, einen Partner mit möglichst viel PA zu finden. Inzwischen ahnt man, wie dies möglich ist: Von Dietrich Schneider und Michael Boppré wurde bereits 1982 gezeigt, dass nur männliche Raupen, die als Larve PA gefressen haben, als Falter große schlauchförmige Duftorgane (Coremata) an ihrem Abdomen ausbilden, die während der Balz aufgeblasen werden (○ **Abb. 4.54**). PA-frei aufgezogene Tiere haben dagegen nur kümmerliche Coremata. Diese stark behaarten Duftorgane enthalten Pheromone, die sich biogenetisch von den gefressenen Alkaloiden ableiten, nämlich von 7R-Hydroxydanaidal. Die Menge an Pheromon scheint mit der Menge an gespeichertem PA korreliert zu sein, d. h. je intensiver so ein Bärenspinnermännchen duftet, desto mehr PA hat es gespeichert, die es an seine Nachkommen weitergeben kann. Die Weibchen besitzen Chemorezeptoren auf ihren Antennen, mit denen sie Hydroxydanaidal riechen und damit ein PA-reiches Männchen erkennen können. Auf diese Weise tragen Weibchen und Männchen zur chemischen Verteidigung ihrer Nachkommen bei, indem sie Alkaloide aus ihren Futterpflanzen verarbeiten und weitergeben. Auf welche Weise PA die Entwicklungsgene für die Coremata aktivieren, ist nicht bekannt. Das *Creatonotos*-Beispiel illustriert bereits die Komplexität der möglichen Spezialisierungen, mit denen wir zu rechnen haben.

Die Fähigkeit, PA zu speichern und zu nutzen, findet man bei verschiedenen Schmetterlingsgruppen (insbesondere in den Familien Nymphalidae und den Arctiidae) und anderen Insekten (wie z. B. Blattkäfern der Gattung *Oreina*). Die Fähigkeit der PA-Speicherung ist bei diesen Insekten offenbar nicht nur einmal oder sondern mehrmals durch parallele Evolution entstanden (○ **Abb. 4.55**). Innerhalb der Arctiidae sind die Callimorphinae und Arctiinae in der Regel PA-Speicherer. Nicht alle Arctiinae sind obligate PA-Speicherer; die meisten nutzen diese Substanzen eher opportunistisch. Damit ergibt sich für die PA-Verteilung bei den Insekten ein ähnlich heterogenes Bild wie für die PA-Produzenten bei den Pflanzen (vgl. ○ **Abb. 4.47**). Es handelt sich offensichtlich um ein adaptives Merkmal, das mehr über die Ökologie der Arten aussagt als über ihre gemeinsame Phylogenie.

EXKURS 4.7 (Fortsetzung)

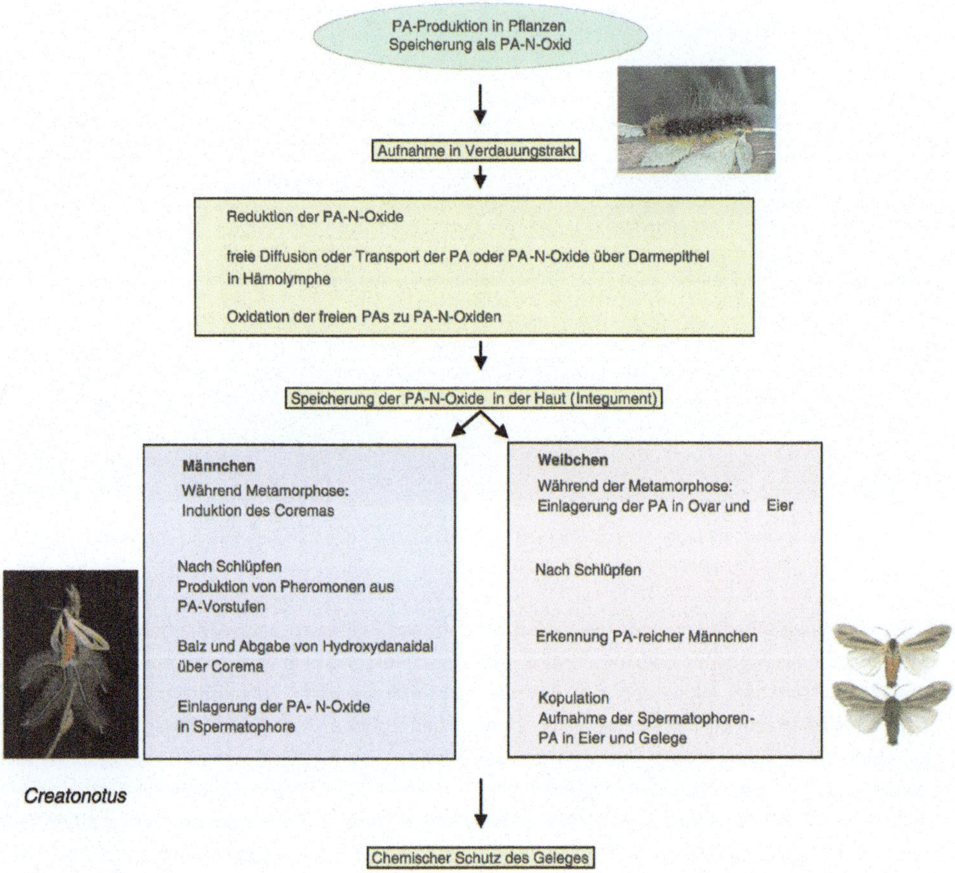

```
                    PA-Produktion in Pflanzen
                    Speicherung als PA-N-Oxid
                              ↓
                   Aufnahme in Verdauungstrakt
                              ↓
          ┌─────────────────────────────────────────────┐
          │ Reduktion der PA-N-Oxide                    │
          │                                             │
          │ freie Diffusion oder Transport der PA oder  │
          │ PA-N-Oxide über Darmepithel in Hämolymphe   │
          │                                             │
          │ Oxidation der freien PAs zu PA-N-Oxiden     │
          └─────────────────────────────────────────────┘
                              ↓
          Speicherung der PA-N-Oxide in der Haut (Integument)
                          ↙       ↘
```

Männchen
Während Metamorphose:
Induktion des Coremas

Nach Schlüpfen
Produktion von Pheromonen aus PA-Vorstufen

Balz und Abgabe von Hydroxydanaidal über Corema

Einlagerung der PA-N-Oxide in Spermatophore

Creatonotus

Weibchen
Während der Metamorphose:
Einlagerung der PA in Ovar und Eier

Nach Schlüpfen

Erkennung PA-reicher Männchen

Kopulation
Aufnahme der Spermatophoren-PA in Eier und Gelege

↓
Chemischer Schutz des Geleges

▶ **Abb. 4.53** Verarbeitung von pflanzlichen Pyrrolizidinalkaloiden (PAs) in Insekten, hier am Beispiel eines Arctiiden, *Creatonotus transiens*

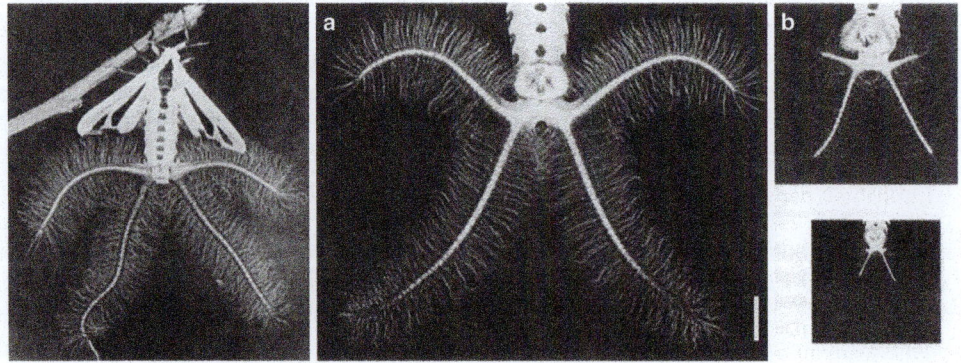

▶ **Abb. 4.54** Größe der Coremata von *Creatonotos-gangis*-Männchen, die im Larvalstadium PA über die Nahrung erhielten (*links und Mitte*) oder PA-frei (*rechts*) aufgezogen wurden. Nach Schneider et al. (1982, Bildrechte liegen bei AAAS)

EXKURS 4.7 (Fortsetzung)

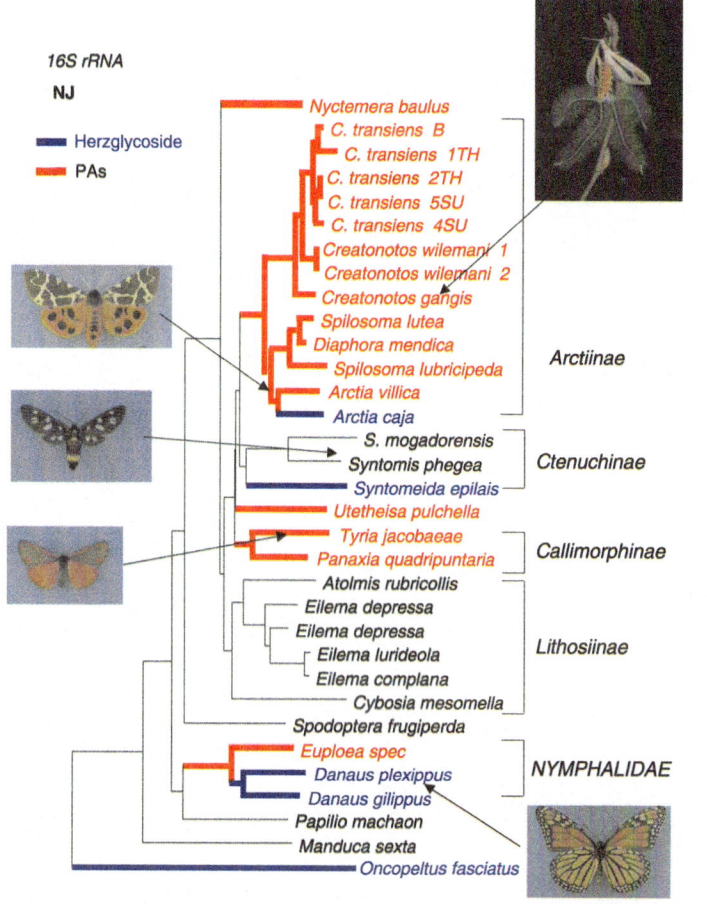

◘ **Abb. 4.55** Phylogenie von PA-speichernden und PA-freien Schmetterlingen (vier Unterfamilien der Arctiidae und Nymphalidae), rekonstruiert über Nucleotidsequenzen der 16S rRNA (nach Wink et al. 1998)

EXKURS 4.8

Herzglycoside (HG)

Während Herzglycoside, richtig dosiert, wertvolle Arzneimittel in der Herztherapie (von Withering 1785 entdeckt) darstellen, wirken sie in höherer Konzentration als starke Gifte, sowohl in Vertebraten als auch in Insekten. Herzglycoside hemmen die physiologisch wichtige Na^+-K^+-ATPase (◘ **Abb. 4.41**).

Während die meisten Herbivoren Herzglycosid-führende Pflanzen meiden, haben sich einige Insekten geradezu auf diese Wirtspflanzen spezialisiert. Die Larven sind in der Lage, die mit der Nahrung aufgenommenen Herzglycoside zu speichern, die ihnen dann wiederum Schutz vor Prädatoren gewähren. Die meisten HG-speichernden Insekten sind auffällig gefärbt (aposematische Färbung) und signalisieren bereits damit ihr chemisches Arsenal. Ein klassisches Beispiel der Chemischen Ökologie ist der nordamerikanische Monarchfalter (*Danaus plexippus*) (◘ **Abb. 4.56a**), der von Blauhähern gemieden wird, sobald die Vögel einmal schlechte Erfahrung gemacht haben (d. h. wenn sie nach dem Fressen von einem Falter stark erbrechen mussten).

EXKURS 4.8 (Fortsetzung)

a *Danaus plexippus*

b

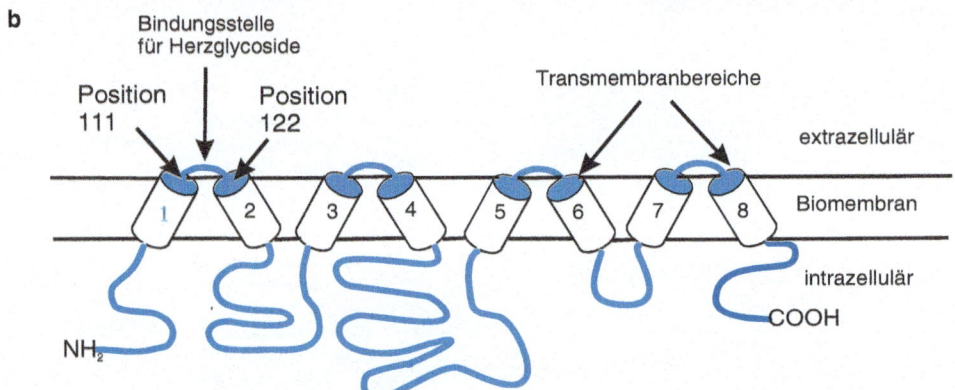

c

Herzglycosid-sensitive Na$^+$,K$^+$-ATPasen											
	111				115				120		122
Homo sapiens	Gln	Ala	Ala	Thr	Glu	Glu	Glu	Pro	Gln	Asn	Asp	Asn
Drosophila	Gln	Ala	Ser	Thr	Ser	Glu	Glu	Pro	Ala	Asp	Asp	Asn
Manduca sexta	Gln	Ala	Ser	Thr	Val	Glu	Glu	Pro	Ser	Asp	Asp	Asn
Creatonotos transiens	Gln	Ala	Ser	Thr	Val	Glu	Glu	Pro	Ala	Asp	Asp	Asn
Amata mogadorensis	Gln	Ala	Ser	Thr	Val	Glu	Glu	Pro	Ala	Asp	Asp	Asn

Unempfindliche Na$^+$, K$^+$-ATPasen											
	111				115				120		122
Rattus	**Arg**	Ser	Ala	Thr	Glu	Glu	Glu	Pro	Pro	Asn	Asp	Asp
Bufo marinus	**Arg**	Lys	Ala	Ser	Asp	Leu	Glu	Pro	Asp	Asn	Asp	Asn
Danaus plexippus	Gln	Ala	Ser	Thr	Val	Glu	Glu	Pro	Ser	Asp	Asp	**His**
Danaus gilippus	Gln	Ala	Ser	Thr	Val	Glu	Glu	Pro	Ser	Asp	Asp	Asn
Syntomeida epilais	Gln	Ala	Ser	Thr	Glu	Glu	Glu	Pro	Ser	Asp	Asp	Asn

Abb. 4.56 a–c. a Raupen des Monarchfalters fressen auf *Asclepias* und nehmen Herzglycoside auf; die Herzglycoside werden in den folgenden Entwicklungsstadien, d. h. Puppe und Imago gespeichert und dienen der Abwehr von Fraßfeinden. **b** Struktur der Na$^+$-K$^+$-ATPase und die Lage der Herzglycosidbindungsstelle. Die Ziffern in den Transmembranregionen weisen auf H1, H2 usw. hin. **c** Von den Nucleotidsequenzen abgeleiteten Aminosäuresequenz der Ouabain-Bindungsstelle von Herzglycosid-sensitiven und -insensitiven Organismen

EXKURS 4.8 (Fortsetzung)

In der Mimikryforschung spielen Schmetterlinge, die dem Monarchen sehr ähnlich sehen und damit dessen chemischen Schutz mitnutzen, ohne selbst Herzglycoside speichern zu müssen, eine erhebliche Rolle.

Unter Mimikry versteht man die morphologische Nachahmung einer anderen meist toxischen Art durch eine ungiftige Art, die von Fraßfeinden dann ebenfalls gemieden wird (**Bates'sche Mimikry**). Unter **Müller'scher Mimikry** versteht man das Phänomen, dass nicht verwandte Arten ähnliche Warntrachten entwickeln (s. **◘ Abb. 4.55**). Wenn ein Fraßfeind mit einer Art schlechte Erfahrung gemacht hat, wird er zukünftig auch ähnlich gefärbte andere Arten vermeiden. Eine Sonderform ist die **Peckham'sche Mimikry** (oder aggressive Mimikry), bei der andere Arten durch Täuschung angelockt werden. Beispiele sind Orchideen der Gattung *Ophrys*, deren Blüten so aussehen wie weibliche Solitärbienen (**◘ Abb. 1.30**) und die zusätzlich Pheromone produzieren, die von männlichen Solitärbienen erkannt werden. Die Bienenmännchen versuchen, sich mit den Blüten zu paaren und verbreiten so Pollen.

Die aposematisch gefärbte Ctenuchidenart *Syntomeida epilais* lebt als Larve nahezu ausschließlich auf dem HG-reichen Oleander (*Nerium oleander*). Seine giftigen Cardenolide werden durch ein spezifisches Transportsystem in die Darmzellen der Larven aufgenommen, d.h. die Resorption erfolgt nicht durch freie Diffusion. Diese Anpassung ist offensichtlich nur bei den HG-speichernden Arten entwickelt, nicht aber bei den übrigen Arten, die keine HG akkumulieren, selbst wenn man sie ihnen über die Nahrung verabreicht. Sowohl die Larven als auch die fertigen Falter von *Syntomeida epilais* speichern die Herzglycoside, besonders in ihrem Integument. Beide Formen sind auffällig gezeichnet und tagaktiv. Ebenso wie die Monarchfalter werden sie von Vögeln weitgehend verschmäht.

Obwohl der natürliche Herzglycosidgehalt eines Monarchfalters über 8 mg pro g Trockengewicht betragen kann, scheint dies für ihn selbst keinerlei Bedrohung darzustellen. *Danaus plexippus* ist, ähnlich wie andere HG-Speicherer, gegenüber giftigen Herzglycosiden resistent. Erklärt wird die Toleranz durch eine Insensibilität der Na^+-K^+-ATPase des Monarchen: So zeigen *In-vitro*-Versuche mit Raupenhomogenaten, dass die Na^+-K^+-ATPase des Monarchen gegen Ouabaineinwirkung bis zu 300-fach weniger sensitiv ist als bei HG-sensitiven Faltern.

Die Na^+-K^+-ATPase besteht aus zwei Polypeptiden, einer katalytischen α-Untereinheit mit 1016 Aminosäuren und einer β-Untereinheit mit 302 Aminosäuren bisher unbekannter Funktion (**◘ Abb. 4.56b**). Die extrazelluläre Domäne der α-Untereinheit zwischen den Proteindomänen H1 und H2 bezeichnet man als „Ouabain-Bindungsstelle" (Ouabain ist ein Herzglycosid). Die Sequenz der 12 Aminosäuren umfassenden Ouabain-Bindungsstelle stimmt bei den HG-sensitiven Tieren (wie *Torpedo* und *Drosophila*) aber auch beim Menschen überein (**◘ Abb. 4.56c**). Die Unempfindlichkeit von *Danaus plexippus* gegenüber Herzglycosiden wird offensichtlich durch eine Punktmutation hervorgerufen: Anstelle eines Asparagin-Restes hat der Monarch einen Histidinrest in Position 122 (**◘ Abb. 4.56c**) der Ouabain-Bindungsstelle. Es liegt nahe, dass diese „*Targetsite*"-Modifikation dazu führt, dass Ouabain nicht mehr gebunden wird und dem Monarch eine Toleranz gegen sein Wehrgift vermittelt. Diese Vermutung konnte experimentell bestätigt werden (Holzinger u. Wink 1996): Durch eine ortsspezifische Mutation (Einführung eines Histidinrestes in Position 122) konnte die Ouabain-empfindliche Na^+-K^+-ATPase aus *Drosophila* gegenüber Ouabain unempfindlich gemacht werden.

Ebenso wie bei den PA können wir uns fragen, ob die Herzglycosidspeicherung bei Insekten durch konvergente Evolution zustande gekommen ist und ob die Unempfindlichkeit auf demselben Prinzip wie beim Monarch beruht. Betrachten wir den molekularen Stammbaum in **◘ Abb. 4.55**, so erkennen wir, dass viele Vertreter der Danainae (einer Untergruppe der Nymphalidae), aber auch einige nicht näher verwandte Arctiiden, Herzglycoside zur Verteidigung nutzen. Die molekulare Analyse der Ouabain-Bindungsstelle von weiteren HG-unempfindlichen Schmetterlingen zeigte (**◘ Abb. 4.56**), dass nur der Monarch die Punktmutation an der Position 122 aufweist, nicht aber die anderen Arten,

EXKURS 4.8 (Fortsetzung)

ja nicht einmal *D. gilippus*, der immerhin zur Gattung *Danaus* zählt. Diese Befunde sprechen für eine unabhängige Entwicklung der Resistenzmechanismen und für eine konvergente Evolution all dieser Merkmale.

Eine **interessante Koevolution** hat sich zwischen den chemisch geschützten Nachtfaltern und **Fledermäusen** herausgebildet. Fledermäuse setzen bekanntlich Ultraschalllaute ein, um ihre Beute zu orten. Die Nachtfalter haben die Fähigkeit erworben, solche Ultraschalllaute zu erkennen und reagieren darauf, indem sie Sturzflüge oder andere Flugmanöver ausführen. Zusätzlich produzieren einige der Nachtfalter eigene Laute, die das Sonarsystem der Fledermäuse stören und zusätzlich die Information tragen, dass die betreffenden Falter chemisch geschützt sind; d. h. diese Warnlaute ergänzen die aposematischen Warnfarben, die von den Fledermäuse nicht gesehen werden können (Conner u. Corcoran 2012).

4.4 Phylogeographie

Übersicht

Durch genetische Analysen, insbesondere durch Phylogenierekonstruktionen und durch Ermittlung der Divergenzzeiten anhand von DNA-Sequenzen, lässt sich die Verbreitungsgeschichte vieler Organismen rekonstruieren. Kommen verwandte Taxa auf mehreren Erdteilen vor, so waren die Stammarten entweder bereits auf den Urkontinenten vorhanden und gelangten mit der Kontinentaldrift zur heutigen Verbreitung; oder aber die Taxa entwickelten sich auf einem Erdteil und erreichten Inseln und andere Erdteile in Zeiten, als Landbrücken bestanden. Ebenso wichtig ist die Ausbreitung durch Langstreckendispersion (*long-distance dispersal*), indem Organismen durch Wirbelstürme oder Meeresströmungen verdriftet wurden. Als Beispiele werden die Verbreitung der Lupinen und der flugunfähigen Laufvögel angeführt. Auch weniger weit zurückliegende Ereignisse, beispielsweise die Auswirkungen der Eiszeiten in Mitteleuropa auf die aktuelle Verbreitung, lassen sich über DNA-Marker rekonstruieren, wie am Beispiel der Verbreitung der Europäischen Sumpfschildkröte erläutert wird.

4.4.1 Grundlagen der Phylogeographie

Die Organismen unserer Erde zeigen im Allgemeinen definierte Verbreitungsmuster und nur wenige Arten sind kosmopolitisch verbreitet. Die heutige Verbreitung hängt von verschiedensten Faktoren ab, u. a. vom Ort, wo eine Gruppe ursprünglich entstand, von ihrer Mobilität, von erdgeschichtlichen Ereignissen, wie Plattentektonik, Meteoriteneinschlägen, Eiszeiten, Trockenzeiten oder Vulkanausbrüchen, oder von Zufallsereignissen (Verdriftung durch Meeresströmung oder Wirbelstürme).

Die räumliche Veränderung einer Art vom Ursprungszentrum (*center of origin*) aus wird als **Dispersion** (*dispersal*) bezeichnet. Man unterscheidet zwischen Dispersion über Korridore (Erdteile, die durch Landbrücken verbunden sind), temporäre Brücken (z. B. die Beringstraße oder die Landenge von Panama), die zeitweise Kontinente durch Landbrücken verbunden haben oder durch **Zufallsereignisse ("Lotterie")**.

Für flugfähige Tiere (Vögel, Fledermäuse, Insekten) stellen selbst große Entfernungen keine allzu großen Hindernisse dar, und Dispersion über Meere tritt vermutlich regelmäßig auf, man denke nur an das regelmäßige Auftreten des nordamerikanischen Monarchfalters (*Danaus plexippus*) in Europa und Nordafrika oder die Besiedlung ozeanischer Vulkaninseln durch Insekten und Vögel.

Zufallsereignisse können Wirbelstürme sein, die Pflanzensamen in die Stratosphäre aufwirbeln und Tausende Kilometer weiter wieder ablagern, oder Meeresströme, die Organismen weit verdriften. Für Pflanzen (insbesondere Samen) ist eine solche Langstreckendispersion ein realistisches Szenario und wurde bereits von Charles Darwin experimentell untersucht. Er konnte zeigen, dass viele Samen auch nach längerem Aufenthalt im Meerwasser ihre Keimfähigkeit beibehalten. Bei Wirbelstürmen und Tsunamis werden sogar größere Bäume entwurzelt, ins Meer gespült und dabei anschließend verdriftet. Sie können als Flöße dienen, auf denen sich Tiere, wie Reptilien, Spinnen oder Insekten, festklammern. Meist werden diese Verdriftungen mit dem Tod der blinden Passagiere enden. Aber es reicht schon aus, wenn ein solcher Transport alle 100.000 oder Millionen Jahre erfolgreich ist, um die Besiedlung einer Insel oder eines anderen Erdteils einzuleiten. In der Karibik beispielsweise wurden Flöße mit mehreren Leguanen gesichtet, die über Hunderte von Kilometern in eine neue Heimat verdriftet wurden. Die auf den Galapagosinseln lebenden Landschildkröten haben diese Inseln vermutlich driftend erreicht. Eine Besiedlung durch Dispersion kann in relativ kurzen Zeiträumen erfolgen, wie man dies in der Besiedlung von Vulkaninseln sehen kann. Als 1883 das Leben auf der indonesischen Insel Krakatau durch einen Vulkanausbruch vernichtet worden war, erfolgte die Rekolonisierung vergleichsweise schnell. 1930 wuchs bereits wieder tropischer Regenwald auf Krakatau und man fand dort 270 Pflanzen- und 31 Vogelarten. Ein weiteres Beispiel für die Vulkaninseln ist die Besiedlung der Makaronesischen Inseln, die im **Abschn. 3.5.6** bereits kurz angesprochen wurde.

Am Beispiel der Malpighiaceae konnte gezeigt werden, dass neben der Langstreckendispersion und der Plattentektonik noch eine weitere Erklärung für die Großdisjunktion in Frage kommt, nämlich die Migration über nordatlantische Landbrücken (Davis et al. 2002). Ähnliches gilt für diverse Tiergruppen, die in den Ölschiefern der Grube Messel (s. **Abschn. 2.4.1**) nachgewiesen wurden.

Warm-, Trocken- und Eiszeiten haben die Tier- und Pflanzenverbreitung maßgeblich geprägt. Auf eine Arealverbreitung bei günstigem Klima folgte häufig ein Rückzug in Refugialräume in schlechten Zeiten, oder aber die Art starb gänzlich aus. Durch Analyse der DNA-Sequenzen von Markergenen lassen sich diese Ereignisse auch heute noch in gewissem Maße rekonstruieren. Diese Forschungsrichtung wird nach John Avise et al. (1987) **Phylogeographie** genannt.

4.4.2 Disjunktion zwischen Alter und Neuer Welt

Die Erdgeschichte selbst hat sich auf die globale Verbreitung vieler Organismen stark ausgewirkt. Wie in Kap. 2 dargestellt, kann man davon ausgehen, dass vor rund 200 Mio. Jahren zwei große Erdteile, Laurasia und Gondwana, existierten. Durch **Plattentektonik** wurden nach und nach die Süd- und Nordkontinente sowie Alte und Neue Welt getrennt. Vor ca. 60–80 Mio. Jahren lagen die heutigen Kontinente schon weitgehend getrennt vor. Wenn rezente Organismen einer evolutionären Entwicklungslinie auf verschiedenen Erdteilen vorkommen, kann dies auf die Kontinentalverschiebung zurückgehen. Dass dies nicht immer der Fall sein muss, soll ein Beispiel erläutern.

Evolution der Lupinen

Lupinen (Familie Fabaceae; Gattung *Lupinus*) treten in großer Artenzahl in der Neuen Welt (ca. 150 Arten in Nord- und Mittelamerika, ca. 300 Arten in Südamerika) und mit 12 Arten in der Alten Welt auf. Es wurde bislang angenommen, dass die neu- und altweltlichen Lupinen auf einem Urkontinent entstanden und später durch Kontinentalverschiebung getrennt wurden und daher aktuell sowohl die Neue als auch die Alte Welt besiedeln.

Die Analyse der *rbc*L-Gens und der ITS-Region der rDNA (**Abb. 4.13**) zeigte jedoch, dass die genetische Distanz zwischen Alt- und Neuweltlupinen relativ klein ist und bestenfalls eine Divergenzzeit von 10–15 Mio. Jahren erlaubt. Also erfolgte die Disjunktion zu einem Zeitpunkt, als die Kontinente schon lange getrennt waren. Die entsprechenden Phylogramme (**Abb. 4.57**) zeigen außerdem, dass die Neuweltlupinen sich in zwei getrennte Evolutionslinien aufspalten. Eine ist im atlantischen Bereich Südamerikas zu Hause, die andere ist über Nord- und Mittelamerika bis in den Andenbereich von Südamerika (**Abb. 4.57**) verbreitet. Die südamerikanischen Lupinen mit atlantischer Verbreitung clustern im molekularen Stammbaum als Schwestergruppe zu den Altweltarten mit rauer Samenschale (◨ Abb. 4.57). Weil die Astlängen der nordamerikanischen Lupinen im Phylogramm kurz, die der Altweltarten relativ lang sind, muss man folgern, dass die Altweltlupinen früher entstanden als die nordamerikanischen Arten. Dieses Argument wird durch die Chromosomenanalyse gestützt, denn die Chromosomenzahl ist bei den nordamerikanischen Arten weitgehend konstant, während sie bei den Altweltarten größere Variationen aufzeigt.

Legt man die genetischen Daten zugrunde, so lag der Ursprung der Lupinen offenbar in der Alten Welt im Mittelmeerraum (in dem auch die meisten anderen Genisteae vorkommen, die mit den Lupinen eine monophyletische Gruppe bilden). Aus der Alten Welt wurden Samen der rauschaligen Lupinen vermutlich nach Südamerika verdriftet (vielleicht durch Wirbelstürme; auch heute noch transportieren kräftige Stürme Saharastaub bis ins Amazonasgebiet), andere wie die Samen von glattschaligen Lupinen, z. B. *Lupinus angustifolius*, gelangten möglicherweise durch Wirbelstürme nach Nordamerika, von dort erfolgte über den Isthmus von Panama (der vor 3 Mio. Jahren entstand) die Besiedlung Südamerikas im Andenbereich. Demnach wurde die Neue Welt durch *long-distance dispersal* vermutlich auf zwei Wegen erreicht; einmal über das östliche Südamerika und zum zweiten Mal über Nordamerika mit sekundärer Ausbreitung nach Mittel- und Südamerika im Andenbereich.

So besteht über die molekularen Analysen heute die Möglichkeit, die vielen in der Literatur genannten Hypothesen zur Biogeographie zu testen. Für einige Pflanzen- und Tiergruppen mit Verbreitung in Amerika, Afrika und Australien hat man einen gemeinsamen Ursprung auf dem Urkontinent Gondwana vermutet. Selbst bei Paradearten mit Gondwanaverbreitung, wie beispielsweise die Südbuchen der Gattung *Nothofagus*, die in Südamerika, Australien, Neukaledonien, Neuguinea und Neuseeland vorkommen, weiß man heute, dass Neuseeland offenbar erst im Tertiär durch Langstreckendispersion besiedelt wurde. Viele Verbreitungsmuster, für die heute noch die kontinentale Drift als Ursache angesehen wird, dürften auf erratische Dispersionsereignisse zurückgehen (also ein Lotteriespiel der Erdgeschichte) (vgl. Sanderson et al. 2004; de Queiroz 2005; Green u. Figuerola 2005).

Evolution der Laufvögel

In Südamerika, Afrika, Australien, Neuguinea und Neuseeland leben flugunfähige Laufvögel, wie Nandus, Strauße, Emus, Kasuare und Kiwis. Da ihr Brustbein kein Sternum aufweist, hat man diese Vogelgruppe als Laufvögel (Struthioniformes) zusammengefasst. Die gemeinsame Phylogenie dieser Gruppe wurde durch immunologische Analysen des Transferrins, durch DNA-DNA-Hybridisierung und durch Sequenzanalysen der mtDNA belegt. Man nimmt an, dass es sich um eine ursprüngliche Vogelgruppe handelt, die sich bereits vor 80 Mio. Jahren, also vor einem Auseinanderdriften der heutigen Kontinente entwickelt haben müsste. Zum damaligen Zeitpunkte waren die Südkontinente noch als Gondwanakontinent, dem Antarktika angehörte, miteinander verbunden. Wären die Arten wesentlich jünger, so hätte man Schwierigkeiten, die heutige Verbreitung zu erklären, denn ein *long-distance dispersal* ist kaum vorstellbar, es sei denn, die Vorfahren der Laufvögel wären flugfähig gewesen. Über mtDNA wurde auch die DNA neuseeländischer Moas (*Dinornis, Emeus*) untersucht, die im 19. Jahrhundert ausgestorben sind. Sie bilden eine Schwestergruppe zu den heute lebenden Laufvögeln.

Einfluss der Eiszeiten in Europa

Bedingt durch die pleistozänen Eiszeiten in der nördlichen Hemisphäre (s. Abschn. 2.4.2) kam es zu erheblichen zyklischen Veränderungen in der Verbreitung von Pflanzen und Tieren. Zwischen den Eiszeiten gab es jeweils längere Perioden von etlichen tausend Jahren, in denen in Europa ein gemäßigtes bis warmes Klima herrschte (s. Abschn. 2.4.2). In diesen Perioden haben sich die Organismen, soweit sie nicht von der vorangegangenen Eiszeit ausgelöscht worden waren, aus südlichen Refugialräumen heraus wieder verbreitet und dabei große Bereiche neu besiedelt. In ◨ Abb. 4.58 ist die Ausdehnung der eiszeitlichen Eismassen auf der Nordhemisphäre dargestellt. Bei einigen Pflanzen- und Tierarten kann man über die genetische Analyse der heutigen Arten ein solches Szenario rekonstruieren. Dies soll am Beispiel der Europäischen Sumpfschildkröte erläutert werden.

Die **Europäische Sumpfschildkröte** (*Emys orbicularis*) hat sich vor ca. 10 Mio. Jahren von gemeinsamen Vorfahren, die heute in Nordamerika

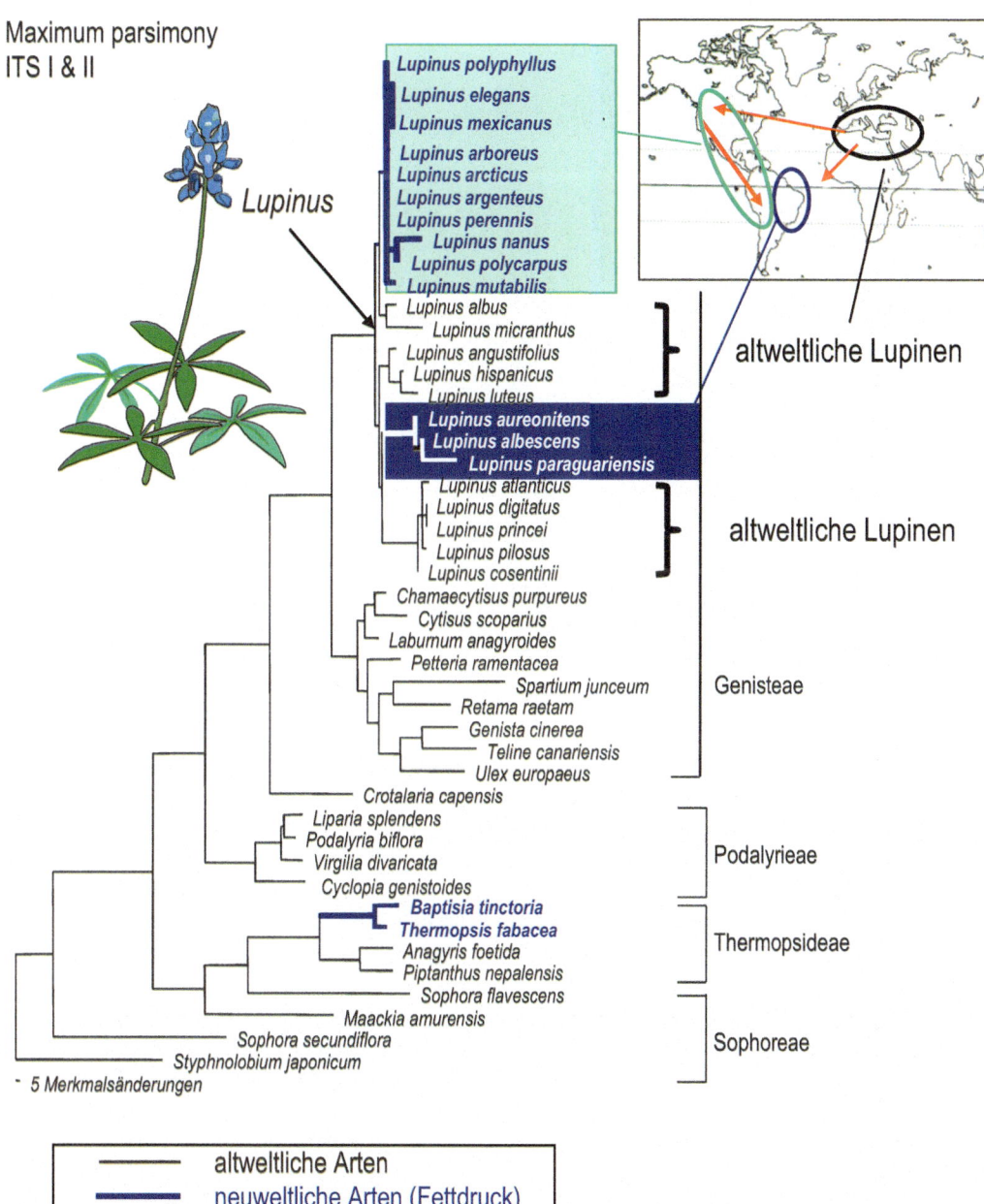

Abb. 4.57 Molekulare Phylogenie und Phylogeographie der Lupinen, rekonstruiert über Sequenzen der ITS 1+2-Bereiche der ncDNA. Analyse mittels *Maximum Parsimony*; Darstellung als Phylogramm; Astlängen korrelieren mit der Anzahl von Merkmalsänderungen. Äste der neuweltlichen Leguminosen im Fettdruck (nach Käss u. Wink 1997)

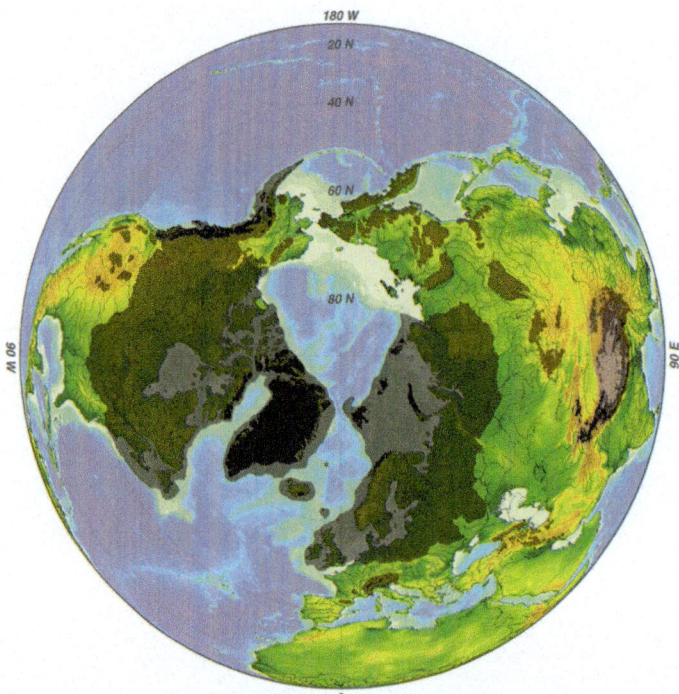

Abb. 4.58 Vereisung der Landmassen Nordhemisphäre während der letzten Eiszeit

zu Hause sind, getrennt (◘ Abb. 4.59) und besiedelt Europa von Portugal bis zum Kaspischen Meer (◘ Abb. 4.60). Aufgrund von morphologischen Merkmalen werden einige Unterarten unterschieden, die aber bislang alle zu einer Art gerechnet werden.

Von über 900 Sumpfschildkröten aus dem gesamten Verbreitungsbereich wurden Blutproben entnommen und ihre mitochondriale DNA analysiert. Die Sequenzanalyse zeigt eine starke innerartliche Differenzierung (◘ Abb. 4.59). Wenigstens sieben Hauptgruppen von Haplotypen lassen sich erkennen, die z. T. mit bekannten Unterarten identisch sind. ◘ Abbildung 4.59b zeigt eine **Netzwerkanalyse (*minimum spanning network*)**, die auf Populationsebene eine Phylogenie besser wiedergibt als kladistische Stammbäume.

Die Verteilung der Haplotypen zeigt ein klares geographisches Muster (◘ Abb. 4.60). So ist Haplotyp V auf das westliche Mittelmeergebiet beschränkt, während Typ I im östlichen Mittelmeer bis hin zum Schwarzen Meer vorkommt. In Deutschland gibt es nur noch wenige Vorkommen der Sumpfschildkröte. In den Brandenburger Gewässern leben offenbar noch autochthone Sumpfschildkröten (Haplotyp IIb), die mit den osteuropäischen Populationen in Zusammenhang stehen. An den meisten anderen Standorten findet man Tiere mit fremder Herkunft, so z. B. im Enkheimer Ried bei Frankfurt. Die genetische Analyse der Tiere ergab jedoch, dass ihre Haplotypen denen der mediterranen Sumpfschildkröten entsprechen, die aber in Deutschland natürlicherweise nicht vorkommen. D.h. die Sumpfschildkröten im Enkheimer Ried wurden mit großer Wahrscheinlichkeit aus einem Mittelmeerurlaub mitgebracht und später ausgesetzt. Während man in Westdeutschland Sumpfschildkröten findet, die vor allem aus dem Mittelmeergebiet stammen, wurden in Ostdeutschland vermehrt Tiere aus Ungarn und dem Schwarzen Meer nachgewiesen. Diese Verteilung spiegelt das Urlaubsverhalten der Deutschen in der früheren DDR bzw. in Westdeutschland wider. Mit der genetischen Analyse kann man die für den Naturschutz wichtige Frage, ob Sumpfschildkröten an einer Stelle autochthon (also ursprünglich) oder allochthon (also eingeführt) sind, eindeutig beantworten. Bei den vielerorts durchgeführten offiziellen Wiederansiedlungsprojekten werden nur Sumpfschildkröten freigesetzt, die den für Mitteleuropa typischen Haplotyp aufweisen.

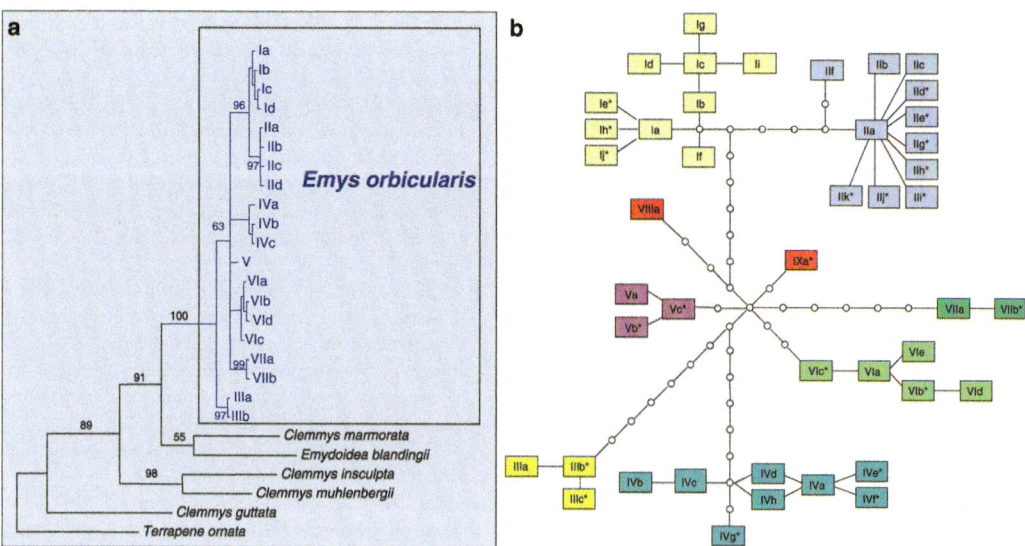

◘ **Abb. 4.59 a, b** Molekulare Phylogenie der Europäischen Sumpfschildkröte und Aufspaltung der geographischen Haplotypen auf Grundlage des *Cytochrom-b*-Gens. Nach Lenk et al. (1999). **a** Analyse mittels *Maximum Likelihood*; Darstellung als Phylogramm (Astlängen proportional zur evolutiven Distanz). **b** *Minimum spanning network* der Haplotypen von *Emys orbicularis*. Jede Linie repräsentiert eine Basensubstitution im *Cytochrom-b*-Gen. Hypothetische ancestrale Haplotypen, die bisher noch bei keinem Tier gefunden wurden, sind durch einen *Kreis* angedeutet. Haplotypen, die mit * markiert sind, wurden bislang nur bei einem einzigen Tier gefunden

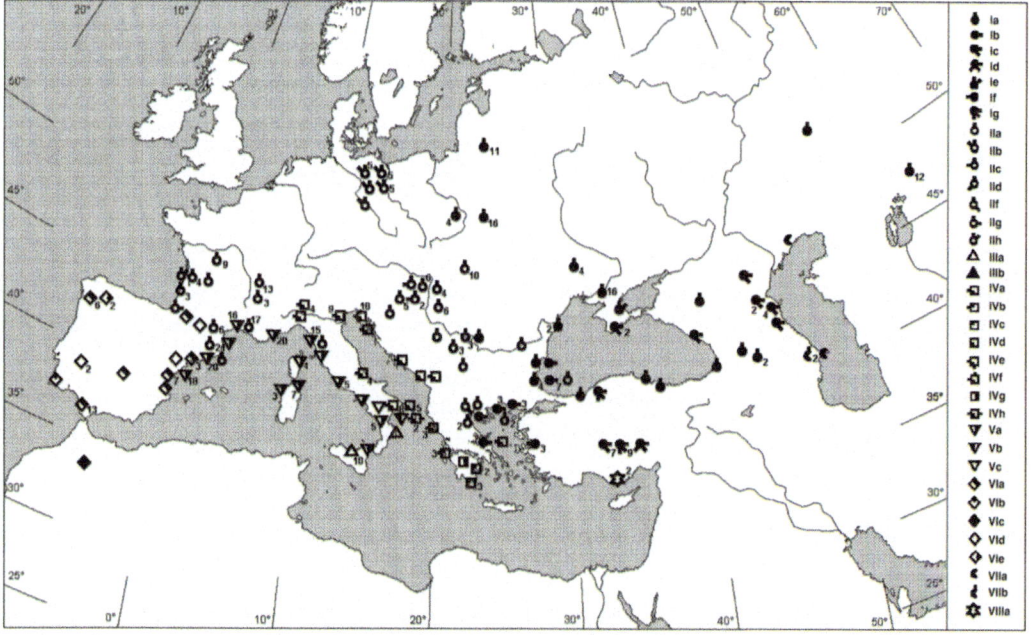

◘ **Abb. 4.60** Verbreitung der Sumpfschildkröte (*Emys orbicularis*) und ihrer Haplotypen in Europa (nach Lenk et al. 1999, Bildrechte liegen bei Molecular Ecology). Die Bezeichnung und Zuordnung der Haplotypen erfolgte entweder über Sequenzanalysen. Zahlen an den Haplotypsymbolen geben ihre jeweilige Häufigkeit wieder

Wenn man annimmt, dass sich die Sumpfschildkröte in der letzten Eiszeit in wärmere Refugialgebiete des Mittelmeerraumes zurückziehen konnte und sich mit der Klimaerwärmung wieder nach Norden ausbreitete, so kann man das heutige Verbreitungsmuster plausibel erklären. Legt man eine molekulare Uhr mit einer Kalibrierung von 1–2 % Nucleotidsubstitution = 1 Mio. Jahre Divergenz zugrunde, so sind manche Populationen bereits seit 3–4 Mio. Jahren getrennt. Da sich die verschiedenen, häufig para- und allopatrischen Populationen sowohl auf der morphologischen als auch auf der Ebene der Sequenzen von *Cytochrom-b* unterscheiden, stellt sich die Frage, ob es sich bei der Sumpfschildkröte noch um eine Art oder bereits um mehrere distinkte Arten handelt.

Literatur

Adl SM et al. (2005) The new higher level classification of eukaryotes with emphasis on the taxonomy of protists. J Eukaryotic Microbiol 52: 399–451

Andersen RA (2004) Biology and systematics of heterokont and haptophyte algae. Amer J Bot 91: 1508–1522

Angiosperm Phylogeny Group (2009) An update of the Angiosperm Phylogeny Group classification for the orders and families of flowering plants: APG III. Bot J Linnean Soc 161: 105–121

Avise JC, Arnold J, Ball RM, Bermingham E, Lamb T, Neigl JE, Reeb CA, Saunders NC (1987) Intraspecific phylogeography: The mitochondrial DNA bridge between populations genetics and systematics. Ann Rev Ecol Syst 18: 489–522

Bennett PM, Owens IPF (2002) Evolutionary ecology of birds. Oxford Univ Press, Oxford

Bensch S, Akesson M (2005) Ten years of AFLP in ecology and evolution: why so few animals? Mol Ecol 14: 2899–2914

Birkhead T (2001) Promiscuity: An Evolutionary History of Sperm Competition. Harvrad University Press

Brown JW, Rest JS, Garcia-Moreno J, Sorenson MD, Mindell DP (2008) Strong mitochondrial DNA support for a Cretaceous origin of modern avian lineages. BMC Biology 6: 1–18

Burleigh JG, Mathews S (2004) Phylogenetic signal in nucleotide data from seed plants: Implications for resolving the seed plant tree of life. Amer J Bot 91: 1599–1613

Cavalier-Smith T (2003) Only six kingdoms of life. Proc R Soc Lond B 271: 1251–1262

Cavalier-Smith T (2012) Kingdom protozoa and chromista and the eozoan root oft he eukaryotic tree. Biol Lett 6: 342–345

Cavalli-Sforza IL, Menozzi P, Piazza A (1994) The history and geography of human genes. Princeton Univ Press, Princeton/NJ

Chase MW, Soltis DE, Olmstead RG et al (1993) Phylogenetics of seed plants: An analysis of nucleotide sequences from the plastid gene *rbc*L. Ann Missouri Bot Garden 80: 528–580

Ciccarelli FD, Doerks T, von Mehring C, Creevey CJ, Snel B, Bork P (2006) Toward automatic reconstruction of a highly resolved tree of life. Science 311: 1283–1286

Conner WE, Corcoran AJ (2012) Sound strategies: The 65-million-year-old battele between bats and insects. Annu Rev Entomol 57: 21–39

Crane PR, Herendeen P, Friis EM (2004) Fossils and plant phylogeny. Amer J Bot 91: 1683–1699

Davis CC, Bell CD, Mathews S, Donoghue MJ (2002) Laurasian migration explains Gondwanan disjunctions: Evidence from Malpighiaceae. PNAS 99: 6833–6837

Delsuc F, Brinkmann H, Chourrout D, Philippe H (2006) Tunicates and not cephalochordates are the closest living relatives of vertebrates. Nature 439: 965–968

Donoghue MJ, Ree RH, Baum DA (1998) Phylogeny and the evolution of flower symmetry in the Asteridae. Trends Plant Sci 3: 311–317

Felsenstein J (1993) PHYLIP (Phylogenetic Interference Package Version 3.5.c). Dept Genet Univ Washington, Seattle

Fitch WM, Atchley WR (1985) Evolution in inbred strains of mice appears rapid. Science 228: 1169–1175

Gargas A, DePriest PT, Grube M, Tehler A (1995) Multiple origin of lichen symbioses in fungi suggested by SSU rDNA phylogeny. Science 268: 1492–1495

Giribet G, Edgecombe GD (2012) Reevaluating the arthropod tree of life. Annu Rev Entomol 57: 167–186

Göhlich UB, Chiappe LM (2006) A new carnivorous dinosaur from the Late Jurassic Solnhofen archipelago. Nature 440: 329–332

Green AJ Figuerola J (2005) Recent advances in the study of long-distance dispersal of aquatic invertebrates via birds. Div Distrib 11: 149–156

Gullan PJ, Cranston PS (2010) The Insects: An Outline of Entomology, 4. Aufl. Wiley-Blackwell, Oxford

Hackett SJ, Kimball RT, Reddy S, Bowie RCK, Braun EL, Braun MJ, Chojnowski JL, Cox WA, Han K.-L, Harshman J, Huddleston CJ, Marks BD, Miglia KJ, Moore WS, Sheldon FH, Steadman DW, Witt CC, Yuri T (2008) A phylogenomic study of birds reveals their evolutionary history. Science 320: 1763–1768

Halanych KM (2004) The new view of animal phylogeny. Annu Rev Eco Evol Syst 35: 229–256

Haeckel E (1866) Generelle Morphologie der Organismen. Reimer, Berlin

Harborne JB (1993) Introduction to ecological biochemistry, 4. Aufl. Academic Press, London

Hardy ICW (2002) Sex ratios: Concepts and research methods. Cambridge Univ Press, Cambridge

Heidrich P, Amengual J, Wink M (1998) Phylogenetic relationships in Mediterranean and North Atlantic *Puffinus* Shearwaters (Aves: Procellariidae) based on nucleotide sequences of mtDNA. Biochem Syst Ecol 26: 145–170

Hillis DM, Huelsenbeck JP, Cunningham CW (1994) Application and accuracy of molecular phylogeny. Science 264: 671–676

Hillis DM, Pollock DD, McGuire JA, Zwickl DJ (2003) Is sparse taxon sampling a problem for phylogenetic inference? Syst Biol 52: 124–126

Holzinger F, Wink M (1996) Mediation of cardiac glycoside insensitivity in the monarch (*Danaus plexippus*): Role of an amino acid substitution in the ouabain binding site of Na+, K+-ATPase. J Chem Ecol 22: 1921–1937

Huelsenbeck JP, Ronquist F (2001) MRBAYES: Bayesian inference of phylogenetic trees. Bioinformatics 17: 754–755

Hull DL (1997) The ideal species concept – and why we can't get it. In: Claridge MF, Dawah HA, Wilson MR (Hrsg) Species: The Units of Biodiversity. Chapman & Hall, London, S. 357–380

Käss E, Wink M (1997) Molecular phylogeny and phylogeography of the genus *Lupinus* (family Leguminosae) inferred from nucleotide sequences of the *rbc*L gene and ITS 1+2 sequences of rDNA. Plant Syst Evol 208: 139–167

Karp A, Isaac PG, Ingram DS (1998) Molecular tools for screening biodiversity. Chapman & Hall, London

Keeling PJ (2003) Congruent evidence from alpha-tubulin and beta-tubulin gene phylogenies for a zygomycete origin of microsporidia. Fungal Genet & Biol 38: 298–309

Keeling PJ (2004) Diversity and evolutionary history of plastids and their hosts. Amer J Bot 91: 1481–1493

König C, Weick F, Becking JH (2008) Owls of the world. Helm, London

Lecointre G, Le Guayader H (2006) Biosystematik. Springer, Heidelberg

Lenk P, Fritz U, Joger U, Wink M (1999) Mitochondrial phylogeography of the European Pond Turtle, *Emys orbicularis* (LINNAEUS, 1758). Molecular Ecology 8: 1911–1922

Li WH, Wu CI, Luo CC (1985) A new method for estimating synonymous and nonsynonymous rates of nucleotide substitution considering the relative likelihood of nucleotide and codon changes. Mol Biol Evol 2: 150–174

Li WH, Tanimura M, Sharp PM (1987) An evaluation oft he molcelular clock hypothesis using mammalian DNA sequences. J Mol Evol 25: 330–342

Lutzoni F, Pagel M, Reeb V (2001) Major fungal lineages are derived from lichen symbiotic ancestors. Nature 411: 937–940

Nei M (1996) Phylogenetic analysis in molecular evolutionary genetics. Annu Rev Genet 30: 371–403

Palmer JD, Soltis DG, Chase MW (2004) The plant tree of life: An overview and some points of view. Amer J Bot 91: 1437–1445.

Posada D (2006) ModelTest Server: a web-based tool for the statistical selection of models of nucleotide substitution online. Nucleic Acids Research 34: W700–W703

Pryer KM, Schüttplez E, Wolf PG, Schneider H, Smith AR, Cranfill R (2004) Phylogeny and evolution of ferns (Monilophytes) with a focus on the early leptosporangiate divergences. Amer J Bot 91: 1582–1598

de Queiroz A (2005) The resurrection of oceanic dispersal in historical biogeography. TREE 20: 68–73

Qiu YL, Palmer JD (1999) Phylogeny of early land plants: insights from genes and genomes. Trend Plant Sciences 4: 26–30

Rehm P, Borner J, Meusemann K, von Reumont BM, Simon S, Hadrys H, Misof B, Burmester T (2011) Dating the arthropod tree based on large-scale transcriptome data. Mol Phylogen Evol 61: 880–887

Rosenberg M, Kumar S (2003) Taxon sampling, bioinformatics and phylogenomics. Syst Bio 52: 119–124

Rosenberg NA, Pritchard JK, Weber JL, Cann HM, Kidd KK, Zhivotovsky L, Feldman MW (2002) Genetic structure of human populations. Science 298: 2381–2385

Rosenthal GA, Berenbaum MR (1991/1992) Herbivores: Their interactions with secondary plant metabolites, vol 1. The chemical participants, vol 2. Ecological and evolutionary processes. Academic Press, San Diego

Rutschmann F (2006) Molecular dating of phylogenetic trees: A brief review of current methods that estimate divergence times. Div Distrib 12: 35–48

Rydin C, Källersjö M, Friis EM (2002) Seed plant relationships and the systematic position of Gnetales based on nuclear and chloroplast DNA: Conflicting data, rooting problems, and the monophyly of conifers. Int J Plant Sci 163: 197–214

Sanderson MJ, Thorne JL, Wikström N, Bremer (2004) Molecular evidence on plant divergence times. Amer J Bot 91: 1656–1665

Sarich VM, Wilson AC (1973) Generation time and genomic evolution in primates. Science 179: 1144–1147

Schlegel M (2003) Phylogeny of eukaryotes recovered with molecular data: highlights and pitfalls. Europ J Protist 39: 113–122

Schneider D, Boppré M, Zweig J, Horsley SB, Bell TW, Meinwald J (1982) Scent organ development in *Creatonotos* moth: regulation by pyrrolizidine alkaloids. Science 215: 1264–1265

Shaw J, Renzaglia K (2004) Phylogeny and diversification of bryophytes. Amer J Bot 91: 1557–1581

Shifferman EM (2012) It's all in your head: the role of quantity estimation in sperm competition. Proc R Soc B 279: 833–840

Sibley C, Ahlquist JE (1990) Phylogeny and classification of birds. A study in molecular evolution. Yale Univ Press, New Haven London

Sites JW, Marshall JC (2004) Operational criteria for delimiting species. Annu Rev Ecol Evol Syst 35: 199–227

Soltis DE, Soltis PS (2004) *Amborella* not a "basal angiosperm"? Not so fast. Amer J Bot 91: 997–1001

Soltis PS, Soltis DE (2004) The origin an diversification of angiosperms. Amer J Bot 91: 1614–1624

Steinke D, Brede N (2006) Taxonomie des 21. Jahrhunderts. DNA-Barcoding. BIUZ 36: 40–46

Swofford DL (2003) PAUP: Phylogenetic analysis using parsimony, Version 4.0b10. Sinauer, Sunderland

Takezaki N, Figueroa F, Zaleska-Rutczynska Z, Takahata N, Klein J (2004) The phylogenetic relationship of tetrapod, coelacanth, and lungfish revealed by the sequences of forty-four nuclear genes. Mol Biol Evol 21: 1512–1524

Tamura K, Peterson D, Peterson N, Stecher G, Nei M, Kumar S (2011) MEGA5: Molecular Evolutionary Genetics Analysis using Maximum Likelihood, Evolutionary Distance, and Maximum Parsimony Methods. Mol Biol Evol 28: 2731–2739

Templeton AR (2001) Using phylogeographic analyses of gene trees to test species status and processes. Mol Ecol 10: 779–791

Templeton A, Routman E, Phillips C (1995) Separating population structure from population history: a cladistic analysis of the geographical distribution of mitochondrial DNA haplotypes in the tiger salamander, *Ambystoma tigrinum*. Genetics 140: 767–782

Wiesemüller B, Rothe H, Henke W (2003) Phylogenetische Systematik. Springer, Heidelberg

Wink M (1988) Plant breeding: Importance of plant secondary metabolites for protection against pathogens and herbivores. Theoret Appl Genet 75: 225–233

Wink M (1993) Allelochemical properties and the raison d'être of alkaloids. In: Cordell G (Hrsg) The Alkaloids. Academic Press Vol 43: 1–118

Wink M (2003) Evolution of secondary metabolites from an ecological and molecular phylogenetic perspective. Phytochemistry 64: 3–19

Wink M (2006) Schriftzeichen im Logbuch des Lebens: Molekulare Evolutionsforschung. BIUZ 36: 26–37

Wink M (2008a) Evolutionary advantage and molecular modes of action of multi-component mixtures used in phytomedicine. Curr Drug Metabol 9: 996–1009

Wink M (2008b) Plant secondary metabolism: Diversity, function and its evolution. Natural Products Communications 3: 1205–1216

Wink M (2010a) Functions and Biotechnology of plant secondary metabolites. Ann Plant Rev 39, Wiley-Blackwell

Wink M (2010b) Biochemistry of plant secondary metabolism. Ann Plant Rev 40, Wiley-Blackwell,

Wink M, Dyrcz A (1999) Mating systems in birds: a review of molecular studies. Acta Ornithologica 34: 91–109

Wink M, Heidrich P (2009) Molecular evolution and systematics of owls (Strigiformes). In: König C, Weick F, Becking JH (Hrsg) Owls of the world. Pica, Tonbridge, S 39–57

Wink MF, Botschen C, Gosmann H, Schäfer H, Waterman PG (2010) Chemotaxonomy seen from a phylogenetic perspective and evolution of secondary metabolism. In Wink M (Hrsg) Biochemistry of plant secondary metabolism. Ann Plant Rev 40, 2. Aufl: 364–433

Wink M, Guicking D, Fritz U (2000) Molecular evidence for hybrid origin of *Mauremys iversoni* Pritchard et McCord, 1991 and *Mauremys pritchardi* McCord, 1997 (Reptilia: Testudines:Bataguridae). Zool Abh Staatl Mus Tierkunde Dresden 51: 41–49

Wink M, von Nickisch-Rosenegk E, Legal L (1998) Comment. J Chem Ecol 24: 1285–1291

Xu X (2006) Scales, feathers and dinosaurs. Nature 440: 287–288

Zahavi A, Zahavi A (1998) Signale der Verständigung. Das Handicap-Prinzip. Insel, Frankfurt am Main

Zink R, McKitrick MC (1995) The debate over species concepts and its implications for ornithology. Auk 112: 701–719

5 Evolution des Menschen und seiner nächsten Verwandten, der nicht-humanen Primaten

Übersicht

Der Mensch gehört der sehr vielgestaltigen Säugetierordnung Primates an. Er nimmt hier einen Platz in der Primatenfamilie Hominidae ein, zusammen mit den großen Menschenaffen Afrikas und Südostasiens, mit denen er den allergrößten Teil seines Genoms und dementsprechend wichtige anatomische und physiologische Übereinstimmungen teilt. Die meisten Übereinstimmungen besitzt er mit dem Schimpansen, von dem er sich nur um ca. 1,6 % der Gesamt-DNA unterscheidet, was auf einen letzten gemeinsamen Vorfahren vor ca. 6 Mio. Jahren schließen lässt. In der Fossilgeschichte tauchen Vormenschen vor gut 4 Mio. Jahren in Ost- und Nordostafrika mit den Gattungen *Ardipithecus* und *Australopithecus* auf, die anatomisch zunehmend verbesserte Anpassungen an den aufrechten Gang ausbildeten, aber noch relativ kleine Gehirne (ca. 300–350 [*Ardipithecus*] oder ca. 450–530 [*Australopithecus*] cm^3) hatten. Verschiedene Australopithecinen lebten bis vor ca. 1 Mio. Jahren in Afrika. Aus der Gattung *Australopithecus* entwickelte sich die Gattung *Homo*, die mit *Homo habilis* und möglicherweise auch *Homo rudolfensis* vor ca. 2,5 Mio. Jahren in Afrika auftauchte und die insbesondere durch eine moderne Fußanatomie, relativ große Hirnvolumina (gut 750–775 cm^3) und erste Werkzeugkulturen gekennzeichnet war. Eine Schlüsselstellung nimmt vermutlich *Homo ergaster* (Hirnvolumen ca. 750–1000 cm^3) ein, der vor ca. 2 Mio. Jahren in Ostafrika entstand und möglicherweise als erster Mensch Afrika verließ. Wahrscheinlich erreichte er verhältnismäßig rasch Süd-, West- und Ost- sowie Südostasien. Die ersten fossilen Menschen, die in Ost- und Südostasien gefunden wurden, werden als *Homo erectus* bezeichnet; sie hatten ein Hirnvolumen von ca. 900–1100 cm^3 und überlebten wahrscheinlich in Südostasien bis vor ca. 35.000–40.000 Jahren.

Der Flores-Mensch, eine eigentümliche Zwergform, starb erst vor ca. 12.000 Jahren aus. In Nordwestafrika, im Nahen Osten und Europa sind deutlich über 1 Mio. Jahre alte Spuren des Menschen nachgewiesen, die schwer einzuschätzen sind (*Homo antecessor*?). Ab gut 500.000 vor heute ist *Homo heidelbergensis* an verschiedenen Stellen Süd- und Mitteleuropas nachzuweisen. Er hatte ein Hirnvolumen von ca. 1150–1200 cm^3. Aus ihm hat sich vermutlich *Homo neanderthalensis* entwickelt, der möglicherweise vor ca. 250.000 Jahren entstand und große Teile West-, Süd-, Mittel- und Osteuropas sowie Westasien bis hin nach Zentralasien in den nördlichen Irak und nach Israel besiedelte. Hirnvolumen ca. 1400–1500 cm^3. Er starb wohl vor ca. 40.000 Jahren aus. Unsere eigene Art, *Homo sapiens*, lebte schon vor ca. 190.000 Jahren in Äthiopien und geht auf ältere afrikanische Formen zurück, die *H. heidelbergensis* ähneln. Während *Homo sapiens* zunächst eine relativ bescheidene Rolle spielte, entfaltete er sich mit dem Beginn des Neolithikums vor gut 10.000 Jahren mit zunehmend rasanter werdender Geschwindigkeit und beherrscht heute die Erde. Er vollbringt diese Leistung in Wissenschaft, Technik und Kunst mit einem durchschnittlichen Gehirnvolumen von 1250–1350 cm^3, was ihn einerseits zu großen kulturellen Leistungen befähigt, ihn aber andererseits nicht vor gravierenden Fehlentwicklungen schützt.

5.1 Evolution des Menschen – Allgemeine Einführung

Die Fragen nach seiner eigenen Herkunft beschäftigen den Menschen seit Jahrtausenden. An verschiedenen Stellen der Erde hat er ganz verschiedenartige Antworten gefunden. In der westlichen Welt steht seit geraumer Zeit die Diskussion über die Herkunft des Menschen im Spannungsfeld zwischen wissenschaftlicher Forschung und christlichen Glaubensaussagen. Das Verhältnis zwischen Wissenschaft und Glauben kann dabei sehr unterschiedlich gestaltet werden. Im Rahmen des naturwissenschaftlichen Denkens ist der Mensch ein Produkt der Evolution, ein Produkt von Zufall und Notwendigkeit, wie Jacques Monod, der französische Nobelpreisträger 1967 formulierte. Dabei steht „Zufall" für Mutationen und „Notwendigkeit" für natürliche Auslese unter den Bedingungen der chemischen, physikalischen und biologischen Umwelt.

In der modernen Biologie existieren unterschiedlich differenzierte Konzepte vom Menschen. Dabei besteht einerseits die Gefahr extremer Überbewertung – Julian Huxley stellt ihn in einen eigenen Stamm, die „Psychozoa" – oder der Unterbewertung – Jared Diamond sieht ihn nur als dritte Schimpansenart. Außerdem besteht bei einigen Biologen die Tendenz, die methodischen Grenzen der Naturwissenschaften zu überschreiten und naturwissenschaftliches Denken vorschnell auf alle Lebensbereiche auszudehnen und selbst Fragen wie die nach dem Sinn des Lebens verbindlich beantworten zu wollen. Auf der anderen Seite gibt es naturwissenschaftlich verbrämten religiösen Fundamentalismus, den Kreationismus und in neuerer Metamorphose, die Weltsicht des *intelligent design*. Beiden liegen anachronistische Ansichten zugrunde, die auch in der seriösen modernen Theologie keinen Platz mehr haben (z. B. Lehmann 2003 Ratzinger 2007).

Die moderne Biologie hat in den letzten Jahrzehnten insbesondere in Molekularbiologie und Neurobiologie außerordentliche Erkenntnisfortschritte erzielt, die immer näher an viele Aspekte des Ursprungs des Lebens und auch des Menschen heranführen. Inwieweit jedoch Erkenntnisse in der Naturwissenschaft Fragen der Humanität, des Mitleids, der Sinnfindung, des Gewissens, des täglichen Anstands usw. zu bewältigen helfen, muss jeder für sich selbst entscheiden; aber auch hier gibt es inzwischen vorsichtige evolutionsbiologische Erklärungsansätze (z. B. Voland 2007; Sommer 2010). Das Wesen der Wissenschaft liegt in ihrem Methodenbewusstsein, im Bewusstsein ihrer Grenzen, ihrer Widerlegbarkeit, ihrer Revidierbarkeit und im vorläufigen Charakter ihrer Ergebnisse (Falsifizierbarkeit).

Wichtige Beiträge zum Verständnis des Verhaltens des Menschen und generell der *conditio humana* hat die **Soziobiologie** geleistet. Sie ist ein zunehmend bedeutsamer Teil der Verhaltensforschung (Ethologie) geworden. An ihrer Entwicklung waren und sind eine ganze Reihe von Verhaltensbiologen beteiligt, z. B. R. L. Trivers mit Untersuchungen zu den Investitionen von Eltern in ihre Nachkommenschaft und zum evolutionsbiologischen Konflikt zwischen Eltern und ihren Nachkommen, D. W. Hamilton mit seinen Untersuchungen zu Egoismus und Altruismus sowie zum Verhältnis von Kosten und Nutzen bei jedem Verhalten, J. Maynard-Smith mit seinen Studien zur Verwandtenselektion (*kin selection*), E. O. Wilson mit seinen Untersuchungen zum Verhalten von Ameisen und seinem erfolgreichen Konzept zur Popularisierung der Soziobiologie und R. Dawkins mit seinen Untersuchungen und Erörterungen zum Verhältnis zwischen Genen und Individuen und seinem plakativen Begriff von den egoistischen Genen, der leider manchmal missverstanden wird. Im deutschen Sprachraum dürfen hier u. a. Chr. Vogel, E. Voland, V. Sommer, E. Curio, J. Ganzhorn, A. Paul und P. Kappeler genannt werden, die überwiegend Primatologen sind. Soziobiologie ist die Wissenschaft von der biologischen Angepasstheit des tierlichen und menschlichen Sozialverhaltens (Voland 2007). Im Rahmen des Sozialverhaltens lassen sich verschiedene wesentliche Verhaltensweisen, z. B. sexuelle Selektion, Nahrungserwerb, Positionierung in einer Gruppe, Strategien sozialer Konkurrenz, Verhaltensweisen der Kooperation, des Altruismus und auch der Solidarität differenzieren, die einerseits alle wesentlich für die Selbsterhaltung und andererseits den Mechanismen der Evolution unterworfen sind. Die Soziobiologie versucht, die naturwissenschaftlichen Ursachen für soziale Verhaltensweisen und ihre Dynamik zu erkennen. Sie bezieht dabei ausdrücklich den Menschen mit ein. Ihre Sprache ist direkt und ähnelt der Sprache der Wirtschaftswissenschaften, der Politik oder der Psychologie des Menschen. Wenn diese eingängige, pragmatische und gut verständliche Sprache gebraucht wird, so sind ihre Aussagen, wenn sie Tiere betreffen, als analog zu entsprechenden Aussagen zum Verhalten des Menschen gemeint. Wenn gesagt wird: „Brüllaffen verfolgen eine Politik der Ausweitung ihrer Reviergrenzen", so soll das heißen, ihr Verhalten ist so gestaltet, „als ob" sie eine Politik verfolgten.

Die Einbeziehung des Verhaltens des Menschen in soziobiologische Untersuchungen stößt noch oft auf Ablehnung. Wissenschaftlich besteht jedoch kein Grund, das Sozialverhalten des Menschen bei soziobiologischen Untersuchungen auszuklammern. Bei Untersuchungen zur Leberfunktion ist es selbstverständlich, Befunde, die an der Leber von Schwein und Ratte erhoben wurden, mit Befunden der Leber des Menschen zu vergleichen, so dass z. B. Studien zur Transplantation dieses Organs beim Menschen experimentell untersucht werden können. Beim Sozialverhalten gibt es dagegen immer noch Vorbehalte, obwohl die Soziobiologie inzwischen viele gesicherte Befunde vorgelegt hat, dass es keine grundsätzliche Sonderstellung des Menschen in der Klasse der Säugetiere gibt.

Wichtig ist, dass die Soziobiologie die genetische Ebene ausdrücklich einbezieht. Sie ist also eine genetische Theorie des Verhaltens (Voland 2000). Ein Vorwurf gegen das Konzept der „egoistischen Gene" lautet, dass dieses beim Menschen gesellschaftliche und wirtschaftliche Gegebenheiten vernachlässige. Dieser Vorwurf nimmt fälschlicherweise an, dass Gene biologische Gegebenheiten und damit auch das Verhalten unabhängig von Umweltfaktoren bestimmen. Es ist jedoch seit Jahrzehnten bekannt, dass phänotypische Merkmale im Wechselspiel zwischen Genen und Umwelt entstehen. Die Gene legen die Reaktionsnorm fest, die für einzelne Merkmale verschieden ist.

Besonders heftigen Widerstand rief in manchen Kreisen die Einbeziehung von Kultur, Moral, metaphysischem Denken, Erkenntnisvermögen und der Religion des Menschen in soziobiologische Überlegungen hervor. Die Probleme, die sich aus der Anwendung evolutionsbiologischer Prinzipien auf das menschliche Verhalten und seine Kultur ergeben, müssen immer sorgfältig durchdacht werden; aber wissenschaftlich fundierte Ergebnisse dürfen nicht einfach abgewiesen werden, weil sie nicht in ein überkommenes und lieb gewonnenes Weltbild passen. So eine Zurückweisung kann verschiedensten, auch politisch gefährlichen Ideologien Vorschub leisten (Goethe: „… Verachte nur Vernunft und Wissenschaft, des Menschen allerhöchste Kraft …"). Andererseits besteht auch immer die Gefahr, biologisch komplexe und manchmal nicht einfach zu verstehende Befunde aus einem Gesamtzusammenhang zu lösen, umzudeuten und in Ideologien einzubeziehen, so dass diesen der Anstrich der Seriosität verliehen wird.

Auch die Theologie ist seit mehreren Jahrzehnten deutlich in Bewegung geraten. Moderne Theologen beginnen, die Bibel im Kontext der wissenschaftlichen Weltanschauung so auszulegen, dass damit die christliche Botschaft in der Gegenwart relevant bleibt. Diese Theologie ist dem Evolutionsgedanken gegenüber durchaus aufgeschlossen. „Warum soll nicht gerade scheinbar Zwecklos-Zufälliges, Ephemeres, Veränderliches etwas mit Gott zu tun haben?"

Es bleibt die Frage, ob es gegenseitiges Anerkennen von Glauben und Wissenschaft gibt. Vielleicht gibt es die Möglichkeit des kritischen Dialogs, der die jeweils andere Art des Umgangs mit der Wirklichkeit anerkennt. Beiden Bereichen, Glauben und Wissenschaft, ist gemeinsam, dass sie – auf unterschiedliche Weise – in einem Spannungsfeld von Gewissheit und Zweifel stehen. Auf diesem Boden kann eine sinnvolle Auseinandersetzung entstehen.

Im vorliegenden Text wird die Evolution des Menschen auf der Basis paläontologischer Funde und naturwissenschaftlicher Konzepte dargestellt. Dabei wird einerseits deutlich, wie viel wir schon zur Evolution des Menschen wissen, andererseits erfolgt die Interpretation des Tatsachenmaterials z. T. sehr kontrovers, wie das bei einer lebendigen Wissenschaft öfter der Fall ist und was darauf hindeutet, dass auch hier oft Emotionen im Spiel sind.

5.2 Primaten

5.2.1 Strukturelle und funktionelle Kennzeichen der Primaten

Das folgende Kapitel schildert Anatomie, typische Entwicklungstendenzen und Biologie der Primaten, der Säugetierordnung, welcher der Mensch zugehört. Sowohl allgemeine, grundlegende als auch spezielle Übereinstimmungen begründen die Zuordnung des Menschen zu den Primaten. Besondere Merkmale der Primaten betreffen z. B. Hand, Auge und Gehirn.

Nach naturwissenschaftlicher Erkenntnis wird der **Mensch** seit Carl von Linné zur Säugetierordnung der **Primaten** gezählt, die Halbaffen, Affen und Menschen umfasst und heute schwerpunktmäßig in tropischen und subtropischen Regionen vorkommt (◘ Abb. 5.1) und heute 15 oder 16 Familien, 66 Gattungen und ca. 450 Arten enthält (Groves 2001; Geissmann 2003). Die nicht-menschlichen Primaten werden auch Tierprimaten genannt. Die Primaten sind sehr vielgestaltig und befinden sich auf unterschiedlichen Entwicklungsniveaus, man denke nur an kleine, siebenschläfergroße madagassische Mausmakis und den großen Gorilla. Es ist kaum möglich, Primaten schlagwortartig mit wenigen anatomischen Merkmalen zu kennzeichnen, so wie das z. B. für Paarhufer oder Nagetiere möglich ist. Eine Kombination von Merkmalen, wie sie weiter unten aufgeführt werden, und typische Entwicklungstrends innerhalb der Ordnung erlauben aber, einen Primaten sicher zu erkennen. Typisch ist, dass starke Spezialisierungen, wie sie z. B. im Fußskelett der Huftiere vorkommen, bei Primaten fehlen.

Eine vielfach verwendete, auf anatomischen Merkmalen begründete **Definition** der Primaten geht auf den englischen Zoologen St. George Mivart (1817 bis 1900) zurück und lautet: plazentale Säugetiere, Nägel an den Fingern und Zehen; Clavicula (Schlüsselbein) vorhanden; Augenhöhle von Knochenelementen umgeben; Endhirn (Telencephalon) mit Temporallappen; Occipitallappen des Endhirns mit Fissura calcarina (wesentlich für das visuelle System); innere Digiti (Daumen bzw. Zehen) zumindest an einer Extremität opponierbar; gut ausgebildeter Blinddarm; hängender Penis; Hoden im Scrotum (Hodensack); zwei bruststständige Milchdrüsen.

Andere Darstellungen erweitern die Liste und weisen u. a. auf folgende Merkmale und **Entwicklungstendenzen** hin: Beibehaltung der ursprünglichen Fünfstrahligkeit der Hände und Füße; zunehmende Eigenbeweglichkeit des Daumens und der großen Zehe. Besonders tastempfindliche Endglieder von Fingern und Zehen mit Nägeln (Ausnahme sind die Krallen südamerikanischer Krallenäffchen, die nur auf der Großzehe einen Nagel tragen, und die Putzkrallen der Lemuren und Loris); bemerkenswerte Tendenz zur aufrechten Körperhaltung, dies kann beim Sitzen, Stehen und zeitweiligen (beim Menschen obligatorischen) aufrechten Gang beobachtet werden; außerdem zunehmende Verkürzung der Schnauzenpartie; Rückbildung des Riechapparates; Entwicklung eines zunehmend perfekten Sehapparates mit Wanderung der Augen nach frontal, so dass ein hoch entwickeltes binokulares Sehen entsteht; progressive Entwicklung des Endhirns, speziell seiner Rinde; vier Zahntypen (Inzisiven, Canini, Prämolaren, Molaren) und Rückbildung der Zahnzahl (ursprüngliche Zahnzahl bei Säugetieren: 44; Zahnzahl bei heutigen Altweltaffen, einschließlich Mensch: 32); Beibehaltung eines recht ursprünglichen Höckermusters der Molaren; auffallend und in unterschiedlicher Art und Weise spezialisierter Kehlkopf; hoch entwickelte mimische Muskulatur, die im Verhaltensrepertoire eine große Rolle spielt; progressive Entwicklung von Plazentastrukturen; Verlängerung der postnatalen Lebensperioden; die Lebensweise ist ursprünglich baumlebend (arboricol).

Bei der Interpretation der morphologischen Daten ist jedoch zu berücksichtigen, dass Primaten aufgrund ihrer ungewöhnlichen **Intelligenz** und **Plastizität des Verhaltens** (einschließlich der Ernährung) anatomische Strukturen manchmal vielseitiger einsetzen können als die bloße Betrachtung von z. B. Knochen und Muskeln zunächst vermuten lässt. (s. **EXKURS 5.1**)

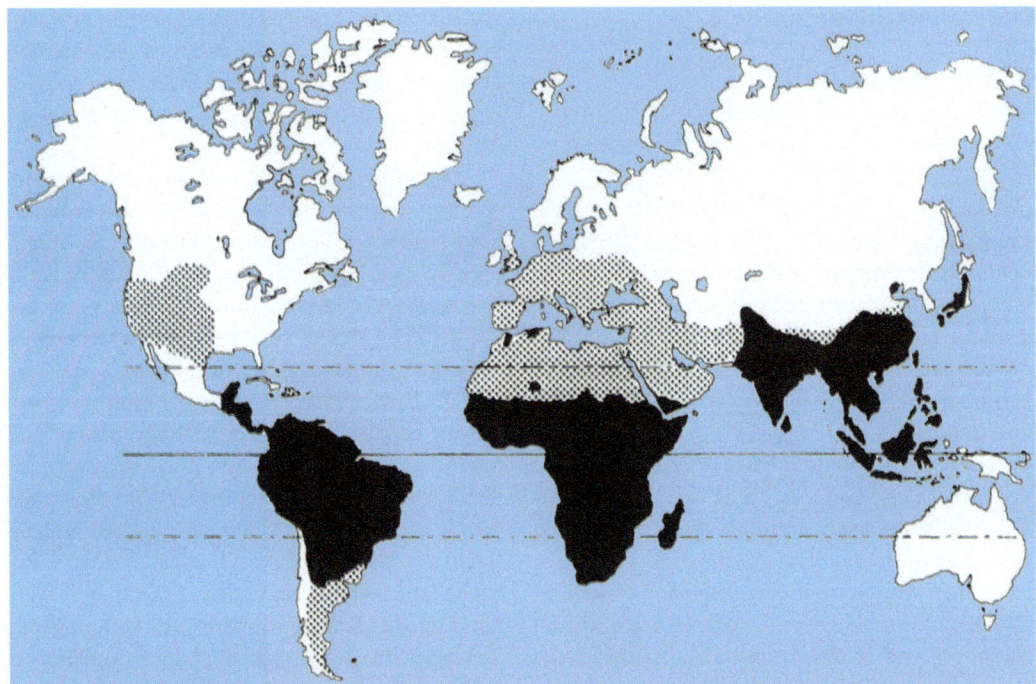

Abb. 5.1 Verbreitung der Primaten. *Schwarz*: rezente Primaten (außer Mensch). Fossile Primaten sind ebenfalls in den schwarz gezeichneten Regionen gefunden worden, darüber hinaus aber auch in den gerasterten Arealen

---

EXKURS 5.1

Intelligenz

Warum sind Primaten so intelligent? Welche Faktoren förderten die Evolution großer Gehirne und herausragender kognitiver Fähigkeiten? Zwei Hypothesen versuchen auf diese Fragen eine Antwort zu geben:

Hypothese 1 geht davon aus, dass sich die Intelligenz der Primaten in Zusammenhang mit der Lösung ökologischer Probleme entwickelte. Hier kommt insbesondere die Suche nach unregelmäßig verbreiteter und nur zeitweise zu Verfügung stehender Nahrung in Betracht. Weiterhin ist die Nahrung z. T. schwer erreichbar, z. B. an schwer zugänglichen Zweigen (Früchte) oder im Boden (Wurzeln, Knollen), oder sie muss aus Schoten, Nüssen u. Ä. oder versteckten Plätzen extrahiert werden. Manche Affen sind z. B. in der Lage, Eier zu punktieren, um an den Inhalt heranzukommen.

Zufolge **Hypothese 2** entwickelte sich die Intelligenz der Primaten im Zusammenhang mit der Lösung sozialer Herausforderungen. Das Leben in sozialen Gruppen bedeutet endlose Konflikte und ständige Konkurrenz – Sachverhalte, mit denen erfolgreich fertig zu werden erhebliche Intelligenz erfordert. Um die Vorteile, die das Sozialleben bietet, wahrnehmen zu können, sind besondere intellektuelle Fähigkeiten erforderlich, die sowohl die eigene Position zufriedenstellend festigen oder verbessern und auch das Ausmanövriert-Werden durch andere verhindern. Das erfolgreiche Überleben im Sozialsystem erfordert das richtige Einschätzen der variablen Absichten anderer, das Sich-Hineinversetzen-Können in andere (Empathie), mit Provokationen umgehen zu können usw.

Beide Hypothesen stehen nicht unbedingt im Widerspruch zueinander, sie können beide gleichzeitig zutreffen. Einige Forscher sehen eine positive Korrelation zwischen der Größe des Neocortex und dem komplexen Sozialverhalten und dem sehr differenzierten Nahrungserwerb bei Primaten.

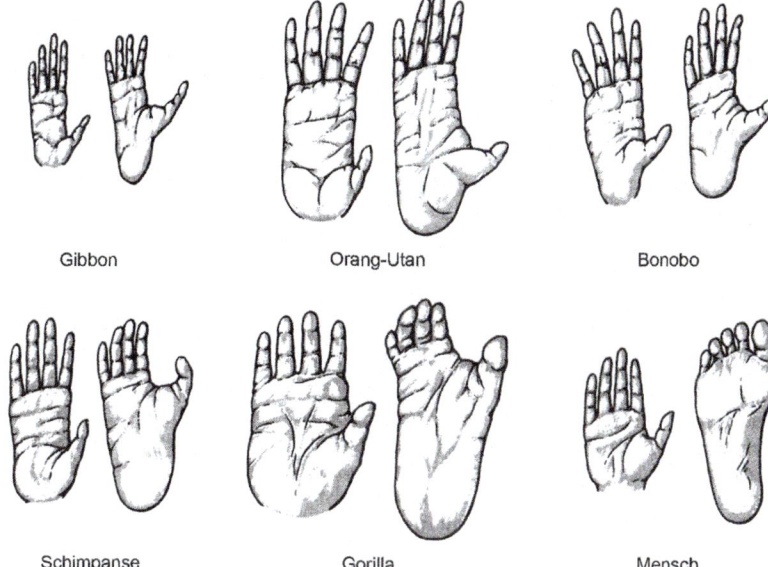

Abb. 5.2 Hände (*links*) und Füße (*rechts*) von Menschenaffen und Mensch. Nach Schultz (1961)

Die im Prinzip ursprüngliche Anatomie des **Bewegungsapparates** (z. B. Pentadaktylie – Fünfgliedrigkeit – der Hände und Füße, zahlreiche Hand- und Fußwurzelknochen, Radius und Ulna bleiben getrennte Knochen) erlaubt eine erstaunliche Vielfalt an ganz verschiedenen Bewegungsmöglichkeiten: Klettern, Springen, Hangeln, Laufen und zum Teil Schwimmen. Auch bei überwiegender Anpassung an einen bestimmten Lebensraum sind geschickte Bewegungen in einem anderen Lebensraum durchaus möglich, z. B. können Paviane, die zumeist am Boden leben, bei Gefahr oder für die Nacht behände auf Bäume klettern. Im Einzelnen lassen sich bei den Primaten folgende **Lokomotionstypen** unterscheiden:

- quadrupeder (vierfüßiger), arboricoler (baumlebender) Typ (z. B. *Aotus,* Callitrichidae),
- quadrupeder, terrestrischer (bodenlebender) Typ (z. B. Paviane),
- arboricole, vertikale Kletterer, im Allgemeinen mit erheblichem Sprungvermögen (*Tarsius, Galago, Indri, Propithecus*),
- Brachiatoren (Hangler, Schwinghangler, entwickeln lange Arme, z. B. Gibbons, Schimpansen, Orang-Utan),
- Knöchelgang der afrikanischen Menschenaffen (Mittel- und Endglieder der Finger werden einwärts gekrümmt und so auf dem Boden aufgesetzt). Der Orang-Utan setzt beim Gehen mit der Handfläche oder der Außenseite der zur Faust geballten Hand auf dem Boden auf (*fist walker*).
- Aufrechter, bipeder Gang des Menschen.

Mit der ursprünglich baumlebenden Lebensweise hängt die Entwicklung der typischen **Greifhand** der Primaten zusammen, deren Höhepunkt beim nicht mehr baumlebenden Menschen erreicht wird mit der Herausbildung einer Hand (Abb. 5.2), die fein abgestufte Bewegungen ermöglicht und Grundlage zahlreicher Tätigkeiten und auch der Gestik ist. Als erster Entwicklungsschritt wird der erste Randstrahl der Hand, der **Daumen**, bzw. des Fußes, die **Großzehe**, den übrigen Strahlen von Hand und Fuß gegenübergestellt. Das ermöglicht einen Klammergriff. Greifhand und Greiffuß sind bei den einzelnen Primaten unterschiedlich gebaut, bei den Loris wird z. B. der zweite Finger reduziert, bei Krallenäffchen und *Tarsius* geht die Abspreizbarkeit des Daumens wieder verloren. Echte Opponierbarkeit des Daumens (mit Abduktion, Adduktion und Rotation des ganzen ersten Strahles einschließlich des ersten Mittelhandknochens) gibt es nur bei den Catarrhini, d. h. den Altweltaffen. Die Großzehe ist stets nur abspreizbar, eine echte Rotation fehlt ihr. Bei Gibbons ist die Großzehe weitgehend frei (einschließlich ihres Metatarsale), was ihren Greifraum erheblich erweitert. Beim Menschen ist die Ab- und Adduktionsfähigkeit der Großzehe verloren gegangen, diese rückt in eine Reihe mit den übrigen Zehen, die Anordnung der Muskulatur lässt aber noch die ursprüngliche Eigenbeweglichkeit erkennen. Der sehr spezialisierte Fuß des Menschen ist am ehesten vom Fuß eines quadrupeden Menschenaffen, der sowohl am Boden als auch in Bäumen lebte, abzuleiten. Wichtig ist die zunehmende Repräsentation der Hand und speziell von Daumen und Zeigefinger im Großhirn, was auf komplexe, neuronale Steuerung und Kontrolle gerade dieser Gebilde hinweist.

Gekoppelt an die Entstehung der Greifhand im dreidimensionalen Raum von Ästen und Zweigen ist die Entwicklung des **binokularen, räumlichen Sehens**, das den komplexen Raum erfasst und versteht. Die Augen wandern aus seitlicher Lage nach vorn, wobei es zu Überlappung der Sehfelder und zu Rückbildung der Schnauze und des Riechsinnes kommt. Die große Schnauze von Pavianen entstand erst wieder sekundär und steht wohl in Zusammenhang mit der Verankerung der sehr großen Eckzähne, die in ihrem Verhaltensrepertoire eine wichtige Rolle spielen.

Die höheren Affen sind fast alle tagaktiv, die Halbaffen dagegen meist nachtaktiv. Zweimal ist bei letzteren unabhängig voneinander Tagaktivität entstanden, bei Indriidae und Lemuridae. Lemuren der Gattung *Eulemur* und *Hapalemur* gehören ebenso wie *Aotus azarae* zu den wenigen Primaten mit kathemeraler Aktivität, d. h. sie können bei Tag und bei Nacht aktiv sein. In der Nähe menschlicher Siedlungen können einige Populationen von Affen, z. B. bei *Erythrocebus patas*, auch nächtliche Lebensweisen annehmen, um dem Verfolgungsdruck durch den Menschen auszuweichen.

Innerhalb der Primaten lassen sich unterschiedlich hoch entwickelte **Gehirne** erkennen. Besonders deutlich ist dies am Endhirn (Telencephalon) zu beobachten, das sich immer weiter ausdehnt. Zwei phylogenetisch alte Endhirnbereiche, das Paläopallium (Riechhirn) und das Archipallium, werden vom sich sehr progressiv entfaltenden Neopallium zunehmend zurückgedrängt. Paläo-, Archi- und Neopallium besitzen jeweils eine eigene Struktur ihrer Rinde (= ihres Cortex). Alle Lappen des Endhirns dehnen sich stark aus. Die Oberfläche ist zunächst glatt, bildet dann aber Windungen und Furchen aus. Die Assoziationsgebiete des Neopalliums dehnen sich viel stärker aus als die Primärgebiete (s. **Abschn. 5.3.3**) und machen beim Menschen den bei weitem größten Teil des Neopalliums aus.

Die nächsten Verwandten der Primaten sind zufolge anatomischer und molekularbiologischer Befunde die Dermoptera (die Pelzflatterer SO-Asiens) und die Scandentia (die Spitzhörnchen SO-Asiens).

5.2.2 Sozialsysteme der Primaten

Bei den Sozialsystemen gilt es zwischen drei Ebenen zu unterscheiden:
- demographischer Struktur,
- sozialer Organisation = Muster der sozialen Bindungen und Beziehungen,
- Paarungssystem = wer paart sich mit wem?

Die beiden ersten werden auch als „Sozialsystem" zusammengefasst. Primaten besitzen verschiedenartige Sozialsysteme, die sich schematisch in sechs Typen einordnen lassen. Es ist dabei hervorzuheben, dass bei einer Primatenart in Abhängigkeit von den ökologischen Bedingungen mehr als ein soziales System vorkommen kann und dass Einzelkomponenten eines bestimmten Systems einem anderen zugefügt werden können. Bei vielen Arten gibt es in Hinsicht auf das Sozialsystem noch erheblichen Forschungsbedarf.
- **Gruppen mit einem Männchen und mehreren Weibchen** (*one male, multifemale groups*, Ein-Männchen-Gruppen, Haremsgruppen). Diese Gruppen bestehen aus einem erwachsenen Männchen, mehreren erwachsenen Weibchen und ihren Jungen. Das Männchen dominiert die Weibchen, da es wesentlich größer als sie ist (Sexualdimorphismus), und verpaart sich in der Regel mit allen von ihnen, ist also polygyn. Dieses Sozialsystem kommt vor allem bei Catarrhini, z. B. bei Gorillas, Mantelpavianen, Dscheladas, Drills, Mandrills, Husarenaffen, einigen Languren und Brüllaffen vor. Es wurde auch bei baumlebenden Meerkatzen beschrieben. Beim Dschelada und Mantelpavian können diese Gruppen verschmelzen und Großverbände bilden, die sich dann wieder auflösen.

Beim Husarenaffen spielt das Männchen keine dominante Rolle in der Gruppe, sondern die Weibchen entscheiden über viele der sozialen Aktivitäten. Sie spielen auch die Hauptrolle bei der Verteidigung gegen Feinde, z. B. Leoparden.

- **Gruppen mit einem Weibchen und mehreren Männchen** (*one female, multimale groups*). Ein erwachsenes Weibchen paart sich mit mehreren erwachsenen Männchen, es ist polyandrisch. Die Männchen beteiligen sich an der Aufzucht der Jungen (kooperative Polyandrie). Kommt nur bei einigen Neuweltaffen vor.
- **Gruppen mit mehreren Weibchen und mehreren Männchen** (*multimale, multifemale groups*). Solche Gruppen bestehen aus mehreren erwachsenen Männchen, mehreren erwachsenen Weibchen und ihren Jungen. Da sich jedes Männchen und jedes Weibchen mit mehreren Mitgliedern des anderen Geschlechts verpaart, liegt hier ein promiskuitives oder polygames Paarungssystem vor. Es ist bei verschiedenen Arten mit diesem Sozialsystem beobachtet worden, dass ein Männchen oder ein Weibchen zur Fortpflanzung in eine andere Gruppe geht, was negative genetische Folgen durch Inzucht vermeiden hilft. Es kann sich hier um Abwanderungen geschlechtsreifer Tiere aus ihrer Geburtsgruppe (*dispersal*) oder kurzfristige „Safaris" eigentlich residenter Tiere handeln. *Multimale, multifemale groups* finden sich bei vielen Altweltaffen (Makaken, Mangaben, Savannenpavianen, manchen Meerkatzen), einigen Neuweltaffen (z. B. viele Cebidae) sowie Schimpansen und Bonobos. Solche Gruppierungen kommen – neben den Sozialsystemen mit einem Männchen und mehreren Weibchen – auch bei Mantelpavianen und Mandrills vor. Bei Schimpansen und Bonobo kommt es oft zu temporärer Verschmelzung und Spaltung von Gruppen.
- **Gruppen, die nur aus Männchen bestehen** (*all male groups*). Bei manchen Arten leben die männlichen Tiere in reinen Männchengruppen, bevor sie sich einer gemischt-geschlechtlichen Gruppe anschließen oder eine solche aufbauen, in der sie sich fortpflanzen. Für viele Männchen ist das Leben in einer All-Männchen-Gruppe temporär, aber manche Männchen kehren in sie zurück, wenn sie aus einer gemischt-geschlechtlichen Gruppe vertrieben werden. All-Männchen-Gruppen existieren neben Gruppen mit einem Männchen und mehreren Weibchen (z. B. bei Hanuman-Languren und Husarenaffen). Beim Husarenaffen können zur Fortpflanzungszeit männliche Tiere aus einer All-Männchen-Gruppe in eine Haremsgruppe einbrechen, und es entsteht heftiger Konkurrenzkampf um die Weibchen.
- **Gruppen, die aus einem Männchen und einem Weibchen bestehen** (*one male, one female groups*). Solche Gruppen sind Familien mit Vater, Mutter und nicht-erwachsenen Kindern. Die sexuelle Beziehung zwischen dem erwachsenen Männchen und dem dazugehörigen Weibchen soll im Prinzip monogam sein. Hierher gehören, nach traditioneller Auffassung, die Gibbons, manche Halbaffen, darunter eine Reihe von Lemuren und *Tarsius*, *Aotus* und *Callicebus* sowie unter den Languren *Simias concolor* und *Presbytis potenziani*. Molekularbiologische Daten und Freilandbeobachtungen haben dieses festgefügte Bild ins Wanken gebracht. Vaterschaftsnachweise haben z. B. bei den Fettschwanzmakis Madagaskars gezeigt, dass die Weibchen nicht selten „fremdgehen" und dass die sozialen Väter nicht immer auch die biologischen Väter der Jungen sind. Bei den Gibbons haben langjährige Freilandbeobachtungen (Sommer u. Reichard 2000) gezeigt, dass die bisherige Auffassung eines einfachen monogamen Sozialsystems nicht richtig ist. Das Sozialsystem der Gibbons ist vielmehr flexibel, nicht nur in Bezug auf die Zusammensetzung der Gruppe, sondern auch auf das Paarungsverhalten. Monogames Verhalten gibt es zwar über Jahre hinweg, es ist aber keineswegs obligat. Zwar besteht zu einem bestimmten Zeitpunkt die Mehrzahl der Gruppen nur aus einem erwachsenen Männchen und einem erwachsenen Weibchen, aber ungefähr ein Viertel aller Gruppen besteht aus zwei nicht verwandten erwachsenen Männchen und einem erwachsenen Weibchen (Gruppen-Polyandrie). Polygyne und polygynandrische Gruppen sind selten. Partnerwechsel ist sehr häufig, lebenslange Monogamie gibt es wahrscheinlich nicht.

- **Solitäre Primaten** (*one adult systems*). Zu diesen Primaten zählt man insbesondere Arten, bei denen Männchen und Weibchen weitgehend allein leben, die Weibchen jedoch oft zusammen mit ihren Jungen. Relativ viele dieser Arten bilden aber Schlafgruppen, die hauptsächlich aus (verwandten?) Weibchen bestehen. Erwachsene Männchen und Weibchen treffen sich im Allgemeinen nur zum Zweck der Fortpflanzung und können verschiedene Geschlechtspartner haben. Hierher zählen viele Halbaffen und der Orang-Utan.
- Die **Sozialstruktur des Menschen** ist ungewöhnlich variabel, so dass eine typische Sozialstruktur bisher nicht erkennbar ist. Häufig sind monogame Familiengruppen und Einmanngruppen mit mehreren Frauen. Es gibt aber auch Polyandrie (eine Frau mit mehreren Männern) und komplexe Mehrmänner-Mehrfrauengruppen. Kulturelle Einflüsse machen es schwer, die menschlichen Sozialstrukturen mit denen der nicht-humanen Primaten zu vergleichen.

5.2.3 Fortpflanzungsstrategien männlicher Primaten

Sexuelle Selektion ist eine Form der Auslese, die auf den Fortpflanzungserfolg abzielt. Intrasexuelle Selektion betrifft die Angehörigen eines Geschlechts. Am häufigsten unterliegen die Merkmale der Selektion, die Männchen den Kampf um den Zugang zu den Weibchen erleichtern. Dies führt zur Herausbildung von kräftigen Körpern und großen Eckzähnen, wobei am Ende ein Sexualdimorphismus entsteht. Beispiele für ausgeprägten Sexualdimorphismus finden sich z. B. bei Pavianen, Gorillas und Brüllaffen. Eine weitere Strategie, sich erfolgreich fortzupflanzen, hat zur Erscheinung des Infantizids, also zum Töten von Kindern, geführt.

EXKURS 5.2

Infantizid

Besonderes Interesse hat das Phänomen des Infantizids (Kindstötung) bei Primaten gefunden, ein Phänomen, das aber nicht auf Primaten beschränkt ist. Regelmäßig kommt Kindstötung offenbar beim Hanuman (Hulman, *Semnopithecus entellus*) vor, der eine bedeutsame Rolle in der hinduistischen Mythologie spielt und daher an indischen Tempeln geduldet und gefüttert wird. Das dominante Männchen einer Gruppe wird von einem eindringenden Junggesellen abgelöst, und der neue Chef tötet alle nicht entwöhnten Kinder der Gruppe; trächtige Weibchen werden so lange gehetzt, bis es zum Abortus kommt. Die Verdrängung des dominanten Gruppenmännchens erfolgt beim Hanuman alle zweieinviertel Jahre. Die betroffenen Weibchen stellen ihren Reproduktionszyklus sofort um.

Weitere gut dokumentierte Beispiele für Infantizid finden sich bei anderen haremsbildenden Colobiden, Gorillas und Brüllaffen. Beim Gorilla kommt dieses Verhalten wie bei Hanumanlanguren nur im Zusammenhang mit Gruppenübernahmen vor. Interessanterweise verlassen aber Weibchen mit abhängigen Jungen manchmal die Gruppe mit dem Verlierer, d. h. dem wahrscheinlichen Vater ihres Jungen.

Infantizid wurde bei verschiedenen Wirbeltieren beobachtet, z. B. bei Carnivoren (Löwen, Bären), Rodentiern, Delphinen, einigen Vogelarten und einigen Knochenfischen (z. B. Maulbrütern).

Dem Infantizid liegen also folgende Annahmen zugrunde:
- Männchen töten nur fremde Kinder.
- Betroffene Weibchen werden dadurch schneller wieder empfängnisbereit (Abbruch der Laktationsamenorrhoe).
- „Killer-Männchen" haben eine sehr hohe Wahrscheinlichkeit, das nächste Junge der betroffenen Weibchen zu zeugen.

Alle drei Annahmen wurden bislang nur bei Hanumans mit eindeutigen Daten (Verwandtschaftsanalysen) bestätigt.

Auch andere Verhaltensmuster wie Aggressivität, Beißen, Jagen, Kämpfen oder Belästigen stehen im Zusammenhang mit Reproduktionsstrategien. Es können sich Rangordnungen mit einer Dominanzhierarchie herausbilden, um Zugang zu empfängnisbereiten Weibchen zu regeln. Dominanz bezeichnet die Fähigkeit eines Individuums, ein anderes im Rahmen aggressiver oder kompetitiver Verhaltensweisen einzuschüchtern oder zu unterdrücken. Dominanzbeziehungen sind nicht immer linear, es können sich freundliche Allianzen zwischen zwei Individuen herausbilden, die gegen ein dominantes Tier gerichtet sind. Weiterhin wird vermutet, dass auch großes Hodenvolumen und hohe Spermienzahl einen Selektionsvorteil in polygamen Paarungssystemen bieten können. Bei Primaten, deren Sozialverbände aus einem Männchen und einem Weibchen bestehen, sind die äußeren Geschlechtsunterschiede im Allgemeinen gering; bei ihnen wird wohl oft die Stimme eingesetzt, um das Territorium des Paares gegen Eindringlinge zu verteidigen.

5.2.4 Fortpflanzungsstrategien weiblicher Primaten

Weibliche Tiere bilden in einer Gruppe oft eine stabile Rangordnung aus, die den höherrangigen Tieren bevorzugten Zugang zu Nahrungsressourcen ermöglicht, wodurch ihr Gesundheitszustand gesichert wird. Dies erhöht dann auch den Fortpflanzungserfolg höherrangiger Weibchen. Solche Rangordnung der Weibchen ist z. B. bei Makaken, Pavianen, Mangaben und Meerkatzenarten beschrieben worden. Weibliche Tiere können Einfluss auf die Wahl des Vaters für ihre Nachkommen nehmen. Damit beeinflussen sie die Qualität der Nachkommen, in die sie ja mehr investieren als die Männchen. Es gibt eine intersexuelle Selektion von Merkmalen bei einem Geschlecht, die vom anderen Geschlecht bevorzugt werden. Diese Selektion geht meist von den Weibchen aus, wobei ganz verschiedene Eigenschaften ausgewählt werden können, z. B. hoher Rang des Männchens, Verträglichkeit des Männchens und physische Attraktivität, die ihrerseits „gute Gene" anzeigen. In Gruppen mit mehreren Männchen und Weibchen können genetisch verwandte Tiere kooperieren, z. B. bei der Aufzucht der Jungen (viele Krallenäffchen). Weibliche Tiere bleiben im Allgemeinen in der Gruppe, in die sie hineingeboren wurden (weibliche Philopatrie), während männliche Tiere die Gruppe verlassen (bei Schimpansen gibt es männliche Philopatrie). Das gegenseitige Helfen war offenbar bei Weibchen, welche die Last von Tragzeit, Laktation und Jungenaufzucht tragen, ein evolutionärer Vorteil.

Altruismus und Bevorzugung von genetisch verwandten Tieren ist bei Primaten verbreitet. Als Altruismus wird schon das Teilen der Nahrung und die Fellpflege bei anderen Individuen bezeichnet. Bei Primaten wurde aber oft auch altruistisches Verhalten gegenüber nicht verwandten Tieren beobachtet nach dem Motto „eine Hand wäscht die andere" (reziproker Altruismus).

Wir lernen heute immer erstaunlichere Details des Soziallebens der nicht-humanen Primaten kennen, die enge Übereinstimmungen mit dem Sozialverhalten des Menschen aufweisen. Die Verhaltensforscher scheuen sich daher oft nicht mehr, Begriffe aus dem menschlichen Sozialleben wie Politik, Machtpolitik, Taktik, Strategie, Fremdgehen usw. auch bei Analysen des Soziallebens der nicht-humanen Primaten anzuwenden, so z. B. Jones (2000) in einer Untersuchung der Machtpolitik bei *Alouatta palliata*, einem lateinamerikanischen Brüllaffen.

5.2.5 Systematische Gliederung der Primaten

Die heutige Ordnung der Primaten umfasst ca. 450 Arten (Groves 2001; Geissmann 2003), die in fünf Unterordnungen gegliedert werden (◘ Abb. 5.3) und schwerpunktmäßig in tropischen und subtropischen Regionen vorkommen (◘ Abb. 5.1).
1. **Lorisiformes**: nachtlebende, meist kleine Primaten Afrikas und Süd- sowie Südostasiens. Sie umfassen
 - die langschwänzigen Galagidae mit besonderem Sprungvermögen (Buschbabies, Wald- und Savannengebiete Afrikas von Senegal bis Südafrika) und
 - die kurzschwänzigen bzw. schwanzlosen Lorisidae mit auffallend langsamen Bewegungen

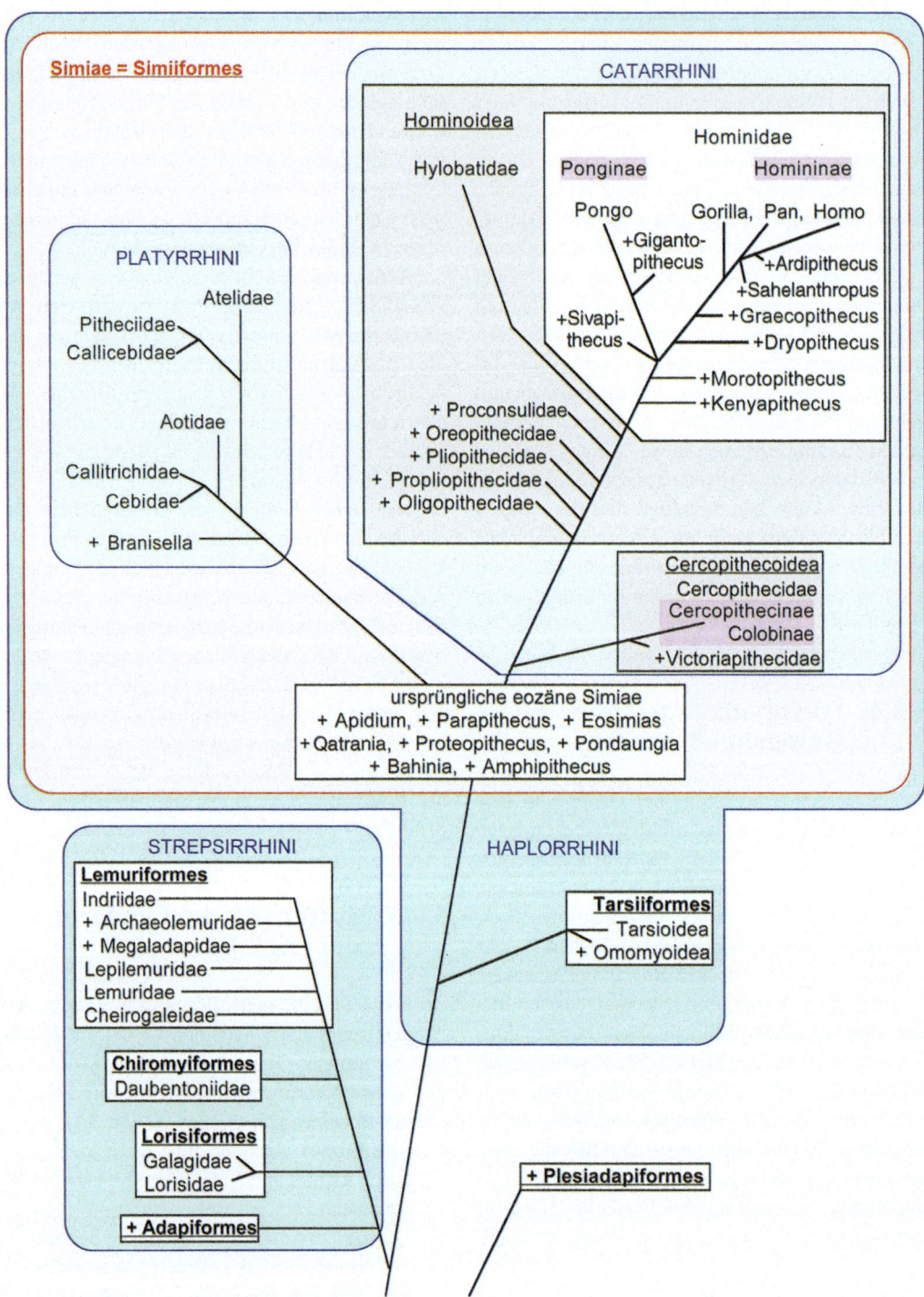

● Abb. 5.3 Stammbaum der Primaten, vor allem auf morphologischen und molekularbiologischen Befunden beruhend. + = ausgestorben

(Potto und Bärenmaki, Regenwälder Afrikas, sowie Loris, Regenwälder Südindiens, Sri Lankas und Südostasiens).

Die größeren Arten, z. B. der Potto und große Buschbabyarten, ernähren sich von Früchten, die kleineren Arten überwiegend von Insekten. *Euoticus* (Gabun, Kamerun) lebt von Rindensäften und harzhaltigen Bestandteilen der Baumrinde.

Die unteren Schneidezähne (Inzisiven) bilden, wie bei Lemuriformes, oft zusammen mit den unteren Eckzähnen einen „Kamm", d. h. die schlanken, spitzen unteren Schneidezähne und Eckzähne sind weit nach vorn geneigt und werden intensiv bei der Fellpflege eingesetzt. Dieser Kamm wird von der großen, gefransten Unterzunge von Haaren und Epithelresten gereinigt. Trotz zahlreicher Eigenmerkmale spricht die Gesamtanalyse der vorliegenden morphologischen, molekularbiologischen und biogeographischen Befunde dafür, dass Lorisiformes und die im Folgenden knapp dargestellten Lemuriformes eine gemeinsame Wurzel in Afrika haben und Schwestergruppen sind.

2. **Chiromyiformes**: hierher wird die madagassische *Daubentonia madagascariensis*, das Fingertier, gestellt. *Daubentonia* lebt nächtlich, versteckt, unauffällig und allein, ernährt sich von Früchten und Insektenlarven und besitzt so viele anatomische Besonderheiten, z. B. Nagegebiss und leistenständige Milchdrüsen, dass für sie eine eigene Unterordnung errichtet wurde.
3. **Lemuriformes**: nur auf dem ökologisch sehr vielfältigen Madagaskar. Dort sind sie – abgesehen vom Menschen, der erst vor ca. 1500 Jahren auf diese Insel aus Indonesien eingewandert ist – die einzigen Primaten. Ihnen werden zugezählt:
   - die Cheirogaleidae (Katzenmakis, z. B. mit *Microcebus* (◘ Abb. 5.4a), dem Mausmaki, *Cheirogaleus, Mirza, Allocebus* und *Phaner*);
   - die Lemuridae (echte Lemuren, ◘ Abb. 5.4b mit den Gattungen *Lemur, Hapalemur, Varecia* und *Eulemur);*
   - die Lepilemuridae (mit *Lepilemur*, dem Wieselmaki);
   - die Indriidae (Indris und Sifakas, Vertikalkletterer mit ausgezeichnetem Sprungvermögen, *Propithecus* (◘ Abb. 5.4c, kann ausnahmsweise am Boden biped aufrecht laufen), Wollmakis.

Die Lemuriformes ernähren sich von Früchten, Blüten, Blättern und Insekten. In den Gruppen der Lemuridae dominieren die Weibchen über die Männchen.

Aus dem Holozän Madagaskars ist eine reiche Fauna z. T. erst vor ca. 1000 Jahren ausgestorbener Lemuriformes bekannt geworden. Das Aussterben korreliert mit der Besiedelung Madagaskars durch den Menschen, d. h. diese Halbaffen wurden ausgerottet. Unter ihnen fanden sich sowohl Lemuridae als auch in besonders reichem Maß Indriidae. Zum Teil waren diese Formen so groß wie Gorillas und erreichten das Evolutionsniveau von Affen (Schädel, Gehirn, Orbita). Es gab eine Reihe bodenlebender Arten (*Archaeolemur, Hadropithecus*, wahrscheinlich *Archaeoindris*), welche die ökologische Stelle der Makaken und Paviane einnahmen, habituell bärenähnliche Formen (*Megaladapis*, vermutlich baum- und bodenlebend) und Formen, die sich wohl wie Faultiere entlang größerer Zweige bewegten (*Palaeopropithecus*). Das biologische und ethische Desaster der Ausrottung dieser Primaten zeigt uns, wie wertvoll und gefährdet die überlebenden Lemuriformes auf Madagaskar sind.

4. **Tarsiiformes**: Inselwelt Südostasiens; vier oder fünf Arten der Gattung *Tarsius* (Gespenstmakis = Koboldmakis, ◘ Abb. 5.4d). Kleine nachtaktive Waldbewohner mit außergewöhnlich großen Augen und an spezielles Sprungvermögen angepasstem Bewegungsapparat der Beine und Füße. Sie leben paarweise und ernähren sich von Insekten und kleinen Wirbeltieren, z. B. Eidechsen.
5. **Simiiformes (Simiae, Anthropoidea)**: alle höheren Affen; umfassen zwei Gruppen, die Platyrrhini und die Catarrhini.
   a. **Platyrrhini**, Neuweltaffen (= Breitnasenaffen): Zentral- und Südamerika, Anzahl der Familien umstritten, was an der unterschiedlichen Bewertung der Merkmale der zahlreichen Gattungen liegt. In den vergangenen Jahrzehnten wurden oft nur zwei Familien anerkannt (Cebidae und Callitrichidae), andere Klassifikationen schufen dagegen sechs oder sieben Familien für die ca. 130 südamerikanischen Primatenarten.

Abb. 5.4 a–i. Eine Auswahl rezenter Primaten: **a** *Microcebus* (Madagaskar), **b** *Lemur* (Madagaskar), **c** *Sifaka* (Madagaskar), **d** *Tarsius* (Südostasien), **e** *Saimiri* (Südamerika), **f** *Colobus* (Afrika), **g** *Macaca* (Hutaffe, Indien), **h** Orang-Utan (Borneo), **i** Gorilla (Afrika)

Es wird noch lange umstritten bleiben, ob einer Gruppe der Rang einer Familie (z. B. Pitheciidae) oder Unterfamilie (Pitheciinae) zugebilligt wird, und bei den südamerikanischen Affen ist die Bewertung und Einordnung der Krallenäffchen besonders umstritten. Auch die Zahl der südamerikanischen Affenarten sowie die Bewertung der Gattungen *Aotus, Callicebus, Alouatta* und anderer sind kontrovers. Hier liegt noch erheblicher Forschungsbedarf vor. Im Folgenden werden die südamerikanischen Affen in sechs Gruppen eingeteilt, jeweils mit dem Rang einer eigenen Familie.

- Cebidae (Kapuzineraffen [*Cebus*], Totenkopfaffen [*Saimiri*]) ◘ **Abb. 5.4e**;
- Callitrichidae (Springtamarins mit der Gattung *Callimico*, und Krallenäffchen mit den Gattungen *Callithrix, Leontopithecus, Mico, Cebuella* und *Saguinus*);
- Aotidae (Nachtaffen [*Aotus*]);
- Callicebidae (Springaffen [*Callicebus*]);
- Pitheciidae (Uakaris [*Cacajao*], Satansaffen [*Chiropotes*], Sakis [*Pithecia*]);
- Atelidae (Wollaffen [*Lagothrix*], Spinnenaffen [*Brachyteles*], Klammeraffen [*Ateles*], Brüllaffen [*Alouatta*]).

Cebus (Kapuzineraffen) zeigt viele Besonderheiten, die vermuten lassen, dass diese Gattung eine lange Eigenentwicklung hinter sich hat; z. B. ist das Muster der Hirnwindungen recht ursprünglich, andererseits sind Kapuzineraffen sehr intelligent und geschickt und gebrauchen nicht selten Werkzeuge. *Cebus* besitzt einen Greifschwanz, der aber anders strukturiert ist als der der Atelidae und wohl eine Eigenentwicklung darstellt. Adulte Totenkopfäffchen besitzen keinen Greifschwanz, junge Tiere zeigen noch eine Andeutung davon. Das bekannte Totenkopfäffchen (*Saimiri*, ◘ **Abb. 5.4e**, Systematik sehr umstritten: zwei bis sieben Arten) lebt oft in Gruppen von 25–50 Tieren, z. T. wurden Großgruppen von einigen Hundert Tieren beobachtet. Die Gruppen umfassen viele Männchen und viele Weibchen, die Tiere sind wahrscheinlich polygam. Die Männchen sind im Allgemeinen größer als die Weibchen und werden vor der Fortpflanzungszeit auffallend fett; sie betreuen die Jungtiere nicht. Auffallend ist, dass *Saimiri* kaum Aggressivität gegen andere Gruppenmitglieder zeigt („egalitäre" Gesellschaft). Lediglich in der Fortpflanzungszeit gibt es bei diesen friedfertigen Tieren Auseinandersetzungen und Streit.

Anatomische Spezialisierungen weisen z. B. die Brüllaffen mit ihrem einzigartigen großen Zungenbein- und Kehlkopfapparat auf, wobei sie andererseits recht primitiv strukturierte Molaren und Prämolaren besitzen, oder die Klammer- und Spinnenaffen mit ihren langen Extremitäten und einer Hakenhand mit rückgebildetem Daumen. Die Atelidae besitzen einen echten Greifschwanz mit großem motorischen und sensorischen Repräsentationsfeld in der Großhirnrinde. Bei *Pithecia, Cacajao* und *Chiropotes* bilden die oberen und unteren schlanken Schneidezähne ein „Pinzettengebiss", sie ernähren sich von Samen und oft harten Früchten. Aotidae und Callicebidae weisen viele ursprüngliche Merkmale auf, wobei *Callicebus* die primitivere Gattung ist, vor allem in Hinsicht auf die Zahnmorphologie. *Aotus* ist wohl sekundär z. T. nachtaktiv. Sowohl *Aotus* als auch *Callicebus* leben monogam.

Besonders umstritten ist bis heute die Bewertung der kleinen Callitrichiden. Sind sie ursprüngliche oder sekundär verkleinerte Formen, die sich vermutlich aus *Cebus*-ähnlichen Arten entwickelt haben? Sie werden in manchen Klassifikationen nur als Unterfamilie der Cebidae geführt. Vermutlich sind ihre Krallen, die auch Tegulae genannt werden, eine sekundäre Entwicklung, die auf Nägel zurückgeht. Die Callitrichidae tragen diese Krallen auf fast allen Zehen, nur auf der Großzehe findet sich ein Nagel. Die Krallen sind eine Anpassung an das Leben an Stämmen und auf Ästen. Abgeleitet ist der Besitz von lediglich zwei Molaren in jeder Kieferhälfte (nur *Callimico* hat drei Molaren). Ihre Nahrung besteht aus Früchten, Blüten, Insekten (enthalten viel Phosphor), Nektar und Pflanzensäften (enthalten viel Calcium) aus der Rinde von Bäumen. *Callithrix* reißt Löcher in die Rinde, um an diese Pflanzensäfte zu gelangen. Interessant ist das variable Sozialleben der Krallenäffchen. Die Gruppengröße schwankt oft zwischen fünf und fünfzehn Tieren, und im Prinzip handelt es sich meist um Gruppen mit mehreren Männchen und mehreren Weibchen. Es wurde Polyandrie, Polygynie, Promiskuität, aber auch Monogamie beschrieben. In einer Gruppe hat im Allgemeinen nur ein Weibchen Junge und zwar Zwillinge. Eine Menstruation fehlt, der weibliche Zyklus dauert gut zwei Wochen, die Tragzeit währt 4–5 Monate. Bei der Aufzucht helfen nicht nur ältere Geschwister, sondern auch die Männchen und die nicht am Fortpflanzungsgeschäft beteiligten Weibchen (*communal rearing system*).

b. Catarrhini, Altweltaffen (= Schmalnasenaffen), Afrika, Asien, Europa (heute nur der Mensch). Zwei Überfamilien: Cercopithecoidea (= Cynomorpha, Hundsaffen, Meerkatzenverwandte) und Hominoidea (= Anthropomorpha, Menschenaffen und Mensch).

Die **Cercopithecoidea** sind morphologisch und proteinbiochemisch eine recht homogene Gruppe und umfassen die Familie der Cercopithecidae, die aus zwei großen Unterfamilien besteht, den Cercopithecinae und den Colobinae, die sich vor ca. 14 Mio. Jahren getrennt haben:

- die Colobinae (Stummel- und Schlankaffen [Languren], mit den Gattungen *Colobus* (◨ Abb. 5.4f), *Piliocolobus, Procolobus, Presbytis, Trachypithecus, Semnopithecus, Nasalis, Simias, Pygathrix, Rhinopithecus;* vor allem in Süd- und Südostasien, in Afrika nur die Gattung *Colobus, Piliocolobus* und *Procolobus*). Sie ernähren sich im Wesentlichen von Blättern und besitzen einen komplizierten Magen mit einer besonderen Kammer, in der Bakterien leben, die Zellulose abbauen und damit die Ausbeute an Nährstoffen verbessern.
- die Cercopithecinae (Meerkatzen, Makaken, Mangaben und Paviane mit den Gattungen *Cercopithecus, Erythrocebus, Micropithecus, Allenopithecus, Cercocebus, Papio, Mandrillus, Theropithecus* in Afrika und *Macaca* (◨ Abb. 5.4g) mit einer Art in Nordafrika und mit zahlreichen Arten in Süd-, Ost- und Südostasien). *Macaca sylvanus* lebt in Marokko, Algerien und auf Gibraltar, hier erst seit den Zeiten der Römer; in den Warmzeiten des Pleistozän kam diese oder eine unmittelbar verwandte Art auch in Deutschland vor. Die Cercopitheciden besitzen einfach gebaute Mägen, sie speichern Nahrung oft in ihren großen Backentaschen. Bei Pavianen und Makaken entwickelten die Weibchen im Genitalbereich bis hin zum After die so genannte Genitalhaut, die zum Zeitpunkt der Ovulation besonders stark anschwillt. Die Weibchen sind dann für Männchen besonders attraktiv und fordern aktiv zur Kopulation auf.

Den **Hominoidea** werden zwei Familien mit rezenten Formen zugezählt, die in **Abschn. 5.3** ausführlicher dargestellt werden:
- die Hylobatidae (Gibbons),
- die Hominidae (große Menschenaffen [Orang-Utan, Gorilla, Schimpanse und Bonobo] und Mensch).

Interessant ist, dass die heutigen Hominoidea recht unterschiedliche Lokomotionsmodi aufweisen (s. unten). Die Übereinstimmungen zwischen den großen Menschenaffen und dem Menschen sind zahlreich und gehen bis in Details wie z. B. ein freies Sigma (Endabschnitt des Dickdarms) und die Ausbildung eines Appendix vermiformis, also des Wurmfortsatzes am Blinddarm.

Es wurde immer wieder versucht, für die genannten fünf großen Primatengruppen noch übergeordnete systematische Kategorien zu finden. So werden Lemuriformes, Chiromyiformes, Lorisiformes und Tarsiiformes oft als **Halbaffen** (**Prosimiae**) zusammengefasst. Diese entsprechen aber keiner echten systematischen Einheit, sondern nur einem gemeinsamen, z. T. relativ niedrigen Entwicklungsniveau. Verbreitet wird eine Zweiteilung der Primaten in **Strepsirrhini** und **Haplorrhini** vorgenommen. Erstere umfassen Lorisi-, Chiromyi- und Lemuriformes und sind u. a. durch die Struktur der Nase mit Rhinarium (unbehaarte Nasenspitze mit feuchter Schleimhaut, die sich in Form eines Streifens bis zum oberen Rand des Mundes ausdehnt) und relativ unbewegliche feste Oberlippe geeint. Gemeinsam ist ihnen weiterhin, dass ihre Augen ein Tapetum lucidum besitzen, was dafür spricht, dass der gemeinsame Vorfahr nachtaktiv war. Ihnen stehen die Haplorrhini gegenüber, die u. a. durch trockene, behaarte Nasenspitze, behaarte, bewegliche Oberlippe, Anatomie intrakranieller Blutgefäße, Muster der Craniogenese, reduzierte Bulbi olfactorii, verzögerte Pubertät und hämochoriale Plazentastruktur und viele molekularbiologische Daten geeint sind (Yoder 2003). Die Fovea centralis spricht dafür, dass der gemeinsame Vorfahr tagaktiv war. Den Haplorrhini werden Tarsier, Neu- und Altweltaffen (einschließlich Mensch) zugerechnet. Während die Haplorrhini als phylogenetische Einheit auch heute meist anerkannt werden, blieb die Bewertung der Strepsirrhini umstritten. Speziell molekularbiologische Analysen der letzten Jahre und auch Neubewertung morphologischer Daten lassen es aber derzeit als wahrscheinlich erscheinen, dass die Strepsirrhini doch eine Einheit bilden.

Erwähnt werden müssen an dieser Stelle die **Spitzhörnchen** (Scandentia), die zeitweise den Primaten als ursprüngliche Formen zugezählt wurden, wohingegen sie heute meist als eigene Ordnung neben die Primaten gestellt werden. Sie sind baumlebend und kommen in Südostasien vor. Sie ähneln habituell entfernt Eichhörnchen und besitzen ein Mosaik von Merkmalen: ursprüngliche, die sie mit Primaten teilen, und abgeleitete eigene. Die Übereinstimmungen mit Primaten beruhen vermutlich auf gemeinsamen Vorfahren und auf primär ähnlicher Lebensweise und ähnlichem Lebensraum.

Im Allgemeinen wird vermutet, dass die Primaten noch in der Kreidezeit entstanden. Zusammen mit den Pelzflatterern, den Spitzhörnchen und vielleicht den Fledermäusen bilden sie die große Verwandtschaftsgruppe der Archonta.

5.2.6 Verwandtschaftsforschung in der Ordnung der Primaten mit Hilfe von Biochemie und Molekularbiologie

Vergleichen und Bewerten sind die grundlegenden Tätigkeiten eines Systematikers und Phylogenetikers. In der Vergangenheit beruhte die Systematik der Primaten weitgehend auf morphologischen Merkmalen fossiler und rezenter Arten. Dabei wurden und werden auch physiologische oder ethologische Merkmale berücksichtigt. Heute wird das Spektrum der Merkmale durch molekulare Daten erweitert, z. B. Analysen der Sequenz von Markergenen und ganzen Genomen. Molekulare und morphologische Daten sind keine Gegensätze, sondern sie ergänzen einander; Widersprüche, die häufig aufgrund konvergenter Evolution beruhen, sind Anreiz zu verstärkter Forschung.

Molekulare Daten sind außerordentlich nützlich, weil sie eine große Anzahl von Merkmalen zur Verfügung stellen, die leicht zu vergleichen sind. Ihre Bearbeitung kann mit Hilfe von Computerprogrammen erfolgen. Überdies erlauben sie, mit bestimmter Methodik, die genetische Distanz zwischen den Arten zu berechnen. Eine sehr wichtige Methode ist in diesem Zusammenhang die DNA-Sequenzierungstechnik (s. **Abschn. 4.1**). Je kleiner die genetische Distanz (d. h. je größer die DNA-Übereinstimmung), desto enger ist die Verwandtschaft zwischen zwei Arten. Es wird im Allgemeinen angenommen, dass die Geschwindigkeit, mit der sich die genetische Distanz innerhalb einer Verwandtschaftsgruppe ändert, ziemlich konstant ist. Wenn die Daten der genetischen Distanz mit gut datiertem Fossilmaterial in Beziehung gesetzt werden, lässt sich berechnen, vor wie vielen Jahren sich zwei verglichene Arten vom letzten gemeinsamen Vorfahren getrennt haben (molekulare Uhr, s. **Abschn. 4.1.2**). In die Dimension der Zeit umgerechnet, ergibt z. B. der **DNA-Vergleich** von Schimpanse und Mensch, dass sich diese zwei Taxa vor ca. 6,6 Mio. Jahren getrennt haben. Der letzte gemeinsame Vorfahr von Mensch und Gorilla lebte vor ca. 9 Mio. Jahren, der von Mensch und Orang-Utan vor ca. 15 Mio. Jahren. Unsere Gesamt-DNA unterscheidet sich auf Sequenzebene nur um ca. 1,6 % von der Gesamt-DNA des Schimpansen. Das Erbgut des Rhesusaffen (*Macaca mulatta*) stimmt zu ca. 90,1 % mit dem des Menschen überein.

Phylogenie-Rekonstruktionen, die auf Vergleichen der DNA, darunter dem Cytochrom-b-Gen, und von Proteinen basieren, zeigen, dass Schimpansen die nächsten Verwandten von *Homo sapiens* sind (**Abb. 5.5**). Dann folgen Gorilla (mit vier Formen in Afrika) und Orang-Utan (mit zwei heute als Arten angesehenen Populationen auf Borneo und Sumatra).

Die geringen genetischen Unterschiede zwischen Mensch und Menschenaffen müssten eigentlich taxonomische Konsequenzen haben. Mehrfach wurde gefordert, zumindest Mensch und Schimpanse/Bonobo in eine gemeinsame Gattung zu stellen (Diamond 1999).

DNA-Daten und Sequenzanalysen von Proteinen weisen im Allgemeinen gute Übereinstimmung auf. So machen die vergleichenden **proteinchemi-**

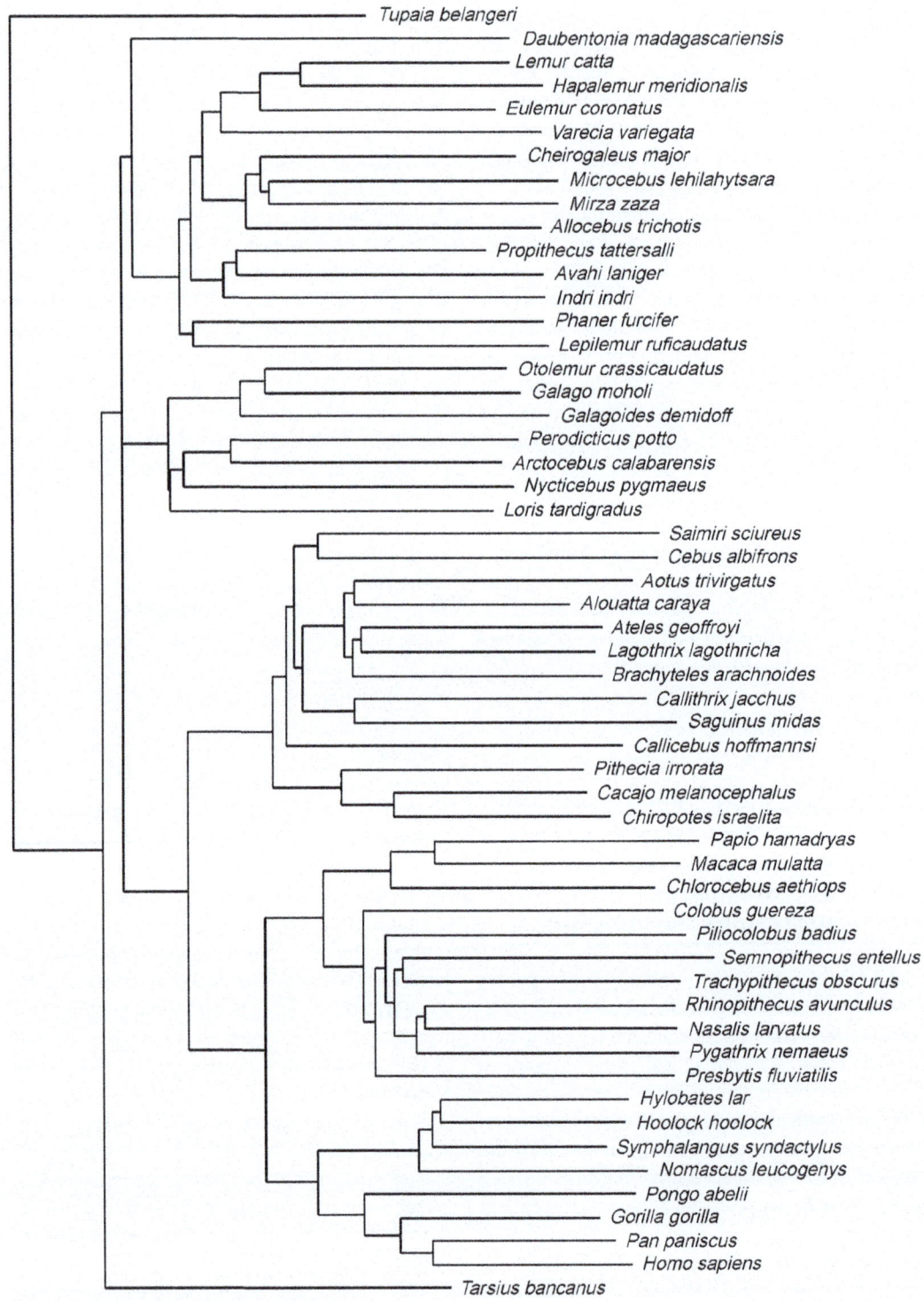

Abb. 5.5 Molekularer Stammbaum der Primaten auf der Grundlage der Analyse des Cytochrom-b-Gens. Nach anderen molekularbiologischen Daten gehört *Tarsius* zu den Haplorrhini

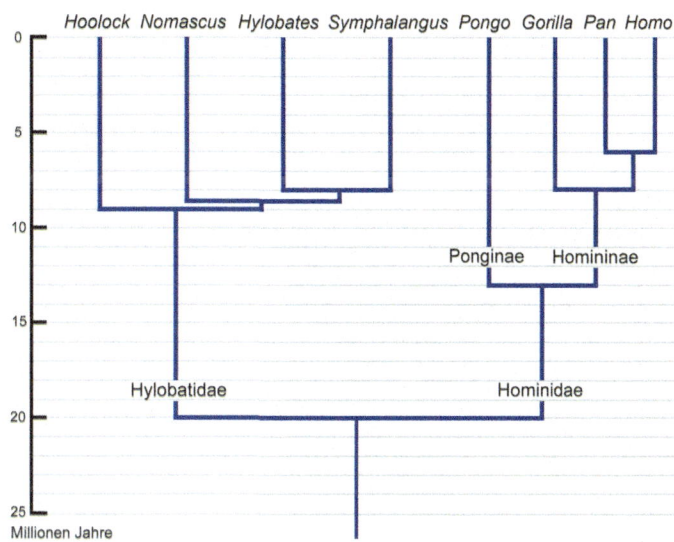

Abb. 5.6 Molekularer Stammbaum der Hominoidea

5.3 Menschenaffen und Mensch (Hominoidea)

Mensch und Menschenaffen sind eng verwandt (**Abb. 5.6**). In diesem Kapitel sollen daher die Menschenaffen besonders herausgestellt werden. Die Kenntnis ihrer Morphologie, Physiologie und Lebensweise hilft auch dem Verständnis der biologischen Besonderheiten des Menschen. Diese hoch differenzierten, engsten Verwandten des Menschen sind alle von der Ausrottung durch eben diesen Menschen bedroht. Je mehr wir über sie wissen, desto leichter sollte es uns fallen, die letzten Bestände dieser Tierarten zu schützen.

5.3.1 Gibbons

Die **Gibbons (Hylobatidae, Abb. 5.7a)** bilden die erste Familie der Hominoidea und sind heute auf Südostasien beschränkt. In China sind sie im Laufe der letzten 2000 Jahre bis auf einen Restbestand auf Hainan ausgerottet. Überall sind sie durch Habitatzerstörung und Jagd bedroht. Ihre Fossilgeschichte ist kaum bekannt, möglicherweise sind die miozänen Formen *Dionysopithecus* (China) und *Micropithecus* (Ostafrika) „Proto-Hylobatiden". Sie sind die „kleinen" Menschenaffen und umfassen heute 12–13 Arten, die in den Gattungen *Hylobates, Symphalangus, Nomascus* und *Hoolock* (*Bunopithecus*)

schen Daten (Bauer u. Schreiber 1995) wahrscheinlich, dass sich Mensch und Schimpansen vor ca. 5,2 Mio. Jahren getrennt haben. Kurz zuvor, vor ca. 7,4 Mio. Jahren, trennte sich der Gorilla von der Linie Schimpanse/Mensch, während der Orang-Utan vermutlich bereits seit ca. 16 Mio. Jahren einen Eigenweg verfolgt. Entsprechenden vergleichenden proteinchemischen Befunden zufolge, haben sich die Gibbons nur unwesentlich früher (vor 20,3 Mio. Jahren) von letzten gemeinsamen Vorfahren mit dem Menschen getrennt. Nach anderen molekularbiologischen Befunden sind die Gibbons zwischen 16 und 20 Mio. Jahre von der Linie zum Menschen getrennt. Diese Daten verankern zwar die Gibbons in den Hominoidea, der Zeitpunkt der Trennung vom letzten gemeinsamen Vorfahren mit dem Menschen bedarf aber der Bestätigung durch andere Zweige der Wissenschaft.

Die folgenden Daten geben den Zeitpunkt der Trennung von *Homo* und nicht-hominoiden Primaten aufgrund von Berechnungen an, die auf proteinbiochemischen Befunden beruhen (berücksichtigt wurden 69 Proteine, nach Bauer u. Schreiber 1995):

Trennung von *Homo* und *Papio/Macaca* (Paviane/Makaken) vor 31,4 Mio. Jahren, von *Homo* und *Cebus* (südamerikanischer Kapuzineraffe) vor 52,5 Mio. Jahren, von *Homo* und *Lemur* (madagassischer Halbaffe) vor 67,0 Mio. Jahren, von *Homo* und *Galago* (afrikanische Buschbabys) vor 73,3 Mio. Jahren.

◘ **Abb. 5.7 a–f.** Rezente Hominoidea. **a** Gibbons, **b** Orang-Utan, **c** Gorilla, **d** Schimpanse, **e** Bonobo, **f** Mensch

sie zwar über Jahre in monogamen Kleinfamilien leben können, dass aber das Sozialsystem der Gibbons flexibel ist (s. oben) und dass Partnerwechsel recht häufig vorkommen (Geissmann 2003). Die Gibbons geben vor allem morgens weit hörbare Lautäußerungen von sich; dadurch sollen Territorien verteidigt werden. Die Gesänge erfolgen oft im Duett, wobei das Weibchen den Hauptteil übernimmt. Der Duettgesang ist beim Siamang besonders hoch differenziert und soll auch die Paarbindung intensivieren. Bei den meisten Gibbons singen Männchen auch „solo", insbesondere in der Morgendämmerung. Analysen von Sommer u. Reichard (2000) zeigen, dass der biologische Sinn der Gesänge vermutlich darin besteht, die Gesamtfitness der Partner zu testen. Die Gesänge haben einen deutlichen Bezug zur Attraktivität des Partners; manche Gibbons haben Kehlsäcke, die beim Siamang besonders groß sind und die den Gesängen eine recht raue Note verleihen. Die Dauer des weiblichen Zyklus beträgt ca. 28 Tage, die Schwangerschaft ca. 210 Tage, es wird ein Junges geboren, das mit ca. 1,5–2 Jahren entwöhnt wird. Geschlechtsreife erfolgt mit 7 Jahren.

zusammengefasst werden. Sie sind in vieler Hinsicht sehr spezialisierte, baumlebende, langarmige, schlanke Tiere ohne Schwanz. Als Schwinghangler können sie im freien Schwingflug bis zu 10 m überwinden, am Boden bewegen sie sich oft biped fort, wobei sie gelegentlich die Arme über den Kopf halten. Die Durchsicht größeren Skelettmaterials hat gezeigt, dass bei vielen Tieren verheilte Knochenbrüche vorliegen, so dass man annehmen kann, dass öfter Stürze vorkommen. Daumen und Großzehe sind weit abspreizbar und opponierbar (◘ **Abb. 5.2**). An den Sitzbeinen kommen wie bei Cercopitheciden Sitzschwielen vor. Beide Geschlechter haben große Eckzähne. Das Gehirn ist nicht besonders hoch entwickelt.

Gibbons ernähren sich von Früchten, Blüten und Blättern, aber auch von Eiern, Vögeln und Insekten. Sie bauen keine Schlafnester.

Gibbons galten bis vor wenigen Jahren als Musterbeispiele für Monogamie. Heute ist bekannt, dass

5.3.2 Die großen, höheren Menschenaffen

Die großen Menschenaffen (Orang-Utan, Gorilla, Schimpanse/Bonobo) und der Mensch bilden die zweite Familie der Hominoidea, die **Hominidae**. Diese lässt sich in die Unterfamilien Ponginae (Orang-Utan und verwandte Fossilformen) und Homininae (die afrikanischen Menschenaffen, Mensch und verwandte Fossilformen) gliedern. Die hier vorgenommene, systematische Gliederung der Hominidae ist sicher nicht die einzig mögliche; v. a. in älteren Texten wird der Mensch gern allein in die Familie der Hominidae eingeordnet und die drei großen Menschenaffen werden ebenfalls in einer eigenen Familie, den Pongidae, untergebracht, was aber die verwandtschaftliche Nähe der vier in Frage stehenden Gattungen (*Pongo, Gorilla, Pan* und *Homo*) nicht korrekt widerspiegelt. Interessant ist, dass alle großen Menschenaffen paarig angelegte – später z. T. median verschmelzende – Kehlsäcke ausbilden, die Lautverstärker und Resonatoren sind. Allen gemeinsam ist auch der Besitz eines kleinen

Tab. 5.1 Hirngewicht der großen Menschenaffen und des Menschen (nach Schultz 1969)

Art	Geschlecht	durchschnittliches Hirngewicht	Minimum–Maximum
Orang-Utan	Männlich	416 g	334–502 g
	Weiblich	338 g	276–425 g
Schimpanse	Männlich	381 g	292–454 g
	Weiblich	350 g	282–415 g
Gorilla	Männlich	535 g	412–752 g
	Weiblich	443 g	350–532 g
Mensch	Männlich	1350 g	} 1000–2000 g
	Weiblich	1250 g	

Baculums (Penisknochens). Sie besitzen hoch entwickelte Gehirne (◘ Tab. 5.1).

Die hoch entwickelten Gehirne der großen Menschenaffen erbringen Leistungen, die die Grenze zu den Leistungen des Gehirns des Menschen sehr unscharf werden lassen. Verschiedene Primatologen (z. B. de Waal 2006, 2011; Sommer 2009, 2010; Boesch 2009) konnten nachweisen, dass bei den großen Menschenaffen, speziell beim am besten untersuchten Schimpansen, hohe kognitive Leistungen und hoch differenzierte kulturelle und komplexe emotionale Reaktionen nachweisbar sind, dass sprachähnliche Leistungen zu erkennen sind, dass Planung in die Zukunft möglich ist, dass sie sich in andere hineinversetzen, dass sie differenziert und sinnreich handeln können (z. B. bei Durchfallerkrankungen können sie bestimmte raue Blätter sammeln, die sie zusammenfalten und unzerkaut schlucken, was effektiv zur Ausscheidung von Darmparasiten führt, es werden auch gezielt „Heilpflanzen" mit antimikrobiellen Inhaltsstoffen verzehrt) u. a. Beim Schimpansen konnte beobachtet werden, dass sie sogar Nahrung miteinander teilen können (de Waal 2011). Es gibt also viele Hinweise, dass sich die mentalen Welten (Sommer 2009) von Menschenaffen und Menschen ähneln. Hierbei dürfte es sich angesichts sehr weitgehender DNA-Übereinstimmungen und morphologischer Ähnlichkeit der Gehirne nicht um Analogien handeln, sondern im Prinzip um Homologien, also auf Übereinstimmungen, die auf gemeinsamer Abstammung beruhen. Wenn auch der moderne Schimpanse nicht dem gemeinsamen letzten Vorfahren von *Homo* und *Pan* gleichgesetzt werden darf, so besteht kein Grund, die geistigen Leistungen von Menschenaffen, die ja wie bei uns Leistungen des Gehirns sind, nicht als Vergleich mit entsprechenden Leistungen des Menschen zuzulassen. Auf ihnen aufbauend haben sich langsam die höchst komplexen Leistungen (mit extrem differenzierter Sprache, Technik, Mathematik, Kultur, Musik usw.) des Gehirns des modernen Menschen entwickelt. Möglicherweise spiegelt sich diese Entwicklung in quantitativen Unterschieden des Hirnvolumens speziell des Frontallappens des Großhirns wider.

Die großen Menschenaffen können lokal unterschiedliche kulturelle Traditionen entwickeln, was oft eine ökologische Ursache hat und wiederum am besten vom Schimpansen bekannt ist. Tiere, die im tropischen Regenwald leben sind besonders sozial eingestellt („pro-sozial") und zeigen oft besonders differenzierte kulturelle Verhaltensweisen und verhalten sich in manch anderer Hinsicht, z. B. Jagdstrategien, anders als Tiere im Trockenwald oder im Savannen-Waldland (Boesch 2009).

Orang-Utan

Der **Orang-Utan** (malaiisch und indonesisch: Waldmensch, ◘ Abb. 5.4h, ◘ Abb. 5.7b), einst weit über Südostasien verbreitet, kommt heute nur noch in zwei Arten auf Borneo und Sumatra vor. Auf Borneo lebt *Pongo pygmaeus*, auf Sumatra der nah verwandte *Pongo abelii*. Seine Zahl hat durch die rücksichtslose Zerstörung seines Lebensraumes und die Verfolgung durch den Menschen so abgenommen, dass sein Aussterben befürchtet wird. Im Norden Sumatras, v. a. im Gunung-Leuser-Nationalpark, leben derzeit nur noch ca. 8000, auf Borneo ca. 10.000

bis 14.000 Tiere. Eine ganze Reihe von Populationen steht kurz vor der Ausrottung; allein zwischen 1985 und 1995 gingen für den Orang-Utan ca. 40–50 % seines Lebensraumes verloren. Öfter werden Mütter von Kleinkindern getötet, und das „niedliche" Kind wird dann eine Zeit lang – bis es lästig wird – von wohlhabenden Menschen gehalten.

Männliche Tiere werden gut 135 cm groß, weibliche 115 cm. Beide Geschlechter sind durch ein rötliches, langes, raues, aber spärliches Haarkleid gekennzeichnet. Die Männchen mit einem Territorium besitzen kennzeichnende große Backenwülste und Kehlsäcke, die ihre lauten Rufe verstärken. Der Orang-Utan ist ein Baumbewohner und lebt zumeist als Einzelgänger. Nach neuer Auffassung gibt es jedoch lockere Verbände mit weit auseinander lebenden Weibchen und ihrem Kind sowie einem dominanten Männchen, dem mehrere Weibchenterritorien zugeordnet sind. Orang-Utans sind tagaktive Tiere, die für die Nacht ein Nest bauen; sie leben in Mangroven-, Regen- und Bergwäldern bis in eine Höhe von ca. 1000 m. Sie wandern am Tag bis 1000 m weit, wobei die Männchen weitere Streifzüge machen als die Weibchen. Der schmale Fuß wird meist in leichter Supinationshaltung aufgesetzt. Sie fressen vorwiegend Früchte und andere pflanzliche Nahrung. Der weibliche Zyklus dauert 28 Tage, die Schwangerschaft um 245–250 Tage. Meist wird ein Kind geboren, das im Alter von 3,5–4 Jahren entwöhnt wird und sich nach 5–8 Jahren zunehmend von der Mutter trennt. Im Freien werden Orang-Utans vermutlich 40–50 Jahre alt.

Weibchen werden im Alter von 7 Jahren geschlechtsreif, Männchen variabel im Alter von 8–15 Jahren. Das erste Junge haben Weibchen meistens im Alter von 12 Jahren. Die Männchen streifen nach Eintritt der Geschlechtsreife umher, sie sind zeugungsfähig und können Kopulationen erzwingen, unterscheiden sich aber äußerlich kaum von den Weibchen. Die typischen sekundären Geschlechtsmerkmale der Männchen, z. B. die Backenwülste, treten erst viel später, im Alter von 15–20 Jahren auf, und zwar ziemlich schnell dann, wenn ein Männchen ein eigenes Revier besitzt oder wenn andere Männchen fehlen. Ein Weibchen hat im Laufe seines Lebens zwei bis drei Junge, die Reproduktionsrate ist also sehr niedrig. Männchen beteiligen sich nicht an der Aufzucht der Jungen. In Schutzgebieten können sich Orang-Utans mit vom Menschen eingeschleppten Krankheiten (Hepatitis, Malaria, Cholera, Tuberkulose u. a.) anstecken.

Anatomisch weist der Orang-Utan ursprüngliche und abgeleitete Merkmale auf. Ursprünglich sind Züge der Muskulatur und die Zahl der Fußwurzelknochen (acht statt sieben). Abgeleitet sind die Extremitäten, der weit hinten stehende große Zeh, der kleine Daumen, die fast in gleicher Ebene liegenden Augen und die schmale Zwischenaugenregion.

Gorilla

Der **Gorilla**, heute der Riese unter den Primaten (◘ Abb. 5.4i, ◘ Abb. 5.7c), ist in den Proportionen der Gliedmaßen, seinem breiten Becken, im Bau von Händen und Füßen (◘ Abb. 5.2) und hinsichtlich der mimischen Muskulatur dem Menschen ähnlicher als andere Menschenaffen. Er entfernt sich von diesem jedoch durch seine Größe und die Verlängerung seiner Gesichtspartie einschließlich der Nasenbeine und zeigt im Übrigen viele ursprüngliche Züge. Er lebt heute in vier räumlich getrennten Formen in Zentralafrika, wobei umstritten ist, ob es sich um vier Unterarten einer Art oder um zwei Arten handelt, die jeweils aus zwei Unterarten bestehen. Im ersten Fall würde die systematische Gliederung so aussehen, dass die eine Art *Gorilla gorilla* vier Unterarten bildet: *G. gorilla gorilla* (Flachlandgorilla, Zentralafrikanische Republik, Kamerun, Äquatorial-Guinea, Nigeria, Gabun, Kongo-Brazzaville), *G. gorilla diehli* (Cross River, Grenze Nigeria-Kamerun), *G. gorilla graueri* (Osten der Demokratischen Republik Kongo) und *G. gorilla beringei* (Berggorilla, Grenzregionen Uganda, Ruanda, Demokratische Republik Kongo). Im zweiten Falle würde *Gorilla gorilla* die Unterarten *G. gorilla gorilla* und *G. gorilla diehli* umfassen, während die beiden östlichen Formen als Unterarten einer Art *Gorilla beringei* aufzufassen sind. Der Gorilla ist in sehr hohem Maße durch Vordringen des Menschen, Folgen politischer Wirren und Zerstörung seines Lebensraumes gefährdet. Vom Berggorilla existieren noch ca. 600 Tiere, von *G. gorilla graueri* einige Tausend Tiere, vom Flachlandgorilla vielleicht noch einige Zehntausend Tiere. Jagd und Tötung des Gorillas (und anderer Primaten) zur Ernährung von Menschen zeigt einen ethischen Tiefstand der Zivilisation des Menschen an.

Gorillas werden ca. 140 cm (Weibchen) bis 160 cm (Männchen) groß. Männliche Tiere können im Freiland bis 260 kg, weibliche Tiere bis 95 kg schwer werden. In Zoos sind die Tiere oft pathologisch adipös. Die westliche Flachlandform hat ein braungraues, die östlichen Formen besitzen ein schwarzes Fell. Ausgewachsene Männchen haben einen silbergrauen Rückensattel. Die Gorillas sind tagaktiv und bauen Tages- und Nachtnester. Besonders der Berggorilla ist weitgehend Bodenbewohner, der Flachlandgorilla kann z. T. auch auf Bäumen leben. Es werden ganz unterschiedliche Waldformationen bis hin zu Wiesen- und Strauchlandschaften bewohnt. Die Tiere durchstreifen langsam ihr Wohngebiet, wobei sie sich auf allen Vieren fortbewegen. Die Füße setzen mit der Sohle auf, die gebeugten Finger werden mit den Knöcheln aufgesetzt. Alle Gorillas sind Pflanzenfresser, tierische Nahrung macht weniger als 1 % aus (v. a. Insekten). Sozial sind sie in Haremsgruppen organisiert. Diese umfassen oft ca. zehn Tiere mit einem voll ausgewachsenen männlichen Tier (Silberrücken), vier bis fünf Jungtieren und fünf anderen adulten Tieren, überwiegend Weibchen. Es kommen aber auch Gruppen mit mehreren adulten Männchen vor, vereinzelt auch Männergruppen. Ein alter Haremsboss kann vertrieben werden und wird dann oft durch einen Sohn ersetzt. Es wurde beobachtet, dass der neue Anführer des Harems die Kinder seines Vorgängers tötet (Infantizid, s. **EXKURS 5.2 Abschn. 5.2.3**), die weiblichen Tiere werden beim Gorilla verschont. Männliche Gorillas imponieren durch Aufrichten, Brusttrommeln und Herumlaufen in aufgerichteter Haltung.

Der weibliche Zyklus dauert 28 Tage, die Schwangerschaft um 260 Tage, im Allgemeinen wird ein Kind geboren, das mit 2–4 Jahren entwöhnt wird. Geburtenabstand in ungestörten Regionen 4–5 Jahre. In Freiheit können Gorillas ca. 35–40 Jahre alt werden.

Schimpanse

Der **Schimpanse** (*Pan troglodytes*, **Abb. 5.7d**) ist in vielen anatomischen, biochemischen und auch ethologischen Merkmalen besonders menschenähnlich; Beispiele sind zeitiger Verschluss der Zwischenkiefernaht sowie die Morphologie der Schneide- und Backenzähne und des Brustbeins. Der Schimpanse ist abgeleitet in Merkmalen, die mit seinem gut entwickelten Sprungvermögen und dem Schwinghangeln zusammenhängen, z. B. hinsichtlich Bau des Beckens, der langen Arme und Verlängerung der Finger, die eine Hakenhand bilden. Die genannten und andere Merkmale deuten darauf hin, dass er eine primär ans Baum- und Waldleben angepasste Art ist, mit einer ca. 6 Mio. Jahre langen Eigenentwicklung. Zumindest hinsichtlich seines Bewegungsapparates entspricht er nicht dem letzten gemeinsamen Vorfahren von *Pan* und *Homo* (s. auch *Ardipithecus*, **Abschn. 5.6.1**). Er lebt in vier heute weit voneinander getrennten Unterarten von Guinea bis zum Tanganjika-See: *Pan troglodytes verus* (westafrikanischer Schimpanse, nur noch Restbestände an der Elfenbeinküste, in Guinea, Sierra Leone, Liberia, Mali und Ghana), *P. troglodytes troglodytes* (zentralafrikanischer Schimpanse, wohl noch ca. 60.000 Tiere in Gabun, Kamerun, Kongo-Brazzaville, Äquatorial-Guinea), *P. troglodytes vellerosus*, (Westnigeria und Grenzgebiet Nigeria-Kamerun), *P. troglodytes schweinfurthii* (ostafrikanischer Schimpanse, noch ca. 10.000 Tiere im Norden und Osten der Demokratischen Republik Kongo, nördlich und östlich des Kongoflusses, bis zum Tanganjikasee, Restbestände in Burundi, Ruanda und Uganda). Das ehemalige Verbreitungsgebiet wird immer weiter eingeengt und fragmentiert. Auch Schimpansen werden von Menschen abgeschossen und gegessen. Natürliche Feinde sind am ehesten Leopard und Löwe.

Das Gesicht der Adulten ist bei den einzelnen Unterarten unterschiedlich pigmentiert, bei den westafrikanischen Schimpansen ist es stets relativ dunkel, bei den zentral- und ostafrikanischen dagegen im Allgemeinen zunächst hell, wird aber mit dem Alter dunkler und ist dann oft fleckig gezeichnet. Das Fell ist schwarz, wird aber im Alter im Lumbalbereich grau und am Kinn weißlich. Alte Tiere, besonders bei der zentralafrikanischen Unterart, neigen zu Glatzenbildung. Männchen werden ca. 120 cm, Weibchen 110 cm groß, das Körpergewicht beträgt 40–45 kg. Schimpansen sind tagaktiv und bauen Tag- und Nachtnester, sie leben oft die Hälfte der Zeit am Boden, die andere in Bäumen. Ihre Habitatansprüche sind relativ flexibel, wobei wahrscheinlich ist, dass *Pan* primär ans Baumleben angepasst ist. Sie kommen in dichten

Regenwäldern, aber auch in Savanne und Grasland vor und durchstreifen ihre Wohngebiete. Am Boden bewegen sie sich meist auf allen Vieren fort, wobei wie beim Gorilla die Füße flach aufgesetzt werden und die Hände mit den Knöcheln den Boden berühren. Sie richten sich oft auf und stehen dann auf zwei Beinen, um die Umgebung zu beobachten. Der Daumen ist wie bei Gorilla und Orang-Utan opponierbar, ist jedoch relativ klein und wird seltener als beim Gorilla zum Manipulieren von Gegenständen gebraucht. Zweiter bis vierter Finger sind lang und bilden einen Haken, der beim Hangeln im Geäst eingesetzt wird.

Schimpansen ernähren sich weitgehend von Pflanzen, nehmen aber regelmäßig auch tierische Nahrung zu sich, indem sie z. B. kleinere Affen, u. a. *Piliocolobus badius*, und kleinere Antilopen erlegen oder auch verschiedene Insekten zu sich nehmen. Es wurde auch Kannibalismus beobachtet. Sie leben in größeren Gruppen, die sich aber leicht in Untergruppen (*parties*) auflösen. Weibchen gehen oft allein oder mit Kindern auf Nahrungssuche. Ständig gibt es intensive Auseinandersetzungen, besonders zwischen Männchen, die oft Halbbrüder sind. Oft entwickelt sich ein Männchen zum Gruppenführer. Schimpansen sind stimmfreudig und besitzen ausgedehnte laryngeale Luftsäcke. Sie können einfache Werkzeuge herstellen und nutzen: z. B. Holzstäbe zum Insektenfang, Hammer und Amboss (aus Stein) zum Nüsseknacken; einzelne Gruppen können jeweils eigene Traditionen (Kulturen) entwickeln. Haufen mit Steinen, die wahrscheinlich von Schimpansen als Werkzeuge benutzt wurden, wurden an verschiedenen Stellen gefunden. An der Jagd beteiligen sich vor allem Männchen, am Sammeln vor allem Weibchen; die Nahrung wird oft geteilt. Bei der Jagd können mehrere Männchen, z. T. mit einem Stock bewaffnet, geschickt zusammenwirken, bis das Beutetier getötet ist. Schimpansen fressen „Heilpflanzen", wenn sie krank sind.

Benachbarte Gruppen können sich bekämpfen (Proto-Krieg) bis hin zur Ausrottung einer ganzen Gruppe. Paare gehen unterschiedlich feste Bindungen ein, vielfach herrscht Promiskuität. Die Aufforderung zur Paarung kann vom Weibchen oder vom Männchen ausgehen. Ein Weibchen im Östrus besitzt auffällige rosafarbene ano-genitale Schwellungen und kann nacheinander von bis zu sieben Männchen begattet werden. Es gibt aber offensichtlich auch Paarbindung. Aus solchen festen Bindungen sollen mehr Kinder entstehen als aus promiskuitivem Geschlechtsverkehr. Der weibliche Zyklus dauert ca. 33 Tage, die Schwangerschaft ca. 230 Tage. Meist wird ein Kind geboren. Entwöhnung mit 4 Jahren, jedoch bleiben Kinder oft noch Jahre bei der Mutter. Zum Gehirn s. **EXKURS 5.3**.

EXKURS 5.3

Das Gehirn des Schimpansen: ein kleines Menschenhirn?
Karl Zilles (Jülich)

Die Genome des Gemeinen Schimpansen, *Pan troglodytes,* und des Zwergschimpansen oder Bonobos, *Pan paniscus,* stimmen zu 98 % mit dem des Menschen überein. Die Ähnlichkeiten ihrer Gehirne mit dem des Menschen sind größer als bei anderen Menschenaffen. Ist das Gehirn des Schimpansen daher ein „miniaturisiertes" Menschenhirn?

Viele morphologische Ähnlichkeiten (◘ Abb. 5.8 a-d) in der Hirnform, Furchenbildung, Aufbau der prinzipiellen funktionellen Systeme und Nervenzelltypen sind erkennbar. Erst jüngst wurde ein besonderer Nervenzelltyp identifiziert, die Von-Economo-Spindelzelle. Sie kommt nur bei Menschenaffen und dem Menschen im vorderen insulären Cortex vor. Dieser Hirnteil ist bei zahlreichen kognitiven Funktionen des Menschen aktiv. Daneben werden jedoch auch deutliche quantitative und strukturelle Unterschiede gefunden, die auf einen funktionellen Umbau schließen lassen. Sowohl das gesamte Gehirn als auch das Kleinhirn beider Schimpansenarten sind ca. drei- bis viermal kleiner als das des Menschen, während die Hirngröße sich zwischen *Pan troglodytes* und *Pan paniscus* nicht signifikant unterscheidet. Das Ge-

EXKURS 5.3 *(Fortsetzung)*

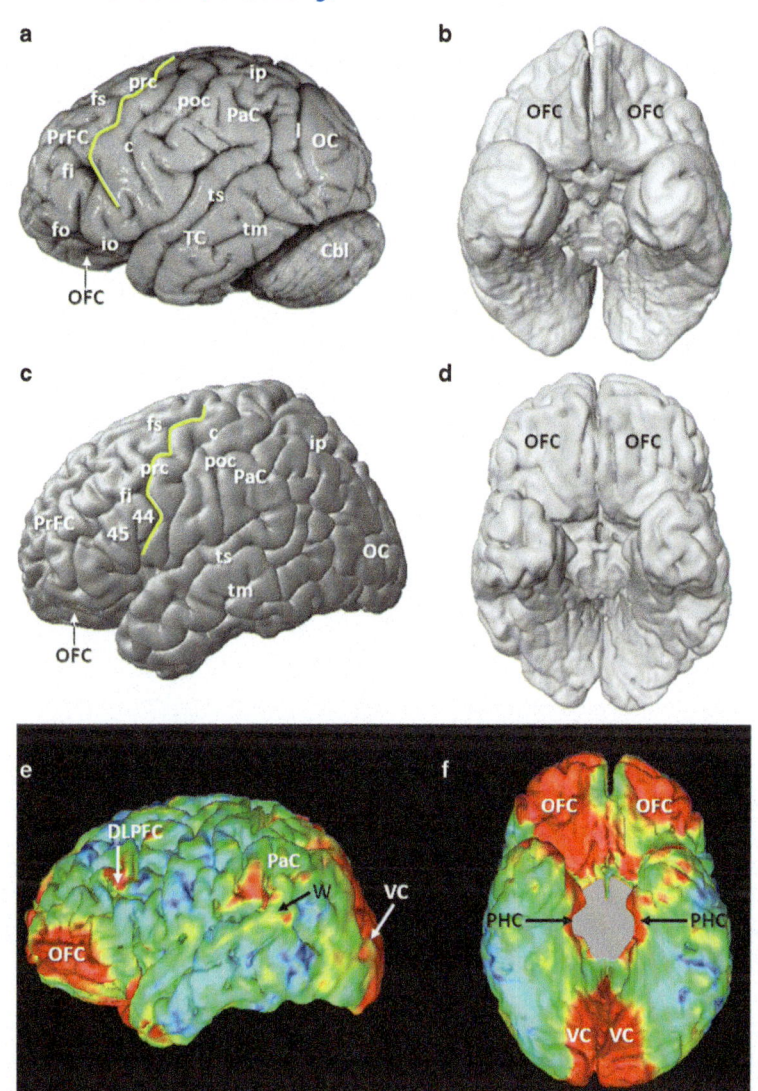

Abb. 5.8 Das Endhirn des Bonobos (**a** Lateral- und **b** Ventralansicht) und das des Menschen (**c** Lateral- und **d** Ventralansicht) ähneln sich makroskopisch trotz differenzierterer Furchenbildung beim Menschen sehr stark. Vergrößert man jedoch in einer Computersimulation das Bonobogehirn proportional bis es die Größe des menschlichen Gehirns erreicht hat und bestimmt dann durch morphologische Transformation (*warping*) an jeder Stelle der Hirnrindenoberfläche den Abstand zwischen den Gehirnen beider Spezies, sind deutliche, regional spezifische Wachstumszonen auf der menschlichen Cortexoberfläche erkennbar (**e-f**). Rot und Gelb zeigen Bereiche mit starkem, Blau und Grün mit geringem Wachstum. *c:* Sulcus centralis, *Cbl:* Kleinhirn, *DLPFC:* dorsolateraler präfrontaler Cortex, *fi:* Sulcus frontalis inferior, *fo:* Sulcus frontoorbitalis, *fs:* Sulcus frontalis superior, *io:* Sulcus orbitalis inferior, *ip:* Sulcus intraparietalis, *l:* Sulcus lunatus, *OC:* okzipitaler Cortex, *OFC:* orbitofrontaler Cortex, *PaC:* parietaler Cortex, *PHC:* parahippocampaler Cortex, *poc:* Sulcus postcentralis, *prc:* Sulcus praecentralis, *PrFC:* präfrontaler Cortex, *TC:* temporaler Cortex, *tm:* Sulcus temporalis medius, *ts:* Sulcus temporalis superior, *VC:* visueller Cortex, *W:* Wernicke Sprachregion, *44 und 45:* Areale 44 und 45 der Broca-Sprachregion. Die *gelbe gewundene Linie* vor dem Gyrus praecentralis auf den Abbildungen **a** und **c** weist auf den Größenunterschied des präfrontalen Cortex (PrFC) bei Pan (**a**) und Homo (**c**) hin

EXKURS 5.3 (Fortsetzung)

samthirnvolumen beträgt bei ihnen ca. 325 cm^3 (265–445 cm^3), das Kleinhirnvolumen ca. 47 cm^3 (28–57 cm^3). Diese Größenunterschiede sagen allerdings nichts über eventuelle Unterschiede in der Differenzierung verschiedener neuronaler Systeme und Zelltypen innerhalb der Gehirne verschiedener Spezies aus.

Da interspezifische Unterschiede in der Größe des Gesamthirns und seiner verschiedenen Systeme durch Differenzen in der Körpergröße bedingt sein können, müssen absolute Unterschiede mit der Methode der Allometrie bewertet werden. Diese erlaubt eine Analyse des Verhältnisses zwischen Hirngröße und Körpergröße, bzw. Körpergewicht. Aus dieser Beziehung kann ein Progressionsindex abgeleitet werden, der sagt, wievielmal so groß das Gehirn oder eine Hirnstruktur einer Spezies im Vergleich zur selben Hirnstruktur einer anderen Spezies ist, wenn beide die gleiche Körpergröße hätten. Beim allometrischen Vergleich zeigt sich, dass der Neocortex des Menschen 2,7-mal größer ist als es der eines Schimpansen (*Pan troglodytes*) bei gleicher Körpergröße wäre. Da der primäre visuelle Cortex, die Area striata, beim Menschen nur 1,2-mal größer als bei einem Schimpansen ist, kann das Gehirn des Schimpansen nicht einfach ein „miniaturisiertes Menschenhirn" sein, sondern es ist zwischen Schimpanse und Mensch zu einer divergenten Größenentwicklung der verschiedenen funktionellen Systeme gekommen. Assoziationsregionen im präfrontalen und orbitofrontalen (Impulskontrolle), temporalen und okzipitalen (Sprachregionen, Gesichter- und Objekterkennung) sowie parietalen (Aufmerksamkeit, Handlungsplanung) Neocortex des Menschen sind überproportional größer geworden, während primäre sensorische Neocortexgebiete wie der primäre visuelle Cortex sich nur gering vergrößert haben. Dies drückt sich auch in der mikroskopischen Organisation aus. Während das Verhältnis zwischen dem von Zellkörpern besetzten Volumenanteil des Hirngewebes und dem Anteil zwischen den Zellkörpern, Neuropil, im primären visuellen Cortex bei Schimpanse und Mensch sich kaum unterscheidet (◻ Abb. 5.8), findet man im primären motorischen

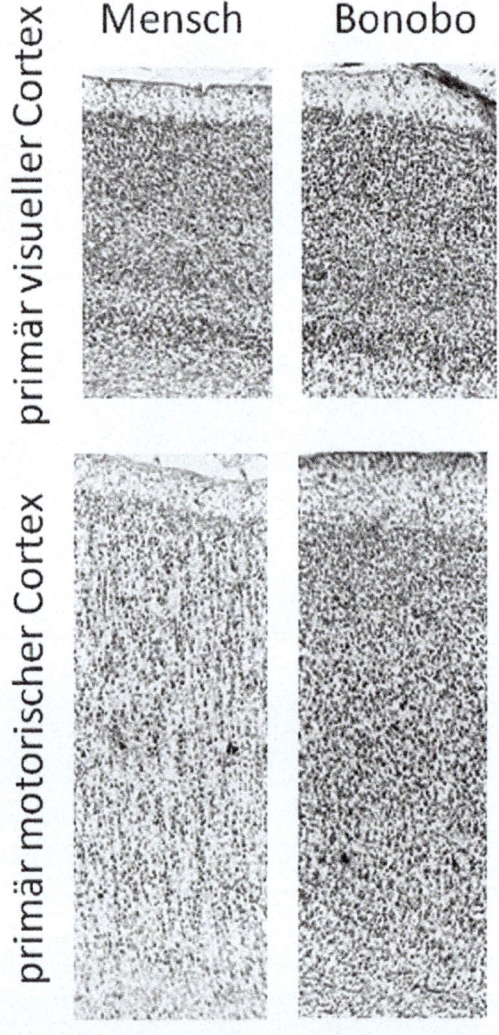

◻ **Abb. 5.9** Primärer visueller und motorischer Cortex bei Bonobo und Mensch

Cortex des Menschen einen deutlich höheres Neuropilvolumen (◻ Abb. 5.8). Da das Neuropil zum größten Teil aus Dendriten, Axonen und Synapsen besteht, bedeutet eine Neuropilvergrößerung eine Zunahme der Konnektivität, d. h. eine Veränderung der cortikalen Organisation.

Die Gehirne von Schimpansen und Mensch unterscheiden sich aber nicht nur hinsichtlich struktureller Größen, sondern auch funktionell. In der Positronenemissionstomographie (PET) zeigt sich,

> **EXKURS 5.3** *(Fortsetzung)*
>
> dass das regional-spezifische Aktivitätsmuster in der Hirnrinde des Schimpansen ohne Stimulation durch spezifische Reize oder Aufgaben, sog. *resting state*, dem des Menschen weitgehend ähnlich ist, aber auch Unterschiede zu erkennen sind. So finden sich beim Schimpansen besonders aktive Hirnbereiche im retrosplenialen, cingulären und medialen präfrontalen Cortex, sowie im lateralen präfrontalen Cortex unterhalb des Sulcus frontalis inferior (**Abb. 5.9**). Diese Regionen sind bei der Erinnerung autobiographischer Ereignisse und der Vorstellung auf die eigene Person bezogener vergangener und zukünftiger Ereignisse, bei emotional gesteuerten Entscheidungsprozessen und eventuell sogar bei der Reflexion mentaler Zustände bei anderen Personen im menschlichen Gehirn aktiv. Man kann daher wegen der sehr ähnlichen Aktivitätsmuster und regionalen Organisation des Gehirns davon ausgehen, dass auch beim Schimpansen diese kognitiven und mentalen Hirnleistungen stattfinden. Im Gegensatz zum Menschen zeigt jedoch das Schimpansengehirn keine Lateralisation des Volumens, der Zellanzahl und -packungsdichte in der Broca-Region, sowie im *resting state* keine deutliche Lateralisation der Aktivität in der linken Hemisphäre und keine Aktivität in der Broca- und Wernicke-Region sowie im Gyrus angularis des hinteren parietalen Cortex. Diese Regionen sind für das Sprachvermögen und konzeptuelles Denken beim Menschen notwendig.
>
> Bei aller Ähnlichkeit der Gehirne von Schimpansen und Menschen weisen die Vergleiche auf eine deutliche Differenzierung in Richtung eines Ausbaus kognitiver Funktionen in der Evolution des Menschen hin.

Bonobo

Der **Bonobo** (Zwergschimpanse, *Pan paniscus*, **Abb. 5.7e**) lebt im Waldgebiet südlich des großen Kongobogens in der Demokratischen Republik Kongo, wobei die Mehrzahl der Tiere (genaue Zahlen sind nicht bekannt, vielleicht nur noch einige Tausend, der Bestand reduziert sich rapide) im ca. 3000 km2 großen Gebiet zwischen den Flüssen Yekokora und Lomako lebt. Der Bonobo ist etwas graziler und hat längere Hände und Füße, ähnelt jedoch ansonsten den Schimpansen. Männchen werden ca. 120 cm, Weibchen ca. 110 cm groß. Das Gesicht ist stets dunkel, die sehr beweglichen Lippen sind im Allgemeinen blassrötlich. Bonobos sind tagaktiv, bauen Tag- und Nachtnester, leben die meiste Zeit auf Bäumen und ernähren sich ganz überwiegend von Pflanzen. Tiernahrung macht nur ca. 0,1 % der Nahrung aus (Insekten, kleine Säuger, Reptilien u. a.). Sie scheinen Säugetiere nicht aktiv zu jagen; die Nahrungsaufnahme kann auch am Boden erfolgen (Geissmann 2003). Sie leben in lockeren Gruppen und streifen langsam durch ihr Wohngebiet. Das Sozialleben wird stark von den Weibchen geprägt. Viel Interesse hat das Sexualleben der Bonobos gefunden. Es kommen heterosexuelle Kontakte (mit Bauch-zu-Bauch-Paarungen), homosexuelle Kontakte (zwischen Männchen mit „Penis-Fechten" und zwischen Weibchen mit genito-genitalem Reiben der Clitoris) und Kontakte zwischen Adulten und Kindern vor. Verbreitet ist auch autosexuelles Verhalten. Es existieren Verbindungen von Weibchen, die häufig miteinander sexuelle Kontakte pflegen und die gegenüber männlichen Tieren dominant sind. Es sind aber auch feste Einzelpaare beobachtet worden. Kaum Werkzeugherstellung, weniger aggressives Verhalten als bei Schimpansen. Weiblicher Zyklus und Fortpflanzung im Prinzip ähnlich wie beim Schimpansen, der Zyklus soll aber im Freiland ca. 45 Tage dauern.

5.3.3 Mensch

Der **Mensch** (*Homo sapiens*) besiedelt heute mit über 7 Mrd. Individuen alle Kontinente mit Ausnahme von Antarktika, seine Zahl erhöht sich rasant und dramatisch, was mit Abstand die größte Gefahr für den Lebensraum Erde darstellt (s. **Abschn. 5.9**). Die wesentlichen biologischen Besonderheiten des Menschen stehen im Zusammenhang

1. mit der Aufrichtung des Körpers und der Fähigkeit zu bipedem Stehen und Gehen sowie
2. mit der mächtigen Entfaltung der Endhirnhemisphären.

Anatomische Besonderheiten, die den Menschen unter den Primaten kennzeichnen

Bewegungsapparat. Der moderne Mensch zeichnet sich innerhalb der Primaten primär durch eine einzigartige Art der Fortbewegung, nämlich (nach den ersten 1–2 Lebensjahren) durch die Fähigkeit zu permanentem bipeden Gehen und Laufen, aus. Der damit verbundene Umbau von Skelett- und Muskelapparat sowie dem motorischen und propriozeptiven Anteil des Nervensystems bezieht sich auf sämtliche Bereiche des Bewegungsapparats, den Kopf und seine Verbindung mit den Halswirbeln, das Schultergelenk, die doppelt S-förmige Wirbelsäule, die Hand, das Hüftgelenk, die Verlängerung der Beine, das Knie- und Sprunggelenk sowie die Anatomie des Fußes. Der gesamte Umbau vom Vier- zum Zweibeiner erfolgte wohl insgesamt in einem Zeitraum von ca. 6 Mio. Jahren. Die Entwicklung eines spezifischen Bewegungsapparates, der durch den obligat bipeden Gang, die Aufrichtung des Rumpfes und Befreiung der Arme und Hände von Aufgaben der Fortbewegung gekennzeichnet ist, ist also das primär dominante Merkmal des Menschen. Es sei aber betont, dass diese Besonderheiten in einem Rahmen bleiben, der nicht über die speziellen Anpassungen, z. B. von Gibbons oder Orang-Utans, hinausgeht. Erst später kommen andere Merkmale hinzu, vor allem die mächtige Entwicklung des Telencephalons (= Endhirns = Großhirns), mit der einzigartigen Ausdehnung seiner Rinde, womit die Möglichkeit für eindrucksvolle Leistungen auf den Feldern von praktischer Intelligenz und geistig-kulturellen Leistungen gegeben war.

Auf die Frage, was zum bipeden Gang des Menschen mit all seinen spezifischen Änderungen des Bewegungsapparates geführt haben könnte, gibt es verschiedene Antworten, die aber alle nicht unumstritten sind. Aus allgemein evolutionsbiologischen Gründen ist auch im Falle des bipeden Ganges zu vermuten, dass es zuerst zu einer Veränderung des Verhaltens kam, der dann rasch anatomische Anpassungen folgten (Mayr 1967, 1991).

In der Vergangenheit, bis hin zu Darwin, stand folgende Vermutung im Vordergrund: „Befreiung" der Hände von Aufgaben der Fortbewegung und damit Erwerb neuer Funktionen der Hände wie Werkzeugherstellung und Nutzen von Werkzeugen. Aber wir wissen heute, dass der bipede Gang älter als die systematische Werkzeugherstellung ist. Heute wird mehrheitlich eine Korrelation mit Klimaveränderungen im späten Miozän und im Pliozän gesehen. Es wurde im Osten und Nordosten Afrikas kühler und trockener, vor allem östlich des afrikanischen Grabens, und dort liegt nach derzeitigem Wissen der Ursprung des Menschen. Es entstand die Savanne, ein Mosaik aus offenem Grasland, Buschland, Auwald und offenem Waldland. Die Analyse der Lebenswelt von *Ardipithecus ramidus* (lebte vor ca. 4,4 Mio. Jahren in der Afar-Region Äthiopiens) lässt allerdings vermuten, dass die ersten Anpassungen des aufrechten Ganges noch bei überwiegend baumlebender (arboricoler) Lebensweise im Waldland entstanden. Durch die Ausbildung von Savannen kam es zu Veränderungen im Nahrungsangebot und zu Veränderungen der Art und Weise des Nahrungserwerbs. Nutzung der Savanne zur Nahrungssuche brachte zwangsläufig eine terrestrische Lebensweise mit sich und die begünstigte die Bipedie. Einzelnen Wissenschaftlern zufolge waren Nahrungserwerb (u. U. auch Aas) und Nahrungstransport durch Männchen in der Savanne der antreibende Selektionsdruck für den bipeden Gang am Boden. Andere Wissenschaftler vermuten, dass die Entstehung des bipeden Ganges eher von den Frauen ausging, die Arme und Hände frei haben mussten, um Kinder, Geräte und Werkzeuge, Grabinstrumente und gesammelte Pflanzennahrung tragen zu können.

Vielleicht waren auch Mütter und Frauen ursprünglich Pflanzensammlerinnen, die ständig unterwegs waren. Die sozialen Gruppen bestanden möglicherweise im Kern aus einer alten Mutter, einer erwachsenen Tochter (oder mehreren Töchtern) und deren Kind(ern). Ab und zu trafen sich vielleicht solche kleinen Gruppen, die es auch bei anderen Primaten gibt, und die vielleicht von Schwestern angeführt wurden und lagerten zusammen oder besuchten gemeinsam Quellen. Männer waren zufolge dieses Szenarios den ganzen Tag auf der Jagd, jedenfalls sehr mobil. Eine solche effektive Arbeitsteilung war vermutlich in Hinsicht auf das

Überleben der Gruppe und die Aufzucht der Kinder ein evolutionärer Vorteil. Die Effizienz des aufrechten Ganges zeigen noch heute Völker wie die San (Buschmänner), die z. T. noch einer Lebensweise als Jäger und Sammler nachgehen und die über viele Stunden ausdauernd laufen und gehen können, um ein Zebra oder eine Antilope zu verfolgen, bis diese tot zusammenbrechen.

Der Anthropologe Niemitz (2004) brachte folgenden Gedanken ins Spiel: die Bipedie entstand in Überflutungslandschaften mit Galeriewäldern. In den seichten Lagunen herrschte vermutlich ein reiches Nahrungsangebot an aquatischen Tieren, dessen Erbeutung das Waten im Wasser bei aufrechtem Gang begünstigt habe.

Auf alle Fälle war wohl die Verhaltensanpassungsfähigkeit angesichts der sich häufig ändernden Umweltveränderungen ein positiver Selektionsfaktor. Der bipede Gang eröffnete zunehmend die Möglichkeit, schnell neue Lebensräume kennenzulernen, sich mit neuen Feinden auseinanderzusetzen und neue Strategien des Nahrungserwerbs zu entwickeln. Natürlich war der Übergang vom Leben auf den Bäumen zum Leben am Boden graduell. Eine gewisse Prädisposition, auch am Boden leben und so spezielle Ressourcen nutzen zu können, ist bei vielen Primaten zu beobachten. Paviane und viele Makaken leben überwiegend am Boden, auch Schimpansen, Gorillas und viele andere Primaten, auch Halbaffen wie die Lemuren, können sich lange Zeit am Boden aufhalten. Dabei können solche Primaten auch aufrecht sitzen, stehen und sogar aufrecht gehen, meist laufen sie aber auf allen Vieren. Nicht immer spiegelt der Skelettbau alle funktionellen Möglichkeiten wider.

Wahrscheinlich war es nicht ein Aspekt allein, der den Wechsel in der Körperhaltung bedingte, sondern eine ganze Reihe von Faktoren bewirkte in Kombination den aufrechten bipeden Gang, der in evolutionärer Hinsicht letztlich sehr erfolgreich war und ist.

Biologisch interessant ist, dass Bipedie auch bei anderen Tiergruppen entstanden ist, wenn auch im Detail nicht zu vergleichen mit der Bipedie des Menschen, z. B. bei Vögeln, einigen Sauriern und bei Kängurus.

Der Gang des Menschen läuft zyklisch mit dem regelmäßigen Wechsel von Stand- und Schwungphase ab. Die Standphase beginnt mit Aufsetzen des Hackens am Boden; das Knie ist dabei gestreckt und der Fuß nach dorsal gerichtet. Dann beugt sich der Fuß (d. h. er führt eine Plantarflexion aus), wobei die Kraft entlang der Außenkante des Fußes auf den Boden übertragen wird. Weiter vorn wandert der Kraftpunkt nach medial (innen) zum Ballen des großen Zehs. Jetzt kontrahieren sich die Muskeln, die die Gruppe der Plantarflexoren bilden und drücken den Ballen gegen den Boden. Dann hebt sich der Fuß – währenddessen sich der Körper weiterbewegt – und schließlich stoßen die Endglieder des ersten und zweiten Zehs den Fuß vom Boden ab. Das Bein schwebt jetzt über dem Boden und tritt in die Schwungphase ein, während Knie- und Hüftgelenk gebeugt sind. Das Bein schwingt nach vorn, streckt sich wieder und die nächste Standphase kann beginnen. Wenn Schimpansen biped gehen, bleiben Knie- und Hüftgelenk auch in der Standphase gebeugt, und der Fuß ist viel weniger nach dorsal gestreckt, wenn der Hacken am Boden aufsetzt.

Eine Besonderheit des Menschen ist, dass er zu kurzen schnellen „Sprints" fähig ist; dabei setzt er den Fuß nur mit dem Ballen auf und erreicht Geschwindigkeiten bis ca. 45 km/h.

Besonders tiefgreifende Anpassungen an den bipeden Gang weisen Becken und untere Extremitäten auf. Die Umgestaltung dieser anatomischen Strukturen zielen darauf ab, den aufgerichteten Rumpf und den Kopf beim Gehen, Laufen und auch beim Stehen in dynamischer Balance zu halten. Dabei soll besonders die Hin- und Herverlagerung des Rumpfes nach lateral minimiert werden, so dass der Schwerpunkt über dem Standbein bleibt und der muskuläre Energieverbrauch in Grenzen gehalten werden kann.

Becken. Die Darmbeinschaufeln sind breit und relativ flach, das Sitzbein weist nach hinten unten, das Kreuzbein (Sacrum) ist breit. All dies erleichtert die Unterstützung des aufrechten Rumpfes, bringt dessen Schwerpunkt in die Nähe der Hüftgelenke und ermöglicht die laterale Platzierung der kleineren Glutealmuskeln am Becken. Letzteres ist wichtig, da die Kontraktion dieser Muskeln den Rumpf beim Gehen jeweils an das Bein zieht, das mit dem Boden in Berührung ist, so dass der Körper in stabiler Balance bleibt.

Linkes und rechtes Darmbein (Os ilium), welche jederseits eine breite Schaufel bilden, sind mit der Sakralwirbelsäule fest verbunden. Formal ist diese Verbindung ein Gelenk, aber ein Gelenk, das kaum eine Bewegung zulässt und relativ fest mit der Sakralwirbelsäule verbunden ist (Iliosakralgelenk), es kann Sprünge hinreichend abfedern.

Die Hüftgelenkpfanne, das Acetabulum, des Menschen ist groß und tief und bietet dem großen Femurkopf ein stabiles Widerlager. Hüft-, Knie- und oberes Sprunggelenk liegen auf einer Linie. Dies ist auch eine Anpassung an das zunehmende Körpergewicht, das bei der Fortbewegung Hüft-, Knie- und Sprunggelenk belastet.

Beine. Die Beine als Fortbewegungsorgane sind beim Menschen deutlich länger als die Arme, wobei interessant ist, dass die Arme beim Kleinkind noch relativ lang, die Beine jedoch relativ kurz sind, was an die Verhältnisse bei den großen Menschenaffen erinnert, bei denen die Arme relativ länger und die Beine relativ kürzer sind, was beim Orang-Utan am stärksten ausgeprägt ist. Beine und Füße ermöglichen nicht nur bipedes Gehen und Laufen, sondern auch Sprünge (bis 9 m) und Schwimmen sowie Tauchen.

Femur. Das menschliche Femur besitzt eine eigenartige Form. Sein Kopf ist groß und sitzt tief in seiner Gelenkpfanne, was dazu beiträgt, dem aufrechten Gang Stabilität zu verleihen. Der Hals des Femurs ist relativ lang, er bildet mit dem Femurschaft einen Winkel von 127°. Bei Kleinkind (und beim Schimpansen) ist dieser Winkel kleiner. Auf ein relativ junges evolutionäres Alter der jetzigen Verhältnisse des beim Menschen besonders belasteten Hüftgelenks und Femurhalses deuten die nicht selten angeborenen Fehlbildungen des Hüftgelenks (Hüftgelenksdysplasie) und pathologische Winkel zwischen Femurhals und Femurschaft. Der Femurschaft verläuft ab dem Trochanter major schräg nach einwärts. Die Schaftachsen von Femur und Tibia bilden einen nach außen offenen Winkel von ca. 175° (Femur-Tibial-Winkel). Diese Form des Femurs bildet sich rasch im Laufe der frühen Kindheit aus. Das hat zur Folge, dass die Kniegelenke viel näher an der Mittellinie liegen als die Hüftgelenke. Dadurch werden laterale Verlagerungen des Körpergewichts beim Gehen verhindert. Verbunden mit dem schräg einwärts verlaufenden Femurschaft ist, dass der mediale Femurkondylus größer als der laterale ist, was wiederum zur Folge hat, dass die Ebene der Kniegelenke horizontal verläuft. Die Krümmung der Kondylen hat einen spiraligen Verlauf, mit relativ breiter Auflagefläche beim Stehen.

Kniegelenk. Auch das Kniegelenk zeigt beim Menschen mehrere Merkmale, die mit einem sicheren aufrechten Gang korreliert sind. Es ist das größte Gelenk des Körpers und wird nicht nur durch eine kräftige Kapsel und laterale Bänder, sondern auch durch die eigenartigen Kreuzbänder gesichert, die primär auch Bänder der Gelenkkapsel sind. Sie stabilisieren das Kniegelenk und verhindern ein Abgleiten der Femurkondylen vom Kopf der Tibia. Dazu kommen die kräftigen halbmondförmigen Menisken, die sich am Tragen der Last des Rumpfes beteiligen.

Das Kniegelenk des Menschen wird auch „Valgus-Knie" genannt. Dies beruht darauf, dass der Femurschaft schräg einwärts verläuft und die Tibia dann senkrecht nach unten (s. oben). Bei den Menschenaffen liegt ein „Varus-Knie" vor, so dass die untere Extremität insgesamt leicht nach außen gebogen ist. In der Medizin werden nur pathologische Stellungen des Knies mit Varus (O-Bein) und Valgus (X-Bein) bezeichnet. Diese nicht seltenen Fehlstellungen deuten wie die oben genannten Dysplasien des Hüftgelenks (und des Fußes, s. unten) auf ein junges phylogenetisches Alter.

Oberes Sprunggelenk. Auch das obere Sprunggelenk ist an sicheres bipedes Gehen angepasst, die Gelenkachse des Talus ist senkrecht zur Längsachse der Tibia angeordnet. Dadurch wird das Körpergewicht besonders effektiv auf den Fuß übertragen. Die Fibula beteiligt sich nicht am Kniegelenk, ist aber für die Führung des oberen Sprunggelenks wichtig (Außenknöchel).

Fuß. Der Fuß des heutigen Menschen ist in besonders hohem Maß an die Bedürfnisse des bipeden Ganges angepasst. Bei den Menschenaffen ist er zu einem erheblichen Teil noch ein Greiforgan mit abspreizbarem ersten Zeh. Beim Menschen hat er eine flexible lang ovale Form und treibt die Fortbewegung an. Dem dienen viele nur beim Menschen vorkommende anatomische Anpassungen: der große Zeh rückt in eine Reihe mit den übrigen Zehen, alle Zehen sind relativ kurz und gerade, der Tarsus (die Fußwurzel) ist länger als bei nicht-humanen Primaten mit recht langem Tuber calcanei (Hacken), ein ausgeprägtes Längsgewölbe des Fußes, das durch ein komplexes System aus plantaren Ligamenten, Sehnen und Muskeln gesichert ist, zusätzlich existiert ein Quergewölbe des Fußes.

Wichtig für die Entstehung des Längsgewölbes ist, dass das Fersenbein (Calcaneus) eine Schrägstellung einnimmt und nur mit seinem Endpunkt (dem Hacken) am Boden aufsetzt.

Das Längsgewölbe ist bei den großen Menschenaffen kaum angedeutet, der Mittelfuß trägt bei ihnen das Körpergewicht unter Beteiligung eines kräftigen Fortsatzes des Os naviculare (Kahnbein). Die Konstruktion des Fußes des Menschen macht ihn auch zu einem Stoßdämpfer, z. B. beim Springen, und hält ihn während der Gewichtsübertragung auf den Boden stabil.

Dass die Struktur des menschlichen Fußes jüngeren Datums ist, zeigen häufige Fehlbildungen, z. B. Senk- und Knickfuß. In manchen Kulturen und Subkulturen findet übrigens die Längswölbung besondere Beachtung und wird durch Schuhmode künstlich noch mehr hervorgehoben.

Unter den großen Menschenaffen ist es der Gorilla, dessen Fußskelett am ehesten mit dem des Menschen zu vergleichen ist.

Die Analyse des Fußskelettes der fossilen Australopithecinen und der fossilen Menschenformen hat neben dem generellen Trend von fakultativer zu obligater Bipedie im Detail ergeben, dass wahrscheinlich eine gewisse Diversität der Bipedie oder der Fortbewegungsweise existiert hat. Solcherlei Feinanpassungen sind bei nahe verwandten Arten nicht selten, ein Beispiel bietet die unterschiedliche Körperhaltung bei näher verwandten Singvögeln, z. B. den Steinschmätzern und Meisen.

Kopf. Auch im Bereich des menschlichen Kopfes mit seinen wichtigen Fernsinnesorganen ist es zu ganz speziellen Veränderungen gekommen. Das Foramen magnum, das den Übergang vom Gehirn zum Rückenmark markiert, liegt beim normalen Säugetier auf der Hinterseite des Schädels, beim Menschen ist es auf die Unterseite gewandert. Der Kopf wird zwar von der Halswirbelsäule getragen, aber im Vergleich zu anderen Säugetieren ist die Muskulatur relativ schwach ausgeprägt, was aber wiederum die hohe Beweglichkeit des menschlichen Kopfes bewirkt. Damit ist der Mensch zusammen mit dem aufrechten Gang in der Lage, weit in die Ferne zu blicken, was ihm vor allem am Boden entscheidende Vorteile verschafft. Auffällig ist der beim heutigen Menschen stark ausgeprägte und seitlich-unten am Kopf gelegene Knochenfortsatz, der Processus mastoideus, mit dem daran ansetzenden Musculus sternocleidomastoideus, der einerseits den Kopf mithält, aber auch für seine Beweglichkeit sorgt. Der Processus mastoideus ist bei Primaten und auch bei frühen fossilen Menschenarten bei weitem nicht so ausgeprägt wie beim heutigen Menschen.

Wirbelsäule. Die Verlagerung des Foramen magnum nach vorn spiegelt die im Prinzip vertikale Ausrichtung, speziell die doppelt S-förmige Gestalt der Wirbelsäule wider. Die Lendenwirbelsäule des Menschen ist relativ lang, sie besteht aus fünf Lendenwirbeln, beim Orang-Utan aus vier und bei *Pan* und *Gorilla* aus drei bis vier. Beim Menschen weist die Wirbelsäule am Übergang von der Lenden- zur Sakralwirbelsäule einen auffallenden, nach hinten (dorsal) gerichteten Knick auf, wodurch das Promontorium der Wirbelsäule entsteht. Auch bei nicht humanen Primaten existiert so ein nach dorsal gerichteter Knick, er ist aber viel geringer als beim Menschen. Beim Menschen entwickelt sich das sehr prominente Promontorium erst im Laufe der Kindheit. Bei *Pongo, Pan* und *Gorilla* beträgt der nach dorsal gerichtete Winkel zwischen Lenden- und Sakralwirbelsäule ca. 30–35°, beim erwachsenen Menschen 60–64°, beim Neugeborenen nur 20° (Schultz 1969). Hier wiederholt wahrscheinlich die individuelle Entwicklung die phylogenetische Entwicklung.

Die Sakralwirbelsäule des Menschen ist relativ groß und besonders fest mit dem Beckengürtel verbunden. Ihre fünf Wirbel sind miteinander verwachsen. Das spezialisierte Promontorium mit der scharf nach dorsal gerichteten Sakralwirbelsäule ist eine mit Risiken behaftete mechanische Konstruktion, da das Gewicht, das auf den Lendenwirbeln ruht, nicht geradlinig auf das Sakrum übertragen wird. Dadurch können der letzte der fünf Lendenwirbel und speziell die Bandscheibe zwischen dem fünften Lendenwirbel und dem ersten Sakralwirbel sich nach vorn verlagern: Bandscheibenvorfall. Das wurde so gut wie nie bei den großen Menschenaffen beobachtet, kommt aber beim Menschen nicht selten vor und wurde in der Vergangenheit besonders häufig bei Eskimos beobachtet, die besonders schweren körperlichen Belastungen ausgesetzt waren. Die relative Instabilität der Wirbelsäule im Bereich des Promontoriums deutet auf ein vergleichsweise junges phylogenetisches Alter hin. Begünstigend für solche Vorfälle wirken natürlich Übergewicht und auch die Größen- und Gewichtszunahme der Menschen der letzten 100 Jahre.

Obere Extremität, Hand. Die oberen Extremitäten stehen beim Menschen vor allem im Dienste des Greifens, Haltens und Tastens. Ausgeführt werden diese Funktionen von der Hand, es beteiligen sich daran aber auch Unter- und Oberarm sowie der Schultergürtel. Der sehr bewegliche Schulterbereich schafft einen sehr großen „Verkehrsraum", der für die vielen Tätigkeiten der Hand erforderlich ist. Die Hand des Menschen ist im Vergleich mit der der großen Menschenaffen relativ kurz (Abb. 5.2), wobei der Daumen aber verhältnismäßig lang ist. Unmittelbar verantwortlich für Greifen und Tasten sind die Finger, die funktionell zwei Gruppen bilden: a) den Daumen (I) und b) die restlichen Finger (II–V). Beim Greifen nimmt der Daumen (er ist größer und kräftiger als bei den großen Menschenaffen) meistens eine Oppositionsstellung gegen die übrigen Finger ein. Seine Opponierbarkeit beruht auf dem Gelenk seines Metacarpale (des ersten Mittelhandknochens) mit dem Os trapezium (einem Handwurzelknochen, liegt radial in der distalen Reihe dieser Knochen). Dieses Gelenk wird Daumensattelgelenk (s. unten) genannt und ermöglicht die verschiedenen Griffformen, die die Hand zu einem einzigartigen „Werkzeug" macht: Spitzgriff (Kuppen von Daumen und Zeigefinger berühren sich), Schlüsselgriff (die Kuppe des Daumens liegt der radialen Seite der [meist] zweiten Phalanx des zweiten Fingers an), Schreibgriff (hierbei arbeiten die Kuppen von Daumen und Zeigefinger sowie die radiale Seite der zweiten oder ersten Phalanx des Mittelfingers zusammen), tridigitaler Fingerbeerengriff, Grob(=Breit)-griff (dazu gehören die penta- und tetradigitalen Kraftgriffe). Diese Griffformen erlauben zahlreiche Tätigkeiten bis hin zum Spielen eines Musikinstruments. Das Zusammenspiel der zwei sattelförmigen Gelenkflächen – die konvexe Seite der einen passt in die konkave der anderen, und umgekehrt – erlaubt, z. T. unter Aufgabe der engen Gelenkführung, besonders vielfältige Bewegungen, wozu auch die Weite der Gelenkkapsel beiträgt. Die Hände und speziell die Finger beteiligen sich an wesentlichen Ausdrucksbewegungen, z. B. Beten oder Drohen und können Sprache und Gesang Nachdruck verleihen. Die Tastfunktion beruht auf einem hoch entwickelten Sinnesapparat in den Fingerbeeren der Endphalangen. Hiermit kann die dreidimensionale Form von Gegenständen erfasst werden (stereognostische Fähigkeiten), was bis hin zum Erfassen der Blindenschrift eingesetzt werden kann. Im Großhirn sind die motorischen und die sensiblen Funktionen der Finger in einem sehr großen Bereich repräsentiert.

Körpergewicht. Das Körpergewicht eines Erwachsenen beträgt im Allgemeinen um 70 kg, in heutigen westlichen Gesellschaften oft deutlich mehr. Die durchschnittliche Körpergröße schwankt zwischen 142 cm (Pygmäen) und 190 cm (manche Niloten im südlichen Sudan). Der Geschlechtsunterschied hinsichtlich Körpergröße ist beim Menschen und Schimpansen sehr viel geringer als bei Gorilla und Orang-Utan.

Haut. Die Haut des Menschen ist bis auf wenige Regionen (Kopf) nur spärlich behaart, wobei die Haare an Extremitäten und am Rumpf sehr kurz sind. Die Haut enthält Schweiß-, Duft-, und Talgdrüsen. Die Zahl der Schweißdrüsen ist hoch (2–4 Mio.), am höchsten ist sie an den Fußsohlen (ca. 600/cm^2). Ihre Hauptfunktion ist die Wärmeregulierung durch Verdunstung des Schweißes; außerdem hat der Schweiß Schutzfunktion: er ist leicht sauer und enthält antimikrobielle Substanzen. Auch die Milchdrüsen sind Hautdrüsen; eine Besonderheit ist, dass bei Frauen große Brüste permanente Strukturen sind, was auf eine Signalfunktion hindeutet.

Duftdrüsen sind auf wenige Körperregionen beschränkt, z. B. auf die Achselhöhle, die Genitalregion, die Afterregion, Augenlider und den Hof der Brustwarzen. Ihre Produkte, Pheromone, haben eine Funktion im Rahmen sozialer Interaktionen. Die Talgdrüsen sondern Lipide ab, die auf der Hautoberfläche einen schützenden Film bilden.

Die Subcutis enthält im Allgemeinen viel Fettgewebe, insbesondere in Wohlstandsgesellschaften. Das Fettgewebe ist überwiegend ein Speicher für Energie und ein Wärmeisolator, seine Menge variiert mit dem Ernährungszustand, seine Verteilung ist bei den Geschlechtern unterschiedlich. An manchen

Stellen erfüllt es zusammen mit Bindegewebe strukturelle Aufgaben („Baufett"), z. B. an der Fußsohle.

Schwangerschaft. Die Schwangerschaft beträgt 275–281 Tage, das Geburtsgewicht ist mit ca. 3 kg recht hoch – beim Gorilla liegt es bei nur 1 kg. Die Geburt birgt für jede Mutter Gefahren in sich. Vor Entwicklungen der modernen Medizin starben recht viele Mütter bei der Geburt, was für Menschenaffen kaum zutrifft. Unter „normalen" Bedingungen hat eine Frau alle 2–4 Jahre ein Kind, ein Orang-Utan Weibchen alle 7–9 Jahre, eine Schimpansin alle 4–7 Jahre (Schaik 2004). Die Menopause, die letzte Regelblutung, befreit die Frau von diesen Gefährdungen. Das relativ abrupte Ende der Fortpflanzungsperiode und der lange **postmenopausale Lebensabschnitt** der Frau sind typisch für den Menschen und versetzen Frauen in die Lage, Töchtern oder Geschwistern bei Aufzucht und Erziehung von deren Kindern zu helfen oder besondere Aufgaben in der Gesellschaft zu erfüllen; all dies stellt auch aus evolutionsbiologischer Sicht einen Vorteil dar. Vergleichbares gibt es bei Elefanten, bei denen sogar die Gruppe regelmäßig von einem alten Weibchen geführt wird (Matriarchat). Typisch für den Menschen ist, dass Kinder gemeinschaftlich aufgezogen werden, und das über eine sehr lange Zeit.

Lebensalter. Kennzeichnend für den modernen Menschen ist, dass er recht alt wird. Es wird vermutet, dass diese Verlängerung des Lebens erst vor ca. 40.000–50.000 Jahren einsetzte. Cro-Magnon-Menschen (Jungpaläolithiker) wurden wahrscheinlich bis zu 60 Jahre alt, wohingegen Neandertaler kaum älter als 40 wurden. Vor allem verbesserte Lebensbedingungen durch den kulturellen Aufstieg waren wohl die Ursache für das höhere Lebensalter. Alte waren primär aufgrund ihrer Erfahrungen geachtet, und es war vorteilhaft, Alte in der Gemeinschaft zu haben. In jeder Gesellschaft sind natürlich soziale und andere Lebenserfahrungen vieler älterer und alter Menschen wesentlich und wertvoll.

Gehirn

Das am schwersten zu verstehende Organ des Menschen ist sein **Gehirn**. Es hat sich in gut 2 Mio. Jahren stürmisch entwickelt und um das Vierfache vergrößert. Es ist die u. a. Basis aller höheren kognitiven Leistungen. Das Gehirn des Menschen unterscheidet sich zwar in der Grundstruktur nicht von dem der Affen, jedoch ist die gewaltige Zunahme des Volumens der Großhirnrinde und der mit ihr in Beziehung stehenden anderen Hirnstrukturen einmalig. Außerdem sind in der Großhirnrinde des Menschen Nervenzell- und Synapsendichte sehr hoch und die Komplexität der Verbindungen ist unüberschaubar groß. Das spezifisch Menschliche in Bezug auf das Gehirn scheint also im Quantitativen und in der extremen Komplexität zu liegen. Unser Gehirn enthält ca. 100 Mrd. Neurone, viele Millionen Kilometer Axone und Dendriten sowie > 10^{15} Synapsen.

Das Gehirn ist primär das Organ, das uns Tag für Tag hilft zu überleben. Es passt z. B. Atmung und Kreislauf an die jeweiligen Bedürfnisse an. Es erkennt Gefahren; es steuert weite Teile des endokrinen Systems; es steuert Hunger und Nahrungsaufnahme; es ermöglicht Orientierung und Sozialverhalten usw.

Es ist Sitz der Kognition, es erkennt, bewertet und veranlasst Handlungen.

Dann ist es Sitz des Bewusstseins, und das wurde lange Zeit als besonderes Kennzeichen des Menschen angesehen; aber auch wenn es spezifisch menschliche Formen des Bewusstseins geben mag, so ist es naheliegend, davon auszugehen, dass sich diese im Rahmen eines Evolutionsprozesses herausgebildet haben. Es gibt keinen Grund, einem Schimpansen kein Bewusstsein zuzuschreiben angesichts einer DNA-Sequenzübereinstimmung von fast 99 %, einer großen Ähnlichkeit hinsichtlich des Sozialverhaltens sowie hinsichtlich des makroskopisch und mikroskopisch sehr ähnlich gebauten Gehirns. Es ist unwahrscheinlich, dass Geist und Bewusstsein einfach „vom Himmel" gefallen sind. Man kann davon ausgehen, dass sich Bewusstsein in verschiedenen Ausprägungen im Laufe der Evolution der Wirbeltiere und, für uns besonders interessant, im Laufe der Primatenevolution entwickelt hat. Die „evolutionäre Psychologie" (EP) hat viele interessante Einsichten zur Entwicklung unseres Sozialverhaltens, unserer Essgewohnheiten u. v. a. erarbeitet.

Das **Gehirngewicht** schwankt üblicherweise ungefähr zwischen 1250 und 1350 g (Extrema sind 1000 und 2000 g). Es besteht innerhalb der normalen Variationsbreite keine Beziehung zwischen Hirngewicht und Intelligenz. Das Hirngewicht der Männer liegt im Durchschnitt bei 1350 g, das der Frauen bei 1250 g und macht somit ca. 2 % des Körpergewichts (Normalgewicht) aus; das Gehirn beansprucht jedoch ca. 20 % des Energie-Grundumsatzes. Im Gehirn wird ein gutes Drittel aller Gene exprimiert.

Während der Ontogenese des Menschen erfährt sein Gehirn einen sehr eindrucksvollen Größen- und Gewichtszuwachs. Bei der Geburt wiegt es ca. 350–400 g, im Alter von 5 Jahren ca. 1200 bis 1300 g; zu diesem Zeitpunkt hat es ungefähr 90 % des Endgewichts, wie es bei jungen Erwachsenen vorliegt, erreicht. Das nachgeburtliche Wachstum des Gehirns beruht im Wesentlichen auf der zunehmenden Verzweigung, Myelinisierung und Verknüpfung der Nervenzellfortsätze und auf Vermehrung der Glia. In den ersten Lebensjahren entwickelt sich parallel zu Hirnwachstum und -differenzierung auch das unglaublich komplexe und an Varianten besonders reiche Verhalten des Menschen mit allen seinen Komponenten. Ab dem 50. Lebensjahr tritt eine geringe (ca. 3 %) Abnahme des Hirnvolumens mit wahrscheinlich nur relativ geringem Rückgang der Neuronenzahl ein. Die Abnahme des Hirnvolumens beim biologischen Altern beruht möglicherweise auf einem Rückgang der Zahl der synaptischen Verknüpfungen, unterschiedlichen biochemischen Veränderungen, mehr oder weniger stark ausgeprägten Durchblutungsstörungen und weiteren, noch wenig verstandenen Prozessen. Das Ausmaß und der Beginn solcher Altersveränderungen schwankt individuell sehr stark.

Da das Hirnvolumen bzw. -gewicht bei Fossilformen in der Regel nicht bestimmt werden kann, wird bei diesen das Volumen des Schädelbinnenraums gemessen (**Schädelkapazität**). Die Messung der Schädelkapazität ergibt einen höheren Wert als die Bestimmung des Hirnvolumens, da das Gehirn von Hirnhäuten mit dem unterschiedlich weiten Subarachnoidalraum und Gefäßen bzw. Sinus umgeben wird. Im Allgemeinen ist das Hirnvolumen um ca. 5 % kleiner als das Schädelvolumen.

Die progressive Entwicklung des Gehirns wird auch Encephalisation genannt. Als Maß für sie wird das Verhältnis von Großhirnrindenvolumen zum Volumen des restlichen Gehirns bestimmt. Auf das Gehirn des Menschen angewendet ergibt sich, dass seine **Großhirnrinde** um 30 % größer ist als die irgendeines anderen Primaten und mit einem Volumen von 550–600 cm^3 größer als das ganze Gehirn eines Schimpansen ist. Vermutlich ist diese einzigartige Entfaltung sogar noch nicht einmal abgeschlossen. Über den Selektionsdruck, der diese ungewöhnliche Hirnentwicklung begünstigt hat, wissen wir nichts Sicheres. Interessant sind aber Spekulationen, die einen Zusammenhang zwischen Hirnentwicklung einerseits sowie Komplexität des Sozial- und kommunikativen Verhaltens andererseits postulieren. Die zahlreichen kommunikativen Signale erstrecken sich auf den Zusammenhalt der Gruppe (kohäsive soziale Signale) und auf den Wettstreit der Gruppenmitglieder untereinander (agonistische soziale Signale). Meier und Ploog (1997) weisen darauf hin, dass es eine obere Grenze der Gruppengröße gibt, die offenbar auch mit der Informationsverarbeitungskapazität der betreffenden Art zusammenhängt. Diese Kapazität hängt von der Größe der Großhirnrinde ab, die diese Verarbeitung leistet. Mit steigender Größe einer Gruppe, in der jeder jeden kennt, nimmt die Zahl kohärenter und agonistischer Verhaltensweisen zu, und dementsprechend muss eine immer größer werdende Zahl von Signalen verarbeitet und ausgesendet werden, um ein soziales Gleichgewicht zu erhalten. Auch auf den Menschen lässt sich diese Regel übertragen, und auch bei ihm lässt sich eine Korrelation zwischen der Komplexität der sozialen Organisation und der Größe der Großhirnrinde erkennen. Beim Menschen liegt die natürliche Gruppengröße wohl bei ca. 150 (100–200), beim Gorilla bei 30–35, beim Schimpansen bei maximal 50–60 Individuen. Die gestiegene kognitiv-soziale Kompetenz wurde dann wahrscheinlich auf den technisch machbaren Bereich übertragen, was zu enormer Steigerung der technisch-kulturellen Leistungen führt (Vogel 1989).

Die Oberfläche der Großhirnrinde des Menschen beträgt ca. 2,2–2,5 m^2, was dadurch erreicht wird, dass sie in ca. 7 mm breite rundliche Wülste (Gyri) aufgeworfen wird, die durch schmale Furchen (Sulci) getrennt sind. Die Rindendicke beträgt im Allgemeinen 4–5 mm.

In der Rinde (Cortex) des Großhirns ist – bei erheblicher individueller Variabilität – die unglaublich große Zahl von ca. 20 Mrd. Nerven- und ähnlich vielen Gliazellen untergebracht. Jedes Neuron kann 1000 und mehr Verknüpfungen eingehen.

Die Nervenzellen (Neurone) lassen sowohl eine Anordnung in sechs ganz überwiegend horizontale (oberflächenparallele) Schichten (I–VI) als auch in vertikale Zellsäulen (Columnen, Module) erkennen. Eingänge in diesen Cortex enden vorwiegend in Schicht IV, Ausgänge entspringen den Pyramidenzellen der Schichten III und V. Der Name Pyramidenzellen leitet sich von der Gestalt der Zellkörper dieser Nervenzellen ab. Sie nehmen über unzählige Synapsen an ihren unterschiedlich weit in die Umgebung ausstrahlenden Dendriten Informationen aus verschiedenen Cortexschichten auf. Die vertikale Gliederung ist im visuellen und somatosensorischen Cortex besonders deutlich erkennbar. In einer Columne, die sich über die ganze Cortexdicke erstreckt, steht eine Gruppe von Nervenzellen im Dienst relativ spezifischer Informationsverarbeitung und bildet eine funktionelle Einheit. Zwischen benachbarten Columnen gibt es randlich einen Überlappungsbereich. Eine bestimmte Information wird in vielen Säulen parallel verarbeitet, was einen hohen Grad an Funktionssicherheit bietet. Ein kleiner Cortexdefekt kann so im Allgemeinen kompensiert werden. Ein solches System schließt strenge Lokalisation von Funktionen nicht aus, relativiert sie aber. Aufgrund seiner besonderen Cortexgröße liegt im Gehirn des Menschen eine unglaublich große Zahl Columnen bzw. Module vor. Größere funktionelle Einheiten der Großhirnrinde bilden Netzwerke, die vermutlich hierarchisch strukturiert sind.

In seinem Grundaufbau ist der gesamte Cortex überraschend einförmig. Die Spezifität einzelner Cortexareale ergibt sich aus unterschiedlichen afferenten und efferenten Verbindungen und aus Variationen im quantitativen Verhältnis der einzelnen Nervenzelltypen. Daher lassen sich histologisch verschiedene Rindenareale unterscheiden. Schon 1905 hat der Berliner Neurologe Korbinian Brodmann aufgrund histologischer Kriterien den Cortex in ca. 45 Bezirke aufgeteilt.

Eine neuere Theorie unterscheidet in der Hirnrinde primär nicht die ca. 45 Brodmann-Areale, die aber dennoch eine Rolle spielen, sondern fünf große neuronale Netzwerke:

- das perisylvische Netzwerk der Sprache,
- das parieto-frontale Netzwerk für Orientierung im Raum, sowie für räumliche Erkenntnis,
- das occipito-temporale Netzwerk für das Erkennen von Gesichtern und Gegenständen,
- das limbische Netzwerk, das eng mit dem Gedächtnis verknüpft ist,
- das präfrontale Netzwerk für Aufmerksamkeit, emotionale Kontrolle und Verhalten.

Mit modernen bildgebenden Verfahren lassen sich funktionell charakterisierbare Rindenareale sichtbar machen und damit auch medizinisch hinsichtlich ihrer Aktivität beurteilen (Abb. 5.10). Oft besteht eine Korrelation mit den Brodmann-Arealen.

Im Cortex lassen sich primäre und assoziative Felder unterscheiden. Die primären Felder haben direkte sensorische Eingänge und direkte motorische Ausgänge. Die assoziativen Felder verarbeiten auf unterschiedlichen Ebenen die Informationen der primären Felder. Beim Menschen machen die primären Felder 10 % des Cortexvolumens aus, bei der Ratte 90 %. Das heißt, beim Menschen besitzt der Cortex zu ca. 90 % assoziative Funktionen; von diesem Assoziationscortex dient mehr als die Hälfte der Verarbeitung von Informationen, die die Augen liefern.

Zu den höheren Funktionen des assoziativen Cortex gehören beim Menschen neben intellektuellen Leistungen auch die Fähigkeit, soziale Normen zu erkennen und diese in Handlungen zu integrieren. Regionen mit solchen höheren Funktionen liegen im frontalen, parietalen und temporalen Cortex. Die größte derartige Region ist beim Menschen der – im Stirnbereich gelegene – frontale Assoziationscortex, der auch „präfrontaler" Cortex genannt wird. Läsionen in diesem Gebiet führen zu Verflachung der Persönlichkeit, Distanzlosigkeit, Verlust des sozialen und beruflichen Engagements usw.

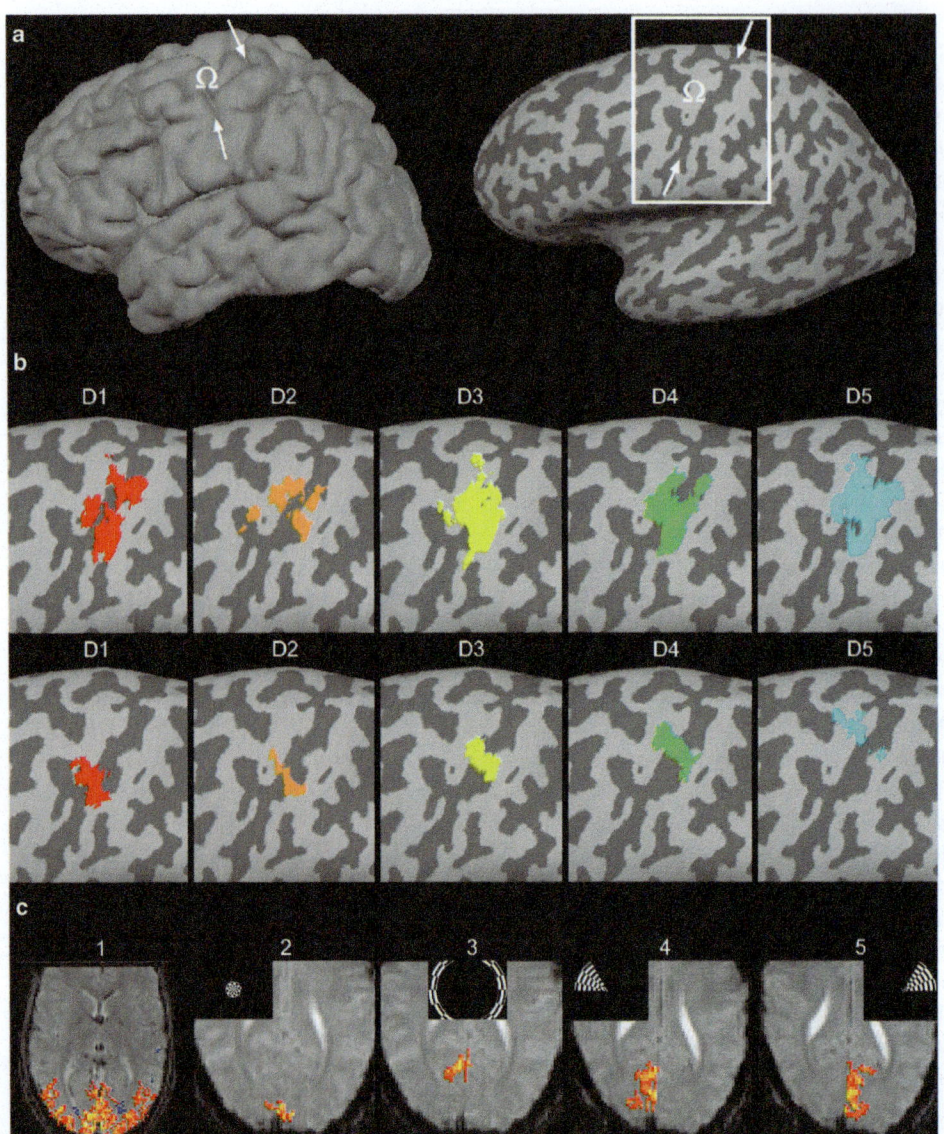

◘ **Abb. 5.10 a–c.** Nachweis funktionell aktiver Areale in der Großhirnrinde des Menschen mit Hilfe der funktionellen Magnetresonanztomographie (fMRT). Dargestellt sind Areale, deren Differenzierung und Größe für Primaten typisch sind: die Repräsentationsfelder für die visuelle Wahrnehmung im Occipitalbereich des Großhirns und die Felder für die Bewegung einzelner Finger. *Farbig*: aktive Zonen, die durch besonders intensive Durchblutung gekennzeichnet sind. **a** 3D-MRT-Oberflächen-Rekonstruktion des Gehirns, *links* mit dreidimensionaler Darstellung der Windungen (Gyri) und Furchen (Sulci), *rechts* technisch „geglättete" Oberfläche, Gyri hell, Sulci dunkel. Markiert ist das Gebiet, in dem die Fingerbewegungen repräsentiert sind.
b Repräsentation der Finger in der frontalen Hirnrinde (*D1:* Daumen, *D2:* Zeigefinger, *D3:* Mittelfinger, *D4:* Ringfinger, *D5:* Kleiner Finger); *oben:* Darstellung des gesamten Cortexareals, in dem jeweils ein bestimmter Finger repräsentiert ist; *unten:* Darstellung des Areals, in der die funktionelle Dominanz eines Fingers lokalisiert ist – die Dominanzareale existieren wohlgeordnet (Finger-Somatotopie) im Bereich des Gyrus praecentralis. **c** Region der visuellen Informationsverarbeitung im Occipitalbereich des Großhirns. *1.* Primäre (median) und assoziative (lateral) Sehrinde. *2–5* Retinotope Organisation der primären Sehrinde. *2.* Corticale Repräsentation der fovealen Anteile des Gesichtsfelds. *3.* Corticale Repräsentation peripherer Anteile des Gesichtsfelds. *4.* Corticale Repräsentation der linken oberen Anteile der Retina (rechtes unteres Gesichtsfeld). *5.* Corticale Repräsentation der rechten oberen Anteile der Retina (linkes unteres Gesichtsfeld). Aufnahmen J. Frahm, Göttingen

EXKURS 5.4

Asymmetrie des Gehirns

Anlass zu Spekulationen und Forschung war immer wieder die vor allem funktionelle Asymmetrie der beiden Hemisphären des Großhirns (Telencephalons) des Menschen. Linke und rechte Hemisphäre sind zwar hinsichtlich ihres Volumens annähernd gleich, aber in den Schwerpunkten ihrer Leistungen nicht gleichwertig. Vor allem das Sprachvermögen, aber auch Abstraktionsfähigkeit, Logik, Bewusstsein, kritisches Unterscheidungsvermögen, rechnerische Fähigkeiten u. a. sind an die dominante Hemisphäre gebunden, die bei den meisten Menschen die linke ist.

Die evolutionsbiologische Bedeutung dieser funktionellen Asymmetrie ist noch unklar. Die Hemisphäre, in der die Regionen liegen, die Sprache hervorbringen und verstehen, wird die dominante Hemisphäre genannt.

Am Zustandekommen der Sprache sind weite Teile der Großhirnrinde und viele in der Tiefe gelegenen Kerngebiete beteiligt; eine besonders wichtige Schaltstelle ist die **Broca-Region**, das motorische Sprachzentrum, das Teil der unteren Frontalwindung ist und im Wesentlichen die Brodmann-Areale 44 und 45 umfasst. Bei Schädigung dieser Region in der dominanten Hemisphäre, also zumeist der linken, sind Menschen nicht mehr fähig, verständliche Worte und Sätze mit korrekter Syntax und Grammatik zu bilden und auszusprechen (motorische Aphasie), obwohl die Muskulatur, die an der Erzeugung der Sprache beteiligte ist, intakt ist und sie verstehen, was andere sagen.

Dem Verständnis der Sprache dient das sensorische Sprachzentrum, das **Wernicke-Zentrum**, das im hinteren Bereich des Gyrus temporalis superior liegt und das das sekundäre Hörfeld ist; hier wird also Gehörtes analysiert und verstanden. Bei einer Läsion wird die gesprochene Sprache der Mitmenschen nicht verstanden (sensorische Aphasie), Menschen sind daher nicht in der Lage, sich verständlich zu äußern. Die Leistungen von Broca- und Wernicke-Areal werden wahrscheinlich im hinteren Bereich des Temporallappens integriert. Interessant ist der zeitliche Ablauf der Sprachverarbeitung; in einem ersten Schritt wird in ca. 120 ms die Syntax (Satzbau) analysiert; erst danach, nach 400 ms, analysiert das Gehirn die Semantik (die Inhalte); nach ca. 600 ms erfolgt die Integration der zwei Schritte (Friederici 2011).

Die rechte Hemisphäre ist überlegen bei der Verarbeitung von Emotionen und hinsichtlich Musikalität; diese so genannte nicht-dominante Hemisphäre ist aber auch im Erfassen räumlicher Muster und in synthetischen Fähigkeiten der dominanten Hemisphäre überlegen. In der rechten Hälfte des Großhirns wird die Satzmelodie (Prosodie) erarbeitet. Diese betrifft die Betonung wichtiger Wörter und auch die Abgrenzung einzelner Teile im Satz, analog der Kommas in der Schriftsprache (Friederici 2011). Die Satzmelodie ist für das Verständnis, auch versteckter Andeutungen, der Sprache außerordentlich wichtig. Das Phänomen der Dominanz sollte aber nicht überbewertet werden, die jeweiligen Hauptfunktionen sind links und rechts aufeinander bezogen und angewiesen. Die beiden Hemisphären sind ja auch über massive Nervenfaserbündel, vor allem den Balken (enthält ca. 250 Mio Nervenfasern), miteinander verbunden. Bei Kindern kann nach Schädigung der sprachdominanten Hemisphäre die Hemisphärendominanz noch wechseln und so können sie sich von Sprachstörungen erholen; nach der Pubertät ist das nicht mehr möglich. Die Suche nach funktionellen Asymmetrien im Gehirn von Affen steht erst am Anfang (siehe **EXKURS 5.5**). Die Händigkeit ist kein sicheres Indiz für die Dominanz der Hemisphäre auf der Gegenseite. Beim Rechtshänder ist in 95 % der Fälle die linke Hemisphäre dominant. Beim Linkshänder kann es die rechte, aber auch die linke sein. Bei einigen Linkshändern liegt Dominanz beider Hemisphären vor.

Zwischen beiden Hirnhälften besteht ein sehr intensiver Informationsaustausch. Nach Durchtrennung der Hauptverbindungsbahnen der zwei Endhirnhälften, die im Balken (Corpus callosum) gebündelt sind, kommt es aber zu keinen Veränderungen der Persönlichkeit oder der Intelligenz. Erst besondere Testverfahren machen diesen Ausfall (*split brain*) erkennbar. Eine Bewegung eines Arms kann

> **EXKURS 5.4** *(Fortsetzung)*
>
> nicht vom gegenseitigen Arm wiederholt werden, denn die eine Hirnhälfte wurde nicht darüber informiert, welche Impulse von der anderen ausgesandt wurden. Rechtshänder mit durchtrennten Balken können nur noch mit der linken Netzhauthälfte lesen. Dinge, die sie mit der rechten Hälfte der Netzhaut wahrnehmen, können sie nicht beim Namen nennen.

Auch unser **Bewusstsein** ist eine Funktion der Großhirnrinde. Unter dem Begriff Bewusstsein werden verschiedene Einzelphänomene von allgemeiner Wachheit über Realitätsbewusstsein, Aufmerksamkeit usw. bis hin zum Selbstbewusstsein zusammengefasst. All die verschiedenen Bewusstseinsformen können bei Schädigungen des Gehirns unabhängig voneinander gestört sein. Bewusstsein ist einerseits an frontale, parietale und temporale Großhirnrindenregionen mit assoziativen Funktionen gebunden, andererseits ist es abhängig von subcorticalen Regionen in der Tiefe des Gehirns wie den meisten Teilen des limbischen Systems (z. B. Amygdala und Hippocampus), Regionen der Basalganglien, Kernen im Thalamus und der Formatio reticularis, die sich vom ventralen Mittelhirn bis weit in die Medulla oblongata erstreckt. In diesen Regionen spielen unterschiedliche Transmittersysteme, z. B. Serotonin, Noradrenalin und Acetylcholin, eine entscheidende Rolle. Der Hippocampus spielt eine wichtige Rolle in der Organisation des Gedächtnisses. Störungen der genannten subcorticalen Regionen haben jeweils ganz unterschiedliche Auswirkungen: Zerstörung der Formatio reticularis führt zu allgemeiner Bewusstlosigkeit (Koma); Ausfälle in den anderen Regionen haben mehr oder minder schwere Störungen kognitiver und emotionaler Funktionen zur Folge, z. B. Aufmerksamkeitsstörungen oder Unfähigkeit, die Folgen des eigenen Handelns abzusehen. Typischerweise ist sich ein entsprechender Patient solcher Defizite nicht bewusst.

Die Aktivität der subcorticalen Regionen – und auch der primären und sekundären Cortexareale –, die also Voraussetzung für die Entstehung von Bewusstsein sind, wird uns selbst bemerkenswerterweise nie bewusst. Auch die Prozesse im assoziativen Cortex werden uns nur unter bestimmten Bedingungen bewusst.

Für die Entstehung des Bewusstseins sind nicht nur die Aktivierung des assoziativen Cortex durch sensorische Einflüsse, die Tätigkeit der Formatio reticularis, des limbischen Systems und anderer Regionen erforderlich, sondern auch hohe lokale Durchblutung und Stoffwechselaktivität. Moderne bildgebende Verfahren, wie die funktionelle Kernspintomographie (fMRT) und die Positronen-Emissions-Tomographie (PET), können Regionen mit hohem lokalen Blutfluss, hohem Stoffwechsel und hoher neuronaler Aktivität sichtbar machen (◘ Abb. 5.10a–c).

Wird das Gehirn mit einer neuen Aufgabe konfrontiert, z. B. dem Erlernen eines neuen Klavierstücks, ist lokal die neuronale Aktivität erheblich erhöht, es entstehen sogar neue Netzwerke funktionell zusammenarbeitender Neurone, wobei es zu neuen synaptischen Verknüpfungen, Proteinsynthese und anderen Phänomenen kommt. Wird das Gehirn mit einer bekannten Aufgabe konfrontiert, z. B. dem Erkennen des Gesichtes eines guten Freundes, dann wird ohne größeren Stoffwechselaufwand ein vorhandenes neuronales Netzwerk aktiviert.

Besonders interessant ist die Entdeckung von „Spiegelneuronen" bei Affen und Mensch. Solche Nervenzellen werden nicht nur aktiv, wenn eine zugehörige Muskelgruppe des eigenen Körpers aktiviert und eine entsprechende Bewegung ausgeführt wird, sondern auch dann, wenn ein Affe oder Mensch eine gleichartige Bewegung bei einem anderen Affen oder Menschen nur sieht, ohne sie selbst auszuführen. Beim Menschen liegen solche Neurone im Bereich des Broca-Areals, und sie werden schon aktiv, wenn ein Mensch sich eine Bewegung oder Handlung nur vorstellt. Es ist denkbar, dass hier ein zelluläres Phänomen entdeckt wurde, das es uns ermöglicht, dass wir uns in andere Menschen hineinversetzen können. Menschen – und Affen – können dadurch auch rasch gemeinsam handeln. Verhaltenspsychologen sehen hier auch eine Basis der Sprachentwicklung des Menschen. Sprache (s. unten) hat danach primär einen sozialen „Gebrauchscharakter".

Inwieweit bei den Tierprimaten ein Bewusstsein, so wie wir es empfinden, vorliegt, wissen wir nicht sicher. Zudem müsste im Einzelfall der Begriff „Bewusstsein" definiert werden. Es besteht aber gar kein Grund, pauschal anzunehmen, dass Menschenaffen, andere Primaten, Säugetiere und Tiere generell kein Bewusstsein haben. Die Berichte über langjähriges Zusammenleben und Kommunikation mit Schimpansen (Fouts 1997) sprechen eindeutig für ein Bewusstsein bei Schimpansen, das dem des Menschen vergleichbar ist. Interessant ist, dass die großen Menschenaffen sich selbst im Spiegel erkennen (wie der Mensch) und offenbar eine Vorstellung von sich selbst haben.

Die Evolution geistiger Leistungen und des Bewusstseins ist wohl korreliert mit zunehmend komplexen Handlungen, Vorstellungen, Planungen und sozialen Interaktionen. Affen scheinen im Allgemeinen nicht weit in die Zukunft zu planen. Ihre Handlungsplanung reicht meistens wohl nicht über wenige Stunden hinaus. Aber sowohl Freiland- als auch Zoobeobachtungen (Boesch 2009) zeigen, dass Schimpansen weit in die Zukunft planen können. Sie können z. B. verschieden gestaltete Grabwerkzeuge und Honiglöffel herstellen, die sie je nach den äußeren Bedingungen (z. B. harter Boden, weicher Boden) einsetzen, um Erdhöhlen stacheloser Bienen zu finden. Sie können auch Holzknüppel ablegen und bei Bedarf wieder verwenden. Für uns – und im Prinzip auf ähnliche Weise für die Tierprimaten – ist das Bewusstsein überlebensnotwendig in einer sich ständig wandelnden sozialen und biologischen Welt, die kurz- und langfristige Planung und ständiges Abschätzen der Situation, in der wir uns befinden, erfordert.

Sprache und Sprechapparat

Angesichts des Zusammenhangs zwischen hoch entwickelter Encephalisation und hochkomplexem Sozialverhalten liegt es nahe zu vermuten, dass die Sprache die begrenzten Möglichkeiten der nichtsprachlichen Kommunikation in ungeahntem Ausmaß erweitert und daher vor allem eine soziale Funktion hat. Es liegt sicher eine Co-Evolution der Bereiche Gehirn – Bewusstsein – Sprache vor. Sprache enthält wie Gene Information. Die Evolution wird durch Sprache auf eine neue Stufe gehoben. Verschiedene Untersuchungen haben gezeigt, dass bei Kindern, Männern und Frauen persönliche Beziehungen und Erfahrungen sowie soziale Aktivitäten, wie z. B. der Urlaub, im Vordergrund der miteinander geführten Gespräche stehen. Auch das gern geübte Sprechen über nicht anwesende Dritte hat eine soziale Funktion, indem es das soziale Wissen vermehrt, Klarheit über die eigene Position in der Gruppe schafft und zum eigenen erfolgreichen Handeln beiträgt. Miteinander sprechen ist auch die Basis für soziale Kompetenz. Man lernt durch Gespräche auch, sich in andere hineinzuversetzen bis zu einem Grad, der es einem ermöglicht, andere zu betrügen. Betrügereien sind übrigens auch von Schimpansen und anderen Affen bekannt (Sommer 1994).

Die Sprache ist für den Menschen derart wesentlich, dass die Frage, was den Menschen von anderen Spezies unterscheidet, oft nur mit dem Satz: es ist seine Sprachfähigkeit (Friederici 2011) beantwortet wird; und diese verständliche Antwort kommt nicht nur von Philosophen und Sozialwissenschaftlern. Als innere Sprache ist sie Voraussetzung für das Denken, gesprochen ist sie wesentliche Grundlage der Kommunikation und als Schrift kann sie Informationen über Jahrtausende bewahren.

Wiewohl unbestritten ist, dass eine differenzierte Sprache in Wort und Schrift ein essenzielles Merkmal des modernen Menschen ist, so weisen Primatologen (z. B. Sommer 2009) darauf hin, dass bei der Sprache ebenso wie beim Begriff „Kultur" vieles definitionsabhängig ist und dass grundsätzlich keine Grenze besteht, wenn man „Sprache" in einem etwas weiteren Sinn versteht. Menschenaffen, die von Menschen aufgezogen werden, können lernen, die Sprache von Menschen zu verstehen; sie können sich außerdem z. B. über eine Zeichensprache und Mimik verständlich machen. Meerkatzen können mittels differenzierter Laute ihrer Gruppe mitteilen, ob Gefahr durch einen Leoparden oder einen Kampfadler droht.

Sprache und Sprechen sind zweifelsohne auch in genetischer Hinsicht sehr komplexe Phänomene; eins der wenigen Gene, das eine sichere, wenn auch noch unbekannte Rolle bei der Sprachentwicklung spielt, ist ein eigenes FOXP2-Gen. Dieses Gen ist bei Säugern weitverbreitet, sein Protein besitzt aber beim Menschen zwei eigene Aminosäuresubstitutionen: Threonin wird durch Asparaginsäure und Arginin durch Serin ersetzt. Interessant ist, dass auch der Neandertaler dieses besondere FOXP2-Gen besaß (Krause et. al 2007a)

Im Gegensatz zu den meist angeborenen Verhaltensmustern und Lauten in den Kommunikationssystemen der Tiere besitzt der Mensch eine große Freiheit und einen breiten Spielraum der Lautzeichen, was Voraussetzung für die historische Entwicklung von Sprachen und deren große Vielfalt ist. Man schätzt, dass es derzeit noch ca. 6000 Sprachen gibt, darunter ca. 1000 auf Neuguinea. Viele Sprachen in Amerika, Afrika und Asien wurden durch die indogermanischen Sprachen der Kolonisatoren, v. a. Spanisch, Portugiesisch, Französisch und Englisch, verdrängt. Ein Vergleich von auf genetischer Basis beruhenden chemischen Merkmalen in verschiedenen Populationen heutiger Menschen ergab z. T. erstaunliche Parallelen zu Befunden der vergleichenden Sprachforschung. Den Kaukasiern (Europiden s. **Abschn. 5.7**) entsprechen beispielsweise im Wesentlichen die indo-europäischen, aber auch afro-asiatische (Südwestasiaten, Berber, Äthiopier) und dravidische (Südostinder) Sprachen.

Atem- und Speisewege zeigen bei Säugetier und Mensch eigenartige anatomische Beziehungen zueinander. Die Atemwege beginnen mit Nase und Nasenhöhle, die Speisewege mit Mund und Mundhöhle. Es kommt im Rachen zu einer Überkreuzung, an der die tiefer gelegenen Atemwege (Kehlkopf, Trachea, Bronchien) nach vorn bzw. ventral vor die Speisewege verlegt werden. An der Überkreuzungsstelle entsteht der **Kehlkopf** (Larynx) primär als Sicherung der unteren Atemwege gegen das Eindringen von Nahrungsbestandteilen. Sekundär übernimmt der Kehlkopf die Funktion der Lauterzeugung. Der Kehlkopf des Menschen besteht aus Schild-, Ring- und Stellknorpeln, die im Alter teilweise verknöchern. Ein Bandapparat und eine komplizierte, vom Nervus laryngeus superior und N. recurrens, Ästen des Nervus vagus, motorisch innervierte Muskulatur verbindet die Skelettelemente. Für die Lauterzeugung ist die Ausbildung der zwei sagittal gestellten schwingungsfähigen Stimmfalten im Kehlkopf wichtig. Sie enthalten das Stimmband aus überwiegend elastischen Fasern und den quergestreiften Stimmmuskel (Musculus vocalis). Sie werden durch die aus Bronchien und Trachea strömende Luft in Schwingungen versetzt und nähern sich einander bei der Stimmbildung.

Anatomisch-topographisch und mikroskopisch-anatomisch bestehen zwischen dem Kehlkopf des Menschen und dem der Menschenaffen keine großen und schon gar keine grundsätzlichen Unterschiede. Im Vergleich zu dem hoch spezialisierten Apparat aus Zungenbein und Kehlkopf z. B. von Brüllaffen, speziell bei männlichen *Alouatta seniculus*, wirkt der Kehlkopf des Menschen bemerkenswert unspezialisiert.

EXKURS 5.5

Sprache

Uwe Jürgens (Göttingen)

Sprache im engeren Sinn, d. h. ein erlerntes Kommunikationssystem, bei dem bestimmte Laute oder Zeichen willkürlich mit bestimmten Bedeutungen belegt werden und zu längeren Aussagen nach syntaktischen und grammatikalischen Regeln verbunden werden, existiert nur beim Menschen. Zwar gibt es auch bei anderen Spezies Kommunikationssysteme, diese sind jedoch im Gegensatz zu unserer Sprache stark genetisch determiniert. So haben z. B. Kaspar-Hauser-Versuche an Totenkopfaffen gezeigt, dass Tiere, die niemals Gelegenheit hatten, arteigene Laute zu hören, trotzdem in der Lage sind, das komplette Repertoire arteigener Laute zu produzieren. Die Laute müssen also nicht erst wie Wörter durch Anhören und Nachahmen erlernt werden, sondern es besteht ein angeborenes Wissen darüber, wie diese Laute zu klingen haben. Die Laute nicht-menschlicher Primaten sind darin den nicht-verbalen emotionalen Lautäußerungen des Menschen wie Lachen, Weinen, Schreien, Stöhnen, Jauchzen, vergleichbar, die ebenfalls sowohl in ihrer Struktur als auch im auslösenden Kontext stark genetisch bestimmt sind.

EXKURS 5.5 (Fortsetzung)

Es stellt sich die Frage, wann im Laufe der Stammesgeschichte Sprache entstanden ist, und über welche Zwischenstufen sich die Entwicklung von Affenlauten zur gesprochenen Sprache, wie wir sie heute kennen, vollzogen hat. Aus der Tatsache, dass keine der dem Menschen am nächsten stehenden Arten, d.h. Schimpanse, Bonobo, Gorilla und Orang-Utan, eine Sprache entwickelt hat, können wir schließen, dass Sprache erst nach der Abzweigung der Homininen von den Entwicklungslinien, die zu den heutigen Menschenaffen geführt haben, entstanden ist, d.h. jünger als 5 Mio. Jahre ist. Das andere verlässliche Eckdatum, das wir zur Eingrenzung der Entstehungszeit von Sprache besitzen, ist das Auftreten von Schrift. Schrift setzt Sprache voraus. Die ältesten Schriftzeichen, die der Sumerer, sind etwa 5000 Jahre alt. Sprache ist also mindestens 5000, höchstens 5 Mio. Jahre alt. Wenn wir den Zeitraum der Entstehung weiter eingrenzen wollen, sind wir auf indirekte Schlüsse angewiesen. Drei Kriterien bieten sich hier an:
1. Die Veränderung des Vokaltraktes im Laufe der Stammesgeschichte.
2. Die Entwicklung des Gehirns als Kontrollorgan der Sprache.
3. Die kulturelle Entwicklung innerhalb der Homininen; d.h. man kann sich fragen, welche kulturellen Leistungen der Frühmenschen Sprache voraussetzte.

Zu 1): Fossil sind vom Vokaltrakt nur Gaumen, Schädelbasis und Unterkiefer erhalten. Von einem einzigen Neandertalerskelett ist auch ein Zungenbein erhalten. Vom Kehlkopfskelett selbst und den Weichteilen des Vokaltraktes ist dagegen nichts mehr erhalten. Vergleicht man einen rezenten Menschen mit einem Schimpansen, dann fällt beim Schimpansen einerseits die starke Prognathie (Schnauzenbildung) auf, andererseits der hohe Sitz der Stimmritze: Während beim Menschen die Stimmritze sehr viel tiefer liegt als das Zungenbein, liegen beim Schimpansen beide etwa auf gleicher Höhe. Dadurch entfällt beim Schimpansen die Möglichkeit, die Resonanzfrequenzen im Rachen durch entsprechende Zungenbewegungen zu variieren. Die Resonanzfrequenzen lassen sich beim Schimpansen nur durch Bewegungen im Mundbereich variieren, und das schränkt den Umfang möglicher Laute ein. Wenn man die Schädelbasisprofile verschiedener Homininen mit denen des Schimpansen einerseits und denen des heutigen Menschen andererseits vergleicht, findet man, dass ein Schädelprofil, das dem des rezenten Menschen entspricht, erst vor rund 300.000 Jahren, d.h. mit dem archaischen *Homo sapiens*, auftritt. Die Schädelfunde legen also den Schluss nahe, dass ein dem heutigen vergleichbarer Vokaltrakt erst vor etwa 300.000 Jahren entstand.

Zu 2): Wenn man sich die Hirngrößen der Homininen der letzten gut 3 Mio. Jahre anschaut, so findet man, dass sich die Hirngröße der Australopithecinen (400–530 cm^3) nicht signifikant von der heutiger Menschenaffen unterscheidet. Erst mit dem Auftreten von *Homo habilis* und *Homo rudolfensis* vor 2–2,5 Mio. Jahren werden Werte (509–752 cm^3) erreicht, die leicht über denen der heutigen Menschenaffen liegen. Bei der Nachfolgeart *Homo erectus* bzw. *Homo ergaster* findet man gegenüber *Homo habilis/rudolfensis* ein wiederum etwas erhöhtes Hirnvolumen, das sich jedoch über einen Zeitraum von 1 Mio. Jahren nur wenig ändert. Erst in der Spätphase von *Homo erectus/heidelbergensis* beginnt das Hirnvolumen dann exponentiell zuzunehmen, bis es vor etwa 130.000 Jahren, d.h. bei der archaischen Form des *Homo sapiens*, das heutige Volumen von im Durchschnitt etwa 1300 cm^3 erreicht.

Da einige größere Blutgefäße an der Hirnoberfläche, die bestimmten Hirnfurchen folgen, sich als Abdruck auf der Schädelinnenseite von fossilen Schädeln erhalten haben, lässt sich das Windungsmuster für einige Homininenfunde teilweise rekonstruieren. Vergleicht man das Windungsmuster zwischen rezentem Menschen und Schimpansen in dem Bereich, der für die Sprachfunktion von Interesse ist, so fällt auf, dass beim Schimpansen die Hirnfurche, welche die Cortexfelder 44 und 45 (entspricht dem Broca'schen Sprachzentrum beim Menschen) von dem darüber liegenden Präfrontalcortex trennt, fehlt; der Schimpanse hat also nur zwei Stirnhirnwindungen, der Mensch jedoch drei. Was das Wernicke-Sprachzentrum

EXKURS 5.5 (*Fortsetzung*)

betrifft, so lassen sich beim Menschen ein Gyrus supramarginalis am hinteren Ende der Seitenfurche und ein dahinter liegender Gyrus angularis unterscheiden, während beim Schimpansen nur eine Windung in diesem Bereich zu identifizieren ist. Dass sich bei Homininen eine Differenzierung in Gyrus supramarginalis und angularis findet und eine Abgrenzung der Broca-Areale von den dorsal angrenzenden Gebieten, das tritt zum ersten Mal bei *Homo habilis* auf – wogegen *Australopithecus* noch das Schimpansen-ähnliche Windungsmuster aufweist. Das heißt jedoch nicht zwangsläufig, dass *Homo habilis* bereits eine Sprache hatte. De facto kennen wir kein einziges morphologisches Merkmal, anhand dessen wir einem Gehirn ansehen können, ob es sprachfähig ist. Die absolute Größe ist auch kein brauchbares Kriterium, gibt es doch mikrocephale Menschen mit einem Hirnvolumen unter 700 cm³, also einem Hirnvolumen wie es auch bei großen Gorillamännchen vorkommt, die dennoch sprechen können. Zudem existieren nicht-menschliche Arten mit einem größeren Hirnvolumen als dem des Menschen (z. B. Elefanten und Wale), die keine Sprache besitzen. Auch das relative Hirngewicht ist kein brauchbares Kriterium. So gibt es verschiedene Affenarten, wie z. B. den Kapuzineraffen oder den Totenkopfaffen, die einen höheren Hirngewicht-Körpergewicht-Quotienten besitzen als der Mensch – und trotzdem nicht sprechen können. Die Tatsache, dass sich beim Schimpansen die Cortexfelder 44 und 45 cytoarchitektonisch von den umgebenden Feldern unterscheiden lassen, bedeutet, dass auch das Vorhandensein eines cytoarchitektonisch identifizierbaren Broca-Areals kein brauchbarer Indikator für Sprachfähigkeit ist. Auch die Tatsache, dass beim rezenten Menschen der Endpunkt der Seitenfurche links tiefer liegt als rechts, eine Beobachtung, die von manchen Autoren mit der linksseitigen Dominanz der Sprachfunktion in Verbindung gebracht wurde, kann nicht als Hinweis auf Sprachfähigkeit dienen, denn die Hälfte der bisher untersuchten Schimpansen hat ebenfalls einen links tiefer liegenden Seitenfurchenendpunkt als rechts. Beim Orang-Utan haben sogar 10 von 12 untersuchten Tieren links einen tieferen Endpunkt als rechts. Unsere Schlüsse zur Sprachfähigkeit von Homininengehirnen müssen also sehr allgemein bleiben. Wir können lediglich sagen: Je ähnlicher ein Gehirn dem des rezenten Menschen, desto größer ist die Wahrscheinlichkeit, dass es sprachfähig ist. Ein dem heutigen menschlichen Gehirn weitgehend vergleichbares Gehirn findet man seit etwa 130.000 Jahren; ein Gehirn, das sich zumindest etwas von dem heutiger Menschenaffen in Richtung Mensch absetzt, findet sich bereits bei *Homo habilis* vor etwa 2 Mio. Jahren.

Eine Übersicht über die wichtigsten beim rezenten Menschen an der Sprachproduktion beteiligten Strukturen gibt ◘ **Abb. 5.11**. Diese sind, neben dem Broca-Areal, das für die motorische Planung von Wortsequenzen zuständig ist, und dem Wernicke-Areal, das der De- und Encodierung von Wortbedeutungen dient, auch der untere Abschnitt des primären motorischen Cortex (MI), welcher der unmittelbaren motorischen Kontrolle des Sprechapparates dient. Weiter gehört dazu der untere Abschnitt des primären somatosensorischen Cortex (SI), über den der primäre motorische Cortex die für die Sprechkontrolle nötigen propriozeptiven Rückmeldungen aus dem Sprechapparat erhält. Einen direkten Input erhält der primäre motorische Cortex auch vom supplementär-motorischen Areal (SMA), über welches die Bereitschaft sich sprachlich auszudrücken, gesteuert wird. Der Output des primären motorischen Cortex durchläuft zunächst eine Verarbeitungsschleife, die über Putamen (Put, Teil der Basalganglien) und ventrolateralen Thalamus (VL, Teil des Zwischenhirns) – mit einem zusätzlichen Input vom Kleinhirn (Cb) – zurück zum primären motorischen Cortex führt und von hier über die corticobulbäre Bahn in die Formatio reticularis (RF) des unteren Hirnstamms absteigt. Die Formatio reticularis ist mit sämtlichen an der Stimmgebung beteiligten Motorneuronen verbunden und dient der motorischen Integration von Stimmlippenbewegungen, Atembewegungen und Artikulation. Mit Ausnahme von Formatio reticularis und den an der Stimmgebung beteiligten Motorneuronen sind sämtliche genannten Strukturen für die Produktion von Affenlauten und nicht-verbalen emotionalen Lautäußerungen des Menschen entbehrlich; sie

▶

EXKURS 5.5 (Fortsetzung)

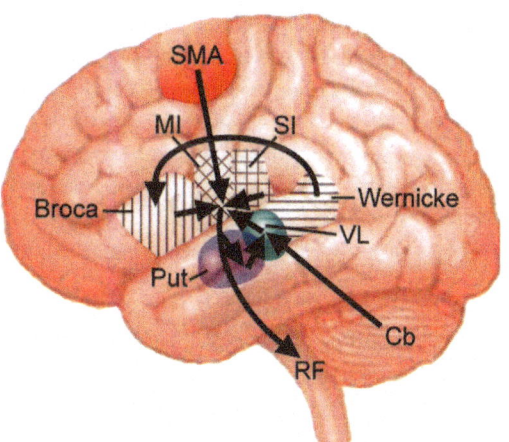

○ **Abb. 5.11** Seitenansicht eines rezenten menschlichen Gehirns mit Angabe einiger für die Sprachproduktion unentbehrlicher Strukturen. Die Pfeile geben anatomische Verbindungen zwischen den Strukturen an, soweit sie für das Sprechvermögen von Relevanz sind. *Broca:* Broca-Areal; *Cb:* Kleinhirn; *MI:* primärer motorischer Cortex; *Put:* Putamen; *RF:* Formatio reticularis; *SI:* primärer somatosensorischer Cortex; *SMA:* supplementär-motorische Area; *VL:* ventrolateraler Thalamus; *Wernicke:* Wernicke-Area

sind also nur für die Produktion erlernter stimmlicher Lautäußerungen nötig.

Zu 3): Wenn man sich die kulturelle Entwicklung anschaut, so tritt die erste kulturelle Leistung, die über die heutiger Menschenaffen hinausgeht, vor etwa 2,5 Mio. Jahren mit der Herstellung von Steinwerkzeugen auf. Schimpansen verwenden zwar auch Steine als Werkzeuge, z. B. beim Öffnen von Nüssen; die Steine sind jedoch unbearbeitet. Bearbeitete Werkzeuge existieren nur aus Holz (Stöcke zum Öffnen von Termitenbauten, Zweige zum Termitenangeln) oder Blättern (Verwendung zerkauter Blätter als Schwamm zum Wasseraufsaugen aus mit dem Mund schwer zugänglichen Wasserkuhlen). Einen wesentlichen Schritt nach vorn macht die kulturelle Entwicklung unter *Homo erectus*. Aus den in ihrer Form durch Zufall bestimmten Steinwerkzeugen des *Homo habilis*, *H. rudolfensis* und *H. ergaster* werden unter *Homo erectus* standardisierte Werkzeuge, wie der klassische Faustkeil, der eine symmetrische Form aufweist, hergestellt. Unter *Homo erectus/heidelbergensis* wird auch der Speer erfunden und es findet sich auch der kontrollierte Gebrauch des Feuers. Eine kulturelle Leistung, die sich von der des *Homo erectus* noch einmal deutlich abhebt, ist die Kolonisierung Australiens vor etwa 50.000 Jahren durch *Homo sapiens sapiens*. Damals hing Australien, das zusammen mit Tasmanien und Neuguinea einen Kontinent bildete (Sahul), nicht mit dem asiatischen Festland zusammen, so dass die Menschen für seine Kolonisierung in der Lage sein muss-ten, hochseetaugliche Boote zu bauen und zu navigieren – was zweifellos Sprache voraussetzte.

Die hier aufgeführten Fakten zusammengenommen sprechen dafür, dass die Entstehung der Sprache mehr als 50.000 Jahre, aber weniger als 2,5 Mio. Jahre zurückliegt. Wir können außerdem davon ausgehen, dass die Entwicklung vom Affenlaut zur gesprochenen Sprache, wie wir sie heute kennen, ein zigtausend, wenn nicht sogar hunderttausend Jahre dauernder Prozess war. Wie bereits erwähnt, sind Affenlaute stark genetisch bestimmt in ihrer Struktur und ihrer Bedeutungszuordnung. Der erste Schritt in Richtung Sprache war zunächst einmal die Entwicklung einer differenzierten Willkürkontrolle über den Stimmapparat, die Affen fehlt. Diese Willkürkontrolle ist Voraussetzung dafür, dass gehörte Lautäußerungen imitiert werden können, dass also vokalmotorisches Lernen stattfindet und damit Wörter im eigentlichen Sinn gebildet werden können. Wir können davon ausgehen, dass die ersten Wörter onomatopoetischen, d. h. lautmalerischen Charakter hatten; nur so konnten sie von Gruppengenossen spontan verstanden werden. Möglicherweise gehörten Imitationen von Tierstimmen zum Anlocken von Jagdwild zu den ersten Wörtern. Die Wörter waren anfangs noch nicht phonematisiert, d. h. aus standardisierten artikulatorischen Elementen zusammengesetzt, sondern wurden als ganzheitliche Lautgestalten in von Individuum zu Individuum stark variierender Form produziert. Ein Großteil der Wörter war wahrschein-

> **EXKURS 5.5** *(Fortsetzung)*
>
> lich nicht nur lautlicher Art, sondern war von mimischen und gestischen Verhaltensweisen pantomimischen Charakters oder in Form von Intentionsbewegungen begleitet. Die Wortbedeutung war noch wenig differenziert, d. h. jedes Wort stand für einen komplexen Sachverhalt und war dementsprechend mehrdeutig. Das Lexikon war zunächst klein. Sätze bestanden anfangs, ähnlich wie beim heutigen Kleinkind, aus nicht mehr als ein bis zwei Wörtern.
>
> Dieser ersten Phase folgte eine Phase der Lautstandardisierung. Das heißt, im Laufe der Zeit kommt es zu einer Anpassung der Lautäußerungen verschiedener Individuen einer Gruppe in dem Sinn, dass für einen bestimmten Sachverhalt der gleiche Laut verwendet wird. Dieser Vorgang wurde unterstützt durch eine zunehmende Phonematisierung der Wörter, d. h. eine Umwandlung ganzheitlicher Lautgestalten in Aufeinanderfolgen standardisierter Artikulationsbewegungen. Die Phonematisierung erlaubt, außer der Standardisierung der Wörter, auch aus einer relativ geringen Anzahl von phonetischen Elementen eine große Zahl von Wörtern zu bilden – ohne Einbuße in der Decodierbarkeit der Wörter. Dementsprechend kommt es in dieser Phase zu einer starken Zunahme des Wortschatzes. Aus Ein- und Zweiwortsätzen werden Mehrwortsätze, wenn auch zunächst noch ohne syntaktische und grammatikalische Struktur. Die Äußerungen beziehen sich auf gegenwärtige Sachverhalte konkreter Natur.
>
> In der Endphase der Sprachentwicklung wird durch Einführung syntaktischer und grammatikalischer Regeln die Spezifität der Aussage erhöht – ohne dass dafür der Wortschatz weiter erhöht werden muss. Die höhere Spezifität der Aussage macht die sprechbegleitende Gestik weitgehend überflüssig. Die zunehmende Differenzierung der Ausdrucksmöglichkeiten führt zu einer Zunahme abstrakter Begriffe und einer Erweiterung der Aussagen über die Gegenwart hinaus in die Zukunft und die Vergangenheit.

Zähne und Gebiss

Auch Zähne und Gebiss zeigen beim Menschen Spezialisierungen (◘ Abb. 5.12). In Korrelation mit der Vergrößerung des Gehirns haben sich Gesichtsschädel und Zähne beim Menschen zurückgebildet. Die Rückbildung der Zähne dauert an; so fehlen beim heutigen Menschen schon relativ häufig die letzten Molaren („Weisheitszähne"), die oberen äußeren Schneidezähne und ein Prämolar. Der letzte Molar brach auch bei *H. erectus* nicht immer durch und war bei ihm z. T. sogar nicht einmal angelegt. Die Eckzähne des Menschen sind niedrig, und ihre Krone besitzt eine charakteristische Gestalt, wie sie bei keinem anderen rezenten Primaten vorkommt, mit hohem Basisteil und flacher Spitze (Remane 1960; ◘ Abb. 5.12).

Zähne sind eine ergiebige Quelle von Informationen über die Lebensweise, speziell über die Ernährung eines Individuums; das trifft in unterschiedlichem Ausmaß für rezente, subfossile und fossile Zähne zu und wird von der Dentalanthropologie erforscht. Im Schmelz kann man u. a. Phasen von Mangelernährung erkennen; die Abkauungsspuren auf der Kaufläche lassen Rückschlüsse auf die Konsistenz der Nahrung (z. B. Früchte, harte Gräser oder Blätter hinterlassen verschiedene Abschliffmuster) zu; das Isotopenmuster (Strontium, Calcium u. a.) lässt Nahrungswechsel, Wanderbewegungen und geographische Herkunft eines Individuums erkennen.

5.4 Fossilgeschichte der Tierprimaten

Der Zeitpunkt des Auftretens der Primaten in der Fossilgeschichte ist umstritten. Als älteste Primaten wurden in der Vergangenheit oft die Plesiadapiformes angesehen. Sie lebten im Paleozän und starben im Eozän aus. Heute werden sie unter anderem wegen ihrer nagetierähnlichen Kiefer- und Zahnspezialisierungen eher als Schwesterngruppe der Primaten angesehen.

Trotz des bisherigen Fehlens überzeugender paleozäner Fossilformen ist theoretisch davon auszugehen, dass die Wurzel der Primaten im frühen Paleozän oder noch wahrscheinlicher in der späten Kreide zu suchen ist. Die rechnerische Analyse molekulargenetischer Daten lässt vermuten, dass die ersten Primaten theoretisch 84 Mio. Jahre alt sind. Auffällig ist eine Parallele zwischen der Evolution der (arboricolen) Primaten und der Entfaltung der Angiospermen.

Die ältesten unumstrittenen Primaten erschienen vor ca. 55 Mio. Jahren im frühen Eozän. Es handelt sich um verschiedenartige Formen der Adapiformes und der Tarsiiformes (Omomyiformes).

Fossile Strepsirrhini. Den **Adapiformes** gehörte die Familie Adapidae an. Eine frühe Form aus Europa ist *Donrussellia*, andere Gattungen sind z. B. *Adapis*, *Notharctus* und *Cantius*; *Darwinius* ist ein Beispiel aus den eozänen Ablagerungen der Grube Messel. Die meisten Funde stammen aus Nordamerika und Westeuropa. *Adapis parisiensis* wurde schon 1822 von Cuvier entdeckt, der allerdings nicht erkannte, dass es sich um einen frühen Primaten handelte. Die Adapidae umfassen verschiedenartige, meist baumlebende Formen. Fossile **Lorisiformes** wurden in mitteleozänen Ablagerungen Lybiens und Algeriens gefunden (*Algeripithecus*, *Karanisia*). Viele dieser strepsirrhinen Formen ernährten sich – der Zahnmorphologie zufolge – wahrscheinlich von Früchten, Blättern und Samen, aber z. T. wohl auch noch von Insekten. Sie besaßen eine postorbitale Augenspange und lassen eine Verkürzung der Schnauze und eine Verlagerung der Augen nach vorn erkennen. Sie hatten Greifhände und Greiffüße. Radius und Ulna blieben getrennt und erlaubten Pronation und Supination, was, ebenso wie ein verbessertes stereoskopisches Sehen und ein verbesserter Gleichgewichtssinn, beim sicheren Ergreifen von Ästen wichtig ist. Finger und Zehen trugen Nägel.

Die fossilen **Tarsiiformes** waren relativ kleine, vermutlich nachtaktive Formen mit großen Augen, insekti-frugivorer Ernährung und springender Fortbewegungsweise. Sie sind eine vielgestaltige Gruppe; der konkrete Zusammenhang fossiler Tarsiiformes mit den modernen Tarsiern ist umstritten. Sie besitzen generell ursprünglich gebaute Molaren und Prämolaren, was die Beurteilung ihrer spezifischen phylogenetischen Stellung erschwert. Die große Mehrheit der fossilen Tarsiiformes wird in der Familie der **Omomyidae** zusammengefasst. Omomyidae sind in Ablagerungen aus dem Eozän Europas und Nordamerikas gefunden worden. In

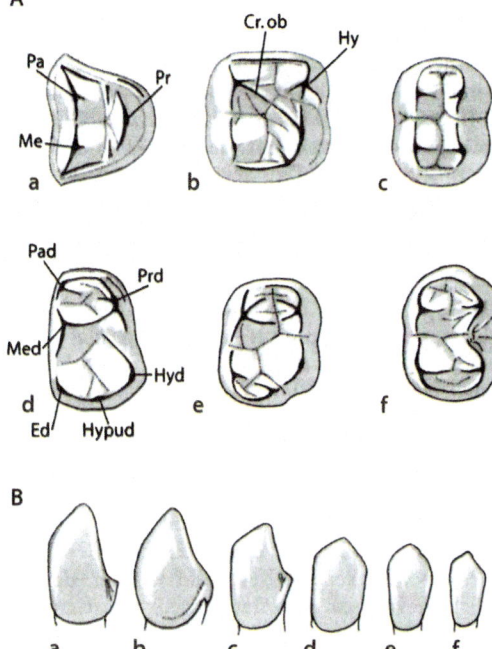

◼ **Abb. 5.12 a, b. a** Höcker, Leisten und Furchen an oberen (*a*–*c*) und unteren (*d*–*f*) Molaren. *a* Primitiver oberer Primatenmolar mit drei Höckern (Paraconus: *Pa*, Metaconus: *Me*, Protoconus: *Pr*). *b* Oberer Molar eines Gorillas, der typisch für die Menschenaffen ist; vier Höcker (Hypoconus: *Hy*) und deutliche Crista obliqua (Cr. *ob*). *c* oberer Molar einer Meerkatze (*Cercopithecus*) mit zwei Querjochen (bilophodonter Zahn). *d* Unterer primitiver Primatenmolar mit drei vorderen Höckern (Paraconid: *Pad*, Metaconid: *Med*, Protoconid: *Prd*) und drei hinteren Höckern (Endoconid: *Ed*, Hypoconid: *Hyd*, Hypoconulid: *Hypud*). Die drei vorderen Höcker bilden das Trigonid, die drei hinteren das Talonid. *e* Unterer Molar eines Menschenaffen mit typischem Leisten- und Furchenmuster (*Dryopithecus*-Muster), Paraconid fehlt. *f* Unterer Molar eines Colobiden (*Colobus*) mit vier Hauptöckern und zwei Querjochen (ähnlich wie obere Molaren: c). **b** Unterer linker Eckzahn von Schimpansenweibchen (*a*, *b*), Australopithecus (*c*), Homo erectus (*d*) und rezenten Menschen (*e*, *f*); beachte die Vergrößerung des Basisteils der Eckzähne. Nach Remane (1960, Bildrechte liegen bei Karger)

Nordamerika waren sie noch im Oligozän verbreitet, vereinzelt überlebten sie bis ins Miozän. Bekannte Gattungen sind: *Necrolemur*, *Pseudoloris*, *Washakius*, *Ouraya*, *Shoshonius*, *Dyseolemur*, *Tetonius*, *Anaptomorphus*, *Omomys* und *Rooneya*. *Xanthorhysis* aus dem Eozän Chinas wird z. T. in eine eigene Familie der Tarsiiformes gestellt und ähnelt z. T. dem ursprünglichen Simier *Eosimias*. Sogar

◘ **Abb. 5.13** Darstellung des eozänen primitiven Simiers *Eosimias* aus China. Nach Beard et al. (1994)

ein *Tarsius eocaenus* wurde aus China beschrieben. Die modernen Tarsiidae überlebten im Refugium südostasiatischer Inseln (Philippinen bis Bangka, Sumatra und Sulawesi.

Die **Simiae (Simiiformes = Anthropoidea)** umfassen alle höheren Affen, also **Neuwelt- (Platyrrhini)** und **Altweltaffen (Catarrhini)**. Letzteren gehören die Cercopithecoidea (Languren, Meerkatzen, Makaken, Paviane u.a.) und die Hominoidea (Gibbons, die großen Menschenaffen und der Mensch) an. Als Ursprungsregion der Simiae werden einerseits Afrika oder ein anderer Bereich Gondwanas (Kreidezeit) oder andererseits Asien (frühes Känozoikum) vermutet.

Formen, die wahrscheinlich den frühen Simiae zugezählt werden können, wurden im mittleren Eozän gefunden und zwar in 1. Nordafrika, insbesondere Zentrallybien und Ägypten, mit Formen wie *Biretia*, *Tabelia*, *Afrotarsius* (umstritten) und *Talahpithecus*, 2. Ostchina mit einer Form wie *Eosimias*, 3. Birma (Myanmar) mit Formen wie *Pondaungia*, *Amphipithecus* und *Bahinia* und 4. Thailand mit einer Form wie *Siamopithecus*. Es waren oft kleine Formen, von denen vor allem Zähne und Kieferfragmente vorliegen. Vom daumengroßen *Eosimias* (◘ **Abb. 5.13**) gibt es auch einige Fußskelettreste. Die Molaren besitzen flache Höcker, was dafür spricht, dass sie sich von Früchten ernährten. Diese Tiere waren tagaktiv und lebten auf Bäumen, wo sie sich überwiegend auf allen Vieren fortbewegten.

Fossile Simiae in der Oase Fayum. Aus Ablagerungen des späten Eozän und des frühen Oligozän der Oase Fayum (südwestlich von Kairo) stammen zahlreiche Fossilfunde von frühen Simiae, die überwiegend auf drei Familien verteilt werden:

1. Die ältesten (späteozänen) Funde mit den Gattungen *Apidium*, *Parapithecus*, *Proteopithecus*, *Qatrania* und *Biretia* werden in der Familie **Parapithecidae** zusammengefasst. Sie ähneln den fossilen Primaten aus dem mittleren Eozän Chinas und Burmas, repräsentieren wie diese frühe Simiae und stehen vermutlich der gemeinsamen Wurzel von Platyrrhini und Catarrhini nahe. Ihre Zahnformel war 2.1.3.3. Sie besitzen Merkmale der Neuweltaffen (z. B. drei Prämolaren) und der Altweltaffen. *Parapithecus* besaß leicht angedeutet bilophodonte untere Molaren, was eine Anpassung an härtere Pflanzennahrung sein könnte. Bei *Parapithecus* waren wahrscheinlich auch die unteren Schneidezähne zum Teil oder ganz reduziert. Solche Spezialisierungen sind bei allen an einen bestimmten Lebensraum angepassten Tieren vorhanden und schließen sie natürlich nicht generell aus der Diskussion um phylogenetische Entwicklungslinien aus. Die Orbita der Parapithecidae war wie bei allen höheren Affen seitlich und hinten geschlossen, die schmalen Frontalia waren wie bei allen höheren Affen verschmolzen, der visuelle Sinn war stark entwickelt. Vermutlich besaßen sie ein gut entwickeltes Sprungvermögen.

2. Die **Propliopithecidae** bilden eine zweite Gruppe der Fayum-Primaten. Ihnen gehören die Gattungen *Propliopithecus*, *Aegyptopithecus* und *Moeripithecus* an. Ihre Zahnformel ist 2.1.2.3, also so wie bei allen Altweltaffen: pro Kieferhälfte 2 Inzisiven, 1 Caninus, 2 Prämolaren und 3 Molaren. Diese Formen stehen wohl an der Basis aller Altweltaffen, also sowohl der Cercopithecoidea als auch der Hominoidea. Zum Teil werden sie allein an die Basis der Hominidae (Menschenaffen und Mensch) gestellt. Sie waren größer als die Parapithecidae und ihr Gebiss zeigte einen Sexualdimorphismus. Die Molaren waren relativ groß. Die meisten Funde liegen von *Aegyptopithecus* vor, der arboreal/

quadruped lebte und ca. 4,5 kg gewogen hat. Er hat sich wohl ähnlich fortbewegt wie heute Brüllaffen. Ihm kommt eine besondere Bedeutung zu, da sich an ihn nicht nur die Cercopithecoidea, sondern auch Formen wie *Proconsul* an der Basis der Hominoidea anschließen lassen.

3. Die **Oligopithecidae** umfassen die Gattungen *Oligopithecus* und *Catopithecus*. Sie stammen noch aus eozänen Ablagerungen. Sie besaßen ungefähr die Größe eines Totenkopfaffen und ernährten sich von Früchten und Insekten. Ihre Anatomie weist ursprüngliche und abgeleitete Merkmale auf. Sie sind daher schwer einzuordnen und repräsentieren vielleicht eine eigene Entwicklungslinie.
4. Außer den genannten Gruppen gibt es Einzelfunde aus dem späten Eozän Fayums, die den genannten Gruppen nicht sicher zugeordnet werden können: *Serapia*, *Arsinoea*, *Simonsius* und *Proteopithecus*. Letzterer ähnelt im postcranialen Skelett z. T. südamerikanischen Primaten.

Frühe Simiae stammen also sowohl aus Asien als auch aus Afrika. Zu berücksichtigen ist, dass im mittleren und späten Eozän Afrika noch mit Arabien verbunden, aber von Asien durch eine breite Meeresstraße getrennt war. Indien war noch eine isolierte große Insel und auch Europa sah deutlich anders aus als heute.

Ursprung der Neuweltaffen. Die ältesten bisher bekannt gewordenen Fossilfunde neuweltlicher Primaten stammen aus dem Oligozän und sind ca. 30–25 Mio. Jahre alt. Wie die Primaten nach Südamerika gekommen sind, ist noch nicht geklärt. Vermutlich sind sie zufällig auf „Flößen" aus ins Meer gespülten Bäumen von Afrika aus in die neue Welt gelangt. Südamerika war zu Beginn der Kreide noch Teil des Südkontinents Gondwana, der dann in mehrere Landmassen zerfiel. Ab Mitte der Kreide war Südamerika von Nordamerika und Afrika über einige Hundert Kilometer durch Wasser getrennt. Am Ende der Kreide war Südamerika im Süden über gut 3000 und im Norden über ca. 450 km von Afrika entfernt. Vermutlich waren bei relativ niedrigem Wasserspiegel im Oligozän zwischen Afrika und Südamerika Inselgruppen vorhanden, die die Besiedelung Südamerikas durch die Primaten erleichterten. Oligozäne afrikanische und südamerikanische Primaten besitzen auffallende Übereinstimmungen im Gebiss. Möglicherweise standen die eozänen Formen aus China und Burma (s. oben) und die Parapithecidae der Wurzel der südamerikanischen Affen nahe.

Es gibt eine alternative Hypothese zur Herkunft der südamerikanischen Primaten, derzufolge Omomyiden aus Nordamerika über Landbrücken oder Inselketten im Eozän nach Südamerika gelangt sind und hier parallel zu den Altweltaffen eine Höherentwicklung erfahren haben. Da mit den Parapitheciden und anderen Formen aber mittel- und späteozäne höhere Primaten in Afrika vorhanden waren, deren Morphologie Anklänge sowohl an neu- als auch altweltliche höhere Primaten (Simiae) zeigt, ist es plausibler, diese Formen als Ausgangsgruppe der südamerikanischen Affen zu betrachten, als eine lange Parallelentwicklung von Halbaffen aus zu postulieren. Auch der Vergleich biochemischer Parameter deutet auf längere gemeinsame Entwicklung von Neu- und Altweltaffen.

Branisella ist die bisher älteste in oligozänen Ablagerungen gefundene Primatenform Südamerikas und stammt aus Bolivien. Im Gebiss zeigen sich Ähnlichkeiten mit *Proteopithecus* (spätes Eozän, Fayum). *Chilecebus* wurde in miozänen Ablagerungen der chilenischen Anden gefunden. Molarenmorphologie und Anatomie der Ohrregion ähneln wieder denen von Fayum-Primaten. *Tremacebus* und *Dolichocebus* wurden in spätoligozänen und frühmiozänen Ablagerungen Argentiniens gefunden. Eine Zuordnung der oligo- und miozänen neuweltlichen Primaten zu einer der modernen südamerikanischen Affenfamilien ist bisher nicht überzeugend gelungen.

Aus dem mittleren Miozän Kolumbiens stammt eine ganze Reihe fossiler Primatengattungen, die schon den modernen Platyrrhini zuzuordnen sind, z. B. *Neosaimiri* (den Totenkopfaffen), *Cebupithecia* (den Pitheciidae), *Stirtonia* (den Brüllaffen) und *Lagonimico* (den Krallenäffchen).

Im Quartär kamen Primaten auch auf Kuba (*Paraloutta*), Hispaniola (*Antillothrix*) und Jamaika (*Xenothrix*) vor. Diese Formen sind erst vor kurzem, *Xenothrix* z. B. vor ca. 300 Jahren, ausgestorben.

Ursprung der Cercopithecoidea. Die ältesten Cercopithecoidea wurden im frühen Miozän Afrikas gefunden und werden der rein fossilen Familie des **Victoriapithecidae** zugeordnet. Man unterscheidet zwei Gattungen: *Prohylobates* (Libyen, Ägypten) und *Victoriapithecus* (Kenia). Diese mittelgroßen Formen (3,5–5 kg) ähneln schon deutlich den heutigen Cercopithecidae. Die spezielle Morphologie der bilophodonten Molaren deutet auf eine Ernährung mit Samen, harten Früchten und harten Blättern hin. Vermutlich lebten sie am Boden.

Fossile Cercopithecidae. *Mesopithecus* (Europa und Afghanistan), *Lybipithecus* (Ägypten) und *Dolichopithecus* (Europa) waren spät-miozäne und pliozäne Colobinae. Auch Cercopithecinae sind schon aus dem späten Miozän bekannt. *Macaca* wurde schon im späten Miozän Nordafrikas gefunden und war noch im Pleistozän Bewohner West- und Mitteleuropas. Die häufigste Primatengattung vieler plio-pleistozäner Fundstätten Afrikas war *Theropithecus* mit z. T. recht großen Arten. Dieser Gattung gehört heute nur noch der Blutbrustpavian (Dschelada) im Hochland Äthiopiens an. Auch *Parapapio* war ein verbreiteter großer Pavian des Plio- und Pleistozäns Afrikas.

Ursprung der Hominoidea. Die Hominoidea (Menschenaffen und Mensch) tauchen im Miozän auf. Die Epoche des Miozän begann vor 23 Mio. Jahren und ging vor ca. 5,3 Mio. Jahren zu Ende. Insgesamt wurde im Miozän eine erstaunliche Vielfalt an Hominoidea gefunden, die alle als Menschenaffen (englisch *apes*) zu bezeichnen sind. Aus dieser Epoche sind bisher ca. 40 Gattungen und gut 100 Arten aus Afrika, Europa und Asien beschrieben worden. Dieser Vielfalt, die in Wirklichkeit noch viel größer gewesen sein dürfte, steht heute nur noch ein kleiner, überwiegend von Ausrottung bedrohter Rest an Menschenaffen mit wenigen Gibbon-, Schimpansen-, Orang-Utan- und Gorillaarten gegenüber.

Ein durchgehendes Merkmal, das die Hominoidea kennzeichnet, sind die Morphologie der oberen und unteren Molaren (*Dryopithecus*-Muster, ◘ Abb. 5.12) und der rückgebildete Schwanz. Ursprünglich waren sie vermutlich quadrupede Baumbewohner und Früchtefresser. Sie entwickelten rasch eine größere Vielfalt in Hinsicht auf Ernährungs- und Fortbewegungsweise. Viele hielten sich wahrscheinlich vorübergehend auch am Boden auf.

Die ältesten Menschenaffen stammen aus dem frühen Miozän Afrikas. Sie lassen sich gut an die oligozänen Propliopithecidae aus der Oase Fayum (*Aegyptopithecus*) anschließen. In Afrika nimmt dann die Zahl der Funde im Laufe des Miozän stetig ab und in Ablagerungen des späten Miozän fehlen sie hier. Sie tauchen am Beginn des mittleren Miozän auch in Europa und Asien auf, wo sie vermutlich ein bedeutendes Faunenelement darstellten. Sie sind aber auch hier in der Fossilgeschichte ab dem Ende des Miozän fast nicht mehr nachweisbar, bis auf den pleistozänen (und spätmiozänen) süd- und ostasiatischen *Gigantopithecus* sowie die afrikanischen *Sahelanthropus* und *Orrorin*.

Das Verschwinden der Menschenaffen in Eurasien wird oft mit Klimaveränderungen am Ende des Miozän in Verbindung gebracht. Im mittleren Miozän herrschte subtropisches Klima. Am Ende des Miozän falteten sich Alpen, Himalaja und ostafrikanische Gebirge auf, Ozeanströmungen änderten sich, Ostafrika wurde trockener, in Europa entstand gemäßigtes Klima.

Die Geschichte der Menschenaffen ist auch deswegen von Interesse, weil unter ihnen auch die Stammform des Menschen zu suchen ist. Fossilfunde, die wahrscheinlich dem Menschen und der nächsten Verwandtschaft des Menschen zuzuordnen sind, tauchen im frühen Pliozän Afrikas auf (*Orrorin* und *Ardipithecus*).

Zwei miozäne Familien der Hominoidea, die recht isoliert stehen, sind die Pliopithecidae und Oreopithecidae.

Die **Pliopithecidae** sind in ihrer Bewertung umstritten; neben hominoiden besitzen sie auch primitive catarrhine Merkmale. Erste Fossilfunde wurden schon 1837 in Südfrankreich gemacht. Früher wurden sie im Allgemeinen den Gibbons zugeordnet. Sie wurden im mittleren und späten Miozän Europas (z. B. in der Tschechischen Republik und in Deutschland bei Eppelsheim, *Paidopithex*) und vermutlich auch in Westchina gefunden (*Laccopithecus*). Sie besaßen einen kräftigen Kauapparat und waren wohl Blattfresser. Recht gut erhaltenes Skelettmaterial stammt aus der Tschechischen Republik und erlaubt den Schluss, dass *Pliopithecus* sich auf Bäumen quadruped fortbewegte, aber vermutlich auch Schwinghangler war. Er ernährte sich wahrscheinlich von Blättern.

Die **Oreopithecidae** aus den Sumpfwäldern des späten Miozän der Toskana und Sardiniens (sie lebten vor ca. 9–7 Mio. Jahren) haben in den letzten

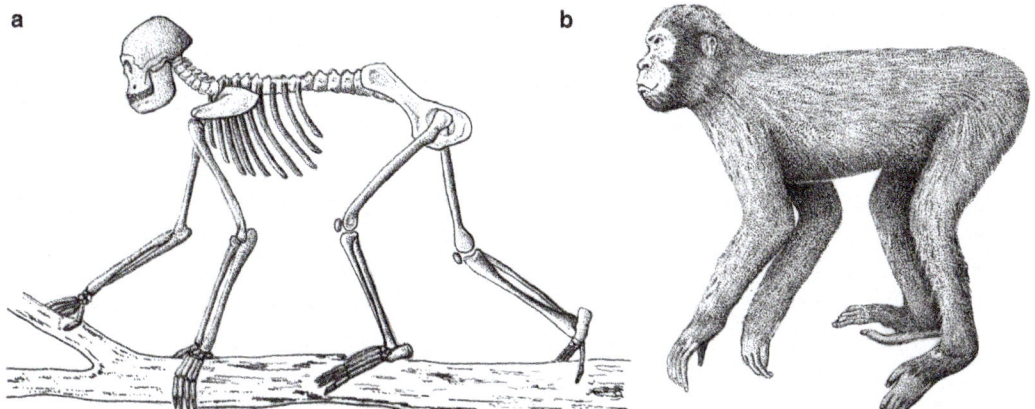

Abb. 5.14 a, b. *Proconsul africanus.* **a** Skelett, **b** Rekonstruktion eines lebenden Tieres. Nach Walker u. Teaford (1984)

Jahrzehnten eine sehr unterschiedliche Bewertung gefunden, meist ging es hin und her zwischen einer Einordnung in die Cercopithecoiden und die Hominoiden. Die Backenzähne bilden eigentümliche Querjoche aus, was an Cercopithecoiden erinnert; viele Skelettmerkmale sind hominoid. *Oreopithecus* hatte, wie der Orang-Utan, sehr lange Arme und war vermutlich Brachiator (Schwinghangler). Sein eigenartiges Fußskelett erlaubte vermutlich zweibeiniges Stehen und watschelnden Gang am Boden und von hier aus Ergreifen von pflanzlicher Nahrung aus niedrigen Zweigen. Neuerdings wird vermutet, dass *Oreopithecus* Allesfresser war.

Frühmiozäne afrikanische Menschenaffen, Proconsulidae. Die Proconsuliden repräsentieren insbesondere mit der Gattung *Proconsul* (Abb. 5.14) die frühen miozänen Menschenaffen; der älteste Fund stammt aus dem oberen Oligozän Kenias. Sie schließen an Formen wie *Aegyptopithecus* an. *Proconsul* wurde mit verschiedenen Arten vor allem in Ostafrika gefunden. Er umfasst kleinere (*Proconsul heseloni, Proconsul africanus*) und größere Arten (*Proconsul major* wog vermutlich 80 kg). Der Schädel war relativ leicht gebaut, die Anatomie, z. B. des Extremitätenskeletts, zeigt noch eine Mischung aus Merkmalen, wie sie für Cercopithecoidea und heutige Menschenaffen typisch sind. Sie lebten auf Bäumen und bewegten sich hier auf allen Vieren fort. *Dendropithecus* und *Similous* waren wohl schon zu schwinghangelnder Fortbewegungsweise fähig. *Afropithecus* war gut schimpansengroß und besaß Zähne mit relativ dicker Schmelzkappe, was auf härtere Nahrung hindeutet und auch für Australopithecinen und den Menschen typisch ist. Eine verwandte Form aus dem Miozän Saudi-Arabiens ist *Heliopithecus*. Weitere ostafrikanische Formen sind *Turkanopithecus, Nyanzapithecus* (ihre typische Molarenmorphologie spricht für Ernährung mit Blättern), *Rangwapithecus* und *Micropithecus* (gibbongroß). *Limnopithecus* aus dem frühen bis mittleren Miozän war vermutlich relativ klein und wog nur 5 kg. Er lebte auf Bäumen, ernährte sich wahrscheinlich von Früchten und bewegte sich wohl überwiegend quadruped fort.

Menschenaffen aus dem mittleren und späten Miozän Afrikas. Die im Folgenden kurz charakterisierten miozänen Menschenaffen zeigen manche Eigenmerkmale und sind meistens nicht eindeutig den Proconsulidae oder Hominidae zuzuordnen, stehen aber in deren Nähe. Die Menschenaffen des afrikanischen mittleren und späten Miozän sind durchweg höher entwickelt als die frühmiozänen Formen und zeigen manche Ähnlichkeiten mit den gleichzeitig und später lebenden Menschenaffen Europas und Asiens. Eine relativ gut bekannte Art ist *Kenyapithecus wickeri* (Alter 14–15 Mio. Jahre). *Kenyapithecus* besaß dickere Schmelzkappen auf seinen Zähnen als *Proconsul*, lebte vermutlich in Bäumen und bewegte sich hier noch überwiegend quadruped fort. Wahrscheinlich konnte er aber auch vertikal klettern und hangeln und hielt sich wohl auch am Boden auf. In der Türkei wurden auch 14–15 Mio. Jahre alte Fossilfunde gemacht, die *Kenyapithecus* ähneln. Ihre Zuordnung zu *Ke-*

nyapithecus wird aber nicht allgemein akzeptiert. Vielleicht war *Kenyapithecus* die Menschenaffenform von der eine Menschenaffenradiation in Eurasien ausging. Das Fundmaterial stammt aus Fort Ternan (Kenia) und ist 14 Mio. Jahre alt. *Equatorius* (Fundort Tugen-Bergland, Kenia) war paviangroß und besaß annähernd gleichlange Arme und Beine, was für quadrupede Fortbewegungsweise spricht; auch er lebte möglicherweise zum Teil am Boden. Zahn- und Kieferreste eines miozänen Menschenaffen aus Namibia wurden *Otavipithecus* zugeschrieben. Ihre genaue Zuordnung zu anderen miozänen afrikanischen Menschenaffen ist umstritten. Er war ca. 14–20 kg schwer und ernährte sich von Blättern, Beeren, Samen, Knospen und Blüten. *Nacholapithecus* war ein miozäner Menschenaffe, dessen Reste in Kenia gefunden wurden und der möglicherweise vertikal in Bäumen klettern konnte; dafür spricht ein robustes Armskelett.

Morotopithecus bishopi (◘ Abb. 5.15a,b) war ein Menschenaffe, der vor ca. 20 Mio. Jahren in Ostafrika lebte. Schädel- und postcraniale Skelettreste dieser Art wurden 1997 in Uganda gefunden. *Morotopithecus* wog vermutlich 50 kg. Eine Analyse der Wirbel deutet darauf hin, dass diese Form gut vertikal klettern konnte. Die Gesamtanalyse der Skelettanatomie weist eine ganze Reihe deutlicher Gemeinsamkeiten mit den großen rezenten afrikanischen Menschenaffen auf. Es ist daher denkbar, dass *Morotopithecus* in der Vorfahrenlinie dieser Gruppierung steht. Aufgrund des hohen Alters und der Anatomie ist auch vermutet worden, dass *Morotopithecus* an der Basis aller Hominidae steht.

Hylobatidae (Gibbons). Über die Fossilgeschichte der Gibbons ist, bis auf einige pleistozäne Zähne aus Südostasien, nichts wirklich Gesichertes bekannt. Aufgrund von Zahn-, Kiefer- und Schädelmerkmalen wurden einige relativ kleine frühmiozäne Menschenaffenfunde aus Ostafrika und China in die Nähe der Gibbons gestellt, was jedoch immer umstritten blieb. Zu nennen sind hier vor allem *Micropithecus* (Miozän Ugandas) und der ähnliche *Dionysopithecus* (Miozän Chinas) sowie *Krishnapithecus* (Miozän Indiens). Falls diese Formen als „Proto-Hylobatiden" angesehen werden, hätten die Hylobatiden seit 17–19 Mio. Jahren einen Eigenweg eingeschlagen, was mit molekularbiologischen Befunden vereinbar ist.

Fossile miozäne eurasische Menschenaffen, Hominidae. Die folgenden miozänen Formen lassen sich in die Familie der **Hominidae** einordnen. Diese umfasst zwei größere rein fossile Unterfamilien, die Dryopithecinae und die Sivapithecinae, die sich wahrscheinlich vor gut 10 Mio. Jahren getrennt haben. Die Dryopithecinae sind eng mit den Homininae (heute *Gorilla, Pan, Homo*) verwandt, die Sivapithecinae sind wahrscheinlich mit den Ponginae (heute mit *Pongo*, dem Orang-Utan) verwandt.

Dryopithecinae. Den Dryopithecinae (manchmal auch als Dryopithecidae eingestuft) lassen sich mehrere Funde aus Europa zuordnen. Eine mittelmiozäne Menschenaffengattung, deren spärliche Reste in Deutschland, Österreich und der Türkei gefunden wurden, war *Griphopithecus*, der relativ dicke Schmelzkappen auf seinen Zähnen besaß, was an *Kenya-* und *Afropithecus* sowie *Australopithecus* und *Homo* erinnert.

Dryopithecus wurde in Ablagerungen des späten Miozän Europas und Asiens gefunden und wird von manchen Autoren sogar den Homininae zugeordnet. 1999 wurde ein Schädelfragment in Ungarn gefunden, das diese Vermutung stützt. *Dryopithecus* war ein relativ großer Menschenaffe, mit Zähnen, die sehr an die des Gorillas erinnern. Er ernährte sich vermutlich von eher weichen reifen Früchten, Knospen und Blättern. Sein Gehirn hatte die gleiche Größe wie das eines Schimpansen. Wie moderne und andere miozäne Menschenaffen bewegte er sich wahrscheinlich hangelnd durch das Geäst größerer Bäume. Wahrscheinlich gab es mehrere Arten, die von Spanien bis in die Türkei und Georgien sowie bis China und Indien verbreitet waren. Funde in Spanien erhielten z. T. die Bezeichnung *Hispanopithecus*. Auch in Deutschland wurden *Dryopithecus*-Zähne gefunden.

Eine Reihe spätmiozäner Formen stammt aus SO-Europa und der Türkei; *Graecopithecus* wurde in Attika gefunden; *Ankarapithecus* (möglicherweise ein Sivapithecine) stammt aus 9,9–9,6 Mio. Jahre alten Schichten Anatoliens; *Ouranopithecus*, wahrscheinlich mit zwei bis drei Arten, wurde in Mazedonien, N-Griechenland, Kleinasien, Bulgarien und möglicherweise in Georgien gefunden. Aus Bulgarien (Azmaka) stammen die (derzeit) letzten bekannten, ca. 7 Mio. alten Menschenaffenfunde (*Ouranopithecus sp.*) Europas; diese Tiere lebten wohl in offenen vegetationsreichen Landschaften mit Waldland und Savannengebieten.

Pierolapithecus catalaunicus ist ein Menschenaffe, der vor ca. 13 Mio. Jahren gelebt hat. Die 2004 bei Barcelona gefundenen Reste umfassen einen recht gut erhaltenen Schädel (◘ Abb. 5.15c,d), Zähne und postcraniale Skelettanteile. Finger und Zehen waren relativ kurz. Vermutlich war dieser ca. 40 kg schwere Affe ein geschickter Kletterer. Sein Gesicht war flach, seine Nasenregion flach und weit, ähnlich wie bei Schimpansen. Vermutlich lag ein ausgeprägter Sexualdimorphismus vor. Die Entdecker dieser fossilen Art halten es für möglich, dass *Pierolapithecus* in der Vorfahrenlinie zur Gruppe Gorilla – Pan – Homo liegt.

Sivapithecinae. *Sivapithecus* (vermutlich mehrere Arten, Ende des mittleren Miozän, die meisten Funde stammen aus den Siwalik-Bergen Pakistans und Nordindiens) gehört wahrscheinlich in die Stammlinie des modernen Orang-Utan (*Pongo*) und dessen fossiler Verwandten (*Lufengpithecus*, *Gigantopithecus*). Dafür spricht besonders die Morphologie des Gesichtsschädels. Die Zähne zeigen aber noch eine ursprüngliche Struktur, von der aus sich die eigenartigen Zähne des Orang-Utan entwickelt haben. Funde von *Sivapithecus* oder verwandten Formen wurden in Indien, Nepal, China (*Lufengpithecus*), Südostasien und vielleicht der Türkei gemacht. Einige *Sivapithecus*-Funde wurden ursprünglich mit dem Gattungsnamen *Ramapithecus* versehen. Die unter diesem Namen beschriebenen Funde repräsentieren nach heutigem Kenntnisstand eher weibliche Tiere von *Sivapithecus* oder eine kleine *Sivapithecus*-Art. *Sivapithecus* konnte sich vermutlich quadruped und hangelnd fortbewegen. Die Molarenmorphologie der ältesten Sivapithecinae ähnelt noch der der Dryopithecinae.

Gigantopithecus. Der Gattung *Gigantopithecus* werden zwei Arten zugeschrieben: *G. giganteus* aus dem späten Miozän Nordindiens und *G. blacki* aus dem Pleistozän Chinas und Vietnams. An Fundmaterial liegen Unterkieferfragmente und viele hundert Zähne vor. Die Zähne und die Mandibeln sind ungewöhnlich groß, so dass *G. blacki* wohl ein außerordentlich großer, wahrscheinlich bodenlebender Primat war, dessen Größe auf bis zu 3 m und dessen Gewicht auf 150–230 kg geschätzt wird. Das Höcker- und Leistenmuster seiner großen

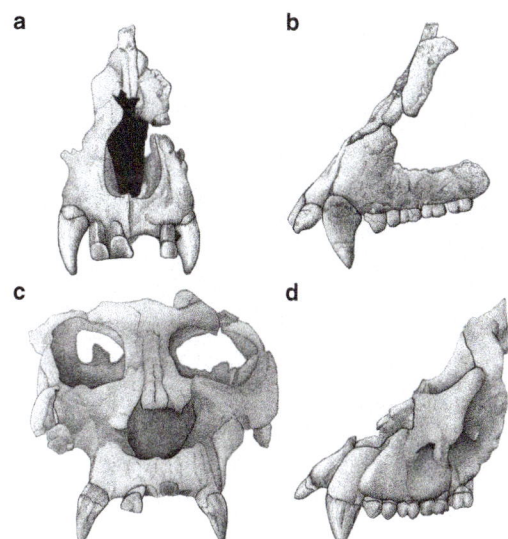

◘ **Abb. 5.15 a–d.** Miozäne Menschenaffen. **a, b** *Morotopithecus*. **a** Oberkieferfragment von vorn und **b** von der Seite. Nach Young u. MacLatchy (2004). **c, d** *Pierolapithecus*. **c** Schädelfragment von vorn und **d** von der Seite. Nach Moya-Sola (2004)

Zähne ähnelt stark dem der Zähne des Orang-Utan, so dass an einer Verwandtschaft der beiden nicht zu zweifeln ist. Die Tiere ernährten sich vermutlich von Bambusblättern (ähnlich wie der Große Panda). Funde von *Gigantopithecus* aus dem frühen und mittleren Pleistozän Chinas und Vietnams wurden z. T. zusammen mit *Homo-erectus*-Funden gemacht, so dass diese zwei höheren Primaten gemeinsam in einem Lebensraum vorkamen. Vielleicht hat *H. erectus* sogar zum Aussterben von *G. blacki* im mittleren bis späten Pleistozän beigetragen. Die großen Zähne von *G. blacki* wurden in chinesischen Apotheken als „Drachenzähne" verkauft und wurden in einer solchen in Hong Kong 1935 von Gustav H. R. v. Koenigswald (1903 bis 1982) für die Wissenschaft entdeckt.

Fragliche frühe Hominini. In den letzten Jahren sind in Ost- und Zentralafrika interessante Funde (*Sahelanthropus*, *Orrorin*) gemacht worden, die 7–6 Mio. Jahre alt sind, also noch aus dem Miozän bzw. frühen Pliozän stammen. Ihre Deutung ist sehr umstritten, sie werden aber von ihren Entdeckern und anderen Wissenschaftlern als frühe Hominini eingestuft. Diese Formen haben u. a. ein menschenähnliches Gebiss mit kleineren, weniger prominen-

◘ **Abb. 5.16** Oberschenkelknochen (Femur) von *Orrorin* mit Hüftgelenkskopf. Die Anatomie dieses Knochens ist gut vereinbar mit der Annahme, dass *Orrorin* biped aufrecht ging. Nach Pickford u. Senut (2000)

Orrorin tugenensis (◘ Abb. 5.16). Im Jahre 2000 wurden in Kapsomin (Kenia) spärliche Skelettfunde (proximale Teile zweier Femora, Unterkieferfragmente und Zähne) gemacht, die einem Homininen zugeschrieben wurden, der *Orrorin tugenensis* genannt wurde. Das Alter dieser Funde wird auf ca. 6 Mio. Jahre datiert. Manches (z. B. Femurkopf, Zähne, dicke Schmelzkappen) spricht dafür, dass es sich um eine Form handelt, die in den Kreis der Vorläufer von *Australopithecus/Homo* gehört. Die Anatomie des Femurs lässt vermuten, dass *Orrorin* sich biped und aufrecht fortbewegen konnte.

5.5 Fossilgeschichte der Hominini (Menschen und Vormenschen)

ten Eckzähnen und ein weit nach vorn-ventral gelegenes Foramen magnum, was vielleicht auf einen bipeden Gang hindeutet.

Sahelanthropus. 2001 wurde im Tschad, 2500 km westlich des afrikanischen Grabens, ein miozäner 6–7 Mio. Jahre alter Schädel gefunden, der möglicherweise einen Homininen repräsentiert Er erhielt auch die (nicht wissenschaftliche) Bezeichnung „Toumai". Das Gesicht war kurz und flach, über den Augen befand sich ein sehr kräftiger knöcherner Supraorbitalwulst. Postorbital war der Schädel relativ stark eingeschnürt und besaß eine kräftige Nackenleiste (Crista nuchalis). Der Zahnbogen wies, wie der des Menschen, keine Lücken auf. Das Schädelvolumen betrug ca. 360 370 cm^3. Die Dicke der Schmelzkappen der Molaren lag zwischen der von *Pan* und *Australopithecus*. Verwertbares postcraniales Skelettmaterial wurde bisher nicht gefunden. Dieser Fund ist schwer einzuordnen. Ob er, wie z. T. behauptet wird und wie der Gattungsname suggeriert, in der Vorfahrenlinie des Menschen steht, ist offen solange kein Skelettmaterial, z. B. von Fuß-, Bein- oder Beckenknochen vorliegt. *Sahelanthropus* lebte am Rand von Gewässern, dies legen Begleitfunde (Krokodile und Süßwasserwelse) nahe.

Man fand 1856 beim Abbau von Kalkstein die erste fossile Menschenform in der Kleinen Feldhofer Grotte im **Neandertal** (damals: Neanderthal), einem Abschnitt im Tal der Düssel, das nach dem Kirchenliederdichter Joachim Neander (Neumann) benannt ist. Die Veröffentlichung des Fundes entfachte sofort einen lebhaften Streit. Der Fund war dem Vorsitzenden des Naturwissenschaftlichen Vereins für Elberfeld, dem Gymnasiallehrer Dr. Johann-Carl **Fuhlrott**, überlassen worden, der das hohe Alter der Skelettteile erkannte und den Neandertaler für einen Repräsentanten einer in den Eiszeiten ausgestorbenen urtümlichen Menschenrasse hielt. Der Bonner Anatom August Friedrich Mayer hielt die Funde für Reste eines in den Befreiungskriegen umgekommenen mongolischen Kosaken, der einflussreiche Pathologe Rudolph Virchow war dagegen der Ansicht, dass es sich bei dem Fund um Reste eines pathologisch veränderten modernen Menschen handelte. Unterstützung erhielt Fuhlrott aus England (Charles Lyell, Thomas Henry Huxley, William King; letzterer schuf die Bezeichnung *Homo neanderthalensis*) und von dem Bonner Anatomen Hermann Schaaffhausen.

1891 wurden unter Leitung des holländischen Militärarztes Eugene **Dubois** auf **Java** Funde menschenähnlicher Wesen – seinerzeit mit dem Namen *Pithecanthropus* belegt – gemacht; dies war der zweite wesentliche und psychologisch wichtige Meilenstein in der Entwicklung der Paläoanthropologie. Wir wissen heute, dass der „Affenmensch" *(Pithecanthropus)* von Java ein echter, wenngleich ursprünglicher Mensch gewesen ist, der heute als *Homo erectus* bezeichnet wird. Dubois hatte Schriften von Ernst Haeckel gelesen, der den Namen *Pithecanthropus* für eine noch theoretische Zwischenform zwischen Menschenaffen und Mensch geschaffen hatte, und war entschlossen, diese Zwischenform zu finden. Er begann am Hang des Flusses Solo bei Trinil in Ostjava zu suchen (◘ **Abb. 5.25**). Diese Stelle war seit altersher als besonders fossilienreich bekannt. 1894 veröffentlichte er seine Schrift: „*Pithecanthropus erectus*, eine menschenähnliche Übergangsform von Java". Wie viele Forscher und Entdecker stand Dubois seinen Funden sehr gefühlsbetont und relativ unkritisch gegenüber und verschloss sich später (er starb 1940) einer sachlichen wissenschaftlichen Diskussion. Er lehnte die Verwandtschaft seines *Pithecanthropus* mit dem später gefundenen *Sinanthropus* (heute beide *Homo erectus*, s. **Abschn. 5.6.4**) ab, behauptete dann, sein Fund sei ein Riesengibbon; neue Funde von altertümlichen Menschen aus Ostjava (Sangiran) bezeichnete er als Fälschungen. Beispiele für den unwissenschaftlichen Umgang mit fossilen Menschenfunden lassen sich auch noch heute verbreitet finden; am häufigsten werden Fundstücke überinterpretiert und die Variationsbreite von Merkmalen nicht einbezogen.

Inzwischen liegen derart viele Funde vor, dass sich eine in vielen Einzelheiten gesicherte Darstellung der speziellen phylogenetischen Abstammungsgeschichte des Menschen entwerfen lässt. Dennoch sei hervorgehoben, dass auch weiterhin viele wichtige Fragen ungeklärt bleiben und dass infolge des reichen Fundmaterials auch viele neue Fragen entstanden sind. Kein Autor kann heute für sich in Anspruch nehmen, dass er den korrekten Ablauf der Evolution des Menschen kennt. Dies soll jedoch nicht bedeuten, dass die Entwicklung des Menschen innerhalb der Primaten aus mio- oder pliozänen Hominoiden oder Hominiden im Grundsatz fraglich ist. Die Entwicklung der Menschen spielt sich im Pliozän (begann vor ca. 5 Mio. Jahren und endete vor ca. 2,6 Mio. Jahren) und im Quartär (Beginn vor ca. 2,6 Mio. Jahren) ab und dauert bis heute an. Seine strukturellen Besonderheiten sind vor allem bestimmt durch den aufrechten Gang (Fuß, Becken, Wirbelsäule), die enorme Vergrößerung des Gehirns und die Reduktion des Gesichtsschädels sowie des Gebisses.

EXKURS 5.6

Fundstellen fossiler Vormenschen und Menschen

Java (◘ Abb. 5.17). Hier haben sechs Fundstellen wichtige mittel- und auch spätpleistozäne Funde von fossilen Menschen erbracht, sie liegen alle im östlichen Java zwischen Solo (Surakarta) und Surabaya: Trinil, Kedungbrubus, Sangiran, Perning (Mojokerto), Ngandong, Sambungmacan. Die Datierung der Funde ist schwierig, wahrscheinlich liegen auch frühpleistozäne Funde vor. Sangiran (bei Solo) ist besonders wichtig, hier wird bis heute aktiv geforscht und ein Museum bietet einen Überblick; in Trinil am Fluss Solo (Bengawan Solo) am Fuße des Gunung Lawu hat Eugene Dubois 1891 seine ersten fossilen Menschen gefunden; ein Museum mit einer Nachbildung des Elefanten *Stegodon* am Eingang erinnert daran.

China (◘ Abb. 5.17). Zunehmende Zahl an Fundstellen, u. a. Zhoukoudian (Choukoutien), in der Nähe von Peking (= Beijing), reichste Fundstelle; Lantian (bei Xian), Dali (bei Xian), Hexian (Provinz Anhui), Yuanmou (Yunnan), Jinniushan.

Afrika (◘ Abb. 5.18). Die Mehrzahl der Fundstellen liegt in Süd-, Ost-, Nordost- und Nordwestafrika. Pliozän, frühes Pleistozän: Lothagam, südwestlich des Turkana-Sees (früher Rudolf-See), hier Funde, die gut 4 Mio. Jahre alt sind; Laetoli (Tansania), Hadar Aramis, Middle Awash (Afar-Region, nördliches Äthiopien); Omo (Formationen am Omo-Fluss, südliches Äthiopien, nördlicher Turkana-See); Koobi Fora (Ostufer des Turkana-Sees, besonders wichtige Fundstelle); Westuferregion des Turkana-

EXKURS 5.6 (Fortsetzung)

Sees (Kenia); weitere Stätten in Kenia. Olduvai-Schlucht (Tansania). Malema und Uraha in Malawi. Südafrika: Taung, Sterkfontein, Kromdraai, Drimulen, Swartkrans, Makapansgat, alle unweit von Johannesburg, hier wurden bereits in den 20er-, 30er- und 40er-Jahren des 20. Jahrhunderts wichtige Funde gemacht, v. a. von Australopithecinen. Mittleres und späteres Pleistozän. Ndutu-See (Tansania); Laetoli (Tansania); Bodo (Äthiopien); Omo (südliches Äthiopien); Yayo (Tschad); Kabwe (früher Broken Hill, Sambia [früher Nord-Rhodesien]). Mehrere nordwestafrikanische Fundstätten in Marokko und Algerien. Südafrikanische Fundorte: u. a. Saldanha, Florisbad.

Naher bzw. Mittlerer Osten und Zentralasien. Palästina bzw. Israel (Skhul, Tabun, Kebara, Amud, Qafzeh); Usbekistan (Teshik-Tash, bei Samarkand); Georgien (Dmanisi); Irak (Shanidar).

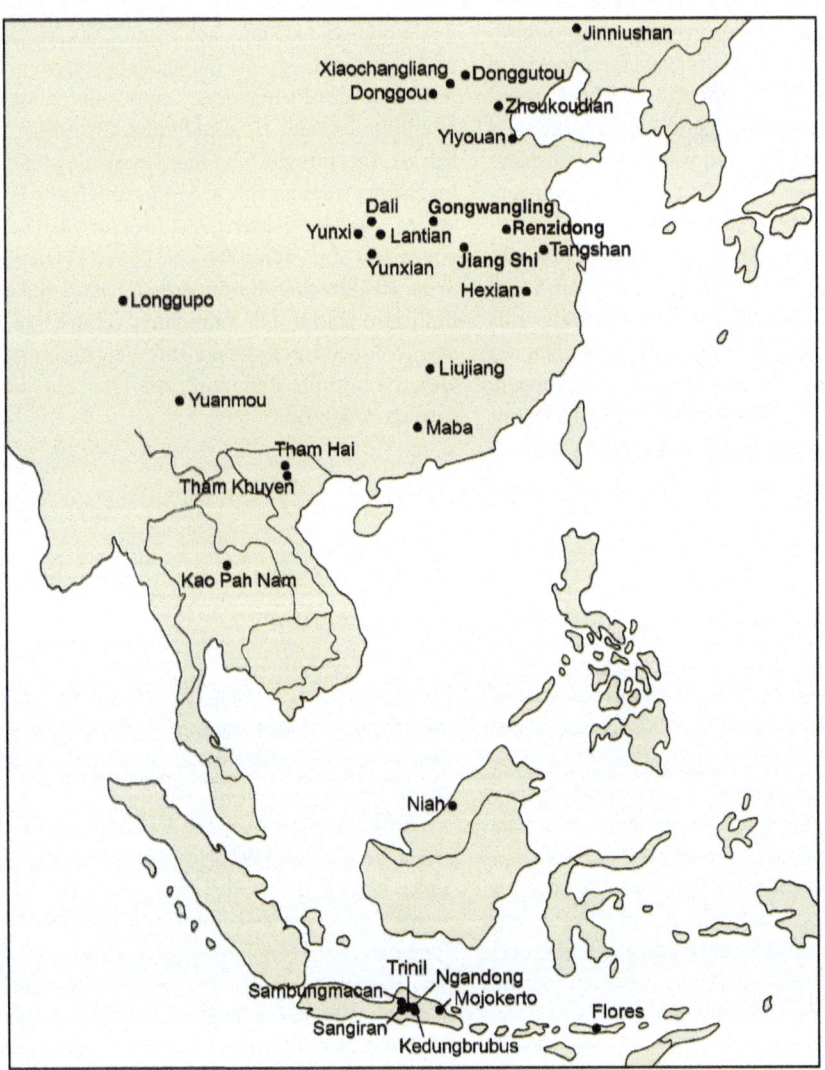

Abb. 5.17 Fundstellen fossiler Menschen in Ost- und Südostasien

EXKURS 5.6 (*Fortsetzung*)

Europa (◘ Abb. 5.19). Höhlen in der Sierra Atapuerca (Nordwestspanien); Mauer (bei Heidelberg, Baden-Württemberg); Bilzingsleben und Ehringsdorf-Weimar (Thüringen); Steinheim an der Murr (Baden-Württemberg); Vertesszöllös (Ungarn); Arago (bei Perpignan, Südfrankreich); Ceprano (bei Rom); Petralona (bei Saloniki); Boxgrove (Südengland); Swanscombe (Kent, England); Neandertalerfundstätten: Spanien, Frankreich, Belgien, England, Deutschland, Italien, Kroatien, Tschechien, Slowakei, Ukraine, bis hin zum Altai-Gebirge.

◘ **Abb. 5.18** Fossilfundstellen von *Australopithecus* und *Homo* in Afrika und im Nahen Osten

EXKURS 5.6 (*Fortsetzung*)

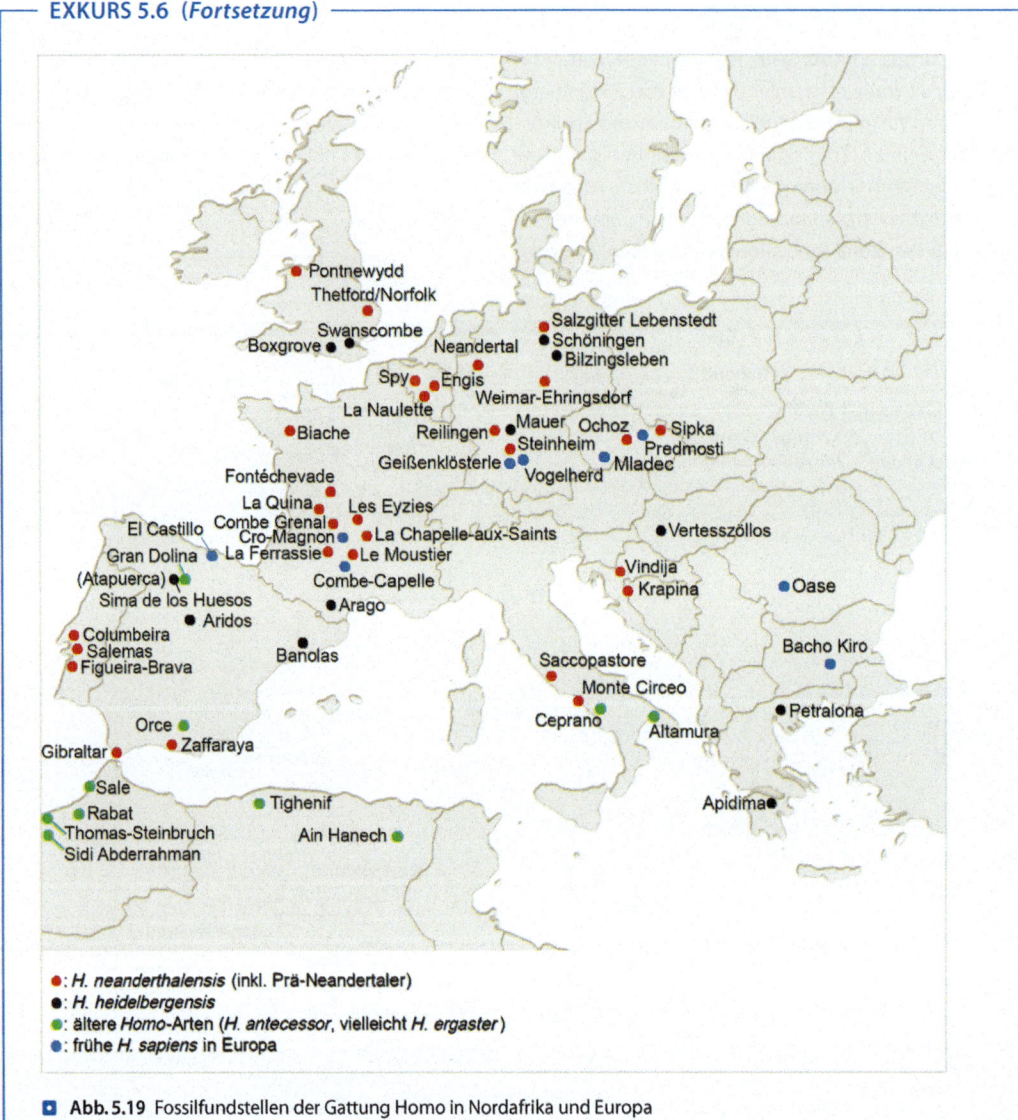

● : *H. neanderthalensis* (inkl. Prä-Neandertaler)
● : *H. heidelbergensis*
● : ältere *Homo*-Arten (*H. antecessor*, vielleicht *H. ergaster*)
● : frühe *H. sapiens* in Europa

◼ **Abb. 5.19** Fossilfundstellen der Gattung Homo in Nordafrika und Europa

> **EXKURS 5.7**
>
> ## Systematische Gliederung der Verwandtschaft des Menschen
>
> Da die systematischen Begriffe, die die nähere und weitere Verwandtschaft des Menschen kennzeichnen, z.T. falsch gebraucht werden und ähnlich klingen, soll hier kurz die korrekte Terminologie genannt werden:
> Überfamilie: Hominoidea (Gibbons, alle großen Menschenaffen, Menschen)
> Familie: Hylobatidae (Gibbons)
> Familie: Hominidae (Orang-Utan, afrikanische Menschenaffen [Gorilla, Schimpanse, Bonobo] und Mensch)
> Unterfamilie: Ponginae (Orang-Utan)
> Unterfamilie: Homininae (afrikanische Menschenaffen und Mensch)
> Tribus: Hominini (fossile und rezente Angehörige der näheren Verwandtschaft des Menschen, insbesondere Taxa der Gattungen *Ardipithecus*, *Australopithecus* und *Homo*)
> Gattung: *Homo* (alle fossilen und rezenten Menschenarten)
> Art: *Homo sapiens* (wissenschaftliche Bezeichnung aller fossilen und rezenten Angehörigen des modernen Menschen)
> Unterart *Homo sapiens sapiens* (alle rezenten Menschen seit dem späten Pleistozän)

5.6 Fossile Hominini (Menschen und Vormenschen)

Heute kennt man eine Fülle fossiler Menschenformen, die insbesondere in Afrika, Europa, dem Nahen Osten sowie in Ost- und Südostasien gefunden wurden und über deren Zugehörigkeit zur engeren Verwandtschaft des modernen Menschen Übereinstimmung herrscht. Im Einzelnen ist die Bewertung jedoch kontrovers, die Zahl der Arten und ihre Stellung im Stammbaum des Menschen sind umstritten, was vor allem am meistens unvollständigen Fundmaterial und unserer mangelnden Kenntnis über die Variationsbreite anatomischer Merkmale bei den Fossilformen liegt. Man halte sich nur einmal die unterschiedliche Körpergröße heutiger Menschen vor Augen, um sich dieses Problems bewusst zu werden. Dennoch zeichnet sich ein Bild der Entwicklungslinien, die zum modernen Menschen führten, ab, das in seinen Umrissen allgemein anerkannt wird und das die Fossilgeschichte recht gut wiedergibt (◘ Abb. 5.20). Die ältesten Fundstücke sind gut 5 Mio. Jahre alt (*Ardipithecus*). Die ältesten *Australopithecus*-Funde sind gut 4 Mio. Jahre, die ältesten Funde der Gattung *Homo* wahrscheinlich ca. 2,4 Mio. Jahre alt. Wesentliches Merkmal dieser Formen, wodurch sie sich grundsätzlich von den Menschenaffen unterscheiden, ist zuerst die Entstehung des bipeden aufrechten Ganges, später kommen die Verkleinerung des Kieferapparates und die eindrucksvolle Gehirnentwicklung dazu.

5.6.1 *Ardipithecus*

Eine bedeutsame pliozäne Form, deren Einordnung in die Hominini wenig umstritten ist, ist *Ardipithecus*, von dem seit 1994 informative Reste von zahlreichen Individuen in und nördlich von Aramis in der Afar-Senke im Norden Äthiopiens gefunden wurden. Die umfangreiche Forschergruppe wird von T. White geleitet.

Es werden zwei Arten unterschieden, *Ardipithecus ramidus* (ca. 4,4 Mio Jahre alt) und *Ardipithecus kadabba* (5,2–5,8 Mio. Jahre alt). Von *A. ramidus* konnte inzwischen das gesamte Skelett rekonstruiert werden. Es zeigt ein interessantes Mosaik aus Merkmalen von Menschenaffen und Mensch und veranschaulicht recht gut die Ausgangsform von *Australopithecus* und *Homo*. Dadurch wird auch deutlich, wie viele morphologische Eigenmerkmale Schimpansen aufweisen. *Ardipithecus* weist zum erheblichen Teil primitivere Merkmale auf als *Pan*. Er war ca. 1,20 m groß und wog ca. 50 kg; das Volumen des Gehirns betrug ca. 300–350 cm^3. *Ardipithecus* lebte in ei-

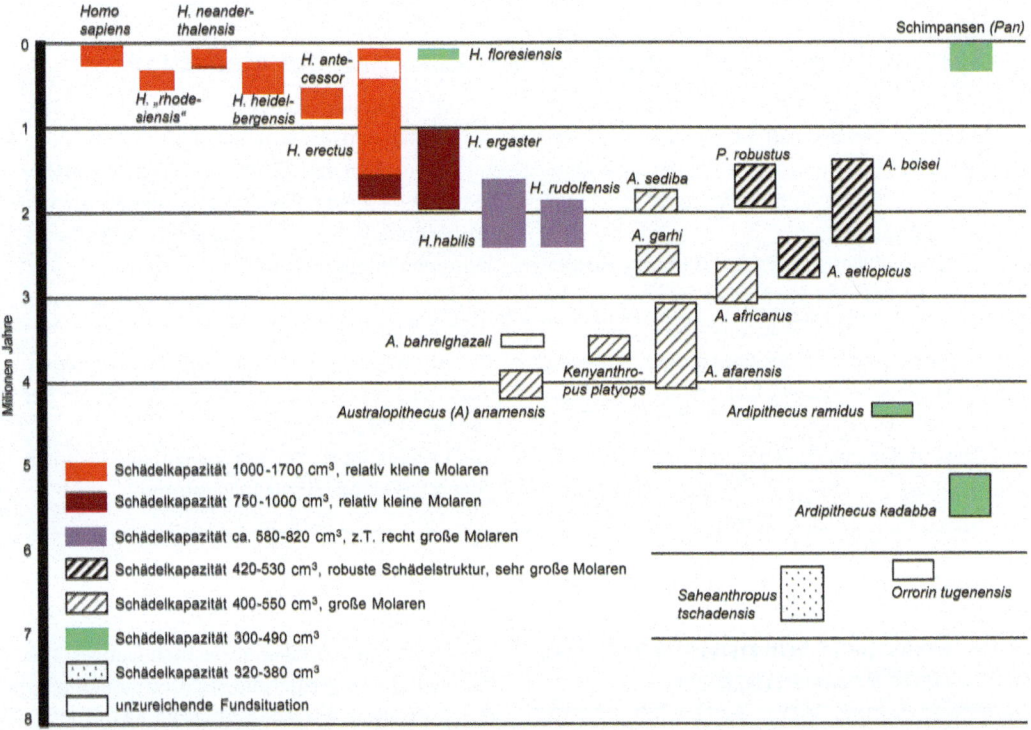

■ **Abb. 5.20** Zeitliches Auftreten und hypothetische Verwandtschaftsbeziehungen der Gattungen *Sahelanthropus, Orrorin, Ardipithecus, Australopithecus, Kenyanthropus* und *Homo*. Nach McKee et al., verändert (2005, Bildrechte liegen bei Pearson Prentice Hall)

ner von vermutlich lichtem Wald bedeckten Region. Die Rekonstruktion von Fuß, Beinen und Becken führte zur Vermutung, dass *Ardipithecus* geschickter Kletterer war, sich aber auch biped und aufrecht am Boden fortbewegen konnte. Der aufrechte Gang entstand also wahrscheinlich im Waldland. Er hatte lange Arme und einen opponierbaren großen Zeh. Der Zahnbogen war geschlossen, der Sexualdimorphismus (Canini!) war relativ gering, viel geringer als beim Schimpansen. Der Zahnschmelz war dicker als bei Schimpansen, aber noch nicht so dick wie bei *Australopithecus*. Vermutlich war *Ardipithecus* omnivor.

5.6.2 *Australopithecus*

Verschiedene Arten der Gattung *Australopithecus* werden (manchmal zusammen mit *Ardipithecus*) unter dem Begriff der **Australopithecinen** zusammengefasst und manchmal auch **Vormenschen** genannt. Sie bilden die Grundgruppe, aus der sich die Gattung *Homo* entwickelte und gingen möglicherweise aus einer Form wie *Ardipithecus* hervor. Sie wurden bisher nur in Äthiopien, in Ost- und Südafrika sowie im Tschad nachgewiesen.

Die Knochen des Beckens, der unteren Extremitäten und der Wirbelsäule belegen, dass die Australopithecinen aufrecht gingen. Die Arme waren noch länger als beim Menschen und die Großzehe war noch abspreizbar; ob diese Zehe aber echt opponierbar war, ist umstritten.

Der Fuß war noch nicht so hoch spezialisiert wie der des Menschen, aber es ist sehr schwer, Anatomie und Bewegungsmöglichkeiten des Fußes einer fossilen Art aus einzelnen Knochen (ohne Knorpel an den Gelenkflächen, ohne genaue Kenntnis von Muskeln und Sehnen) exakt zu rekonstruieren. Die ca. 3,5 Mio. Jahre alten Fußabdrücke von Laetoli (Tansania) lassen keinen Zweifel, dass der Fuß schon ein Längsgewölbe besaß. Das Gesicht zeigt noch Anklänge an das der Menschenaffen. Die Schädelkapazität betrug zwischen ca. 400 und 550 cm³. Ihr Gewicht lag bei ca. 30–40 kg (*Australo-*

pithecus africanus), es lag ein ausgeprägter Sexualdimorphismus vor. Knöchernes Labyrinth, Details des Handskeletts u. a. sind (noch) menschenaffenähnlich. Die Individualentwicklung verlief recht rasch und ähnelte der der heutigen afrikanischen Menschenaffen.

Zur Lebensweise gibt es mehrere verschiedene Vorstellungen. Seit langem wird die Savannentheorie vertreten, derzufolge die Australopithecinen in der offenen Savanne lebten. Der aufrechte Gang entstand offenbar noch im Waldland (s. *Ardipithecus*) und vervollkommnete sich in Korrelation mit dem Lebensraum Savanne. In Übereinstimmung mit dieser Theorie steht die Tatsache, dass es vor ca. 3,5 Mio. Jahren in Ost-Afrika trockener wurde und sich die Wälder zurückzogen. Neuerdings wird eher vermutet, dass die Australopithecinen in flussbegleitenden Galeriewäldern lebten und von hier aus Vorstöße in die Savanne machten. Sie konnten sich sowohl biped am Boden fortbewegen als auch in Bäumen klettern. Vermutlich waren sie in der Lage, gut in verschiedenen wechselnden Lebensräumen, die aber immer Waldland umfassten, zurechtzukommen. Erwähnt sei auch die provokante Hypothese, dass der aufrechte Gang eine Anpassung an den Aufenthalt im flachen Wasser ist. Australopithecinen waren wahrscheinlich Vegetarier und ernährten sich von Blättern, Rhizomen, Samen, Früchten, Wurzeln und z. T. (*A. boisei*) wohl auch Gras. Vielleicht verhielten sie sich bei primärer Pflanzennahrung opportunistisch und nahmen auch tierische Nahrung, darunter Aas, zu sich. Ob sie schon Werkzeuge (Steine, Knochen, Hörner, Zähne, Baumzweige) gebrauchten, ist nicht sicher bekannt, aber wahrscheinlich. Eine interessante Facette hinsichtlich des Sozialverhaltens der Australopithecinen ergaben Untersuchungen zur Verteilung von Strontiumisotopen im Zahnschmelz: danach verließen die Frauen die Gruppe, in der sie geboren worden waren, und schlossen sich dann einer anderen Sippe an. Vermutlich bot der Lebensraum der Australopithecinen, der auf alle Fälle die Savanne wesentlich mit einschloss, ihrem Lebensformtyp nur wenige Konkurrenten. Eine starke Aufspaltung in lokale Gruppen und demgemäß Aufgliederung in durchschnittlich verschiedene Formtypen ist wahrscheinlich (Remane 1954).

Die ersten Spuren der Gattung *Australopithecus* sind gut 4 Mio. Jahre alt. Man fand sie am Turkana-See in Ostafrika. Ihre letzten Spuren verlieren sich vor ca. 1,4 Mio. Jahren. Einige Australopithecinen mit auffallend robust strukturierten Gesichtsschädeln und kräftigem Kauapparat werden oft in eine eigene Gattung, *Paranthropus*, gestellt. Die Berechtigung dieser Gattung ist aber sehr umstritten, insbesondere, weil es Hinweise dafür gibt, dass sich das Merkmal „robust" bei verschiedenen *Australopithecus*-Arten wohl konvergent entwickelt hat, gerade der Kauapparat ist für Konvergenzen „anfällig", wie Beispiele anderer Wirbeltiere zeigen. Den Australopithecinen wird auch der 2001 beschriebene *Kenyanthropus* zugeordnet. Die folgenden fünf Australopithecinen werden als **grazile Australopithecinen** bezeichnet; ihnen fehlen die kräftigen Schädelspezialisierungen der robusten Formen.

Australopithecus anamensis

Die älteste *Australopithecus*-Art wird *Australopithecus anamensis* genannt (*anam* = See in der Turkanasprache, weil die ersten Funde in der Nähe des Ufers des Turkana-Sees gemacht wurden). Die Fundstätten befinden sich bei Allia Bay und Kanapoi in Kenia. Außerdem sind Skelett- und Zahnreste dieser Art auch im Norden Äthiopiens gefunden worden. Das beschriebene Fundmaterial (mehrere Oberkiefer, Schädelfragmente, Zähne, Fragmente des Arm- und Beinskeletts) ist ca. 4,2 Mio. Jahre (Kanapoi) bzw. 3,9 Mio. Jahre (Allia Bay) alt. Die Reihen der Molaren und Prämolaren verlaufen noch, wie bei Menschenaffen, annähernd parallel, der enge äußere Gehörgang ist ein weiteres ursprüngliches Merkmal. Andere Merkmale erreichen ein höheres Niveau und platzieren *A. anamensis* an die Basis der Australopithecinen. Das flache, gut ausgeprägte Tibiaplateau (die proximale Gelenkfläche des Schienbeins) deutet z. B. eindeutig auf bipeden Gang hin; dennoch dürfte *A. anamensis* wie *A. africanus* und *A. afarensis* auch in der Lage gewesen sein, in Bäumen zu klettern. Die Begleitfunde (z. B. Kudus, Impalas, der Pavian *Parapapio*, einzelne Colobinae, die Elefanten *Elephas* und *Loxodonta*) lassen vermuten, dass *A. anamensis* in offenem Wald- und Buschland lebte, das von Flüssen mit Galeriewäldern durchzogen war.

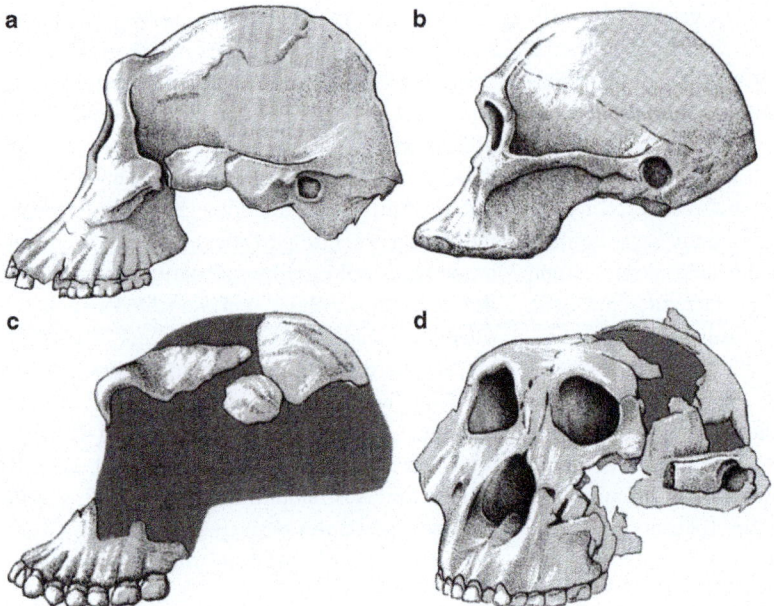

○ **Abb. 5.21 a–d.** Schädel von Australopithecinen. a *Australopithecus afarensis,* b *Australopithecus africanus,* c *Australopithecus garhi,* d *Australopithecus boisei.* Maßstab unterschiedlich

Australopithecus afarensis

Die Anatomie dieser Australopithecinenart ist recht gut bekannt. Der Schädel war insgesamt noch relativ schimpansenähnlich (○ **Abb. 5.21a**), jedoch ähneln Zähne und Gebiss den entsprechenden Strukturen der Menschen, z. B. ist der Eckzahn reduziert und die Form des Zahnbogens verhält sich intermediär zwischen der fast rechteckigen Form der Menschenaffen und der parabolischen Form des Menschen. Die Schneidezähne sind nach außen geneigt, so dass der vordere Kieferbereich prognath erscheint, was auch für *A. africanus* zutrifft. Die Schädelkapazität variierte zwischen 400 und 550 cm³ (Mittelwert ca. 445 cm³). Auch das Innenohr war noch eher wie bei Menschenaffen aufgebaut. Ein menschenähnliches Innenohr finden wir erst ab *Homo erectus.* Becken und Skelett der unteren Extremitäten ähneln denen moderner Menschen und beweisen die Fähigkeit zum aufrechten bipeden Gang. Dennoch sprechen Details von Fuß- und auch Handskelett für die (zusätzliche) Fähigkeit, in Bäumen zu klettern. Der Knochenbau war generell kräftig. Es lag deutlicher Sexualdimorphismus vor, die Körperhöhe variierte zwischen ca. 105 und 150 cm.

Von *A. afarensis* liegen zahlreiche Funde vor, die aus der Zeit zwischen 3,9 und knapp 3 Mio. Jahren vor heute stammen. Fundstellen liegen in Äthiopien und Tansania. Zu den recht gut erhaltenen Fundstücken gehört auch das Skelett eines Individuums, das den Namen Lucy erhielt. Weiteres Fundmaterial aus der Region Hadar in Äthiopien umfasst ca. 13 Individuen, darunter ein Kleinkind. Diese Gruppe ist vermutlich bei einer Katastrophe ums Leben gekommen. In Dikika (Äthiopien) wurde das 3,3 Mio. Jahre alte Skelett eines ca. drei Jahre alten Mädchens von *A. afarensis* gefunden, das außerordentlich gut erhalten ist. In der Region von Laetoli wurden Fußspuren von *A. afarensis* entdeckt, die unmittelbar zeigen, dass er aufrecht ging. Sein Lebensraum war vermutlich lichter Wald.

Etwa 2500 km westlich des ostafrikanischen Grabens wurden in Bahr el Gazal im Tschad 3,5–3 Mio. Jahre alte Skelettreste (vorderer Unterkiefer mit Zähnen, ein oberer Prämolar) eines Australopithecinen gefunden. Diese Kieferreste und Zähne sind von denen von *A. afarensis* kaum zu unterscheiden, wurden aber von ihren Entdeckern einer eigenen Art, *Australopithecus bahrelghazali,* zugeordnet.

Australopithecus garhi

Etwa 2,5 Mio. Jahre alt sind die 1999 beschriebenen Funde von *Australopithecus garhi* (*garhi* heißt in der Afar-Sprache: Überraschung) (◘ Abb. 5.21c), die in der Bouri-Formation im mittleren Abschnitt des Awash-Flusses (Middle Awash) in Äthiopien entdeckt wurden. *A. garhi* werden mehrere Schädelbruchstücke und Zähne, aber – unter gewissem Vorbehalt – auch in der Nähe gefundene Extremitätenknochen zugeordnet. Der Schädel besitzt eine Crista sagittalis, die Schädelkapazität ist ca. 450 cm^3. Der Zahnbogen ist abgerundet und der Schmelz ist dicker als bei *A. afarensis*. Zwischen oberem Eckzahn und dem 2. oberen Schneidezahn besteht noch ein primitives Diastema (für den unteren Eckzahn). Wie bei *A. afarensis* sind Ober- und Unterarm ähnlich lang. Das Femur dagegen war länger als bei *A. afarensis*, was den Verhältnissen der Gattung *Homo* näherkommt. *A. garhi* repräsentiert vermutlich eine späte von *A. afarensis* ausgehende Entwicklungslinie, wurde aber auch – v. a. aus zeitlichen Gründen – von einigen Paläoanthropologen als möglicher Vorfahr der Gattung *Homo* angesehen. Vielleicht hat *A. garhi* sogar schon einfache Steinwerkzeuge hergestellt.

Australopithecus africanus

An verschiedenen Stellen Südafrikas (Sterkfontein, Makapansgat, Taung) wurden Skelettreste von *Australopithecus africanus* (◘ Abb. 5.21b) gefunden. Allein in den Höhlen von Sterkfontein sind ca. 500 Einzelfundstücke geborgen worden. Der älteste beschriebene Fund ist das „Kind von Taung", ein gut erhaltener Schädel eines kindlichen *Australopithecus africanus*, der schon 1924 (von Raymond Dart) beschrieben wurde. Dies war der erste Fund eines Australopithecinen überhaupt. Das Alter all dieser Funde beträgt 3,2–2,5 Mio. Jahre, vielleicht sind Einzelfundstücke sogar noch älter. Die Schädelkapazität variiert zwischen 425 und 510 cm^3 (ein Einzelbefund liegt bei 560 cm^3, Durchschnittswert 462 cm^3), als Erwachsener hätte das Kind von Taung vermutlich eine Schädelkapazität von ca. 540 cm^3 gehabt. Die Schädelkapazität ist also größer als bei dem älteren *A. afarensis*. Auch das Gebiss war etwas moderner und menschenähnlicher als bei *A. afarensis*, z. B. waren die Eckzähne verkleinert. Die Extremitätenproportionen waren noch relativ primitiv, die Arme waren also noch recht lang. *A. africanus* bewegte sich biped am Boden fort, konnte aber wohl auch gut in Bäumen klettern. Ein 1995 beschriebenes Fußskelett („*Littlefoot*") zeigt proximal eine menschenähnliche Anatomie, distal aber eine menschenaffenähnliche mit abspreizbarer großer Zehe, was ein spezifischer Hinweis dafür ist, dass *A. africanus* tatsächlich in Bäumen klettern konnte. Das Körpergewicht variierte zwischen 30 und 41 kg. Wie bei *A. afarensis* gab es einen deutlichen Sexualdimorphismus. Männer von *A. africanus* waren ca. 138 cm, Frauen ca. 115 cm groß. Das individuelle Lebensalter erreichte möglicherweise ca. 20 Jahre. Für manche Forscher ist *A. africanus* ein Kandidat für den Vorfahren der Gattung *Homo*, für andere entwickelt sich *A. africanus* zu den robusten Australopithecinen weiter.

Australopithecus sediba

Seit August 2008 wurden in Malapa (Südafrika) mehr als 200 Knochenreste von mindestens fünf Individuen einer Australopithecinenart (*Australopithecus sediba*) entdeckt, die aufgrund ihrer Mosaikmerkmale als mögliche Übergangsform zur Gattung *Homo* interpretiert wurde. Besonders die postcraniale Skelettanatomie, vor allem der menschenähnlichen Hand, lässt die Wissenschaftler vermuten, dass *A. sediba* vor ca. 2 Mio. Jahre durchaus in der Lage war, mit präzisen Handgriffen Stein- und andere Werkzeuge zu fertigen und dabei immer noch eine sehr gute Kletterfähigkeit behielt. Die Zähne waren relativ klein, die Mandibel relativ zart gebaut, was an *Homo* erinnert. Die übrigen Schädelmerkmale und ein relativ kleines Gehirnvolumen von ca. 420 cm^3 rechtfertigt die Zuordnung zu *Australopithecus* und erlaubt den Schluss, dass *A. sediba* wahrscheinlich die Nachfahren von *A. africanus* darstellen.

Robuste Australopithecinen. Die bisher aufgeführten Australopithecinen repräsentieren die „grazilen" *Australopithecus*-Arten, die folgenden drei fossilen Arten (*A. robustus*, *A. aethiopicus*, *A. boisei*) sind durch kräftigen Gesichtsschädel, stark entwickelten Kauapparat und sehr große postcanine Zähne (Megadontie) gekennzeichnet. Der übrige Körper ähnelt weitgehend dem der „grazilen" Australopithecinen. Sie werden wegen des kräftigen Kauapparates und des markanten knöchernen Gesichts auch als „robuste" Australopithecinen bezeichnet und werden nicht selten in einer eigenen Gattung,

Paranthropus, zusammengefasst. Da aber nicht sicher ist, dass sie eine genetische Einheit sind und das Merkmal „robust" möglicherweise konvergent entstanden ist, werden die robusten Formen hier der Gattung *Australopithecus* zugeordnet. *A. aethiopicus* ist deutlich älter als die anderen Formen und nimmt eine gewisse Sonderstellung ein. Er weist einerseits einige Übereinstimmungen mit *A. afarensis* auf und andererseits könnte sich aus ihm der „hyperrobuste" *A. boisei* entwickelt haben. *A. robustus* besitzt manche Ähnlichkeiten mit *A. africanus*.

Der mächtig entwickelte Musculus (M.) temporalis, ein paariger Kaumuskel, der den Unterkiefer hebt und auch nach hinten zieht, dehnt seine Ursprungsfläche an den Schädelseiten nach oben aus, was zur Bildung eines Knochenkamms, der Crista sagittalis, in der Mitte des Schädeldaches führt. Die kräftigen Jochbögen stehen seitlich recht weit ab und schaffen damit Platz für den großen M. temporalis. Der kräftige Überaugenwulst absorbiert die Kräfte, die beim Kauen die Supraorbitalregion belasten. *A. boisei* bildet hinten am Schädel zusätzlich eine Crista nuchalis aus, an der eine kräftige Nackenmuskulatur ansetzte. Die Molaren und Prämolaren vergrößern ihre Kaufläche. Die Oberfläche dieser Zähne ist relativ flach, der Schmelz ist sehr dick, bei *A. boisei* so dick wie bei keinem anderen Homininen Die Zähne des Vordergebisses stehen steil (orthognath) und sind klein, so dass für die funktionell wichtigen vergrößerten Backenzähne im Zahnbogen Platz bereitgestellt wird. Die Schädelkapazität erreicht bei *A. robustus* und *A. boisei* 530–545 cm³. Die Nahrung bestand generell zu einem erheblichen Teil aus faserreicher Pflanzennahrung, darunter wohl auch Rhizome, Wurzeln, Samen, Nüsse und vermutlich in variablem Ausmaß auch Fleisch. *A. boisei* war vermutlich hinsichtlich seiner Ernährung zu einem beträchtlichen Teil auf eine C4-Biomasse, also Gräser und verwandte Pflanzen, spezialisiert. Seine Nahrungskonkurrenten waren demzufolge vermutlich Zebras, Paarhufer und *Theropithecus*. Überraschend ist, dass die Zähne einen niedrigen Gehalt an Strontium aufweisen. Dies ist für Fleischfresser typisch (Pflanzen haben einen deutlich höheren Gehalt an Strontium als Fleisch). Dieser Befund deutet darauf hin, dass die robusten Australopithecinen auch Fleisch aßen, wobei offen bleibt, welcher Art diese Fleischnahrung war (vielleicht aßen sie z. T. sogar Raupen, Puppen und adulte Insekten, wie heute z. T. die Schimpansen, sowie möglicherweise sogar Krebse und Schnecken). Begleitfunde sprechen dafür, dass sie in offenen, baumbestandenen Savannen, in Graslandschaft und wohl auch an Ufern von Seen und Flüssen lebten.

Australopithecus robustus

A. robustus lebte in der Zeit zwischen gut 1,8 und 1,5 Mio. Jahren vor heute. Fundstellen liegen in Südafrika (Kromdraai, Drimulen, Swartkrans). Mit dem robusten Gesichtsschädel kontrastiert ein postcraniales Skelett, das dem des „grazilen" *A. africanus* entspricht. Die Schädelkapazität lag im Mittelwert bei ca. 530 cm³. *Australopithecus robustus* wurde ca. 132 (Männer) bzw. 110 (Frauen) cm groß und wog bis ca. 40 kg. Vermutlich hat er Knochen, Steine und Äste als Werkzeuge gebraucht und möglicherweise auch bearbeitet.

Australopithecus aethiopicus

A. aethiopicus ist im Zeitraum zwischen 2,6 und 2,3 Mio. Jahren vor heute nachgewiesen, er ist also älter als die anderen robusten Australopithecinen. Fundmaterial: ein gut erhaltenes Calvarium (*black skull*), ein Unterkiefer, einige craniodentale Fragmente. Seine Schädelkapazität betrug ca. 420 cm³, war also relativ klein. Viele anatomische Merkmale erinnern an *A. afarensis*; die sehr hohe Crista sagittalis ähnelt der von *A. boisei*, der sich möglicherweise aus *A. aethiopicus* entwickelt hat (Chronospecies). *A. aethiopicus* wurde in Äthiopien und Kenia gefunden.

Australopithecus boisei

Der Schädel von *A. boisei* (◘ Abb. 5.21d) ist „hyperrobust". Es existierte nicht nur eine Crista sagittalis, sondern auch eine Crista nuchalis. Das aufgefundene Schädelmaterial ist auffallend variabel (Geschlechtsdimorphismus, möglicherweise verschiedene Unterarten). Das postcraniale Skelett ist kaum bekannt. Die Schädelkapazität lag im Mittelwert bei ca. 490 cm³. Männer wurden ca. 137 cm, Frauen ca. 124 cm groß. Er lebte im Zeitraum zwischen 2,3 und 1,4 Mio. Jahren vor der Jetztzeit. Fundstellen liegen in Äthiopien, Malawi, Kenia und Tansania. Mit *A. boisei* (und zeitgleich *A. robustus*) starben die Australopithecinen vor ca. 1,4 Mio. Jahren aus.

5.6.3 Kenyanthropus platyops

Dieser Art liegt 2001 gefundenes, ca. 3,5 Mio. Jahre altes Schädelmaterial (aus Kenia, Lomweki-Gebiet am Westufer des Turkana-Sees) zugrunde. Die anatomische Analyse ergab ein eigentümliches Gemisch aus Merkmalen von Menschenaffen, Australopithecinen und auch frühen Menschen: enger und kurzer Gehörgang (wie bei *A. anamensis* und *Pan*), Backenzähne mit recht dicker Schmelzkappe (ähnlich wie bei *A. anamensis* und *A. afarensis*), relativ kleine postcanine Zähne, kleine Schädelkapazität (wie generell bei Australopithecinen), flacher großer Gesichtsschädel. Manche Merkmale, wie der flache Gesichtsschädel und andere Details, erinnern sogar an *Homo rudolfensis* und *Homo habilis*, was aber auf Konvergenz beruhen kann. Begleitfunde lassen vermuten, dass er in baumreicher Umgebung lebte. Manche Autoren stellen diesen Fund in die Gattung *Australopithecus*, u. a. weil sie der Ansicht sind, dass das Schädelmaterial stark zerdrückt ist und die Eigenständigkeit speziell des flachen Gesichts nur vorgetäuscht ist.

5.6.4 Erste Angehörige der Gattung *Homo*

Es bleibt umstritten, wie die erste *Homo*-Art morphologisch, ökologisch und in Hinsicht auf ihre Werkzeugkultur zu definieren ist. Auch die verbreitete Festlegung auf *H. habilis* und *H. rudolfensis* als erste Vertreter der Gattung *Homo* ist umstritten. Aus evolutionsbiologischer Sicht ist es verständlich, wenn Übergangsformen oder erste Vertreter einer Gattung ein Mosaik an Merkmalen aufweisen, das die systematische Bewertung schwer macht. Neben der weiteren Vervollkommnung des bipeden Ganges wird vor allem die Vergrößerung des Gehirns und die damit verbundene Höherentwicklung der Kultur als entscheidendes Charakteristikum der Gattung *Homo* angesehen.

Die Entstehung der Gattung *Homo* ist offenbar korreliert mit klimatischen Veränderungen in Ostafrika. Man kann außerdem davon ausgehen, dass *Homo* von Anfang an nicht von einem einzigen spezifischen Lebensraum abhängig war und ein breites Spektrum an Überlebensstrategien verwirklichen konnte.

H. habilis und *H. rudolfensis* hatten eine Schädelkapazität, die um ca. 630 cm^3 (*H. habilis*) und ca. 780 cm^3 (*H. rudolfensis*) variierte und größer war als die von *Australopithecus*. Die Variationsbreite kann auf individuelle Variabilität, die es in noch größerem Ausmaß beim heutigen Menschen gibt, Geschlechtsdimorphismus oder lokale Populationen mit unterschiedlicher Körpergröße hindeuten. Es ist zu vermuten, dass schon die ersten Vertreter von *Homo* in komplexen Sozialsystemen lebten, was vermutlich die Weiterentwicklung der bisherigen Kommunikationslaute zu einer Sprache im heutigen Verständnis begünstigte.

Da die Aussagemöglichkeiten der Paläoanthropologie nicht selten an Grenzen stoßen, soll hier auch im Fall der Gattung *Homo* nicht der Anspruch erhoben werden, dass die als Arten bezeichneten fossilen Formen tatsächlich Arten im Sinne der biologischen Artdefinition sind, sondern die Namen sollen morphologisch und zeitlich charakterisierte Formen kennzeichnen und eine Basis der Verständigung bilden. In manchen Kontroversen bleibt unklar, was genau mit dem Begriff Art gemeint ist und ob von einem „Grade" oder „Klade" die Rede ist (s. Henke u Rothe 1998). Gerade bei der Gattung *Homo* drängt sich oft die Vermutung auf, dass hier – wenn überhaupt – Arten durch einen kontinuierlichen Wandel (phyletischen Gradualismus) entstanden sind. Manche Autoren unterscheiden bei *Homo* mindestens 15 Arten, andere wollten nur eine Art gelten lassen.

Die Gattung *Homo* entstand vermutlich vor gut 2,5 Mio. Jahren in Ostafrika. *Australopithecus sediba* könnte als Ursprungsart infrage kommen. Die Mehrzahl der Wissenschaftler vermutet aufgrund von sorgfältigen morphologischen Vergleichen, dass *Homo* monophyletisch entstand.

Vermutlich lebten in dem Zeitraum zwischen 2 und 1,8 Mio. Jahren vor heute Arten der Gattungen *Australopithecus* und *Homo* nebeneinander in Ostafrika (*A. aethiopicus*, *A. boisei*, *A. sediba*, *H. habilis*, *H. rudolfensis*, *H. ergaster*).

Die frühesten Funde der Gattung *Homo* repräsentieren die erste Stufe eines neuen Entwicklungsniveaus „jenseits" von *Australopithecus* mit größerem Gehirn und der Fähigkeit, gezielt immer differenzierter werdende Werkzeuge herzustellen, weit jenseits des Niveaus der nicht-menschlichen

Primaten, vor allem der Schimpansen. Älteste bisher gefundene Steinwerkzeuge sind ca. 2,3–2,6 Mio. Jahre alt (Gona, Lokalalei in Hadar, Äthiopien).

Anatomisch fallen insbesondere Veränderungen des Schädels auf: flacher, orthognather Gesichtsschädel, Entstehung einer Stirn, deren Ursache in der Vergrößerung des Stirnhirns (Lobus frontalis des Telencephalons) zu sehen ist. Die Schädelkapazität hatte sich vergrößert (s. oben) und es gibt Hinweise dafür, dass auch die Anatomie des Gehirns einen höheren Komplexitätsgrad erreicht hatte und sich weiter ausdifferenzierte; so wurden von dem südafrikanischen Anthropologen Phillip V. Tobias stärker ausgebildete Broca- und Wernicke-Areale beschrieben. Der Kieferapparat und die Zähne waren kleiner als bei *Australopithecus*; die Krone des Eckzahns nahm eine typische Gestalt an, mit hohem Basis- und niedrigem Spitzenanteil. Der Zahnbogen wurde noch abgerundeter als bei *Australopithecus*. Die Beine waren länger als bei *Australopithecus*. Das Fußskelett näherte sich weiter dem des modernen Menschen an. Die Arme der ersten *Homo*-Art(en) waren wahrscheinlich noch relativ lang. Im Handskelett verbesserte sich noch die Opponierbarkeit des Daumens, womit ein sicherer Präzisionsgriff entstand.

Wenn, was zu vermuten ist, schon Vertreter der ersten *Homo*-Art(en) gemeinschaftlich auf die Jagd gingen, dann ist es sehr wahrscheinlich, dass komplexe Sozialsysteme entstanden. Es gibt die These, dass die ersten Vertreter von *Homo* bis zu 30 % ihrer Nahrung von Aas bezogen, wobei sie sich die Carnivoren, die ein großes Beutetier ja nicht freiwillig aufgaben, gemeinsam vom Leib zu halten wussten. Ein zunehmend komplexes und flexibles Sozialleben wird oft als positiver Selektionsfaktor für die Hirnvergrößerung angesehen. In Hinsicht auf die Ernährung wird vermutet, dass *Homo* eine deutlich proteinreichere (also v. a. fleischreiche) Nahrung zu sich nahm als *Australopithecus*. Die Individualentwicklung verlief bei den fossilen *Homo*-Arten generell über deutlich längere Zeiträume als bei Australopithecinen. Nur bei den ältesten *Homo*-Arten war die Lebensdauer noch relativ niedrig und wohl mit der der Australopithecinen vergleichbar.

Homo habilis

Homo habilis ist die weithin anerkannte erste Art der Gattung *Homo*. Er wurde im Zeitraum von 2,4–1,65 Mio. Jahren vor heute nachgewiesen. Funde stammen aus Hadar (Äthiopien), weitere stammen aus der Olduvai-Schlucht Tansanias (zuletzt wurde hier 2003 ein ca. 1,8 Mio. Jahre altes Oberkieferfragment mit vollständigem Gebiss (OH65) beschrieben), aus Sterkfontein (Südafrika, vielleicht 2,2 Mio. Jahre alt) und wahrscheinlich auch aus Koobi Fora (Kenia) am Turkana-See.

Homo habilis war ca. 140 cm groß und von relativ grazilem Körperbau. Das Fußskelett unterschied sich nur wenig von dem heutiger Menschen. Der große Zeh rückte mit den anderen Zehen in eine Reihe und war nicht mehr abspreizbar. Der Kauapparat war schwächer als bei *Australopithecus*, der dritte Molar etwas reduziert, der Zahnbogen war völlig geschlossen. Das Gesicht war relativ klein, eine Stirn schon vorhanden (◘ Abb. 5.22b). Die Schädelkapazität variierte bei fünf vermessenen Schädeln zwischen 580 und 687 cm³. *Homo habilis* war Hersteller von Steinwerkzeugen. Die Werkzeugkultur (= -industrie), die ihm zugeordnet wird, wird Oldowan (A und B) genannt. Die Steinwerkzeuge dieser Kultur sind von ca. 2,5 Mio. bis 700.000 Jahren vor heute nachweisbar. Die wesentlichen Werkzeuge der Oldowan-Kultur sind mit wenigen Schlägen aus Geröllsteinen gefertigte Werkzeuge (◘ Abb. 5.37a). Unter letzteren unterscheidet man einfache *pebble tools* (aus gerundeten Kieseln oder Geschieben) und *chopper-* (einflächig behauen) sowie *chopping* (zweiflächig behauene) *tools*. Es gibt aber auch schon grobe und feine einfache Abschlaggeräte. Derlei Steinwerkzeuge werden – ebenso wie die Werkzeuge späterer Kulturen (= Industrien) auch „Artefakte" genannt. Die differenzierte Oldowan-B-Kultur (ab etwa 1,5 Mio. Jahre vor heute) leitete zur Faustkeilkultur über. Diese Oldowan-Werkzeuge werden entweder mit einem Hammerstein (wird wie ein Hammer genutzt) gewonnen, oder direkt mit einem Hammerstein auf einem Ambossstein zugeschlagen. Vermutlich gab es bevorzugte Stellen, an denen die Werkzeuge hergestellt wurden und vermutlich konnten diese Werkzeuge „auf Halde" gelagert werden. Über sprachliche Fähigkeiten lassen sich keine Aussagen machen, aber die Analyse von Schädelausgüssen lässt vermuten, dass Broca-

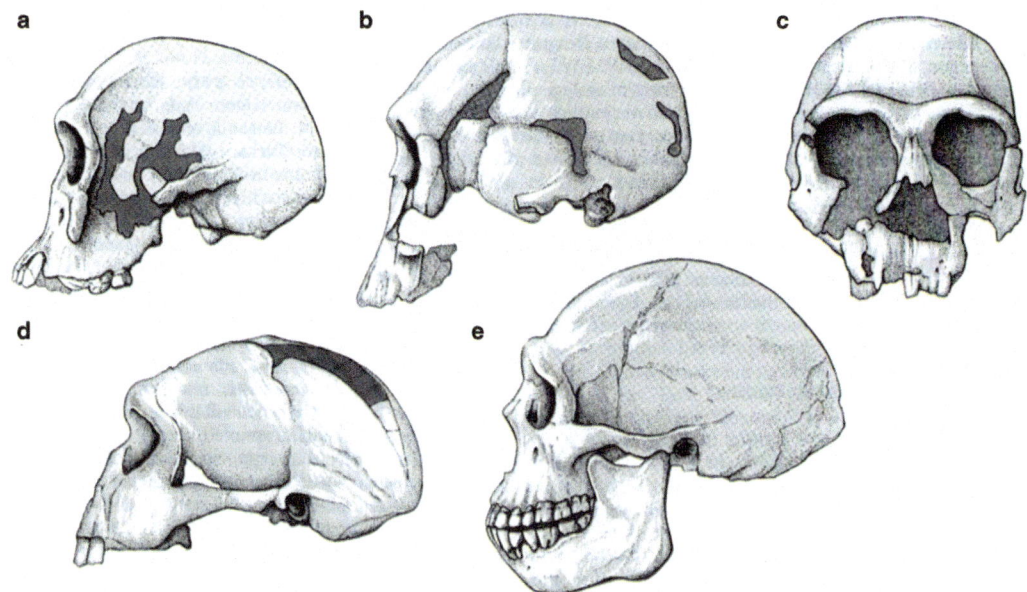

◻ **Abb. 5.22 a–e.** Frühe Vertreter der Gattung *Homo*. **a** *Homo habilis* (KNM-ER 1813), **b** *Homo rudolfensis* (KNM-ER 1470), **c** *Homo ergaster* (KNM-ER 3733), **d** *Homo erectus* (Java, Sangiran 17), **e** *Homo erectus* (China, Zhoukoudian)

und Wernicke-Areale vergrößert sind und dass das Endhirn – wie beim modernen Menschen – Asymmetrien zeigte, was auf gewisse Lateralisierung von Hirnfunktionen hinweist.

Homo rudolfensis

Homo rudolfensis (◻ Abb. 5.22a) ist eine umstrittene frühe *Homo*-Form. Er weist viele Übereinstimmungen mit *H. habilis* auf und wird daher auch als etwas robustere Variante der Art *H. habilis* zugezählt. Der besonders dicke Zahnschmelz, relativ große Molaren und manche Skelettmerkmale erinnern noch an Australopithecinen.

Fundstellen liegen am Ostufer des Turkana-Sees (früher: Rudolf-See, Koobi Fora), im Omo-Gebiet (Südäthiopien) und am Malawi-See (Uraha). Der robuste vordere Unterkiefer vom Malawi-See ist der älteste *H.-rudolfensis*-Fund und ist 2,4 Mio. Jahre alt, wobei sich diese Einschätzung auf die Datierung der Begleitfauna stützt. Der älteste *H.-habilis*-Fund ist praktisch gleich alt (2,33 Mio. Jahre, Äthiopien). Etwas jüngere *H. rudolfensis* zugeschriebene Funde sind 1,8–1,9 Mio. Jahre (Koobi Fora) bzw. 2 Mio. Jahre alt (Omo). Die Schädelkapazität wird mit 752 und 824 cm^3 (zwei Individuen) angegeben, liegt also höher als beim „klassischen" *H. habilis*. Dabei ist zu berücksichtigen, dass *H. rudolfensis* generell größer und robuster als *H. habilis* war. Der Encephalisationsquotient von *H. rudolfensis* wird daher auch etwas niedriger (3,0) angegeben als der von *H. habilis* (3,5). Der Encephalisationsquotient wird aus verschiedenen Messungen des Schädels und des übrigen Skeletts berechnet und ergibt einen Anhalt für die Hirngröße. Dieser Quotient liegt bei 1 bei einem typischen Säugetier, z. B. der Katze. Je größer dieser Quotient ist, desto größer ist das Gehirn.

Homo ergaster und Homo erectus

Homo ergaster (◻ Abb. 5.22c, 5.24a) und *Homo erectus* (◻ Abb. 5.22d,e, 5.24b) werden nicht von allen Paläoanthropologen als zwei verschiedene Arten angesehen, sondern nur als eine, die dann oft *H. erectus* genannt wird. Manche Autoren fassen *H. erectus* sogar noch weiter und zählen ihm auch die hier unter *H. heidelbergensis* beschriebenen Formen zu; damit wird *H. erectus* zu einer *catch all* (alle einschließenden) Art. Hier wird ein Grundproblem der Paläontologie deutlich, dass nämlich kaum jemals sicher abzugrenzen ist: wo eine fossile Art „beginnt" und wo sie „aufhört". Außerdem ist fast nie die morphologische Variationsbreite bekannt. Wir halten es beim derzeitigen Stand der Wissenschaft

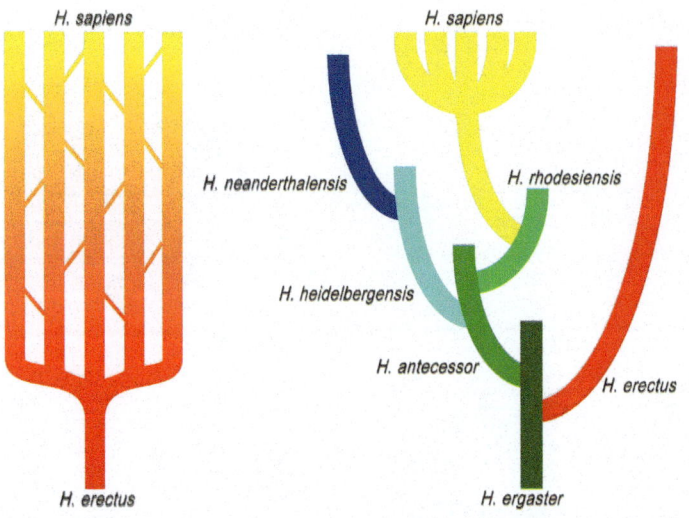

Abb. 5.23 Schematische Darstellung der Theorie der multiregionalen Kontinuität *(links)* und der „Replacement-Theorie" in der Evolution des Menschen *(rechts)*. Nach Tattersall, verändert (1995)

aus morphologischen und anderen im Folgenden genannten Gründen für sachdienlich und sinnvoll, *H. ergaster* von *H. erectus* zu trennen und auch *H. heidelbergensis* als eigene Art beizubehalten. So werden Unterschiede und Details nicht verwischt.

Es gibt also Wissenschaftler, die alle fossilen Menschen oberhalb von *H. habilis* als *H. erectus* bezeichnen, der in Afrika entstand, sich einerseits hier weiterentwickelte und andererseits von Afrika aus ganz Asien und Europa besiedelte. Er hat sich zufolge dieser Auffassung an verschiedenen Stellen Afrikas, Asiens und Europas parallel – z. T. unter genetischem Austausch – zu *H. sapiens* entwickelt (**Multiregionale Theorie der Entstehung des Menschen** = *regional continuity model*). Eine Mehrheit von Wissenschaftlern sieht aber die Entwicklung zum modernen Menschen anders und hält es für wahrscheinlich, dass im Laufe der Zeit mehrere Arten entstanden sind, die, bis auf den vor ca. 190.000–160.000 Jahren entstandenen *H. sapiens*, alle früher oder später ausstarben (**Replacement-Theorie der Entstehung des modernen Menschen**). **Abbildung 5.23** macht diese zwei Auffassungen in einem Schema deutlich.

Homo ergaster ist eine afrikanische Art, die im Zeitraum zwischen 1,9 und 1 Mio. Jahren vor heute nachgewiesen wurde. Die jüngsten, ca. 1 Mio. Jahre alten Funde stammen aus der Dakanihylo(„Daka")-Schicht aus der Bouri-Formation, Middle Awash im nördlichen Äthiopien. Besonders instruktives Skelettmaterial wurde in Nariokotome am Turkana-See gefunden, weiteres stammt aus Äthiopien und Tansania sowie vermutlich aus Südafrika und Georgien. Möglicherweise gehört hierher auch Schädelmaterial aus Eritrea (Buia), das ca. 1 Mio. Jahre alt ist.

Eigenmerkmale von *H. ergaster* im Vergleich mit *H. erectus* (**Abb. 5.24a**) sind: generell grazilerer Körperbau, längere und schmalere Molaren, komplexe Wurzeln der Prämolaren, dünnere Schädelknochen, kein kielartiger Knochenwulst auf dem Schädel, schwächerer Überaugenwulst, schmalere Schädelbasis, höhere Schädelwölbung (McKee et al. 2005). Die Schädelkapazität betrug 750–850 cm^3. Die nur ca. 1 Mio. Jahre alten „Daka"-Funde, die 2002 beschrieben wurden, hatten eine relativ große Schädelkapazität (995 cm^3) und wurden von den Forschern, die diese Fossilien entdeckt haben, als Vertreter von *H. erectus* beschrieben, aber dieser Interpretation ist auch nachdrücklich widersprochen worden. Hier werden die „Daka"-Funde unter Vorbehalt *H. ergaster* zugeordnet.

Der gut erhaltene, ca. 1,6 Mio. Jahre alte Fund von Nariokotome (KNM-WT 15000) gehörte zu einem ca. 162 cm großen Jugendlichen, der als Erwachsener möglicherweise 180 cm groß und 67 kg schwer geworden wäre. Es lag also ein großer schlanker Körperbau mit langen Beinen vor, der weitgehend mit dem des modernen Menschen vergleichbar ist. Das Becken des Jungen war relativ schmal; es erscheint zum Laufen und Gehen besonders geeignet gewesen zu sein. Die fraglichen südafrikanischen Funde wurden zunächst als *Telanthropus capensis* beschrieben; es handelt sich um ein Schädelfragment aus Swartkrans (westlich von Johannesburg), das heute meistens *H. ergaster* oder manchmal auch *H. habilis* zugeordnet wird.

Vermutlich hat *H. ergaster* nicht nur eine noch einfache Steinwerkzeugkultur (Oldowan und später Acheuléen) – von eventuellen Werkzeugen aus anderen Materialien ist nichts erhalten geblieben – geschaffen, sondern vielleicht auch schon das Feuer beherrscht und genutzt. In Koobi Fora (Turkana-See) fanden Wissenschaftler bei Steinwerkzeugen eine ca. 1,6 Mio. Jahre alte Stelle mit auffallend gehärteter („gebackener") Erde, vermutlich eine Feuerstelle. Er hat wohl auch schon mit seinen Steinwerkzeugen größere Tiere getötet.

Die zwei Kulturen Oldowan und Acheuléen (s. **Abschn. 5.8.1**) überlappen sich zeitlich über einige hunderttausend Jahre. Die Acheuléen-Werkzeuge sind in Asien im Allgemeinen mit *H. erectus* assoziiert, in Afrika mit *H. ergaster*. Die ältesten Acheuléen-Werkzeuge sind in Afrika ca. 1,5 Mio. Jahre alt.

Derzeit kann man *H. ergaster* eine herausgehobene Position zubilligen, indem er als Vorläufer von *H. erectus* und auch von *H. antecessor* und letztlich aller weiteren Arten der Gattung *Homo* angesehen wird.

Es wird vermutet, dass sich *Homo ergaster* von Afrika aus, vielleicht entlang des Niltals und der Küste des Roten Meeres, in den Nahen Osten und von hier aus nach Georgien und dann sowohl nach Südwesteuropa als auch nach Ost- sowie Südostasien ausgebreitet hat, wo er sich vermutlich zu *H. erectus* weiterentwickelt hat. Möglicherweise ist er auch über die Straße von Gibraltar nach Südwesteuropa gelangt. Frühpleistozäne einfache Werkzeuge, ca. 1,8 Mio. Jahre alt, wurden in Ain Hanech (Nordostalgerien) und, ca. 1,6–1,7 Mio. Jahre alt, in Südostspanien (Orce) gefunden. Sehr interessant sind auch Steinwerkzeuge aus Ubeidiya am Südrand des Sees Genezareth im Norden Israels, deren Alter auf bis zu 2 Mio. Jahre geschätzt wird. Dies kann als Hinweis auf Siedlungsspuren von *H. ergaster* im damals grünen Jordantal gedeutet werden. Steinwerkzeuge vom Nordufer des Sees Genezareth sind ca. 780.000 Jahre alt und deuten auf einen weiteren Vorstoß afrikanischer Populationen in den Nahen Osten hin. Außerdem gibt es bis zu ca. 1 Mio. Jahre (Übergang vom unteren zum mittleren Pleistozän) alte Funde in Spanien (Gran Dolina, Atapuerca) und in Italien (Ceprano), die ähnlich alt sind wie manche chinesischen *H.-erectus*-Funde (Lantian, älteste Funde Zhoukoudian u. a.). Die Werkzeuge dieser Menschen blieben relativ primitiv. Die hier genannten west- und südeuropäischen Menschenfunde werden von manchen Paläoanthropologen *H. antecessor* (s. unten) oder *H. erectus* zugezählt.

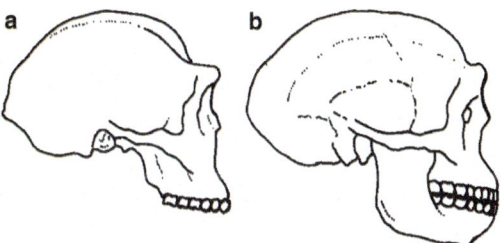

Abb. 5.24 a, b. Einfache Skizze der Schädel von *Homo ergaster* (**a**) und *Homo erectus* (**b**), um wichtige Unterschiede deutlich zu machen

Die Funde von Dmanisi (*Homo ergaster*?, „*Homo georgicus*"). Im Jahr 1991 entdeckten Forscher bei Grabungen in der mittelalterlichen Ruinenstadt Dmanisi (ca. 80 km südwestlich von Tiflis in Georgien) einen Unterkiefer, der zunächst *Homo erectus* zugeschrieben wurde und der aller Wahrscheinlichkeit nach ein Alter von 1,8–1,7 Mio. Jahre hat. Im Jahr 2000 wurden zwei ähnlich alte Schädel und 2002 sowie 2005 weiteres Schädelmaterial gefunden. Damit war ein sehr früher Nachweis eines Angehörigen der Gattung *Homo* außerhalb Afrikas gelungen. Ein ähnliches Alter weisen auch frühe noch „*ergaster*"-ähnliche *Homo-erectus*-Funde auf Java und in China auf, was darauf hindeutet, dass die Auswanderung aus Afrika und die Besiedlung Ost- und Südostasiens relativ rasch erfolgte. Die Schädel sind flach; einer, vermutlich der eines männlichen Individuums, zeigt ausgeprägte Überaugenwülste, die Schädelvolumina schwanken zwischen ca. 650 cm³ und 780 cm³. Die Volumina des Schädels von 2002 liegen bei ca. 600 cm³. Diese Zahlen liegen unter den typischen Werten von *Homo erectus* (ca. 800–1200 cm³). Es wird vermutet, dass diese Menschen ca. 1,50 m groß waren. Zusammen mit dem Skelettmaterial wurden primitive Steinwerkzeuge vom Typ der Oldowan-Kultur gefunden.

Abb. 5.25 Solo-Fluss bei Trinil (Ostjava), in dessen Uferböschung Eugene Dubois 1891 Skelettreste von *H. erectus* entdeckte

Eine verbreitete Theorie geht davon aus, dass es sich bei diesen Dmanisi-Funden noch um *H.-ergaster*-ähnliche, vielleicht sogar *H.-habilis*-ähnliche Formen handelte. Die Entdecker der Funde bezeichnen die in Georgien gefundenen Menschenformen auch als „*Homo georgicus*".

Homo erectus wurde 1891 vom niederländischen Militärarzt Eugene Dubois (ab 1899 Professor für Mineralogie, Geologie und Paläontologie in Amsterdam) in der Uferböschung des Soloflusses am Dorfrand von Trinil (bei Ngawi, Ostjava, **Abb. 5.25**) entdeckt. Die Funde wurden zunächst als *Pithecanthropus erectus* bezeichnet. Wenige Jahrzehnte später wurde Fundmaterial von *H. erectus* in Zhoukoudian bei Peking entdeckt und hier zunächst mit der Bezeichnung *Sinanthropus pekinensis* versehen. Um die Bearbeitung des bis ca. 1940 gefundenen chinesischen Materials, das in den Wirren der japanischen Besetzung Chinas im 2. Weltkrieg größtenteils verloren ging, hat sich insbesondere der Anatom Franz Weidenreich (1873 bis 1948) mit Veröffentlichungen von 1936 bis 1943 verdient gemacht. Wesentliche Erkenntnisfortschritte zu den javanischen *H.-erectus*-Funden stammen von Gustav H. R. von Koenigswald und in jüngerer Zeit von den indonesischen Wissenschaftlern T. Jacob und F. Aziz.

Wie oben angedeutet, geht eine verbreitete Theorie davon aus, dass *H. erectus* sich in Ostasien entwickelt hat und sich von *H. ergaster* ableitet; es ist daher anzunehmen, dass es Übergangsformen gab. Vermutlich erfolgte die Auswanderung der Vorform aus Afrika verhältnismäßig rasch, denn neuere Datierungen der *H.-erectus*-Funde aus China und Java deuten z. T. auf ein Alter von bis zu 1,9 Mio. Jahren hin, die ältesten *H.-ergaster*-Funde in Afrika sind nur wenig älter. Vielleicht war verstärkte vulkanische Aktivität im ostafrikanischen Graben die Ursache für die Auswanderung. Zwischen Afrika und Ost- bzw. Südostasien wurden bisher keine sicheren Skelettreste von *H. erectus* gefunden, jedoch gibt es alte Steinwerkzeuge aus Israel (z. B. Ubeidiya am See Genezareth, 1,4 Mio. Jahre alt), Zentralsyrien (El Kowm, über 1 Mio. Jahre alte Siedlungsspuren, mindestens 500.000 Jahre alte Steinwerkzeuge von z. B. erstaunlicher Ästhetik), Saudi-Arabien (600.000–900.000 Jahre alt), Indien (Isampur-Steinbruch,

400.000–600.000 Jahre alt) und aus Thailand (700.000 Jahre alt).

H. erectus hat einen relativ langen, niedrigen Schädel, dessen größte Breite ziemlich tief lag. Der Schädel trägt oft in der Mittellinie des Daches eine Art flacher Kiel, der nichts mit dem Ursprung der Kaumuskulatur zu tun hat. Über den Augen befindet sich ein kräftiger Überaugenwulst. Postorbital ist eine sehr deutliche Einschnürung des Schädels zu sehen. Die Schädelknochen sind fast doppelt so dick wie beim modernen *H. sapiens*. Das Gebiss ist erkennbar kräftiger als beim heutigen Menschen. Die Molaren weisen eine eigentümliche Schmelzrunzelung auf. Das Kinn fehlt. Die Schädelkapazität der älteren und mittelpleistozänen Formen liegt bei ca. 800–1000 cm^3, und bei jüngeren Funden (z. B. Ngandong) werden ca. 1250 cm^3 erreicht.

Homo erectus auf Java. Die wichtigsten javanischen Funde stammen aus dem Gebiet des Sangiran-Domes, einer leichten Erhebung in einer Senke des Soloflusses, ca. 15 km östlich von Solo unmittelbar nördlich des Vulkans Gunung Lawi. Das Gebiet ist zum Weltkulturerbe erklärt worden. Der Name Sangiran bezieht sich auf das Dorf **Sangiran**. Dort erinnert ein kleines Museum, das 1980 gebaut wurde, an die Funde, die hier seit ca. 1935 (damals von Gustav H. R. v. Koenigswald) bis heute gemacht wurden. Die Stratigraphie des Sangiran-Gebietes ist inzwischen recht gut bekannt. Die Schichten sind insgesamt gut 2 Mio. Jahre alt. Die ältesten Ablagerungen (Kalibeng) mit marinen oder Brackwasserorganismen, z. B. *Turritella*, *Nassarius*, Haien und Krabben, sind gut 2 Mio. Jahre alt und noch im späten Pliozän anzusiedeln. Es folgen ab einer Zeit von vor ca. 1,9–1,8 Mio. Jahren Süßwasserablagerungen, wie sie für Ufer von Seen typisch sind (Sangiran[= Pucungan]-Formationen). Hier lebten u. a. Flusspferde, Nashörner, Stegodonten, Hirsche und Schweine, und hier siedelte auch schon *Homo erectus*; wobei interessant ist, dass diese frühen Vertreter noch deutliche Anklänge an *H. ergaster* aufweisen sollen. Es folgen Ablagerungen aus Flusslandschaften, die einen Zeitraum zwischen 1,5 Mio. und 800.000 Jahren vor heute umfassen (Bapang[= Kabuh]-Formationen, sandige Konglomerate), die zahlreiche *Homo-erectus*-Funde lieferten.

In Sangiran wurde also eine ganze Abfolge von *H.-erectus*-Funden (bisher ca. 100 Einzelfunde, bisher nur Schädelmaterial) ans Tageslicht gebracht; die ältesten *H.-erectus*-Fossilien sind nach neuen Datierungen ca. 1,8 Mio. Jahre alt (Schädelkapazität gut 800 cm^3), die meisten Funde entstammen der Bapang-Formation und sind ca. 1–1,5 Mio. Jahre alt. Sie sind fortschrittlicher als die älteren Funde und hatten eine Schädelkapazität von ca. 900 cm^3. Sie entsprechen hinsichtlich Alter und Schädelkapazität den *H.-erectus*-Funden, die Dubois in Trinil östlich von Sangiran gemacht hatte. Ab einer Zeit von vor 800.000 Jahren sind im Sangirangebiet keine *H.-erectus*-Fossilien mehr gefunden worden. Vielleicht hat sich *H. erectus* um diese Zeit aufgemacht und Inseln östlich von Java besiedelt. Auf Flores wurden einerseits ca. 800.000 Jahre alte Steinwerkzeuge gefunden, und andererseits die rätselhaften viel jüngeren ca. 13.000–95.000 Jahre alten *Homo*-Funde (*H. floresiensis*), deren Deutung noch umstritten ist. Erwähnenswert ist noch der Fund des Schädels eines Kindes aus Flussablagerungen bei **Mojokerto** (Ostjava bei Surabaya), dessen Alter auf 1,8 Mio. Jahre berechnet wurde und das auch dem frühen *H. erectus* auf Java zugehört.

Die ältesten *H.-erectus*-Funde (noch *H.-ergaster*-ähnlich; s. oben) auf Java sind also ähnlich alt wie die von *H. ergaster* in Afrika. *Homo erectus* könnte in 15.000 Jahren von Kenia nach Java gelangt sein, wenn man eine Ausbreitung von 1 km/Jahr annimmt.

Rätsel geben *Homo-erectus*-ähnliche spätpleistozäne Funde aus der Gegend um **Ngandong** (am Solofluss, ca. 50 km östlich von Sangiran) und aus Sambungmacan auf. Die Ngandong-Funde wurden zwischen 1931 und 1933 gemacht und sind nach neuen Altersbestimmungen wohl nur 27.000–53.000 Jahre alt. Gefunden wurden 12 Schädelkalotten, die von Schädeln abgebrochen wurden und vielleicht als Wasserschalen dienten. Die Kalotten gehörten zu Schädeln, deren Volumen bei ca. 1010–1200 cm^3 lag. Sie wurden zusammen mit Steinwerkzeugen und vielen Säugetierknochen gefunden. Die Schädelkalotten sind z. T. sehr gut erhalten und ähneln in vieler Hinsicht denen von *H. erectus*, vermutlich sind sie letzte überlebende Reste dieser vielgestaltigen Menschenart. Die Überaugenwülste waren sehr kräftig, und die Knochen der Schädelkalotten sind, wie bei *H. erectus*, sehr dick. Es wird auch vermutet, dass diese Funde eine eigene Art (*H. soloensis*), die sich von *H. erectus* herleitet, repräsentieren.

Aus **Sambungmacan** wurden 2001 und 2003 zwei recht gut erhaltene Schädel (SM3 und SM4) von *H. erectus* mit einer Kapazität von 920 cm^3 (SM3) bzw. 1006 cm^3 (SM4) beschrieben. Bei SM3 wurde Asymmetrie der Großhirnhemisphären und ein vergrößertes Broca-Areal links festgestellt, was als Hinweis auf erhöhte kognitive und differenzierte Sprachfähigkeiten angesehen werden kann. Die Altersangaben der Sambungmacan-Funde schwanken zwischen 300.000 und 800.000 Jahren. Hier gefundene Steinwerkzeuge sollen auch um 800.000 Jahre alt sein.

Eine im Kreis der javanischen Funde umstrittene ca. 1 Mio. Jahre alte Form ist „*Meganthropus*". Heute werden diese Schädelfragmente aus Sangiran oft einer Unterart von *H. erectus*, *H. erectus palaeojavanicus*, zugezählt. Sie deuten auf relativ große und schwere Menschen hin, was jedoch hypothetisch ist und von wenigen Zahn-, Mandibel- und Schädelfragmenten extrapoliert wurde.

Homo erectus in China. Ab ca. 1920 wurde in **Zhoukoudian** bei Peking eine große Zahl von Skelettresten des *H. erectus* gefunden und einige jahrzehntelang als *H. pekinensis* bezeichnet (es bleibt abzuwarten, ob man nicht auf diese Bezeichnung zurückkommen wird). Sie weisen durchaus eigene Merkmale auf und stammen aus Ablagerungen eines größeren Höhlenkomplexes aus dem mittleren Pleistozän und sind 780.000 (älteste Schicht) bis ca. 410.000 (jüngste Schicht) Jahre alt. Die Schädelkapazitäten variieren von 915–1225 cm^3, sind also größer als die (älteren) javanischen Funde (Sangiran, Trinil). Die Schädelknochen sind, wie die der Java-Funde, sehr dick; auffallend sind ein kräftiger Überaugenwulst, eine deutliche postorbitale Einschnürung, das fliehende Kinn und kräftige Zähne (◘ Abb. 5.22e). Insgesamt sind die Schädelstrukturen kräftiger als die javanischen Schädel.

Die ersten Funde in Zhoukoudian wurden 1929 von dem chinesischen Paläontologen Wenzhong Pei gemacht. Vor dem 2. Weltkrieg hat dann in Zhoukoudian v. a. der kanadische Anatom Davidson Black (1844 bis 1934) gegraben, das Material war insbesondere von dem aus politischen Gründen emigrierten deutschen Anatomen Franz Weidenreich bearbeitet worden, der sehr gute Abgüsse der Funde gemacht hat, die noch existieren. Leider sind viele der Originalfunde in den Wirren nach dem Einmarsch der japanischen Armee in China (1941) verloren gegangen. Nach derzeitigem Kenntnisstand sind sie beim Transport in die USA im Pazifik versunken.

Ähnliche, ca. 400.000–600.000 Jahre alte *H.-erectus*-Funde wurden in der **Jiangshi**-Höhle (Provinz Hubei) mit *Gigantopithecus*-Resten und der **Tham-Khuyen**-Höhle in Vietnam (auch mit *Gigantopithecus*-Resten) gefunden. Außerdem stammen mittelpleistozäne *H.-erectus*-Funde aus **Yiyuan**, Shandong (ca. 450.000 Jahre alt), **Tangshan** bei Nanking (600.000 Jahre alt), **Yunxian** (Provinz Hubei, um 400.000 Jahre alt) und **Hexian** (Provinz Anhui, gut 400.000 Jahre alt). Die Hexian-Funde (Longtang-Höhle) repräsentieren mehrere Individuen und zeigen sowohl Merkmale von *H. erectus* als auch Anklänge an *H. heidelbergensis*.

In dem großen Höhlensystem von Zhoukoudian wurden mehrheitlich kleinere Schädel- und Unterkieferfragmente gefunden, postcraniale Skelettteile fehlen weitgehend. Dies führte zur Vermutung, dass die *H.-erectus*-Funde Fraßreste der löwengroßen Hyäne *Pachycrocuta brevirostris* sind, die in den Höhlen gelebt hat. Auch rezente Tüpfelhyänen fressen Extremitätenknochen oft völlig auf, so dass von ihnen keine Spuren bleiben. In einigen Höhlen von Zhoukoudian hat aber wahrscheinlich auch *H. erectus* gelebt und hier Feuerstellen unterhalten. In entsprechenden Ascheschichten wurden auch Knochen von kleinen Tieren (z. B. Igeln, Fröschen, Rodentiern und Hasen) gefunden, die neben Großwild wahrscheinlich auf der Speisekarte standen. Auch Reste von Straußeneiern wurden gefunden. Einfache Steinwerkzeuge wurden in einigen Höhlen in größerer Zahl nachgewiesen. Das Klima war vermutlich gemäßigt und z. T. kalt.

Sehr alte chinesische Funde von H. erectus aus dem unteren Pleistozän stammen u. a. aus:

- der **Longgupo**-Höhle am Yangtse-Fluss (östliches Sechuan), Mandibel und spärliche Zähne, wahrscheinlich ca. 1,9 Mio. Jahre alt und somit aus dem frühesten Pleistozän, zeigt deutliche Anklänge an *H. ergaster*, vielleicht sogar an *H. habilis*. Der Fund wird mitunter auch als „Prä-Erectus" bezeichnet. Steinwerkzeuge sind vom Oldowan-Typ. In der gleichen Fundschicht wurden Zähne von *Gigantopithecus* gefunden.

- der **Nihewan**-Senke (Nordchina, Fundort u. a. Xiangchangliang), hier nur sehr altertümliche Steinwerkzeuge, ca. 1,36 Mio. Jahre alt.
- **Gongwangling** und **Chenjiawo** in der Region **Lantian** (Provinz Shansi), Schädelfragment, ca. 1,15 Mio. Jahre alt. Schädelkapazität ca. 780 cm^3.
- **Yuanmou** (Provinz Yunnan), Zähne und Fragmente von Extremitätenknochen, ca. 1,7 Mio. Jahre alt.
- Noch älter, ca. 2,25 Mio. Jahre, sind vermutlich Steinwerkzeuge aus **Renzidong** (Renzi-Höhle) in der Provinz Anhui.

Jüngere chinesische H.-erectus-Funde stammen u. a. aus:
- **Jinniushan**, 280.000 oder 150.000 Jahre alt, Schädelkapazität ca. 1400 cm^3.
- **Dali** (Provinz Shansi), ca. 200.000 – vielleicht auch nur 41.000–71.000 – Jahre alt. Wird mitunter einem „archaischen" *H. sapiens* zugeordnet.
- **Maba** (Provinz Guangdong), ca. 132.000 Jahre alt, wiederholt wurde auf anatomische Ähnlichkeiten mit den Neandertalern hingewiesen. Typische Neandertaler wurden auch in Zentralasien (Okladnikov-Höhle) gefunden (Krause et al. 2007b), und aus dem Altaigebirge (Denisovahöhle) stammt möglicherweise bis zu 300.000 Jahre altes menschliches Fundmaterial („Denisovanern"), das an Neandertaler erinnert (s. **Abschn. 5.6.4**).
- **Changyang** (Provinz Hubei), ca. 195.000 Jahre alt.

Die jüngeren Funde von *H. erectus* stammen aus der Zeit zwischen ca. 280.000 und 85.000 Jahren vor heute. Sie werden unterschiedlich gedeutet, z. T. als fortschrittlich entwickelte *H. erectus*. Seit einiger Zeit wird ihre Ähnlichkeit mit *H. heidelbergensis* betont, z. T. werden sie als archaische *H. sapiens* angesehen. Manche Forscher, speziell Anhänger der multiregionalen Entstehung des modernen Menschen, sehen sie als Übergangsform zwischen *H. erectus* und *H. sapiens* in Ostasien.

Zu den 1984 gemachten Funden in Jinniushan (Provinz Liaoning, Nordostchina) gehört ein fast

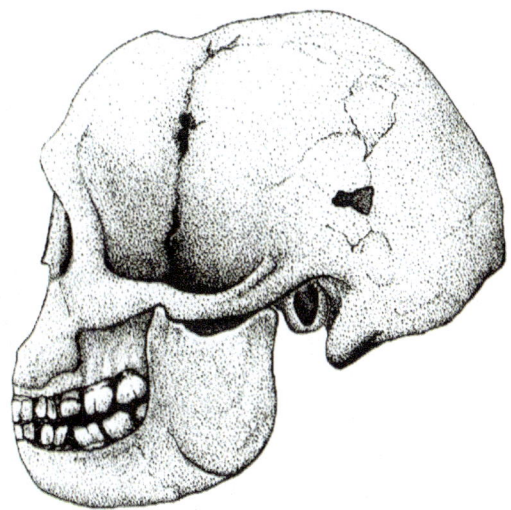

Abb. 5.26 Schädel des kleinen Flores-Menschen (Schädelkapazität ca. 420 cm^3)

vollständiges, wohl weibliches Skelett. Der Knochenbau wirkt robust, das Körpergewicht betrug ca. 77 kg, die Schädelkapazität ca. 1300 cm^3. Die Stirn war noch relativ flach, die Überaugenwülste kräftig. Die Altersangaben schwanken zwischen 280.000 und 150.000 Jahren vor heute. An der Fundstelle wurden Hinweise auf den Gebrauch von Feuer, verbrannte Tierknochen und Steinwerkzeuge gefunden. Das Gesicht des Dali-Schädels war kurz, der Überaugenwulst kräftig, die Stirn flach, die Schädelknochen sind wie bei *H. erectus* sehr dick, die Schädelkapazität lag bei ca. 1120 cm^3. Insgesamt ähnelt dieser Schädel durchaus dem vom europäischen *H. heidelbergensis*, manche Forscher weisen sogar auf einzelne Merkmale hin, die denen von Neandertalern ähneln. Ähnlich sieht das Schädelfragment von Maba aus.

Homo floresiensis

Im Jahr 2003 fanden australische Paläoanthropologen in der Liang-Bua-Höhle auf Flores Skelettreste von auffallend kleinen Menschen, die nach derzeitigem Kenntnisstand der Gattung *Homo* angehören (**Abb. 5.26**). Bisher kennt man Reste von sieben Individuen. Die ältesten Skelettfunde sind vermutlich ca. 38.000 (vielleicht sogar älter), die jüngsten wahrscheinlich 12.000 Jahre alt. Begleitende archäologische Funde (Steinwerkzeuge) sind ca. 13.000–

95.000 Jahre alt. Möglicherweise lebten diese kleinen Menschen sogar noch eine gewisse Zeit lang zusammen mit den modernen Menschen auf Flores. Ursachen für ihr Aussterben kennt man nicht (Vulkanausbruch oder mangelnde Konkurrenzfähigkeit mit *Homo sapiens*?). Diese Menschen waren im Erwachsenenalter ca. 106 cm groß, hatten also eine ähnliche Größe wie *A. afarensis* und *H. habilis*. Die Auswertung aller Messbefunde am Skelett und der Vergleich mit anderen frühen Menschenarten ergab Folgendes: Die Schädelmerkmale ähneln am ehesten denen von *Homo ergaster*, z. T. sogar *H. habilis* die übrigen Skelettmerkmale denen von *Australopithecus gahri*, ein Kinn fehlt. Die Füße waren flach und lang. Ein Endocranialausguss lässt ein Hirnvolumen von 380 – 410 cm³ vermuten. Bemerkenswert ist der ausgedehnte präfrontale Cortex, ein heteromodaler Assoziationscortex, in dem Funktionen wie Kognition, Handlungsplanung und Verarbeitung von Erfahrungen lokalisiert sind. Alles spricht derzeit dafür, dass es sich um eine eigene Art (*Homo floresiensis*, den Flores-Menschen) handelt. Begleitfunde lassen vermuten, dass *Homo floresiensis* Stein- und Holzwerkzeuge benutzte, in Gemeinschaften Tiere bis hin zu *Stegodon* jagte und das Feuer beherrschte. All dies ist angesichts des kleinen Hirnvolumens sehr erstaunlich und rätselhaft.

Es gibt verschiedene Interpretationen dieser Funde. Die Auffassung einzelner Wissenschaftler, dass es sich um pathologisch mikrocephale oder debile moderne Menschen handele, wird von vergleichend morphologisch arbeitenden Experten abgelehnt. Derzeit werden verschiedene Überlegungen diskutiert. Vielleicht handelt es sich um eine Zwergform von *Homo erectus*, die sich isoliert auf Flores herausgebildet hat und deren Vorfahren vermutlich vor ca. 1 Mio. Jahren auf diese Insel gelangten. Dass die Insel lange besiedelt ist, dafür sprechen ca. 800.000 Jahre alte Steinwerkzeugfunde. Solche Zwergformen gibt es auf isolierten Inseln von verschiedenen Säugetieren, z. B. die Zwergelefanten auf Malta und Kreta. Die oben genannte Auswertung aller verfügbaren Skelettmerkmale ergab aber keine spezifischen Übereinstimmungen mit *H. erectus*. Nicht unwahrscheinlich ist, dass *H. floresiensis* schon vor ca. 2 Mio. Jahren von Afrika aus Flores (und vermutlich andere Regionen Südostasiens) erreicht hat. Er geht möglicherweise auf eine relativ kleine Vorform zurück, die z. T. *H. ergaster* und *H. habilis* ähnelte, aber im postcranialen Skelett noch Australopithecinen-Merkmale besaß. Es gibt übrigens noch heute auf Flores, Sumatra und anderen südostasiatischen Inseln Sagen und Überlieferungen von sehr kleinen Menschen. Vielleicht sind das Hinweise auf die ehemalige Existenz weiterer Zwergformen des Menschen in der Inselwelt Indonesiens. Die Diskussion über *H. floresiensis* ist keineswegs abgeschlossen.

Homo antecessor und andere archaische Formen

Frühe Funde der Gattung *Homo* in Europa. Ein besonders schwieriges Kapitel ist die Bewertung der ältesten in Europa gemachten Funde der Gattung *Homo*. Einem Konzept zufolge repräsentieren sie die Art *Homo antecessor*, der sich aus *Homo ergaster* entwickelt hat.

EXKURS 5.8

Multiregionale und *Out-of-Africa*-Theorie

Unter der multiregionalen Theorie der Entstehung des modernen Menschen wird verstanden, dass die heutigen Menschen getrennt an verschiedenen Stellen der Erde entstanden sind, aber alle von einem ca. 1 Mio. Jahre alten Vorfahren abstammen. Die verschiedenen Fossilfunde des Menschen aus den letzten 1 Mio. Jahren stellen also bestenfalls morphologisch unterscheidbare Populationen einer Art dar; alle diese Populationen blieben stets in einem genetischen Zusammenhang. Zum Teil findet sich sogar die prononcierte Auffassung, dass alle modernen Menschen aus fossilen Populationen des *H. erectus* (oder *H. ergaster*) an verschiedenen Stellen der Erde entstanden (◘ Abb. 5.23). Dies sei mittels einer stetigen graduellen Höhenentwicklung (Anagenese) erfolgt, in deren Verlauf sich eine (ältere) Art in eine neue (jüngere) Art umgewandelt habe.

EXKURS 5.8 (Fortsetzung)

Dagegen steht die *Out-of-Africa*-Theorie, derzufolge alle Ethnien des modernen Menschen von einem frühen *H. sapiens* aus Afrika abstammen. Die *Out-of-Africa*-Theorie ist vereinbar mit der *Replacement*-Hypothese, die besagt, dass es verschiedene früh- und mittelpleistozäne *Homo*-Arten gab und dass vor ca. 150.000–200.000 Jahren in Afrika *H. sapiens* entstand, der alle anderen noch existierenden *Homo*-Arten schließlich verdrängte bzw. „ersetzte" (*replacement*).

Die *Out-of-Africa*-Theorie wird durch biochemische, molekularbiologische und morphologische Daten gestützt. Bei der genetischen Analyse des Menschen wurde 1983 zunächst die mitochondriale DNA (mtDNA) aus unterschiedlichen Populationen durch Restriktionsanalyse (s. **Abschn. 4.1.2**) bearbeitet. Es stellte sich heraus, dass die Variation der mtDNA bei den rezenten menschlichen Populationen vergleichsweise gering ist; die genetischen Distanzen deuteten auf einen gemeinsamen Ursprung vor ca. 200.000 Jahren hin. Innerhalb der untersuchten Populationen weisen die afrikanischen Populationen die größte genetische Variation auf. Dieser Befund macht wahrscheinlich, dass die afrikanischen Populationen älter sind als die übrigen menschlichen Populationen und sich der moderne *Homo sapiens* demnach von afrikanischen Vorfahren ableitet. Auch die Sequenzierung des mitochondrialen Genoms zeigt, dass die Sequenzen schwarzafrikanischer Individuen basal stehen und die größten genetischen Distanzen aufweisen. Die Auswanderung des modernen Menschen aus Afrika wird über die molekulare Uhr (s. **Abschn. 4.1.2**) auf die Zeit zwischen 100.000 und 60.000 Jahren datiert. Eine Zeitskala für die Evolution des modernen Menschen ist in ◘ **Abb. 5.33a** gezeigt.

Die Tatsache, dass die Mitochondrien praktisch nur von der Mutter vererbt werden, bedeutet, dass die Mitochondrien aller lebender Menschen Kopien eines Mitochondriums einer einzigen Frau in der Vergangenheit des Menschen sind („mitochondriale Eva"), ein etwas irreführender Name, da sie nur die „Mutter" unserer Mitochondrien ist; unsere chromosomalen Gene stammen von vielen „Müttern" in der Population, in der sich auch die mitochondriale Eva befand.

Die Mutationen in der mitochondrialen DNA erlauben, die Abstammung der Mitochondrien zu rekonstruieren. Solche Rekonstruktionen werden manchmal Genbäume (*gene trees*) genannt und ermöglichen auch, die Zeit zu berechnen, welche die Mutanten trennt. Man kann berechnen, wann die mitochondriale Eva gelebt hat; eine Korrelation mit der Entstehung der Art *H. sapiens* besteht nicht, vielleicht lebte sie lange nach Entstehung unserer Art, vielleicht sogar früher.

Die Aussagekraft der mitochondrialen DNA-Daten zur Phylogenie des Menschen wurde anfänglich von verschiedenen Wissenschaftlern aus verschiedenen Gründen angezweifelt. Aber die Analysen von nukleärer DNA des männlichen Y-Chromosoms, des Dystrophiegens und verschiedene Mikrosatellitenanalysen bestätigen die *Out-of-Africa*-Hypothese weitgehend.

Wahrscheinliche Zeitpunkte der Ausbreitung und der Beginn der kulturellen Evolution des modernen Menschen sind in ◘ **Abb. 5.33a, b** zusammengefasst. Eine zusätzliche Analyse der menschlichen Sprachen durch Cavalli-Sforza fand eine erstaunliche Übereinstimmung zwischen den DNA-Gruppierungen und der Struktur der Sprachen. Auch dieser Befund legt nahe, dass die *Out-of-Africa*-Hypothese stimmt, wohingegen die multiregionale Evolutionshypothese nicht zutreffend ist.

Dennoch betonen Anhänger der multiregionalen Evolution des modernen Menschen, dass betreffs der tatsächlichen biologischen Eigenständigkeit der verschiedenen beschriebenen fossilen Arten der Gattung *Homo* Unsicherheit herrsche und dass zumindest genetische Beiträge verschiedener ausgestorbener Formen zum modernen Menschen nicht auszuschließen sind. Diese Beiträge könnten an verschiedenen Stellen der Erde unterschiedlich sein. Besonders hartnäckig hält sich die Auffassung, dass speziell in Ostasien Mechanismen der multiregionalen Evolution am Werke waren. Das letzte Wort zur Entstehung des modernen Menschen ist also wohl noch nicht gesprochen.

Die *H.-antecessor*-Funde in Spanien sind ca. 780.000–790.000 Jahre alt und stammen aus dem frühen Pleistozän. Entdeckt wurden sie 1995 in der **Gran-Dolina-Höhle** in der Sierra Atapuerca bei Burgos. Eine ausführliche Beschreibung erfolgte 1997. Der Status von *H. antecessor* wird noch sehr kontrovers diskutiert. Wenn es sich um eine eigene Art handeln sollte, wäre *H. antecessor* ein sehr früher Vertreter der Gattung *Homo* in Europa. Seine Überreste wurden zusammen mit einfachen Prä-Acheuléen-Steinwerkzeugen gefunden. Die Rekonstruktion des Skeletts hat ergeben, dass der erwachsene *H. antecessor* ca. 175 cm groß war und dass seine Schädelkapazität deutlich über 1000 cm^3 lag. Der Gesichtsschädel sowie Hände und Füße sind modern, die Nase sprang deutlich vor. Ob ein Kinn vorhanden war, ist nicht bekannt. Die Stirn war wohl fliehend, die Überaugenwülste nicht sehr stark ausgeprägt.

In Spanien wurden weitere schwer einzuordnende, z. T. sehr alte Funde (Knochen und Werkzeuge) gemacht. Ein wichtiger Fundort ist **Orce** (Andalusien), wo vielleicht sogar ca. 1,6 Mio. Jahre alte Skelettreste und Steinwerkzeuge gefunden wurden, die sogar mit *H. ergaster* in Verbindung gebracht werden (s. **Abschn. 5.6.4**). Die Skelettreste werden auch anderen Säugern, insbesondere Pferden, zugeschrieben.

Die Entdecker der Funde von *H. antecessor* halten es für wahrscheinlich, dass *H. antecessor* aus Afrika kommend (vielleicht sogar über die Meerenge von Gibraltar) ungefähr vor gut 1 Mio. Jahren in Südeuropa auftauchte und sich von *H. ergaster* herleitet. Weiterhin wird spekuliert, dass sich aus *H. antecessor* einerseits *H. sapiens* und andererseits – über *H. heidelbergensis* – *H. neanderthalensis* entwickelt haben könnte. *Homo sapiens* würde sich von einer afrikanischen *H.-ergaster*- bzw. *H.-antecessor*-Population herleiten. Eine solche Form wird vielleicht durch die ca. 1,8 Mio. Jahre alten Werkzeugfunde in **Ain Hanech** (Algerien) und die fragmentarischen Schädel- und Werkzeugfunde (700.000 Jahre alt) von **Tighenif** (Algerien) repräsentiert. Diese Gedanken sind in hohem Maße hypothetisch. Zu der Vermutung, dass vor ca. 1 Mio. Jahren eine erste *Homo*-Art in Südeuropa auftauchte, passen Funde fossiler Menschen aus **Ceprano** bei Rom, die ca. 800.000 Jahre alt sind. In diesen Kreis gehören dann vermutlich auch weitere nordwestafrikanische Funde aus **Tanger** (ca. 400.000 Jahre alt), dem Thomas-Steinbruch bei **Casablanca** (400.000 Jahre alt) und von anderen Fundstellen (**Rabat, Sal, Sidi Abderrahman**). All diese nordwestafrikanischen Funde wurden in der Vergangenheit auch „*Atlanthropus mauritanicus*" genannt. Die Funde von Tanger und dem Thomas-Steinbruch werden allerdings manchmal auch zu *H. heidelbergensis* gestellt, wie übrigens auch der *H. antecessor*. Vereinzelt wird auch der ganze Komplex der nordwestafrikanischen Funde unter dem Namen *H. mauritanicus* zusammengefasst.

Es wird auf alle Fälle deutlich, dass ein engerer Zusammenhang zwischen *H. ergaster*, *H. erectus*, *H. antecessor* und auch *H. heidelbergensis* sowie *H. rhodesiensis* (s. unten) – und somit auch *H. neanderthalensis* sowie *H. sapiens* – besteht. Von einzelnen Forschern wird dieser Zusammenhang dahingehend interpretiert, dass die genannten Arten keine getrennten Arten sind, sondern nur Varianten einer einzigen polytypischen Art.

Homo heidelbergensis

Der Zeitraum, in dem *H. heidelbergensis* lebte, liegt ungefähr zwischen ca. 600.000 und 200.000, vielleicht sogar noch vor weniger als 100.000 Jahren vor unserer Zeit. In morphologischer Hinsicht ist *H. heidelbergensis* deutlich weiter entwickelt als *H. ergaster*. Manche Merkmale erinnern aber noch *H. ergaster*, andere an frühe *H. neanderthalensis*, wieder andere sogar an *H. sapiens*. Die Gesichtszüge sind relativ robust mit z. T. kräftigem Überaugenwulst (◘ **Abb. 5.27a**). Der Schädel war aber trotz zum Teil noch relativ niedriger Stirn eher abgerundet. Die Schädelknochen sind meist relativ dünn. Die Kaumuskulatur war nicht auffallend prominent, das Kinn fehlte. Die Schädelkapazität beträgt im Durchschnitt 1100–1200 (bis 1400) cm^3. Das heißt, dass die Kapazität im Durchschnitt deutlich größer war als bei *H. ergaster* und auch *H. antecessor*. Die Steinwerkzeuge sind noch relativ einfach (Acheuléen), aber die Speere, die in Schöningen bei Peine nahe Salzgitter gefunden wurden, zeigen, dass *H. heidelbergensis* schon sehr effektive und durchdachte Waffen bzw. Werkzeuge schaffen konnte. Die Begleitfunde (Elefanten, Nashörner, Wildschweine,

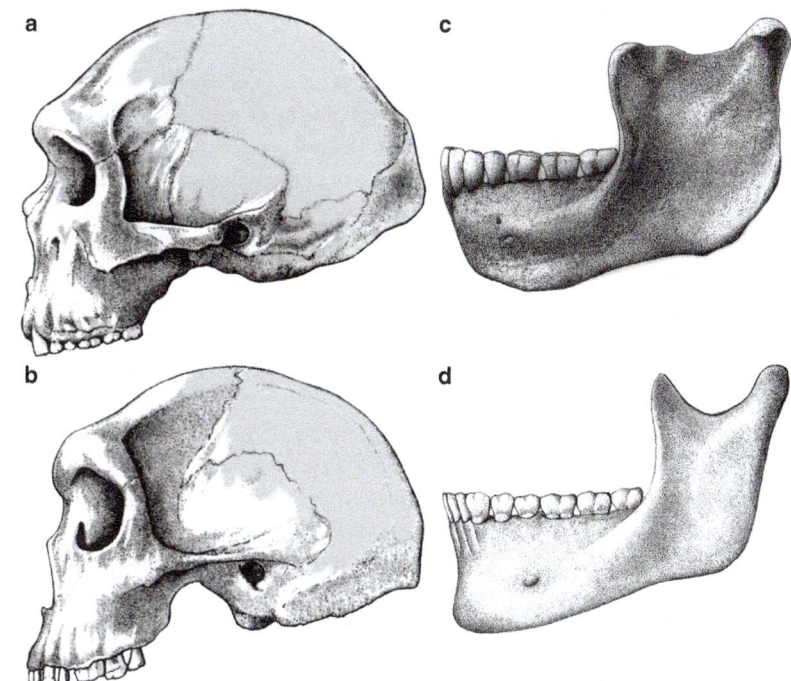

■ **Abb. 5.27 a–d. a.** Schädel von *Homo heidelbergensis* (Petralona, Chalkidike, Nordgriechenland). **b** Schädel von *Homo rhodesiensis* (Broken Hill, Kabwe, Sambia). **c** Unterkiefer von *Homo heidelbergensis*, klassischer Fund aus Mauer bei Heidelberg. **d** Unterkiefer des modernen Menschen, beachte das Kinn und den allgemein schlankeren Bau

Hirsche u. a.) zeigen, dass *H. heidelbergensis* Großwildjäger war. Zum Teil sind Spuren organisierter Großwildjagd erkennbar. Das Klima in Europa war zu Zeiten des *H. heidelbergensis*, also im mittleren Pleistozän, generell wärmer als heute, es gab jedoch auch Kälteperioden. Bilzingsleben (Thüringen), Terra Amata (bei Nizza) und Spuren in der Aragohöhle (Pyrenäenausläufer) weisen darauf hin, dass *H. heidelbergensis* schon feste Wohnplätze, vermutlich mit Feuerstelle, besaß.

Es ist derzeit noch umstritten, wie *H. heidelbergensis* zu definieren ist, und es ist schwer zu entscheiden, welche Funde dem *H. heidelbergensis* zuzuordnen sind. Nach Auffassung einer Reihe von Paläoanthropologen ist *H. heidelbergensis* eine rein europäische Art, die sich in Europa zu *H. neanderthalensis* weiterentwickelte. Andere Auffassungen sehen ihn als Ausgangsart sowohl von *H. sapiens* als auch von *H. neanderthalensis* und halten die Beschränkung auf Europa für nicht zwingend. Wenn *H. heidelbergensis* auch außerhalb Europas vorkam, dann ergibt sich das Problem der Benennung der afrikanischen und asiatischen Formen, die hinsichtlich Alter und Struktur *H. heidelbergensis* ähneln.

Homo-heidelbergensis-ähnliche Funde in Afrika (*H. rhodesiensis*), Indien, China und Indonesien. Für die afrikanischen Formen, die *H. heidelbergensis* ähneln, wird manchmal die Bezeichnung *Homo rhodesiensis* vorgeschlagen; oft werden diese schwer einzuschätzenden Formen auch „archaischer *Homo sapiens*" genannt. Sie sind auch deswegen schwer zu beurteilen, weil die Altersangaben oft unsicher sind und erheblich voneinander abweichen. Dennoch sind gerade afrikanische Formen besonders interessant, weil unter ihnen sehr wahrscheinlich die unmittelbaren Vorläufer von *H. sapiens* zu suchen sind.

Folgende Formen gehören zum Kreis von *H. rhodesiensis*: der schon 1931 gefundene Schädel von **Kabwe** (Zambia, früher „Broken-Hill" in Nordrhodesien, ■ **Abb. 5.27b**), dessen Altersdatierung sehr unsicher ist, er ist wohl mindestens 130.000 Jahre alt, könnte aber auch sogar 600.000 Jahre alt sein. Morphologisch wirkt der Schädel mit dem kräftigen Überaugenwulst und der flachen Stirn relativ altertümlich und „robust", und erinnert an *H. erectus* bzw. *H. ergaster* (s. **Abschn. 5.6.4**). Die Schädelkapazität lag aber bei ca. 1300 cm³ und die Schädelknochen waren relativ dünn. Beides erinnert an

H. sapiens. Ein sehr ähnlich aussehender Schädel aus **Bodo** (Äthiopien) wird auf ein Alter von ca. 600.000 Jahren geschätzt. Ein Schädelfragment aus **Florisbad**, Südafrika, ist wohl ca. 250.000 Jahre alt. Schädelmaterial aus **Saldanha** (Südafrika) ähnelt dem Kabwe-Schädel; das Alter ist unsicher, es beträgt vielleicht 500.000 Jahre. Die Schädelkapazität lag bei 1300 cm³. All diese Formen könnten auf *H. ergaster* zurückgehen.

Auch aus Asien wurden Funde beschrieben, die dem *H. heidelbergensis* ähneln. Aus Indien (vom Ufer des Flusses **Narmada** im Bundesstaat Madhya Pradesh) liegt eine Schädelkalotte vor, deren Alter noch nicht bekannt ist. Die Schädelkapazität wurde auf ca. 1200 cm³ berechnet. Morphologisch bestehen Übereinstimmungen mit Schädeln des europäischen *H. heidelbergensis*. Auch die Funde von **Ngandong** in Ostjava („*H. soloensis*") werden mitunter auf die Stufe von *H. heidelbergensis* gestellt, sie sind hier unter *H. erectus* dargestellt (s. **Abschn. 5.6.4**). Schließlich sind hier einige Funde aus China zu nennen, die in diesem Text unter *H. erectus* dargestellt werden, nämlich die Funde von **Jinniushan**, **Maba**, **Chanyang**, **Dali** u. a., deren Alter zwischen ca. 280.000 und 70.000 Jahren vor heute liegen dürfte (s. **Abschn. 5.6.4**).

Homo heidelbergensis **in Europa.** In Europa findet sich eine beträchtliche Anzahl an Fundstellen, insbesondere Mauer (bei Heidelberg), Schöningen (bei Helmstedt), Bilzingsleben (Thüringen), Sima de los Huesos (Atapuerca-Berge, Nordspanien), Torralba, Ambrona, Aridos u. a. (Spanien), Altamura (Italien), Swanscombe und Boxgrove (Südengland), Verteszölles (Ungarn), Petralona (Chalkidike, Griechenland), Apidima (Peleponnes), Arago (bei Tautavel, Südfrankreich), Biache (Frankreich) (Wagner et. al. 2007).

Der Unterkiefer von **Mauer** (**Abb. 5.27c**) wurde 1907 von Daniel Hartmann in der Kiesgrube Grafenrain entdeckt (das Museum im Rathaus von Mauer erinnert daran). Die sandigen Ablagerungen der Fundstelle stammen vom Ufer einer alten Neckarschleife. Der sehr kräftige Unterkiefer wird jetzt auf ein Alter von ca. 600.000 Jahren geschätzt. Diese Datierung stützt sich auf eine Reihe verschiedener Methoden. Der Fund stammt wohl aus einer Warmzeit des frühen Mittelpleistozän, einem Interglazial des Cromer-Komplexes (Maurer Waldzeit).

Die Begleitfunde sind sehr reichhaltig: Waldelefant (*Palaeoloxodon antiquus* = *Elephas antiquus*), Waldnashorn (*Stephanorhinus hundsheimensis*, ein wärmeliebendes Nashorn, das mit dem rezenten Sumatranashorn verwandt ist), *Equus mosbachensis* (ein großes Wildpferd), *Bison schoetensacki* (Waldbison), *Cervus elaphus* (Rothirsch), *Capreolus suessenbornensis* (ein Reh), *Hippopotamus amphibius* (Flusspferd, deutet auf milde Winter hin), *Ursus arctos* (Braunbär), *Canis lupus* (Wolf), *Panthera leo* (Löwe), *Trogontherium cuvieri* (Riesenbiber), *Castor fiber* (Biber).

Sehr intensiv wird seit ca. 30 Jahren die schon länger bekannte Fundstelle **Bilzingsleben** in Thüringen erforscht. Es wurden hier Schädelfragmente, Zähne und vor kurzem ein Unterkieferfragment von mittelpleistozänen Menschen gefunden, die *H. heidelbergensis* zugerechnet werden und die wohl mindestens 280.000, vielleicht ca. 350.000 Jahre alt sind. Abgesehen von den spärlichen Skelettresten wurden hier zahllose Werkzeuge aus Stein, Knochen, Geweihen und Holz gefunden. Analysen von Jagdfauna, Mollusken und Pollen lassen den Lebensraum dieser Menschen lebendig werden. Die Zeit entsprach einer Warmzeit, und zwar der Holstein-Warmzeit (speziell einer Phase, die Wacken-Warmzeit genannt wird), mit Wäldern, in denen Eichen, Fichten, Birken, Erlen, Ahorn und Pappeln sowie Haselnuss, Faulbaum und Flieder vorkamen. Die Menschen jagten Waldelefanten, Wald- und Steppennashörner, Wildpferde, Auerochsen, Rothirsche, Damhirsche, Rehe und Wildschweine, außerdem kamen hier Höhlenlöwen, Biber und Füchse vor. Auch Fische wurden verzehrt. Die Großwildjagd erfolgte vermutlich vor allem mit Hilfe von Speeren. Die Rekonstruktion der frühmenschlichen Siedlung bei Bilzingsleben ergibt die Existenz einfacher, runder Hütten und von Feuerstellen am Ufer eines flachen Sees. Ein runder, offenbar gepflasterter Platz im Zentrum der Siedlung diente vielleicht kultischen Zwecken.

In **Schöningen** (bei Peine) wurden in einer Braunkohleabbaustelle drei mindestens 380.000–400.000 Jahre alte, sehr gut erhaltene Speere gefunden. Es sind technisch hervorragende Wurfspeere mit Schwerpunkt am vorderen Ende. Sie sind gut 2 m lang und bestehen aus Fichtenholz. An der Fundstelle fanden sich außerordentlich viele Skelettreste von Pferden, die wohl die Jagdbeute der Hersteller dieser Speere waren.

Der fast vollständige Skelettfund (1993) von **Altamura** (Südostitalien) ist ca. 400.000 Jahre alt und zeigt schon morphologische Anklänge an den Neandertaler.

Besonders zahlreiche Funde (über 700 Einzelstücke) lieferten seit 1993 die Grabungen in der **Sima de los Huesos** („Höhle der Knochen") in den **Atapuerca-Bergen** bei Burgos in Nordspanien. Diese Höhle liegt in Nachbarschaft der Gran-Dolina-Höhle, in der *H. antecessor* gefunden wurde. Die Funde von Sima de los Huesos sind wahrscheinlich um 400.000 Jahre alt. Unter den Fundstücken sind auch drei gut erhaltene Schädel, deren Kapazität bei 1390 cm³ liegt. Ein fast vollständiges Becken hat einen Geburtskanal, durch den ein modernes Kind zur Welt kommen könnte. Die Deutung der Funde ist umstritten. Sie werden oft *H. heidelbergensis* zugeordnet, manche morphologische Merkmale (z. B. Zähne, Kiefer) erinnern an Prä-Neandertaler. Einige Forscher interpretieren diese Funde als Repräsentanten des „archaischen *H. sapiens*".

Das Schädelfragment von **Verteszölles** (15 km westlich von Budapest, Ungarn) ist ca. 400.000 oder nach anderen Schätzungen 185.000–210.000 Jahre alt. Es stammt vermutlich aus einer Phase mit gemäßigtem Klima im Mindel(Elster)-Glazial.

Ein Schädelfragment aus **Boxgrove** (Südengland) ist wahrscheinlich relativ alt; Altersdatierungen schwanken zwischen 515.000 und 485.000 Jahren. Begleitfunde stammen von Pferden, Nashörnern, Elefanten, Hyänen, Hirschen, Bären und Wölfen. Über 100 Steinwerkzeuge wurden an der Fundstelle geborgen.

Swanscombe liegt bei London, hier wurden in einer Kiesgrube drei Schädelknochen (Hinterhauptsbein und zwei Scheitelbeine) gefunden. Das Alter wurde auf 390.000 Jahre, die Schädelkapazität auf ca. 1250 cm³ geschätzt.

In der **Petralona-Höhle** (Chalkidike, Nordgriechenland) wurde 1959 ein recht gut erhaltener Schädel (◻ Abb. 5.27a) entdeckt, dessen Alter wahrscheinlich bei ca. 200.000 Jahren liegt. Die Angaben zur Schädelkapazität schwanken zwischen ca. 1155 und 1400 cm³. Der Schädel erinnert etwas an den von Kabwe und hatte eine relativ flache Stirn und kräftige Überaugenwülste. Auch auf der Peleponnes (bei **Apidima**) wurde ca. 300.000 Jahre altes Skelettmaterial gefunden, das vermutlich *H. heidelbergensis* angehört.

In der **Arago**-Höhle bei Tautavel (Südfrankreich) wurden verschiedene Skelettreste, darunter ein recht gut erhaltener Vorderschädel, und Steinwerkzeuge gefunden. Das Alter der Funde wird oft mit gut 400.000 Jahren angegeben.

Bei **Biache-St.-Vaast** (Frankreich) gefundene Schädelfragmente sind wahrscheinlich ca. 175.000 Jahre alt und zeigen überwiegend Merkmale von – noch frühen – Neandertalern.

Homo neanderthalensis

Der Neandertaler wird heute von vielen Wissenschaftlern aus verschiedenen Gründen (Morphologie, DNA-Sequenzen, Kultur) als eigene Art, *Homo neanderthalensis*, angesehen. In den letzten Dekaden war er dagegen meist nur als Unterart von *H. sapiens* geführt worden. Auch Ende des 19. und in der ersten Hälfte des 20. Jahrhunderts war der Neandertaler im Allgemeinen als eigene Art angesehen worden, wobei er oft als besonders primitiv und brutal dargestellt wurde. Eine solche abqualifizierende Einschätzung besitzt keinerlei wissenschaftliche Basis. Seit erfolgreicher Analyse der mitochondrialen und nukleären DNA aus Neandertalerknochen und -zähnen hat das Interesse an dieser uns in vieler Hinsicht besonders nahestehenden Menschenform sprunghaft zugenommen. Ein auf über 4 Mrd. Nucleotiden von drei Individuen beruhender Entwurf des Neandertalergenoms wurde 2010 veröffentlicht. Es ist interessant, dass es zu einem geringen, aber eindeutigen Genfluss von späten Neandertalern zu nicht-afrikanischen modernen Menschen gekommen ist (s. unten). Ob andererseits ein Genfluss von *H. sapiens* zu den Neandertalern erfolgte, ist noch nicht bekannt. Der Vergleich der Genome von Neandertalern und modernen Vertretern von *H. sapiens* zeigte unter anderem, dass es bei *H. sapiens* zu einer positiven Selektion von Genen gekommen ist, die kognitive Fähigkeiten und die Schädelmorphologie beeinflussen.

Es gibt eine Reihe Skelettfunde, welche die Merkmale der typischen Neandertaler erst gering ausgeprägt aufweisen und die **Prä-Neandertaler** genannt werden. Hierher gehören z. B. die Funde

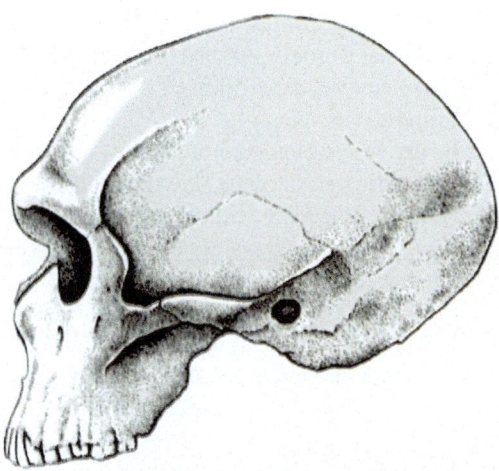

Abb. 5.28 Schädel von *Homo neanderthalensis* (La Ferrassie 1, Frankreich)

aus der Eem-Warmzeit in Kroatien (Krapina), Frankreich (Fontchevade), Italien (Saccopastore) und Deutschland (Weimar-Ehringsdorf). Den Präneandertalern werden auch die ca. 250000 Jahre alten Fundstücke aus der Pontnewyddhöhle in Wales zugeordnet. Nach Auffassung einiger Forscher sind zumindest einige dieser Präneandertaler noch Angehörige von *H. heidelbergensis*. Die ältesten Übergangsformen zwischen *H. heidelbergensis* und *H. neanderthalensis* werden auch „Ante-Neandertaler" genannt. Die vielen jüngeren **„klassischen" Neandertaler**funde stammen aus dem Würm-Glazial.

Homo neanderthalensis leitet sich also sehr wahrscheinlich von *H. heidelbergensis* her, der ihm zeitlich vorausgeht und dem er in mancher Hinsicht ähnelt. Der Zeitpunkt des ersten Auftretens der Neandertaler ist umstritten. Zum Teil wird angenommen, dass sie schon vor 400.000 Jahren auftraten, z. T. wird vermutet, dass sie erst vor ca. 250.000 Jahren erschienen, eine andere Meinung hält es eher für wahrscheinlich, dass sie sich erst vor gut 120.000–150.000 Jahren aus *H. heidelbergensis* entwickelt haben. Nach molekularbiologischen Berechnungen können sie sogar schon seit ca. 300.000–450.000 Jahren eine eigene Entwicklungslinie repräsentieren. Eine Reihe von Eigenmerkmalen weisen die in Israel gefundenen Neandertaler auf.

Prä-Neandertaler

Im Jahr 1913 wurde ein verhältnismäßig gut erhaltener Schädel in **Steinheim** an der Murr (30 km nordöstlich von Stuttgart) gefunden. Er stammt wahrscheinlich aus einer Warmphase der Riss-Vereisungsperiode und ist ca. 250.000 Jahre alt. Zur Begleitfauna gehörten u. a. das Mercksche Nashorn (*Dicerorhinus kirchbergensis*), der Waldelefant *Palaeoloxodon antiquus* (= *Elephas antiquus*), Riesenhirsch, Auerochs, Wisent und Wasserbüffel. Der Schädel war relativ klein, seine Kapazität lag bei 1150–1175 cm³. Das Hinterhaupt war wie beim Schädel von Swanscombe relativ abgerundet, die Stirn relativ steil. Dieser Schädel erfuhr verschiedenartige Bewertungen, heute wird er oft in das Feld der Prä-Neandertaler gestellt.

Aus der Region **Weimar** (Taubach, Ehringsdorf) stammt recht reiches Fundmaterial, darunter Schädelfragmente von Menschen und Werkzeuge vermutlich aus der Eem-Warmzeit, die wohl auch den Prä-Neandertalern angehören.

Den Prä-Neandertalern wird auch der unvollständige mittelpleistozäne Schädelfund (eine unvollständige Schädeldecke mit Parietalia, Occipitale, Temporale; Kapazität 1430 ccm) aus **Reilingen** (oberer Rheingraben, 25 km südlich von Mannheim) zugezählt. Dieser Fund wurde 1978 gemacht, ist wahrscheinlich ca. 125.000 Jahre alt und stammt wohl aus der Eem-Warmzeit. Ein Teil der Begleitfunde ist typisch für die Holstein-Warmzeit, was einem Alter von 250.000 Jahren gleichkäme.

Zu den Prä-Neandertalern werden u. a. Skelettreste folgender weiterer Fundstätten gezählt: Saccopastore (Italien), Krapina (bei Zagreb, Kroatien), Fontchevade (Frankreich), Zuttije (Israel). Aus der Krapina-Höhle stammen ca. 800 Skelettteile, die von einer größeren Zahl von Neandertalern stammen, die hier möglicherweise bestattet wurden. Interessant ist, dass die hier vorliegende Vielzahl an Knochen und Knochenfragmenten Einblick in die morphologische Variationsbreite von manchen Skelettstrukturen gibt.

Klassische Neandertaler

Die klassischen Neandertaler waren untersetzt, sehr muskulös und hatten robuste Knochen sowie relativ kurze Extremitäten, v. a. kurze Beine, so wie heutige Bewohner arktischer Lebensräume. Ihr Schädel war

Abb. 5.29 Lebensbild der Neandertaler vor ihrer Wohnhöhle. Eine ältere Frau kaut Leder weich

verhältnismäßig flach, die Überaugenwülste deutlich (**Abb. 5.28**). Ihre Schädelkapazität war im Durchschnitt etwas größer (1400–1500 cm^3) als die des modernen Menschen (ca. 1250–1450 cm^3), was u. U. mit der kräftigen Muskulatur zusammenhängt. Der Sexualdimorphismus war hinsichtlich der Schädelkapazität erheblich: Frauen: 1270–1350 cm^3, Männer: 1550–1740 cm^3. Kinder hatten meist größere Schädelkapazitäten als die Kinder des heutigen H. sapiens. Die Nase war vermutlich groß, die Kinnregion unterschiedlich ausgeprägt. Die kräftige Konstruktion des Gesichtsschädels lässt vermuten, dass Kiefer und Zähne besonders belastet wurden und nicht nur der Nahrungsaufnahme dienten, sondern auch bei anderen Tätigkeiten, z. B. beim Festhalten von Geräten oder beim Weichkauen von Leder, eine Rolle spielten („Zähne-als-Werkzeuge-Hypothese", **Abb. 5.29**). Es gibt die Vermutung, dass die Hände sehr muskulös waren, was vielleicht ihre Geschicklichkeit etwas einschränkte. Zeichen von Verletzungen und Arthritis finden sich häufig,

vermutlich wurden sie im Allgemeinen nur bis zu 30 oder höchstens 40 Jahre alt.

Ihre Verbreitung erstreckte sich von Portugal (z. B. Salemas, Figueira Brava und Columbeira), Spanien (z. B. Los Casares, Zaffaraya und Gibraltar) und Italien (z. B. Monte Circeo) nach West- und Mitteleuropa (Frankreich, England (Thetford, Norfolk, ca. 50.000 Jahre alt), Wales (Pontnnewydd-Höhle), Belgien (Spy, Engis), Deutschland (40.000 Jahre altes Fundmaterial aus der Kleinen Feldhofer Grotte im Neandertal bei Mettmann) und von hier bis auf den Balkan (Kroatien mit Vindija, gut 40.000 Jahre alt), an das Nordufer des Schwarzen Meeres (Krim, Georgien mit der Mezmaiskaya-Höhle, 60.000–70.000 Jahre alt), in den Nordirak (Shanidar), bis nach Zentralasien (Teshik-Tash, Usbekistan, Okladnikov-Höhle, Altaigebirge; bisher östlichste Fundstelle). Sie erreichten auch den Nahen Osten (Syrien, Israel). Besonders informationsreiche Funde stammen vor allem aus Kroatien (Vindija), Südwestfrankreich (La Chapelle aux Saints, La Ferrassie u. a.), Israel (Kebara, Tabun und Amud), dem Irak (Shanidar) und Usbekistan (Teshik-Tash, bei Samarkand).

Vermutlich waren die Neandertaler nie häufig, ihre Gesamtpopulation betrug zu einer bestimmten Zeit wohl nie mehr als einige Zehntausend.

Die klassischen Neandertaler lebten in der letzten Eiszeit in einer unwirtlichen, oft kalten Umgebung, z. T. in der Nähe von Gletschern, und jagten in Gruppen Wild, darunter Großwild wie Elch, Wollnashorn und Mammut. Sie lebten aber auch in Wärmeperioden. Vielleicht deuten die Funde in Israel auf ein Ausweichen vor vorrückenden Gletschern hin. Ihre Fähigkeit, in kalten Klimaten zu überleben, erforderte, dass sie Kleidung trugen. Wie diese im Detail aussah, ist umstritten. Nadeln und Nähtechniken kannten sie wohl noch nicht.

Die seit 1997 von der Arbeitsgruppe von Svante Pääbo veröffentlichten mitochondrialen und nukleären DNA-Analysen aus Knochen und Zähnen von Neandertalern (v. a. aus Vindija, Mezmaiskaya und der Kleinen Feldhofer Grotte) legen eine Eigenentwicklung des Neandertalers seit ca. 300.000–450.000 Jahren nahe.

Insgesamt war die genetische Variabilität der klassischen Neandertaler (die Vindija-Funde sind ca. 42.000 Jahre alt) recht gering, sehr viel geringer als beim heutigen *H. sapiens*. Interessant ist, dass es vor 80.000 bis vor 60.000 Jahren – vielleicht primär im Nahen Osten – in geringem Ausmaß zu Hybridisierungen zwischen *H. sapiens* und den klassischen Neandertalern gekommen ist und dass insgesamt die Hybridisierung zwischen Neandertalern und eurasischen *H. sapiens* erkennbar häufiger war (hier erfolgte zu 1–4 % ein Einstrom von Neandertalergenen; betroffen ist insbesondere ein Genort auf dem X-Chromosom) als zwischen Neandertalern und *H. sapiens* aus dem Sub-Sahara-Bereich Afrikas. Es wird vermutet, dass zumindest ein Teil der Varianten der HLA Gene (verantworten Teile der Immunabwehr) des modernen Menschen (vor allem in Eurasien) auf das Genom der Neandertaler zurückgeht.

Die Neandertaler besaßen eine recht hohe Werkzeugkultur, die als Moustérien-Kultur bezeichnet wird. Le Moustier ist ein Dorf in Südwestfrankreich, wo die ersten typischen Werkzeuge der Neandertaler gefunden wurden. Diese Kultur entstand vor ca. 200.000 Jahren aus dem Acheuléen und ist bis in die Zeit vor ca. 40.000 Jahren nachweisbar. Es handelt sich um verschiedenartige, z. T. sehr sorgfältig hergestellte Steinwerkzeuge, die Breitklingenkultur, z. B. mit Schabern, Steinspitzen, die vielleicht an Lanzen angebracht waren, und Messern. Bei den jungen Neandertalfunden (35.000 Jahre alt), z. B. in St. Césaire (Südwestfrankreich) und anderswo, wurden Steinwerkzeuge der Châtelperronien-Kultur gefunden. Es handelt sich um typische messerähnliche, zweiseitige Klingen unterschiedlicher Größe. Vielleicht war diese Kultur von *H. sapiens* beeinflusst. An anderen Neandertal-Fundstellen (Arcy-sur-Cûre, Frankreich) fanden sich Schmuckgegenstände, z. B. Elfenbeinringe und durchbohrte Tierzähne (Halsketten), die sonst für *H. sapiens* typisch sind und die vielleicht auch auf einen Einfluss von *H. sapiens* hinweisen.

Die Neandertaler waren wohl phasenweise sesshaft, streiften aber auch umher. Manche Populationen waren nomadisch und folgten Rentierherden, von denen sie sich in erheblichem Ausmaß ernährten. Besonders gut untersucht in Hinsicht auf das Sozialleben der Neandertaler sind die mehr als 200 Fundplätze – meistens in Höhleneingangsbereichen – aus der Gegend von Les Eyzies in Südwestfrankreich. An verschiedenen Stellen finden sich Hinweise dafür, dass die Neandertaler in der Lage waren, Behausungen zu bauen, wobei sie u. a. Holz, Felle und Mammutknochen verwendet haben (z. B. in Molodova in der Ukraine). Wahrscheinlich reagierten die Neandertaler empfindlicher als bisher gedacht auf Klimaveränderungen. Vor ca. 50.000 Jahren kam es in West- und Mitteleuropa zu einem erheblichen Bevölkerungsrückgang, der durch einen besonders kalten Klimaschub ausgelöst wurde. Vermutlich wurden die leeren Landstriche durch Einwanderer aus Osteuropa und Westasien langsam wieder aufgefüllt.

Die Neandertaler lebten in Gruppen und hatten wahrscheinlich eine komplexe Sozialstruktur (**Abb. 5.29**), zu der vielleicht sogar gehörte, dass Gruppenangehörige sich um Kranke und Verwundete kümmerten, wofür z. B. abgeheilte große Schädelverletzungen sprechen. Andererseits fanden sich Schädel mit Schnitt- und Kratzspuren, die vermuten lassen, dass auch Kannibalismus möglich war (wie auch bis in unsere Zeit hinein bei manchen Populationen von *H. sapiens*).

Vermutlich haben die Neandertaler ihre Toten bestattet. In manchen Fundstätten wurden mehr oder weniger vollständige Skelette gefunden, oft handelt es sich dabei um Kinder. In der Dederiyeh-Höhle in Syrien wurde z. B. ein 2 Jahre altes Neandertalerkind auf dem Rücken liegend, mit angewinkelten Knien und ausgestreckten Armen gefunden. Auf ihm lag ein dreieckiger Feuerstein in Höhe des Herzens und eine Steinplatte neben dem Kopf. In der Shanidar-Höhle im Irak fanden sich an einem Skelett ungewöhnlich viele Pollenkörner, die acht rezenten Arten von Blütenpflanzen zugerechnet werden können. Vielleicht waren deren Blüten auf den Toten gestreut worden. Einzelne Forscher sind allerdings der Ansicht, dass die Pollen mit Nagern in die Höhle verschleppt wurden. In der Höhle von La Ferrassie in Frankreich fanden sich nebeneinander Skelette von zwei Erwachsenen und sechs Kindern, alle in Ost-West-Richtung gelagert. Die vielen Skelettfunde in der kroatischen Krapina-Höhle werden auch als Ausdruck eines Bestattungsritus der dortigen Neandertalerpopulation angesehen. Falls es sich bestätigen sollte, dass es rituelle Bestattungen gegeben hat, würde es erlauben, auch den Neandertalern das Erreichen einer neuen Evolutionsstufe zuzubilligen, die durch Einsicht in die Begrenztheit des Lebens und Vorstellungen eines Jenseits zu charakterisieren wäre.

Wahrscheinlich stammen einige der gefundenen Überreste von Neandertalern, die an Hunger gestorben sind, was auf ihre vielfach schwierigen Lebensverhältnisse in unwirtlichem Klima hindeutet. Auf teilweise Mangelernährung weisen auch relativ häufige Defekte im Zahnschmelz hin.

Eine vielfach diskutierte Frage betrifft die Sprachfähigkeit der Neandertaler. Angesichts ihrer differenzierten Sozialstruktur, ihres großen Gehirns, ihrer hohen Werkzeugkultur u. a. ist es durchaus vorstellbar, dass sie schon eine Sprache besessen haben. In diesem Zusammenhang ist von Interesse, dass sie dasselbe spezielle FOXP2-Gen besaßen wie *Homo sapiens*. Dieses Gen spielt eine essenzielle, aber noch unbekannte Rolle bei der Sprachentwicklung des modernen Menschen. Die Neandertaler haben keine großartigen Spuren einer Kunst hinterlassen, wie sie von den Cro-Magnon-Menschen überliefert sind.

Neandertaler und *H. sapiens* im Nahen Osten. Die menschlichen Skelettreste, die im Nahen Osten (Israel, Syrien, Irak) gefunden wurden, sind morphologisch nicht einheitlich. Die relativ alten Funde aus Qafzeh und es Skhul sind sehr wahrscheinlich *H. sapiens* zuzuordnen (hohe Stirn, hoher Schädel, abgerundetes Hinterhaupt), während die jüngeren Funde (et Tabun und Shanidar) mehr den klassischen Neandertalern aus Westeuropa ähneln (kräftige Überaugenwülste, flache Stirn). Nur wenige Forscher sind dagegen der Ansicht, dass alle Funde im Nahen Osten eine eigene an wärmeres Klima angepasste Population des Neandertalers repräsentieren.

Et Tabun und **es Skhul** befinden sich am Berg Karmel. Das Fundmaterial der et-Tabun-Höhle ist z. T. **ca. 53.000** Jahre und z. T. 70.000–80.000 Jahre alt. Die 53.000 Jahre alte Frau von et Tabun hatte kräftige Überaugenwulste und einen recht flachen Schädel, ein Kinn fehlte; sie ähnelte also stark den mittel- und westeuropäischen Neandertalern. Ähnlich verhielt es sich mit den Funden aus Amud (Israel) und Shanidar (Irak). In es Skhul wurden zehn vermutlich bestattete Skelette gefunden, deren Alter zufolge neuer Datierungen auf 80.000–100.000 Jahre geschätzt wurde. Die Schädelmorphologie ähnelt weitgehend der des *H. sapiens*, ein Kinn war vorhanden. Der Gesichtsteil der Schädel war variabel gestaltet und erinnert bei einzelnen Schädeln etwas an frühe Neandertaler.

In **Jebel Qafzeh** wurde Material (Schädel, Becken) gefunden, das *H. sapiens* zugeschrieben wird (**Abb. 5.32b**) und gut 100.000, vielleicht 120.000 Jahre alt sein dürfte. Die Funde (Schädel, Becken) aus der **Kebara-Höhle** sind dagegen 52.000–62.000 Jahre alt und repräsentieren die ältesten Neandertaler in dieser Region. Die Beobachtung, dass hier in Israel ältere Funde von *H. sapiens* als vom Neandertaler vorliegen, macht es höchst unwahrscheinlich, dass sich *H. neanderthalensis* zu *H. sapiens* weiterentwickelt hat. Wenn die genannten Daten korrekt sind, dann lebten *H. sapiens* und *H. neanderthalensis* im Nahen Osten gut 50.000 Jahre getrennt nebeneinander und bewahrten über diese Zeit sehr weitgehend ihren eigenen Genbestand. Auch dies spricht stark für das Konzept, dass *H. sapiens* und *H. neanderthalensis* getrennte Arten waren. Möglicherweise repräsentieren diese frühen Funde von *H. sapiens* einen eigenen Auswanderungsversuch aus Afrika, der aber wohl nicht zu einer weiteren Besiedlung des Nahen Ostens geführt hat.

Die Funde aus der **Amud**-Höhle (Israel) sind ca. 60.000 Jahre alt und repräsentieren Neandertaler, darunter ein 10 Monate altes Kind. In Amud wurde auch der größte fossile Angehörige der Gattung *Homo*, ein Neandertaler, gefunden, ein ca. 25-jähriger Mann, etwas größer als 1,80 m mit einer Schädelkapazität von 1740 cm^3.

In der **Shanidar**-Höhle (westliches Zagros-Gebirge, Nordirak) wurden Skelette von sechs erwachsenen und einem kindlichen Neandertaler gefunden. Die Funde sind z. T. 46.000, z. T. 60.000 Jahre alt. Das Hinterhaupt dieser Formen war, wie das der Funde aus Israel, stärker abgerundet als bei den europäischen Funden. Die Mehrzahl der Skelette in Shanidar ist relativ alten Menschen (ca. 40 Jahre) zuzuordnen. Auffällig ist, dass bei vier der sechs Skelette recht schwere, aber ausgeheilte Knochenverletzungen vorlagen. Das weist zum einen auf die harten Lebensbedingungen, zum anderen aber auch auf Hilfe und Versorgung von Verletzten hin. Zwei der Shanidar-Schädel sind möglicherweise absichtlich deformiert, wie das auch von einigen Populationen des modernen *H. sapiens* bekannt ist.

Interessant ist der Fund (unvollständiger Schädel) aus der **Zuttiyeh**-Höhle in Israel; vielleicht ist er gut 125.000 Jahre alt und repräsentiert einen Prä-Neandertaler.

Offensichtlich haben im Nahen Osten Populationen von *H. sapiens*, die hier wohl vor gut 100.000 Jahren aus Afrika kommend auftauchten, und von *H. neanderthalensis* über einige Jahrzehntausende zusammengelebt, ohne sich nennenswert zu vermischen. Dieser Vorstoß von *H. sapiens* blieb vermutlich auf den Raum Palästina beschränkt. *Homo sapiens* taucht dann erst wieder vor ca. 50.000 Jahren in Europa auf.

Das Ende der Neandertaler. Die Ursache für das Verschwinden der Neandertaler ist noch ungeklärt. Nachdem vor ca. 50.000 Jahren moderne Menschen in Europa auftauchten, bleiben Neandertaler nur noch für gut 10.000 Jahre nachweisbar. Die letzten Spuren finden sich in Höhlen an der Küste Südspaniens (Gibraltar, Zafarraya, wohl vor ca. 40.000 Jahren; Wood et al. 2013) und auf dem Balkan (Vindija, letzte Funde sind hier ca. 33.000 Jahre alt). Vielleicht wurden sie von den modernen Menschen (*H. sapiens*) ausgerottet, was bei den Verhaltensweisen dieser Spezies durchaus möglich erscheint (Beispiele für Genozid sind seit mehreren Tausend Jahren überliefert). Vielleicht brachten die modernen Menschen auch Krankheitserreger mit, die zum Aussterben der Neandertaler führten, so wie die Windpocken der Europäer vielen Indianern zum Verhängnis wurden, oder sie starben langsam aus, weil sie nicht mit den modernen Menschen und ihrer Kultur konkurrieren konnten. Es wird vermutet, dass sich die Population des *H. sapiens* im Zeitraum von vor 55.000 bis vor 35.000 Jahren in Europa verzehnfacht hat und so einen Verdrängungsprozess in Gang gesetzt wurde, der zum Aussterben der Neandertaler führte. Empfohlen wird ein Besuch des **Neandertaler-Museums, Talstraße 300, 40822 Mettmann**.

Der Fund in der Denisova-Höhle („Denisovaner"). Im Jahr 2008 wurden in der Denisova-Höhle im Altai-Gebirge ein menschlicher Molar, ein Zehenglied und ein Fingerknochen gefunden, die ca. 40.000 Jahre alt sind und aus denen sich DNA extrahieren ließ. Die sehr aufwendige mitochondriale und nukleäre DNA-Analyse zeigte eine beachtliche Eigenständigkeit dieser Menschen (Reich et al. 2010); auch die Morphologie des beim modernen Menschen sehr variabel gestalteten dritten oberen Molaren soll Eigenmerkmale aufweisen. Möglicherweise hatten die „Denisovaner" vor vielleicht 300.000 Jahren einen gemeinsamen Vorfahren mit den Neandertalern. Die genetische Distanz zum modernen *H. sapiens* ist größer, z. T. wird vermutet, dass diese „Denisovaner" eine Eigenentwicklung repräsentieren, die auf *H. heidelbergensis* zurückgehen könnte. Es fanden sich bemerkenswerterweise bei verschiedenen Populationen des heutigen Menschen, z. B. auf den Philippinen, im östlichen Indonesien, auf Neuguinea, im Norden Australiens und auf einigen Inseln des südlichen Pazifik Spuren der Gene von „Denisovanern" (**Abb. 5.30**). Die „Denisovaner" weisen darauf hin, dass in Zentral-, Süd(?)- und SO-Asien lange Zeit im späten Pleistozän eine eigene Menschengruppe lebte, die auch in genetischen Austausch mit *H. sapiens* trat.

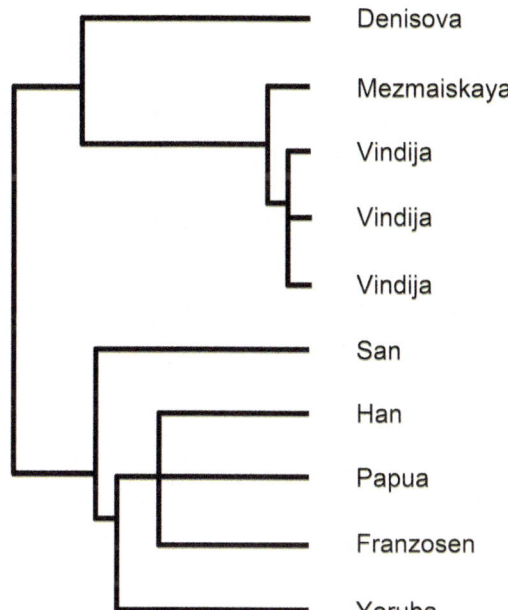

◘ **Abb. 5.30** Kladogramm auf der Basis der Analysen autosomaler DNA Sequenzen zu den Verwandtschaftsbeziehungen verschiedener Vertreter von *H. sapiens*, Neandertalern und „Denisovanern" nach Reich et al. (2010)

Homo sapiens

Der moderne Mensch, *Homo sapiens*, entstand vermutlich vor ca. 190.000 Jahren in Afrika. Die Analyse der mitochondrialen DNA (mtDNA) des heutigen Menschen spricht für ein solches Alter. Die mtDNA aller heutigen Menschen weist einen recht hohen Ähnlichkeitsgrad auf, so dass die Anhänger der *Out-of-Africa*-Hypothese nicht am einheitlichen Ursprung in Afrika zweifeln. Alle basalen Äste des mtDNA-Stammbaums des heutigen Menschen sind afrikanisch.

Sehr frühe Fossilfunde (gut erhaltene Schädel), die heute dem *H. sapiens* zugeordnet werden, wurden 1997 bei Herto in der Region Middle Awash 220 km nordöstlich von Addis Abeba (◘ **Abb. 5.31**) gefunden und sind ca. 160.000 Jahre alt. Die Beschreibung der Funde erfolgte 2003. Das Fossilmaterial von Herto wurde mit der Bezeichnung *H. sapiens idaltu* versehen, weil es sich hinreichend vom heutigen *H. sapiens sapiens* unterscheidet. Idaltu bedeutet „älter" in der Sprache der einheimischen Afar. Circa 190.000 Jahre alt sind ähnliche Schädel von Omo (südliches Äthiopien, ◘ **Abb. 5.32a**). Sie sind modern: hohe Stirn, lange gewölbte Scheitelbeine, weiter Hirnschädel, Schädelkapazität ca. 1450 cm^3 (Herto) bzw. ca. 1435 cm^3 (Omo), flaches Gesicht, Kinn. Die Skelettreste von Herto (zwei Erwachsene, ein Kind) weisen Kratzspuren auf, die vermuten lassen, dass von der frischen Leiche das Muskelfleisch abgetrennt wurde. Dies ist möglicherweise ein Hinweis darauf, dass ein gewisser Totenkult gepflegt wurde und nur das knöcherne Skelett zur Ruhe gebettet wurde, es könnte sich aber auch um Fraßspuren z. B. von Krokodilen handeln. Interessant ist, dass heute in Äthiopien auch in molekulargenetischer Hinsicht einige besonders alte Stämme leben. Die Herto- und Omofunde stützen die *Out-of-Africa*-Theorie zur Herkunft des modernen Menschen. Bisher älteste Funde von Werkzeugen von *H. sapiens* außerhalb Afrikas wurden in SO-Arabien gemacht, sie sind ca. 125.000 Jahre alt.

Fossile moderne Menschenformen. Nur wenig jünger (100.000–130.000 Jahre) als die Funde von Herto und Omo sind Skelettreste, die in folgenden afrikanischen Fundstätten ans Licht kamen: Eyasi (Tansania), Laetoli (Tansania), Eliye Springs und Guomde (Kenia), Sings (Sudan), Yebel Irhoud (Marokko), Mündung des Klasies River (Südafrika), Border Cave (Südafrika), Equus Cave (bei Taung, Südafrika), Langebaan-Lagune (Südafrika, Fußspuren), aus dem Abdur Reef Limestone (Eritrea) und – vielleicht 80.000–90.000 Jahre alt – aus Katanda (Kongo). Erwähnt seien auch noch einmal die wohl gut 120.000 Jahre alten Funde von *H. sapiens* in Quafzeh.

Es ist anzunehmen, dass *H. sapiens* längere Zeit auf einem noch relativ niedrigen kulturellen Niveau lebte, ähnlich wie die Neandertaler, und dass erst vor ca. 60.000–40.000 Jahren aus noch unbekannten Gründen ein deutlicher kultureller Entwicklungssprung erfolgte (◘ **Abb. 5.33a**), dessen weitere Entwicklung noch anhält und heute sogar eine für viele sehr beunruhigende Beschleunigung erfährt. Möglicherweise entstand in dem Zeitraum vor 60.000–40.000 Jahren die Fähigkeit zum konkreten symbolischen Denken. Ein solches Denken erlaubt Abstraktion, Analyse der Vergangenheit und vorausschauende Planung der Zukunft. Das symbolische Denken ist wohl auch die Voraussetzung für die Entstehung der Kunst und einer differenzierten Sprache. Zwischen Kultur und Symbo-

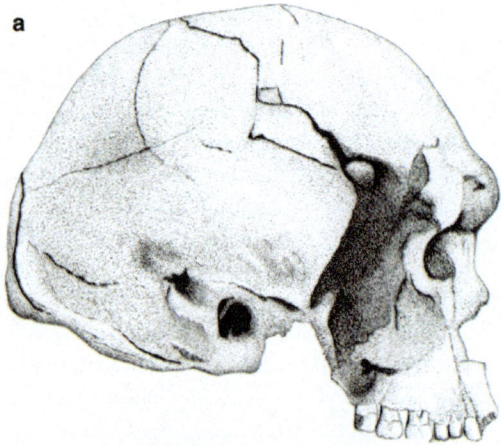

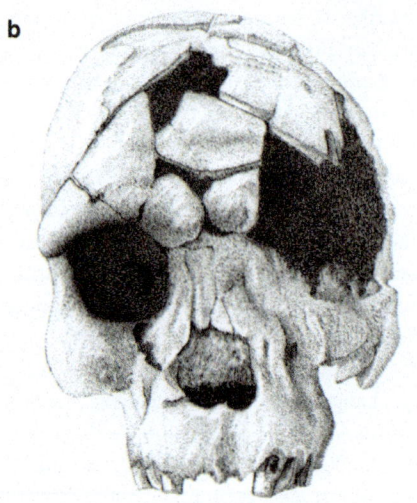

◻ **Abb. 5.31** *Homo sapiens idaltu*, Nordäthiopien, Schädel des ältesten bisher bekannten *Homo sapiens*

len besteht eine enge Beziehung. Alte australische Felszeichnungen sind ca. 40.000 Jahre alt, ebenfalls 40.000 Jahre alt sind Kulturgegenstände von hohem künstlerischem Rang aus Höhlen der Schwäbischen Alb (z. B. Höhle bei Geissenklösterle und Vogelherdhöhle, ◻ **Abb. 5.38**). Die ältesten Höhlenmalereien in Südfrankreich und Nordspanien sind wohl bis ca. 32.000 Jahre alt. Der Höhepunkt dieser jungpaläolithischen Kunst lag im Zeitraum von 22.500–9000 Jahren vor heute, was v. a. die Höhlen von Altamira, Lascaux, Cougnac und viele andere bezeugen. Es ist jedoch auch ziemlich sicher, dass sich diese Menschen nicht nur durch kulturelle Leistungen auszeichneten, sondern dass sie sich auch schon gegenseitig töteten und ihre Umwelt zerstör-

ten. Überall, wo der moderne Mensch auftauchte, kam es zum Aussterben vieler Tierarten, v. a. der Fauna der großen Tiere, z. B. auf Madagaskar und Neuseeland.

Theorien zur Auswanderung des modernen Menschen aus Afrika. Es ist weithin akzeptiert, dass der moderne Mensch seit 190.000 Jahren in Afrika nachweisbar ist. Zur Auswanderung aus Afrika und zu den Wanderwegen in Eurasien (◻ **Abb. 5.33**) gibt es verschiedene Ansichten, die im Allgemeinen auf unterschiedlichen Methoden beruhen, z. B. auf der Analyse von Skelettfunden und von Steinwerkzeugen. Die meisten Aussagen beruhen auf (verschiedenen) molekulargenetischen Methoden, z. B. auf der Analyse mitochondrialer DNA-Daten (mtDNA-Markern).

Derzeit wird von vielen Forschern vermutet, dass der wichtigste Auswanderungsweg aus Afrika über Bab el Mandeb war (vor mehr als 125.000 Jahren – war damals wohl nur 4–5 km breit) nach Arabien (Fundstellen im östlichen Bereich der heutigen Emirate mit ca. 125.000 Jahre alten Werkzeugen) erfolgte. Von hier aus ging es vermutlich in den Süden des Mittleren Ostens (vor ca. 70.000 Jahren), von wo aus, u. U. in Schüben, 1) ein südlicher Wanderungsweg nach Indien führte, über den auch Neuguinea und Australien (vor ca. 60.000–50.000 Jahren) erreicht wurden; 2) ein weiter oben schon erwähnter Weg, der über Kleinasien, nach Westen führte, über den vor ca. 50.000–45.000 Jahre SO-, S- und Westeuropa besiedelt wurde; und 3) ein Weg über den Zentralasien und Nordchina vor ca. 40.000 Jahren erreicht wurden. Von NO-Asien aus wurde im Wesentlichen die Neue Welt besiedelt, vor allem über die damals trockenliegende Beringstraße; gesicherte Siedlungsspuren in N-Amerika sind ca. 15.000–19.000 Jahre, in S-Amerika ca. 13.000 Jahre alt. Viel spricht dafür, dass Europa in einer jüngeren Wanderwelle (vor 30.000–20.000 Jahren) auch von Zentralasien, also von Osten aus, besiedelt wurde.

Der Vorstoß vor gut ca. 120.000 Jahren wohl über das Niltal und den Sinai nach Palästina wird heute z. T. eher als vereinzelter Auswanderungsvorstoß angesehen, der keine weiterführenden Konsequenzen hatte.

Im Detail gibt es zahlreiche kontroverse Untersuchungen, z. B. zur Besiedlung Indiens, Tibets, der

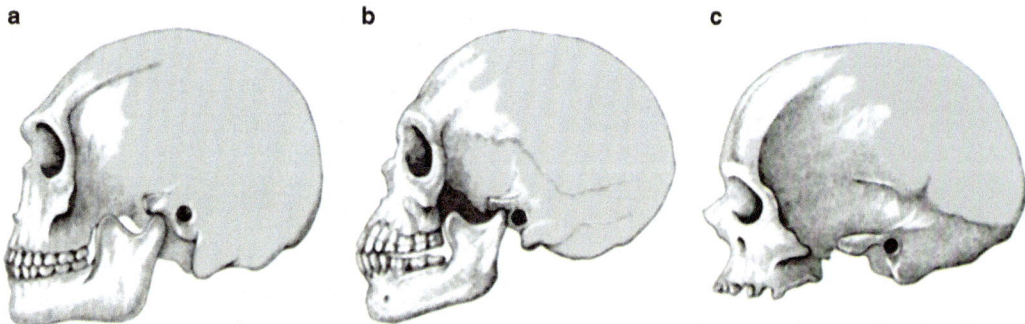

◘ **Abb. 5.32 a–c.** Schädel von *Homo sapiens*. **a** Omo Kibish, **b** Qafzeh IX, **c** Cro-Magnon I

Sundainseln, N-Afrikas usw. Oft wird auch die Analyse von Sprachen als Beweismittel hinzugezogen.

Manches, z. B. zur Besiedlung des Nahen Ostens und Europas, erfordert genaue Analysen des Klimas in der Vergangenheit; so weiß man z. B. über die Sahara, dass sie im Pleistozän unterschiedlichen klimatischen Bedingungen ausgesetzt war, was natürlich auch Folgen für ihre Besiedlung durch den Menschen hatte. Zu Beginn des Pleistozäns herrschte wohl ein regenreiches Klima; vor ca. 120.000 Jahren gab es große Süßwasserseen, vor ca. 100.000 Jahren war es dort dagegen extrem trocken; vor ca. 30.000 Jahren gab es wieder Süßwasserseen und eine geschlossene Vegetationsdecke; es gibt Hinweise auf verschiedene Perioden mit Jägern oder (in jüngerer Zeit, um ca. 5000 Jahren vor heute) Hirtenkulturen.

Bedeutung für die Besiedlung Eurasiens, vor allem Süd- und Süd-Ostasiens sowie Südchinas, wird auch dem größten Vulkanausbruch der letzten 2 Mio. Jahre (vor ca. 74.000 Jahren) auf der Insel Sumatra zugeschrieben. Dort, wo jene Riesenkatastrophe stattfand, liegt heute der Toba-See. Wahrscheinlich verschlechterten sich durch Temperaturschwankungen die Lebensbedingungen für die Menschen über Hunderte von Jahren, so dass zufolge einzelner Forscher vielleicht sogar ihre Existenz zumindest in einem Umkreis von einigen Tausend Kilometern gefährdet war.

Theorie zur Besiedlung des Nahen und Mittleren Ostens sowie Europas. Älteste bisher gefundene Steinwerkzeuge von *H. sapiens* stammen von der arabischen Halbinsel; sie sind ca. 125.000 Jahre alt und ähneln Werkzeugen aus O-Afrika, vermutlich sind diese frühen Siedler direkt über NO-Afrika nach Arabien gelangt. Vor ca. 45.000–50.000 Jahren wanderten die modernen Menschen über Kleinasien in Europa ein (s. o., ◘ **Abb. 5.33b**). Mit ihnen tauchte vielfacher technischer Fortschritt auf. Sie hatten z. B. die Fähigkeit, sichere Unterkünfte mit festen Feuerstellen einzurichten. Dies verschaffte ihnen auch die Möglichkeit, in kaltem Klima zu überleben, was vorher nur die Neandertaler konnten. Dieser moderne Mensch wurde im 19. Jahrhundert von französischen Paläontologen „Cro-Magnon" (◘ **Abb. 5.32a**) genannt, nach der 1868 entdeckten Halbhöhle Abri de Cro-Magnon bei der Ortschaft Les Eyzies-de-Tayac im Tal der Vézère im Departement Dordogne in Südwestfrankreich, in dessen Nähe unter einem Felsüberhang die ersten Funde gemacht wurden. Die Cro-Magnon-Menschen waren die Träger der Aurignacien-Kultur (Aurignacien-Technokomplex; s. **Abschn. 5.8.1**) und haben die oben genannten Höhlenmalereien in Nordspanien und Südfrankreich geschaffen. Sie waren groß und besaßen lange, schmale Schädel, deren Gesichtspartie relativ kurz und breit war. Das Schädelvolumen lag etwas über den heutigen Mittelwerten. Cro-Magnon-ähnliche Skelette wurden auch aus dem oberen Paläolithikum Nordafrikas bekannt, ihre Überaugenwülste waren etwas kräftiger als bei den europäischen Formen. Nach Ansicht mancher Anthropologen sind Züge dieser Menschen noch in Teilen der heutigen nordafrikanischen und sardischen Bevölkerung zu erkennen. Wahrscheinlich wurde Europa in Schüben besiedelt. Ein späterer Vorstoß erfolgte vor 20.000–30.000 Jahren aus Mittelasien, also vom Osten her (s. o.).

Die derzeit ältesten bekannten Funde (zwei Milchmolaren, Knochenwerkzeuge u. a., von ei-

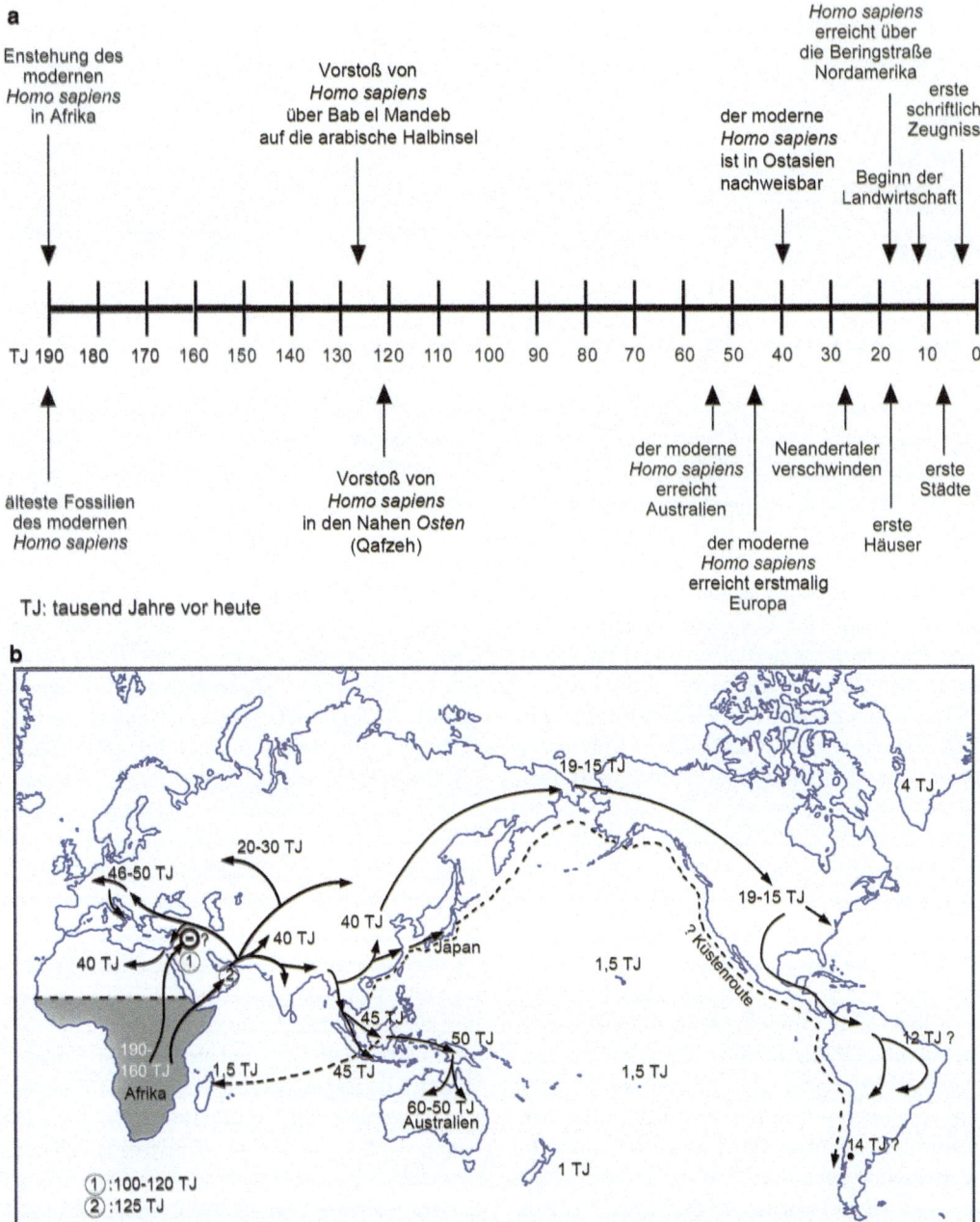

◻ **Abb. 5.33 a, b.** a Zeitliche und kulturelle Entwicklung von *Homo sapiens*. b Wahrscheinliche Wanderwege des modernen Menschen aus Afrika nach Eurasien und Nord- sowie Südamerika. Wege und Zeitangaben sind hypothetisch und beruhen insbesondere auf archäologischen Befunden und der Analyse von molekulargenetischen Daten (insbesondere Mustern der mitochondrialen DNA) und von Sprachanalysen. Nicht selten gibt es Diskrepanzen zwischen mtDNA Daten und archäologischen Befunden. Nach verschiedenen Autoren

ner Halskette stammende Molluskenschalen) des modernen *H. sapiens* in Europa stammen aus der Grotta del Cavallo (Süditalien) und sind ca. 45.000 Jahre alt. Die Kultur dieser Menschen aus der Grotta del Cavallo wird als Uluzzian bezeichnet. Etwas jüngere Funde stammen aus Rumänien (Pesteracu-Oase, 34.000–36.000 Jahre alt), Kroatien und der Tschechischen Republik (z. B. Predmosti, Brno, Mladec, ca. 31.000 Jahre alt) sowie aus Bulgarien, Russland und England. Die tschechischen Funde waren z. T. in gebeugter Haltung (sog. Hockerbestattung) bestattet und mit Grabbeigaben versehen. Zusammen mit den menschlichen Skelettresten wurden Werkzeuge des oberen Paläolithikums und Knochen vieler Säugetiere, darunter z. T. sehr zahlreich Mammuts, gefunden. Die Schädelmorphologie ist teilweise noch altertümlich mit kräftigen Überaugenwülsten bei einigen Individuen.

Die Besiedlung Asiens. Besonders zahlreiche Funde des modernen Menschen kennt man aus China (**Abb. 5.33a**) Die Mehrzahl der Funde stammt aus dem Norden des Landes und ist ca. 35.000–40.000 Jahre alt. Daneben gibt es aber auch deutlich ältere Funde. Aus der Region Liujiang in Südchina stammt ein recht gut erhaltenes Skelett, dessen Alter aber sehr unterschiedlich angegeben wird. Das Skelettmaterial der oberen Zoukoudian-Höhle ist ca. 34.000 Jahre alt. Das Schädelmaterial dieser Funde zeigt z. T. massive Verletzungen, u. U. wurden die Individuen durch Pfeilschüsse oder Speerwurf in den Schädel getötet. Südchina wurde vermutlich vor gut 40.000 Jahren auf einem südlichen Wanderweg über Indien und Südostasien erreicht (s. o.). Über einen südlichen Weg wurden auch Indonesien, Neuguinea und Australien besiedelt. Australien wurde offensichtlich schon sehr früh vor 50.000–60.000 Jahren erreicht (s. o., **Abb. 5.33**). Zum Teil enthalten Populationen in SO-Asien, auf Neuguinea, in N-Australien und im S-Pazifik Spuren des Genoms der „Denisovaner" (Reich et. al. 2011), so dass vermutet wird, dass letztere bis nach SO-Asien verbreitet waren.

Interessant ist die viel jüngere „austronesische" Eroberung der Nordküste Neuguineas und der Südseeinseln, die wohl vor ca. 6000 Jahren von der Südküste Chinas aus begann. Hawaii und die Osterinseln wurden vor ca. 1500 Jahren erreicht, die Nordinsel Neuseelands vor ca. 1000 Jahren. Auch Madagaskar wurde von Polynesien aus vor gut 1500 Jahren besiedelt. Die Menschen Polynesiens zeigen viele DNA-Übereinstimmungen mit den Ureinwohnern Taiwans, das vermutlich von Südchina aus besiedelt wurde.

Ostsibirisches Fundmaterial (Makarovo, Varvarina, Gora) ist ca. 40.000 Jahre alt. Hier wurden Stein-, Knochen- und Elfenbeinwerkzeuge gefunden.

Schon 1890 wurde Eugene Dubois Schädelmaterial aus Wadjak (Mitteljava) übergeben, dessen Alter unsicher ist. Es ist aber vermutlich recht alt, vielleicht 40.000–50.000 Jahre, und ist modernen Menschen zuzuordnen.

Die Besiedlung Australiens. Die Besiedlung Australiens wird kontrovers diskutiert. Vieles spricht dafür, dass Australien vor ca. 50.000–60.000 Jahren von Neuguinea aus besiedelt wurde. Neuguinea und Australien waren damals über eine breite Landbrücke verbunden. Neuguinea wurde vermutlich von Java aus erreicht. Auf dem Weg nach Australien mussten auch Meeresstraßen von bis zu 80 km überquert werden. Schon vor 15.000–20.000 Jahren – vielleicht sogar schon vor 35.000 Jahren – wurde auch Tasmanien über eine schmale Landbrücke erreicht. Es gibt auch die Auffassung, dass es Felsdekorationen und -zeichnungen in Australien gibt, die ca. 75.000 Jahre alt sind. Manche Anthropologen vermuten die Existenz noch älterer Siedlungsspuren. Immer wieder stellt sich dabei die Frage nach der Verlässlichkeit der zur Altersbestimmung eingesetzten Methodik. Die ältesten Skelettreste stammen aus der Region des Lake Mungo und sind gut 40.000 Jahre alt. Offensichtlich kam es hier schon zu Bestattungen, wobei verbrannte Leichen in Erdgruben versenkt wurden.

Die Besiedlung Amerikas (Abb. 5.33a). Weite Teile Nordamerikas waren in der letzten Eiszeit mit Eis bedeckt, was ein recht effektives Ausbreitungshindernis war. Der Zeitpunkt der Erstbesiedlung Nord- und Südamerikas durch den modernen Menschen ist umstritten. Es gibt die Auffassung, der Mensch habe die Neue Welt erst vor ca. 15.000–19.000 Jahren erreicht, manche Forscher vermuten, dass N-Amerika erst vor 13.000 Jahren erreicht wurde. Solche Aussage stützen sich
- auf die Ergebnisse vergleichender DNA-Untersuchungen, die einerseits zwischen ver-

schiedenen Indianergruppen und andererseits zwischen Indianern und Ethnien in Sibirien und angrenzenden Gebieten angestellt wurden und
- auf den Befunden, dass erst seit ca. 15.000–19.000 Jahren eine kontinuierliche Besiedlung Nord- und Südamerikas nachzuweisen ist. Die ersten Siedler kamen zufolge dieser Ansicht über eine Landbrücke (Bering-Landbrücke) zwischen Sibirien und Alaska, die im Zeitraum zwischen 25.000 und 13.000 Jahren vor heute bestand. Sie haben sich dann ab 13.000 Jahren vor heute in der Rekordzeit von ca. 1000 Jahren über die ganze Neue Welt verbreitet. Die Landbrücke war während des letzten Teils der letzten Eiszeit entstanden; die Beringstraße war nie tief, heute nur ca. 60 m, sie konnte daher während der Eiszeit leicht trocken fallen. Es gab auch in früheren Abschnitten der letzten Eiszeit eine (oder mehrere) Landbrücken zwischen Sibirien und Alaska, die aber zufolge der Auffassung, dass Amerika erst vor ca. 15.000–19.000 Jahren vom Menschen besiedelt wurde, nur von Pflanzen und Tieren genutzt wurde. Die Topographie dieser Landbrücken wird kontrovers diskutiert. Vermutlich gab es auf der Landbrücke zeitweise eisfreie Korridore, durch die Menschen einwandern konnten, und wahrscheinlich gab es an der Küste auch immer wieder Regionen mit erträglichem Klima.

Die DNA der meisten Indianer ähnelt der von Menschen im östlichen Sibirien. Ein kleiner Teil der Indianer Nordamerikas besitzt DNA-Übereinstimmungen mit weiter westlich in Asien lebenden Menschen aus der Grenzregion Asien-Europa. Einige Gensequenzen bestimmter süd- und mittelamerikanischer Indianer ähneln denen südostasiatischer Menschen. Vielleicht ist also ein Teil der Indianer entweder per Boot von SO-Asien aus über den Pazifik (mit Inselstationen) gewandert oder an den Küsten Ostasiens entlang nach Norden gewandert und dann an der Küste Alaskas und Nordamerikas bis nach Südamerika gekommen.

Einzelne Forscher vermuten, dass es vor der Einwanderungswelle, die ca. 15.000–19.000 Jahre zurückliegt, andere gab, die früher stattfanden. Ein häufig genannter früher Zeitpunkt, zu dem die erste Einwanderung stattfand, liegt bei ca. 30.000 bis vielleicht sogar 40.000 Jahren vor heute. Auch diese Ansicht beruft sich auf DNA-Vergleiche und Archäologie. DNA-Untersuchungen z. B. am Y-Chromosom lassen ein Alter der amerikanischen Ureinwohner von ca. 30.000 Jahren vermuten.

In Zentralbrasilien wurde das Alter von Steinwerkzeugen und Höhlendekoration auf gut 30.000 Jahre geschätzt, ein Skelettfund („Luzia") auf 11.500 Jahre. Siedlungsspuren in Chile (Monte Verde) wurden auf ein Alter von 14.800 Jahren (Holzwerkzeuge) und fraglich sogar auf 33.000 Jahren (Steinherde) geschätzt. Am Yukon wurden möglicherweise mehr als 25.000 Jahre alte Steinwerkzeuge aufgefunden. In Virginia (Cactus Hill) fand man wohl 15.000–17.000 Jahre alte Siedlungsreste. All diesen älteren Zahlen wird aber auch heftig widersprochen.

Es kann zwar nicht ausgeschlossen werden, dass die Neue Welt zusätzlich von Europa/Afrika auch vor den Wikingern schon erreicht wurde. Unwahrscheinlich erscheint aber die Besiedlung Nordamerikas von Europa aus, wie manchmal behauptet wird aufgrund von Ähnlichkeiten der Solutréen- (Europa) und Clovis- (Nordamerika) Steinklingenkultur. Eine solche Besiedlung müsste per Boot über den Atlantik entlang der Eiskante der Gletscher erfolgt sein.

Wikinger erreichten Nordamerika vor gut 1000 Jahren, Columbus leitete 1492 die letzte große Einwanderungswelle Amerikas ein.

5.7 Die Menschheit heute

Heute leben über 7 Mrd. Menschen auf der Erde. Diese Zahl steigt ständig weiter (zu diesem, den Fortbestand des Lebensraums Erde bedrohenden, Problem der Überbevölkerung, s. **Abschn. 5.9**). Ein besonderes Merkmal des heutigen Menschen ist seine unglaubliche Variabilität (**Abb. 5.34**) – er repräsentiert also eine polytypische Art – die sich unter anderem in Körpergröße, Haarfarbe, musikalischer Begabung, Geschicklichkeit, persönlichen Interessen, dem MHC-Muster, genetisch bedingten Krankheiten sowie Zahl und Verteilung von Sommersprossen und Leberflecken zeigt. Variabilität kennzeichnet auch Lebensweise, Mode, Religion,

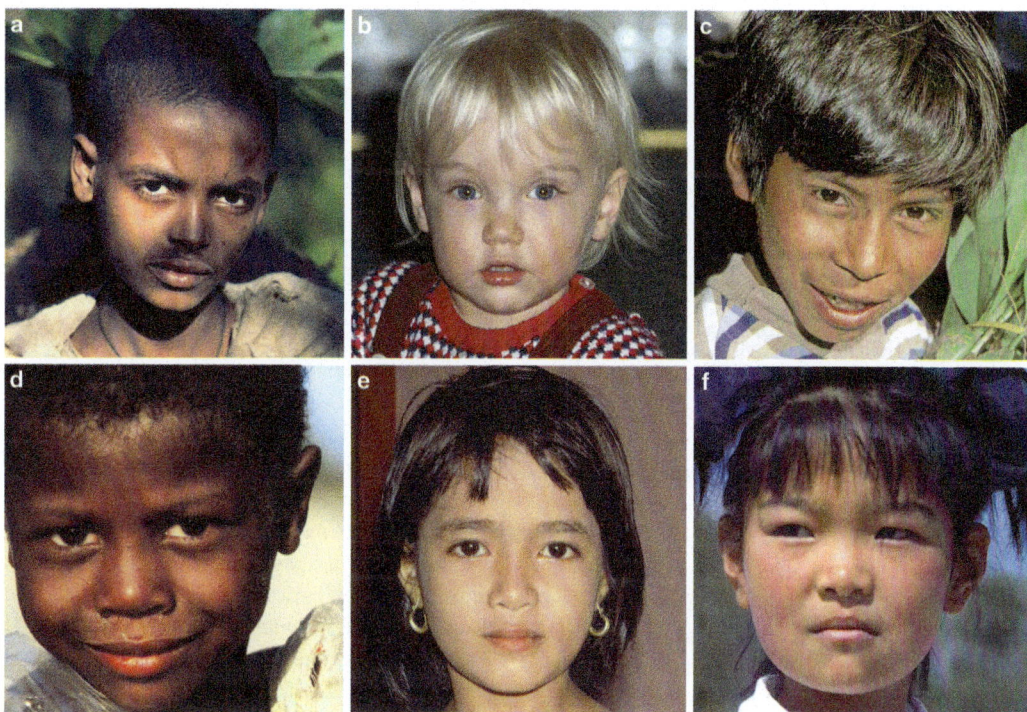

☐ **Abb. 5.34 a–f.** Kinder aus verschiedenen Ländern. **a** Äthiopien, **b** Deutschland, **c** Guatemala, **d** Madagaskar, **e** Indonesien, **f** Kirgistan. Foto c: Werzmirzowski

Baustile, Sprachen und andere Parameter im Bereich Kultur und Zivilisation. Diese Variabilität finden wir nicht nur in jeder Schulklasse, in jedem Stadtteil, in jedem Land, sondern überall auf der Erde. Die Vielfalt hat ihre Ursachen im Bereich der Genetik und der Umwelt bis hin zum sozio-ökonomischen Status. So haben z. B. Untersuchungen zur Körpergröße bei englischen Schulkindern gezeigt, dass Kinder besser gestellter Eltern im Durchschnitt größer sind als Kinder sozial schlechter gestellter Eltern. Dieses Phänomen gilt vermutlich für die Kinder aller Länder.

EXKURS 5.9

Epigenetische Einflüsse auf die Evolution des Menschen
Martina Paulsen und Jörn Walter (Saarbrücken)

Die molekulare Basis epigenetischer Vererbung

Die Epigenetik beschreibt Mechanismen und Funktionen von Vererbungsformen, bei denen außerhalb der DNA-Sequenz Informationen weitergegeben werden. Im Wesentlichen handelt es sich um die chromosomengebundene Vererbung von Modifikationen der DNA bzw. der Histonproteine innerhalb des Chromatins. In den verschiedenen Taxa der Eukaryoten gibt es auf Proteinebene eine ungeheure Vielfalt von verschiedenen epigenetischen Modifikationen, die in komplexen, multizellulären Spezies eine ungeheure Vielschichtigkeit erlangen können. Neben Histonvarianten, die sich in Bezug auf ihre Aminosäuresequenz nur geringfügig aber funktionell sehr stark unterscheiden, sind chemische Modifikationen der Histonproteine wie der Acetylierung und Methylierung von Lysinresten stark verbreitet (Jenuwein u. Allis 2001). Diese werden enzymatisch an Histonen *in situ*, d. h. auf dem Nukleomsom positionsspezifisch etabliert. Auf der DNA-Ebene ist die

▶

EXKURS 5.9 (Fortsetzung)

Methylierung von Cytosinen die prominenteste epigenetische Modifikation (Zemach et al. 2010). Obwohl hier die DNA direkt als Substrat für epigenetische Modifikationen dient, bleibt der genetische Code, der die Identität von RNAs und Proteinen bestimmt, unverändert. Epigenetische Modifikationen bestimmen Chromatinstrukturen, und alle an Chromatinstruktur gekoppelten Prozesse wie z. B. Reparatur, Rekombination, Replikation und vor allem Genregulation. Nur Gene, die eine offene Euchromatinstruktur besitzen, sind zugänglich für den Transkriptionsapparat und können aktiv transkribiert werden. Gene, die in dicht verpackten Heterochromatinbereichen liegen, sind dagegen stillgelegt. Infolgedessen können einmal gesetzte und temporär vererbte epigenetische Modifikationen Veränderungen des Phänotyps verursachen. Ob ein Gen in einem bestimmten Zelltyp über eine lockere Chromatinstruktur verfügt und infolgedessen aktiviert wird oder nicht, hängt ganz wesentlich von der DNA-Sequenz seiner Regulationselemente ab. Bestimmte Sequenzmotive dienen als Bindestellen von zelltypspezifischen Transkriptionsfaktoren, die z. B. DNA-Methyltransferasen oder Histon-modifizierende Enzyme an diese Positionen lenken. Dies bedeutet, dass genetische Informationen, wie solche Bindestellen, aber auch die proteincodierenden Sequenzen von DNA-Methyltransferasegenen, den epigenetischen Status ganz wesentlich mitbestimmen.

Epigenetische Modifikationen werden während der Replikation kopiert, wobei die Modifikationsmuster der alten Chromatide als Vorbild dienen. Auf diese Weise werden epigenetische Modifikationsmuster bei der Zellteilung auf neu entstehende Zellen übertragen. Einmal festgelegte Chromatinstrukturen und Genexpressionsmuster werden so über lange Zeiträume und viele Generationen erhalten. Insbesondere aufgrund der Langlebigkeit epigenetischer Genregulation geht man davon aus, dass durch epigenetische Modifikationen zelltypspezifische Genexpressionsmuster und damit die Identität von Zellen über längere Zeiträume und Zellteilungen hinweg festgelegt werden. Einer Vererbung über Generationen hinweg steht ein hohes Maß an metastabiler Variabilität gegenüber: Epigenetische Modifikationen sind enzymatisch revertierbar. Dies impliziert, dass sie aufgrund bestimmter Ereignisse z. B. während bestimmter Entwicklungsphasen eines Organismus verändert werden können.

Epigenetik und Embryonalentwicklung

Der Begriff der Epigenetik wurde Mitte des 20. Jahrhunderts von dem Entwicklungsbiologen Conrad Waddington (1905 bis 1975) geprägt (Waddington 1957). Waddington stellte heraus, dass während der Entwicklung eines Organismus die Differenzierung von Zellen einem festgelegten Programm folgt, wobei aus der Zygote durch Zellteilungen, zunächst Stammzellen und später differenzierte Zellen entstehen. Dies geht mit dem Verlust der Omnipotenz einher, also der Fähigkeit einer Zelle, einen einmal eingeschlagenen Entwicklungspfad zu verlassen. Waddingtons Leistung bestand darin, Modelle zu entwickeln, wie durch genetische Informationen Entwicklungsprozesse gesteuert werden können, die am Ende in der Entstehung einer Vielzahl von unterschiedlichen Zelltypen münden.

Wir wissen heute, dass während der Keimzell- und frühen Embryonalentwicklung die Chromatinstruktur des Erbguts mehrfach umgestaltet wird (Hemberger et al. 2009). Gezielte epigenetische (Re-)Programmierungsprozesse sind essenziell für die Entstehung von Stammzellen und für Zelldifferenzierungen. So werden beispielsweise während der ersten Zellteilungen nach der Befruchtung große Teile der ursprünglichen parentalen epigenetischen Modifikationen entfernt. Dies leitet die Entstehung pluripotenter Stammzellen ein. Später werden dann ab dem Blastocysten-Stadium neue Modifikationsmuster gesetzt, die mit der Bildung differenzierter Zellen einhergehen. Die epigenetische Fixierung von Genexpressionsmustern ist wesentlich dafür verantwortlich, dass einmal differenzierte Zellen nicht in der Lage sind, auf natürlichem Wege in den pluripotenten Zustand einer embryonalen Stammzelle zurückzukehren. Die Aufhebung und Revertierung genetisch festgelegter epigenetischer Prozesse sind daher im Fokus der aktuellen Stammzellforschung. Jüngste Befunde deuten dabei an, dass, entgegen ursprünglicher Annahmen, Prinzipien

EXKURS 5.9 (*Fortsetzung*)

der Epigenese im Reagenzglas überwunden werden können (Vierbuchen et al. 2010). Dies bedeutet, dass nach künstlicher Aktivierung einiger Schlüsselgene differenzierte somatische Zellen ihre Identität direkt ändern und die Charakteristika eines anderen Zelltyps annehmen können.

Lernprozesse und Gedächtnis – welche Rolle spielen epigenetische Faktoren im Gehirn?
Eine zentrale Frage der Gehirnforschung ist die molekulare Basis des Langzeitgedächtnisses, d. h. die langfristige Abspeicherung von Informationen auf Molekülebene. Die Tatsache, dass epigenetische Modifikationen über lange Zeit stabil sind, machen diese zu einem idealen Medium zur Speicherung solcher Informationen. Ein externer Stimulus könnte beispielsweise epigenetische Modifikationen induzieren, die in Neuronen langfristig erhalten bleiben und bei Bedarf in Form von Genexpressionsmustern bzw. elektrischen Signalen abgerufen werden könnten. In der Tat wurde durch Tierversuche mit Ratten oder Mäusen gezeigt, dass bestimmten Formen von Verhaltensweisen, wie Sozialverhalten und Lernprozesse, epigenetische Mechanismen der Genregulation zu Grunde liegen. Dies äußert sich beispielsweise darin, dass eine intensive Brutpflege im Hippocampus junger Ratten epigenetische Veränderungen an einem Glucocorticoid-Rezeptorgen induziert und daraufhin auch in späteren Lebensphasen Stressreaktionen abmildert (Weaver et al. 2004). Die genauen Mechanismen epigenetischer Programme im Zusammenhang mit Lern- und Gedächtnisbildungsprozessen im menschlichen Gehirn sind aber bei weitem noch nicht aufgeklärt. Ob die Entwicklung epigenetischer Prozesse zudem im Gehirn im Verlauf der Evolution der menschlichen Spezies eine Rolle gespielt haben ist eine als wahrscheinlich erscheinende Möglichkeit, die aber noch zu beweisen ist.

Epigenetische Variationen – die Rolle von Umwelt und Zufall
Im Gegensatz zu anderen Säugetieren erreicht der Mensch vergleichsweise spät im Laufe seines Lebens seine Reproduktionsfähigkeit. Außerdem ist besonders in den Industrieländern in den letzten Jahrzehnten die Lebenserwartung rasant gestiegen. Für die Medizin ist es daher von großem Interesse zu verstehen, wie sich der Einfluss von Umweltbedingungen langfristig auf die Gesundheit von Individuen auswirkt. In diesem Zusammenhang wird zunehmend diskutiert, ob epigenetische Regulationsmechanismen durch Umweltfaktoren, wie die Aufnahme von Nahrungs- und Botenstoffen, nachhaltig beeinflusst werden können.

Der Einfluss von Ernährungsfaktoren wurden in gezielten Fütterungsversuchen bei Mäusen nachgewiesen. In diesem Fall führte die Verabreichung einer Diät, die reich an Methylgruppen-Donoren (z. B. Folsäure) war, während der Schwangerschaft zur Veränderung von DNA-Methylierungsmustern und später auf der phänotypischen Ebene zu Veränderungen der Fellfarbe der Nachkommen (Waterland u. Jirtle 2003). In einer groß angelegten niederländischen Studie konnte gezeigt werden, dass Personen, die den Hungerwinter 1944/45 *in utero* erlebt hatten, im fortgeschrittenen Erwachsenenalter ungewöhnliche DNA-Methylierungsmuster unter anderem bei einem Wachstumsfaktorgen aufwiesen (Heijmans et al. 2008).

Der Einfluss der Umwelt auf epigenetische Veränderungen ist Gegenstand mehrerer Studien an eineiigen Zwillingen. Hier werden häufig epigenetische Diskordanzen beobachtet, die allerdings ungerichtet aufzutreten scheinen und sich mit zunehmendem Alter deutlicher ausprägen. Eindrucksvolle Beispiele für spontan auftretende epigenetische Diskordanz sind Zwillingspaare, bei denen einer der eineiigen Zwillinge am epigenetischen Beckwith-Wiedemann-Syndrom erkrankt ist, der andere, genetisch identische Zwilling hingegen gesund bleibt (Tierling et al. 2011). Im Verlauf der frühen Embryonalentwicklung ist im erkrankten Zwilling eine epigenetische Markierung (zufällig) gelöscht worden. Die Folge ist eine epigenetische Fehlregulation von wachstumsregulierenden Genen. Die betroffenen Neugeborenen sind oft ungewöhnlich groß; ein besonders typisches Merkmal des Beckwith-Wiedemann-Syndroms ist eine stark vergrößerte Zunge.

EXKURS 5.9 (Fortsetzung)

Transgenerationseffekte und die Vererbung epigenetischer Modifikationen

Der Umstand, dass Umwelteinflüsse zwar nicht zwangsläufig zu genetischen Mutationen führen müssen, sich aber trotzdem durch langfristige epigenetische Veränderungen auch nach der Geburt bemerkbar machen können, wirft die Frage auf, ob epigenetische Modifikationen über mehrere Generationen hinweg vererbbar sind. Prinzipiell haben epigenetische Modifikationen das Potenzial, die Mendel'schen Prinzipien der Vererbung zu modulieren: Beruht ein bestimmtes (neu auftretendes) Merkmal auf epigenetischer Modifikationen, können instabile Vererbungsmuster entstehen. Solche Merkmale können über mehrere Generationen hinweg stabil vererbt werden, dann aber plötzlich, oft ohne klaren Grund, zum ursprünglichen Merkmal revertieren. Besonders eindrucksvoll ist dieser Effekt bei einer Variante des Echten Leinkrauts: Diese Variante besitzt im Gegensatz zu den üblichen Formen radial-symmetrisch aufgebaute Blüten. Sporadisch werden aber auch Pflanzen mit bilateral-symmetrischen Blüten beobachtet. Diese spontane Rückkehr zur Blütenform des Wildtyps beruht auf einer Veränderung im Methylierungsmuster eines Gens, das die Blütensymmetrie steuert (Cubas et al. 1999). Die radial-symmetrische Form des Leinkrauts wurde bereits von Linné beschrieben. Seine Schwierigkeiten bei der systematischen Einordnung dieser Form veranlassten ihn, die phänotypische Konstanz von Arten in Frage zu stellen.

Beim Menschen gibt es bislang keinen eindeutigen Fall einer induzierten, gerichtet auftretenden epigenetischen Vererbung bis in die nächste Generation. Eine Schwierigkeit für den Nachweis ist u. a. die Gewinnung der richtigen Zelltypen für gezielte Analysen, da epigenetische Veränderungen an den Zelltyp gebunden sind. Die relevanten Zellen sind aber oft nicht isolierbar oder in ausreichenden Mengen zu gewinnen. Zudem bedeutet die lange Generationszeit in Menschen, dass das Sammeln solcher Proben erschwert wird. Phänotypisch orientierte Studien deuten allerdings in die Richtung solcher möglicher Phänomene. So wird ein Einfluss der Ernährungssituation in Kindheit und Jugend auf Body-Mass-Index und Sterblichkeit bis in die Generation der Enkel beobachtet (Kaati et al. 2007). Es ist also durchaus denkbar, dass die Vererbung von Merkmalen an veränderte epigenetische Modifikationen in Zielzellen gekoppelt ist. Der molekulare Beweis für definierbare epigenetische Vererbung steht aber noch aus, und die Mechanismen, wie epigenetische Effekte über Generationen beim Menschen weitergegeben werden, sind Gegenstand aktueller Forschung.

Der Umstand, dass in einigen Spezies (z. B. bei Pflanzen) eine Vererbung erworbener epigenetischer Informationen möglich erscheint, rückt die Epigenetik leider oft in die Nähe eines Neo-Lamarckismus. Beispiele epigenetisch gesteuerter Vererbung in Pflanzen sind jedoch auf die menschliche Vererbung nicht übertragbar. Bei Säugetieren wird die Vererbung erworbener epigenetischer Modifikationen unter anderem durch die strikte Löschung elterlicher epigenetischer Programme während der Keimzell- und Embryonalentwicklung verhindert. Eine gerichtete Vererbung „erworbener" Eigenschaften ist daher weitestgehend auszuschließen, auch wenn zufällige Fehler durchaus vorstellbar sind. Konzeptionell fehlt im Fall epigenetischer Vererbung eine Zweckgebundenheit, die für den Lamarckismus jedoch ein wesentliches Merkmal darstellt. Umweltinduzierte, vererbbare Veränderungen müssen zudem in den Keimzellen auftreten.

Im Gegensatz zur intensiven Betrachtung von möglichen Zusammenhängen zwischen Epigenetik und Lamarckismus, wird der Integration der Epigenetik in eine darwinistisch geprägte Evolutionstheorie bisher wenig Beachtung geschenkt. In Hinblick auf evolutionäre Prozesse sind Veränderungen epigenetischer Steuermechanismen aber möglicherweise wichtige Faktoren, die zusätzlich zu genetischen Mutationen weitere phänotypische Variationen und größere Anpassungsmöglichkeiten innerhalb einer Population erzeugen und damit zur Entwicklung von Spezies beitragen. Auf molekularer Ebene könnten von einem Gen also nicht nur genetische Allele, sondern auch epigenetische Allele existieren. Solche Variationen könnten besonders im Fall von veränderten Umweltbedingungen interessant werden: Ein genetisches Allel, das ur-

> **EXKURS 5.9** (*Fortsetzung*)
>
> sprünglich mit einer hohen Fitness verbunden war, könnte sich unter wechselnden Umweltbedingungen eher negativ auswirken. Existiert nun eine epigenetische Variante des betroffenen Allels, die nicht mit einer verringerten Fitness des Organismus verbunden ist, könnte dies zum Erhalt des Allels in der Population beitragen.
>
> In diesem Zusammenhang ist es interessant, dass in den ersten epigenetischen Studien auf Populationsebene zwar eine Vielzahl von epigenetischen Unterschieden festgestellt wurde, diese aber meistens an genetische Unterschiede gekoppelt sind (Fraser et al. 2012). Wahrscheinlicher erscheint daher die Möglichkeit, dass epigenetische Allele nicht direkt vererbt werden, sondern dass epigenetische Mechanismen zur angepassten Expressionskontrolle genetisch bedingter Merkmale in Spezies beitragen.

Trotz ihrer außerordentlich großen Vielfalt lassen sich die heutigen Menschen grob folgenden großen Gruppen (Ethnien, Rassen, Populationen) zuordnen (Diamond 1998): den Schwarzafrikanern (Negriden), den Pygmäen Zentralafrikas, den Khoisan = Khoi und Sanoi Süd- und Südwestafrikas, den Kaukasiern (Europiden, „Weißen"), den Ost- und Südostasiaten (Mongoliden) und den australischen Ureinwohnern (Australoiden). Innerhalb dieser großen Gruppen lässt sich eine Vielzahl weiterer Untergruppen unterscheiden, und zwischen allen Gruppen und Untergruppen gibt es Übergänge. Die Analyse der mitochondrialen DNA von Vertretern aller modernen Menschengruppen lässt vermuten, dass es insgesamt gut 30 größere Einheiten gibt, die z. T. Klans genannt werden (Abb. 5.35, Abb. 5.36).

Die **Schwarzafrikaner** sind heute die dominante Bevölkerungsgruppe Afrikas südlich der Sahara. Ihre genetische Vielfalt ist besonders groß und genetische Unterschiede zwischen den einzelnen Gruppen sind meist größer als die von den Gruppen auf anderen Kontinenten. Die Grenze, die heute die Sahara bildet, war vor 6000–11.000 Jahren noch eine Steppenregion mit Seen und viel Wild. Die Grenze zu Nordafrika war also viel weniger scharf als heute und wahrscheinlich kam es in dieser Region zu intensivem kulturellen und auch genetischen Austausch mit Menschen in Vorderasien. Im Bereich der Sahara entstanden vermutlich schon vor gut 7000 Jahren Kulturen mit Haustierhaltung. Hier wurden wahrscheinlich auch die ersten Nutzpflanzen (Sorghum, Perlenhirse) angebaut. In Äthiopien entstanden Teff (eine Getreideart) und Kaffee.

Die vielen verschiedenen Sprachen in Schwarzafrika spiegeln auch genetische Unterschiede ihrer Sprecher wider.

Heute ist der Lebensraum der **Pygmäen** stark eingeschränkt, es gibt nur noch ca. 200.000 von ihnen. Sie leben heute meist im Austausch mit Schwarzafrikanern am Rande der verbleibenden Waldregionen Zentralafrikas oder als Arbeiter für schwarzafrikanische Bauern, deren jeweilige Sprache sie auch übernommen haben.

Die **Khoisan** umfassen zwei verwandte Gruppen, die San (!Kung, Buschmänner) und die Khoi (Hottentotten). Sie besiedelten ursprünglich weite Bereiche Süd- und Ostafrikas und sind heute auf relativ unfruchtbare Regionen in Namibia, der Kalahari und angrenzender Gebiete beschränkt. Die San sind klein und leben z. T. immer noch als Jäger und Sammler, die größeren Khoi halten große Rinderherden. Die Khoi haben sich zu erheblichem Anteil mit Schwarzafrikanern vermischt. Kennzeichnend für die Khoisan sind neben anatomischen Merkmalen (leicht gelbliche Haut, sehr dichtes Kraushaar, bei Frauen Einlagerung erheblicher Mengen von Fettgewebe im Gesäß [Steatopygie]) vor allem die ganz spezielle Sprache mit Klicklauten anstelle von Konsonanten. Einige Bantustämme haben während ihres Vormarsches nach Südafrika Klicklaute in ihre Sprache aufgenommen, z. B. die Xhosa in Südafrika. Die San besitzen eine einzigartige Kenntnis von Arzneipflanzen und nutzen wohl mehr solche Pflanzen als andere Menschen.

Die **Europiden (= Kaukasier)** besiedelten ursprünglich Europa, den vorderen und mittleren Osten (bis hin nach Zentralasien), den indischen Subkontinent, Nordafrika und das Horn von Afrika. Seit der Kolonialzeit haben sie sich auf der ganzen Erde verbreitet, insbesondere in N- und S-Amerika und in Australien. Ihnen gehören hell- bis dunkelhäutige Menschen an. Ihre Körperbehaarung ist relativ stark entwickelt, die Kopfhaare sind meist lang und leicht

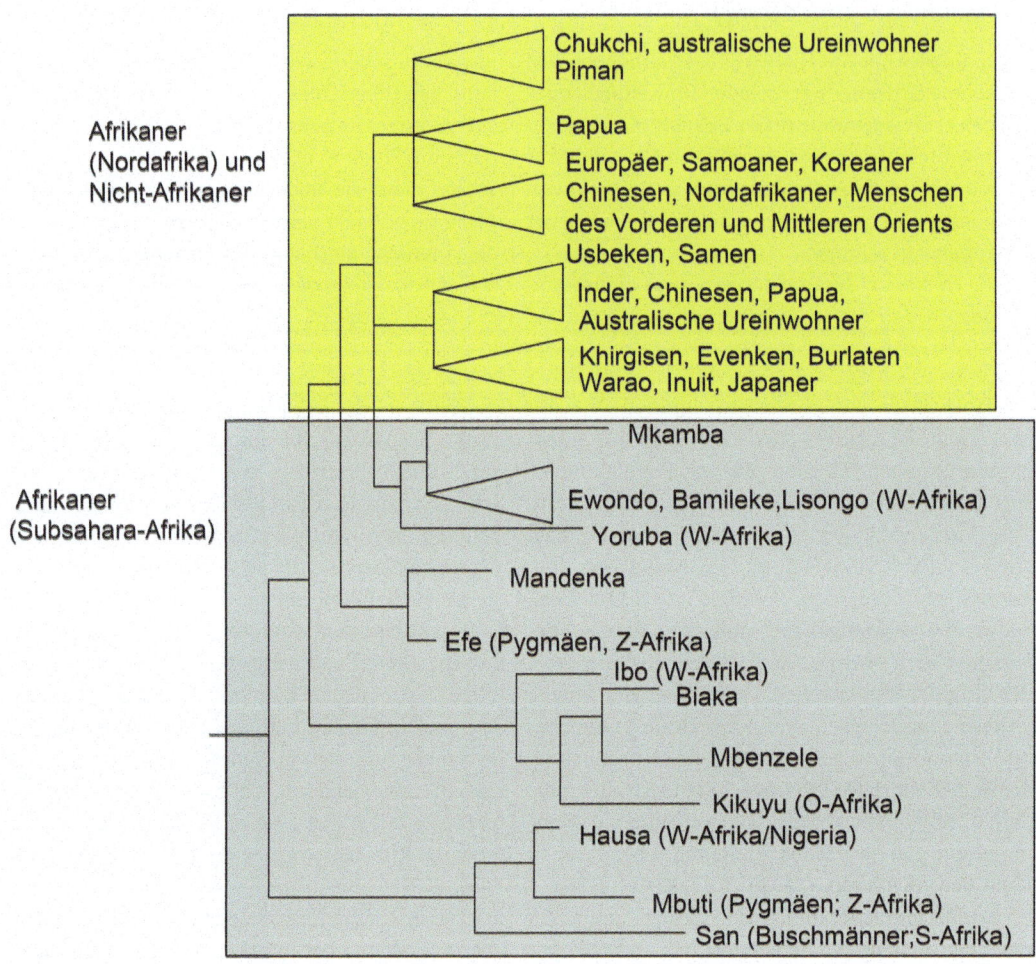

Abb. 5.35 Verwandtschaftsbeziehungen der modernen Menschheit auf der Basis von mtDNA-Vergleichen. Sehr deutlich wird die Zweiteilung der Menschheit in die Ethnien südlich der Sahara (Subsahara-Afrika) und alle anderen Ethnien

gewellt. Die Gesichtszüge, z. B. mit schmaler, großer Nase, relativ schmalen Lippen und typisch geformten Augen, sind ebenfalls kennzeichnend. Im Vergleich zu Menschen anderer Regionen auf der Erde sind unter den Europiden rhesus-negative Genotypen relativ häufig. Die heutigen Menschen Europas gehen zufolge genetischer Untersuchungen wahrscheinlich überwiegend auf die paläolithischen Jäger und Sammler der letzten Eiszeit zurück und lassen sich in sieben große Gruppen gliedern (Sykes 2001).

Der Begriff „Kaukasier" geht auf Johann Friedrich Blumenbach zurück, der die Menschheit 1795 in fünf Varietäten, die kaukasische, mongolische, äthiopische, amerikanische und malaiische Varietät einteilte. Die Menschen des Kaukasus kamen ihm besonders typisch für die Menschen vor, die die weiter oben genannten Regionen bewohnen. Der Begriff Kaukasier ist heute in N-Amerika gängig, insbesondere auch in der Medizin.

Die **Menschen Ost- und Südostasiens (die Mongoliden)** sind u. a. durch typische Gesichtszüge (z. B. epikantische Augenfalte, relativ flache Nase und weitgehend fehlende Überaugenwülste), spärliche Körper(und bei Männern Bart)-behaarung, dicke, glatte Haare und überwiegend geringe Körpergröße gekennzeichnet. Manche der anatomischen Merkmale sind in Nordchina, der Mandschurei und der Mongolei stärker ausgeprägt als in Südchina und Südostasien, wo die Hautfarbe meist auch einen Braunton annimmt. Diesen Unterschieden zwi-

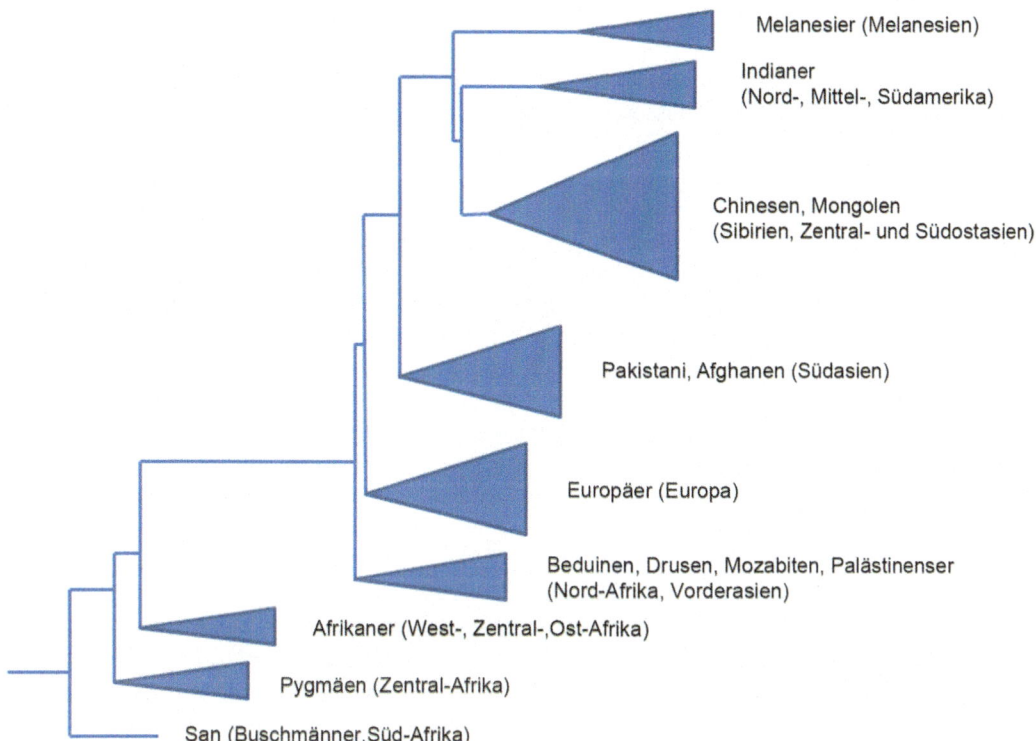

□ **Abb. 5.36** Verwandtschaftsbeziehungen verschiedener Ethnien und Nationalitäten (900 Individuen) aus 51 Populationen auf der Basis der Auswertung von insgesamt 650.000 SNPs

schen den Menschen a) aus dem Norden Chinas, der Mandschurei, der Mongolei, Koreas und b) den Menschen Südchinas und Südostasiens entsprechen auch genetische Unterschiede. Vom nördlichen Ostasien ist auch die Besiedelung der Neuen Welt über die Beringstraße ausgegangen.

Eine Gruppe, die nicht selten zu den Mongoliden gezählt wird, sind die **Austronesier**, die wohl vor ca. 6000 Jahren von südchinesischen Küstenregionen aus zunächst Taiwan, dann die Philippinen und Indonesien, die Nordküste Neuguineas und die Salomonen besiedelten. Vom Bismarck-Archipel aus erfolgte dann in einem zweiten großen Schritt die „Eroberung" weiterer Inseln und Inselgruppen im Pazifik bis hin nach Neuseeland, zu den Fiji-Inseln und Samoa. In einem letzten Schritt wurden dann Hawaii (vor 1500 Jahren), die Pitcairn-Inseln, die Marquesas und schließlich vor ca. 1100 Jahren die Osterinsel erreicht. Die Menschen hielten während dieser enormen Expansion an einer speziellen Form der Keramik fest, der Lapita-Keramik. Die Austronesier besiedelten vor 1500 Jahren von Indonesien aus als erste Madagaskar, was ebenso wie die Besiedlung des pazifischen Raumes eine seemännische Meisterleistung war, wobei die Austronesier bis 30 m lange katamaran- sowie wohl auch große kanuähnliche Schiffe benutzten. Vielleicht haben sie sogar Südamerika erreicht. Diesen Menschen kommen ca. 1200 Sprachen zu, die in einer großen Sprachfamilie zusammengefasst werden.

Die Analyse der madagassischen Sprache zeigt die meisten Übereinstimmungen mit der einer Bevölkerungsgruppe im südlichen Borneo. Auch hinsichtlich anatomischer und molekulargenetischer Merkmale bestehen bei der madagassischen Urbevölkerung die meisten Übereinstimmungen mit den Austronesiern. Seit einigen Hundert Jahren ist auf Madagaskar ein starker schwarzafrikanischer Einfluss erkennbar.

Das Schicksal der Menschen auf der Osterinsel ist möglicherweise eine Metapher für die Zukunft der Menschheit (Diamond 1999): Zunächst eine aufblühende Kultur mit rascher Bevölkerungsvermehrung auf eine Zahl von vermutlich ca. 30.000 Menschen. Unbedachter Raubbau an den natürlichen Ressourcen – z. B. völliges Abholzen des Waldes, langsame Zerstörung aller Seevogelkolonien und Auslaugen des Bodens sowie Festhalten an Ressourcen-verbrauchenden, kulturellen Tätigkeiten, vor allem dem Errichten großer Steinplastiken – führten aber ab einem bestimmten Zeitpunkt zu fast schlagartigem Erlöschen der Kultur. Das zeigen z. B. die unfertigen, eigentümlichen großen Steinfiguren (z. T. über 20 m hoch). Die Arbeit an ihnen wurde vermutlich z. T. jäh abgebrochen. Nach „Entdeckung" der Osterinsel Ostern 1722 durch holländische Seeleute kamen verheerende Windpockenseuchen dazu, ebenso wie Deportationen in die Sklaverei nach Peru. Vermutlich spielte auch proteinarme, einseitig stärkereiche Ernährung, die zu massiver Karies führte, eine Rolle beim Untergang.

Die **australischen Ureinwohner** wurden schon kurz im **Abschn. 5.6.4** dargestellt. Ihre ganz eigene Kultur ist eng mit dem Klima Australiens korreliert, einen guten Einblick liefert B. Chatwins „Traumpfade".

5.8 Die Entwicklung der Werkzeugkultur und der Zivilisation des Menschen

Im folgenden Abschnitt wird ein Überblick über die Werkzeugkulturen von *H. sapiens* gegeben. Über weite Zeiträume liegen nur Funde von Steinwerkzeugen vor (Steinzeiten). Erst ab dem Neolithikum wurde die Herstellung und Bearbeitung von Metall (Kupfer, Bronze, Eisen, auch Gold und Silber) entdeckt. Die Entwicklung der Kulturen und der dazugehörigen Technik erfolgte dann mit immer zunehmender Geschwindigkeit und war von ständigen sozialen Umwälzungen und Neuorientierungen begleitet.

Unter Primaten benutzen nur Schimpansen und der Mensch regelmäßig Werkzeuge. Dieser Werkzeuggebrauch ist erlernt, im Gegensatz zum angeborenen Werkzeuggebrauch, wie er sich relativ selten bei Tieren findet (Vögel, Ameisenlöwe, Schützenfisch u. a.). Hinsichtlich des Menschen wird jetzt vielfach vermutet, dass bereits die Australopithecinen einfache Werkzeuge aus Knochen, Holz und unbearbeitetem sowie vielleicht grob bearbeitetem Stein (z. B. *Australopithecus garhi*) benutzt haben, ohne dass hierfür eindeutige Beweise vorliegen. Nach gesichertem derzeitigen Kenntnisstand haben aber erst Angehörige der Gattung *Homo* **Steinwerkzeuge** nicht nur genutzt sondern auch hergestellt und in unterschiedlicher Weise bearbeitet. Natürlich spielten auch andere Materialien wie Holz und Knochen eine wichtige Rolle. Erst vor ca. 9000 Jahren begann die Nutzung von Metall. Zuerst wurde Kupfer verarbeitet, und vor 6000 Jahren kam die Nutzung von Gold, Bronze, Eisen u. a. hinzu. Die zunehmende Vervollkommnung der Steinwerkzeuge war Anlass, verschiedene Stufen der Steinwerkzeugkultur **(Steinzeiten)** zu unterscheiden.

Die Entwicklung der Werkzeugkultur und der Zivilisation des Menschen lässt sich grob folgendermaßen gliedern:
- Paläolithikum (umfasst den bei weitem längsten Zeitraum und wird in mehrere Perioden unterteilt),
- Mesolithikum,
- Neolithikum.

Die Menschen der Steinzeit waren Jäger und Sammler und begannen im Mesolithikum – mit dem Beginn der Warmzeit – sesshaft zu werden.

5.8.1 Paläolithikum

Das Paläolithikum (Altsteinzeit) beginnt mit dem **Oldowan** (s. **Abschn. 5.6.4**, **Abb. 5.37a**). Dieser Kulturstufe werden die ältesten bekannten Steinwerkzeuge zugerechnet, die vor ca. 2,4 Mio. Jahren auftauchen und vor ca. 1,5 Mio. Jahren verschwinden (s. **Abschn. 5.6.4**). Der Name wurde nach einer bekannten Fundstelle, der Olduvai-Schlucht in Tansania, geprägt. Die ältesten Fundstellen liegen in Äthiopien. Werkzeuge der Oldowan-Stufe wurden seither in der gesamten Alten Welt gefunden.

Das typische Werkzeug des **Acheuléen**, das einer etwas höheren Kulturstufe des Alt-Paläolithikums angehört, sind beidseitig sorgfältig bearbeitete große, spitze Faustkeile (**Abb. 5.37a**), die mit der Hand gehalten wurden. Daneben existierten eher beilförmige Werkzeuge mit gerader Schneide (*cleaver*). Es ist eine Tendenz zur Standardisierung dieser Werkzeuge erkennbar (Henke u. Rothe 1998). Der Name Acheuléen geht auf die Fundstelle Saint-Acheul in Frankreich zurück. Werkzeuge dieses Typs tauchen vor ca. 1,4 Mio. Jahren in Äthiopien und Tansania (Olduvai) auf und stehen hier zu dieser Zeit möglicherweise in Zusammenhang mit *H. ergaster*, in Europa mit *H. antecessor*. Die Frühphase dieser Kulturstufe wird als Prä-Acheuléen bezeichnet. In Europa fanden sich typische Acheuléen-Funde, die mindestens 500.000 Jahre alt sind. Das Acheuléen bleibt in Europa bis zu einem Zeitpunkt von vor 200.000 Jahren nachweisbar und wurde hier nach aller Wahrscheinlichkeit von *H. heidelbergensis* geschaffen. Lokal kommen einzelne Sonderentwicklungen vor. Typisches Acheuléen-Werkzeug wurde offenbar in NO-Indien, Ost- und Südostasien bisher relativ selten gefunden, u. U. wurde hier Holz(Bambus)-Werkzeug bevorzugt.

Das **Moustérien** gehört als Breitklingenkultur dem mittleren Paläolithikum an, begann vor ca. 200.000 Jahren und endete vor ca. 40.000 Jahren. Es wurde nach der Fundstelle Le Moustier in Frankreich benannt und ist die Kultur der Neandertaler. Die Werkzeuge sind kleiner als die des Acheuléen, die Formen sind recht verschiedenartig (◘ Abb. 5.37d), es finden sich Schaber, breite Klingen, Speerspitzen und Pfeilspitzen. Besonders charakteristisch für die Neandertaler und das mittlere Paläolithikum ist die Levallois-Schlagtechnik, die durch eine besondere Herstellung und Bearbeitung von grob vorbehauenen Steinkernen oder insbesondere Zielabschlägen gekennzeichnet ist. Die Steinkerne wurden wohl oft verworfen. Mit der Levallois-Technik gefertigte Steinwerkzeuge wurden auch bei den frühen *H. sapiens* zugeschriebenen Skeletten von es Skhul und Jebel Quafah gefunden. Sonderformen des Moustérien können abgegrenzt werden und erhielten besondere Namen, z. B. das Atérien in Nordafrika, das 75.000–100.000 Jahre alt ist und wahrscheinlich auf *H. sapiens* zurückgeht. Die späte Kultur der Neandertaler, das Châtelperronien mit seinen schmalen Klingen, ähnelt schon dem Aurignacien (s. unten) und wurde vielleicht von diesem beeinflusst.

Die Kulturen, die in Europa dem Moustérien folgen, werden dem Jung-Paläolithikum zugezählt

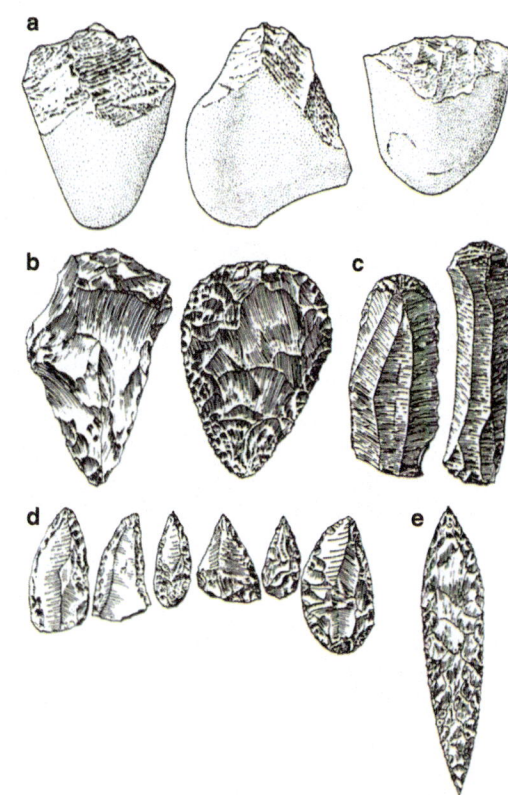

◘ **Abb. 5.37 a–e.** Steinwerkzeuge aus verschiedenen Epochen. **a** Primitive Steinwerkzeuge (Oldowan) aus der Olduvai-Schlucht Ostafrikas. **b** Handäxte aus dem Unteren Paläolithikum (Acheuléen). **c** Schaber aus dem Jung-Paläolithikum (Magdalnien). **d** Steinwerkzeuge von Neandertalern (Moustérien). **e** „Blattspitze" aus dem Jung-Paläolithikum. Nach verschiedenen Autoren aus Romer (1962) und Oakley (1968)

und sind hier über den Zeitraum von vor 40.000 bis vor 10.000 Jahren nachweisbar. Es ist ein deutlicher Fortschritt hinsichtlich verfeinerter Technik und Vielgestaltigkeit der Werkzeuge zu erkennen. Typisch sind lange Klingen aus Feuerstein oder „Stichel", feine, flache, meißelartige Spitzen, die teilweise mit einem Holz- oder Knochengriff versehen wurden. Typisch für diese Zeit sind auch vielgestaltige Werkzeuge aus Knochen und Geweih sowie Ketten aus Tierzähnen, Perlen und kleinen Figuren. Vergleichbare Knochenwerkzeuge (Pfeilspitzen, Harpunen) wurden aber auch in Afrika gefunden, wo sie z. T. jedoch deutlich älter als in Europa sind. In das Jung-Paläolithikum fällt auch die Erfindung von Musikinstrumenten: Flöte, mit einer Saite bespannter Bogen und vielleicht auch die Trommel. In

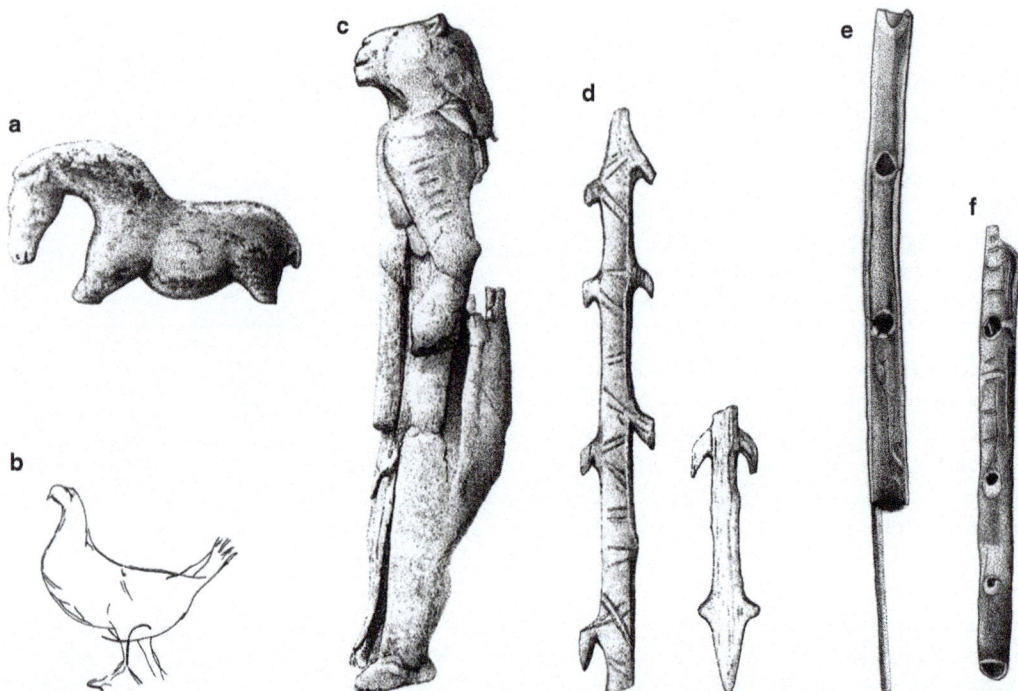

◘ **Abb. 5.38 a–d.** Künstlerisch gestaltete Gegenstände und Harpunenspitzen aus dem Jung-Paläolithikum. **a** Wildpferdfigur aus der Vogelherdhöhle im Lohnetal (ca. 30.000 Jahre alt). **b** Schneehuhnzeichnung aus Gönnersdorf bei Neuwied (Rhein), ca. 12.000 Jahre alt. **c** Mensch-Tier-Wesen mit Löwenkopf (Höhle Hohlenstein-Stadel bei Asselfingen, Alb-Donau-Kreis), ca. 30.000 Jahre alt. **d** Harpunenspitzen (Le Morin, Frankreich), ca. 17.000 Jahre alt. **e** Flöte aus dem Flügelknochen eines Schwans (12,6 cm lang, Geißenklösterle bei Blaubeuren, Schwäbische Alb), ca. 32.000 Jahre alt. **f** Flöte aus Mammutelfenbein (18,7 cm lang, Geißenklösterle bei Blaubeuren), ca. 32.000 Jahre alt

Europa entstanden rasch regionale Unterschiede der Kultur des oberen Paläolithikums, z. B. die „Blattspitzen-Gruppe" in Süddeutschland, Tschechien, der Slowakei und Ungarn (◘ **Abb. 5.37e**). Am Anfang des Jungpaläolithikums steht das **Aurignacien**, benannt nach einer Fundstelle (Aurignac) am Fuße der nördlichen Pyrenäen, die mit Jungpaläolithikern (Cro-Magnon-Menschen) assoziiert ist. Die Periode dauerte von vor 40.000 bis vor 28.000 Jahren und ist an vielen Stellen in Europa nachweisbar. Aurignacien-Funde wurden auch im Nahen Osten gemacht. Zum Aurignacien gehören auch künstlerisch bedeutsame Kultgegenstände (◘ **Abb. 5.38**) und die ersten Höhlenmalereien. Besonders bekannt geworden ist die Chauvet-Höhle, die in der Ardéche liegt und deren Bilder ca. 32.000 Jahre alt sind. Die abgebildeten Tiere (◘ **Abb. 5.39**) sind überwiegend gefährliche Raubtiere: Löwen, Leoparden, Hyänen und Bären.

Eine weitere Phase des Jung-Paläolithikums in Europa war das **Gravettien** (von vor 28.000 bis vor 22.000 Jahren) mit speziellen Klingen und besonderen knöchernen Speerspitzen. Elfenbeinperlen waren typische Schmuckstücke. Erste so genannte Venusfiguren tauchten verbreitet auf.

Es folgt das **Solutréen** (von vor 21.000 bis vor 19.000 Jahren), eine recht kurze kulturelle Phase mit sehr hoch entwickelten Bearbeitungstechniken der Steine. Typische sind flächig retuschierte Lanzenspitzen („Blattspitzen", ◘ **Abb. 5.37e**).

Der Höhepunkt des Jungpaläolithikums war das **Magdalénien** (von vor 18.000 bis vor 12.000 Jahren) mit außerordentlichen Kunstwerken, z. B. den Höhlenmalereien von Lascaux und Altamira, sowie einer erheblich verfeinerten Werkzeugtechnik unter zunehmender Verwendung von Knochen, Geweihen und Elfenbein. Ein berühmter, gut erhaltener Skelettfund aus dem Magdalénien stammt aus

Chancelade, das im bedeutenden prähistorischen Museum von Perigeux mit seiner Umwelt zu sehen ist.

Mit dem Magdalénien kommt das Paläolithikum, die Altsteinzeit, zu ihrem Ende. Die sich im Holozän anschließenden Phasen der kulturellen Entwicklung können hier nur kurz dargestellt werden.

5.8.2 Mesolithikum

Das Mesolithikum (mittlere Steinzeit) ist ein eigenständiger Kulturhorizont und dauerte in Mitteleuropa von vor gut 11.000 bis vor 7600 Jahren vor heute, in anderen Regionen der Erde (z. B. Indochina und Vorderer Orient) begann es früher und ging früher zu Ende. Es lässt sich in Europa anhand veränderter Schlagtechniken bei den Steinwerkzeugen gut vom Paläolithikum abgrenzen. Der Beginn des Mesolithikums ist mit der Erwärmung des Klimas am Ende der letzten Eiszeit korreliert. Kennzeichnend sind die weitere Vervollkommnung von Werkzeugtechniken, der Bau von Unterkünften u. a. Typisch sind auch kleine Strukturen oder Baueinheiten (Mikrolithen) in der Form von Dreiecken, Trapezen, Rechtecken und Halbmonden. Diese Kleinformen wurden Teil zusammengesetzter Geräte, z. B. Harpunen oder größeren Messern mit strukturierter Schneidekante. In mancher Hinsicht ist diese Periode eine Übergangszeit zwischen Alt- und Jungsteinzeit. Die Menschen waren noch Jäger und Sammler. Relativ häufig gingen sie regelmäßig dem Fischfang und dem Sammeln aquatischer Wirbellosen (Muscheln, Schnecken) nach, was an manchen Orten den Beginn der Sesshaftigkeit begünstigte.

Ein Beispiel bietet die Ertebölle-Kultur, die noch zwischen 5100 und 4100 in Dänemark und in meist küstennahen Regionen Norddeutschlands verbreitet vorkam. Ein Schwerpunkt lag am Limfjord, wo man sehr große Abfallhaufen, die zu großem Anteil aus Muschelschalen bestehen, fand. Grabungen förderten vielgestaltiges Gerät zum Fischfang (Reusen, Fischzäune, Angelhaken, Boote u. a.) und auch Pfeil und Bogen zu Tage.

Nahrungssammler und Jäger wie die Menschen im oberen Paläolithikum und im Mesolithikum

◘ **Abb. 5.39** Höhlenmalerei mit Löwen aus der Höhle Chauvet (Tal der Ardéche, Südfrankreich), Oberes Paläolithikum, ca. 32.000 Jahre alt

sind bis in unsere Zeit hinein Inuit, Feuerländer, australische Ureinwohner, Veddas (Südindien, Sri Lanka) und Negritos (Ozeanien, Südostasien). Vergleichbar leben auch die Pygmäen (Zentralafrika) und Buschmänner (westliches Südafrika). Erst in unserer Zeit gehen diese Lebensformen infolge der rücksichtslosen Ausbreitung der modernen Zivilisation zu Grunde.

5.8.3 Neolithikum

Der Übergang vom Mesolithikum zum Neolithikum erfolgte z. T. schon vor 10.000–11.000 Jahren, z. B. in Vietnam und im Vorderen Orient, in Mitteleuropa erst vor ca. 7600 Jahren. Mit dem Übergang zum Neolithikum (Jungsteinzeit) erfolgte eine wichtige Veränderung, der Mensch gab vielfach sein Nomadendasein auf, wurde sesshaft und betrieb Ackerbau und Viehhaltung. Dieser Übergang erfolgte wohl unabhängig an verschiedenen Stellen auf der Erde; zuerst wahrscheinlich in großen Flussebenen, z. B. an Euphrat und Tigris in Mesopotamien, am Unterlauf des Nils (Ägypten), am Indus (Indien, Pakistan) und am Hwangho und Jangtsekiang (China). Die kulturelle Wende des Neolithikums brachte viele neue soziale Strukturen mit sich.

Abb. 5.40 Altägyptische Hunderassen. Nach Senglaub (1976)

Haustiere und Nutzpflanzen

Die Überführung von Tieren in den Hausstand (Domestikation) war ein wichtiger Schritt in der Geschichte des Menschen und gehört, eng verbunden mit Ackerbau und Sesshaftwerden, zu den wesentlichen Merkmalen des Neolithikums. Der Mensch schafft sich die Grundlagen seiner Ernährung selbst und wird unabhängig vom Angebot der Natur.

Nicht alle Tiere lassen sich gleich gut domestizieren, Hund (**Abb. 5.40**), Schaf, Rind, Pferd, Schwein, Kamel, Lama u. a. gehören zu den wenigen geeigneten Arten (**Abb. 5.41**). Das Vorkommen der Wildformen dieser Haustiere vorwiegend in den eher gemäßigten Zonen der Alten Welt, z. B. in der Türkei, in Europa, im Irak, in Indien und auch in Ost- und Südostasien verlieh der dortigen Bevölkerung einen großen Vorteil gegenüber den Bewohnern Amerikas (Diamond 1997). Im Vergleich mit den wilden Stammformen kam es bei den meisten Haustieren zu einem Rückgang des Gehirngewichts (beim Schwein bis zu 30 %), was mit Verhaltensänderungen, wie z. B. geringerer Aggressivität und geringerer motorischer Aktivität, in Verbindung gebracht wird. Beim Hauspferd fand man im Vergleich mit 15.000–47.000 Jahre alten Wildpferden eine genetische Verarmung auf dem Y-Chromosom. Diese genetische Einengung scheint eine Folge der Domestikation zu sein. Das Przewalski-Pferd ist molekulargenetischen Befunden zufolge nicht der direkte Vorfahre unserer Hauspferde, sondern repräsentiert eine Schwestergruppe, die dem gemeinsamen Vorfahren aber ähnlich sieht. Die Hirnreduktion ist bei manchen Haustieren, v. a. bei Vögeln, umstritten, und es liegen Befunde vor, dass sich einzelne Hirnregionen bei der bisher kurzen Domestikationsgeschichte unterschiedlich verhalten können; bei Brieftauben sind die Anteile des Riechhirns wahrscheinlich sogar größer als bei der Wildform (Felsentaube). Bei Ratten, deren Gehirn morphologisch eine allgemein geringe Evolutionshöhe zeigt, ist es im Laufe der Domestikation bisher kaum zu Reduktionen gekommen. Interessant ist, dass die Verhaltensforschung gerade beim Hausschwein ungewöhnliche Intelligenzleistungen nachgewiesen hat, was bei einer Reduktion des Hirngewichts von bis zu 30 % erstaunlich ist.

Schwerpunkte der Haustierwerdung sind das östliche Mittelmeergebiet, Mesopotamien, Europa, Südrussland, Pakistan, Indien, Ost- und Südostasien sowie Mittel- und Südamerika.

Bei der Mehrzahl der Haustiere besteht über die Wildart weitgehende Einigkeit. Bei manchen ist aber die Wildart umstritten, z. B. bei Lama und Alpaka, und z. T. ist auch umstritten, wo die Domestikation erfolgte. Beim Hund ist nicht auszuschließen, dass er an verschiedenen Stellen unabhängig domestiziert wurde. Die vergleichende Analyse der DNA des Y-Chromosoms von 151 verschiedenen Hunden aus aller Welt legt nahe, dass der Haushund in Südostasien entstand.

In **Südamerika** entstanden nur wenige Haustiere: Meerschweinchen (2000 v. Chr., Peru), Lama und Alpaka (Wildform Guanako, 5000 v. Chr., Anden), Moschusente, Truthuhn (300 v. Chr., Mexiko).

Alle anderen Haustiere entstanden in der **Alten Welt** (**Tab. 5.2**).

Wichtig sind auch Honigbiene (*Apis mellifera*) und Seidenspinner (*Bombyx mori*). Neuere Haustiere sind Laborratte, Labormaus, Goldhamster, Nutria, Chinchilla, Nerz, Frettchen, Silber- und Blaufuchs. Da im archäologischen Fundgut ein Haustier erst dann erkannt wird, wenn seine Merkmale erkennbar ausgeprägt sind, besteht die Wahrscheinlichkeit, dass zumindest manche Haustiere älter sind als die angegebenen Zahlen.

Morphologische und physiologische Veränderungen können bei den Haustieren in sehr kurzer Zeit erfolgen (s. **Abschn. 3.4.1**). Zuchtziele verändern sich und folgen z. T. Modeerscheinungen (**Abb. 5.40**). Beeindruckend sind Leistungsstei-

Abb. 5.41 a, b. Circa 2500 Jahre alte Darstellung von Haustieren aus der Achämenidenresidenz Persepolis, Reliefs mit den Delegationen der Völkerschaften an der östlichen Apadana-Treppe. **a** Parther mit zweihöckerigem Kamel, **b** Assyrer mit Widdern

gerungen. Während z. B. ein Wildrind ca. 600 l Milch pro Saugzeit bildet, produzieren heute leistungsstarke Kühe ca. 8000 l pro Jahr. Zum Teil ist dokumentiert, dass in bestimmten Kuh-Beständen die Milchleistung von 1905 bis 1960 um 1000 l gesteigert werden konnte (von ca. 3550 l auf ca. 4550 l). In Australien konnte das Schurgewicht von Schafwolle in ca. 60 Jahren durchschnittlich von 1,8 kg auf 4 kg erhöht werden. Einzelne Schafe haben 19 kg Wolle geliefert, genug für 13 Herrenjacken.

Bei den Haustieren sind keine neuen Tierarten entstanden. Sie zeigen aber, welche Leistungssteigerungen und Abwandlungen durch Veränderung von Genotyp und Umwelt (Haltung, Fütterung) mittels Selektion möglich sind.

EXKURS 5.10

Tierzucht: heute und morgen

Heiner Niemann (Mariensee, Neustadt am Rübenberge)

Der Mensch ist seit seinen frühesten Anfängen mit Nutztieren eng verbunden. Die zahlreichen Formen und Ausprägungen der heutigen landwirtschaftlichen Nutztiere sind ein Produkt der Jahrhunderte langen züchterischen Bearbeitung. Auf diese Weise sind viele phänotypisch unterschiedliche Rinder- (>3000) und Schweinerassen (>1300) entstanden. Die Züchtung von Nutztieren begann ursprünglich mit der Domestikation vor vielen Tausenden von Jahren. Neuere Befunde auf der britischen Insel und in Kleinasien haben gezeigt, dass bereits vor mehr als 15.000 Jahren der Mensch landwirtschaftliche Nutztiere hielt und Milch und Milchprodukte Bestandteil der Nahrung waren (Beja-Pereia et al. 2006, Larson et. al 2007). Mit den ihm jeweils zur Verfügung stehenden Möglichkeiten wurden „nützliche Populationen" vermehrt; dabei erfolgte die Auslese meist nach dem Exterieur (äußeres Erscheinungsbild) und/oder aufgrund spezieller Eignungen.

Eine ausreichende genetische Vielfalt stellt die Grundlage aller züchterischen Anpassungen von Populationen an neue Ziele und Bedingungen dar. Eine wissenschaftlich begründete Tierzucht existiert erst seit etwas mehr als 50 Jahren, im Wesentlichen auf der Basis der Populationsgenetik und modernen statistischen Verfahren. Dabei spielen biotechnologische Verfahren eine herausragende Rolle (Kues et al. 2008). Das prominenteste Beispiel ist die künstliche Besamung (KB), die heute in Ländern mit einer entwickelten Tierzucht bei über 90 % aller geschlechtsreifen weiblichen Rinder, insbesondere bei Milchrassen, eingesetzt wird und auch in der Schweinezucht stark im Zunehmen begriffen ist. Durchschnittlich werden heute weltweit bereits über 50 % der geschlechtsreifen Sauen über KB be-

EXKURS 5.10 (Fortsetzung)

fruchtet. Mit der KB kann das genetische Potenzial wertvoller Vatertiere wirksam in einer Population verbreitet werden. In den 80er Jahren des 20. Jahrhunderts wurde der Embryotransfer (ET) in die züchterische Praxis eingeführt; dadurch konnte erstmals das genetische Potenzial weiblicher Zuchttiere besser ausgenutzt werden. Für züchterische Zwecke wird der ET heute bei den züchterisch besten ca. 1 % der weiblichen Tiere eingesetzt. Nach aktuellen Zählungen wurden im Jahre 2010 weltweit rund 591.000 Rinderembryonen aus In-vivo- und 340.000 aus In-vitro-Produktion übertragen (Stroud 2011). Die überwiegende Anzahl der Besamungsbullen stammt heute bereits aus ET-Programmen, was die Bedeutung des ETs für die Verbreitung genetisch bedingter Eigenschaften der züchterisch besten Tiere in einer Population unterstreicht. In den letzten Jahren sind darüber hinaus weitere biotechnologische Verfahren, wie die In-vitro-Produktion von Embryonen oder die Geschlechtsbestimmung an Embryonen und die Trennung von X- und Y-Chromosom tragenden Spermien (Sexing) praxisreif geworden oder befinden sich im fortgeschrittenen Entwicklungsstadium. Das somatische Klonen ist das jüngste biotechnologische Verfahren, das sich zurzeit noch in der wissenschaftlichen Entwicklung befindet, für das aber zunehmend praktische Anwendungsfelder erschlossen werden (Cibelli et al. 2002, Yang et al 2007).

Mit der Anwendung moderner Züchtungsverfahren haben sich die Zuchtpopulationen vor allem in der zweiten Hälfte des 20. Jahrhunderts deutlich verändert. Hier ist es zu einer starken Verbreitung von wenigen, besonders leistungsfähigen Rassen gekommen, wodurch lokale Rassen häufig weitgehend verdrängt wurden. Insbesondere die Hochleistungszucht wird eine noch stärkere globalisierte Entwicklung erfahren. Ein gutes Beispiel dafür sind die Holstein-Friesian-Rinder, die heute global zur Milchproduktion eingesetzt werden. Die züchterische Bearbeitung drückt sich im Zuchtwert aus, den jedes weibliche oder männliche Zuchttier erhält. Dabei werden vererbbare Eigenschaften als Zuchtziele prozentual gewichtet und dann als Zuchtwert zusammengefasst. Leistung wird schon seit vielen Jahren nicht mehr nur als Milch- oder Fleischmenge definiert, sondern umfasst ein breites Spektrum von Merkmalen, wie Langlebigkeit, Klauengesundheit, Protein- und Fettgehalt der Milch u. a., die züchterisch bearbeitet werden. Drei wesentliche Nachteile sind jedoch zu berücksichtigen:

- Der züchterische Fortschritt im Hinblick auf Leistungsverbesserungen ist mit 1–3 % pro Jahr relativ langsam.
- Es ist nicht möglich, erwünschte Eigenschaften von unerwünschten Merkmalen zu trennen.
- Ein gezielter Transfer genetischer Informationen zwischen verschiedenen Spezies ist nicht möglich.

Die bisherige züchterische Arbeit mit dem Einsatz von KB und ET oder anderen reproduktionsbiotechnologischen Verfahren hat zu den bekannten beachtlichen Leistungssteigerungen bei unseren Nutztieren geführt. So konnten in Deutschland beispielsweise die Milchleistung von 850 l/Tier im Jahre 1800, über 2500 l/Tier im Jahre 1950 bis auf über 7500 l/Tier im Jahr 2008 gesteigert und damit ein wichtiger Beitrag zur Versorgung der Bevölkerung mit hochwertigem Eiweiß geleistet werden. In Deutschland stellt die Tierproduktion mit über 60 % den wirtschaftlich bedeutsamsten Anteil in der landwirtschaftlichen Wertschöpfung dar. Ebenso wie in anderen westlichen Ländern steht dabei nicht mehr primär die Mengenproduktion, sondern zunehmend die Bereitstellung eines breiten Angebots qualitativ hochwertiger Produkte im Vordergrund. Eine aktuelle Prognose der FAO sagt weltweit bis zum Jahr 2030 ein weiteres Bevölkerungswachstum bis auf ca. 8,3 Mrd. bei wachsendem Wohlstand voraus. Damit wird auch die Nachfrage nach hochwertigem tierischen Eiweiß stark steigen. Bis zum Jahre 2020 ist beispielsweise eine Steigerung um 40 % allein für den ostasiatischen Raum vorhergesagt. Um diese Steigerung zu bewältigen und gleichzeitig den Ausstoß klimaschädlicher Gase zu vermindern, ist eine weitere Effizienzsteigerung in der Tierproduktion unumgänglich. Neben der Produktion hochwertiger Nahrungsmittel unter intensiven Produktionsbedingungen spielen unter den Konditionen in Europa Nutztiere zunehmend auch eine wichtige Rolle in

EXKURS 5.10 (*Fortsetzung*)

der Landschaftspflege, für Freizeit (z. B. Sport) und für die Erzeugung von Nischenprodukten.

In den vergangenen 10–15 Jahren haben die Fortschritte in der Molekulargenetik, Genomsequenzierung und -annotierung, die Geburt des Schafes „Dolly", dem ersten geklonten Säugetier (Wilmut et al. 1997), sowie die Generierung pluripotenter Stammzellen (Takahashi u. Yamanaka 2006) die Biologie revolutioniert, was zunehmend auch die Tierzucht beeinflusst. Inzwischen sind auch die Sequenzierung und Annotierung der Genome landwirtschaftlicher Nutztiere weit fortgeschritten, so dass informative und weitgehend vollständige Genkarten für Rind, Pferd, Huhn, Hund und Biene (mit Einschränkungen auch für das Schwein) vorliegen. Zusammen mit den komplett sequenzierten Genomen von Mensch, Maus und Ratte erlauben diese sowohl vergleichende Analysen des Genoms als auch die Nutzung für Modifikationen mittels gentechnologischer Verfahren. Das somatische Klonen ist eine neue vielversprechende Biotechnologie, mit der viele Möglichkeiten, die sich aus der Molekulargenetik und Genomanalyse ergeben, in der Tierzucht realisiert werden können und die dadurch die bereits angewandten Techniken wirkungsvoll ergänzen können (Miller 2007).

Die neuen molekulargenetischen Erkenntnisse und biotechnologischen Verfahren bedürfen der Integration in die traditionelle Tierzucht. Deshalb wird, wie bisher auch, weiterhin die bisherige systematische und tief gehende Merkmalsbeschreibung notwendig sein. Nur dadurch können die neuen molekulargenetischen Erkenntnisse mit Methoden der klassischen Tierzucht kombiniert werden und nachfolgend die Nutztierpopulationen gezielt und nachhaltig verbessert werden. Beim Rind geschieht dies zurzeit durch die Integration der genomischen Zuchtwertschätzung in die aktuellen Zuchtprogramme. Durch die neuen genomanalytischen Kenntnisse können die Sicherheit eines bestimmten Zuchtwertes erheblich erhöht und Kosten und Zeitaufwand für die Identifizierung eines wertvollen Zuchttieres deutlich reduziert werden.

Die Entwicklung von molekulargenetischen und biotechnologischen Methoden ist häufig sehr zeit- und kostenaufwendig und macht deshalb den Schutz geistigen Eigentums und technischer Entwicklungstätigkeit, meistens durch Patentierung erforderlich. Für die Tierzucht ist von vitalem Interesse, dass die züchterische Arbeit nicht durch Patente eingeschränkt wird und Nachkommen von patentgeschützten Zuchttieren durch den Züchter oder Halter ohne Patentgebühren vermehrt werden können. In Deutschland gilt in der Pflanzenzucht das Sortenschutzrecht, was die freie Verwendung eines bestimmten Saatguts durch den Landwirt ermöglicht. Ähnliche Regelungen werden auch für die Tierzucht diskutiert. Hier müssen Lösungen durch Patentgerichte, Politik und Verwaltung gefunden werden, die den Schutz von Neuentwicklungen, auch unter dem Gesichtspunkt, dass Tierzucht zunehmend globalisiert erfolgt, ermöglichen und dabei die praktische Tierzucht nicht behindern.

Im Zusammenhang mit dem immer größer werdenden Kenntnisstand über das Nutztiergenom bietet das Klonen unter Verwendung von Stammzellen große Chancen für die Entwicklung einer diversifizierten und zielgenauen Tierproduktion. Denkbar ist die Aufteilung in eine **landwirtschaftliche Tierzucht** mit einer spezifizierten Milchproduktion, entweder in Bezug auf die Menge und/oder für spezifische Inhaltsstoffe (Proteine, Milchzucker, Fett, Vitamine), eine Fleischproduktion mit einer diversifizierten Produktpalette, Nischenproduktion für spezifische, diätetisch wertvolle Produkte oder die Produktion von Tieren für die Landschaftspflege. Daneben wird sich eine **biomedizinische Tierzucht** entwickeln, in der Tiere für die Produktion von Arzneimitteln (*pharming*) erzeugt und transgene Schweine für die Organspende (Xenotransplantation) gezüchtet werden (Kues u. Niemann 2004). Auch die Entwicklung von transgenen Tieren als Krankheitsmodell für den Menschen bietet vielversprechende Perspektiven, wie jüngste Befunde bei transgenen Schweinen zeigen. Weitere Diversifizierungen der Tierzucht könnten die **ökologische Tierhaltung** und die **Sport- und Liebhaberzucht** betreffen.

Die Erkenntnisfortschritte im genomischen Bereich, sowohl was die Aufklärung der Genome der landwirtschaftlichen Nutztiere als auch die molekulargenetischen Techniken angeht, sind im Wesentlichen der Entwicklung im Human- und Maus-

--- EXKURS 5.10 (*Fortsetzung*) ---

genom gefolgt. Die Möglichkeiten zur Erkenntnis- und Produktionserweiterung durch gezielte Veränderungen im Genom von Nutztieren sind besonders bedeutsam; sie werden durch die Entwicklung neuer molekularer Hilfsmittel und Züchtungstechnologien vorangetrieben. Eine besonders wichtige Rolle in diesem Zusammenhang wird die Entwicklung pluripotenter Stammzellen spielen (Takahashi u. Yamanaka 2006). Die Verfügbarkeit solcher Zellen zusammen mit der Nutzung genomischer Daten wird neue molekulare Zuchtprogramme (Kues et al. 2008) ermöglichen, die deutlich schneller und effektiver sind als alle aktuellen Zuchtprogramme. Genetisch veränderte Nutztiere werden zunächst eine wachsende Rolle im biomedizinischen Bereich spielen. Die Realisierung landwirtschaftlicher Anwendungspotenziale wird angesichts der Komplexität vieler der ökonomisch wichtigen Produktionsmerkmale noch länger dauern.

Nutzpflanzen. Die ◨ **Tab. 5.3** gibt eine Übersicht über Kultur- und Nutzpflanzen mit Ursprungsregion, in der sie wahrscheinlich seit dem Neolithikum zuerst entstanden sind.

Neolithikum im Nahen und Mittleren Osten sowie in Europa

Von herausragender Bedeutung ist die frühe kulturelle Entwicklung im **Fruchtbaren Halbmond**, einer Region im Nahen und Mittleren Osten, die sich von Palästina und Syrien über Südostanatolien und den nördlichen Irak bis in den südwestlichen Iran erstreckt.

Schon früh wurden um die Siedlungen Steinmauern, oft mit einem Turm, gebaut, z. B. in Jericho, das als Siedlungsplatz wohl ca. 10.000 Jahre alt ist. Ein sehr frühes, großes Heiligtum mit Opferstätten und tempelähnlichen Gebäuden wurde in Göbekli Tepe in Südostanatolien entdeckt und ist ca. 12.000 Jahre alt. Cayönü ist ein weiterer bedeutsamer neolithischer Siedlungsplatz in Südostanatolien mit vielen rechteckigen Häusern. Erstaunlicherweise fand man hier schon Gegenstände aus gediegenem Kupfer, was die Vermutung nahelegt, dass hier der Ursprung der Kupferherstellung lag, auch weil in der Umgebung dieses Ortes reichlich Kupfererz vorkommt. Offensichtlich entstand im Neolithikum des Vorderen und Mittleren Ostens schon eine ganze Reihe kleinerer Königreiche mit Städten aus Steingebäuden. In diesen Städten waren Königspalast, Opferstätten und Begräbnisplatz des Königs von herausragender Bedeutung.

Hier liegen günstige klimatische Bedingungen vor, und hier sind die ersten Spuren von Ackerbau und Haustierhaltung gut 10.000 Jahre und in Ägypten ca. 6000 Jahre alt. Die neuen Wirtschaftsformen führten zum Bau größerer Siedlungen und schließlich zu Städten. Diese bestanden zunächst aus Lehmziegelhäusern (z. B. Çatal Höyük im südlichen Anatolien, ca. 9400 Jahre alt, oder das ähnlich alte Abu Hureyra im nördlichen Mesopotamien). Der Lehmziegel wird in der Region vielfach noch heute unverändert in der damals erfundenen Form genutzt. Hier und anderswo fand man Spuren von Gemeinschaftshäusern, Nahrungsspeichern, Mühlen u. a. Verarbeitet wurden u. a. frühe Formen des Weizens und der Gerste sowie Hülsenfrüchte; weiterhin fand man Reste von Haustieren wie Rind, Schaf, Ziege, Schwein und Hund; im späteren Neolithikum kam der Esel dazu. Friedhöfe mit z. T. wertvollen Grabbeigaben waren Teil dieser neolithischen Siedlungen. Reste von einfach gewebten Stoffen (Wolle, vermutlich auch Leinen) lassen sich verbreitet nachweisen. Es wurden perfekte Steinwerkzeuge, wie heute z. T. noch auf Neuguinea, hergestellt. Die Steinwerkzeuge treten aber mehr und mehr in den Hintergrund. In neolithischen Siedlungen Ägyptens (Merimde, westlich des Rosetta-Arms des Nils, nordwestlich von Kairo, ca. 7000 Jahre alt) fand man z. B. Harpunen, Angelhaken, Netze, Löffel aus Muschelschalen, Küchengerät aus Knochenmaterial und Elfenbeinarbeiten. Mit der Vorratshaltung entwickelten sich verschiedene Keramikkulturen, z. B. Band- und Schnurkeramik.

In Mitteleuropa begann das Neolithikum vor ca. 7600 Jahren, breitete sich erst in Südwestdeutschland rechts des Rheins aus und erreicht in einer zweiten Besiedlungswelle um 5300 v. Chr. auch die linksrheinischen Gebiete der Pfalz und Rheinhessens. In der norddeutschen Tiefebene konnte, wohl

Tab. 5.2 Haustiere der Alten Welt

Haustier	Wildform	Beginn der Domestikation	Ursprung
Hauskaninchen	Wildkaninchen *Oryctolagus cuniculus*	100 v. Chr.	Spanien
Hauskatze	Wildkatze *Felis silvestris*	3000 v. Chr.	Naher Osten
Hund	Wolf *Canis lupus*	17.000 v. Chr., vielleicht älter	Naher Osten, Mitteleuropa, China, Amerika
Hauspferd	Wildpferd *Equus przewalskii?*	4000 v. Chr.	Südrussland
Hausesel	Wildesel *Asinus africanus*	4000 v. Chr.	Naher Osten
Hausschwein	Wildschwein *Sus scrofa*	8000 v. Chr., Europa ab ca. 6000 v. Chr.	Naher Osten, Europa, China
Hausrind	Auerochse *Bos primigenius*	7000 v. Chr.	Naher Osten, Indien, Nordafrika
Yak	Wildyak *Poephagus mutus*	Unbekannt	Ostasien
Balirind	Banteng *Bos javanicus*	Unbekannt	Indonesien
Gayal (Mithan)	Gaur *Bos gaurus*	Unbekannt	Südasien, Burma
Wasserbüffel	Wilder Wasserbüffel *Bubalus arnee*	4000 v. Chr.	Südostasien, China
Hausschaf	Wildschaf *Ovis ammon*	8000 v. Chr.	Naher Osten
Hausziege	Bezoarziege *Capra aegagrus*	8500 v. Chr.	Naher Osten
Hausren	Wildren *Rangifer tarandus*	Unbekannt, vermutlich letzte Eiszeit	zirkumpolare Kulturen
Trampeltier und Dromedar	Wildformen umstritten	2500 v. Chr.	Zentralasien, Arabien
Hausgans	Graugans *Anser anser*	Unbekannt	Südostasien
Höckergans	Schwanengans *Anser cygnoides*	Unbekannt	China
Hausente	Stockente *Anas platyrhynchos*	Unbekannt	Naher Osten/China
Haustaube	Felsentaube *Columba livia*	Unbekannt	Naher Osten
Haushuhn	Bankivahuhn *Gallus gallus*	Unbekannt	Indonesien
Perlhuhn	Helmperlhuhn *Numida meleagris*	Unbekannt	Afrika

◘ **Tab. 5.2** *(Fortsetzung)* Haustiere der Alten Welt

Haustier	Wildform	Beginn der Domestikation	Ursprung
Verschiedene domestizierte Karpfen	Wildkarpfen *Cyprinus carpio*	Unbekannt	China/Europa
Goldfisch	Silberkarausche *Carassius auratus*	Unbekannt	China
Siamesischer Kampffisch	*Betta splendens*	Unbekannt	China

größtenteils aus klimatischen Gründen, die frühe Jungsteinzeit erst etwa 1000 Jahre später Fuß fassen. Die früheste Ackerbauernkultur Mitteleuropas hinterließ zahlreiche Siedlungsspuren mit Grundrissen großer Rechteckhäuser; diese Langhäuser konnten Größen von bis zu 8 m Breite und 30–50 m Länge erreichen. Große Siedlungen mit mehr als 30 Häusern pro Siedlungsphase fand man z. B. in Köln, Vaihingen an der Enz oder Stephansposching in Bayern. Diese frühen sesshaften Bauern rodeten den Wald für ihre Dorfstellen und für Ackerflächen. Das Vieh wurde zeitweise zur Waldweide in die umliegenden Laubmischwälder getrieben, auch Spuren von Fernweidewirtschaft sind nachweisbar. Angebaut wurden im Frühneolithikum die Getreidesorten Emmer und Einkorn sowie eine frühe Form des Nacktweizens, daneben Hülsenfrüchte wie Erbsen und Linsen. Lein wurde zur Ölgewinnung und zur Herstellung von Textilien verwendet, Schlafmohn diente möglicherweise als Heilmittel. Das Werkzeugspektrum umfasst geschliffene und polierte Steinbeile, Klingen, Bohrer und Stichel aus Silex (Feuerstein) sowie zahlreiche Geräte aus Tierknochen. Erstmalig werden nun Gefäße aus Ton hergestellt; neben unverzierten Koch- und Vorratsgefäßen gibt es verziertes Feingeschirr, dessen bandartige Ornamentik der frühesten Ackerbauernkultur Mitteleuropas den Namen „Linearbandkeramik" eingetragen hat (◘ **Abb. 5.42b**). Zum Kult gehörten möglicherweise Menschenopfer, auch Hinweise auf rituellen Kannibalismus sind vorhanden.

Der als „Ötzi" bekannt gewordene Mannes aus dem Ötztal lebte am Ende der Jungsteinzeit vor ca. 5300 Jahren.

Neolithikum in Ost-, Südost- und Südasien

In alten neolithischen Kulturen **Indochinas** (Hoabinh) fand man neben Spuren der Jagd und des Fischfangs schon früh (ca. 10.000–9000 Jahre vor heute) Hinweise auf die Kultivierung von Pflanzen (Hülsenfrüchte, Gurken, Wassernuss, Mandel, Betel u. v. a.). Aus der jüngeren Hoa-binh-Kultur (ca. 8000–7000 Jahre vor heute) gibt es u. a. verbesserte Ernregeräte und vieles spricht dafür, dass in dieser Zeit auch schon Schweine gehalten wurden. Ackerbau ist ab ca. 6000 Jahren vor heute verbreitet in Südostasien nachgewiesen u. a. auch mit Taro (*Colocasia esculenta*) und Yam (*Dioscorea*). Entscheidend war in dieser Zeit der Beginn der Reiskultur, deren ältester Nachweis in Mittelthailand gelang (zwischen 6000 und 5000 Jahren vor heute). Reis ist heute für mehr als die Hälfte der Menschheit die wichtigste Nahrungspflanze.

Eine ganz eigenständige Entwicklung der landwirtschaftlichen Kultur fand in der Lösslandschaft **Nordchinas** statt. Aus klimatischen Gründen bestanden hier günstige Anbaumöglichkeiten für Hirse und (später) Reis. Vor ca. 2800 Jahren existierte in Nordchina die Ci-Shan-Kultur mit Siedlungen und Spuren des Hirseanbaus und der Haustierhaltung (Hunde, Schweine, vielleicht Hühner, später dann auch Rinder). Vor ca. 2500 Jahren setzte sich der Reisanbau durch. Hinweise auf die Nutzung des Sekretfadens des Maulbeerseidenspinners finden sich schon vor ca. 6000 Jahren (Yang-shao-Kultur). Aus China stammen die ältesten Arzneibücher. Bis auf den heutigen Tag ist hier eine hoch differenzierte Arzneipflanzentherapie zuhause.

Tab. 5.3 Kultur- und Nutzpflanzen (nach verschiedenen Autoren) mit Ursprungsregion, in der sie wahrscheinlich zuerst entstanden

Vorderer und Mittlerer Osten:	Weizen, Gerste, Einkorn, Erbsen, Linsen, Hirse, Oliven, Artischocken, Feigen, Flachs, Granatapfel
Südostasien:	Reis, Zitrusarten, Bananen, Mangostane, Durian, Rambutan, Karambole, Gewürznelke, Muskatnuss
China:	Reis, Hirse, Sojabohne, Bohnen, Hanf, Baumwolle, Kiwi, Litschi, Tee, Sorghum, Zuckerrohr, Kumquat, Bananen
Indien:	Baumwolle, Gurkenarten, Zuckerrohr, Bananen, Auberginen, Pfeffer, Kardamon, Taro, Mango, Jackfruit
Tropisches Westafrika:	Afrikanische Yamswurzel, Zuckermelone, Ölpalme, Wassermelone
Sahelzone:	Sorghum (Mohrenhirse), afrikanischer Reis, Wassermelonen
Äthiopien:	Kaffee, Teff (Getreide)
Neuguinea und Melanesien:	Zuckerrohr, Bananen, Taro, Yamswurzel, Sagopalmen?, Kokospalme?
Mittelamerika und Anden, z.T. trop. Südamerika:	Mais, Bohnen, Tabak, Kürbisarten, Quinoa, Tomaten, Kartoffeln, Süßkartoffeln, Maniok, Erdnüsse, Baumwolle?, Flaschenkürbis, Chayote, Monstera, Heliconien, Yamswurzel, Inkaweizen (Amaranth), Ananas, Papaya?, Avocado, Maracuja, Annonen, Guave, Pepino, Kakao, Koka, Paprika, Vanille, Kapok
Östliche USA:	Sonnenblumen
Unbekannt:	Mohn, Zuckerrübe, andere Rüben, Kohl, Dattelpalme (Trockenzone Marokko-Pakistan, seit 8000 Jahren), Affenbrotbaum (afrikanische Savanne)
Einige Pflanzen an verschiedenen Stellen kultiviert:	Banane?, Reis?, Baumwolle?

Auch im indischen Raum wurden frühe neolithische Siedlungen gefunden. Ein Beispiel ist der Fundplatz Mehrgarh im heutigen Pakistan im Einzugsbereich des Indus. Die Besiedlung von Mehrgarh geht in die erste Hälfte des 7. Jahrtausends v. Chr. zurück. Schon früh wurden hier Ziegen domestiziert und Wildgetreidekörner gesammelt und gespeichert. Ab der zweiten Hälfte des 7. Jahrtausends v. Chr. entstanden hier Keramikgefäße und Grabkammern. Ab dem 6. Jahrtausend wurden ertragreichere Getreidesorten im Bewässerungsfeldbau angepflanzt. Es wurden Kornspeicher angelegt und den Toten wurde Schmuck als Grabbeigabe mitgegeben.

Neolithikum in Lateinamerika

Eine eigene neolithische Entwicklung vollzog sich in **Mittel-** und **Südamerika** mit Zentren in Zentralmexiko und im peruanischen Hochland. Über eine Vorstufe mit verstärkter Jagd- und Sammeltätigkeit lokaler Nahrungsressourcen (Berge von Muschelschalen an den Küsten von Kalifornien bis Chile und von der Golfküste der USA bis Brasilien bezeugen z. B. intensive Nutzung der Molluskenfauna) kam es zu anhaltender Sesshaftigkeit.

In **Zentralmexiko** sind Spuren regelmäßigen Ackerbaus 9000–10.000 Jahre alt (Hochtal von Tehuacan). Zu den ältesten kultivierten Pflanzen zählen hier u. a. Kürbis (*Cucurbita mixta*) und Amaranth (*Amaranthus spec.*). Auch der Mais (*Zea mays*) ist eine alte Kulturpflanze Mittelamerikas. Zwischen 2800 und 2700 Jahre vor heute erweiterte sich die Zahl der kultivierten Pflanzen, z. B. kamen Sapote (*Pouteria sapota*), die Bohne (*Phaseolus vulgaris*) und die Lupine *Lupinus mutabilis* (Tarwi = Lupinenmehl) dazu. Gerade die gesicherte Ernährung mit Mais und Bohnen ermöglichte eine deutliche Vermehrung der Bevölkerung. Eine weitere neue Kulturpflanze wurde dann die Baumwolle (*Gossypium hirsutum*). Es ist dokumentiert, dass sich aus

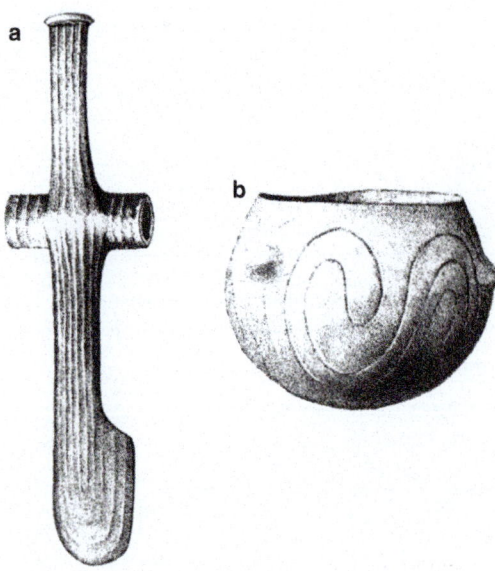

◻ **Abb. 5.42 a, b** **a** Kupferne Streitaxt, schnurkeramische Kultur 4400–4800 Jahre alt aus der Gegend von Mainz. **b** Gefäß der älteren Bandkeramik, ca. 6000 Jahre alt, Mommenheim (Rheinhessen)

kleinflächigem Anbau mehrerer Pflanzen ein großflächiger Anbau weniger Pflanzen (v. a. Mais, Bohne und Kürbis) entwickelte. Die Jagd blieb aber immer noch wichtiger Teil der Nahrungsbeschaffung, die Domestikation von Haustieren (Meerschweinchen, Lama, Alpaca, Moschusente) erfolgte in Amerika erst relativ spät. Die Domestikation von Hunden war wohl vor ca. 8000 Jahren erfolgt, wahrscheinlich wurden auch schon relativ früh Peccaris (wilde süd- und mittelamerikanische Schweine) gehalten und gezähmt (so wie heute noch bei einigen südamerikanischen Urwaldindianern), aber nicht im eigentlichen Sinne domestiziert.

Älteste Spuren von landwirtschaftlicher Tätigkeit in **Peru** sind ca. 9000 Jahre alt (Kürbis, Bohnen, Quinoa [*Chenopodium quinoa*, eine Melde, der „Andenreis"]). Vor 2600 Jahren kamen Bataten (Süßkartoffeln, *Ipomoea batatas*) und etwas später dann die Kartoffel (*Solanum tuberosum*) und die Tomate (*Solanum lycopersicum*) dazu. Seit 2700 Jahren vor heute sind im Ayacucho-Becken Hinweise auf Baumwoll- und Maisanbau zu finden. Aus Südamerika stammen viele weitere Nutz- und Kulturpflanzen, z. B. Erdnuss und Tabak (◻**Tab. 5.3**). In Südamerika erfolgte die Domestikation von Tieren schon früh. Die Kleinkamele Lama und Alpaka entstanden in Peru mindestens vor 6000 Jahren. Sie wurden als Fleischlieferanten, Tragtiere und Wolllieferanten genutzt. Im Andenhochland entstand sogar ein spezielles Nomadentum, das auf der Haltung von Lama und Alpaka basierte. In dem Zeitraum von vor 6000 bis vor 3000 Jahren erfolgte die Domestikation des Meerschweinchens, das von der Bevölkerung vor allem als Fleischlieferant genutzt wurde. Hunde sind in Südamerika seit gut 8000 Jahren bekannt. Der Zeitpunkt der Domestikation der Moschusente (*Anas moschata*) ist nicht genau bekannt. An den Küsten Südamerikas entstanden früh Siedlungen, die ihre ökonomische Basis im Fischfang, in der Jagd auf Robben und im Sammeln von Mollusken und Krebsen hatten. Ab 2700 Jahren vor heute ist es aber auch in den Küstentälern zu landwirtschaftlichem Anbau von Yamsknollen (*Pachyrhizus tuberosus*), Kartoffel, Ulluco (*Ullucus tuberosus*) und Maniok (*Manihot esculenta*) gekommen. Der Flaschenkürbis (*Lagenaria siceraria*) war früh als Behälter beliebt.

Bei einer Gesamtbewertung der neolithischen Entwicklung Mittel- und Südamerikas hat u. a. Diamond (1998) darauf hingewiesen, dass es dort nie zu einer so produktiven Verbindung zwischen Tierhaltung und Pflanzenanbau wie im Vorderen Orient gekommen ist, dass das Ertragsniveau des Pflanzenanbaus relativ gering blieb, dass die Tierhaltung relativ ineffektiv blieb und dass all dies zusammen eine langsamere gesellschaftliche Entwicklung zur Folge hatte. Dies war wohl ein Grund für das rasche Zusammenbrechen vorkolumbianischer Kulturen nach dem aggressiven Auftreten der europäischen Kolonisatoren.

Neolithikum in Afrika

Auch in **Nordafrika** haben die Menschen des Neolithikums viele Spuren hinterlassen. Zum Teil waren solche Kulturen in Rückzugsgebieten sogar noch bis in unsere Zeit lebendig. Vor ca. 12.000 Jahren befanden sich dort, wo sich heute in Nordafrika die Sahara ausbreitet, noch weite Savannengebiete mit Elefanten, Giraffen, Nashörnern und Antilopen. In diesen Savannen lebten auch Menschen, die diese Tiere jagten und malten sowie eingemeißelte Felsbilder von Tieren und Menschen hinterließen. Vor ca. 7000 Jahren traten in diesen Abbildungen domestizierte Rinder auf. Vor 3650 Jahren eroberten die vermutlich westasiatischen Hyksos Unterägypten und brachten Pferde und Streitwagen in die Region. Kamele erreichten Nordafrika aus Asien vor ca. 2200 Jahren. Felszeichnungen sind in ganz Afrika verbreitet zu finden, insbesondere auch in **Südafrika**, wo sie auf die Buschmänner (San) zurückgehen. Die ältesten Darstellungen sind hier 30.000–40.000 Jahre alt. Sie sind Ausdruck paläo- bis neolithischer Kultur, und es ist interessant zu sehen, dass sich die uralten Buschmannbilder kaum von viel jüngeren, nur 100 Jahre alten Darstellungen unterscheiden. Einblicke in die Kultur der Buschmänner, z. B. der Kalahari, können uns also z. T. etwas über Lebensweise und Vorstellungen der neolithischen afrikanischen Menschen sagen. Vermutlich gehen auch einige heutige nomadisch lebende Stämme der Sahelzone oder Südäthiopiens ziemlich direkt auf die Träger der neolithischen Kultur Nordafrikas zurück.

5.8.4 Kupferzeit

In der Spätphase des Neolithikums kam es zur Nutzung von **Metallen**, und zwar von Gold und Kupfer sowie vermutlich auch Silber, die kalt bearbeitet wurden (◘ Abb. 5.42); diese Phase wird daher auch als Kupferzeit abgegrenzt und auch Chalkolithikum genannt. In Anatolien und der Levante begann man schon vor ca. 10.000 Jahren, in Ägypten vor 6500 Jahren mit der Herstellung von Gegenständen aus Kupfer und Kupferlegierungen (s. unten); vor 5500 Jahren waren in Ägypten Werkzeuge und Waffen aus Kupfer verbreitet; auch in China begann man vor 5500 Jahren mit der Kupferverarbeitung. Spuren intensiven Kupferabbaus und der Kupferherstellung in Kupferschmelzöfen finden sich im Oman mit einem Höhepunkt im Zeitraum zwischen 4500 und 3900 vor heute. Dieses Kupfer wurde bis nach Mesopotamien und in die Städte im Industal exportiert.

In Mitteleuropa stammen die ersten Kupferfunde aus dem späten 5. Jahrtausend v. Chr. und treten dann im End-Neolithikum ab ca. 2800 v. Chr. häufiger in Form von Kupferbeilen und Pfeilspitzen auf. Systematischer Kupferbergbau erfolgte in Serbien und Bulgarien ab ca. 4500 v. Chr., in den Alpen seit ca. 4000 v. Chr.

5.8.5 Bronzezeit

Die Bronzezeit ist durch die verbreitete Nutzung von Bronze für die Herstellung von Werkzeugen und Waffen gekennzeichnet (◘ Abb. 5.43). Neu ist die Entdeckung, dass die Metalle Kupfer und Zinn (oder Arsen) mit Hilfe eines Schmelzverfahrens zu einem härteren Metall, der Bronze, verbunden werden konnten (Kupferlegierungen). Die Menschen begannen vor ca. 6000 Jahren in vielen Regionen der Erde Bronze zu nutzen. Gold und Kupfer wurden weiterhin benutzt, aber vorwiegend für Schmuck, Grabbeigaben und kultische Gegenstände. Eine aus künstlerischer Sicht besonders hoch entwickelte Bronzekunst, z. T. mit Edelsteinintarsien, entwickelte sich in China.

Bronzezeitkulturen blühten im Nahen und Mittleren Osten von vor 6000 bis vor 3200 Jahren. Der Ursprung dieser Kulturen liegt in Mesopotamien und geht bis in die Zeit von ca. 6200 Jahren vor heute zurück. Von hier aus breitete sich die Bronzezeitkultur nach Ägypten, Persien (Luristan), Pakistan und Indien aus. Älteste Spuren in Ägypten sind ca. 6000 Jahre alt, die Stufenpyramide von Sakkara wurde vor 4600 Jahren, die Pyramiden von Gizeh vor ca. 4500 Jahren errichtet. Im Industal gab es ab 4600 Jahren vor heute hoch entwickelte Stadtkulturen.

Weltkulturerbe ist die bronzezeitliche Stadt Mohenjo Daro im fruchtbaren Industal, in dem ab ca. 4600 vor heute im heutigen Pakistan hochzivilisierte Stadtkulturen blühten, die die Induszivilisation (= Harappa-Kultur) kennzeichnen. Die größten dieser Städte waren Harappa und Mohenjo Daro, die ca. 35.000 Einwohner hatten und eine gut geplante Infrastruktur u. a. mit Wasserver- und -entsorgungskanälen besaßen. Wie in Mesopotamien und Ägypten existierte eine eigene Schrift.

Ein gut erforschtes Beispiel für eine reiche bronzezeitliche Stadt im Nahen Osten ist das kanaanitische (phönizische) Ugarit, wenig nördlich von Lattakia an der Küste Nordsyriens (Ras Shamra), das den Höhepunkt seiner Entwicklung zwischen 3400 und 3200 vor heute erfuhr. Ugarit stand mit großen Königreichen in seiner Nachbarschaft, v. a. dem Reich der Hethiter, mit Ägypten, Griechenland und Nordafrika in vielfältigen Handelsbeziehungen. Diese Stadt hatte ca. 7000 Einwohner und einen

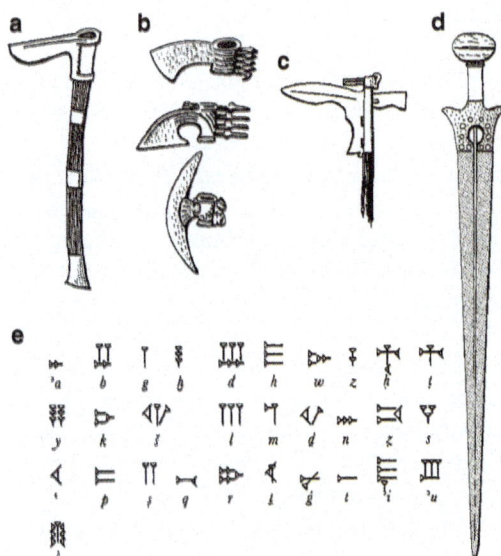

◘ **Abb. 5.43 a–d.** Waffen (a–d) und frühes Alphabet aus der Bronzezeit. **a** Sumerisches Streitbeil, **b** luristanische Bronzeklingen (Persien), **c** chinesische Langaxt, **d** mykenisches Bronzeschwert. **e** ugaritische Alphabetschrift, die auf Grundelemente der (älteren) Keilschrift zurückgeht. Nach Cornelius u. Niehr (2003, Bildrechte liegen bei Zabern)

allmächtigen König an ihrer Spitze. Ein eigener religiöser Kult mit einem dominanten Gott spielte eine wichtige Rolle im religiösen Leben. In Ugarit fand man sehr viele Tontafeln mit Schriftzeichen. Viele Zeichen dieser Tafeln gehören zur mesopotamischen Keilschrift, es wurden aber auch Tontafeln mit den ältesten Zeichen eines Alphabets gefunden. Dieses Alphabet hatte 28 keilschriftähnliche Zeichen (◘ **Abb. 5.43e**).

Aus dem Mesopotamien der Bronzezeit stammen nicht nur Reste hochorganisierter Städte, sondern auch erste Epen, z. B. das Gilgamesch-Epos, das ca. 4500 vor heute geschrieben wurde. Gilgamesch war ein übermenschlicher Held und König der Stadt Uruk (auf diesen Namen geht die heutige Bezeichnung Irak zurück) in Babylonien. Im Gilgamesch-Epos werden am Beispiel des Lebens und der Entwicklung eines großen Menschen Gedanken über Sinn und Tragik des menschlichen Lebens geäußert, ähnlich wie später in der Odyssee bis hin zu Romanen unserer Zeit. Im Gilgamesch-Epos findet sich auch die Geschichte einer von Göttern geschickten großen Flut, die stark der Geschichte von Noah und der Sintflut im ersten Buch Moses, der Genesis, ähnelt.

Aus der Bronzezeit Mesopotamiens stammen auch erste Sammlungen von Gesetzestexten. Die bedeutendste ist die von Hammurabi, der 1792 v. Chr. König von Babylon wurde. Der Sinn dieser auf einer Steinstele niedergelegten Gesetze bestand darin, die Funktionsfähigkeit des Staates aufrecht zu erhalten und die steigende Verschuldung von Handwerkern und Bauern zu bekämpfen. Es gibt u. a. Bestimmungen zu Schiffsmiete, zu Pacht, Familien- und Nachbarschaftsrecht sowie zum Weinbau und zur Weinherstellung. Es wurden Höchstpreise und -löhne festgelegt. Die angedrohten Strafen sind für unser heutiges Empfinden oft sehr drastisch.

In **Europa** begann die Bronzezeit um ca. 2000 v. Chr., mancherorts auch erst um 1800 v. Chr. Sie dauert in Mitteleuropa etwa 1000 Jahre und wird um 850/800 v. Chr. von der Eisenzeit abgelöst. Die bronzezeitlichen Kulturen erreichen hier nie Glanz und Raffinement, wie sie sich im höfischen Leben Ägyptens und Mesopotamiens entfalteten, doch zeugen auch in Mitteleuropa Bronzeschwerter, Bronzeschmuck und -gefäße von den hoch entwickelten Techniken der Metallhandwerker. In manchen Regionen, z. B. in Südamerika, Australien und Teilen Zentral- und Westafrikas, gab es wohl keine eigene Bronzezeit, hier folgte auf das Neolithikum direkt die eisenzeitliche Epoche. Frühe Zentren der Bronzezeit in Europa liegen in Böhmen, Mitteldeutschland und Wessex (England). Zu Beginn der Bronzezeit wurden die Toten in Flachgräbern, dann – zumindest die Höhergestellten – unter aufgeschütteten Hügeln bestattet. In der endbronzezeitlichen Urnenfelderkultur, in der die Bronzekunst einen Höhepunkt erreichte, verbrannte man die Toten und beerdigte die Reste mit zahlreichen Beigaben in großen tönernen Urnen, die in Gruben auf regelrechten Urnenfriedhöfen beigesetzt wurden. Die Urnenfelderkultur legte in Mitteleuropa die Wurzeln für die spätere keltische Kultur.

Eigentümlich und fremdartig wirken die Zeugnisse der 1500–2000 Jahre alten Kulturen **Mittelamerikas**. Sie sind formal eher noch neolithisch, kulturell aber entsprechen sie der Bronzezeit der Alten Welt. Die Stadt Teotihuacan war zu ihrer Blütezeit zwischen 200 und 650 n. Chr. mit ca. 250.000

Einwohnern die größte Stadt Mittelamerikas, deren Ernährung durch einen intensiven Ackerbau gesichert war. Die Herrscher dieser Stadt kontrollierten den Abbau, die Verarbeitung und den Handel mit Obsidian, aus dem ganz verschiedenartige begehrte Gegenstände hergestellt wurden. Der Staat wurde durch effizientes Militär und religiöse Kulte mit z. T. grausamen Riten zusammengehalten. Astronomische Kenntnisse lagen wie in den Bronzezeitkulturen der Alten Welt vor.

In der Bronzezeit entstanden Monumentalbauten und große Städte zuerst in großen Flussebenen, z. B. am **Indus**, an **Euphrat** und **Tigris** und am **Nil**. Hoch entwickelte Landwirtschaft führte zu Wachstum der Bevölkerung. Es lebten in den städtischen Zentren spezialisierte Handwerker, die z. B. vor ca. 5500 Jahren in Mesopotamien das Rad erfanden. Es entwickelten sich hier auch Schrift, Verwaltung und zentralisierte politische Macht. Zuerst bildeten sich Stadtstaaten, bald aber immer größere Reiche mit komplizierten sozialen Hierarchien. Einblick in die Struktur einer bronzezeitlichen Stadt bietet Palaiokastron auf Kreta, eine ca. 4000 Jahre alte Stadt, in der auch Scherben mit Schrift gefunden wurden. Es herrschte ein hoher kultureller und materieller Lebensstandard. Aus **Ägypten** sind wunderschöne Abbildungen musizierender Menschen bekannt.

Lebhafte Wanderungen von handelstreibenden Leuten führten in der Bronzezeit zu kulturellem Austausch und Vermischungen. Die frühen Metallkulturen verschafften denen, die sie beherrschten, überlegene Waffen. Im östlichen Mittelmeerraum entstanden zu Land und zu Wasser Handelswege, welche die Produkte der mykenischen Kultur Griechenlands, der Kanaaniter, Zyprioten, Ägypter, Kassiten, Assyrer, Mitanni und Nubier transportierten und austauschten. Dazu kamen natürliche Produkte von weiter entfernten Gebieten wie z. B. Bernstein aus dem Ostseeraum oder Zinn aus Cornwall oder Afghanistan. Gold, Edelsteine, Elfenbein u. a. wurden zu zum Teil sehr schönen Gegenständen und Schmuck verarbeitet. Vor ca. 3500 Jahren hatte das **mykenische Reich** viele Handelsposten im östlichen Mittelmeerraum errichtet. Aus Mykene und benachbarten Städten stammten die Helden der Homerischen Epen Agamemnon, Achilles und Odysseus, die vermutlich vor 3300 Jahren nach Troja segelten.

Auf dem Höhepunkt der Kultur der späteren Bronzezeit, also vor ca. 3500 Jahren, herrschte in Ägypten Pharao Echnaton (Amenophis IV), der vermutlich als erster eine monotheistische Religion verkündete, mit Königin Nefertiti (Nofretete). Die Entwicklung der Gedanken Echnatons wird sehr lebendig in Thomas Manns Roman „Joseph und seine Brüder" dargestellt.

Vor ca. 3200 Jahren brachen viele der bronzezeitlichen Reiche – in Griechenland das Reich von Mykene, im anatolischen Großraum das Reich der Hethiter, Reiche auf Zypern und im syrischen Raum – zusammen, nur Ägypten hielt sich noch über 1000 Jahre länger. Die Ursache für diesen Rückgang ist nicht bekannt.

In Mesopotamien erfolgte ein sehr wichtiger Schritt in der Geschichte der Menschheit: die Erfindung der Schrift, die schriftliche Festlegung der Sprache. Die älteste **Schrift** ist vermutlich die **Keilschrift** Mesopotamiens, die gut 5000 Jahre alt ist. Nur unwesentlich jünger sind die **Hieroglyphen** des alten Ägypten. Im Industal (vor ca. 4800 Jahren), in China (vor ca. 3200 Jahren), in Phönizien (vor ca. 3000 Jahren) und in Mittelamerika (vor ca. 1100–1750 Jahren) entstanden weitere eigenständige Schriften. Genial war die Erfindung des Alphabets, die wahrscheinlich vor ca. 3900 Jahren in Ägypten erfolgte (Funde in Wadi el Hol). In Ugarit (Nordsyrien) entstand vor gut 3500 Jahren ein Keilschriftalphabet mit 30 Zeichen (◘ **Abb. 5.43e**). Besonders erfolgreich waren die Schriftzeichen der Phönizier, die vor gut 3000 Jahren entstanden und von denen sich die griechischen und lateinischen Buchstaben sowie die aramäischen Zeichen herleiten. Von letzteren stammen sowohl die hebräischen als auch die arabischen Buchstaben ab. Neben diesen wesentlichen Zentren der Schriftentstehung gab es weitere Schriftformen mit mehr lokaler Bedeutung wie die Runenschrift der alten Germanen.

5.8.6 Eisenzeit

Noch heute sind Eisen und Stahl entscheidend wichtige Materialien unserer Kultur. Daher wäre es berechtigt, alle Kulturen seit Erfindung der Eisenherstellung, also im europäischen Bereich ungefähr seit dem Beginn der klassischen Antike bis heute, der Eisenzeit zuzurechnen, was aber in der Archäologie nicht üblich ist. Der Begriff „Eisenzeit" umfasst daher nur den Zeitraum vom Beginn der Eisenherstellung bis zum Beginn schriftlicher Fixierung der Geschichte. Die Eisenzeit beginnt im Nahen und Mittleren Osten generell 3200 Jahre vor heute, auch wenn Eisen vorher schon sporadisch verwendet wurde.

Für Griechenland wird der Beginn der Eisenzeit auf ca. 3100 Jahre vor heute datiert; es ist der Beginn der protogeometrischen Zeit. In der Odyssee gelten Eisenbarren noch als Wertanlage der Oberschicht (Obole, abgeleitet von *obolos* = Bratspieß).

In Mitteleuropa beginnt die Eisenzeit ca. 900–850 v. Chr. Sie wird hier ab ca. 500 v. Chr. (Latènezeit) von der Kultur der Kelten geprägt, die in zahlreichen Stammesverbänden das Gebiet des heutigen Frankreich, Deutschland südlich des Main, der Schweiz und Österreich (Kerngebiete) besiedelten. Sie besaßen eine ausgeprägte Sozialhierarchie, die sich in den „Fürstengräbern" des 6. und 5. Jahrhundert v. Chr. zeigt. In der Spätzeit der Kelten, ab ca. 150 v. Chr., entstanden die ersten stadtartigen Siedlungen (*oppida*), große, mit steinernen Mauern umwehrte Anlagen, die südlichen Vorbildern folgten und in der Regel mehrere Tausend Menschen beherbergten. Das Kunsthandwerk der keltischen Zeit hat herausragende Zeugnisse künstlerischen Schaffens mit sehr individuellen Zügen (Masken- und Tierstil, pflanzliche Ornamentik) hervorgebracht.

In China beginnt die Eisenzeit vor 3000, in Mitteleuropa vor etwa 2800 Jahren.

In den Metamorphosen Ovids ist die Eisenzeit das letzte der Weltalter, waffenklirrend, blutig, ohne Nächstenliebe und ohne Gerechtigkeit.

Die Hethiter kannten schon vor ca. 3500 Jahren die Technik der Eisenherstellung, anderswo begann diese Zeit später. Während des Eisenzeitalters kam es in Europa zu zahlreichen Eroberungszügen von gut bewaffneten Keltenstämmen, die erst vor ca. 2500 Jahren zur Ruhe kamen. Im folgenden Jahrtausend kam es aber immer wieder zu ähnlichen Invasionen ostasiatischer Stämme (Hunnen, Mongolen) nach Europa mit erheblichen, oft katastrophalen Auswirkungen auf diejenigen, die diesen Reiterstämmen ausgeliefert waren.

Eisenzeitliche Kulturen gab es auch im südlichen Afrika vor Eintreffen der Europäer. Besonders hoch entwickelt war die Kultur von Alt-Simbabwe, deren Blütezeit zwischen dem 13. und 15. Jahrhundert n. Chr. lag. Alt-Simbabwe, zwischen Sambesi und Limpopo gelegen, war ab ca. 1000 n. Chr. Hauptstadt eines mächtigen Shona-Reiches. Spuren der Siedlung Alt-Simbabwes gehen bis in die Jahre 100–300 n. Chr. zurück.

Städtisches Leben, wie es in der Bronzezeit begann und sich in der Eisenzeit weiterentwickelte, hatte sicherlich viele verschiedene Konsequenzen, z. B. wirkten sich Infektionskrankheiten infolge des dichten Beisammenlebens oft katastrophal aus. Es kam zu weiterer Arbeitsteilung, immer mehr Berufe entstanden. Körperliche Kraft und Fähigkeit zur Ausdauer war nicht mehr alleinige Voraussetzung zum Überleben. Es entwickelten sich nützliche Tätigkeiten, die im Sitzen verrichtet werden konnten, auch von körperlich weniger robusten Menschen. Auch in der zunehmend um sich greifenden Verwaltung boten sich körperlich wenig belastende Beschäftigungen.

5.8.7 Klassische Antike bis Neuzeit

Von herausragender Bedeutung war die **klassische Antike**. Sie entwickelte sich im östlichen und zentralen Mittelmeerraum, vielfältig und nachhaltig beeinflusst von ägyptischen und vorderasiatischen Kulturen. Das griechische und vor allem das römische Staatswesen beruhte auf einer städtischen multinationalen Gesellschaft mit differenzierter sehr aktiver Wirtschaft sowie effizienter Verwaltungs- und Infrastruktur. Die griechische Mythologie sowie die klassische griechische und römische Literatur sind wesentlicher Teil unseres abendländischen Kulturerbes.

Nach dem Untergang des römischen Reichs folgte in Europa das **Mittelalter**, zunächst mit einer frühen instabilen Phase. Es entstanden in wenigen Jahrhunderten aber neue stabile Reiche, in denen die christliche Kirche Macht und Einfluss gewann. Im südlichen Mittelmeerraum bildeten sich islamische Reiche, skandinavische Wikinger entdeckten als erste Europäer Nordamerika.

1492 n. Chr. erreichte Kolumbus Amerika; damit begann die **Kolonialzeit**, in der Europäer neue Länder in Amerika, Afrika und Asien entdeckten und eroberten. Reiche blühten auf, z. B. Portugal und Spanien, neue Wirtschaftsformen brachten einerseits großen Reichtum, z. B. in den Niederlanden oder in englischen Städten, andererseits viel Elend unter den Einheimischen in den Kolonien. Die westeuropäischen Sprachen, vor allem Spanisch, Portugiesisch, Französisch und Englisch, wurden auf der ganzen Welt verbreitet und führten zum Untergang vieler außereuropäischer Sprachen und zur Entstehung von Pidginsprachen. Die Auswanderer und Eroberer waren, wie üblich, im Allgemeinen aktiver, unternehmungslustiger und durchsetzungsfähiger als die zu Hause Gebliebenen. In der neuen Umgebung entwickelten sich innerhalb weniger Generationen neue Menschentypen. Die Auswirkungen dieser Kolonisation auf die Einheimischen waren meist verheerend. Massenhaft kamen Einheimische z. B. durch eingeschleppte Krankheiten, Zwangsarbeit, Kriege und Ermordung um. Manche der einheimischen Bevölkerungen, z. B. die Feuerländer, sind praktisch ausgerottet worden. Es kam teilweise auch zu ausgedehnten Vermischungen. So entstanden lokal neue Gruppierungen, z. B. die „Neo-Hawaiianer", die „nordamerikanischen Farbigen", die „Latinos" u. a.

Im 15. Jahrhundert n. Chr. kam es zu revolutionären Veränderungen in Religion, Kunst und Wissenschaft, die **Renaissance** begann, und damit setzte die **Neuzeit** ein mit zunehmender Differenzierung des Individuums in der Gesellschaft. Die letzte große Epoche der Neuzeit, das **Industriezeitalter**, entwickelte sich im 19. Jahrhundert n. Chr. Dieses Industriezeitalter ist durch die Dominanz der Technik gekennzeichnet, die heute in das Leben des Menschen wie nie zuvor eingreift. Daher kann jetzt auch vom **Zeitalter der Technik** gesprochen werden.

5.9 Die biologisch-ökologische Sonderstellung des Menschen

Aufrechter Gang und Lauf waren die ersten Neuerungen des Menschen, die ihm das weite Vordringen in Steppengebiete und andere Landschaften ermöglichten. Die Entstehung des aufrechten Ganges bietet dem biologischen Verständnis kein grundsätzliches Problem. Als Nebenfunktion besitzen viele Affen und besonders die Menschenaffen die Fähigkeit, aufrecht zu gehen, sogar mit durchgedrückten Knien. Der Gorilla kann dabei sogar die große Zehe anlegen. Der Übergang von dem aufrechten Gang als Nebenfunktion zur Hauptfunktion entspricht einem häufigen Vorgang in der Evolution. Die Umformungen von Becken und Fuß sind relativ gering im Vergleich zu dem, was sonst beim Wechsel der Lebensweise geschehen kann. Dass ein Vorstadium, das auch das Klettern in Bäumen praktizierte, anzunehmen ist, zeigt die Tatsache, dass bei allen Primaten (exklusive Krallenäffchen) ein Greiffuß vorhanden ist und dass die meisten Menschenaffen Schlafnester in Bäumen bauen. Die Nahrungssuche kann dabei in wechselndem Ausmaß am Boden des Waldes erfolgen, ebenso ein Vordringen in die Savanne, wie manche Populationen des Schimpansen zeigen. Am Fuß sind die Besonderheiten des Menschen das Fußgewölbe und der Verlust der Abspreizbarkeit der großen Zehe (**Abb. 5.2** und **Abschn. 5.2.1**). In mancher Beziehung ist die Anpassung des Menschen an den aufrechten Gang noch unvollkommen, wie häufige Wirbelsäulenschäden, Störungen des Fußskeletts (Senk-, Spreizfüße und andere Fußdeformitäten) sowie Fehler der Säuglingshüfte zeigen.

Im Gegensatz zu den anderen höheren Primaten war der Mensch über lange Phasen seiner Entwicklung Jäger und Fleischfresser und verschonte dabei, wie die Skelettfunde z. T. zeigen, von Anfang an seine Artgenossen nicht. Zwar kann auch der Schimpanse kleine *Piliocolobus*-Affen, junge Paviane und Antilopen erbeuten, zerreißen und fressen, aber hauptsächlich ernährt er sich von Früchten.

In einer Beziehung ist der Mensch völlig aus den ökologischen Naturgesetzen herausgetreten. Jedes Lebewesen ist in eine Lebensgemeinschaft eingefügt, die nur beständig ist, wenn die Bevölkerungszahl einer Art auf längere Zeit konstant bleibt. Rein rechnerisch muss ein Paar zwei überlebende Nachkommen erzeugen. Nun ist aber die Nachkommenzahl eines Paares meist größer – und erreicht bei vielen Tieren Tausende. Die Art übt also einen so genannten Vermehrungsdruck auf die Lebensgemeinschaft aus. Dieser wird aufgefangen durch die Vernichtung des Produktionsüberschusses durch die anderen Lebewesen und durch Umweltsituationen. So entsteht ein Vernichtungsdruck, der den Vermehrungsdruck ausgleicht.

Aus dieser Bindung ist der moderne Mensch herausgetreten. Durch die Wirksamkeit seiner ständig verbesserten Waffen wuchs seine Macht rapide. Erst fielen ihm nur kleinere Tiere zum Opfer, aber schon *Homo erectus* fing vermutlich Elefanten in Fallgruben und kannte die Nutzung des Feuers, welche die Auswirkungen der Unbilden der Witterung herabsetzte. Es verschwanden die Großtiere, seien es Feinde oder Nahrungstiere, und der Mensch hat sicher viele Tiere ausgerottet, beispielsweise die Riesenstrauße auf Madagaskar und Neuseeland. Mit Speer, Pfeil und Bogen, Gewehr und schließlich mit biologischen und chemischen Kampfmitteln wurden seine Feinde immer mehr zurückgedrängt, einschließlich der Kulturschädlinge und der Krankheitserreger. Unter- und gegeneinander setzt der Mensch die gleichen Waffen ein.

So hat sich der Mensch vom Vernichtungsdruck seiner Umwelt zunehmend befreit. Die Folge ist ein Bevölkerungswachstum, dessen Eindämmung nicht abzusehen ist. Gelingt es nicht, diese Vermehrung zu drosseln, wird der Mensch in einer Katastrophe mit den Naturgesetzen kollidieren.

Da die menschliche Bevölkerung exponentiell wächst, bedeutet ein stetiges Wachstum in der Vergangenheit nicht, dass es in Zukunft so weitergehen kann. In einem Gedankenspiel wollen wir die Problematik aufzeigen: In einem großen Aquarium, das 500 Fischen Platz geben soll, wird ein Fischpärchen gehalten. Jeden Monat soll sich die Zahl der Fische verdoppeln, d.h. nach 7 Monaten ist die Kapazität des Beckens zur Hälfte ausgenutzt: es tummeln sich in ihm 256 Fische, alles ist bisher „gut gegangen". Im nächsten Monat wird jedoch die Kapazitätsgrenze überschritten, eine Katastrophe ist nicht mehr aufzuhalten.

Theoretisch breitet sich eine exponentiell wachsende Population schließlich mit „Lichtgeschwindigkeit" aus. Dazu kommt es aufgrund von Nahrungsverknappung, Seuchen, Kriegen usw. nicht. Für jede Art gibt es eine Umweltkapazität, die das Populationswachstum in Grenzen hält (logistisches Wachstum) und die nicht dauernd überschritten wird. Kurzfristig jedoch kann es zu einem abnormen Bevölkerungswachstum kommen, das dann mit einem Einbruch der Population zu bezahlen ist. Dieses Naturgesetz – das für alle Organismen gilt – kann auch durch Fortschritte in der Landwirtschaft nicht außer Kraft gesetzt werden. Die „grüne Revolution", d.h. die lange nicht für möglich gehaltenen Produktivitätssteigerungen der Landwirtschaft, wird den Umfang des Populationseinbruches von *Homo sapiens* eher vergrößern, ähnlich wie die Fortschritte der Medizin die Bevölkerungszunahme beschleunigt haben. Der Mensch hat die Einsicht und die Möglichkeiten, der Problematik noch Herr zu werden. Ob er davon Gebrauch machen wird, weiß niemand, ist aber bis jetzt nur in wenigen Teilen der Welt zu erkennen.

Mit dem Wachstum der Bevölkerung geht die Zerstörung der Natur einher. In kurzer Zeit hat der Mensch das Bild der Erde so verwandelt wie kein anderes Lebewesen zuvor. Es fehlt hier der Platz, die Wirkungen zu schildern, die von seiner unterschiedlichen Lebensweise – vom Wildtöter zum Ackerbauer, Nomaden und schließlich zum Stadtbewohner in einer Industriegesellschaft – ausgehen. Der Mensch ist wie alle Primaten ein Sozialwesen, seiner Norm entspricht die Sammler- und Lagergemeinschaft, die Frauen und Kinder und einen Teil der Männer umfasst. Für die Jagd und den dem Menschen eigenen Krieg hat sich die Jagd- und Kampfhorde der aktiven Männer herausgebildet, die kooperativ zusammenarbeiten (zu Vorstufen des Krieges bei Schimpansen s. **Abschn. 5.3.2**). Eine Ehe kennen die Menschenaffen Gorilla und Schimpanse nicht: „Jede gehört jedem", wie es Thomas Henry Huxley auch für die Zukunftsgesellschaft des Menschen prophezeit. Der Mensch kennt aber ein „Sichverlieben", das eine natürliche Bindung schafft, wenn auch oft nur auf beschränkte Zeit.

Es gibt durchaus Gründe, pessimistisch und sehr kritisch in die Zukunft zu blicken. Die rasante Entwicklung der Technik hat uns Waffen in die Hand gegeben, die den Fortbestand des Menschen in kurzer Zeit beenden können. Außerdem plündert und belastet der heutige Mensch Natur, Umwelt und Ressourcen der Erde in einem Ausmaß, dass es so nur noch Jahrzehnte weitergehen kann. Die dringend notwendige Begrenzung der Zahl der Menschen wird nicht ernsthaft in Angriff genommen (Ausnahme Bevölkerungspolitik in China), die Zerstörung der Umwelt schreitet ungebremst voran. Derzeit sind es auch die Entwicklungsländer, welche die Umwelt in extremer Weise belasten und zerstören. Viele Flüsse sind tot, das Grundwasser ist zum Teil extrem belastet, Wälder gibt es in weiten Teilen Europas, Asiens, Afrikas sowie S- und N-Amerikas kaum noch, an den Stadträndern lagert unkontrolliert der Müll, in manchen Riesenstädten („Megacities") siedeln Menschen auf Müllhalden.

Die Menschheit und im Allgemeinen auch der einzelne Mensch sind unfähig, aus Fehlern zu lernen. Vernunft und Idealismus bewirken bislang allenfalls lokal etwas. Ob die einzelnen erdachten und auch schon begonnenen Projekte eine Wende herbeiführen, ist schon fast nicht mehr zu erwarten. Offensichtlich können heute wirksame Maßnahmen zum Erhalt der Umwelt und unserer Lebensgrundlagen nur durchgesetzt werden, wenn sich handfeste Eigeninteressen von Staaten, Verbänden oder anderen Gruppierungen mit denen des Naturschutzes decken. Zufolge der evolutionären Psychologie (Brauner 2010) sind Bereiche unseres Geistes und unserer Psyche noch an das angepasst, was in Bezug auf die Umwelt in der Vergangenheit typisch war; wenn sich die Umwelt und das Sozialgefüge rasch ändern, hält die Psychologie der Individuen nicht Schritt – es kommt zu einem *mis-match*.

Eine weitere biologische Besonderheit des Menschen liegt im langsamen Ablauf seiner Lebensphasen (*life history*), auf die schon hingewiesen wurde: lang anhaltende Phase der Hilflosigkeit nach der Geburt, später Eintritt der Geschlechtsreife, niedrige Reproduktionsrate, Menopause und lange Postmenopause bei Frauen, lange sich hinziehender physischer Verfall. Es besteht hier möglicherweise eine Korrelation zum großen Gehirn, das lange Zeit benötigt zum Ausreifen, und dieses große Gehirn steht offensichtlich in Beziehung zur Evolution komplexer Sozialsysteme. Diese wiederum fördern offensichtlich sowohl kognitive Fähigkeiten (s. **Abschn. 5.10**) als auch die Verminderung der Gefährdungen durch die Umwelt, was dann wieder die Evolution eines verzögerten Alterns begünstigt.

5.10 Die geistig-kulturelle Sonderstellung des Menschen

Sie beruht auf einer Reihe von Grundeigenschaften: Tradition, Sprache und Intellekt. Biologen versuchen, Vorstadien oder Prädispositionen dieser Eigenschaften bei Tieren aufzusuchen, und meist finden sie sie.

Tradition (kulturelle Evolution) ist die Übernahme von Gedankengut, Verhaltensweisen und Techniken von anderen Menschen, vor allem von denen vorangegangener Generationen. Durch Tradition wird eine ganz neue und sehr schnelle Ausbreitung der Leistungen eines Einzelwesens möglich. Während die Vererbung über die Gene nur eine langsame Ausweitung ihres Bestandes innerhalb der Art schafft, leistet dies die Tradition in wenigen Monaten (Modeerscheinungen, „Meme") oder Jahren. So ermöglicht die Tradition eine ganz neue und rasche **Evolution der Sitten**, **Gebräuche und Denkweisen**. Traditionen sind wesentliche Komponenten der menschlichen Kultur, sie garantieren Stabilität und ruhige Entwicklung, wenn sie vernünftig gehandhabt werden und wenn sie Freiraum für Veränderungen lassen. Wir kennen sichere Traditionen aber auch bei Tieren. Japanische Forscher, die intensiv das Verhalten der Rotgesichtsmakaken (*Macaca fuscata*) auf Honshu beobachteten, fanden in einzelnen Populationen das Aufkommen und die Verbreitung von Gewohnheiten. In einem Fall begann ein jüngeres Tier seine Nahrung (Süßkartoffeln) zu waschen, bald taten das auch die anderen, zunächst mit Ausnahme der älteren Tiere. Meisen begannen in England, die Deckel von Milchflaschen, die vor Haustüren abgestellt waren, zu durchlöchern und die Sahne abzuschlürfen. Diese Sitte oder Unsitte breitete sich von einzelnen Zentren rasch aus. Eine Art Tradition kann auch die Heimprägung im Jugendalter bewirken. Vögel kehren nach ihrer Winterreise oft an den gleichen Brutplatz zurück, wobei man heute weiß, dass beim Vogelzug genetische Komponenten wichtig sind und z. B. die Kenntnis der Zugrichtung vererbt wird. Waldvögel, die in Steppenumgebung aufgezogen worden waren, bevorzugten für die nächste Brut Steppengelände. Wahrscheinlich gibt es Faktoren, die eine „kulturelle Evolution" beschleunigen könnten, z. B. Selektion von Intelligenz, *Bottle-neck*("Flaschenhals")-Situationen unter schwierigen klimatischen Bedingungen und die Fähigkeit, planend die Schwankungen der Umweltbedingungen auszugleichen, z. B. durch Anlegen von Vorräten.

5.10.1 Lernen, Intellekt, Erinnerung

Dass Tiere lernen können, ist allgemein bekannt. Bienen können beispielsweise auf Farben dressiert werden: Wenn längere Zeit auf gelbem Untergrund Futter gegeben wurde, fliegen sie bald „gelb" an, auch wenn dort kein Futter steht. Sie haben also die Assoziation „gelb = Futter" vollzogen, oder allgemeiner: „wenn a, dann b".

Intellekt ist eine höhere Stufe: hier wird aus den Eigenschaften von Dingen auf ihre Verwendbarkeit geschlossen. Die Dinge können dann als Mittel für die Erreichung eines Ziels eingesetzt werden. Außerdem können die Eigenschaften komplexer Dinge aus den Merkmalen der Einzelteile verstanden werden. Hier gilt „weil a, so b". Nach dem Prinzip „wenn a, dann b" geben wir Wettervorhersagen, nach dem Prinzip „weil a, so b" bauen wir Brücken und Maschinen.

Dass Intellekt in diesem Sinne bei Menschenaffen vorhanden ist, wissen wir. Er ist weit verbreitet und vereint sich beim Schimpansen mit technischer Begabung. Einige Beispiele der frühen Untersuchungen von Bernhard Rensch (1900 bis 1990) mögen das verdeutlichen: Ein Schimpanse musste, um zur Nahrung zu gelangen, eine Reihe von Schlössern aufschließen und wählte jeweils den richtigen Schlüssel für das entsprechende Schloss. Ein Schimpanse sollte aus einem Labyrinth eine Kugel zu dem einzigen Ausgang führen. Nach jedem Versuch wurde ein anderes Labyrinth geboten. Der Schimpanse probierte nicht durch Versuch und Irrtum, sondern betrachtete das Labyrinth und fand gedanklich die richtige Lösung. Bei diesem Intelligenztest überschnitten sich Leistungskurven von Schimpansen und Menschen (Versuchspersonen waren Studenten).

Es taucht nun die Frage auf, warum es erst beim modernen Menschen zu der rasanten Kulturentwicklung kommen konnte, obwohl die Grundlagen für den geistigen Aufstieg schon relativ lange vorhanden sind. Verantwortlich sind vor allem die quantitative Steigerung der cerebralen Anlagen und die Ausweitung seines Eigenbesitzes der Vokal-, Wort- und Begriffssprache durch die Erinnerung.

Das Gedachte enthält zwei Komponenten: Wiedererkennen und Erinnerung. Unter **Wiedererkennen** verstehen wir, dass ein früher gesehener Gegenstand, eine Person oder eine Landschaft erkannt werden, wenn man sie wieder sieht. Eine solche Leistung ist bei Tieren intensiv ausgeprägt und weit verbreitet. Argos, der Hund des Odysseus, erkennt seinen Herrn bei dessen Rückkehr. Die **Erinnerung** gestattet es uns, abwesende Menschen und vergangene Erlebnisse uns in Gedanken vorzustellen. Man hat bei Affen das Erinnerungsvermögen durch aufgeschobene Handlungen geprüft und festgestellt, dass es sehr kurz ist. Die Tiere leben also fast nur in der Gegenwart wie wir wohl als Kleinkinder. Boesch (2009) beobachtete aber an wildlebenden Schimpansen Verhaltensweisen, die klar darauf hindeuten, dass sie sich sowohl an Vergangenes erinnern als auch Zukünftiges bedenken können. Bei erwachsenen Menschen reichen aber die Erinnerungen bis ins dritte oder vierte Lebensjahr zurück. Von diesem Zeitpunkt an beginnt der Aufbau der bewussten Persönlichkeit. Die Sprache gestattet, Erlebnisse und Gedanken anderen Menschen mitzuteilen und so ein geistiges Kontinuum zu schaffen. Seit Erfindung von Schrift und Druck legen wir ein Depot von Gedanken, Untersuchungen und Entdeckungen an, das ein riesiges Menschheitsgedächtnis darstellt und den sukzessiven kulturellen Aufbau der Menschheit gestattet.

5.10.2 Evolutionäre Erkenntnistheorie

EXKURS 5.11

Evolutionäre Erkenntnistheorie
Gerhard Vollmer (Neuburg/Donau)

Einführung

In Darwins Hauptwerk „Vom Ursprung der Arten" (1859) findet sich über die Evolution des Menschen nur ein einziger Satz: „Viel Licht wird fallen auf den Ursprung des Menschen und seine Geschichte." Erst zwölf Jahre später veröffentlicht er „Die Abstammung des Menschen". Es war ihm aber von vornherein klar, dass er den Menschen in seine Theorie einbeziehen musste. Und zwar den *ganzen* Menschen einschließlich seines Verhaltens und seiner geistigen, intellektuellen, sozialen und moralischen Fähigkeiten. Sein Kollege und Konkurrent Alfred R. Wallace vertrat dagegen die Meinung, die Entstehung des Lebens, des Bewusstseins und unserer geistigen Fähigkeiten seien göttlichen Eingriffen zu verdanken. Mit den genannten Fähigkeiten hat sich auch die Philosophie seit Jahrhunderten beschäftigt. Die Evolutionstheorie hat diesen philosophischen Disziplinen neue Denkanstöße gegeben, einige ihrer Fragen beantwortet und neue Fragen entstehen lassen. So gibt es nun eine Evolutionäre (philosophische) Anthropologie, eine Evolutionäre Ästhetik, eine Evolutionäre Erkenntnistheorie, eine Evolutionäre Ethik, eine Evolutionäre Philosophie des Geistes. Im Folgenden beschäftigen wir uns mit der Evolutionären Erkenntnistheorie, der Bedeutung der Evolutionsbiologie für die Ethik ist **Abschn. 5.10.3** gewidmet.)

Alle evolutionären Disziplinen sind – wie die Evolutionstheorie selbst – naturalistisch orientiert. Was heißt das? Von Naturalismus spricht man in vielen Gebieten: in der Naturphilosophie, in der Ethik, in der Kunst, in der Theologie. Im Englischen hat *naturalist* eine ältere und eine jüngere Bedeutung. Ursprünglich war ein *naturalist* einfach ein Naturforscher, und so heißt Darwins Reisebericht „*A naturalist's voyage round the world*" im Deutschen auch nur „Reise eines Naturforschers um die Welt". Es gibt aber – im Englischen wie im Deutschen – auch einen *philosophischen* Naturalismus, um den es uns hier geht. Wir verstehen ihn als eine naturphilosophisch-anthropologische Auffassung, nach der es *überall* in der Welt *mit rechten Dingen* zugeht. Er zeichnet sich also durch zwei Merkmale aus: durch seinen *universellen Anspruch* („überall") und durch die *Beschränkung der Mittel*, die zur Beschreibung und Erklärung der Welt zugelassen werden („mit rechten Dingen"). Für den Naturalisten gibt es keine übernatürlichen Instanzen, insbesondere keine göttlichen Eingriffe in das Weltgeschehen, keine Wunder, keine Zauberei, keine echten parapsychologischen Erscheinungen, keine Seele, die vom Geist verschieden oder gar unsterblich wäre, keinen Dualismus von Materie und Geist, keine Willensfreiheit im traditionellen Sinne (nämlich im Sinne des Alternativismus, nach dem ich, wenn ich eine Handlung ausgeführt habe, angeblich auch *anders* hätte handeln können). Die Entscheidung des Naturalisten, sich auf die prüfbaren oder wenigstens kritisierbaren Mittel der Erfahrungswissenschaften zu beschränken, erfolgt nicht dogmatisch, sondern zieht Konsequenzen aus zweieinhalb Jahrtausenden Wissenschaft und Philosophie, die schließlich zu einem wechselseitigen Abgleich sinnvoller Fragen, zielführender Methoden und verlässlicher Antworten geführt haben.

Alle geistigen Leistungen – Wahrnehmen, Erfahren, Gedächtnis, Bewusstsein und Selbstbewusstsein, Sprechen, Denken, Schließen, Fragen, Erkennen, Erklären und Begründen, Vorstellen, Erinnern, Überlegen, Kreativität, moralisches Erwägen, ästhetisches Urteilen – sind Funktionen unseres Gehirns. Und das menschliche Gehirn ist – für Biologen ist das nahezu selbstverständlich – ein Ergebnis der biologischen Evolution. Wird die Evolution in dieser Weise anerkannt, so spricht man auch von **Evolutionärem Naturalismus**. Der philosophische Naturalismus steht damit im Gegensatz

▶

EXKURS 5.11 (*Fortsetzung*)

zu zahlreichen philosophischen und religiösen Richtungen, u.a. zu Idealismus, Spiritualismus, Apriorismus, Positivismus, Konstruktivismus, aber auch zu den meisten Religionen und ihren Theologien, insbesondere natürlich zu Kreationismus und *intelligent design*.

Evolutionäre Erkenntnistheorie

Die Hauptfrage der Evolutionären Erkenntnistheorie lautet: Wieso können wir die Welt erkennen? Bei dieser Frage setzen wir offenbar voraus, dass es eine und nur eine Welt gibt, dass wir sie einigermaßen erkennen und uns intersubjektiv darüber verständigen können und dass es für all das eine Erklärung gibt.

Was wir *nicht* voraussetzen, ist die Möglichkeit *sicheren* Wissens. Menschliches Wissen, auch wissenschaftliches Wissen, ist nicht beweisbar, sondern vorläufig, fehlbar, unvollständig und unabschließbar; es ist aber die höchste Form von Wissen, die wir haben. Philosophen haben sich immer wieder bemüht, Wege zu sicherem Wissen aufzuweisen – vergeblich. Viele haben deshalb die Suche nach sicherem Wissen aufgegeben: Skeptiker schon seit dem Altertum, Agnostiker, kritische Rationalisten, hypothetische Realisten, Naturalisten. Sie begnügen sich mit prüfbarem und verlässlichem Wissen, ohne auf Sicherheit zu hoffen. Auch die Evolutionäre Erkenntnistheorie macht gar nicht erst den Versuch, sicheres Wissen zu finden oder erklären; vielmehr erklärt sie unsere Fähigkeit, unsicheres, aber immerhin brauchbares Wissen über die Welt zu erlangen.

Während man früher nicht einmal hoffte, über die kognitiven Fähigkeiten des Urmenschen viel herausfinden zu können, gibt es neuerdings sogar eine **kognitive Archäologie**. Den Begriff hat der englische Archäologe Colin Renfrew (*1937) in den 1980er Jahren geprägt; er gilt als Vater dieser Disziplin. An steinzeitlichen Werkzeugen und Kultgegenständen, an Bestattungsriten und Höhlenmalereien versucht man die Ursprünge des Denkens und Erkennens zu erkunden. So schwierig es sein mag, über das Denken und Erkennen des prähistorischen Menschen etwas herauszufinden, so handelt es sich dabei doch um einen im Prinzip erfahrungswissenschaftlichen Ansatz, bei dem allerdings vieles spekulativ bleibt.

Für die Evolutionäre Erkenntnistheorie sind solche Befunde höchst aufschlussreich. Aber sie geht noch darüber hinaus. Sie betreibt nicht nur kognitive Archäologie, sondern sie fragt auch, inwieweit solche Erkenntnisansprüche *berechtigt* sind. In der traditionellen (Kantischen) Terminologie geht es ihr nicht nur um die Frage „*Quid facti*? Was ist der Fall?", sondern auch um die Frage „*Quid juris*? Wie weit (sind diese Ansprüche) berechtigt?" Gerade deshalb erhebt sie den Anspruch, auch Erkenntnistheorie im philosophischen Sinne zu sein. Was sie auszeichnet und was ihr das Beiwort „evolutionär" eingebracht hat, ist die Tatsache, dass sie die biologische Evolution wesentlich einbezieht.

Die Befunde, die für die Beantwortung herangezogen werden, entstammen mehreren Wissenschaften: Anthropologie, Biologie, insbesondere Sinnesphysiologie, Neurowissenschaften, vergleichende Verhaltensforschung, Genetik, Evolutionstheorie, Sprachwissenschaft, Psychologie, insbesondere Entwicklungs- und Kognitionspsychologie.

Um Missverständnissen vorzubeugen, sei betont, dass die Genetische Erkenntnistheorie von Jean Piaget (1896 bis 1980) mit der Evolutionären Erkenntnistheorie zunächst einmal nichts zu tun hat. Das Beiwort „genetisch" kommt bei Piaget nicht von „Genetik", sondern von „Genese". Dabei ist vor allem die Ontogenese gemeint. Es geht also um die Frage, wie sich die Erkenntnisfähigkeit – nicht in der Evolution, sondern – beim Individuum entwickelt. Das ist eine Frage der Entwicklungspsychologie. Mit fortschreitendem Erkenntnisstand ist es aber ganz normal und sogar wünschenswert, dass unsere Einsichten über Evolution und Entwicklung einander ergänzen und befruchten.

Passungen

Wieso also können wir die Welt erkennen? Traditionelle Erkenntnistheorien sind sich einig, dass zur Erkenntnis subjektive und objektive Elemente beitragen, wobei die jeweiligen Anteile unterschiedlich eingeschätzt werden. Damit diese Strukturen zusammen Erkenntnis ermöglichen, müssen sie aufeinander *passen*. Wer Erkenntnisansprüche

EXKURS 5.11 (Fortsetzung)

erhebt, muss also zugleich solche Passungen behaupten. Sie sind aber leicht nachzuweisen, am leichtesten für unsere Sinnesorgane und damit für die **Wahrnehmung**, aber auch für unsere Fähigkeit und für unsere Art und Weise, **Erfahrungen** zu machen. Hierfür einige Beispiele:

Wir sehen, hören und fühlen *räumlich* dreidimensional und können uns dreidimensionale Objekte *vorstellen*. Und wir lernen von den Physikern, dass unsere makroskopische Welt *tatsächlich* drei räumliche Dimensionen hat. – Wir erleben die Welt *zeitlich* geordnet. In der Regel sind die Vorgänge auch nicht umkehrbar; sie tragen einen „Zeitpfeil". Die Physik *bestätigt* dieses Erleben, wozu sie vor allem auf den zweiten Hauptsatz der Thermodynamik, den Entropievermehrungssatz, zurückgreift. – Wir finden, dass auf ein Ereignis U häufig oder sogar ausnahmslos ein Ereignis W folgt, sehen dort nicht nur eine regelmäßige Abfolge, sondern einen *kausalen* Zusammenhang und sprechen deshalb von Ursache und Wirkung. Und die Erfahrungswissenschaften lehren uns, dass in den meisten derartigen Fällen *tatsächlich* eine empirisch nachweisbare Beziehung vorliegt, nämlich ein Energieübertrag, der in der Regel von der Ursache zur Wirkung erfolgt. – Wir gehen von Erfahrungen in der Vergangenheit zu Erwartungen an die Zukunft über (und nennen das Induktion). Mit diesen Erwartungen sind wir sehr oft *erfolgreich*. Wir rechnen also mit Regelmäßigkeiten und finden sie auch.

Wie kommt es zu diesen Passungen? Wie kommt es, dass unser Auge gerade dort empfindlich ist, wo die Sonnenstrahlung ihr Intensitätsmaximum hat und die Erdatmosphäre durchlässig ist, wo es also etwas zu sehen gibt? Wie kommt es, dass unser Auge dem Gehirn erst dann ein Signal liefert, wenn mindestens 50 Lichtquanten die Zellen der Retina erregt haben, so dass das unregelmäßige und informationslose Rauschen des Photonenstroms nicht wahrgenommen wird? Wie kommt es, dass wir sehr schwache Geräusche hören, das Rauschen des Blutstroms und Knochenbewegungen – die uns ja auch gar nichts sagen – dagegen nicht mehr? – Auf solche Fragen gibt es traditionell zahlreiche Antworten, von denen wir hier nur drei nennen: Schöpfung, Zufall, Evolution.

Für Passungen einen **Schöpfer** verantwortlich zu machen, ist bequem und deshalb historisch sehr beliebt; denn diese Antwort ist immer möglich und nie widerlegbar. Mit einem Schöpfer kann man *alles* erklären, sogar Hässliches, Tragisches, Übles. Wir haben jedoch keine Chance, diese Antwort – selbst wenn sie falsch ist – als falsch zu erkennen. Der Erklärungswert der Schöpfer-Hypothese ist also hoch, geradezu universell; ihre Prüfbarkeit ist dagegen verschwindend gering. Unter rationalen, insbesondere unter wissenschaftstheoretischen Aspekten wird sie deshalb nicht als zulässig angesehen. Damit sind auch Kreationismus und *intelligent design* ausgeschlossen.

Den **Zufall** können wir dagegen nie ganz ausschließen. In vielen Fällen sind wir sogar überzeugt, dass es sich um Zufall handelt. Dass zum Beispiel bei einer Sonnenfinsternis der Mond die Sonne genau abdeckt, also auf die Sonne „passt", ist Zufall. Am häufigsten treffen wir auf *relativen* Zufall, auf das Zusammentreffen vorher unverbundener Kausalketten. In der Quantenwelt gibt es aber auch *absoluten* Zufall beim Auftreten einer neuen Weltlinie, etwa beim Zerfall eines Neutrons oder eines radioaktiven Atomkerns. Dass aber alles, was wir vorfinden, reiner Zufall wäre, wird niemand behaupten.

In der Biologie stoßen wir auf besonders viele Passungen, die wir meist unter dem Gesichtspunkt der Zweckmäßigkeit verbuchen, und haben dafür seit Darwin befriedigende **evolutionäre** Erklärungen. Dieses Erklärungsmuster benützen wir nun auch für unsere kognitiven Fähigkeiten. Die zugehörige Theorie ist die Evolutionäre Erkenntnistheorie. Diese Bezeichnung wurde 1970 von dem Psychologen Donald T. Campbell eingeführt. Der Vater der Evolutionären Erkenntnistheorie ist jedoch Konrad Lorenz (1903 bis 1989), Mitbegründer der vergleichenden Verhaltensforschung – wobei es noch zahlreiche Großväter gibt, etwa den Physiker Ludwig Boltzmann (1844 bis 1906), deren Gedanken allerdings wenig Beachtung fanden.

Hauptthesen

Die Hauptthesen der Evolutionären Erkenntnistheorie lauten also: Denken und Erkennen sind Leistungen des menschlichen Gehirns, und dieses Gehirn

EXKURS 5.11 (Fortsetzung)

ist in der biologischen Evolution entstanden. Unsere kognitiven Strukturen *passen* (wenigstens teilweise) auf die Welt, weil sie sich stammesgeschichtlich in **Anpassung** an diese reale Welt herausgebildet haben und weil sie sich auch bei jedem Einzelwesen mit der Umwelt erfolgreich auseinandersetzen müssen. Der Biologe George Gaylord Simpson (1902 bis 1984) formuliert es kurz, aber treffend: „Der Affe, der keine realistische Wahrnehmung von dem Ast hatte, nach dem er sprang, war bald ein toter Affe – und gehört daher nicht zu unseren Urahnen." Unsere vergleichsweise gute räumliche Wahrnehmung verdanken wir also unseren baumbewohnenden greifkletternden Vorfahren.

So können wir auch andere kognitive Leistungen evolutionär erklären. Da kognitive Fähigkeiten nicht fossilieren und auch nicht an fossilen Knochen abgelesen werden können, ist das meistens nur über den Artvergleich möglich. Besonders befriedigend sind die Fälle, in denen wir die gesamte Stammesgeschichte eines Organs oder einer Fähigkeit rekonstruieren können, beispielsweise die Entstehung des Linsenauges oder des Innenohres.

Eine Erklärung über die Evolution kann nur greifen, wenn die fraglichen Merkmale – hier die Erkenntnisfähigkeit – vererbt werden. Der Nachweis, dass bestimmte Fähigkeiten angeboren, genauer: genetisch bedingt sind, ist allerdings schwierig. Denn wenn sich eine Fähigkeit nicht schon bei Geburt zeigt, sondern erst nach einigen Monaten oder Jahren heranreift, so kann man immer behaupten, sie sei erst während dieser Zeit entstanden, also individuell erworben. Und da gerade der Nachweis kognitiver Fähigkeiten vielfach auf die Sprache angewiesen ist, vergehen leicht Jahre, bis eine genügend differenzierte Sprache zur Verfügung steht, über die dann Fähigkeiten erkennbar werden oder abgefragt werden können.

Zum Glück jedoch lassen sich einige Fähigkeiten wenigstens so früh nachweisen, dass ein individueller Erwerb ausgeschlossen werden kann. Schon recht früh können Kinder Farben sehen, Gesichter erkennen, Entfernungen einschätzen, Tiefen erkennen und vermeiden. Weitere vermutlich genetisch bedingte Fähigkeiten sind gerade in jüngster Zeit vermehrt nachgewiesen worden: Kinder können sich in andere Personen hineinversetzen (Schimpansen übrigens auch), können Ursachen und Wirkungen verknüpfen, stellen Vermutungen auf, probieren gezielt etwas aus, verarbeiten statistische Muster. Sie verarbeiten auch ungewohnte oder vorgetäuschte Effekte, zum Beispiel Fernwirkungen; daher wohl das ungeheure, geradezu besessene Interesse kleiner Kinder für Fernbedienungen! Unser Erkenntnisvermögen hat also eine ausgeprägte genetische Verankerung.

Im Hinblick auf diese kognitiven Fähigkeiten ist der Menschen – mindestens dem Grad nach – allen anderen Lebewesen überlegen, auch seinen nächsten Verwandten. Sie müssen entstanden sein, *nachdem* sich die Stammeslinie des Menschen von denen der Menschenaffen getrennt hatte, also in wenigen Millionen Jahren. Offenbar stand auf der Ausbildung dieses Erkenntnisvermögens ein starker Selektionsdruck.

Aber warum ist unser Erkenntnisvermögen dann nicht noch besser? Warum können wir uns vieles nicht merken? Warum können wir unsere Aufmerksamkeit immer nur auf einen Gegenstand richten? Warum passieren uns so viele Fehlschlüsse? Warum haben wir kein Gefühl für das überexponentielle Wachstum der Erdbevölkerung? Warum scheitern wir beim Umgang mit vernetzten Systemen? Warum haben wir so wenig Einsicht in Systeme mit positiver Rückkopplung? Warum sind wir intuitiv allenfalls zu linearer Extrapolation fähig? Warum erwarten wir beim Glücksspiel eine Art ausgleichender Gerechtigkeit? Warum werden wir mit Zufallsereignissen so schwer einig? Warum bestehen zwischen objektiven und subjektiven Entscheidungskriterien oft so große Unterschiede? Warum können wir uns nicht-euklidische Räume, vierdimensionale Würfel, einen endlichen, aber unbegrenzten Kosmos oder absolut zufällige Ereignisse nicht vorstellen? Warum schätzen wir Risiken so oft falsch ein? Warum also sind wir nicht noch schlauer, als wir schon sind?

Auch hier ist die Antwort einfach: Biologische Anpassung ist nie ideal – und unser Erkenntnisvermögen natürlich auch nicht. Für evolutiven Erfolg maßgebend ist nicht pure Qualität, sondern ein vertretbares Kosten-Nutzen-Verhältnis. Es geht also

EXKURS 5.11 (Fortsetzung)

nicht darum, die bestmögliche Lösung zu finden, sondern nur besser zu sein als die Konkurrenz. Dabei ist freilich nicht nur an zwischenartliche, sondern auch an innerartliche Konkurrenz zu denken. Hat man Fehlleistungen einmal als solche erkannt und ihr Entstehen erklärt, dann ist es leichter, sich Gegenmaßnahmen auszudenken und die Zahl der Fehlleistungen zu verringern.

So kann die Evolutionäre Erkenntnistheorie nicht nur die *Leistungen*, sondern auch die *Fehlleistungen* unseres Gehirns erklären.

Unsere kognitive Nische, der Mesokosmos

Die **ökologische Nische** eines Organismus ist jener Ausschnitt der realen Welt, auf den er in seiner Lebensweise zugeschnitten oder geprägt ist. Analog definieren wir die **kognitive Nische** eines Tieres als jenen Ausschnitt der realen Welt, an den es sich kognitiv, also wahrnehmend, erfahrend, erkennend und handelnd angepasst hat.

Die kognitive Nische des Menschen nennen wir **Mesokosmos**. Er ist eine Welt der mittleren Dimensionen: mittlerer Entfernungen und Zeiten, kleiner Geschwindigkeiten und Beschleunigungen, kleiner Kräfte und Gewichte, mittlerer Temperaturen, geringer Komplexität, linearer Kausalität und linearen Wachstums. Er reicht von Millimetern („Haaresbreite") zu Kilometern (Tagesmarsch, Horizont), von Zehntelsekunden (subjektives Zeitquant 1/16 Sekunde) zu Jahrzehnten (etwa unser Lebensalter), von Geschwindigkeit Null bis zu einigen Metern pro Sekunde (Stein oder Vogel), von gleichförmiger Bewegung (Beschleunigung Null) bis etwa $10 \, m/s^2$ (Erd- oder Sprinterbeschleunigung), von Gramm zu Tonnen, vom Gefrier- bis zum Siedepunkt des Wassers, von einfachen (isolierten oder punktförmigen) zu linearen Systemen (mit kurzen, unverzweigten und rückkopplungsfreien Kausalketten).

Der Mesokosmos ist also nicht einfach durch seine räumliche Ausdehnung charakterisiert; von „Dimensionen" ist hier in einem deutlich erweiterten Sinne die Rede. Deshalb ist der Mesokosmos auch nicht mit der makroskopischen Welt gleichzusetzen. Elektrische und magnetische Felder wie das Erdmagnetfeld sind ja durchaus von mittlerer Größenordnung, gehören aber nicht zum Mesokosmos, da wir für sie keine Sinnesorgane haben. Dagegen sind elektromagnetische Wellen im sichtbaren Bereich, also mit einer Wellenlänge von 380–760 nm und bei ausreichender Intensität, für uns zugänglich; wir sehen sie allerdings weder als Wellen noch als Teilchen, sondern einfach als Licht und unterscheiden sie anhand der Farbeindrücke, die sie bei uns auslösen. Alle anderen Wellenlängen sind für uns unsichtbar, unhörbar, unfühlbar – selbst wenn wir von ultraviolettem Licht Sonnenbrand bekommen, werden wir doch die Haut nicht als Sinnesorgan ansehen und UV-Licht nicht dem Mesokosmos zuordnen. Da andere Lebewesen andere kognitive Nischen haben, ist *Mesokosmos* ein durchaus anthropozentrischer Begriff.

Im Mesokosmos finden wir uns zurecht. In diesen Dimensionen sind unsere Wahrnehmungs- und Erfahrungsstrukturen tauglich, unsere Intuitionen brauchbar, unsere spontanen Urteile zuverlässig; sie *passen* auf diese Welt. Mesokosmische Verhältnisse können wir uns anschaulich vorstellen. Am Mesokosmos wurden unsere kognitiven Strukturen erprobt und ausgelesen; an ihm haben sie sich bewährt. Überraschenderweise taugt unser Erkenntnisvermögen aber für mehr.

Wissenschaft

Während Wahrnehmung und Erfahrung mesokosmisch geprägt sind, vermag wissenschaftliche Erkenntnis den Mesokosmos zu überschreiten. Das geschieht in drei Richtungen: zum besonders Kleinen, zum besonders Großen und zum besonders Komplizierten. Die Intuition lässt uns dabei erfahrungs- und erwartungsgemäß im Stich: Die Verhältnisse etwa der Quantentheorie, der Relativitätstheorie, der Theorie der Fraktale oder der Chaostheorie kann sich niemand richtig vorstellen.

Die wichtigste Leiter für den Ausstieg aus dem Mesokosmos ist die **Sprache**. Man kann die Sprache nicht nur als Instrument der Verständigung, sondern auch als *Denkzeug* ansehen. Wie ein Werkzeug uns hilft, etwas zu bewirken, so hilft uns ein Denkzeug beim Denken. Weitere Denkzeuge sind Lesen und Schreiben, das Alphabet, Zählen und Rechnen, Mathematik, Kalender und Zeitrechnung,

EXKURS 5.11 (Fortsetzung)

Algorithmen und Kalküle als Problemlösungsverfahren, Computer.

Wissenschaft gibt es seit 2500 Jahren oder, wenn wir großzügig sind, seit Erfindung der Schrift, also höchstens seit 5000 Jahren. Diese Zeit ist zu kurz, um unsere Gene an die Bedürfnisse der Wissenschaft anzupassen. Hat uns die Evolution also auf die Wissenschaft vorbereitet, obwohl es noch gar keine Wissenschaft gab? Hatte da doch ein Schöpfer seine Hand im Spiel? Nein! Die Evolution hat uns zahlreiche Fähigkeiten mitgegeben, von denen jede für sich nützlich war: lebenslange Neugier, Gedächtnis, Vergleichen, Verallgemeinern, Abstrahieren, Sprechen, Analogiedenken, Voraussicht. Es hat sich dann herausgestellt, dass diese Fähigkeiten *zusammen* mehr leisten als das, wofür sie entstanden sind. Unsere Fähigkeit zu Wissenschaft, also zu theoretischer Erkenntnis, ist eine **Systemeigenschaft**, die sich aus dem Zusammenspiel einzelner Fähigkeiten ergibt.

Wissenschaftsgene gibt es also nicht. Es hat deshalb auch keinen Sinn, die evolutionären Wurzeln spezieller wissenschaftlicher Theorien, etwa der Relativitätstheorie, der Molekularbiologie oder der Evolutionstheorie ausgraben zu wollen. Im Gegenteil: Viele Theorien widersprechen unserer Intuition, so dass wir Schwierigkeiten haben, sie aufzustellen oder zu verstehen! Die Evolutionäre Erkenntnistheorie kann uns jedoch helfen, diese Schwierigkeiten zu erkennen und aus dem Wege zu räumen, die dem Verständnis von Wissenschaft entgegenstehen. Sie hat also sehr wohl forschungsstrategische und didaktische Konsequenzen. Dieses Teilgebiet nennen wir auch Evolutionäre Wissenschaftstheorie.

Thematische Vernetzung

Analog zum Mesokosmos, also zu unserer kognitiven Nische, lässt sich auch ein **sozialer Mesokosmos** einführen, an den wir in unserem Sozialverhalten angepasst sind. Über diesen sozialen Mesokosmos kann uns die Soziobiologie aufklären und damit den Weg zu einer **Evolutionären Ethik** bahnen. Auch hier liegt es nahe, die ontogenetische Entwicklung des moralischen Urteils beim Kinde daraufhin zu untersuchen, ob es dafür biologische, genetische, phylogenetische, also letztlich evolutionäre Wurzeln gibt. Solches Wissen ist ebenfalls relevant für Fragen der Ethik.

Mit dem Mesokosmos verwandt, wenn auch nicht identisch, ist das *environment of evolutionary adaptedness* (EEA), ein Begriff, den die Evolutionäre Psychologie benützt und den John Tooby und Leda Cosmides eingeführt haben. Es ist jene Umwelt in unserer steinzeitlichen Vergangenheit, in der sich unsere Anpassungen entwickelt haben. Dieses EEA umfasst nicht nur den kognitiven Bereich wie der Mesokosmos, auch nicht nur den sozialen Bereich wie der soziale Mesokosmos, sondern *alle* Bereiche unseres Verhaltens, ist also wesentlich allgemeiner, dafür in einigen Fragen weniger spezifisch.

5.10.3 Ethik, Sittlichkeit, Moral

In der Philosophie wird oft auf hohem und höchstem Niveau seit der Antike (Aristoteles, Platon, Epiktet u. a.) und in neuerer Zeit (Thomas Hobbes, René Descartes, David Hume, insbesondere Immanuel Kant u.v.a.) über Ethik nachgedacht. Im Deutschen werden neben dem Begriff Ethik (aus dem Griechischen) auch die Begriffe Sittlichkeit und Moral (aus dem Lateinischen) gebraucht, die etymologisch ungefähr dasselbe bedeuten und daher auch oft undiskriminiert nebeneinander gebraucht werden. Im Deutschen und im Englischen überwiegen heute die Begriffe Moral (*morals*) und moralisch (*moral*). In der Philosophie wird „Ethik" oft als Lehre von „Moral" und „Sitten", und Moral und Sitten als Gegenstand des Faches „Ethik" verstanden (Höffe 2007).

Hier geht es nur um den Versuch, einen evolutionären Aspekt im moralischen Verhalten, wie er uns täglich begegnet, zu schildern, und Einzigartiges der (höheren) Moral des Menschen zu umreißen.

Charles Darwin sah die Tugenden als Voraussetzung dafür an, dass Menschen seit frühester Zeit überhaupt in Verbänden zusammenleben können. Er sah, dass solche Handlungsanweisungen oder

-verbote im Allgemeinen nur innerhalb eines Verbandes gepflegt werden und dass sich eine kleine Gemeinschaft, in der bestimmte sittliche Gesetze gelten, stetig vergrößern kann und schließlich die gesamte Menschheit umfassen könnte und sogar auf Tiere angewendet werden kann. Er war außerdem der Ansicht, dass das wesentliche Kriterium der Sittlichkeit darin besteht, anderen Gutes zu tun. Er vermutet, dass im Laufe der Menschheitsgeschichte mit Zunahme des Verstandes und der Erfahrung schließlich das moralische Gefühl entstand. Er vermutet sogar, dass ein Stamm mit vielen Mitgliedern, die sich sittlichen Prinzipien unterwerfen (einschließlich der Bereitschaft anderen zu helfen und sich für das allgemeine Wohl zu opfern), einen positiven Selektionsfaktor in der natürlichen Auslese besitzt.

Die zahlreichen Beiträge, die Evolutionsbiologen in den letzten Jahrzehnten zum Thema Moral gemacht haben, haben den Blick für die Vielseitigkeit dieses Begriffes geschärft. Zufolge Konrad Lorenz (1954) gibt es bei Tieren viele instinktive Antriebe und Hemmungen, die analoge Funktionen zur „rational-verantwortlichen Moral" des Menschen haben und die Lorenz daher Moral-analoges Verhalten nennt. Daraus wird gefolgert, dass eine am Überleben und an der Erhaltung der evolutiven Potenz orientierte Ethik wünschenswert sei, was auch normativer Biologismus genannt wird. Die biologische Art sei ein Superorganismus, der ständig optimiert werden muss, und zwar im Sinne von „Gemeinnutz geht vor Eigennutz". „Natürliche Moral" sei eine „uneigennützige", „gemeinschaftsdienliche" Moral: Es gebe eine natürliche art- und gemeinschaftsdienliche Selbstlosigkeit (Altruismus), die Natur soll dem Menschen als Richtschnur dienen.

Soziobiologische Ansätze gehen oft von der Beobachtung altruistischen Verhaltens im Tierreich aus und wiederholen eine Frage Darwins, wie auf der Basis strikter Fortpflanzungskonkurrenz, also natürlicher Selektion, überhaupt kooperatives, gemeinnütziges, vor allem aber „altruistisches" Verhalten entstehen kann. Die natürliche Selektion würde eigensüchtiges gegenüber altruistischem Verhalten favorisieren; es würde automatisch eine stetige und starke Kontraselektion gegen jene Tugenden herrschen, die einer Gemeinschaft nützlich sind. Heute wissen wir, dass diese Sicht zu kurz greift und dass Altruismus ein wichtiger Selektionsfaktor ist.

Manche soziobiologisch orientierten Wissenschaftler gehen davon aus, dass für die Evolution nicht das Schicksal des Individuums, sondern das Überdauern der Gene durch die Generationsfolge zählt. Verhaltensprogramme, die Individuen, den „Vehikeln" der Gene (Richard Dawkins), zu mehr erfolgreich aufgezogenen Nachkommen verhelfen, werden sich stärker ausbreiten als Konkurrenzprogramme. Da ein mehr oder minder ähnliches Erbprogramm auch in anderen Individuen wie Eltern, Kindern, Geschwistern, Enkeln, Onkeln, Basen, Vettern usw. steckt, sollte die natürliche Selektion im Interesse der Gene nicht nur Verhaltensprogramme fördern, die dem Einzelindividuum zu mehr gesunden Nachkommen verhelfen, sondern auch solche Verhaltensprogramme mit verstärkter Ausbreitung belohnen, die den nächsten Verwandten zu höherem Reproduktionserfolg verhelfen. In Hinsicht auf Moral bedeutet dies, dass Verwandtenunterstützung (Nepotismus) eine zwangsläufige Konsequenz der Auffassung ist, dass die eigentlichen „Kontoinhaber" der Evolution nicht die Individuen – und schon gar nicht die Arten oder Populationen – sind, sondern „Erbprogramme", die ihr „Kapital" auf möglichst viele „Firmenfilialen" verteilen, die ihrerseits natürlich kooperieren sollten (Vogel 1989a). Den Prozess der abgestuften Verwandtenunterstützung hat man auch *kin selection* (**Verwandtenselektion**) genannt (Maynard-Smith 1964). In diesem Zusammenhang könnte Sprachen und Dialekten die Bedeutung zukommen, genetische Verwandtschaften zu erkennen.

Im Tierreich ist Verwandtenunterstützung weit verbreitet, und auf ihrer Basis kann auch altruistisches Verhalten entstehen. Es gibt Situationen (auch beim Menschen), in denen verschiedene verwandte Einzelindividuen insgesamt weniger Nachwuchs erfolgreich aufziehen können, als wenn einzelne Familienmitglieder ganz oder zeitweise auf eigene Kinder verzichten und aktiv bei der Aufzucht der Kinder ihrer Geschwister oder Eltern mithelfen. Regelmäßig ist das der Fall, z. B. bei manchen afrikanischen Brillenwürgern (Prionopidae) und manchen Carnivoren, z. B. der Zwergmanguste (*Helogale*).

Demnach wird durch die natürliche Selektion letztlich nicht die Maximierung der „persönlichen Fitness", sondern die „Gesamtfitness" (*inclusive fitness*) gefördert. Die Lösung für Darwins oben genannte Frage heißt demnach also *kin selection*. „Adaptiv" ist, was der „Gesamtfitness" dient.

Genetischer Eigennutz geht also vor jedem art-, populations- oder gesellschaftsumspannenden Gemeinnutz. Das Gebot einer auf dieser Selektionsbasis entstandenen natürlichen Moral müsste lauten: „Hilf deinen Verwandten nach Maßgabe ihrer genetischen Verwandtschaftsnähe zu dir, aber im Zweifelsfalle allen weniger als dir selbst und deiner eigenen Nachkommenschaft" (Vogel 1989a, b).

Der Soziobiologe Robert Trivers (1971) stellte dem altruistischen Verhalten im Rahmen der Verwandtenselektion den **reziproken Altruismus** an die Seite. Das Prinzip dieses Altruismus liegt darin, dass die „Kosten" des altruistischen Akteurs nicht das Ausmaß seines „Gewinns" übersteigen. Der augenblickliche Nutznießer revanchiert sich oft sogar später. Die Effizienz solcher Reziprok-Beziehungen ist am größten bei langer Lebensdauer der Partner und bei längerem sozialen Zusammenleben bzw. langer Vertrautheit, also Bedingungen, die gerade für Primaten und Menschen kennzeichnend sind. D.R. Hofstadter hat hierfür das Motto geprägt: „Der wahre Egoist kooperiert". Individualinteressen setzen sich uneingeschränkt gegen Artinteressen durch. Neue „Haremschefs" bei Hanuman-Languren töten Kinder des abgelösten Chefs.

Es gibt also in der Natur kein altruistisches Verhalten für ein übergeordnetes Gemeinschaftsinteresse, kein Moral-analoges Gebot zugunsten von Gemeinnutz. Stattdessen existieren genetisch bedingter eigensüchtiger Nepotismus und auf den eigenen Vorteil bedachter reziproker Altruismus, der z. T. langfristig angelegt ist. Liegt darin auch der Kern der menschlichen Moral und Ethik? Dann hätte Edward Gibbon recht mit seiner Mahnung: Man traue keinem erhabenen Motiv für eine Handlung, wenn sich auch ein niedriges finden lässt.

Immerhin lässt die soziobiologische Argumentation erkennen, warum und wie auf der Basis natürlicher Selektion konform mit Darwins Evolutionstheorie altruistisches Verhalten entstehen konnte.

Der natürliche Evolutionsprozess zeichnet sich durch absolute moralische Indifferenz aus und steht außerhalb jeder moralischen Dimension (so schon Thomas Henry Huxley im Jahre 1888).

Es ist jedoch plausibel anzunehmen, dass die phänotypisch altruistischen Verhaltensweisen als prämoralische Komponenten in das moralische Verhalten des Menschen eingegangen sind. Der natürliche Adressatenkreis von kooperativem, gegenseitigem und altruistischem Verhalten ist ja typischerweise begrenzt, wobei es Verwandtenbevorzugung und verlässliche Reziprokbeziehungen sind, die üblicherweise die Auswahl begrenzen. Ständig wird nach *In-group*- und *Out-group*-Kriterien differenziert. Das, was man seit jeher gern als doppelte Moral bezeichnet, entspricht offensichtlich unseren natürlichen Verhaltenstendenzen. Es ist immer wieder ernüchternd, feststellen zu müssen, wie sich Menschen innerhalb ihrer Familie oder ihrer Gruppe im Allgemeinen anständig, feinsinnig und hilfsbereit verhalten, außerhalb dagegen von empörender Inhumanität sein können. Hilfsbereitschaft und Solidarität werden sehr oft sorgfältig abgestuft. In diesem Zusammenhang ist die Rolle des Gewissens fragwürdig.

Eine verantwortliche Moral (= Sittlichkeit) gibt es offenbar nur beim Menschen. Mit ihr verbunden ist die Freiheit von Willensentscheidungen, von der in letzter Zeit von einigen Neurobiologen (Roth 2003, 2004; Singer 2003, 2004) behauptet wurde, sie sei eine Illusion. Die Begründung für diese Auffassung konnte jedoch sowohl von philosophischer (Habermas 2005; Höffe 2009) und auch von neurowissenschaftlicher Seite (Zille 2004) als nicht stichhaltig eingestuft werden. Für tägliches Leben, Rechtssystem, Pädagogik u. v. a. ist die grundsätzliche Annahme einer Willensfreiheit unabdingbar. Der Streit zwischen Freiheit und Determinismus ist im Übrigen alt. Andererseits ist es plausibel anzunehmen, dass Moral Wurzeln in der biologischen Evolution hat, wo aber ihr eigentlicher Ursprung liegt, wissen wir nicht in allgemeinverbindlicher Form. Nach Vogel (2000) bergen immer komplexere intellektuelle Fähigkeiten die Gefahr der Entstehung immer unberechenbarer werdender Freiheit und Willkür. Daher schützt sich die Gesellschaft durch Gebote und Verbote (Moral). Mit verantwortlicher Moral sind bewusstes Handeln, Achtung vor dem anderen, Anerkennung allgemeiner Gerechtigkeit, freie Entscheidung und die Fähigkeit, die Folgen des Handelns abzusehen, gekoppelt. Weiterhin gehören dazu Wahrnehmung einer personalen Identität über eine bestimmte Situation hinaus, das Vermögen, sich in eine andere Person hineinzuversetzen als Vorbedingung für Einfühlungsvermögen, und Mitleid, welche die zentralen Kriterien in vielen allgemeinmenschlichen Definitionen für Altruismus sind. Eine verantwortliche Moral setzt dann auch allgemein verbindliche Verhaltensregeln und Wertsysteme, die bei Nichterfüllung zu Schuldgefühlen führen (Gewissen). Interessant ist, dass einzelne Verhaltensforscher der Auffassung sind, dass es bei manchen Primaten, insbesondere bei Orang-Utan und Schimpanse Verhaltensweisen gibt, die Ausdruck von Einfühlungsvermögen, Hilfsbereitschaft und sogar eines Schuldgefühls sind.

Ein besonders schwieriges Problem der Moral (und Ethik) liegt darin, dass verschiedene kulturelle Gruppen verschiedene ethische Normen haben können und dass sich in überschaubaren historischen Zeiträumen solche kulturell-ethischen Normen ändern können, z. B. in Hinsicht auf Eigentumsrechte, Ehrlichkeit, Rechte der Frau und sexuelle Freizügigkeit. Verschiedene soziale Schichten können durchaus unterschiedliche ethische Normen haben. Komplexe Gesellschaften können durch unterschiedliche ethische Normen konfliktgeladen sein, man denke an die Vorstellung zur Rolle der Frau bei einem religiösen Fundamentalisten und einem modernen großstädtischen Westeuropäer. Dennoch sieht z. B. Höffe (2010), von Ethik und Gerechtigkeit ausgehend, einen Kanon interkultureller Gemeinsamkeiten, der für die gesamte Menschheit gilt.

EXKURS 5.12

Die biologische Evolution von Religiosität
Eckart Voland (Gießen)

Bekanntlich hat Charles Darwin den Menschen ausdrücklich in seine grandiose Theorie zur Geschichte allen Lebens mit eingeschlossen und dabei kein menschliches Merkmal ausgespart. Das muss konsequenterweise auch für jene menschlichen Besonderheiten gelten, für die es auf den ersten Blick schwer fällt, eine Verbindung zu Primatenabstammung und Selektionstheorie zu erkennen, für Merkmale also, die – wie insbesondere Kunst und Religion – fest in der menschlichen Symbolkultur verankert sind und biologische Funktionalität im Sinne von verbesserter Selbsterhaltung und Reproduktion nicht nur nicht so ohne weiteres erkennen lassen, sondern dieser nicht selten geradezu im Wege zu stehen scheinen. Motiviert durch die Überzeugung, dass es auf Erden mit rechten Dingen zugeht und immer schon zugegangen ist, werden Evolutionsbiologen vermeintliche Erklärungslücken in der Darwin'schen Theorie nicht akzeptieren, sondern stattdessen versuchen, auch diese, zugegebenermaßen weder theoretisch noch empirisch einfach zu handhabenden Aspekte menschlicher Lebensvollzüge evolutionstheoretisch zu fassen. Aber ganz abgesehen von dieser ganz grundsätzlichen Erwägung fühlen sich evolutionäre Anthropologen in dieser Sache auch durch die Beobachtung legitimiert, dass es unter den mehreren Tausend jemals beschriebenen menschlichen Kulturen keine einzige zu geben scheint, die jemals ohne Religion ausgekommen wäre. Ganz offensichtlich haben wir es mit einer transkulturellen Universalie zu tun, die deshalb entstanden ist, weil interessierte und entsprechend eingerichtete Gehirne „immer schon" Religion nachgefragt haben und eine menschliche Symbolkultur diese Nachfrage befriedigt hat. Transkulturelle Universalien stehen allerdings aus guten Gründen im Verdacht, etwas mit der menschlichen Natur und deshalb logischerweise auch etwas mit biologischer Evolution zu tun zu haben. Aber wie könnte dieser Zusammenhang im Einzelnen aussehen?

Zunächst sollte Klarheit bezüglich der Frage hergestellt werden, was eigentlich genau ein evolutionärer Erklärungsanspruch im Blick haben kann. Um dieses Problem klar zu fassen, hilft der Vergleich mit dem menschlichen Sprachvermögen. Unstrittig ist, dass Menschen während ihrer Stammesgeschichte eine Sprachfähigkeit entwickelt haben, die sich in der Ontogenese zur Sprachkompetenz jedes Einzelnen manifestiert. In welcher kulturellen Ni-

EXKURS 5.12 (*Fortsetzung*)

sche sich dieser Prozess vollzieht, das heißt welche der über 5000 menschlichen Sprechsprachen tatsächlich gelernt wird, hängt vom Zufall der Geburt ab. Analog geschlossen auf Religion hieße dies, dass sich Religionsausübung aus drei Quellen speist: zunächst aus der Naturgeschichte, die der hier vorgestellten Hypothese zufolge die Religionsfähigkeit des Menschen, also seine mentale Fähigkeit, überhaupt fromm werden zu können, hervorgebracht hat. Dann aus der Ontogenese, in deren Verlauf komplizierte Entwicklungskaskaden darüber entscheiden, in welchem Maße man den lokalen Glauben verinnerlicht und schließlich aus der Kulturgeschichte, die der Frömmigkeit in einer von mehreren Tausend Religionen eine konkrete Struktur verleiht.

Evolutionäre Anthropologen werden sich besonders dem ersten Aspekt dieser Trias annehmen und der Frage nachgehen, wie man sich die evolutionäre Entstehung der Religionsfähigkeit, für die auch der Begriff der **„Religiosität"** eingesetzt wird, vorstellen könnte. Ihr methodischer Zugang folgt dabei der in der Evolutionsbiologie vielfach bewährten analytischen Vorgehensweise: Um die Evolution eines biologischen Merkmals zu verstehen, muss ein Anpassungsproblem identifiziert werden, auf das das in Frage stehende Merkmal eine adaptive Antwort liefert. Worin bestand also – so lautet nun die Frage – das adaptive Problem, dem unsere stammesgeschichtlichen Vorfahren mit Konsequenzen für ihre reproduktive Fitness wiederholt ausgesetzt waren, und auf das die natürliche Selektion mit der Herausbildung von Religiosität geantwortet hat?

Auf den ersten Blick scheint eine Verbindung zwischen Religiosität und Fitnessmaximierung eher unwahrscheinlich bis absurd, denn wer es ernst meint mit dem Glauben, geht je nach Rigidität der religiösen Vorschriften mehr oder weniger hohe Kosten ein. Er investiert unter Umständen viel Zeit in religiöse Praktiken, die ihm zur produktiven Meisterung des Alltags fehlt. Wer betet, kann nicht arbeiten und geht deshalb so genannte Opportunitätskosten ein. Außerdem muss er mit Vitalitätseinbußen rechnen, denn geforderte Initiationsriten, Selbstgeißelungen, Prozessionen, Sexual- und Nahrungstabus und ähnliche Veranstaltungen gehen gelegentlich an die physischen und psychischen Grenzen und sind deshalb sicherlich nicht gesundheitsfördernd, und schließlich fordert die Binnenmoral religiöser Gemeinschaften ein Teilen der mühsam erwirtschafteten materiellen Güter. All dies scheint dem „Gen-egoistischen" biologischen Imperativ nach bestmöglicher Selbsterhaltung und Reproduktion massiv im Wege zu stehen.

Interessanterweise stellt sich die Situation theoretisch weniger sperrig dar, wenn man die Suche nach der „einen großen Antwort" aufgibt und stattdessen die Komponenten religiösen Verhaltens im Einzelnen untersucht. In ◘ **Tab. 5.4** werden die vermutlich wichtigsten Komponenten zusammengefasst und mit biologischer Funktion in Beziehung gesetzt.

Die entwicklungs- und kognitionspsychologische Forschung der letzten Jahre hat vielfältige kognitive Strategien beschrieben, mit denen Kinder von Beginn an spontan die Welt zu verstehen suchen, ohne dass diese erst mühsam gelernt werden müssten. Zu den wichtigsten dieser Strategien gehören beispielsweise ein dualistisches Denken, was kategorisch zwischen physischen und mentalen Prozessen unterscheidet und ferner ein finalistisches (teleologisches) Denken, das überall Funktionen und Zwecke erkennt. Außerdem gehört ein so genannter *agency detection device* dazu. Damit ist eine spezielle Gehirnfunktion gemeint, mit deren Hilfe man schnell in der Lage ist, bei entsprechenden Sinnesreizen auf Anwesenheit von Akteuren in der Umgebung zu schließen. Auch haben Menschen das Bedürfnis, für alle ihre Beobachtungen und Erfahrungen Kausalerklärungen zu finden, auch für ein bloß zufälliges Zusammentreffen von Ereignissen (*need for closure*). Das menschliche Gehirn kann deshalb gar nicht anders, als ständig Geschichten zu generieren, weshalb man in diesem Zusammenhang auch von einem kognitiven Imperativ sprechen kann: Rationalisieren, Konfabulieren und Generalisieren sind dessen wesentliche Leistungen.

Man braucht nicht viel Fantasie, um nachverfolgen zu können, wie diese kognitiven Strategien, die als biologische Grundeinstellungen des menschlichen Verstandes die Welt interpretieren, ganz spontan mentale Grundpfeiler religiöser Metaphysik

▶

EXKURS 5.12 (*Fortsetzung*)

Tab. 5.4 Komponenten religiöser Praxis und ihre evolutionäre Verankerung

	religiöse Praxis	beteiligte Mechanismen	Befunde	biologische Funktion
Kognition	Bevorratung metaphysischer Grundüberzeugungen	kognitive Grundeinstellungen	Der kognitive Apparat des Menschen produziert spontan religiöse Grundüberzeugungen.	keine (religiöse Metaphysik ist ein evolutionäres Nebenprodukt)
Spiritualität	Mystik	?	Mentale Zustände der besonderen Art wirken therapeutisch.	Kontingenzbewältigung
soziale Bindung	Gemeinschaftsrituale	Bindungssystem	Religiöse Rituale überwinden spontane Egozentrik zu Gunsten kollektivistischer Einstellungen und sorgen für eine emotionale und motivationale Synchronisation vor allem bei „schwierigen" Gemeinschaftsunternehmungen wie Krieg oder Solidarität.	Steigerung der Konkurrenzfähigkeit nach außen
personale Identität	Mythen	Selbstbewusstsein	Mythen generieren als Teil des „Wir" personale Identität und moralische und epistemische Gewissheit über den Besitz von letzter Wahrheit.	In-group-out-group-Unterscheidung
„ehrliche Signale"	Zeremonien, Tabus	Handicap-Prinzip	„Ehrliche Signale" (Handicaps) sind fälschungssicher und schaffen kommunikative Verlässlichkeit.	Kooperationsgewinne durch Lösung des „Schwarzfahrer-Problems" erster Ordnung
Moral	Gewissenhaftigkeit	Gewissen	Gottesfurcht steigert Normentreue auch in Situationen ohne weltliche richterliche Instanz.	Kooperationsgewinne durch Lösung des „Schwarzfahrer-Problems" zweiter Ordnung

hervorbringen: einen körperlosen Geist, umfassende Intention und finale Planmäßigkeit. In gewisser Weise sind Kinder deshalb intuitive Theisten und zum Glauben geboren, und deshalb besteht die intellektuelle Herausforderung nicht darin, ein Glaubenssystem zu übernehmen – dies geschieht im Regelfall spontan und anstrengungslos – sondern darin, sich dem als Rationalist zu widersetzen.

Evolutionsbiologisch interessant ist an diesem Befund, dass die kognitive Klaviatur des Menschen wegen ihrer Fähigkeit evolviert ist, ganz pragmatisch alltägliche adaptive Lebensprobleme lösen zu helfen, also weil sie im Mittel biologische Nützlichkeit produziert. Wer kausale Erklärungslücken zulässt, wird sich in der Welt verirren, und wer beispielsweise bei Geräuschen im Wald oder in der Savanne erst eine distanzierte, kritisch abwägende, Fehler vermeidende Ursachenanalyse anstellt, anstatt spontan auf Raubtier oder Feind zu attribuieren, könnte einen folgenschweren Fehler begehen. Der schnelle, unreflektierte Schluss auf Anwesenheit von Akteuren hilft zu überleben, auch wenn er in der Mehrzahl der Fälle in die Irre führt. Seine Kosten und Nutzen sind dem Rauchmelderprinzip vergleichbar asymmetrisch verteilt: Falsch negative Informationsverarbeitung (also eine Gefahr nicht zu erkennen) kann tödlich sein, während hingegen falsch positive (also ein Fehlalarm) nur nervig ist. Und nicht einmal

EXKURS 5.12 (Fortsetzung)

das, wenn häufiger Fehlalarm mit animistischen Überzeugungen – also mit Religion – kultiviert wird.

Animismus ist folglich konstruktive Leistung eines Organs, das – wie alle anderen Organe auch – wegen seiner adaptiven Nützlichkeit evolviert ist. Animismus und in Folge die sich weiter entwickelnden Religionen kooptieren auch biologisch evolvierte und deshalb weltlich nützlich Sozialtheorien. Ahnen, Geister und Götter haben Absichten und Bedürfnisse, sie können lieben und strafen, und deshalb trägt das Überirdische auch menschliche Züge. Wäre es anders, könnten sich Menschen überhaupt kein Bild vom Jenseitigen machen. Götter sind also Menschen-gemacht, und Religionen gründen in ihrer Metaphysik deshalb auf Projektion. Zusammenfassend lässt sich festhalten, dass die kognitiven Strategien des Menschen zwar evolutionär nützlich sind, aber auch Ergebnisse liefern, deretwegen sie nach allem, was man heute weiß, nicht evolviert sein können. Evolutionstheoretisch stellt religiöse Metaphysik deshalb ein „Nebenprodukt" dar.

Den anderen Komponenten von Religiosität – die Tabelle nennt Spiritualität, soziale Bindung, personale Identität, „ehrliche Signale" und Moral – lassen sich hingegen klar darstellbare Funktionen zuordnen, die in einer ersten Systematik zu den beiden Bereichen „Kooperationsgewinne" und „Kontingenzbewältigung", also dem erfolgreichen Fertigwerden mit den Fährnissen und der Ungewissheit des Lebens, gehören. Beispielsweise hat Spiritualität therapeutische Effekte, weshalb Schamanismus, der Nutzen daraus zieht, sowohl am Anfang der Medizin- als auch der Religionsgeschichte steht. Aber auch in der Moderne zeigen einschlägige Statistiken immer wieder, wie im Glauben gefestigte Menschen besser als eher religionsferne mit Lebenskrisen fertig werden. Kooperationsgewinne schließlich entstehen durch eine gruppenförderliche soziale Kohäsion, was sich in einer Stärkung der Konkurrenzfähigkeit nach außen und auch in vermehrter Solidarität nach innen als Vorteil erweist.

Angesichts dieser Befundsituation scheint die Hypothese wohl begründet, dass Religiosität, weil sie adaptive Funktionen erfüllt, dem biologischen Imperativ einer bestmöglichen reproduktiven Lebensbewältigung zuarbeitet und als Ergebnis einer evolutionären Anpassungsgeschichte interpretiert werden kann. Lediglich die Konstruktion religiöser Metaphysik stellt sich indes als evolutionäres Nebenprodukt dar, ist aber gleichwohl deshalb auch evolutionär interpretierbar. Aus alledem folgt, dass die Grundannahme einer essentialistischen Sonderrolle von Religion in einer ansonsten Darwin'schen Welt nicht gerechtfertigt ist. Es bleibt dabei: Nichts fiel vom Himmel, auch nicht die Religiosität.

Der **Behaviorismus** ist der Ansicht, dass der Mensch als tabula rasa zur Welt kommt und unser ganzes – auch das moralische – Verhalten erlernt wird. Die Soziobiologie glaubt eher an eine weitgehende genetische „Programmierung". Die normale Erfahrung geht eher dahin, dass Vieles im Verhalten durch Unterweisung vermittelt wird. Es gibt aber eine angeborene Fähigkeit, Normen und Unterweisung aufzunehmen, wobei das Ausmaß dieser Fähigkeit verschieden ist: es gibt offensichtlich von vornherein „rücksichtslose" oder „liebe" Kinder – eine Erfahrung, die schon sehr einleuchtend im „Struwwelpeter" des Frankfurter Kinderarztes Dr. Heinrich Hoffmann illustriert wurde.

Das Verhaltensprogramm des Menschen ist relativ offen. Daher können in dieses Programm leicht ethische Normen eingebaut werden, insbesondere in der Kindheit, in der ein Mensch leicht „Indoktrinationen" akzeptiert. Dieser Tatbestand wurde und wird politisch immer wieder ausgenutzt. Heute ist eine verantwortlich-moralische Erziehung wichtiger denn je. Ein Kind nicht selbst zu erziehen ist besonders gefährlich. Ein Heranwachsen ohne verantwortliche Normen birgt Gefahren auf vielen Feldern: Familie, Drogen, Gewalt, Verlust der Fähigkeit zu lesen und zu schreiben, unbegrenzte Fortpflanzung, Naturzerstörung usw.

In der heutigen Situation ist die Fähigkeit zu verantwortlichem Abwägen besonders wichtig geworden. Starre Normen helfen nicht mehr. Unsere alt- und neutestamentarischen Ethiknormen beruhen auf ca. 3000 Jahre alten Erfahrungen von Hirtenvölkern. In Massengesellschaften und Riesenstädten müssen sie überdacht werden. Wesentliches

Anliegen muss v. a. die Bekämpfung der Überbevölkerung und eine ernstzunehmende Umweltethik sein. Allerdings waren und sind die geistig anspruchsvollen philosophischen Überlegungen zu Moral und Ethik in der Antike (v. a. bei Aristoteles), in der Aufklärung (v. a. bei Kant) und in unserer Zeit (z. B. bei Jaspers und Höffe) in ihrer Wirkung auf kleine Kreise beschränkt und haben auf große gesellschaftliche Bewegungen kaum jemals Einfluss gehabt.

Eine verantwortliche Moral sollte universal menschlich sein, was nicht heißt, dass sich jedermann jederzeit uneingeschränkt nach ihr richtet. In Bruchstücken mögen Einzelelemente bei Schimpansen andeutungsweise vorhanden sein, z. B. ein gewisses Maß an Entscheidungsfreiheit oder die Fähigkeit, die Folgen eigenen Tuns oder des Tuns von Partnern abzusehen, vielleicht liegt bei ihnen auch personale Identität vor. Generell ist Tieren aber kein moralisches Verhalten zuzuschreiben, sie handeln außermoralisch. Unser verantwortlich-moralisches Bewusstsein lässt uns auch unser natürliches Verhalten mit prämoralischen Tendenzen (s. oben) erkennen und bewerten. Ethik braucht keine evolutionsbiologische Legitimation. Begriffe der Biologie wie „fit" und „adaptiv" dürfen nicht in moralische Wertvorteile wie „gut" oder „richtig" umgedeutet werden.

Abschließend sei ein berühmter Satz von Immanuel Kant aus „Kritik der Praktischen Vernunft" zitiert, der auf die Einheit aller Phänomene der Natur – einschließlich des menschlichen Geistes – hindeutet: „Zwei Dinge erfüllen das Gemüt mit immer neuer und zunehmender Bewunderung und Ehrfurcht, je öfter und anhaltender sich das Nachdenken damit beschäftigt: der bestirnte Himmel über mir und das moralische Gesetz in mir". Der „bestirnte Himmel" steht für die Naturgesetze, die im vorliegenden Buch vor allem die Gesetze des Lebens sind und das „moralische Gesetz", das nicht im grundsätzlichen Widerspruch zu den Naturgesetzen steht, ist essenzieller Antrieb des autonom handelnden Menschen und verleiht ihm einen einzigartigen Wert im Kosmos.

5.10.4 Evolutionäre Medizin

Auch Gesundheit und Krankheit können „im Lichte der Evolution" gesehen werden. Selektive evolutionäre Prozesse haben unser Genom sowie unsere Anatomie, Physiologie und Biochemie hervorgebracht. Damit verbunden sind jedoch auch unsere Anfälligkeit für Krankheiten und die Effektivität von Behandlungsmethoden. Zudem spiegelt sich unsere evolutionäre Geschichte in unserer Individualentwicklung. Phänomene wie Halsfisteln und Weisheitszähne lassen sich plausibel vor dem Hintergrund der Evolution erklären. Schließlich sind wir das Produkt des Zusammenspiels von Genen und Umwelt. Dabei entsteht ein Mosaik von alten und neuen Merkmalen. Manche Merkmale haben sich langsam, manche schneller entwickelt. Ein Merkmal, das sich schnell entwickelt hat, und zwar seit Beginn der Entstehung von Milchviehzucht und Milchverzehr, ist die Laktosetoleranz bei Jugendlichen und Erwachsenen. Die Laktoseintoleranz ist das viel ältere Merkmal. Laktose (Milchzucker) ist ein Disaccharid und wird durch das Enzym Laktase in die Monosaccharide Glucose und Galaktose gespalten. Nach der Säuglingszeit lässt die Laktaseaktivität nach und kann vollständig zum Erliegen kommen. Nimmt ein Mensch dann noch Milch zu sich – in unserer kulturellen Evolution die Milch von Rindern, Ziegen, Schafen usw., kann die Laktose vom Menschen nicht mehr abgebaut werden, vielmehr erreicht sie den Dickdarm, wo Bakterien die Spaltung in kurzkettige Fettsäuren, Kohlendioxid und Wasserstoff vornehmen. Blähungen, Bauchschmerzen und Durchfälle sind die Folge. In der kulturellen Evolution des Menschen bestand ein starker Selektionsdruck auf die Laktosetoleranz im Nachsäuglingsalter. Mutierte Allele verbreiteten sich rasch und sind heute in unterschiedlichen Regionen der Erde unterschiedlich verteilt. In manchen Regionen Afrikas und Asiens haben annähernd 100 % der Jugendlichen und der Erwachsenen Probleme mit der Milchverdauung, die wenigsten Probleme gibt es bei NW-Europäern.

Eine ganze Reihe von häufigen Krankheiten in der „westlichen" Welt bzw. bei „westlichem" Lebensstil beruht auf dem abrupten Bruch zwischen der seit einigen Millionen Jahren eingespielten und der modernen Lebensweise. Es existiert ein krasses Missverhältnis zwischen der zumeist langsamen Geschwindigkeit evolutiven Wandels und der rasanten Geschwindigkeit im Wandel der heutigen Lebensweise, v. a. hinsichtlich der Ernährungsweise und dem Ausmaß körperlicher Bewegung. Viele Krankheiten und Leiden können sinnvoll behandelt werden, wenn dieser Aspekt von der Medizin berücksichtigt wird („evolutionäre Medizin") und wenn moderne Fehlentwicklungen korrigiert werden sollen. Es ist sinnvoller, den Lebensstil den biologischen Organfunktionen und Stoffwechselleistungen anzupassen, als lebenslang zu leiden.

Ein Beispiel bietet die **Übergewichtigkeit (Adipositas)**. In einer Welt, in der das Nahrungsangebot wechselhaft ist, ist es sinnvoll und überlebenswichtig, dass der Organismus die Fähigkeit besitzt, Energiereserven zu speichern. Fettzellen sind in der Lage solche überschüssige Energie in Form von Triglyzeriden zu speichern und bei Bedarf die gespeicherte Energie in Form freier Fettsäuren wieder zu Verfügung zu stellen. Dies physiologische System, das durch endokrine Faktoren und das vegetative Nervensystem geführt wird, erlaubt es dem Menschen mehrere Monate andauernde Hungerperioden zu überleben. Es hat sich über Jahrmillionen perfekt eingespielt und ist an eine mobile Lebensweise mit viel körperlicher Tätigkeit und intermittierend zu Verfügung stehender Nahrung angepasst. Diese Situation hat sich in vielen (vor allem westlichen) Ländern geändert: Nahrung steht im Überfluss zu Verfügung, der Lebensstil ist weitgehend sedentär, Kenntnisse über gesunde Ernährung sind nicht mehr allgemein verbreitet; die Folge ist Adipositas, die ihrerseits im Gefolge hat: Insulinresistenz, Diabetes mellitus, Bluthochdruck, Hyperlipidämie, Hyperandrogenität bei Frauen, übermäßige Fettablagerung v. a. intraabdominell und im oberen Körperbereich sowie vorzeitiger Gelenkverschleiß. Massenhafte Freisetzung der Fettsäuren in den Portalkreislauf hat nachteilige Folgen für die Leber.

Die **Vitamin-D-Mangelerscheinungen (Rachitis)** sind offensichtlich seit einigen Jahren dort wieder auf dem Vormarsch, wo Kinder nicht mehr draußen spielen und nicht mehr ausreichend dem Sonnenlicht ausgesetzt sind. Stetiges Kommunizieren per elektronischen Geräten, Fernsehen, Computerspielen und andere anhaltende Beschäftigungen in Gebäuden oder sogar in unterirdischen Bereichen (modernen U-Bahnhaltestellen u. ä.) führen dazu, dass die Haut nicht mehr genügend Vitamin D bilden kann, dessen Synthese Sonnenlicht voraussetzt. Es gibt Untersuchungen, die zeigen, dass bei Kindern, die weitgehend nur noch vor Bildschirmen sitzen, der **Augenbulbus nicht physiologisch wächst**, so dass sie bald eine Brille brauchen. Für das physiologische Wachsen des Bulbus ist normaler Aufenthalt in vielfältiger Landschaft mit ständigem Wechsel von Nah- und Fernsicht erforderlich.

Das **Renin-Angiotensin-System (RAS)** hat primär die Funktion, den Blutdruck auf alle Fälle aufrecht zu erhalten, das Blutvolumen konstant zu halten und Wasserverlust zu vermeiden. Wasser und Salze werden durch das RAS im Körper zurückgehalten und es verengt bei Volumenmangel insbesondere die Arterien vom muskulären Typ sowie die Arteriolen. Dieser Mechanismus ist in der trockenen und salzarmen Savanne sinnvoll, da hier u. a. durch Hitze und Schweiß Wasser- und Salzverlust drohen. Bei der heutzutage salzreichen Ernährung ist das RAS in unphysiologischem Maß aktiviert, wodurch z. B. der Blutdruck bei ca. 50 % der Bevölkerung zu hoch ist.

Eine andere Gruppe von Krankheiten zeigt noch nicht vollständig abgeschlossene evolutive Prozesse an; beim Menschen sind dies insbesondere Leiden und Krankheiten des Bewegungsapparates, die mit der Entstehung des aufrechten Ganges in Verbindung gebracht werden können.

Wirbelsäule. Die spezielle Geschichte unserer Wirbelsäule ist erst ca. 5–6 Mio. Jahre alt. In dieser Zeit kam es beim Menschen zu spezifischen Skelettveränderungen, die mit der Entstehung des obligaten bipeden Ganges korreliert sind. Diese einschneidende Veränderung der Körperhaltung und der Bewegung betrifft alle Bereiche des Bewegungsapparates und hat noch keine vollständige Stabilisierung erreicht: Noch relativ häufig finden wir **Fehlentwicklungen des Hüftgelenkes** und **Fehlstellung des Kniegelenkes**. Die Wirbelsäule hat eine doppelt S-förmige Gestalt angenommen, die sich auch in der Individualentwicklung langsam ausbildet. Eine mechanisch besonders heikle Stelle ist der Übergang von Lenden- zu Sakralwirbelsäule; hier ist beim Menschen ein deutlicher „Knick", das Promontorium, ausgebildet. Durch die Belastung durch zu hohes Körpergewicht und bei mangelndem Training der Rückenmuskulatur kann es hier besonders leicht zu einem **Bandscheibenvorfall** kommen.

Fuß. Ein ganz besonderes morphologisches Merkmal des Menschen ist sein Fuß, der das ganze Gewicht des Körpers trägt. Sein v. a. auf der Innenseite ausgebildetes Längsgewölbe, sein Quergewölbe und seine spezielle Verspannung durch komplizierte Bänder und Muskeln sind Anpassungen an die besonderen Anforderungen des Fußes. Dass hier noch keine evolutionäre Stabilität erreicht ist, zeigen recht häufige Fehlbildungen wie Plattfuß, Hohlfuß, Spreizfuß, Knickfuß, Plattknickfuß, Klumpfuß, Spitzfuß u. a., die z. T. wohl mit genetisch bedingter Schwäche des Bindegewebes einhergehen.

Ein weites Feld an Fragen bieten viele **psychische Krankheiten** des Menschen. Sie sind wahrscheinlich generell evolutiv nachteilig, u. U. sind sie z. T. primär Warnsignale. Der hohe Leistungsdruck bei zunehmender Arbeitsverdichtung ist oft korreliert mit Depression, Angstsymptomen und übermäßiger Erschöpfung. Unser Stress-bewältigendes System (u. a. vegetatives Nervensystem und Nebenniere) ist gut an die Bewältigung kurzzeitiger Stresssituationen angepasst, aber weniger gut an chronische Belastungen und Überforderungen.

Auch **Infektionskrankheiten** oder die Auseinandersetzung zwischen der Abwehr des erkrankten Organismus und den Krankheitserregern bietet ein außerordentlich interessantes und spannendes evolutionäres Schauspiel. Viele unserer Abwehrmechanismen, insbesondere die der angeborenen Abwehr, sind evolutionär uralt und finden sich z. B. auch bei Insekten und sogar Pflanzen. z. B. die Toll(oder ähnliche)-Rezeptoren oder mikrobielle Peptide, z. B. die Defensine. Letztere bilden mehrere Untertypen, die gegen Gram-positive und Gram-negative Bakterien und Pilze gerichtet sind. Gerade die Fragen „warum" kommt es zu dieser Infektionskrankheit oder „warum nimmt sie diesen Verlauf" sind vor dem Hintergrund der Evolution besser zu verstehen. Vereinzelt können sogar Krankheiten einen evolutionären Vorteil bieten, z. B. die Sichelzellanämie in stark mit Malaria verseuchten Regionen. Vermutet wird dies auch bei der Mukoviszidose, die u. U. einen Vorteil gegen Infektion mit Salmonellen (Typhus) bietet.

Hyperhygienische Umwelt kann die Entwicklung des Abwehrsystems beeinträchtigen, was die Entstehung von Allergien und sogar von Leukämie in der Kindheit fördern kann.

Bei allen Fragen nach den Ursachen von Krankheiten lohnt es sich, evolutionäre Aspekte in die Überlegungen einzubeziehen. Das gilt auch für viele Krankheiten, die überwiegend erst im Alter auftreten, darunter auch manche Formen des Krebs. Ein so hohes Alter, wie es moderne Menschen oft erreichen, wurde in unserer evolutionären Geschichte bisher nicht oder nur ausnahmsweise erreicht. Entsprechende Krankheiten traten daher kaum auf und es gab daher keine Mechanismen, die sich als Schutz vor ihnen entwickeln konnten.

Die evolutionäre Betrachtung dieser und anderer Krankheiten liefert zwar meist keine einfachen Antworten hinsichtlich der Therapie; es lohnt sich aber, die evolutionäre Geschichte unseres Organismus in therapeutischen Überlegungen mit einzubeziehen. Es ist auch die Frage, ob ein Arzt mit evolutionsbiologischen Kenntnissen konkret eine effektivere Therapie anbieten kann als ein Arzt ohne solche spezielle Zusatzkenntnisse; aber einen hohen Erklärungswert können evolutionsbiologische Aspekte in der Medizin durchaus haben und sie vertiefen die wissenschaftlich-akademische Seite der Medizin, was insbesondere für das weite Feld der **Prävention** wichtig ist.

Literatur

AAPA (1996) Statement on biological aspects of race. Am J of Physical Anthropology 101: 569–570

Amunts A (2010) Sprache. In: Zilles K, Tillmann B (Hrsg) Anatomie. Springer, Heidelberg

Argue D, Donlon D, Groves C, Wright R (2006) *Homo floresiensis*: Microcephalic, Pygmoid, *Australopithecus*, or *Homo*? J Human Evol 51: 360–374

Asfaw B, White T, Lovejoy O, Latimer B, Simpson S, Suwa G (1999) *Australopithecus gahri*: A new species of early hominid from Ethiopia. Science 284: 629–636

Bauer K, Schreiber A (1995) Tricky relatives: consecutive dichotomous speciation of gorilla, chimpanzee and hominids testified by immunological determinants. Naturwissenschaften 82: 517–520

Beja-Pereia A, Caramelli D, Lallueza-Fox C, Vernesi C, Ferrand N, Casoli A et al. (2006): The origin of European cattle: evidence from modern and ancient DNA. Proc Natl Acad Sci USA 103: 8113–8118.

Benazzi S et al. (2011) Early Dispersal of Modern Humans in Europe and Implications for Neanderthal Behaviour. Nature 479: 525–528

Berger LR et al. (2010) *Australopithecus sediba*: A New Species of Homo-Like Australopith from South Africa. Science 328: 195–204

Bermudez de Castro JM, Arsuaga JL, Carbonell E, Rosas A, Martinez I, Mosquera A (1997) A Hominid from the Lower Pleistocene of Atapuerca, Spain: Possible Ancestor to Neandertals and Modern Humans. Science 276: 1392–1395

Boesch Ch (2009) The real chimpanzee. Cambridge University Press, Cambridge

Boesch C, Head J, Robbins MM (2009) Complex tool sets for honey extraction among chimpanzees in Loango National Park, Gabon. J Human Evol 56:560–569

Boessneck J (1988) Die Tierwelt des Alten Ägypten. Beck, München

Bolus M, Schmitz RW (2006) Der Neandertaler. Thorbecke, Ostfildern

Boyd R, Silk JB (2000) How humans evolved. Norton, New York

Boyer P (2009) Und Mensch schuf Gott. Klett-Cotta, Stuttgart

Bräuer G, Collard M, Stringer CB (2004) On the reliability of recent tests of the out of Africa hypothesis for modern human origins. Anat Rec 279 A: 701–707

Bräuer G, Yokoyama Y, Falguères C, Mbua E (1997) Modern human origins backdated. Nature 386: 337–338

Buchheim T (2004) Wer kann, der kann auch anders. In: Geyer C (Hrsg) Hirnforschung und Willensfreiheit. Suhrkamp, Frankfurt am Main

Carretero JM, Lorenzo C, Arsuaga JL (1999) Axial and appendicular skeleton of *Homo antecessor*. J Human Evol 37: 459–499

Chatwin B (1992) Traumpfade. Fischer, Frankfurt

Cheney DL, Seyfarth RM (2010) Primate Communication and Human Language: Continuities and Discontinuities. In: Kappeler PM, Silk JB (Hrsg) Mind the Gap. Springer, Heidelberg

Cibelli JB, Campbell KH, Seidel GE, West MD, Lanza RP (2002): The health profile of cloned animals. Nature Biotechnology 20: 13–14

Clarke RJ (1999) First ever discovery of a well-preserved skull and associated skeleton of *Australopithecus*. Beitr Z Archäozool u Prähist Anthrop II: 21–27

Cole S (1965) Races of man. Trustees of the British Museum (Natural History), London

Conard NJ (Hrsg) (2004) Woher kommt der Mensch? Attemptor, Tübingen

Condemi S (1996) Does the human fossil specimen from Reilingen (Germany) belong to the *Homo erectus* or to the Neanderthal lineage? Anthropologie 34: 69–77

Conroy GC (1990) Primate Evolution. Norton, New York

Cornelius I, Niehr H (2004) Götter und Kulte in Ugarit. Zabern, Mainz

Cubas P, Vincent C, Coen E (1999) An epigenetic mutation responsible for natural variation in floral symmetry. Nature 401: 157–161

Darwin Ch (1859) On the origin of species by the means of natural selection, or preservation of favoured races in the struggle for life. Murray, London

Dawkins R (1976) The selfish gene. Oxford Univ Press, Oxford

De Waal F (2006) Primaten und Philosophen. Hanser, München

De Waal F (2011) Das Prinzip Empathie. Hanser, München

Diamond J (1998) Arm und Reich. Die Schicksale menschlicher Gesellschaften. Fischer, Frankfurt

Diamond J (1999) Der dritte Schimpanse. Fischer, Frankfurt

Diamond J (2003) Guns, Germs and Steel: The Fates of Human Societies. Norton, New York

Dittmar M, Henke W (1998) Gerontologie – Forschungsinhalte und -perspektiven aus anthropologischer Sicht. Anthrop Anz 56: 193–212

Duus P (1995) Neurologisch-topische Diagnostik. Thieme, Stuttgart

Ehlers J (1994) Allgemeine und historische Quartärgeologie. Enke, Stuttgart

Eibl-Eibesfeldt I (1984) Die Biologie des menschlichen Verhaltens. Grundriss der Humanethologie. Piper, München

Eibl-Eibelfeldt I (1991) Liebe und Hass. Piper, München

Elsner N, Lüer G (Hrsg) (2000) Das Gehirn und sein Geist. Wallstein, Göttingen

Falk D (2000) Primate diversity. Norton, New York

Fleagle JG (1999) Primate adaptation and evolution. Academic Press, San Diego/CA

Fouts R (1997) Unsere nächsten Verwandten. Limes, München

Fraser HB, Lam L, Neumann S, Kobor MS (2012) Population-specificity of human DNA methylation. Genome Biol 13: R8

Frey UJ, Störmer C, Willführ KP (Hrsg) (2010) Homo novus – a human without illusions. Springer, Heidelberg

Friederici AD (2010) Passt das Verb zum Nomen? Forschung & Lehre 6: 398–399

Friederici AD (2011) The Brain Basis of Language Processing: From Structure to Function. Physiol. Rev 91: 1357–1392

Gabunia L, Vekua A, Lordkipanidze D, Justus A, Nioradze M, Bosinski G (1999) Neue Urmenschenfunde von Dmanisi (Ost-Georgien). Jahrb des Römisch-Germanischen Zentralmus Mainz: 23–43

Ganten D, Spahl Th, Deichmann Th (2009) Die Steinzeit steckt uns in den Knochen, 2. Aufl. Piper, München

Geissmann T (2000) Duet Songs of the Siamang, *Hylobates syndactylus*: I. Structure and organization. Primate Report 56: 33–60

Geissmann T (2003) Vergleichende Primatologie. Springer, Heidelberg

Geyer C (2004) Hirnforschung und Willensfreiheit. Zur Deutung der neuesten Experimente, Suhrkamp, Frankfurt am Main
Goodall J (1986) The chimpanzees of Gombe: Patterns of behaviour. Harvard University Press, Cambridge
Green ER et al. (2010) A draft sequence of the Neandertal genome. Science 328: 710–722
Groves C (1991) A theory of human and primate evolution. Clarendon, Oxford
Groves C (2001) Primate Taxonomy. The Smithsonian Institution, Washington/DC
Groves C (2008) Extended Family: Lang Lost Cousins. Conservation International, Arlington VA, USA
Grupe O, Christiansen K, Schröder I, Wittwer-Backofen U (2005) Anthropologie. Springer, Heidelberg
Habermas J (2005) Zwischen Naturalismus und Religion. Suhrkamp, Frankfurt am Main
Hartcourt-Smith WEH (2006) The Origins of Bipedal Locomotion. In: Henke W, Tattersall I (Hrsg) Handbook of Paleoanthropology. Springer, Heidelberg
Hartcourt-Smith WEH, Aiello LC (2004) Fossils, feet and the evolution of human bipedal locomotion. J Anat 204: 403–416
Heijmans BT, Tobi EW, Stein AD, Putter H, Blauw GJ, Susser ES, Slagboom PE, Lumey LH (2008) Persistent epigenetic differences associated with prenatal exposure to famine in humans. Proc Natl Acad Sci USA 105: 17046–17049
Hemberger M, Dean W, Reik W (2009) Epigenetic dynamics of stem cells and cell lineage commitment: digging Waddington's canal. Nat Rev Mol Cell Biol 10: 526–537
Henke W, Rothe H (1998) Stammesgeschichte des Menschen. Springer, Heidelberg
Henke W, Tattersall I (Hrsg) (2007) Handbook of Paleoanthropology. Springer, Heidelberg
Herre W, Röhrs M (1990) Haustiere – zoologisch gesehen. Fischer, Stuttgart
Höffe O (2007) Lesebuch zur Ethik, 4. Auf. Beck, München
Höffe O (2009) Lebenskunst und Moral. Beck, München
Höffe O (2010) Gerechtigkeit. Beck, München
Ingman M, Kaessmann H, Pääbo S, Gyllensten U (2000) Mitochondrial genome variation and the origin of modern humans. Nature 408: 708–712
Jablonka E, Lamb MJ (2005) Evolution in Four Dimensions. Genetic, Epigenetic, Behavioral and Symbolic Variation in the History of Life. MIT Press, Cambridge, USA
Jäger KD (2000) Zur quartärstratigraphischen Zuordnung der fossilen Menschenfunde von Weimar-Ehringsdorf (Thüringen). HOMO 51/Suppl, S 56
Johanson D, Edgar B (1998) Lucy und ihre Kinder. Spektrum, Heidelberg
Jones CB (2000) *Alouatta palliata* politics: empirical and theoretical aspects of power. Primate Report 56: 3–22
Jürgens U (1989) Vom Affenlaut zur menschlichen Sprache im Lichte der Hirnforschung. In: Gessler U (Hrsg) Evolution. Fischer, Frankfurt
Kaati G, Bygren LO, Pembrey M, Sjöström M (2007) Transgenerational response to nutrition, early life circumstances and longevity. Eur J Hum Genet 15: 784–790.
Kaessmann H, Wiebe V, Weiss G, Pääbo S (2001) Great ape DNA sequences reveal a reduced diversity and an expansion in humans. Nature genetics 27: 155–156
Kahle W, Frotscher M (2009) Nervensystem und Sinnesorgane (Taschenatlas der Anatomie, Band 3). Thieme, Stuttgart
Kant I (2011) Kritik der praktischen Vernunft. In: Höffe O (Hrsg) Klassiker Auslegen. Akademie Verlag, Berlin
Kappeler P, Silk JB (2010) Tracing the Origins of Human Universals. In: Kappeler P, Silk JB (Hrsg) Mind the Gap. Springer, Heidelberg
Kappeler P (2006) Verhaltensbiologie. Springer, Heidelberg
Kimbel WH (2006) The Species and Diversity of Australopithes. In: Henke W, Tatterall I (Hrsg) Handbook of Paleoanthropology Vol lll/Chap7. Springer, Heidelberg
Knapp A (1989) Von den Grenzen eines biologischen Zugangs zur Moral. In: Gessler U (Hrsg) Evolution. Fischer, Frankfurt
Knop D (2011) Experiment Mensch. Natur und Tier, Münster
Krause J (2010) Spurensuche im Erbgut. National Geographic 8: 30–33
Krause J et al. (2007a) The derived FOXP2 variant of modern humans was shared with Neandertals. Curr Biol 17: 1–5
Krause J et al. (2007b) Neanderthals in central Asia and Sibiria. Nature 449: 902–904
Kues WA, Niemann H (2004): The contribution of farm animals to human health. Trends in Biotechnology 22: 286–294
Kues WA, Rath D, Niemann H (2008): Reproductive biotechnology in farm animals goes genomics. CAB Reviews 3, No. 036: 1–18
Kullmer O, Sandrock O, Schrenk F, Bromage, Timothy G (1999) The Malawi Rift: biogeography, ecology and coexistenceof *Homo* and *Paranthropus*. Anthropologie 37: 221–231
Küster H (1996) Die Geschichte der Landschaft in Mitteleuropa. Beck, München
Larson G, Albarella U, Dobney K, Rowley-Conwy P, Schibler J, Tresset A et al. (2007): Ancient DNA, pig domestication, and the spread of the Neolithic into Europe. Proc Nat Acad Sci USA 104: 15276–15281
Leakey MG, Ward CV, Walker AC (1998) *Australopithecus anamensis* – a new hominid species from Kanapoi, 3. Kongr der Ges für Anthropologie, S 5–9
Lehmann K (2003) „Aus Gottes in Gottes Hand" Kreatürlichkeit als Grundpfeiler des christlichen Menschen-

bildes. In: Elsner N, Schreiber HL (Hrsg) Was ist der Mensch. Wallstein, Göttingen

Linné CV (1758–1759) Systema naturae, 10. Aufl. Salvius, Stockholm

Lorenz K (1954) Moral-analoges Verhalten geselliger Tiere. Forschung und Wirtschaft 4: 1–23

Martin RD (1990) Primate origins and evolution: a phylogenetic analysis. Princeton Univ Press, Princeton

Maynard-Smith J (1964) Group selection and kin selection. Nature 201: 1145–1147

Mayr E (1967) Artbegriff und Evolution. Parey, Hamburg

Mayr E (1991) Evolution und die Vielfalt des Lebens. Springer, Heidelberg

McKee JK, Poirier, FE, McGraw WS (2005) Understanding Human Evolution. Pearson Prentice Hall, Upper Saddle River

Meier H, Ploog D (Hrsg) (1997) Der Mensch und sein Gehirn. Piper, München

Mesulam MM (1998) Aphasias and other focal cerebral disorders. In: Fauci AS et al. (Hrsg) Harrison's principles of internal medicine, 14. Aufl. McGraw-Hill, New York

Meyer RKF, Schmidt-Kaler (1997) Wanderungen in die Erdgeschichte. Auf den Spuren der Eiszeit südlich von München westlicher und östlicher Teil. Pfeil, München

Michaelis W (2000) Halten wir Gentechnologie aus? In: Raem AM, Braun RW, Fenger H, Michaelis, W, Nikol S, Winter SF (Hrsg) Gen-Medizin. Springer, Heidelberg

Miller HI (2007) Food from cloned animal is part of our brave old world. Trends in Biotechnology 25: 201–203

Mohr H (1981) Biologische Erkenntnis. Teubner, Stuttgart

Monod J (1971) Zufall und Notwendigkeit. Piper, München

Nentwig W (2005) Humanökologie. Springer, Heidelberg

Niemitz C (2004) Das Geheimnis des aufrechten Gangs. Beck, München

Orschiedt J, Auffermann B, Weniger GC (1999) Familientreffen, Deutsche Neanderthaler 1856–1999. Neanderthal Museum

Paul A (1998) Von Affen und Menschen. Wissenschaftliche Buchgesellschaft, Darmstadt

Ratzinger J Benedikt XVI (2007) Schöpfung, Schöpfungsglaube und Evolution. In: Credo für Heute. Herder Spektrum, Freiburg

Reader J (2011) Missing Links. Oxford University Press, Oxford

Reich D et al. (2010) Genetic History of an Archaic hominin group from Denisova Cave in Siberia. Nature 468: 1053–1060

Reich D et al. (2011) Denisova Admixture and the First Modern Human Dispersals Southeast Asia and Oceania. Am J Genetics 89: 516–528

Remane A (1954) Methodische Probleme der Hominiden-Phylogenie II. Z Morph Anthrop 46: 225–268

Remane A (1960) Zähne und Gebiß. In: Hofer H, Schultz AH, Starck D (Hrsg) Primatologia III/2. Karger, Basel

Robson S, van Schaik C, Hawkes K (2006) The derived features of human life history. In: Hawkes K, Paine R (Hrsg) The Evolution of Human Life History. School of American Research Press, Santa Fe

Roth G (1999) Entstehen und Funktion des Bewusstseins. Dt Ärzteblatt 96: A1957–1961

Roth G (2001) Worüber dürfen Hirnforscher reden – und in welcher Weise? Deutsche Z Philosophie 2/2004: 223–234

Roth G (2003) Fühlen, Denken, Handeln, wie unser Gehirn unser Verhalten steuert. Suhrkamp, Frankfurt am Main

Roth G (2004) Worüber dürfen Hirnforscher reden und in welcher Weise? In: Greyer CH (Hrsg) Hirnforschung und Willensfreiheit. Suhrkamp, Frankfurt am Main

Ryan F (2009) Virolution. Die Macht der Viren in der Evolution. Spektrum, Heidelberg

Schaik C van (2004) Among Orangutans. Red Apes and the Rise of Human Culture. Belknap, Cambridge, MA

Schmid P (1998) Neuste Entdeckungen in den *Australopithecus*-Fundstellen Südafrikas. 3. Kongr der Ges für Anthropologie eV, S 33–39

Schmidt K (2006) Sie bauten die ersten Tempel. Beck, München

Schultz AH (1969) The life of primates. Weidenfeld & Nicolson, London

Schwartz JH (1999) Can we really identify species, living or extinct? Anthropology 37: 211–220

Schwartz JH, Tattersall I (2002, 2003) The human fossil record, vol. I, II. Wiley-Liss, New York

Senut B (2007) The earliest putative hominids. In: Henke W, Tattersall I (Hrsg) Handbook of Paleanthropology Vol. III, Chap.6. Springer, New York

Shreeve J (2010) Der erste Mensch. National Geographie 8: 36–69

Singer W (2003) Conditio humana aus neurobiologischer Sicht. In: Elsner N, Schreiber HL (Hrsg) Was ist der Mensch. Wallstein, Göttingen

Singer W (2004) Verschaltungen legen uns fest; wir sollten aufhören von Freiheit zu sprechen. In: Geyer CH (Hrsg) Hirnforschung und Willensfreiheit. Suhrkamp, Frankfurt am Main

Sirocko F (Hrsg) (2009) Wetter, Klima, Menschheitsentwicklung. Theiss, Stuttgart

Skinner M, Wood (2006) The evolution of modern human life history: a palaeontological perspective. In: Hawkes K, Paine R (Hrsg) The Evolution of Human Life History. School of American Research Press, Santa Fe

Sommer V (1994) Lob der Lüge. Beck, München

Sommer V (2007) Darwinisch denken: Horizonte in der Evolutionsbiologie, 2. Aufl. Hirzel, Stuttgart

Sommer V (2009) Menschenaffen wie wir. Biol. unserer Zeit 3: 196–204

Sommer V (2010) Evolution ernst nehmen. In: Oehler J (Hrsg.) Der Mensch – Evolution, Natur und Kultur. Springer, Heidelberg

Sommer V, Reichard U (2000) Rethinking monogamy: the gibbon case. In: Kappeler PM (Hrsg) Primate males, causes and consequences of variation in group composition. Cambridge Univ Press, Cambridge

Spassov N, Böhme M, Dimitrova A (2012) A hominid tooth from Bulgaria. J Human Evol 62: 138–145

Starck D (1982) Vergleichende Anatomie der Wirbeltiere, Band 3. Springer, Heidelberg

Stearns St, Koella J (Hrsg) (2008). Evolution in Health and Disease, 2. Aufl., Oxford University Press

Storch V, Welsch U (2004) Systematische Zoologie, 6. Aufl. Spektrum, Heidelberg

Storch V, Welsch U, Wink M (2007) Evolutionsbiologie, 2. Auflage. Springer, Heidelberg

Strait D, Grine FE, Fleagle JG (2007) Analyzing Hominid Phylogeny. In: Henke W, Tattersall I (Hrsg) Handbook of paleoanthropology Vol. III, Chap.15. Springer, Heidelberg

Springer SP, Deutsch G (1990) Linkes und Rechtes Gehirn. Spektrum, Heidelberg

Stroud B (2011): The year 2010 worldwide statistics of embryo transfer in domestic farm animals. IETS-Embryo Transfer Newsletter 29: 14–23

Sykes B (2001) Die sieben Töchter Evas. Gustav Lübbe, Bergisch Gladbach

Takahashi K., Yamanaka S (2006) Induction of pluripotent stem cells from mouse embryonic and adult fibroblast cultures by defined factors. Cell 126: 663–676

Tattersall I (1999) Neandertaler. Birkhäuser, Basel

Tattersall I (2000) Wir waren nicht die Einzigen. Spektrum d Wiss 3: 46–53

Tierling S, Souren NY, Reither S, Zang KD, Meng-Hentschel J, Leitner D, Oehl-Jaschkowitz B, Walter J (2011) DNA methylation studies on imprinted loci in a male monozygotic twin pair discordant for Beckwith-Wiedemann syndrome. Clin Genet 79: 546–553.

Tillmann B (2003) Bewegungsapparat. In: Leonhardt H et al. (Hrsg) Rauber/Kopsch Anatomie des Menschen, Band 1, 3. Aufl. Thieme, Stuttgart

Trivers RL (1971) The evolution of reciprocal altruism. Quart Rev Biol 46: 35–57

Trivers RL (2010) Deceit and Self-Deception. In: Kappeler PM, Silk JB (Hrsg) Mind the Gap. Springer, Heidelberg

Vaas R, Blume M (2009) Gott, Gene und Gehirn. Hirzel, Stuttgart

Vierbuchen T, Ostermeier A, Pang ZP, Kokubu Y, Südhof TC, Wernig M (2010) Direct conversion of fibroblasts to functional neurons by defined factors. Nature 463: 1035–1041

Vlcek E (1993) Fossile Menschenfunde von Weimar-Ehringsdorf. In: Weimarer Monographien zur Ur- und Frühgeschichte, Bd 30. Theiss, Stuttgart

Vogel C (1989a) Gibt es eine natürliche Moral? Oder: wie widernatürlich ist unsere Ethik? In: Meier H (Hrsg) Die Herausforderung der Evolutionsbiologie. Piper, München

Vogel C (1989b) Vom Töten zum Mord. Hauser, München

Vogel, C (2000) Anthropologische Spuren zur Natur des Menschen. Hirzel, Stuttgart

Voland E (2000) Grundriss der Soziobiologie. Spektrum, Heidelberg

Voland E (2007) Die Natur des Menschen. Beck, München

Voland E, Schiefenhövel W (Hrsg) (2009) The biological evolution of religious mind and behavior. Springer, Heidelberg

Vollmer G (1998) Evolutionäre Erkenntnistheorie. Hirzel, Stuttgart

Vollmer, G (2002) Evolutionäre Erkenntnistheorie. 8 Aufl. Hirzel, Stuttgart

Voss J (2007) Darwins Bilder. Fischer, Frankfurt

Wagner GA, Beinhauer KW (1997) *Homo heidelbergensis* von Mauer (Das Auftreten des Menschen in Europa). HVA, Heidelberg

Wagner GA, Rieder H, Zöllner L, Mick E (2007) *Homo heidelbergensis*. Theiss, Stuttgart

Weaver IC, Cervoni N, Champagne FA, D'Alessio AC, Sharma S, Seckl JR, Dymov S, Szyf M, Meaney MJ (2004) Epigenetic programming by maternal behavior. Nat Neurosci 7: 847–854.

Wickler W (1991) Die Biologie der Zehn Gebote. Piper Verlag, München

Wilmut I, Schnieke AE, McWhir J, Kind AJ, Campbell KH (1997): Viable offspring derived from fetal and adult mammalian cells. Nature 385: 810–813.

Wood RE, Barroso-Ruiz C, Caparros M, Jorda Pardo JF, Santos BG, Higham TFG (2013): Radiocarbon dating of the Middle to Upper Palaeolithic transition in Southern Iberia. PNAS 04-02-2013

Wuermeling HB (1989) Gentechniken und Individuum. Der Wert des menschlichen Individuums in soziobiologischer Sicht. In: Gessler U (Hrsg) Evolution. Fischer, Frankfurt

Yang X, Tian XC, Kubota C, Page R, Xu J, Cibelli J, Seidel G Jr (2007): Risk assessment of meat and milk from cloned animals. Nature Biotechnology 25: 77–83

Yoder AD (1997) Back to the future: a synthesis of strepsirrhine systematics. Evolutionary Anthropology 6: 11–22

Yoder AD (2003) The phylogenetic position of genus *Tarsius*: whose side are you on? In: Wright PC, Simons EL Gursky S (Hrsg) Past, Present, and Future. Rutgers University Press, S 161–175

Zilles K (2004) Hirnforschung widerlegt nicht Freiheit. Tagung Wissenschaftszentrum NRW am 17.11.2004

Zemach A, McDaniel IE, Silva P, Zilberman D (2010) Genome-wide evolutionary analysis of eukaryotic DNA methylation. Science 328: 916–919

Stichwortverzeichnis

A

Aal 193, 368
Abwehrmittel, chemisches 391
Abwehrproteine 385
Acanthodii 130
Accipitridae 376, 378
Acetylcholin 363, 389, 454
Acetylcholinrezeptor 389, 401
N4-Acetylcytosin 230
Acheuléen 512
– Werkzeuge 483
Achsenumkehr, dorsoventrale 270
Acinetobacter baumannii 283
Ackerbauernkultur 522
Acrasiomyceten 359
Acritarchen 91
Actinistia 131, 212
Actinobakterien 355
Actinopterygii 144, 151, 154, 212, 368
Acylester-Lipid 235
Adapiformes 461
Adenin 222
Adenosin 223
Adipositas 546
Adler 378
Aegyptopithecus 465
Affenlaute 457, 459
Affenmensch 469
Aflatoxine 254
AFLP-Analyse 310
Afropithecus 465
Afrotheria 374
Agency detection device 542
Agnatha 118, 125, 134
Agricola, Georgius 9
Agrobacterium tumefaciens 283
Ähnlichkeitskriterium 342
Ähnlichkeitsprinzip 220
AIDS 253
Aktin 241
Albertus Magnus 7
Albinismus 288
Aldrovandi, Ulisse 9
Algen 359
Algenlaminite 196
Alignment 230, 327
Alkaloide 361, 389, 395, 401
Alkmaion 2
Alkylantien, chemische 253
Alkylierung 253
Alkyltransferase 252
All-Männchen-Gruppe 425

Allel-Häufigkeit 288
Allelfrequenz 285, 288
Allelpolymorphismus 286
Alliin 385
Allometrie 442
Allomimese 69
Allopolyploidie 272
Allopolyploidisierung 272
Allozym-Polymorphismus 293
Allozymanalyse 221, 286, 308, 311
Alouatta palliata 427
Alpen 200
Alpenbildung 109
Alpha-Globin-Gen 274
Alphabet 526
Alternativismus 533
Altersbestimmung 55
– ^{14}-C-Methode 57
– absolute 56
– Kalium-Argon-Datierung 57
– radiometrische Datierung 56
– relative 55
– Spaltspuren-Methode 57
Altruismus 29, 291, 419, 427, 539
– reziproker 292, 427, 540
Alttertiär 189
Altweltaffen 425, 432, 462
Altweltgeier 378
Alu-Sequenz 275
Alveolata 241, 357
Amabiliidae 181
Amborellaceae 363
Ameisenfresser 193
Amine 395
5-Aminopentanal 387
Aminosäuren 76, 228
– D-Aminosäure 76
– L-Aminosäure 76
– nicht-proteinogene 395, 396
Aminosäuresequenz 306, 505
Aminosäuresubstitution 334
Ammoniten 123, 128, 129, 172
Ammonoida 127, 154
Ammonoideen 127, 136
Amnioten 138, 369
Amöben 238
Amoebozoa 358
Amphibien 154, 368
– Trias 154
Amphiragatherium 195
Amplified Fragment Length Polymorphisms (AFLPs) 286, 317
Amplifizierung von Markergenen 325
Amygdala 454

Anagenese 488
Analogie 68, 82
Anaphase 258
Anaspida 119
Anatomie, vergleichende 61
Anaxagoras 3
Anaximander 2
Anaximenes 2
Ancestral lineage sorting 329
Andesauridae 164
Androeceen, multistaminate 375
Aneurophyton 132
Angiosperm Phylogeny Group 364
Angiospermen, siehe auch Bedecktsamer 187, 191, 272, 359, 361, 363, 375, 461
Animismus 15, 544
Ankylosauria 165
Ankylosauridae 165
Anneliden 366
Annularia 140
Anpassung 82, 536
Anpassungsähnlichkeit 68
Anthoceratophyta 361
Anthozoa 106
Anthrachinone 395
Anthropogenie 37
Anthropoidea 429, 462
Anthropozän 203, 208
Antiaphrodisiakum 32
Antibiotika-Applikation 295
Antibiotikaresistenz 247, 283
Antike 528
Antikörpergen 262
Antioxidanzien 251
Aotidae 431
apetala-Mutante 263
Apicomplexa 242, 358
Apikal-Komplex 358
Aplysia 268
Apomorphie 328
Apoptose 252
Appendicularia 368
Äquatorialplatte 259
Aquificales 356
Arachniden 138
Arandaspida 118
Arbuskel 30
Archaea 88, 234, 261, 350, 351
Archaebakterien 281
Archaeen, methanogene 244
Archaeocyathen 100, 101
Archaeopteryx 59, 177, 372, 374
– *lithographica* 174

Archaeplastida 356, 358
Archaezoen 243
Archaikum 88
Archamöben 358, 359
Archäologie, kognitive 534
Archipallium 424
Arctiidae 403
Ardipithecus 418, 473
Area striata 442
Arginin 455
Aristolochiasäure 254
Aristoteles 4
Armfüßer, siehe Brachiopoden
Aromastoff 389
Artbeschreibung 70
Artbildung 296
– allopatrische 296
– parapatrische 296
– sympatrische 296, 301
Artdefinition 61, 69, 70
– biologische 70
– evolutionäre 71
– morphologische (phänotypische, phänetische) 70
– phylogenetische 71
– physiologische 71
Arthropoden 95, 98, 134, 148, 366
Artikulation 460
Artkonzept 69, 342
Artstatuserkennung 344
Ascidiae 368
Ascomyceten 359
Asparaginsäure 455
Assembling the Tree of Life 221
Assortative Mating, positives 296
Assoziationscortex, heteromodaler 488
Asteraceae 391, 402
Asteriden 363
Asteroidea 366
Asteroxylon 132
Asthenosphäre 88, 108
Astraspida 119
Asymmetrie des Gehirns 453
Atavismus 74, 75
Atelidae 431
Atmosphäre 44, 45, 88, 235
Atmungskette 353
ATP-Synthase 235
atpB-Gen 350
Aufklärung 10, 15
Aurignacien 514
Auslese, natürliche 26
Außengruppe 329
– Vergleich 72
Australopithecinen 457, 477
– grazile 475
– robuste 477

Australopithecus 418, 458, 473, 474, 480
– *aethiopicus* 478
– *afarensis* 476
– *africanus* 477
– *anamensis* 475
– *bahrelghazali* 476
– *boisei* 478
– *garhi* 477
– *robustus* 478
– *sediba* 477
Austrobaileyales 363
Austronesier 511
Auswertung, phylogeographische 334
Autapomorphie 71, 329, 332, 347
Autopolyploidie 272
Autopolyploidisierung 272
Autoradiographie 313
Autosom 256
Averroës 8
Aves 374
Avicenna 8

B

Bacillariophyceae 358
Bacon, Francis 11
Bacteria 234, 350
Bacteroide 355
Bactritida 127, 129
Baer, Karl Ernst von 19
Bakterien 342, 353, 545
– Artbildung 350
– Evolution 281
– gram-negative 355
– gram-positive 355
– kommensalische 397
– photosynthetische 356
– symbiotische 397
Bakteriophagen 281
Band-Sharing Coefficient (BSC) 314
Bandscheibenvorfall 447, 547
Bandsharing-Index 315
Bärenspinner 402
Bärlappgewächse 134, 139, 145, 341, 361, 390
Barrandium 99
Barschartige 193
Bartgeier 378
Basen-Desaminierung 249
Basenpaarung, komplementäre 223
Basidiomyceten 359
Bataten 524
Bates'sche Mimikry 407
Batrachotoxin 397
Bauhin, Caspar 10

Baum des Lebens (Tree of Life) 230
Baumfarn 145, 146
Baumharz 189
Baumsteigerfrosch 397
Baumwolle 523
Bauplangen 93, 263, 264
Bavel 204
Beckwith-Wiedemann-Syndrom 507
Bedecktsamer, siehe auch Angiospermen 187, 191, 361
Behaviorismus 544
Belemnitida 172, 184
Belemnoida 136, 175
Belon, Pierre 9
Benthal 116
Benthos 136
– antarktisches 47
Benzylcyanid 32
Bergbaufolgelandschaft 194
Berggorilla 438
Bernstein 189, 190, 323
– baltischer 190
Besamung, künstliche 517
Besenginster 401
Besiedlung 501
– Amerika 503
– Asien 503
– Australien 503
Bestäubung durch Insekten 363
Beuteltiere 156, 195, 374
Bevölkerungswachstum 530
Bewegungsapparat 423
Bewusstsein 449, 454, 455
Beyrichienkalk 116, 123
Bilateralsymmetrie 363
Bilateria 268, 363
Biochemie 75
Biogenetisches Gesetz 36, 67
Biogeographie, siehe auch Phylogeographie 45
Biologie, systematische 12
Biologismus, normativer 539
Biomembran 76, 386
Bioprospektion 389
Biostratigraphie 51, 203, 205
Biosyntheseweg 75, 387
Bipedie 444, 445
Birdlife International 346
Birkenspanner 292, 294
Bivalvia 99, 185
Blastocysten 506
Blattlaus 401
Blaumeise 297
Blaumeisenkomplex 300
Bloom-Syndrom 253
Blütenbau
– actinomorpher 375

- zygomorpher 375
Blütendiagramm 64
Blütenmorphologie 375
Blütenpflanze, Diversifizierung 397
Blutgruppen AB0 287
Bock, Hieronymus 9
Bohnen 523
Bonobo 440, 441, 443
Bootstrapping 330
- Analyse 330
Boraginaceen 391, 402
Botanik 14
Bottle-Neck-Effekt 311
Brachiopoden 99, 112, 113, 125, 134, 144, 148, 185, 191, 209
Brachiosauridae 164
Branch-and-bound-Methode 329, 332
Brassica oleracea 265
Brassicales 391
Braunalge 240, 358
Brauner Jura 170
Braunkohlenflöz 194
Braunkohlenlager 189
BRCA-2 253
Breakage-and-reunion-Hypothese 260
Bremer-Support 330
Broca-Region/-Areal 443, 453, 454, 458
Broca'sches Sprachzentrum 457
Brodmann-Areale 451, 453
Bronzezeit 525
Brüllaffe 431
Brunfels, Otto 9
Bruno, Giordano 8
Brutparasitismus 382
Bryophyta 361
Bryozoen 113, 136, 144, 184, 188
Buntsandstein 149, 169
Buprestidae 195
Burgess Shale 95, 97

C

Cadaverin 387
Caenogenese 37
Caesalpinioideae 395
Calamitaceae 361
Calamitales 140
Calcarea 363
Calcitata 99
Calcium-Magnesium-Carbonat 94
Calciumcarbonat 53, 94, 95
Calciumphosphat 104
Callicebidae 431
Callicebus 431

Callithrix 431
Calvin-Zyklus 77
Camarasauridae 164
Camptosauridae 166
Camptostroma 102
Caprimulgiformes 181
Captorhinomorpha 144
Carbonatmineralien 94
Cardiolipin 241
Carinatae 374
Carnivoren 180, 195
Carnosauria 161
Carpoidea 102
Catarrhini 423, 424, 432, 462
Cathartidae 376
cDNA-Kopie 277
Cebus 431
Cellulose 32, 355
Cenancestor 242
Centromer 255, 256, 279
Cephalaspida 119
Cephalochordaten 104, 368
Cephalopoden 102, 110, 122, 151, 175, 185
Cerapoda 165
Ceratiten 129, 150, 154
Ceratopsia 167
Ceratosauria 161
Cercopithecoidea 432, 462, 463, 465
Cercozoa 358
Cesalpino, Andrea 10
Cetiosauridae 164
Chagas-Krankheit 357
Chalkolithikum 525
Character Displacement 301
Charophyta 358
Cheirogaleidae 429
Chelicerata 96
Chemotaxonomie 390
Chemotyp 212
Chengjiang-Fauna 95, 96
Chiasmata 258
Chinolizidinalkaloid 391, 395, 401
Chiromyiformes 429
Chiroptera 137
Chitin 359
Chitincuticula 120
Chitinozoa 122
Chlamydien 353, 355
Chlorarachnion 237
Chlorarachniophyten 242
Chlorella 240
Chlorobionta 358, 359
Chlorophyll 77
Chlorophyta 358
Chloroplasten 77, 231, 234, 245, 284, 350, 356

Chloroplastengenom (cpDNA) 245, 246
Choanichthyes 212
Choanoflagellaten 359
Cholesterol 76
Chondrichthyes 130, 368
Chordaten 95, 97, 102, 366, 368
- Ursprung 104
Chotecops ferdinandi 125
Chromalveolata 356, 357
Chromatide 224
Chromatin 227
Chromatinstruktur 506
Chromosom 227, 231, 234, 255, 257
- homologes 256, 258
    - Paarung 258
Chromosomenmutation 248, 252, 254
Chromosomensatz 255
- diploider 255
- haploider 231
Chrysophyceae 240, 358
Ciliata 357
Clostridien 355
Clymenida 129
Cnidaria 107, 363
Cnidocyten 363
Co-Evolution 41
Coccolithophorida 183, 185
Code, genetischer 228, 307, 506
Codon 228
- degeneriertes 229
- synonymes 228
Coelurosauria 161, 374
Coleoida 129, 175
Colloblasten 363
Colobinae 426, 432
Computertaxonomie 40
Condylarthra 195, 198
Confuciusornis 177
Conodonten 104, 112, 116, 123
Constrained female hypothesis 382
Conularien 125
Corallite 107
Cordaiten 140
Core eudicots 363
Coremata 403
Coronaves 374
Corpus callosum 453
Cortex 424, 440, 450, 451
- assoziativer 454
- motorischer 458
- parietaler 443
- präfrontaler 443, 451
- somatosensorischer 458
cpDNA 330
Craniogenese 432
Crenarchaeota 351

Creodonta 195, 198
Crinoidea 103, 118, 176, 366
Cro-Magnon-Mensch 501, 514
Cromer-Komplex 492
Cromer-Zeit 206
Crooked calf disease 401
Crossing over 256, 258, 260, 275, 279
– ungleiches 254, 273, 275
Crossopterygii 118, 130, 176, 212, 368
Crotalarieae 391
Cryptomonaden 237, 242
Ctenophora 363
Cumarine 395
Cumaroylglycosid 385
Cuticula 359
Cuvier, Georges 17
C-Wert-Paradoxon 232
Cyanellen 240
Cyanglycoside 395, 396
Cyanobakterien 77, 237–240, 245, 284, 350, 353, 356, 361, 390
Cycadales 363
Cyrtoceras 127
Cystoidea 103, 118
Cytidin 223, 249
Cytochrom
– b 246, 326, 342, 346, 347, 414
– c 335
– p_{450}-Gen 274
Cytokinese 258
Cytosin 222, 227
– Methylierung 227, 506
Cytoskelett 78, 235, 356

D

Da Vinci, Leonardo 10
Dadoxylon 146
Daka-Funde 482
Darmbakterien 281
Darmflagellaten 356
Darwin, Charles 20, 220, 291, 409, 533, 538
– Origin of Species 29
– Weltreise 21
Darwinfinken 291
Darwinismus 37
Daumen 423
Daumensattelgelenk 448
DDT-Behandlung 295
Decapoda 186
Decay Index 330
Deinococcales 356
Deinonychosaurier 177
Deletion 248, 251, 275, 283
Demokrit 3

Demospongiae 363
Denaturierung 309
Dendrogramm, phänetisches 328
Dendropithecus 465
Denisovaner, Denisova-Mensch 323, 498, 503
Depurinierung 251–253, 336
Desaminierung 251–253, 336
Desoxyribonucleinsäure (DNA) 39, 222
– Analytik 286
– aus altem Museumsmaterial 323
– aus Fossilien 322
– Barcoding 221
– Basen 252
   – tautomere Formen 252
– Basenpaar 71
– cpDNA 230
– Cross-link-Repair 253
– Doppelhelix 224, 252, 307
– Elemente 280
– Fingerprinting 221, 286, 307, 310, 312, 381
– Fragmentlängen-Analysen 310
– Guanosin-Cytidin(GC)-Gehalt 223, 224
– Helicase 253
– hochrepetitive 276
– Interkalatoren 223
– Klonierung 307
– Ligase 225, 253, 307
– Methyltransferasen 506
– mitochondriale 312, 337, 489
– mittelrepetitive 276
– mobile Elemente 221, 276
– mtDNA 230
– Polymerasen 224, 225, 247, 307
– Qualität 322
– rDNA-Kassette 229
– regulatorische Bereiche 227
– Renaturierung 307
– repetitive 275, 276, 310
– Replikation 224
   – in Keimbahnzellen 336
– Sequencer 307
– Sequenzierung 221, 306, 307, 310, 325
– Sequenzierungstechnik 433
– Transposon 276
– Übereinstimmungen 69, 433
– Variabilität 312
Detektion, immunologische 313
Deuterostomia 272, 363, 366
Devon 117, 123
– paläogeographische Situation 124
– Riffe 126
– Wirbellosenfauna 127

Diakinese 258
Diatomeen 185, 358
Digoxigenin 313
Dihydrouracil 230
Dimerisierung 251, 252
Dimethylsulfat 253
Dinoflagellata 357
Dinophyceen 238
Dinosaurier, siehe auch Theropoden 157, 374
– Systematik 161
Diogenes von Apollonia 3
Dioskurides 6
Diplodocidae 164
Diploidisierung 273
Diplomonaden 244, 356
Diplotän 258
Dipnoi 368
Dispersion 408
Distanz, genetische 311, 343, 344
Distanzmatrixmethode 327, 333
Divergenz 69
Divergenzzeit 331, 409
Diversifizierung der Blütenpflanzen 397
D-Loop 246, 326
DNA-DNA-Hybridisierung 223, 306, 374
Dolomit 94
Domäne 234, 244, 261
Domestikation 516, 517, 524
Dominanz, partielle 285
Dominanzhierarchie 427
Donnerkeil 136
Doolittle, W. Ford 284
Doppelatmer 130
Doppelhelix 223, 252
Doppelstrangbruch 252
Dorsoventralachse 270
Drift 296
– genetische 252, 295
Drifttheorie 121
Dromornithidae 180
Drosophila 37, 39, 65
– Riesenchromosom 287
Dryopithecinae 466
Duftorgan 403
Duftstoff 389
Duns Scotus, Johannes 7
Duplikation 248, 283
Dynamic Programming 327
Dysfunktion, neuromuskuläre 254
Dystrophie-Gen 261

E

Eburon 204
Ecardines 99
Ecdysozoa 363, 366
Echinodermata 102, 103, 111, 176, 186, 366
Echinoidea 366
Echinozoa 103
Ediacara-Fauna 91, 98, 363
Ediacarium 92
EDTA-Puffer 323
Eem-Warmzeit 206, 494
Eigennutz, genetischer 540
Ein-Gen-ein-Protein-Hypothese 225
Ein-Männchen-Gruppe 424
Eingeschlechtlichkeit 383
Einkeimblättrige 363
Einzeller 236, 356
– parasitisch lebende 350
Einzelstrangbruch 252
Eisenzeit 527
Eismasse, pleistozäne 121
Eiszeit 208
– pleistozäne 410
Eleaten 3
Eleonorenfalke 289
Eleutherozoa 102, 103
Elster-Glazial 206
Embryo 359
– Geschlechtsbestimmung 518
– In-vitro-Produktion 518
Embryonalentwicklung 19, 506
Embryonalorgan 74
– rudimentäres 74
Embryophyta 359
Embryotransfer 518
Emotion 420
Empathie 422
Empirismus 11
Emys orbicularis 410
Enantiornithes 177
Encephalisation 455
Encephalisationsquotient 481
Endemiten 47
Endocyanom 240
Endocytobionten 237
Endocytobiose 237, 238
– sekundäre 241
Endocytose 235
Endomembran 235, 245
Endophyten 284, 397
– pilzliche 284
Endosymbionten 356
Endosymbiontentheorie 240, 350
Endosymbiose 245, 284
– sekundäre 350, 357

Enhancer 227, 263
– Shuffling 280
Enterobacteriaceae 283
Enteropneusta 368
Entwicklung der Sexualität 379
Entwicklungsbiologie 73
– Evo-Devo 266, 267, 270, 272
Entwicklungsgen 263, 264
Entwicklungsgenetik 272
Entwicklungspsychologie 534
Environment of evolutionary adaptedness (EEA) 538
Enzymelektrophorese 286
Eozän 179, 180, 189, 460
Ephedraceae 363
Epigenetik 227, 262, 506, 508
Equiden 198
Equisetatae 132, 361
Erasistratos 6
Erasmus von Rotterdam 8
Eratosthenes von Kyrene 3
Erbgang
– dihybrider 287
– trihybrider 287
Erbprogramm 539
Erdaltertum, siehe Paläozoikum
Erdgeschichte 53
– kontinuierliche Veränderungen 57
– phanerozoische 108
Erdmagnetfeld 203
Erdmittelalter, siehe Mesozoikum
Erdneuzeit, siehe Känozoikum
Erfahrung 535
Erinnerung 532
Erkenntnisfähigkeit 536
Erkenntnistheorie
– evolutionäre 533, 534
– Hauptthesen 535
– genetische 534
Ernährung 507
Ertebölle-Kultur 515
Erythrina-Alkaloid 396
Erythrocyten, kernhaltige 323
Erziehung 544
Escherichia coli 282, 355
– enteroaggregative (EAEC) 282
– enterohämorrhagische (EHEC) 282
– extraintestinal pathogene (ExPEC) 282
EST-Bank 232
Ethanol 323
Ethik 538, 541
– evolutionäre 538
Euarchontoglires 374
Eucyten 78, 234, 363
Eudicots 363
Euglenobionta 356

Euglenophyta 356
Euglenozoa 356
Euhelopodidae 164
Eukaryoten 76, 81, 91, 234, 242, 244, 350
Eukaryotengen 226
Eumetazoa 268, 363
Eumycetes 359
Eupatorieae 391
Euphorbiaceae 391
Europide (Kaukasier) 509
Euryarchaeota 351, 353
Eurypteriden 116, 138
Eusthenopteron 131
Euthycarcinoidea 116
Evo-Devo-Forschung 266, 272
Evolution
– biologische, von Religiosität 541
– der Brutbiologie 378
– der Laufvögel 410
– der Lupinen 409
– der Organismenreiche 349
– der Pflanzen 359
– der Prokaryoten 350
– der Tiere 363
– der Vögel 177, 372–374
– des Menschen 419, 505
  – epigenetische Einflüsse 505
– horizontale 273, 275
– konvergente 391
– konzertierte 273
– kulturelle 531
– molekulare 293
  – neutrale Theorie 293
– neue 83
– Übernahme von Verhaltensweisen 82
Evolutionärer Naturalismus 533
Evolutionsgeschichte 221, 321
– Blaupause 221
Evolutionstheorie 2, 20, 26
– synthetische 41
Excavata 356
Excision-Repair 253
Exhaustive search 332
Exocytose 235
Exom 310
Exon 39, 225, 226, 261
– Shuffling 262, 280
Exon-Intron-Struktur 261
Exonuclease 225
– 3-Exonuclease 253
Explosion, kambrische 93, 95, 98
Extra-pair copulations (EPC) 381
Extra-pair fertilisation (EPF) 381
Extra-pair young (EPY) 381
Extra-Pair-Paternität 382

F

Fabaceae 391, 409
Fähigkeiten
- kognitive 536
- stereognostische 448
Falken 374, 376, 378
Fanconi-Anämie 253
Farbpolymorphismus 290
Färbung, aposematische 402, 405
Farn 359
Farnsamer 135, 140
Fehlpaarung 229
Fehlpaarungsreparatursystem 252
Female choice, siehe Weibchenwahl
Ferngeschiebe 121
Fettsäuresynthese 241
Fettschwanzmaki 425
Fettzellen 546
Fibrinopeptide 334, 335
Filicophyta 361
Filicopsida 361
Fingerabdruck, genetischer 312, 313
Firmicutes 355
Fischadler 378
Fischechse 172
Fischsaurier 168, 172
Fischuhu 349
Fitness 509, 539
- reproduktive 542
Flachlandgorilla 439
Flamingo 181
Flaschenhalseffekt 295, 311, 336
Flavonoide 395
Flechten 34, 125, 284, 359
Fledermaus 408
Flores-Mensch 418, 488
Flugsaurier 137, 156, 187
- Trias 156
Fluorit 146
Foraminiferen 136, 147, 185, 188, 238, 358
Formatio reticularis 458
N-Formylmethionin 228
Formylmethionyl-tRNA 235
Fornicata 356
Fortpflanzung, geschlechtliche 256
Fortpflanzungserfolg 291, 426
Fossilien 51, 53
- Fundstellen 469
- lebende 208, 212, 213, 341, 361
- moderne Menschenformen 499
- Übergangsformen 59
- Umwandlungsreihen 58
Founder-Effekt, siehe Gründereffekt
FOXP2-Gen 455
Frame Shift 228
- Mutation 223, 248, 252, 275

Fruchtkörper 359
Frühneolithikum 522
Frühpleistozän 207
FST 296
FTA-Cards von Whatman 325
F-Typ-ATPase 350
Fuchs, Leonhart 9
Furanocumarine 252
Fusulinen 115, 144
Fusulinida 147

G

Gain of function 254
Galaktose 545
Galapagos-Inseln 24, 300, 409
Galeaspida 119
Galilei, Galileo 11
Galliformes 178
Galloanseres 181
Gametangien 359
Gameten 256
Gametenmutation 252
Gametophyten 361
Gänsegeier 378
Gas-liquid chromatography (GLC) 384
Gastornithidae 180
Gastralia 177
Gastropoden 102, 185
Gastrula 266
Gattung 342
Gattungsname 342
Gaviiformes 178
Gebirgsbildung 108
- alpidische 109, 189
- kaledonische 109, 116
- variscische 109, 135
Gebiss 460
Gebräuche 531
Gecko 297
Gedächtnis 507
Gefäßsporenpflanze, siehe Pteridophyta
Gefäßsystem 361
Gefiedermorphe 289, 379
Gehirn 424, 449
- Asymmetrie 453
Gehirnforschung 507
Gehirngewicht 449
Geiseltal 194
Gelelektrophorese 312
Gemeinnutz 540
Gen
- Duplikation 275
- egoistisches 292, 420
- homologes 326
- Kartierung 310
- orthologes 267, 268, 326

- paraloges 267, 326
- Protein-codierendes 327, 337
- springendes 280
- Verdopplung 275
- xenologes 326
Genasauria 165
Genbaum 489
Gendrift 70, 288
Genduplikation 268
Genetic Hitchhiking 293
Genetik 39, 41
- quantitative 287, 291
Genexpression 227
Genexpressionsmuster 506
Genfamilie 273
Genfluss 70
Genhäufigkeit 288
Genkassette 273
Genkonversion 247, 273–275
Genlocus 285, 321
Genmutation 248
Genom 70, 231, 235, 241, 268, 275, 283, 310, 519
- Analysen 221, 327
- Duplikationen 272
- Größe 272
- haploides 234
- humanes 307
- maximale Größe 232
- minimale Größe 232
- Rearrangements 320
- Veränderung 261
- Verdopplungen 232, 275
Genomannotierung 519
Genomevolution 302, 310
Genomforschung 281
- strukturelle 261
- vergleichende 261
Genomgröße 231
Genomik 231
- funktionelle 232, 310
Genommutation 248
Genomprojekt, humanes 231
Genomsequenzierung 519
Genotyp 212, 231, 285, 287
- Frequenz 285, 288
- Häufigkeit 288
Genpolymorphismus 285
Genpool 263, 285
Genregulation 227, 235, 263, 507
Genselektion 291
Genstammbaum 329
Gentransfer, horizontaler 236, 242, 245, 281, 283, 326, 350, 390
Genus 342
Geochemie 93
Geosiphon 239, 240
Gesamtevidenzbäume 331

Gesamtfitness 539
Geschiebe 204
Geschiebeforschung 121
Geschlecht
- heterogametisches 256
- homogametisches 256
Geschlechterverhältnis 383
- in Populationen 292
Geschlechtsbestimmung, molekulare 310, 317
Geschlechtschromosom 256
Geschlechtsverhältnis
- primäres 383
- sekundäres 383
Gesner, Conrad 9
Gewürzstoff 389
Giardia lamblia 356
Gibbon 425, 435
- Sozialsystem 436
Gift
- medizinisch-pharmazeutische Nutzung 389
- zu Jagd und Verteidigung 389
Gigantismus 160
Gigantopithecus 467, 486
Gilgamesch-Epos 526
Ginkgo 187, 361
Ginkgoales 361
Glaucocystophyten 240
Glaziale 204
Glazialtheorie 121
Globigerinida 185
Glucocorticoid-Rezeptorgen 507
Glucose 545
Glucosid, cyanogenes 385
Glucosinolate 385, 391
Gnathostomata 120, 125, 130
Gnetaceae 363
Gnetopsida 362
Goethe, Johann Wolfgang von 15
Goldalgen 358
Goldhähnchen 297
Gondwana 50, 114, 142, 409
- Elemente 374
- Verbreitung 410
Goniatiten 125, 129, 136, 147
Gonochoristen 383
Gonorrhoe 282
Gonosom 256
Gorilla 433, 438, 440, 447, 529
Graptolithen 106, 112, 116, 123, 368
Gravettien 514
Greifhand 423
Greifvögel 376
Großgeschiebe 121
Großhirnrinde 450
Großübergang, phylogenetischer 236
Großzehe 423

Grube Messel 192
Grünalgen 112, 125, 238, 358
Gründereffekt 311
Gründerpopulation 295
Grundstoffwechselweg 77
Grüne Revolution 530
Gruppe
- monophyletische 343, 346
- paraphyletische 346, 391
- polyphyletische 346, 391
Gruppen-Polyandrie 425
Gruppenselektion 292
Guanin 222
Guanin 8-Oxoguanin 251
Guanosin 223
Gute-Gene-Hypothese 382
Gutenberg, Johannes 8
Gymnospermen 169, 182, 187, 359, 361
Gyrostemonaceae 391

Hadrosauridae 166
Haeckel, Ernst 35, 266, 349
Haie 130, 142
Haikouella 105
Haikouichthys 105
Halbaffen 424, 432
Halbwertszeit 56
Hämoglobin 335
Hämoglobingen 284
Hämolytisch-urämisches Syndrom (HUS) 282
Handicap-Prinzip 381
Händigkeit 453
Hanuman 426
Haplorrhini 432, 433
Haplosporidia 358
Haplotyp 290, 297, 300, 412
Haplotyphäufigkeit 290
Haptophyten 240
Hardy-Weinberg-Gesetz 288, 289
Hardy-Weinberg-Gleichgewicht 293, 295, 312
Hardy, Godfrey Harold 288
Haremsbildung 379, 383
Haremsgruppe 424, 439
Harvey, William 10
Hasenartige 198
Haustiere 263, 341, 516, 521
Hautknochenpanzer 118
Heilpflanzen 437
Heliconius 290
Helicoplacoidea 102
Heliopithecus 465
Hellenismus 6

Hemichordaten 102, 368
Hemisphäre
- dominante 453
- nicht-dominante 453
Hennig, Willi 40
Heraklit 3
Herbarmaterial 325
Herbivore 391
Hermaphroditismus 379, 383
- sequenzieller 383
Herophilos 6
HERV-W-Gruppe 278
Herzglycosid 313, 391, 405
Heterochromatin 506
Heteroduplexbildung 274
Heterokontobionta 240, 358
Heterostraci 118, 125
Heterozygotie 285, 286, 295, 311
Hexactinellida 363
Hieroglyphen 527
High pressure liquid chromatography (HPLC) 384
Hildegard von Bingen 7
Hintergrundmutation, siehe Spontanmutation
Hipparion 56
Hippocampus 454
Hirngewicht 449, 458
Hirnvolumen 450, 458
Histon 334
- H4 335
Histonprotein 223, 255, 505
- Modifikation 227
HIV, siehe Humanes Immundefizienz-Virus
Hohlzahn 302
Holarktis 47
Holothurien 125
Holothuroidea 366
Holozän 203, 207, 208, 429
Holstein-Warmzeit 206
Holzmaden 173
Homalozoa 102
Hominidae 465, 466
Hominini 457, 467
- fossile 473
- Fossilgeschichte 468
Hominoidea 432, 435, 462
- Ursprung 464
Homo 69, 418, 473, 479
- *antecessor* 488
- archaische Formen 488
- *erectus* 481, 483, 484
  - auf Java 485
  - in China 486
- *ergaster* 481, 482
- erste Angehörige der Gattung 479
- *floresiensis* 487

– *georgicus* 483
– *habilis* 480, 488
– *heidelbergensis* 481, 487, 490
  – in Europa 492
– *neanderthalensis* 490, 491, 493
– *rhodesiensis* 491
– *rudolfensis* 481
– *sapiens* 58, 183, 443, 482, 490, 496, 499, 513
  – im Nahen Osten 497
– *soloensis* 492
Homogenisation 275
Homoiologie 67
Homologie 63, 220, 266
– phylogenetische 83
Homologiekriterien 40, 66
– Hilfskriterien 67
– Kriterium der Lage 66
– Kriterium der speziellen Qualität der Strukturen 66
– Kriterium der Verknüpfung durch Zwischenformen 67
Homonomie 68
Homöobox 65
Homoplasie 68, 69, 73, 332, 338
Homozygotie 285, 286
Hormon 77
Hornmoos 361
House-keeping gene 262, 334
Hox-Gen 37, 39, 264
Hox-Genkassette 270
Hudson-Kreitman-Aguade-Test (HKA-Test) 293
Hüftgelenk, Fehlentwicklungen 546
Hüftgelenksdysplasie 446
Humanes Immundefizienz-Virus (HIV) 253, 279, 321
Humanismus 8
Humboldt, Alexander von 16
Hunsrückschiefer 123, 124, 210
Husarenaffe 425
Hybridanalyse 317
Hybridisierung 272, 302, 310
Hybridzone 300
Hydren 238
Hydrobienkalk 95
Hydrogenosom 243, 356
Hydrophilidae 193
Hylobatidae, siehe auch Gibbons 435, 466
Hyolitha 102
Hyperhygiene 547
Hyperzyklen 235
Hyracoidea 374

I

Ichthyosaurier 151, 155, 168, 176
Ichthyostegalia 138
Ichthyostegida 131
Icteridae 382
Igneococcales 353
Iguanodontidae 166
Illumina 327
Imperativ, kognitiver 542
Imprinting 227
In-group-Commonalität 72
Independent Assortment 287
Indianer 504
Individualentwicklung 545
Individualerkennung 310
Individualselektion 291
Indriidae 424, 429
Industriezeitalter 529
Infantizid 426
Infektionskrankheiten 547
Informationsverarbeitung 451
Inkohlung 139
Inlandvereisung 206
Innengruppe 329
Innovation 356
Insekten 284
– soziale staatenbildende 381
Insektenbestäubung 30
Insektizidbehandlung 295
Inseln 47
– vulkanische 296
Inselpopulation 295
Insertion 248, 275, 283
Intellekt 532
Intelligent design 84
Intelligenz 422
Intelligenztest 532
Inter Simple Sequence Repeats (ISSR) 317
Interglaziale 204
Intertaxonische Kombination (ITC) 238
Intron 39, 225, 226, 261
Inversion 248
Inzucht 296
Inzuchtdepression 296
Isoetales 361
Isoflavone 395, 396
Isolation
– postzygotische 301
– präzygotische 300
Isolationsmechanismus 70, 300
Isoprenyl-Ether-Lipid 235
Isothiocyanate 391
ISSR-Analyse 310
Isthmus von Panama 410

J

Jackknifing 330
Jacob, François 266
JAGO 213
Jakobskreuzkraut 402
Jehol-Formation 177
jModeltest 333
Jugendmortalität 296
Jungius, Joachim 10
Jungtertiär 189
junk-DNA 275
Jura 148, 170
– Fauna 175

K

Kalk 134
Kalkalgen 112
Kalkalpen 109
Kalkgeschiebe 122
Kalklager, triassische 95
Kalkschaler 112
Kalkschwämme 188
Kalkstein 53, 94
Kaltzeiten 204
Kambrium 88, 92, 93
– dominierende Fossilien 98
– paläogeographische Situation 94
Kannibalismus 496
Känozoikum 90, 179, 188
Kant, Immanuel 15, 545
Kapillar-Elektrophorese 325
Karbon 137
– Meeresfauna 136
– paläogeographische Situation 135
Kartierung von Pflanzengenen 317
Kartoffel 524
Karyotyp 256
Kaspar-Hauser-Versuch 456
Katastrophentheorie 18
Kaukasier (Europide) 509
Kehlkopf 456
Keilschrift 527
Keimbahnzelle 252
Keimblätter 363
Kellowaygeschiebe 123
Kenyanthropus platyops 479
Kenyapithecus 465
Kepler, Johannes 11
Kern-DNA 346
Kernäquivalent 231
Kerndualismus 357
Kerngen 337
Kerngenom 231, 234, 310
Kernhülle 235

Keuper 149
Keuperflora 169
Khoisan 509
Kielmeyer, Carl Friedrich 17
Kieselalge 185, 240, 358
Kieselsäure 146
Killer-Männchen 426
Kin Selection, siehe Verwandtenselektion
Kindstötung 426
Kinetochoren 258
Kinetoplast 357
Kinetoplastida 356
Kladistik 40, 321, 343, 346, 369
Kladogenese 346
Kladogramm 73, 320, 333, 499
Klasse 342
Klassifikation 342
– evolutionäre 346
Klassische Antike 528
Klebsiella pneumoniae 283
Klebzellen 363
Kleinhirn 458
Klimadepression 205
Klimagradient 145
Klonen, somatisches 518, 519
Klonierung 308
Kniegelenk, Fehlstellung 546
Knochenfische 130, 143, 195, 368
Knochenhecht 193
Knöllchenbakterien 238
Knorpelfische 368
Kodominanz 285
Koevolution 240, 363, 375, 397
Kohl 265
Kohlendioxid 44
Kohlenflöz 194
Kohlenkalk 136
Kolonialzeit 529
Koloniebrüter 379
Kombination, intertaxonische 245
Kombinatorik 263
Kommunikation 455, 456
Kompartiment, membranumschlossenes 356
Konjugation 281
Konsensusbaum 330
Konsistenz-Index 332
Kontinentaldrift, siehe Plattentektonik
Kontinentalverschiebungstheorie 40
Kontingenz 7
Kontingenzbewältigung 544
Kontrollgen 263
Kontrollregion 246, 326
Konvektionsstrom 88
Konvergenz 65, 68, 82, 321, 342, 376
– bei Geiern und Adlern 376

Kooperation 284, 291, 397
– intertaxonische 29
Kooperationsgewinn 544
Kopale 189
Kopernikus, Nikolaus 9
Kopplung 287, 291, 296
Kopplungsgleichgewicht 291
Kopplungskarte 287
Korallen 32, 136, 144, 185, 284
Korallen-Stromatoporen-Riff 115
Korallenriff 32, 106
– Symbiosen 33
Korrelation, chronostratigraphische 101
Krankheitserreger, multiresistenter bakterieller 282
Krankheitsprävention 547
Kreationismus 53, 84, 419
Kreide 148, 182
– Organismenwelt 185
Kreide-Tertiär-Grenze 109, 115
– Massenaussterben 188
Kreidegeschiebe 123
Kreideseeigel 184
Krokodile 155, 176, 193, 195, 374
Kronengalltumor 283
Kryosphäre 88
K-Selektion 41
Kuckuck 382
Kultur 455
Kulturerbe, abendländisches 528
Kulturpflanze 263, 341, 523
Kupferlegierung 525
Kupferschiefer 142
Kupferzeit 525

L

Lackfilmmethode 194
Laktose 545
Laktosetoleranz 545
Lamarck, Jean Baptiste de 16
Lamarckismus 508
Landpflanzen 132, 358
Landschildkröten 409
Landschnecken 137
Längenpolymorphismus 312
Längsgewölbe 447
Langstreckendispersion 408
Langzeitgedächtnis 507
Lanzettfischchen 368
Lapita-Keramik 511
Lappentaucher 181, 374
Last Universal Cellular Ancestor (LUCA) 242
Latimeria 213, 368

Laubmoos 361
Laufvögel 410
Laurasia 49, 142, 409
Laurasiatheria 374
Lautäußerung 456, 459
– angeborene 349
Lautstandardisierung 460
Lebensformtypus 64
Lebermoos 361
Leclerc de Buffon, Georges Louis 14
Leguminosen 284, 395
Lehmziegel 520
Leinkraut 508
Leishmaniose 357
Leitfossilien 51, 53, 55, 89, 91
Lektine 395
Lemuridae 424, 429
Lemuriformes 429
Lepidodendron 139
Leptopterygius 169
Leptotän 258
Lernen 532
Lernprozess 507
Leserahmen 228, 248
Leseraster 223
Leukippos 3
Liebhaberzucht 519
Life history evolution 375
Limnopithecus 465
Limulus 341
Lingula 99, 341
Lingulata 99
Linkage Equilibrium 291
Linkage Maps 287
Linné, Carl von 12, 61, 342, 421
Lipiddoppelmembran 76
Lithosphäre 88, 108
Lokalgeschiebe 121
Lokomotionstyp 423
Long branch attraction 329
Long Interspersed Elements (LINEs) 276, 279, 280
Long-distance dispersal 408
Lophophor 99, 366
Lophotrochozoa 363, 366
Lorenz, Konrad 535, 539
Lorisiformes 427
Loss of function 254, 285
Lucretius Carus 6
Luftstickstoff 356
Lungenfische 125, 130, 142, 212, 272, 368
Lupinen 523
– vielblättrige 401
Lycopodiales 361
Lycopodiatae 132
Lycopodiophyta 361

Lyme-Borreliose 355
Lysin 387

M

Maas-Saurier 186
Macroscelidea 374
Magdalénien 514
Magneto-Stratigraphie 203
Magnoliopsida 363
Makaronesische Inseln 296, 409
Makroevolution 236
Makromolekül 76
Malacostraca 143
Malaria 295
Mammal Paleogene Zones 194
Mammalia 155, 369, 374
Mammutfauna 205
Mammutsteppe 205
Maniraptora 161
Mantophasmatodea 190
Marchantiophyta 361
Marginocephalia 166
Margulis, Lynn 240
Markergen 221, 230, 310, 319, 321, 326, 342, 344, 349
– Amplifizierung 325
– Sequenzierung 322
Markerprotein 311, 321
Markierung, radioaktive 313
Markov-Chain-Monte-Carlo-Verfahren 333
Marsupialia 156, 195, 374
Massenaussterben 113
Massenspektrometrie 56, 384
Mastergen 263, 285
Mastodonsaurus 154
Maximum Likelihood 327, 330, 332
Maximum Parsimony 7, 327, 330, 331
McDonald-Kreitman-Test 293
Medizin, evolutionäre 545
Medusen 143
Meeresspiegel
– Regressionen 49
– Transgressionen 49
Meerkatzen 455
Megacities 531
Megadontie 477
Megakaryocyten 272
Megamonsun 148
Meganthropus 486
Megaphyllen 132
Megascops 349
Mehltau 358
Meiose 255, 256, 258, 274, 280
Membran, undulierende 356

Meme 42, 83
Menap 204
Mendel, Johann Gregor 39
Mendelsche Vererbungsregeln 39, 286
Menopause 449
Mensch 444
– Becken 445
– Beine 446
– Bewegungsapparat 444
– biologisch-ökologische Sonderstellung 529
– bipeder Gang 444
– Femur 446
– Fossilgeschichte 468
– Fuß 446
– Gebiss 460
– Gehirn 449
– geistig-kulturelle Sonderstellung 531
– Hand 448
– Haut 448
– Kniegelenk 446
– Kopf 447
– Körpergewicht 448
– kulturelle Entwicklung 459
– Lebensalter 449
– moderner 500
– Theorien zur Auswanderung 500
– obere Extremität 448
– oberes Sprunggelenk 446
– phylogenetische Abstammungsgeschichte 469
– Schwangerschaft 449
– systematische Gliederung der Verwandtschaft 473
– Wirbelsäule 447
– Zähne 460
Menschenaffen 306, 383, 435, 464, 536
– fossile miozäne eurasische 466
– frühmiozäne afrikanische 465
– mittleres und spätes Miozän Afrikas 465
Mereschkowsky, Constantin 238, 240
Merkmal 71
– analoges 342
– apomorphes 71, 329
– autapomorphes 71
– diagnostisches 343
– homologes 342
– intermediäres 285
– phylogenetisch informatives 332
– plesiomorphes 71, 329
– symplesiomorphes 71
– synapomorphes 71, 375, 391
– xeromorphes 139

Merkmalsänderung, Leserichtung 329
Merkmalskomplex 375
Merkmalsmethode 327
Merkmalszustand 71
Meso-Ammonoida 129
Mesoderm 363
Mesokosmos 537
– sozialer 538
Mesolithikum 515
Mesozoikum 55, 58, 90, 148
Messelasturidae 182
Metamorphose 419
Metaphase 258
Metaphysik 544
Metaspringgina 105
Metatheria 374
Metaves 374
Metazoa 81, 92, 359, 363
Meteoriteneinschlag 114, 115
Methan 147
Methanhydrat 115
Methanogenese 235
Methicillin 283
Methionin 228
$N6$-Methyladenin 230
5-Methylcytosin 230, 246
1-Methylguanin 230
1-Methylhypoxanthin 230
Methylierung von Cytosin 227, 506
MHC-Gen 293
Micropithecus 465
Microsatellite-anchored fragment length polymorphism (MFLP) 317
Microsporidia 359
Migration 288, 296
Mikroevolution 236, 288, 296
Mikrofossilien 121
Mikrokontinent 108
Mikrosatelliten 280, 312
– Analyse 221, 286, 296, 310, 315, 317, 381
– DNA 276
– Loci 315
– Primer 317
Milan 378
Mimikry 69, 292
– Bates'sche 407
– Müller'sche 407
– Peckham'sche 407
Mimikryforschung 407
Mimosoideae 395
Miniature Inverted-Repeat Transposable Elements (MITEs) 280
Minimum spanning network 334, 412
Minisatelliten 312
– DNA 276, 280
Miozän 189, 201, 444, 464

Mismatch 82, 229
- Repair 253, 274
Mitochondrien 231, 234, 245, 246, 284, 350, 353, 356, 489
- pflanzliche 247
Mitochondriengenom (mtDNA) 245
Mitose 255, 256, 258, 274
Mitosom 243
Mittelalter 6, 528
Mittelkohle 194
Mittelpleistozän 204
Modelling, evolutionäres molekulares 389
Molasse 200
Molecular modelling 78
Molekül 75
Molekularbiologie 42, 419
Molekulargenetik 519
Mollusken 101, 121, 144, 148, 175, 184, 366
Molothrus 382
Monarchfalter 405, 408
Mönchsgeier 378
Mond 44
Mongolide 510
Monilophyta 361
Monismus 38
Monocots 363
Monogamie 379, 425, 431
Monophyla 346
Monophylie 40, 71, 347
Monoplacophoren 102, 209
Monotremata 156
Moos 359
Moral 538, 540, 545
Moresnetia 134
Morotopithecus 466
Morphogen 263
Morphogenese 272
Mortalität, selektive 383
Mörtelkalk 122
Mosaikgen 226
Mosasaurier 186
Motorneuron 458
Moustérien 513
mtDNA 330
Muller-Ratsche 339
Müller'sche Mimikry 407
Multigen
- Analyse 330
- Vergleich 327, 349
Multigenfamilie 273
Multilevelselektion 292
Multilocus
- DNA-Fingerprinting 280, 312
- Sonde 314
Multiplex-Mikrosatellitenanalyse 317

Multiplex-PCR 315
Multiregionale Theorie 482
Muschelkalk 95, 149, 150, 194
Muschelkrebse 183, 202
Muscheln 125, 154, 175
Musculus sternocleidomastoideus 447
Mutagen 252, 253
Mutation 75, 225, 228, 235, 245, 248, 288, 296, 489
- generative 252
- genetische 508
- induzierte 253
- multiple 338
- nicht-synonyme 254
- somatische 252
- stille, neutrale 254
- synonyme 312
Mutationshäufigkeit 252
Mutterkornalkaloid 397
Mutterkornpilz 397
Mycetom 397
Mycoplasmen 353, 355
Mykorrhiza 30, 284, 397
- arbuskuläre 30
- ectotrophe 30
Myllokunmingia 105
Myomeren 105
Myophorien 154
Myxinoidea 130, 368
Myxomyceten 359
Myzel 359

N

Na^+-K^+-ATPase 405
- Insensibilität 407
Nachtigall 301
Nacktfarn 132
Nacktsamer 132, 182, 187, 361
Nagetiere 198
Nannoplankton 185
Nanoarchaeota 351, 353
Nanoarchaeum equitans 353
Natural Selection, siehe Selektion, natürliche
Naturalismus 533
- evolutionärer 533
- philosophischer 533
Naturerkenntnis 2
Naturfarben 389
Naturphilosophie
- ionische 2
- romantische 16
Naturstoff 383, 386
Nautiloida 117, 127, 210

Neandertaler 207, 323, 456, 468, 493, 501, 513
- im Nahen Osten 497
- klassischer 494
Nearest neighbour 333
Nebelkrähe 301
Needleman-Wunsch-Algorithmus 327
Neighbour-Joining 327, 330, 333
Neisseria gonorrhoeae 282
Nematoden 366
Neo-Ammonoida 129
Neo-Kreationismus 84
Neo-Lamarckismus 508
Neoaves 181, 374
Neocortex 442
Neogen 188, 189
Neognathae 181, 374
Neolithikum 418, 515, 520, 522
- im Nahen und Mittleren Osten 520
- in Afrika 524
- in Europa 520
- in Lateinamerika 523
- in Ost-, Südost- und Südasien 522
Neornithes 178, 181, 374
Nemertini 366
Nervenfasern 453
Nervensystem, zentrales 363
Nervenzellen 440, 451
Nesseltier 363
Nesselzellen 363
Netzwerk, neuronales 451
Netzwerkanalyse 412
Netzwerkmethode 334
Neurobiologie 419
Neuron, siehe auch Nervenzellen 450, 454
Neuropil 442
Neurorezeptor 386
Neuweltaffen 429, 462
- Ursprung 463
Neuweltgeier 375, 378
Neuzeit 529
Newton, Isaak 11
Next Generation Sequencing (NGS) 221, 231, 307, 310, 317, 322, 323
Nicht-Tracheophyten 361
Nische
- kognitive 537
- ökologische 401, 537
Nitrozelluloselack 194
Nodosauridae 165
Nomenklatur 342
Nominalismus 8
Nonsense-Mutation 275
Noradrenalin 454
Nordsee 208

Normen, ethische 541
Nothofagus 410
Nothosaurier 151
Notostraca 210
Nuclear magnetic resonance (NMR) 384
Nucleariida 359
Nucleinsäuren 77
- Biosynthese 223
- Nucleotidsequenzen 77
Nucleomorph 239, 242
Nucleosid 222
Nucleosynthese, stellare 43
Nucleotid 222, 307
Nucleotidsequenz 319
Nucleotidsubstitution 247, 334, 336
- synonyme 312
Nukleosom 255, 505
Nummuliten 53, 188, 191
Nutzpflanzen 516, 520, 523
Nyanzapithecus 465
Nyctotherus ovalis 244
Nymphaceae 363, 403

O

Ockham, Wilhelm von 7
Ohreule 348
Ökologie 41
Okulitchicyathus 100
Old-Red-Kontinent 92, 123, 124
Oldowan-Kultur 480, 483, 513
Oleander 407
Oligonucleotid 313
- Sonde 313
Oligopithecidae 463
Oligozän 189
Ölschiefer 196
Omomyidae 461, 463
Omomyiformes 461
Onomatopoesie 459
Ontogenese 542
- des Menschen 450
Ontogenie 36, 267
Onychophoren 96, 122
Oomycetes 358
Operational taxonomic unit (OTU) 333
Ophiuroidea 366
Opine 284
Opisthokonta 358, 359, 363
Opportunitätskosten 542
Orang-Utan 433, 436, 437, 447, 458
Orchidaceae 391
Ordnungen 342
Ordovizium 92, 98, 105, 116
- Meeresorganismen 110

Oreopithecidae 464
Organbildung 272
Organell-DNA 275
Organellgen 337
Organismustheorie 14
Ornithischia 159, 160, 165, 187
Ornithomimosauria 161
Ornithopoda 165
Orogenese 108
Orrorin tugenensis 468
Orsten-Fossilien 95, 97
Orthoceren 117
Orthocerenkalk 121, 122
Os intermaxillare 15
Osteichthyes 130, 368
Osteostraci 119
Ostracoden 116, 127, 183
Ostracodermen 118
Otavipithecus 466
Ouabain-Bindungsstelle 407
Out-of-Africa-Theorie 488, 489, 499
Outgroup 329
Owen, Richard 68
Oxidation 252, 336
Ozeanquelle, hydrothermale 353

P

Paarhufer 198
Paarungssystem 379, 381
- Menschen 383
- polygames 425
- promiskuitives 425
Paarungsverhalten 425
Pachycephalosauria 167
Pachytän 258
Pair survival 382
Palaelodidae 181
Palaeo-Ammonoida 129
Palaeodictyoptera 143
Palaeognathen 181, 374
Palaeoniscida 143
Paläo(retro)virologie 279
Paläogen 188, 189
Paläolithikum 501, 512
Paläomagnetik 57
Paläontologie 19, 51, 55
Paläopallium 424
Paläotethys 148
Paläozoikum 55, 58, 90, 92
- Riffbildner 106
Palcephalopoda 110
Paleozän 189, 460
Palindrom 308
Palindromstruktur 306
Palingenese 37

Palmfarn 363
Palmgeier 378
Pan, siehe auch Schimpanse 69, 473
Pandionidae 376
Pangaea 49, 115, 142
Pangenom 282
Panthalassa 142
Pantoffelkoralle 126
Pantoffeltierchen 357
Pantopoden 125
Panzergeißler 357
Papilionoideae 395
Parabasalia 356
Parabasalkörper 356
Paradoxa 13
Parallelentwicklung 68, 82
Parallelmutation 333
Paramecium 238, 240, 242
- *bursaria* 240
Paranthropus 475, 478
Paraphylie 347
Parapithecidae 462
Parapitheciden 463
Parasiten 353, 356, 358
- intrazelluläre 355
Parmenides 3
Parsimonie 73
Parsimonieprinzip 7
Parthenogenese 311
Passungen 534
Paternitätsanalyse 315
Paternitätsbestimmung 310
Pax6-Gen 268
PCR-Verfahren 383
p-Distanz 333
Peckham'sche Mimikry 407
Pelagial 116, 154
Pelagornithidae 180
Pelecanidae 181
Pelikane 181
Pelmatozoa 102, 103
Pelycosauria 155
Pelycosaurier, carnivorer 144
Penicillinresistenz 387
Pentadaktylie 423
Peptidoglycan 235, 241
Peptidyltransferase 230
Perm 115, 129, 141
- Fischfauna 144
- Massenaussterben 147
- Pflanzenwelt 145
- Reptilien 144
Perm-Trias-Grenze 109
Petrefaktenkunde 53
Petromyzonta 130, 368
Pfefferminze 302
Pferdestammbaum 198

Pflanzenentwicklung 112
Pflanzenfresser 385
Pflanzenmaterial 325
Pflanzensystematik 10, 375
Pflanzenzucht 519
Phaeophyceae 358
Phagocytose 235, 237, 239
Phanerozoikum 88, 90, 113
– Massenaussterben der Tiere 113
Phänotyp 231, 285
Pharming 519
Pheromon 403
Philopatrie 280, 295
– weibliche 427
Phloem 361
Phoenicopteridae 181
Phonematisierung 460
Phoresie 34
Phorusrhacidae 180
Phosphatocopina 98
Phospholipid 76
Photolyase 252
Photosynthese 77, 88, 353
Photosynthesepigment 353
Phragmokon 110
Phylogenetik 343, 433
Phylogenie 14, 36, 40, 220, 221, 310, 319, 320, 341, 489
– der Insekten 366
Phylogenieprogramm 327, 331
Phylogenomics 327, 349
Phylogeographie 310, 317, 320, 408, 409
Phylogramm 320, 341
Phytoalexine 385
Phytomasse 31
Phytomimese 69
Piaget, Jean 534
Pikaia 105
Piliocolobus 529
Pilz 125
– endophytischer 390
Pinales 187, 362
Pinguin 181, 374
Pinzettengebiss 431
Piperidin-Derivat 387
Pithecanthropus 468, 469
Pitheciidae 431
Pituriaspida 119
Placentalia 156
Placodermi 120, 130
Placodontia 151
Placozoa 363
Planctomyceten 355
Plankton 112
Plasmid 247, 283
Plasmodium falciparum 242

Plastizität 226
– phänotypische 227
Plathelminthes 366
Platon 4
Plattenkalk 174, 175
Plattentektonik 40, 42, 47, 49, 108, 203, 409
Platyrrhini 429, 462
Plazenta 73
Pleistozän 58, 203, 501
Plesiosaurier 155, 172, 176
Plinius 6
Pliopithecidae 464
Pliozän 189, 444, 464
Polacanthidae 165
Polarmeer 45
Polyacrylamid-Gelelektrophorese 307
Polyamine 223
Polyandrie 379, 381, 383, 426, 431
– kooperative 425
Polychaeten 96, 121, 124, 271
– ciliäre Lichtsinnesorgane 271
Polygalaceae 395
Polygamie 379
Polygynie 379, 383, 431
Polymerase-Kettenreaktion (PCR) 308, 309, 314
– Methoden 314
– Primer 308
Polymorphismus 293, 295, 310, 311
– genetischer 210
– mimetischer 290
– nicht-informativer 332
Polyphänie 227
Polyphenole 390
Polyphylie 347
Polyplacophoren 102
Polyploidie 272
Polyploidisierung 272, 302
Ponginae 436
Pongo 69
Populationsgenetik 41, 70, 288, 296, 310, 315, 317, 321
Populationswachstum 530
Porifera 107, 363
Posidonienschiefer 171
Positronenemissionstomographie (PET) 442
Prä-Acheuléen-Steinwerkzeuge 490
Prä-Neandertaler 493, 494
Prachtfärbung 381
Prädator 405
Präkambrium 88, 91
Prasinophyta 358
Prätegelen 204
Priapuliden 95, 208, 210, 366
Primärproduzent 384

Primärtranskript 226
Primaten 13, 374, 418, 421
– Definition 421
– Entwicklungstendenzen 421
– Fortpflanzungsstrategien 426
– Intelligenz 421, 422
– Plastizität des Verhaltens 421
– rezente 430
– solitäre 426
– Sozialsysteme 424
– Stammbaum 428
– systematische Gliederung 427
– Verbreitung 422
– Verwandtschaftsforschung 433
Primeranlagerung 309
Primerverlängerung 309
Processus mastoideus 447
Proconsul 465
Proconsulidae 465
Prognathie 457
Progressionsindex 442
Prokaryoten 76, 88, 231, 234, 351
– Evolution 350
Prometaphase 258
Promiskuität 379, 431
Promontorium 447
Promotor 226, 227
– regulierbarer 262
Propalaeotherium isselanum 195
Prophase 258
Propliopithecidae 462
Prosauropoda 163
Prosimiae 432
Protease-Inhibitor 395, 396
Protein 76
– Aminosäuresequenzen 77
Proteinbiosynthese 229, 230, 245, 386
Proteinelektrophorese 306, 307
Proteinkinasefamilie 274
Proteobakterien 77, 353
– α-Proteobakterien 240, 243, 245, 284, 350, 390
Proteom 268
Proterozoikum 88
ε-Protobacteria 353
Proto-Hylobatide 435
Proto-Krieg 440
Protoconch 110
Protocyten 234, 235
Protosepten 106
Protostomia 272, 363
Prototaxites 125
Protoxin 385
Protozoen 356
– parasitische 284
Pseudociliata 357
Pseudogen 275, 326, 337

Pseudozahnvögel 180
Psilophytatae 120, 125, 132
Psychologie, evolutionäre 449, 531
Pteridophyta 140
Pteridopsida 361
Pteridospermae 135, 140
Pterobranchia 368
Pterodactyloidea 157
Pterosauria 156
Pterygota 137, 366
Pumiliotoxin 397
Punktmutation 248, 285, 407
– Weitergabe 319
Punktualismus 41
Purinbase 248
Putamen 458
Putzer-Symbiose 30, 32
Pygmäen 509
Pygostyl 177
Pygostylia 374
Pyralidae 401
Pyrimidinbase 222, 248
Pyrit 124
Pyrosesequenzierung 307
Pyrrolizidinalkaloid 254, 391, 395, 402
Pyrrolysin 228
Pythagoras 2

Q

Qualität, genetische 382
Quantitative Trait Loci (QTL) 291
Quartär 188, 203
Quastenflosser 212–214, 282, 368

R

Rabenkrähe 301
Rachenabstrich 323
Rachitis 546
RAD-Marker 310
Radiärsymmetrie 363
Radiolaria 358
Randomly amplified polymorphic DNA (RAPD) 315
Rangwapithecus 465
Ranunculin 385
Rationalismus 10
rbcL-Gen 338, 409
Re-pairing hypothesis 382
Reactive Oxygen Species (ROS) 251
Rearrangement 327
Red Queen Hypothesis 397
Reduktionsteilung 256
Refugialraum 410

Regression des Meeres 114
Rekapitulation 266, 267
Rekombination 225, 236, 247, 256
– genetische 245
– homologe 253, 258
– ortsspezifische 258
– transpositionale 258
Rekombinationsreparatursystem 252
Relative-rate-Test 335, 336
Religion 541
Religiosität 542
Remane, Adolf 40
Renaissance 8, 529
Renin-Angiotensin-System (RAS) 546
Reparaturenzym 225, 252
Replacement-Theorie 482
Replikation 224, 235, 242, 245, 256
Reproduktionsbiologie 34
Reproduktionsstrategie 427
Reproduktionszyklus 426
Reptilien 369
– Trias 155
Resistenzgen 283
Resonanzfrequenz 457
Restriction site associated DNA 310
Restriktionsendonuclease 306, 312
Restriktionsenzym 307, 308
Restriktionsfragment-Längen-Polymorphismus (RFLP) 306, 312, 314
– Analyse 312
Retentionsindex 332
Retroposon 280
Retropseudogen 275
Retrotransposon 275, 276, 280
Retroviren 253, 277, 279, 283
Reziprok-Beziehung 540
Rhamphorhynchoidea 157
Rhesusaffe 433
Rhipidistia 130
Rhizaria 358
Rhizoide 361
Rhizom 140
Rhodophyta 358
Rhynia 132
Rhyniales 120
Ribonucleinsäure (RNA) 222
– Interferenz (RNAi) 227
– Polymerasen 225, 226, 235, 263
– ribosomale 229
– snRNAs (small nuclear RNAs) 226
– Splicing 261
– tRNA 230
Ribosom 78, 229, 241
Ribozym 226, 235
Rickettsien 353
Riechhirn 424
Riechsinn 424

Riffbildner 100, 185
– im Paläozoikum 106
Riffkorallen 107, 238
Rippenqualle 363
Riß-Eiszeit 206
Riß-Würm-Warmzeit 206
Robbe 196
Rohstoff 53
Rollsteinflut 121
Rooted tree 329
Rosenkohl 31
Rosiden 363
Rostroconchia 102
Rotalge 358
Rotgesichtsmakaken 531
Rotkehlchen 297
Rotliegendes 141, 146
rRNA-Gen 328
Rückmutation 333
Rudistenriff 185
Rugosa 106, 125, 126, 136, 147
Rüsseltier 196

S

Saale-Eiszeit 206
Saale-Komplex 204
Saar-Nahe-Senke 143
Sagittariidae 376
Sahelanthropus 468
Saint-Hilaire, Etienne Geoffroy 18
Sakralwirbelsäule 447
Salvadoraceae 391
Salzlager 116
Salzvorkommen 142
Samenpflanzen 397
Sapote 523
Sarcopterygii 212
Satelliten-DNA 276, 279
Sauerstoffisotopen-Stratigraphie 203
Sauerstoffradikale 251
Säugetier 381
Säugetierentwicklung 196
Saurischia 159, 161, 187
Sauropoda 164
Sauropodomorpha 161, 163
Sauropsida 369
Scandentia 433
Schachtelhalm 361
Schädelkapazität 450, 492, 495
Schädelmorphologie 503
Schermaus 205
Schildkröte 195, 369
Schimpanse 433, 437, 439, 455, 457, 458, 529, 532
– Gehirn 440

Schimper, Andreas 240
Schlafkrankheit 357
Schlammfisch 193
Schlangen 195
Schlangenadler 378
Schleife 230
Schleimaal 368
Schleimpilz 358
Schließzellen 359
Schlüsselgen 507
Schmelzschuppenfische 172
Schmelzschupper 143
Schmitz, Friedrich 240
Schmutzgeier 378
Schnecken 154
Schneckenfauna 202
Schneeeule 349
Schreibkreide 183
Schreivögel 182
Schrift 527
Schriftstein 112
Schriftzeichen 457
Schuhschnabel 181
Schuppentiere 193
Schutz, mechanischer 385
Schutzanpassung 68
Schwalmvögel 181
Schwämme 175, 188, 363
Schwangerschaft 449
Schwarzer Jura 171
Schwarzschnabel-Sturmtaucher 346
Schwefelbakterien, grüne 355
Schweinezucht 517
Schwesterchromatid 256, 258
Schwestergruppe 346
Schwimmblase 368
Sciurus 66
Scleractinia 144, 149, 154, 175
Scyphocrinoidea 118
Seeadler 378
Seeigel 154, 184, 186
Seekühe 196
Seelilien 125, 184
Sehen, binokulares, räumliches 424
Sehfeld 424
Sekundärproduzent 384
Sekundärstoffe 77, 252, 284, 383, 385, 395
– als taxonomischer Marker 389
Selaginellales 361
Selbstbefruchtung 311
Selective Sweep 293
Selektion 293, 296
– ausgleichende 293, 295
– disruptive 292
– frequenzabhängige 292
– gerichtete 292, 294

– intersexuelle 427
– künstliche 263, 291
– natürliche 29, 220, 247, 248, 256, 288, 291, 539
– negativ-frequenzabhängige 292
– negative 292
– positiv-frequenzabhängige 292
– positive 292
– sexuelle 34, 292, 381, 426
– stabilisierende 292
Selektionskoeffizient 293
Selektionsprinzip 27
Selenocystein 228
Semantik 453
Senecio 403
Senecioneae 391
Sequenz, retrovirale 281
Sequenzangleichung 275
Sequenzierung
– chemische 307
– von Markergenen 322
Sequenzunterschied 344
Sequenzvariabilität 344
Serin 455
Serologie 306
Serotonin 454
Sex allocation 383
Sex-Pili 281
Sexing 518
Sexualdimorphismus 292, 424, 426, 462, 474, 495
Sexualitätentwicklung 379
Sexy son hypothesis 382
Shiga-Toxin 282
Short Interspersed Elements (SINEs) 276, 280
Short Tandem Repeats (STR) 280, 315
Sichelzellanämie 293, 295
Sigillaria 139
Signalmolekül 77
Silencer 263
Silent Mutation 254
Siliciumdioxid 183
Silur 116, 209
– Agnathen 118
– paläogeographische Situation 117
Simiae 429, 462
Simiiformes 429, 462
Similous 465
Sinanthropus 469
Single Nucleotide Polymorphisms (SNPs) 248, 317
– Markersysteme 319
Single-copy-DNA 306
Singvögel 182, 375
Sintflutglauben 53, 201
Siphunkel 110, 127

Sitten 531
Sittlichkeit 538, 540
Sivapithecinae 467
Sklerosepten 107
Small shelly fossils 93
Smith-Waterman-Algorithmus 327
Smith, William 18
SNP-Analyse 310
Solutréen 514
Sommergoldhähnchen-Komplex 300
Sonarsystem 408
Sonic Hedgehog 37, 74
Sonnensystem 43
Sortenschutzrecht 519
Southern-Blot 312
Sozialstruktur des Menschen 426
Sozialsystem 424
– monogames 425
Sozialverhalten 419, 420, 455
Soziobiologie 42, 317, 381, 419, 420, 544
Spaltungsregel 287
Spartein 389
Spermatophore 403
Spermatophyta 361
Spermienkonkurrenz 381
Spermium 81
Speziation 296
Speziesbaum 329
Sphenodon 341
Sphenophyllum 140
Sphenophyta 361
Sphenopsida 361
Spiegelneurone 454
Spindelapparat 256
Spiritualität 544
Spirochaeten 355
Spitzhörnchen 433
Spleißen, alternatives 225, 261
Splicing 226
Split brain 453
Spontangenese 5
Spontanmutation 252
Sporentierchen 358
Sporenwand 359
Sporophyten 359
Sporozoa 358
Sportzucht 519
Sprache 455, 456, 537
Sprachkompetenz 541
Sprechapparat 455
Sprosser 301
Stachelhai 130
Stammart, gemeinsame 346
Stammbaum 73, 221, 230, 236, 327, 328, 341, 363
– der Landpflanzen 389

- des Lebens 351
- dichotomer 346
- mitochondrialer 375
- Verlässlichkeit 329
Stammbaumrekonstruktion 327
Stammesgeschichte 220, 319
Stammstruktur 229, 230
Stammzellen 506
Standard Genetic Distance 311
Staphylococcus aureus, Methicillin-
    resistenter (MRSA) 283
Starstein 146
Startcodon 228
Statussymbol 381
Stegocephalia 143
Stegosauria 165
Steinheimer Becken 202
Steinkohlenwald 139
Steinkorallen 32
Steinwerkzeuge 459, 480, 490, 512, 520
Steneosaurier 172
Steppenelefant 204
Sterol 76
Stielglieder 184
Stimmritze 457
Stoppcodon 230, 254
Störartige 176
Storchenvögel 181
Strahlentierchen 358
Strahlung, radioaktive 253
Stramenopilata 358
Strangabbruchmethode 307, 325
Strepsirrhini 432
- fossile 461
Streptophyta 358, 359
Stress 547
Strigidae 347
Strigiformes 376
Strikter Konsensus 332
Stromatolithen 88
Stromatoporen 107, 126, 134, 147
Struthioniformes 410
Substanz, interkalierende 252
Substitution
- multiple 328, 338, 339
- neutrale 254
- synonyme 293
Substitutionsmodell 331
- statistisches 332
Sulfolobales 353
Supplementär-motorisches Areal (SMA) 458
Suspensionsfresser 102
Svedberg-Einheit 229
Sylviornithidae 180
Sylvius, Jacob 10

Symbiogenese 234, 238
Symbiose 237, 284
- sekundäre 284
Symplesiomorphie 329, 347
Synapomorphie 71, 72, 329, 332, 347, 391
Synapsida 155
Syncytin 278
Syngamie 238
Syntax 453
System
- künstliche 63
- natürliches 61, 220
- phylogenetisches 61
Systema naturae 12
Systematik 342
- molekulare 322, 341
Systemeigenschaft 538

T

Tabulata 107, 125, 126, 134, 136
Tandem-Repeat 276
Taq-Polymerase 308, 309, 323, 356
Tardigraden 366
Target 386
Targetsite-Modifikation 407
Tarsiiformes 429, 461
TATA-Box 226
Taxon 70, 342
- character sampling 333
- sampling 330
Taxonomie 310, 342
t-DNA, siehe Transfer-DNA
Tegelen 204
Tegulae 431
Telencephalon 424, 444, 453
Teleologie 6
Teleonomie 6
Teleosteer 176, 186, 191
Telomer 245
- DNA 276
Telomerase 279
Telomersequenz 279
Telophase 258
Tempestite 151
Template-DNA-Strang 226, 309
Tentaculita 111, 125
Tentaculitenschiefer 111
Teratornithidae 180
Terminationscodon 228
Terpene 390, 395
Tertiär 188
- Insektenfauna 190
Testicardines 99
Tetanurae 161

Tethys-Meer 49, 144, 149, 152, 170, 197
- Relikte 51
Tethytheria 374
Tetrabranchiata 110
Tetracorallia 106
Tetracyclin 283
Tetramastigota 356
Tetrapoden 118, 130, 214, 368
Thalassämie 254
Thales von Milet 2
Thaliacea 368
Thallus, vegetativer 359
Thanatozönose 193
Thelodonti 119
Theologie 420
Theophrast 6
Therapsida 155
Theriodontia 155
Thermoproteales 353
Thermus aquaticus 308
Theromorpha 155
Theropoden 137, 159, 161, 177
Theropsida 155
2-Thiocytosin 230
2-Thiothymin 230
Thiouracil 230
Threonin 455
Thymidin 223
Thymin 222, 249
Thyreophora 165
Tierhaltung, ökologische 519
Tierprimaten 421, 460
- Fossilgeschichte 460
Tierproduktion 518
Tierzucht 517, 519
- biomedizinische 519
- landwirtschaftliche 519
Tiktaalik 131
Tinkering 266
Titanosauridae 164
Tomate 524
Tommotium-Fauna 93
Torfmoos 361
Totenkopfäffchen 431
Toxoplasma gondii 242
Tracheophyta 390
Tracheophyten 361
Trachom-Erreger 355
Tradition 531
Traditions-Homologie 83
Transcriptase, reverse 225, 276, 279
Transfer-DNA (t-DNA) 283
Transgenerationseffekt 508
Transgression des Meeres 114
Transition 248, 250, 252, 331, 333
- Häufigkeiten 333

Transkription 226, 235, 242, 245
Transkriptionseinheit 225
Transkriptionsfaktor 226, 227, 263
– Pax6 268
Transkriptom 307, 310
Translation, siehe auch Proteinbiosynthese 229, 235, 241, 242
Translokation 248
Transportsystem 401, 407
Transposon 254, 263, 280
Transversion 249, 250, 252
– Häufigkeiten 333
Transversionsverhältnis 331
Trappbasalt 147
Tree of Life (Baum des Lebens) 230
Treibhauseffekt 147
Trennungszeit 331
Treuchtlinger Marmor 173
Trias 148, 149
– Massenaussterben 169
– Pflanzenwelt 169
Trichomonaden 244
Trigonioida 154
Trilobiten 98, 99, 106, 115, 116, 122, 125, 127, 136, 147
Triplettcode, universeller 228
Trivers, Robert 540
tRNA-Molekül 338
Trochophora 366
Trümmerkalk 185
Tubulin 241
Tunicaten 368
Turkanopithecus 465
Typ, morphologischer 65
Typostrophismus 41
Tyrosinase 289
Tytonidae 347

U

Überbevölkerung 504, 545
Überdominanz 293
Übergewichtigkeit 546
Uhlenhuth, Paul 306
Uhr
– molekulare 221, 293, 307, 331, 336
– radioaktive 56
Uhu 349
Ulluco 524
Ultraschalllaut 408
Ultrastrukturforschung 81
Ulvophyta 358
Umwandlungsreihen 58
Undularia 151
Uniformitätsregel 287
Unikonta 356, 358

Unit evolutionary period 334
Universalienrealismus 8
Universalienstreit 7
Unpaarhufer 198
Unrooted tree 329
Unterkohle 194
Unweighted parsimony 332
Ur-Erde 234
Uracil 222
Urfarn 132
Urflügler 137
Uridin 223, 249
Urinsekten, apterygote 366
Urmeer 88
Urochordata 368
Urothelzellen 272
Urpferdchen 193
Ursprungszentrum 408
Urvogel 177
UV-Strahlen 252, 253, 389

V

Valgus-Knie 446
Variabilität
– genetische 256
– phänotypische 226, 261, 263, 292
Variable Number of Tandem Repeats (VNTR) 280, 313
Variation 235, 288
– kontinuierliche 291
Vaterschaftsanalyse 286
Verarmung, genetische 295
Verbreitung, disjunkte 48
Verdauung, Kooperation mit Mikroorganismen 32
Verdriftung durch Meeresströmung 408
Vereisung, nordische 204
Vererbung 247, 288
– biparentale 285
– epigenetische 227, 505
– erworbener Eigenschaften 227
– klonale 245
Verfahren, heuristisches 332
Verhalten 231
Verhaltensanpassungsfähigkeit 445
Verhaltensforschung 81, 535
Verhaltensgene 291
Verhaltensmerkmal 291
Verhaltensprogramm 539
Verinselungseffekt 295
Vermehrungsdruck 530
Vernichtungsdruck 530
Versteinerter Wald von Chemnitz 145
Vertebraten 97, 194, 368

Verteidigung, chemische 387, 403
Verwandtenselektion 292, 539
Verwandtschaftsanalyse 426
Verwandtschaftsforschung 433
Vesalius, Andreas 10
Victoriapithecidae 464
Vielzeller 236
– präkambrische 91
Virchow, Rudolf 224
Vitamin-D-Mangelerscheinung 546
Vögel 369, 374, 381
Vogelmerkmal 177
Vokaltrakt 457
Volborthellen-Sandstein 122
Von-Economo-Spindelzelle 440
Vormensch 474
– Fossilgeschichte 468
Vorsokratiker 2
Vulcanodonsauridae 164
Vulkaneruption 146
Vulkanismus 115, 201

W

Waal 204
Wacken-Warmzeit 492
Wahlund-Effekt 296
Wahrnehmung 535
Waldelefant 205
Waldohreule 349
Wale 196, 368, 374
Warnfärbung 292, 402
Wasserstoffbrücke 223
Wasserstoffhypothese 243
Wegener, Alfred 40
Wehrchemie der Pflanzen 397
Weibchenwahl 381
Weichsel-Eiszeit 206
Weighted parsimony 332
Weinberg, Wilhelm Robert 288
Weißer Jura 171
Welle, elektromagnetische 537
Welwitschiaceae 363
Werkzeuge 459
Werkzeugkultur 512
Werner-Syndrom 253
Wernicke-Areal 443, 481
Wernicke-Sprachzentrum 453, 457
Wettrüsten 397
Wiedererkennen 532
Wildtyp-Allel 285
Wimpertierchen 357
Windbestäubung 363
Wintergoldhähnchen 300
Wirbellose 172, 381
Wirbelsäule 546

Wirbeltiere 351, 366
– Extremitäten 64
– Landgang 131
– tetrapode 64
Wirt-Parasit-Beziehung 292
Wissenschaftstheorie, evolutionäre 538
Wnt-Familie 268, 270
Wnt-Signalweg 264
Wolbachia 284
Wolff, Caspar Friedrich 14
Würm-Eiszeit 206
Wurzelknöllchen 284
Wynne-Edwards, Vero 292

X

Xanthophyceae 240, 358
Xenacanthodi 142
Xenarthra 374
Xenophanes 2
Xenosom 240
Xenusion auerswaldae 122

Xeroderma pigmentosum 252, 253
Xiphosuren 210
Xylem 361

Y

Y-Chromosom 516
Yamsknolle 524
Yunnanozoon 105

Z

Zähne 460
Zähne-als-Werkzeuge-Hypothese 495
Zechstein 141
Zeitalter der Technik 529
Zeitnische 47
Zellaufbau 78
Zellbiologie 75
Zelldifferenzierung 272
Zellevolution 234
Zellkern 231, 234
Zellmembran 235

Zellteilung 224
– mitotische 256
Zelltod, programmierter, siehe auch Apoptose 252
Zivilisation 512
Zoomasse 31
Zoomimese 69
Zooxanthellen 238
Züchtung 265
Zuchtwahl, geschlechtliche 34
Zufall 295, 535
Zugverhalten 378
Zweikeimblättrige 363
Zwergschimpanse 440
Zwillinge 256, 507
Zwillingsarten 71, 328
Zwitterblüten 363
Zwittrigkeit 379
Zygnemophyta 358
Zygodactylidae 182
Zygomyceten 359
Zygotän 258
Zygote 256